开发者书库

Microstrip Circuit

微带电路

清华大学《微带电路》编写组◎编著
Microstrip Circuit Compilation Group of Tsinghua University

清華大學出版社
北京

内容简介

本书叙述和分析了微波集成电路系统的无源和有源部分，对电路的核心载体——微带线进行深入细致的分析，涉及微带线的特性、物理机理和参量计算，在此基础上叙述了由微带线构成的单元电路、无源微波集成电路元件、有关的微波半导体器件机理、有源微波集成电路元件乃至电路系统，给出微波集成电路分析设计方法及设计计算实例，介绍其实际应用以及电路实际结构。

本书反映了微波集成电路的概貌，全书引导读者从最基本的电磁场和网络概念出发，由浅入深，逐步深入理解电路机理，掌握分析计算方法，最后达到融会贯通的程度。对微波集成电路知其然，也知其所以然，为从事这一领域的研发工作奠定基础、启迪创新思路。

本书适合作为高等学校电子科学与技术、集成电路设计与系统等专业的本科生与研究生参考教材，也可作为从事微波、天线、集成电路设计等行业的工程技术人员的参考用书。

图书在版编目(CIP)数据

微带电路/清华大学《微带电路》编写组编著. —北京：清华大学出版社，2017 (2023.11重印)
(清华开发者书库)
ISBN 978-7-302-46533-1

Ⅰ. ①微… Ⅱ. ①清… Ⅲ. ①微波集成电路 Ⅳ. ①TN454

中国版本图书馆 CIP 数据核字(2017)第 030363 号

责任编辑：盛东亮
封面设计：李召霞
责任校对：李建庄
责任印制：沈 露

出版发行：清华大学出版社
网 址：http://www.tup.com.cn，http://www.wqbook.com
地 址：北京清华大学学研大厦 A 座 **邮 编**：100084
社 总 机：010-83470000 **邮 购**：010-62786544
投稿与读者服务：010-62776969，c-service@tup.tsinghua.edu.cn
质量反馈：010-62772015，zhiliang@tup.tsinghua.edu.cn
课件下载：http://www.tup.com.cn，010-83470236
印 装 者：三河市铭诚印务有限公司
经 销：全国新华书店
开 本：185mm×260mm **印 张**：34 **字 数**：827 千字
版 次：2017 年 5 月第 1 版 **印 次**：2023年11月第11次印刷
定 价：79.00 元

产品编号：069557-01

重印感言

TO READERS

《微带电路》出版41年后居然于2017年得到再版，这本身就是一件令人兴奋之事。而再版后又几次重印，一方面说明读者对本书的厚爱，更说明在我国射频微波事业的兴旺发展。

自从光纤通信作为新兴技术引入电子信息领域后，引起通信技术的革命，在一定程度上对射频微波领域也形成挑战。但是由于射频微波系统利用空间电波维持联系，和光纤通信的导波本质上有所不同，因此射频微波系统具有相当的灵活性，在空间通信、移动通信、雷达、遥控遥测等领域有其不可代替性，这几年来其具体应用几乎涉及每一个人，而且不断涌现出各种新的应用。另一方面近期射频频带的应用范围已扩展至毫米波，甚至频率达到太赫兹，具有足够的频带资源。因此目前射频微波和光纤通信在电子信息领域各自发挥优势、相得益彰。

为此有必要加强射频微波方面的教育和人才的培养，包括加强这方面书籍的编写。《微带电路》一书过去发挥过一定作用，时至今日尚拥有一定数量的读者，对此作者既感到欣慰也感到不安，因为正如作者逐渐变老，《微带电路》除基本部分外，相当部分的技术内容也逐渐老化。作者虽改写本书"微波集成技术发展概述"部分，力图介绍一些新内容以资弥补，但毕竟受到局限，希望年青又富有实践经验的学者，能贡献自己的力量，编写出既有系统理论知识，又能理论联系实际，更能反映当前最新技术发展的射频微波方面的书籍。这样的书籍定将受到读者热烈的欢迎。

40余年前，本书作者为了国家微波集成事业的发展，各尽绵薄之力，我们衷心希望今后射频微波事业能够后继有人，更加兴旺发达。

李征帆

2018年国庆前夕

推荐序

FOREWORD

随着高速宽带通信技术的发展，电子设备的频率和速率将会越来越高。电路设计需要应用更多的微带电路理论与知识——从集总参数过渡到分布参数。电子线路的主要载体是电路板，电路板设计离不开微带电路。微带电路是一门实践性很强的技术，虽然目前高校并没有专门开设这门课程，但是它是电子工程设计必备的技术；甚至可以说，如果工程师不具备一定的微带电路基础知识，就没有办法设计出性能优良的射频电路及产品。为了满足当下射频和高速电路电子线路设计需要，系统学习微带电路设计的原理与测量方法已经变得很有必要。

《微带电路》这本书是学习微带电路基础理论的经典教科书，该书系统论述了微带线基础、微波网络基础、耦合线、微带混频器、微带放大器等设计理论，并提供了丰富的工程实例。理论结合实例，可让读者在学习基础知识的同时，直接联系到实际产品的设计与应用，满足读者工程实践的需要。

《微带电路》也是我国第一部比较系统和全面介绍微带电路设计的专著，1976 年第 1 版至今，已经 40 年整，这本书为一代又一代的电子系统工程师奠定了微带电路设计的基础，广受高校师生和射频工程师的推崇。在射频微带电路设计领域具有很高的价值，影响深远。第 1 版的《微带电路》纸质版现在只有少部分图书馆珍藏，成千上万的普通读者只能将该书电子文档打印出来，自行装订成册阅读。这本书像良师益友一样伴随每个射频电路工程师的成长，每翻一遍，都有受益。随着科技的进步，当今的微带电路工艺和技术进步已经翻天覆地，但微带电路的基础理论是不变的，现在射频微波、高频高速电路的广泛运用，使得掌握微带原理及技术正在成为新产品研发成败的关键因素之一。

本人从事射频电路设计十余年，致力于 PCB 微带电路设计与应用，在射频 PCB 电磁场仿真和实际一致性、微带阻抗控制、铜皮表面粗糙和表面工艺对微带损耗影响、介电常数频率相关性、玻纤效应、无源互调等方面积累了丰富的经验。基于这方面的沉淀，几乎每天都收到全国各地的电子工程师关于微带电路设计方面的咨询。在和同行交流的过程中，本人深感微带电路设计知识与资料的匮乏，于是想到再版《微带电路》一书，可以让更多人更方便系统地学习微带电路设计原理。这个想法得到清华大学出版社盛东亮编辑的积极响应，他联系到此书原作者清华大学微带编写组，已经年登八十的该书主编李征帆教授欣然答应再版，并为本书增加了再版前言和微波集成技术发展概述，修改了原书中的一些错误之处。能促成此事，本人也非常高兴，本书的再版将会让更多人接触到这部经典。最后，本人对李征帆教授带领的编写组一丝不苟的勘误精神、严谨的学术作风表示非常钦佩，年轻一代应该向他们致敬，感谢他们的辛勤付出！

徐兴福

兴森快捷射频实验室主任

2017年1月于深圳

前言
PREFACE

20世纪的六七十年代，国际上以信息技术为核心的科技革命悄然来临，微波集成电路即是其中之一，它的出现促进了电子设备的小型化、轻量化，提高了系统的性能和可靠性。尽管当时处于非常年代，我国科技人员还是觉察到这一新技术的重要性。国内有相当一部分高校、科研机构和企业投入这一新领域的研究，清华大学也位列其中。

1972年，本人作为清华大学教师，带领两位新教师和几位学生到成都亚光电工厂开展实践教学，在微波集成领域进行校企合作，结合厂方对多种微波集成电路产品的研制进行新技术攻关。在此过程中，我们向厂方技术人员和工人学到不少有关微波集成技术新的知识，通过实际工作弥补了实践经验的不足。同时大家也深感理论和实践结合的重要，在实际研制产品时，迫切希望有系统性的理论指导。为此，本人从产品研制中提出的问题出发，对微波集成技术的机理和规律，进行系统性的整理和提炼，结合当时所研制的产品和搜集到的国外文献，在厂内开出技术讲座，并将讲稿整理成《微带电路》讲义，颇受欢迎。随后和校内的研究工作结合起来，在讲义的基础上扩展内容，整理成书出版。除本人外，杨弃疾、高葆新、张雪霞、秦士和李永和老师也参加了编写工作。书籍以“清华大学微带电路编写组”署名。

本书全面反映了当时微波集成技术的概貌，并结合相当多的实例叙述了各种具体的微波集成无源和有源电路。但我们认为不能使读者只停留于对这门技术的表面肤浅认识，而应更深入理解这一领域的内在规律，因此涉及微波集成的基本物理机理、理论分析方法乃至必要的数学推导绝不可缺。为此本书从内容安排上注意从浅入深、理论上不故弄玄虚、便于读者入门；同时对必要的较有深度的理论分析和具有一定难度的数学分析方法并不避讳。我们认为从对读者真正负责的角度出发，这样的安排是合理的。

处于那个年代，国内外科技交流甚少。我们尽最大努力，从可能的渠道吸取了不少国外先进知识，引用了许多国外文献，尤其是从20世纪60年代中期至70年代初期《IEEE Transactions, on MTT》的许多论文和数据。当年成书时未列出参考文献，目前再版时因年代久远，难以追忆，仍然空缺，特此说明。

当年，沈肇熙编辑以敏锐的目光，多方捕捉科技作品素材。他主动上门约稿，不顾年迈，几次来到位于山区的清华绵阳分校，和我们共同商讨《微带电路》的全书安排及许多出版细节。没有他的鼓励和推动，本书难以最终出版。在本书再版之际，特向这位敬业的老编辑致以深切的敬意并表达怀念之情。

本书出版以来，承蒙诸多读者的厚爱，使本书在微波集成技术的发展中起了小小的作用。岁月流逝，几十年科技的飞跃发展，本书某些内容已显陈旧，所述微波集成电路的结构和实际电路在许多方面已被发展或更新，计算机辅助设计也代替了原来常规的电路设计方法，但微波集成理论和技术的许多基本面仍然在书中得以保持，也许这是时至今日尚有部分读者仍在阅读本书的原因。这次应读者要求再版，如做较大的变动恐将使本书变得面目全非，因此除校正部分错字外，不对全书内容再作改动，留作微波集成技术发展史的一个历史记录。为提供读者对迄今为止微波集成技术发展全貌有一概括性的认识，在再版中列入"微波集成技术发展概述"以供参考，至于对本领域最新知识的详细了解，则完全可由当前的许多科技书籍和文献资料得到满足。

数十年岁月，弹指一挥间，世事沧桑，现在作者们有的已故去，有的进入了其他单位。我们生者都已步入老年，已经和业务工作脱离，希望本书由清华大学出版社再版后能为国家科技事业奉献一份余热。

非常感谢深圳兴森快捷射频实验室徐兴福主任对本书再版的积极推动和热情推荐，也感谢清华大学出版社盛东亮编辑和他的同事为本书再版所付出的辛勤劳动，他们对本书的支持和贡献令人永志难忘。

李征帆

2017年1月

编写说明

The Author's Words

微带线和微波固体器件结合起来构成的混合型微波集成电路简称为微带电路，它通常用于分米波段至毫米波段的频率范围。由于微波固体器件和微带线本身的限制，一般只应用于瓦量级以下的中小功率。目前除了做成混频器、倍频器、移相器、调制器、放大器、振荡器、电控开关等单元电路以外，尚可做成微波信号源、微波集成接收机、相控阵雷达单元等微带组件。

微带线作为传输线和电路元件，其在微波电路中的作用，与波导、同轴线等传输线没有本质上的区别，因此基本电路原理有些是相同的。但是，由于微带线有它结构上的特点，使微带电路元件在类型、设计计算等方面又不同于其他微波传输线所构成的元件。这就要求微带电路工作者既要理解一般微波电路的工作原理，又能掌握一些微带电路专门的分析与设计计算方法。为使本书内容不致过分庞大，在编写时主要着重于后面部分的内容，但为了便于较多的读者自学及参考，一般均采取深入浅出的讨论方式，只要读者对分布参数电路及电磁场的物理概念有些基础知识，绝大部分内容阅读起来并不困难。另一方面，由于微带电路的分析、设计计算广泛应用微波网络的方法，为了突出重点，书中不仅有专门一章对此进行详细讨论，并在其他章节中用到网络方法时，也都加了必要的说明。

实用的有源微带电路都是微带线和微波固体器件相结合所构成的。为了方便微带电路的设计与计算，在讨论有源电路的每一章中，均首先以一定的篇幅介绍了各种有关的微波固体器件的特性和相应的物理机理。在讲法上也以通俗易懂、切合需要为主。只要读者具有半导体器件的基本知识，阅读起来也并不困难。

微带电路是最近几年才发展起来的一门新技术，目前还处在继续探索与研究的阶段。对若干问题我们只能与读者共同探讨。尤其是有源部分，还需通过实践、认识、再实践等多次反复过程，方能使内容更加正确。对此，编写时均已分别具体指出。我们这样做，是希望有更多的人和我们一起来解决这些存在的问题，加快微带电路技术前进的步伐。

我们把难度较大、数学推导多的材料都集中在最后，自成一章，以供参考。

本书内容基本上分为两部分：第一部分为无源微带电路，包括均匀微带线、耦合微带线、微带不均匀性等基本知识，以及滤波器、变阻器、电桥、定向耦合器和功率分配器等常用无源元件的原理和设计计算方法，均有实例说明；第二部分为有源微带电路，包括混频器、倍频器、参量放大器、微波晶体管放大器、固体控制电路等常用组件的原理和设计计算，也各附有说明实例。此外，还有“微带元件的构成”和“微带线和微带电路的测量”两章，分别介绍了这两方面的一些实用知识。对微带电路的工艺问题，本书未做详细介绍。

清华大学《微带电路》编写组

目录

CONTENTS

绪论 INTRODUCTION 微波集成技术发展概述

20 世纪四五十年代以来，多数电子设备(包括通信设备、雷达、导航设备、遥控遥测设备等)已工作于微波波段。工作波长的缩短导致电子设备天线系统尺寸的有效减小，但设备整体的体积和重量仍是一个严峻问题，尤其对于军事电子设备，更需要机动灵活性，对设备的小型化和轻量化提出很苛刻的要求。在微波电子设备中，对于其高频部分，通常包括发射、接收、微波传输线及滤波器、天线等无源元件，尤其发射中用于振荡的磁控管、接收中用于高放的行波管和用于本振的速调管，连同电源和产生强磁场的设备都具有较大的体积和重量，而且由金属波导和同轴线所构成的电路，其体积和重量同样不小。以上种种因素，对电子设备的小型化和轻量化产生极大的限制。

从 20 世纪 50 年代后期至 60 年代，一场重大的科技革命来临。由于半导体物理研究取得突破，半导体器件很快投入到应用中，这种尺寸微小、耗电量低的器件所构成的系统在小型化和轻量化方面迈进了一大步。继而很快地又由分立元件晶体管电路迈向集成电路，电子设备在小型化和轻量化方面更跨出实质性的一步。

当时科技和工艺水平还较低，使得器件工作频率受限，因此半导体器件和集成电路只能作为一般低频和数字电路应用。对电子设备中工作于微波频率的高频部分，小型化和轻量化问题仍然未能解决。

从 20 世纪 60 年代后期起，微波集成技术开始兴起，其具备条件主要有二：其一是各种微波固体器件出现，它们有微波晶体管、肖特基势垒二极管、变容管、PIN 管、阶跃恢复二极管、体效应管、雪崩管等，具有一般半导体器件同样紧凑的尺寸，却能工作于微波波段，同时又具有各种不同功能，能适应微波高频系统各部分对有源器件的要求；其二是具有微波传输和电路功能且又适合于微波集成结构的微带线确立了主体地位，其紧凑的印刷结构便于集成，微带工艺条件也已完全具备，而其特性参量的精确计算已在 20 世纪 60 年代中期由 Wheeler 等人得到基本解决。二者的结合构成了多种类型的微波集成电路，其体积和重量较原先的微波高频系统明显减少，这是电子系统的另一场革命。

在微波集成技术发展初期，以微波固体分立元件和微带线在介质基片上构成混合微波集成电路为主，传输线的形式除标准微带线外，特殊情况下也可采用缝隙波导和共面波导。至于电路元件则可采用分布参数元件和集中参数元件两种形式，其中前者较后者具有较高的品质因数，但布图面积较大。

和一般数字和模拟集成电路类似，也可以制作微波单片集成电路(MMIC)，将器件和电路集成于同一芯片上，其集成度明显优于微波混合集成电路。但由于芯片尺寸的限制，单片集成电路的无源部分一般由布图面积较小的集中参数元件构成，无源元件较低的品质因数影响了整体电路性能，况且在当时只有少数类型微波固体器件，如工作频率不高的微波晶体管可在芯片上和其他部分集成，上述原因限制了单片集成电路的应用范围，因此当时在实际应用上以微波混合集成电路为主。

可以看出，微波集成技术开辟了微波系统从金属加工的立体结构迈向平面印刷系统的新时期，不仅在相当程度上解决了电子设备小型化和轻量化问题，同时也解决了要求低成本、易于加工和工作可靠等问题。随着微波集成技术的不断发展，这种优势更为明显，可以说，没有微波集成技术，要实现应用于航空、航天、导航等领域的结构紧凑的微波系统和新型复杂的雷达系统(如有源相控阵)，以及现今体积较小的手机，都是难以想象的。

到了 20 世纪 70 年代后期，一种新型的微波固体器件——砷化镓场效应管出现，其具有极为优异的微波特性，即其工作频率可高至亚毫米波段，并能和其他部分集成于砷化镓芯片上，而且由于砷化镓介质衬底具有较小损耗，使芯片上无源元件品质也得以改进。更主要的是对场效应管可开发多种功能，因此多功能的单片微波集成电路，如低噪声放大器、功率放大器、振荡器、混频器、倍频器、开关、移相器及它们的组合，均能在同一芯片上得以集成。其不足之处在于高 Q 值、低寄生参数的高品质无源元件仍难以在芯片上实现，因此某些关键的电路，如微波滤波器等仍需借助于混合集成电路实现。

从 20 世纪 90 年代起，由于深亚微米技术和纳米技术的发展，硅基片上的 MOS 器件工作频率迅速提高，甚至直达毫米波段。从高性价比角度考虑，此时价格低廉、工艺成熟的硅微波单片集成电路再次得到发展。除有源器件部分外，着重改善相配合的无源元件性能，重点是片上电感。通过改进衬底、更新结构、采取新的绕线方式等措施提高电感元件的 Q 值和截止频率，最终使得整体电路性能有所提高，使得电路性能和类似的砷化镓微波单片集成电路相接近，而成本则大幅度降低，得到较广泛应用。但由于砷化镓材料优异的电性能，在高品质情况下砷化镓 MMIC 仍然被广泛使用，不仅如此，以后还延伸到磷化铟、氮化镓等芯片材料，构成新型微波器件和电路。

在单片微波集成电路发展的同时，混合集成电路仍然在发展中，其集成度虽逊于单片，但由于其无源电路元件的布图面积受限较少，常可选择分布参数元件，因此其电路性能非单片可比，例如微波集成滤波器这一重要电路部件基本上都实现于混合电路。事实上，以后的微波混合集成电路其有源部分多数已不再是分立微波器件，而是一块微波单片集成电路芯片(如一个低噪声放大器)，多块 MMIC 芯片作为电路单元和无源部分(包括无源电路元件及连接各部分的互连线)组合起来并安装印制于微带基片上，构成一个电路系统。

由于半导体理论和技术的发展日新月异，导致微波固体器件和微波单片集成电路在功能和性能方面几十年间呈现飞跃的变化和提升。同时微波集成电路的无源部分在多年的发展中也不乏创新，以下列出几点。

(1) 介质谐振器的应用。提出用高介电常数、高 Q 值、高稳定的介质材料构成体积很小的介质腔体，形状为圆柱形或矩形柱体，便于和微带线贴近耦合，在微带电路中实现了品质因数远高于由微带线段本身所构成的谐振腔体，由此可构成滤波特性良好、通带内损耗低、阻带衰减高的高性能滤波器。以介质腔作为谐振回路也可实现频率稳定度很高的微波振荡器。总之介质谐振器的应用极大地提高了微带电路的性能。

(2) 微带特异电路的提出。提出了一些非常态的微带电路结构，以实现某些特殊的电性能和结构优点。例如缺陷接地结构(DGS)非寻常地在微带线接地板上开孔挖出各种图形,和微带带条上的图形相组合以较小的电路版面面积实现多种电路特性。再如在微带电路版面以特殊的布图实现所谓左手手征人工特殊介质特性,即出现所谓负导磁率等反常性质,在微带电路中可实现特殊的电路特性。

(3) 毫米波亚毫米波集成电路的新型导波系统的提出。在微波集成电路的无源部分,导波系统或微波传输线是基本单元,不仅可用其作为各部分间的互连,且其不同的组合构成了分布参数电路元件。通常微波集成电路均以微带线作为导波系统,但频率高至毫米波亚毫米波时,微带线的横截面尺寸减小,宽度很窄的导体带条连同很薄的导体趋肤深度将造成极大的导体损耗,以至严重影响 MIC 的性能指标。为此代替微带线的新型导波系统被提出以适应毫米波亚毫米波,最初提出印制于接地导体面上的镜像介质波导,电磁波工作于非 TEM 波的介质波导模式,由于免除了微带线介质基片上部的导体带条,这部分的导体损耗也被去除,导波系统的整体损耗明显下降。由此种导波系统构成的毫米波亚毫米波集成电路在初始时吸引了较多的注意,并有若干集成电路样品报导。但这种发展趋势不久后就中断了,其主要原因是空间开放型的非 TEM 模式在不均匀区将产生极为严重的辐射损耗,使电路整体损耗迅速增加,而不均匀性在所有的实际微波集成电路中是不可避免的。此外,单一的接地导体将使有源部分难以引入。为此最近几年又开发出一种基片集成波导(SIW)作为毫米波亚毫米波段的导波系统。SIW 在集成电路介质基片上部导体带条的两侧边缘上以二排金属通孔和介质底部的接地导体板连通,如将二排通孔阵列连同上下导体所包围的空间构成了矩形波导。当波导工作于 TE10 模式,只要两侧通孔阵列的孔距足够密时,就可近似为连续金属壁,其损耗和辐射屏蔽功能几乎与连续金属面构成的矩形波导相同。由此可见,SIW 电性能相当于一般金属矩形波导,较一般微带线的导体损耗减小许多,不存在辐射损耗,截面和纵向尺寸由于介质填充有所减小,且又适用于 MIC 的平面印刷结构,是一种适用于毫米波亚毫米波集成电路的导波系统。

混合微波集成电路的无源元件通常由分布参数电路构成,它比集中参数元件具有更低的损耗和更小的寄生参量,但具有较大的布图面积。当系统由许多分布参数元件组成时,过大的版图面积将影响系统的小型化。因此在 20 世纪 80 年代出现三维或立体微波集成电路,即采取多层介质和导体层结构,将各个无源元件分置于各导体层面,沿厚度方向籍通孔(Via)实现层间连接。某些场合甚至可将一个元件分置于多个导体层,再将各部分组合成整个元件。例如平衡-不平衡转换器(Balun)及电桥均已有多层组合实例。由于三维微波集成电路将二维的平面布图尺寸转移到第三维的厚度,通常厚度尺寸均较小(每一介质层厚度仅为 0.1mm 量级,10 层以上布线层的厚度仅为几毫米),而平面版图面积则有效减少,对小型化非常有利。三维微波集成电路在应用多层低温陶瓷烧结(LTCC)的结构实现时,取得很好的效果。

20 世纪 90 年代后期开始,微波集成电路还出现了一些新的技术研究和应用方向。例如微机械系统(MEMS),试图用半导体微机械开关减小半导体开关的损耗,也容易和微带线结合,但是寿命和速度较差仍是难题。另一个重要发展是超导技术与微带电路结合,有效地解决了一般微带滤波器的损耗较高、滤波特性不够理想的难题。用高介电常数基片($LaAlO_3$,MgO,Al_2O_3)的高温超导微带滤波器置于 78K 的微型制冷盒中,可以获得的通带陡峭度几乎是矩形特性、带外衰减超过 70dB,带内损耗 0.1dB 量级。用于移动通信可以极大地减少临近频道互扰，增加通信频道数量，缓解频谱资源的匮乏。同时置于低温环境下的微波低噪声放大器的噪声温度可低至10K数量级，可接收极为微弱的信号，适用于卫星通信和射电天文。值得一提的是，随着微带天线技术的发展，微波集成有从集成电路向天线扩展的趋势，逐步实现内部功能电路和辐射部分集成的一体化，进一步推动了系统的小型化和紧凑化，目前在移动通信设备中已取得很好的成效。

整个集成电路技术的发展日新月异，有力地推动了集成度进一步提高的要求，以致20世纪90年代推出了系统芯片(System on Chip，SoC)，允许将整个电子系统的各个部分整体性集成于一块芯片内，集成度达到空前。这种高集成度是受到以深亚微米和纳米技术为核心的先进半导体工艺所支撑的。理论上由于微波单片集成已可在硅片上实现，将微波集成部分嵌入系统芯片内应无问题，这样就实现了包括数字和微波整个大系统的集成。但对同一硅基片，微波电路和数字电路的半导体器件材料和结构参数有所差别，工艺处理也有所不同，况且微波部分也包括版图面积相对较大的无源元件，将微波和数字部分组合成一体将引起工艺难度增加、电路质量降低和成品率下降等问题，未必得到预期效果。

进入21世纪后，一项新的技术试图解决上述问题，即系统封装(System in Package，SiP)，它在三维微波集成电路及多芯片组件(MCM)基础上产生，即同样采用多层布线结构。在其最上层，放置多块微波单片集成电路芯片和数字电路芯片，构成整个电子系统。其中某些层可布置一些集中和分布参数无源微波元件，由于此类元件和芯片上元件相比较，其尺度可允许较大，因此可保证其较优的电路性能。另一些层提供数字电路芯片间的互连线网，底层一般作为馈电网，层间籍通孔连接。由于当前数字信号已高达10Gb/s的数量级，其互连线网将产生延时、畸变和互扰等效应，为保证通过传输的高速脉冲信号不产生畸变，必须用高速电路信号完整性理论和方法分析。由于高速信号为宽频谱，而频谱高端进入微波范围，因此在高速电路信号完整性和微波电路分析之间，存在千丝万缕的联系。

SiP将包括微波的各类芯片组合在一个封装结构中，实现了系统集成。其集成度虽逊于系统芯片，但可行性较强，整体系统也比较紧凑，代表了微波集成技术的新方向。

即使如此，微波集成电路技术仍然不能称为完善的技术，最主要的问题是无源电路的品质和其尺寸(即电路品质和集成度)之间的矛盾仍然未能解决，看来这已不是单纯的MIC本身的问题，而应结合其他学科，例如材料科学等通盘进行研究才有望解决。

以上是在技术层面对多年来微波集成电路的发展做了概述，如将微波集成技术作为一个学科看待，则其无论在理论分析或是设计计算方面亦有许多进展，下面对此再做概要的叙述。

在微波集成电路整体版面上，由于微波工作频率所对应的波长和版图尺寸可以比较，其电特性一般由交变电磁场理论或麦克斯韦电磁场方程体系所决定，和低频电路体系的不同点在于系统存在波效应。但是一般情况下作为信号传输以及分布参数电路基本部分的微带线，其横截面尺寸远小于波长，根据基本电磁理论，其横截面应为静态场分布。因此整个微带电路版图的整体交变电磁场可分解为微带线横截面的静态场以及其轴向一维交变场。可以从横截面二维静态场分析中得到分布电容、电感或由此导出的特性阻抗和相速等参数，以这些参数为基础，沿微带线纵向的一维交变场可转化成分布参数电路。因此微带电路系统可分为两个步骤：第一步由二维静态场分析作为参数提取，第二步则在此基础上进行电路分析，场和路的分析相对比较独立。二维静态场分析在整体电磁场分析中虽然难度相对较小,但对于不同的导体边界和各种介质分布,求解仍不容易,因此少部分人从事以二维静态场分析进行参数提取工作,大部分人则在此基础上进行电路分析,转场为路,这就是本书重点所在。

既然将整个系统视为电路,必须用电路方法对系统进行分析。将整个电路系统分为有源和无源两部分,有源部分为微波半导体器件,应根据半导体物理和器件的工作机理给出器件外接端口上电压、电流间的伏安特性,也可以用端口间的等效电路表示器件特性。在小信号状态下,例如低噪声放大器可表示为线性等效电路;而大信号状态,如功率放大器则必须给出器件的伏安特性曲线以建立非线性模型。对于无源部分则包含电感、电容、电阻、传输线段等几类元件,传输线段作为分布参数元件,其参数值即由二维静态场分析结果提取而得。整个电路系统按一定的拓扑关系连接起来。一般而言,系统给出若干节点分布,在节点之间或节点至地之间接有各类元件,因此在原则上可根据节点电位法对电路系统求解。通常,电路元件呈规律的排列形式,尤其是元件类型和参数值亦按一定规律排列。如 LC 梯形电路和等长度传输线段级联电路等,这类电路可应用网络方法简捷地求解,所得结果获取的系统网络参量亦可用较为简单的函数解析式表示。这样不仅简化了分析过程,而且便于网络综合,即进行电路系统的最优设计。这也是本书前半部分的关注点。但这种网络综合只限于给定的规则电路结构,不能排斥不规则电路元件在某一方面具有更优的性能。不过对不规则且规模又比较大的电路系统进行一般性的电路分析过程繁琐,难以得到较为简化的函数表达式,即使进行数值计算也将面临计算量较大的问题。

20 世纪 80 年代以后,电子计算机技术的迅速发展给微带电路设计开辟了一条新路。计算机辅助设计(CAD)应用广泛,微波集成电路亦不例外。早期的微带电路 CAD 软件按给定的电路拓扑结构输入不同的电路元件参数,系统按节点电位法进行数值计算,最后输出二端口 S 参数。对于这类元件,电路拓扑、元件参数均可随意控制,这为电路设计提供了充分的灵活性,随着计算机性能的不断提高,计算速度也迅速加快,使电路的高效率仿真设计成为可能。过去常规的滤波器采用本书第 5 章所述的综合设计法,虽可用规则电路达到一定条件下的最优特性,但采用 CAD,应用不规则电路并经调试后,可实现包含有限频率传输零点的传输特性,与此相应可获取性能更为优异的滤波器。计算机辅助设计不仅可用于仿真,也可借自动调节元件参数进行优化设计。

如果要对微波集成电路理论和技术做进一步的深入研究,则仍然必须注重“场路结合”,了解如何求解二维静态场并由此提取 TEM 波电路模型参数。由于微带线横截面为非均匀介质,必须同时求得空气均匀媒质及实际非均匀介质两种情况下的分布电容。对于前者,像同轴线或圆柱形导体对称双线一类的传输线求解过程简单,所得模型参数,如分布电容或特性阻抗可用简单的基本初等函数表达式表示。但对微带线那样带状或矩形导体,就必须用复变函数多角形变换(Schwarz 变换)求解,虽然为严格的解析方法,但求解过程复杂,其求解结果必须以超越函数(椭圆积分和椭圆函数)表示。对于后者,虽然导体边界仍然不变,但由于介质分布不均匀,已不能再用同样的数学方法,Wheeler 等人采用了近似的解析方法并引入有效介电常数的概念,最后给出其近似解析表示式。上述过程在本书第 14 章中有详细叙述。

第 14 章还介绍了另一种方法,即用部分镜像法求取分层介质格林函数,并由此推出微带导体带条上电荷分布的积分方程,将其近似为代数方程组后用数值方法求解。

对于上述两种方法，对同样的微带线，其参数提取结果相当接近，本书第 1 章中表 1-3 的参数即根据以上结果由当时的计算机算出。

随着微波集成技术的发展，相互接近的微带导体数增多，分布形式复杂，介质分层数增加，单纯的解析方法已难以解决二维静态场问题。为此以后将推出一些解析和数值相结合的方法，基本上为数值方法。前者如矩量法、谱域法、直线法和基于格林函数的积分方程法，后者如有限差分法和有限元法，二者均要求较大的计算机资源，特别是后者。而与此同时，计算机的存储量和计算速度迅速发展，正好适应了这种需要。

对于集中参数元件电感和电容的参数提取，当元件尺寸远小于波长时，可用三维静态场的解析或数值方法实现。

尽管计算机已广泛应用于微波集成电路的分析设计，无论在二维静态场提取模型参数以及电路的仿真优化方面均已取得明显成效，但面对发展中的 MIC，系统仿真的精度不能完全满足需求，使得计算机仿真的结果和实际电路系统的特性尚有一定差距。目前发展迅速的计算机资源已能较为充分地满足要求，主要问题就在于计算模型是否精确可靠了。如前所述，本书采取横向二维静态场分析结合纵向分布参数电路分析建立计算模型，即用横向静态场分析得出的参数获得传输线段的网络参量，结合接入系统的部分集中参数元件，其中也包含用三维静态场计算得出的微带不均匀性的等效集中参数元件(见第 14 章)，集中和分布参数按一定的拓扑结构组成系统的等效电路，再用分析或数值方法求解。这种方法在 MIC 发展的早期广为应用，但对于精确计算和仿真而言就存在不足，原因在于：(1)横截面准静态场和纵向为 TEM 波的假设较为粗糙，事实上由于介质分布的不均匀在横向也存在波特性，因而使纵向并非为纯 TEM 波；(2)微带不均匀性的精确特性需经全波分析获得，由静态场分析获得的集中参数等效电路较为近似，并且不均匀性间可以相互影响；(3)微带线导体的版图曾被视为各传输线段的串联、并联和级联的组合，这种处理方式也不够精确，例如一块大致为矩形的导体，其两边的中点分别以高阻线引出，则此矩形导体对两侧高阻线端口，既可表示为一段低阻级联线，也可表示为并接了两个低阻开路线段，不同表示方式得出不同的结果，可知用电路连接关系表示微带版图有其不精确之处。

上述问题的产生归因于“化场为路”，MIC 系统已难以用电路精确描述，策应之道为“由路返场”，即还原系统以电磁场作用的原貌，并且取消了横截面上二维静态场的近似假设，而将系统重新严格地归结到三维交变电磁场状态，以麦克斯韦电磁方程体系求解。具体实现则借助于计算机进行数值计算，一般而言可以用有限差分方法，即在给出导体边界条件和介质交界条件下，对空间划分足够数量的网格，以充分描述系统中的每一细节部分，保持足够的精度。然后将电磁场偏微分方程转化为差分代数方程组，如果在某些端口将场量的积分值定义为电压和电流，则差分方程组数值求解的结果即可在一定的激励状态下求得特定端口的电压电流响应，此即所谓电路的网络特性，只是系统内部用电磁场数值方法求解而非已往所用的电路分析方法或网络方法。如果网格数量足够、数值求解过程稳定，则所得的仿真结果应具有较高的精确度。不过这种计算过程将耗用计算机相当大的存储容量并要求很快的计算速度，按当前的计算机发展水平来看，应不难达到。按此种方法设计滤波器，在构想一个滤波器的初步版图后，可通过对版图形状和尺寸细节的反复调整，最终获得微波集成滤波器的最佳设计结果，包括合乎要求的通频带、陡峭的频带边沿以及足够的宽频带范围、足够大的带外衰减，其滤波特性非过去按常规综合设计法所得结果能比。目前已经有大量的商用电磁场分析软件可供选用。对于微带电路，使用二维半的电磁场分析已经可以获得足够精确的结果，三维电磁场分析虽然更精确，但是耗时太大，随着计算机计算速度发展，这一障碍应该可以改善。

应该指出，用电磁场方法进行数值模拟，并不意味着对以前常用电路方法的否定。电路方法物理概念清晰、应用方便、规律性强，并且在许多情况下可以获得满足应用要求的精度，况且多年的使用，人们已积累了电路方法的丰富经验，电路方法和电磁场直接模拟相互补充、相得益彰。

微波集成电路技术诞生于本书初版出版的前几年，迄今已有40多年，其应用已遍及军用和民用诸多领域，在多种高新技术产品中都可发现其踪影，目前甚至已和每一个人息息相关。微波集成技术的发展关联到多种学科，包括半导体物理和器件、集成电路技术、应用数学和计算数学、电磁场分析和计算方法、网络理论、通信科学、材料科学、计算机科学等。数十年间，微波集成领域在技术上经历多次升级换代，并在多个方面产生突破和创新，在理论分析和设计方法方面也不断提升，创意迭出，并逐渐和电子计算机应用紧密结合起来。其所以取得如此辉煌的进展，是因为几代射频微波的学者和科技人员对此倾注了全力。我国的射频微波工作者历年来在相对困难的条件下砥砺前行，尽力赶上本领域的最新发展步伐，并研发出一大批微波集成电路新产品，将其配备到国防和国民经济部门，对国家的全面发展作出积极贡献。今后在继续扩展微波集成电路应用范围、提升其性能指标的同时，希望我国的射频微波工作者再上一层楼，锐意进取、积极创新，在本领域的多个方面产生原创性的突破，特别在关键性理论和技术的持续进展方面起到作用，这是本书作者所寄予的殷切希望。

第1章 微带线基础

CHAPTER 1

1.1 微带线的发展及其应用

微带线是微波传输线的一种。作为微波传输线，有平行线、同轴线、波导、带状线和微带线等不同形式。它们的发展和演变，都来源于生产实践。最初形式的平行传输线，频率升高就有显著的辐射损耗，不适于作为很高频率（例如分米波、厘米波段）的传输线和电路元件，因此发展成为封闭结构的同轴线和波导，防止了辐射损耗，大大提高了工作性能，把微波技术推进到一个新的水平。同轴线和波导的最大缺点是体积、重量大。这个问题在过去并不突出。但随着空间电子技术（例如空用雷达和其他空用电子设备、卫星通信设备等）的发展，设备的体积和重量成为一个主要矛盾，必须予以解决；即使对一些地面电子设备，减轻体积、重量也成为一个重要问题，例如相控阵雷达，使用了成千上万个微波单元，包括收、发设备和微波电路系统，如仍沿用过去的元件，则整个系统也将很复杂笨重。此外，同轴线和波导作为传输线和电路元件还存在机械加工量大、成本高、调整不易等缺点。总之，为了适应现代无线电技术的发展，微波传输线必须相应地有个大的变革。

为了减轻整个无线电设备的体积和重量，增加其可靠性，首先在低频电路中有了很大发展：由电子管发展到晶体管，进而又发展到集成电路，为整机小型化开辟了道路。这个变革逐渐扩展到微波领域。近十几年来，发展起一大批微波固体器件，它们和电子管相比，体积、重量大为减小。但要真正做到微波整机的小型化，还必须有电路部分与之配合。20世纪60年代中期以后，将器件和电路结合起来解决小型化问题的微波集成电路发展起来，从而使微波设备的固体化、小型化成为可能，并大大改进了整机的指标。

目前应用的微波集成电路有两种：第一种称为集中参数型集成电路，其特点是电感、电容、电阻等电路元件均为集中参数，尺寸远小于工作波长，借助于蒸发、淀积、光刻等工艺印制在介质基片上，和有源微波固体器件连接后即构成整个微波集成电路；第二种即分布参数型集成电路或微带集成电路（简称微带电路），电路元件由分布参数的微带线构成。它包含按设计图形印制在介质基片一面的导体带条和另一面的金属接地板，图形的尺寸可以和工作波长比拟，和微波固体器件连接后即构成整个微带电路。将两者进行比较：前者的工作频带宽，元件（如滤波器）频率特性接近理想，集成度也较高，但其工艺比较复杂，质量不易保证，并且由于电路元件的精度难于提高，从而使整个电路特性的一致性差；而对微带电路，只要保证精确的印制工艺（这是比较容易做到的），就可得到较高的电路质量，故目前实际使用的大部分都是这种电路。

微带线可印制在很薄的介质基片上(可以薄到 1mm 以下),故其横截面尺寸比波导、同轴线小得多。其纵向尺寸虽和工作波长可以比拟,但因可采用高介电常数的介质基片,使线上的波长比自由空间波长小了几倍,同样可以减小。此外,整个微带电路元件共用接地板,只须由导体带条构成电路图形,使整个电路的结构大为紧凑。由于上述原因,微带电路较好地解决了小型化问题,与波导、同轴线元件相比,大大地减小了体积、重量。

早在 20 世纪 40 年代末、50 年代初,微带线作为一种传输线类型,几乎和带状线同时被提出。微带线和带状线可认为是由平行传输线及同轴线演变而来,如图 1-1 所示。在平行双线两圆柱导体间的中心面上放置一导电平板,使导电平板和所有电力线垂直,不扰动原来的电场结构,再把传输线从中心面一分为二;把其中一侧的导体圆柱体移去,另一侧导体周围的电场分布也不变,而导体柱体与导电平板(又称接地板)则构成一对传输线。如果把导体柱体变为一带状扁条而敷在介质板的一面,介质板的另一面为接地板,即构成微带线。

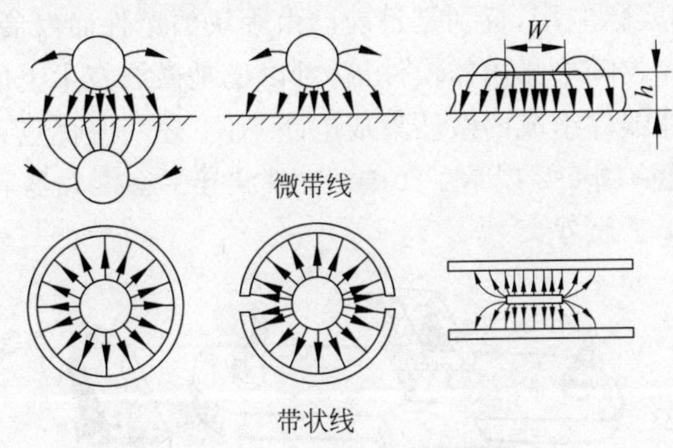

图 1-1　微带线和带状线

图 1-1 的下部表示带状线的演变过程。一同轴线的外导体对半分开,然后把两半外导体分别向上、下方向展平,把内导体做成扁平带状,即构成带状线。

对比图 1-1 上、下部分的电力线结构,可知微带线的电力线分布只是左右对称,上下不对称;而带状线则上下、左右都对称。因此微带线有时又称为不对称带状线。

微带线和带状线之所以被提出作为一种新的传输线,主要是由于其下述特点:它们都由带状导体和面积很大的接地板构成,在组成各种微波电路时,可借助于印刷技术,因而使电路的结构和工艺大为简化。

在开始时,尽管对称结构的带状线得到广泛推广,而不对称结构的微带线却未见有很多实际应用,其原因主要在于:微带线的场结构和平行双线一样(相当于半个平行双线)属于半开放性,工作频率提高,将引起显著的辐射损耗;而且这种不对称的场结构除了主要的 TEM 型外,还会激励起其他波型,使工作特性变坏。为了避免上述缺点,可将微带线的横截面尺寸大大缩小,使之远小于波长,即使介质基片的厚度 h,导体带条的宽度 W 均远小于波长。但这样又导致其导体损耗增大,而使微带传输线的损耗或 Q 值指标远逊于其他传输线。此外还由于当时的工艺水平差,小的尺寸难于保证其精度,又缺少一套较为精确的理论设计方法,因而各种微带电路元件也比较粗糙。这都是微带线最初不如带状线用得广泛的原因。

在 20 世纪 60 年代以来,无线电技术对小型化的要求日趋迫切,改变以波导、同轴线为主体的微波系统已成为当务之急;同时在微波固体器件上已产生重大突破,要求有微波传输线与之配合。此时微带线遂登上重要地位,因为它的下述三个主要特点解决了微波电路小型化、集成化中的主要矛盾。

(1) 可用印刷的方法做成平面电路,电路结构十分紧凑;

(2) 传输线的尺寸,不仅线的横截面,而且在沿着线的方向,也因采用高介电常数的介质基片缩短了线上的波长而可大为缩减;

(3) 微带线带条的半边是自由空间(在带状线条两侧和接地板之间,均有介质填充),连接微波固体器件十分方便。

微带线的损耗大诚然是一缺点,但在精心选择介质基片材料,不断改进工艺的过程中,已可将其降低。在采用金属镀膜与光刻这一套工艺后,电路的尺寸精度又大为提高。加以这方面的生产实践推动了有关理论研究工作的进展,而计算微带线参量的电磁场问题和设计微带电路的网络问题都取得了研究成果后,反过来也提高了这方面生产实践的水平。微带电路已由研制发展到实际应用,特别是目前已由小块的单件而发展成大的微波功能块,如微波固体接收机、微波相控阵单元固体模件等,可以说是微波技术上的一次大的革新。总括起来,由微带和微波固体器件组成的微波集成电路,有下述一些优点:

(1) 小型化、轻量化。图 1-2 展示了 10cm 波段波导平衡混频器和微带平衡混频器的比较,可以看出明显地减小了尺寸。

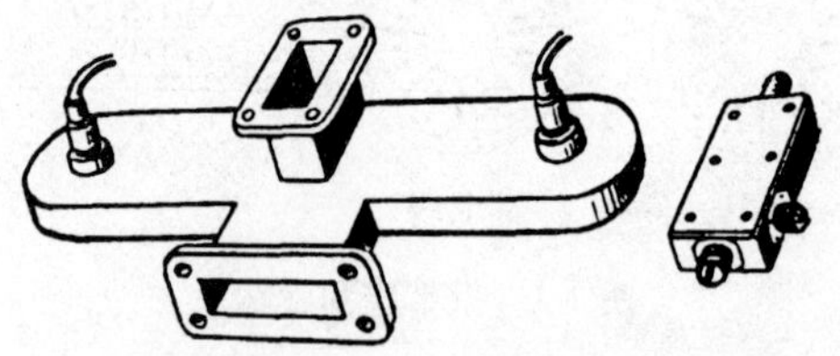

图 1-2 波导和微带平衡混频器的比较

(2) 生产成本降低,生产周期缩短,这是由于把大量的机械加工变为微带印制工艺的缘故。

(3) 提高了可靠性。

(4) 提高了性能。

以上(3)、(4)两点也是由于用印制的平面电路,代替结构复杂、调节部件繁多的波导与同轴线的立体电路;同时也是由于采用了高性能的微波固体器件的结果。

目前这种微波集成电路的发展十分迅速,已成为微波技术的发展方向之一。但是,我们强调微带电路的优点,也并非说波导、同轴线将完全被它代替。微带电路目前还存在着缺点和局限性:毕竟它的损耗大,Q 值约比同轴线低一个数量级,比波导几乎低两个数量级,因此在构成滤波器、谐振腔等一类电路元件时,性能较差;在构成整个微波功能块时,有时其传输线损耗可高达几个分贝,这在某些应用中也不允许;由于微带线的尺寸小而不适于传输大功率,只能应用于中小功率,如固体接收机等。此外,要发挥它的可靠性高、性能好等优点,尚有待于继续改进它的生产工艺。

1.2 微带线的构成

前面已经讲过，微带线系由介质基片以及其两边的导体带条和接地板所构成，而带条图形系用印制技术敷在介质基片上。目前采用的基本构图方法有两种：其一是厚膜技术，它借助于掩膜在介质基片上烧结以金属材料，构成微带图形；另一为薄膜技术，采用真空蒸发或溅射的方法，在介质基片上淀积成金属薄膜，再光刻腐蚀成图形，最后以电镀把带条加厚至4～5个趋肤层深度为止，以减小导体损耗。两种方法前者比较简便，成本低，但质量不如后者，因为把金属材料烧结于基片之上，基片表面须比较粗糙，否则不易附着，但这样引起损耗增加，图形精度降低。后者采用真空淀积，采取适当的工艺，即使基片表面光洁度很高，金属材料也能有效附着，并且真空淀积金属膜的内部金相结构远比烧结膜均匀细致。结果用薄膜技术所得的微带线，其损耗几乎比用厚膜技术的要低一半。因此目前采用薄膜技术居多，在国内也不例外。

薄膜技术的主要工艺过程如下：

(1) 磨片。把介质基片毛坯通过粗磨和精磨几道手续，使其片子厚度、厚度的均匀度、表面光洁度均满足要求。一般采用的瓷(Al_2O_3)基片应保证厚度公差在±0.01～±0.03mm范围之内。表面光洁度在1μm以下。

(2) 蒸发。把磨好的基片置于真空镀膜机内蒸发金属材料。为使金属材料能牢固地附着于基片，往往先蒸发很薄的一层铬(约几十到几百埃(A)的厚度，$1A=10^{-8}$cm)作为底金属，因为它和基片比较能牢固附着。然后再在这层铬之上蒸发一层金，厚度约1μm左右。做接地板也应先在基片表面淀积一层金属，再衬垫以铜板或铝板以保证电路精度，因此应在基片正反面分别蒸发一层金属，但向基片背面蒸发金属可在正面光刻腐蚀后再进行。

(3) 光刻腐蚀。把蒸好金属的基片上涂胶，然后在其上复以电路图形照片的底片，置于紫外光下光刻，再进行腐蚀，此时不感光部分被腐蚀，留下感光部分的图形。

(4) 电镀。因为真空镀膜的厚度只有1μm，而为了保证电路损耗尽可能小，至少应使膜厚为金属材料趋肤深度的(3～5)倍，在X～L波段(3～20cm波长范围)，对于金，其趋肤深度约在0.7～2μm左右，故通常带条厚度应为10μm左右，可以用电镀的方法加厚。带条材料用金居多，因它性能比较稳定，不易氧化，不受酸碱腐蚀，且导电性能亦较优良。但也可以先镀一层铜，再在表面镀一薄层金作为保护，这样可节省贵金属——金的消耗，又能降低电路损耗。

为何不在蒸发过程中一次加厚？主要原因一方面是节省贵金属，以免微带图形以外的很多金属在腐蚀中失去；另外膜厚了使得腐蚀时间加长，当底片的黑白对比度不够时，易产生废品。

对基片材料及电介质材料和淀积的金属材料都应当很好地加以选择，不仅要满足电性能要求，还应满足机械性能、加工性能、对环境的适应能力、低的生产成本等几方面要求。

对于基片材料，要求：

(1) 较高的介电常数，使电路小型化；

(2) 低的损耗($\tan\delta$小，这里δ为材料损耗角)；

(3) 在给定的频率和温度范围内，介电常数稳定；

(4) 纯度高，片的性能一致性好；

(5) 表面光洁度高；

(6) 击穿强度高；

(7) 导热性好，以适用于较大的功率；

(8) 适应环境能力强。

目前应用的几种基片材料特性如表 1-1 所示。

表 1-1 基片材料的特性

材料＼项目	主要成分	介电常数	$\tan\delta$ /10GHz	热传导率 /W(cm℃)$^{-1}$	表面光洁度/μm	机械加工度	耐化学性
石英	SiO99.9%	3.8	10^{-4}	0.01	<0.1	良	良
瓷	$Al_2O_3$96%	8.9	6×10^{-4}	0.35	<2	不能	良
	$Al_2O_3$99.6%	9.5～9.6	2×10^{-4}	0.4	<1	不能	良
蓝宝石	$Al_2O_3$100%	11	10^{-4}	0.4	<0.1	不能	良
氧化铍	BeO95%～99%	6	10^{-4}	2.5	<2	差	良
金红石	TiO_2	100	4×10^{-4}	0.02	<2	不能	良
玻璃		5	4×10^{-3}	0.01	良	不能	差

从表中可见，不同材料各有优劣，也各有其特点，如金红石介电常数特别大而有利于小型化；氧化铍利于导热而能承受较大的功率；石英的表面光洁度高；蓝宝石的各方面综合性能好，但价格太贵。由于全面考虑了这些因素，目前使用最普遍的基片材料是瓷，其成分为 Al_2O_3，根据其不同的纯度百分比有 96 瓷、99 瓷等，其中 99 瓷的性能最好，当前采用也最多。

当工作频率提高到毫米波段，减小尺寸就不是主要矛盾，反之尺寸太小则不易保证电路的精度；而此时由于导体趋肤深度的减小，更要求基片表面光洁度高(因为淀积金属的表面光洁度取决于基片表面光洁度)，在此种情况下，较多采用介电常数较低、而表面光洁度很高的石英。至于其他材料则只在特殊情况下使用。

对于金属材料，应有下列要求：

(1) 高的导电率；

(2) 低的电阻温度系数；

(3) 对基片的附着性能好；

(4) 好的刻蚀性和可焊接性；

(5) 易于淀积和电镀。

常用的金属材料特性如表 1-2 所示。

由表 1-2 可知，导电性能较好的金属，如铜、银、金等附着性能很差；反之，导电性能差的钼、铬、钽等的附着性能却良好。为此，在基片上沉积导电性能良好的金属之前，可以先蒸一薄层的铬、钼等金属作为媒介，再把导电良好的金属附着于媒介金属上，此时媒介金属虽然导电率差，但因其蒸发厚度只有几十至几百埃的数量级，比其趋肤深度要小得多，因此电流的分布，可以完全穿透此薄层，而主要分布在导电良好的主金属上，故对微带线损耗的影响极微。

表 1-2　各种金属材料的特性

材　　料	电阻率/Ω·cm	趋肤深度/μ·m（在 2000MHz）	表面电阻率 $/\Omega(\mathrm{cm}^2\times10^{-7}\sqrt{f})^{-1}$	热膨胀系数 $/10^{-8}(℃)^{-1}$	对基片的附着性
银	1.59×10^{-6}	1.4	2.5	21	差
铜	1.67×10^{-6}	1.5	2.6	18	很差
金	2.35×10^{-6}	1.7	3.0	15	很差
铝	2.65×10^{-6}	1.9	3.3	25	很差
钨	5.34×10^{-6}	2.6	4.7	4.6	好
钼	5.5×10^{-6}	2.7	4.7	6.0	好
铬	12.7×10^{-6}	2.7	4.7	9.0	好
钽	15.2×10^{-6}	4.0	7.2	6.6	很好

除了以薄膜技术在介质基片上形成电路图形以外，也有一部分微带电路仿照低频印刷板的方法，在一敷铜箔的介质板上，按照电路照相底片的图形，将不需要的铜箔进行腐蚀而除去，留下部分即构成微带电路。介质板通常采用充填纤维的聚四氟乙烯（$\varepsilon_r\approx2.55\sim2.6$），或环氧玻璃纤维板（$\varepsilon_r\approx3\sim5$），它们的 $\tan\delta$ 较小，介电常数较低。如取较大的板厚，则电路图形也比较大，其尺寸的精度就较易得到保证。其功率容量、损耗等参数均较小尺寸的瓷基片薄膜电路为优，并且介质基片的加工性能与铜箔的机械强度也比较好。因此，在对电路小型化的要求不高的场合，也可用上述敷铜箔的介质板来构成微带电路。

1.3　微带线的特性阻抗和相速

特性阻抗和相速是任何微波传输线的最主要两个参量。前者与阻抗匹配有关，后者决定传输线电长度和其几何长度的关系①。研究微带线的各种特性，首先是从这两个参量出发。

必须指出：传输线的特性阻抗及相速，均系对一定的波型而言。例如对同轴线，一般指 TEM 型（即横电磁波）；对于一般矩形波导，通常指 H_{10} 型，其他的波型称为杂型或高次型，应设法加以抑制。微带线虽系由平行双线演变而来，但因导体之间夹入了介质基片，使情况复杂化。用电磁场原理可以证明：这时微带线传输的电磁波不是纯粹的横电磁波，而会出现各种杂型波。但如尽量缩小微带横截面尺寸，使带条宽度 W 和基片高度 h 均远小于 $\frac{\lambda}{2\sqrt{\varepsilon_r}}$（其中 λ 为工作波长，ε_r 为基片材料对真空的相对介电常数），则杂型波极小，可以近似地看成为 TEM 波。由于它和同轴线均匀介质中的 TEM 波略有差别，故称为准 TEM 波，但可近似地认为其横截面电力线分布大致如图 1-1 所示。

对于 TEM 波，根据长线方程，传输线的特性阻抗 Z_0 和相速 v_φ 分别为

① 在微带电路中，电长度均以微带线上的波长 λ_g 计，而 $\lambda_g=\frac{v_\varphi}{f}$，其中 v_φ 为微带线相速，f 为工作频率，微带电路中各部分几何尺寸的确定均以 λ_g 为标准。

$$Z_0 = \sqrt{\frac{L_0}{C_0}} \tag{1-1}$$

$$v_\varphi = \frac{1}{\sqrt{L_0 C_0}} \tag{1-2}$$

其中 L_0 和 C_0 分别为传输线的分布电感和分布电容。特性阻抗为传输线上行波电压和行波电流，或入射波电压对入射波电流之比；相速则表示电磁波在传输线上的行进速度。由于波的速度系以等相位点向前移动的速度表示，故又称为相速。当传输线的分布电感与分布电容求得后，即可根据上式分别求出 Z_0 和 v_φ。

根据 TEM 波的特性，其横截面上某一瞬间电场和磁场的分布和该传输线无限长、无限均匀时的静电场与静磁场分布完全一致，故 C_0 和 L_0 可分别按静电场和恒定电流磁场来计算。

由式(1-1)和式(1-2)，得

$$Z_0 = \frac{1}{v_\varphi C_0} \tag{1-3}$$

即已知分布电容和相速后，也可直接求得线的特性阻抗。

当传输线全部处在空气或真空中时，$v_\varphi = c = 3\times10^8\,\mathrm{m/s}$。当传输线全部处于相对介电常数为 ε_r 的介质中时，则 $v_\varphi = \frac{c}{\sqrt{\varepsilon_r}}$。微带线的部分电场在介质中，部分在空气中，空气和介质对其相速都有影响，其影响相对大小，由电场在这两部分占据范围的相对大小以及介质和导体边界的形状与尺寸所决定，但可以肯定，其相速一定在 c 和 $\frac{c}{\sqrt{\varepsilon_r}}$ 范围之间。为此，我们用有效介电常数 ε_e 这一参量来表示此种影响，并令 v_φ 为

$$v_\varphi = \frac{c}{\sqrt{\varepsilon_e}} \tag{1-4}$$

ε_e 的值介于$(1\sim\varepsilon_r)$之间，和介质填充的几何形状与尺寸有关，对于 ε_e 下面还要详细讨论。

根据 ε_e 的物理意义，并假定保持导体形状尺寸不变，但去掉介质后在空气中的微带线分布电容为 C_0^0，则有

$$C_0^0 = \frac{C_0}{\varepsilon_e} \quad 或 \quad C_0 = \varepsilon_e \cdot C_0^0 \tag{1-5}$$

空气微带线的特性阻抗 Z_0^0，按式(1-3)应为

$$Z_0^0 = \frac{1}{cC_0^0} \tag{1-6}$$

由式(1-3)、式(1-4)、式(1-5)和式(1-6)，可得

$$Z_0 = \frac{Z_0^0}{\sqrt{\varepsilon_e}} \tag{1-7}$$

因此，求微带线的特性阻抗时，可先求同尺寸的空气微带线的特性阻抗，再求介质基片存在时的有效介电常数 ε_e，然后按式(1-7)来计算。

微带线特性阻抗 Z_0^0 和有效介电常数 ε_e 的求法如下：先求 Z_0^0。根据式(1-6)，为了求 Z_0^0，须先求出其分布电容 C_0^0。这是一个静电场的边值问题，最典型的求解方法为应用复变函数的多角形变换(或称许瓦兹变换)，把复平面 z_1 上的微带图形转换成复平面 z 上的平行

板电容器图形，如图 1-3 所示；电场则从充填于 z_1 平面的整个上半部变为 z 平面的矩形区范围。利用复变数 z_1 和 z 的转换关系，并根据平行板电容的计算公式即可算出微带线的分布电容。

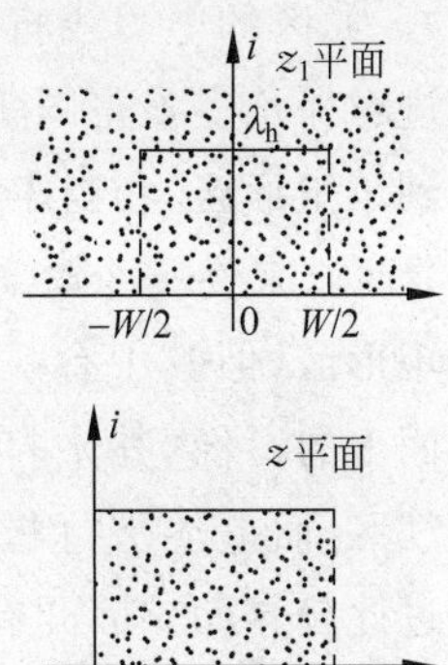

图 1-3 复平面的变换

有两种具体的计算方法。其一是近似的，只对导体带条宽度 W 大于高度 h 时适用。此时可把微带电容考虑成以带条宽度 W 和接地板构成的理想平行板电容器和两个导体边缘电容之和。在计算一个边缘电容时，可把 W 看成无限宽，因而另一侧的边缘场对此边缘场无影响，这样得到

$$Z_0^0 \approx \frac{\pi}{2}\sqrt{\frac{\mu_0}{\varepsilon_0}} \cdot \frac{1}{1+\frac{\pi W}{h}+\ln\left(1+\frac{\pi W}{2h}\right)}, \quad W \geqslant h \qquad (1\text{-}8)$$

另一种方法是严格介，即严格地把一个复平面上的场变换到另一个复平面上。此时应用多角形变换，可求得 z_1 和 z 之间的变换关系①为

$$z_1 = -\frac{2hk}{\pi} \cdot \ln\theta_1\left(z\frac{K'(m)}{K(m)}\right) \qquad (1\text{-}9)$$

经过复变函数的运算，最后可得到 Z_0^0 为

$$Z_0^0 = \frac{1}{2}\sqrt{\frac{\mu_0}{\varepsilon_0}} \cdot \frac{K'}{K} = 60\pi K'/K \qquad (1\text{-}10)$$

为了便于在工程上实际应用，可把式(1-10)的超越函数展开成级数表示式。其结果为

$$Z_0^0 = 60\ln\sum_{n=1}^{-\infty} a_n\left(\frac{h}{W}\right)^n, \quad W \leqslant h \qquad (1\text{-}11)$$

$$Z_0^0 = \frac{120\pi}{\sum_{n=1}^{-\infty} b_n \cdot \left(\frac{W}{h}\right)^n}, \quad W \geqslant h \qquad (1\text{-}12)$$

进一步取近似，而表达成下列有理函数形式

$$Z_0^0 = 60\ln\left(\frac{8h}{W}+\frac{W}{4h}\right), \quad W/h \leqslant 1 \qquad (1\text{-}13)$$

$$Z_0^0 = \frac{120\pi}{W/h+2.42-0.44\frac{h}{W}+\left(1-\frac{h}{W}\right)^6}, \quad W/h \geqslant 1 \qquad (1\text{-}14)$$

根据以上两式，即可应用计算机算出不同 W/h 时的 Z_0^0，在 $0 \leqslant \frac{W}{h} \leqslant 10$ 范围内，其精确度可达±0.25%。

有介质基片时电场部分在空气中，部分在介质内，不能应用一般的保角变换方法。这时存在着介质边界条件问题，变换函数十分复杂，但可按下述方法作近似分析。

图 1-4(a)中所示为带条宽 W，基片高 h 的微带线横截面。带条最边缘点③至接地板上的电力线以虚线③、⑦表示，此线把微带线截面分成两部分，在左边打点的部分的电力线皆在介质内，而在其右边的电力线，则一部分在介质内(打斜线区)，另一部分在空气中(空白

① 对式(1-9)的说明及推导，见本书最后一章。

的)。此区的电力线将穿过由③到⑧的介质分界面。把该图形进行保角变换得图 1-4(b),则原来全部在介质中打点区转换到了矩形区,相当于有一个为介质全部充填的平行板电容器;而原来在整个③、⑦虚线右边的部分则转换成左边的一个矩形区,但其中有一条弧线为介质分界面③至⑧在新的复平面上的写像,其中打斜线的部分为介质区,空白的部分为空气区,而上述平行板电容上、下极板之间的部分电力线要穿过此分界面。因此有介质基片的微带线分布电容的计算,可归结为求两个平行板电容之和。其一为均匀填充介质的平行板电容;另一为部分填充介质的平行板电容,在其中间存在介质分界面。

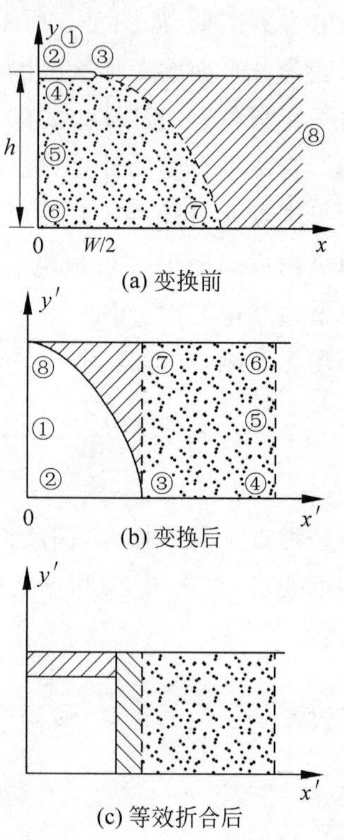

(a) 变换前

(b) 变换后

(c) 等效折合后

图 1-4 微带线截面向平行板截面转换

此介质分界面可以用复杂的函数关系写出,它近似于一条椭圆弧线。但这样写出后,计算电容仍比较麻烦,因此再作一次近似,而转换成图 1-4(c)。把打斜线的阴影区近似成一个横的长方形和一个竖的长方形。这样计算该平行板电容就比较简单。打斜线的竖长方形代表全部充填介质的并联电容分量;而打斜线的横长方形表示全部填充介质的串联电容分量,它和空白的、代表全部空气的平板电容串联后,和竖长方形的电容分量并联,再和打点区的平行板电容并联,即得到全部电容。只要能近似算出各个矩形的宽高尺寸,就不难算出各部分的电容,从而得到整个分布电容 C_0。将 C_0 和空气微带线电容 C_0^0 相比,就得到有效介电常数 ε_e。按此法所得有效介电常数近似为

$$\varepsilon_e = \frac{1+\varepsilon_r}{2} + \frac{\varepsilon_r - 1}{2}\left(1 + \frac{10h}{W}\right)^{-\frac{1}{2}} \tag{1-15}$$

当 W/h 很大时,$\varepsilon_e \to \varepsilon_r$,这是因为带条很宽可认为全部电力线在介质内。当 W/h 很小时,$\varepsilon_e \to \frac{1+\varepsilon_r}{2}$相当于空气和介质的平均值。故 ε_e 在此两个极端值的范围之内。有时把 ε_e 写成

$$\varepsilon_e = 1 + q(\varepsilon_r - 1) \tag{1-16}$$

其中,q 称为填充系数,表示介质填充程度。当介质全部填充时,$q=1$,则 $\varepsilon_e = \varepsilon_r$。可以证明:$q$ 主要取决于微带线横截面形状,亦即决定于 W/h 值,而和介电常数 ε_r 的关系较小。当 ε_r 产生微小变化时,q 值基本上不变。应用这个概念,当基片的介电常数产生不大的变化时,应用式(1-16)可求得 ε_e 的变化值。

根据上述诸式,利用计算机可算出各种不同介电常数 ε_r 下,各不同的 W/h 的微带线的有效介电常数 ε_e 和特性阻抗值 Z_o,有效介电常数 ε_e 已知,则相速 v_φ 也可求出。

表 1-3 为根据上述诸式求出在常用的基片介电常数 ε_r 值下,不同微带线尺寸参数 W/h 的特性阻抗 Z_0 和有效介电常数 ε_e 值。

表 1-3　微带线的特性阻抗和有效介电常数

$\varepsilon_r = 2.05$

W/h	Z_0/Ω	$\sqrt{\varepsilon_e}$	W/h	Z_0/Ω	$\sqrt{\varepsilon_e}$
0.005	357.09	1.240	0.94	100.42	1.296
0.011	318.34	1.242	0.98	98.51	1.297
0.019	291.42	1.244	1.00	97.51	1.298
0.025	277.89	1.245	1.05	95.16	1.299
0.033	264.18	1.247	4.10	92.94	1.300
0.045	248.86	1.249	1.15	90.88	1.301
0.055	238.93	1.251	1.20	88.96	1.303
0.071	226.31	1.253	1.30	85.42	1.305
0.085	217.40	1.254	1.40	82.25	1.307
0.099	209.86	1.256	1.50	79.36	1.309
0.14	192.73	1.260	1.60	76.70	1.311
0.20	175.12	1.264	1.80	71.96	1.315
0.26	162.20	1.268	2.00	67.81	1.319
0.30	155.17	1.271	2.30	62.44	1.324
0.34	149.04	1.273	2.60	57.88	1.328
0.40	141.11	1.276	3.00	52.75	1.333
0.44	136.47	1.278	3.50	47.51	1.339
0.50	130.26	1.280	4.00	43.24	1.344
0.54	126.57	1.282	4.50	39.70	1.348
0.58	123.14	1.284	5.00	36.72	1.352
0.62	119.95	1.285	6.00	31.96	1.359
0.66	116.97	1.287	7.00	28.33	1.365
0.70	114.18	1.288	8.00	25.46	1.369
0.74	111.56	1.289	9.00	23.14	1.373
0.78	109.08	1.291	10.00	21.21	1.377
0.82	106.74	1.292	15.00	15.03	1.390
0.86	104.53	1.293	20.00	11.66	1.398
0.90	102.42	1.295			

$\varepsilon_r = 2.55$

W/h	Z_0/Ω	$\sqrt{\varepsilon_e}$	W/h	Z_0/Ω	$\sqrt{\varepsilon_e}$
0.005	330.6	1.34	0.20	161.3	1.37
0.011	294.6	1.34	0.26	149.3	1.38
0.019	269.6	1.34	0.30	142.8	1.38
0.025	257.0	1.35	0.34	137.1	1.38
0.033	244.2	1.35	0.40	129.7	1.39
0.045	230.0	1.35	0.44	125.4	1.39
0.055	220.7	1.35	0.50	119.6	1.39
0.071	209.0	1.36	0.54	116.2	1.40
0.085	200.7	1.36	0.58	113.0	1.40
0.099	193.7	1.36	0.62	110.1	1.40
0.14	177.7	1.37	0.66	107.3	1.40

续表

W/h	Z_0/Ω	$\sqrt{\varepsilon_e}$	W/h	Z_0/Ω	$\sqrt{\varepsilon_e}$
0.70	104.7	1.40	1.60	70.0	1.44
0.74	102.3	1.41	1.80	65.7	1.44
0.78	100.0	1.41	2.00	61.8	1.45
0.82	97.8	1.41	2.30	56.9	1.45
0.86	95.8	1.41	2.60	52.7	1.46
0.90	93.8	1.41	3.00	48.0	1.47
0.94	92.0	1.41	3.50	43.2	1.47
0.98	90.2	1.42	4.00	39.3	1.48
1.00	89.3	1.42	4.50	36.0	1.49
1.05	87.1	1.42	5.00	33.3	1.49
1.10	85.0	1.42	6.00	29.0	1.50
1.15	83.1	1.42	7.00	25.6	1.51
1.20	81.4	1.42	8.00	23.0	1.51
1.30	78.1	1.43	9.00	20.9	1.52
1.40	75.2	1.43	10.00	19.2	1.52
1.50	72.5	1.43	15.00	13.6	1.54

$\varepsilon_r = 4.90$

W/h	Z_0/Ω	$\sqrt{\varepsilon_e}$	W/h	Z_0/Ω	$\sqrt{\varepsilon_e}$
0.005	255.85	1.730	0.78	75.54	1.864
0.011	222.70	1.734	0.82	73.86	1.867
0.018	208.12	1.742	0.86	72.27	1.870
0.025	198.26	1.746	0.90	70.77	1.874
0.033	188.27	1.750	0.94	69.36	1.877
0.045	177.10	1.755	0.98	67.97	1.880
0.055	169.86	1.759	1.00	67.26	1.881
0.071	160.65	1.765	1.05	65.57	1.884
0.085	154.16	1.769	1.10	64.00	1.888
0.099	148.65	1.772	1.15	62.54	1.891
0.14	136.16	1.783	1.20	61.17	1.894
0.20	123.33	1.795	1.30	58.66	1.900
0.26	113.93	1.806	1.40	56.40	1.904
0.30	108.82	1.812	1.50	54.36	1.912
0.34	104.38	1.818	1.60	52.48	1.917
0.40	98.63	1.825	1.80	49.13	1.927
0.44	95.27	1.830	2.00	46.20	1.935
0.50	90.80	1.837	2.30	42.44	1.948
0.54	88.12	1.842	2.60	39.24	1.959
0.58	85.65	1.846	3.00	35.67	1.971
0.62	83.35	1.850	3.50	32.03	1.986
0.66	81.21	1.853	4.00	29.08	1.998
0.70	79.20	1.857	4.50	26.64	2.009
0.74	77.31	1.861	5.00	24.59	2.019

续表

W/h	Z_0/Ω	$\sqrt{\varepsilon_e}$	W/h	Z_0/Ω	$\sqrt{\varepsilon_e}$
6.00	21.33	2.036	10.00	14.04	2.081
7.00	18.86	2.052	15.00	11.89	2.112
8.00	16.91	2.062	20.00	9.15	2.131
9.00	15.34	2.072			

$\varepsilon_r=8.6$

W/h	Z_0/Ω	$\sqrt{\varepsilon_e}$	W/h	Z_0/Ω	$\sqrt{\varepsilon_e}$
0.005	200.3	2.21	0.90	54.6	2.43
0.011	178.1	2.22	0.94	53.5	2.43
0.019	162.7	2.23	0.98	52.4	2.44
0.025	154.9	2.23	1.00	51.9	2.44
0.033	147.0	2.24	1.05	50.6	2.44
0.045	138.3	2.25	1.10	49.3	2.45
0.055	132.55	2.25	1.15	48.2	2.45
0.071	125.3	2.26	1.20	47.1	2.46
0.085	120.2	2.27	1.30	45.2	2.47
0.099	115.8	2.27	1.40	43.4	2.48
0.14	105.98	2.29	1.50	41.8	2.48
0.20	95.8	2.31	1.60	40.4	2.49
0.26	88.4	2.32	1.80	37.7	2.51
0.30	84.4	2.33	2.00	35.5	2.52
0.34	80.97	2.34	2.30	32.5	2.53
0.40	76.4	2.35	2.60	30.1	2.55
0.44	73.8	2.36	3.00	27.3	2.57
0.50	70.3	2.37	3.50	24.5	2.60
0.54	68.2	2.38	4.00	22.2	2.61
0.58	66.2	2.38	4.50	20.3	2.63
0.62	64.4	2.39	5.00	18.7	2.64
0.66	62.8	2.40	6.00	16.2	2.67
0.70	61.2	2.40	7.00	14.3	2.69
0.74	59.7	2.41	8.00	12.9	2.71
0.78	58.3	2.41	9.00	11.6	2.72
0.82	57.0	2.41	10.00	10.6	2.74
0.86	55.8	2.42	15.0	7.50	2.78

$\varepsilon_r=8.8$

W/h	Z_0/Ω	$\sqrt{\varepsilon_e}$	W/h	Z_0/Ω	$\sqrt{\varepsilon_e}$
0.005	198.2	2.23	0.071	124.0	2.28
0.011	176.3	2.24	0.085	118.9	2.29
0.019	161.0	2.25	0.099	114.6	2.30
0.025	153.3	2.26	0.14	104.9	2.30
0.033	145.5	2.26	0.20	94.9	2.33
0.045	136.8	2.27	0.26	87.6	2.35
0.055	131.2	2.28	0.30	83.6	2.36

续表

W/h	Z_0/Ω	$\sqrt{\varepsilon_e}$	W/h	Z_0/Ω	$\sqrt{\varepsilon_e}$
0.34	80.1	2.37	1.20	46.6	2.49
0.40	75.6	2.38	1.30	44.7	2.49
0.44	73.0	2.39	1.40	42.9	2.50
0.50	69.6	2.40	1.50	41.4	2.51
0.54	67.5	2.40	1.60	39.9	2.52
0.58	65.6	2.41	1.80	37.3	2.53
0.62	63.8	2.42	2.00	35.1	2.55
0.66	62.1	2.42	2.30	32.2	2.57
0.70	60.6	2.43	2.60	29.8	2.58
0.74	59.1	2.43	3.00	27.0	2.60
0.78	57.7	2.44	3.50	24.2	2.62
0.82	56.4	2.44	4.00	22.0	2.64
0.86	55.2	2.45	4.50	20.1	2.66
0.90	54.0	2.45	5.00	18.6	2.67
0.94	52.9	2.46	6.00	16.1	2.70
0.98	51.9	2.46	7.00	14.2	2.72
1.00	51.4	2.46	8.00	12.7	2.74
1.05	50.0	2.47	9.00	11.5	2.75
1.10	48.8	2.48	10.00	10.5	2.77
1.15	47.7	2.48	15.0	7.42	2.81

$\varepsilon_r=9.0$

W/h	Z_0/Ω	$\sqrt{\varepsilon_e}$	W/h	Z_0/Ω	$\sqrt{\varepsilon_e}$
0.005	196.2	2.26	0.62	63.1	2.44
0.011	174.5	2.27	0.66	61.5	2.45
0.019	159.4	2.27	0.70	59.9	2.45
0.025	151.8	2.28	0.74	58.5	2.46
0.033	144.0	2.29	0.78	57.1	2.46
0.045	135.4	2.30	0.82	55.8	2.47
0.055	129.8	2.30	0.86	54.6	2.47
0.071	122.7	2.31	0.90	53.5	2.48
0.085	117.7	2.32	0.94	52.4	2.48
0.099	113.5	2.32	0.98	51.3	2.49
0.14	103.8	2.34	1.00	50.8	2.49
0.20	93.9	2.36	1.05	49.5	2.50
0.26	86.6	2.37	1.10	48.3	2.50
0.30	82.7	2.38	1.15	47.2	2.51
0.34	79.3	2.39	1.20	46.1	2.51
0.40	74.9	2.40	1.30	44.2	2.52
0.44	72.3	2.41	1.40	42.5	2.53
0.50	68.8	2.42	1.50	40.9	2.54
0.54	66.8	2.43	1.60	39.5	2.55
0.58	64.9	2.44	1.80	36.9	2.56

续表

W/h	Z_0/Ω	$\sqrt{\varepsilon_e}$	W/h	Z_0/Ω	$\sqrt{\varepsilon_e}$
2.00	34.1	2.58	5.00	18.4	2.70
2.30	31.9	2.59	6.00	15.9	2.73
2.60	29.4	2.61	7.00	14.0	2.75
3.00	26.7	2.63	8.00	12.6	2.77
3.50	24.0	2.65	9.00	11.4	2.78
4.00	21.7	2.67	10.00	10.4	2.80
4.50	19.9	2.69	15.0	7.34	2.84

$\varepsilon_r = 9.3$

W/h	Z_0/Ω	$\sqrt{\varepsilon_e}$	W/h	Z_0/Ω	$\sqrt{\varepsilon_e}$
0.005	193.3	2.29	0.90	52.6	2.52
0.011	171.9	2.30	0.94	51.6	2.52
0.019	157.0	2.31	0.98	50.5	2.53
0.025	149.5	2.31	1.00	50.0	2.53
0.033	141.9	2.32	1.05	48.7	2.54
0.045	133.4	2.33	1.10	47.5	2.54
0.055	127.9	2.34	1.15	46.5	2.55
0.071	120.9	2.34	1.20	45.4	2.55
0.085	115.9	2.35	1.30	43.5	2.56
0.099	111.8	2.36	1.40	41.8	2.57
0.14	102.2	2.37	1.50	40.3	2.58
0.20	92.2	2.39	1.60	38.9	2.59
0.26	85.3	2.41	1.80	36.4	2.60
0.30	81.5	2.42	2.00	34.2	2.62
0.34	78.1	2.43	2.30	31.4	2.64
0.40	73.7	2.44	2.60	2.89	2.65
0.44	71.2	2.45	3.00	26.3	2.67
0.50	67.8	2.46	3.50	23.6	2.69
0.54	65.8	2.47	4.00	21.4	2.71
0.58	63.9	2.47	4.50	19.6	2.73
0.62	62.2	2.48	5.00	18.1	2.75
0.66	60.5	2.49	6.00	15.7	2.77
0.70	59.0	2.49	7.00	13.8	2.80
0.74	57.6	2.50	8.00	12.4	2.81
0.78	56.2	2.50	9.00	11.2	2.83
0.82	55.0	2.51	10.00	10.27	2.84
0.86	53.8	2.51	15.0	7.22	2.89

$\varepsilon_r = 9.6$

W/h	Z_0/Ω	$\sqrt{\varepsilon_e}$	W/h	Z_0/Ω	$\sqrt{\varepsilon_e}$
0.005	190.6	2.32	0.033	139.9	2.36
0.011	174.8	2.33	0.045	131.5	2.36
0.019	154.8	2.34	0.055	126.0	2.37
0.025	147.4	2.35	0.071	119.1	2.38

续表

W/h	Z_0/Ω	$\sqrt{\varepsilon_e}$	W/h	Z_0/Ω	$\sqrt{\varepsilon_e}$
0.085	114.3	2.39	1.05	48.0	2.57
0.099	110.1	2.39	1.10	46.8	2.58
0.14	100.7	2.41	1.15	45.8	2.58
0.20	91.1	2.43	1.20	44.7	2.59
0.26	84.1	2.45	1.30	42.9	2.60
0.30	80.3	2.46	1.40	41.2	2.61
0.34	76.9	2.47	1.50	39.7	2.62
0.40	72.6	2.48	1.60	38.3	2.62
0.44	70.1	2.49	1.80	35.8	2.64
0.50	66.8	2.50	2.00	33.7	2.66
0.54	64.8	2.50	2.30	30.9	2.68
0.58	62.9	2.51	2.60	28.5	2.69
0.62	61.2	2.52	3.00	25.9	2.71
0.66	59.6	2.52	3.50	23.2	2.73
0.70	58.1	2.53	4.00	21.1	2.76
0.74	56.7	2.54	4.50	19.3	2.77
0.78	55.4	2.54	5.00	17.8	2.79
0.82	54.2	2.55	6.00	15.4	2.81
0.86	53.0	2.55	7.00	13.6	2.84
0.90	51.9	2.56	8.00	12.2	2.86
0.94	50.8	2.56	9.00	11.0	2.87
0.98	49.8	2.57	10.00	10.1	2.89
1.00	49.3	2.57	15.0	7.1	2.93
$\varepsilon_r=9.9$					
W/h	Z_0/Ω	$\sqrt{\varepsilon_e}$	W/h	Z_0/Ω	$\sqrt{\varepsilon_e}$
0.005	187.9	2.36	0.50	65.8	2.53
0.011	167.1	2.37	0.54	63.9	2.54
0.019	152.6	2.38	0.58	62.0	2.55
0.025	145.3	2.38	0.62	60.3	2.55
0.033	137.9	2.39	0.66	58.9	2.56
0.045	129.6	2.40	0.70	57.3	2.57
0.055	124.3	2.40	0.74	55.9	2.57
0.071	117.4	2.41	0.78	54.6	2.58
0.088	112.6	2.42	0.82	53.4	2.58
0.099	108.6	2.43	0.86	52.2	2.59
0.14	99.3	2.44	0.90	51.1	2.59
0.20	89.8	2.46	0.94	50.0	2.60
0.26	82.9	2.48	0.98	49.0	2.60
0.30	79.1	2.49	1.00	48.6	2.60
0.34	75.8	2.50	1.05	47.3	2.61
0.40	71.6	2.51	1.10	46.2	2.61
0.44	69.1	2.52	1.15	45.1	2.62

续表

W/h	Z_0/Ω	$\sqrt{\varepsilon_e}$	W/h	Z_0/Ω	$\sqrt{\varepsilon_e}$
1.20	44.1	2.63	3.50	22.9	2.78
1.30	42.3	2.64	4.00	20.8	2.80
1.40	40.6	2.65	4.50	19.0	2.81
1.50	39.1	2.66	5.00	17.5	2.83
1.60	37.7	2.67	6.00	15.2	2.86
1.80	35.3	2.68	7.00	13.4	2.88
2.00	33.1	2.70	8.00	12.0	2.90
2.30	30.4	2.71	9.00	10.9	2.92
2.60	28.1	2.73	10.00	10.0	2.93
3.00	25.5	2.75	15.0	7.0	2.98

1.4　微带线的损耗

损耗是传输线的重要参量之一。大的线损往往是不允许的。尤其微带线的损耗要比波导、同轴线大得多，在构成微带电路元件时，其影响必须予以重视。

微带线的损耗分成三部分：

(1) 介质损耗。当电场通过介质时，由于介质分子交替极化和晶格来回碰撞而产生的热损耗。为了减小这部分损耗，应选择性能优良的介质如氧化铝瓷、蓝宝石、石英等作为基片材料。

(2) 导体损耗。微带线的导体带条和接地板均具有有限的电导率，电流通过时必然引起热损耗。在高频情况下，趋肤效应减小了微带导体的有效截面积，更增大了这部分损耗。由于微带线横截面尺寸远小于波导和同轴线，导体损耗也较大，是微带线损耗的主要部分。

(3) 辐射损耗。由微带线场结构的半开放性所引起。减小线的横截面尺寸时，这部分损耗很小，而只在线的不均匀点才比较显著。为避免辐射，减小衰减，并防止对其他电路的影响，一般的微带电路均装在金属屏蔽盒中。

下面先谈传输线损耗的基本参量，然后讨论介质及导体损耗。

根据分布参数电路的基本理论，当电压波和电流波沿一均匀传输线向前行进时，如传输线存在损耗，则传播常数 $\gamma=\alpha+jk$，其中虚部 k 为相位常数①，表明电压、电流波在单位长度上的相位变化；实部 α 为衰减常数，表明电压、电流波在单位长度上的幅度衰减。对于纯粹的行波，在长度 z 上的幅度衰减以因子 $e^{-\alpha z}$ 表示，而功率衰减以因子 $e^{-2\alpha z}$ 表示。

如有一行波通过图 1-5 中长度为 l 的一段传输线，输入处功率为 P_0，输出处功率为 P_l，则有

$$P_l = P_0 e^{-2\alpha l}$$

两边取对数，得

$$a = \frac{1}{2l} \cdot \ln \frac{P_0}{P_l} \tag{1-17}$$

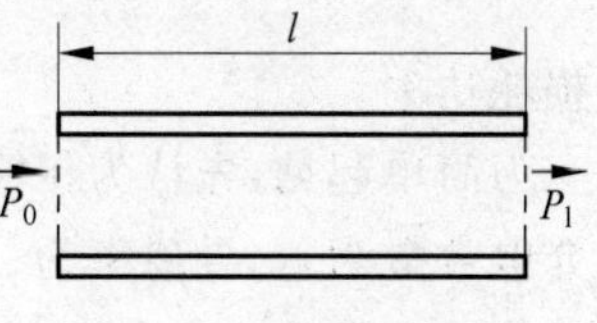

图 1-5　微带线的衰减

① 相位常数通常写作 β，本书中均用 k，因为多数微带线的资料中都是用 k。

可见衰减常数也可表示为单位长度上输入功率和输出功率比值的自然对数之半。这样的表示法，比直接取功率比来表示衰减方便。当传输线长度为单位长度的 a 倍时，按对数运算，衰减只要乘 a 即可。

α 的单位为奈培单位长(或 N/单位长)，N 为无量纲量。取 $\alpha=1\text{N}/$单位长，长度 $l=1$，则由式(1-16)

$$P_l/P_0 = \mathrm{e}^{-2} = \frac{1}{\mathrm{e}^2} \approx 13.5\%$$

故 $\alpha=1\text{N}/$单位长时，单位长度传输线的功率衰减约为 13.5%。

传输线的衰减也可以单位长度上功率衰减的分贝数或 dB 数表示，其表示式为

$$\alpha' = \frac{1}{l} \cdot 10\lg \cdot \frac{P_0}{P_l} \quad \text{dB/cm} \tag{1-18}$$

比较式(1-17)和式(1-18)，得

$$\alpha'(\text{dB/cm}) = 8.68\alpha(\text{N/cm}) \tag{1-19}$$

为了计算传输线的衰减常数，我们把式(1-16)化为

$$\Delta P = P_0(1 - \mathrm{e}^{-2\alpha l}) \tag{1-20}$$

如 l 取得很小，以 Δl 表示，则 $\mathrm{e}^{-2\alpha\Delta l}$ 展开成幂级数后，可取前两项，得

$$\mathrm{e}^{-2\alpha\Delta l} \approx 1 - 2\alpha\Delta l$$

故式(1-20)近似为

$$\Delta P = P_0 \cdot 2\alpha \cdot \Delta l$$

或

$$\alpha = \frac{1}{2P_0} \cdot \frac{\Delta P}{\Delta l} = \frac{p}{2P_0} \tag{1-21}$$

其中，$p=\Delta P/\Delta l$ 为单位长度传输线上的功率损耗。

因为传输线中同时存在导体损耗和介质损耗，故 p 又可分成两部分

$$p = p_\text{c} + p_\text{d} \tag{1-22}$$

p_c 和 p_d 分别为单位长度上导体和介质的损耗功率。故

$$\alpha = \frac{1}{2P_0}(p_\text{c} + p_\text{d}) = \frac{p_\text{c}}{2P_0} + \frac{p_\text{d}}{2P_0} = \alpha_\text{c} + \alpha_\text{d} \tag{1-23}$$

下面分别研究介质和导体两部分损耗。

1.4.1 介质损耗

由式(1-23)，$\alpha_\text{d}=\dfrac{p_\text{d}}{2P_0}$，其中 P_0 为行波状态时线上的传输功率，p_d 为单位长度上线的介质损耗功率。

为简单起见，先认为传输线上介质是均匀分布的，即令所有电场均浸入介质之中，介质的介电常数为 ε_1，导磁率为 μ_0，并把存在的介质损耗用一个等效损耗电导 σ_1 来表示。

传输功率 P_0，应为传输功率密度在传输线横截面上的积分。由电磁场的基本原理，能流密度矢量 $\boldsymbol{S}$ 为

$$\boldsymbol{S} = \frac{1}{2}\boldsymbol{E} \times \boldsymbol{H}^* \tag{1-24}$$

$\boldsymbol{E}$ 和 $\boldsymbol{H}$ 分别为电场、磁场的时间复数矢量及空间矢量。微带线内横向电场与横向磁场是相互正交的，所以能流密度矢量的数值为

$$\boldsymbol{S}=\frac{1}{2}\boldsymbol{E}\cdot\boldsymbol{H}^{*}=\frac{\boldsymbol{E}^{2}}{2Z_{\mathrm{c}}}=\frac{\boldsymbol{E}^{2}}{2\sqrt{\dfrac{\mu_{0}}{\varepsilon_{1}}}} \tag{1-25}$$

其中，$\boldsymbol{E}$、$\boldsymbol{H}$ 分别为电场和磁场的时间复数矢量，Z_{c} 为横电磁波的波阻抗，等于 $\sqrt{\dfrac{\mu_0}{\varepsilon_1}}$。在自由空间，则 $Z_{\mathrm{c}}=\sqrt{\dfrac{\mu_0}{\varepsilon_0}}=120\pi=377\Omega$。

在整个横截面将 S 积分即得传输功率 P_0。

$$P_0=\iint_S S\,\mathrm{d}s=\frac{1}{2\sqrt{\dfrac{\mu_0}{\varepsilon_1}}}\cdot\iint_S E^2\cdot\mathrm{d}s \tag{1-26}$$

由于有介质损耗，故存在有功电流密度 $J=\sigma_1 E$，其所引起的单位体积的损耗功率为 $1/2\sigma_1 E^2$。将 J 在以整个横截面为底、长度 Δl 为高的一块柱体上进行积分。由于 Δl 很小，在此范围电磁场可认为不随长度而变，故体积积分为

$$\iiint_{\Delta V}\frac{1}{2}\sigma_1 E^2\mathrm{d}V=\frac{\sigma_1}{2}\cdot\left[\iint_S E^2\mathrm{d}s\right]\cdot\Delta l \tag{1-27}$$

$$p_{\mathrm{d}}=\frac{\iiint_{\Delta V}\frac{1}{2}\sigma_1 E^2\mathrm{d}V}{\Delta l}=\frac{\sigma_1}{2}\iint_S E^2\cdot\mathrm{d}S \tag{1-28}$$

由式(1-26)和式(1-28)，得

$$\alpha_{\mathrm{d}}=\frac{p_{\mathrm{d}}}{2P_0}=\frac{\sigma_1}{2}\cdot\sqrt{\frac{\mu_0}{\varepsilon_1}} \tag{1-29}$$

当有介质损耗时，其有功电流密度和无功电流密度各为 $\sigma_1 E$ 及 $\mathrm{j}\omega\varepsilon_1 E$，两者大小的比值 δ 的正切是衡量介质损耗的一个基本参量，称为损耗角正切，以 $\tan\delta$ 表示即

$$\tan\delta=\frac{\sigma_1}{\omega\varepsilon_1} \tag{1-30}$$

对于常用的基片介质材料，其 $\tan\delta$ 的数值已在表 1-1 中给出。

把式(1-29)稍加变化，再以式(1-30)代入得

$$\alpha_{\mathrm{d}}=\frac{\sigma_1}{2}\sqrt{\frac{\mu_0}{\varepsilon_1}}=\frac{\sigma_1}{2\varepsilon_1}\cdot\sqrt{\varepsilon_1\mu_0}=\frac{\sigma_1}{2\omega\varepsilon_1}\cdot\omega\sqrt{\mu_0\varepsilon_1}=\frac{\tan\delta}{2}\cdot k \tag{1-31}$$

$k=\omega\sqrt{\mu_0\varepsilon_1}=\dfrac{2\pi}{\lambda_{\mathrm{g}}}$ 为传输线上的相位常数，其中 λ_{g} 为存在介质时，传输线上的波长。故得

$$\alpha_{\mathrm{d}}=\frac{\pi\tan\delta}{\lambda_{\mathrm{g}}}\ \mathrm{N/cm} \tag{1-32}$$

以分贝表示时，则

$$\alpha'_{\mathrm{d}}=27.3\frac{\tan\delta}{\lambda_{\mathrm{g}}}\quad\mathrm{dB/cm} \tag{1-33}$$

部分充填介质的微带线，其介质损耗比全部填充时要低，可以证明其衰减常数表达式为

$$\alpha_d = \frac{\varepsilon_e - 1}{\varepsilon_r - 1} \cdot \frac{\varepsilon_r}{\varepsilon_e} \cdot \frac{\pi \tan\delta}{\lambda_g} \text{ N/cm} \tag{1-34}$$

或

$$\alpha'_d = 27.3 \frac{\varepsilon_e - 1}{\varepsilon_r - 1} \cdot \frac{\varepsilon_r}{\varepsilon_e} \cdot \frac{\tan\delta}{\lambda_g} \quad \text{dB/cm} \tag{1-35}$$

下面举一实际例子。由表 1-1,查得 99 瓷的 $\tan\delta = 2\times10^{-4}$,$\varepsilon_r = 9.6$,当以它为基片构成 $Z_0 = 50\Omega$ 的微带线时,查表 1-3,得

$$\varepsilon_e = 2.56^2 \approx 6.55$$

则

$$\alpha_d = \frac{\varepsilon_e - 1}{\varepsilon_r - 1} \cdot \frac{\varepsilon_r}{\varepsilon_e} \frac{\pi \tan\delta}{\lambda_g} \text{ N/cm} \approx 0.0006 \text{ N/波长}$$

或 $\alpha'_d = 8.68 \cdot \alpha_d \approx 0.005$dB/波长。故在每个波长上介质损耗极微,比起导体损耗来往往可以不计。但在介质吸水或含有其他杂质时,介质损耗将会增大。

1.4.2 导体损耗

根据式(1-23)

$$\alpha_c = \frac{p_c}{2P_0}$$

其中,p_c 为单位长度传输线由导体损耗所引起的损耗功率。

假定传输线单位长度的电阻为 R_0,则在 Δl 的长度上的损耗功率为 $1/2I^2 \cdot R_0 \Delta l$,单位长度的损耗为 $1/2I^2R_0$。

传输功率 P_0 又可以线上电压 U、电流 I 及传输线的特性阻抗 Z_0 来表示

$$P_0 = \frac{1}{2}UI = \frac{1}{2}I^2 Z_0 \tag{1-36}$$

故

$$\alpha_c = \frac{R_0}{2Z_0} \tag{1-37}$$

只要计算出 R_0,就可求得 α_c。

在直流或低频时计算 R_0 很简单,其值为

$$R_0 = \rho / A \tag{1-38}$$

其中,ρ 为导体的电阻率,A 为传输线导体部分的横截面积。但在频率很高时,情况就复杂化,因为此时电流大部分集中于导体的表面部分,它以指数规律向内部衰减。这种现象称为趋肤效应。分析结果表明,导体的电流密度系按以下规律分布

$$J = J_0 \cdot e^{-\frac{x}{\delta}(1+j)} \tag{1-39}$$

其中,J 为电流密度,J_0 为导体表面的电流密度,x 为从导体表面垂直向内部的深度,δ 称为趋肤深度,其值为

$$\delta = \sqrt{\frac{\rho}{\mu_0 f \pi}} \tag{1-40}$$

式(1-40)中 μ_0 为真空导磁率,f 为工作频率。

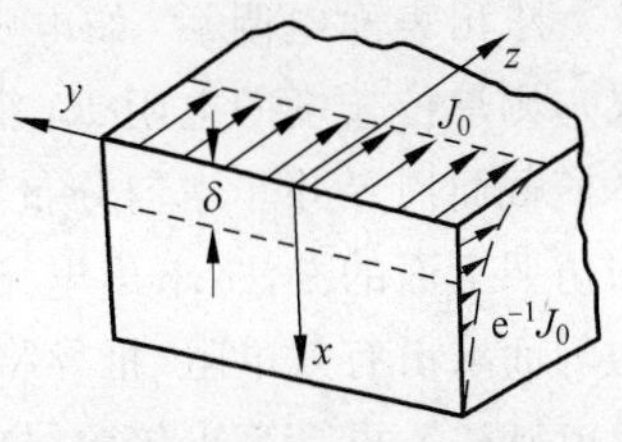

图 1-6　电流的趋肤效应

图 1-6 为一块平的传输线导体，z 为传播方向。设电流在导体表面的 y 轴方向为均匀分布，电流密度为 J_0，而在向其内部的 x 方向，幅度按指数规律衰减，相位逐渐落后。

如取 $x=\delta$，则 $|J|=\frac{1}{e}\cdot|J_0|$，即在深度为 δ 处，电流密度的幅度衰减为表面的 1/e。再由式(1-39)的虚部，可知在趋肤深度处，电流密度比起在表面上要落后 1rad 的相位。

很明显，当有趋肤效应时，不能按式(1-38)计算电阻值，因为其电流事实上只分布在局部范围内，其有效截面积小于实际的导体截面积，故实有的 R_0 比按式(1-38)计算的要大。

为了求趋肤效应的这种影响，我们仍假定电流密度在 y 轴方向是均匀分布，只是在 x 方向随深度变化而改变。对于 y 方向及 z 方向长度均取为一个单位长度的那一部分导体，其损耗功率 p_c' 应为

$$p_c'=\int_0^\infty \frac{1}{2}\mid J\mid^2\cdot\rho\mathrm{d}x=\frac{1}{2}\rho\int_0^\infty J_0^2\cdot e^{-\frac{2x}{\delta}}\mathrm{d}x=\frac{1}{4}\rho\delta J_0^2 \tag{1-41}$$

其总电流 I' 应为

$$I'=\int_0^\infty J\mathrm{d}x=\int_0^\infty J_0 e^{-\frac{x}{\delta}(1+\mathrm{j})}\mathrm{d}x=\frac{J_0\delta}{1+\mathrm{j}} \tag{1-42}$$

$$\mid I'\mid=\frac{J_0\delta}{\sqrt{2}} \tag{1-43}$$

这就说明趋肤效应相当于使导体的等效电阻为 R_s，而

$$p_c'=\frac{1}{2}\mid I'\mid^2 R_s=\frac{1}{4}(J_0\delta)^2\cdot R_s \tag{1-44}$$

和式(1-41)联立运算后得

$$R_s=\frac{\rho}{\delta} \tag{1-45}$$

从此式可知：R_s 的值相当于导体横截面宽度为 1、厚度为 δ、导体长度为 1 的直流电阻值，也就是不管导体的厚度有多大，由于趋肤效应，其有效电阻就相当于电流仅集中于厚度为 δ 的表面层导体内的直流电阻，故 R_s 又称作表面电阻。

另外，由式(1-42)可知电流密度除在 x 方向幅度成指数衰减外，还有相位变化，故积分后的总电流相对于表面的电流也有一相移。

取导体为一个单位长度时，其电压 U 为

$$U=J_0\cdot\rho\cdot 1 \tag{1-46}$$

则

$$\frac{U}{I'}=J_0\cdot\rho\cdot\frac{1+\mathrm{j}}{J_0\cdot\delta}=\frac{\rho}{\delta}(1+\mathrm{j})=Z_n \tag{1-47}$$

Z_n 称为内阻抗，为电流以指数幅度衰减和线性相移的规律渗入导体内部所引起。可以看出：其实部和虚部相等，实部就是上面求出的表面电阻；和虚部相应的内电抗 X_n 是感性的，大小等于表面电阻值，而 $L_n=\frac{X_n}{\omega}$ 则称为内电感。

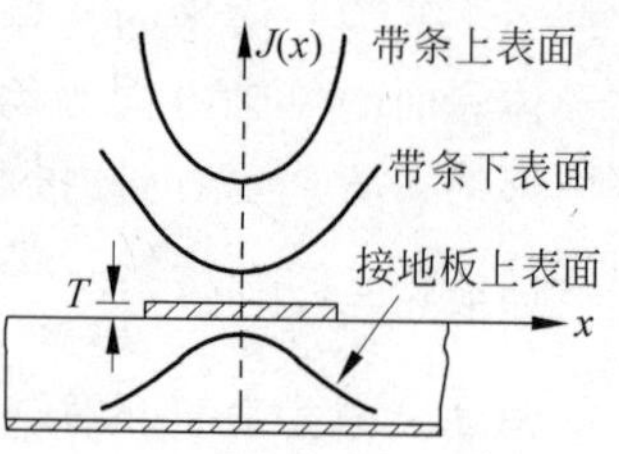

图 1-7 微带线上电流的分布

求出表面电阻后，如电流沿导体周界均匀分布(如同轴线)，则单位长度的电阻 R_0 很易计算。但微带线的电流沿导体横截面周界并非均匀分布，其大体分布形状如图 1-7 所示。如仿照上面的办法，求出电流分布函数，然后再由电流分布不均匀而求出有效电阻，推导将比较复杂。这时用一种所谓“增量电感法”，可计算出传输线的有效分布电阻 R_0。

其大致原理如下：如上所述：趋肤效应引起的内电阻(即表面电阻)和内电抗相等，这是取横截面周界尺寸为单位长度时的结果。当取整个周界时，可以证明：整个传输线的分布内电抗也等于分布电阻 R_0。因分布内电抗等于 ω 乘以分布内电感，故只要求出传输线整个分布内电感就可以求出分布电阻 R_0。

又可证明：传输线的分布内电感 L_n 和总分布电感之间有以下关系

$$L_n = \frac{\mu}{\mu_0} \cdot \frac{\partial L_0}{\partial n} \cdot \frac{\delta}{2} \tag{1-48}$$

其中，μ 为导磁率，μ_0 为真空导磁率，δ 为趋肤深度，L_0 为总分布电感。L_0 可在假定电流完全分布于导体表面的无限薄厚度、即不向内渗透的条件下求得，故也称为外分布电感。n 为垂直于导体表面且指向导体内部的方向轴。

用一例子证明式(1-48)的正确性，设同轴线的内外径分别为 a 和 b，导磁率为 $\mu=\mu_0$，则根据恒定磁场原理，如认为电流完全集中于导体表面(厚度为零)时，其总分布电感为

$$L_0 = \frac{\mu_0}{2\pi}\ln\frac{b}{a} \tag{1-49}$$

设在内导体上由于电流的渗入而产生的内电感为 L_{na}，则根据式(1-48)，以内径为变量，得

$$L_{na} = -\frac{\delta}{2} \cdot \frac{\partial L_0}{\partial a} = -\frac{\mu_0}{2\pi} \cdot \left(-\frac{1}{a}\right) \cdot \frac{\delta}{2} = \frac{\mu_0 \delta}{4\pi a}$$

公式前取负号是因为内径 a 的增加方向和 n 的正方向相反。

而根据式(1-47)

$$L_n = \frac{X_n}{\omega} = \frac{\rho}{\omega\delta} = \frac{\rho}{2\pi f} \cdot \sqrt{\frac{\mu_0 f \pi}{\rho}} = \frac{1}{2}\sqrt{\frac{\mu_0 \rho}{\pi f}} = \frac{\mu_0}{2}\sqrt{\frac{\rho}{\mu_0 f \pi}} = \frac{\mu_0}{2}\delta \tag{1-50}$$

内导体上总分布内电感应再由式(1-50)除以周界 $2\pi a$，故得

$$L_{na} = \frac{\mu_0 \delta}{4\pi a}$$

这和用式(1-48)算出的结果相同。

微带线的分布电容和相速(或有效介电常数)已求得，分布外电感 L_0 也可求出。若根据式(1-48)求分布内电感，由于导体横截面形状比同轴线复杂得多，求解过程也相当烦琐，还必须作一些近似。这里不再列出详细推导过程，只给出最后的结果

当 $W/h \leqslant \frac{1}{2}\pi$ 时，

$$\frac{\alpha_c' \cdot Z_0 h}{R_s} = \frac{8.68}{2\pi}\left[1-\left(\frac{W'}{4h}\right)^2\right] \cdot \left\{1+\frac{h}{W'}+\frac{h}{\pi W'}\left[\ln\left(\frac{4\pi W}{t}+\frac{t}{W}\right)\right]\right\} \tag{1-51}$$

当 $\frac{1}{2}\pi \leqslant W/h \leqslant 2$ 时，

$$\frac{\alpha_c' \cdot Z_0 h}{R_s} = \frac{8.68}{2\pi}\left[1-\left(\frac{W'}{4h}\right)^2\right] \cdot \left\{1+\frac{h}{W'}+\frac{h}{\pi W'} \cdot \left[\ln\frac{2h}{t}-\frac{t}{h}\right]\right\} \tag{1-52}$$

当 $W/h \geqslant 2$ 时，

$$\frac{\alpha_c' Z_0 h}{R_s} = \frac{8.68}{\frac{W'}{h}+\frac{2}{\pi}\ln\left[2\pi e\left(\frac{W'}{2h}+0.94\right)\right]} \cdot \left[\frac{W'}{h}+\frac{W'/\pi h}{W'/2h+0.94}\right] \cdot \left\{1+\frac{h}{W'}+\frac{h}{\pi W'} \cdot \left(\ln\frac{2h}{t}-\frac{t}{h}\right)\right\} \tag{1-53}$$

在以上公式中，除 W 和 h 分别为带条宽度和基片高度外，t 为带条的厚度，其尺寸关系示于图 1-8。W' 为考虑到厚度 t 后的有效宽度，应比 W 稍大些。

$$W' = W + \Delta W \tag{1-54}$$

当 $W/h \leqslant \frac{1}{2\pi}$，及 $W/h > 2t/h$ 时，

$$\Delta W = \frac{t}{\pi}\left(\ln\frac{4\pi W}{t}+1\right) \tag{1-55}$$

当 $W/h \geqslant \frac{1}{2\pi}$ 时，

$$\Delta W = \frac{t}{\pi}\left(\ln\frac{2h}{t}+1\right) \tag{1-56}$$

根据上述公式可得出微带线导体衰减和诸尺寸参量的关系，如图 1-9 所示。这里取了三个不同的 t/h 值，纵坐标取 $\alpha_c' Z_0 h/R_s$，为归一化衰减常数，单位为 dB。

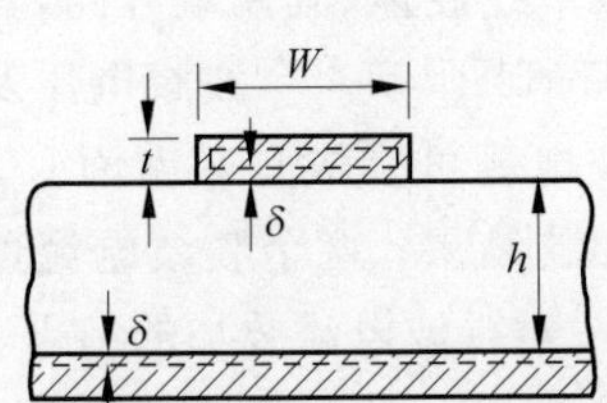

图 1-8　实际微带线的横截面(考虑导体带条厚度 t)

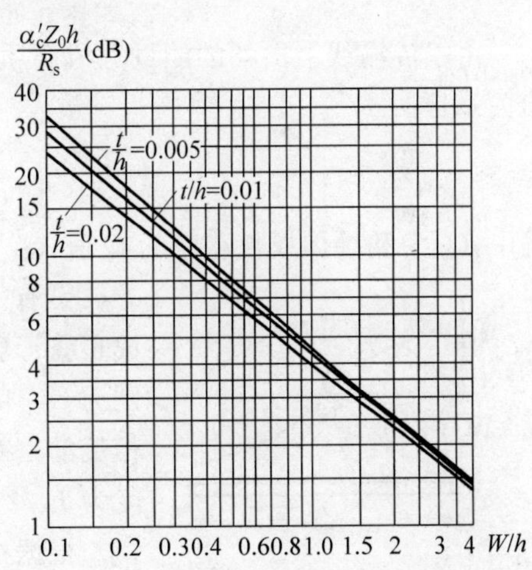

图 1-9　微带线的导体衰减曲线

下面再举一实例：

微带线 $Z_0 = 50\Omega$，用 99 瓷，基片 $h = 1\text{mm}$ 导体材料为铜，工作频率 $f = 6400\text{MHz}$，求单位长度的导体损耗。

查表 1-3，可知，对 99 瓷基片，$Z_0 = 50\Omega$ 时，$W/h \approx 1$。再查图 1-9 的曲线，可得到

$$\frac{\alpha_c' Z_0 h}{R_s} \approx 4\text{dB}$$

再根据表 1-2，得铜的表面电阻为

$$R_s = 2.6 \times 10^{-7} \sqrt{f}\,\Omega/\mathrm{cm}^2$$

代入后，得

$$\alpha_c' = \frac{4 \times 2.6 \times 10^{-7}\sqrt{6400.10^6}}{50 \times 0.1}\mathrm{dB/cm} \approx 0.016\mathrm{dB/cm}$$

因在 $f=6400\mathrm{MHz}$ 时，微带线波长 $\lambda_g \approx 2\mathrm{cm}$，故单位波长的导体损耗为 0.032dB，几乎比上面得出的介质损耗要大一个数量级。因此在微带线损耗中，导体损耗占主要地位。

实际上，微带线的损耗比上述结果要大得多。曾对一用 99 瓷作基片、5cm 长的 50Ω 微带线，在 $f=6000\mathrm{MHz}$ 时进行实测，结果衰减达到 0.4dB，比理论计算要大出 4 倍左右。其原因是多方面的，其中包含微带—同轴过渡接头的损耗及辐射损耗，也可能因介质基片的光洁度不够，以致蒸发金属后，导体表面的光洁度也不够，而当表面起伏度等于甚至大于导体的趋肤深度如图 1-10 所示时，则相当于增加了电流的有效路程而引起电阻和导体损耗增大。此外在蒸发、电镀的过程中，如工艺上有缺陷，可能使金属颗粒的金相结构不够细密，也会增大有效电阻率。微带线的衰减和工艺质量密切相关。为了得到高质量的微带电路元件，不应单纯局限于电路设计，还应在微带工艺上下功夫。

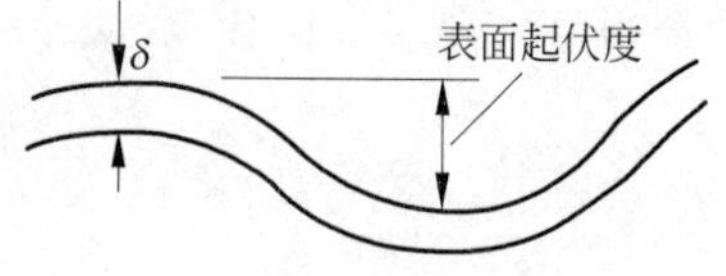

图 1-10　导体表面的起伏影响

当用微带线构成腔体，滤波器等元件时，常常要考虑到品质因数 Q 的问题。Q 值的定义，和低频电路时相同，即

$$Q = \frac{\text{一段微带线上的最大储能} \times 2\pi}{\text{一段微带线一个周期内的损耗能量}} \tag{1-57}$$

由于传输线上损耗的能量分成介质和导体损耗两部分，因此也有相应的 Q_c 和 Q_d，它们的关系是

$$\frac{1}{Q} = \frac{1}{Q_c} + \frac{1}{Q_d} \tag{1-58}$$

其中，Q_c 为和导体损耗相应的 Q 值，Q_d 为和介质损耗所相应的 Q 值。

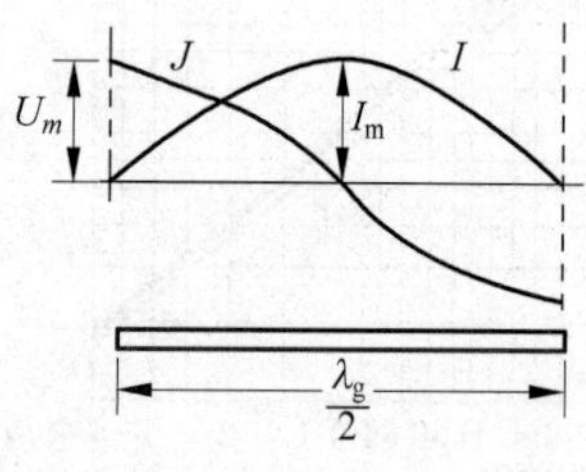

图 1-11　微带线半波长腔体的电压电流分布

设有一段半波长的微带线腔体，其两端开路，其电流电压成正弦形驻波分布，如图 1-11 所示。令波腹电压及电流值分别为 U_m 和 I_m。这个驻波电压可看成是幅度为 $U_m/2$ 而方向相反的一对行波电压叠加的结果；这个驻波电流可看成是幅度为 $I_m/2$ 而方向相反的一对行波电流叠加的结果。

根据式(1-21)计算两个相反行波的损耗功率，求其总和即得总损耗功率。

由于衰减值通常不大，可认为 P_0 沿线几乎不变，故 $\lambda_g/2$ 段线的一个行波总损耗功率近似为

$$\Delta P \approx 2P_0 \cdot \alpha \cdot \frac{\lambda_g}{2} \tag{1-59}$$

而

$$P_0 = \frac{1}{2} \cdot \frac{U_m}{2} \cdot \frac{I_m}{2} = \frac{1}{8} I_m^2 \cdot Z_0$$

$$\Delta P = \frac{1}{8} I_m^2 Z_0 \cdot \alpha \lambda_g$$

总损耗为 ΔP 的两倍，即 $1/4 \cdot I_m^2 Z_0 \cdot \alpha \cdot \lambda_g$。一周期内的损耗能量为$\frac{1}{4f} I_m^2 Z_0 \cdot \alpha \cdot \lambda_g$。

在线上的最大储能可考虑为在电流到达最大值，而电压为零时的磁场储能(其实可在任何瞬间取电场和磁场储能之和，因为在谐振腔中，总的储能是不变的)，即

$$W_M = \frac{L_0}{2} \int_0^{\frac{\lambda_g}{2}} I_m^2 \sin^2\left(\frac{2\pi}{\lambda_g} z\right) dz = \frac{L_0}{8} \cdot I_m^2 \lambda_g$$

其中，L_0 为分布电感。

根据式(1-57)，有

$$Q = \frac{2\pi \cdot \frac{L_0}{8} \cdot I_m^2 \cdot \lambda_g}{\frac{1}{4f} I_m^2 Z_0 \cdot \alpha \cdot \lambda_g} = \frac{\frac{L_0}{8}}{\frac{1}{4\omega} \cdot Z_0 \cdot \alpha} = \frac{\omega L_0}{2 Z_0 \alpha} = \frac{1}{2\alpha} \omega \sqrt{L_0 C_0} = \frac{\pi}{\lambda_g \cdot \alpha} \tag{1-60}$$

式(1-60)表明传输线的 Q 值和其衰减常数成反比。对于均匀介质充填的传输线，将式(1-32)的 α_d 代入式(1-60)，得

$$Q_d = \frac{1}{\tan\delta} \tag{1-61}$$

即与介质损耗相应的 Q_d，正好是 $\tan\delta$ 的倒数。对于 99 瓷，$\tan\delta = 2 \times 10^{-4}$，故相应的 Q_d 为 5000 左右。

对部分充填介质的微带线，Q_d 为

$$Q_d = \frac{\varepsilon_r - 1}{\varepsilon_e - 1} \cdot \frac{\varepsilon_e}{\varepsilon_r} \cdot \frac{1}{\tan\delta} \tag{1-62}$$

对于 Q_c，则可根据前面求得的衰减常数 α_c 来计算。由前例求得的 $\alpha_c' = 0.032$dB/波长，可折算成 $\alpha_c = 0.0037$N/波长，故

$$Q_c = \frac{\pi}{\alpha_c \cdot \lambda_g} = \frac{\pi}{0.0037} = 850$$

$$Q = \frac{Q_c \cdot Q_d}{Q_c + Q_d} \approx 720$$

由于工艺及其他因素的影响，实际的 Q 值还要低，和波导、同轴线的 Q 值相比要低一到二个数量级。

1.5 微带线的色散特性

前面的分析，都认为微带线系工作于 TEM 波，这在频率较低时是正确的。当频率提高，而各种高次波型开始起作用时，按 TEM 波分析得到的微带线参量与实测结果之间的差距将加大。对于一般的微带线截面尺寸(W 和 h 都是 1mm 左右)，实验结果表明，当工作频率低于 5000MHz 时，微带线的相速、特性阻抗等基本参量和按 TEM 波计算结果十分相近；但当 $f > 5000$MHz 时，就开始有较大的偏差，说明此时高次波型已经存在。

高次型的存在，除了使参量偏离于按 TEM 波计算的结果外，还增加了辐射损耗，并引起电路各部分之间的互耦，使工作状况恶化。

在微带线中，高次型主要有两种：波导波型和表面波型。前者在金属带条和接地板之间存在，后者则只要在接地板上放一块介质基片即能存在。

1.5.1 波导波型

以前把微带线作为 TEM 波处理时，认为其横截面上的电场磁场系按静电场、静磁场规律分布，且场的纵向分量（沿传播方向分量）为零。实际上除了 TEM 波以外，尚有包含纵向场分量的波导波型存在。对于每一种波导波型，都存在一个临界波长 λ_c。只有当工作波长小于 λ_c，该波型才能传播，否则就很快衰减。而 λ_c 则取决于微带线横截面尺寸、几何形状及基片的介电常数。

最易产生的波导波型是其最低型 TE_{10} 和 TM_{01} 波。TE_{10} 波的电力线和磁力线分布如图 1-12 所示。由图可知，此种波型电场只有横向分量，磁场则存在纵向分量，而沿横截面高度方向电场磁场保持不变，沿横方向则驻波变化一次（即横向尺寸 W 为半个驻波波长），在两边为电场波腹，中心为电场波节。

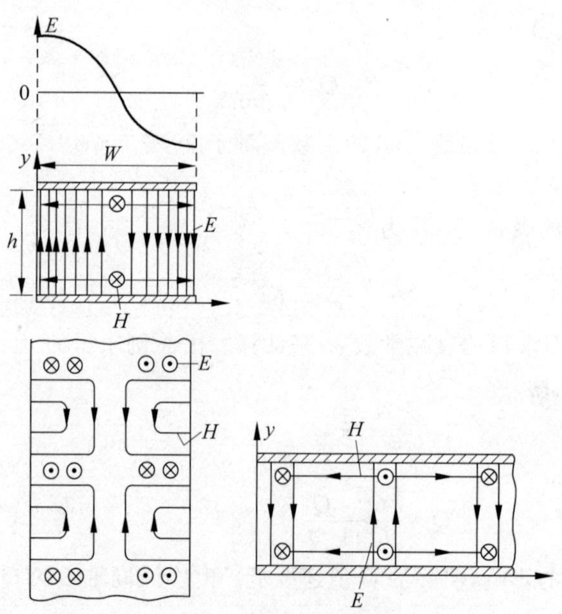

图 1-12 微带线波导高次型场结构（TE_{10} 型）

这种波型的临界波长恰等于在横截面横方向存在半个驻波时的波长，即

$$(\lambda_c)_{TE_{10}} = 2W \cdot \sqrt{\varepsilon_r} \tag{1-63}$$

由于电场在两边存在边缘效应，等效于宽度增加了 $\Delta W \approx 0.8h$，故式(1-63)改为

$$(\lambda_c)_{TE_{10}} = \sqrt{\varepsilon_r}(2W + 0.8h) \tag{1-64}$$

对于瓷材料基片，$\varepsilon_r \approx 9$，若取 $W = h = 1\text{mm}$，则 $(\lambda_c)_{TE_{10}} \approx 8.4\text{mm}$。当工作波长小于此值时，该波型即能存在且沿线传播。

另一种 TM_{01} 型的电磁场分布如图 1-13 所示。其 E，H 沿 x 方向不变，而沿 z 方向形成了半个驻波。此时磁场为横分量，电场则具有纵分量和横分量。电场横分量在高度 h 的两端是波腹，中心是波节；而纵分量位置恰好相反。

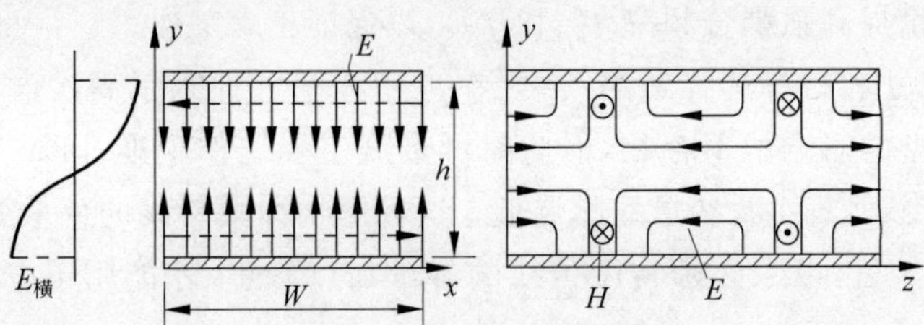

图 1-13　微带线波导高次型场结构(TM_{01}型)

TM_{01}型的临界波长也可按TE_{10}型类似的方法来求，即在 h 的高度上恰好存在半个驻波时相应的波长即为其临界波长。

$$(\lambda_c)_{TM_{01}} = 2\sqrt{\varepsilon_r} \cdot h \tag{1-65}$$

1.5.2　表面波型

此种波型不需要导体带条，只要有接地板和介质基片即可维持其存在。其机理为：由于导体表面有一层介质，该层介质能吸引电磁场使其不向外扩散，而只能沿导体板的表面传播，故称为表面波。表面波的大部分电磁能量集中于导体和介质板附近，距离较远时，电磁场即按指数规律衰减。

表面波同样有各种波型，每种波型都有其相应的临界波长，每个临界波长的值则和介质板厚度 h 及其相对介电常数 ε_r 有关。一种 TM 型表面波的电力线分布如图 1-14 所示。

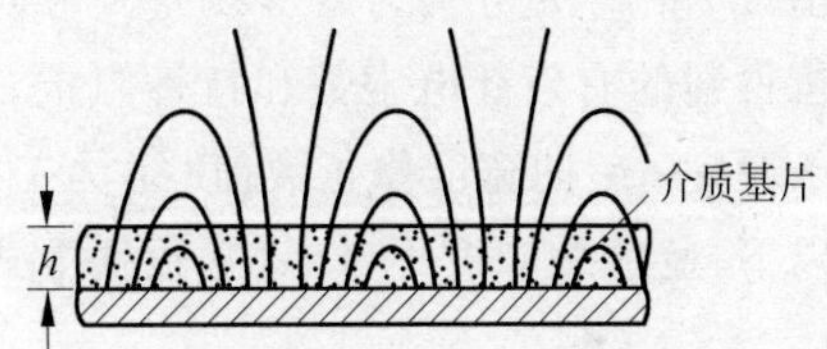

图 1-14　微带线表面波型场结构(TM 型)

对于最低的 TM 型表面波，其临界波长为

$$(\lambda_c)_{TM} = \infty \tag{1-66}$$

亦即在所有的工作波长下，它都可能存在。

对最低的 TE 型表面波，其临界波长为

$$(\lambda_c)_{TE} = 4h\sqrt{\varepsilon_r - 1} \tag{1-67}$$

如仍设 $h=1\text{mm}$，则$(\lambda_c)_{TE} \approx 12\text{mm}$ 比波导波型的临界波长都要长，也就是比较容易被激励。

表面波的相速在光速 c 和 $c/\sqrt{\varepsilon_r}$ 之间，而微带线准 TEM 波的相速亦在此范围内。当两者相速相同时，则要发生强耦合而不能工作。TE 型和 TM 型表面波和微带线准 TEM 波产生强耦合时(亦即相速相同时)的频率分别为

TE 型：

$$f_{TE} = \frac{3c \cdot \sqrt{2}}{8h\sqrt{\varepsilon_r - 1}} \tag{1-68}$$

TM 型：

$$f_{TM} \approx \frac{c\sqrt{2}}{4h\sqrt{\varepsilon_r - 1}} \tag{1-69}$$

因此应令微带线工作频率低于 f_{TE} 和 f_{TM}，以避免产生强耦合，否则微带线有可能不工作于 TEM 型，工作状况将完全破坏。当工作于毫米波时，此种情况易于发生，故毫米波的微带

电路常采用介电常数较低的石英作为基片材料，并选择较小的 h 尺寸，以尽量减小各种高次型的临界波长，尽量提高强耦合频率 f_{TE} 和 f_{TM}，以保证正常工作。

当微带线的尺寸和材料选择适当，使之在工作频率上抑制了高次波型，避免了强耦合时，并不等于高次型的影响就不存在，但此时微带线主要工作于准 TEM 波，其他波型的作用则反映在对微带线 TEM 波参量的影响上。这种影响称微带线的色散效应。当频率升高时，此种现象逐渐显著，以致必须将微带线的参量加以修正，才能用于电路设计，否则误差太大。

微带线的色散特性可以用实验方法，也可用理论分析方法求得。在理论和实践的关系上，实践是第一性的。对色散现象的注意，是由于在实践中发现微带线的相速、特性阻抗等随频率而变化开始的。人们通过实践发现色散现象后，就对它进行了一些理论研究工作，主要是找色散现象的规律，求出在各种微带线的尺寸和各种基片的 ε_r 的情况下，微带线的相速 v_φ、特性阻抗 Z_0 对频率 f 的关系。这是一个多波型、复杂的介质边界条件下的电磁场问题，推导过程相当繁杂，我们只给出较简单的近似计算结果。

如微带线的尺寸参量、基片介电常数在以下范围：即 $2<\varepsilon_r<10$，$0.9\leqslant W/h\leqslant 13$，$0.5\text{mm}\leqslant h\leqslant 3\text{mm}$ 时，微带线有效介电常数近似地按下式随频率变化

$$\varepsilon_e' = 3\times 10^{-6}(1+\varepsilon_r)(\varepsilon_r-1)h\left[Z_0\frac{W'}{h}\right]^{\frac{1}{2}}(f-f_0)+\varepsilon_e \tag{1-70}$$

这里，ε_r 和 W、h 分别为微带线基片和尺寸参量。ε_e 和 Z_0 分别为根据前述准 TEM 波理论分析得到的有效介电常数和特性阻抗；W' 为根据式(1-54)、(1-55)、(1-56)得出的、考虑到带条厚度 t 后的宽度修正数值；f 为工作频率，以 GHz 为单位；f_0 为一固定频率值，在此频率以下，色散效应可不考虑，它根据下式决定

$$f_0 = \frac{0.95}{(\varepsilon_r-1)^{\frac{1}{4}}}\sqrt{\frac{Z_0}{h}} \tag{1-71}$$

式中，Z_0 以 Ω 为单位，h 以 mm 为单位。

当 $W/h>4$ 时，式(1-70)应稍加变化为

$$\varepsilon_e' = 3\times 10^{-6}(1+\varepsilon_r)(\varepsilon_r-1)h\left(\frac{Z_0}{3}\right)^{\frac{1}{2}} \cdot \left(\frac{W'}{h}\right)(f-f_0)+\varepsilon_e \tag{1-72}$$

式(1-70)和式(1-72)中的 ε_e' 均为考虑到色散效应后的有效介电常数。

根据式(1-70)、式(1-71)和式(1-72)计算得到的 ε_e 的色散特性示于图 1-15。这里分别取了下述三组微带线参量：

(1) $Z_0=25\Omega$

$h=0.64\text{mm}$

(2) $Z_0=50\Omega$

$h=1.27\text{mm}$

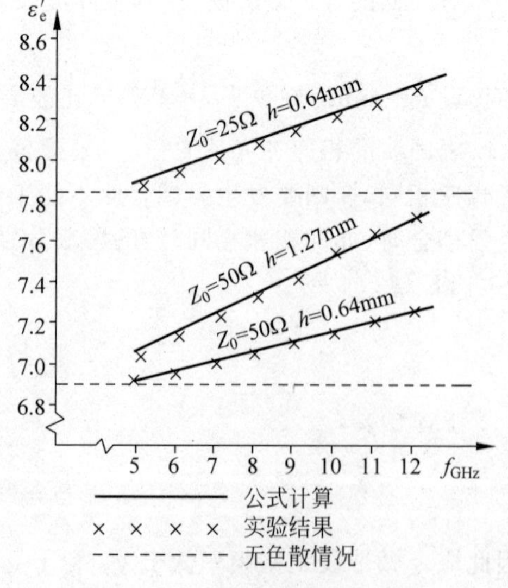

图 1-15 微带线的色散特性

(3) $Z_0=50\Omega$

$h=0.64\text{mm}$

图上用打×符号表示实验结果。图中水平的虚线为不考虑色散效应时的 ε_e 特性。从图可知：当工作频率升高时，色散效应较为显著，用公式给出的结果和实验的结果比较接近。

根据式(1-71)，如给出微带线参量 $Z_0=50\Omega$，$\varepsilon_r=9.9$，$h=1\text{mm}$，则

$$f_0=\frac{6}{(\varepsilon_r-1)^{\frac{1}{4}}}\cdot\sqrt{\frac{Z_0}{h}}\approx\frac{6}{1.73}\cdot 1.15\approx 4\text{GHz}$$

可知在 $f<4\text{GHz}$ 时，可以不考虑色散效应；但当频率提高到 C 波段，尤其是到 X 波段后，就必须加以考虑，把参量加以修正。根据计算和图中曲线可看出：到 X 波段后，有效介电常数约比频率较低时根据准 TEM 波理论算得的结果高出 10%左右，而根据式(1-4)和式(1-7)，可知 v_φ 和 Z_0 均与 $\sqrt{\varepsilon_e}$ 成反比关系。因此，考虑到色散效应，两者均应比准 TEM 波值低 5%左右。当在频率较高的情况下设计微带电路元件时，此项修正不能忽略。

1.6　其他形式的几种微带线

前面讨论的微带线，其基本结构为接地板上紧贴一厚度为 h 的介质基片，基片上附以导体带条。此种形式在微波集成电路中应用最广泛，故称之为标准微带线。它具有结构简单、加工容易、和微波固体器件连接方便等优点，但也有其不足之处，例如介质基片对电路 Q 值有影响。由于微带线的电场部分在介质中，部分在空气中，因而在构成耦合微带线元件时，其奇偶模相速[①]不等，因而使元件性能变坏。还有，由于基片的存在，当带条和接地板之间需要短路，或微波固体器件要求并联安装时，都不方便。当前微带电路的应用是多方面的，由各种具体使用特点而对微带线的结构和电性能提出了新的要求，因而有时必须将标准微带线加以变形而构成一些新的形式。

图 1-16 和图 1-17 所示的形式称为倒置微带和悬置微带，此时导体带条敷于薄介质片上而悬挂在接地板上面的空间。从图示的结构可知，这种微带线的大部分电力线将集中在空气中，因而介质引入的影响很小，ε_e 接近于 1，在构成耦合微带线时，奇偶模相速的不一致性也有所减小，线的 Q 值也提高了，因而有利于用来作滤波器、谐振腔等电路元件。此外，因倒置微带的导体带条和接地板之间没有介质板隔开，因而便于两者间接成短路。上述形式微带线的缺点是结构不如标准微带线紧凑，且由于介质基本上是空气，因而其小型化程度也不如标准微带线，只在某些特殊情况下使用。

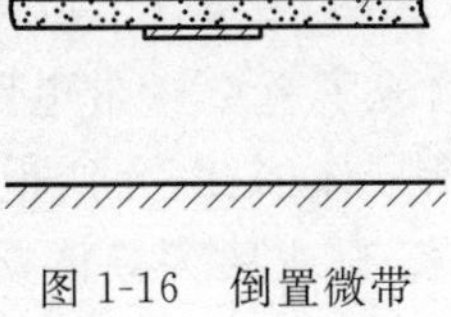

ε_r

图 1-16　倒置微带

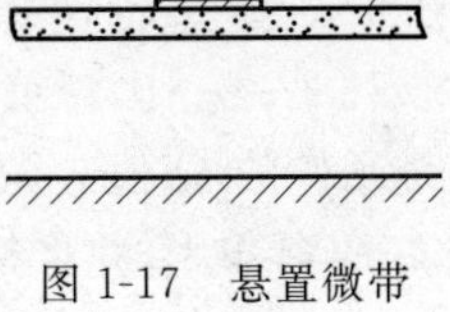

ε_r

图 1-17　悬置微带

① 关于奇偶模的叙述见第 3 章。

图 1-18 所示的结构称为双层介质微带线，其外围为屏蔽盒及接地板，微带线夹于两块介质基片之间，两块基片材料可以相同也可以不同。根据耦合微带线理论的分析(以后要讲到)，在部分充填介质时，其奇偶模的相速是不相等的，如果采取如图 1-18 所示的二层介质板作为基片，则大部分电场基本上浸于相同介质之中(当 $\varepsilon_{r1}=\varepsilon_{r2}$ 时)，或由于不同介电常数的补偿作用，使奇偶模相速接近相等。此种微带线多用以构成耦合微带线元件。

图 1-19 所示的微带线称为缝隙微带线或缝隙波导，其特点是介质板的一面敷以导体，中间隔有缝隙，此缝隙可构成各种电路图形。当介质板厚度甚大于缝隙宽度时，电场不会渗入介质板很深，故其另一面不再需要接地板。

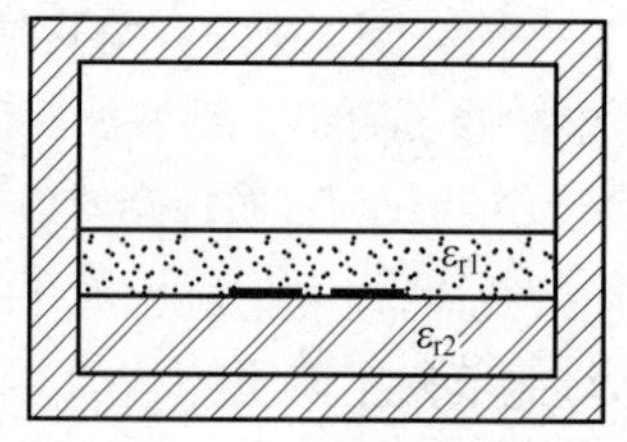

图 1-18 双层介质微带

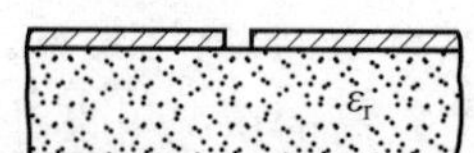

图 1-19 缝隙微带

缝隙微带线的优点是两块导体均在介质板的一面，因此对于固体器件的安装，导体间的短路都十分方便。

缝隙微带线和一般微带线的电磁场结构完全不同，它已不是 TEM 波或准 TEM 波，而是一种波导波型，其相速、特性阻抗等参量均随频率而变。它的具体应用和理论分析当前均有所进展。本书重点放在标准微带线上，故对此不作详细讨论。

1.7 小结

本章介绍了微带线的基本特性，在此再作一简单小结。

(1) 微带线的最重要参量是相速和特性阻抗。前者可以有效介电常数 ε_e 表示，它说明了微带线的相速与自由空间光速之间的关系，为设计微带电路时考虑线长的依据；后者在考虑微带电路各部分之间的阻抗关系时是必需的。

在计算此两个基本参量时，近似地认为微带线工作于 TEM 波(准 TEM 波)情况，即把微带线横截面的电场、磁场分布看成类似于静场，完全按静场的一套方法计算出空气微带线和介质微带线的分布电容，并由此算出有效介电常数和特性阻抗。由于介质充填程度与微带线横截面几何参量 W/h 有关，亦即 ε_e 随 W/h 而变，故微带线的相速及特性阻抗都是横截面几何参量 W/h 的函数。对于不同的介质基片的相对介电常数 ε_r、不同横截面几何参量 W/h 的 ε_e 和特性阻抗 Z_0 的具体数据可查表 1-3。

(2) 微带线的损耗是另一比较重要的参量。它构成了整个微带电路总损耗的重要部分，并决定微带电路元件的 Q 值。微带线的损耗包括导体损耗、介质损耗、辐射损耗三部分。如采用质量较好的瓷基片，并将整个电路屏蔽起来，则主要为导体损耗。介质损耗、导体损耗的大小及其对微带线的介质材料、横截面尺寸的关系可参考 1.4 节的有关公式及曲线，但须注意：微带线的损耗受工艺条件影响很大，故这些公式和曲线只供参考。

(3) 当工作频率提高或微带线横截面尺寸过大时，微带线上不仅仅为单一的 TEM 波，还存在着波导波型、表面波型的影响，统称为高次型。在考虑工作频率及选择微带线尺寸时，应令所有高次型都截止，否则将影响微带电路的正常工作。

即使在高次型截止条件下，当工作频率提高时，微带线将呈现出非 TEM 波的特性，即有效介电常数和特性阻抗将随频率而变，称为微带线的色散特性。为此，当频率很高时，应根据式(1-70)、式(1-71)和式(1-72)将微带线参量进行修正。

第 2 章 微波网络基础

CHAPTER 2

2.1 概述

第 1 章对均匀微带线作了分析，并给出了它的基本参量。微带电路在多方面应用，有些已经具有复杂的结构，其中不但包含各种不同尺寸、不同参量的均匀微带线组合，而且还包含结构上所必不可免的微带不均匀性部分，如微带线的间隙、尺寸跳变、弯曲、分支接头等。此外还可以包含微波固体器件。同时对电路元件的性能要求也已经是多种多样，如滤波器要求有频率选择性；移相器要求产生一定的相移；变阻器则需完成两个不同阻抗之间的转换等等。为了多快好省地设计合乎要求的微带电路元件，较简捷地分析其工作特性，就需要掌握网络理论这个重要手段。

网络理论早就是研究低频电路的有力工具，后来稍加改造，应用于微波电路的分析，对微波技术发展起了很大的推进作用。微波技术的发展，反过来也丰富了微波网络理论。如开始时只研究线性网络，以后由于铁淦氧、微波固体器件等的广泛应用，又发展起了非互易网络、有源网络、非线性网络、时变参数网络等理论。即使对线性网络，也因为对微波元件不断提出高质量要求，而研究出了各种合成设计方法。可以预料，微波网络理论的研究，今后还将随着这方面的生产实践的增多而得到更大的发展。

为什么网络方法是研究微波电路(包括微带电路)的一个重要手段？我们可举一简单的低频电路实例来说明。

图 2-1 为一简单 LC 的 T 形网络，可写出其 1、2 两端的电压、电流间的下述关系式

$$\left.\begin{aligned} U_1 &= \left(\mathrm{j}\omega L - \mathrm{j}\,\frac{1}{\omega C}\right) I_1 - \mathrm{j}\,\frac{1}{\omega C} I_2 \\ U_2 &= -\mathrm{j}\,\frac{1}{\omega C} I_1 + \left(\mathrm{j}\omega L - \mathrm{j}\,\frac{1}{\omega C}\right) I_2 \end{aligned}\right\} \tag{2-1}$$

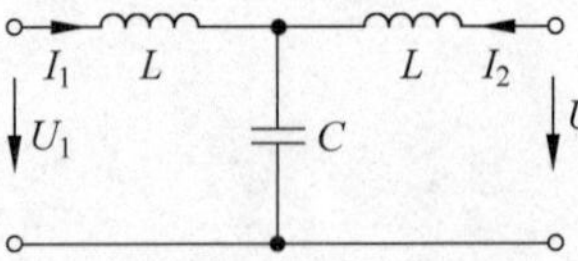

图 2-1 LC 的 T 形网络

如令

$$Z_{11} = Z_{22} = \mathrm{j}\omega L - \mathrm{j}\,\frac{1}{\omega C}$$

$$Z_{12} = Z_{21} = -\mathrm{j}\,\frac{1}{\omega C}$$

则式(2-1)可写成

$$\left.\begin{aligned} U_1 &= Z_{11}I_1 + Z_{12}I_2 \\ U_2 &= Z_{21}I_1 + Z_{22}I_2 \end{aligned}\right\} \tag{2-2}$$

其中，Z_{11}、Z_{12}、Z_{21}、Z_{22}四个阻抗值称为阻抗网络参量。它们都具有阻抗的量纲，故式(2-2)即称为阻抗网络表达式。由式(2-1)可知，阻抗网络参量与电路元件的参数及其排列有关，直接由电路上来求相当烦琐。但若由式(2-2)这样的网络表达式来求则很方便。

例如由式(2-2)中的第一式，可定义

$$Z_{11} = \left.\frac{U_1}{I_1}\right|_{I_2=0}$$

这就是说，如把 2 端开路，则 1 端的输入阻抗就是网络参量 Z_{11}。据此，再对照图 2-1，就很容易得出，$Z_{11}=\mathrm{j}\omega L-\frac{1}{\mathrm{j}\omega C}$，其余 Z_{12}、Z_{21}、Z_{22} 等参量亦可类似地下定义，并很容易求得。

网络参量既然联系了电路诸引出端的电压、电流之间的关系，也必然反映了电路内在的联系，因此一定可用来表示电路的工作特性参量。例如当图 2-1 的 2 端接了一个负载电阻 R_{L}，而要求其 1、2 端的电压传输系数 K_{U} 时，由式(2-2)，令 $U_2=-I_2R_{\mathrm{L}}$（前面的负号表示负载电流的方向和假设的 I_2 正方向相反），得

$$\begin{aligned} U_1 &= Z_{11}I_1 + Z_{12}\left(-\frac{U_2}{R_{\mathrm{L}}}\right) \\ U_2 &= Z_{21}I_1 + Z_{22}\left(-\frac{U_2}{R_{\mathrm{L}}}\right) \end{aligned} \tag{2-3}$$

解式(2-3)的第 2 式，得 $I_1=\frac{1}{Z_{21}}\left(1+\frac{Z_{22}}{R_{\mathrm{L}}}\right)U_2$，代入第 1 式，即得

$$K_U = \frac{U_2}{U_1} = \frac{Z_{21}R_{\mathrm{L}}}{Z_{11}R_{\mathrm{L}} + Z_{11}Z_{22} - Z_{21}Z_{12}} \tag{2-4}$$

可知工作特性参量 K_U 可由网络参量及所接负载决定。

因此把一个电路表达成网络形式有以下作用：

(1) 代表电路各引出端电压、电流诸量之间关系的网络参量，反映了电路内部各元件的参数以及其排列关系；而网络参量可根据其定义简捷地计算或测量得到。

(2) 利用网络参量(以及外接负载)，可表示电路的工作特性参量，如电压传输系数、工作衰减量、相移量、隔离度等等。

由上面的简单例子已经可以看出应用网络这一工具来分析电路的简捷性。通过本章的讨论，我们将看到，当电路相当复杂时，应用网络这一分析方法就更显示其优越性。

利用网络理论研究低频电路时，一般着重于如下两个方面：

(1) 给出一定的电路，分析其各种工作特性，称为网络分析。

(2) 根据给出的对电路的工作特性要求，以最经济的条件(例如用最少的电路元件)，设计出合乎要求的电路，称为网络综合或网络合成。

对于微带电路元件，同样可以应用网络理论进行研究，不过由于它和波导、同轴线一样，属于分布参数系统，和通常的低频电路的网络方法既有共同点，也有其不同之处，故特称为微波网络。其主要特点为：

(1) 必须指定工作波型。这个问题在低频电路中不存在。但在微波传输线上，其电磁场的分布可以有不同的波型形式，对每一种波型，其引出端的电压、电流、电场、磁场之间各

有其特定的关系，而不同的波型又各不相同。因此如不规定工作波型，其网络参量就是不确定的。通常都希望传输线工作于主波型，而尽量抑制其他杂波型。同轴线和微带线的主波型为TEM型，矩形波导的为H_{10}型。考虑微波网络时，均认为传输线工作于单一的主波型，其高次型被抑制而不能传播。在电路中的不均匀点附近，会激励起高次型，但距离稍远它就很快衰减，因而反映不到电路的引出端来，其影响只是等效于对主波型有一个电抗值，可计入网络参量之内。在"微带的不均匀性"一章中详细讨论。

(2) 微波传输线实际上是微波网络的一部分。对于低频网络，引线只起连接作用，而对网络特性无影响。在微波电路中，所接触的都是分布参数系统，已不能忽略传输线的作用，所以它事实上成了微波网络的一部分。正因为如此，在考虑网络的诸引出端时，必须严格地规定参考面，即必须事先指定：网络是对诸引出线的哪一些特定位置而言。当参考面改变时，网络参量亦随之而变。此现象在低频网络中是不存在的。

(3) 微波网络参量和电路的尺寸与相对位置的排列有密切关系。在低频电路中，不论L、C、R为何种结构，只要其参数一定，排列顺序不错，则给出相同的网络参量，而微波网络就不然。网络参量和微波传输线的排列、位置等都有关系，甚至两根特性阻抗相同、但尺寸或形状不同的传输线接在一起，也要产生不连续而影响网络参量。有时一个微波电路元件甚至就是由两种参量相同、形式不同的传输线连接而成，如同轴—微带过渡接头就是一例。对电路结构的特别重视，也是微波网络的一个特点。

本章将讨论微波网络的最基本特性以及利用它来研究微波电路的方法，作为以后各章讨论问题的基础。由于矩阵运算是网络方法的有效工具，下面先做大致的介绍。

2.2 矩阵的基本运算规则

前述T形电路，其阻抗网络的联立方程形式为

$$\begin{cases} U_1 = Z_{11}I_1 + Z_{12}I_2 \\ U_2 = Z_{21}I_1 + Z_{22}I_2 \end{cases}$$

可把此联立方程写成下列简捷的矩阵形式，以便于作矩阵运算

$$\begin{bmatrix} U_1 \\ U_2 \end{bmatrix} = \begin{bmatrix} Z_{11} & Z_{12} \\ Z_{21} & Z_{22} \end{bmatrix} \cdot \begin{bmatrix} I_1 \\ I_2 \end{bmatrix} \tag{2-5}$$

或

$$\boldsymbol{U} = \boldsymbol{Z} \cdot \boldsymbol{I} \tag{2-6}$$

式(2-6)为式(2-5)的简单形式。[ ]为矩阵符号，[ ]内的变量为矩阵元素。式(2-5)或式(2-6)表示阻抗矩阵乘上电流矩阵等于电压矩阵。这个乘法称为矩阵乘法，有其一定的规则，下面就要谈到。根据矩阵的运算规则，式(2-5)、式(2-6)即可完全代表式(2-1)的联立方程形式。

在式(2-5)的矩阵符号中，横排称行，纵排称列，行的次序由上而下，列的次序由左而右。只有一行的矩阵称为行矩阵，只有一列的矩阵称为列矩阵。行数和列数相等的矩阵称为方阵。在式(2-5)中，$\begin{bmatrix} U_1 \\ U_2 \end{bmatrix}$，$\begin{bmatrix} I_1 \\ I_2 \end{bmatrix}$为列矩阵，而$\begin{bmatrix} Z_{11} & Z_{12} \\ Z_{21} & Z_{22} \end{bmatrix}$则为方阵。

当矩阵的行和列的位置互换时，称转置矩阵，如$\begin{bmatrix} Z_{11} & Z_{12} \\ Z_{21} & Z_{22} \end{bmatrix}$的转置矩阵为$\begin{bmatrix} Z_{11} & Z_{21} \\ Z_{12} & Z_{22} \end{bmatrix}$。转置矩阵以符号$\overline{[\,]}$表示。

对于一个方阵，如从左上角到右下角的对角线位置上所有元素的值为1，而其他位置的元素均为零时，称为单位矩阵，如$\begin{bmatrix} 1 & 0 \\ 0 & 1 \end{bmatrix}$就是单位矩阵，通常以符号[1]表示。在矩阵运算中，其作用相当于一般运算中的1。

下面是常用的矩阵基本运算规则：

(1) 矩阵的加减只能在同行数、同列数的矩阵间进行。加减时系将其对应位置的元素进行加减。例如：

$$\begin{bmatrix} A_{11}, A_{12} \\ A_{21}, A_{22} \end{bmatrix} + \begin{bmatrix} B_{11}, B_{12} \\ B_{21}, B_{22} \end{bmatrix} = \begin{bmatrix} A_{11}+B_{11}, A_{12}+B_{12} \\ A_{21}+B_{21}, A_{22}+B_{22} \end{bmatrix} \tag{2-7}$$

(2) 矩阵和一常数相乘时，应将所有元素乘上该常数，例如：

$$K\begin{bmatrix} A_{11}, A_{12} \\ A_{21}, A_{22} \end{bmatrix} = \begin{bmatrix} KA_{11}, KA_{12} \\ KA_{21}, KA_{22} \end{bmatrix} \tag{2-8}$$

(3) 矩阵$\boldsymbol{A}$和矩阵$\boldsymbol{B}$相乘时，要求$\boldsymbol{A}$的列数等于$\boldsymbol{B}$的行数，否则$\boldsymbol{A}\cdot\boldsymbol{B}$不成立。两者相乘后得到的矩阵，其行数等于$\boldsymbol{A}$的行数，列数等于$\boldsymbol{B}$的列数。下面就是具体乘法的例子：

$$\begin{bmatrix} A_{11}, A_{12}, A_{13} \\ A_{21}, A_{22}, A_{23} \end{bmatrix}, \begin{bmatrix} B_{11}, B_{12} \\ B_{21}, B_{22} \\ B_{31}, B_{32} \end{bmatrix} = \begin{bmatrix} A_{11}B_{11}+A_{12}B_{21}+A_{13}B_{31}, A_{11}B_{12}+A_{12}B_{22}+A_{13}B_{32} \\ A_{21}B_{11}+A_{22}B_{21}+A_{23}B_{31}, A_{21}B_{12}+A_{22}B_{22}+A_{23}B_{32} \end{bmatrix} \tag{2-9}$$

矩阵相乘有一定次序，不能任意颠倒。从上例可看出，$\boldsymbol{A}\cdot\boldsymbol{B}$得到二行二列的新矩阵；若是$\boldsymbol{B}\cdot\boldsymbol{A}$，则得到三行三列的矩阵。故显然$\boldsymbol{A}\cdot\boldsymbol{B}\neq\boldsymbol{B}\cdot\boldsymbol{A}$。

(4) 当三个或更多个矩阵相乘时，在不变更次序的前提下，满足结合律，即可以先把任意几个矩阵相乘，再和其他矩阵相乘。

$$\boldsymbol{A}\cdot\boldsymbol{B}\cdot\boldsymbol{C} = \{\boldsymbol{A}\cdot\boldsymbol{B}\}\cdot\boldsymbol{C} = \boldsymbol{A}\cdot\{\boldsymbol{B}\cdot\boldsymbol{C}\} \tag{2-10}$$

(5) 单位矩阵乘以同行同列数的方阵后，其结果仍为被乘式方阵本身。

$$[1]\cdot\boldsymbol{A} = \boldsymbol{A} \tag{2-11}$$

这一性质可由矩阵的乘法规则推得。

(6) 矩阵运算满足下列结合律：

$$\boldsymbol{A}\cdot\boldsymbol{C}+\boldsymbol{B}\cdot\boldsymbol{C} = \{\boldsymbol{A}+\boldsymbol{B}\}\cdot\boldsymbol{C} \tag{2-12}$$

(7) 矩阵等式的两边可乘上相同的矩阵。例如：

$$\boldsymbol{A} = \boldsymbol{B}$$

则

$$\boldsymbol{C}\cdot\boldsymbol{A} = \boldsymbol{C}\cdot\boldsymbol{B} \tag{2-13}$$

(8) 如$\boldsymbol{A}\cdot\boldsymbol{B}=\boldsymbol{C}$，其中$\boldsymbol{A}$为方阵。若作此乘法的逆运算，而得

$$\boldsymbol{B} = \boldsymbol{D}\cdot\boldsymbol{C}$$

则$\boldsymbol{D}$称为$\boldsymbol{A}$的逆矩阵，相当于一般乘法的倒数，以$\boldsymbol{A}^{-1}$表示。即

$$\boldsymbol{B} = \boldsymbol{A}^{-1}\boldsymbol{C} \tag{2-14}$$

如在式(2-14)两边都乘以矩阵 **A**,则得

$$\boldsymbol{A} \cdot \boldsymbol{B} = \boldsymbol{A} \cdot \boldsymbol{A}^{-1} \cdot \boldsymbol{C}$$

$$\boldsymbol{C} = \boldsymbol{A} \cdot \boldsymbol{A}^{-1} \cdot \boldsymbol{C}$$

$$1 \cdot \boldsymbol{C} = \boldsymbol{A} \cdot \boldsymbol{A}^{-1} \cdot \boldsymbol{C}$$

故得

$$\boldsymbol{A} \cdot \boldsymbol{A}^{-1} = [1]$$

因此,当两个方阵相乘等于单位矩阵时,此两方阵彼此互为逆矩阵。

计算逆矩阵诸元素的具体运算规则为

$$\boldsymbol{Z}^{-1} = \begin{bmatrix} Z_{11} & Z_{12} & Z_{13} \\ Z_{21} & Z_{22} & Z_{23} \\ Z_{31} & Z_{32} & Z_{33} \end{bmatrix}^{-1} = \frac{1}{|\boldsymbol{Z}|}\begin{bmatrix} Az_{11} & Az_{21} & Az_{31} \\ Az_{12} & Az_{22} & Az_{32} \\ Az_{13} & Az_{23} & Az_{33} \end{bmatrix} \tag{2-15}$$

即当 **Z** 矩阵的诸元素为 $Z_{11}, Z_{12}, \cdots, Z_{33}$ 时,其逆矩阵的相应元素分别为 $\frac{1}{|\boldsymbol{Z}|}Az_{11}, \frac{1}{|\boldsymbol{Z}|}Az_{21}, \cdots, \frac{1}{|\boldsymbol{Z}|}Az_{33}$。其中 $|\boldsymbol{Z}|$ 为将 **Z** 矩阵变为行列式时求得之和。

$$|\boldsymbol{Z}| = \begin{vmatrix} Z_{11} & Z_{12} & Z_{13} \\ Z_{21} & Z_{22} & Z_{23} \\ Z_{31} & Z_{32} & Z_{33} \end{vmatrix}$$

$$= Z_{11}Z_{22}Z_{33} + Z_{21}Z_{32}Z_{13} + Z_{31}Z_{12}Z_{23} - Z_{13}Z_{22}Z_{31} - Z_{23}Z_{32}Z_{11} - Z_{33}Z_{12}Z_{21} \tag{2-16}$$

Az_{ij} 称为 Z 行列式中元素 Z_{ij} 的代数余子式。通过元素 Z_{ij} 作一根横线和一根竖线,把两线上元素去掉得到一个降阶行列式,在其前面乘以因子 $(-1)^{i+j}$,即得余子式 Az_{ij}。例如上述三阶行列式的 Az_{23} 为

$$Az_{23} = (-1)^{2+3} = \begin{vmatrix} Z_{11} & Z_{12} \\ Z_{31} & Z_{32} \end{vmatrix} = -\begin{vmatrix} Z_{11} & Z_{12} \\ Z_{31} & Z_{32} \end{vmatrix} = -(Z_{11}Z_{32} - Z_{12}Z_{31})$$

以上为矩阵的基本运算规则。为了比较简捷地对联立方程进行运算,需要利用这些矩阵的运算规则。

例如,将式(2-5)的右边按矩阵乘法规则相乘,得

$$\begin{bmatrix} U_1 \\ U_2 \end{bmatrix} = \begin{bmatrix} Z_{11} & Z_{12} \\ Z_{21} & Z_{22} \end{bmatrix} \cdot \begin{bmatrix} I_1 \\ I_2 \end{bmatrix} = \begin{bmatrix} Z_{11}I_1 + Z_{12}I_2 \\ Z_{21}I_1 + Z_{22}I_2 \end{bmatrix}$$

此等式两边都是一个二行一列的矩阵,其相应的矩阵元素应该相等。写出此等式后,即得到式(2-2)的联立方程表达式。

在式(2-2)中,系将电压表达成为对电流的关系,称为阻抗网络表达式。若反过来把电流表达成为对电压的关系,即称为导纳网络表达式:

$$\begin{aligned} I_1 &= Y_{11}U_1 + Y_{12}U_2 \\ I_2 &= Y_{21}U_1 + Y_{22}U_2 \end{aligned} \tag{2-17}$$

如阻抗网络参量 $Z_{11}, Z_{12}, \cdots$ 已求得,而需求导纳网络参量 $Y_{11}, Y_{12}, \cdots$ 时,一般可由联立方程(2-2)得出,也可根据矩阵运算而得出。

式(2-2)的矩阵表达式为

$$\boldsymbol{U}=\boldsymbol{Z}\cdot\boldsymbol{I}$$

而联立方程(2-17)的矩阵表达式为

$$\boldsymbol{I}=\boldsymbol{Y}\cdot\boldsymbol{U} \tag{2-18}$$

根据矩阵运算规则，显然有$\boldsymbol{Y}=\boldsymbol{Z}^{-1}$，即阻抗矩阵和导纳矩阵互为逆矩阵。因此$\boldsymbol{Y}$的诸元素(即$\boldsymbol{Y}$网络的参量)，可根据逆矩阵运算规则由$\boldsymbol{Z}$计算而得：

$$\boldsymbol{Y}=\begin{bmatrix}Z_{11} & Z_{12}\\ Z_{21} & Z_{22}\end{bmatrix}^{-1}=\frac{1}{Z_{11}Z_{22}-Z_{12}Z_{21}}\begin{vmatrix}Z_{22} & -Z_{12}\\ -Z_{21} & Z_{11}\end{vmatrix} \tag{2-19}$$

即从$\boldsymbol{Z}$网络的诸参量得到了$\boldsymbol{Y}$网络的诸参量。

其余运算规则在以后解决网络问题时，都会用到。

2.3　微波网络的各种矩阵形式

上面已经提到，可以将电路的各种网络的联立方程表达式变成矩阵形式，以便于运算。下面为了方便起见，就直接把某种网络称为矩阵，如阻抗矩阵、导纳矩阵、散射矩阵等。微波网络之所以有多种矩阵形式，是由于各方面不同的应用特点产生的，我们将讨论几种重要的矩阵形式，说明其意义、特点以及它们相互间的关系。

在讨论具体的矩阵形式之前，先对网络本身作一些规定。前面已经提到：微波电路是相当复杂的，其中可包含非线性元件、有源元件、非可逆元件(或非单向元件)等，这就使得网络的分析相当复杂。但是到目前为止，大量碰到的还是线性无源可逆网络，很多微波元件均属此类。即使电路中包含非线性元件，也可将其近似地线性化而作为线性元件来处理。故本章先讨论无源线性可逆网络，其他网络的问题，将在以后各章作补充说明。

矩阵(网络)形式根据网络引出端所采用不同的量以及在矩阵中不同的相对位置而异。引出端采用的量有电压、电流、内向波(进入网络的波)、外向波(离开网络的波)等，因而有不同的矩阵形式。即使用同样的量但排列次序改变，也得到不同的矩阵，例如电压表达成与电流的关系为阻抗矩阵，电流表达成与电压的关系则为导纳矩阵，以下分别介绍几种常用的矩阵形式。

2.3.1　阻抗矩阵

在求阻抗网络之前，必须对电压、电流的正方向作规定，否则网络参量的正负号不能确定。本书的规定如图2-2所示，即当电压正方向规定后，电流的正方向都定为从电压正端的导线流入网络。若规定与此不同，则网络参量的符号也将改变，必须注意。

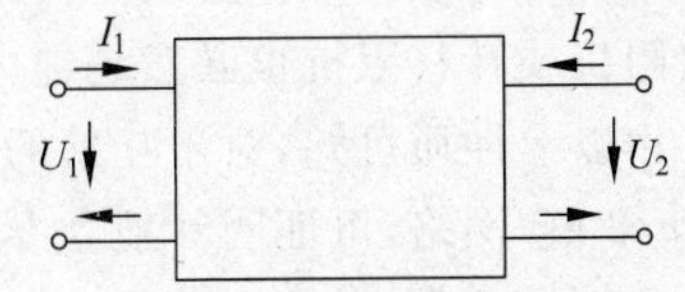

图2-2　网络电压电流正方向的规定

以四端网络(或称二口网络，所谓端是低频网络中一根线头的意思，在微波网络中，线头的意义不大，往往把一对线头归并为一个引出口)为例，其阻抗矩阵为

$$\begin{bmatrix}U_1\\ U_2\end{bmatrix}=\begin{bmatrix}Z_{11} & Z_{12}\\ Z_{21} & Z_{22}\end{bmatrix}\cdot\begin{bmatrix}I_1\\ I_2\end{bmatrix}$$

其中，四个网络参量各可根据相应的联立方程来定义。

令

$$I_2 = 0$$

则

$$\frac{U_1}{I_1} = Z_{11}$$

或

$$Z_{11} = \left.\frac{U_1}{I_1}\right|_{I_2=0} \tag{2-20}$$

即 Z_{11} 为 2 端开路时，从 1 端向网络看进去的输入阻抗称为自阻抗。若推广到口数更多的网络，则 Z_{11} 为其他所有的引出端都开路时，从 1 端看进去的输入阻抗。Z_{11} 可根据此定义进行计算，也可按此条件进行量测。

同理

$$Z_{22} = \left.\frac{U_2}{I_2}\right|_{I_1=0} \tag{2-21}$$

其意义和 Z_{11} 相同。

$$Z_{12} = \left.\frac{U_1}{I_2}\right|_{I_1=0} \tag{2-22}$$

$$Z_{21} = \left.\frac{U_2}{I_1}\right|_{I_2=0} \tag{2-23}$$

都称为转移阻抗，Z_{12} 为 1 端开路时，1 端的电压和 2 端的电流之比值。Z_{21} 为 2 端开路时，2 端电压和 1 端电流之比。

阻抗矩阵具有以下性质：

(1) 当网络互易，亦即在电路中不包含铁氧体、微波晶体管等不可逆元件时，满足互易定理，网络参量有下列关系：

$$Z_{12} = Z_{21}, \quad Z_{ij} = Z_{ji} \tag{2-24}$$

(2) 当网络具有对称结构，则相应的对称位置的元素也相等。例如在图 2-1 所示的对称网络中，有 $Z_{11} = Z_{22}$。

(3) 当网络内无损耗时，则所有的阻抗矩阵参量均为纯虚数。这一点从图 2-1 的例子即可明显看出。当网络无损时，构成网络的均为电抗元件，则按照式(2-20)、式(2-22)求得的自阻抗或转移阻抗也必然是纯电抗，因为它们都分别由网络内的电抗经串并联后得到。

由以上性质可知，对于互易的四端(二口)网络，只有三个独立参量。进一步推广到 n 端(或 $n/2$ 口)网络，可证明其独立参量数目为$(n^2+2n)/8$。如当网络具有对称性时，其独立参量数将更为减少，因此在求矩阵元素时，应利用此项性质以简化计算。

在微波情况下，由于传输线的特性阻抗具有重要意义，一般均以对特性阻抗的相对值来判别电路匹配的程度。这样得出的矩阵参量称归一化参量，由此所得的矩阵，称为归一化矩阵。为此，也应首先将各引出端的电压、电流变换成归一化量。以四端网络为例，如其两个引出端传输线的特性阻抗各为 Z_{10} 和 Z_{20} 时，则归一化电压、电流按下式定义：

$$u_1 = U_1/\sqrt{Z_{10}} \tag{2-25}$$

$$u_2 = U_2/\sqrt{Z_{20}} \tag{2-26}$$

$$i_1 = \sqrt{Z_{10}} \cdot I_1 \tag{2-27}$$

$$i_2 = \sqrt{Z_{20}} \cdot I_2 \tag{2-28}$$

其中,小写的符号均表示归一化量。

这样

$$u_1/i_1 = \frac{U_1}{I_1} \cdot \frac{1}{Z_{10}} \tag{2-29}$$

$$u_2/i_2 = \frac{U_2}{I_2} \cdot \frac{1}{Z_{20}} \tag{2-30}$$

从而得到了阻抗的归一化。把归一化电压写成归一化电流的表示式,由此得到的阻抗矩阵即是归一化阻抗矩阵,以 $\boldsymbol{z}$ 表示。

$$\boldsymbol{u} = \boldsymbol{z} \cdot \boldsymbol{i} \tag{2-31}$$

由式(2-25)～式(2-28)的定义,可得 $\boldsymbol{z}$ 的诸元素为

$$z_{11} = \frac{Z_{11}}{Z_{10}} \qquad z_{22} = \frac{Z_{22}}{Z_{20}}$$

$$z_{12} = \frac{Z_{12}}{\sqrt{Z_{10}Z_{20}}} \quad z_{21} = \frac{Z_{21}}{\sqrt{Z_{10}Z_{20}}} \tag{2-32}$$

按上述关系,也可还原成原来的阻抗矩阵。

2.3.2 导纳矩阵

导纳矩阵为阻抗矩阵的逆矩阵。其归一化形式以 $\boldsymbol{y}$ 表示。它和阻抗矩阵相似,也具有以下特点:

(1) 网络互易时,$y_{ij}=y_{ji}$。

(2) 网络对称时,有 $y_{ii}=y_{jj}$。

(3) 网络无损时,所有参量均为纯虚数。$\boldsymbol{y}$ 中各元素的定义完全类似于阻抗矩阵,只是条件有所变化。例如,自导纳 y_{11} 为其他所有端都短路时,1 端的输入导纳。y_{12},y_{22},…的定义也应做相应的改变。

在网络分析中,究竟选用阻抗矩阵形式还是导纳矩阵形式,要看具体电路的特点,以何者解决问题较为方便来决定。例如图 2-3 所示的电路结构,当 A、B 两网络之间满足一定关系时,可使 1、2 两边互相隔离。从图可以看出:网络 A、B 两边,具有共同的电压,而电流则成为并联的关系,因之如取导纳矩阵 $\boldsymbol{Y}$,则由 A 和 B 组成的总网络矩阵应等于网络 A、B 的 $\boldsymbol{Y}$ 矩阵之和,即$\boldsymbol{Y}=\boldsymbol{Y}_A+\boldsymbol{Y}_B$。为使 1、2 两边隔离,根据 Y 参量的意义,如令 $Y_{12}=0$(或 $Y_{21}=0$),则 1、2 两边就不存在相互影响。Y_{12} 为 Y_{12A} 及 Y_{12B} 之和,故当 $Y_{12}=Y_{12A}+Y_{12B}=0$,亦即网络 A 和网络 B 的转移导纳相互对消时,可以使两边隔离。根据此条件就可分别设计网络 A、B 的内部电路。这个问题在以后设计功率分配器时将要遇到。如应用阻抗矩阵进行分析,则将极为复杂。由此可知,必须根据具体的电路条件选择适当的矩阵形式。

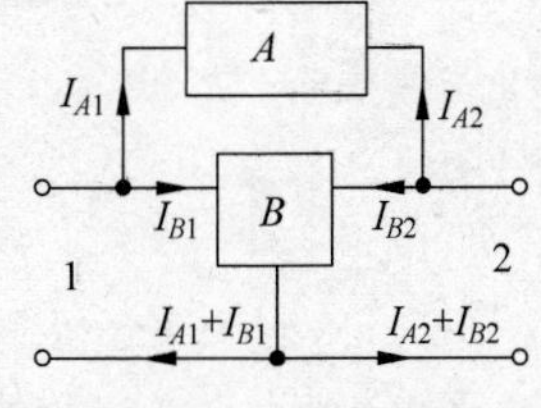

图 2-3 网络的并联

2.3.3 A 矩阵(A、B、C、D 矩阵)

在微波电路中,经常遇到由许多简单电路级联起来构成的复杂电路,这在滤波器、阻抗变换器、分支线定向耦合器等电路元件中碰到尤多。为了解决此类问题,所用的矩阵形式,就是 **A** 矩阵(或 **A**、**B**、**C**、**D** 矩阵)。此类矩阵形式只对四端(二口)网络有意义。

A 矩阵:把四端网络的前端电压电流表成后端电压电流的关系,即

$$\begin{bmatrix} U_1 \\ I_1 \end{bmatrix} = \begin{bmatrix} A & B \\ C & D \end{bmatrix} \cdot \begin{bmatrix} U_2 \\ -I_2 \end{bmatrix} \tag{2-33}$$

2 端的电流 I_2 前面有一负号,是因为电路级联时,最好是把前级的输出电压、电流作为后级的输入电压、电流,如图 2-4 所示。这样使电压、电流的正方向皆指向一个方向,而每两级之间的电压、电流,则既是前级的输出量,又是后级的输入量。但这样表示后,每一级输出端电流的方向就和本书所规定的正方向相反。为了各种矩阵形式之间相互转换的方便,我们仍以前面规定过的正方向为准,故在 **A** 的表达式中,应把输出电流加一个负号。很易看出:当 $\mathbf{A}_1,\mathbf{A}_2,\cdots,\mathbf{A}_n$ n 个网络级联成一个总的网络时,其 **A** 矩阵之间的关系为

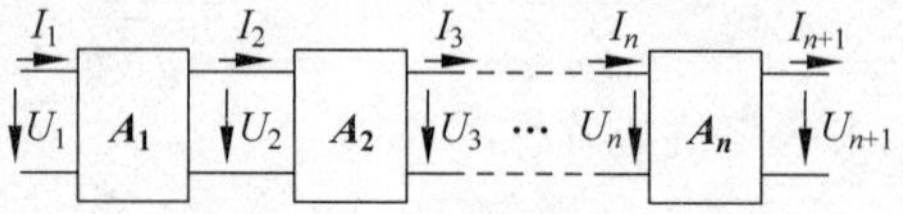

图 2-4 网络的级联

$$\mathbf{A} = \mathbf{A}_1\mathbf{A}_2\cdots\mathbf{A}_n \tag{2-34}$$

是简单的连乘关系,这就是这种矩阵形式的最大优点。

A 矩阵同样可取为归一化的形式

$$\begin{bmatrix} u_1 \\ i_1 \end{bmatrix} = \begin{bmatrix} a & b \\ c & d \end{bmatrix} \cdot \begin{bmatrix} u_2 \\ -i_2 \end{bmatrix} \tag{2-35}$$

归一化形式的 **A** 矩阵,用符号 $\boldsymbol{a}$ 表示。

A 矩阵的归一化参量和非归一化参量之间有下列关系:

$$\left.\begin{aligned} a &= \sqrt{\frac{Z_{20}}{Z_{10}}}A \qquad & b &= \frac{B}{\sqrt{Z_{10}Z_{20}}} \\ c &= \sqrt{Z_{10}Z_{20}}\cdot C \qquad & d &= \sqrt{\frac{Z_{10}}{Z_{20}}}\cdot D \end{aligned}\right\} \tag{2-36}$$

Z_{10}、Z_{20} 分别为 1、2 口传输线的特性阻抗,通常 $Z_{10}=Z_{20}=Z_0$,此时其关系为

$$\left.\begin{aligned} a &= A \qquad & b &= \frac{B}{Z_0} \\ c &= Z_0\cdot C \qquad & d &= D \end{aligned}\right\} \tag{2-37}$$

由式(2-33)电压和电流的关系可判定:B 具有阻抗量纲,C 具有导纳量纲,而 A、D 为无量纲值,经过归一化后,a、b、c、d 均为无量纲值。

A 矩阵的各元素的物理意义如下:

$a=\left.\frac{u_1}{u_2}\right|_{i_2=0}$ 为 2 端开路时，1、2 端间电压传输系数的倒数。

$d=-\left.\frac{i_1}{i_2}\right|_{u_2=0}$ 为 2 端短路时电流传输系数的倒数。

$b=-\left.\frac{u_1}{i_2}\right|_{u_2=0}$ 为 2 端短路时，1 端电压和 2 端电流之比。

$c=\left.\frac{i_1}{u_2}\right|_{i_2=0}$ 为 2 端开路时，1 端电流对 2 端电压的比值。

A 矩阵具有以下性质：

(1) 当网络互易时，则 $ad-bc=1$。

(2) 当网络对称时，则 $a=d$。

(3) 当网络无损时，则 a、d 为实数，b、c 为纯虚数。

由归一化阻抗矩阵可写出

$$u_1 = z_{11}i_1 + z_{12}i_2$$
$$u_2 = z_{21}i_1 + z_{22}i_2$$

在此联立方程中，根据前面给出的参量 a、b、c、d 的定义，很易用 z 参量来表示：

$$a = \left.\frac{u_1}{u_2}\right|_{i_2=0} = z_{11}/z_{21}$$

$$d = -\left.\frac{i_1}{i_2}\right|_{u_2=0} = z_{22}/z_{21}$$

$$b = -\left.\frac{u_1}{i_2}\right|_{u_2=0} = \frac{z_{11}z_{22}-z_{12}z_{21}}{z_{21}}$$

$$c = \left.\frac{i_1}{u_2}\right|_{i_2=0} = \frac{1}{z_{21}}$$

可看出：$ad-bc=\frac{z_{11}z_{22}}{z_{21}^2}-\frac{z_{11}z_{22}-z_{12}z_{21}}{z_{21}}=\frac{z_{12}z_{21}}{z_{21}^2}$。由 **z** 的特性，知互易网络的 $z_{12}=z_{21}$，故由此得

$$ad - bc = 1$$

又从 a、d 的表达式可知，如网络对称，而 $z_{11}=z_{22}$ 时，则亦必有 $a=d$。

当电路无损时，所有的 z 参量均为纯虚数，从 a、b、c、d 表达式中，很易看出 a、d 是实数，b、c 为纯虚数。

上述性质对以后分析电路时均甚有用。

由上述推导也可知，各种矩阵形式之间具有一定的关系，可以相互转换。

2.3.4 散射矩阵(*S* 矩阵)

这是微波网络中很常用的一种矩阵形式，因为在微波电路中，用入射波、反射波的概念更甚于用电压、电流，用反射系数、驻波比等概念更甚于阻抗或导纳。因此如采用某种矩阵形式，其网络诸引出端上的量和入射波、反射波对应，而其网络参量则和反射系数、传输系数等对应，此种矩阵形式在分析微波电路时必很有用。散射矩阵即由此得出。

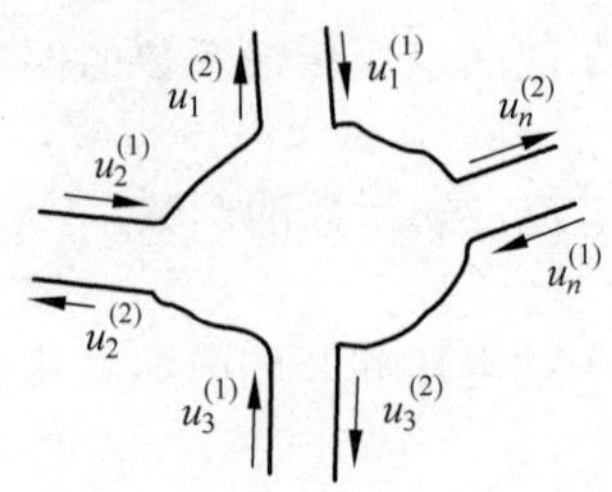

图 2-5　网络的内向波和外向波

图 2-5 表示一个多口的微波网络。这里每一个口，可以是波导、同轴线、微带线的引出头，相当于低频电路中的两根线。在每一个口上，有一归一化的内向波电压和外向波电压，分别以符号 $u^{(1)}$ 和 $u^{(2)}$ 表示。前者表示进入网络的电压波，后者为离开网络的电压波。这里把电流舍去不用是因为归一化的电压内向波即等于归一化电流内向波，而归一化电压外向波则只与归一化电流外向波差一个符号。所以用各口的归一化电压内向波和外向波，既能表示相应的归一化电压，也能表示相应的归一化电流。这个概念，只要从我们所熟习的一段传输线上的电压 u、电流 i 与其入射波及反射波之间的关系来看，就很容易理解。当传输线上的电压、电流、阻抗均采用归入化值时，则电压入射波 u_F 和电流入射波 i_F 之商——传输线的特性阻抗为 1，而电压反射波 u_R 与电流反射波 i_R 之商为 −1，故有

$$u_F = i_F, \quad u_R = -i_R,$$

而

$$u = u_F + u_R, \quad i = i_F + i_R = u_F - u_R$$

因此，用 u_F 及 u_R 这一对参量，就可以同时表示归一化电压和归一化电流。同理，用各引出口归一化电压内向波 $u^{(1)}$ 和外向波 $u^{(2)}$ 这两个量，我们可以写出各引出口归一化电压和电流为

$$\left.\begin{aligned} u &= u^{(1)} + u^{(2)} \\ i &= u^{(1)} - u^{(2)} \end{aligned}\right\} \tag{2-38}$$

或

$$\left.\begin{aligned} u^{(1)} &= \frac{u+i}{2} \\ u^{(2)} &= \frac{u-i}{2} \end{aligned}\right\} \tag{2-39}$$

将各引出口的 $u^{(1)}$ 和 $u^{(2)}$ 表示成 $\boldsymbol{S}$ 参量的联立方程形式，有

$$\left.\begin{aligned} u_1^{(2)} &= S_{11}u_1^{(1)} + S_{12}u_2^{(1)} + \cdots + S_{1n}u_n^{(1)} \\ u_2^{(2)} &= S_{21}u_1^{(1)} + S_{22}u_2^{(1)} + \cdots + S_{2n}u_n^{(1)} \\ &\vdots \\ u_n^{(2)} &= S_{n1}u_1^{(1)} + S_{n2}u_2^{(1)} + \cdots + S_{nn}u_n^{(1)} \end{aligned}\right\} \tag{2-40}$$

写成矩阵形式则为

$$\begin{bmatrix} u_1^{(2)} \\ u_2^{(2)} \\ \vdots \\ u_n^{(2)} \end{bmatrix} = \begin{bmatrix} S_{11} & S_{12} & \cdots & S_{1n} \\ S_{21} & S_{22} & \cdots & S_{2n} \\ \vdots & \vdots & \ddots & \vdots \\ S_{n1} & S_{n2} & \cdots & S_{nn} \end{bmatrix} \cdot \begin{bmatrix} u_1^{(1)} \\ u_2^{(1)} \\ \vdots \\ \vdots \\ u_n^{(1)} \end{bmatrix} \tag{2-41}$$

或

$$\boldsymbol{u}^{(2)} = \boldsymbol{S} \cdot \boldsymbol{u}^{(1)} \tag{2-42}$$

$\boldsymbol{S}$ 参量的物理意义，可从联立方程(2-40)看出，例如

$$S_{11} = \left.\frac{u_1^{(2)}}{u_1^{(1)}}\right|_{u_2^{(1)}, u_3^{(1)}, \cdots, u_n^{(1)} = 0} \tag{2-43}$$

其中，$u_2^{(1)}, u_3^{(1)}, \cdots, u_n^{(1)}$ 均为各个口上的内向波。但如只在 1 口接电源，其他各口均接负载，则对负载而言，除 1 以外的各口内向波又是负载上的反射波。欲使这些反射波为零，只要在各口接以匹配负载(全吸收负载)即可。

因此 S_{11} 的物理意义即是其他所有口都接以匹配负载时，口 1 向网络内部看进去的反射系数。其他 $S_{22}, S_{33}, \cdots, S_{nn}$ 亦有类似的意义。

$$S_{21} = \left.\frac{u_2^{(2)}}{u_1^{(1)}}\right|_{u_2^{(1)}, u_3^{(1)}, \cdots, u_n^{(1)} = 0} \tag{2-44}$$

其意义为：除 1 口以外，所有其他引出口都接以匹配负载，此时的 2 口外向波和 1 口内向波之比。因 2 口接匹配负载而无反射，故 $u_2^{(2)}$ 对其负载是一无反射的行波，全部被负载所吸收，故 S_{21} 为网络除 1 口(接信号源)以外全部接匹配负载时，1 口至 2 口的传输系数或散射系数，这就是散射矩阵名称的由来。对于 $S_{ij}(i \neq j)$ 和 S_{21} 有同样的意义。

在讨论 $\boldsymbol{S}$ 矩阵时，和 $\boldsymbol{A}$ 矩阵同样，先求得 $\boldsymbol{S}$ 矩阵和熟悉的阻抗、导纳矩阵的关系，然后由 $\boldsymbol{z}$ 或 $\boldsymbol{y}$ 推出 $\boldsymbol{S}$ 矩阵的性质。为简单起见，以二口网络(即四端网络)为例，利用式(2-38)和式(2-39)的关系以及矩阵运算规则推出 $\boldsymbol{S}$ 和 $\boldsymbol{z}$ 之间的关系。

因为

$$\begin{bmatrix} u_1 \\ u_2 \end{bmatrix} = \boldsymbol{z} \begin{bmatrix} i_1 \\ i_2 \end{bmatrix}$$

和

$$\begin{bmatrix} i_1 \\ i_2 \end{bmatrix} = [1] \cdot \begin{bmatrix} i_1 \\ i_2 \end{bmatrix}$$

令两式相减得

$$\begin{bmatrix} u_1 \\ u_2 \end{bmatrix} - \begin{bmatrix} i_1 \\ i_2 \end{bmatrix} = \{\boldsymbol{z} - [1]\} \cdot \begin{bmatrix} i_1 \\ i_2 \end{bmatrix}$$

即

$$\begin{bmatrix} u_1 - i_1 \\ u_2 - i_2 \end{bmatrix} = \{\boldsymbol{z} - [1]\} \cdot \begin{bmatrix} i_1 \\ i_2 \end{bmatrix} \tag{2-45}$$

令两式相加得

$$\begin{bmatrix} u_1 + i_1 \\ u_2 + i_2 \end{bmatrix} = \{\boldsymbol{z} + [1]\} \cdot \begin{bmatrix} i_1 \\ i_2 \end{bmatrix} \tag{2-46}$$

根据式(2-38)和式(2-39)得出的 u、i 和 $u^{(1)}$、$u^{(2)}$ 关系，得

$$2\begin{bmatrix} u_1^{(2)} \\ u_2^{(2)} \end{bmatrix} = \{\boldsymbol{z} - [1]\} \cdot \begin{bmatrix} i_1 \\ i_2 \end{bmatrix} \tag{2-47}$$

以及

$$2\begin{bmatrix} u_1^{(1)} \\ u_2^{(1)} \end{bmatrix} = \{\boldsymbol{z} + [1]\} \cdot \begin{bmatrix} i_1 \\ i_2 \end{bmatrix} \tag{2-48}$$

由式(2-48)求逆矩阵，得

$$\begin{bmatrix} i_1 \\ i_2 \end{bmatrix} = 2\{\boldsymbol{z} + [1]\}^{-1} \begin{bmatrix} u_1^{(1)} \\ u_2^{(1)} \end{bmatrix}$$

再代入式(2-47)中，得

$$\begin{bmatrix} u_1^{(2)} \\ u_2^{(2)} \end{bmatrix} = \{\boldsymbol{z} - [1]\} \cdot \{\boldsymbol{z} + [1]\}^{-1} \cdot \begin{bmatrix} u_1^{(1)} \\ u_2^{(1)} \end{bmatrix}$$

因此

$$\boldsymbol{S} = \{\boldsymbol{z} - [1]\} \cdot \{\boldsymbol{z} + [1]\}^{-1} \tag{2-49}$$

在传输线上的反射系数 Γ 和归一化阻抗之间的关系为

$$\Gamma = \frac{z-1}{z+1} \tag{2-50}$$

和式(2-49)比较，可知两者之间很类似。

根据式(2-49)，得到的关系可说明 $\boldsymbol{S}$ 矩阵的一部分性质。

(1) 网络互易时，则 $S_{ij} = S_{ji}(i \neq j)$。

因为此时 $Z_{ij} = Z_{ji}$，故该方阵的结构对于由左上角到右下角的对角线是对称的，或者说 $\boldsymbol{z}$ 的转置矩阵$\tilde{\boldsymbol{z}}$ 即等于它本身，因此把 $\boldsymbol{S}$ 矩阵元素的行列位置互换，矩阵不受影响。另一方面[1]也是对称的，故 $\boldsymbol{z}$+[1]和 $\boldsymbol{z}$−[1]也是对称结构的矩阵，它们的逆矩阵以及乘积矩阵也都具有对称结构，因此所得的 $\boldsymbol{S}$ 矩阵亦是如此。

(2) 网络结构对称时，同样有 $S_{11} = S_{22}$，这也可由 $\boldsymbol{z}$ 的特性推出。

(3) 当网络无损时，则有 $\tilde{\boldsymbol{S}}^* \cdot \boldsymbol{S} = [1]$。如又可逆，则也可写成

$$\boldsymbol{S} \cdot \boldsymbol{S}^* = [1] \tag{2-51}$$

其中，(*)号表示所有矩阵元素取其共轭复数。此性质在分析微波电路时很有用，其证明过程较长，故放在本章后面的附录 A 中。

也可用类似方法推出二口网络的 $\boldsymbol{S}$ 与 $\boldsymbol{a}$ 矩阵的关系为

$$\boldsymbol{S} = \frac{1}{a+b+c+d}\begin{bmatrix} (a+b)-(c+d) & 2 \\ 2 & (b+d)-(a+c) \end{bmatrix} \tag{2-52}$$

表 2-1 给出了二口网络的各种矩阵形式之间的关系，其中横行的矩阵参量以竖列的矩阵参量表示。这些矩阵之间的转换关系在以后的电路分析中将要用到。

表 2-1 二口网络各种矩阵参量之间的关系

	z	y	a	S
z	$\begin{bmatrix} z_{11} & z_{12} \\ z_{21} & z_{22} \end{bmatrix}$	$\frac{1}{z_{11}z_{22}-z_{12}z_{21}}\begin{bmatrix} z_{22}, & -z_{12} \\ -z_{21}, & z_{11} \end{bmatrix}$	$\frac{1}{z_{21}}\cdot\begin{bmatrix} z_{11} & z_{11}z_{22}-z_{12}z_{21} \\ 1 & z_{22} \end{bmatrix}$	$\frac{1}{(z_{11}+1)(z_{22}+1)-z_{12}z_{21}}\cdot\begin{bmatrix} (z_{11}-1)(z_{22}+1)-z_{12}z_{21} & 2z_{12} \\ 2z_{21} & (z_{22}-1)(z_{11}+1)-z_{12}z_{21} \end{bmatrix}$
y	$\frac{1}{(y_{11}+1)(y_{22}+1)-y_{12}y_{21}}\begin{bmatrix} y_{22} & -y_{12} \\ -y_{21} & y_{11} \end{bmatrix}$	$\begin{bmatrix} y_{11} & y_{12} \\ y_{21} & y_{22} \end{bmatrix}$	$\frac{1}{y_{21}}\cdot\begin{bmatrix} -y_{22}, & -1 \\ y_{12}y_{21}-y_{11}y_{22}, & -y_{11} \end{bmatrix}$	$\frac{1}{(1+y_{11})(1+y_{22})-y_{12}y_{21}}\cdot\begin{bmatrix} (1-y_{11})(1+y_{22})-y_{12}y_{21} & -2y_{12} \\ -2y_{21} & (1+y_{11})(1-y_{22})-y_{12}y_{21} \end{bmatrix}$
a	$\frac{1}{c}\begin{bmatrix} a & ad-bc \\ 1 & d \end{bmatrix}$	$\frac{1}{b}\begin{bmatrix} d & bc-ad \\ -1 & a \end{bmatrix}$	$\begin{bmatrix} a & b \\ c & d \end{bmatrix}$	$\frac{1}{a+b+c+d}\begin{bmatrix} (a+b)-(c+d) & 2(ad-bc) \\ 2 & (b+d)-(a+c) \end{bmatrix}$
S	$\frac{1}{(1-S_{11})(1-S_{22})-S_{12}S_{21}}\cdot\begin{bmatrix} (1-S_{22})(1+S_{11})+S_{12}S_{21} & 2S_{12} \\ 2S_{21} & (1+S_{22})(1-S_{11})+S_{12}S_{21} \end{bmatrix}$	$\frac{1}{(1+S_{11})(1+S_{22})-S_{12}S_{21}}\cdot\begin{bmatrix} (1+S_{22})(1-S_{11})+S_{12}S_{21} & -2S_{12} \\ -2S_{21} & (1+S_{11})(1-S_{22})+S_{12}S_{21} \end{bmatrix}$		$\begin{bmatrix} S_{11} & S_{10} \\ S_{21} & S_{22} \end{bmatrix}$

2.4 基本电路单元的矩阵参量

在微带电路中，一些复杂的网络往往可以分解成简单网络，称为基本电路单元。如果基本电路单元的矩阵参量已知，则复杂网络的矩阵参量可通过矩阵运算得到。在微带电路中，最经常碰到的基本单元有串联阻抗、并联导纳、一段传输线和一个理想变压器，如图 2-6 所示。

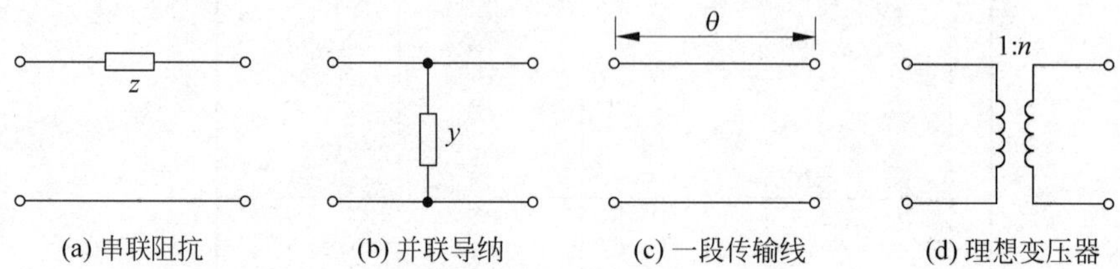

(a) 串联阻抗　(b) 并联导纳　(c) 一段传输线　(d) 理想变压器

图 2-6　常用的基本电路单元

这些单元的各种矩阵参量，既可直接根据矩阵参量的定义及其特性来求得，又可根据各种矩阵形式的关系而由其他矩阵参量转推而得。以下举几个实例加以说明：

【例 2-1】 求串联阻抗 z 的 $\boldsymbol{a}$ 矩阵参量。

此时，我们直接根据 $\boldsymbol{a}$ 参量的定义来求。

$$a = \left.\frac{u_1}{u_2}\right|_{i_2=0} = 1, \quad b = -\left.\frac{u_1}{i_2}\right|_{u_2=0} = z$$

由对称性，

$$d = a = 1$$

由互易性，

$$ad - bc = 1,$$

故

$$c = \frac{ad-1}{b} = 0$$

因此得其 $\boldsymbol{a}$ 矩阵为 $\begin{bmatrix} 1 & z \\ 0 & 1 \end{bmatrix}$。

【例 2-2】 求同样串联阻抗单元的 $\boldsymbol{S}$ 参量。

首先根据 $\boldsymbol{S}$ 参量本身定义来求。图 2-7 给出了串联阻抗 z 及两个口的内、外向波电压 $u_1^{(1)}$、$u_1^{(2)}$、$u_2^{(1)}$、$u_2^{(2)}$。根据定义

$$S_{11} = \left.\frac{u_1^{(2)}}{u_1^{(1)}}\right|_{u_2^{(1)}=0}$$

即为 2 口接以匹配负载(其对特性阻抗的归一化值为 1)时，1 口看进去的反射系数。根据微波传输线理论有

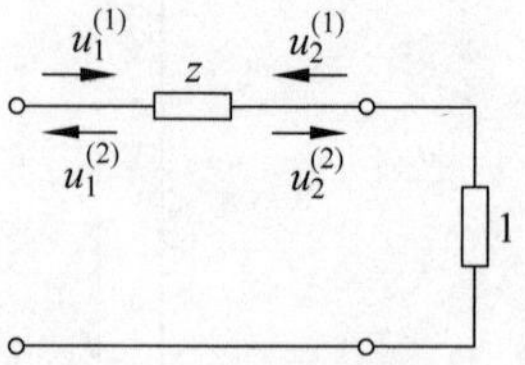

图 2-7　串联阻抗单元 $\boldsymbol{S}$ 参量的求法

$$S_{11} = \frac{(z+1)-1}{(z+1)+1} = \frac{z}{z+2}$$

$$S_{22} = S_{11} = \frac{z}{z+2}$$

而

$$S_{21}=\left.\frac{u_2^{(2)}}{u_1^{(1)}}\right|_{u_2^{(1)}=0}$$

同样为2口接匹配负载的条件下，1、2口之间的传输系数。

当2口接匹配负载时，1口的总电压为

$$u_1=u_1^{(1)}+u_1^{(2)}=u_1^{(1)}(1+S_{11})$$

2口的总电压为

$$u_2=u_2^{(1)}+u_2^{(2)}=u_2^{(2)}$$

因为匹配负载无反射，故 $u_2^{(1)}=0$。

根据电路原理，u_1 和 u_2 之比为 z 和1的阻抗分压比，故

$$u_2=u_2^{(2)}=\frac{1}{1+z}\cdot u_1=\frac{u_1^{(1)}}{1+z}(1+S_{11})$$

得

$$\frac{u_2^{(2)}}{u_1^{(1)}}=S_{21}=\frac{1+S_{11}}{1+z}=\frac{2}{z+2}$$

由于 $S_{12}=S_{21}$，故最后的 $\boldsymbol{S}$ 矩阵为

$$\boldsymbol{S}=\frac{1}{z+2}\begin{bmatrix} z & 2 \\ 2 & z \end{bmatrix}$$

以上结果也可根据 $\boldsymbol{S}$ 和 $\boldsymbol{a}$ 的关系求得。由式(2-52)以及例1求得的 $\boldsymbol{a}$ 参量，即可求出 $\boldsymbol{S}$ 参量

$$\boldsymbol{S}=\frac{1}{1+z+0+1}\begin{bmatrix} (1+z)-(0+1) & 2 \\ 2 & (1+z)-(1+0) \end{bmatrix}=\frac{1}{z+2}\begin{bmatrix} z & 2 \\ 2 & z \end{bmatrix}$$

【例 2-3】 求一段电角度为 θ 的传输线的 $\boldsymbol{S}$ 参量(这里 $\theta=kl$，l 为实际长度，k 为相位常数，如图2-8所示)。

根据定义

$$S_{11}=\left.\frac{u_1^{(2)}}{u_1^{(1)}}\right|_{u_2^{(1)}=0}$$

对一段均匀传输线，显然，$S_{11}=S_{22}=0$。

而

$$S_{21}=S_{12}=\left.\frac{u_2^{(2)}}{u_1^{(1)}}\right|_{u_2^{(1)}=0}$$

图 2-8 传输线段单元 $\boldsymbol{S}$ 参量的求法

由于此时均匀传输线上无反射波存在，是一个纯粹行波的状态，故 $u_1^{(1)}$ 的幅度等于 $u_2^{(2)}$，而相位则相差 θ。因此其 $\boldsymbol{S}$ 为

$$\boldsymbol{S}=\begin{bmatrix} 0 & \mathrm{e}^{-\mathrm{j}\theta} \\ \mathrm{e}^{-\mathrm{j}\theta} & 0 \end{bmatrix}$$

【例 2-4】 求变比为 $1:n$ 的理想变压器网络的 $\boldsymbol{a}$ 参量。

根据 $\boldsymbol{a}$ 参量的定义

$$a=\left.\frac{u_1}{u_2}\right|_{i_2=0}=\frac{1}{n}\quad(\text{开路电压比})$$

$$b = -\left.\frac{u_1}{i_2}\right|_{u_2=0} = 0$$

$$d = -\left.\frac{i_1}{i_2}\right|_{u_2=0} = n \quad \text{（短路电流比）}$$

$$c = \left.\frac{i_1}{u_2}\right|_{i_2=0} = 0$$

故其 $\boldsymbol{a}$ 为

$$\boldsymbol{a} = \begin{bmatrix} \frac{1}{n} & 0 \\ 0 & n \end{bmatrix}$$

表 2-2 中列出了上述四种基本电路单元的各种矩阵参量。

表 2-2 基本电路单元的矩阵参量

	串联阻抗 z	并联导纳 y	传输线 θ	理想变压器 $1:n$
$\boldsymbol{z}$		$\begin{pmatrix} \frac{1}{y} & -\frac{1}{y} \\ -\frac{1}{y} & \frac{1}{y} \end{pmatrix}$	$\begin{pmatrix} -\mathrm{j}\cot\theta & \frac{1}{\mathrm{j}\sin\theta} \\ \frac{1}{\mathrm{j}\sin\theta} & -\mathrm{j}\cot\theta \end{pmatrix}$	
$\boldsymbol{y}$	$\begin{pmatrix} \frac{1}{z} & -\frac{1}{z} \\ -\frac{1}{z} & \frac{1}{z} \end{pmatrix}$		$\begin{pmatrix} -\mathrm{j}\cot\theta & -\frac{1}{\mathrm{j}\sin\theta} \\ -\frac{1}{\mathrm{j}\sin\theta} & -\mathrm{j}\cot\theta \end{pmatrix}$	
$\boldsymbol{a}$	$\begin{pmatrix} 1 & z \\ 0 & 1 \end{pmatrix}$	$\begin{pmatrix} 1 & 0 \\ y & 1 \end{pmatrix}$	$\begin{pmatrix} \cos\theta & \mathrm{j}\sin\theta \\ \mathrm{j}\sin\theta & \cos\theta \end{pmatrix}$	$\begin{pmatrix} \frac{1}{n} & 0 \\ 0 & n \end{pmatrix}$
$\boldsymbol{S}$	$\begin{pmatrix} \frac{z}{2+z} & \frac{2}{2+z} \\ \frac{2}{2+z} & \frac{z}{2+z} \end{pmatrix}$	$\begin{pmatrix} -\frac{y}{2+y} & \frac{2}{2+y} \\ \frac{2}{2+y} & -\frac{y}{2+y} \end{pmatrix}$	$\begin{pmatrix} 0 & \mathrm{e}^{-\mathrm{j}\theta} \\ \mathrm{e}^{-\mathrm{j}\theta} & 0 \end{pmatrix}$	$\begin{pmatrix} \frac{1-n^2}{1+n^2} & \frac{2n}{1+n^2} \\ \frac{2n}{1+n^2} & \frac{n^2-1}{1+n^2} \end{pmatrix}$

2.5 参考面的问题

本章一开始时就指出：由于微波网络包含分布参数系统的微波传输线，故在讨论一个微波电路的网络参量时，必须指定参考面。网络参量只对指定的参考面而言，如果参考面变动，相应的网络参量也将发生变化。如图 2-9 所示的二口网络，其两边的参考面各为 T_1，T_2，其中矩阵 $\boldsymbol{a}=\begin{bmatrix} a & b \\ c & d \end{bmatrix}$；当参考面移至 T_1'、T_2'时，则矩阵变为 $\boldsymbol{a}'=\begin{bmatrix} a' & b' \\ c' & d' \end{bmatrix}$。从图 2-9 中很易看出：$\boldsymbol{a}'$是$\boldsymbol{a}$ 与二段长度为 l_1、l_2 传输线的级联，故两者的关系可通过矩阵的连乘而得到。

$$\begin{bmatrix} a' & b' \\ c' & d' \end{bmatrix} = \begin{bmatrix} \cos k_1 l_1 & \mathrm{j}\sin k_1 l_1 \\ \mathrm{j}\sin k_1 l_1 & \cos k_1 l_1 \end{bmatrix} \cdot \begin{bmatrix} a & b \\ c & d \end{bmatrix} \cdot \begin{bmatrix} \cos k_2 l_2 & \mathrm{j}\sin k_2 l_2 \\ \mathrm{j}\sin k_2 l_2 & \cos k_2 l_2 \end{bmatrix} \tag{2-53}$$

其中，$k_1 l_1$，$k_2 l_2$ 即为表 2-2 中的传输线电角度 θ，当两边的传输线相同时，$k_1 = k_2$，将式(2-53)展开，将得到一个很复杂的矩阵表达式。

对于阻抗和导纳矩阵，应先将其转换成 **A** 矩阵，再进行级联，然后最后进行反变换，更加烦琐。由此可知，表面上很简单的参考面位移，引起了网络参量的复杂变化。

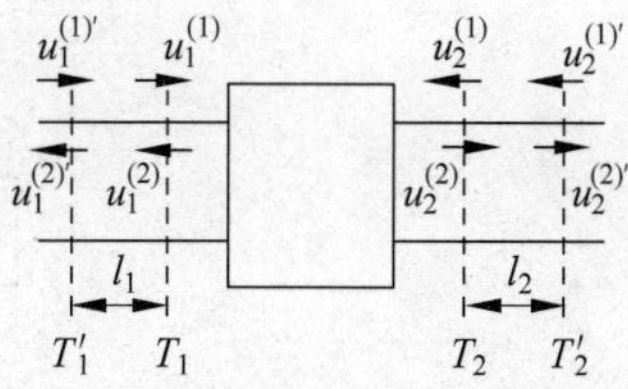

唯一较简单的情况是用 **S** 矩阵。我们可从图 2-9 研究其变换关系。设在参考面 T_1、T_2 的内外向波各为 $u_1^{(1)}$、$u_1^{(2)}$、$u_2^{(1)}$、$u_2^{(2)}$，其矩阵为 $\begin{bmatrix} S_{11} & S_{12} \\ S_{21} & S_{22} \end{bmatrix}$。当参考面变动到 T_1'、T_2' 时，

图 2-9　网络参考面的关系

其内外向波变为 $u_1^{(1)'}$、$u_1^{(2)'}$、$u_2^{(1)'}$、$u_2^{(2)'}$。相应的矩阵为 $\boldsymbol{S}' = \begin{bmatrix} S_{11}' & S_{12}' \\ S_{21}' & S_{22}' \end{bmatrix}$。由微波传输线的基本原理可知，$T_1$、$T_2$ 和 T_1'、T_2' 两对参考面之间的内外向波电压有以下关系

$$\begin{aligned} u_1^{(1)'} &= u_1^{(1)} \cdot \mathrm{e}^{\mathrm{j}k_1 l_1} \quad u_1^{(2)'} = u_1^{(2)} \cdot \mathrm{e}^{-\mathrm{j}k_1 l_1} \\ u_2^{(1)'} &= u_2^{(1)} \cdot \mathrm{e}^{\mathrm{j}k_2 l_2} \quad u_2^{(2)'} = u_2^{(2)} \cdot \mathrm{e}^{-\mathrm{j}k_2 l_2} \end{aligned} \tag{2-54}$$

根据 **S** 参量的定义

$$S_{11}' = \left.\frac{u_1^{(2)'}}{u_1^{(1)'}}\right|_{u_2^{(1)'}=0} = \frac{u_1^{(2)}}{u_1^{(1)}} \cdot \frac{\mathrm{e}^{-\mathrm{j}k_1 l_1}}{\mathrm{e}^{\mathrm{j}k_1 l_1}} = S_{11} \cdot \mathrm{e}^{-\mathrm{j}2k_1 l_1} \tag{2-55}$$

把电源和负载位置颠倒过来，得

$$S_{22}' = S_{22} \cdot \mathrm{e}^{-\mathrm{j}2k_2 l_2} \tag{2-56}$$

对于传输系数 S_{21}'，则有下列关系

$$\begin{aligned} S_{21}' &= \left.\frac{u_2^{(2)'}}{u_1^{(1)'}}\right|_{u_2^{(1)}=0} = \frac{u_2^{(2)} \cdot \mathrm{e}^{-\mathrm{j}k_2 l_2}}{u_1^{(1)} \cdot \mathrm{e}^{\mathrm{j}k_1 l_1}} = S_{21} \cdot \mathrm{e}^{-\mathrm{j}(k_1 l_1 + k_2 l_2)} \\ S_{12}' &= S_{21}' \end{aligned} \tag{2-57}$$

在以上推导过程中，都令 2 口接以匹配负载，称为端口条件。以后在讨论网络问题时，往往要指定某些引出口的端口条件。

由上可知，当网络参考面移动时，只有 **S** 矩阵的参量变化较为简单，只不过把原来的 **S** 参量乘以一个和参考面变动距离有关的相位因子，**S** 参量的幅度保持不变。这个关系在一些场合很有用，我们可通过变动参考面的办法来控制 **S** 参量的相位。下一节讨论变压器网络时就要用到这一点。

2.6　变压器网络(正切网络)

以上讨论了微波网络的各种表示形式，它们分别适用于各种不同情况。在二口网络中，还有一种表达形式——变压器网络或正切网络，也得到不少应用。

所谓变压器网络，就是一个一定变比的理想变压器。上一节已把它作为一个基本电路单元而给出了各种矩阵参量。那么是否一个任意的二口网络都可以用一个理想变压器表

示？答复是肯定的。只要适当选择参考面，一个无损的二口网络[①]，总可以用变压器网络表示。这一点，可以用 $\boldsymbol{S}$ 参量的特性及其对参考面移动的关系进行说明。

对于一个无损的互易二口网络，其 $\boldsymbol{S}$ 矩阵有下列特性：

$$S_{12}=S_{21}$$

$$\boldsymbol{S}\cdot\boldsymbol{S}^*=[1]$$

即

$$\begin{bmatrix}S_{11} & S_{12}\\ S_{12} & S_{22}\end{bmatrix}\cdot\begin{bmatrix}S_{11}^* & S_{12}^*\\ S_{12}^* & S_{22}^*\end{bmatrix}=\begin{bmatrix}1 & 0\\ 0 & 1\end{bmatrix}$$

得

$$|S_{11}|^2+|S_{12}|^2=1$$

$$|S_{12}|^2+|S_{22}|^2=1$$

（由 $\boldsymbol{S}$ 和 $\boldsymbol{S}^*$ 中相同序号的行元素和列元素相乘得出）由上述二式得

$$|S_{11}|=|S_{22}| \tag{2-58}$$

因此一个无损二口网络，即使两边结构不对称，S_{11} 和 S_{22} 的模也是相等的（注意，在对称网络中，不但两者的模相同，连相位也相同，而在我们目前讨论的情况，相位不一定相同，这一点和对称网络仍有区别，而且在这里假定了网络无损，对称网络并不要求这一点），S_{11} 和 S_{22} 模的相同，也就是网络的两边插入驻波比相同。插入驻波比是二口网络的一个重要工作特性参数，可用它来衡量网络对系统匹配引起的影响。它的定义是：当二口网络在一口接以匹配负载时，从另一口看进去的驻波比。因为 $|S_{11}|$ 和 $|S_{22}|$ 代表此时看进去的反射系数的模，故插入驻波比 ρ 为

$$\rho=\frac{1+|S_{11}|}{1-|S_{11}|}=\frac{1+|S_{22}|}{1-|S_{22}|} \tag{2-59}$$

根据前一节的分析，当参考面移动时，$\boldsymbol{S}$ 参量的模保持不变，而其相位发生变化。因此如图 2-10 所示，一定可在两边找到参考面 T_{10}、T_{20}，使得 S_{11} 的相位为 0°，S_{22} 的相位为 180°，亦即 $S_{11}=|S_{11}|$，$S_{22}=-|S_{22}|=-|S_{11}|$。如此时在 T_{20} 位置接一匹配负载，则在参考面 T_{10} 向后面看进去的阻抗为

$$z_{\text{sr1}}=\frac{1+S_{11}}{1-S_{11}}=\frac{1+|S_{11}|}{1-|S_{11}|}=\rho \tag{2-60}$$

若在 T_{10} 接匹配负载，反过来由 T_{20} 向前看的阻抗为

$$z_{\text{sr2}}=\frac{1+S_{22}}{1-S_{22}}=\frac{1-|S_{11}|}{1+|S_{11}|}=\frac{1}{\rho} \tag{2-61}$$

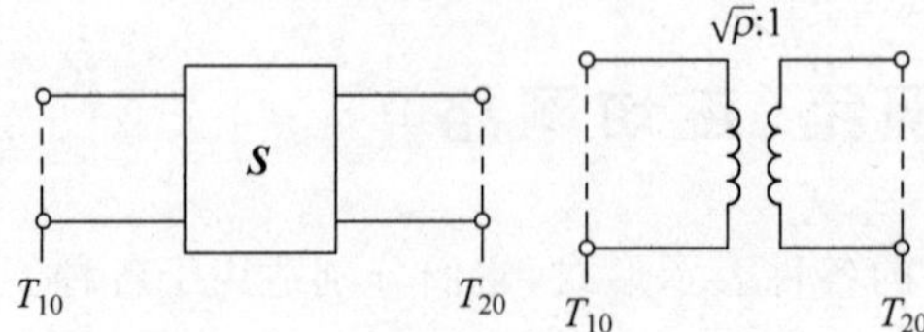

图 2-10　变压器网络

① 实际上有损网络也可表成变压器网络形式，只是较为复杂，应用不多，故这里只讨论无损情况。

如取一理想变压器，其圈数比为 $n:1$，而令 $n=\sqrt{\rho}$，则可证明，该理想变压器和上述以 T_{10}、T_{20} 为参考面的微波网络等效，其理由如下：

当我们在该变压器网络的次级接上归一化阻抗为1的负载时，则初级的输入阻抗为 $z_{sr1}=n^2=\rho$。反过来，以初级作为负载，同样接一匹配负载，则从次级看过来的阻抗为 $z_{sr2}=1/n^2=1/\rho$，和上述网络以 T_{10}、T_{20} 为参考面时相同，故上述等效关系是成立的。因此一个互易的无损二口网络，总可以在其两边找到两个特定参考面 T_{10}、T_{20}，在此参考面上网络能以一个变比为 $\sqrt{\rho}:1$ 的理想变压器表示，其中 ρ 为网络的插入驻波比。

一般的二口网络，考虑到互易性，应该有三个独立参量，而等效变压器网络似乎只有一个独立参量 $n=\sqrt{\rho}$。实际上应该看到，理想变压器等效并非对任意参考面均成立，而应根据前面所讲的条件选择特定位置的参考面，因此 T_{10} 和 T_{20} 的位置也分别成了网络的参量。当网络任选参考面位置 T_1、T_2 时，则应分别求出它们与 T_{10}、T_{20} 的距离 l_1、l_2，才可以变压器网络表示。

T_{10}、T_{20} 的位置可由实验方法确定，如图2-11所示。首先在2口接匹配负载，在1端以测量线找出一个波腹位置。根据定义，此即为 T_{10} 的位置，因为波腹位置的归一化阻抗值恰好是 ρ，符合前述对选择网络参考面的要求。然后在2口换接一可变短路器，调节其位置，使前面测量线的波节点落在已定出的 T_{10} 位置上，则可变短路器的短路面位置即为 T_{20}。因为在1口上，波节点落于 T_{10} 上时，意味着此时从 T_{10} 向后面看的输入阻抗为零；如果网络是一理想变压器，其负载和初级的输入阻抗间应成变比平方的关系，即 T_{20} 上的负载也必是零。由此反推，此时短路面的位置即是 T_{20}。

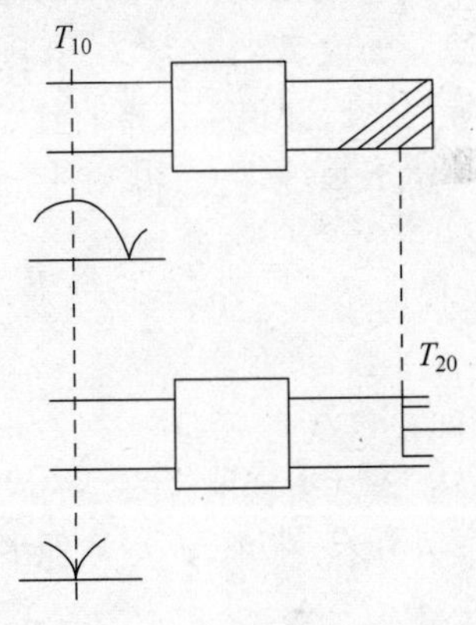

图2-11 变压器网络参考面的确定

变压器网络的表示方法特别在微波测量中得到不少应用，所谓用S曲线测量微波元件的小插入驻波比即建立在变压器网络的基础上。通常一些微波测量仪器和元件，如驻波测量线及各种接头，均有一定的插入驻波比(有时称剩余驻波比)。这些剩余驻波比对测量精度影响很大，应尽力将其压低，故经常有必要对元件的剩余驻波比进行鉴定。由于剩余驻波比数值很小，通常在1.1以下，用一般的方法，即在元件后面接匹配负载的方法，来测量元件的驻波比，就显得精确度不够，此时可以用S曲线法。

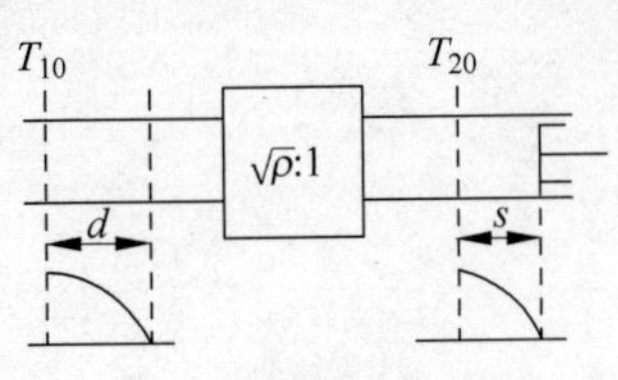

图2-12 S曲线的测量装置

所谓S曲线的测量方法，简单地示于图2-12。其中2口接以可变短路器，在1口以测量线找出波节点位置。设短路器的短路面和参考面 T_{20} 的距离为 s，1口的波节位置和参考面 T_{10} 之间的距离为 d，其偏离的方向关系在图中示出。当网络两边传输线的相位常数 k 和特性阻抗均相同时，则在 T_{20} 位置向短路面看去的归一化阻抗为 $\mathrm{j}\tan ks$(短路线的输入阻抗公式)，把它作为网络在 T_{20} 上所接的负载。而在 T_{10} 位置向网络看去的归一化阻抗为 $\mathrm{j}\tan kd$，这是因为离 T_{10} 距离 d 处为短路点的缘故。由于 T_{10}、T_{20} 上可以用 $\sqrt{\rho}:1$ 的理想变压器表示，故上述两个电抗之间必须满足下述关系：

$$\mathrm{j}\tan kd = \rho \cdot \mathrm{j}\tan ks \tag{2-62}$$

可知两个长度 d 和 s 的正切之间成一定关系。当短路面位置移动时，由变压器网络的特性，此关系是一直维持的，故变压器网络又称正切网络。

当 $s=0$，则 $d=0$；当 s 逐渐增加时，依据式(2-62)的关系，d 亦逐渐增加。由此式可以看出：由于 $\rho>1$，故 d 应增加得比 s 快一些，当 ρ 越大时，则越为显著；但当 $s=\lambda/4$ 时，$\tan ks\to\infty$，根据式(2-62)可知，$\tan kd$ 也趋于 ∞，故 d 也等于 $\lambda/4$ 而和 s 相等。当 s 继续增加时，则由式(2-62)，d 虽然跟着增加，但必小于 s。到了 $s=\lambda/2$ 时，d 和 s 又相等。由此可知，如画出 $d\sim s$ 的变化关系时，d 必围绕一条 45°线来回摆动，以 $\lambda/2$ 为周期，如图 2-13 所示。图中 45°线表示当 $\rho=0$，因此 d 和 s 的移动完全同步时的情况。当 ρ 越大，则 $d\sim s$ 曲线围绕 45°摆动的起伏也越大，如同一条 S 形的曲线。如取纵坐标为 $d-s$，则得到一条类似正弦形的曲线，其幅度和驻波比 ρ 的大小有关；当 $\rho=0$ 时，即得一水平直线。

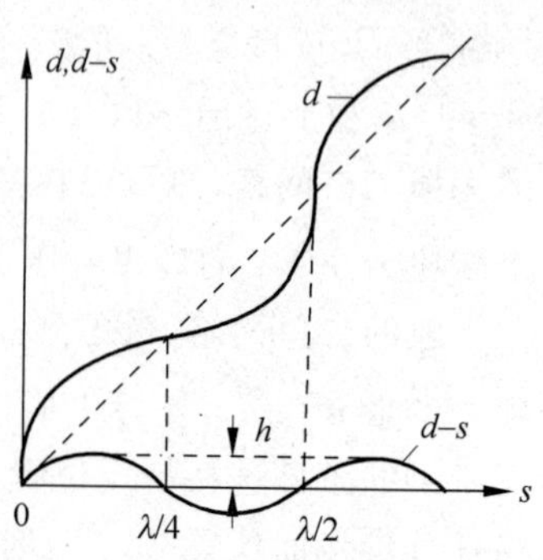

图 2-13　$d\sim s$ 之间的 S 曲线

解方程(2-62)，得

$$d = \frac{1}{k}\arctan(\rho\tan ks)$$

$$d - s = \frac{1}{k}\arctan(\rho\tan ks) - s = f(s) \tag{2-63}$$

将 $f(s)$ 对 s 求导数，并令 $f'(s)=0$，即可求得 $(d-s)$ 的最大值，从而求得其摆幅 h。h 的大小肯定与 ρ 有关，即 $h=f(\rho)$。如求其反函数，即可得出 ρ 表成 h 的关系。当 ρ 很接近于 1 时，有

$$\rho = \frac{1+\sin\left(2\pi\dfrac{h}{\lambda}\right)}{1-\sin\left(2\pi\dfrac{h}{\lambda}\right)} \approx 1+\sin\left(4\pi\frac{h}{\lambda}\right) \approx 1+\frac{4\pi h}{\lambda} \tag{2-64}$$

利用式(2-64)，即可由 h 求 ρ 值。h 由测量得到。只要移动可变短路器，逐一记下 s 及 d 的读数，经过数据整理，即可画出图 2-13 形式的 S 曲线及正弦形曲线，从图上得到 h 值。由于采取这种方法测量时读的是距离刻度，通过测微头或千分表刻度可读到 0.01mm，故其精确度是比较高的。

【例 2-5】 一台同轴测量线，欲鉴定其插入剩余驻波比。设在 $f=7500\text{MHz}$ 的频率下，测得 S 曲线上下摆幅为 0.45mm，求其剩余驻波比。

此时先从工作频率求出波长 λ 为

$$\lambda = \frac{c}{7500\times10^6} = 40\text{mm}$$

上下摆幅为 0.45mm，即 $h=\dfrac{0.45}{2}\text{mm}=0.225\text{mm}$。

故

$$\rho \approx 1+4\pi\frac{0.225}{40} = 1.07$$

此种方法除精度较高外，另一个优点是可以通过自校以判定测量结果是否可靠。即将一系

列测量点连成曲线时，若有个别点离曲线太远，显然表示测量不正确，可通过与其他点比较后校正。如果各测量点均很离散，连不成光滑曲线，则整个测量为不可靠，须寻找原因加以改正。

在应用 S 曲线法时，尚有几点应该注意：

(1) 上述分析虽都以参考面 T_{10}、T_{20} 为基准，实际测量时，不必去求出 T_{10}、T_{20}，只要任意规定两个参考面就行。因为我们求得的数据主要是两个距离的相减值或相对值，对其绝对值并不感兴趣。当任取两个参考面，并设它们与 T_{10}、T_{20} 的距离分别为 l_1、l_2 时，则在整理测量数据时，由此引起的影响只是正弦曲线整个上下平移了(l_1-l_2)，而不影响曲线摆幅，故不妨碍测量的进行。

(2) 以上分析，是认为短路面、测量线波节位置均在 T_{10}、T_{20} 的同一侧。如果不在同一侧时，最后画曲线应以 $d+s$ 代替 $d-s$。

(3) 以上是假定 1、2 两边均采用相同的传输线。实际上传输线不同(如一边是同轴线，另一边是微带)也完全可以应用，只不过要考虑特性阻抗和相位常数两边不相同，$d-s$ 的坐标此时应换以 k_1d-k_2s，s 的坐标换以 k_2s_2，同样可求得插入驻波比。

变压器网络在测量技术中的其他应用，将在以后章节中讨论。

2.7 二口网络的工作特性参量

二口网络包含一个输入口和一个输出口，在微波电路中遇到的最多，如滤波器、阻抗变换器、移相器、衰减器等均属于此类。在应用中必须以工作特性参量来表示其工作性能。上一节提到的二口网络插入驻波比 ρ，是一很重要的工作特性参量，它和 $\boldsymbol{S}$ 参量的关系为 $\rho=\frac{1+|S_{11}|}{1-|S_{11}|}$。下面我们再介绍其他一些重要工作特性参量，如插入衰减(或称工作衰减量)、插入相移等，并研究它们和矩阵参量之间的关系。

插入衰减表明网络对信号功率的衰减程度。这个参量几乎对所有二口微波元件都需考虑，尤其对滤波器、开关等元件更为重要。

表面上看，似乎只要在网络的输出口上接一负载，求网络的输入功率与负载所得到的功率之比即得到插入衰减。实际上不可这样做。因为：其一，网络的输入功率 P_{sr} 的大小并不只取决于信号源，还和信号源与网络之间匹配有关，而此匹配，又依赖于信号源内阻、网络的输入阻抗、传输线特性阻抗相互间的关系。网络的输入阻抗又和其负载阻抗有联系，构成比较复杂的关系；其二，负载阻抗所吸收的功率也不完全取决于网络，它和负载阻抗值有关，当负载值取得不合适时，将有部分功率反射而折返网络。因此，一个确定的网络，其输入功率和输出功率以及二者的比值都是不确定的，用一个不确定的值来作为网络的工作特性参量将毫无意义。为此，在计算所有二口网络元件的插入衰减时，都规定了以下条件：

(1) 网络的输入功率 P_{sr} 规定为网络从信号源所能吸取的最大功率，以 P_{srmax} 表示，即是网络的输入阻抗和信号源的内阻抗共轭匹配时所吸取的功率。但通常信号源内阻抗都和传输线的特性阻抗相等①，这是因为信号源的输出端往往接有隔离器或隔离衰减器，从负载端

---

① 在一些特殊场合，如微波晶体管放大器，其信号源内阻和标准传输线是不匹配的，此时信号源的最大输出功率(或称资用功率)就不能规定为无反射时的功率，须另作规定，详见 2.8 节和 12.4 节。

倒过来向信号源方向看时，隔离器或隔离衰减器的阻抗就成了等效信号源内阻抗①。后者很接近传输线的特性阻抗，故为满足最大输入功率条件，只需使网络的输入阻抗对传输线匹配。若不满足上述条件(即与信号源失配)，则结果不同，其影响在下节讨论。

(2) 负载吸收的功率 P_L，规定为网络输出端接一匹配负载时，从网络所能取得的功率，以 P_{L0} 表示之。一般情况下，此为负载所得之最大功率。但当网络与负载之间有传输线，而网络的输出阻抗(或从网络输出端往回看的等效内阻)不等于传输线的特性阻抗时，P_{L0} 就不是负载得到的最大功率。对此也在下节进行详细讨论。

有了上述规定，P_{sr} 和 P_L 的意义都已确定，其比值即可表示网络的工作特性参量。

根据基本的微波电路原理，我们以 $|u_1^{(1)}|^2$ 代表网络的入射波功率，以 $|u_1^{(2)}|^2$ 代表网络的反射功率，以 $|u_2^{(2)}|^2$ 代表负载和传输线匹配时获得的功率。(此时因 $u_2^{(1)}=0$，因而无反射波功率存在。)显然 $|u_1^{(1)}|^2$ 即网络可能从匹配信号源取得的最大功率，因为它表示网络和传输线匹配情况下的输入功率；而 $|u_1^{(1)}|^2-|u_1^{(2)}|^2$ 表示有反射时实际进入网络的功率。

令 $L=\dfrac{P_{srmax}}{P_{L0}}$ 为网络的插入衰减或工作衰减量，则

$$L=\left.\frac{|u_1^{(1)}|^2}{|u_2^{(2)}|^2}\right|_{2口匹配}=\frac{1}{|S_{21}|^2}=\frac{1}{|S_{12}|^2} \tag{2-65}$$

因为网络实际上存在反射，故实际进入网络的功率为 $|u_1^{(1)}|^2-|u_1^{(2)}|^2$，我们又把 L 写成

$$\begin{aligned}L&=\frac{|u_1^{(1)}|^2}{|u_2^{(2)}|^2}=\frac{|u_1^{(1)}|^2-|u_1^{(2)}|^2}{|u_2^{(2)}|^2}\cdot\frac{|u_1^{(1)}|^2}{|u_1^{(1)}|^2-|u_1^{(2)}|^2}\\&=\frac{1-|S_{11}|^2}{|S_{12}|^2}\cdot\frac{1}{1-|S_{11}|^2}\end{aligned} \tag{2-66}$$

可以看出这时插入衰减是两部分的乘积。其中一部分 $\dfrac{|u_1^{(1)}|^2-|u_1^{(2)}|^2}{|u_2^{(2)}|^2}=\dfrac{1-|S_{11}|^2}{|S_{12}|^2}$ 表示网络的实际输入功率(最大输入功率减去反射功率)和负载匹配时所得的输出功率之比值，称为网络的吸收衰减，以 L_A(单位为 dB)表示。因为根据能量守恒定律，所减少的一部分功率必然为网络内部的有损元件所吸收(其中也包括了第 1 章中讨论过的传输线的损耗)；如果网络本身无损，则这部分衰减就不存在，亦即 $L_A=\dfrac{1-|S_{11}|^2}{|S_{12}|^2}=1$。

插入衰减的另一部分 $\dfrac{|u_1^{(1)}|^2}{|u_1^{(1)}|^2-|u_1^{(2)}|^2}$ 代表网络输入端最大可能的输入功率和实际输入功率之比，而实际输入功率之所以小于最大输入功率，是由于网络存在反射。由此引起的衰减就称为反射衰减，以 L_R(单位为 dB)表示。

$$L_R=\frac{|u_1^{(1)}|^2}{|u_1^{(1)}|^2-|u_1^{(2)}|^2}=\frac{1}{1-|S_{11}|^2}$$

$$L=L_A\cdot L_R$$

---

① 信号源内阻抗的意义，是将信号源短路，再从负载端倒过来向信号源看去的阻抗。当信号源输出接有隔离器或隔离衰减器时，由于它们具有隔离作用，因而不论信号源实际的内阻抗如何，而等效信号源内阻抗主要取决于隔离元件的驻波比。因隔离器、隔离衰减器的驻波比接近于 1，故可认为信号源内阻抗等于传输线的特性阻抗。

或

$$L_A = 10\lg \frac{1 - |S_{11}|^2}{|S_{12}|^2} \tag{2-67}$$

$$L_R = 10\lg \frac{1}{1 - |S_{11}|^2} \tag{2-68}$$

$$L = 10\lg \frac{1}{|S_{12}|^2} \tag{2-69}$$

$$L = L_A + L_R$$

对于衰减器等一类器件，其主要衰减系由内部损耗所引起，即主要为吸收衰减。而对于滤波器，由于其内部几乎无损，故衰减主要由反射所引起，如令这部分衰减量对频率有陡峭的选择性，就正好是滤波器所要求的滤波特性。若滤波器有了少量吸收衰减，则由于它没有选择性，只能使工作特性变坏，故应尽量使它减小。

L 以 $\boldsymbol{S}$ 参量表示时，其表达形式极为简单。但在很多情况下，网络需要级联，此时以应用 $\boldsymbol{A}$ 矩阵为方便。根据表 2-1 所列出的各矩阵参量之间的关系，L 也可表示为

$$L = \frac{|a + b + c + d|^2}{4} \tag{2-70}$$

现举一具体例子来计算电路的插入衰减。

【例 2-6】 传输线上并联一个归一化阻抗 $z=r+\mathrm{j}x=1-\mathrm{j}$，求其引起的插入衰减。

由 2.4 节可知，基本单元的矩阵参量为

$$S_{11} = \frac{-1}{2z+1}, \quad S_{12} = \frac{2z}{2z+1}$$

$$|S_{11}|^2 = \left|\frac{1}{2r+2\mathrm{j}x+1}\right|^2 = \frac{1}{(2r+1)^2+4x^2}$$

$$|S_{11}|^2 = \left|\frac{2z}{2z+1}\right|^2 = \left|\frac{2(r+\mathrm{j}x)}{2(r+\mathrm{j}x)+1}\right|^2 = \frac{4(r^2+x^2)}{(2r+1)^2+4x^2}$$

代入 $r=1,x=-1$ 数值后，得

$$L = 1.63\mathrm{dB}, \quad 或 \quad L = 2.1\mathrm{dB}$$

$$L_A = \frac{1}{0.67}\mathrm{dB} = 1.49\mathrm{dB} \to 1.7\mathrm{dB}$$

$$L_R = \frac{1}{0.92}\mathrm{dB} = 1.09\mathrm{dB} \to 0.4\mathrm{dB}$$

二口网络的另一工作特性参量为插入相移，是移相器的一个主要参量。对插入相移也必须规定条件，否则同样会引起不确定性。通常我们规定，当网络负载端接匹配负载时，网络输入端的入射波信号与输出信号之间的相移。根据此定义，插入相移量就是矩阵参量 S_{12} 的相角，即

$$\theta = \arg S_{12} \tag{2-71}$$

符号 arg 的意义即为取复数 S_{12} 的相角。

当移相元件两边有反射时，测量其相移就会发生所谓失配误差，应尽量将其降低。

2.8 信号源失配的影响

在前一节中讨论二口网络的工作特性参量时，曾假定信号源的内阻抗等于传输线的特性阻抗。下面考虑信号源内阻抗不等于传输线特性阻抗所产生的影响。

在图 2-14 中，z_L 及 Γ_L 分别表示负载的归一化阻抗及负载的反射系数(二口网络即为传输线的负载)，而信号源的归一化内阻抗和反射系数分别是 z_G 和 Γ_G，其定义为信号源电压 u_0 短路时，从后向前看进去的阻抗和反射系数。z_L 和 Γ_L 及 z_G 和 Γ_G 之间分别存在下列关系：

$$z_L = \frac{1+\Gamma_L}{1-\Gamma_L}; \quad z_G = \frac{1+\Gamma_G}{1-\Gamma_G}$$

当信号源内阻抗匹配(即 $\Gamma_G=0$)而负载失配时，从信号源发出的入射波，到达负载后产生一反射波，它折返信号源即全部为信号源内阻所吸收。此时的入射波电压可这样计算：如图 2-15 所示，对传输线特性阻抗归一化的信号源内阻 $z_G=1$，在紧靠信号源的参考面 TT，向外看的反射系数为 Γ'_L，其模同于负载反射系数 Γ_L，但相位不同(因经过了一段传输线)。设参考面 TT 的电压为 u，则 $u=u_F(1+\Gamma'_L)$，其中 u_F 为入射波电压。由于 TT 紧靠信号源，故电压 u 和信号源电动势 u_0 之间的关系可按分压决定。此时在参考面 TT 向外看的阻抗为

$$z'_L = \frac{1+\Gamma'_L}{1-\Gamma'_L} \tag{2-72}$$

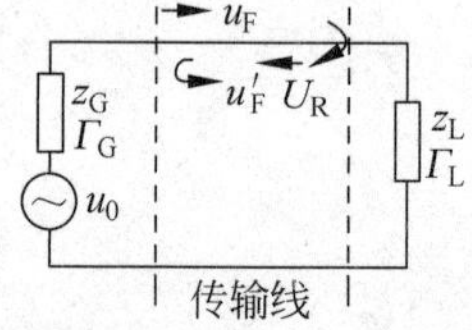

图 2-14 信号源反射的影响

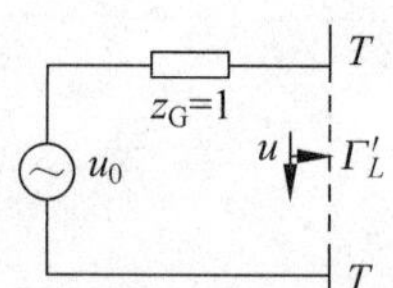

图 2-15 信号源匹配时电压入射波的确定

故

$$\frac{\dfrac{1+\Gamma'_L}{1-\Gamma'_L}}{1+\dfrac{1+\Gamma'_L}{1-\Gamma'_L}} \cdot u_0 = u_F(1+\Gamma'_L)$$

$$\frac{1+\Gamma'_L}{2} u_0 = u_F(1+\Gamma'_L)$$

得

$$u_F = \frac{u_0}{2} \tag{2-73}$$

可见当信号源内阻抗等于传输线特性阻抗时，不论负载阻抗为何，入射波电压保持恒定，且等于信号源电动势之半。因此入射波功率也是恒定的。显然此时如负载也无反射(匹配)，应获得最大的功率。

但当信号源内阻抗不等于传输线特性阻抗时，情况就有变化。由图 2-14 可看出，此时电压入射波 u_F 到达负载产生一反射波 u_R 折返信号源时，已不能全部被信号源内阻抗吸收，部分又产生反射，因而成为第二个入射波电压 u'_F，到达负载又有一反射波至信号源。如此

循环不已。此时的入射波电压系由一系列入射波分量所组成。当然，来回反射次数多后，这些分量逐渐减小，成为一收敛的级数，可求和而得出总入射波电压。故事实上仍可用前面采取的分压办法求得总入射波电压。仍令 $u=u_F(1+\Gamma'_L)$，这里 u_F 为总入射波电压。因即使多次反射时，总入射波和总反射波电压之间的关系仍保持不变，故此式仍成立。但此时信号源归一化内阻抗已不是1，而是 $z_G=\dfrac{1+\Gamma_G}{1-\Gamma_G}$，故分压关系有所改变。

此时

$$u=u_F(1+\Gamma'_L)=u_0\frac{\dfrac{1+\Gamma'_L}{1-\Gamma'_L}}{\dfrac{1+\Gamma_G}{1-\Gamma_G}+\dfrac{1+\Gamma'_L}{1-\Gamma'_L}}$$

得

$$u_F=u_0\frac{1-\Gamma_G}{2-2\Gamma_G\Gamma'_L}=\frac{u_0}{2}\cdot\frac{1-\Gamma_G}{1-\Gamma_G\Gamma'_L} \tag{2-74}$$

和式(2-73)相比，多了因子 $\dfrac{1-\Gamma_G}{1-\Gamma_G\Gamma'_L}$，故此时入射波电压已不再保持恒定，它随着信号源以及负载的反射系数而变。前节在讨论插入衰减时所做的一些规定，用到这里就不很合理了。因为入射波电压随负载而变，就不能再认为负载和传输线匹配时即可获得最大功率。在负载匹配和不匹配时，电压入射波分别为

$$\Gamma'_L=0,\quad u_F=\frac{u_0}{2}(1-\Gamma_G)$$

$$\Gamma'_L\neq 0\quad u_F=\frac{u_0}{2}\cdot\frac{1-\Gamma_G}{1-\Gamma_G\Gamma'_L}$$

二者是不同的。负载不匹配时所得到的功率为

$$P_L=|u_F|^2(1-|\Gamma'_L|^2)=\frac{|u_0|^2}{4}\cdot\left|\frac{1-\Gamma_G}{1-\Gamma_G\Gamma'_L}\right|^2\cdot(1-|\Gamma'_L|^2) \tag{2-75}$$

对式(2-75)求导数，可求出最大功率条件。其结果为：当 Γ_G 和 Γ'_L 共轭匹配，亦即 $\Gamma_G=\Gamma'^{*}_L$ 时，可输出最大功率，实际上即是 $z_G=z'_L$，与低频电路中的阻抗共轭匹配条件相同。此时的最大输出功率 P_{Lmax} 为

$$P_{Lmax}=\frac{|u_0|^2}{4}\frac{|1-\Gamma_G|^2}{(1-|\Gamma_G|^2)^2}\cdot(1-|\Gamma_G|^2)=\frac{|u_0|^2}{4}\cdot\frac{|1-\Gamma_G|^2}{1-|\Gamma_G|^2} \tag{2-76}$$

而当负载和传输线匹配，亦即 $\Gamma'_L=0$ 时，

$$P_{L0}=\frac{|u_0|^2}{4}\cdot|1-\Gamma_G|^2 \tag{2-77}$$

故

$$\frac{P_{Lmax}}{P_{L0}}=\frac{1}{1-|\Gamma_G|^2} \tag{2-78}$$

可知负载和传输线匹配时，并不能获得最大功率，反而需使负载失配，使之与信号源内阻抗之间满足共轭关系，才能得到最大功率。而当信号源内阻抗匹配时，则由式(2-78)可看出，最大输出功率和负载匹配功率是一致的。为此，对前节中的结果应作相应的修改。但是，对一个二口网络元件，在定义其工作特性参量时仍可按上节所述，规定信号源为匹配；只是在

实际工作中应考虑失配所引起的影响。此问题在有源器件如微波晶体管放大器中比较突出，故在以后有关章节中，对此问题还要作专门讨论。

由式(2-75)可知，在信号源和负载均不匹配的情况下，负载所获得的功率不仅与Γ_G、Γ'_L的模有关，还与其相对的相位有关。因此在失配的情况下测量功率，当功率计和信号源间换接电缆因而改变Γ'_L和Γ_G的相位关系时，测得的功率数值将有变化。

信号源失配除了对功率测量有影响外，在相位测量中亦有影响。因为在测量相位时，通常把入射波的相位作为基准，即使被测元件存在反射，只要借助于定向耦合器把入射波成分取出，对测量精度的影响不会太大。但当信号源失配时，由式(2-74)可看出，此时的入射波电压的相位也和Γ_G、Γ'_L有关，其中Γ_G是固定因素，而Γ'_L则由于被测元件的变动(如移相器刻度的变动)而变化，因而使入射波电压在测量过程中失去了标准性，导致相位测量误差。

由上所述，在一些情况下，特别是较精密的微波测量中，应通过调配尽量把信号源的反射系数压低。对微波测试系统，应预先检查其电源驻波比。此时可以采用下列方法，其装置如图2-16所示。在信号源后，接一驻波测量线以及一可变短路器，移动短路器的短路面位置，读出驻波测量线上一系列的波腹读数，则在短路器移动过程中，读得的最大波腹值和最小波腹值之比，即为信号源驻波比。其原因说明如下：

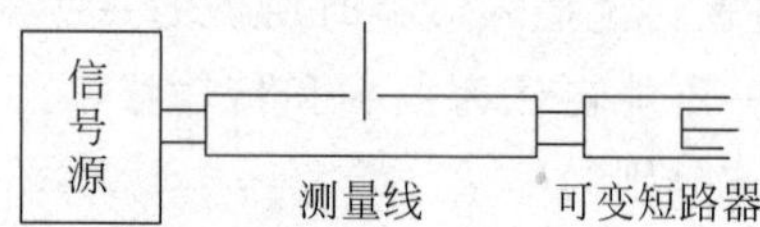

图2-16 测量信号源的驻波比

根据前述的式(2-74)，有

$$u_F = \frac{u_0(1-\Gamma_G)}{2(1-\Gamma_G\Gamma'_L)}$$

如负载为一可变短路器，将引起全反射而使$|\Gamma'_L|=1$。在短路面移动过程中，其相位在连续改变，故Γ'_L可写成

$$\Gamma'_L = e^{j\theta} \tag{2-79}$$

因此式(2-74)变成

$$u_F = \frac{u_0}{2}\frac{1-\Gamma_G}{1-\Gamma_G\cdot e^{j\theta}} \tag{2-80}$$

$$|u_F| = \frac{|u_0|}{2}\cdot\frac{|1-\Gamma_G|}{|1-\Gamma_G e^{j\theta}|} \tag{2-81}$$

当θ变化时，$|u_F|$发生变化，但$|u_0|$和$|1-\Gamma_G|$是固定的，故$|u_F|$的变化主要由θ的改变所引起，显然有

$$|1-\Gamma_G\cdot e^{j\theta}|_{max} = 1+|\Gamma_G|,\quad 对应于|u_F|_{min}$$

$$|1-\Gamma_G\cdot e^{j\theta}|_{min} = 1-|\Gamma_G|,\quad 对应于|u_F|_{max}$$

故

$$\frac{|u_F|_{max}}{|u_F|_{min}} = \frac{1+|\Gamma_G|}{1-|\Gamma_G|} = \rho_G \tag{2-82}$$

因为短路面引起全反射，电压波腹值为入射波电压的两倍，故电压波腹最大值与最小值之比即等于$|u_F|_{max}$对$|u_F|_{min}$之比，等于$\frac{1+|\Gamma_G|}{1-|\Gamma_G|}$，此即为信号源的驻波比。

2.9 无损三口网络的特性

三口网络即为六端网络，共有三个引出口。通常的T分支接头即是一个典型的三口网络。在波导中有并联T分支和串联T分支（即所谓H-T分支和E-T分支）；在微带线中由于结构原因，而只用并联T分支。

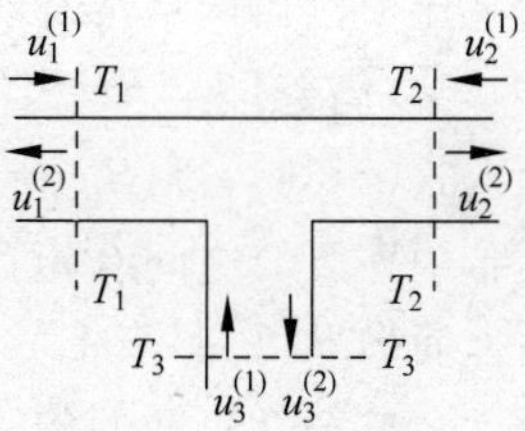

图 2-17 T接头三口网络

观察图2-17所示的T形分支接头，可以看出其左右结构对称，只要1、2口上所取的参考面位置对称时，则网络1、2口是对称的。假定其中不包含有损元件，网络又是无损的。

现在用 **S** 矩阵对T分支这一典型三口网络特性进行分析，其 **S** 矩阵有以下形式：

$$\begin{bmatrix} u_1^{(2)} \\ u_2^{(2)} \\ u_3^{(2)} \end{bmatrix} = \begin{bmatrix} S_{11} & S_{12} & S_{13} \\ S_{21} & S_{22} & S_{23} \\ S_{31} & S_{32} & S_{33} \end{bmatrix} \cdot \begin{bmatrix} u_1^{(1)} \\ u_2^{(1)} \\ u_3^{(1)} \end{bmatrix} \tag{2-83}$$

由互易性和对称性：

$$S_{11} = S_{22}, \quad S_{12} = S_{21}, \quad S_{13} = S_{31},$$
$$S_{23} = S_{32}, \quad S_{13} = S_{23}$$

故 **S** 矩阵又可写成

$$\begin{bmatrix} u_1^{(2)} \\ u_2^{(2)} \\ u_3^{(2)} \end{bmatrix} = \begin{bmatrix} S_{11} & S_{12} & S_{13} \\ S_{12} & S_{11} & S_{13} \\ S_{13} & S_{13} & S_{33} \end{bmatrix} \cdot \begin{bmatrix} u_1^{(1)} \\ u_2^{(1)} \\ u_3^{(1)} \end{bmatrix} \tag{2-84}$$

由于网络无损，**S** 矩阵必满足 $\boldsymbol{S} \cdot \boldsymbol{S}^* = [1]$，即

$$\begin{bmatrix} S_{11} & S_{12} & S_{13} \\ S_{12} & S_{11} & S_{13} \\ S_{13} & S_{13} & S_{33} \end{bmatrix} \cdot \begin{bmatrix} S_{11}^* & S_{12}^* & S_{13}^* \\ S_{12}^* & S_{11}^* & S_{13}^* \\ S_{13}^* & S_{13}^* & S_{33}^* \end{bmatrix} = \begin{bmatrix} 1 & 0 & 0 \\ 0 & 1 & 0 \\ 0 & 0 & 1 \end{bmatrix} \tag{2-85}$$

S 第一行乘 $\boldsymbol{S}^*$ 第一列得

$$|S_{11}|^2 + |S_{12}|^2 + |S_{13}|^2 = 1 \tag{2-86}$$

S 第二行乘 $\boldsymbol{S}^*$ 第二列得

$$|S_{12}|^2 + |S_{11}|^2 + |S_{13}|^2 = 1 \tag{2-87}$$

S 第三行乘 $\boldsymbol{S}^*$ 第三列得

$$|S_{13}|^2 + |S_{13}|^2 + |S_{33}|^2 = 1 \tag{2-88}$$

S 第一行乘 $\boldsymbol{S}^*$ 第二列得

$$S_{11}S_{12}^* + S_{12}S_{11}^* + |S_{13}|^2 = 0 \tag{2-89}$$

如令 $S_{11}=S_{22}=0$，则由式(2-89)知 $|S_{13}|=0$，代入式(2-88)，得 $|S_{33}|=1$。这里的 S_{11}、S_{22}、S_{33} 表示各个口在其他口接以匹配负载时的反射系数，通常指网络的某一个口匹配，即是指其他各口接以匹配负载时，某一个口的反射系数为零。按 **S** 参量的意义，如三口同时匹配，即 $S_{11}=S_{22}=S_{33}=0$。对一般微波元件，从要求来讲，最好其各个口都能得到匹配。这

对二口网络是不成问题的。对于无损二口网络，可以证明$|S_{11}|=|S_{22}|$，即当其一个口得到匹配时，则另一口也自然得到匹配。下一节要讲到的四口网络也可使各口同时获得匹配。但对于三口网络，由上述推导可知，S_{11}、S_{22}、S_{33}三者不能同时为零，即不能同时得到匹配。这是无损三口网络特有的性质。

又，仍令$|S_{11}|=|S_{22}|=0$，　$|S_{13}|=|S_{23}|=0$，

代入式(2-86)，得$|S_{12}|=1$。我们称S_{12}为1、2口之间的传输系数，但在多口网络中，如我们不希望1、2口之间有相互影响时，则又把S_{12}称为1、2口之间的隔离度，而希望其越小越好。从上面推导可知，当1、2口匹配时，能量全部在1、2口之间互相传输，两口之间隔离度为零，而1、2口至3口间的传输系数却为零。

T分支在过去经常用作微波功率分配器或微波功率混合器(所谓功率分配器，即是把一路微波功率按一定比例分成几路，混合器则恰好相反)，其原因为结构十分简单。但通过矩阵对其特性进行分析的结果，可知其性能不是很理想，因为一个功率分配器(由3→1,2)，有时又希望把它倒过来作为一个混合器(由1,2→3)，因此最好三个口上都能得到匹配，以使得不论作为功率分配器，或作为混合器，信号都能无反射地进入。但根据上述分析，证明这是不可能的。如果1、2口得到全匹配，而适于作混合器，则在3口得到全反射，以致根本不能做功率分配器。此外，在作为功率混合器时，还要求1、2两路的输入功率应都由3口输出，而不应在1、2口间相互传输，亦即要求1、2口之间有高的隔离度。事实上从以上推导可知，当1、2口匹配时，则功率根本未由3口输出，而是完全彼此为对方的信号源内阻所吸收(隔离度为零)，因而失去混合器的意义。因此即使单独作为混合器或功率分配器，其各个特性之间，也是相互矛盾的，必须予以折中考虑，而不能最佳化。为此原因，当前的功率分配器和混合器，除了要求不高的场合以外，都采用了四口网络结构的电桥、定向耦合器等，这样才可以全面满足各方面要求。此外，也设法在三口网络中加入有损元件以改善其特性，这就是目前采用较多的、包含损耗电阻的三口功率分配器。有关这方面的内容，将在以后详细讨论。

2.10　魔T的特性及其应用

下面考虑四口网络的特性。由于四口网络特别复杂，在使用上和分析上都把注意力集中到对称结构的四口网络。波导魔T是最典型的一个，下面将以它为例进行分析。当然，用具有平面电路形式的微带线，是不能构成魔T这种电路结构的。之所以分析魔T，是因为它比较直观，易于理解。并且在微带电路中，像环形电桥、分支电桥等，特性都和它相同或相近，因此其分析结果对这些微带元件也可应用。

波导魔T由波导双T加匹配元件构成。波导双T则由一个H-T分支和一个E-T分支合并而成，如图2-18所示。从图可知，双T电桥存在一个中心对称平面，在图中以点画线示出，电桥两边结构对此中心面对称。

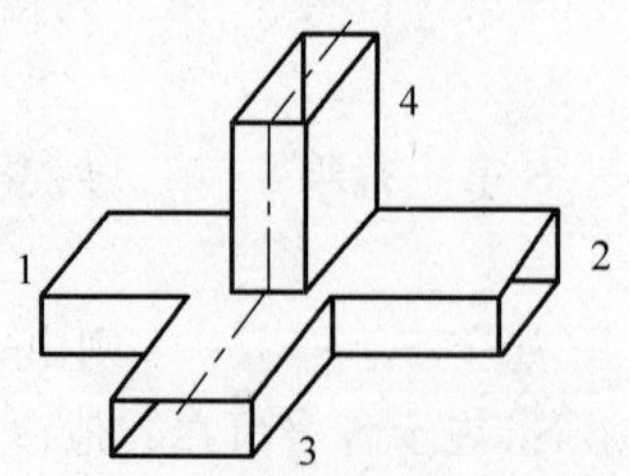

图2-18　波导双T电桥

从波导H-T和E-T的特性可知，若1、2口都接以匹配负载时，则由3口进入的功率平分至1、2口输出，且两边信号同相位。而由4口输入的功率，虽然也在1、2两路平分输出，但两路信号的相位相反，这是由于1、2、4口形成波导E-T分支，

由 4 口进入的信号，至 1、2 口得到方向彼此相反的电场的缘故。3、4 两臂的波导位置彼此垂直，其电力线也互相垂直，故当 1、2 两端都接以匹配负载，或两边接以对称负载时由 3 进入的信号不可能到 4，反之亦然。也就是说，3、4 两边是彼此隔离的。但须注意，3、4 隔离必须以在 1、2 两口接以匹配负载或两边所接负载完全对称为条件，亦即需以一定的端口条件为前提，否则上述性质就不成立。

由结构对称特性及隔离特性，可知双 T 电桥的 $\boldsymbol{S}$ 参量应满足以下关系：

$$\left.\begin{aligned} S_{13} &= S_{23} \\ S_{14} &= -S_{24} \\ S_{11} &= S_{22} \\ S_{34} &= 0(3、4\text{两口理想隔离}) \end{aligned}\right\}(\text{结构对称})$$

再考虑到互易性，则得

$$\begin{bmatrix} S_{11} & S_{12} & S_{13} & S_{14} \\ S_{21} & S_{22} & S_{23} & S_{24} \\ S_{31} & S_{32} & S_{33} & S_{34} \\ S_{41} & S_{42} & S_{43} & S_{44} \end{bmatrix} = \begin{bmatrix} S_{11} & S_{12} & S_{13} & S_{14} \\ S_{12} & S_{11} & S_{13} & -S_{14} \\ S_{13} & S_{13} & S_{33} & 0 \\ S_{14} & -S_{14} & 0 & S_{44} \end{bmatrix} \tag{2-90}$$

若使双 T 的四个口都获得匹配，亦即使 $S_{11}=S_{22}=S_{33}=S_{44}=0$，称为匹配双 T，就是魔 T。可以证明：只要把 3、4 口同时调到匹配，则 1、2 口自动获得匹配，而满足魔 T 条件。下面对此加以说明。

因为双 T 电桥内无损耗元件，故 $\boldsymbol{S}$ 的无损条件必须满足

$$\boldsymbol{S}\cdot\boldsymbol{S}^{*} = [1]$$

由 3、4 两口获得匹配，得 $S_{33}=S_{44}=0$。

$$\boldsymbol{S} = \begin{bmatrix} S_{11} & S_{12} & S_{13} & S_{14} \\ S_{12} & S_{11} & S_{13} & -S_{14} \\ S_{13} & S_{13} & 0 & 0 \\ S_{14} & -S_{14} & 0 & 0 \end{bmatrix} \tag{2-91}$$

在式(2-91)中，以第三行乘第三列，得

$$|S_{13}|^2 + |S_{13}|^2 = 1$$

$$|S_{13}| = \frac{1}{\sqrt{2}}$$

第四行乘第四列得

$$|S_{14}|^2 + |S_{14}|^2 = 1 \quad |S_{14}| = \frac{1}{\sqrt{2}}$$

第一行乘第三列，得

$$S_{11}\cdot S_{13}^{*} + S_{12}\cdot S_{13}^{*} = 0$$

因 $|S_{13}|=\frac{1}{\sqrt{2}}$，故 S_{13}、S_{13}^{*} 均不能为零，要满足上式必须

$$S_{11} + S_{12} = 0$$

又在式(2-91)中以第一行乘第二列，得

$$S_{11}S_{12}^{*} + S_{12}S_{11}^{*} = 0$$

以 $S_{11}=-S_{12}$ 代入上式得

$$-|S_{12}|^2-|S_{12}|^2=0$$

故必　$S_{12}=0$，同时又有 $S_{11}=S_{22}=0$。

由此可见，当双 T 电桥的 3、4 口得到匹配时，则不但 1、2 口自动得到匹配，而且 1、2 口之间获得理想隔离，即成为前述的魔 T。3、4 口调到匹配时，可以用波导中常用的膜片、销钉等。但应注意，在加入匹配元件时，不应影响结构的对称性。

现在已把魔 T 的所有 **S** 参量求出，如取 S_{13}、S_{14} 的相角为零（这只要适当选取参考面即可，前面已经讲过），则魔 T 的 **S** 矩阵成为

$$\begin{bmatrix} 0 & 0 & \frac{1}{\sqrt{2}} & \frac{1}{\sqrt{2}} \\ 0 & 0 & \frac{1}{\sqrt{2}} & -\frac{1}{\sqrt{2}} \\ \frac{1}{\sqrt{2}} & \frac{1}{\sqrt{2}} & 0 & 0 \\ \frac{1}{\sqrt{2}} & -\frac{1}{\sqrt{2}} & 0 & 0 \end{bmatrix}=\frac{1}{\sqrt{2}}\begin{bmatrix} 0 & 0 & 1 & 1 \\ 0 & 0 & 1 & -1 \\ 1 & 1 & 0 & 0 \\ 1 & -1 & 0 & 0 \end{bmatrix} \tag{2-92}$$

从以上得出的魔 T 的 **S** 矩阵，可看出魔 T 有以下特性：

(1) 魔 T 的 3、4 口之间和 1、2 口之间都是隔离的，其中 3、4 口之间的隔离是以精确的机械加工保证其结构严格对称而获得。当机械加工精度很高时，隔离度可达到 40dB 甚至 60dB 以上。有此特点，故可作为微波精密电桥或其他标准度要求很高的元件。1、2 口之间的隔离由 3、4 口的匹配来保证，由于匹配不可能完全理想，所以隔离程度要差一些。

(2) 所有各口都获得匹配，即当其他各口接以匹配负载时，任意口上信号都可以无反射地进入网络。

(3) $S_{13}=S_{23}=\frac{1}{\sqrt{2}}$，这表明 3 口信号输入时，在 1、2 口平分，并等相输出。

(4) $S_{14}=-S_{24}=\frac{1}{\sqrt{2}}$，说明 4 口信号输入时，1、2 口同样得到平分输出，但相位相反。

必须注意，以上特性是从网络参量角度出发考虑的，和实际使用情况不尽相同。只有当各口的端口条件符合 **S** 矩阵的定义（即各口接以匹配负载）时才有上述特性。如端口条件发生变化，则上述结论就不再正确。例如在 1、2 口，一边接以匹配负载，一边接以短路器时，从 3 口进入的功率，当然不可能从 1、2 口平分输出，因为在接短路器负载的一边把功率全部反射回去了。同时 3、4 口也不再完全隔离，因为接短路器一边反射回来的功率，有一部分将进入 4 口。由此可知，真正的工作情况，还应视具体条件而异。魔 T 的网络特性反映了网络的内在规律。正因为这样，魔 T 才能用作为电桥、功率分配器、混合器、标准移相器等元件，而并非任意一个四口网络都能这样使用。元件的网络特性和端口条件的关系相当于内因和外因的关系，应该结合起来考虑。以下再举几个应用魔 T 的具体例子来说明这一点。附带说明一下，魔 T 是四口网络，但在实际应用中，并非都作为四口元件。可以在其他 2 口或 1 口上接以特定负载（即特定端口条件）而作为 2 口或 3 口元件来使用。但即使如此，也是利用了魔 T 的网络特性。

(1) 平衡混频器。作为四口元件应用，其简单示意图如图 2-19 所示。本振功率及信号功率各自 3、4 口输入。在 1、2 口上的对称位置接上混频晶体。如加以调配，使之一方面保持平衡，另一方面其等效高频阻抗和波导匹配，则根据魔 T 的网络特性，3、4 口的功率都能无反射地进入，并且在 1、2 口上平分。只不过由 3 口进入 1、2 口相位彼此相同，由 4 口进入 1、2 口相位彼此相反。根据混频的基本原理，中频频率为本振与信号频率之差。中频的初相位也为两者初相位之差。在 1、2 两路，由于信号相位彼此差 180°，本振同相，故相减得到的中频信号彼此反相。如将两路中频输出反向串接再送到中频放大器，即可得到叠加的中频信号。但是在本地振荡器中，那些和本振频率相差一个中频的噪声，和本振信号混频而得到的噪声中频信号，在两端都是同相的，经反相串接就恰好抵消，而不能进入中频放大器，因而大大减弱了本振噪声的影响。另一方面，由于 3、4 两口之间的隔离，而减弱了信号源及本振源之间的相互影响，不致使本振中的噪声功率进入 4 口，然后因 4 口内阻抗的反射又折返而到达混频晶体。这样就改善了混频器的信杂比。当然以上只是理想情况。3、4 口之间隔离不理想或两路晶体的不完全平衡，都会使性能变差，但较之单端混频，性能毕竟有了改善。

(2) 功率分配器。作为 3 口元件应用，其简单示意如图 2-20 所示。

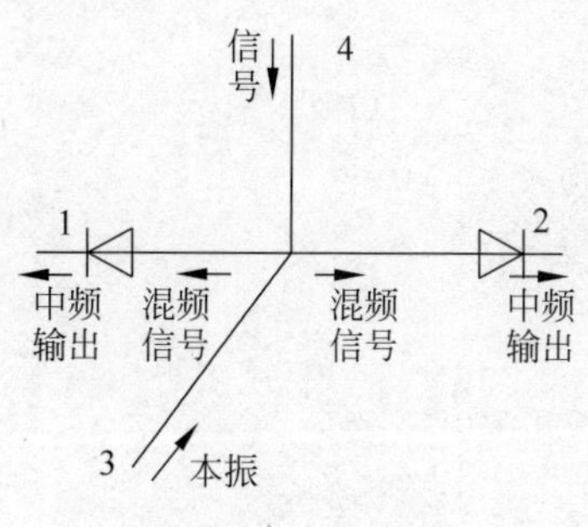

图 2-19　魔 T 平衡混频器

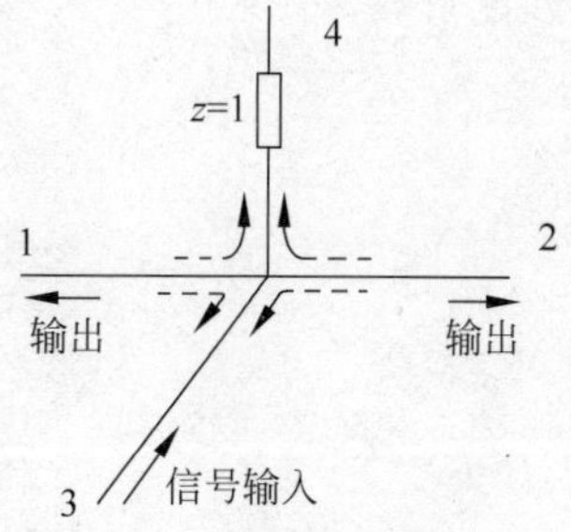

图 2-20　魔 T 功率分配器

信号自 3 口输入，由 1、2 口平分输出；而在 4 口接了一个匹配负载(作为端口条件)。接这个负载似乎多余，其实不然，它是为保证魔 T 的网络特性所必需。前面已经讲过：只有当网络各口接匹配负载(当然首先必须是魔 T)，1、2 口之间才是相互隔离的。在目前情况下，3 口的信号进入 1、2 口，当 1、2 口所接负载不很理想(即不完全匹配)因而产生反射时，则根据 $|S_{24}|=|S_{23}|=1/\sqrt{2}$，$|S_{14}|=|S_{13}|=1/\sqrt{2}$ 及 $S_{12}=0$ 的性质，1、2 口折返的反射功率，将平分而进入 3、4 口，并不相互影响。因此，在魔 T 条件下，1、2 口的反射充其量不过使 3 口输入不完全匹配而已，并不会引起彼此影响。在目前功率分配器的一些应用中，如在相控阵中，单元间的相互影响应严格避免，故应采用类似于魔 T 特性的功率分配器。此外，也可看出，4 口并非多余，4 口接以匹配负载也是必需的，这样才保证了功率分配器的性能。

魔 T 也可反过来作为混合器，其特性也相当理想。由此可知，4 口网络是以结构较为复杂的代价而得到优良的元件性能的。

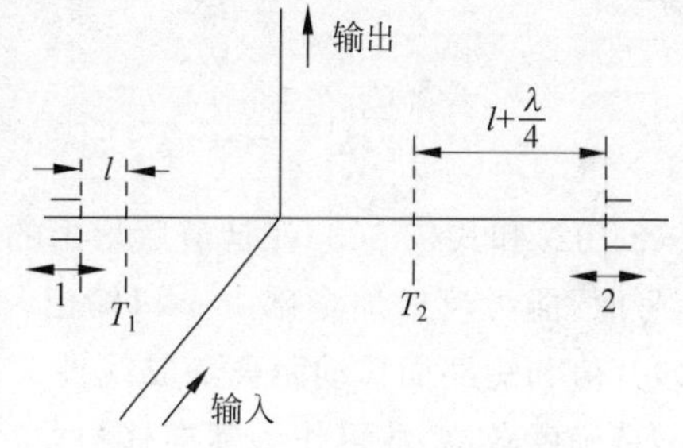

图 2-21　魔 T 标准移相器

(3) 标准移相器。作为 2 口元件应用，其简单构成如图 2-21 所示。在 1、2 两分支波导中，各接一个可变短路器，并令两个短路面至魔 T 中心面的距离相差 $\lambda/4$，且在移动两个短路器时，一直保持此关系。如在 1、2 臂取对称参考面 T_1、T_2，则短路面离 T_1、T_2 的距离各为 l 及 $l+\lambda/4$。在 4 口上则接以匹配负载。

则根据魔 T 的 **S** 矩阵

$$\begin{bmatrix} u_1^{(2)} \\ u_2^{(2)} \\ u_3^{(2)} \\ u_4^{(2)} \end{bmatrix} = \frac{1}{\sqrt{2}} \begin{bmatrix} 0 & 0 & 1 & 1 \\ 0 & 0 & 1 & -1 \\ 1 & 1 & 0 & 0 \\ 1 & -1 & 0 & 0 \end{bmatrix} \cdot \begin{bmatrix} u_1^{(1)} \\ u_2^{(1)} \\ u_3^{(1)} \\ u_4^{(1)} \end{bmatrix}$$

$$u_4^{(2)} = \frac{1}{\sqrt{2}} u_1^{(1)} - \frac{1}{\sqrt{2}} u_2^{(1)} \tag{2-93}$$

$$u_3^{(2)} = \frac{1}{\sqrt{2}} u_1^{(1)} + \frac{1}{\sqrt{2}} u_2^{(1)} \tag{2-94}$$

$$u_1^{(2)} = \frac{1}{\sqrt{2}} u_3^{(1)} + \frac{1}{\sqrt{2}} u_4^{(1)} \tag{2-95}$$

由于 4 口接匹配负载，$u_4^{(1)}=0$

故

$$u_1^{(2)} = \frac{1}{\sqrt{2}} u_3^{(1)} \tag{2-96}$$

同理

$$u_2^{(2)} = \frac{1}{\sqrt{2}} u_3^{(1)} \tag{2-97}$$

由 1、2 口上的端口条件：

$$u_1^{(1)} = -u_1^{(2)} \cdot e^{-j2k} \tag{2-98}$$

$$u_2^{(1)} = -u_2^{(2)} \cdot e^{-j2kl-jk\cdot\frac{\lambda}{2}} = u_2^{(2)} \cdot e^{-j2kl} \tag{2-99}$$

这是因为短路面上的电压反射系数等于-1。

把式(2-96)、式(2-97)代入式(2-98)、式(2-99)，得

$$u_1^{(1)} = -\frac{1}{\sqrt{2}} \cdot u_3^{(1)} \cdot e^{-j2k} \tag{2-100}$$

$$u_2^{(1)} = +\frac{1}{\sqrt{2}} \cdot u_3^{(1)} \cdot e^{-j2k} \tag{2-101}$$

再把式(2-100)、式(2-101)代入式(2-93)、式(2-94)，得

$$u_3^{(2)} = 0 \tag{2-102}$$

$$u_4^{(2)} = -\frac{1}{2} \cdot u_3^{(1)} e^{-j2kl} - \frac{1}{2} u_3^{(1)} \cdot e^{-j2kl} = -u_3^{(1)} \cdot e^{-j2k} \tag{2-103}$$

式(2-102)和式(2-103)就是最后得出的结果。由此可知，上述装置，在魔 T 的 3 口输入一个信号时，能无反射地全部由 4 口输出，而且 4 口的输出信号和 3 口的输入信号之间产生相移，其值和短路面移动距离 l 成线性关系。因此，相移量可以用短路面的距离刻度进行定标，精确度较高，故可作为标准移相器。

从上述各个元件特性的分析，再一次说明了网络特性这一内因和端口条件这一外因的

关系。在移相器中，不但 3、4 口之间不再隔离，而且是百分之百地畅通无阻，这就是因为 1、2 两臂接以距离相差 $\lambda/4$ 的可变短路器的缘故。其物理过程为：3 口输入功率一分为二地进入 1、2 臂，经反射后因短路面位置错开 $\lambda/4$，因而反射波的相位也相差 180°。从 E-T 接头的结构特点，两个反射波叠加后只能全部从 4 口输出，而不能到 3 口。由此说明了端口条件的影响。但是不难理解：在上述分析过程中，其基本根据仍是魔 T 的网络特性。也就是说，正因为具有魔 T 的网络特性，才构成了标准移相器。

2.11　电桥、定向耦合器的特性和应用

前述的波导魔 T 是四口网络中最为典型、应用最广的一种，但由于是立体结构，不能应用于微带电路。实际上，根据网络原理，可以找到特性和魔 T 完全相同或基本类似的平面电路，这就是环形电桥、3dB 分支线电桥及定向耦合器。3dB 电桥实际上是一种功率平分的定向耦合器。

从结构上看，微带型的 3dB 电桥有环形电桥、分支线电桥和耦合线电桥几种，如图 2-22 所示。

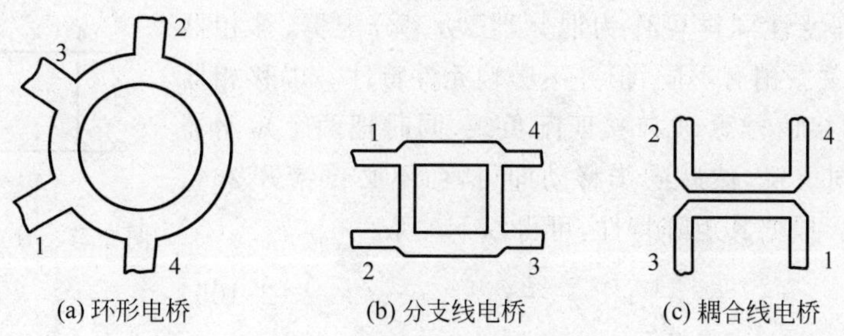

(a) 环形电桥　(b) 分支线电桥　(c) 耦合线电桥

图 2-22　微带环形电桥、分支线电桥和耦合线电桥

图中的 1、2、3、4 标号和魔 T 相似，即信号从 3、4 臂输入时，功率都平分到 1、2 臂，并且 1、2 臂之间相互隔离。其中环形电桥的特性是和魔 T 完全相同的，即 3 臂进入的信号至 1、2 臂彼此同相，4 臂进入则彼此反相。但分支线电桥和耦合线电桥的相位关系和魔 T 有所差别。当信号从 3 进入分至 1、2 臂时，则 2 臂的相位比 1 臂领先 $\pi/2$；而当 4 臂输入时，则 1 臂的相位要领先 $\pi/2$。此外还可看出，耦合线及分支线电桥具有两个对称面，亦即其结构的上下、左右都对称，因此 1、2 臂和 3、4 臂是互易的；其特性完全相同，这一点和魔 T 亦有所不同。

对于上述特性，完全可以用网络合成的方法，具体用微带电路设计出来加以实现，这一点在以后章节中讨论。在此把分支线和耦合线电桥类型的元件特性以及应用作一综合。至于环形电桥因与魔 T 完全相同而不再赘述。

在理想情况下，上述元件有以下特性：

(1) 1、2、3、4 四个口都是匹配的，即

$$S_{11} = S_{22} = S_{33} = S_{44} = 0$$

(2) 当各口接以匹配负载时，1、2 口之间，3、4 口之间都彼此隔离，即

$$S_{12} = S_{34} = 0$$

(3) 3 臂至 1、2 臂，4 臂至 1、2 臂，功率完全平分，即

$$| S_{13} | = | S_{23} | = \frac{1}{\sqrt{2}}$$

$$| S_{14} | = | S_{24} | = \frac{1}{\sqrt{2}}$$

反过来亦然，即 1 臂进入的功率平分地进入 3、4 臂，2 臂进入功率也相等地进入 3、4 臂。

(4) 信号由 3 臂进入 1、2 臂，相差 π/2 的相位，当 4 臂进入时亦然。

故有

$$S_{23} = S_{13} \cdot e^{j\frac{\pi}{2}}$$

$$S_{14} = S_{24} \cdot e^{j\frac{\pi}{2}}$$

而其 **S** 矩阵可写成

$$\boldsymbol{S} = \frac{1}{\sqrt{2}}\begin{bmatrix} 0 & 0 & 1 & j \\ 0 & 0 & j & 1 \\ 1 & j & 0 & 0 \\ j & 1 & 0 & 0 \end{bmatrix} \tag{2-104}$$

此种 **S** 矩阵特性同样可作为混频器、功率分配器、移相器等，仅在于相位关系稍有不同，但并不影响元件特性。以移相器为例：此时 3 口接信号源，4 口接匹配负载，同时把两个短路器放在 1、2 臂相同位置，然后同步移动即可，而不必再错开 λ/4，如图 2-23 所示。根据其矩阵特性，可得以下关系：

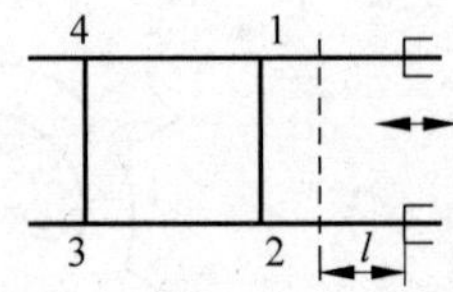

图 2-23 分支线电桥移相器

$$u_4^{(2)} = \frac{j}{\sqrt{2}}u_1^{(1)} + \frac{1}{\sqrt{2}}u_2^{(1)} \tag{2-105}$$

$$u_3^{(2)} = \frac{1}{\sqrt{2}}u_1^{(1)} + \frac{j}{\sqrt{2}}u_2^{(1)} \tag{2-106}$$

$$u_1^{(2)} = \frac{1}{\sqrt{2}}u_3^{(1)} + \frac{j}{\sqrt{2}}u_4^{(1)} = \frac{1}{\sqrt{2}}u_3^{(1)} \tag{2-107}$$

$$u_2^{(2)} = \frac{j}{\sqrt{2}}u_3^{(1)} + \frac{1}{\sqrt{2}}u_4^{(1)} = \frac{j}{\sqrt{2}}u_3^{(1)} \tag{2-108}$$

和魔 T 一样，由 1、2 臂的端口条件有

$$\left.\begin{aligned} u_1^{(1)} &= u_1^{(2)} \cdot e^{-j2kl} \\ u_2^{(1)} &= u_2^{(2)} \cdot e^{-j2kl} \end{aligned}\right\} \tag{2-109}$$

将式(2-107)、式(2-108)代入式(2-109)得

$$\left.\begin{aligned} u_1^{(1)} &= \frac{1}{\sqrt{2}}u_3^{(1)} \cdot e^{-j2kl} \\ u_2^{(1)} &= \frac{j}{\sqrt{2}}u_3^{(1)} \cdot e^{-j2kl} \end{aligned}\right\} \tag{2-110}$$

将式(2-110)再代入式(2-105)和式(2-106)得

$$u_4^{(2)} = \frac{j}{2}u_3^{(1)} \cdot e^{-j2kl} + \frac{j}{2}u_3^{(1)} \cdot e^{-j2kl} = ju_3^{(1)} \cdot e^{-j2k} \tag{2-111}$$

$$u_3^{(2)} = \frac{1}{2}u_3^{(1)} \cdot e^{-j2kl} - \frac{1}{2}u_3^{(1)} \cdot e^{-j2kl} = 0 \tag{2-112}$$

最后得到了和魔 T 标准移相器同样的结果，即 3 臂进入的信号，无反射地、全部地进入 4 臂，且 3、4 臂之间信号的相移受 1、2 臂短路面位置的控制。当然，要在微带电路中做成可变短路器结构是困难的。但改变短路面的位置，无非是改变 1、2 臂负载电抗的相位；如若不需要得到线性刻度的移相，而只需要有相位的变化时，则可用可变电抗代替可变短路器。目前多采用电控 PIN 管作为电抗负载接于 1、2 臂，以偏流控制 PIN 管的工作状态以控制其相位变化。此种电控移相器目前已广泛应用于相控阵雷达作为移相元件之用。

若上述电桥的特性产生以下变化：即 3 臂到 1、2 臂的功率不再相等，4 臂到 1、2 臂的功率也不再相等，反过来，由 1、2 臂进入的功率分配到 3、4 臂情况亦如此，亦即在 S 参量中，$|S_{13}| \neq |S_{23}|$，$|S_{14}| \neq |S_{24}|$，$|S_{31}| \neq |S_{41}|$，$|S_{32}| \neq |S_{42}|$。但是电桥的其他特性，如各口的全匹配特性，1、2 口之间及 3、4 口之间的隔离特性则完全保持，电桥的对称性也仍然保持，即 $S_{14} = S_{23}$，$S_{13} = S_{24}$。此时，就成了所谓定向耦合器。因此定向耦合器是耦合度不相等的电桥，也可以说，电桥是定向耦合器等分耦合的特殊情况。

我们用耦合度（或称过渡衰减）以及方向性（相应于电桥中的隔离度）两个参量表示定向耦合器的基本特性。

耦合度 C，其定义为主线输入功率与辅线耦合输出臂的输出功率之比。此时各臂均应接以匹配负载。从图 2-24 可知，当耦合度以分贝表示时，应为

$$C = 10\lg \frac{|u_1^{(1)}|^2}{|u_3^{(2)}|^2}\bigg|_{\text{各臂匹配}} = 10\lg \frac{1}{|S_{13}|^2}\text{dB} \tag{2-113}$$

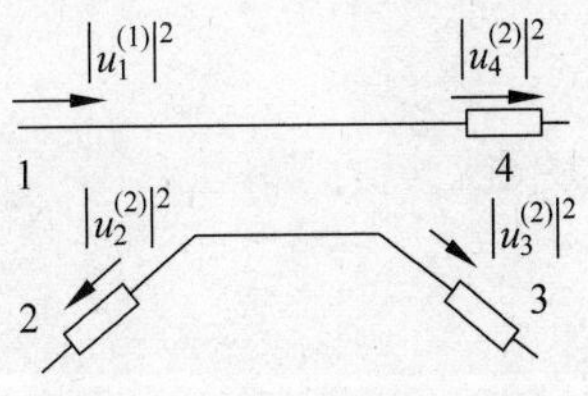

图 2-24 定向耦合器

注意，所谓主线和辅线是相对而言的。当 1、4 臂接入测量系统，而由 2、3 臂耦合出功率时，则 1、4 臂的连线为主线，2、3 臂连线为辅线。由定向耦合器的结构对称性可知，两者是可以互换的。所谓辅线的耦合臂即为从 1 臂输入功率中得到较大部分功率的臂，即图 2-24 的 3 臂；而 2 臂得到功率很小，在理想情况下为零，故称为隔离臂。当功率从主线的 4 臂输入时，则 2、3 臂的作用就要互换。

如 $|S_{13}|^2 = 1/2$，即功率平分时，$C = 3\text{dB}$，因此功率平分的电桥，也就是 3dB 定向耦合器。

方向性 D 定义为辅线中耦合臂和隔离臂所得功率之比，以 dB 计则为

$$D = 10\lg \frac{|u_3^{(2)}|^2}{|u_2^{(2)}|^2} = 10\lg \frac{|S_{13}|^2}{|S_{12}|^2}\text{dB} \tag{2-114}$$

由于用定向耦合器作为电路元件时，总希望辅线的耦合输出臂主要反映主线上一个方向的波（入射波或反射波），而对另一方向的波的反映应尽可能小，因此就把 D 作为代表此项性能的指标。它表示辅线上两个输出臂对主线某一方向来的波耦合出去的功率之比，两者相差越悬殊，则方向性越好。通常的微带线定向耦合器，其方向性约在 20dB 左右。

还有一问题应予注意：当做成一个电桥或定向耦合器，而欲测其隔离度或方向性时，根据方向性的定义，应测出 1 臂耦合到 2、3 臂的功率之比。在此时，必须严格保证各臂所接负载的匹配，否则将使测试变为不准确。因为从 1 臂耦合到 2 臂是一很小的功率（理想情况下为零），如果各臂由于负载不完全匹配，因而使部分反射功率进入 2 臂时，就有可能把原来那

部分耦合功率覆盖掉，因而使测试的结果反映不出定向耦合器的真正性能。在微带元件中，由于必须通过转换接头和其他同轴、波导等元件连接，而转换接头往往存在较大的反射，因而造成负载的不匹配(例如通过转换接头和微波功率计连接，由于转换接头引入的失配，因而使功率计作为等效负载时，存在较大的反射)，此问题就显得更为严重。下面举个实例以说明此种影响的程度。例如，对一个 3dB 定向耦合器(即电桥)，欲测量其方向性。假设信号自 1 臂进入，在 2、4 臂接理想匹配负载(即 $\Gamma_2=\Gamma_4=0$)，但 3 臂所接的负载不理想匹配，其反射系数 $|\Gamma_3|=0.1$。如考虑到 S_{12} 虽然很小，但不为零，则

$$u_2^{(2)}=\frac{\mathrm{j}}{\sqrt{2}}u_3^{(1)}+\frac{1}{\sqrt{2}}u_4^{(1)}+S_{12}u_1^{(1)} \tag{2-115}$$

由端口条件

$$u_4^{(1)}=0 \tag{2-116}$$

$$u_3^{(1)}=\Gamma_3 u_3^{(2)} \tag{2-117}$$

又，

$$u_3^{(2)}=\frac{1}{\sqrt{2}}u_1^{(1)}+\frac{\mathrm{j}}{\sqrt{2}}u_2^{(1)}=\frac{1}{\sqrt{2}}u_1^{(1)} \tag{2-118}$$

代入式(2-117)得

$$u_3^{(1)}=\frac{1}{\sqrt{2}}\Gamma_3 u_1^{(1)} \tag{2-119}$$

代入式(2-115)得

$$u_2^{(2)}=\frac{\mathrm{j}}{2}\Gamma_3 u_1^{(1)}+S_{12}u_1^{(1)} \tag{2-120}$$

$$u_3^{(2)}\approx\frac{1}{\sqrt{2}}u_1^{(1)}$$

故

$$D'=\frac{|u_3^{(2)}|^2}{|u_2^{(2)}|^2}=\frac{\frac{1}{2}\cdot|u_1^{(1)}|^2}{\left|\frac{\mathrm{j}}{2}\Gamma_3 u_1^{(1)}+S_{12}u_1^{(1)}\right|^2} \tag{2-121}$$

为实际测得的方向性，称为视在方向性。这里已经引入了负载不匹配的影响。

在误差最大时，视在方向性和真实方向性相差也最大，此时有

$$|u_2^{(2)}|_{\max}^2=\left[\frac{1}{2}|\Gamma_3|\cdot|u_1^{(1)}|+|S_{12}|\cdot|u_1^{(1)}|\right]^2=\left(\frac{1}{2}|\Gamma_3|+|S_{12}|\right)^2\cdot|u_1^{(1)}|^2$$

$$D'=\frac{\frac{1}{2}|u_1^{(1)}|^2}{\left(\frac{1}{2}|\Gamma_3|+|S_{12}|\right)^2\cdot|u_1^{(1)}|^2}=\frac{1}{2\left(\frac{|\Gamma_3|}{2}+|S_{12}|\right)^2} \tag{2-122}$$

在理想情况下，$|\Gamma_3|=0$，则

$$D=\frac{1}{2|S_{12}|^2}$$

为真实方向性。

如理想方向性 D 为 10dB，则 $\frac{1}{2|S_{12}|^2}=10$

$$|S_{12}|^2 = 0.05$$

当$|\Gamma_3|=0.1$时，则测得的视在方向性为

$$D' = \frac{1}{2(0.05+\sqrt{0.05})^2} \approx 8.8 \quad 或 \quad D' = 10\lg 8.8 = 9.43\text{dB}$$

若$D=10\lg\dfrac{1}{2|S_{12}|^2}=20\text{dB}$，则$|S_{12}|^2=\dfrac{1}{200}$。

此时仍取$|\Gamma_3|=0.1$，按式(2-122)算得的视在方向性为$D'=15.4\text{dB}$，则和真实方向性之间已差到5dB。如果对更高的方向性，例如$D=40\text{dB}$，则测出的结果就毫无意义。因为此时由方向性不良(即$|S_{12}|\neq 0$)所引起的1、2臂之间的功率耦合已很小，以致由负载不匹配引起反射因而寄生耦合到2臂的功率已远远超过了它，亦即真实方向性已被视在方向性所淹没。因此对于方向性极高的定向耦合器(如D到40dB)，为使其高的方向性真正有意义，应仔细地调节各臂的匹配。在精密测量中，更必须反复调配。在微带元件中，目前的转换接头的驻波有时还比较大，可达1.1甚至1.2以上，即相应于反射系数为0.05及0.1。在此种情况下，要测试高性能的电桥或定向耦合器就比较困难。转换接头的驻波，除和设计有关外，还和加工精度有密切关系，因此，为了有效地进行微带电路元件的研制，不能只着眼在理论，而应十分重视电路的结构和工艺问题，切实采取有效措施，才能求得真正的解决。

2.12 小结

本章着重讨论了各种不同的微波网络形式的特性及其应用，作为分析微带电路的基础，兹简单小结如下：

(1) 不同的微带电路元件都可表示成微波网络形式，即可借联立方程形式将一部分引出口参量表示成与另一部分引出口参量的关系。所谓引出口参量有电压、电流、内向波电压、外向波电压等等，其中网络参量决定于微带电路内部的元件参数及其排列。同时由于微波网络本身的特点，网络参量还与传输线的场型、参考面以及电路结构密切相关。

(2) 常用的微波网络形式有阻抗矩阵、导纳矩阵、$\boldsymbol{A}$矩阵及散射矩阵。阻抗矩阵和导纳矩阵最易直观地和集中参数电路相联系。$\boldsymbol{A}$矩阵便于级联运算。散射矩阵由于其引出口参量为内向波和外向波，特别便于在微波电路中应用。变压器网络可由散射矩阵推出，在微波测量问题分析中比较有用。

(3) 利用微波网络的参量可以定出微波电路元件的工作特性参量，如工作衰减量、插入驻波比、相移等。根据矩阵运算规则，可以计算各种复杂微带电路元件的工作特性参量；反过来，也可根据对工作特性参量的要求来设计微带电路元件。

(4) 微带电路元件的应用既主要决定于其网络参量，即取决于其内部电路结构，又和其外部的端口条件有关，两者应结合起来考虑。

附录A 无损网络 S 参量特性的证明

2.3.4节曾给出了无损网络$\boldsymbol{S}$参量的特性，$\boldsymbol{S}\cdot\boldsymbol{S}^*=[1]$，此性质在以后各节分析各种网络时经常用到，兹证明如下：

对于电磁场的特性，可用以下四个微分方程表示：

$$\nabla\times\boldsymbol{E}=-\mathrm{j}\omega\mu\boldsymbol{H} \tag{2-123}$$

$$\nabla\times\boldsymbol{H}=\mathrm{j}\omega\varepsilon\boldsymbol{E}+\sigma\boldsymbol{E} \tag{2-124}$$

$$\nabla\cdot\boldsymbol{E}=\frac{\rho}{\varepsilon} \tag{2-125}$$

$$\nabla\cdot\boldsymbol{H}=0 \tag{2-126}$$

其中，$\boldsymbol{E}$、$\boldsymbol{H}$ 既是空间矢量，又是时间复矢量，σ 为导体或有损介质的导电率，ρ 为电荷密度。

根据矢量分析恒等式

$$\nabla\cdot(\boldsymbol{A}\times\boldsymbol{B})=\boldsymbol{B}\cdot\nabla\times\boldsymbol{A}-\boldsymbol{A}\cdot\nabla\times\boldsymbol{B} \tag{2-127}$$

如令

$$\boldsymbol{A}=\boldsymbol{E},\quad \boldsymbol{B}=\boldsymbol{H}^*,$$

则有

$$\nabla\cdot(\boldsymbol{E}\times\boldsymbol{H}^*)=\boldsymbol{H}^*\cdot\nabla\times\boldsymbol{E}-\boldsymbol{E}\cdot\nabla\times\boldsymbol{H}^* \tag{2-128}$$

将式(2-123)和式(2-124)代入上式得

$$\nabla\cdot(\boldsymbol{E}\times\boldsymbol{H}^*)=\boldsymbol{H}^*\ \nabla\times\boldsymbol{E}-\boldsymbol{E}\cdot\nabla\times\boldsymbol{H}^*=-\mathrm{j}\omega\mu\boldsymbol{H}\cdot\boldsymbol{H}^*+\mathrm{j}\omega\varepsilon\boldsymbol{E}\cdot\boldsymbol{E}^*-\sigma\boldsymbol{E}\cdot\boldsymbol{E}^*=-\mathrm{j}\omega\mu H^2+\mathrm{j}\omega\varepsilon E^2-\sigma E^2 \tag{2-129}$$

将此式两边作体积积分，且根据体积积分和面积积分的关系，将等式的左边部分化为包围此体积的封闭曲面积分，得

$$\oiint_s \boldsymbol{E}\times\boldsymbol{H}^*\cdot\mathrm{d}\boldsymbol{s}=-\mathrm{j}\omega\int_V\mu H^2\cdot\mathrm{d}V+\mathrm{j}\omega\int_V\varepsilon E^2\mathrm{d}V-\int_V\sigma E^2\mathrm{d}V \tag{2-130}$$

在上述等式中，左边积分号内的 $\boldsymbol{E}\times\boldsymbol{H}^*$ 是复数能流密度矢量，在封闭曲面上积分后，为逸出封闭曲面的总复数功率；右边为被封闭曲面包围的体积内进行积分，其中 $\mu\mathrm{H}^2$ 为最大磁场储能密度($1/2\mu\mathrm{H}^2$)的 2 倍，$\varepsilon\mathrm{E}^2$ 为最大电场储能密度($1/2\varepsilon\mathrm{E}^2$)的 2 倍，$\sigma\mathrm{E}^2$ 则表示体积内平均有功损耗功率密度($1/2\sigma\mathrm{E}^2$)的 2 倍，故得

$$\oiint_s \boldsymbol{S}\cdot\mathrm{d}\boldsymbol{s}=-2\mathrm{j}\omega W_H+2\mathrm{j}\omega W_E-2P \tag{2-131}$$

其中，$\boldsymbol{S}$ 为功率密度复矢量，W_H 和 W_E 分别为体积内的总磁场储能和总电场储能，P 则为体积内的总平均损耗功率。上述关系是电磁场中能量守恒定理的表示式，即封闭体积向外流动的功率和损耗功率等于内部的磁能和电能的变化(此时假设封闭体积中无源，即无其他部分能量补给)。

在网络分析中，可应用上述公式来证明 $\boldsymbol{S}$ 参量的特性。对一任意的多口网络，如作一封闭曲面将其包围，如图 2-25 所示，如应用上述能量守恒定理的关系式，可以看出：因为网络和外面交换能量只能通过几个口，亦即 $\boldsymbol{E}\times\boldsymbol{H}^*$ 的积分只在几个口的截面上才有值，而这个总的复数功率可以用各个口的电流、电压的乘积之和来表示，亦即式(2-131)成为

$$\sum_{n=1}^{n}u_n i_n^*=2\mathrm{j}\omega(W_H-W_E)+2P \tag{2-132}$$

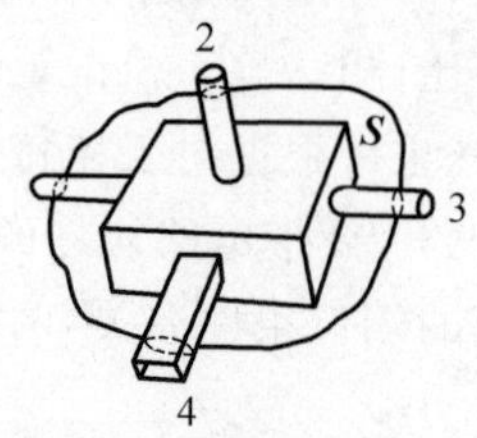

图 2-25　多口网络包一封闭曲面的情况

其中，n 为网络的口数，等式前边即表示 $\boldsymbol{E}\times\boldsymbol{H}^*$ 的积分而表示

复数功率，因为 $u_n i_n^*$ 表示向网络内部的功率(根据 u 和 i 正方向的假设)，正好和能流密度 $E\times H^*$ 方向相反(能流密度假设正方向向外)，故要差一符号。而式(2-132)的右边的实虚部分别表示有功功率和无功功率。如网络内 $W_H=W_E$，即电场储能和磁场储能相等时(例如谐振系统)，则无功功率为零，即在内部电场和磁场能量互相交换而不和外面交换无功能量。如网络内部是无损的，则有功功率等于零。

由于 $u_n=u_n^{(1)}+u_n^{(2)}$，$i_n=u_n^{(1)}-u_n^{(2)}$，代入式(2-132)后得

$$\sum(u_n^{(1)}+u_n^{(2)})\cdot(u_n^{(1)}-u_n^{(2)})^* = 2\mathrm{j}\omega(W_H-W_E)+2P \tag{2-133}$$

将乘积展开，并分成实虚两部分，可得到两个等式

$$\sum(u_n^{(1)}\cdot u_n^{(1)*}-u_n^{(2)}\cdot u_n^{(2)*})=2P \tag{2-134}$$

$$\sum(u_n^{(1)*}\cdot u_n^{(2)}-u_n^{(1)}\cdot u_n^{(2)*})=2\mathrm{j}\omega(W_H-W_E) \tag{2-135}$$

根据复数的性质，上面两部分分别表示复数的实、虚部。

如 $u_1^{(1)},u_2^{(1)},\cdots,u_n^{(1)}$，以及 $u_1^{(2)},u_2^{(2)},\cdots,u_n^{(2)}$ 系列均以列矩阵表示，则式(2-134)左边可写成矩阵表示式

$$\bar{\boldsymbol{u}}^{(1)*}\cdot\boldsymbol{u}^{(1)}-\overline{\boldsymbol{S}^*\cdot\boldsymbol{u}^{(1)*}}\cdot\boldsymbol{S}\cdot\boldsymbol{u}^{(1)}=2P$$

在无损时，$P=0$，故

$$\bar{\boldsymbol{u}}^{(1)*}\cdot 1\cdot\boldsymbol{u}^{(1)}-\overline{\boldsymbol{S}^*\cdot\boldsymbol{u}^{(1)*}}\cdot\boldsymbol{S}\cdot\boldsymbol{u}^{(1)}=0 \tag{2-136}$$

这里要在矩阵运算中，补充一条运算规则

$$\overline{\boldsymbol{A}\cdot\boldsymbol{B}}=\bar{\boldsymbol{B}}\cdot\bar{\boldsymbol{A}} \tag{2-137}$$

即两矩阵相乘后的转置矩阵，等于两矩阵分别转置后再相乘，但相乘的顺序要颠倒。

利用此矩阵运算规则，式(2-136)就成为

$$\bar{\boldsymbol{u}}^{(1)*}\cdot 1\cdot\boldsymbol{u}^{(1)}-\bar{\boldsymbol{u}}^{(1)*}\cdot\bar{\boldsymbol{S}}^*\cdot\boldsymbol{S}\cdot\boldsymbol{u}^{(1)}=0$$

$$\bar{\boldsymbol{u}}^{(1)*}\{1-\bar{\boldsymbol{S}}^*\boldsymbol{S}\}\cdot\boldsymbol{u}^{(1)}=0$$

即

$$1-\bar{\boldsymbol{S}}^*\cdot\boldsymbol{S}=0$$

或

$$\bar{\boldsymbol{S}}^*\boldsymbol{S}=1 \tag{2-138}$$

由于通常网络均为可逆，转置矩阵即等于其本身，故又有

$$\boldsymbol{S}^*\cdot\boldsymbol{S}=1 \tag{2-139}$$

根据矩阵相乘的规则，以及复数的性质，可以证明：$\boldsymbol{S}^*$ 和 $\boldsymbol{S}$ 相乘等于单位矩阵这一性质成立时，则颠倒过来，$\boldsymbol{S}$ 和 $\boldsymbol{S}^*$ 相乘也等于单位矩阵(这一特殊情况不能推广到一般的矩阵乘法)。故式(2-139)又可改写成

$$\boldsymbol{S}\cdot\boldsymbol{S}^*=1 \tag{2-140}$$

此即一般应用的形式。

第 3 章

CHAPTER 3

耦合微带线

3.1 概述

第 1 章主要对单根均匀微带线的特性和基本参量进行了讨论，并且曾经指出，由于微带线本身的结构特点以及高次波型的影响，微带电路各部分之间有可能存在耦合，因而降低了电路的性能。如果我们适当地选取微带线的参量，使高次波型不能存在，因此抑止了那些杂散的、无规律的耦合，而充分利用有规律的且其特性可以控制的耦合，则可以利用它来构成各种耦合微带线元件，其电性能和结构都很适合微带电路的要求。现在，这种元件已广泛应用于滤波器和定向耦合器中。因此本章将讨论耦合微带线的基本特性和等效电路，为以后章节讨论有关元件设计时打下一个基础。

图 3-1 是耦合微带线的结构。两根相同参量的微带线相互隔开距离 s 平行排列，即构成了耦合微带线。这彼此耦合的两根线也并非参量必须相同，在带状线元件中，某些情况下是不同的；但在微带线元件中，以相同情况为主，因此在下面均按相同微带线的耦合来进行分析。

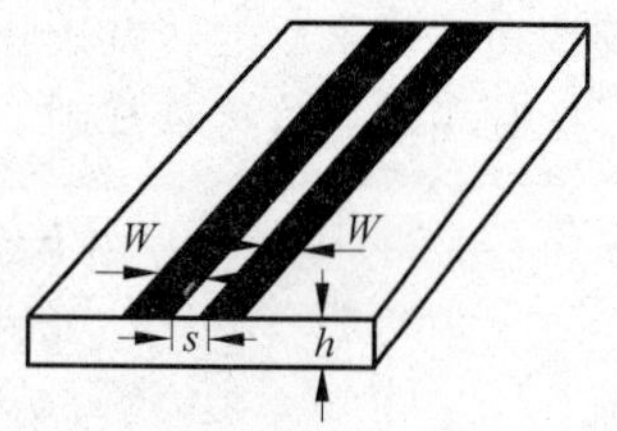

图 3-1　耦合微带线

上面说过，我们需要的是有规律、可以控制的耦合，这种耦合就是 TEM 波的耦合，或类似静电、静磁的耦合。更通俗地说，就是通过两根线之间的互电容和互电感进行耦合。如图 3-2所示的那样，整个一对耦合线，成了彼此之间具有分布互电容和互电感的分布参数系统。图 3-3 则表示出耦合线的等效电路，其中的分布互电容和分布互电感分别表示两根线之间的电耦合和磁耦合。

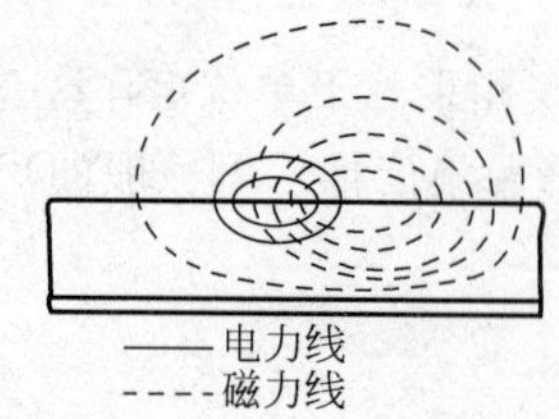

图 3-2　微带线之间的电耦合和磁耦合

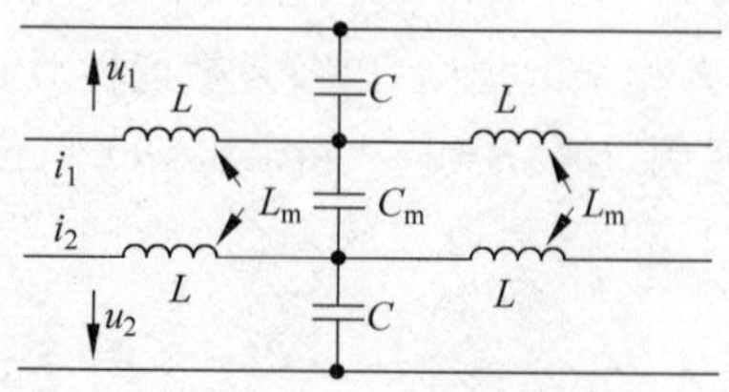

图 3-3　耦合微带线的等效电路

耦合微带线上的电压和电流的分布远比单根线的情况复杂，因为单根传输线是孤立的分布参数系统，被激励后得到单一的电压波和电流波；而耦合微带线除了也是分布参数外，还具有彼此间的耦合,因此两根线上的电压波和电流波有相互影响。例如,两根耦合线中的一根受到信号源激励时,其一部分能量将通过分布参数的耦合逐步转移到另一根线上,因为这个转移过程是在整个耦合长度上连续地进行,还受着各口所接负载的影响,并且被耦合线还将通过线间的耦合,又把部分能量"反转移"回到第一根线。因此耦合线上的电压电流分布规律,将是相当复杂的。怎样从复杂的耦合线问题中,找到较简单解决的方法,使之便于设计耦合线元件,关于非正弦波通过线性电路的问题,在这方面给我们以启发。一个复杂的周期振荡波形,根据谐波分析的方法,可分解成一系列的基波和谐波振荡分量之和;而线性电路对一个总的信号的响应,等于其各个分量各自响应的总和。线性电路对诸谐波分量的响应是很容易求出的,迭加后就得到对复杂波形的总响应。这种把复杂的事物分解成各个简单的问题来逐个加以解决的办法,在解决耦合微带线问题时,也是行之有效的。这就是目前广泛应用的所谓"奇偶模参量法"。

耦合微带线包括相互耦合的两根微带线,共有四个引出口,是一个典型的四口网络,如图 3-4 所示。现在首先要解决的是,当对任意一个口(例如 1 口)以信号源加以激励时,通过长度为 l 的线间耦合,如何求得主线和辅线(即不接信号源的线)的各个引出口的响应?此时,考虑到耦合线结构的上下对称性,如果在 1、4 两口输入一对相互对称的信号(例如两个相同的电压 U),或者是一对相互反对称的信号(例如两个幅度相等、相位相反的电压 U 与 $-U$),则由于耦合线上电磁场分布的对称性,对偶模来说,两根线的电场是偶对称分布的,对于奇模,则是奇对称分布。总而言之,从电磁场的图形来说,是完全相同的,这就使上下两部分可在中心线上对称分开,只需研究一半即可。于是四口网络的问题就可作为二口网络来研究,比较简单地就能得到结果。我们把上述两种激励情况分别称为偶对称激励和奇对称激励,或称奇偶模激励。当然,奇偶模激励只是一种特殊情况,在一般情况下往往并不是奇偶模激励。但是在 1、4 口上,任意一对输入电压 U_1、U_4,总可以分解成一对奇偶模分量,因而使 U_1 等于两分量之和,U_4 等于两分量之差。如以 U^+ 表示等幅等相的偶对称激励电压(偶模分量),U^- 表示等幅反相激励的电压分量(奇模分量),则

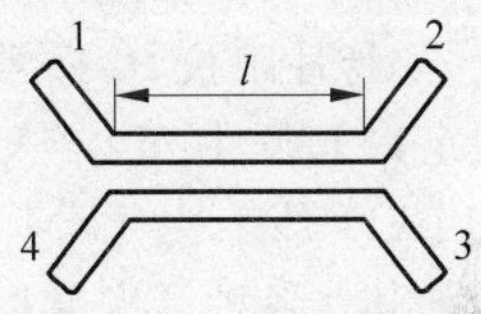

图 3-4 耦合微带线段

$$\left.\begin{aligned} U_1 &= U^+ + U^- \\ U_4 &= U^+ - U^- \end{aligned}\right\} \tag{3-1}$$

因而得到

$$\left.\begin{aligned} U^+ &= \frac{U_1 + U_4}{2} \\ U^- &= \frac{U_1 - U_4}{2} \end{aligned}\right\} \tag{3-2}$$

式(3-2)说明了任意一对输入电压 U_1 和 U_4 总可分解成一对 U^+ 和 U^- 分量。在特殊情况下,当 $U_4=0$,相应于只在 1 口上接信号源激励时,则 $U^+=(U_1+0)/2=U_1/2$,$U^-=(U_1-0)/2=U_1/2$,即其奇偶模分量相等。

必须指出,奇偶模激励时,耦合线上的状况及其参量是不相同的。因此,在分解成奇偶模分量以后,必须用奇偶模各自的参量进行电路分析,最后再把结果叠加而得到耦合线的解,其具体过程将在以后进行讨论。

还应指出，并非只对耦合微带线才采取奇偶模的分析方法，对所有具有对称结构的四口网络（例如以后要提到的分支线定向耦合器）以及部分三口网络（例如以后要提到的三线功率分配器），都可应用此方法，从而使分析过程大大简化。

3.2 均匀介质耦合微带线奇偶模激励下的微分方程

上节曾经提到，应用奇偶模分析时，可以使过程简化。下面就来看耦合微带线工作于奇偶模激励状态下的特性以及奇偶模参量和线间耦合参量之间的关系。

由于耦合微带线系工作于部分充填介质的情况，其奇偶模工作状态比较复杂。为此，作为一个特例，我们先考虑均匀介质的情况（即全空间是单一介质），就是把介质基片移去后的空气耦合微带线，然后再讨论加入非均匀介质所引起的影响。

在单根微带线中，可以解传输线方程（或称长线方程）求得其基本特性和求出其基本参量，如特性阻抗、传播常数等。在耦合微带线中.也可用类似方法研究其特性。在这里，首先假定以下条件：

(1) 线上为 TEM 波，即线间耦合等同于静电和静磁耦合。可以用互电容和互电感表示。其他各种高次波型的杂散耦合可以忽略不计；

(2) 两根微带线的参量相同，结构对称；

(3) 微带线完全置于空气中，因此系工作于均匀介质状态；

(4) 微带线的损耗可忽略不计；

(5) 耦合微带线只工作于偶模（或称同相型）及奇模（或称反相型）的工作状态。

参照图 3-3，给出下列耦合微带线的参量：

C_o、L_o 为两根耦合微带线相隔无限远时，每根线的分布电容和分布电感，即相当于单根微带线的分布电容、分布电感。

C、L 为一根微带线的旁边有另一相同微带线与之耦合、但未被激励情况下的单根线的分布电容和分布电感。C、L 虽然也是单根线的分布电容、分布电感，但由于另一根线的影响（因为另一根线的存在，显然使电磁场的分布变形），和该线单独存在时的相应参量 C_o、L_o 自然有所不同。

C_m 为两根微带线之间的耦合分布电容或互分布电容，表示两线间的电场耦合。

L_m 为两根微带线的耦合分布电感或互分布电感，表示两线之间的磁场耦合。

$\dfrac{C_m}{C}=K_C$ 称为电容耦合系数。

$\dfrac{L_m}{L}=K_L$ 称为电感耦合系数。

根据上面给出的参量，并考虑到耦合线工作于奇偶模情况，可写出耦合线微分方程如下：

$$\left.\begin{aligned}\frac{\partial U_1}{\partial z}+L\frac{\partial I_1}{\partial t}+L_m\frac{\partial I_2}{\partial t}&=0\\ \frac{\partial I_1}{\partial z}+C\frac{\partial U_1}{\partial t}-C_m\frac{\partial U_2}{\partial t}&=0\\ \frac{\partial U_2}{\partial z}+L\frac{\partial I_2}{\partial t}+L_m\frac{\partial I_1}{\partial t}&=0\\ \frac{\partial I_2}{\partial z}+C\frac{\partial U_2}{\partial t}-C_m\frac{\partial U_1}{\partial t}&=0\end{aligned}\right\}\tag{3-3}$$

其中，U_1、I_1、U_2、I_2 分别为线 1 和线 2 上的电压和电流，如图 3-5 所示。z 为沿线方向的坐标。在上述微分方程中，L_m 及 C_m 前面的符号相反，这是因为电耦合和磁耦合具有相反的性质。例如对于偶模，如对线 1、2 上的电压、电流规定相同的正方向，则由磁耦合的特点，i_2 对时间变化率在线 1 上产生的互感电动势，和 i_1 对时间变化率在线 1 上本身产生的自感电动势同方向，故两者取相同的符号；而电压 U_2 通过耦合电容 C_m 产生一流入线 1 的位移电流，U_1 本身通过线 1 自电容产生一流出线 1 的分路电流，二者方向正好相反。因此，在方程组(3-3)的(2)(4)式中，两位移电流方向彼此相反，上述关系对奇模也是一样。

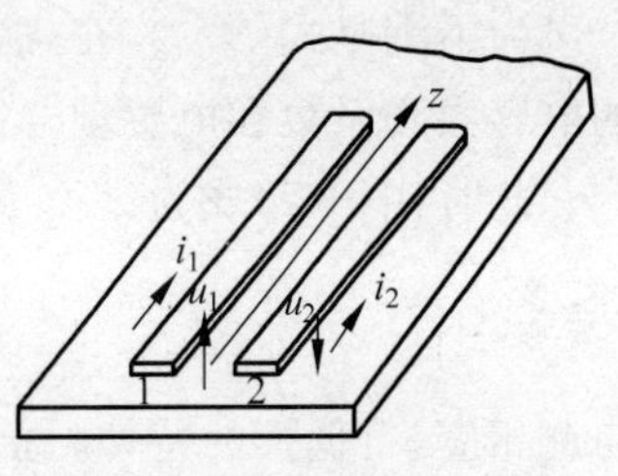

图 3-5　耦合线上电压电流正方向的规定

在考虑到耦合线只工作于偶模和奇模时，线 1 和线 2 的电压、电流有下列关系

$$\frac{U_1}{U_2} = \frac{I_1}{I_2} = \pm 1 \tag{3-4}$$

其中，比值 1 对应于偶模，比值 −1 对应于奇模。在此种情况下，求方程式(3-3)的特解时，考虑到式(3-4)所表示的两线间电压、电流之间的关系，以及 K_C、K_L 的定义，则方程(3-3)可简化为

$$\left.\begin{aligned} \frac{\partial U}{\partial z} + L(1 \pm K_L)\frac{\partial I}{\partial t} = 0 \\ \frac{\partial I}{\partial z} + C(1 \mp K_C)\frac{\partial U}{\partial t} = 0 \end{aligned}\right\} \tag{3-5}$$

和单根传输线的微分方程相比，只是方程后项的系数有了改变。对于偶模，分别以 $L(1+K_L)$ 及 $C(1-K_C)$ 代替原来的 L、C；对于奇模，则分别以 $L(1-K_L)$ 及 $C(1+K_C)$ 代替原来的 L、C。

在式(3-5)中，用类似于单根传输线微分方程的求解过程，可得出对奇偶模的入射波分量和反射波分量以及相应的相位常数和特性阻抗，它们分别为

$$k^{\pm} = \omega\sqrt{LC(1 \pm K_L)(1 \mp K_C)} \tag{3-6}$$

在式(3-6)中括弧内取上面符号得到 k^+，为偶模的相位常数；取下面符号得 k^-，为奇模的相位常数。于是根据相速 $v_\varphi = \dfrac{\omega}{k}$ 的关系，可求得奇偶模相速为

$$v_\varphi^{\pm} = \frac{1}{\sqrt{LC(1 \pm K_L)(1 \mp K_C)}} \tag{3-7}$$

同样也可求得奇偶模的特性阻抗，通常分别以 Z_{0e}（偶模）和 Z_{0o}（奇模）表示，它们分别为

$$\left.\begin{aligned} Z_{0e} = \sqrt{\frac{L}{C}} \cdot \sqrt{\frac{1+K_L}{1-K_C}} \\ Z_{0o} = \sqrt{\frac{L}{C}} \cdot \sqrt{\frac{1-K_L}{1+K_C}} \end{aligned}\right\} \tag{3-8}$$

从式(3-8)可知，由于奇偶模是不同的激励，故此时每根线上的行波电压和行波电流情况不同，因而所得出的奇偶模特性阻抗也不同。在式(3-7)中，由于事先假定耦合线工作于 TEM 波的情况，故对于空气介质，奇偶模的相速均应等于光速，亦即

$$v_\varphi^+ = v_\varphi^- = c \tag{3-9}$$

为了满足式(3-9)，在式(3-7)中，只有当 $K_L=K_C=K$ 才有可能，亦即空气耦合微带线的电容耦合系数和电感耦合系数两者应该相等。

此时式(3-7)成为

$$v_\varphi^{\pm}=c=\frac{1}{\sqrt{LC(1-K^2)}} \tag{3-10}$$

与此相应，奇偶模的特性阻抗为

$$Z_{0e}=\sqrt{\frac{L}{C}}\cdot\sqrt{\frac{1+K}{1-K}}=Z_0'\sqrt{\frac{1+K}{1-K}} \tag{3-11}$$

$$Z_{0o}=\sqrt{\frac{L}{C}}\cdot\sqrt{\frac{1-K}{1+K}}=Z_0'\sqrt{\frac{1-K}{1+K}} \tag{3-12}$$

其中，$Z_0'=\sqrt{L/C}$，为考虑到另一根耦合线影响时的单根线特性阻抗，它和孤立单线的特性阻抗 $Z_0=\sqrt{L_0/C_0}$ 是不同的。现在考虑 C_0 和 C、L_0 和 L 以及 Z_0 和 Z_0' 之间的关系。

由于孤立单线的相速为 $v_\varphi=1/\sqrt{L_0C_0}=c$，应和式(3-10)得出的奇偶模相速相同，因此有

$$L_0C_0=LC(1-K^2) \tag{3-13}$$

而根据磁场分布的特点，当存在另一根线的耦合时，由于该线一般并非导磁体，其磁场分布图形受到影响不大，故可认为

$$L_0\approx L \tag{3-14}$$

而电容的变化较大，因为导体对电场的分布影响比较显著，因而得

$$C=\frac{C_0}{1-K^2} \tag{3-15}$$

故有

$$Z_0'=\sqrt{\frac{L}{C}}=\sqrt{\frac{L_0}{C_0}(1-K^2)}=Z_0\sqrt{1-K^2} \tag{3-16}$$

因此奇偶模特性阻抗 Z_{0o}、Z_{0e} 又为

$$Z_{0e}=Z_0'\sqrt{\frac{1+K}{1-K}}=Z_0(1+K) \tag{3-17}$$

$$Z_{0o}=Z_0'\sqrt{\frac{1-K}{1+K}}=Z_0(1-K) \tag{3-18}$$

以上分别得出了 Z_0、Z_0'，Z_{0e}、Z_{0o} 四个不同的特性阻抗之间的关系。

将式(3-17)和式(3-18)联立求解，得

$$Z_{0e}\cdot Z_{0o}=Z_0'^2 \tag{3-19}$$

及

$$K=\frac{Z_{0e}-Z_{0o}}{Z_{0e}+Z_{0o}} \tag{3-20}$$

此两式表明了 Z_{0e}、Z_{0o}、Z_0' 及耦合系数 K 之间的关系，是十分重要的。式(3-19)说明了奇偶模特性阻抗虽然随耦合情况而变，但其乘积应等于存在另一根线的影响时的单线特性阻抗的平方。式(3-20)则更进一步说明了耦合系数和奇偶模特性阻抗的关系。由此可知，将耦合线分解成奇偶模，不仅使分析过程简化，而且的确说明了用奇偶模的特性参量是可以说明

耦合特性的。式(3-20)表示当耦合越紧时，Z_{0e}和Z_{0o}之间的差值应越大；反之则应越小。当耦合十分微弱，因而$K\to 0$时，则$Z_{0o}=Z_{0e}$。再考虑到式(3-19)，并注意当$K\to 0$时，$Z_0'=Z_0$，因而$Z_{0o}=Z_{0e}=Z_o$。也就是说，当两根微带线相距较远，以致耦合相当微弱时，其奇偶模特性阻抗值就相互接近，并趋向于孤立单根微带线的特性阻抗。

根据第1章中所指出的特性阻抗和分布电容的关系式(1-3)，奇偶模特性阻抗又可表为

$$Z_{0e}=\frac{1}{v_\varphi^+ C_{0e}} \tag{3-21}$$

$$Z_{0o}=\frac{1}{v_\varphi^- C_{0o}} \tag{3-22}$$

其中，v_φ^+、v_φ^-分别为偶奇模相速，C_{0e}、C_{0o}则分别为偶、奇模激励时的单根线的分布电容。

3.3　非均匀介质的耦合微带线

前节分析了均匀介质(空气介质)的耦合微带线情况。对于实际的微带线，由于存在介质基片而属于非均匀介质状态。这时微带线横截面空间分成空气及介质两部分，我们应考虑由此引起的影响。在讨论单根微带线时，曾提出过有效介电常数ε_e的概念，它表示了介质对微带的有效影响，并由ε_e可直接求得相速。对于耦合微带线，也可采用此概念，但耦合微带线和单根微带线有所区别。ε_e说明了电场在介质中和在空气中分布的相对比值。对于耦合微带线，其奇偶模电场分布很不相同(这一点在下节要讲到)，介质基片的引入对电场的影响也不相同，如仍采用有效介电常数这一参量，则相应于奇偶模的情况应有不同的值ε_{eo}和ε_{ee}，因此奇偶模的相速就不会相等，即

$$v_\varphi^+=\frac{c}{\sqrt{\varepsilon_{ee}}} \tag{3-23}$$

$$v_\varphi^-=\frac{c}{\sqrt{\varepsilon_{eo}}} \tag{3-24}$$

其中，ε_{ee}、ε_{eo}分别为偶奇模的有效介电常数。

因$v_\varphi^+\neq v_\varphi^-$，故从式(3-6)，已不能推出$K_L=K_C$的关系，亦即$K_L\neq K_C$。此时已不再存在一个统一的耦合系数$K$，而应分别考虑电感耦合和电容耦合两种情况。同时也不能用式(3-20)表示出K_L、K_C对Z_{0e}、Z_{0o}的关系。但如把奇偶模参量稍加改变，则仍可建立起它们之间的联系。假设令$C_{0o}(1)$和$C_{0e}(1)$分别为空气介质时的奇偶模分布电容，$C_{0o}(\varepsilon_r)$和$C_{0e}(\varepsilon_r)$分别为引入相对介电常数为ε_r的介质时的奇偶模分布电容，则在有介质基片存在时，其奇偶模特性阻抗为

$$Z_{0e}=\frac{1}{v_\varphi^+ C_{0e}(\varepsilon_r)} \tag{3-25}$$

$$Z_{0o}=\frac{1}{v_\varphi^- C_{0o}(\varepsilon_r)} \tag{3-26}$$

此时K_L和空气介质的情况无差别，因为引入电介质时，对磁场分布毫无影响。故求K_L时仍可按空气线考虑。如在式(3-20)中，按式(1-6)考虑到空气微带线的奇偶模特性阻抗和奇偶模分布电容$C_{0o}(1)$、$C_{0e}(1)$的关系$Z_{0e}=\dfrac{1}{cC_{0e}(1)}$及$Z_{0o}=\dfrac{1}{cC_{0o}(1)}$，则$K_L$可表示成

$$K_L = \frac{L_m}{L} = \frac{C_{0o}(1) - C_{0e}(1)}{C_{0o}(1) + C_{0e}(1)} \tag{3-27}$$

仿照式(3-27)，也可用奇偶模分布电容来表示存在介质基片的耦合微带线的电容耦合系数 K_C，但应该以 $C_{0o}(\varepsilon_r)$ 和 $C_{0e}(\varepsilon_r)$ 代替 $C_{0o}(1)$、$C_{0e}(1)$，$C_{0o}(\varepsilon_r)$、$C_{0o}(\varepsilon_r)$ 分别表示介质不均匀时的奇偶模分布电容。

$$K_C = \frac{C_m}{C} = \frac{C_{0o}(\varepsilon_r) - C_{0e}(\varepsilon_r)}{C_{0o}(\varepsilon_r) + C_{0e}(\varepsilon_r)} \tag{3-28}$$

式(3-27)和式(3-28)表示了介质不均匀的耦合微带线的耦合参量和奇偶模参量的关系。由于对一定的介质基片，在不同的耦合线尺寸参量时，可计算出 $C_{0o}(1)$、$C_{0e}(1)$、$C_{0o}(\varepsilon_r)$、$C_{0e}(\varepsilon_r)$（下节要讨论到），故可分别算出 K_L 及 K_C。由于 $C_{0o}(\varepsilon_r) = \varepsilon_{e0} C_{0o}(1)$，$C_{0e}(\varepsilon_r) = \varepsilon_{ee} C_{0e}(1)$ 而 $\varepsilon_{e\bar{o}} \neq \varepsilon_{ee}$，故 K_L 和 K_C 也不相同。图 3-6 和图 3-7 画出了 $\varepsilon_r = 9.6$ 时，K_L、K_C 对耦合微带线尺寸参量的关系曲线。

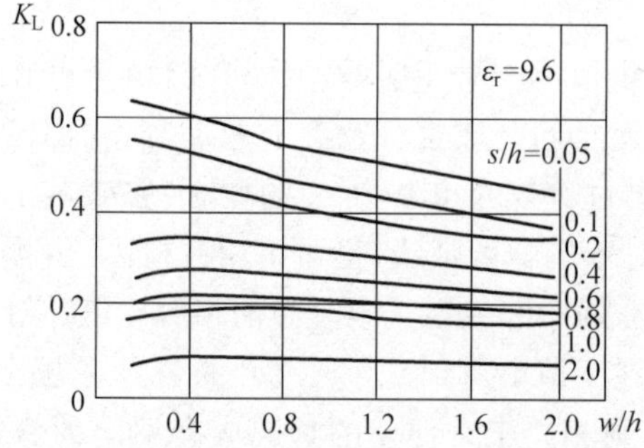

图 3-6 电感耦合系数和耦合微带尺寸的关系

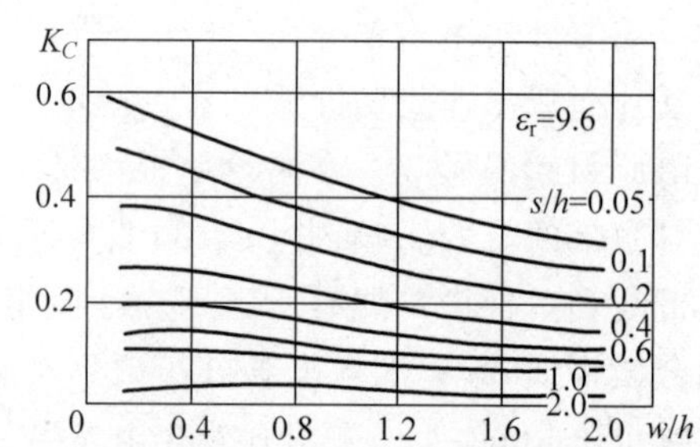

图 3-7 电容耦合系数和耦合微带尺寸的关系

由上面分析也可知道，具有介质基片的耦合微带线，其奇偶模相速各不相同。这是一个缺点，因为这将使耦合微带线元件性能降低。当取此类元件的耦合段为某一电角度时，由于奇偶模相速的不同，因而使两者的电角度$\left(\text{一般用角度 } \theta \text{ 表示，} \theta = 2\pi \frac{l}{\lambda_g^{\pm}}\text{，其中 } l \text{ 为耦合段的几何长度，} \lambda_g^+ \text{、} \lambda_g^- \text{ 分别为偶模，奇模的微带波长，两者不相等}\right)$就不相同；而一些元件则要求奇偶模的电角度都等于某个数值，因而由于不能同时满足而影响性能。为了设计这一类电路元件，我们折中照顾，而取奇偶模的平均有效介电常数 $\overline{\varepsilon_e}$ 为

$$\overline{\varepsilon_e} = \frac{C_{0e}(\varepsilon_r) + C_{0o}(\varepsilon_r)}{C_{0e}(1) + C_{0o}(1)} = \frac{\varepsilon_{ee} + \frac{C_{0o}(1)}{C_{0e}(1)} \cdot \varepsilon_{eo}}{1 + \frac{C_{0o}(1)}{C_{0e}(1)}} \tag{3-29}$$

相应地，平均相速 $\overline{v_\varphi}$ 为

$$\overline{v_\varphi} = \frac{c}{\sqrt{\overline{\varepsilon_e}}} \tag{3-30}$$

当耦合微带线的耦合度并不很大，以致奇偶模分布电容相差不大时，则式(3-29)变为

$$\overline{\varepsilon_e} \approx \frac{\varepsilon_{ee} + \varepsilon_{eo}}{2} \tag{3-31}$$

当 $\varepsilon_r = 9.6$ 时，根据式(3-29)算得的 $\overline{\varepsilon_e}$ 对微带线尺寸参量的关系曲线示于图 3-8，$\overline{\varepsilon_e}$ 也可

近似地按式(3-31)计算。得出$\bar{\varepsilon}_e$后，即可根据它计算电角度。

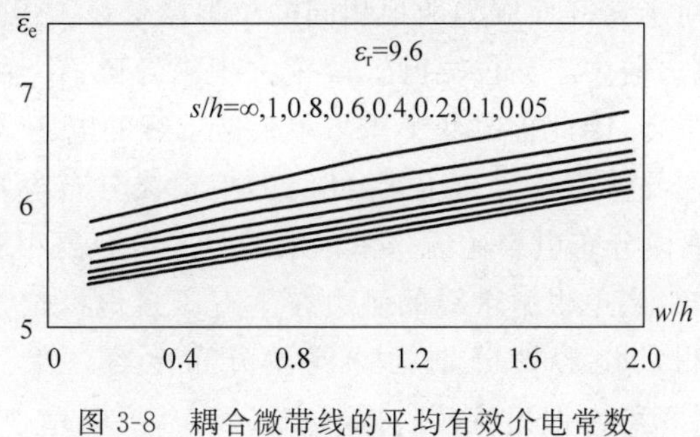

图 3-8　耦合微带线的平均有效介电常数

3.4　耦合微带线的奇偶模参量

以上几节讨论了耦合微带线的基本参量 Z_{0e}、Z_{0o}、ε_{ee}、ε_{0e}、$C_{0e}(1)$、$C_{0o}(1)$、$C_{0e}(\varepsilon_r)$、$C_{0o}(\varepsilon_r)$等。现在讨论一下如何求出上述参量。首先看一看两根相同的微带线，彼此耦合，并且分别给以偶模激励及奇模激励时，其电场的分布图形。在偶模情况，两根微带线上具有数量相等、符号相同的电荷分布，因而其电力线构成一种相互排斥的偶对称分布。在奇模情况，则两根微带线上具有数量相等、符号相反的电荷分布，因而其电力线构成一种相互吸引的奇对称分布，如图 3-9 所示。

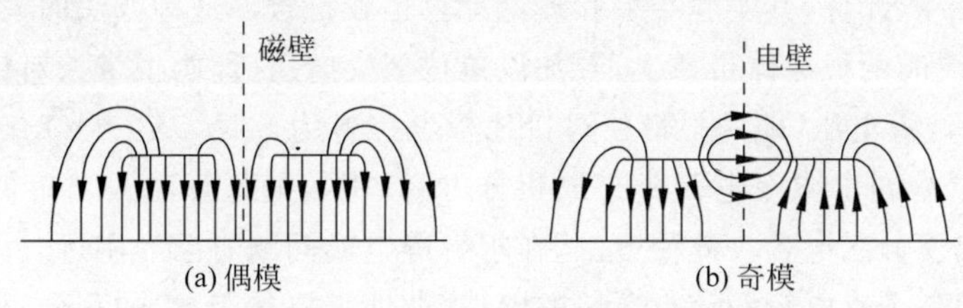

图 3-9　耦合微带线的偶模奇模电力线分布

对于图 3-9 的奇偶模电力线分布，如果在两线之间取一对称平面，则对于奇模，电力线和此中心面垂直。由于电力线总是和理想导体表面相互垂直(因为在理想导体表面，电场的切向分量为零)，因此奇模的中心面就可假想为一个理想导电平面，又可称为电壁。它和接地板相连后，可认为和接地板同电位。事实上，即使在此中心面的位置真正放置一导电平板，对奇模的电力线分布并没有影响，因为它对原来电力线的分布不产生扰动。因此，对于耦合微带线的奇模状况，相当于用一理想导电板将其两边隔开，得到完全对称的电力线结构，而只是电力线的方向相反而已。所谓奇模分布电容 C_{0o}就是用理想导电板把两边隔开后每一边的分布电容，也可看成是在单根微带线的一边把接地板延伸至原中心面的位置，使电力线的分布产生变化，此时的分布电容已不再和原来单根微带线相同，就成了奇模分布电容。可以看出，它比单根线的分布电容略大一些。再看偶模的电力线分布。此时中心面恰好和电力线平行，而电力线和磁力线是彼此垂直的，可知此时磁力线和中心面垂直(图上未画出磁力线)，按照和电场相同的考虑，由于理想导磁平面总是和磁力线相互垂直，故认为偶模情况下，中心面为一理想导磁平面或称磁壁。当然理想导磁面并不实际存在，但这样的假设，可以和导电面进行对比而有助于问题的解决。因为假设中心面为理想导磁面后，同样可将耦合微带线在中心面对半切开而成为两根相同的单根微带线。但此时的单根微带线已和原来的不同，等于在其侧边的中心面位置已置放了一理想导磁面。由于理想导磁面必须与磁力线垂直而和电力线平行，因此也改变了原来单根微带线的电场结构，好像用一块平板在微带线的一侧将电力线向导体带条方向压紧，此时的单根线分布电容，即为偶模分布电容。容易看出：其结果是使偶模分布电容比原来单根线的分布电容要小一些。

由上述物理概念可知，当单根微带线的侧边在垂直于接地板位置分别放一块理想导电面和理想导磁面时，求得的电容即分别为奇偶模分布电容。在空气介质的情况，求得$C_{0o}(1)$，$C_{0e}(1)$后，即很易算得奇偶模特性阻抗Z_{0o}、Z_{0e}。至于求$C_{0o}(1)$和$C_{0e}(1)$，是一给定理想导电面和理想导磁面边界的电磁场边值问题，同样可以用多角形变换的方法来求解。但因边界条件比孤立单线情况更为复杂，故求解过程比第1章中的单根空气微带线还要更烦琐一些。

对具有介质基片的实用微带线结构，由于引入了介质，而且该介质对奇偶模的影响又有差异(这从图3-9中两种情况电力线分布的不同可很容易看出)，这样又使问题进一步复杂化。尽管如此，由于微带电路的迅速发展，在设计耦合微带线元件时又迫切需要奇偶模参量的设计数据，因此也促进了对奇偶模参量求解的研究。已经有人对此做了大量的工作，并用不同的方法(包括严格的求解和近似计算)得到了一些可用的结果。

在目前的一些结果中，以应用介质边界格林函数积分方程所得到结果较为精确，应用其数据设计耦合微带线元件，其实验结果和理论计算也较符合。这种方法的大致物理概念是：假设在耦合微带线的两根导体带条上，各加以单位偶模电压(即两根带条对接地板电位都是$+1V$)，以及单位奇模电压(即两根带条对接地板电位各为$+1V$及$-1V$)。在此种条件下，应用介质格林函数，列出线上电荷分布的积分方程，用数值计算法得出奇偶模的总分布电荷，即可得到奇偶模分布电容。此种方法，在求解静电场问题时已经用过。因为空间某一点的电位，等于空间各个点电荷在该点造成的电位(此即是格林函数)的积分。如果反过来，给定电位，求电荷分布，就是一个求解积分方程的问题。只不过在介质边界的条件下，求解过程比较复杂罢了。

近来，国内对耦合微带线奇偶模参量问题也进行了研究。其中，有的是仿照单根微带线的保角变换法加以改变，而适应于耦合微带线的情况，最后同样求得奇偶模的有效介电常数。在求得空气微带线的奇偶模阻抗后，即可由此计算介质基片微带线的奇偶模阻抗。此方法和上述积分方程方法相比较，结果相当接近。当耦合微带线的间距s比较小时，这种方法要更为精确一些；而在s/h较大时，则积分方程法较为精确。在图3-10、图3-11和图3-12中，给出了综合上述两种方法，当$\varepsilon_r=1.0,9.0$和9.6三种情况下的奇偶模特性阻抗曲线。求$\varepsilon_r\neq1$和$\varepsilon_r=1$的奇偶模特性阻抗的比值，即可得到ε_{eo}和ε_{ee}，并由此可求出奇偶模的相速。

如果介质基片的ε_r和上面给出的介电常数值有差异时，则Z_{0e}，Z_{0o}也要产生相应的变化。如果ε_r变得不大，此时可应用下述近似方法求得变化后的Z_{0e}，Z_{0o}值：

$$Z_{0o}=\frac{Z_{0o}^{\circ}}{\sqrt{\varepsilon_{eo}}} \tag{3-32}$$

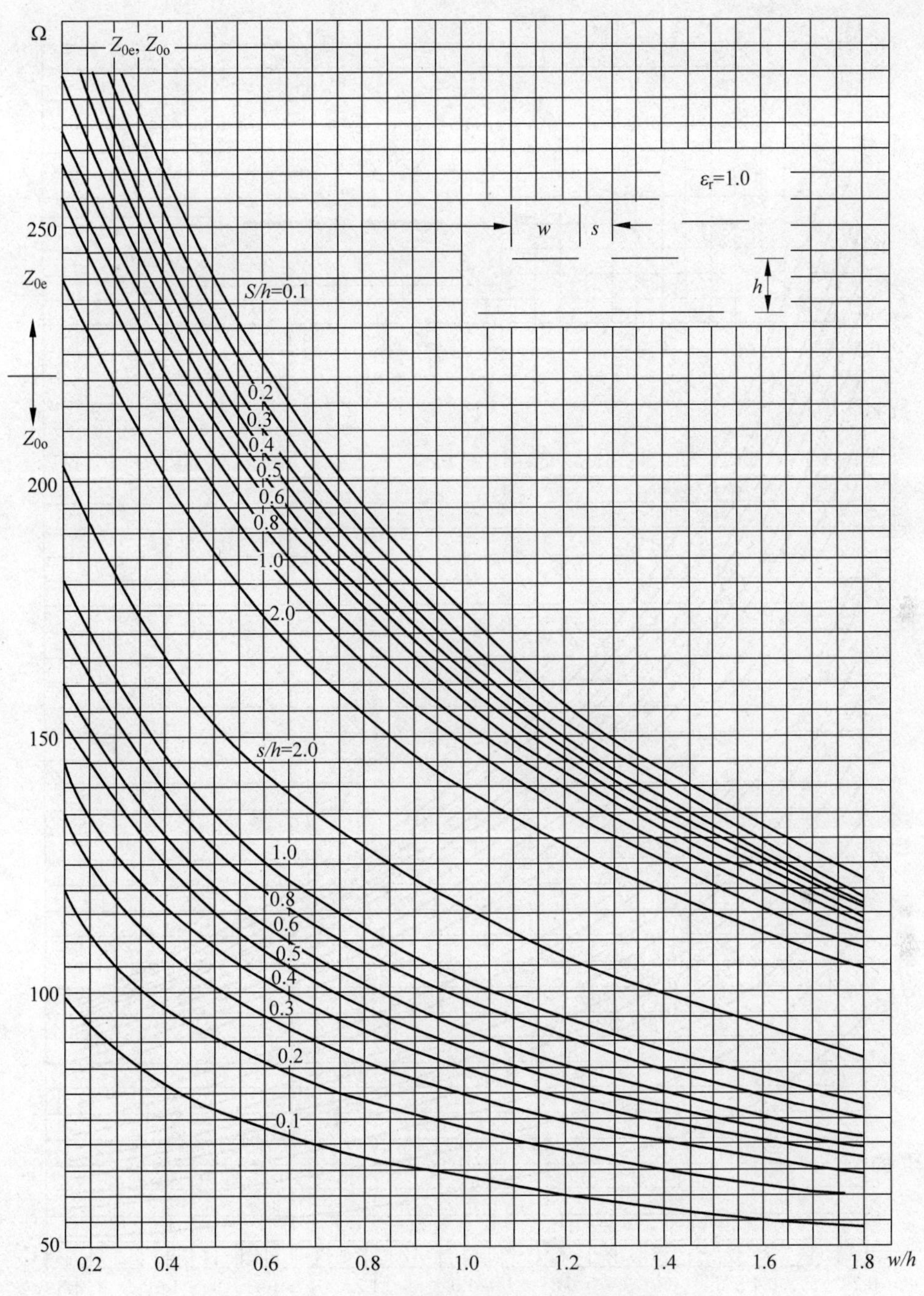

图 3-10 $\varepsilon_r=1.0$ 的耦合微带线的奇偶模特性阻抗

$$Z_{0e}=\frac{Z_{0e}^{\circ}}{\sqrt{\varepsilon_{ee}}} \tag{3-33}$$

其中，Z_{0o}°及 Z_{0e}°分别为空气耦合微带线的奇偶模特性阻抗，而 ε_{eo}和 ε_{ee}分别为介质奇偶模的有效介电常数。由上面两式可知，只要求得 ε_{eo}和 ε_{ee}在 ε_r 变化时的相应改变值，即可求得变化后的 Z_{0o}和 Z_{0e}值。

式(1-16)中给出过有效介电常数，相对介电常数以及填充系数的关系 $\varepsilon_e=1+q(\varepsilon_r-1)$，其

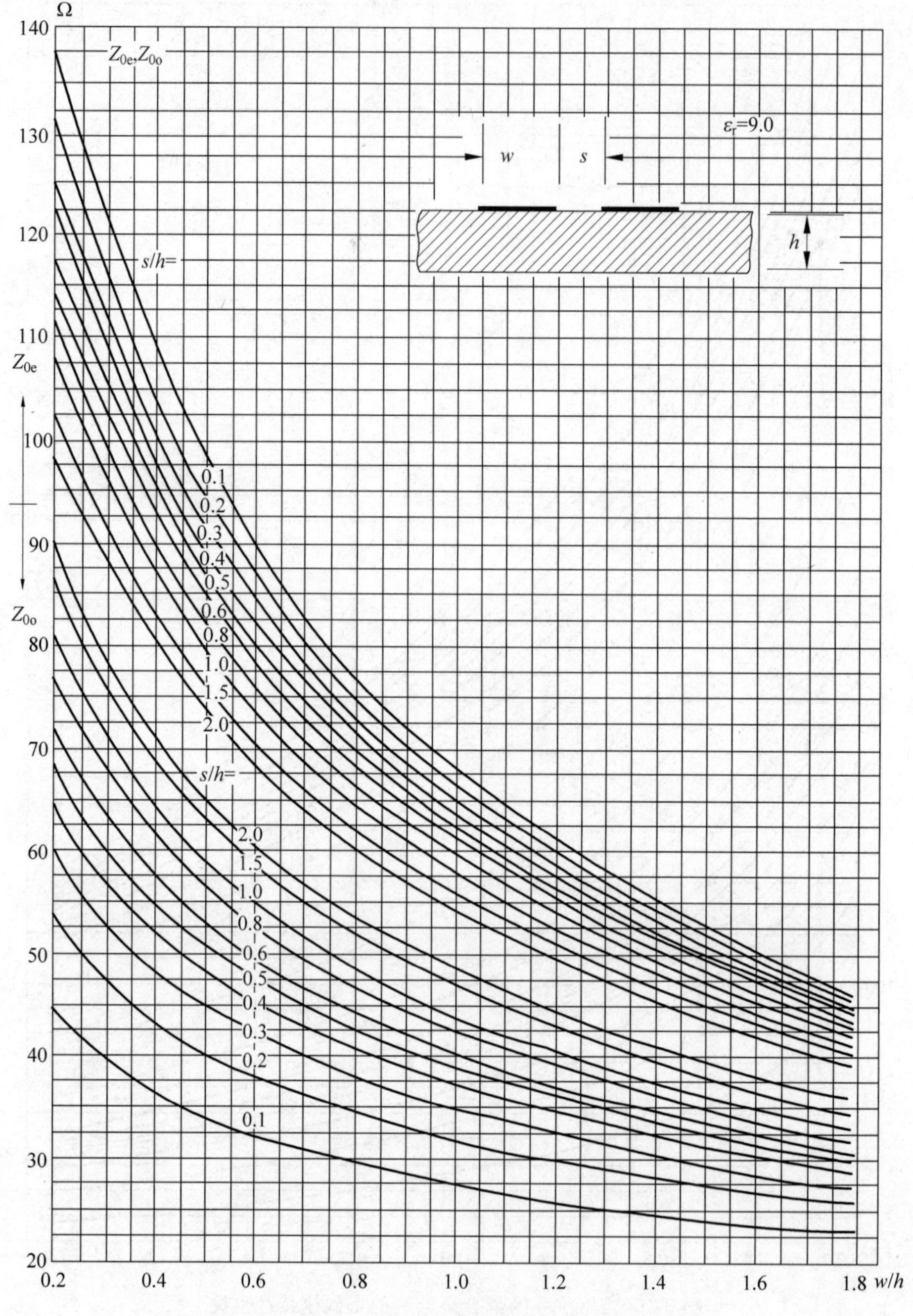

图 3-11 $\varepsilon_r=9.0$ 的耦合微带线的奇偶模特性阻抗

中 q 即为填充系数。可以证明：q 主要决定于微带线的尺寸参量，而和 ε_r 的关系较小。因此当 ε_r 有一较小变化时，可认为 q 是常数，故有

$$\Delta\varepsilon_e = q\Delta\varepsilon_r \tag{3-34}$$

$$\Delta\varepsilon_e/\varepsilon_e = \frac{\Delta\varepsilon_e}{1+q(\varepsilon_r-1)} = \frac{q\Delta\varepsilon_r}{1+q(\varepsilon_r-1)} \tag{3-35}$$

因为所采用的基片介质材料的 ε_r 通常比 1 大得很多，故有 $\varepsilon_e \approx q\varepsilon_r$，

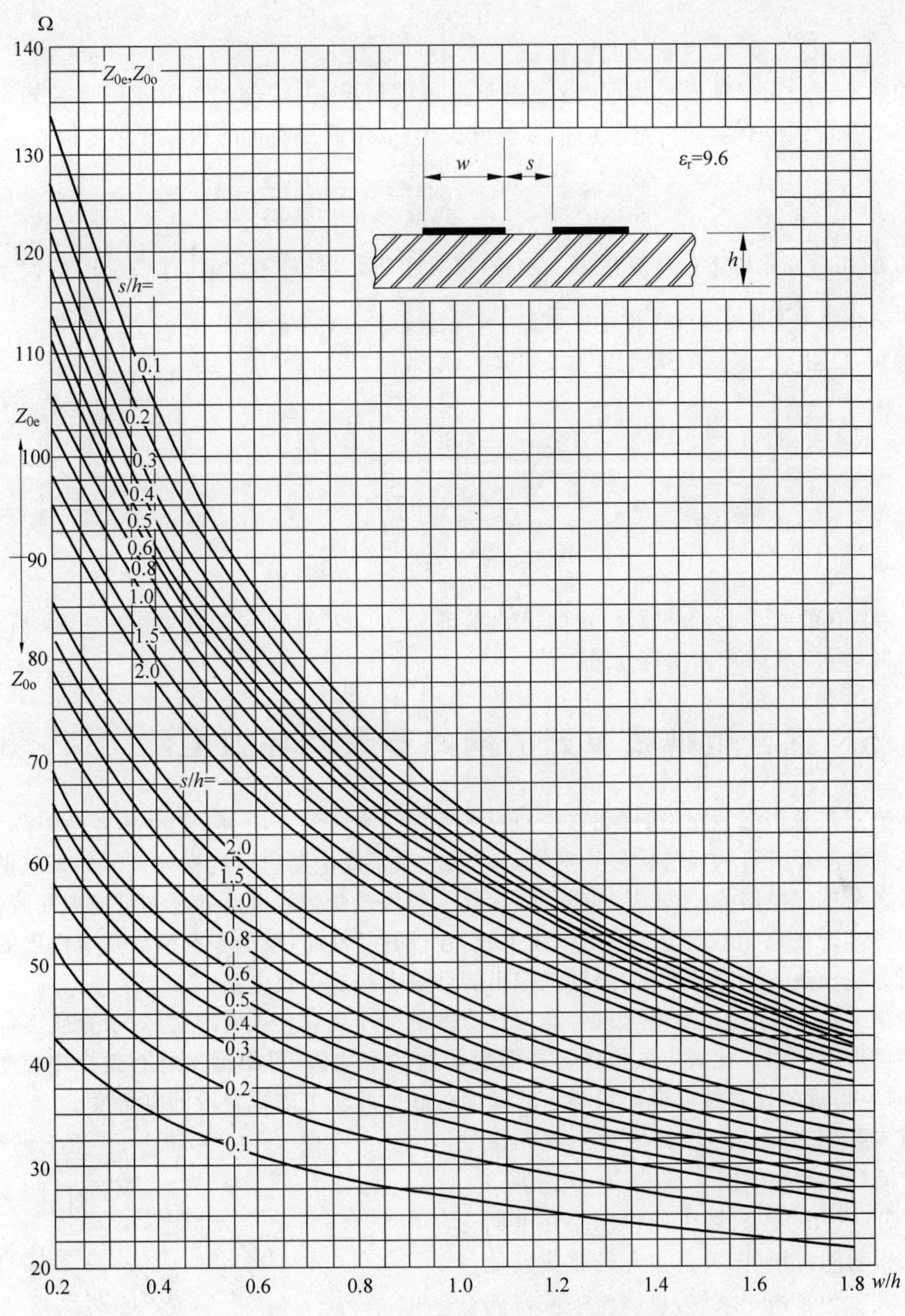

图 3-12　$\varepsilon_r=9.6$ 的耦合微带线的奇偶模特性阻抗

即

$$\frac{\Delta\varepsilon_e}{\varepsilon_e} \approx \frac{\Delta\varepsilon_r}{\varepsilon_r} \tag{3-36}$$

式(3-36)表示有效介电常数的相对变化近似地等于介质的介电常数的相对变化。又由于 $\frac{\Delta\varepsilon_e}{\varepsilon_e}$ 一般较小，故

$$\sqrt{\frac{\Delta\varepsilon_e}{\varepsilon_e}} \approx \frac{1}{2}\frac{\Delta\varepsilon_e}{\varepsilon_e} \approx \frac{1}{2}\frac{\Delta\varepsilon_r}{\varepsilon_r} \tag{3-37}$$

以上关系不仅适用于单根线情况，也适用于奇偶模情况，由式(3-32)及式(3-33)知奇偶模特性阻抗和奇偶模有效介电常数的平方根成反比，故奇偶模阻抗的相对变化近似为

$$\frac{\Delta Z_{0o}}{Z_{0o}} \approx \frac{\Delta Z_{0e}}{Z_{0e}} \approx -\sqrt{\frac{\Delta\varepsilon_e}{\varepsilon_e}} \approx -\frac{1}{2}\frac{\Delta\varepsilon_r}{\varepsilon_r} \tag{3-38}$$

故由 ε_r 的相对变化可近似计算出 Z_{0o}、Z_{0e}的相对变化。当$\frac{\Delta\varepsilon_r}{\varepsilon_r}$不大时，式(3-38)的误差是很小的。

例如，已有 $\varepsilon_r=9.0$ 的耦合微带线的 Z_{0o}、Z_{0e}数据，求 $\varepsilon_r=9.6$ 的 Z_{0o}、Z_{0e}值。因

$$\frac{\Delta\varepsilon_r}{\varepsilon_r} = \frac{0.6}{9} = 0.07$$

故得

$$\frac{\Delta Z_{0o}}{Z_{0o}} \approx \frac{\Delta Z_{0e}}{Z_{0e}} \approx -0.035$$

即从 $\varepsilon_r=9.0$ 的曲线上，查出对一定的尺寸参量 w/h、s/h 的 Z_{0o}、Z_{0e}值，扣去 3.5%后，即近似地得到 $\varepsilon_r=9.6$ 的奇偶模特性阻抗值。

3.5 耦合微带线单元的网络参量和等效电路

在第 2 章分析微波网络问题时，曾经对各种电路单元进行分析，求出其各种矩阵参量。由不同的电路单元可构成各种复杂网络。对耦合微带线电路也可同样处理。如果也把它们分解成各个单元电路，并求出其特性，此时，复杂的耦合微带线电路问题亦可迎刃而解。

由于耦合线单元不同于一般微带线单元，在求其特性时，就应根据前面几节提出的奇偶模分析方法求解。为直观起见，最好把得出的结果表达成等效电路。

严格来说，下面讨论的情况只对均匀介质微带线才是真正正确的，但对于介质不均匀的情况亦可近似应用。此时应取相速为奇偶模相速的平均值(可根据平均有效介电常数$\overline{\varepsilon_e}$来求，有时也可近似地直接取奇偶模相速的平均)，并据此来考虑耦合段的电角度。

首先我们来讨论一段长度为 l、电角度为 θ 的耦合微带线的网络参量，因为它有 1、2、3、4 四个引出头，故属于四口网络。下面设法求得其阻抗矩阵，并再由此转化成其他矩阵形式。为了便于求解，我们就采取奇偶模分析法。假定在 1、2 口上分别用同相恒流源 I_{12}^e及反相恒流源 I_{12}^o进行激励(分别对应于偶模激励和奇模激励)，同样在 3、4 口上也接以同相恒流源 I_{34}^e和反相恒流源 I_{34}^o，如图 3-13 所示。则四个口上的电流 I_1、I_2、I_3、I_4 和 I_{12}^o、I_{12}^e、I_{34}^e、I_{34}^e之间有以下关系：

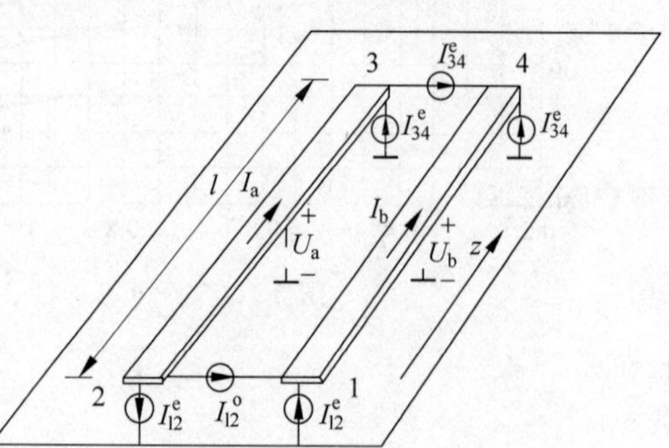

图 3-13 耦合微带线段的奇偶模激励

$$\left.\begin{aligned} I_1 &= I_{12}^{e} + I_{12}^{o} \\ I_2 &= I_{12}^{e} - I_{12}^{o} \\ I_3 &= I_{34}^{e} - I_{34}^{o} \\ I_4 &= I_{34}^{e} + I_{34}^{o} \end{aligned}\right\} \tag{3-39}$$

以下分别求出各恒流源在耦合微带线上激励起来的电流、电压，然后应用叠加定理求各口的总电压、总电流。

考虑到 1、2 口的同相恒流源 I_{12}^{e} 在耦合微带上激励起偶模电压和电流，在两根微带线上存在偶模电流分布 $I'^{e}_{a}(z)=I'^{e}_{b}(z)$，以及偶模电压分布 $U'^{e}_{a}(z)=U'^{e}_{b}(z)$。因为这时只考虑 I_{12}^{e}，可认为在终端 3、4 为开路，故电流取下列驻波分布：

$$I'^{e}_{a}(z) = I'^{e}_{b}(z) = I_{12}^{e}\,\frac{\sin k(l-z)}{\sin kl} \tag{3-40}$$

$$U'^{e}_{a}(z) = U'^{e}_{b}(z) = -\mathrm{j}Z_{0e}\cdot I_{12}^{e}\cdot\frac{\cos k(l-z)}{\sin kl} \tag{3-41}$$

这是由于 $I'^{e}_{a}(z)$ 在 $z=0$ 处必须满足 $I'^{e}_{a}(z)=I_{12}^{e}$ 以及在 $z=l$ 处 I'^{e}_{a} 必为波节的条件，以及电压波腹值和电流波腹值之比必须等于偶模特性阻抗 Z_{0e}；并且在驻波情况下，电压波腹和电流波腹位置彼此错开 $\lambda/4$，在 $z=l$ 处电压必须为波腹而决定的。

在 1、2 口以反相恒流源 I_{12}^{o} 激励时，则在微带上建立起奇模的电压电流分布

$$I'^{o}_{a}(z) = -I'^{o}_{b}(z) = I_{12}^{o}\,\frac{\sin k(l-z)}{\sin kl} \tag{3-42}$$

$$U'^{o}_{a}(z) = -U'^{o}_{b}(z) = -\mathrm{j}Z_{0o}\cdot I_{12}^{o}\cdot\frac{\cos k(l-z)}{\sin kl} \tag{3-43}$$

同样，在 3、4 口以同相恒流源 I_{34}^{e} 进行激励。而 1、2 两端开路，在耦合微带线上即得下列电流电压分布：

$$I''^{e}_{a}(z) = I''^{e}_{b}(z) = I_{34}^{e}\cdot\frac{\sin kz}{\sin kl} \tag{3-44}$$

$$U''^{e}_{a}(z) = U''^{e}_{b}(z) = -\mathrm{j}Z_{0e}I_{34}^{e}\cdot\frac{\cos kz}{\sin kl} \tag{3-45}$$

当 3、4 口以反相恒流源 I_{34}^{o} 激励时，得以下电流电压分布：

$$I''^{o}_{a}(z) = -I''^{o}_{b}(z) = I_{34}^{o}\cdot\frac{\sin kz}{\sin kl} \tag{3-46}$$

$$U''^{o}_{a}(z) = -U''^{o}_{b}(z) = -\mathrm{j}Z_{0o}I_{34}^{o}\cdot\frac{\cos kz}{\sin kl} \tag{3-47}$$

根据叠加关系，在四个引出口上的电压应分别为

$$U_1 = (U'^{e}_{a} + U'^{o}_{a} + U''^{e}_{a} + U''^{o}_{a})_{z=0} \tag{3-48}$$

$$U_2 = (U'^{e}_{b} + U'^{o}_{b} + U''^{e}_{b} + U''^{o}_{b})_{z=0} \tag{3-49}$$

$$U_3 = (U'^{e}_{b} + U'^{o}_{b} + U''^{e}_{b} + U''^{o}_{b})_{z=l} \tag{3-50}$$

$$U_4 = (U'^{e}_{a} + U'^{o}_{a} + U''^{e}_{a} + U''^{o}_{a})_{z=l} \tag{3-51}$$

将式(3-41)、式(3-43)、式(3-45)和式(3-47)代入式(3-48)～式(3-51)中，即得 U_1、U_2、U_3、U_4 对 I_{12}^{e}、I_{12}^{o}、I_{34}^{e}、I_{34}^{o} 的表达式。再根据式(3-39)，将奇偶模的恒流源转换成各引出口的电流，这样就得到 U_1、U_2、U_3、U_4 对 I_1、I_2、I_3、I_4 的关系，即阻抗矩阵

$$\begin{bmatrix} U_1 \\ U_2 \\ U_3 \\ U_4 \end{bmatrix} = \begin{bmatrix} Z_{11} & Z_{12} & Z_{13} & Z_{14} \\ Z_{21} & Z_{22} & Z_{23} & Z_{24} \\ Z_{31} & Z_{32} & Z_{33} & Z_{34} \\ Z_{41} & Z_{42} & Z_{43} & Z_{44} \end{bmatrix} \cdot \begin{bmatrix} I_1 \\ I_2 \\ I_3 \\ I_4 \end{bmatrix} \tag{3-52}$$

注意，此时得到的不是归一化阻抗矩阵，而是有量纲的阻抗矩阵。其中的每一个元素，均以Ω为单位。

根据上面推导，可以把阻抗矩阵的诸元素一一求出：

$$Z_{11} = Z_{22} = Z_{33} = Z_{44} = -\mathrm{j}(Z_{0\mathrm{e}} + Z_{0\mathrm{o}})\frac{\cot\theta}{2} \tag{3-53}$$

$$Z_{12} = Z_{21} = Z_{34} = Z_{43} = -\mathrm{j}(Z_{0\mathrm{e}} - Z_{0\mathrm{o}})\frac{\cot\theta}{2} \tag{3-54}$$

$$Z_{13} = Z_{31} = Z_{24} = Z_{42} = -\mathrm{j}(Z_{0\mathrm{e}} - Z_{0\mathrm{o}})\frac{\csc\theta}{2} \tag{3-55}$$

$$Z_{14} = Z_{41} = Z_{23} = Z_{32} = -\mathrm{j}(Z_{0\mathrm{e}} + Z_{0\mathrm{o}})\frac{\csc\theta}{2} \tag{3-56}$$

其中，$\theta = k\,l$ 为耦合段的电角度。

如求其逆矩阵，可得 **Y** 矩阵，其诸元素为

$$Y_{11} = Y_{22} = Y_{33} = Y_{44} = -\mathrm{j}(Y_{0\mathrm{o}} + Y_{0\mathrm{e}})\frac{\cot\theta}{2} \tag{3-57}$$

$$Y_{12} = Y_{21} = Y_{34} = Y_{43} = -\mathrm{j}(Y_{0\mathrm{o}} - Y_{0\mathrm{e}})\frac{\cot\theta}{2} \tag{3-58}$$

$$Y_{13} = Y_{31} = Y_{24} = Y_{42} = -\mathrm{j}(Y_{0\mathrm{o}} - Y_{0\mathrm{e}})\frac{\csc\theta}{2} \tag{3-59}$$

$$Y_{14} = Y_{41} = Y_{23} = Y_{32} = -\mathrm{j}(Y_{0\mathrm{o}} + Y_{0\mathrm{e}})\frac{\csc\theta}{2} \tag{3-60}$$

上述阻抗矩阵或导纳矩阵欲转化成为归一化矩阵时，诸矩阵元素应分别除以传输线特性阻抗 Z_{o} 或特性导纳 Y_{o}。

求出了耦合微带线的四口网络参量之后，很多单元电路的特性即可求得。实用上除了把耦合微带线定向耦合器作为四口元件使用外，一般都把它作为滤波器电路单元；而此时经常把其中的二个引出口短路或开路，因而只有二个引出口和其他电路相连，实际上成了二口网络。可以根据第 2 章讨论波导魔 T 的类似概念，引入一定的端口条件，把四口网络变为二口网络，并求出其网络特性。下面举微带滤波器中经常碰到的一个电路单元为例进行分析。如图 3-14 所示，有一段电角度为 θ 的耦合微带线，其中 2、4 两口均为开路，而以 1、3 两口和外电路连接而作为二口网络应用，求其矩阵参量。

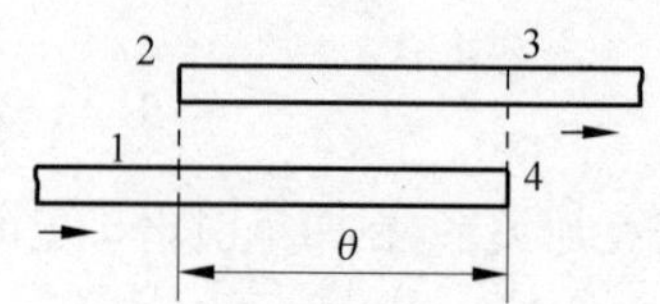

图 3-14　2、4 口开路的耦合线单元

此时四口网络成为二口网络，写出四口网络的阻抗表达式，并以 $I_2 = I_4 = 0$ 的端口条件代入，得

$$\left.\begin{aligned} U_1 &= Z_{11}I_1 + Z_{12}\cdot 0 + Z_{13}\cdot I_3 + Z_{14}\cdot 0 \\ U_2 &= Z_{21}I_1 + Z_{22}\cdot 0 + Z_{23}\cdot I_3 + Z_{24}\cdot 0 \\ U_3 &= Z_{31}I_1 + Z_{32}\cdot 0 + Z_{33}\cdot I_3 + Z_{34}\cdot 0 \\ U_4 &= Z_{41}I_1 + Z_{42}\cdot 0 + Z_{43}\cdot I_3 + Z_{44}\cdot 0 \end{aligned}\right\} \tag{3-61}$$

如只考虑 1、3 两口，得

$$\left.\begin{aligned} U_1 &= Z_{11}I_1 + Z_{13}I_3 \\ U_3 &= Z_{31}I_1 + Z_{33}I_3 \end{aligned}\right\} \tag{3-62}$$

其中

$$Z_{11}=Z_{33}=-\mathrm{j}(Z_{0e}+Z_{0o})\frac{\cot\theta}{2}$$

$$Z_{13}=Z_{31}=-\mathrm{j}(Z_{0e}-Z_{0o})\frac{\csc\theta}{2}$$

为了直观地判断耦合微带线的电路单元的电路特性，可根据上面求出的网络参量，将其用一个普通的等效电路来表示。此时耦合微带线单元的矩阵参量应和其等效电路的矩阵参量完全相同。图 3-15 是一个双串联分支线，其各部分参量(特性阻抗及电角度)如图 3-15 所示。应用矩阵运算规则，并根据第 2 章表 2-2 给出的单元矩阵参量，可以证明，它就是上述耦合微带线电路单元的等效电路。该电路的两个串联分支线之间有一段电角度为 θ 的传输线，串联阻抗本身则为电角度为 θ 的开路线。分支线及主线的特性阻抗分别为 Z_{0o} 及 $\frac{Z_{0e}-Z_{0o}}{2}$。

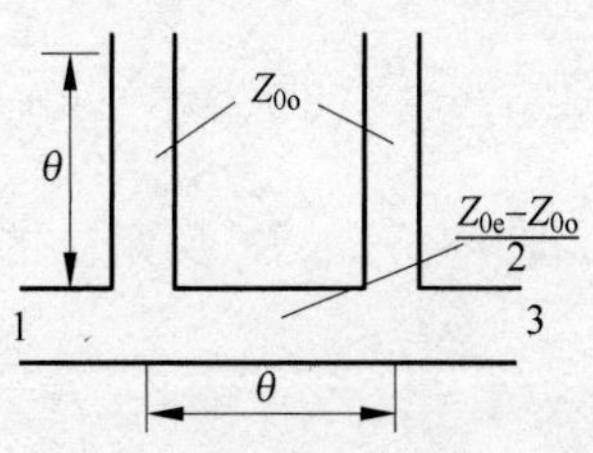

图 3-15　前述耦合微带单元的等效电路

串联分支线的输入阻抗 $Z=-\mathrm{j}Z_{0o}\cot\theta$，如对主线$\left(其特性阻抗为\frac{Z_{0e}-Z_{0o}}{2}\right)$归一化，得归一化阻抗 $z=-\mathrm{j}\dfrac{Z_{0o}\cot\theta}{\frac{Z_{0e}-Z_{0o}}{2}}$。根据表 2-2，其归一化的 **A** 矩阵为

$$[a]_z=\begin{bmatrix}1 & -\mathrm{j}\dfrac{2Z_{0o}}{Z_{0e}-Z_{0o}}\cdot\cot\theta \\ 0 & 1\end{bmatrix} \tag{3-63}$$

电角度为 θ 的一段传输线的 $\boldsymbol{a}$ 矩阵为

$$[a]_t=\begin{bmatrix}\cos\theta & \mathrm{j}\sin\theta \\ \mathrm{j}\sin\theta & \cos\theta\end{bmatrix} \tag{3-64}$$

则整个电路的 $\boldsymbol{a}$ 矩阵为三个单元 $\boldsymbol{a}$ 矩阵的连乘，即

$$\boldsymbol{a}=\begin{bmatrix}1 & -\mathrm{j}\dfrac{2Z_{0o}}{Z_{0e}-Z_{0o}}\cdot\cot\theta \\ 0 & 1\end{bmatrix}\cdot\begin{bmatrix}\cos\theta, & \mathrm{j}\sin\theta \\ \mathrm{j}\sin\theta, & \cos\theta\end{bmatrix}\cdot\begin{bmatrix}1 & -\mathrm{j}\dfrac{2Z_{0o}}{Z_{0e}-Z_{0o}}\cdot\cot\theta \\ 0 & 1\end{bmatrix}$$

$$=\begin{bmatrix}\cos\theta+\dfrac{2Z_{0o}}{Z_{0e}-Z_{0o}}\cdot\cos\theta & \mathrm{j}\sin\theta-\mathrm{j}\dfrac{2Z_{0o}}{Z_{0e}-Z_{0o}}\cdot\cot\theta\cdot\cos\theta \\ \mathrm{j}\sin\theta & \cos\theta\end{bmatrix}\times\begin{bmatrix}1 & -\mathrm{j}\dfrac{2Z_{0o}}{Z_{0e}-Z_{0o}}\cdot\cot\theta \\ 0 & 1\end{bmatrix}$$

$$=\begin{bmatrix}\dfrac{Z_{0e}+Z_{0o}}{Z_{0e}-Z_{0o}}\cos\theta & -\mathrm{j}\dfrac{Z_{0e}+Z_{0o}}{Z_{0e}-Z_{0o}}\cot\theta\cdot\cos\theta\cdot\dfrac{2Z_{0o}}{Z_{0e}-Z_{0o}}+\mathrm{j}\sin\theta-\mathrm{j}\dfrac{2Z_{0o}}{Z_{0e}-Z_{0o}}\cdot\cot\theta\cdot\cos\theta \\ \mathrm{j}\sin\theta & \dfrac{2Z_{0o}}{Z_{0e}-Z_{0o}}\cdot\cos\theta+\cos\theta\end{bmatrix}$$

$$= \begin{vmatrix} \frac{Z_{0e}+Z_{0o}}{Z_{0e}-Z_{0o}}\cos\theta & -\mathrm{j}\frac{4Z_{0o}Z_{0e}}{(Z_{0e}-Z_{0o})^2}\cot\theta\cos\theta+\mathrm{j}\sin\theta \\ \mathrm{j}\sin\theta & \frac{Z_{0e}+Z_{0o}}{Z_{0e}-Z_{0o}}\cos\theta \end{vmatrix} \tag{3-65}$$

然后再根据表 2-1,把式(3-65)得到的 $\boldsymbol{a}$ 矩阵转化为 $\boldsymbol{z}$ 矩阵,由于网络对称,故

$$z_{11}=z_{22}=\frac{a}{c}=\frac{\frac{Z_{0e}+Z_{0o}}{Z_{0e}-Z_{0o}}\cdot\cos\theta}{\mathrm{j}\sin\theta}=-\mathrm{j}\frac{Z_{0e}+Z_{0o}}{Z_{0e}-Z_{0o}}\cdot\cot\theta \tag{3-66}$$

$$z_{12}=z_{21}=\frac{1}{c}=\frac{1}{\mathrm{j}\sin\theta}=-\mathrm{j}\csc\theta \tag{3-67}$$

再将其对$\frac{Z_{0e}+Z_{0o}}{2}$反归一化,因而得

$$Z_{11}=Z_{22}=-\mathrm{j}\frac{Z_{0e}+Z_{0o}}{Z_{0e}-Z_{0o}}\cdot\cot\theta\cdot\frac{Z_{0e}-Z_{0o}}{2}=-\mathrm{j}\frac{Z_{0e}+Z_{0o}}{2}\cdot\cot\theta \tag{3-68}$$

$$Z_{12}=Z_{21}=-\mathrm{j}\csc\theta\cdot\frac{Z_{0e}-Z_{0o}}{2}=-\mathrm{j}\frac{Z_{0e}-Z_{0o}}{2}\cdot\csc\theta \tag{3-69}$$

这和前面给出的耦合微带线单元的阻抗矩阵完全相同,只是因为表 2-1 中输出口标号为 2,故矩阵参量中,均以标号 2 代替了 3。

由耦合微带单元转化成一般形式的等效电路,其特性完全相同,但比较直观,并且可以用过去已熟知的概念来分析其电特性。如上述耦合微带线单元,如以图 3-15 的等效电路表示,很易看出它是一带通滤波器单元。如在一特定频率 f_0,使电角度 $\theta=90°$时,串联开路线的输入阻抗为零,对主线无影响。如果取引出线的特性阻抗 $Z_0=\frac{Z_{0e}-Z_{0o}}{2}$和等效电路中的主线特性阻抗一致,则信号将无衰减地通过。当 f 左、右偏离 f_0 时,则电角度 θ 左、右偏离 90°,因而串联分支线输入阻抗已不等于零而开始起作用,使电路的衰减上升,因而电路具有带通特性。事实上,在其余几个频率附近,使 $\theta=270°$,450°,…,也可得到类似特性。我们一般把 $\theta=90°$所相应的通带称为主通带,其余的称为寄生通带,如图 3-16 所示。此种耦合线单元广泛应用于微带带通滤波器中,在第 5 章将详加讨论。

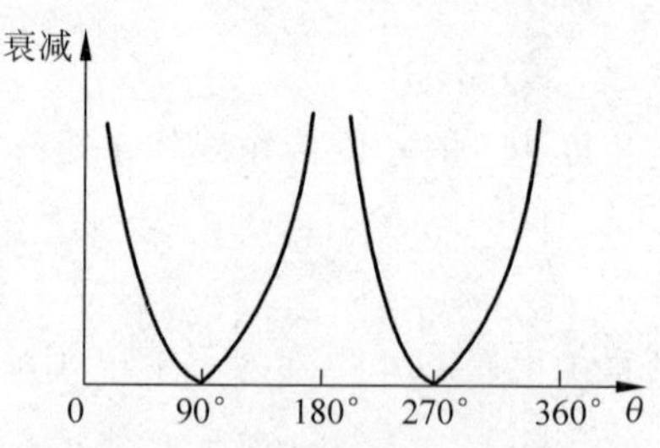

图 3-16 前述耦合微带单元的衰减频应特性

这里提出了一个问题:既然耦合微带线电路单元完全可以用一般的等效电路来表示,那么为什么不直接采用一般电路,而要转一个弯,应用耦合微带线呢?我们不能只从纸面上看电路,而应考虑到实际结构实现的可能性和方便性。图 3-15 的结构对于平面型的微带电路是很难实现的,因为它是串联型的电路。即使耦合微带线单元的等效电路是并联电路(下面讲到的有几种微带线单元就是如此),具体实现也是不方便的。因为作为一个多节滤波器,为了提高其性能而必须进行最佳设计时,其各节的参量是不同的,甚至相差甚为悬殊。此时,按普通的电路就较难实现,因为滤波器各节微带线的特性阻抗大小相差将甚为悬殊。由工艺的限制,微带线特性阻抗太大(>100Ω)就较为困难,因其线条宽度将在 100μm 以下而较难保证精度。当特性阻抗很低时,由于线条太宽而引起很多寄生参量影响,故微带线特性阻抗不能取得过大或过小,

因此就难于满足最佳设计的要求。但如采用耦合微带单元时，由于可通过控制 Z_{0e}、Z_{0o}来实现等效电路中所要求的特性阻抗值，而影响 Z_{0e}、Z_{0o}的因素不仅有线宽 W，还有线距 s，因此比较容易控制，并且在结构上也较易实现。在具体进行耦合微带线元件设计时，就可对此有进一步领会。

下面再把其他几种常用的耦合微带线单元的矩阵参量和等效电路列出，其具体推导过程完全和上述相同。

图 3-17 的耦合微带单元 1 的矩阵参量为

$$Z_{11}-Z_{12}=\mathrm{j}\,\frac{2Z_{0e}Z_{0o}}{Z_{0e}+Z_{0o}}\cdot\tan\frac{\theta}{2}$$

$$Z_{12}=-\mathrm{j}\,\frac{2Z_{0e}Z_{0o}}{Z_{0e}+Z_{0o}}\cdot\csc\theta$$

$$Z_{22}-Z_{11}=\mathrm{j}\,\frac{(Z_{0e}-Z_{0o})^2}{2(Z_{0e}+Z_{0o})}\tan\theta$$ 具有低通和带阻特性。

(a) 耦合单元　　(b) 等效电路

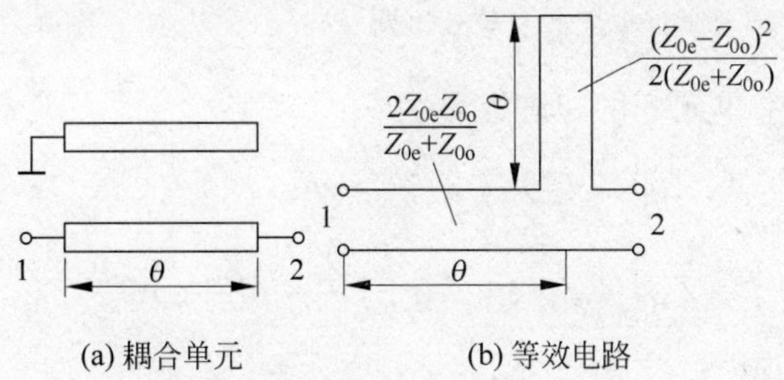

图 3-17　耦合微带单元 1 及其等效电路

图 3-18 的耦合微带单元 2 的矩阵参量为

$$Y_{11}=Y_{22}=-\mathrm{j}\,\frac{Y_{0o}+Y_{0e}}{2}\cot\theta$$

$$Y_{12}=Y_{21}=-\mathrm{j}\,\frac{Y_{0o}-Y_{0e}}{2}\cos\theta$$ 具有带通特性。

(a) 混合单元　　(b) 等效电路

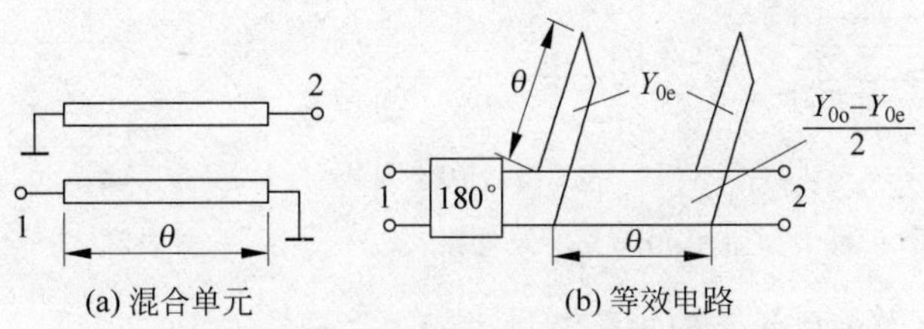

图 3-18　耦合微带单元 2 及等效电路

图 3-19 的耦合微带单元 3 的矩阵参量为

$$Z_{11}=-\mathrm{j}\,\frac{Z_{0e}+Z_{0o}}{2}\cot\theta=Z_{22}$$

$$Z_{12}=Z_{21}=-\mathrm{j}\,\frac{Z_{0e}-Z_{0o}}{2}\csc\theta$$

具有带通特性。

图 3-20 的耦合微带单元 4 的矩阵参量为

$$Z_{11}=-\mathrm{j}(Z_{0e}+Z_{0o})\frac{\cot\theta}{2}+\mathrm{j}\frac{(Z_{0e}-Z_{0o})^2}{(Z_{0e}+Z_{0o})}\cos 2\theta$$

$$Z_{22}=\mathrm{j}(Z_{0e}+Z_{0o})\frac{\tan\theta}{2}$$

$$Z_{12}=Z_{21}=\mathrm{j}(Z_{0e}-Z_{0o})\frac{\tan\theta}{2}$$

具有带通特性。

(a) 耦合单元　(b) 等效电路

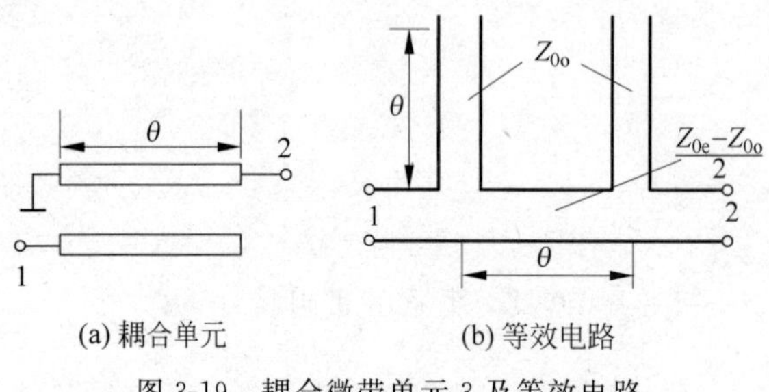

图 3-19　耦合微带单元 3 及等效电路

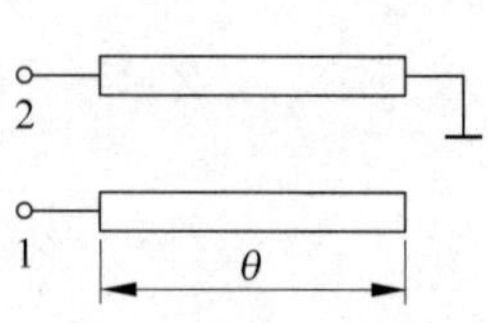

图 3-20　耦合微带单元 4

图 3-21 的耦合微带单元 5 的矩阵参量为

$$Z_{12}=-\mathrm{j}\frac{Z_{0e}+Z_{0o}}{2}\cdot\cos\theta$$

$$Z_{11}=Z_{22}=Z_{12}+\mathrm{j}\frac{Z_{0e}+Z_{0o}}{2}\tan\frac{\theta}{2}$$

具有全通特性。

图 3-22 的耦合微带单元 6 的矩阵参量为

$$Z_{12}=-\mathrm{j}\frac{1}{2}(Z_{0e}\cot\theta+Z_{0o}\tan\theta)$$

$$Z_{11}=Z_{22}=Z_{12}+\mathrm{j}Z_{0o}\tan\theta$$

具有全通特性。

(a) 耦合单元　(b) 等效电路

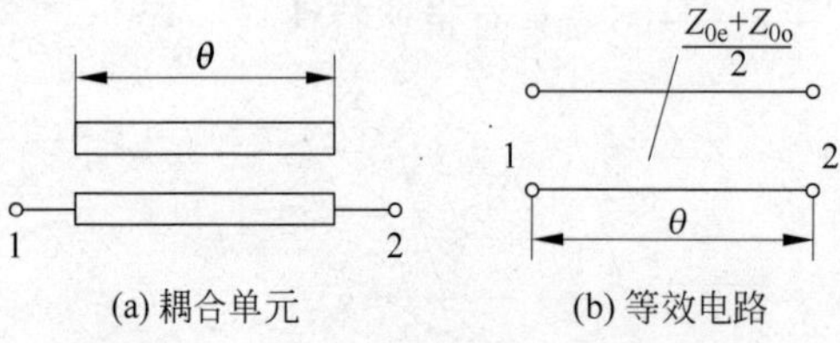

图 3-21　耦合微带单元 5 及等效电路

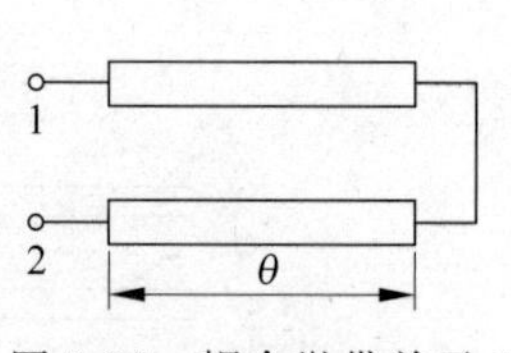

图 3-22　耦合微带单元 6

图 3-23 的耦合微带单元 7 的矩阵参量为

$$Z_{12}=-\mathrm{j}\frac{Z_{0e}-Z_{0o}}{2}\cot\theta$$

$$Z_{11}=Z_{12}-\mathrm{j}Z_{0o}\cot\theta$$

具有全阻特性。

图 3-24 的耦合微带单元 8 的矩阵参量为

$$Y_{11}=\mathrm{j}\frac{Y_{0e}+Y_{0o}}{2}\tan\theta$$

$$Z_{22}=\mathrm{j}\frac{Z_{0e}+Z_{0o}}{2}\tan\theta$$

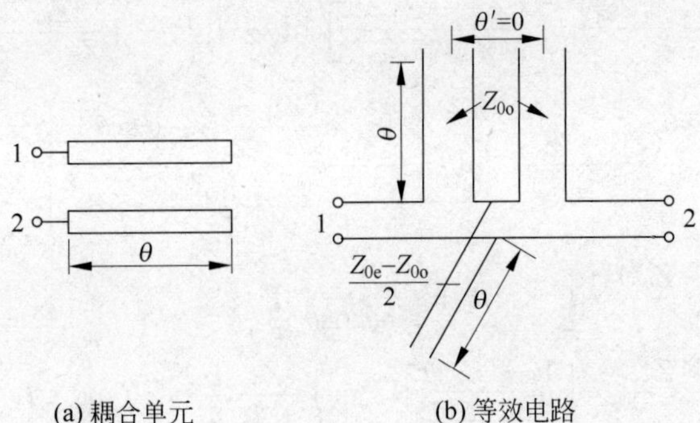

(a) 耦合单元　　(b) 等效电路

图 3-23　耦合微带单元 7 及其等效电路

$$Z_{12}=Z_{21}=0$$

电路具有全阻特性。

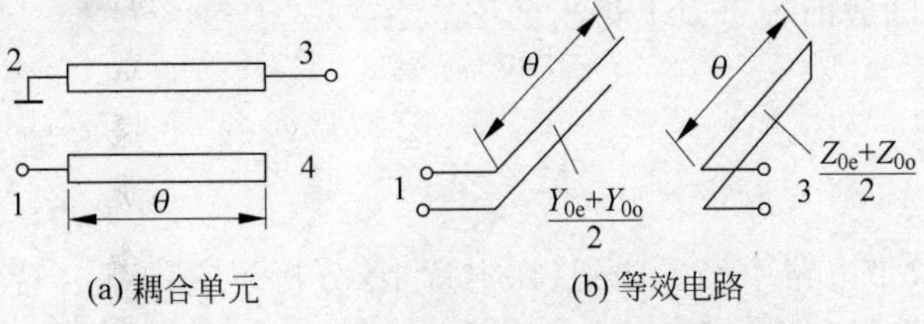

(a) 耦合单元　　(b) 等效电路

图 3-24　耦合微带单元 8 及其等效电路

这里，电路呈全阻特性，等效电路分成了两半，对此证明如下：

按式(3-61)写出耦合单元的阻抗矩阵的联立方程式，并考虑到 $U_2=0, I_4=0$，则有

$$\left.\begin{aligned}U_1&=Z_{11}I_1+Z_{12}I_2+Z_{13}I_3+Z_{14}\cdot 0\\0&=Z_{21}I_1+Z_{22}I_2+Z_{23}I_3+Z_{24}\cdot 0\\U_3&=Z_{31}I_1+Z_{32}I_2+Z_{33}I_3+Z_{34}\cdot 0\\U_4&=Z_{41}I_1+Z_{42}I_2+Z_{43}I_3+Z_{44}\cdot 0\end{aligned}\right\}\tag{3-70}$$

解式(3-70)中的第 2 式，得 $I_2=-\dfrac{1}{Z_{22}}(Z_{21}I_1+Z_{23}I_3)$，以此代入第 1 式和第 3 式，则第 1、3 式构成的二口网络阻抗矩阵的联立方程为

$$\left.\begin{aligned}U_1&=\left(Z_{11}-\frac{Z_{12}Z_{21}}{Z_{22}}\right)I_1+\left(Z_{13}-\frac{Z_{12}Z_{23}}{Z_{22}}\right)I_3\\U_3&=\left(Z_{31}-\frac{Z_{32}Z_{21}}{Z_{22}}\right)I_1+\left(Z_{33}-\frac{Z_{32}Z_{23}}{Z_{22}}\right)I_3\end{aligned}\right\}\tag{3-71}$$

以式(3-53)～式(3-56)代入以上联立方程，得

$$\begin{aligned}U_1=&\left\{-\mathrm{j}\,\frac{(Z_{0e}+Z_{0o})}{2}\cot\theta-\left[\frac{-\mathrm{j}(Z_{0e}-Z_{0o})}{2}\cot\theta\right]^2\cdot\frac{1}{\dfrac{-\mathrm{j}(Z_{0e}+Z_{0o})}{2}\cot\theta}\right\}I_1\\&+\left\{-\mathrm{j}\,\frac{(Z_{0e}-Z_{0o})}{2}\csc\theta-\frac{\left[-\mathrm{j}\,\dfrac{(Z_{0e}-Z_{0o})}{2}\cot\theta\right]\cdot\left[-\mathrm{j}\,\dfrac{(Z_{0e}+Z_{0o})}{2}\csc\theta\right]}{-\mathrm{j}\,\dfrac{(Z_{0e}+Z_{0o})}{2}\cdot\cot\theta}\right\}I_3\end{aligned}$$

$$=-\mathrm{j}\left[\frac{(Z_{0e}+Z_{0o})}{2}-\frac{(Z_{0e}-Z_{0o})^2}{2(Z_{0e}+Z_{0o})}\right]\cot\theta\cdot I_1=-\mathrm{j}\frac{2Z_{0e}Z_{0o}}{Z_{0e}+Z_{0o}}\cdot\cot\theta\cdot I_1 \quad (3\text{-}72)$$

$$U_3=0+\left\{-\mathrm{j}\frac{(Z_{0e}+Z_{0o})}{2}\cot\theta-\frac{\left[-\mathrm{j}\frac{(Z_{0e}+Z_{0o})}{2}\csc\theta\right]^2}{-\mathrm{j}\frac{(Z_{0e}+Z_{0o})}{2}\cot\theta}\right\}I_3$$

$$=\mathrm{j}\frac{(Z_{0e}+Z_{0o})}{2}\cdot\left[-\cot\theta+\frac{1}{\sin\theta\cos\theta}\right]I_3$$

$$=\mathrm{j}\frac{(Z_{0e}+Z_{0o})}{2}\cdot\left[\frac{1-\cos^2\theta}{\sin\theta\cos\theta}\right]I_3=\mathrm{j}\frac{(Z_{0e}+Z_{0o})}{2}\tan\theta\cdot I_3 \quad (3\text{-}73)$$

由式(3-72)、式(3-73)可看出，此电路单元 $Z_{13}=Z_{31}=0$，亦即输入输出口之间是互相隔离的。输入阻抗 $Z_{sr}=Z_{11}=-\mathrm{j}\frac{2Z_{0e}Z_{0o}}{Z_{0e}+Z_{0o}}\cdot\cot\theta$，输出阻抗 $Z_{sc}=Z_{33}=\mathrm{j}\frac{Z_{0e}+Z_{0o}}{2}\tan\theta$，各相应于一段电角度为 θ 的开路线和短路线，故等效电路可画成图 3-24 的形式。在图中输入参量以导纳表示，只需取其倒数即等于以上得出的 Z_{11}。

3.6 小结

耦合微带线在微带电路中经常碰到，在本章中，分析了它的耦合特性、耦合参量和奇偶模参量，并用奇偶模分析的方法得出了几种耦合微带单元的网络参量和等效电路。通过本章，应掌握以下几个主要问题。

(1) 微带线之间可通过多种途径进行耦合，但只要合理设计横截面尺寸，即可将高次型抑止，此时线间的耦合属于 TEM 型，即只通过分布互感和分布互电容进行耦合，其耦合程度完全能够进行控制。

(2) 为了便于分析，往往将耦合微带线分解成偶模和奇模的工作状态，前者为对一对耦合微带线进行等幅同相激励，后者则进行等幅反相激励。在偶模和奇模的情况下，容易得到奇偶模参量，并求得它们与耦合参量之间的关系。

(3) 对于均匀介质微带线，奇、偶模均为 TEM 波，并且两者的相速相等。对于非均匀介质的实际微带线，由于介质基片对奇偶模的电场分布具有不同的影响，使奇偶模两种情况的有效介电常数或相速不等，严格地说，不能搬用由均匀介质情况推出的结论和公式，但在工程实际中，在 ε_e 取两者的平均值以后，仍可近似地采用均匀介质情况的有关公式。但在某些情况下，例如考虑耦合微带线定向耦合器的方向性时，对此引起的影响必须予以考虑。

(4) 用奇、偶模分析方法可以得到耦合微带线段的网络参量，它们均系以奇偶模特性阻抗及耦合段电角度 θ 来表示。对其中两口给以一定的端口条件后，可变为二口耦合微带电路单元，并可用矩阵运算方法得出其等效电路。不同形式的耦合单元可分别具有带通、带阻、全通、全阻特性，用于具体的微带电路中，可以用较简单合理的电路结构，满足多方面的电路特性要求。

第4章 微带线的不均匀性

CHAPTER 4

4.1 概述

第1章和第3章介绍了均匀单根微带线以及耦合微带线的一些特性。在实际电路中，在利用微带线传输电磁能量以及组成各种器件时，必然会遇到一些微带线的不均匀性(或称微带不连续性)。例如，微带线尺寸突变、截断、折弯、间隙以及分支等，如图4-1所示。

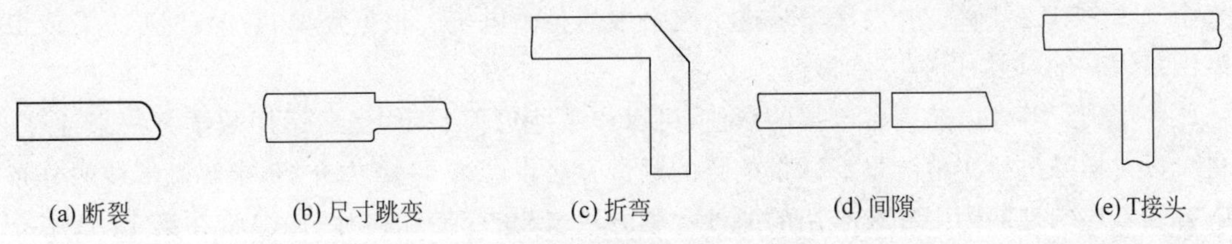

图4-1 各种类型的微带不均匀性

一般的微带电路元件都包含着一些不均匀性：例如微带滤波器、微带变阻器的不同特性阻抗微带段的连接处，即是尺寸跳变；平行耦合微带带通滤波器的半波谐振线的两端即为微带截断；微带分支线电桥、分功率器等则包含一些分支T接头。在一块微带电路板上，为使结构紧凑及适应走线方向的要求，时常必须使微带折弯。由此可知，不均匀性在微带电路中是必不可免的。由于微带电路属于分布参数的电路，其尺寸已可与工作波长相比拟，因此其不均匀性必然对电路产生影响。从等效电路上来看，它相当于并联或串联一些电抗元件，或是使参考面产生某些变化。在设计微带电路时(特别是精确设计时)，必须考虑到不均匀性所引起的影响，将其等效参量计入电路参量中去，否则将引起大的误差。例如微带带通滤波器的半波长谐振线，如不对其两端截断的效应进行校正，将引起通频带中心频率的偏移。为此，本章对各种常见的微带不均匀性进行分析，并给出其等效电路参量，以便在设计微带电路元件时，可以作为对电路进行修正的参考。

前面已经讲过，对于均匀微带线，若导体带条宽度 w 及基片厚度 h 比起波长来极小时，在微带线上传播的波可近似看成只有TEM波，因而可采用与二维静电场相似的分析方法来求出均匀微带线的一些工作参量，如特性阻抗、相速等。如前所述，求这些参量常归结为求微带线的分布电容。

在具有不均匀性的地区，场的结构会发生质的变化，不仅在横截面内场的分布和均匀线段不一样，而且在纵向上也不再是单纯的波动，其中还包含有只在本地按正弦波的形式振动的部分。这后一部分是在局部地区内储存能量并与电源反复交换的表现。它和以波动的形式沿着传输线传输能量的情况是不同的。在这个局部地区内会发生能量储存的现象，是因为在这里场的结构受到边界变形的影响而发生了改变。

具有不均匀性的地区和电源反复交换能量必须靠这地区与电源之间的传输线作为媒介。电源向这地区输送能量要通过入射波，不均匀性向电源输送能量要通过反射波。因此，微带上发生不均匀性时，它的作用就是：第一，在这个地区发生能量的存储；第二，引起反射波；第三，由于上列两项，场通过不均匀地区而重新沿均匀线传输时，它的相位和振幅都可能与进入不均匀性地区之前有所不同。为了应用电路的理论来分析或计算，可以用一个接在两段均匀线之间的网络来模拟这种不均匀性的作用。

由于在低损耗的电路中不均匀性不会引起显著的损耗增多，所以不均匀性的等效网络是由无损元件构成的，它包括电容、电感、理想变压器和无损的传输线段。简单的情况，可以设想不均匀性仅仅存在于某一个横截面上，例如图 4-1 中的截断端、尺寸跳变处等。当两段微带线的间隙极为狭窄时，也可看成只有间隙中心那一个截面有不均匀性。这些情况的等效电路常常只要用一个串联或并联的电抗就够了。对一般情况，例如图 4-1 中的折弯和间隙等，简单地用一个串联或并联电抗就不能代表全部作用。这时可以设想它的等效电路是一个 T 型或 Π 型网络，并设法去求这个网络中的各个电抗。根据需要，有时还应以 T 或 Π 型网络为基础，再加以补充和修改。

为了确定等效电路内各电抗的数值，可以作某些近似假定，然后运用数学方法来计算；也可以对样品进行实地测量。微带电路的测量方法将在第 13 章中介绍，求解微带线的分布电容和不均匀性问题中比较有用的两种数学方法(保角变换和格林公式)将在第 14 章中介绍。本章只介绍产生不均匀性的物理过程和一些有关的计算公式与图表。

4.2 微带线截断端的等效电路

在微带电路中常遇到微带截断的情形。截断的目的是为了得到一个开路端。由于导带条和衬底导体板之间有介质板隔开，所以实际上不便于直接短路。为了得到一个短路端，通常必须用 $\lambda/4$ 开路线来等效于短路。所以微带电路中需要得到开路端的情况比一般传输线或波导电路要多很多。

在截断端附近，电场的分布发生变形，如图 4-2 所示，其电力线要延伸到截断端的外面。这就表明，在这个局部地区内要储存电能。因此，截断端并不是一个简单的开路端，那里就像接了一个电容负载。因为一段很短的理想开路线等效于一个电容，所以这个电容负载也等效于一小段理想开路线。换句话说，等效的开路截面比微带的实际截断端向外延伸了一段距离 Δ，如图 4-3 所示。

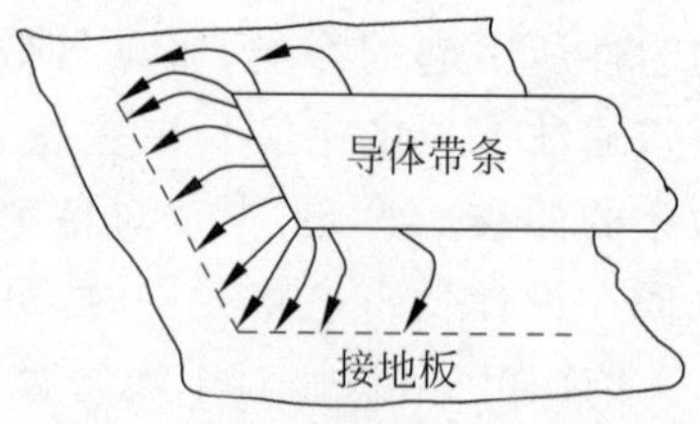

图 4-2　微带截断端的电场分布

当然，电场向微带截断端以外的自由空间扩散的结果，必然要引起在介质板内外的表面波(它沿着微带长度的方向继续向前传播)和向自由空间辐射的波。如果介质板的厚度达到

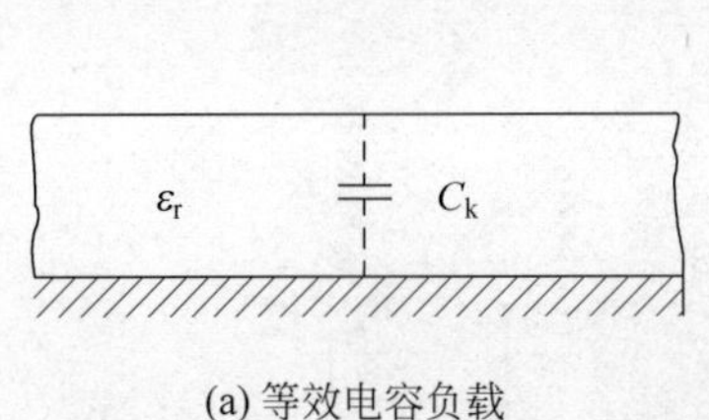

(a) 等效电容负载

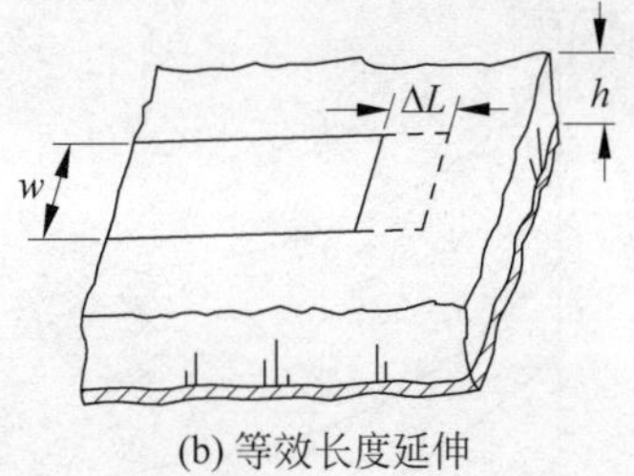

(b) 等效长度延伸

图 4-3 微带截断端的等效电路

一定程度,还会在微带线上引起反向传播的高次型波。这些效应都不能用电容负载来说明。但由于实际上总是尽量使介质板的厚度远小于波长(例如 $\varepsilon_r=9.6$ 的瓷片厚度为 1mm 或 0.8mm,相对于 3.2cm 的波长而言,不到 1/10 波长),所以上列三种效为都可以略去不计。如果介质板不够薄,用电容负载来等效的误差就很大。

在用电容负载来等效截断端时,可以做如下的近似:由于波在均匀线段上传播时,其横截面内场的分布与静电场形式相同,所以可用均匀荷电的带条来模拟均匀线段,而用半无限长的荷电带条截断端来模拟微带的截断端。半无限长的荷电带条上,平均单位长度的电荷 q_1 沿着带条长度的分布大致如图 4-4 所示。在离截断端相当远处,电荷仍是均匀的;只是在截断端附近,电荷密度才超出了一般电荷密度 $q_{1\infty}$。超出的部分 $q_1-q_{1\infty}$ 就是由于截断端的影响而产生的剩余电荷分布。把 $q_1-q_{1\infty}$ 对长度 z 积分,就得到剩余电荷 Q_C。

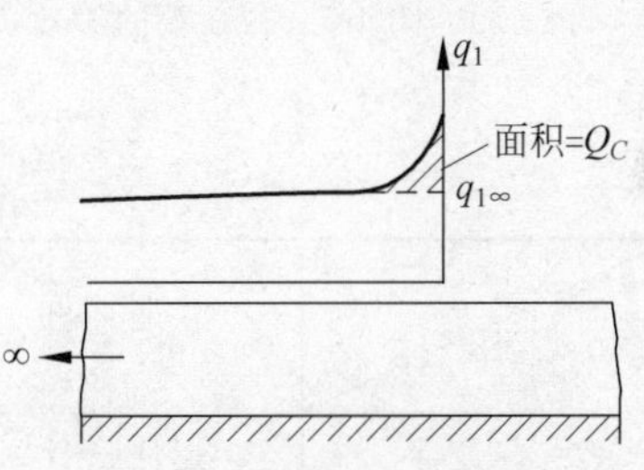

图 4-4 半无限长荷电导带条放在无限大的敷介质导体板上时,带条上的电荷分布

$$Q_C=\int_0 (q_1-q_{1\infty})\mathrm{d}z \tag{4-1}$$

设荷电的导带条与衬底导体板之间有电位差 V,那么,等效的电容负载 C_K 就等于

$$C_K=\frac{Q_C}{V} \tag{4-2}$$

而等效的长度延伸 ΔL 则由下式决定

$$\omega C_K=\frac{1}{Z_0}\tan k\Delta L\approx\frac{k\Delta L}{Z_0} \tag{4-3}$$

这里的 Z_0 是微带线的特性阻抗,k 是相位常数。

显然,C_K 取决于导带条宽度 w 和介质板厚度 h(假设导体带条厚度能略去不计)以及介质板的 ε_r。图 4-5 给出按上述静电模拟的设想计算出来的 C_K 值。图 4-6 给出在 $\varepsilon_r=9.6$ 时按这样得到的 C_K 而计算出来的 ΔL。

这一组电容曲线可以用下列经验公式来表示:

$$C_K=\exp\cdot\left[\ln 10\sum_{i=1}^{5}C_i(\varepsilon_r)\left(\lg\frac{w}{h}\right)^{t-1}\right] \tag{4-4}$$

其中,系数 C_i 的值如表 4-1 所示。

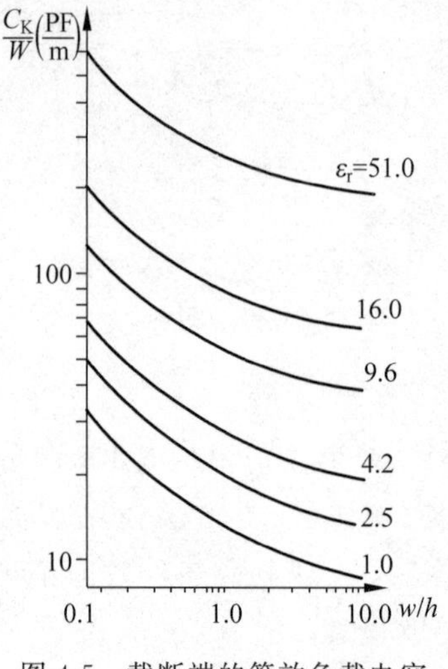

图 4-5　截断端的等效负载电容

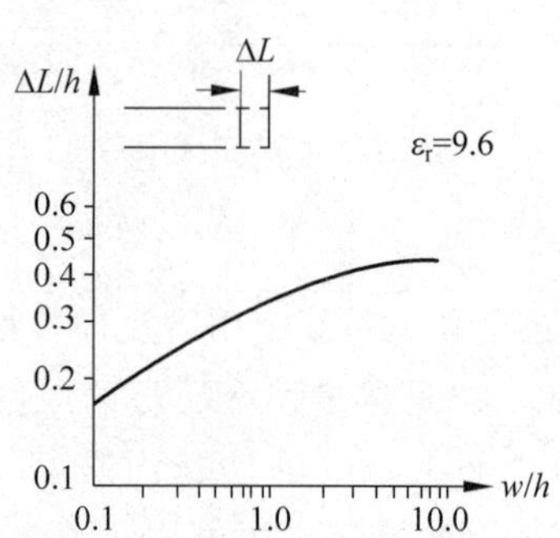

图 4-6　截断端的等效长度延伸

表 4-1　系数 C_i 的值

i \ ε_r	1.0	2.5	4.2	9.6	16.0	51.0
1	1.110	1.295	1.443	1.738	1.938	2.403
2	−0.2892	−0.2817	−0.2535	−0.2538	−0.2233	−0.2220
3	0.1815	0.1367	0.1062	0.1308	0.1317	0.2170
4	−0.0033	−0.0133	−0.0260	−0.0087	−0.0267	−0.0240
5	−0.0540	−0.0267	−0.0073	−0.0113	−0.0147	−0.0840

这种静电模拟的办法，是以有超量电荷集中在截断端近处（相对于波长来说，可以看成是集中于一个横截面上）为前提的，所以只在微带宽度 w 相对于波长足够小的情况下可以这样近似，因为 w 愈宽，超量电荷分布的区域显然愈远。

4.3　微带线间隙的等效电路

一条微带线中间被割开一段间隙，可以看成是两条微带通过一个串联电容 C_{12} 而互相耦合起来。但是，不仅如此，两条微带的截断端与导体衬底之间必然也等效于各并联一个电容，因此，微带线间隙的等效电路可以设想是一个 Π 型电容网络，如图 4-7 所示。

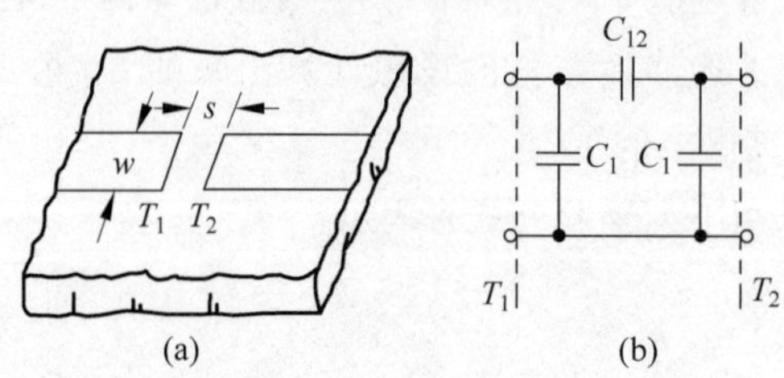

图 4-7　微带间隙及其等效电路

由于两条微带的截断端互相影响，所以两个并联电容 C_1 不再等于 C_K。显然，间隙 s 愈宽，两条微带线的截断端互相的影响愈小，所以 C_{12} 愈小，C_1 愈接近于 C_K；s 愈窄，C_{12} 就愈大，而 C_1 就愈小。所以当 s 由 0 变到∞时，C_1 应当由 0 增加到 C_K，而 C_{12} 应当由∞减少到 0。

这两个电容 C_1 和 C_{12} 可以在两种互相独立的条件下测量或计算出来。由于这个 Π 型网络是对称的，所以可以采用下列两个条件：第一，两条微带线对称馈电，使两个截断端之间没有电压，即 C_{12} 等于短路，如图 4-8 所示，这时求得的偶模电容 C_e 等于两个 C_1 并联；第二，两条微带反对称馈电，如图 4-9 所示，这时一个 C_{12} 可以看成是两个 $2C_{12}$ 串联，其中心点等于接地，这时求得的奇模电容 C_o 等于 C_1 和 $2C_{12}$ 并联。

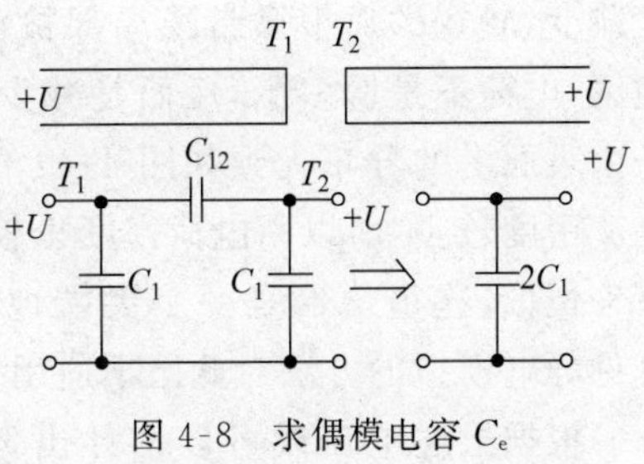

图 4-8　求偶模电容 C_e

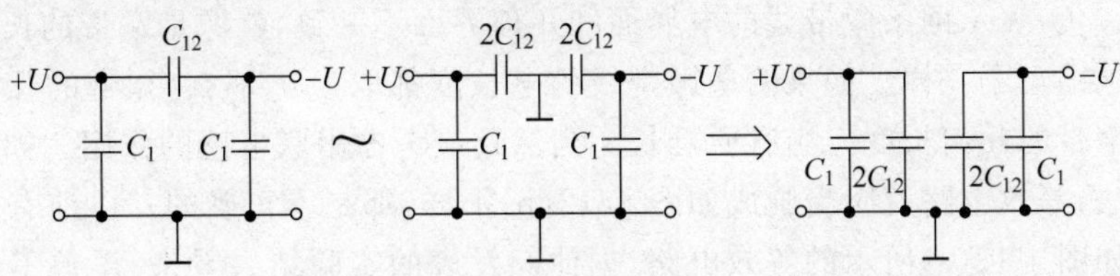

图 4-9　求奇模电容 C_o

求得 C_e 和 C_o 以后，就可得到 C_1 和 C_{12}：

$$C_1=\frac{1}{2}C_e,\quad C_{12}=\frac{C_o}{2}-\frac{C_e}{4} \tag{4-5}$$

图 4-10 给出三种宽高比的情况下，C_e 和 C_o 对 s/w 的关系曲线，它们是用与求截断端等效电容同样的方法(利用静电模拟格林公式)求得的。因此，同样地，宽度 w 和高度 h 愈大，其误差愈大。

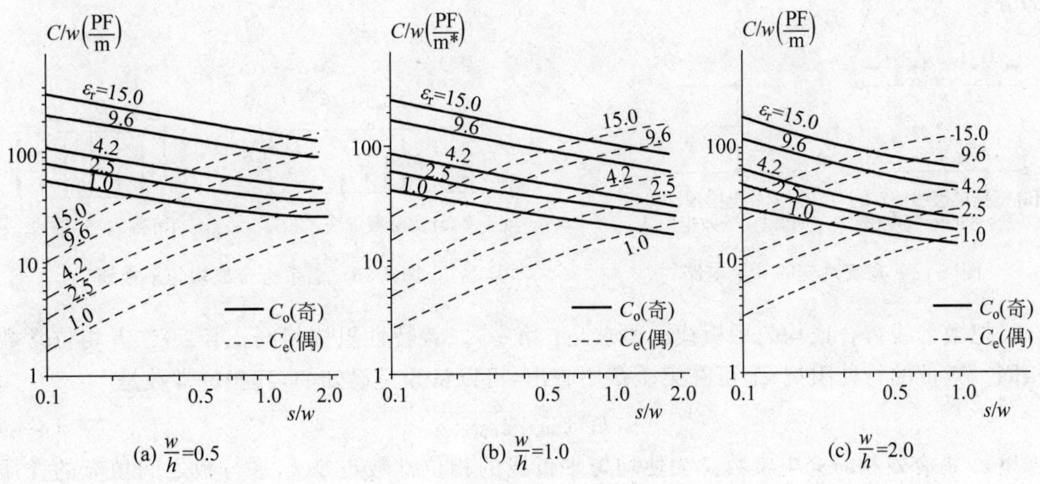

图 4-10　微带间隙等效奇、偶模电容

4.4 微带线的尺寸跳变

在两条不同特性阻抗的微带线的连接点上必然发生宽度跳变，较宽的那根微带线局部被截断。但是，在被截断的地区，电荷不是增多了，反而是减少了。因为电流线在导带条内表面上的分布大致如图 4-11 所示，在局部被截断地区电流密度较少，所以面电荷密度也较少。可是若按照静电分布来模拟，这里恰恰是一个尖端地区，应当电荷密度极大。可见静电模拟的方法对此已不适用。

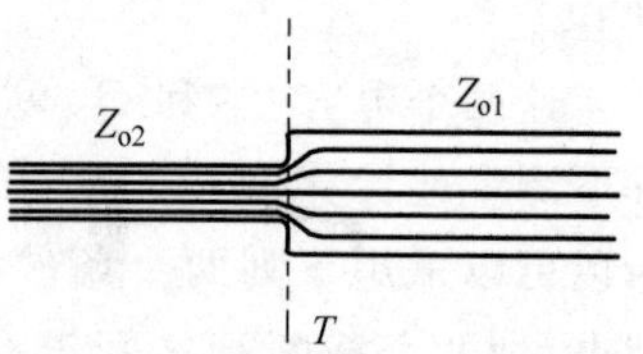

图 4-11 微带宽度跳变地区电流线的示意图

根据上述电流线可以估计出宽度跳变的等效电路，如图 4-12(a)所示。串联电感表示这个地区的电能减少因而磁能突出地大；两段均匀传输线的长度一正一负，表示两条微带线的电界面和几何界面不一致，就像是宽带的长度被延伸而窄带的长度被缩短了一样。如果两条微带线的电长度都取为 θ，那么，宽带的几何长度应当有所缩减而窄带的几何长度应当有所延长。当然还应考虑串联电感的作用。如果仍根据静电模拟的办法，等效电路就应当画成如图 4-12(b)那样，那是不正确的。以前有人曾对对称带状线求出如图 4-12(a)所示的等效电路，据他们发表的实验结果看来，误差不超过百分之几。我们制作微带低通滤波器的经验也说明，对于尺寸跳变，用图 4-12(a)的等效电路是合理的。近年在外国期刊上有人把静电模拟法任意使用到各种问题上，也给出了像图 4-12(b)那样的等效电路和电容 C_j 的计算曲线，但他们对等效电路的性质未加分析，就毫无根据地运用静电模拟法来求等效电容，因此其结果并没有多大价值。

下面介绍求图 4-12(a)那种等效电路所用对偶波导模拟法的概念。

所谓波导模拟法，第一步是把微带线折合成均匀平板线，如图 4-13 所示。第二步是把方波导的尺寸跳变的等效电路应用到均匀平板线，把它看成临界波长是∞的方波导的一部分。

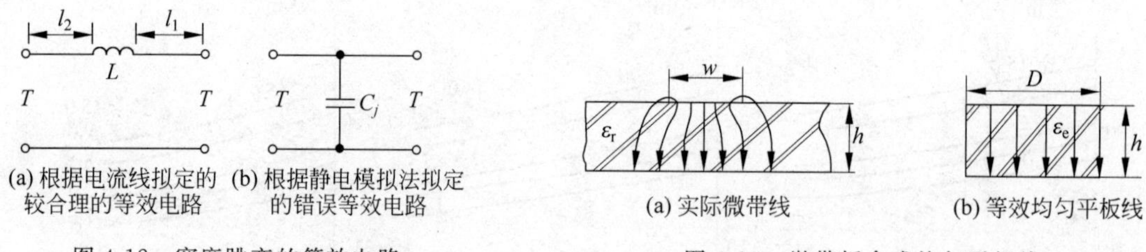

图 4-12 宽度跳变的等效电路

图 4-13 微带折合成均匀平板线

把微带线折合成均匀平板线的要求是：第一，二者特性阻抗相同；第二，二者相位常数相同。微带的特性阻抗 Z_0 可在第 1 章中查出，可以认为是已知的，其相位常数是

$$k = \omega\sqrt{\varepsilon_0\mu_0\varepsilon_e} \tag{4-6}$$

这里 ε_e 是有效相对介电常数。为使均匀平板线的相位常数也是 k，平行板之间填充的介质的相对介电常数应等于 ε_e；而均匀平板线的特性阻抗则是

$$Z_0 = \sqrt{\frac{\mu_0}{\varepsilon_0}}\frac{h}{D}\cdot\frac{1}{\sqrt{\varepsilon_e}}$$

这里是假定它的板间距离和微带线的高度 h 相同，根据上述假定，其 Z_0 就等于微带线的特性阻抗，D 是平板的宽度，称为微带的等效平板宽度。由上式，它等于

$$D=\sqrt{\frac{\mu_0}{\varepsilon_0}}\cdot\frac{h}{Z_0}\cdot\frac{1}{\sqrt{\varepsilon_e}} \tag{4-7}$$

在应用方波导尺寸跳变的现成结果时，遇到一个困难，就是：临界波长为∞的方波导宽度应为∞，无法和均匀平板线的尺寸跳变相比拟。为了解决这个问题，必须先应用对偶定理把均匀平板线变换为对偶波导，按波导的尺寸跳变求得等效电路后，再应用对偶定理把结果变换为原平板线的等效电路。

所谓电磁场与电路的对偶定理，就是在场方程、电路方程、场的边界和电路的连接中，如将表 4-2 中的第一行全部转换为第二行，经过各种运算和处理后，再将表中的第二行全部转换为第一行，其结果必同不经变换而直接运算和处理是一样。这可以从场方程和电路方程在形式上的对称性看出来。

表 4-2　对偶变换

$\overline{E}$	$\overline{H}$	ε	μ	理想电壁	理想磁壁	U	I	L	C	X	B	Z	Y	串联	并联
$\overline{H}$	$-\overline{E}$	μ	ε	理想磁壁	理想电壁	I	U	C	L	B	X	Y	Z	并联	串联

把图 4-13 中的均匀平板线变换成对偶波导后，就成为图 4-14。它是从一条宽度为∞的方波导上劈下了宽度为 h 的一部分。图 4-15 表示了平板线的尺寸跳变及其对偶波导，显然这是一个高度由 D_1 变为 D_2 的波导的 E 面尺寸跳变，它的等效电路可在一般的微波手册中查到。对这个等效电路(注意应使临界波长为∞)再进行一次对偶变换，就得到了平板线宽度跳变的等效电路，也就是微带宽度跳变的等效电路。

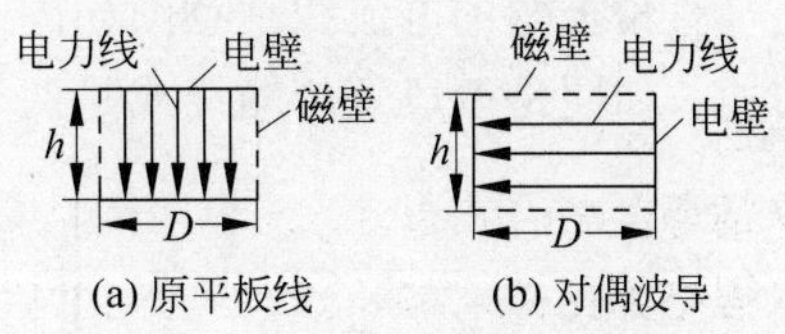

图 4-14　均匀平板的对偶波导

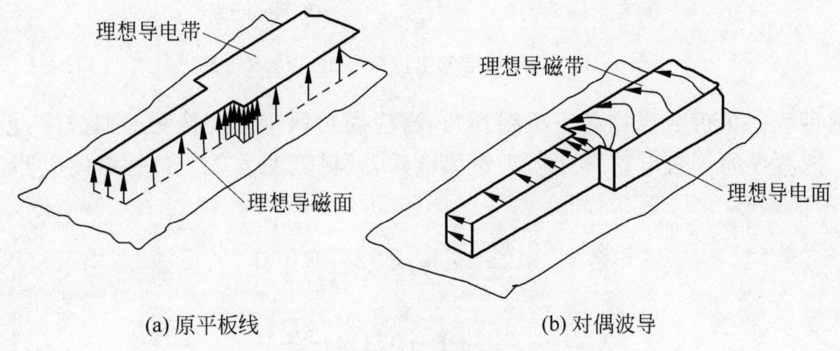

图 4-15　平板线尺寸跳变及其对偶波导

图 4-16 表示了微带宽度跳变的等效电路，其中

$$X=\frac{240\pi h}{\lambda}\ln\left[\csc\left(\frac{\pi Z_{01}}{2Z_{02}}\right)\right]$$

$$l\approx\frac{D_1+D_2}{4}-\frac{W_1+W_2}{4} \tag{4-8}$$

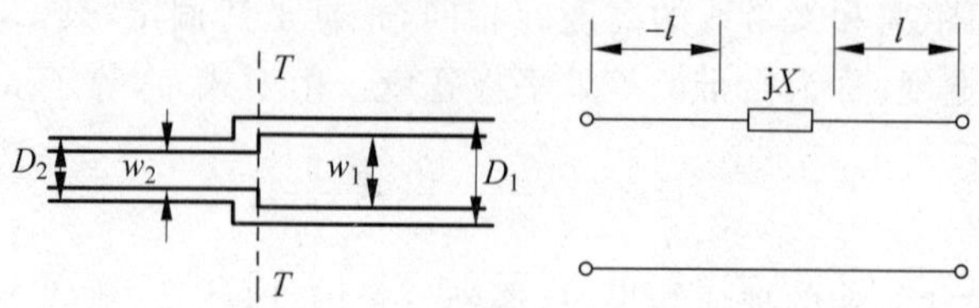

图 4-16 微带尺寸跳变的等效电路

当然，微带线和它的折合平板线尽管特性阻抗和相位常数相同，它们的尺寸跳变的等效电路未必相同。这种考虑方法定性地说是正确的，具体的定量关系其准确度就需要用实践来检验。对于对称带线，已发表的实验数据表明，其准确度是比较高的。对于微带线，我们没有进行过系统的实验，因此这种方法只供参考。

另外，电抗两侧的修正长度 $-l$ 和 l 在对偶波导的等效电路中是没有的，它们是根据电流线的分布，在折合成均匀平板线时所做的估计。对于对称带线，它们是比较准确的；对于微带线，它也只可以作为参考。

4.5 微带线直角折弯

直角折弯的电流线示意图如图 4-17(a)所示。在拐角区域如同有一个并联电容，路径的加长如同是两段短传输线或是两个电感。因此它的等效电路应当如图 4-17(b)所示。

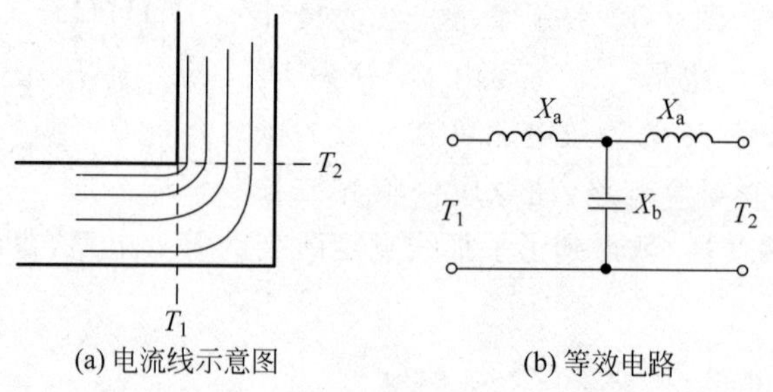

(a) 电流线示意图 (b) 等效电路

图 4-17 直角折弯的电流线示意和等效电路

把这微带线拐角折合成均匀平板线拐角，再应用对偶定理变换为对偶波导，就成了波导 E 面拐角。把波导的等效电路再变换为对偶电路，就得到图 4-17(b)的等效电路，在这个等效电路中，

$$X_a = \frac{2DZ_0}{\lambda}\left[0.878 + 2\left(\frac{D}{\lambda_g}\right)^2\right]$$

$$X_b = -\frac{\lambda Z_0}{2\pi D}\left[1 - 0.114\left(\frac{2D}{\lambda_g}\right)^2\right] \tag{4-9}$$

其中，D 是折合宽度。对通常的微带尺寸在 X_b 的表示中，方括号里的第二项一般不到 0.1。这个等效电路的参考面，如图 4-17(a)的虚线所示，取在折合均匀平板线开始转弯处。

假定微带线拐角一端接匹配负载 Z_0，求另一端的反射系数 Γ，再据此求插入驻波比 ρ，然后根据此驻波比和反射系数的相位去重画等效电路，就成为图 4-18，其中

$$\rho = C + \sqrt{C^2 - 1} \tag{4-10}$$

而
$$C=\frac{1+2(x_{\mathrm{a}}+x_{\mathrm{b}})^2+x_{\mathrm{a}}^2(x_{\mathrm{a}}+2x_{\mathrm{b}})^2}{2x_{\mathrm{b}}^2}$$

$$x_{\mathrm{a}}=\frac{X_{\mathrm{a}}}{Z_0},\quad x_{\mathrm{b}}=\frac{X_{\mathrm{b}}}{Z_0} \tag{4-11}$$

等效长度 l 则按下式给出：

$$kl=\frac{1}{2}\arctan\frac{2(x_{\mathrm{a}}+x_{\mathrm{b}})}{1-2x_{\mathrm{a}}x_{\mathrm{b}}-x_{\mathrm{a}}^2}-\frac{\pi}{2} \tag{4-12}$$

图 4-18 不仅能给出和图 4-17(b)同样的反射系数，而且其透过系数也相同。此图比较便于使用。

应用对偶波导模拟法的结果，对于对称带线，有人曾发表实验结果，证明其准确度较高。对于微带线，上列结果可作为有用的参考。

实际上常常希望拐角不引起反射。为此，可以把拐角削去一块，如图 4-19 所示。削去的尺寸要靠实验反复修改。图 4-19 是已发表的两个实验结果，图 4-19(a)是同尺寸的微带拐角，图 4-19(b)是异尺寸的微带拐角。据发表者说，用四个同样的拐角每两个相隔半波长，测得的总插入驻波比小于 1.1，插入衰减小于 0.3dB。

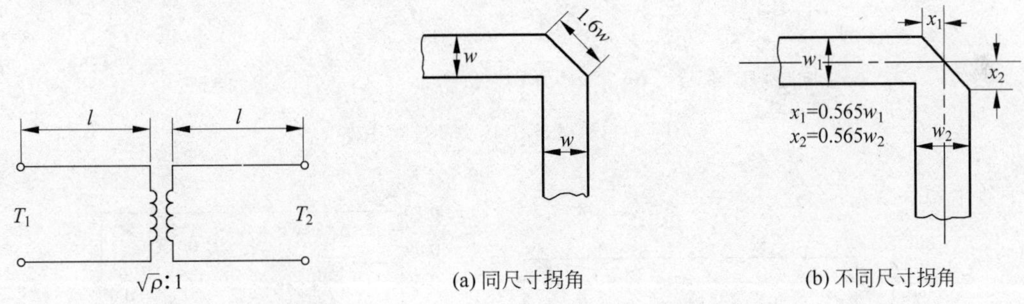

图 4-18 直角拐角的另一种等效电路

图 4-19 实用微带拐角尺寸的样品

4.6 微带线 T 接头

在微带电路中，用到 T 接头的地方很多。例如，图 4-20 表示两个 3dB 分支电桥。其中，图 4-20(b)用了四个对称 T 接头，图 4-20(a)用了四个不对称的 T 接头。

现在仍然暂时只能用波导模拟法，先把微带线折合成平板线，再变换成对偶波导，就成为波导 E 面 T 接头，如图 4-21 所示。波导 E 面 T 接头的等效电路，如图 4-22 所示。应用对偶关系就得到微带 T 接头的等效电路，如图 4-23 所示。在 d、d'、B、n 四个参量中，d 和 B 误差较大。图 4-24 给出 n、d' 和修正过的 d、B 值。

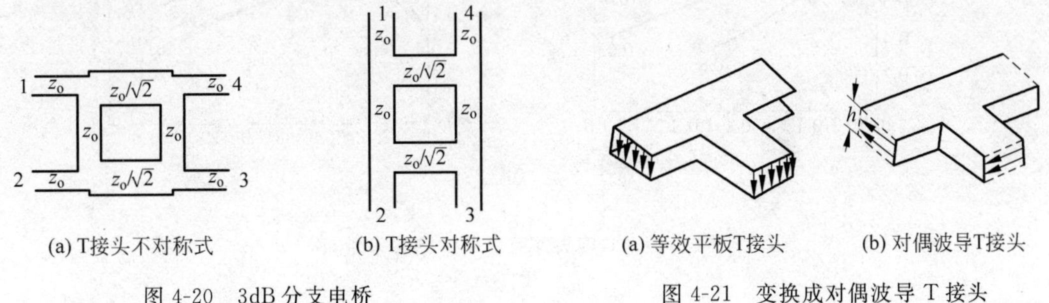

图 4-20 3dB 分支电桥

图 4-21 变换成对偶波导 T 接头

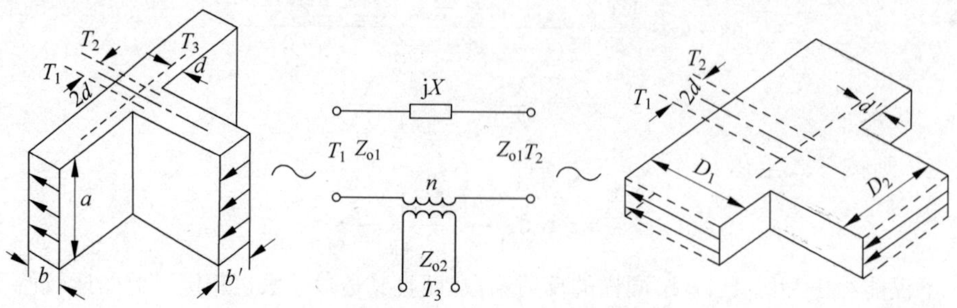

图 4-22 波导 T 接头的等效电路

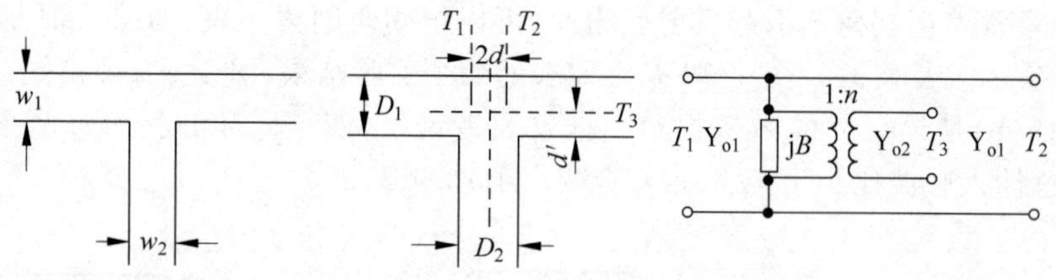

图 4-23 微带 T 接头的等效电路

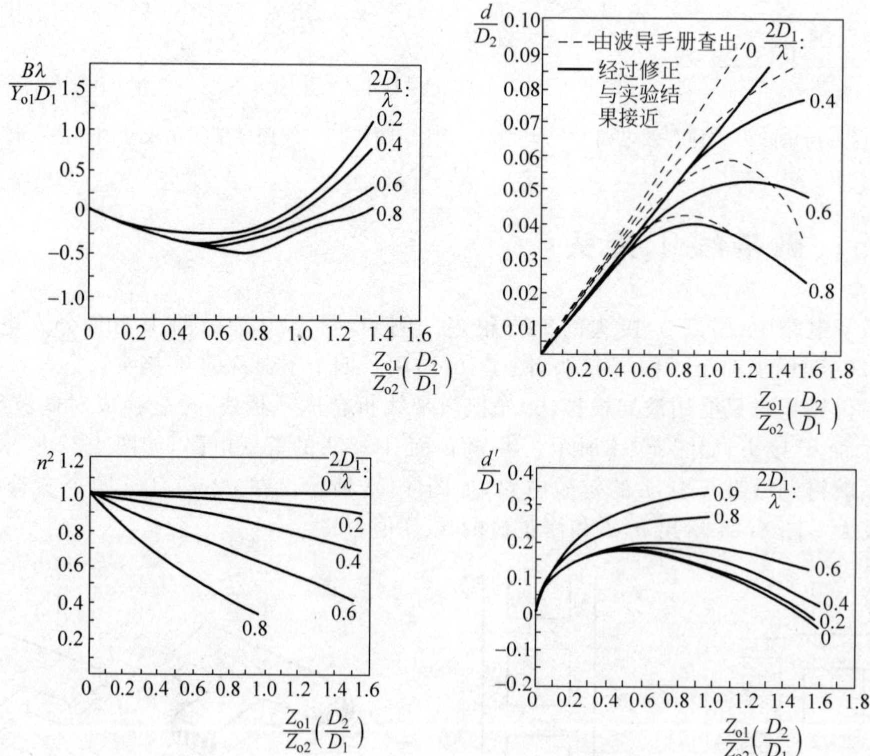

图 4-24 T 接头等效电路中的各参量

图 4-25 给出另一个等效电路，也是应用波导模拟法求得的。这个等效电路的特点是：两个直臂的参考面取在中心而分支臂的参考面取在拐角处，这对于实际计算比较便利。其中，

$$n' = \frac{\sin\dfrac{\pi D_2}{\lambda_g}}{\dfrac{\pi D_2}{\lambda_g}},\quad n = n'\sqrt{\frac{D_2}{D_1}}$$

$$X_A = -\frac{D_2 Z_{01}}{\lambda_g}[0.785n]^2$$

$$X_B = -\frac{X_A}{2} + \frac{2D_1 Z_{01}}{n'^2 \lambda_g}\left[\ln\left(\frac{1.43D_1}{D_2}\right) + 2\left(\frac{D_1}{\lambda_g}\right)^2\right] \tag{4-13}$$

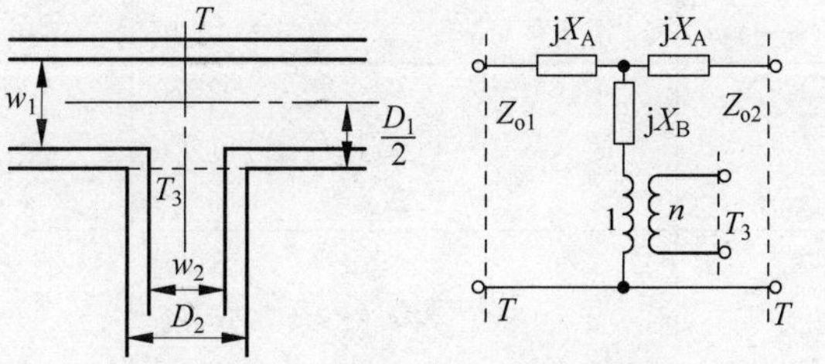

图 4-25　T 接头的另一种等效电路

在研究和设计某些微带元件时，如图 4-20 所示的电桥，应当考虑到把分支结用 T 接头的等效电路来代替，把它的影响计算在内。

以上我们所介绍的都是对称 T 接头，关于不对称 T 接头的理论分析比较复杂，在某些特殊情况下，例如对 3dB 分支电桥，可将输入、输出臂转一个角度把不对称 T 接头转换到对称 T 接头，如图 4-20 所示。

在一般情况下，不对称 T 接头的特性可以用实验的方法来研究。我们测出 T 接头三个臂的参考面的方法如下：在所应用的频率范围内，取一臂长约为 $\lambda/4$ 左右，另外两臂，一臂接信号源，一臂接指示器，如图 4-26 所示。改变信号源输出的频率，使 $\lambda/4$ 臂在结头参考面达到谐振，即使参考面处正好是电压短路点，则指示器指示为零(实际上不可能为零只要在改变频率时指示器指示为最小即可)，算出与此频率相应的线上的 1/4 波长，和开路臂比较(要考虑开路终端效应)，即可求得该臂在结头处的参考面位置。同样依次对其他两臂进行测量，便可测出三个臂在结头处的等效参考面位置 d_1、d_2 及 d'，如图 4-27 所示。

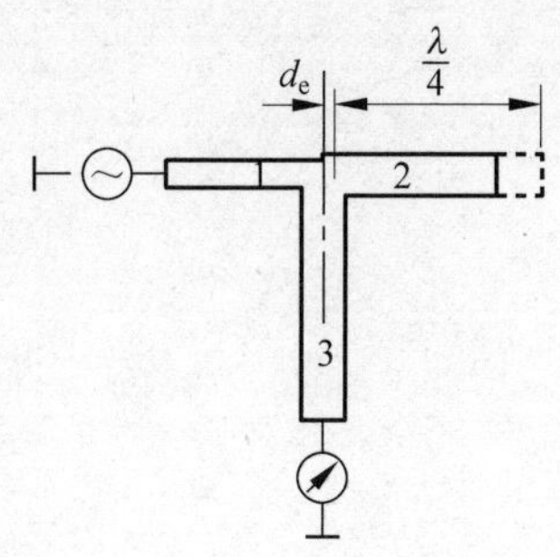

图 4-26　测 2 臂在结头处的参考面位置 d_2

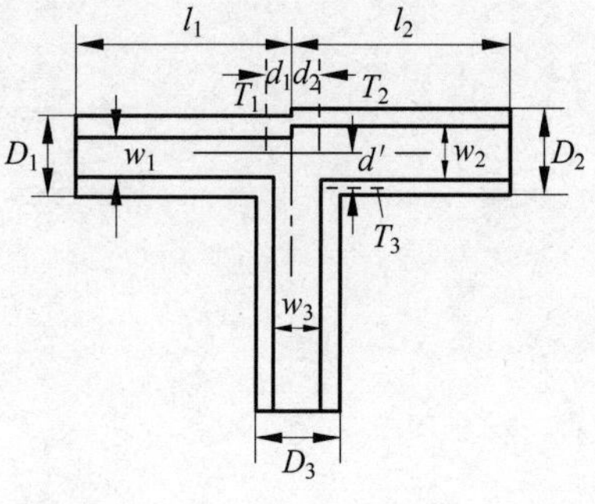

图 4-27　不对称 T 接头等效参考面位置的实验测量

我们曾制作了两种不同尺寸的 T 接头，利用上述方法进行实验的结果如表 4-3 所示。

表 4-3 两种微带 T 接头样品的实验数据($h=1, \varepsilon_r=9.6$)

	T 接头样品Ⅰ	T 接头样品Ⅱ
W_1(mm)	0.98	0.98
W_2(mm)	1.80	1.80
W_3(mm)	0.98	2.56
l_1(mm)	11.02	11.10
l_2(mm)	10.79	10.86
l_3(mm)	10.54	9.35
对 1 臂的谐振频率(MHz)	2590	2630
1 臂的线上 $\lambda/4$(mm)	($\sqrt{\varepsilon_e}=2.57$)11.28	($\sqrt{\varepsilon_e}=2.57$)11.08
1 臂的终端修正长度 ΔL(mm)	0.30	0.30
对 2 臂的谐振频率(MHz)	2570	2590
2 臂的线上 $\lambda/4$(mm)	($\sqrt{\varepsilon_e}=2.64$)11.06	($\sqrt{\varepsilon_e}=2.64$)11.02
2 臂的终端修正长度 ΔL(mm)	0.35	0.35
对 3 臂的谐振频率(MHz)	2820	3100
3 臂的线上 $\lambda/4$(mm)	($\sqrt{\varepsilon_e}=2.57$)10.35	($\sqrt{\varepsilon_e}=2.68$)9.02
3 臂的终端修正长度 ΔL(mm)	0.30	0.37
参考面位置 d_1(mm)	11.02+0.30−11.28=0.04	11.10+0.3−11.08=0.32
参考面位置 d_2(mm)	10.79+0.35−11.06=0.08	10.86+0.35−11.02=0.19
参考面位置 d'(mm)	10.54+0.30−10.35=0.49	9.35+0.37−9.02=0.7

第 5 章 微带滤波器和变阻器

CHAPTER 5

5.1 微带滤波器概述

微带滤波器是微波滤波器的一种。微波滤波器现在已成为一种十分重要的微波元件，其种类繁多，仅按其所用传输线的类型来分，就可分成波导滤波器、同轴线滤波器、带状线滤波器和微带滤波器等。

微波滤波器之所以得到广泛的应用，是由于它具有选频功能，可以分隔频率，即通过所需频率的信号，而抑止不需要频率的信号。目前，由于在雷达、微波通信等部门，多频率工作越来越普遍，对分隔频率的要求相应提高，所以需用大量的微波滤波器。微波固体器件的应用对滤波器的发展也有推动作用，因为像参量放大器、微波固体倍频器、微波固体混频器等一类电路元件都是多频率工作的，需要有相应的滤波器；又由于这些微波固体器件很大部分是做成微带集成电路的形式，因此微带滤波器就迅速发展起来。

由于微波滤波器工作频率极高(通常在几吉赫以上)，就不能再用集总参数的电感与电容元件组成，而应采用半集总参数或分布参数结构。

微带滤波器和波导、同轴线等微波滤波器的主要区别仅在于传输线形式的不同。在主要特点方面，例如采用半集总参数或分布参数结构是相同的，因此有关微波滤波器的一些基本概念和基本设计方法对微带滤波器也适用。微带滤波器的特点，是由微带线本身特点所决定：例如由于在平面上作图和制版的方便，滤波器广泛采用各种变阻抗形式和耦合微带线形式；又由于微带线的结构特点，导体带条和接地板之间的短路较为不便，短路结构在滤波器中很少采用。因此，像空气带状线中广泛应用的交指、梳状滤波器，在微带线中就较少见(除短路不便外，不易调整也是其中一个原因)。此外，由于微带损耗大、Q 值低，其结构又不便调整，因此微带滤波器的某些指标(如通带损耗和阻带衰减)较低于其他微波滤波器。

对于一个微波滤波器，通常应考虑下列指标：

(1) 频率范围。即滤波器通过或截断信号的频率界限。如图 5-1 所示，图中的曲线为滤波器衰减的频应特性，左边为低通滤波器，右边为带通滤波器。其中，低通滤波器的 f_1 和带通滤波器的 f_1、f_2，称为截止频率或边界频率，为滤波器通带和阻带的界限。按照理想，应使滤波器的频应特性在边界频率处产生跳变，即使其通带衰减为零，阻带衰减为无限大。但实际能做到的频应特性是连续变化的。通常对截止频率点规定一特定的衰减值 L_r，如图 5-1所示，图中 f_0 为带通滤波器的中心频率。

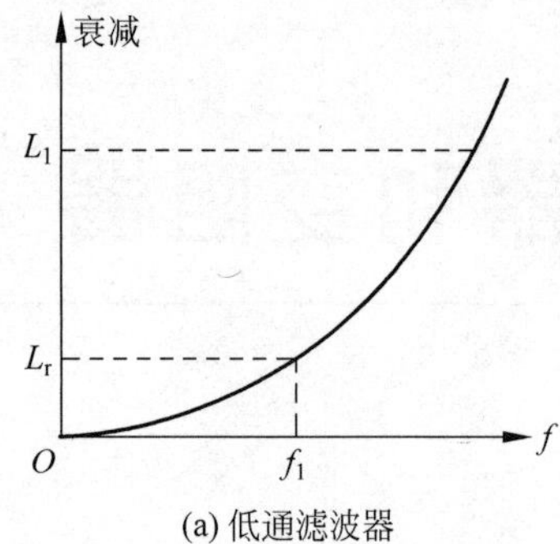

(a) 低通滤波器

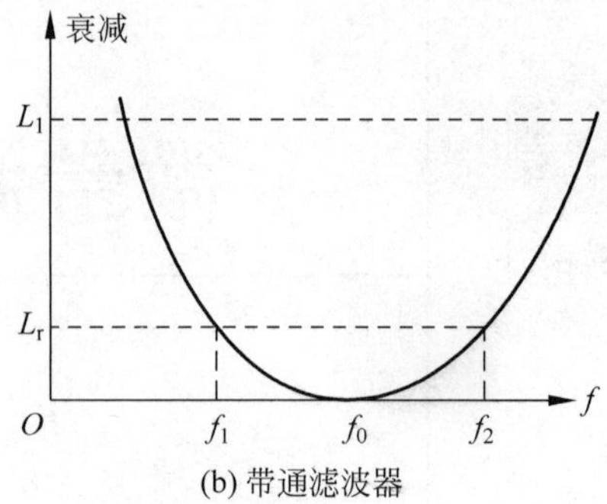

(b) 带通滤波器

图 5-1 低通和带通滤波器衰减的频应特性

(2) 通带衰减。由滤波器残存的反射以及滤波器元件的损耗所引起，一般希望其尽可能小。

(3) 阻带衰减(或通带外衰减)。一般希望其尽可能大，并希望在通带范围外，衰减值能陡峭地上升，一般取通带外与截止频率为一定比值的某频率的衰减值作为此项指标。

(4) 寄生通带。为微波滤波器特有的指标，由分布参数的传输线段频率响应的周期性所引起，其结果使得在离开设计通带一定距离处又产生了通带(通常各通带中心频率之间成整数倍关系)，即称为寄生通带。在设计滤波器时，应事先考虑好寄生通带所在的位置，而不使要截止的频率落入寄生通带之内。

(5) 群时延特性。当微波滤波器作为延时网络时必须加以考虑。群时延特性是否为线性，由滤波器通带内的相移频率特性的线性程度所决定。当相移特性为理想的直线性时，则脉冲信号通过网络时无畸变，其延时为 $t_P=\phi/\omega$。若相移特性为非线性，我们取群时延 $t_d=\mathrm{d}\phi/\mathrm{d}\omega$ 表示信号的延时。此时群时延特性也是非线性的，若群时延特性的非线性严重，则脉冲信号通过后将发生显著的畸变。

由上可知，对滤波器的要求是多方面的。目前对微波滤波器进行的研究非常多，不但具体结构多种多样，而且计算步骤、设计方法、考虑角度也各不相同，如何整理出一个清楚的头绪来？滤波器的主要矛盾是由它分隔频率的功能所决定的，为了使分隔理想，一方面要求通带的衰减尽可能小，阻带衰减尽可能大，亦即通带和阻带的衰减差值要尽量大；另一方面要求通带和阻带之间衰减的变化应尽可能快，最好是陡峭的跳变，使阻带和通带的分隔十分明显。这是由于当前无线电技术的发展，所需分割的频率之间的相对间距越来越小，因而对滤波器衰减特性的变化陡度，提出更高要求的缘故。但是这两方面的要求往往是冲突的。对图 5-1 的滤波器衰减频应特性，若规定衰减值在 L_r 以下为通过区域，L_1 以上为截止区域，则 L_r 越小，L_1 取得越大，通过区域和截止区域之间的相对频率间隔就越大，就越达不到陡峭跳变的要求。对于微波滤波器，上述两方面的要求却都很重要且必须同时满足。因此，同时满足这两方面要求的矛盾就成了微波滤波器的主要矛盾。这个矛盾，可通过以下途径来解决：

(1) 增加滤波器的节数，即以滤波器结构复杂的代价换取其性能的改善。这种方法在对滤波器性能要求还不很高的场合下是有效的，但当对滤波器性能要求越来越高时，单纯地增加节数就不能奏效。因为这样不但使结构过分复杂，即使能勉强实现，也会因为滤波器的元件数太多，元件的损耗开始起作用，进而使通带的衰减增加、阻带的衰减减小，结果滤波器的性能并不能像预期的那样得到改善。

(2) 采用综合设计法。这是解决矛盾的真正有效途径。所谓综合设计，就是全面综合上述一对主要矛盾，将指标予以合理分配，从而以最经济的方法解决滤波器的一对主要矛盾。将进行综合设计(也称最佳设计)的滤波器和同样性能指标而未进行综合设计的滤波器相比，其节数可减少一半以上。

从滤波器设计方法的发展过程中，也可以看出这对主要矛盾所起的作用。最开始时，微波滤波器的设计较多地采用以下两种方法：

(1) 镜像参量设计法。这是低频滤波器的古典设计方法。早期微波滤波器的设计也用此法。当各节全同网络级联成链形电路时，可用此种方法设计。这里利用了各节单元的镜像参量进行级联。此种方法的缺点是得出的滤波器性能差，且要求其终端接随频率而变化的镜像阻抗作为负载才可得到设计性能，这当然是不实际的。虽然也可在两端加匹配节来改善，但会引起结构的复杂和调整的烦琐。按镜像参量设计的滤波器，衰减特性有时甚至在通带内产生一尖峰，因而引起工作性能的恶化。在低频滤波器中，还可由原型滤波器导出K型和m型滤波器，使其性能有所改善，但也是结构复杂，而不便应用到微波滤波器中。因此，目前已基本上不用此种方法。

(2) 传输波设计法。过去在设计波导滤波器时曾经广泛采用传输波设计法，其基本出发点为把微波滤波器看成传输线上相隔一定距离放置的电抗、电纳或谐振元件(在波导中为电感销钉、电容螺钉、电感膜片等)。每个元件对进入的传输波均能产生一个反射波。如适当选择元件的电抗、电纳值及其间的距离，即能使通带内各反射波相互抵消，而得到一个低的插入驻波比，插入衰减就小。在阻带中，则由于反射波的叠加而得到高的衰减。在设计过程中，可应用圆图或矩阵来运算。这种设计方法，根据波在传输线上的传播特性，物理概念清楚，但其缺点是较难进行综合设计，因此滤波器性能的提高也受到局限。

由于以上各种设计方法缺点较多，不能合理地解决滤波器的主要矛盾，因此目前滤波器设计就逐渐过渡到以综合设计为基础的原型电路设计法。

所谓原型电路就是以L、C作为元件的集总参数低频电路，其中L、C的数值根据对滤波器的指标要求、以不同的综合设计方法求得，由此得出一系列规格化的元件数值，列成表格，称为原型电路元件参数。在进行具体滤波器设计时，不必每次进行计算，而只需根据一定的变换关系把原型电路元件参数转化为实际滤波器的元件值，即具体实现了微波滤波器。应用此种方法，不仅原型电路的元件参数已经过综合设计而达到了“最佳化”，而且设计参数均已“规格化”，只需得出原型滤波器和实际滤波器之间的变换关系，即可设计各种滤波器。这就显示了这种方法的优越性。

目前常用的集总参数原型电路主要有下列两种：

(1) LC串并联低通滤波器原型电路(简称低通原型电路)。为LC串并联而组成的梯形电路，如图5-2所示，可看出它具有低通特性。其中各个L、C元件可根据不同的综合设计法得出。目前最常用的综合设计法为最大平坦度设计法和切比雪夫设计法，两者所得的衰减频应特性分别示于图5-3和图5-4。

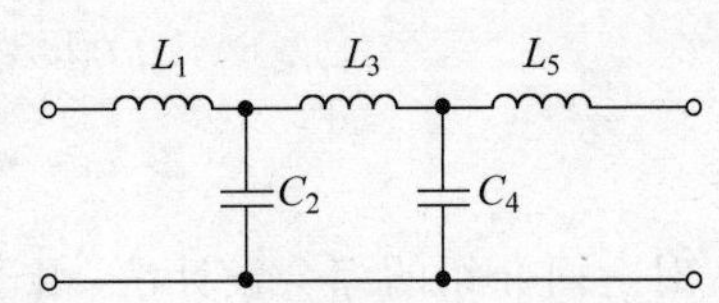

图5-2 LC串并联低通原型滤波器电路

将两者相比较可以看出，最大平坦度的衰减特性在通带内由零逐渐增加到截止频率时的 L_r；而切比雪夫衰减特性在通带内则是上下起伏，但都不超过 L_r。总的来说，切比雪夫的通带衰减比最大平坦度要大一些(因为在几个点上可以大到 L_r)，但其带外衰减特性的上升陡度很大，亦即如规定同样一个 L_1 值作为阻带的衰减值下限，则可看出切比雪夫特性的通、阻带之间的相对频率间隔比最大平坦度特性要小得多。因此在某种意义上说，切比雪夫设计法比最大平坦度方法更为经济、合理。它虽然以通带内衰减波纹的代价换取了通带外衰减值上升的陡度，但因为在通带内规定了衰减值不超过指标值 L_r，只要满足此条件，衰减在通带内不论怎样变化都无关紧要，不影响滤波器的通带工作指标。因此它是恰当处理滤波器主要矛盾的实用设计方法。

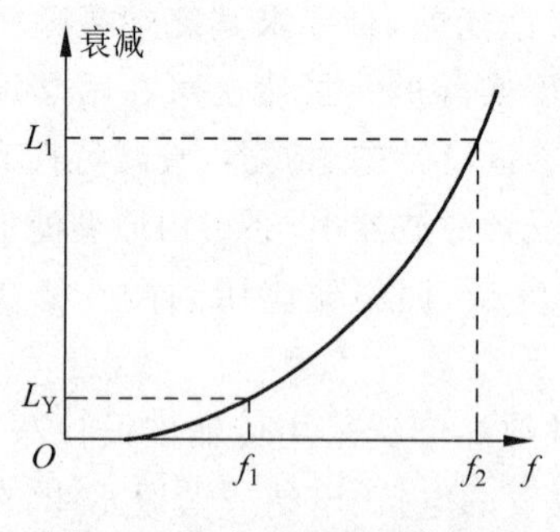

图 5-3　最大平坦度滤波特性

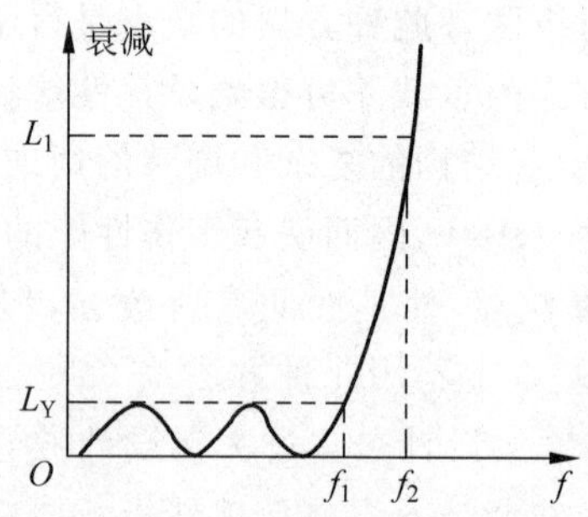

图 5-4　切比雪夫滤波特性

(2) 椭圆滤波器低通原型电路。其集总参数 L、C 的排列以及此种滤波器的衰减频应特性，如图 5-5 所示。可以看出，此种类型的滤波器，在合理解决滤波器主要矛盾上，又进了一步。在这里，滤波器的阻带内衰减特性也是起伏的，但这也不构成对使用指标的影响，因为在设计时，保证了阻带的最小衰减大于给定值 L_1，由于阻带存在有限频率传输零点，故通带和阻带之间的过渡也更为陡峭。

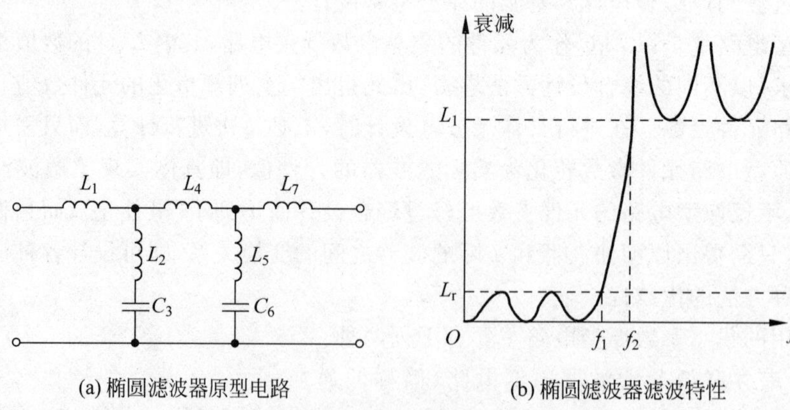

图 5-5　椭圆滤波器的原型电路及滤波特性

对上面介绍的综合设计法，由于椭圆滤波器原型电路比较复杂，相应的微波滤波器用于带状线、波导等传输线形式较多，而应用于微带线形式尚不多，因此在以后的讨论中，只考虑第一种低通原型电路。

5.2 集总参数低通原型滤波器

原型滤波器设计法的最大优点是可以应用综合设计，并且使设计过程规格化。在微带滤波器中，以第一种原型电路，即 L、C 串并联低通滤波器原型电路为主。本节对此种原型电路做一分析，以后为简便起见，统称第一种原型电路为低通原型电路。

用 L、C 串并联而连接成的梯形电路，显然具有低通特性。下面就来具体分析其衰减频应特性。因为要进行综合设计，假设各个元件的参数都不相同，如图 5-6 所示。在图上的 R_0 和 R_{n+1} 分别为电源内阻和负载电阻。通常情况下，微波滤波器的电源和传输线是匹配的，亦即 $R_0=Z_0$。

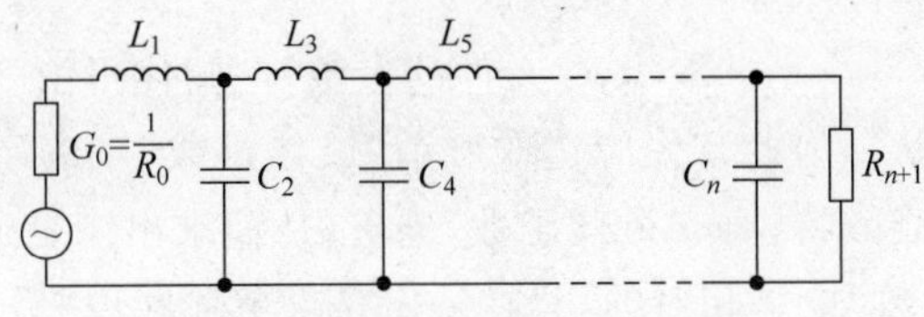

图 5-6 低通滤波器原型电路

下面我们求 L、C 电路的工作衰减量 L。由第 2 章所述，工作衰减量的定义为

$$L=\frac{1}{|S_{12}|^2}=\left|\frac{a+b+c+d}{2}\right|^2 \tag{5-1}$$

以 dB 为单位表示 L，则为

$$L_{\mathrm{dB}}=10\lg\frac{1}{|S_{12}|^2}=10\lg\left|\frac{a+b+c+d}{2}\right|^2 \tag{5-2}$$

因为 L、C 排列成链形，故用 $\boldsymbol{a}$ 矩阵计算较为方便。

最简单的情况为 $n=1$，即只有一个元件 L_1，其归一化电抗为$\frac{\mathrm{j}\omega L_1}{Z_0}$。则根据表 2-2，查出其 $\boldsymbol{a}$ 矩阵为

$$\boldsymbol{a}=\begin{bmatrix}1 & \frac{\mathrm{j}\omega L_1}{Z_0}\\ 0 & 1\end{bmatrix}$$

$$\begin{aligned}L&=\left|\frac{a+b+c+d}{2}\right|^2=\left|\frac{1+1+\frac{\mathrm{j}\omega L_1}{Z_0}}{2}\right|^2=\left|\frac{2+\frac{\mathrm{j}\omega L_1}{Z_0}}{2}\right|^2=1+\left(\frac{\omega L_1}{2Z_0}\right)^2\\&=1+\left(\frac{L_1}{2Z_0}\right)^2\omega^2\end{aligned} \tag{5-3}$$

如设 $n=2$，即再增加一个并联电容 C_2，其归一化 $\boldsymbol{a}$ 矩阵为

$$[a_{c2}]=\begin{bmatrix}1 & 0\\ \mathrm{j}\omega C_2 Z_0 & 1\end{bmatrix}$$

则串联电感和并联电容的总矩阵为

$$\boldsymbol{a}=\begin{bmatrix}1 & \frac{\mathrm{j}\omega L_1}{Z_0}\\ 0 & 1\end{bmatrix}\cdot\begin{bmatrix}1 & 0\\ \mathrm{j}\omega C_2 Z_0 & 1\end{bmatrix}=\begin{bmatrix}1-\omega^2 L_1 C_2 & \frac{\mathrm{j}\omega L_1}{Z_0}\\ \mathrm{j}\omega C_2 Z_0 & 1\end{bmatrix} \tag{5-4}$$

故

$$L=\left|\frac{a+b+c+d}{2}\right|^2=\left(\frac{2-\omega^2L_1C_2}{2}\right)^2+\frac{\omega^2}{4}\left(\frac{L_1}{Z_0}+C_2Z_0\right)^2$$

$$=1+\left(\frac{L_1C_2}{2}\right)^2\omega^4+\left(\frac{L_1^2}{4Z_0^2}+\frac{C_2^2Z_0^2}{4}-\frac{L_1C_2}{2}\right)\omega^2 \tag{5-5}$$

由式(5-3)和式(5-5)可以看出一个规律,由 n 个 L、C 元件组成的串并联梯形电路,其工作衰减量都可表达为 1 加上 ω 的 $2n$ 次的一个偶次多项式:

$$L=1+P_n^2(\omega) \tag{5-6}$$

其中,$P_n^2(\omega)$为频率 ω 的 $2n$ 次的偶次多项式。这个结论对 n 为任意整数都是对的。

从式(5-3)和式(5-5)都可看出,当 $\omega=0$ 时,$L=1$,即信号可无衰减地通过;而当 ω 增加时,L 增大,因而具有低通特性。

所谓综合设计法,就是适当选取 L、C 元件的参数排列,使得由 $2n$ 次多项式表示的衰减特性具有比较合理的形状。为此首先应选取所谓"最佳函数"来表示理想的衰减频应特性,然后令低通原型电路的衰减特性向"最佳函数"逼近,从而求出满足逼近条件的元件参数值,应该说明:所谓"最佳函数"也是相对的,只在一定条件下才能说"最佳"。例如,切比雪夫最佳函数是以通带内存在着波纹衰减值为条件;椭圆最佳函数是以通带、阻带内都存在衰减起伏为条件。条件改变,"最佳函数"也就改变了。

选择"最佳函数"时,应有下列要求:

(1) 具有较好的衰减频应特性。

(2) 必须能够实现。

其中第二个条件也是很重要的,如果衰减特性十分理想,但不能具体实现,则所谓"最佳函数"就毫无价值了。例如,为了实现 LC 串并联的原型电路,则最佳函数也必须能表达成 ω 的 $2n$ 次多次式,这样才能与前述多项式的系数进行比较,而求出各个元件参数值。对上述原型电路,最大平坦度函数和切比雪夫函数均可以满足要求,而椭圆最佳函数就不能实现上述电路结构,只能实现为图 5-5 所示的电路结构。

下面分别对低通原型电路最常用的两种综合设计方法作介绍。

5.2.1 按最大平坦度特性设计

从式(5-3)和式(5-5)所得的 LC 低通原型电路的衰减频应特性可以看出:当 $\omega=0$ 时,固然衰减量都是零,但 ω 逐渐增加时,衰减值也随着增大。而我们对滤波器的要求,并不只是在 $\omega=0$ 一点衰减应该小,而是要求整个通带内衰减都比较小。当然整个通带内衰减都接近零是不可能的,比较现实的是希望在 $\omega=0$ 附近衰减尽可能接近于零,也就是衰减特性比较平坦。只在接近边界频率时,衰减才比较陡峭地上升,其形状如图 5-3 所示。

衰减特性的平坦度可借助于它对频率的导数来判断,如果不仅其一阶导数,而且二阶、三阶,甚至更高阶导数在 $\omega=0$ 点都等于零,则衰减特性就比较平坦。相应于式(5-3)、式(5-5)和式(5-6)给出的衰减特性函数,如果多项式只剩下最高次项 ω^{2n},其余较低次项的系数都为零,则对于一个 $2n$ 次的多项式,从一阶导数一直至 $2n-1$ 阶导数,在 $\omega=0$ 时都等于零,便得到 $2n$ 次多项式中最为平坦的衰减频应特性,故称为最大平坦度特性。式(5-3)所给出的即已经是最大平坦度特性,因为此时多项式只有 ω^2 一项;而对式(5-5)所给的衰减

特性，则应令 ω^2 项的系数为零，才能得到最大平坦度特性，亦即应使

$$\frac{L_1^2}{4Z_0^2}+\frac{Z_0^2C_2^2}{4}-\frac{L_1C_2}{2}=0 \tag{5-7}$$

相应的最大平坦度特性为

$$L=1+\left(\frac{L_1C_2}{2}\right)^2\omega^4$$

表示成 dB 形式为

$$L_{\mathrm{dB}}=10\lg\left[1+\left(\frac{L_1C_2}{2}\right)^2\omega^4\right] \tag{5-8}$$

若取 $\omega=\omega_1$ 为截止频率，而此时的衰减 $L_r=3\mathrm{dB}$，则由式(5-8)，求得 $\omega_1=\sqrt{\dfrac{2}{L_1C_2}}$，因而式(5-8)又可表示成为

$$L_{\mathrm{dB}}=10\lg\left[1+\left(\frac{\omega}{\omega_1}\right)^4\right] \tag{5-9}$$

但从 ω_1 对 L_1、C_2 的关系看，只要 L_1 和 C_2 的乘积确定，ω_1 就确定了。亦即把 L_1 增大一倍数，C_2 减少同样倍数时，衰减的频应特性不变。因此，为了得到一定的衰减特性，滤波器的元件值不是单一的，而是有无数组合。

原型滤波器作为其他滤波器的标准，好比一把“尺子”，故其元件参量应是确定的。在满足同样滤波特性的很多组元件参量值中，应选出确定的一组。从图 5-6 的 L、C 串并联电路中，可以看出，滤波器的衰减特性是由一系列串联感抗和并联容抗接连分压而得出，因此如将所有元件的电抗值，以及电源内阻和负载阻抗值都增减同一倍数，则分压关系仍保持不变，即原来的滤波特性仍可维持。为了使电抗值变化同样倍数 K，应把所有的电感 L 乘以 K，所有的电容 C 除以 K。

在低通原型滤波器中，可让所有元件的阻抗对电源内阻 R_0 归一化，以得到一组确定的元件值，即令

$$\left.\begin{aligned}
R_0'&=\frac{R_0}{R_0}=1\\
R_{n+1}'&=\frac{R_{n+1}}{\left(\dfrac{R_0}{R_0'}\right)}\\
L'&=\frac{L}{\left(\dfrac{R_0}{R_0'}\right)}\\
C'&=C\cdot\left(\frac{R_0}{R_0'}\right)
\end{aligned}\right\} \tag{5-10}$$

在式(5-10)中，都写成了相对关系，由此式可得出 $\dfrac{R_{n+1}}{R_{n+1}'}=\dfrac{R_0}{R_0'}$、$\dfrac{L}{L'}=\dfrac{R_0}{R_0'}$、$\dfrac{C'}{C}=\dfrac{R_0}{R_0'}$ 等，即所有元件的参量及其归一化参量之比等于电源内阻对其归一化值(归一化值实际取为 1)之比或为其倒数。换句话说，元件的归一化参量，即为令电源内阻为 1Ω、而所有元件阻抗之间的相对关系仍维持不变时的元件参量值。

有了归一化元件参量，则一个任意电源内阻的实际滤波器的元件参量可以根据

式(5-10)的关系得出，其滤波特性和原型滤波器完全相同。

应用上述归一化关系以后，虽然对不同电源内阻的滤波器都可利用低通原型滤波器，但是它的应用范围尚不够广，因为不同的低通滤波器，除电源内阻以外，其截止频率也各不一样，如何把原型滤波器进一步推广而使之能用于各种不同的截止频率？

在前面已讲过，对电源内阻归一化时，应把 L 乘以一个倍数 $K=\dfrac{R_0}{R_0'}$，C 乘以倍数 $\dfrac{1}{K}=\dfrac{R_0'}{R_0}$。现在来看一看：若把 L、C 都乘以某一系数 K，则滤波器的特性将如何变化？首先可以知道，其结果和上述归一化不同，因为此时串联电抗和并联电抗将向着反方向变化，而不是同步变化，因此分压关系肯定会改变，因而导致了衰减特性的变化，截止频率当然也变化了。但是再进一步观察一下就发现，变化前后的衰减特性之间存在一定的关系。设令 L、C 都乘上系数 K 而变为 $L'=KL$、$C'=KC$。注意，由于 L、C 都是线性元件，其电抗和电纳值都对 ω 成线性关系，因此变化后的电抗电纳值分别为 $\omega L'=K\omega L$、$\omega C'=K\omega C$。如果对变化后的 L'、C' 取新的频率变量 ω'，使 $\omega'/\omega=1/K$，则得 $\omega' L'=\omega L$、$\omega' C'=\omega C$，这说明 L、C 参数值都变 K 倍后，若频率也相应变换，可使变换前后电抗、电纳形式不变，因而衰减特性也应不变。但需注意：新的元件 L'、C' 的衰减特性是对新的频率变量 ω' 而言，所以如果把两种情况下的衰减特性画在一张坐标纸上，如图 5-7 所示，两条曲线将只是在横坐标上相差 $1/K$ 倍，亦即在两条曲线上取同一衰减值，则相应的频率之间满足 $\omega'/\omega=1/K$ 的关系。当然，两种情况下的截止频率之间也满足 $\omega_1'/\omega_1=1/K$ 的关系。

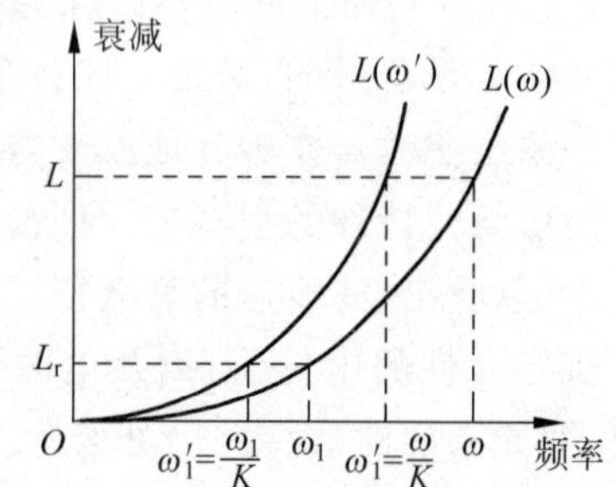

图 5-7　低通滤波器频率归一化关系

如果以后取衰减特性时，横坐标都采用相对频率，即取对截止频率的相对值，即把 ω 和 ω' 两种情况下的频率变量改为 ω/ω_1 及 ω'/ω_1'，则满足 $\omega'/\omega_1'=\omega/\omega_1$ 的关系。这个关系说明，如果 ω 和 ω' 各取对其截止频率 ω_1 和 ω_1' 的相对值，则相对频率 ω'/ω_1' 和 ω/ω_1 完全重合，相应的衰减特性也变为一条曲线了。由此得到一个重要结论：当两个滤波器的所有相应的 L、C 元件参量均相差 K 倍时，则两个滤波器对相对频率的衰减特性是相同的，只是截止频率差 $1/K$ 倍。反过来，如果欲使两个不同截止频率的滤波器具有相同的对相对频率的衰减特性，则只要把所有 L、C 元件参数乘一个相应于两个截止频率比值的因子即可。

由此可知，原型滤波器的意义和应用范围进一步推广了。如果其截止频率为 ω_1'，电感、电容元件参数值为 L'、C'，则实现一个相对频率特性和原型相同、但截止频率为 ω_1 的实际滤波器时，只需把 L'、C' 等原型滤波器参数值乘以因子 ω_1'/ω_1 即可。为使原型滤波器参量有确定值，取 $\omega_1'=1$。

所以低通原型滤波器，为电源内阻 $R_0'=1\Omega$、截止频率 $\omega_1'=1\text{Hz}$，且对相对频率 ω'/ω_1' 有一定衰减特性的滤波器。根据上面的讨论，一个具有内阻 R_0、截止频率 ω_1，且其相对频率的衰减特性和原型滤波器完全相同的实际滤波器，可根据下列关系从低通原型滤波器计算元件参数值。

$$R=\left(\frac{R_0}{R_0'}\right)\cdot R' \quad 或 \quad G=\left(\frac{G_0}{G_0'}\right)\cdot G' \tag{5-11}$$

$$L=\left(\frac{R_0}{R_0'}\right)\cdot\left(\frac{\omega_1'}{\omega_1}\right)\cdot L'=\left(\frac{G_0'}{G_0}\right)\cdot\left(\frac{\omega_1'}{\omega_1}\right)\cdot L' \tag{5-12}$$

$$C=\left(\frac{R_0'}{R_0}\right)\cdot\left(\frac{\omega_1'}{\omega_1}\right)\cdot C'=\left(\frac{G_0}{G_0'}\right)\cdot\left(\frac{\omega_1'}{\omega_1}\right)\cdot C' \tag{5-13}$$

式(5-11)～式(5-13)中,R'、L'、C'及ω_1'属于原型滤波器,因子(R_0/R_0')反映了对原型滤波器内阻的归一化关系,(ω_1'/ω_1)反映了对原型滤波器截止频率的归一化关系,并且令$R_0'=1$、$\omega_1'=1$。

由此,可把式(5-9)的两节最大平坦度滤波器写成对低通原型滤波器相对频率ω'/ω_1'的衰减特性形式:

$$L_{\mathrm{dB}}=10\lg\left[1+\left(\frac{\omega'}{\omega_1'}\right)^4\right] \tag{5-14}$$

进而对几节元件构成的最大平坦度原型滤波器的衰减特性写成:

$$L_{\mathrm{dB}}=10\lg\left[1+\left(\frac{\omega'}{\omega_1'}\right)^{2n}\right] \tag{5-15}$$

根据式(5-15),可将不同节数n的衰减特性曲线画出,如图5-8所示,图中的横坐标取$|\omega'/\omega_1'|-1$,ω'/ω_1'为原型滤波器对其截止频率的相对频率。如果在截止频率以外的某一频率上,提出衰减量必须大于某一给定值时,即可根据曲线查出滤波器的最少节数。例如应使$\omega'=1.5\omega_1'$处衰减大于40dB,则因$|\omega'/\omega_1'|-1=0.5$,查图上的曲线可知,节数$n$至少应取12。

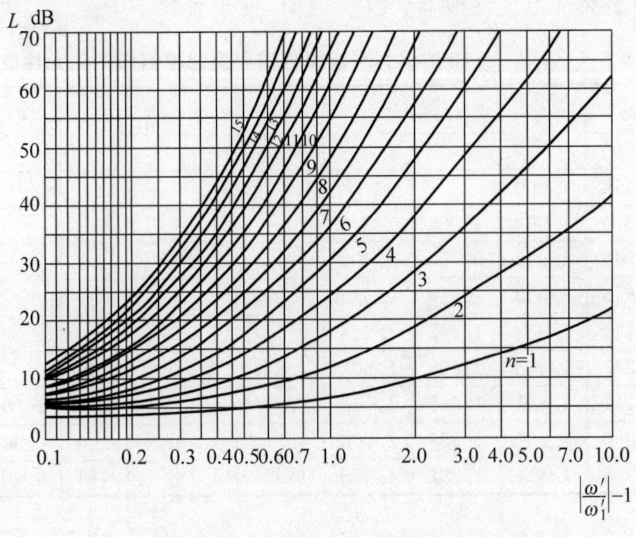

图5-8 最大平坦度低通原型滤波器的滤波特性

前面已经讲过,原型滤波器的元件参量值各为R_0'、L'、C'……经过分析后知道,一个原型滤波器,如将其串联电感L'换成并联电容C',而并联电容C'则换成串联电感L',其归一化值及元件排列次序均不变,则所得的相对频率衰减特性仍然相同。因此为了统一起见,原型滤波器元件参数均以$g_0,g_1,\cdots,g_n,g_{n+1}$表示,其中$g_0$表示电源内阻或内电导,$g_{n+1}$为负载电阻或电导,$g_1,g_2,\cdots,g_n$均为电感、电容。综合原型电路的排列方式共有四种,如图5-9所示。其中的电源和负载和串联元件相连时,则表示成电导形式;和并联元件相连时,则表示成电阻形式。注意，虽然电感、电容都表示为 $g_1, g_2, \cdots, g_n$，但在反归一化而转化成实际滤波器元件值时，仍应注意何者是电容、何者为电感，以采用不同的转换公式。只是在查原型滤波器的元件数值时，可以统一起来。

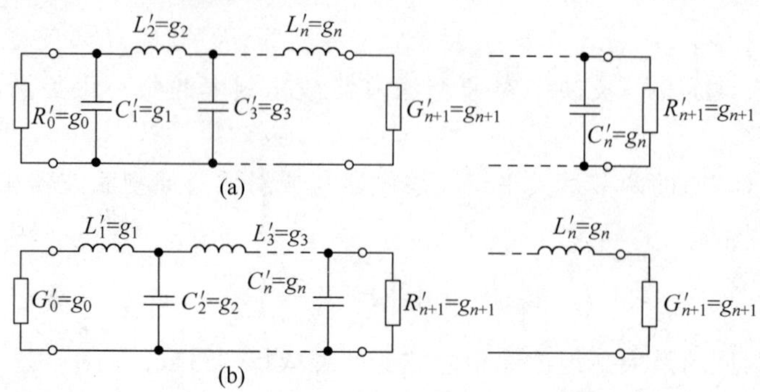

图 5-9　低通原型滤波器的归一化参量

如果把最大平坦度衰减特性的多项式和 L、C 梯形电路的衰减特性多项式逐项比较系数，并且给定原型滤波器条件(即电源内阻为 1Ω，截止频率为 1Hz)，即可得出其元件数值为

$$g_0 = g_{n+1} = 1$$

$$g_n = 2\sin\left[\frac{(2K-1)\pi}{2n}\right] \quad K = 1,2,\cdots,n \tag{5-16}$$

节数 n 从 1→10 的最大平坦度滤波器元件参数值，列于表 5-1 中。

表 5-1　n 从 1→10 的最大平坦度低通原型滤波器归一化元件值

n	g_1	g_2	g_3	g_4	g_5	g_6	g_7	g_8	g_9	g_{10}	g_{10}
1	2.000	1.000									
2	1.414	1.414	1.000								
3	1.000	2.000	1.000	1.000							
4	0.7654	1.848	1.848	0.7654	1.000						
5	0.6180	1.618	2.000	1.618	0.6180	1.000					
6	0.5176	1.414	1.932	1.932	1.414	0.5176	1.000				
7	0.4450	1.247	1.802	2.000	1.802	1.247	0.4450	1.000			
8	0.3902	1.111	1.663	1.962	1.962	1.663	1.111	0.3902	1.000		
9	0.3473	1.000	1.532	1.879	2.000	1.879	1.532	1.000	0.3473	1.000	
10	0.3129	0.9080	1.414	1.782	1.975	1.975	1.782	1.414	0.9080	0.3129	1.000

5.2.2　按切比雪夫特性设计

按切比雪夫特性设计的低通原型滤波器具有另一种最佳特性：它虽然在通带内衰减的变化有起伏波纹，但不超过预先给定值；而在此条件下，可得到相当陡峭的带外衰减特性。

这种设计方法的根据是利用切比雪夫多项式的特性。切比雪夫多项式的定义为

$$T_n(x) = \cos(n\cos^{-1}x) \qquad |x| \leqslant 1 \tag{5-17}$$

$$T_n(x) = \mathrm{ch}(n\,\mathrm{ch}^{-1}x) \qquad |x| \geqslant 1 \tag{5-18}$$

将其展开后，可表示成以下多项式：

$$T_0(x) = 1$$
$$T_1(x) = x$$
$$T_2(x) = 2x^2 - 1$$
$$T_3(x) = 4x^3 - 3x$$
$$T_4(x) = 8x^4 - 8x^2 + 1$$
$$T_n(x) = \frac{n}{2}\sum_{m=0}^{\frac{n}{2}} \frac{(n-m-1)!(-1)^m}{m!(n-2m)!}(2x)^{n-2m} \tag{5-19}$$

现将 $T_1(x)$、$T_2(x)$、$T_3(x)$、$T_4(x)$的函数图形示于图 5-10。由式(5-17)、式(5-18)的表达式结合图 5-10,可看出切比雪夫多项式有以下特性:

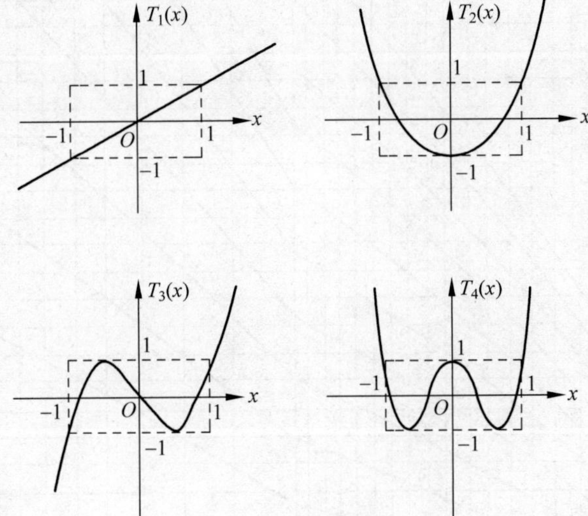

图 5-10　切比雪夫多项式特性

(1) 当 n 为偶数时,$T_n(x)$为偶函数;当 n 为奇数时,$T_n(x)$为奇函数。

(2) 当$|x|\leqslant 1$ 时,$|T_n(x)|\leqslant 1$,在 $n>2$ 以后,从图形上看,函数曲线在$[-1,+1]$范围内来回振荡。

(3) 在$-1<x<1$ 的范围内,$T_n(x)$和 x 轴相交 n 次,即有 n 个根。

(4) 在$|x|>1$ 以后,$|T_n(x)|$值很快单调地增加,且 n 越大,$|T_n(x)|$上升越为陡峭。

正因切比雪夫多项式有上述特性,所以可用来作为滤波器综合设计的最佳函数,而把$|x|\leqslant 1$ 的范围相应于滤波器的通带;$|x|>1$ 的范围相应于阻带。我们取低通原型滤波器的工作衰减量为下列形式:

$$\begin{aligned} L_{\mathrm{dB}} &= 10\lg\left\{1+\varepsilon T_n^2\left(\frac{\omega'}{\omega'_1}\right)\right\} \\ &= 10\lg\left\{1+\varepsilon\cos^2\left[n\cos^{-1}\left(\frac{\omega'}{\omega'_1}\right)\right]\right\} \quad \text{当 } \omega'\leqslant\omega'_1 \text{ 时} \\ &= 10\lg\left\{1+\varepsilon \mathrm{ch}^2\left[n\mathrm{ch}^{-1}\left(\frac{\omega'}{\omega'_1}\right)\right]\right\} \quad \text{当 } \omega'\geqslant\omega'_1 \text{ 时} \end{aligned} \tag{5-20}$$

可以看出,在 $\omega'\leqslant\omega'_1$时,$T_n^2\left(\frac{\omega'}{\omega'_1}\right)\leqslant 1$。因此衰减值不会超过 $10\lg(1+\varepsilon)$dB。如令其等于给定

值 L_r 时,则

$$\varepsilon = \lg^{-1}\left(\frac{L_r}{10}\right) - 1 \tag{5-21}$$

故给定衰减波纹最大值 L_r,即可决定 ε。而由式(5-20)可画出对不同节数 n 的一组衰减特性曲线。图 5-11 为考虑到通带内波纹衰减分贝数后的通用特性曲线,图中的纵坐标为"阻带衰减$+L_R$",L_R 则和衰减波纹最大值 L_r 对应,其关系在图上标出,横坐标仍为相对频率。我们仍举前面最大平坦度滤波器的指标为例。如取波纹为 3dB(和最大平坦度滤波器的截止频率衰减值相等),令对截止频率 ω_1' 相对值为 1.5 的频率 ω' 处衰减值为 40dB,求切比雪夫滤波器最少节数。

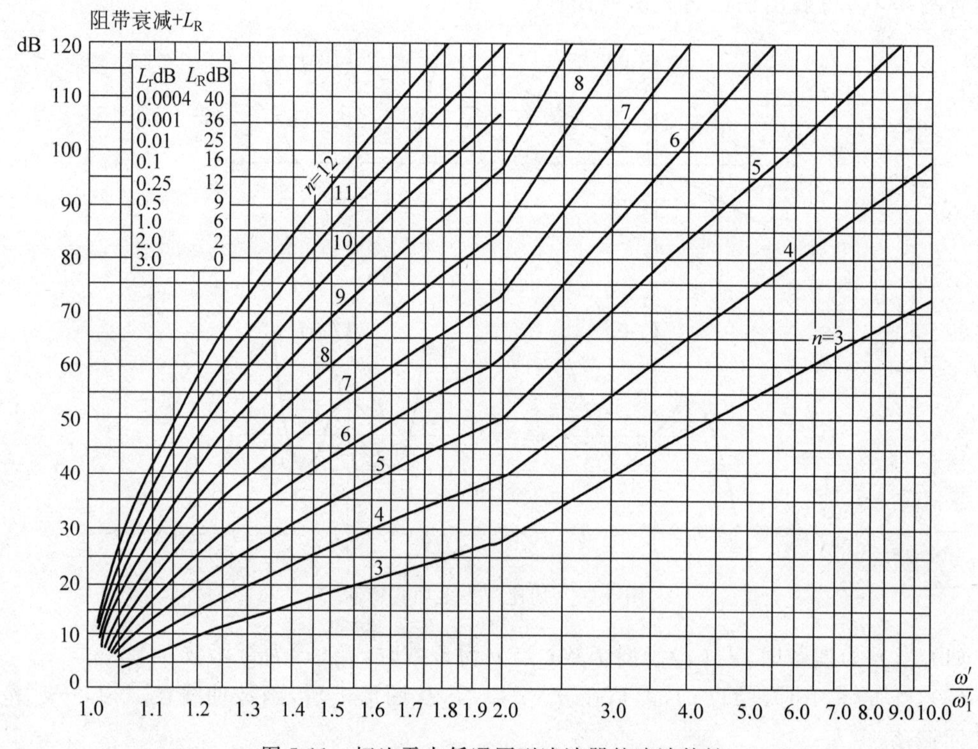

图 5-11 切比雪夫低通原型滤波器的滤波特性

由图 5-11 可知,波纹衰减 $L_r=3$dB 对应的 L_R 值为 0dB,故即在纵坐标上取衰减为 40dB,在横坐标上取 $\omega'/\omega_1'=1.5$,查得最少节数 $n=6$,和前面最大平坦度滤波器所需节数 $n=12$ 相比,可知切比雪夫滤波器可大大减少节数。

将切比雪夫多项式展开后和梯形电路推出的衰减特性多项式逐项比较系数,则低通原型滤波器的元件参数值可由下列各式推出:

先计算

$$\beta=\ln\left(\coth\frac{L_r}{17.37}\right)$$

$$\gamma=\mathrm{sh}\left(\frac{\beta}{2n}\right)$$

$$a_k=\sin\left[\frac{(2k-1)\pi}{2n}\right] \quad k=1,2,\cdots,n$$

$$b_k=\gamma^2+\sin^2\left(\frac{k\pi}{n}\right)\quad k=1,2,\cdots,n$$

则得

$$g_1=\frac{2a_1}{\gamma}$$

$$g_k=\frac{4a_{k-1}a_k}{b_{k-1}g_{k-1}}\quad k=2,3,\cdots,n$$

$$g_{n+1}=1,\text{当 } n \text{ 为奇数}$$

$$=\coth^2\left(\frac{\beta}{4}\right),\text{当 } n \text{ 为偶数} \tag{5-22}$$

对于 n 从 1 到 12，由式(5-22)计算所得的不同带内衰减波纹的滤波器元件参数值，在表 5-2 中列出。

由表 5-2 中可以看出，当 n 取奇数时，归一化负载电阻或电导为 1；n 取偶数时，则不等于 1。这是由切比雪夫多项式特性决定的。当 n 为奇数，则 $|T_n(0)|=0$；而 n 为偶数时，$|T_n(0)|=1$(可参考图 5-10)。$|T_n(0)|$即对应于 $\omega'/\omega_1'=0$ 时的衰减值。当 n 为偶数时，由于$|T_n(0)|=1$而使滤波器在零频率的衰减值不等于零，而等于给定的通带内衰减波纹峰值 L_r(因为$|T_n(x)|=1$ 对应于带内衰减峰值)，而零频率即相当于直流，此时滤波器所有的串联感抗均为短路，所有并联容抗均为开路，亦即电源相当于直接与负载相连。此时因为和给定的衰减波纹值相对应，故负载必须和电源内阻失配，衰减波纹值 L_r 越大，由于失配程度越大，故相应的负载电阻和电源内阻(等于 1)的差值也越大，这可在表 5-2 中明显看出。当 n 为偶数时，切比雪夫特性的滤波器应以元件表上的给定值为负载，否则其特性将有变化。但通常情况下，负载电阻一般都等于电源内阻或传输线的特性阻抗，要换成其他值是不便的。因此，切比雪夫特性滤波器的节数最好能选为奇数，此时，负载电阻等于电源内阻或传输线的特性阻抗而较为方便。

表 5-2　切比雪夫低通原型滤波器元件参量表

波纹＝0.01dB

n	g_1	g_2	g_3	g_4	g_5	g_6	g_7	g_8	g_9	g_{10}	g_{11}	g_{12}	g_{13}
1	0.0960	1.0000											
2	0.4488	0.4077	1.1007										
3	0.6291	0.9702	0.6291	1.0000									
4	0.7128	1.2003	1.3212	0.6476	1.1007								
5	0.7563	1.3049	1.5773	1.3049	0.7563	1.0000							
6	0.7813	1.3600	1.6896	1.5350	1.4970	0.7098	1.1007						
7	0.7969	1.3924	1.7481	1.6331	1.7481	1.3924	0.7969	1.0000					
8	0.8072	1.4130	1.7824	1.6833	1.8529	1.6193	1.5554	0.7333	1.1007				
9	0.8144	1.4270	1.8043	1.7125	1.9057	1.7125	1.8043	1.4270	0.8144	1.0000			
10	0.8196	1.4369	1.8192	1.7311	1.9362	1.7590	1.9055	1.6527	1.5817	0.7446	1.1007		
11	0.8234	1.4442	1.8298	1.7437	1.9554	1.7856	1.9554	1.7437	1.8298	1.4442	0.8234	1.0000	
12	0.8264	1.4497	1.8377	1.7527	1.9684	1.8022	1.9837	1.7883	1.9293	1.6695	1.5957	0.7508	1.1007

续表

波纹=0.1dB

n	g_1	g_2	g_3	g_4	g_5	g_6	g_7	g_8	g_9	g_{10}	g_{11}	g_{12}	g_{13}
1	0.3052	1.0000											
2	0.8430	0.6220	1.3554										
3	1.0315	1.1474	1.0315	1.0000									
4	1.1088	1.3061	1.7703	0.8180	1.3554								
5	1.1468	1.3712	1.9750	1.3712	1.1468	1.0000							
6	1.1681	1.4039	2.0562	1.5170	1.9029	0.8618	1.3554						
7	1.1811	1.4228	2.0966	1.5733	2.0966	1.4228	1.1811	1.0000					
8	1.1897	1.4346	2.1199	1.6010	2.1699	1.5640	1.9444	0.8778	1.3554				
9	1.1956	1.4425	2.1345	1.6167	2.2053	1.6167	2.1345	1.4425	1.1956	1.0000			
10	1.1999	1.4481	2.1444	1.6265	2.2253	1.6418	2.2046	1.5821	1.9628	0.8853	1.3554		
11	1.2031	1.4523	2.1515	1.6332	2.2378	1.6559	2.2378	1.6332	2.1515	1.4523	1.2031	1.0000	
12	1.2055	1.4554	2.1566	1.6379	2.2462	1.6646	2.2562	1.6572	2.2200	1.5912	1.9726	0.8894	1.3554

波纹=0.2dB

n	g_1	g_2	g_3	g_4	g_5	g_6	g_7	g_8	g_9	g_{10}	g_{11}	g_{12}	g_{13}
1	0.4342	1.0000											
2	1.0378	0.6745	1.5386										
3	1.2275	1.1525	1.2275	1.0000									
4	1.3028	1.2844	1.9761	0.8468	1.5386								
5	1.3394	1.3370	2.1660	1.3370	1.3394	1.0000							
6	1.3598	1.3632	2.2394	1.4555	2.0974	0.8838	1.5386						
7	1.3772	1.3781	2.2756	1.5001	2.2756	1.3781	1.3772	1.0000					
8	1.3804	1.3875	2.2963	1.5217	2.3413	1.4925	2.1349	0.8972	1.5386				
9	1.3860	1.3938	2.3093	1.5340	2.3728	1.5340	2.3093	1.3938	1.3860	1.0000			
10	1.3901	1.3983	2.3181	1.5417	2.3904	1.5536	2.3720	1.5066	2.1514	0.9034	1.5386		
11	1.3931	1.4015	2.3243	1.5469	2.4014	1.5646	2.4014	1.5469	2.3243	1.4015	1.3931	1.0000	
12	1.3954	1.4040	2.3289	1.5505	2.4088	1.5713	2.4176	1.5656	2.3856	1.5136	2.1601	0.9069	1.5386

波纹=0.5dB

n	g_1	g_2	g_3	g_4	g_5	g_6	g_7	g_8	g_9	g_{10}	g_{11}	g_{12}	g_{13}
1	0.6986	1.0000											
2	1.4029	0.7071	1.9841										
3	1.5963	1.0967	1.5963	1.0000									
4	1.6703	1.1926	2.3661	0.8419	1.9841								
5	1.7058	1.2296	2.5408	1.2296	1.7058	1.0000							
6	1.7254	1.2479	2.6064	1.3137	2.4758	0.8696	1.9841						
7	1.7372	1.2583	2.6381	1.3444	2.6381	1.2583	1.7372	1.0000					
8	1.7451	1.2647	2.6564	1.3590	2.6964	1.3389	2.5093	0.8796	1.9841				
9	1.7504	1.2690	2.6678	1.3673	2.7239	1.3673	2.6678	1.2690	1.7504	1.0000			
10	1.7543	1.2721	2.6754	1.3725	2.7392	1.3806	2.7231	1.3485	2.5239	0.8842	1.9841		
11	1.7572	1.2743	2.6809	1.3759	2.7488	1.3879	2.7488	1.3759	2.6809	1.2743	1.7572	1.0000	
12	1.7594	1.2760	2.6848	1.3784	2.7551	1.3925	2.7628	1.3886	2.7349	1.3532	2.5317	0.8867	1.9841

续表

波纹=1dB													
n	g_1	g_2	g_3	g_4	g_5	g_6	g_7	g_8	g_9	g_{10}	g_{11}	g_{12}	g_{13}
1	1.0177	1.0000											
2	1.8219	0.6850	2.6599										
3	2.0236	0.9941	2.0236	1.0000									
4	2.0991	1.0644	2.8311	0.7892	2.6599								
5	2.1349	1.0911	3.0009	1.0911	2.1349	1.0000							
6	2.1546	1.1041	3.0634	1.1518	2.9367	0.8101	2.6599						
7	2.1664	1.1116	3.0934	1.1736	3.0934	1.1116	2.1664	1.0000					
8	2.1744	1.1161	3.1107	1.1839	3.1488	1.1696	2.9685	0.8175	2.6599				
9	2.1797	1.1192	3.1215	1.1897	3.1747	1.1897	3.1215	1.1192	2.1797	1.0000			
10	2.1836	1.1213	3.1286	1.1933	3.1890	1.1990	3.1738	1.1763	2.9824	0.8210	2.6599		
11	2.1865	1.1229	3.1338	1.1957	3.1980	1.2041	3.1980	1.1957	3.1338	1.1229	2.1865	1.0000	
12	2.1887	1.1241	3.1375	1.1974	3.2039	1.2073	3.2112	1.2045	3.1849	1.1796	2.9898	0.8228	2.6599

波纹=3dB													
n	g_1	g_2	g_3	g_4	g_5	g_6	g_7	g_8	g_9	g_{10}	g_{11}	g_{12}	g_{13}
1	1.9953	1.0000											
2	3.1013	0.5339	5.8095										
3	3.3487	0.7117	3.3487	1.0000									
4	3.4389	0.7483	4.3471	0.5920	5.8095								
5	3.4817	0.7618	4.5381	0.7618	3.4817	1.0000							
6	3.5045	0.7685	4.6061	0.7929	4.4641	0.6033	5.8095						
7	3.5182	0.7723	4.6386	0.8039	4.6386	0.7723	3.5182	1.0000					
8	3.5277	0.7745	4.6575	0.8089	4.6990	0.8018	4.4990	0.6073	5.8095				
9	3.5340	0.7760	4.6692	0.8118	4.7272	0.8118	4.6692	0.7760	3.5340	1.0000			
10	3.5384	0.7771	4.6768	0.8136	4.7425	0.8164	4.7260	0.8051	4.5142	0.6091	5.8095		
11	3.5420	0.7778	4.6825	0.8147	4.7523	0.8189	4.7523	0.8147	4.6825	0.7778	3.5420	1.0000	
12	3.5445	0.7784	4.6865	0.8155	4.7587	0.8204	4.7664	0.8191	4.7381	0.8067	4.5224	0.6101	5.8095

5.3　微带半集总参数低通滤波器

由于综合设计法合理地处理了滤波器中的通带、阻带衰减以及两者之间过渡快慢的矛盾，由此所得的低通原型电路可以作为滤波器设计的依据。因此现在问题转移到如何根据低通原型滤波器来实现各种实际滤波器。本节和以下几节将都讨论这个问题。

将低通原型滤波器转换成一个实际的低通滤波器还是比较简单的。其元件值之间的关系已表示于式(5-11)～式(5-13)，可根据此而得出实际低通滤波器的电感、电容值。问题在于：在微波传输线系统(包括微带线系统)中怎样具体实现。

微波传输线属于分布参数系统，而低通原型滤波器中的元件值都是集总参数，虽说也可以通过一定的等效关系以分布参数来实现低通特性，但却比较复杂。能否让分布参数的微波传输线有类似于集总参数元件的作用呢？所谓集总参数和分布参数的意义本来就是相对的，是电路尺寸和工作波长的比值在较大和很小两种条件下电路性能的体现。既然如此，就不应该有明确的分界。当电路尺寸稍小于工作波长时，会同时具有集总参数和分布参数两种属性，如适当地加以控制而使其集总参数特性为主时，称为半集总参数，即可用来实现低通滤波器。

对于集总参数的电感和电容，其主要电性能特点为感抗和容纳皆对频率 ω 成线性关系，因此当使电感、电容串并联组成梯形电路时，可得到低通滤波特性。而在分布参数的传输线中，虽然也可取一段线作为电路元件，但其电抗或电纳对频率就不成直线关系。例如，取一段长度为 l 的短路线，其输入电抗为

$$\mathrm{j}X = \mathrm{j}Z_0 \tan\frac{2\pi}{\lambda}l = \mathrm{j}Z_0 \tan\frac{\omega}{v_\varphi}\cdot l \tag{5-23}$$

可知和 ω 不成线性关系。故，如以传输线段代替集总参数 L、C 构成低通滤波器，其滤波特性将和原型滤波器有差别。

但是在一定的条件下，分布参数的电路元件的特性可近似于集总参数。例如，当短路线长度 l 远小于波长时，则式(5-23)变为

$$\mathrm{j}X = \mathrm{j}Z_0 \tan\frac{\omega}{v_\varphi}\cdot l \approx \mathrm{j}\sqrt{\frac{L_0}{C_0}}\cdot\frac{\omega}{v_\varphi}\cdot l = \mathrm{j}\sqrt{\frac{L_0}{C_0}}\cdot\sqrt{L_0C_0}\cdot\omega l = \mathrm{j}\omega L_0 l \tag{5-24}$$

可知此时电抗 X 和频率 ω 近似成直线关系，其中等效电感 $L\approx L_0 l$，而 L_0 为分布电感。亦即一段很短的短路线($l/\lambda<1/10$)，可近似等效为一个集总参数电感，其值为传输线分布电感和长度的乘积。

同理，对长度为 l 的开路线，其电纳为

$$\mathrm{j}B = \mathrm{j}\frac{1}{Z_0}\tan\frac{2\pi}{\lambda}l = \mathrm{j}\frac{1}{Z_0}\tan\frac{\omega}{v_\varphi}\cdot l \tag{5-25}$$

当 $l<1/10\lambda$ 时，有

$$\mathrm{j}B \approx \mathrm{j}\frac{1}{Z_0}\cdot\frac{\omega}{v_\varphi}\cdot l = \mathrm{j}\sqrt{\frac{C_0}{L_0}}\cdot\sqrt{L_0C_0}\,\omega l = \mathrm{j}\omega C_0 l \tag{5-26}$$

即，一段短的开路线可近似等效为一个集总参数电容，其值等于线的分布电容乘以长度。由此可以把一段短传输线作为半集总参数元件。

当把一段传输线作为二口网络处理时，则根据第 2 章，可以把它表达成各种矩阵形式，并且可以用等效的 T 形或 Π 形电路来表示，如图 5-12 所示。

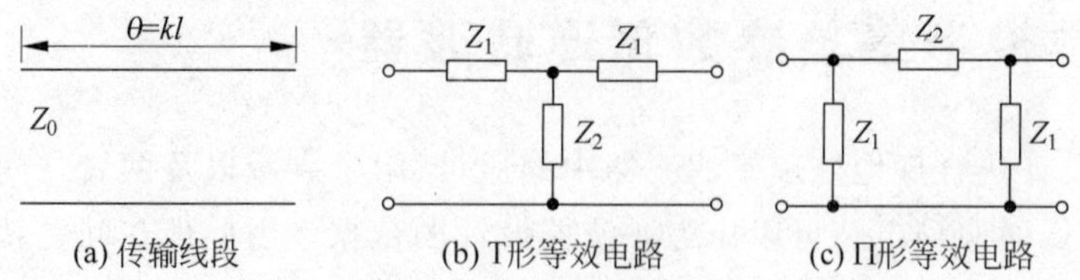

图 5-12 传输线段的等效电路

根据第 2 章表 2-2，查出传输线段 $\theta=kl$ 的归一化阻抗矩阵，并将其反归一化，得

$$\boldsymbol{Z} = \begin{bmatrix} -\mathrm{j}Z_0\cot kl & \dfrac{Z_0}{\mathrm{j}\sin kl} \\ \dfrac{Z_0}{\mathrm{j}\sin kl} & -\mathrm{j}Z_0\cot kl \end{bmatrix} \tag{5-27}$$

其中，$k=\omega\sqrt{L_0C_0}=2\pi/\lambda$ 为传输线的相位常数。

对于一个 T 形网络，根据 Z 矩阵各参量的定义，可求得为

$$\begin{aligned}Z_{11}&=Z_{22}=Z_1+Z_2\\Z_{12}&=Z_{21}=Z_2\end{aligned}\tag{5-28}$$

若欲使 T 形网络等效地代表一段传输线，则两者的阻抗矩阵应该相同。故

$$Z_2=\frac{Z_0}{\mathrm{j}\sin kl}\quad 或 \quad \mathrm{j}B_2=\frac{\mathrm{j}\sin kl}{Z_0}\tag{5-29}$$

$$Z_1=Z_{11}-Z_2=-\mathrm{j}Z_0\cot kl+\mathrm{j}\frac{Z_0}{\sin kl}=-\mathrm{j}Z_0\left(\frac{\cos kl}{\sin kl}-\frac{1}{\sin kl}\right)$$

$$=\mathrm{j}Z_0\frac{1-\cos kl}{\sin kl}=\mathrm{j}Z_0\frac{2\sin^2\frac{kl}{2}}{2\sin\frac{kl}{2}\cos\frac{kl}{2}}=\mathrm{j}Z_0\tan\frac{kl}{2}$$

即

$$\mathrm{j}X_1=\mathrm{j}Z_0\tan\frac{kl}{2}\tag{5-30}$$

同样，若将传输线等效成 Π 形网络，则 Π 形网络的参量为

$$\mathrm{j}B_1=\frac{1}{Z_1}=\frac{\mathrm{j}}{Z_0}\cdot\tan\frac{kl}{2}\tag{5-31}$$

$$\mathrm{j}X_2=Z_2=\mathrm{j}Z_0\sin kl\tag{5-32}$$

因此所得的等效电路，无论是 T 形或 Π 形，其串联元件均为感性，并联元件均为容性，如图 5-13所示。

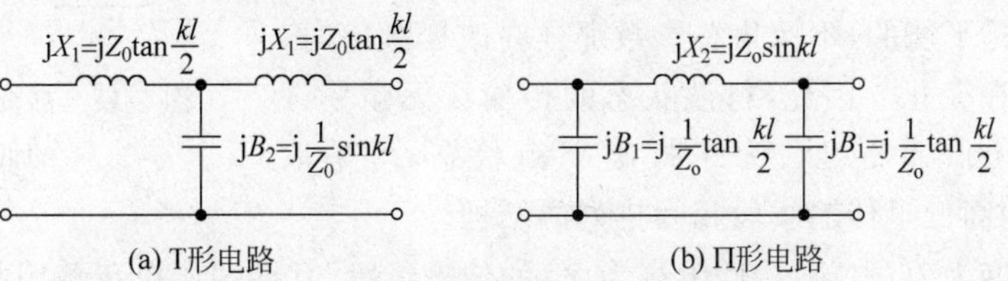

图 5-13 传输线段的 T 形和 Π 形等效电路参量

当 $l\ll\lambda(l<1/10\lambda)$ 时，则可得到以下的近似公式：

$$\sin kl=\sin\frac{\omega}{v_\varphi}l\approx\frac{\omega}{v_\varphi}l\tag{5-33}$$

$$\tan\frac{kl}{2}=\tan\frac{\omega l}{2v_\varphi}\approx\frac{\omega l}{2v_\varphi}\tag{5-34}$$

因此对 T 形电路有

$$\mathrm{j}X_1\approx\mathrm{j}Z_0\frac{\omega l}{2v_\varphi}=\mathrm{j}\frac{\omega lL_0}{2}\tag{5-35}$$

$$\mathrm{j}B_2\approx\mathrm{j}\frac{1}{Z_0}\frac{\omega l}{v_\varphi}=\mathrm{j}\omega lC_0\tag{5-36}$$

对 Π 形电路有

$$\mathrm{j}B_1\approx\mathrm{j}\frac{1}{Z_0}\frac{\omega l}{2v_\varphi}=\mathrm{j}\frac{\omega lC_0}{2}\tag{5-37}$$

$$jX_2 \approx jZ_0 \frac{\omega l}{v_\varphi} = j\omega l L_0 \tag{5-38}$$

可以看出，长度 l 很短的传输线段，其二口网络特性同样具有半集总参数性质，即其等效 T 形或 Π 形网络的串联电抗、并联电纳，均近似地对 ω 成线性关系。且可看出，两种等效电路的总串联电感、总并联电容均分别等于分布电感、分布电容乘以传输线的长度，而串联电感、并联电容两者是同时存在的。

形式上看，传输线段的等效电路具有和低通滤波器电路同样的形状，实则不然。它和一般集总参数的 L、C 低通滤波器不同，其特点在于：

(1) 只有当传输线段长度远小于波长时，才接近于集总参数的 LC 低通滤波电路。如果其长度增加，则串联感抗和并联容纳就不再对频率 ω 成线性关系。当长度再继续增加时，由式(5-29)～式(5-32)可知，电抗或电纳甚至将改变符号，即串联电抗可能变为容性，并联电纳则可能成为感性，和低通滤波器的形式不再相同。

(2) 通常的 L、C 集总参数低通滤波器，存在一截止频率 ω_1。如由一个串联 L 和并联 C 构成的简单 Γ 形低通电路，由式(5-8)给出其截止频率 $\omega_1 = \sqrt{2/LC}$。当 $\omega < \omega_1$ 时，其衰减很小；而 $\omega > \omega_1$ 以后，衰减迅速增加，此即为低通滤波特性。而对于一段传输线，当其负载为其特性阻抗值时，根据传输线的基本理论，不论任何频率，其输入阻抗均等于特性阻抗。因此，在整个频率范围内，功率全部通过而无衰减，成了一个全通电路，或是一个截止频率趋向无限大的"低通滤波器"。对于一个集总参数 L、C 电路，由于两者电抗之间的比值随频率而变，故电路对频率有选择性。而一段传输线端接以其特性阻抗时，线上为一行波，尽管其等效电路可画成 L、C 分布参数的梯形电路，但在任何频率下，其电和磁的作用在波动过程中始终是平衡的，不像集总参数那样在改变频率时，电和磁的作用在变化。因此，行波状态的传输线无频率选择作用，亦即无低通特性。为了打破平衡状态，可采取图 5-14 那样的高低阻传输线段相间排列的结构。

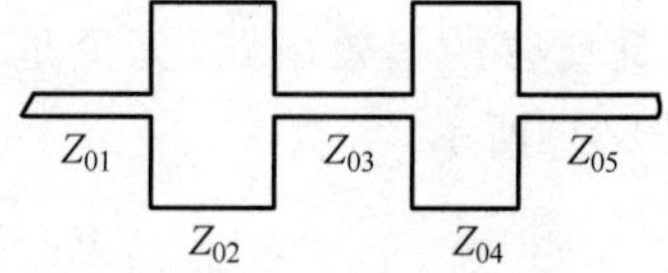

图 5-14 高低特性阻抗段的低通滤波器

设有一长度为 $l(l \ll \lambda)$、特性阻抗为 Z_0 的传输线段，其终端接以负载阻抗 Z_L，则根据传输线的基本原理，其输入阻抗 Z_{sr} 可以表示为

$$Z_{sr} = Z_0 \frac{Z_L/Z_0 \cdot \cos kl + j\sin kl}{\cos kl + jZ_L/Z_0 \cdot \sin kl} \tag{5-39}$$

若端接负载阻抗 $Z_L \ll Z_0$，则上式可近似写成

$$Z_{sr} \approx Z_0 \frac{Z_L/Z_0 \cdot \cos kl + j\sin kl}{\cos kl} = Z_L + jZ_0 \tan kl \approx Z_L + j\omega L_0 l \tag{5-40}$$

如若端接负载阻抗 $Z_L \gg Z_0$，则有

$$Z_{sr} \approx Z_0 \frac{Z_L/Z_0 \cdot \cos kl}{\cos kl + jZ_L/Z_0 \cdot \sin kl}$$

即

$$\begin{aligned} Y_{sr} = \frac{1}{Z_{sr}} &\approx \frac{1}{Z_0} \cdot \frac{\cos kl + jZ_L/Z_0 \cdot \sin kl}{Z_L/Z_0 \cdot \cos kl} = \frac{1}{Z_L} + \frac{j}{Z_0}\tan kl \\ &\approx \frac{1}{Z_L} + j\omega C_0 l \end{aligned} \tag{5-41}$$

管的电流为

$$i = KU^x \cos^x \omega_L t \quad \left(-\frac{\pi}{2} < \omega_L t < \frac{\pi}{2}\right) \tag{9-12}$$

$$i = 0 \quad \left(\frac{\pi}{2} < \omega_L t < \frac{3}{2}\pi\right)$$

将上述电流表示式(为周期性函数)展开成傅里叶级数

$$i = KU^x \left[\frac{a_0}{2} + \sum_{n=-\infty}^{\infty} a_n \cos n\omega_L t\right] \tag{9-13}$$

则其中的直流分量 I_0 为

$$\begin{aligned} I_0 &= KU^x \frac{a_0}{2} = \frac{KU^x}{2} \cdot \frac{1}{\pi}\int_{-\frac{\pi}{2}}^{\frac{\pi}{2}} \cos^x \omega_L t \mathrm{d}(\omega_L t) \\ &= \frac{KU^x \Gamma\left(\frac{x+1}{2}\right)}{2\sqrt{\pi}\Gamma\left(\frac{x}{2}+1\right)} \end{aligned} \tag{9-14}$$

其中,符号 Γ 为 Γ 函数,当自变量为正整数时,可表示为阶乘关系,即

$$\Gamma(n) = (n-1)!$$

取电流 i 对 u 的导数,称为混频电导。由于 i 对 u 的关系是非线性的,当所加电压为正弦波时,电流为非正弦波,可分解成一系列谐波分量。相应地,电导也在对时间作周期变化,亦可将其分解成一系列谐波。由式(9-12)得到

$$g = \frac{\mathrm{d}i}{\mathrm{d}u} = Kxu^{x-1} = KxU^{x-1}\cos^{x-1}\omega_L t \qquad \left(-\frac{\pi}{2} < \omega_L t < \frac{\pi}{2}\right) \tag{9-15}$$

$$g = \frac{\mathrm{d}i}{\mathrm{d}u} = 0 \qquad \left(\frac{\pi}{2} < \omega_L t < \frac{3}{2}\pi\right)$$

同样将其展成傅里叶级数:

$$g = KxU^{x-1}\left[\frac{a_0'}{2} + \sum_{n=-\infty}^{\infty} a_n' \cos n\omega_L t\right] \tag{9-16}$$

注意,其中 a_0' 和 a_n' 为相应于 $\cos^{x-1}\omega_L t$ 函数展开后的系数,和前面相应于 $\cos^x\omega_L t$ 展开的 a_0,a_n 有所不同。由此求得

$$g_0 = \frac{KxU^{x-1}}{2} \cdot \frac{1}{\pi}\int_{-\frac{\pi}{2}}^{\frac{\pi}{2}} \cos^{x-1}\omega_L t \mathrm{d}(\omega_L t) = \frac{KxU^{x-1}\Gamma\left(\frac{x}{2}\right)}{2\sqrt{\pi}\Gamma\left(\frac{x+1}{2}\right)} \tag{9-17}$$

$$g_1 = \frac{KxU^{x-1} \cdot \Gamma\left(\frac{x+1}{2}\right)}{2\sqrt{\pi} \cdot \Gamma\left(\frac{x}{2}+1\right)} \tag{9-18}$$

$$g_2 = \frac{KxU^{x-1}\left[2\Gamma\left(\frac{x}{2}+1\right) \cdot \Gamma\left(\frac{x+1}{2}\right) - \Gamma\left(\frac{x}{2}\right) \cdot \Gamma\left(\frac{x+3}{2}\right)\right]}{2\sqrt{\pi} \cdot \Gamma\left(\frac{x+3}{2}\right) \cdot \Gamma\left(\frac{x+1}{2}\right)} \tag{9-19}$$

……

这样即可把 g 写成

$$
\begin{aligned}
g &= g_0 + g_1\cos\omega_L t + g_2\cos 2\omega_L t + \cdots \\
&= g_0 + 2g_{L1}\cos\omega_L t + 2g_{L2}\cos 2\omega_L t\cdots \\
&= g_0[1 + 2\gamma_1\cos\omega_L t + 2\gamma_2\cos 2\omega_L t + \cdots]
\end{aligned} \tag{9-20}
$$

式中

$$
\gamma_1 = \frac{g_{L1}}{g_0} = \frac{\left(\Gamma\left(\frac{x+1}{2}\right)\right)^2}{\Gamma\left(\frac{x}{2}+1\right)\cdot\Gamma\left(\frac{x}{2}\right)} \tag{9-21}
$$

$$
\gamma_2 = \frac{g_{L2}}{g_0} = \frac{2\Gamma\left(\frac{x}{2}+1\right)\cdot\Gamma\left(\frac{x+1}{2}\right)}{\Gamma\left(\frac{x+3}{2}\right)\cdot\Gamma\left(\frac{x}{2}\right)} - 1 \tag{9-22}
$$

9.4 二极管混频器

9.4.1 基本原理

在 9.3 节中已经讲到，当有一个正弦波电压作用于混频二极管上时，由于伏安特性的非直线性，通过二极管的电流为一个非正弦波。因此作为电流和电压比值的混频电导也不是一个常数，它也是对时间呈周期变化的非正弦函数，可将其分解成各个分量 g_0，g_1，g_2，…。在这里，考虑到混频器的实际工作状况，即在混频管上除加有上述的本振电压外，还加有信号电压 u_s、中频电压 u_i 和镜像电压 u_K（镜像频率和信号频率对本振频率成镜像对称）。u_i 和 u_K 为混频管变频后所产生，但它们又可以反作用于混频管，所以在考虑混频管工作状态时应该考虑进去。又因它们属于输出功率，即这部分功率将要被端接的负载所吸收，所以相位应该是 π。令

$$
\begin{aligned}
&\text{本振电压} \quad u_L = U_L\cos\omega_L t \\
&\text{信号电压} \quad u_s = U_S\sin\omega_S t \\
&\text{中频电压} \quad u_i = -U_i\sin\omega_i t \\
&\text{镜像电压} \quad u_K = -U_K\sin\omega_k t
\end{aligned}
$$

其中，除本振电压 u_L 外，幅度都很小，因此整个混频器的工作可看作一个大信号 u_L 上叠加以小信号 u_s、u_i、u_K。根据电子学非线性电路的基本理论，混频管电流 i 为

$$
\begin{aligned}
i &= f(u_L + u_s + u_i + u_K) \\
&= f(u_L) + f'(u_L)(u_S + u_i + u_K) + \frac{f''(u_L)}{2!}(u_s + u_i + u_K)^2 + \cdots
\end{aligned} \tag{9-23}
$$

其中，$f'(u_L)$为二极管的混频电导，由前节所述，可写成

$$
g = f'(u_L) = g_0 + 2g_{L1}\cos\omega_L t + 2g_{L2}\cos 2\omega_L t + \cdots
$$

若忽略电流的高次项，则电流 i 可写成

$$
\begin{aligned}
i &= f(u_L) + (g_0 + 2g_{L1}\cos\omega_L t + 2g_{L2}\cos 2\omega_L t)(u_s + u_i + u_K) \\
&= I_0 + (g_0 + 2g_{L1}\cos\omega_L t + 2g_{L2}\cos 2\omega_L t)(U_s\sin\omega_s t - U_i\sin\omega_i t - U_K\sin\omega_K t) \\
&= I_0 + g_0U_s\sin\omega_s t - g_0U_i\sin\omega_i t - g_0U_K\sin\omega_K t + g_{L1}U_s\sin(\omega_L + \omega_S)t \\
&\quad + g_{L1}U_s\sin(\omega_S - \omega_L)t - g_{L1}U_i\sin(\omega_L + \omega_i)t + g_{L1}U_i\sin(\omega_L - \omega_i)t
\end{aligned}
$$

在第 2 章中曾简单地提到了平衡混频器的原理，现再根据前述的混频器基本概念和参量进行分析。图 9-13 是二分支电桥平衡混频器的简单示意图。设信号电压 u_S 从电桥 1 口加入，本振电压 u_L 从 4 口加入，2、3 口分别接相同的混频二极管。如果混频管的高频阻抗为理想匹配，相当于电桥 2、3 口接以全匹配负载，且电桥本身是完全理想的(结效应及其他因素不予考虑)，则根据第 6 章的讨论，1、4 口之间应理想隔离，也就是信号和本振之间的隔离度应为无穷大。同时，根据电桥特性，u_S 及 u_L 通过电桥后均分为两路，从 2、3 口输出。并且对于信号，u_{S2} 较 u_{S3} 领先 90°；对于本振，u_{L3} 比 u_{L2} 领先 90°，因此可写成

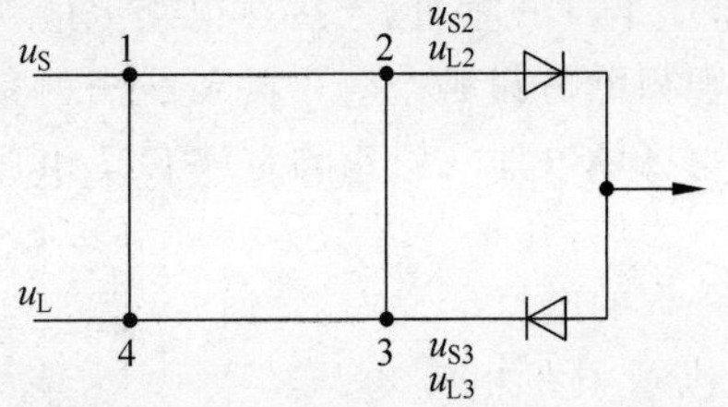

图 9-13 平衡混频器工作的简单示意图

$$\left.\begin{aligned} u_{S2} &= U_S\sin\omega_S t \\ u_{S3} &= U_S\sin\left(\omega_S t - \frac{\pi}{2}\right) \\ u_{L2} &= U_L\cos\left(\omega_L t - \frac{\pi}{2}\right) \\ u_{L3} &= U_L\cos\omega_L t \end{aligned}\right\} \tag{9-42}$$

U_S、U_L 分别为二输出臂的信号及本振电压幅度。

相应地，两个混频管的混频电导可写成

$$\begin{aligned} g_2 &= g_0 + 2g_{L1}\cos\left(\omega_L t - \frac{\pi}{2}\right) + \cdots \\ g_3 &= g_0 + 2g_{L1}\cos\omega_L t + \cdots \end{aligned}$$

若忽略高次项，流过两管子的混频电流为

$$\begin{aligned} i_2 &= \left[g_0 + 2g_{L1}\cos\left(\omega_L t - \frac{\pi}{2}\right)\right]U_S\sin\omega_S t \\ &= g_0U_S\sin\omega_S t + 2g_{L1}U_S\sin\omega_L t\sin\omega_S t \\ &= g_0U_S\sin\omega_S t - g_{L1}U_S\cos(\omega_L + \omega_S)t + g_{L1}U_S\cos(\omega_L - \omega_S)t \end{aligned} \tag{9-43}$$

$$\begin{aligned} i_3 &= [g_0 + 2g_{L1}\cos\omega_L t]U_S\sin\left(\omega_S t - \frac{\pi}{2}\right) \\ &= -\left[g_0U_S\cos\omega_S t + 2g_{L1}U_S\cos\omega_L t\cdot\cos\omega_S t\right] \\ &= -g_0U_S\cos\omega_S t - g_{L1}U_S\cos(\omega_L + \omega_S)t - g_{L1}U_S\cos(\omega_L - \omega_S)t \end{aligned} \tag{9-44}$$

由于在 2、3 臂所接的二极管极性彼此相反，因此总的输出中频电流为 i_i 为

$$i_i = i_{i2} - i_{i3} = 2g_{L1}U_S\cos(\omega_L - \omega_S)t \tag{9-45}$$

如果在本振源中包含有噪声，则在噪声频谱中频率靠近 ω_S 的一部分有可能和 u_L 混频后同样成为中频噪声输出。但在平衡混频器中，这部分噪声可以被抵消。设本振噪声电压为 u_n，则在 2、3 臂的噪声电压 u_{n2}、u_{n3} 的相位关系和本振电压 u_{L2}、u_{L3} 相同，故差频后的中频噪声电压同相。由于二极管反接，故总的中频噪声电流正好抵消为零。因此这种平衡混频器可以抵消本振引入的噪声。

前面曾经指出，当混频管负载匹配和电桥特性都很理想时，本振和信号之间应是理想隔离的。事实上电桥和混频管都不会十分理想。特别是混频管，其高频阻抗与很多因素有关

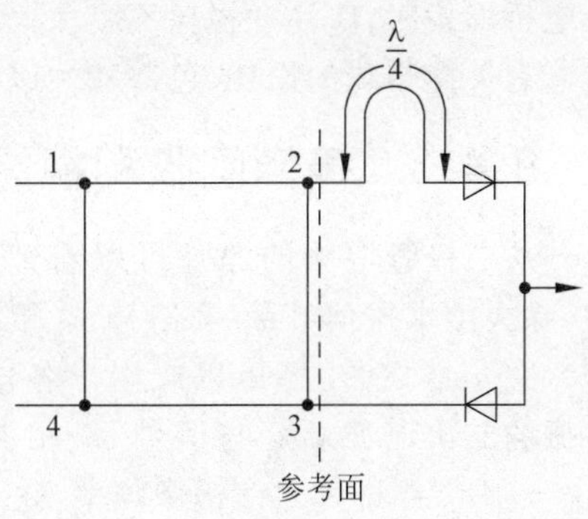

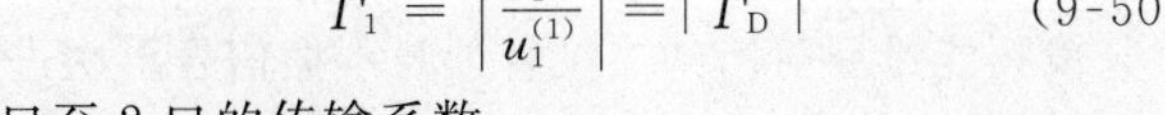

$$Z_{Sr} \approx Z_0 \frac{Z_L + jZ_0 \tan\left(\pi \dfrac{\omega}{\omega_0}\right)}{Z_0 + jZ_L \tan\left(\pi \dfrac{\omega}{\omega_0}\right)} = Z_0 \frac{Z_L + jZ_0 \tan\left(\pi + \pi \cdot \dfrac{\omega - \omega_0}{\omega_0}\right)}{Z_0 + jZ_L \tan\left(\pi + \pi \dfrac{\omega - \omega_0}{\omega_0}\right)}$$

$$= Z_0 \frac{Z_L + jZ_0 \tan\left(\pi \cdot \dfrac{\omega - \omega_0}{\omega_0}\right)}{Z_0 + jZ_L \tan\left(\pi \cdot \dfrac{\omega - \omega_0}{\omega_0}\right)} \approx Z_0 \cdot \frac{Z_L + jZ_0 \cdot \pi \cdot \dfrac{\omega - \omega_0}{\omega_0}}{Z_0}$$

$$= Z_L + j\pi Z_0 \cdot \left(\frac{\omega - \omega_0}{\omega_0}\right) = Z_L + jX(\omega) \tag{5-88}$$

由此可知，一段接近于$\lambda/2$(电角度接近π)的传输线，当端接负载Z_L远小于其特性阻抗时，则线的作用相当于Z_L和一个电抗的串联。从式(5-88)很易看出，$X(\omega)$在$\omega=\omega_0$附近具有串联谐振性质。因此传输线的作用就相当于串联了一个串联谐振元件，其电抗斜率参量为

$$\chi = \frac{\omega_0}{2} \cdot \frac{dX}{d\omega}\bigg|_{\omega_0} = \frac{\omega_0}{2} \cdot \frac{d}{d\omega}\left(\pi Z_0 \frac{\omega - \omega_0}{\omega_0}\right)\bigg|_{\omega_0} = \frac{\pi}{2} Z_0 \tag{5-89}$$

在每一段传输线段中都要得到上述性质，必须使负载电阻远小于Z_0，而这需要由阻抗倒置转换器来保证。

由此，即可参考图 5-24 并根据式(5-76)～式(5-78)进行设计。此时，因为电抗斜率分量都相同，且等于$\pi/2Z_0$，故根据低通原型滤波器参量可计算倒置转换器的参数K，以及由式(5-83)算得倒置转换器参量ϕ，则电感之间的间距电角度为

$$\theta_i = \pi + \frac{1}{2}(\phi_{i-1,i} + \phi_{i,i+1}) \tag{5-90}$$

其中，$\phi_{i-1,i}$和$\phi_{i,i+1}$各为第i段传输线两端倒置转换器的相角。由于ϕ值为负，故并联电感之间的电角度应略小于π(距离略小于$\lambda_g/2$)。

再根据式(5-84)即可得到每一个并联电抗值，由此可设计电感销钉或膜片的尺寸。

当长度接近于半波长的传输线段、以线端之间的缝隙电容进行耦合时，则得到了由导纳倒置转换器直接耦合的带通滤波器。其分析过程和设计步骤完全可和上面的形式进行比较后得出。此时串联电容作为导纳倒置转换器，其串联容抗很大或串联容纳很小，故和负载导纳串联后得到一个小的导纳。正是由于导纳倒置转换器的这个作用，传输线段可等效为并联在线上的并联谐振电路。

由此，我们更进一步明确了阻抗倒置转换器和导纳倒置转换器的意义。本来一个阻抗倒置转换器就是一个导纳倒置转换器，因为既然阻抗有倒置作用，导纳亦应有倒置作用，并且实际上$K=1/J$，两者互为倒数。当K很小时，我们把一个倒置转换器作为阻抗倒置转换器来处理，因为它起到把负载阻抗变得很小的作用，因而一段传输线等效为一个串联在线上的串联谐振电抗，滤波器即相应于图 5-24 的形式；而当K值很大时，它就把负载阻抗变得很大，或把负载导纳变得很小，此时一段传输线的作用又等效于并联在线上的一个并联谐振元件了，故此时应按图 5-26 来处理，当然应将K取倒数作为导纳倒置转换器进行考虑。

下面对微带中广泛应用的耦合微带线式带通滤波器进行重点讨论。此种滤波器由图 3-14 所示的耦合微带单元级联而成，如图 5-30 所示。

在分析此种类型的滤波器时，亦希望尽可能地看成倒置转换器和传输线段的组合，事实

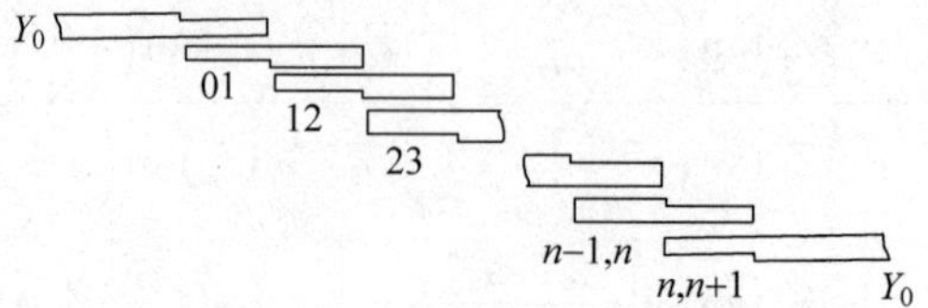

图 5-30 平行耦合的微带带通滤波器

上可以用矩阵证明：该耦合单元可等效成一个导纳倒置转换器和接在两边的两段电角度为 θ、特性导纳为 Y_0 的传输线段的组合，如图 5-31 所示。写出图 5-31 中的(a)、(b)两种电路形式的 **A** 矩阵，将两者进行比较，若由此能得出 J，则说明上述等效是合理的。

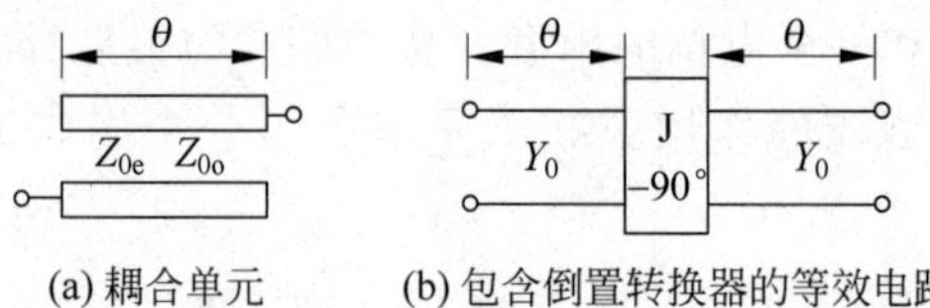

(a) 耦合单元　(b) 包含倒置转换器的等效电路

图 5-31 耦合线单元表示为导纳倒置转换器和传输线段连接的形式

图 5-31(a)的耦合单元，其 **A** 矩阵已在第 3 章中通过等效电路求出，为

$$\boldsymbol{A}=\begin{bmatrix}\dfrac{Z_{0e}+Z_{0o}}{Z_{0e}-Z_{0o}}\cos\theta & \mathrm{j}\,\dfrac{Z_{0e}-Z_{0o}}{2}\left[\dfrac{4Z_{0e}Z_{0o}}{(Z_{0e}-Z_{0o})^2}\cdot\cot\theta\cdot\cos\theta-\sin\theta\right]\\ \dfrac{\mathrm{j}\sin\theta}{\dfrac{Z_{0e}-Z_{0o}}{2}} & \dfrac{Z_{0e}+Z_{0o}}{Z_{0e}-Z_{0o}}\cdot\cos\theta\end{bmatrix}$$

对于图 5-31(b)，亦可通过矩阵级联的方法求得其总的 **A** 矩阵(都是非归一化情况)：

$$\boldsymbol{A}=\begin{bmatrix}\cos\theta & \mathrm{j}\,\dfrac{\sin\theta}{Y_0}\\ \mathrm{j}Y_0\sin\theta & \cos\theta\end{bmatrix}\cdot\begin{bmatrix}0 & -\mathrm{j}/J\\ -\mathrm{j}J & 0\end{bmatrix}\cdot\begin{bmatrix}\cos\theta & \mathrm{j}\,\dfrac{\sin\theta}{Y_0}\\ \mathrm{j}Y_0\sin\theta & \cos\theta\end{bmatrix}$$

$$=\begin{bmatrix}(J/Y_0+Y_0/J)\sin\theta\cdot\cos\theta & \mathrm{j}\left(\dfrac{J}{Y_0^2}\sin^2\theta-\dfrac{1}{J}\cos^2\theta\right)\\ -\mathrm{j}J\cos^2\theta+\mathrm{j}\,\dfrac{Y_0^2\sin^2\theta}{J} & (J/Y_0+Y_0/J)\sin\theta\cos\theta\end{bmatrix} \tag{5-91}$$

和上式比较矩阵参量，得

$$\frac{Z_{0e}+Z_{0o}}{Z_{0e}-Z_{0o}}=(J/Y_0+Y_0/J)\sin\theta \tag{5-92}$$

在中心频率附近，$\theta\approx 90°$，故上式近似为

$$\frac{Z_{0e}+Z_{0o}}{Z_{0e}-Z_{0o}}=J/Y_0+Y_0/J \tag{5-93}$$

又，在考虑到 $\theta\approx 90°$ 的情况下比较第一行第二列元素，得

$$\frac{Z_{0e}-Z_{0o}}{2}=J/Y_0^2 \tag{5-94}$$

由式(5-94)可看出，由于从此式可得出 $J=(Z_{0e}-Z_{0o})/2\cdot Y_0^2$，而 $Z_{0e}-Z_{0o}$ 为奇偶模阻抗之差，一般 $(Z_{0e}-Z_{0o})/2\ll Z_0=1/Y_0$，故 $J\ll Y_0$，因而 J 起到一个把导纳变得很小的作用，因此将其看成导纳倒置转换器是合理的。

解式(5-93)和式(5-94),可得

$$Z_{0e}=\frac{1}{Y_0}[1+J/Y_0+(J/Y_0)^2] \tag{5-95}$$

$$Z_{0o}=\frac{1}{Y_0}[1-J/Y_0+(J/Y_0)^2] \tag{5-96}$$

式(5-95)和式(5-96)为根据矩阵参量的相等条件得到的两种等效电路之间的参量关系。由此可见,将耦合单元看作倒置转换器,且其两端各有一段电角度为θ、特性导纳为Y_0的传输线是可以的。将一系列耦合单元级联后,则导纳倒置转换器之间为特性导纳等于Y_0、电角度为2θ的传输线段。由于$\omega=\omega_0$时,$2\theta\approx\pi$,故此时由耦合单元级联而成的滤波器和前述的并联电感直接耦合滤波器完全相应,传输线段也可等效为并联谐振电纳并联于倒置转换器之间的传输线上,其等效电纳斜率参量为$\pi/2Y_0$,将以上关系代入式(5-79)~式(5-81),因而得到以下的设计公式:

$$J_{01}/Y_0=\sqrt{\frac{\pi W}{2g_0g_1}} \tag{5-97}$$

$$\frac{J_{n,n+1}}{Y_0}=\sqrt{\frac{\pi W}{2g_n\cdot g_{n+1}}} \tag{5-98}$$

$$\frac{J_{i,i+1}}{Y_0}=\frac{\pi W}{2\omega_1'}\cdot\frac{1}{\sqrt{g_ig_{i+1}}},\quad i\text{ 从 }1\text{ 到 }n-1 \tag{5-99}$$

其中,g为低通原型滤波器参量,ω_1'为低通原型滤波器的截止频率,W为带通滤波器相对带宽,Y_0为传输线特性导纳,即为信号源的内电导。

此种滤波器在微带结构中得到极为广泛的应用,因为其结构紧凑,寄生通带的中心频率比较高(为$3\omega_0$),并且在按照综合设计得到所要求的原型滤波器参量时,有比较大的结构灵活度来具体实现。它适应的频带范围也比较广。按照上述设计方法,相对带宽W最大可至20%(更宽时,上述设计公式不准确,但该种滤波器形式仍能用,只是在设计上要做一些改动)。相对频带最窄可到2%~3%。在窄频带情况下,由于滤波器元件的损耗对滤波性能影响很大,而作为滤波元件的耦合线段,实际上相当于一半波偶极子天线附加反射板(即接地板),故除了导体和介质损耗外,其辐射损耗对元件Q值下降的影响也很大。因此在窄带通滤波器中,带内衰减通常要比设计的衰减波纹值高出1~2dB。如滤波器外有良好的屏蔽盒时,性能可有部分改善。

下面举一实例说明耦合微带线带通滤波器的设计方法。

【例 5-2】 设计一个微带线带通滤波器,中心频率$f_0=6000$MHz,相对带宽$W=10\%$,希望在$f=6600$MHz时,衰减值大于30dB,带内波纹为0.2dB,微带线特性阻抗为$Z_0=50\Omega$,介质基片的$\varepsilon_r=9.0$,其厚度$h=1$mm。

设计步骤如下:

(1) 首先根据带通滤波器和低通原型滤波器之间的频率对应关系,求出带通滤波器$f=6600$MHz所对应的低通原型滤波器的频率ω',由低通原型滤波器的衰减频应特性曲线,查出滤波器所需的节数n。

根据表5-3,得低通原型和带通之间的近似线性频率变换关系为

$$\frac{\omega'}{\omega_1'}=\frac{2}{W}\left(\frac{\omega-\omega_0}{\omega_0}\right)$$

以 $W=10\%$、$\omega_0=2\pi\times6000\times10^9$、$\omega=2\pi\times6600\times10^9$ 代入得

$$\frac{\omega'}{\omega_1'}=\frac{2}{0.1}\left(\frac{6.6-6}{6}\right)=2$$

查图 5-11 的切比雪夫特性滤波器的通用衰减曲线(此时 $L_r=0.1\text{dB}$,对应于 $L_R=16\text{dB}$),查得最少节数 $n=5$。

(2) 根据节数及衰减波纹值,查得下列低通原型参量(表 5-2):

$$g_1=1.3394\quad g_2=1.3370\quad g_3=2.1660$$

$$g_4=1.3370\quad g_5=1.3394\quad g_6=1.0000$$

(3) 应用式(5-97)~式(5-99),计算各个导纳倒置转换器参量 J。

$$J_{01}/Y_0=\sqrt{\frac{\pi W}{2g_0g}}=\sqrt{\frac{0.1\pi}{2\times1.3394}}\approx0.34$$

$$J_{12}/Y_0=\frac{\pi W}{2\omega_1'}\cdot\frac{1}{\sqrt{g_1g_2}}=\frac{0.1\pi}{2}\sqrt{\frac{1}{1.3394\times1.3370}}\approx0.117$$

$$J_{23}/Y_0=\frac{\pi W}{2\omega_1'}\cdot\frac{1}{\sqrt{g_2g_3}}=\frac{0.1\pi}{2}\sqrt{\frac{1}{1.3370\times2.1660}}\approx0.092$$

$$J_{34}/Y_0=\frac{\pi W}{2\omega_1'}\cdot\frac{1}{\sqrt{g_3g_4}}=J_{23}/Y_0\approx0.092$$

$$J_{45}/Y_0=\frac{\pi W}{2\omega_1'}\cdot\frac{1}{\sqrt{g_4g_5}}=\frac{J_{12}}{Y_0}\approx0.117$$

$$J_{56}/Y_0=\sqrt{\frac{\pi\omega}{2g_5g_6}}=J_{01}/Y_0\approx0.34$$

(4) 根据式(5-95)和式(5-96),计算各段耦合线的奇偶模特性阻抗 Z_{0e} 和 Z_{0o}。

$$(Z_{0e})_{01}=\frac{1}{Y_0}[1+J_{01}/Y_0+(J_{01}/Y_0)^2]=50[1+0.34+0.34^2]=72.8(\Omega)$$

$$(Z_{0o})_{01}=\frac{1}{Y_0}[1-J_{01}/Y_0+(J_{01}/Y_0)^2]=50[1-0.34+0.34^2]=38.7(\Omega)$$

$$(Z_{0e})_{12}=\frac{1}{Y_0}[1+J_{12}/Y_0+(J_{12}/Y_0)^2]=50[1+0.117+0.117^2]=56.5(\Omega)$$

$$(Z_{0o})_{12}=\frac{1}{Y_0}[1-J_{12}/Y_0+(J_{12}/Y_0)^2]=50[1-0.117+0.117^2]=44.8(\Omega)$$

$$(Z_{0e})_{23}=\frac{1}{Y_0}[1+J_{23}/Y_0+(J_{12}/Y_0)^2]=50[1+0.092+0.092^2]=54.2(\Omega)$$

$$(Z_{0o})_{23}=\frac{1}{Y_0}[1-J_{23}/Y_0+(J_{23}/Y_0)^2]=50[1-0.092+0.092^2]=45.8(\Omega)$$

$$(Z_{0e})_{34}=(Z_{0e})_{23}\quad(Z_{0o})_{34}=(Z_{0o})_{23}$$

$$(Z_{0e})_{45}=(Z_{0e})_{12}\quad(Z_{0o})_{45}=(Z_{0o})_{12}$$

$$(Z_{0e})_{56}=(Z_{0e})_{01}\quad(Z_{0o})_{56}=(Z_{0o})_{01}$$

(5) 根据上述的奇偶模特性阻抗值,查图 3-11 的奇偶模特性阻抗曲线,可求得每一对耦合微带线的宽度 W 及间距 s。

$$w_{01}/h = 0.81 \quad s_{01}/h = 0.32$$
$$w_{12}/h = 1.03 \quad s_{12}/h = 1.2$$
$$w_{23}/h = 1.07 \quad s_{23}/h = 1.4$$

其余部分则和上述参量对称。

(6) 最后计算每段耦合线长度时，应考虑耦合线的相速，并由于线的两端具有终端效应而必须切去 Δl。根据第 4 章中微带线终端效应的修正长度曲线，对 $W/h \approx 1$ 的微带线，$\Delta l/h \approx 0.3$。

由于微带线工作于非均匀介质情况，其奇、偶模相速不等(或奇、偶模的 ε_e 不等)，其平均相速可根据平均有效介电常数$\overline{\varepsilon_e}$进行计算。在工程设计上为了简便起见，往往即取与耦合线中的单根线相应的相速作为平均相速来计算线的每一部分的长度，然后扣去修正长度，最后得到每段的长度为

$$l_{01} = 4.76\text{mm}$$
$$l_{12} = 4.7\text{mm}$$
$$l_{23} = 4.9\text{mm}$$

耦合线的后三段和前面三段对称，故不再重复。

实际工作中往往发现：滤波器实测得到的中心频率和设计给定的中心频率往往可差到 2%～3%。其原因是多方面的。除了设计公式是近似的外，尚有很多实际因素的影响，如介质基片的 ε_r 不准，在制图和工艺过程中的误差等。为此滤波器最后的成品应在坐标显微镜下检查其尺寸公差。如果尺寸基本无误，则根据实测和设计中心频率的差值再对滤波器耦合线长度修正一次，一般即可符合要求。

在某些微带电路系统中，往往需要分隔两个相距很近的频率 f_1、f_2，其中之一衰减应很小(小于 2～3dB)，另一衰减应很大(>30dB 以上)。在碰到这种问题时，正确选择和设计滤波器就十分重要。解决的途径之一是：可以设计一款低通滤波器，把 f_1 包含在通带内，而 f_2 位于通带外(假设 $f_2 > f_1$)。但这样做由于低通原型滤波器的 ω'/ω_1'很小(因为 f_1、f_2 很靠近)，致使节数要很多。例如，$f_2/f_1 = 1.05$，低通的节数 n 甚至可在 20 以上。但如选用带通滤波器，则由频率转换关系，对应的低通原型滤波器的 n 可以减小。即使采取了带通滤波器的方案，也可以适当地选择相对频宽 W，当 W 取得较大(当然不能大到把 f_2 也包含在通带内)时，为了对 f_2 进行抑止，对带外衰减陡度的要求也提高，因而节数要增加；如果 W 取得很小，使 f_2 离通带的相对距离(相对于频带宽度)增大，因而可使节数 n 减少。但也不是无限制地减小 W，因为过窄的带通滤波器，由于元件损耗的影响，往往使带内衰减增加，带外衰减下降，因而反使性能恶化。通常 W 最好不小于 3%。

5.7 带阻滤波器

带阻滤波器和带通滤波器互成倒置关系，因此它的一些特性以及设计方法也和带通滤波器有联系。当相对频率 $W \leqslant 20\%$时，即可用类似带通的方法进行设计；当 W 很宽时，则要应用较为严格的设计方法。以下分别讨论这两种不同情况下带阻滤波器的设计。

5.7.1 频带较窄时的近似设计

带阻滤波器和带通滤波器一样，和低通原型滤波器间有一定的对应关系。对于集总参

数的带阻滤波器,其滤波特性和电路形式如图 5-32 所示。

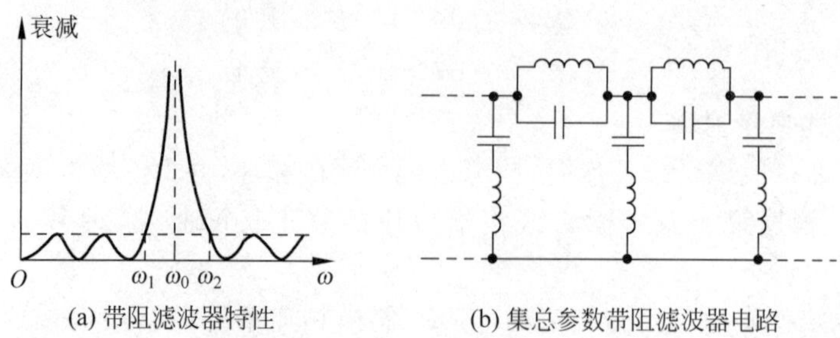

(a) 带阻滤波器特性　　(b) 集总参数带阻滤波器电路

图 5-32　带阻滤波器的特性及电路

根据表 5-3 集总参数带阻滤波器和低通原型之间的变换关系为

$$\frac{\omega'}{\omega'_1}=\frac{W}{\dfrac{\omega}{\omega_0}-\dfrac{\omega_0}{\omega}}\quad\left(W=\frac{\omega_2-\omega_1}{\omega_0}\right)\tag{5-100}$$

串联谐振元件

$$\omega_0 L=\frac{1}{\omega_0 C}=\left(\frac{R_0}{R'_0}\right)\cdot\frac{1}{W\omega'_1}\cdot\frac{1}{C'}\tag{5-101}$$

并联谐振元件

$$\omega_0 C=\frac{1}{\omega_0 L}=\left(\frac{R'_0}{R_0}\right)\cdot\frac{1}{W\omega'_1}\,\frac{1}{L'}\tag{5-102}$$

可知它对低通原型滤波器和带通滤波器之间都成倒置关系。图 5-32 中的滤波特性和滤波器电路都是如此。在电路中,串联的电抗元件以并联谐振电路代替串联谐振电路,而并联元件则恰好相反。式(5-100)～式(5-102)的变换关系对集总参数的带阻滤波器是严格的,但对于分布参数的带阻滤波器,则和带通滤波器一样,只在中心频率附近有效,因此其相对带宽也限制在 20%以内。

在分布参数情况,因为不能找出 L 和 C,同样以 χ 及 ℓ 代表谐振电路在 ω_0 处的电抗、电纳的斜率参量,因而式(5-101)和式(5-102)变为

$$\chi=\left(\frac{R_0}{R'_0}\right)\cdot\frac{1}{W\omega'_1}\cdot\frac{1}{C'}\tag{5-103}$$

$$\ell=\left(\frac{R'_0}{R_0}\right)\cdot\frac{1}{W\omega'_1}\cdot\frac{1}{L'}\tag{5-104}$$

带阻滤波器和带通滤波器不同,不便于把和倒置转换器连接的传输线段等效为串联或并联的谐振元件,因为这样等效的结果,其谐振电路的性质往往与带阻所要求的相反(适合于带通)。故根据低通原型滤波器,按上述近似变换关系得到的带阻滤波器,通常以相隔 $\lambda/4$ 传输线段,在线上串联或并联一系列的谐振元件来实现。$\lambda/4$ 传输线段作为倒置转换器,其各段特性阻抗可以相同也可不同。谐振元件则应用 $\lambda/4$ 及 $\lambda/2$ 的开路线或短路线。对于不同情况的带阻滤波器,我们给出了以下的推导结果:

1) 在线上并联以谐振元件的情况(适用于微带线),如图 5-33 所示。

(1) 当主线上各段特性阻抗相同时,即 $Z_{01}=Z_{02}=\cdots=Z_{0n-1}=Z'_0$,则

$$\chi_1/Z_0=\frac{1}{\omega'_1 g_0 g_1 W}\tag{5-105}$$

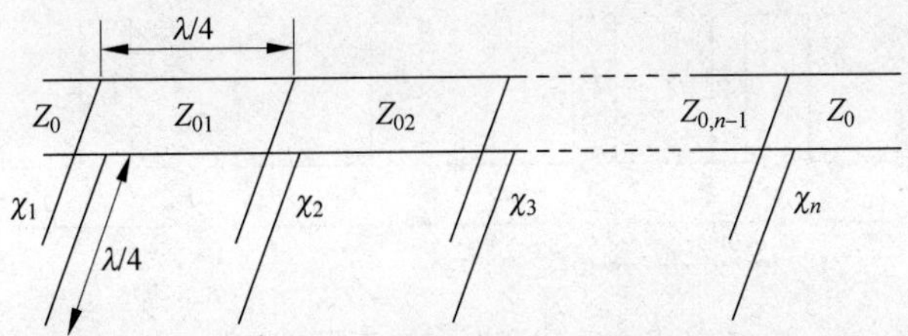

图 5-33　并联分支线带阻滤波器

$$\chi_i/Z_0\ |_{i为偶数} = \frac{g_0}{\omega_1' g_i W}\cdot\left(\frac{Z_0'}{Z_0}\right)^2 \tag{5-106}$$

$$\chi_i/Z_0\ |_{i为奇数} = \frac{1}{\omega_1' g_0 g_i W} \tag{5-107}$$

当 n 为偶数：

$$\left(\frac{Z_0'}{Z_0}\right)^2 = \frac{1}{g_0 g_{n+1}} \tag{5-108}$$

n 为奇数：

$$Z_0' = Z_0 \tag{5-109}$$

类似于前面带通滤波器的讨论，若谐振元件用 $\lambda/4$ 开路线，其电抗斜率分量为

$$\chi = \frac{\pi}{4}Z_0$$

其中，Z_0 为各段并联分支开路线的特性阻抗。故求得 χ 后，即可求出各段分支线的特性阻抗。

（2）当主线上各段特性阻抗不等时，则

$$\chi_1/Z_0 = \frac{1}{\omega_1' g_0 g_1 W} \tag{5-110}$$

$$\chi_i/Z_0\ |_{i=偶数} = \left(\frac{Z_{01}\cdot Z_{03}\cdot\cdots\cdot Z_{0i-1}}{Z_0\cdot Z_{02}\cdot\cdots\cdot Z_{0i-2}}\right)^2\cdot\frac{g_0}{\omega_1' g_i W} \tag{5-111}$$

$$\chi_i/Z_0\ |_{i=奇数} = \left(\frac{Z_{02}\cdot Z_{04}\cdot\cdots\cdot Z_{0i-1}}{Z_{01}\cdot Z_{03}\cdot\cdots\cdot Z_{0i-2}}\right)^2\cdot\frac{1}{\omega_1' g_0 g_i W} \tag{5-112}$$

当 n 为偶数：

$$\left(\frac{Z_0}{Z_{0n}}\right) = \left(\frac{Z_0\cdot Z_{02}\cdot\cdots\cdot Z_{0n-2}}{Z_{01}\cdot Z_{03}\cdot\cdots\cdot Z_{0n-1}}\right)^2\cdot\frac{1}{g_0 g_{n+1}} \tag{5-113}$$

n 为奇数：

$$\frac{Z_0}{Z_{0n}} = \left(\frac{Z_{01}\cdot Z_{03}\cdot\cdots\cdot Z_{0n-2}}{Z_{02}\cdot Z_{04}\cdot\cdots\cdot Z_{0n-1}}\right)^2\cdot\frac{g_0}{g_{n+1}} \tag{5-114}$$

2）在线上串联以谐振元件的情况（适合于波导），如图 5-34 所示。

（1）当主线上特性导纳都相等时，即 $Y_{01}=Y_{02}=\cdots=Y_{0n-1}=Y_0'$，则

$$\ell_1/Y_0 = \frac{1}{\omega_1'\cdot g_0 g_1 W} \tag{5-115}$$

$$\ell_i/Y_0\ |_{i为偶数} = \left(\frac{Y_0'}{Y_0}\right)^2\cdot\frac{g_0}{\omega_1' g_i W} \tag{5-116}$$

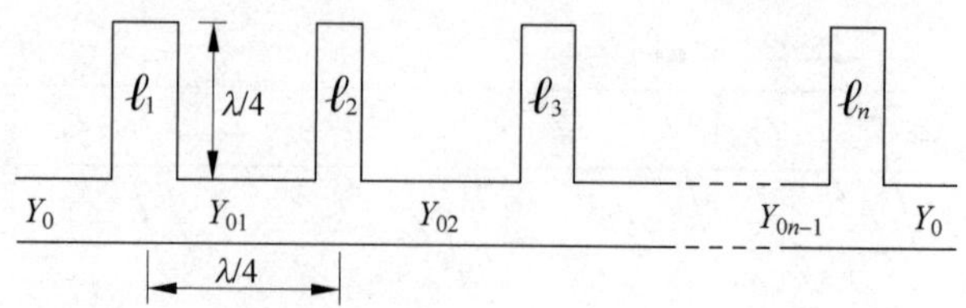

图 5-34 串联分支线带阻滤波器

$$\ell_i/Y_0\ |_{i为奇数} = \frac{1}{\omega_1' g_0 g_i W} \tag{5-117}$$

当 n 为偶数：

$$\left(\frac{Y_0'}{Y_0}\right)^2 = \frac{1}{g_0 g_{n+1}} \tag{5-118}$$

当 n 为奇数：

$$Y_0' = Y_0 \tag{5-119}$$

(2) 当传输线各段特性导纳不等时，则

$$\ell_1/Y_0 = \frac{1}{\omega_1' g_0 g_1 W} \tag{5-120}$$

$$\ell_i/Y_0\ |_{i为偶数} = \left(\frac{Y_{01}\cdot Y_{03}\cdot\cdots\cdot Y_{0i-1}}{Y_{02}\cdot Y_{04}\cdot\cdots\cdot Y_{0i-2}}\right)^2\cdot\frac{g_0}{\omega_1' g_i W} \tag{5-121}$$

$$\ell_i/Y_0\ |_{i为奇数} = \left(\frac{Y_{02}\cdot Y_{04}\cdot\cdots\cdot Y_{0i-1}}{Y_{01}\cdot Y_{03}\cdot\cdots\cdot Y_{0i-2}}\right)^2\cdot\frac{1}{\omega_1' g_0 g_i W} \tag{5-122}$$

当 n 为偶数：

$$\frac{Y_0}{Y_{0n}} = \left(\frac{Y_0\cdot Y_{02}\cdot\cdots\cdot Y_{0n-2}}{Y_{01}\cdot Y_{03}\cdot\cdots\cdot Y_{0n-1}}\right)^2\cdot\frac{1}{g_0 g_{n+1}} \tag{5-123}$$

当 n 为奇数：

$$\frac{Y_0}{Y_{0n}} = \left(\frac{Y_{01}\cdot Y_{03}\cdot\cdots\cdot Y_{0n-2}}{Y_0\cdot Y_{04}\cdot\cdots\cdot Y_{0n-1}}\right)^2\cdot\frac{g_0}{g_{n+1}} \tag{5-124}$$

当谐振元件用 $\lambda/4$ 短路线时，其电纳斜率参量ℓ为$\ell=\pi/4Y_0$，也可由此关系而求得短路线的特性导纳。

下面进一步考虑微带带阻滤波器的具体实现问题。

显然，上述第一种结构形式在微带中才是能实现的，因为它采取了并联的方法，因而是一种平面电路形式。在考虑并联分支线长度时，应该对 T 分支结效应以及微带线的终端效应引起的影响加以修正。此问题已在第 4 章中讨论，此处不再赘述。

在一些实际应用中，要求带阻滤波器的带宽较窄，例如在镜像抑止微带混频器中，信号和镜像频率之差为 2 倍中频。若需要采用带阻滤波器将镜频抑止，且对信号影响又要很小时，滤波器的带宽必相当窄。但是在实现窄带带阻滤波器时，若采用第一种结构，则由式(5-105)～式(5-107)可知：由于电抗斜率参量 χ 和 W 成反比，若带宽很窄，χ 就很大，相应的并联分支线的特性阻抗也大。举例来说，一个相对频宽为 5%的带阻滤波器，传输线的 $Z_0=50\Omega$。若滤波器采用最大平坦度特性，则由上述方法计算所得的并联分支线特性阻抗竟达 900Ω，根本不可能实现。若采用第二种结构(当然，在微带中不能直接实现，但它可等效于一种耦合线单元，下面要讲到)，则串联分支线特性阻抗又低至 2～3Ω，同样不合适。为

此,采用下列两种解决办法:

(1) 电容耦合分支线,结构如图 5-35 所示。以分支线和主线之间的间隙作为耦合电容。此时在主线上的并联电抗由间隙电容 C 的容抗和开路线输入电抗串联组成。由于 C 很小,故其容抗很大。若取开路线的电角度在中心频率时为 $(\pi-\phi_0)$,并与串联容抗在 ω_0 时串联谐振,则有

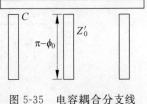

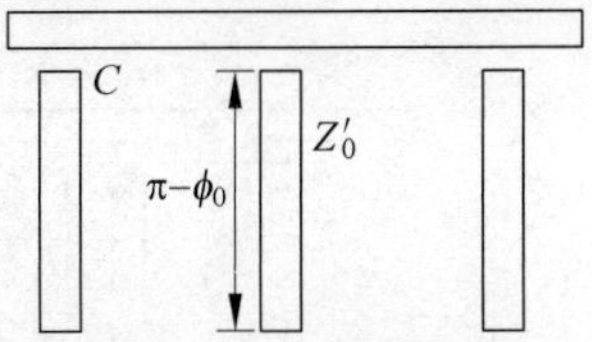

$$-\mathrm{j}Z_0'\cot(\pi-\phi_0)-\mathrm{j}X_c=0$$

图 5-35 电容耦合分支线带阻滤波器

得

$$\phi_0=\cot^{-1}\frac{|X_c|}{Z_0'} \tag{5-125}$$

其中,X_c 为间隙电容的容抗,Z_0' 为分支线的特性阻抗。若 $|X_c|\gg Z_0'$,则 ϕ_0 的值很小,故分支线电角度接近于 π,或其长度接近于 $\lambda/2$。

此时组合谐振电路的电抗斜率分量为

$$\chi=\frac{\omega_0}{2}\cdot\frac{\mathrm{d}X}{\mathrm{d}\omega}\bigg|_{\omega_0}=X_c\bigg|_{\omega_0}=\frac{1}{\omega_0 C} \tag{5-126}$$

若 C 很小,则 χ 很大,其效果和提高并联 $\lambda/4$ 开路线的特性阻抗相同。间隙电容 C 和间隙尺寸的关系可近似按第 4 章中两线之间电容的曲线查出,可只考虑串联电容,而不考虑间隙两端微带线对地的边缘电容。此种方法的缺点是:尽管 C 值很小,但相应的间隙尺寸仍很小,因此保证尺寸公差比较困难。

(2) 耦合微带线带阻滤波器。在讨论带通滤波器时,曾经以耦合微带单元解决了结构的困难,在带阻滤波器中也可同样解决。如采用图 3-17 所示的耦合线单元,此单元在主线旁耦合了一段电角度为 θ 的传输线。该线一端开路,一端短路,其等效电路则为一段特性阻抗为 $2Z_{0e}\cdot Z_{0o}/(Z_{0e}+Z_{0o})$、电角度为 θ 的传输线,而在其右端串联了一段特性阻抗为 $(Z_{0e}-Z_{0o})^2/2(Z_{0e}+Z_{0o})$、电角度为 θ 的开路线。容易看出:若在中心频率令 $\theta=90°$,则该单元具有带阻特性。将许多单元级联后,即得上述第二种带阻滤波器的结构形式。前面曾经提到:若采用第二种结构形式,当频带宽度很窄时,则串联分支线的特性阻抗将很小(或特性导纳很大),在结构上同样不易实现。但当采用上述耦合微带单元时,则因为其等效电路中的特性阻抗可借助于改变耦合线单元的奇、偶模特性阻抗进行控制而能够实现。

当根据前面所述的第二种结构计算出各分支线及各连接线段的特性导纳(或特性阻抗)以后,即可根据上述耦合线单元的等效电路中主线和分支线的特性阻抗公式,联立求解得到 Z_{0e} 和 Z_{0o},进而可以求得耦合线的各部分尺寸。

由于在微带结构中,实现短路较为不便,因此其短路往往以延长 $\lambda/4$、在终端开路来等效实现,如图 5-36 所示。注意,此时的 $\lambda/4$ 延长线段不能再和主线耦合,故将其方向转过 90°。

当频带很窄时,理论上只要将耦合线的 s/h 加大,使 Z_{0e} 和 Z_{0o} 很接近。但事实上因为此时耦合很弱,元件损耗的影响加大,进而引起滤波器性能恶化,所以此种方法也不足取。图 5-37是该种形式单节带阻滤波器用于镜像抑止平衡混频器的情况,此时虽然为了使结构紧凑而只用了一节,但当信号频率为 8000MHz、镜像频率为 9000MHz 时,仍能得到使信号只衰减 0.5dB、对镜像抑止达到 18dB 的效果。

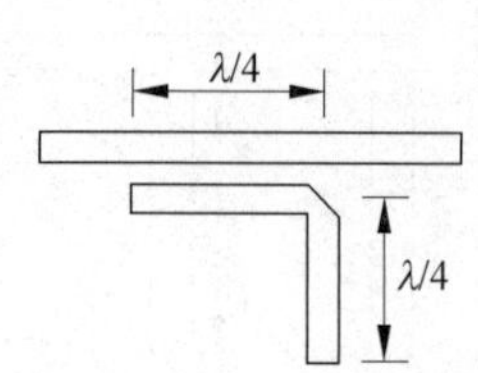

图 5-36　耦合线带阻滤波器

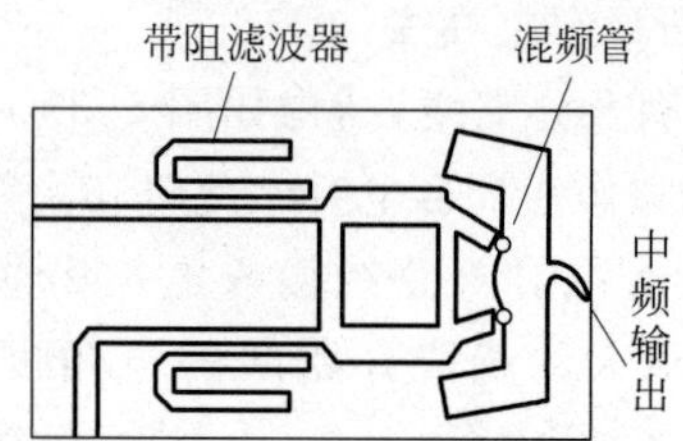

图 5-37　带有带阻滤波器的镜像抑止平衡混频器

5.7.2　带阻滤波器的严格设计

前面所介绍的滤波器设计方法，是比较近似的，只在相对带宽小于 20%时适用。因第 5.4 节中所讲的滤波器之间的变换关系，只有对集总参数滤波器才是真正严格的；而作为分布参数的滤波器元件，其电抗的频率特性和集总参数元件相去甚远。以 λ/4 开路线为例，将其和 LC 串联谐振电路的电抗特性比较，如图 5-38 所示。其中，实线为 LC 串联谐振电路的电抗特性，虚线为 λ/4 开路线电抗特性。容易看出，两者除了在 $\omega=\omega_0$ 附近基本重合外，在远处相差很大。这就说明了以集总参数滤波器为基础的滤波器变换公式，用于设计分布参数的微波滤波器时，只在中心频率 ω_0 附近范围才比较准确。同时也可看出：λ/4 开路线的电抗的频应曲线是周期性的正切曲线，特性曲线的变化每隔一定频率重复一次，这就是微波滤波器产生寄生频带的原因。它和集总参数滤波器有很大区别。

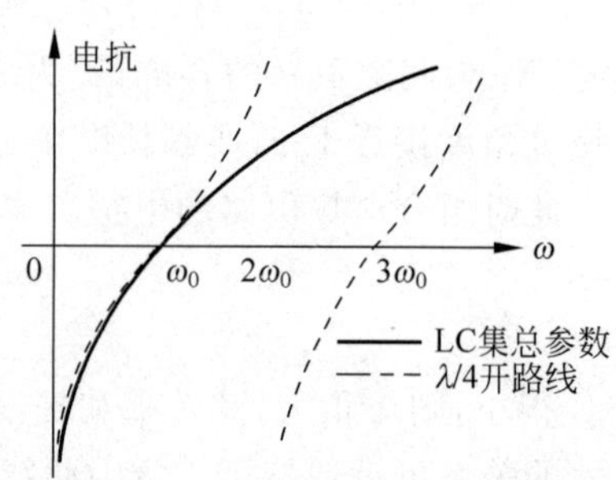

图 5-38　LC 集总参数和 λ/4 开路线电抗特性的比较

因此当滤波器频带较宽时，前述设计方法将产生很大的误差，以致不能应用。为此希望找到一种对带宽 W 较宽时也能适用的所谓严格方法。但因微波滤波器的形式多种多样，谐振元件的频应特性也各不相同，因此不能找到一种通用的严格设计方法，而只能针对不同的滤波器采取不同的方法。

下面介绍一种严格方法，是针对采用开路线和短路线作为谐振元件、并且相互隔开一定距离的带阻滤波器的。此种方法目前已推广用到微波椭圆滤波器中。

由于现在是采用开路线或短路线作为谐振元件，其共同特点是电抗或电纳对频率的变化具有正切特性。因此为了进行严格设计，相应的带阻滤波器和低通原型滤波器之间的频率变换关系，也应采取正切变换代替 5.4 节中相应于集总参数滤波器之间的变换（此变换关系是根据集总参数元件的电抗频应特性得出的，可参考 5.4 节的分析），故取下列的频率变换公式：

$$\frac{\omega'}{\omega'_1}=a\tan\left(\frac{\pi}{2}\cdot\frac{\omega}{\omega_0}\right) \tag{5-127}$$

其中

$$a=\cot\left(\frac{\pi}{2}\cdot\frac{\omega_1}{\omega_0}\right) \tag{5-128}$$

可以看出，以 $\omega=\omega_1$ 代入式(5-127)的右边，其结果为 1，正好和式子左边低通原型滤波器的

相对频率 ω' 取为 ω_1' 时相等。而当 $\omega=\omega_0$ 时，根据式(5-127)，得 $\omega'/\omega_1'=\infty$，这正好说明带阻滤波器的阻带和低通原型滤波器的阻带相应。令 $\omega\to0$ 以及 $\omega\to2\omega_0$，相应的 $\omega'/\omega_1'\to0$，由此可知上述变换得到了低通原型滤波器和带阻滤波器的对应关系。事实上由于正切函数的特点，当 ω 取为 $3\omega_0, 5\omega_0, \cdots$ 时，也和 $\omega=\omega_0$ 有同样的变换，这说明了这种变换有周期性，而较正确地反映了分布参数滤波器的实际情况。总结上述的变换关系为

$$\omega'=0,\quad 当\ \omega=0,\ m\omega_0\ (m\ 为偶数)\ 时$$

$$\omega'=\omega_1',\quad 当\ \omega=m\omega_0\pm\omega_1\ (m\ 为偶数)\ 时$$

$$\omega'=\infty,\quad 当\ \omega=n\omega_0\ (n\ 为奇数)\ 时$$

将低通原型的滤波特性按上式进行变换后，得到的带阻滤波器衰减特性如图 5-39 所示。可以看出，通过这种变换，可把很宽频率范围的衰减特性画出，其中也示出了寄生阻带，完全说明了短路线或开路线作为谐振元件时的滤波器特性。

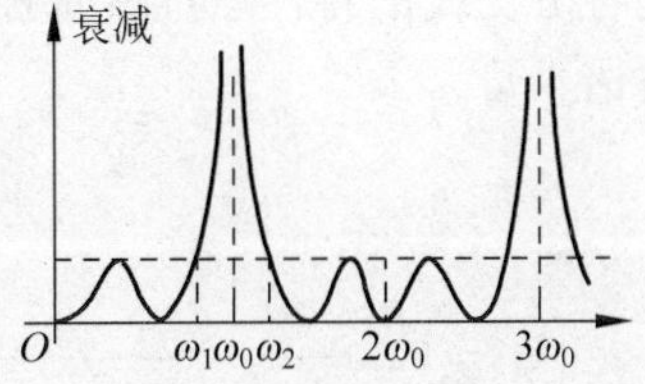

图 5-39　带阻滤波器的阻带和寄生阻带

这种正切频率变换，在以后分析分支线电桥的频应特性时要用到，在分析 TEM 波椭圆滤波器时也很有用。

下面再解决第二个问题。经过了上述变换所得的滤波器，其串联元件和并联元件都连接在一起，必须将所有串联元件变成并联元件(或相反)，并将它们分开，使元件之间隔有一段传输线，才便于实际实现。

以前解决此问题是采用倒置转换器。但倒置转换器有频带的限制。为此，在这里采用了所谓传输线电抗元件的移位方法。即当一段电角度为 θ 的传输线，其一端并联或串联一段分支线电抗时，则可将电抗和传输线段的左右位置进行互换，但线的特性阻抗有所变化，同时连接性质也有改变(如电抗的串联和并联相互转换)。在图 5-40 中画出了两种移位的等效对应关系。这种关系完全可由 **A** 矩阵的级联加以证明，这里从略。必须说明：这种移位关系由矩阵等效而来，不受频带限制，因而是严格的。这种移位转换原称为 Kuroda 效应。

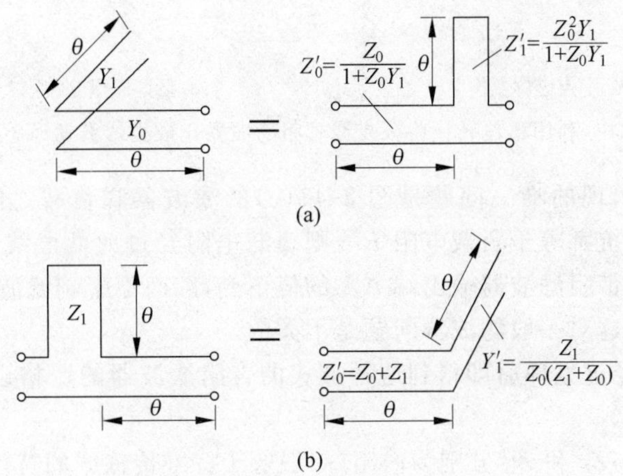

图 5-40　移位转换

根据上述的移位关系，即可用来解决带阻滤波器问题。因为在滤波器的一些部分采用了移位转换而将分支线和传输线段的位置互换后，可以把分开的分支线连在一起；或是反过来，将原来连在一起的分支线隔开。这样，就建立起分支线隔开的实际带阻滤波器和分支

线连接起来的带阻滤波器之间的关系。然后，再采用式(5-127)和式(5-128)的变换，便得到了低通原型滤波器和实际带阻滤波器之间的关系。

图 5-41 表示由一般实际的带阻滤波器向低通原型滤波器转化的过程。图 5-41(a)为带阻滤波器的一般形状，其中并联开路分支线以传输线段隔开，Y_1、Y'_2、Y''_3各为开路分支线的特性导纳；Z''_{12}、Z'_{23}为中间连接线段的特性阻抗；R_0 和 R_L 分别为电源内阻和负载阻抗。图 5-41(b)Z''_{12}及 Y'_2、Z'_{23}和 Y''_3各进行一次移位转换，得到了两个串联短路线，中间有一段传输线隔开。图 5-41(c)将 Z'_3和 Z'_{12}再进行一次移位变换，因而构成了开路线、短路线连在一起的串并联电路。通过前述的正切变换，可由低通原型滤波器的元件参量得到图 5-41(c)的各分支线的特性阻抗或特性导纳，然后通过移位变换，即得到图 5-41(a)形式的带阻滤波器诸参量。

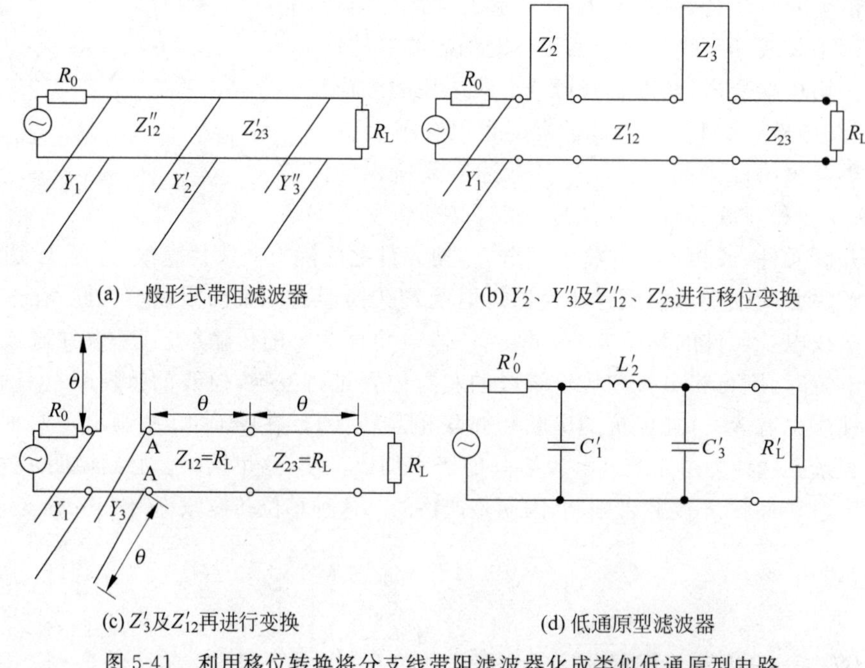

图 5-41 利用移位转换将分支线带阻滤波器化成类似低通原型电路

在转换过程中，出现的唯一问题是图 5-41(c)的滤波器和负载之间有了两段传输线。但若令它们的特性阻抗都等于负载电阻 R_L，则负载电阻经过此两段线反映到由串、并联分支线构成的标准形式带阻滤波器输出端 AA 的值不变，因而不影响滤波特性，只是曲线的长度引起一定的时延。这对一般滤波器问题是不大的。

根据上述分析，经过整理后即得到这种形式的带阻滤波器的严格设计公式。对于不同范围的带宽都能适用。

设 n 为分支线数，Z_0 和 Z_L 分别为内阻(一般等于标准传输线的特性阻抗)和负载阻抗，Z_i 为各分支线特性阻抗($i=1,2,\cdots,n$)，$Z_{i-1,i}$为各分支线间的连接线特性阻抗($i=2,3,\cdots,n$)，g 为低通原型滤波器参量。

令

$$\Lambda=\omega'_1 a \tag{5-129}$$

a 由式(5-128)决定。下面给出 n 从 1 到 5 的设计公式。

$n=1$：

$$\left.\begin{aligned} Z_1 &= \frac{Z_0}{\Lambda\ g_0 g_1} \\ Z_L &= \frac{Z_0 g_2}{g_0} \end{aligned}\right\} \tag{5-130}$$

$n=2$：

$$\left.\begin{aligned} Z_1 &= Z_0\left(1+\frac{1}{\Lambda\ g_0 g_1}\right) \\ Z_{12} &= Z_0(1+\Lambda\ g_0 g_1) \\ Z_2 &= \frac{Z_0 g_0}{\Lambda\ g_2} \\ Z_L &= Z_0 g_0 g_3 \end{aligned}\right\} \tag{5-131}$$

$n=3$：　　Z_1、Z_{12}、Z_2 同于 $n=2$ 的情况。

$$\left.\begin{aligned} Z_3 &= \frac{Z_0 g_0}{g_4}\left(1+\frac{1}{\Lambda\ g_3 g_4}\right) \\ Z_{23} &= \frac{Z_0 g_0}{g_4}(1+\Lambda\ g_3 g_4) \\ Z_L &= \frac{Z_0 g_0}{g_4} \end{aligned}\right\} \tag{5-132}$$

$n=4$：

$$\left.\begin{aligned} Z_1 &= Z_0\left(2+\frac{1}{\Lambda\ g_0 g_1}\right) \\ Z_{12} &= Z_0\left(\frac{1+2\ \Lambda\ g_0 g_1}{1+\Lambda\ g_0 g_1}\right) \\ Z_2 &= Z_0\left[1+\frac{1}{\Lambda\ g_0 g_1}+\frac{g_0}{\Lambda\ g_2(1+\Lambda\ g_0 g_1)^2}\right] \\ Z_{23} &= \frac{Z_0}{g_0}\left(\Lambda\ g_2+\frac{g_0}{1+\Lambda\ g_0 g_1}\right) \\ Z_{34} &= \frac{Z_0}{g_0 g_5}(1+\Lambda\ g_4 g_5) \\ Z_4 &= \frac{Z_0}{g_0 g_6}\left(1+\frac{1}{\Lambda\ g_4 g_5}\right) \\ Z_L &= Z_0/g_0 g_6 \end{aligned}\right\} \tag{5-133}$$

$n=5$：　　Z_1、Z_{12}、Z_{23}、Z_2、Z_3 同于 $n=4$ 的情况。

$$\left.\begin{aligned} Z_4 &= \frac{Z_0}{g_0}\left[1+\frac{1}{\Lambda\ g_5 g_6}+\frac{g_6}{\Lambda\ g_4(1+\Lambda\ g_4 g_5)^2}\right] \\ Z_{34} &= \frac{Z_0}{g_0}\left(\Lambda\ g_4+\frac{g_6}{1+\Lambda\ g_5 g_6}\right) \\ Z_5 &= \frac{Z_0 g_6}{g_0}\left(2+\frac{1}{\Lambda\ g_5 g_6}\right) \\ Z_{45} &= \frac{Z_0 g_6}{g_0}\left(\frac{1+2\ \Lambda\ g_5 g_6}{1+\Lambda\ g_5 g_6}\right) \\ Z_L &= \frac{Z_0 g_6}{g_0} \end{aligned}\right\} \tag{5-134}$$

在实现分支线过程中所遇到的实际问题以及解决的途径和前面讲过的窄带情况相同。

5.8 元件损耗的影响

在以前的讨论中，都把滤波器元件看成无损元件，因此由元件损耗所引起的衰减，即吸收衰减为零。滤波器不论在通带或在阻带，其衰减皆由反射造成。以前的一整套滤波特性及设计方法皆建立在元件理想无损的基础上，但实际上元件都有损耗。图 5-42 为考虑到损耗存在时的带通滤波器电路图，此时在 L、C 串联谐振电路上，串联以损耗电阻 R；在并联谐振回路旁，则并联以损耗电导 G。R 和 G 对于电抗和电纳的相对大小，取决于元件的无载 Q 值。

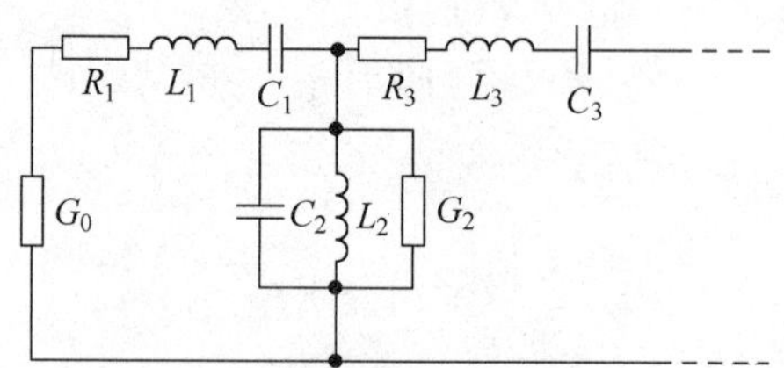

图 5-42 考虑损耗的滤波器电路

对串联谐振电路：

$$R = \frac{\omega_0 L}{Q} = \frac{1}{Q\omega_0 C} \tag{5-135}$$

对并联谐振电路：

$$G = \frac{\omega_0 C}{Q} = \frac{1}{Q\omega_0 L} \tag{5-136}$$

由元件损耗所引起的影响很容易从图中看出。若设滤波器的负载阻抗等于电源内阻 R_0，则当中心频率 $\omega=\omega_0$ 时，串联谐振电路全部对 ω_0 谐振，因而电抗为零。并联谐振电路也全部对 ω_0 谐振，因而电纳也为零。如果元件损耗不存在，则显然负载无衰减地得到最大功率。若存在损耗，则在中心频率，由串联电阻及并联电导构成了电阻网络，使滤波器产生额外的吸收衰减。经过推导，其中心频率上所引起的附加衰减为

$$\Delta L = 4.34 \times \frac{1}{W \cdot Q} \cdot \sum_{i=1}^{n} g_i (\text{dB}) \tag{5-137}$$

其中，Q 为元件的无载品质因数，W 为滤波器的相对带宽，g_i 为低通原型滤波器元件参量。

ΔL 对参量 Q 和元件数量 n 的关系是显而易见的。从式(5-137)中还可看出，滤波器的相对带宽越窄，则损耗越大。这是因为滤波器的频带越窄，则每个元件的有载 Q 应该越大(只有这样，元件才得到较高的选择性，在组合成滤波器时可得到窄频带)。有载 Q 越大，意味着负载和谐振元件的耦合比较弱(事实上在设计耦合微带线带通滤波器时，即已经看到此规律。当设计频带很窄时，得到的滤波器耦合线之间距离 S 就比较大，可在线宽的三倍以上)。耦合的减弱，使负载反映到谐振元件中的等效电阻或电导相对于谐振元件本身的损耗电阻或电导值的比值下降，因此传输效率降低，损耗也就增加。对于用微带线所构成的带通滤波器，微带线 Q 值可估计为 500，则对 5.6 节中所举的带通滤波器实例，可计算其附加衰

减为

$$\Delta L = 4.34 \times \frac{1}{0.1 \times 500} \times (1.3394 + 1.3370 + 2.1660 + 1.3370 + 1.3394)\text{dB}$$
$$\approx 0.6\text{dB} \tag{5-138}$$

可知其损耗所引起的附加衰减比设计时给定的衰减波纹(0.1dB)要大出很多,在通带内起决定作用。实测结果也如此。因此在设计前应将此情况预先考虑,对窄带滤波器更应该这样做。

元件的损耗除了对通带内衰减存在影响外,对通带以外也有影响。在远离中心频率时,理想滤波器的串联电抗、并联电纳均增大,因而衰减很快增加。但由于串联电阻和并联电导的影响,使总的串联阻抗和并联导纳上升速度受到牵制,因而也减慢了通带外衰减的上升陡度。带内衰减越大,则带外衰减减少得也越多,因此在选择最少节数 n 时,应留有适当富余量。

在构成带阻滤波器时,则由于元件损耗的影响,使阻带内的衰减不是无限大,而降低为某一有限值,其带内的最大衰减可由下式进行计算:

$$L_{\max} = \left[20n\lg(W \cdot Q) + 20\sum_{i=1}^{n}\lg(g_i) + 10\lg\frac{g_0 g_{n+1}}{4}\right](\text{dB}) \tag{5-139}$$

其中,$L_{\max}$为阻带内最大衰减,n 为滤波器节数,W 为相对带宽,Q 为元件的无载品质因数,g 为低通原型参量值。

5.9 微带变阻器概述

在微带电路的二口网络(四端网络)元件中,除滤波器以外,变阻器也得到广泛的应用。其作用相当于低频放大器中的匹配变压器,接于不同数值的电源内阻和负载电阻之间,将两者起一相互变换作用获得匹配,以保证最大功率的传输。在微带电路中,这种情况也相当多,例如微带固体倍频器、微带晶体管放大器等,都有和上述类似的情况,因此必须应用变阻器将阻抗进行变换。此外,在微带电路中,将两个不同特性阻抗的微带线连接在一起时,为了避免线之间的反射,也应在两者之间加变阻器。由此可知,变阻器是微带电路中必不可缺的元件。

变阻器和滤波器的不同点是:变阻器的主要作用是完成阻抗的变换,而滤波器的主要作用是分隔频率。但事实上,两者也不是截然不同的,变阻器维持其给定的阻抗变换比也有其一定的频率范围。从某种意义上说,它也是一种滤波器,故在设计变阻器时,必须考虑其工作频带。大部分滤波器的变阻比为1(切比雪夫滤波器,n=偶数情况除外),但这并不是必然的。目前就有把变阻、滤波两种作用合二为一的变阻滤波器。类似的情况,均说明两者之间具有一定联系。

在微带电路中,最常应用的变阻器有以下几种形式:

(1) 渐变线。在两个不同阻抗之间,传输线的特性阻抗逐渐由一个阻抗值变为另一阻抗值,使连接区的反射系数控制在允许范围之内。应用较广的渐变线为指数线。

(2) $\lambda/4$ 变阻器。在微波技术中已得到广泛应用,在微带电路中也如此。宽频带变阻必须和滤波器一样,采用多节变阻器。为了用最紧凑的结构获得优良的性能,也采取了综合设计法。

(3) 短节变阻器。由 L、C 集总参数变阻电路变换而来,其主要特点是每节的长度很短,只有 $\lambda/32$ 或 $\lambda/16$。取同样的变阻器总长,其特性较 $\lambda/4$ 多节变阻器有所改善。由于其结构紧凑,用于微波集成电路比较理想。

下面第 5.10 节~5.13 节,将对几种主要的变阻器作介绍。

5.10 指数渐变线

指数渐变线是不均匀传输线的一种。所谓不均匀传输线,指线的分布参量随长度而变化,由于其特性阻抗是逐渐改变的,故可以把两种不同特性阻抗的传输线连接起来,其反射系数相当小。

下面通过非均匀线的微分方程研究指数渐变线的特性。非均匀传输线如图 5-43 所示。其分布参数 L_0、C_0 随长度 z 改变,因而应写成 $L_0(z)$、$C_0(z)$,z 坐标由负载指向电源。此时,无损情况的长线方程为

$$\frac{\mathrm{d}U}{\mathrm{d}z}+\mathrm{j}\omega L_0(z)I=0 \tag{5-140}$$

$$\frac{\mathrm{d}I}{\mathrm{d}z}+\mathrm{j}\omega C_0(z)U=0 \tag{5-141}$$

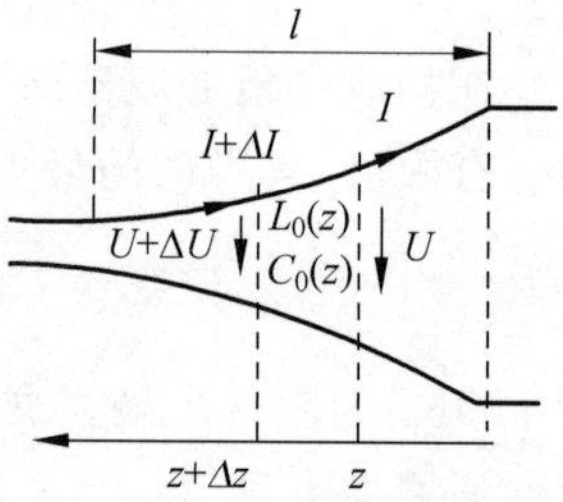

图 5-43 指数渐变线

将式(5-140)和式(5-141)各对 z 微分,然后相互代入另一式,得

$$\frac{\mathrm{d}^2U}{\mathrm{d}z^2}-\frac{\mathrm{d}}{\mathrm{d}z}[\ln(\mathrm{j}\omega L_0(z))]\cdot\frac{\mathrm{d}U}{\mathrm{d}z}+\omega^2L_0(z)C_0(z)U=0 \tag{5-142}$$

$$\frac{\mathrm{d}^2I}{\mathrm{d}z^2}-\frac{\mathrm{d}}{\mathrm{d}z}[\ln(\mathrm{j}\omega C_0(z))]\cdot\frac{\mathrm{d}I}{\mathrm{d}z}+\omega^2L_0(z)C_0(z)I=0 \tag{5-143}$$

可以看出,在一般情况下,上述两式已经成为非常系数微分方程,因此求解也相当复杂。但是当非均匀线为指数渐变线的特殊情况下,即 $L_0(z)$、$C_0(z)$ 随 z 作指数变化时,式(5-142)和式(5-143)就简化成常系数微分方程。

若令

$$L_0(z)=L_{0o}\cdot\mathrm{e}^{az} \tag{5-144}$$

$$C_0(z)=C_{0o}\cdot\mathrm{e}^{-az} \tag{5-145}$$

其中,L_{0o}、C_{0o} 皆为起始长度的分布电感、电容,则

$$\omega^2L_0(z)C_0(z)=\omega^2L_{0o}\cdot C_{0o}=k^2 \tag{5-146}$$

必须注意,k 不随 z 而变,但它并非指数线的相位常数,这一点在下面要讲到。

$$Z_0(z)=\sqrt{\frac{L_0(z)}{C_0(z)}}=Z_{0o}\cdot\mathrm{e}^{az} \tag{5-147}$$

$Z_0(z)$ 为指数线的特性阻抗,Z_{0o} 为起始时的特性阻抗。由此可知:指数线的特性阻抗也随 z 作指数变化。

此时可将式(5-142)和式(5-143)写成

$$\frac{\mathrm{d}^2U}{\mathrm{d}z^2}-a\frac{\mathrm{d}U}{\mathrm{d}z}+k^2U=0 \tag{5-148}$$

$$\frac{\mathrm{d}^2I}{\mathrm{d}z^2}-a\frac{\mathrm{d}I}{\mathrm{d}z}+k^2I=0 \tag{5-149}$$

也是常系数微分方程，和均匀传输线的不同仅在于：均匀线的 $a=0$，无一阶导数项。无损线的电压、电流的幅度不随 z 而变；而指数线则有一阶导数项，故得到的电压、电流，其相位和幅度皆随 z 而变。其解为

$$U=\mathrm{e}^{\frac{a}{2}z}\left[A_1\cdot\mathrm{e}^{\mathrm{j}\sqrt{k^2-\left(\frac{a}{2}\right)^2}z}+B_1\mathrm{e}^{-\mathrm{j}\sqrt{k^2-\left(\frac{a}{2}\right)^2}z}\right] \tag{5-150}$$

$$I=\mathrm{e}^{-\frac{a}{2}z}\left[A_2\cdot\mathrm{e}^{\mathrm{j}\sqrt{k^2-\left(\frac{a}{2}\right)^2}z}+B_2\mathrm{e}^{-\mathrm{j}\sqrt{k^2-\left(\frac{a}{2}\right)^2}z}\right] \tag{5-151}$$

式中的 $\sqrt{k^2-(a/2)^2}$ 表示相位的变化，即为指数线中的相位常数。由式(5-150)和式(5-151)可知，电压和电流的幅度皆随 z 作指数变化，但变化的方向相反。如 U 随 z 的增加而减小，则 I 则随 z 增加而加大。从式(5-150)和式(5-151)中也可看出，电压和电流也分别由入射波和反射波两项分量组成。

将式(5-150)和式(5-151)代入式(5-140)，即可得到 A_1 和 A_2、B_1 和 B_2 之间的关系，为

$$\frac{A_1}{A_2}=\frac{Z_{0\mathrm{o}}}{\frac{a}{2\mathrm{j}k}+\sqrt{1-\left(\frac{a}{2k}\right)^2}} \tag{5-152}$$

$$\frac{B_1}{B_2}=\frac{Z_{0\mathrm{o}}}{\frac{a}{2\mathrm{j}k}-\sqrt{1-\left(\frac{a}{2k}\right)^2}} \tag{5-153}$$

其中，$Z_{0\mathrm{o}}$ 为 $z=0$ 时线的特性阻抗，即 $Z_{0\mathrm{o}}=\sqrt{\frac{L_{0\mathrm{o}}}{C_{0\mathrm{o}}}}$。由式(5-152)和式(5-153)可以看出，指数线上电压入射波和电流入射波之比，不再等于电压反射波和电流反射波之比。若令 $a=0$，则上述两式变为

$$\frac{A_1}{A_2}=-\frac{B_1}{B_2}=Z_{0\mathrm{o}}$$

此即为均匀传输线的情况。

如果我们在负载端所接的负载等于该处指数线的特性阻抗 $Z_{0\mathrm{o}}$，把此条件代入式(5-150)和式(5-151)，得

$$\left.\frac{U}{I}\right|_{Z=0}=\frac{A_1+B_1}{A_2+B_2}=Z_{0\mathrm{o}} \tag{5-154}$$

再把式(5-152)和式(5-153)代入式(5-154)，即得电压反射系数为

$$\Gamma_u=\frac{B_1}{A_1}=\frac{\frac{a}{2}+\mathrm{j}k\sqrt{1-\left(\frac{a}{2k}\right)^2}-\mathrm{j}k}{-\frac{a}{2}+\mathrm{j}k\sqrt{1-\left(\frac{a}{2k}\right)^2}+\mathrm{j}k}=\frac{\frac{a}{2}+\mathrm{j}k\left[\sqrt{1-\left(\frac{a}{2k}\right)^2}-1\right]}{-\frac{a}{2}+\mathrm{j}k\left[\sqrt{1-\left(\frac{a}{2k}\right)^2}+1\right]} \tag{5-155}$$

一般情况下 $a\ll 2k$，故式(5-155)可近似为

$$\Gamma_u\approx\frac{\frac{a}{2}}{-\frac{a}{2}+\mathrm{j}2k}\approx\frac{a}{\mathrm{j}4k} \tag{5-156}$$

$$|\Gamma_u| \approx \left|\frac{a}{4k}\right| \tag{5-157}$$

式(5-157)即可利用来设计指数线。如设有两个不同阻抗 Z_{01}、Z_{02}，其比值为 $Z_{01}/Z_{02}=R>1$，若将 Z_{01} 接于负载端，且等于指数线在 $z=0$ 处的特性阻抗 Z_{0o}，则经过一段指数线后，线上的电压反射系数由式(5-156)和式(5-157)表示。为了得到变阻，应该令：

$$Z_{02} = Z_{01} \cdot e^{al} = Z_{0o} \cdot e^{al} \tag{5-158}$$

其中，l 为指数线的长度。则

$$a = \frac{1}{l}\ln\frac{Z_{02}}{Z_{01}} = -\frac{1}{l}\ln R \tag{5-159}$$

代入式(5-157)，因而得

$$|\Gamma_u| = \frac{\frac{1}{l}\ln R}{4 \cdot \frac{2\pi}{\lambda}}$$

$$l = \frac{\ln R}{\frac{8\pi|\Gamma_u|}{\lambda}} = \frac{\lambda \ln R}{8\pi|\Gamma_u|} \tag{5-160}$$

式(5-160)即为指数线所需长度的公式。由式(5-159)可知，当阻抗比 R 给定时，指数线越长，则 $|a|$ 越小，即线的特性变化得越缓慢，此时由式(5-157)可看出反射系数就越小。因此在给定阻抗比 R、并给定了反射系数要求时，指数线的长度并非任意值都可满足，而必须至少取一最小长度，该长度即由式(5-160)计算。

【例 5-3】 给定 $R=5$，$|\Gamma_u|=0.1$，则

$$l = \frac{\lambda \times \ln 5}{8\pi \times 0.1} = \frac{1.61\lambda}{2.51} = 0.64\lambda$$

只要长度大于此值，则能满足要求。因此在宽频带工作时，只要以最低频率(或最长波长)为标准选取指数线长度，则对所有其他频率均能满足匹配要求。

上述结果的物理概念是：尽管在两不同阻抗之间加了指数线来过渡，但线上仍存在反射。反射的大小和线的参量变化速度有关。变化速度快(即线长 l 很短)，则反射大，其极端情况为 $l\to 0$，即相当于把两不同特性阻抗的传输线直接相连，此时即造成一很大的反射系数。当把 l 加长，且变化平缓时，线上各处的反射将减小，而且各反射分量还有相互抵消的趋势，因此总的反射系数也就减小。

指数线也可作为电路元件，其输入阻抗可由下式计算：

$$Z_{sr} = e^{az}\frac{A_1 e^{j\sqrt{k^2-\left(\frac{a}{2k}\right)^2}z} + B_1 e^{-j\sqrt{k^2-\left(\frac{a}{2k}\right)^2}z}}{A_2 e^{j\sqrt{k^2-\left(\frac{a}{2k}\right)^2}z} + B_2 e^{-j\sqrt{k^2-\left(\frac{a}{2k}\right)^2}z}} \tag{5-161}$$

设取线长为 l，终端所接负载为 Z_L，并考虑到 $a/2k \ll 1$，因而将其忽略不计，则式(5-161)可写成与均匀线输入阻抗类似的公式：

$$Z_{sr} = Z_{0o} \cdot e^{at}\frac{\cos kl + j\frac{Z_{0o}}{Z_L}\cdot \sin kl}{\frac{Z_{0o}}{Z_L}\cos kl + j\sin kl} \tag{5-162}$$

指数线在微带电路中得到较多的应用，因为它没有其他传输线形式所存在的加工困难

问题，只需作图制版即可。在晶体管放大电路中，常作为级间阻抗变换器。

5.11　四分之一波长多节变阻器

最简单的单节 λ/4 变阻器是大家所熟知的，其缺点是频带太窄。目前由于宽频带设备越来越多，相应的阻抗变换也要求宽频带。此时也仿照滤波器那样，以增加节数作为改进性能的手段。同时为了经济合理，也采用了综合设计的方法。最佳的多节变阻器特性，目前采用较多的有二项式、最大平坦度以及切比雪夫多项式几种。事实上前面两种的特性和设计数据相差不多，只相当于一种。目前应用较多的还是根据切比雪夫多项式设计的多节变阻器。

多节变阻器如图 5-44 所示。其每节长度均为 l，当各段的传输线波长不同时，则用电角度表示较为方便，此时应令各段的电角度均为 θ。

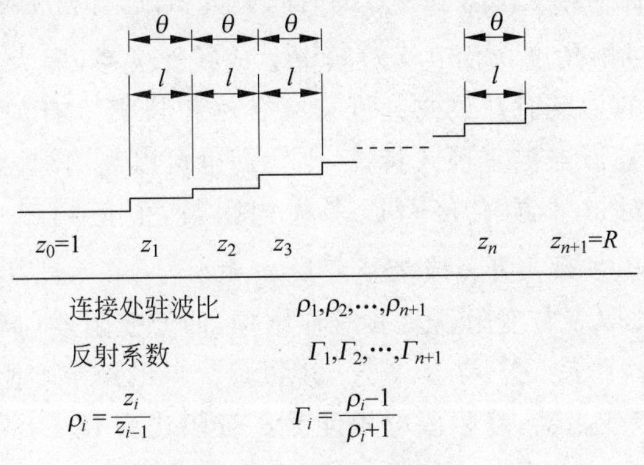

图 5-44　多节变阻器

当各段的特性阻抗及相速的频应特性均相同时，称为均匀的多节变阻器；不同时则称为不均匀多节变阻器。在微带线形式中，当频率不太高、而色散效应可忽略时，各微带线段的特性阻抗和相速均与频率无关，因此属于均匀多节变阻器。

在图 5-44 中，阻抗由 z_0 变到 z_{n+1}，对 z_0 归一化，即由 $z_0=1$ 变到 $z_{n+1}=R$，其中 R 即为阻抗变换比。$\rho_1,\rho_2,\cdots,\rho_{n+1}$ 为相邻两传输线段连接处的驻波比。根据微波技术的基本原理，其值等于大的特性阻抗对小的特性阻抗之比。在图 5-44 中，$\rho_i=z_i/z_{i-1}$。$\Gamma_1,\Gamma_2,\cdots,\Gamma_{n+1}$ 则为连接处的反射系数。它们和 ρ_i 的关系已在图 5-44 中示出。

我们以下列公式定义变阻器的相对带宽和中心波长：

$$W_q = 2\left(\frac{\lambda_{g1}-\lambda_{g2}}{\lambda_{g1}+\lambda_{g2}}\right) \tag{5-163}$$

$$\lambda_{g0} = \frac{2\lambda_{g1}\lambda_{g2}}{\lambda_{g1}+\lambda_{g2}} \tag{5-164}$$

其中，λ_{g1} 和 λ_{g2} 分别为频带边界的传输线波长，λ_{g0} 为传输线中心波长，W_q 为相对带宽。

取变阻器每段为传输线波长的四分之一，即

$$l = \frac{\lambda_{g0}}{4} = \frac{\lambda_{g1}\lambda_{g2}}{2(\lambda_{g1}+\lambda_{g2})} \tag{5-165}$$

根据第 2 章，二口网络的传输特性可用插入衰减 L 表示：

$$L=\frac{1}{|S_{12}|^2}=1+\frac{1}{|S_{12}|^2}-1=1+\frac{1-|S_{12}|^2}{|S_{12}|^2}=1+\varepsilon \tag{5-166}$$

其中,ε 称为过量衰减,表示二口网络的衰减和理想状况($L=1$)时的差别。对于多节变阻器,在理想状况时,后接阻抗 $z_{n+1}=R$,经过变阻后,在 $z_0=1$ 的传输线上,反射系数 Γ 应等于零,式(5-166)中的过量衰减 ε 也等于零。事实上在一定的频带范围内,ε 不可能都为零,亦即变阻器不能在整个频段内得到理想变阻。此时就必须预先给定 ε 值,使之在一定的频带范围内所有的 ε 均不大于此值,然后根据此要求设计变阻器。

下面具体研究 ε 和传输线段诸参量的关系。图 5-45 表示由 $z_0=1$ 过渡到 $z_{n+1}=R$ 的 n 节变阻器。其各段的电角度均为 θ。根据式(5-165),在中心频率时,$\theta=\pi/2$。各传输线段的特性阻抗分别为 $z_1,z_2,\cdots,z_n$,各连接点的反射系数 Γ 和 z 的关系已在图 5-45 上注出。从图 5-45 可知,从 $z_0=1$ 的传输线向负载方向看去的反射系数 Γ,为各连接点反射作用的总和。除了和各反射系数 $\Gamma_1,\Gamma_2,\cdots,\Gamma_{n+1}$ 的大小有关外,还取决于它们之间的相位关系。因为总的反射波相当于各个点上反射波分量的时间矢量和,这就和反射波之间的相位差有关。相位差取决于传输线段的电角度 θ,而 θ 又对频率 ω 成线性关系(因为 $\theta=kl=\omega\sqrt{L_0C_0}\cdot l$),因此在 $z_0=1$ 的传输线的总反射系数或过量衰减必然和频率 ω 有关。如果找到这个函数,且此函数又类似于低通滤波器的多项式特性,则我们也可以利用综合设计法进行最佳设计。

经过推导,虽然 ε 对 ω 不能直接写成多项式函数,但把频率 ω 转换为变量 $\cos\theta=\cos(\sqrt{L_0C_0}\cdot l\omega)$,则可以发现 ε 可表成为新变量 $x=\cos\theta=\cos(\omega\sqrt{L_0C_0}\,l)$ 的多项式。为了使多项式比较简单,往往取多节变阻器具有对称结构,即使变阻器前后对称位置跳变点的反射系数相等,$\Gamma_1=\Gamma_{n+1},\Gamma_2=\Gamma_n,\Gamma_3=\Gamma_{n-1},\cdots$。现以最简单的单节变阻器为例进行说明。

图 5-46 为对称单节变阻器,变阻段电角度为 θ,变阻比为 R。由于单节变阻器本身即满足上述对称条件,即 $\Gamma_2=\Gamma_1$,或 $z_2/z_1=z_1/z_0=\sqrt{R}$,其中 z_0、z_1、z_2 为各段传输线的归一化特性阻抗,且 $z_0=1,z_2=R$。我们来看一看过量衰减 ε 和 $\cos\theta$ 及变阻器各段阻抗比(或各跳变点反射系数)之间有何关系。

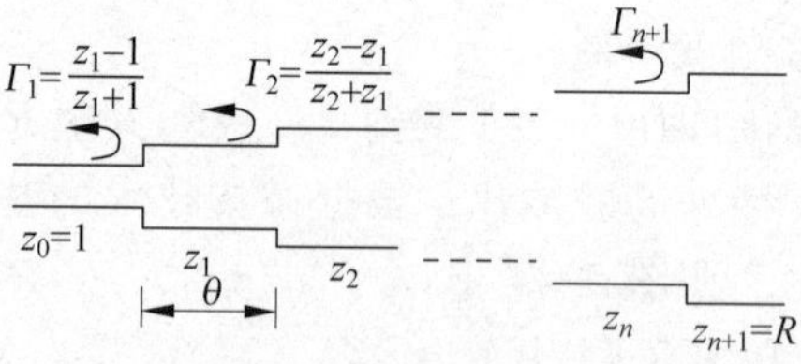

图 5-45 多节变阻器各节的反射系数及归一化特性阻抗

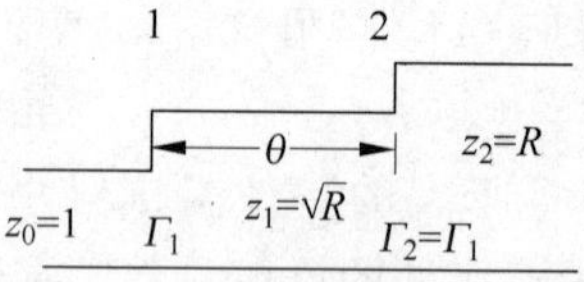

图 5-46 单节变阻器各节的阻抗及反射系数的关系

我们可用矩阵运算找到变阻器的 $z_0=1$ 段到 $z_2=R$ 段之间的总矩阵参量,然后再将其表示成为与过量衰减 ε 的关系。由图 5-46 可知,$z_0=1$ 至 $z_2=R$ 系由两个阻抗跳变点和一段电角度为 θ 的传输线构成。为此,我们利用(a、b、c、d)矩阵的级联关系求出总矩阵,再计算 ε。

显然,两个阻抗跳变点的 $\boldsymbol{A}$ 矩阵都是 $\begin{bmatrix}1 & 0\\0 & 1\end{bmatrix}$,这很容易地从 $\boldsymbol{A}$ 矩阵的定义推得。但我们在这里采用的是归一化形式的 $\boldsymbol{a}$ 矩阵。由第 2 章的式(2-25)~式(2-28),网络两边的电

压电流应分别对特性阻抗归一化。现在,因跳变点两边的特性阻抗不同,故应对各自的特性阻抗归一化,例如对第一跳变点,其两侧的电压、电流和归一化电压、电流之间有以下关系:

$$U_1 = \sqrt{Z_0}\,u_1, \quad I_1 = \frac{1}{\sqrt{Z_0}}i_1$$

$$U_2 = \sqrt{Z_1}\,u_2, \quad I_2 = \frac{1}{\sqrt{Z_1}}i_2$$

其中,Z_0 和 Z_1 分别为输入线和变阻线的特性阻抗,将以上关系代入阻抗跳变的 $\boldsymbol{A}$ 矩阵表达式

$$\begin{bmatrix} U_1 \\ I_1 \end{bmatrix} = \begin{bmatrix} 1 & 0 \\ 0 & 1 \end{bmatrix} \cdot \begin{bmatrix} U_2 \\ -I_2 \end{bmatrix} \tag{5-167}$$

中,则得归一化形式的 $\boldsymbol{a}$ 矩阵为

$$\begin{bmatrix} u_1 \\ i_1 \end{bmatrix} = \begin{bmatrix} \sqrt{\dfrac{Z_1}{Z_0}} & 0 \\ 0 & \sqrt{\dfrac{Z_0}{Z_1}} \end{bmatrix} \cdot \begin{bmatrix} u_2 \\ -i_2 \end{bmatrix}$$

或

$$\begin{bmatrix} u_1 \\ i_1 \end{bmatrix} = \begin{bmatrix} \sqrt{R} & 0 \\ 0 & \dfrac{1}{\sqrt{R}} \end{bmatrix} \cdot \begin{bmatrix} u_2 \\ -i_2 \end{bmatrix} \tag{5-168}$$

由于相对阻抗关系相同,故第二个阻抗跳变点也得到相同的归一化形式的 $\boldsymbol{a}$ 矩阵。至于变阻传输线段,根据第 2 章表 2-2,其 $\boldsymbol{a}$ 矩阵为$\begin{bmatrix} \cos\theta & \mathrm{j}\sin\theta \\ \mathrm{j}\sin\theta & \cos\theta \end{bmatrix}$,故总的 $\boldsymbol{a}$ 矩阵为

$$\boldsymbol{a} = \begin{bmatrix} \sqrt{R} & 0 \\ 0 & \dfrac{1}{\sqrt{R}} \end{bmatrix} \cdot \begin{bmatrix} \cos\theta & \mathrm{j}\sin\theta \\ \mathrm{j}\sin\theta & \cos\theta \end{bmatrix} \cdot \begin{bmatrix} \sqrt{R} & 0 \\ 0 & \dfrac{1}{\sqrt{R}} \end{bmatrix}$$

$$\varepsilon = \begin{bmatrix} \sqrt{R}\cos\theta & \mathrm{j}\sqrt{R}\sin\theta \\ \dfrac{\mathrm{j}}{\sqrt{R}}\sin\theta & \dfrac{1}{\sqrt{R}}\cos\theta \end{bmatrix} \cdot \begin{bmatrix} \sqrt{R} & 0 \\ 0 & \dfrac{1}{\sqrt{R}} \end{bmatrix} = \begin{bmatrix} R\cos\theta & \mathrm{j}\sin\theta \\ \mathrm{j}\sin\theta & \dfrac{1}{R}\cos\theta \end{bmatrix} \tag{5-169}$$

$$S_{12} = \frac{2}{a+b+c+d} = \frac{2}{\left(R+\dfrac{1}{R}\right)\cos\theta + 2\mathrm{j}\sin\theta}$$

$$\begin{aligned}
\varepsilon &= \frac{1}{|S_{12}|^2} - 1 = \frac{\left(R+\dfrac{1}{R}\right)^2\cos^2\theta + 4\sin^2\theta}{4} - 1 \\
&= \frac{\left(R+\dfrac{1}{R}\right)^2\cos^2\theta + 4(1-\cos^2\theta) - 4}{4} \\
&= \frac{1}{4}\left[\left(R+\frac{1}{R}\right)^2 - 4\right]\cos^2\theta \\
&= \frac{1}{4}\left(R-\frac{1}{R}\right)^2\cos^2\theta = \frac{(R-1)^2}{4R}\cos^2\theta
\end{aligned} \tag{5-170}$$

很明显，式(5-170)是 $\cos\theta$ 的二次多项式。把上述的运算推广到多节变阻器中，同样可得到 $\cos\theta$ 的 $2n$ 次多项式，其中 n 为变阻器的节数，而各项的系数则与各节的特性阻抗有关。

在中心频率时，$\omega=\omega_0$、$\theta=90°$、$\cos\theta=0$，正好对应于低通原型滤波器 $\omega'/\omega_1'=0$。

既然多节变阻器和低通原型滤波器有此对应关系，因此，同样可以根据最大平坦度多项式和切比雪夫多项式来进行设计。

对于最大平坦度特性，过量衰减可写成

$$\varepsilon=\frac{(R-1)^2}{4R}\cos^{2n}\theta=\varepsilon_a\cos^{2n}\theta \tag{5-171}$$

其中，$\varepsilon_a=\dfrac{(R-1)^2}{4R}$为最大可能的过量衰减，当 $\theta=\pi$ 时将会发生。因为此时各连接点产生的反射波已经不再相互抵消，而是叠加起来，此时的 ε 值和变阻比为 R 的两段传输线直接连接的情况毫无差别。

对于切比雪夫特性，有

$$\varepsilon=\frac{(R-1)^2}{4R}\frac{T_n^2(\cos\theta/\mu_0)}{T_n^2(1/\mu_0)}=\varepsilon_r\cdot T_n^2(\cos\theta/\mu_0) \tag{5-172}$$

其中，$\mu_0=\sin(\pi W_q/4)$，ε_r 为通带内的最大过量衰减。 (5-173)

通过和低通原型滤波器比较多项式系数，同样可求得变阻器中的诸参数。因为 $\cos\theta$ 的多项式系数中含有各变阻段的归一化特性阻抗，所以通过一系列数学推导将多项式系数进行比较后，一定可将相应的变阻器元件值(即各段传输线的特性阻抗)求出。只是因为多了一次余弦变换，其推导的过程比低通原型滤波器更复杂而已，在此不再进行详细讨论，只把推导结果所得的切比雪夫特性设计数据列于表 5-4 和表 5-5 中，并举例说明如何应用表格进行变阻器的设计。

表 5-4 切比雪夫变阻器的带内驻波比和 R 及 W_q 的关系

$n=1$

阻抗比 R \ 相对带宽 W_q	0.2	0.4	0.6	0.8	1.0	1.2
1.25	1.03	1.07	1.11	1.14	1.17	1.20
1.50	1.06	1.13	1.20	1.27	1.33	1.39
1.75	1.09	1.19	1.30	1.39	1.49	1.57
2.00	1.12	1.24	1.38	1.51	1.64	1.76
2.50	1.16	1.34	1.53	1.73	1.93	2.12
3.00	1.20	1.43	1.68	1.95	2.21	2.47
4.00	1.26	1.58	1.95	2.35	2.76	3.15
5.00	1.32	1.73	2.21	2.74	3.30	3.83
6.00	1.37	1.86	2.45	3.12	3.82	4.50
8.00	1.47	2.11	2.92	3.88	4.86	5.84
10.00	1.55	2.35	3.37	4.58	5.88	7.16
15.00	1.75	2.90	4.47	6.36	8.41	10.46
20.00	1.92	3.43	5.54	8.11	10.93	13.74

续表

$n=2$

阻抗比 R \ 相对带宽 W_q	0.2	0.4	0.6	0.8	1.0	1.2
1.25	1.00	1.01	1.03	1.05	1.08	1.11
1.50	1.01	1.02	1.05	1.09	1.15	1.22
1.75	1.01	1.03	1.07	1.13	1.21	1.32
2.00	1.01	1.04	1.08	1.16	1.27	1.41
2.50	1.01	1.05	1.12	1.22	1.37	1.58
3.00	1.01	1.06	1.14	1.27	1.47	1.74
4.00	1.02	1.08	1.19	1.37	1.64	2.04
5.00	1.02	1.09	1.23	1.45	1.80	2.33
6.00	1.03	1.11	1.26	1.53	1.95	2.60
8.00	1.03	1.13	1.33	1.67	2.23	3.13
10.00	1.04	1.15	1.38	1.80	2.50	3.64
15.00	1.05	1.20	1.51	2.09	3.13	4.89
20.00	1.05	1.24	1.62	2.36	3.74	6.11

$n=3$

阻抗比 R \ 相对带宽 W_q	0.2	0.4	0.6	0.8	1.0	1.2
1.25	1.00	1.00	1.01	1.02	1.03	1.06
1.50	1.00	1.00	1.01	1.03	1.06	1.11
1.75	1.00	1.00	1.02	1.04	1.08	1.16
2.00	1.00	1.01	1.02	1.05	1.11	1.20
2.50	1.00	1.01	1.03	1.07	1.14	1.28
3.00	1.00	1.01	1.03	1.08	1.18	1.35
4.00	1.00	1.01	1.04	1.11	1.24	1.47
5.00	1.00	1.01	1.05	1.13	1.29	1.59
6.00	1.00	1.02	1.06	1.15	1.33	1.69
8.00	1.00	1.02	1.07	1.18	1.42	1.88
10.00	1.00	1.02	1.08	1.21	1.49	2.06
15.00	1.00	1.03	1.11	1.28	1.66	2.48
20.00	1.00	1.03	1.12	1.34	1.81	2.87

$n=4$

阻抗比 R \ 相对带宽 W_q	0.2	0.4	0.6	0.8	1.0	1.2
1.25	1.00	1.00	1.00	1.00	1.01	1.03
1.50	1.00	1.00	1.00	1.01	1.02	1.06
1.75	1.00	1.00	1.00	1.01	1.03	1.08
2.00	1.00	1.00	1.00	1.02	1.04	1.10
2.50	1.00	1.00	1.01	1.02	1.06	1.14
3.00	1.00	1.00	1.01	1.03	1.07	1.17
4.00	1.00	1.00	1.01	1.03	1.09	1.22

续表

阻抗比 R \ 相对带宽 W_q	0.2	0.4	0.6	0.8	1.0	1.2
5.00	1.00	1.00	1.01	1.04	1.11	1.27
6.00	1.00	1.00	1.01	1.05	1.13	1.31
8.00	1.00	1.00	1.02	1.06	1.16	1.39
10.00	1.00	1.00	1.02	1.07	1.18	1.46
15.00	1.00	1.00	1.02	1.08	1.24	1.62
20.00	1.00	1.01	1.03	1.10	1.28	1.76

表 5-5 多节切比雪夫变阻器的各节归一化特性阻抗表

二节切比雪夫变阻器的 z_1

阻抗比 R \ 相对带宽 W_q	0.2	0.4	0.6	0.8	1.0	1.2
1.25	1.05810	1.06034	1.06418	1.06979	1.07725	1.08650
1.50	1.10808	1.11236	1.11973	1.13051	1.14495	1.16292
1.75	1.15218	1.15837	1.16904	1.18469	1.20572	1.23199
2.00	1.19181	1.19979	1.21360	1.23388	1.26122	1.29545
2.50	1.26113	1.27247	1.29215	1.32117	1.36043	1.40979
3.00	1.32079	1.33526	1.36042	1.39764	1.44816	1.51179
4.00	1.42080	1.44105	1.47640	1.52892	1.60049	1.69074
5.00	1.50366	1.52925	1.57405	1.64084	1.73205	1.84701
6.00	1.57501	1.60563	1.65937	1.73970	1.84951	1.98768
8.00	1.69473	1.73475	1.80527	1.91107	2.05579	2.23693
10.00	1.79402	1.84281	1.92906	2.05879	2.23607	2.45663
15.00	1.99014	2.05909	2.18171	2.36672	2.61818	2.92611
20.00	2.14275	2.23019	2.38640	2.62224	2.94048	3.32447

注：z_2 由 $z_2=R/z_1$ 求出

三节切比雪夫变阻器的 z_1

阻抗比 R \ 相对带宽 W_q	0.2	0.4	0.6	0.8	1.0	1.2
1.25	1.02883	1.03051	1.03356	1.03839	1.04567	1.05636
1.50	1.05303	1.05616	1.06816	1.07092	1.08465	1.10495
1.75	1.07396	1.07839	1.08646	1.09933	1.11892	1.14805
2.00	1.09247	1.09808	1.10830	1.12466	1.14966	1.18702
2.50	1.12422	1.13192	1.14600	1.16862	1.20344	1.25594
3.00	1.15096	1.16050	1.17799	1.20621	1.24988	1.31621
4.00	1.19474	1.20746	1.23087	1.26891	1.32837	1.41972
5.00	1.23013	1.24557	1.27412	1.32078	1.39428	1.50824
6.00	1.26003	1.27790	1.31105	1.36551	1.45187	1.58676
8.00	1.30916	1.33128	1.37253	1.44091	1.55057	1.72383
10.00	1.34900	1.37482	1.42320	1.50397	1.63471	1.84304
15.00	1.42564	1.45924	1.52282	1.63055	1.80797	2.09480
20.00	1.48359	1.52371	1.60023	1.73135	1.95013	2.30687

注：z_2、z_3 由下列方程求出：$z_2=\sqrt{R}$，$z_3=R/z_1$

续表

四节切比雪夫变阻器的 z_1

阻抗比 R \ 相对带宽 W_q	0.2	0.4	0.6	0.8	1.0	1.2
1.25	1.01440	1.01553	1.01761	1.02106	1.02662	1.03560
1.50	1.02635	1.02842	1.03227	1.03866	1.04898	1.06576
1.75	1.03659	1.03949	1.04488	1.05385	1.06838	1.09214
2.00	1.04558	1.04921	1.05598	1.06726	1.08559	1.11571
2.50	1.06088	1.06577	1.07494	1.09026	1.11531	1.15681
3.00	1.07364	1.07963	1.09086	1.10967	1.14059	1.19218
4.00	1.09435	1.10216	1.11685	1.14159	1.18259	1.25182
5.00	1.11093	1.12026	1.13784	1.16759	1.21721	1.30184
6.00	1.12486	1.13549	1.15559	1.18974	1.24702	1.34555
8.00	1.14758	1.16043	1.18482	1.22654	1.29722	1.42054
10.00	1.16588	1.18060	1.20863	1.25683	1.33920	1.48458
15.00	1.20082	1.21931	1.25475	1.31638	1.42350	1.61690
20.00	1.22703	1.24854	1.28998	1.36269	1.49074	1.72593

四节切比雪夫变阻器的 z_2

阻抗比 R \ 相对带宽 W_q	0.2	0.4	0.6	0.8	1.0	1.2
1.25	1.07260	1.07371	1.07559	1.07830	1.08195	1.08683
1.50	1.13584	1.13799	1.14162	1.14685	1.15394	1.16342
1.75	1.19224	1.19537	1.20065	1.20827	1.21861	1.23248
2.00	1.24340	1.24745	1.25431	1.26420	1.27764	1.29572
2.50	1.33396	1.33974	1.34954	1.36370	1.38300	1.40907
3.00	1.41296	1.42036	1.43290	1.45105	1.47583	1.50943
4.00	1.54760	1.55795	1.57553	1.60102	1.63596	1.68360
5.00	1.66118	1.67423	1.69642	1.72864	1.77292	1.83358
6.00	1.76043	1.77600	1.80248	1.84098	1.89041	1.96694
8.00	1.92990	1.95009	1.98446	2.03453	2.10376	2.19954
10.00	2.07315	2.09756	2.13915	2.19984	2.28397	2.40096
15.00	2.36303	2.39686	2.45455	2.53898	2.65667	2.82190
20.00	2.59463	2.63681	2.70880	2.81433	2.96208	3.17095

注：z_3、z_4 由下列方程求出：$z_3=R/z_2$，$z_4=R/z_1$

在表格中给出的阻抗比范围从 1.25 到 20，相对带宽 W_q 从 0.2 到 1.2，节数 n 从 1 到 4。对于很多实用情况均可满足。

表 5-4 为 n 从 1 到 4 的切比雪夫变阻器的带内最大驻波比（对应于最大过量衰减），和相对带宽 W_q 及变阻比 R 的关系。表 5-5 则给出了 n 从 2 到 4 的切比雪夫变阻器各节的特性阻抗值。在设计时，首先给出变阻比 R、相对带宽 W_q 和带内最大驻波比，据此在表 5-4 中查得所需的变阻器节数，再利用表 5-5 最后查得各节特性阻抗值。

【例 5-4】 在 2000～6000MHz 的频率范围内，阻抗从 50Ω 变为 10Ω，驻波比不应超过 1.15，设计微带线多节变阻器，假定介质基片的 $\varepsilon_r=9.6$，厚度 $h=1$mm，在此频率范围内色散效应可忽略。

由于对微带线不考虑色散，故 $f=v_\varphi/\lambda_q$，且 v_φ 不随 f 而变。

$$\frac{v_\varphi}{f_0}=\frac{2\cdot\dfrac{v_\varphi}{f_1}\cdot\dfrac{v_\varphi}{f_2}}{\dfrac{v_\varphi}{f_1}+\dfrac{v_\varphi}{f_2}}$$

得

$$f_0=\frac{f_1+f_2}{2}=\frac{(2000+6000)}{2}\text{MHz}=4000\text{MHz}$$

$$W_q=2\left(\frac{\lambda_{g1}-\lambda_{g2}}{\lambda_{g1}+\lambda_{g2}}\right)=2\left(\frac{f_2-f_1}{f_2+f_1}\right)=2\left(\frac{6000-2000}{6000+2000}\right)=1.0$$

阻抗比 $R=\dfrac{50}{10}=5$。

根据上述要求查表 5-4，得到所需节数 n 为 4。

再查表 5-5，得 $z_1=1.21721$、$z_2=1.77292$，由变阻器前后的对称关系，有

$$z_3=R/z_2=2.82$$

$$z_4=R/z_1=4.11$$

注意，表中阻抗顺序都由低到高，因此上述归一化关系均是相对于低阻（此处为 10Ω）而言。这在复原成真值时应该注意。

反归一化后，得

$$Z_1=12.2\Omega,\quad Z_2=17.7\Omega$$

$$Z_3=28.2\Omega,\quad Z_4=41.1\Omega$$

查第 1 章的表 1-3，由特性阻抗得到各传输线段的宽度 W，由 $\sqrt{\varepsilon_e}$ 算出各段的长度，它们分别为

$$W_1=8\text{mm},\quad l_1=6.6\text{mm}$$

$$W_2=5\text{mm},\quad l_2=6.75\text{mm}$$

$$W_3=2.6\text{mm},\quad l_3=6.97\text{mm}$$

$$W_4=1.4\text{mm},\quad l_4=7.2\text{mm}$$

5.12 变阻滤波器

在一些微带电路中，既需要滤波，又必须变阻。例如微带固体倍频器、倍频二极管对基波的输入阻抗一般较低，为了和基波信号源匹配，需在两者间加变阻器。另一方面，为了避免二极管倍频后的谐波信号返回到信号源，又应该在二极管和信号源之间加滤波器。在微波集成电路中，应尽可能使电路结构紧凑，若能把变阻和滤波这两种作用集中于一个元件上来实现，必将使电路大为简化。

事实上，按照综合设计法设计的多节变阻器即是一种具有双重作用的变阻滤波器。但直接将其作为变阻滤波器，是有一定缺点的。在它的设计过程中，主要只考虑带内特性。实

际上带外特性很差，这是由其分布参数特点所造成。当 $\omega=2\omega_0$ 时，$\theta=\pi$，是其最大衰减情况；但其最大过量衰减亦不过为 $\varepsilon_a=\frac{(R-1)^2}{4R}$，相当于变阻器不存在、两个不同特性阻抗直接相连时的衰减。假设变阻比 $R=3$，则

$$\varepsilon_a=\frac{(3-1)^2}{4\cdot 3}=\frac{1}{3}$$

$$L_a=1+\frac{1}{3}=\frac{4}{3}=1.25\text{dB}$$

可知滤波作用极不显著。这种衰减频应特性如图 5-47 所示。

为了得到合乎要求的变阻滤波器，我们首先也从集总参数元件进行考虑。在按照切比雪夫方法设计的低通原型滤波器中，当节数 n=偶数时，其要求的负载 $g_{n+1}\neq 1$。若设 $g_{n+1}=R$，则将所有滤波元件撤去，令 g_{n+1} 和电源内阻 $g_0=1$ 直接相连，由于不匹配而产生衰减，其值正好等于切比雪夫滤波器给定的带内衰减波纹值。因为将所有滤波元件撤去即对应于滤波器的相对频率 $\omega'=0$ 的情况。在 n=偶数时，此处得到带内衰减最大值，即等于衰减波纹值。由此可知：n=偶数的切比雪夫滤波器尽管负载阻抗不等于电源内阻，但其中并无变阻作用，通带内的衰减值即等于两者直接相连的衰减，事实上即等于 $\lambda/4$ 变阻器当频率偏移后所得的最大衰减情况。为此，应该将滤波器的特性加以变动，把衰减波纹值压低，以体现变阻器的作用。但当 $\omega'=0$ 时，相当于电感全部短路，电容全部开路，两个不同阻抗直接相连，还是能得到一个较大的衰减值，我们以 L_0 表示之。因此整个滤波器的频应特性相当于变形后的切比雪夫低通原型滤波器，如图 5-48 所示。

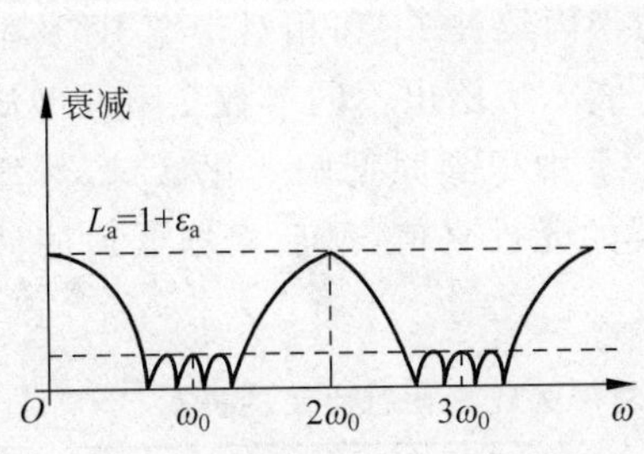

图 5-47　$\lambda/4$ 变阻器的衰减频应特性

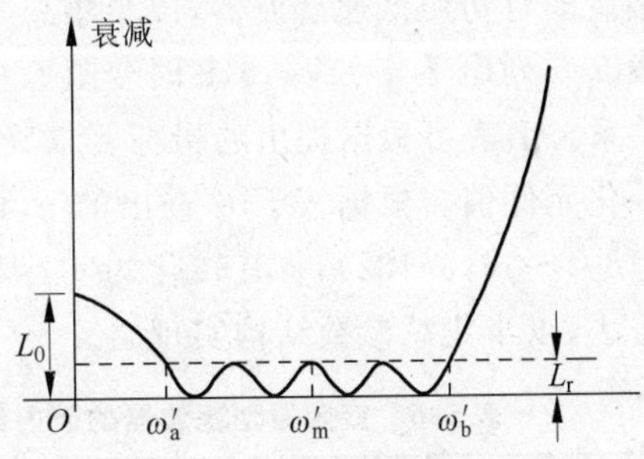

图 5-48　变阻滤波器的衰减特性

由于低通滤波器的特性产生了变形，在 $\omega'=0$ 处产生了衰减峰值，致使变阻滤波器和带通滤波器特性又有某种类似，只是通带外两边不对称而已。

设 ω_a' 和 ω_b' 分别为两边的边界频率，令

$$\omega_m'=\frac{\omega_a'+\omega_b'}{2} \tag{5-174}$$

且使所有频率均对 ω_m 取相对值，故 $\omega_m'=1$。

又令

$$W=\frac{\omega_b'-\omega_a'}{\omega_m'}=\omega_b'-\omega_a' \tag{5-175}$$

W 称为相对带宽。

变阻滤波器的设计公式，也是由低通原型滤波器加以一定的变化而得出，其原型电路和

元件符号均同于低通原型滤波器，即同样以 $g_0, g_1, g_2, \cdots, g_{n+1}$ 表示其元件的归一化参量，但节数 n 只能取为偶数，且其原型元件参量之间有以下关系：

对 $n=2$ 有

$$g_2 = g_1/R, \quad g_3 = R \tag{5-176}$$

对 $n=4$，有

$$g_3 = g_2 R, \quad g_4 = \frac{g_1}{R}, \quad g_5 = R \tag{5-177}$$

对 $n=6$，有

$$g_4 = g_3/R, \quad g_5 = g_2 R, \quad g_6 = g_1/R, \quad g_7 = R \tag{5-178}$$

对 $n=8$，有

$$g_5 = g_4 R, \quad g_6 = g_3/R, \quad g_7 = g_2 R, \quad g_8 = g_1/R, \quad g_9 = R \tag{5-179}$$

在得到归一化原型参量后，再根据下列各式求滤波器元件真值。

$$R_{n+1} = R'_{n+1}\left(\frac{R_0}{R'_0}\right) \tag{5-180}$$

$$C_K = C'_K\left(\frac{\omega'_m}{\omega_m}\right)\cdot\left(\frac{R'_0}{R_0}\right) \quad (K = 1,2,\cdots,n) \tag{5-181}$$

$$L_K = L'_K\left(\frac{\omega'_m}{\omega_m}\right)\cdot\left(\frac{R_0}{R'_0}\right) \quad (K = 1,2,\cdots,n) \tag{5-182}$$

其中，打"′"的表示原型变阻滤波器的归一化元件参量，不打"′"的为实际变阻滤波器的相应元件值。

最后即可仿照低通滤波器，以半集总参数结构实现上述计算得出的集总参数元件值。

表 5-6 列出了 $n=2,4,6,8$ 时变阻原型滤波器的带内纹波 L_r 和相对带宽 W 及阻抗比 R 的关系。由表可根据提出的指标要求确定节数 n。表 5-7 给出不同节数变阻原型滤波器的归一化元件值。根据表 5-6 查出的 n，即可在表 5-7 中得到原型归一化参量，然后应用式(5-180)～式(5-182)，将其转化为实际变阻滤波器的元件真值，最后根据低通滤波器的同样方法，以半集总参数结构实现之。

表 5-6 变阻原型滤波器的带内纹波 L_r 和相对带宽 W 及阻抗比 R 的关系

$n=2$ 时 L_r(dB)与 W、R 的关系

相对带宽 W_q / 阻抗比 R	0.1	0.2	0.3	0.4	0.6	0.8	1.0
1.5	0.001800	0.007090	0.015549	0.026687	0.054487	0.085225	0.114295
2.0	0.005398	0.021235	0.046482	0.079573	0.161453	0.250817	0.334238
2.5	0.009712	0.038148	0.083313	0.142197	0.286429	0.441537	0.584260
3.0	0.01438	0.056397	0.122863	0.209037	0.417880	0.639116	0.839801
4.0	0.02424	0.094750	0.205359	0.347127	0.683492	1.02961	1.33539
5.0	0.034434	0.134143	0.289233	0.485751	0.942628	1.40036	1.79552
6.0	0.044782	0.173863	0.372948	0.622407	1.19134	1.74770	2.21849
8.0	0.065671	0.253235	0.537751	0.886733	1.65534	2.37619	2.96665
10.0	0.086637	0.331840	0.697855	1.13795	2.07792	2.92951	3.60972

续表

n=4 时 L_r(dB)与 W、R 的关系

相对带宽 W_q / 阻抗比 R	0.1	0.2	0.3	0.4	0.6	0.8	1.0
1.5	0.000005	0.000072	0.000366	0.001154	0.005765	0.017581	0.039890
2.0	0.000014	0.000217	0.001098	0.003462	0.017273	0.052530	0.118586
2.5	0.000024	0.000391	0.001976	0.006229	0.031042	0.094102	0.211177
3.0	0.000036	0.000579	0.002928	0.009226	0.045910	0.138693	0.309306
4.0	0.000061	0.000977	0.004939	0.015557	0.077193	0.231538	0.509855
5.0	0.000087	0.001389	0.007023	0.022109	0.109378	0.325710	0.708365
6.0	0.000113	0.001809	0.009142	0.028765	0.141885	0.419483	0.901453
8.0	0.000166	0.002659	0.013432	0.042219	0.207003	0.603465	1.26813
10.0	0.000220	0.003516	0.017754	0.055746	0.271701	0.781440	1.60901

n=6 时 L_r(dB)与 W、R 的关系

相对带宽 W_q / 阻抗比 R	0.1	0.2	0.3	0.4	0.6	0.8	1.0
1.5			0.000008	0.000046	0.000527	0.002940	0.010951
2.0			0.000025	0.000139	0.001580	0.008813	0.032769
2.5			0.000044	0.000250	0.002844	0.015850	0.058808
3.0			0.000066	0.000371	0.004213	0.023462	0.086841
4.0		0.000010	0.000111	0.000625	0.007107	0.039518	0.145553
5.0		0.000014	0.000158	0.000889	0.010105	0.056097	0.205574
6.0		0.000018	0.000206	0.001158	0.013153	0.072901	0.265808
8.0		0.000027	0.000303	0.001702	0.019321	0.106746	0.385332
10.0	0.000001	0.000035	0.000401	0.002250	0.025532	0.140614	0.502630

n=8 时 L_r(dB)与 W、R 的关系

相对带宽 W_q / 阻抗比 R	0.1	0.2	0.3	0.4	0.6	0.8	1.0
1.5					0.000047	0.000474	0.002805
2.0					0.000142	0.001421	0.008408
2.5					0.000256	0.002557	0.015123
3.0					0.000380	0.003788	0.022386
4.0				0.00003	0.000641	0.006391	0.037710
5.0				0.00004	0.000912	0.009086	0.053534
6.0				0.00005	0.001187	0.011827	0.069577
8.0				0.00007	0.001745	0.017375	0.101897
10.0				0.00009	0.002307	0.022963	0.134250

表 5-7　不同节数变阻原型滤波器的归一化元件值

$n=2$ 时　元件值 g_1 对 W、R 的关系

相对带宽 W_q / 阻抗比 R	0.1	0.2	0.3	0.4	0.6	0.8	1.0
1.5	0.706219	0.703597	0.699283	0.693375	0.677285	0.656532	0.632455
2.0	0.998752	0.995037	0.988936	0.980581	0.957826	0.928477	0.894427
2.5	1.22321	1.21867	1.21119	1.20096	1.17309	1.13715	1.09545
3.0	1.41245	1.40720	1.39857	1.38675	1.35457	1.31306	1.26491
4.0	1.72989	1.72345	1.71289	1.69842	1.65900	1.60817	1.54919
5.0	1.99750	1.99007	1.97787	1.96116	1.91565	1.85695	1.78885
6.0	2.23328	2.22497	2.21133	2.19265	2.14176	2.07614	2.00000
8.0	2.64245	2.63262	2.61648	2.59437	2.53417	2.45652	2.36643
10.0	2.99626	2.98511	2.96681	2.94174	2.87348	2.78543	2.68328

$n=4$ 时　元件值 g_1 对 W、R 的关系

相对带宽 W_q / 阻抗比 R	0.1	0.2	0.3	0.4	0.6	0.8	1.0
1.5	0.654788	0.657906	0.660411	0.663789	0.672627	0.682851	0.691997
2.0	0.817774	0.821133	0.825784	0.832114	0.849169	0.870103	0.891140
2.5	0.930430	0.934675	0.941288	0.950374	0.975182	1.00639	1.03907
3.0	1.01869	1.02390	1.03237	1.04407	1.07628	1.11740	1.16137
4.0	1.15504	1.16246	1.17444	1.19107	1.23732	1.29733	1.36291
5.0	1.26113	1.27034	1.28561	1.30687	1.36637	1.44432	1.53036
6.0	1.34862	1.35977	1.37816	1.40383	1.47632	1.57115	1.67668
8.0	1.49002	1.50469	1.52897	1.56298	1.65926	1.78699	1.92906
10.0	1.60350	1.62135	1.65115	1.69304	1.81212	1.97059	2.14655

$n=4$ 时　元件值 g_2 对 W、R 的关系

相对带宽 W_q / 阻抗比 R	0.1	0.2	0.3	0.4	0.6	0.8	1.0
1.5	0.879438	0.877473	0.873990	0.869079	0.854894	0.834880	0.809414
2.0	0.864180	0.861059	0.856062	0.849091	0.829351	0.802463	0.769794
2.5	0.832360	0.828680	0.822701	0.814392	0.791112	0.760009	0.723214
3.0	0.801475	0.797396	0.790697	0.781408	0.755573	0.721536	0.682056
4.0	0.749720	0.744953	0.737205	0.726515	0.697104	0.659162	0.616451
5.0	0.709217	0.704050	0.695548	0.683859	0.651966	0.611495	0.567004
6.0	0.676872	0.671307	0.662216	0.649751	0.615978	0.573722	0.528195
8.0	0.627771	0.621635	0.611640	0.598002	0.561485	0.516884	0.470430
10.0	0.591627	0.585091	0.574412	0.559894	0.521413	0.475373	0.428762

续表

$n=6$ 时　元件值 g_1 对 W、R 的关系

相对带宽 W_q / 阻抗比 R	0.1	0.2	0.3	0.4	0.6	0.8	1.0
1.5		0.552987	0.557215	0.561832	0.574866	0.593425	0.617252
2.0		0.653863	0.660472	0.667505	0.688083	0.718119	0.757844
2.5		0.721280	0.728264	0.737457	0.764324	0.804014	0.857477
3.0		0.771565	0.779848	0.790692	0.823020	0.871286	0.937176
4.0		0.846080	0.856701	0.870676	0.912484	0.975829	1.06404
5.0		0.902357	0.914421	0.930946	0.980935	1.05763	1.16593
6.0		0.947434	0.960850	0.979755	1.03712	1.12596	1.25282
8.0		1.01812	1.03396	1.05694	1.12737	1.23812	1.39896
10.0	1.05045	1.07258	1.09104	1.11757	1.19957	1.33006	1.52196

$n=6$ 时　元件值 g_2 对 W、R 的关系

相对带宽 W_q / 阻抗比 R	0.1	0.2	0.3	0.4	0.6	0.8	1.0
1.5		0.914105	0.912243	0.909237	0.899970	0.885529	0.864663
2.0		0.919270	0.915637	0.910661	0.895647	0.872746	0.840686
2.5		0.907151	0.902547	0.896131	0.876950	0.848018	0.808201
3.0		0.892603	0.887151	0.879664	0.857242	0.833664	0.778019
4.0		0.865323	0.858546	0.849355	0.822056	0.781591	0.727560
5.0		0.841914	0.834376	0.823963	0.793043	0.747552	0.687633
6.0		0.822226	0.814080	0.802648	0.768852	0.719431	0.655072
8.0		0.790690	0.781607	0.768642	0.730435	0.675097	0.604384
10.0	0.777424	0.766442	0.756431	0.742301	0.700754	0.641043	0.565949

$n=6$ 时　元件值 g_3 对 W、R 的关系

相对带宽 W_q / 阻抗比 R	0.1	0.2	0.3	0.4	0.6	0.8	1.0
1.5		1.39189	1.38976	1.38374	1.36621	1.34284	1.31464
2.0		1.65447	1.65327	1.64498	1.62203	1.59280	1.55747
2.5		1.86740	1.86238	1.85303	1.82656	1.79262	1.75362
3.0		2.04932	2.04397	2.03306	2.00373	1.96660	1.92458
4.0		2.35952	2.35437	2.34203	2.30826	2.26631	2.22007
5.0		2.62876	2.62128	2.60724	2.57000	2.52445	2.47534
6.0		2.86768	2.85826	2.84331	2.80320	2.75476	2.70358
8.0		3.28642	3.27353	3.25656	3.21176	3.15887	3.10500
10.0	3.57519	3.64755	3.63487	3.61616	3.56757	3.51135	3.45600

续表

$n=8$ 时　元件值 g_1 对 W、R 的关系

阻抗比 R \ 相对带宽 W_q	0.1	0.2	0.3	0.4	0.6	0.8	1.0
1.5			0.455719	0.478895	0.493830	0.514197	0.542203
2.0			0.540590	0.551575	0.572148	0.602034	0.644270
2.5			0.587676	0.598015	0.622786	0.660085	0.713692
3.0			0.619468	0.632424	0.660711	0.704259	0.767640
4.0			0.669224	0.682219	0.716904	0.770829	0.850888
5.0			0.705926	0.718858	0.758687	0.821292	0.915641
6.0			0.732731	0.747994	0.792241	0.862435	0.969540
8.0			0.776124	0.793190	0.844841	0.928134	1.05775
10.0			0.808962	0.827842	0.885852	0.980421	1.12990

$n=8$ 时　元件值 g_2 对 W、R 的关系

阻抗比 R \ 相对带宽 W_q	0.1	0.2	0.3	0.4	0.6	0.8	1.0
1.5			0.882869	0.891826	0.889498	0.883542	0.872284
2.0			0.912871	0.911377	0.904206	0.891146	0.869198
2.5			0.915840	0.912537	0.901833	0.883320	0.853352
3.0			0.913547	0.908941	0.895461	0.872552	0.836225
4.0			0.904478	0.898593	0.880613	0.850889	0.804866
5.0			0.894460	0.887791	0.866523	0.831597	0.778309
6.0			0.885792	0.877901	0.853892	0.814763	0.755688
8.0			0.869951	0.860801	0.832512	0.786810	0.748858
10.0			0.856885	0.846673	0.815024	0.764262	0.689624

$n=8$ 时　元件值 g_3 对 W、R 的关系

阻抗比 R \ 相对带宽 W_q	0.1	0.2	0.3	0.4	0.6	0.8	1.0
1.5			1.25934	1.29612	1.29034	1.27892	1.26486
2.0			1.45645	1.46526	1.46007	1.45062	1.44004
2.5			1.58652	1.59125	1.58727	1.58113	1.57554
3.0			1.68450	1.69517	1.69278	1.69040	1.69026
4.0			1.85605	1.86295	1.86630	1.87163	1.88272
5.0			1.99783	2.00032	2.00900	2.02207	2.04432
6.0			2.10995	2.11831	2.13213	2.15274	2.18591
8.0			2.30736	2.31704	2.34035	2.37546	2.42966
10.0			2.47012	2.48253	2.51533	2.56420	2.63844

续表

$n=8$ 时　元件值 g_4 对 W、R 的关系							
相对带宽 W_q / 阻抗比 R	0.1	0.2	0.3	0.4	0.6	0.8	1.0
1.5			1.05874	1.03830	1.01836	0.993310	0.963217
2.0			0.971922	0.958291	0.936070	0.908264	0.875126
2.5			0.903029	0.891491	0.868833	0.839925	0.805666
3.0			0.852023	0.837866	0.815200	0.783765	0.751047
4.0			0.769428	0.758262	0.734992	0.705234	0.670348
5.0			0.708982	0.700545	0.677174	0.647431	0.612734
6.0			0.666138	0.656195	0.632871	0.603277	0.568883
8.0			0.600315	0.591261	0.568250	0.539951	0.505343
10.0			0.533993	0.545193	0.522369	0.493595	0.460546

【例 5-5】 设计一个变阻滤波器，阻抗为 10～50Ω，要求在 2000～6000MHz 的频率范围内衰减小于 0.3dB。

此时阻抗比

$$R=\frac{50}{10}=5$$

信号源内阻

$$R_0=10\Omega$$

中心频率

$$f_m=\frac{6000+2000}{2}\text{MHz}=4000\text{MHz}$$

相对带宽

$$W_q=\frac{6000-2000}{4000}=1.0$$

查表 5-6，可知当 $R=5$、$W_q=1$ 时，n 必须取 6 节才能保证 $L_r<0.3\text{dB}$。查表 5-7，得到归一化元件参量值为

$$g_1\approx 1.17,\quad g_2\approx 0.69,\quad g_3\approx 2.48,\quad g_4=\frac{g_3}{R}\approx 0.5,$$

$$g_5=g_2R\approx 3.45,\quad g_6=\frac{g_1}{R}\approx 0.29$$

根据式(5-180)～式(5-182)，得下列元件真值：

$$L_1=g_1\frac{\omega_m'}{\omega_m}\cdot\frac{R_0}{R_0'}=1.17\times\frac{1}{2\pi\times 4\times 10^9}\times 5\text{H}\approx 2.33\times 10^{-10}\text{H}$$

$$C_2=g_2\cdot\frac{\omega_m'}{\omega_m}\cdot\frac{R_0'}{R_0}=0.69\times\frac{1}{2\pi\times 4\times 10^9}\times\frac{1}{5}\text{F}\approx 5.52\times 10^{-12}\text{F}$$

$$L_3=g_3\cdot\frac{\omega_m'}{\omega_m}\cdot\frac{R_0}{R_0'}=2.48\times\frac{1}{2\pi\times 4\times 10^9}\times 5\text{H}\approx 5\times 10^{-10}\text{H}$$

$$C_4=g_4\cdot\frac{\omega_m'}{\omega_m}\cdot\frac{R_0'}{R_0}\approx 4\times 10^{-12}\text{F}$$

$$L_5 = g_5 \cdot \frac{\omega'_{m}}{\omega_{m}} \cdot \frac{R_0}{R'_0} \approx 6.9 \times 10^{-10}\,\mathrm{H}$$

$$C_6 = g_6 \cdot \frac{\omega'_{m}}{\omega_{m}} \cdot \frac{R'_0}{R_0} \approx 2.32 \times 10^{-12}\,\mathrm{F}$$

将以上元件值实现为半集总参数的方法、步骤，完全和低通滤波器相同，此处不再重复。

5.13 短节变阻器

上节讨论的变阻滤波器兼有变阻和滤波两种作用，但其原型表格是对集总参数而言。欲实现为微带线或其他微波传输线结构时，还须经过转换。为简化设计步骤起见，可统一地把变阻滤波器的原型参量变为一定长度的传输线段组合，如图 5-49 所示。其中传输线段的归一化特性阻抗各为 $z_1, z_2, z_3, \cdots, z_n$。高阻段表示电感，低阻段代表电容，每段的长度均等于 l。在微带线中，由于各传输线段的相速不同，故可以用电长度 θ 表示。l 通常取 $\lambda/16$ 或 $\lambda/32$（相应的 θ 为 $\pi/8$ 或 $\pi/16$）。

短节变阻器的频应特性如图 5-50 所示。它和变阻滤波器比较略有不同，这是由于将集总参数的原型参量转化成传输线段所致。前面已经讲过，把传输线段作为半集总参数是有条件的，即应使其长度远小于工作波长。为了方便起见，我们把频率坐标画成电角度坐标，因为 $\theta = kl = \omega\sqrt{L_0 C_0} \cdot l$，令 θ_a 和 θ_b 各对应于边界频率 ω_a 和 ω_b，而 $\theta_m = (\theta_a + \theta_b)/2$ 则对应于中心频率 ω_m。前面已提到过：在中心频率时，l 经常取 $\lambda/16$ 或 $\lambda/32$，相应的 θ_m 为 $\pi/8$ 或 $\pi/16$。此时，$l \ll \lambda$，满足半集总参数条件，因此在中心频率的左右范围，以及低于中心频率的范围（频率一直到零），短节变阻器的频应特性基本上和变阻滤波器一致。但频率提高，或 θ 增大时，分布参数的效应出现，频应特性也开始和变阻滤波器产生差异，表现为变阻滤波器的高频部分，衰减单调增大以至无穷；而短节变阻器却在 $\theta = \pi/2$ 或 $l = \lambda/4$ 时，产生一个衰减峰值 L_1，此时为可能产生的衰减最大值。频率继续增加，则衰减又出现下降，以至其特性呈现出周期性，重复出现通带以及小的衰减峰值 L_0。

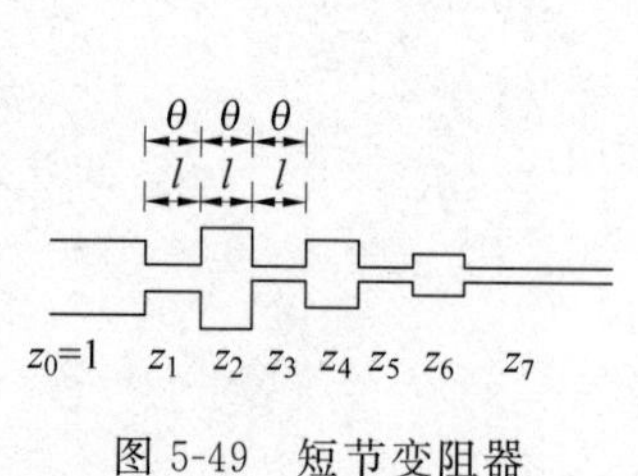

图 5-49　短节变阻器

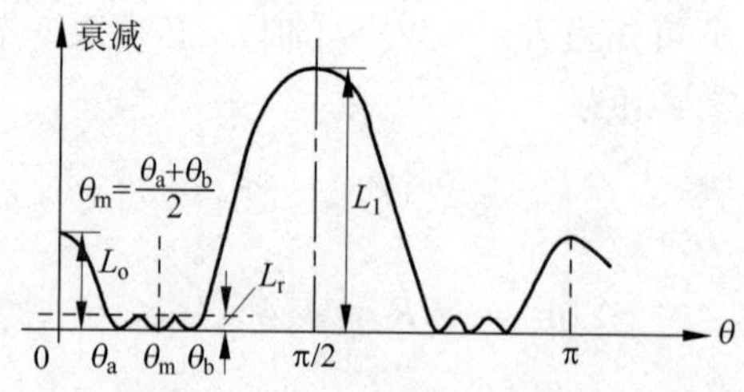

图 5-50　短节变阻器的频应特性

衰减峰值 L_1 产生于 $\theta = \pi/2$ 时，此时每一传输线段都成为一个 $\lambda/4$ 变阻器。但因为是高低阻间隔排列，而不是像前述多节变阻器那样的阶梯排列，因此其结果不是得到匹配，反而产生一个最大驻波比。因 z_{n+1} 经过变阻，和 $z_0 = 1$ 之间的差异越来越大。根据 $\lambda/4$ 变阻器的阻抗关系，若设 $z_{n+1} = R$，则短节变阻器在此时的归一化输入电阻 r_{sr} 很易推导得出为

$$r_{sr} = \frac{R(z_1 \cdot z_3 \cdot z_5 \cdot \cdots \cdot z_{n-1})^2}{(z_2 \cdot z_4 \cdot \cdots \cdot z_n)^2} \tag{5-183}$$

因其中 1,3,5,7,…,$n-1$ 和 2,4,6,…,n 分别属于高低阻系列，故相乘后的平方之比值很大（或很小），故得到一个很大的反射或驻波比。

由 r_{sr} 可计算出 L_1 为

$$L_1 = 10\lg\frac{(1+r_{sr})^2}{4r_{sr}} \tag{5-184}$$

当 $\theta=\pi$ 时，因为每一传输线段长度为 $\lambda/2$，阻抗变阻比为 1，相当于 $z_0=1$ 和 $z_{n+1}=R$ 直接相连，故即相当于 $\omega=0$ 的衰减值 L_0：

$$L_0 = 10\lg\frac{(1+R)^2}{4R} \tag{5-185}$$

表 5-8 和表 5-9 为 $l=\lambda_m/16$（λ_m 为 ω_m 所对应的传输线波长）、节数 $n=2$、4、6、8、10 的设计表格。和设计变阻滤波器一样，首先由给定的变阻比 R 及相对带宽 W，由表 5-8 查得变阻器最少节数 n，再在表 5-9 中查得各节的归一化特性阻抗，由于变阻器前后的对称性，因而只给出 $z_1,z_2,\cdots,z_{\frac{n}{2}}$。后半部分的特性阻抗根据以下关系求得

$$\begin{aligned} z_n &= \frac{R}{z_1} \\ z_{n-1} &= \frac{R}{z_2} \\ z_i &= \frac{R}{z_{n+1-i}} \end{aligned} \tag{5-186}$$

表 5-8 短节变阻器 L_r 对 R 和 W 的关系

L_r 对 R 和 W 的关系 $n=2, l=\lambda_m/16$

R \ W	0.1	0.2	0.3	0.4	0.6	0.8	1.0	1.2
1.5	0.0016	0.0064	0.0141	0.0243	0.0502	0.0798	0.1088	0.1342
2.0	0.0049	0.0191	0.0421	0.0724	0.1490	0.2352	0.3187	0.3906
2.5	0.0087	0.0344	0.0755	0.1295	0.2645	0.4146	0.5578	0.6797
3.0	0.0120	0.0509	0.1113	0.1905	0.3864	0.6009	0.8028	0.9725
4.0	0.0218	0.0855	0.1862	0.3168	0.6334	0.9705	1.2795	1.5336
5.0	0.0310	0.1211	0.2625	0.4439	0.8754	1.3230	1.7230	2.0475
6.0	0.0403	0.1570	0.3388	0.5695	1.1085	1.6545	2.1338	2.5146
7.0	0.0497	0.1930	0.4145	0.6928	1.3319	1.9655	2.5119	2.9403
8.0	0.0591	0.2289	0.4894	0.8134	1.5456	2.2573	2.8616	3.3302
9.0	0.0686	0.2647	0.5632	0.9312	1.7501	2.5319	3.1866	3.6894
10.0	0.0780	0.3003	0.6361	1.0462	1.9459	2.7908	3.4898	4.0220

L_r 对 R 和 W 的关系 $n=4, l=\lambda_m/16$

R \ W	0.1	0.2	0.3	0.4	0.6	0.8	1.0	1.2
1.5	0.0000	0.0001	0.0003	0.0009	0.0048	0.0148	0.0346	0.0655
2.0	0.0000	0.0002	0.0009	0.0028	0.0143	0.0443	0.1029	0.1935
2.5	0.0000	0.0003	0.0016	0.0051	0.0256	0.0794	0.1835	0.3423
3.0	0.0000	0.0005	0.0024	0.0075	0.0379	0.1171	0.2691	0.4980

续表

R \ W	0.1	0.2	0.3	0.4	0.6	0.8	1.0	1.2
4.0	0.0000	0.0008	0.0040	0.0127	0.0638	0.1958	0.4449	0.8100
5.0	0.0001	0.0011	0.0057	0.0180	0.0905	0.2758	0.6199	1.1113
6.0	0.0001	0.0015	0.0074	0.0235	0.1174	0.3558	0.7910	1.3978
7.0	0.0001	0.0018	0.0092	0.0289	0.1445	0.4351	0.9572	1.6692
8.0	0.0001	0.0022	0.0109	0.0344	0.1716	0.5135	1.1182	1.9261
9.0	0.0002	0.0025	0.0127	0.0400	0.1986	0.5908	1.2471	2.1696
10.0	0.0002	0.0028	0.0144	0.0455	0.2255	0.6669	1.4250	2.4008

L_r 对 R 和 W 的关系　$n=6, l=\lambda_m/16$

R \ W	0.1	0.2	0.3	0.4	0.6	0.8	1.0	1.2
1.5				0.0000	0.0004	0.0022	0.0087	0.0251
2.0				0.0001	0.0012	0.0067	0.0259	0.0758
2.5				0.0002	0.0021	0.0121	0.0465	0.1354
3.0				0.0003	0.0031	0.0179	0.0688	0.1992
4.0			0.0001	0.0005	0.0053	0.0302	0.1154	0.3310
5.0			0.0001	0.0007	0.0075	0.0430	0.1632	0.4635
6.0			0.0002	0.0009	0.0098	0.0558	0.2113	0.5943
7.0			0.0002	0.0011	0.0121	0.0688	0.2594	0.7225
8.0			0.0002	0.0013	0.0144	0.0818	0.3072	0.8478
9.0			0.0003	0.0015	0.0168	0.0949	0.3547	0.9700
10.0			0.0003	0.0017	0.0191	0.1079	0.4018	1.0892

L_r 对 R 和 W 的关系　$n=8, l=\lambda_m/16$

R \ W	0.1	0.2	0.3	0.4	0.6	0.8	1.0	1.2
1.5						0.0003	0.0020	0.0090
2.0					0.0001	0.0010	0.0061	0.0269
2.5					0.0002	0.0018	0.0110	0.0483
3.0					0.0003	0.0026	0.0163	0.0713
4.0					0.0004	0.0045	0.0274	0.1197
5.0					0.0006	0.0063	0.0389	0.1692
6.0					0.0008	0.0083	0.0506	0.2191
7.0					0.0010	0.0102	0.0624	0.2689
8.0					0.0012	0.0121	0.0742	0.3184
9.0				0.0001	0.0014	0.0141	0.0860	0.3675
10.0				0.0001	0.0016	0.0160	0.0978	0.4162

续表

L_r 对 R 和 W 的关系 $n=10, l=\lambda_m/16$

R \ W	0.1	0.2	0.3	0.4	0.6	0.8	1.0	1.2
1.5							0.0005	0.0031
2.0						0.0001	0.0014	0.0092
2.5						0.0003	0.0025	0.0165
3.0						0.0004	0.0038	0.0245
4.0						0.0007	0.0064	0.0413
5.0					0.0001	0.0009	0.0090	0.0586
6.0					0.0001	0.0012	0.0118	0.0761
7.0					0.0001	0.0015	0.0145	0.0937
8.0					0.0001	0.0018	0.0173	0.1114
9.0					0.0001	0.0021	0.0201	0.1291
10.0					0.0001	0.0023	0.0229	0.1467

表 5-9 短节变阻器 z 对 R 和 W 的关系

z_1 对 R 和 W 的关系 $n=2, l=\lambda_m/16$

R \ W	0.1	0.2	0.3	0.4	0.6	0.8	1.0	1.2
1.5	1.8317	1.8271	1.8196	1.8094	1.7814	1.7452	1.7033	1.6579
2.0	2.4782	2.4709	2.4590	2.4426	2.3978	2.3393	2.2707	2.1956
2.5	3.0002	2.9911	2.9760	2.9552	2.8982	2.8238	2.7361	2.6396
3.0	3.4473	3.4366	3.4189	3.3946	3.3277	3.2403	3.1371	3.0233
4.0	4.2040	4.1907	4.1687	4.1385	4.0555	3.9468	3.8183	3.6761
5.0	4.8452	4.8297	4.8042	4.7692	4.6728	4.5463	4.3968	4.2312
6.0	5.4114	5.3941	5.3655	5.3262	5.2180	5.0761	4.9082	4.7222
7.0	5.9240	5.9050	5.8736	5.8304	5.7117	5.5559	5.3715	5.1670
8.0	6.3958	6.3752	6.3412	6.2945	6.1661	5.9975	5.7980	5.5766
9.0	6.8351	6.8131	6.7767	6.7268	6.5893	6.4089	6.1953	5.9583
10.0	7.2479	7.2245	7.1860	7.1329	6.9870	6.7954	6.5686	6.3170

z_1 对 R 和 W 的关系 $n=4, l=\lambda_m/16$

R \ W	0.1	0.2	0.3	0.4	0.6	0.8	1.0	1.2
1.5	1.7831	1.7864	1.7918	1.7993	1.8194	1.8440	1.8686	1.8864
2.0	2.1446	2.1508	2.1610	2.1752	2.2142	2.2643	2.3185	2.3658
2.5	2.4008	2.4097	2.4244	2.4448	2.5016	2.5759	2.6589	2.7356
3.0	2.6037	2.6151	2.6340	2.6603	2.7340	2.8316	2.9425	3.0477
4.0	2.9205	2.9366	2.9633	3.0006	3.1062	3.2481	3.4121	3.5717
5.0	3.1679	3.1883	3.2223	3.2700	3.4056	3.5893	3.8035	4.0142
6.0	3.3731	3.3976	3.4386	3.4961	3.6603	3.8841	4.1462	4.4049
7.0	3.5498	3.5783	3.6258	3.6928	3.8846	4.1469	4.4547	4.7589
8.0	3.7058	3.7379	3.7919	3.8679	4.0864	4.3860	4.7379	5.0853
9.0	3.8458	3.8816	3.9418	4.0266	4.2711	4.6069	5.0013	5.3898
10.0	3.9732	4.0126	4.0788	4.1722	4.4420	4.8131	5.2485	5.6764

续表

z_2 对 R 和 W 的关系　$n=4, l=\lambda_m/16$

R \ W	0.1	0.2	0.3	0.4	0.6	0.8	1.0	1.2
1.5	0.5285	0.5295	0.5312	0.5337	0.5410	0.5523	0.5682	0.5895
2.0	0.5199	0.5214	0.5240	0.5277	0.5386	0.5547	0.5768	0.6049
2.5	0.5315	0.5335	0.5369	0.5416	0.5557	0.5763	0.6041	0.6388
3.0	0.5470	0.5494	0.5534	0.5592	0.5762	0.6011	0.6343	0.6753
4.0	0.5785	0.5817	0.5871	0.5947	0.6173	0.6502	0.6936	0.7463
5.0	0.6076	0.6115	0.6182	0.6276	0.6554	0.6957	0.7486	0.8121
6.0	0.6339	0.6385	0.6463	0.6574	0.6902	0.7377	0.7996	0.8732
7.0	0.6578	0.6631	0.6720	0.6847	0.7222	0.7766	0.8471	0.9302
8.0	0.6797	0.6856	0.6956	0.7099	0.7520	0.8130	0.8917	0.9838
9.0	0.6998	0.7064	0.7174	0.7332	0.7798	0.8472	0.9339	1.0346
10.0	0.7185	0.7257	0.7378	0.7550	0.8060	0.8797	0.9740	1.0829

z_1 对 R 和 W 的关系　$n=6, l=\lambda_m/16$

R \ W	0.1	0.2	0.3	0.4	0.6	0.8	1.0	1.2
1.5	1.5814	1.5851	1.5915	1.6006	1.6273	1.6663	1.7184	1.7817
2.0	1.7916	1.7977	1.8080	1.8227	1.8862	1.9312	2.0199	2.1317
2.5	1.9334	1.9414	1.9548	1.9740	2.0315	2.1180	2.2384	2.3931
3.0	2.0419	2.0514	2.0676	2.0907	2.1602	2.2660	2.4148	2.6090
4.0	2.2051	2.2173	2.2381	2.2680	2.3584	2.4978	2.6974	2.9633
5.0	2.3279	2.3424	2.3671	2.4027	2.5112	2.6801	2.9253	3.2564
6.0	2.4271	2.4436	2.4718	2.5125	2.6371	2.8329	3.1200	3.5118
7.0	2.5106	2.5290	2.5603	2.6057	2.7450	2.9657	3.2922	3.7410
8.0	2.5831	2.6031	2.6374	2.6870	2.8401	3.0841	3.4478	3.9509
9.0	2.6471	2.6688	2.7057	2.7593	2.9253	3.1915	3.5908	4.1459
10.0	2.7047	2.7278	2.7673	2.8246	3.0029	3.2902	3.7238	4.3287

z_2 对 R 和 W 的关系　$n=6, l=\lambda_m/16$

R \ W	0.1	0.2	0.3	0.4	0.6	0.8	1.0	1.2
1.5	0.5026	0.5030	0.5036	0.5046	0.5078	0.5133	0.5222	0.5361
2.0	0.4888	0.4896	0.4909	0.4928	0.4987	0.5086	0.5240	0.5471
2.5	0.4897	0.4908	0.4926	0.4952	0.5035	0.5171	0.5382	0.5694
3.0	0.4940	0.4953	0.4976	0.5009	0.5112	0.5281	0.5543	0.5930
4.0	0.5049	0.5067	0.5097	0.5141	0.5280	0.5508	0.5862	0.6384
5.0	0.5157	0.5179	0.5216	0.5269	0.5439	0.5720	0.6157	0.6802
6.0	0.5257	0.5282	0.5325	0.5387	0.5585	0.5913	0.6427	0.7188
7.0	0.5348	0.5376	0.5424	0.5495	0.5719	0.6091	0.6676	0.7546
8.0	0.5432	0.5463	0.5516	0.5594	0.5842	0.6255	0.6909	0.7882
9.0	0.5509	0.5542	0.5600	0.5685	0.5955	0.6409	0.7128	0.8200
10.0	0.5580	0.5616	0.5678	0.5770	0.6062	0.6553	0.7335	0.8502

续表

z_3 对 R 和 W 的关系 $n=6, l=\lambda_m/16$

R \ W	0.1	0.2	0.3	0.4	0.6	0.8	1.0	1.2
1.5	3.1624	3.1573	3.1488	3.1371	3.1045	3.0604	3.0054	2.9390
2.0	3.8392	3.8321	3.8203	3.8041	3.7594	3.7001	3.6284	3.5450
2.5	4.3650	4.3565	4.3424	4.3231	4.2700	4.2006	4.1182	4.0245
3.0	4.8148	4.8051	4.7892	4.7634	4.7078	4.6307	4.5404	4.4395
4.0	5.5807	5.5692	5.5504	5.5247	5.4550	5.3662	5.2645	5.1541
5.0	5.2346	6.2217	6.2006	6.1718	6.0942	5.9965	5.8869	5.7703
6.0	6.8150	6.8009	6.7778	6.7464	6.6622	6.5574	6.4417	6.3212
7.0	7.3422	7.3270	7.3022	7.2685	7.1786	7.0678	6.9474	6.8242
8.0	7.8285	7.8124	7.7860	7.7502	7.6553	7.5393	7.4151	7.2901
9.0	8.2821	8.2651	8.2373	8.1997	8.1002	7.9796	7.8524	7.7264
10.0	8.7088	8.6910	8.6618	8.6225	8.5188	8.3942	8.2646	8.1379

z_1 对 R 和 W 的关系 $n=8, l=\lambda_m/16$

R \ W	0.1	0.2	0.3	0.4	0.6	0.8	1.0	1.2
1.5	1.4220	1.4256	1.4318	1.4405	1.4666	1.5063	1.5627	1.6398
2.0	1.5549	1.5603	1.5694	1.5825	1.6218	1.6824	1.7705	1.8945
2.5	1.6419	1.6486	1.6599	1.6762	1.7256	1.8024	1.9158	2.0785
3.0	1.7070	1.7148	1.7280	1.7469	1.8046	1.8950	2.0301	2.2269
4.0	1.8031	1.8126	1.8287	1.8520	1.9233	2.0363	2.2081	2.4644
5.0	1.8740	1.8848	1.9034	1.9301	2.0125	2.1444	2.3475	2.6559
6.0	1.9304	1.9424	1.9630	1.9927	2.0847	2.2330	2.4640	2.8197
7.0	1.9774	1.9905	2.0128	2.0452	2.1456	2.3086	2.5651	2.9646
8.0	2.0177	2.0318	2.0557	2.0905	2.1986	2.3751	2.6551	3.0957
9.0	2.0532	2.0680	2.0935	2.1304	2.2456	2.4346	2.7367	3.2163
10.0	2.0848	2.1005	2.1272	2.1662	2.2879	2.4887	2.8116	3.3286

z_2 对 R 和 W 的关系 $n=8, l=\lambda_m/16$

R \ W	0.1	0.2	0.3	0.4	0.6	0.8	1.0	1.2
1.5	0.5215	0.5213	0.5210	0.5207	0.5200	0.5201	0.5223	0.5287
2.0	0.5003	0.5003	0.5005	0.5007	0.5021	0.5056	0.5131	0.5280
2.5	0.4938	0.4941	0.4946	0.4954	0.4984	0.5046	0.5166	0.5386
3.0	0.4918	0.4922	0.4930	0.4942	0.4985	0.5071	0.5229	0.5513
4.0	0.4919	0.4926	0.4939	0.4958	0.5025	0.5149	0.5374	0.5769
5.0	0.4940	0.4949	0.4966	0.4991	0.5077	0.5235	0.5517	0.6010
6.0	0.4966	0.4977	0.4997	0.5027	0.5130	0.5317	0.5650	0.6233
7.0	0.4992	0.5006	0.5029	0.5064	0.5180	0.5394	0.5774	0.6440
8.0	0.5019	0.5034	0.5060	0.5098	0.5229	0.5466	0.5889	0.6634
9.0	0.5044	0.5061	0.5089	0.5132	0.5274	0.5534	0.5998	0.6817
10.0	0.5069	0.5086	0.5117	0.5163	0.5317	0.5598	0.6101	0.6991

续表

z_3 对 R 和 W 的关系　$n=8, l=\lambda_m/16$

R \ W	0.1	0.2	0.3	0.4	0.6	0.8	1.0	1.2
1.5	2.9464	2.9450	2.9426	2.9391	2.9289	2.9143	2.8954	2.8725
2.0	3.3791	3.3781	3.3764	3.3739	3.3665	3.3561	3.3440	3.3327
2.5	3.6898	3.6895	3.6890	3.6882	3.6856	3.6823	3.6807	3.6855
3.0	3.9416	3.9421	3.9430	3.9441	3.9470	3.9518	3.9619	3.9840
4.0	4.3468	4.3491	4.3528	4.3579	4.3725	4.3943	4.4287	4.4865
5.0	4.6739	4.6779	4.6845	4.6937	4.7199	4.7587	4.8175	4.9107
6.0	4.9524	4.9581	4.9676	4.9807	5.0183	5.0737	5.1564	5.2845
7.0	5.1972	5.2045	5.2168	5.2338	5.2825	5.3541	5.4600	5.6222
8.0	5.4169	5.4259	5.4408	5.4616	5.5210	5.6084	5.7371	5.9326
9.0	5.6172	5.6277	5.6452	5.6696	5.7396	5.8424	5.9932	6.2212
10.0	5.8018	5.8139	5.8339	5.8619	5.9421	6.0598	6.2324	6.4922

z_4 对 R 和 W 的关系　$n=8, l=\lambda_m/16$

R \ W	0.1	0.2	0.3	0.4	0.6	0.8	1.0	1.2
1.5	0.4096	0.4106	0.4123	0.4146	0.4212	0.4304	0.4423	0.4571
2.0	0.4373	0.4386	0.4408	0.4439	0.4527	0.4650	0.4810	0.5010
2.5	0.4662	0.4678	0.4705	0.4743	0.4850	0.5000	0.5195	0.5440
3.0	0.4933	0.4952	0.4983	0.5027	0.5151	0.5326	0.5553	0.5839
4.0	0.5416	0.5439	0.5478	0.5533	0.5689	0.5908	0.6194	0.6555
5.0	0.5836	0.5863	0.5909	0.5974	0.6158	0.6417	0.6756	0.7188
6.0	0.6208	0.6240	0.6293	0.6366	0.6577	0.6873	0.7262	0.7758
7.0	0.6545	0.6580	0.6639	0.6721	0.6957	0.7288	0.7724	0.8281
8.0	0.6853	0.6892	0.6957	0.7047	0.7306	0.7671	0.8151	0.8767
9.0	0.7138	0.7181	0.7251	0.7349	0.7630	0.8027	0.8550	0.9223
10.0	0.7404	0.7450	0.7525	0.7631	0.7934	0.8361	0.8925	0.9652

z_1 对 R 和 W 的关系　$n=10, l=\lambda_m/16$

R \ W	0.1	0.2	0.3	0.4	0.6	0.8	1.0	1.2
1.5	1.3080	1.3112	1.3167	1.3246	1.3485	1.3851	1.4394	1.5173
2.0	1.3965	1.4012	1.4090	1.4202	1.4544	1.5078	1.5878	1.7062
2.5	1.4534	1.4589	1.4684	1.4820	1.5236	1.5893	1.6888	1.8390
3.0	1.4954	1.5017	1.5125	1.5280	1.5756	1.6511	1.7668	1.9439
4.0	1.5567	1.5642	1.5769	1.5954	1.6523	1.7437	1.8858	2.1083
5.0	1.6013	1.6097	1.6241	1.6449	1.7092	1.8133	1.9771	2.2379
6.0	1.6365	1.6457	1.6614	1.6842	1.7547	1.8696	2.0521	2.3469
7.0	1.6657	1.6755	1.6924	1.7168	1.7928	1.9171	2.1163	2.4419
8.0	1.6906	1.7010	1.7189	1.7448	1.8256	1.9585	2.1729	2.5269
9.0	1.7124	1.7234	1.7421	1.7694	1.8546	1.9952	2.2236	2.6044
10.0	1.7318	1.7432	1.7628	1.7913	1.8805	2.0283	2.2698	2.6757

续表

z_2 对 R 和 W 的关系　$n=10, l=\lambda_m/16$

R \ W	0.1	0.2	0.3	0.4	0.6	0.8	1.0	1.2
1.5	0.5547	0.5539	0.5527	0.5511	0.5467	0.5416	0.5372	0.5355
2.0	0.5282	0.5277	0.5267	0.5255	0.5225	0.5199	0.5196	0.5251
2.5	0.5173	0.5168	0.5161	0.5152	0.5134	0.5127	0.5157	0.5270
3.0	0.5114	0.5110	0.5105	0.5099	0.5090	0.5100	0.5159	0.5322
4.0	0.5054	0.5053	0.5051	0.5050	0.5056	0.5093	0.5199	0.5446
5.0	0.5027	0.5027	0.5027	0.5030	0.5049	0.5108	0.5253	0.5573
6.0	0.5013	0.5014	0.5017	0.5023	0.5052	0.5130	0.5309	0.5694
7.0	0.5006	0.5008	0.5013	0.5021	0.5060	0.5154	0.5365	0.5808
8.0	0.5003	0.5006	0.5013	0.5024	0.5070	0.5180	0.5418	0.5916
9.0	0.5002	0.5006	0.5014	0.5027	0.5082	0.5205	0.5469	0.6018
10.0	0.5003	0.5008	0.5017	0.5032	0.5093	0.5230	0.5518	0.6115

z_3 对 R 和 W 的关系　$n=10, l=\lambda_m/16$

R \ W	0.1	0.2	0.3	0.4	0.6	0.8	1.0	1.2
1.5	2.6911	2.6925	2.6947	2.6978	2.7057	2.7152	2.7253	2.7362
2.0	2.9862	2.9887	2.9928	2.9985	3.0138	3.0339	3.0588	3.0914
2.5	3.1838	3.1874	3.1934	3.2016	3.2245	3.2557	3.2964	3.3522
3.0	3.3367	3.3414	3.3491	3.3599	3.3901	3.4322	3.4884	3.5671
4.0	3.5719	3.5785	3.5895	3.6049	3.6489	3.7113	3.7969	3.9193
5.0	3.7536	3.7620	3.7761	3.7957	3.8521	3.9332	4.0460	4.2094
6.0	3.9037	3.9137	3.9305	3.9540	4.0219	4.1204	4.2586	4.4605
7.0	4.0325	4.0440	4.0633	4.0905	4.1691	4.2838	4.4459	4.6845
8.0	4.1459	4.1589	4.1805	4.2111	4.2997	4.4297	4.6145	4.8882
9.0	4.2477	4.2619	4.2859	4.3196	4.4178	4.5623	4.7687	5.0760
10.0	4.3402	4.3557	4.3818	4.4185	4.5258	4.6841	4.9113	5.2510

z_4 对 R 和 W 的关系　$n=10, l=\lambda_m/16$

R \ W	0.1	0.2	0.3	0.4	0.6	0.8	1.0	1.2
1.5	0.3918	0.3927	0.3941	0.3962	0.4021	0.4106	0.4221	0.4369
2.0	0.4048	0.4060	0.4080	0.4108	0.4190	0.4309	0.4469	0.4679
2.5	0.4198	0.4212	0.4237	0.4272	0.4373	0.4520	0.4719	0.4982
3.0	0.4339	0.4356	0.4385	0.4425	0.4543	0.4715	0.4949	0.5260
4.0	0.4589	0.4610	0.4645	0.4696	0.4843	0.5058	0.5354	0.5752
5.0	0.4802	0.4826	0.4868	0.4927	0.5100	0.5354	0.5704	0.6180
6.0	0.4988	0.5016	0.5063	0.5129	0.5325	0.5614	0.6013	0.6561
7.0	0.5153	0.5184	0.5236	0.5310	0.5527	0.5847	0.6293	0.6907
8.0	0.5303	0.5337	0.5393	0.5473	0.5710	0.6060	0.6549	0.7226
9.0	0.5440	0.5476	0.5537	0.5623	0.5878	0.6256	0.6786	0.7523
10.0	0.5566	0.5605	0.5669	0.5762	0.6034	0.6438	0.7007	0.7801

续表

z_5 对 R 和 W 的关系 $n=10, l=\lambda_m/16$								
R \ W	0.1	0.2	0.3	0.4	0.6	0.8	1.0	1.2
1.5	3.5808	3.5731	3.5604	3.5428	3.4941	3.4290	3.3504	3.2611
2.0	4.2050	4.1953	4.1794	4.1574	4.0966	4.0160	3.9196	3.8119
2.5	4.7135	4.7024	4.6842	4.6591	4.5897	4.4982	4.3894	4.2691
3.0	5.1576	5.1454	5.1253	5.0976	5.0213	4.9210	4.8023	4.6721
4.0	5.9249	5.9109	5.8878	5.8560	5.7686	5.6541	5.5198	5.3743
5.0	6.5868	6.5713	6.5457	6.5106	6.4141	6.2882	6.1414	5.9841
6.0	7.1774	7.1606	7.1329	7.0949	6.9906	6.8550	6.6976	6.5306
7.0	7.7155	7.6976	7.6680	7.6274	7.5162	7.3720	7.2054	7.0302
8.0	8.2130	8.1940	8.1627	8.1197	8.0023	7.8503	7.6755	7.4932
9.0	8.6776	8.6576	8.6248	8.5797	8.4565	8.2975	8.1152	7.9266
10.0	9.1151	9.0943	9.0599	9.0129	8.8844	8.7187	8.5296	8.3354

现将 $\lambda/4$ 多节变阻器和短节变阻器进行比较。设两段传输线之间特性阻抗比为 5，设计一个变阻器以保证在 $W=0.6$ 的相对带宽内，驻波比在 1.5 以下。首先考虑用 $\lambda/4$ 多节变阻器实现。查表 5-4，可知为了满足此要求，最少节数 n 应取为 2。再考虑用短节变阻器。由于驻波比 ρ 和衰减 L 之间有下列关系：

$$L = 10\lg \frac{(\rho+1)^2}{4\rho} \tag{5-187}$$

以 $\rho=1.5$ 代入，得

$$L = 10\lg \frac{(1.5+1)^2}{4\times 1.5} = 10\lg \frac{6.25}{6} = 0.18\text{dB}$$

以此作为短节变阻器的带内衰减波纹，查表 5-8，得 $n=4$，即可满足要求。

因为短节变阻器每节长度为 $\lambda_m/16$，故 4 节总长为 $\lambda_m/4$，只有 $\lambda/4$ 双节变阻器的一半。由此可知，应用短节变阻器可以缩小电路的尺寸，虽然其结构较为复杂，但对于用印刷技术的微带电路是很容易实现的。

5.14 小结

微带滤波器和变阻器是比较重要的无源微带电路元件，在大多数的微带电路中均要碰到。因此掌握它们的原理和设计方法很重要。本章对一些在微带电路中最常碰到的类型进行了讨论。其主要内容可归结为以下几方面：

(1) 微波滤波器的主要矛盾是：既要使通带和阻带具有高的电指标(通带衰减尽量小，阻带衰减尽量大)，又要使通带和阻带间有陡峭的过渡。为了最经济合理地解决这对矛盾，必须采用综合设计法。

(2) 滤波器原型电路的参量由不同的综合设计法推得。为使其元件参数值确定，往往取相对值，即频率取为对截止频率的相对值($\omega_1'=1$)，元件参数取为对内阻的相对值($R_0'=1$)。

这样原型电路就成为实际滤波器的一个标准，根据转换公式，即可将低通原型滤波器的元件参数值转换为各种实际低通滤波器的元件参数值。

对于带通、带阻和高通滤波器，可根据滤波特性、滤波元件和低通原型滤波器的对应关系，找到各种滤波器和低通原型滤波器的频率、元件参数之间的对应关系。这样，就可以由低通原型滤波器推出所有各种滤波器来。

(3) 在分布参数的微带电路中，如何具体实现一个滤波器是一个重要问题。因为低通原型滤波器及由它转换得出各种带通、带阻、高通滤波器都是集总参数的。对于微带低通滤波器，可借助于半集总参数的高低阻抗传输线段来实现。对于带通、带阻滤波器，可以用分布参数的谐振元件代替 LC 回路，在相对带宽较窄时，由谐振频率附近电抗斜率的对应而找到集总参数和分布参数之间的关系。

(4) 对于实际的微带滤波器，还应考虑其具体结构问题，必须使谐振元件及其连接在微带线上的方式都相同，并且元件之间能相互隔开。为此，采取了倒置转换器和移位转换的方法。前者有频带限制，后者则频率范围可以很宽。采取了上述措施以后，就建立起一套比较系统的、以低通原型滤波器为基础的微带滤波器设计方法。

(5) 变阻器的主要作用为完成不同阻抗之间的转换。对它的主要要求为在给定的频带内有较低的驻波比。和滤波器一样，它也有如何以较为简单和紧凑的结构、经济合理地实现的问题。因此同样可以用综合设计法进行设计。

变阻器和滤波器之间有一定的联系，变阻滤波器为兼有变阻和滤波双重作用的元件。短节变阻器是变阻滤波器的一种特殊形式。

第 6 章 CHAPTER 6 微带线电桥、定向耦合器和分功率器

6.1 概述

电桥、定向耦合器和分功率器，从电路特点来看，都属于多口网络，因为它们有三个以上的引出口。这类元件在微波电路中应用很广。大体来说，凡是属于功率分配、信号间一定幅度和相位关系的获得等，都需要采用这种元件。

在波导结构中，往往把这类元件做成立体电路结构(如双 T 电桥)或多孔及缝隙耦合结构(如多孔定向耦合器及缝隙电桥)。在微带线结构中，由于微带线具有半开放的传输线和平面电路结构，因此往往把这类元件做成耦合微带线及分支线型式。在波导或同轴线中结构相当复杂的元件，如电桥等类多口元件，在微带电路中仅仅由制版和印刷来形成。这是微带线多口元件优越的地方。

在大多数这类多口元件中，其结构常是对称的。例如图 6-1 所示的分支线电桥和耦合微带线定向耦合器就属于这一类。对这类电路，有一条或一条以上的中心线，电路结构对该中心线是对称的。

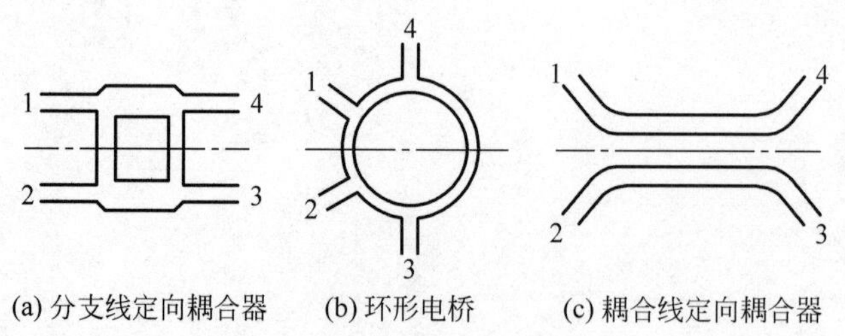

图 6-1　对称的多口元件(导带条图形)

对于上述的对称元件，若应用奇、偶模分析法，可将多口网络简化为二口网络，从而使分析大为简化。例如，对一个对称的四口网络，在 1 端加电压 U，可以分解为在 1 端和 2 端偶模(两个幅度为 $U/2$ 的同相电压输入)和奇模(两个幅度为 $U/2$ 的反相电压输入)的叠加，如图 6-2 所示。

对于偶模馈电，在对称中心线处必然形成电压或电场的波腹，相当于有一个磁壁存在(即假想的理想导磁体)。对于奇模馈电，在对称中心线处形成电压的波节，相当于有一个电壁存在。所以，如将电路沿对称中心线切开，分别在中心线处放上磁壁和电壁，并不影响此

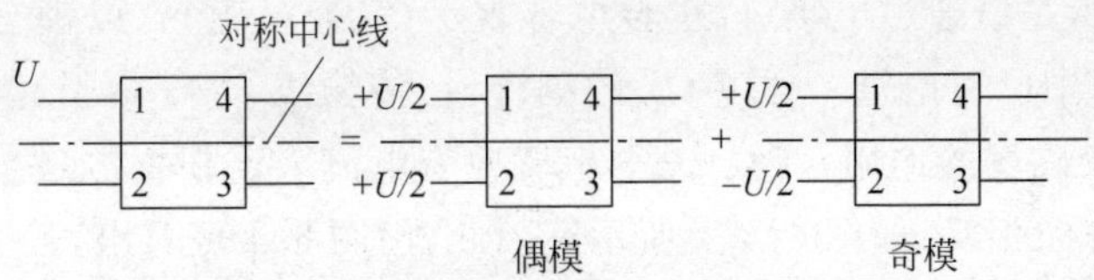

图 6-2 对称四口网络的奇、偶模分析法

电路的电压电流和场的分布，和没有切开时一样。因此我们只要研究此电路的一半即可。对于耦合线型器件，偶模激励时特性阻抗为 Z_{0e}，奇模激励时特性阻抗为 Z_{0o}。对于分支线型器件，在对称中心线切开后，对偶模激励，使其在中心线处开路；对于奇模激励，使其在中心线处短路即可。这样我们就把四口网络问题简化为奇、偶两种情况下的二口网络问题，过去所有的二口网络分析方法，例如综合设计法都可以同样使用，只要最后把奇、偶两种情况叠加即可。因此，对于对称的四口网络，奇、偶模分析法是比较有效的方法。

微带线、带状线等 TEM 波传输线构成的电桥等多口元件，较之波导结构的类似元件除具有结构紧凑、小型轻便、便于制造等优点外，一个突出的特点是频带宽。如果应用综合设计法，频宽很容易达到倍频程，这是用波导结构所不能做到的。

6.2 耦合线定向耦合器

6.2.1 基本原理

图 6-3 给出了一节和三节耦合线定向耦合器以及它们的耦合度对频率的响应曲线。

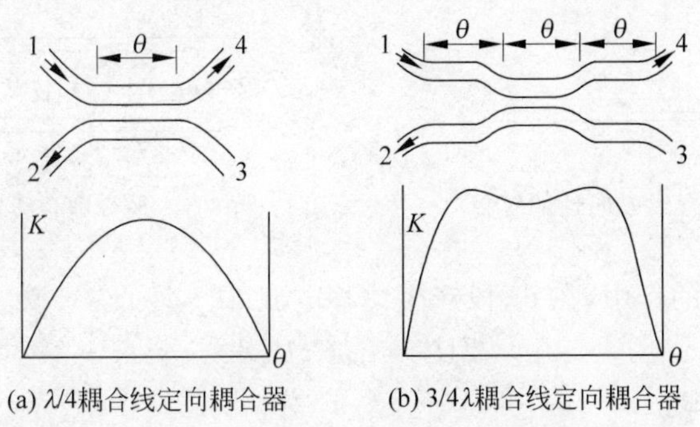

图 6-3 λ/4 和 3λ/4 耦合线定向耦合器外形及频率响应曲线

图 6-3 中所画都是导带条的图形。由图中的箭头所示方向可见，当信号由 1 口输入时，耦合口是 2 口及 4 口，隔离口是 3 口，因为在辅线上耦合输出的方向与主线上主波传播的方向相反，故这种形式的定向耦合器也称为“反向定向耦合器”。

定向耦合器为什么会有方向性呢？要具有方向性必须要有两种以上的耦合因素起作用，使耦合到辅线某一口的能量能够互相抵消。现在我们来看一段如图 6-4 所示的平行耦合传输线(为了清楚起见，只画出了传输线中的一根，例如微带线中的导带条，而没有画接地平面)。

当导线 1—4 中有交变电流 i_1 流过时，由于 2—3 线和 1—4 线互相靠近，故 2—3 线中便耦合有能量，此能量是既通过电场(以耦合电容表示)又通过磁场(以耦合电感表示)耦合过来的。这在第3章中已讨论过。通过 C_m 的耦合，在传输线2—3中引起的电流为 i_{c2} 及 i_{c3}；同时由于 i_1 的交变磁场的作用，在线2—3上感应有电流 i_L。根据电磁感应定律，感应电流 i_L 的方向与 i_i 的方向相反，如图6-4上所示。因此，由图6-4可看出，若能量由1口输入，则耦合口是2口。而在3口因为电耦合电流 i_{c3} 与磁耦合电流 i_L 的作用相反而能量互相抵消，故3口是隔离口。由以上分析，我们看到：耦合线定向耦合器的物理过程和波导宽边单孔耦合的定向耦合器完全相似。定性地了解了耦合线定向耦合器具有方向性的原理后，还需要进行定量分析。虽然对于耦合微带定向耦合器常利用奇、偶模分析法来求其设计参量，但对于其他TEM波传输线系统，例如平行双线、同轴线等，是用耦合波原理来计算的，并且这种方法物理概念较清楚，所以我们首先还是根据一般耦合波原理求出计算公式。

设有两对平行耦合线1—4及2—3。当主线1—4中有行波自1向4口输入时，主线上流有电流 I_1(I_1 为用复数符号法所表示的电流复振幅)，则在辅线2—3中由于互感的作用，在 $\mathrm{d}z$ 段产生感应电动势 $\mathrm{d}U_L$，其方向如图6-5所示。它在辅线2、3所接负载上引起感应电流 $\mathrm{d}I_{L2}$ 及 $\mathrm{d}I_{L3}$(在图中没有画出)。它们的方向(以从上到下为正方向)彼此相反。

$$\mathrm{d}I_{L2} = -\mathrm{d}I_{L3} = \frac{\mathrm{d}U_L}{Z_2 + Z_3}$$

$$\mathrm{d}U_L = \mathrm{j}\omega L_m I_1 \mathrm{d}z$$

其中 L_m 为互分布电感。

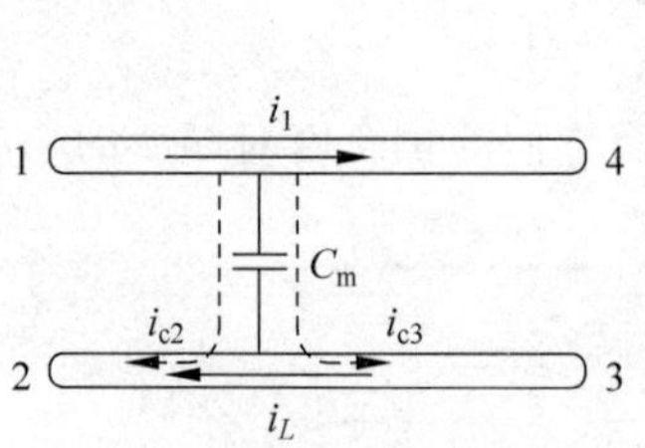

图6-4 耦合线方向性的解释

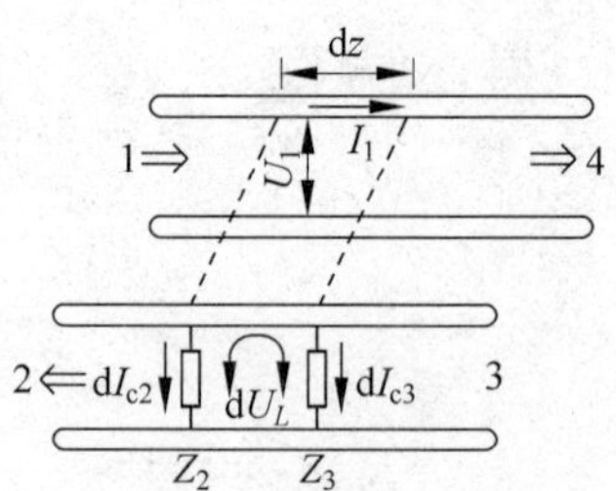

图6-5 平行耦合线定向耦合器

同时由于互电容的作用，在 $\mathrm{d}z$ 段产生位移电流 $\mathrm{d}I_c$

$$\mathrm{d}I_c = \mathrm{j}\omega C_m U_1 \mathrm{d}z$$

其中 C_m 为互分布电容。

则流进负载 Z_2 上的电流为

$$\mathrm{d}I_{c2} = \mathrm{d}I_c \frac{Z_3}{Z_2 + Z_3}$$

流进负载 Z_3 上的电流为

$$\mathrm{d}I_{c3} = \mathrm{d}I_c \frac{Z_2}{Z_2 + Z_3}$$

$\mathrm{d}I_{c2}$ 及 $\mathrm{d}I_{c3}$ 在负载 Z_2 及 Z_3 上的方向如图6-5所示。它们产生的电压分别为 $\mathrm{d}U_{c2}$ 及 $\mathrm{d}U_{c3}$。因此在负载 Z_2 及 Z_3 上的总电压各为

$$\mathrm{d}U_2 = \mathrm{d}U_{L2} + \mathrm{d}U_{c2} = (\mathrm{d}I_{L2} + \mathrm{d}I_{c2})Z_2 = \left[\frac{\mathrm{d}U_L}{Z_2 + Z_3} + \left(\frac{Z_3}{Z_2 + Z_3}\right)\mathrm{d}I_c\right]Z_2$$

$$= \frac{Z_2}{Z_2 + Z_3}[\mathrm{j}\omega L_\mathrm{m} I_1 + \mathrm{j}\omega C_\mathrm{m} U_1 Z_\mathrm{s}]\mathrm{d}z \tag{6-1}$$

$$\mathrm{d}U_3 = \mathrm{d}U_{L3} + \mathrm{d}U_{c3} = (\mathrm{d}I_{L3} + \mathrm{d}I_{c3})Z_3 = \left[-\frac{\mathrm{d}U_2}{Z_2 + Z_3} + \left(\frac{Z_2}{Z_2 + Z_3}\right)\mathrm{d}I_\mathrm{c}\right]Z_3$$

$$= \frac{Z_3}{Z_2 + Z_3}(-\mathrm{j}\omega L_\mathrm{m} I_1 + \mathrm{j}\omega C_\mathrm{m} U_1 Z_2)\mathrm{d}z \tag{6-2}$$

比较 $\mathrm{d}U_2$ 及 $\mathrm{d}U_3$ 的表示式可知由电感及电容耦合的结果，在负载 Z_2 上产生的电压是叠加的，而在负载 Z_3 上产生的电压是相减的。

此外，由式(6-2)可知，要使 $\mathrm{d}U_3=0$，必须有

$$-\mathrm{j}\omega L_\mathrm{m} I_1 + \mathrm{j}\omega C_\mathrm{m} U_1 Z_2 = 0$$

即有

$$Z_2 = \frac{L_\mathrm{m}}{C_\mathrm{m}} \cdot \frac{I_1}{U_1} = \frac{L_\mathrm{m}}{C_\mathrm{m}} \cdot \frac{1}{Z_0'} \tag{6-3}$$

其中，Z_0'为在辅线 2—3 存在下、主线 1—4 的特性阻抗。

在第 3 章中推导耦合线方程中已定义(当两耦合线尺寸完全一样时)电感耦合系数 $K_L=L_\mathrm{m}/L$，电容耦合系数 $K_C=C_\mathrm{m}/C$。这里 L 和 C 分别为耦合线中考虑到另一根线的影响时的单线分布电感和分布电容。

对均匀介质下的 TEM 波，当线 1—4 及线 2—3 的特性阻抗均为 Z_0'时，有 $K_L=K_C=K$，即

$$\frac{L_\mathrm{m}}{L} = \frac{C_\mathrm{m}}{C}, \quad \frac{L_\mathrm{m}}{C_\mathrm{m}} = \frac{L}{C} = Z_0'^2 \tag{6-4}$$

而式(6-3)为

$$Z_2 = \frac{L_\mathrm{m}}{C_\mathrm{m}} \cdot \frac{1}{Z_0'} = Z_0' \tag{6-5}$$

这就是说，对长度为 $\mathrm{d}z$ 的小段来说，在辅线上 $\mathrm{d}z$ 段靠 2 口的一边接以负载 Z_0'时，则在靠 3 口的那一边由于耦合电压抵消，输出为零。这个结论对于耦合线段长度为任意 l 时也成立。因为此时可将 l 分成很多小段，只要在 2 口所接负载为特性阻抗 Z_0'，则任一小段向左看去的阻抗均为特性阻抗 Z_0'，即相当于每一小段靠 2 口的一边均接了负载阻抗 Z_0'，均满足式(6-3)的条件，亦即每一小段右边的输出均为零，结果整个 l 段在 3 口的输出为零。故对于任意长度的耦合线段来说，只要 2 口接了一个负载阻抗 Z_0'，则 2 口是耦合口，3 口是隔离口，而式(6-3)也就是 1→3 口完全隔离的条件。这在第 3 章中已经提到，并称为理想方向性条件。

6.2.2 奇、偶模的分析和计算公式

前面我们简单叙述了耦合线定向耦合器的工作原理，即由于线间同时存在着电耦合和磁耦合，这两种耦合在辅线的两端，一个为偶对称，另一个为奇对称。如果选择辅线的负载阻抗使其等于耦合线中单线的特性阻抗 Z_0'，则在辅线的一端电耦合与磁耦合抵消而获得理想方向性。下面我们再根据第 3 章中已叙述过的奇、偶模方法，定量地对此种定向耦合器进行分析，并得出有用的计算公式。

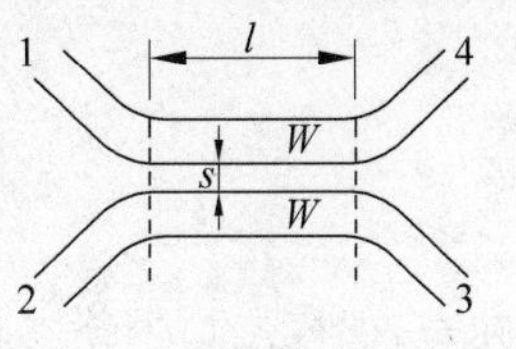

图 6-6 微带平行耦合线定向耦合器

图 6-6 画出了微带耦合线定向耦合器的导体带条图形，其中

1—4 为主线，2—3 为辅线。

若在 2、3、4 端都接以标准引出线的特性阻抗 Z_0（通常为 50Ω）作为负载阻抗，而在 1 口加一个内向波电压 $U_1^{(1)}$，则根据奇、偶模分析的原理，可将其分解为一对偶模 $(U_1^{(1)}/2, U_1^{(1)}/2)$ 和一对奇模 $(U_1^{(1)}/2, -U_1^{(1)}/2)$ 同时加在 1、2 口。这时，按第 3 章的分析，耦合线定向耦合器的四口网络问题即简化为奇、偶模的两口网络问题，可以先求出奇、偶模两口网络的解，再将其叠加，如图 6-7 所示。

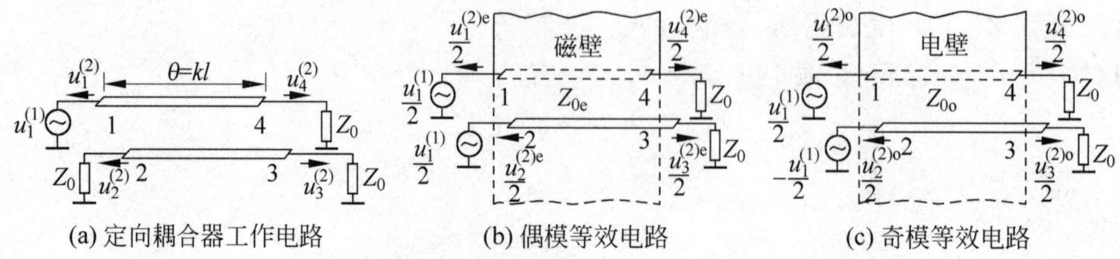

图 6-7 耦合线定向耦合器分解为奇偶模等效电路

从图中看出，当一对偶模内向波电压波 $(u_1^{(1)}/2, u_1^{(1)}/2)$ 加在 1、2 口时，其各口外向波分别为 $(u_1^{(2)\mathrm{e}}/2, u_2^{(2)\mathrm{e}}/2, u_3^{(2)\mathrm{e}}/2, u_4^{(2)\mathrm{e}}/2)$。且由于 1、2 两口电压等幅同相，故 $u_1^{(2)\mathrm{e}}=u_2^{(2)\mathrm{e}}$、$u_4^{(2)\mathrm{e}}=u_3^{(2)\mathrm{e}}$。当一对奇模内向波电压 $(u_1^{(1)}/2, -u_1^{(1)}/2)$ 加在 1、2 口时，其各口外向波分别为 $(u_1^{(2)\mathrm{o}}/2, u_2^{(2)\mathrm{o}}/2, u_3^{(2)\mathrm{o}}/2, u_4^{(2)\mathrm{o}}/2)$，此时由于 2 口加的电压与 1 端等幅反相，故相应的各口外向波电压之间关系为：$u_2^{(2)\mathrm{o}}=-u_1^{(2)\mathrm{o}}$，$u_3^{(2)\mathrm{o}}=-u_4^{(2)\mathrm{o}}$。根据电压叠加原理，定向耦合器各口总的外向波电压为

$$\left.\begin{aligned}
u_1^{(2)} &= \frac{u_1^{(2)\mathrm{e}}}{2}+\frac{u_1^{(2)\mathrm{o}}}{2}\\
u_2^{(2)} &= \frac{u_2^{(2)\mathrm{e}}}{2}+\frac{u_2^{(2)\mathrm{o}}}{2}=\frac{u_1^{(2)\mathrm{e}}}{2}-\frac{u_1^{(2)\mathrm{o}}}{2}\\
u_4^{(2)} &= \frac{u_4^{(2)\mathrm{e}}}{2}+\frac{u_4^{(2)\mathrm{o}}}{2}\\
u_3^{(2)} &= \frac{u_3^{(2)\mathrm{e}}}{2}+\frac{u_3^{(2)\mathrm{o}}}{2}=\frac{u_4^{(2)\mathrm{e}}}{2}-\frac{u_4^{(2)\mathrm{o}}}{2}
\end{aligned}\right\}\tag{6-6}$$

由式(6-6)可知，事实上我们只需研究其中一根线 1—4 的奇、偶模两口网络即可。以后，我们即取耦合线的一半，将其作为奇、偶模二口网络进行计算。如令

$$\left.\begin{aligned}
\frac{u_1^{(2)\mathrm{e}}}{u_1^{(1)}} &= S_{11\mathrm{e}}\\
\frac{u_1^{(2)\mathrm{o}}}{u_1^{(1)}} &= S_{11\mathrm{o}}\\
\frac{u_4^{(2)\mathrm{e}}}{u_1^{(1)}} &= S_{41\mathrm{e}}\\
\frac{u_4^{(2)\mathrm{o}}}{u_1^{(1)}} &= S_{41\mathrm{o}}
\end{aligned}\right\}\tag{6-7}$$

在奇、偶模二口网络参量得到之后，根据式(6-6)的电压叠加关系，则定向耦合器各口的外向波电压（因负载匹配，加在 2 口上的奇、偶模内向波抵消，故除了 1 口以外，都等于总电压）和 $u_1^{(1)}$ 之比为

$$\left.\begin{aligned}\frac{u_1^{(2)}}{u_1^{(1)}} &= S_{11} = \frac{1}{2}(S_{11e}+S_{11o})\\ \frac{u_2^{(2)}}{u_1^{(1)}} &= S_{21} = \frac{1}{2}(S_{11e}-S_{11o})\\ \frac{u_1^{(2)}}{u^{(4)}} &= S_{41} = \frac{1}{2}(S_{41e}+S_{41o})\\ \frac{u_3^{(2)}}{u_1^{(1)}} &= S_{31} = \frac{1}{2}(S_{41e}-S_{41o})\end{aligned}\right\} \tag{6-8}$$

以下分别求 1—4 线作为偶模二口网络和奇模二口网络时的反射系数 S_{11e}、S_{11o}和传输系数 S_{41e}、S_{41o}。

在偶模时，1—4 线相当于一段电角度 $\theta=kl$、特性阻抗为 Z_{0e}的传输线，其对 Z_0 的归一化 $\boldsymbol{a}$ 矩阵为

$$\begin{bmatrix}a_e & b_e\\ c_e & d_e\end{bmatrix}=\begin{bmatrix}\cos\theta & \mathrm{j}\dfrac{Z_{0e}}{Z_0}\sin\theta\\ \mathrm{j}\dfrac{Z_0}{Z_{0e}}\sin\theta & \cos\theta\end{bmatrix} \tag{6-9}$$

奇模时，则 1—4 线相当于一段电角度为 θ、特性阻抗为 Z_{0o}的传输线，其对 Z_0 的归一化 $\boldsymbol{a}$ 矩阵为

$$\begin{bmatrix}a_o & b_o\\ c_o & d_o\end{bmatrix}=\begin{bmatrix}\cos\theta & \mathrm{j}\dfrac{Z_{0o}}{Z_0}\sin\theta\\ \mathrm{j}\dfrac{Z_0}{Z_{0o}}\sin\theta & \cos\theta\end{bmatrix} \tag{6-10}$$

奇偶模的反射系数各为

$$S_{11e}=\frac{(a_e+b_e)-(c_e+d_e)}{a_e+b_e+c_e+d_e}=\frac{\mathrm{j}\left(\dfrac{Z_{0e}}{Z_0}-\dfrac{Z_0}{Z_{0e}}\right)\sin\theta}{2\cos\theta+\mathrm{j}\left(\dfrac{Z_{0e}}{Z_0}+\dfrac{Z_0}{Z_{0e}}\right)\sin\theta} \tag{6-11}$$

$$S_{11o}=\frac{(a_o+b_o)-(c_o+d_o)}{a_o+b_o+c_o+d_o}=\frac{\mathrm{j}\left(\dfrac{Z_{0o}}{Z_0}-\dfrac{Z_0}{Z_{0o}}\right)\sin\theta}{2\cos\theta+\mathrm{j}\left(\dfrac{Z_{0o}}{Z_0}+\dfrac{Z_0}{Z_{0o}}\right)\sin\theta} \tag{6-12}$$

故 1 口的反射系数 S_{11} 为

$$\begin{aligned}S_{11}&=\frac{1}{2}(S_{11e}+S_{11o})\\ &=\frac{\mathrm{j}\left(\dfrac{Z_{0e}}{Z_0}-\dfrac{Z_0}{Z_{0e}}\right)\sin\theta\left[2\cos\theta+\mathrm{j}\left(\dfrac{Z_{0o}}{Z_0}+\dfrac{Z_0}{Z_{0o}}\right)\sin\theta\right]+\mathrm{j}\left(\dfrac{Z_{0o}}{Z_0}-\dfrac{Z_0}{Z_{0o}}\right)\cdot\sin\theta\cdot\left[2\cos\theta+\mathrm{j}\left(\dfrac{Z_{0e}}{Z_0}+\dfrac{Z_0}{Z_{0e}}\right)\sin\theta\right]}{\left[2\cos\theta+\mathrm{j}\left(\dfrac{Z_{0e}}{Z_0}+\dfrac{Z_0}{Z_{0e}}\right)\sin\theta\right]\cdot\left[2\cos\theta+\mathrm{j}\left(\dfrac{Z_{0o}}{Z_0}+\dfrac{Z_0}{Z_{0o}}\right)\sin\theta\right]}\end{aligned} \tag{6-13}$$

为了使 1 口无反射，应令 $S_{11}=0$。

解上述方程，得

$$Z_0 = \sqrt{Z_{0e} \cdot Z_{0o}} = Z'_0 \tag{6-14}$$

这里 Z'_0为耦合段单线(存在另一线影响时)的特性阻抗。由此式可知,为了使定向耦合器的输入口无反射,应使耦合段单线的特性阻抗等于各口的负载阻抗,也就是标准引出线的特性阻抗。因此,为了满足无反射条件,耦合段的奇、偶模特性阻抗和标准引出线特性阻抗应满足式(6-14)的关系。

在满足无反射条件后,将上述关系代入式(6-11)和式(6-12),得

$$S_{11e} = -S_{11o} = \frac{\mathrm{j}\left(\frac{Z_{0e}}{Z_0} - \frac{Z_0}{Z_{0e}}\right)\sin\theta}{2\cos\theta + \mathrm{j}\left(\frac{Z_{0e}}{Z_0} + \frac{Z_0}{Z_{0e}}\right)\sin\theta} = \frac{\mathrm{j}\left(\sqrt{\frac{Z_{0e}}{Z_{0o}}} - \sqrt{\frac{Z_{0o}}{Z_{0e}}}\right)\sin\theta}{2\cos\theta + \mathrm{j}\left(\sqrt{\frac{Z_{0e}}{Z_{0o}}} + \sqrt{\frac{Z_{0o}}{Z_{0e}}}\right)\sin\theta}$$

$$= \frac{\mathrm{j}\,\frac{Z_{0e} - Z_{0o}}{\sqrt{Z_{0e}Z_{0o}}}\sin\theta}{2\cos\theta + \mathrm{j}\,\frac{Z_{0e} + Z_{0o}}{\sqrt{Z_{0e}Z_{0o}}}\sin\theta} = \frac{\mathrm{j}\,\frac{Z_{0e} - Z_{0o}}{Z_{0e} + Z_{0o}}\sin\theta}{\frac{2\sqrt{Z_{0e}Z_{0o}}}{Z_{0e} + Z_{0o}}\cos\theta + \mathrm{j}\sin\theta}$$

$$= \frac{\mathrm{j}K\sin\theta}{\sqrt{1 - K^2}\cos\theta + \mathrm{j}\sin\theta} \tag{6-15}$$

其中,$K = \frac{Z_{0e} - Z_{0o}}{Z_{0e} + Z_{0o}}$就是第 3 章式(3-20),即为耦合线的耦合系数。

又根据式(6-9)和式(6-10)求得奇、偶模的传输系数 S_{41e}和 S_{41o}为

$$S_{41e} = S_{41o} = \frac{2}{2\cos\theta + \mathrm{j}\left(\sqrt{\frac{Z_{0e}}{Z_{0o}}} + \sqrt{\frac{Z_{0o}}{Z_{0e}}}\right)\sin\theta} \tag{6-16}$$

在式(6-16)中已将前述无反射条件式(6-14)代入。

由式(6-15)和式(6-16)得

$$S_{11} = \frac{1}{2}(S_{11e} + S_{11o}) = 0 \quad \text{理想无反射}$$

$$S_{31} = \frac{1}{2}(S_{41e} - S_{41o}) = 0 \quad \text{理想隔离条件}$$

由此可知,耦合线定向耦合器在辅线的 3 口是隔离的,2 口则是耦合口,和很多其他类型的定向耦合器恰好相反,故又称反向定向耦合器。

$$S_{21} = \frac{1}{2}(S_{11e} - S_{11o}) = S_{11e} = -S_{11o} = \frac{\mathrm{j}K\sin\theta}{\sqrt{1 - K^2}\cos\theta + \mathrm{j}\sin\theta}$$

这就是定向耦合器耦合度的公式。因为 θ 与频率有关,故耦合度和频率之间有一定的关系。在中心频率时,$\theta=90°$,则

$$S_{21} = K$$

正好等于耦合线的耦合系数。

$$S_{41} = \frac{1}{2}(S_{41e} + S_{41o}) = S_{41e} = \frac{2}{2\cos\theta + \mathrm{j}\left(\sqrt{\frac{Z_{0e}}{Z_{0o}}} + \sqrt{\frac{Z_{0o}}{Z_{0e}}}\right)\sin\theta}$$

$$= \frac{\sqrt{1 - K^2}}{\sqrt{1 - K^2}\cos\theta + \mathrm{j}\sin\theta} \tag{6-17}$$

在中心频率时，$\theta=90^\circ$，$S_{41}=-\mathrm{j}\sqrt{1-K^2}$，$|S_{21}|^2+|S_{41}|^2=K^2+1-K^2=1$，正好符合能量守恒关系。并且在中心频率时，$S_{41}$相位比$S_{21}$落后$\pi/2$，亦即传输臂比耦合臂信号输出要落后$\pi/2$相位。

图6-8画出了耦合线定向耦合器的耦合度的模及其相位的频应特性曲线。由图可知，当耦合较强时，具有较宽的频应特性。

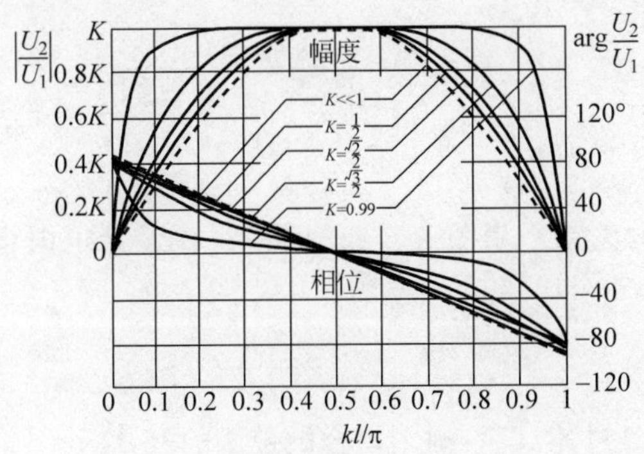

图6-8　单节耦合线定向耦合器耦合度的模及其相位的频应曲线

在设计耦合线定向耦合器时，为了满足无反射条件，首先令

$$\sqrt{Z_{0e}\cdot Z_{0o}}=Z_0'=Z_0$$

再根据所要求的耦合度K，使

$$\frac{Z_{0e}-Z_{0o}}{Z_{0e}+Z_{0o}}=K$$

联立求解后，得

$$Z_{0e}=Z_0\sqrt{\frac{1+K}{1-K}}$$

$$Z_{0o}=Z_0\sqrt{\frac{1-K}{1+K}}$$

然后根据奇偶模特性阻抗表格查得耦合段的线宽和间距。由于耦合段存在另一线影响时的单线特性阻抗Z_0'必须等于标准线特性阻抗Z_0，而其孤立单线（相当于辅线不存在时）特性阻抗Z_0和Z_0'是不等的，故当引出线的特性阻抗Z_0也等于Z_0'时，耦合线部分的线宽和引出线必然是不同的。在耦合较紧时，此种差别较为显著。

在耦合段以外的区域，主、辅线的引出线之间应避免寄生耦合，两者之间距离应大于3～4倍介质基片厚度，其结构如图6-9所示。

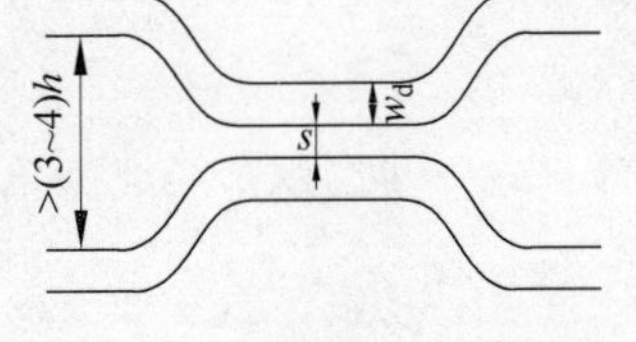

图6-9　耦合线定向耦合器结构简图

6.2.3　微带耦合线定向耦合器的具体问题

必须指出，前面的分析及得出的结论和计算公式只对均匀介质的情况才是正确的。第3章中已经谈到过，对耦合微带线，由于电场分别处在空气和介质基片中，故其奇、偶模相速是不相等的，亦即耦合段对奇、偶模分别有电角度θ_e和θ_o，两者不等，此时S_{41e}和S_{41o}就不

再相等，至少两者之间存在相移。因此在隔离臂(3 口)，奇、偶模的传输系数不能抵消而有信号输出，不能再维持理想方向性条件。

除此以外，由于 $K_L \neq K_C$，就不再能用 $K=\dfrac{Z_{0e}-Z_{0o}}{Z_{0e}+Z_{0o}}$的公式。因此必须根据第 3 章第 3.3 节所讨论到的非均匀介质情况，对前面得出的结果进行修正。

此时，由式(3-27)和式(3-28)

$$K_L = \frac{L_m}{L} = \frac{C_{0o}(1) - C_{0e}(1)}{C_{0o}(1) + C_{0e}(1)}$$

$$K_C = \frac{C_m}{C} = \frac{C_{0o}(\varepsilon_r) - C_{0e}(\varepsilon_r)}{C_{0o}(\varepsilon_r) + C_{0e}(\varepsilon_r)}$$

它们对耦合微带线参量的关系示于图 3-6 和图 3-7。在设计定向耦合器时，可令耦合度 K 近似为

$$K \approx \frac{K_L + K_C}{2}$$

然后查图 3-6 和图 3-7，经过累试后，确定耦合微带线的尺寸。

一般情况下，为了简捷起见，我们仍可近似采用前面在均匀介质条件下推得的计算公式。至于耦合段长度，可依据奇、偶模平均相速来决定，或近似地由单线相速决定。

【例 6-1】 设计一个 20dB 的耦合微带线定向耦合器，介质基片的介电常数 $\varepsilon_r=9.6$，厚度 $h=1$mm；工作频率 $f_0=5$GHz，引出传输线特性阻抗 $Z_0=50\Omega$。

应用前述设计公式，令

$$\begin{cases} Z_{0e}Z_{0o} = 50^2 \\ \dfrac{Z_{0e} - Z_{0o}}{Z_{0e} + Z_{0o}} = \dfrac{1}{10} \end{cases}$$

解得 $Z_{0e}\approx 54.9\Omega$，$Z_{0o}\approx 45\Omega$。查第 3 章的奇、偶模特性阻抗曲线，得

$$\begin{cases} W/h = 1.07 \\ s/h = 1.2 \end{cases}$$

故

$$\begin{cases} W = 1.07\text{mm} \\ s = 1.2\text{mm} \end{cases}$$

当 $s/h\to\infty$ 时，耦合线成为单线，此时 $\sqrt{\varepsilon_e}=2.57$，故近似取耦合段长度为

$$l \approx \frac{\lambda_0}{4\times 2.57} = \frac{60\text{mm}}{10.28} \approx 5.8\text{mm}$$

耦合微带线定向耦合器一般用于较弱耦合的情况(一般过度衰减应大于 10dB)，耦合过强将使 s/h 过小，因而在微带工艺中不易保证。此外，这种定向耦合器的很大弱点是方向性差，其原因已在前面讲过。在中心频率时，方向性为有限值，可用下列近似公式计算：

$$D \approx \frac{K_L - K_C}{K_L + K_C}\cdot\frac{\theta_0}{\sin\theta_0} \tag{6-18}$$

其中，θ_0 为中心频率下耦合段的电角度，一般取为 $\pi/2$，故

$$D \approx \frac{K_L - K_C}{K_L + K_C}\cdot\frac{\pi}{2}$$

对一个 10dB 的定向耦合器，

$$K=\frac{1}{\sqrt{10}}=0.316$$

若令 $K\approx\frac{K_L+K_C}{2}$，由图 3-6 和图 3-7 可得 $K_L\approx0.37$，$K_C\approx0.27$，故

$$D\approx\frac{K_L-K_C}{K_L+K_C}\cdot\frac{\pi}{2}\approx0.245$$

折算成分贝数为

$$D_{\mathrm{dB}}=20\lg\frac{1}{0.245}\approx12\mathrm{dB}$$

当耦合度减弱，例如为 20dB 时，则计算结果方向性 D 可以低到 3dB 以下，甚至失去定向耦合器的特性。这一点，完全可以用实验证实。因此对耦合微带线定向耦合器，方向性差是一个妨碍使用的很大缺点，必须设法予以克服。

目前采用的一种简单有效办法是：在微带电路块的定向耦合器部分，采用第 1 章图 1-18 所示的双层介质微带线结构，即在导体带条的上方，再叠上一层介质片，其材料可和介质基片相同，也可以不同。实验结果表明：当覆盖一块和介质基片相同材料的介质片，且其厚度为基片厚度的 3～5 倍以上时，耦合线的电场基本上浸沉于介质之中，成了存在介质的“均匀”微带线。此时，奇、偶模相速就接近相等，因而方向性有很大改善，很易达到 15～20dB 以上。当然，此时耦合微带线的参量应按全部充填以 ε_r 介质的均匀微带线来考虑。同时，在整个微带电路块上，也只有在定向耦合器部分必须采用双层介质，其余部分仍采用一般的标准微带线形式。

6.3 分支线电桥和定向耦合器

在一些电桥电路及平衡混频器等元件中，常用到分支线定向耦合器。分支线电桥或定向耦合器由两根平行传输线所组成，通过一些分支线实现耦合。在中心频率上分支线的长度及其间的间隔全都是四分之一波长。

分支线定向耦合器不但可由 TEM 波传输线(如微带线和同轴线)组成，而且也可由波导组成。但比较起来，微带线分支定向耦合器在结构和加工制造方面都比波导和同轴线简便得多，因此在微带电路中，分支线电桥和定向耦合器得到了较多的应用。

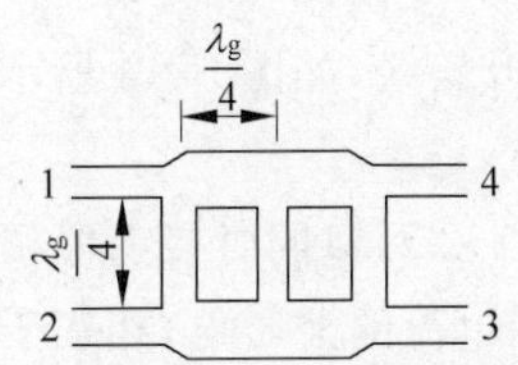

图 6-10 三分支定向耦合器(导带条图形)

微带线分支定向耦合器如图 6-10 所示，分支数可为两分支或更多。各分支线的特性阻抗和分支线间各段连接线的特性阻抗都可以不同，以达到不同的网络电性能。和平行耦合线定向耦合器相同，分支线定向耦合器也可利用奇、偶模法来进行分析。

6.3.1 对称分支线定向耦合器及其中心频率设计公式

所谓对称分支线定向耦合器是指各节间及各分支线的特性阻抗(或特性导纳)是中心对称的，如图 6-11 所示。由于分支线结构有串联和并联两种(对微带线型和同轴线型为并联

结构,对波导型为串联结构),为了使设计公式对两者都适用,故图中所注符号可统一称为归一化导抗。对于串联分支线为归一化阻抗,对并联分支线则为归一化导纳。

我们首先分析二分支的情形,如图 6-12 所示。当功率由 1 臂输入时,3、4 两臂有输出;理想情况下,2 臂无功率输出,故 2 臂是隔离臂。3、4 两臂的输出可按一定的比例分配。若 3、4 两臂输出功率相同,都等于输入功率的一半,则成为 3dB 分支电桥(即 3dB 定向耦合器)。

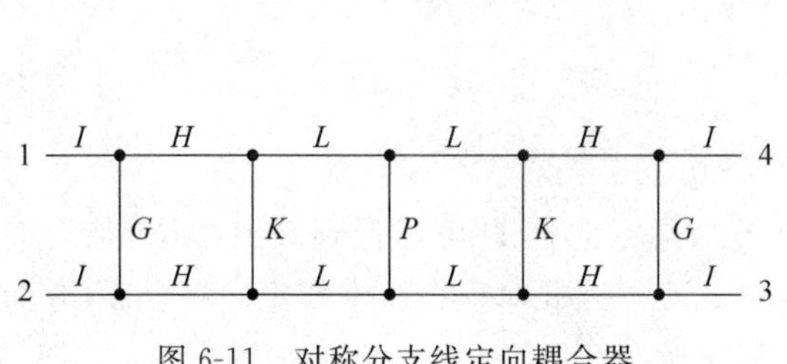

图 6-11 对称分支线定向耦合器

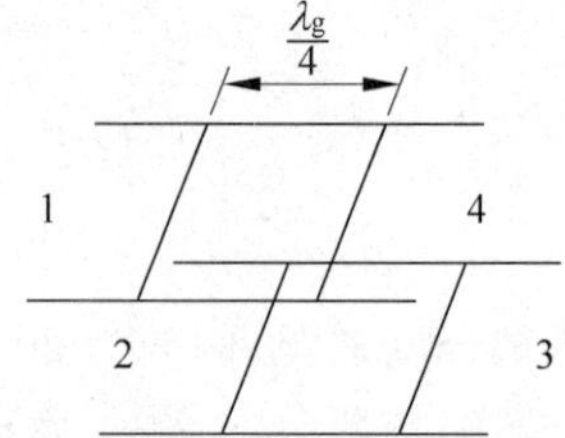

图 6-12 二分支定向耦合器

下面我们利用奇、偶模法进行定量分析。

当主线有能量自 1 口馈入时,可等效为图 6-13。

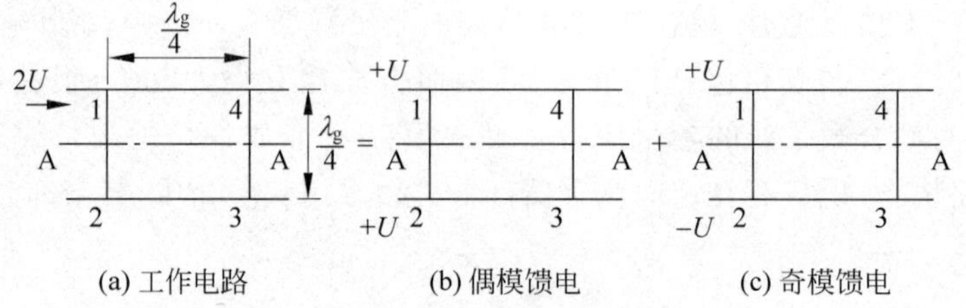

图 6-13 分支线定向耦合器的奇偶模分析法

在中心频率上,各分支线的长度以及各段间的长度为 $\lambda_g/4$。

由于结构的对称性,当在 1 及 2 口接同相等幅电压 U 时(即偶模馈电),在对称面 A—A 面处必为电压的波腹点及电流的波节点。因此在 A—A 面上相当于开路点,此时可将两条线 1—4 及 2—3 从 A—A 面分开来考虑,相当于线 1—4 及 2—3 各自并联了两段长为 $\lambda_g/8$ 的开路线,如图 6-14 所示。当分支线归一化特性导纳为 G 时,此开路线的输入导纳为

$$\mathrm{j}G\tan kl = \mathrm{j}G\tan 45^\circ = \mathrm{j}G$$

当 1、2 两口同时接上等幅反相电压时(即奇模馈电),在对称面 A—A 面上形成电压的波节点、电流的波腹点,相当于两线 1—4 及 2—3 各自并联了两段长为 $\lambda_g/8$ 的短路线,如图 6-15 所示。其输入导纳为

$$-\mathrm{j}G\cot kl = -\mathrm{j}G\cot 45^\circ = -\mathrm{j}G$$

这样,偶模和奇模馈电相当于在主线上分别并联了 $\pm\mathrm{j}G$ 的电纳。因此我们在考虑偶模或奇模馈电时,都可以将 1—4 线及 2—3 线分开来,分别求出 2、3、4 口的输出电压,然后按奇、偶模叠加,即得到当 1 口输入时,2、3、4 口的输出。也就是说,我们把分支定向耦合器这样一个四口网络化成了两个二口网络来进行分析。

在分析二口网络时,采用矩阵的方法。又因为分支线定向耦合器具有两个以上的分支,故可应用 **A** 矩阵级联的方法来分析。

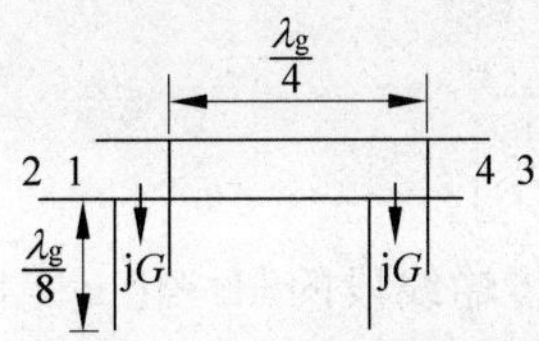

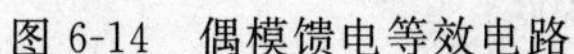
图 6-14 偶模馈电等效电路

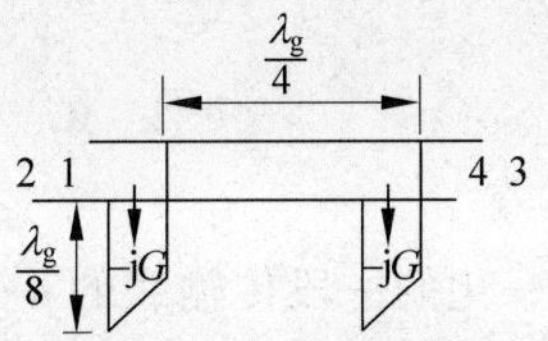

图 6-15 奇模馈电等效电路

一般分支线以及主线各节间特性导纳(因为现在是并联分支情形,故用特性导纳较方便)不一定相同,例如对二分支线就有图 6-16(a)所示情况。图中 I、H、G 分别为每段线的归一化特性导纳(对输入端的特性导纳归一化),因此当偶模馈电而将 1—4、2—3 分开来考虑时,1—4 及 2—3 线的等效电路就如图 6-16(b)。它可以分成三个网络的级联,如图 6-16(c)所示。由级联公式有 $\boldsymbol{a}=\boldsymbol{a}_1\boldsymbol{a}_2\boldsymbol{a}_3$。这里 $\boldsymbol{a}_1$ 及 $\boldsymbol{a}_3$ 为两段不同特性导纳传输线相连接、中间并联一个电纳时的二口网络的 $\boldsymbol{a}$ 矩阵,如图 6-16(c)所示,$\boldsymbol{a}_2$ 为一段电角度为θ($\theta=kl$,$l=\lambda_{g0}/4$)、归一化特性导纳为 H 的传输线的 $\boldsymbol{a}$ 矩阵。

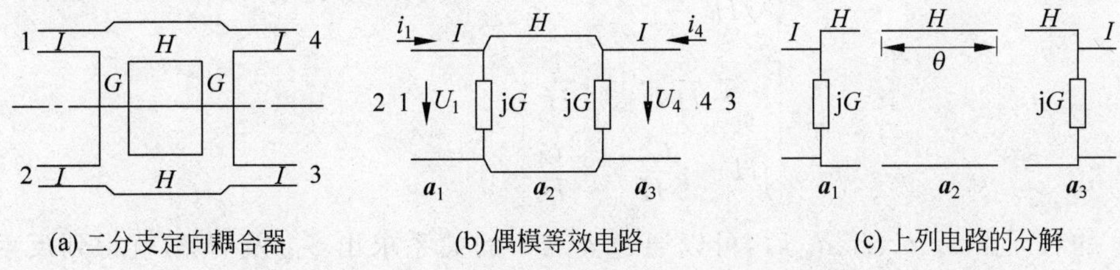

图 6-16 用 $\boldsymbol{a}$ 矩阵分析二分支定向耦合器

对于输入、输出为同一特性导纳的传输线,并联导纳的归一化 $\boldsymbol{a}$ 矩阵为

$$\boldsymbol{a}=\begin{bmatrix}1 & 0\\ \mathrm{j}G & 1\end{bmatrix}$$

其中,jG 为归一化并联电纳。

因为输入传输线特性导纳为 $Y_0=1/Z_0$,输出传输线特性导纳为 HY_0(对 $\boldsymbol{a}_1$ 矩阵所代表的电路来讲),故归一化电压、电流和实际电压、电流之间的关系为

$$\begin{cases} u_1=\dfrac{U_1}{\sqrt{Z_0}}=\sqrt{Y_0}U_1, & i_1=\dfrac{I_1}{\sqrt{Y_0}} \\ u_2=\sqrt{HY_0}U_2, & i_2=\dfrac{I_2}{\sqrt{HY_0}} \end{cases}$$

将 $\boldsymbol{a}$ 矩阵还原为 $\boldsymbol{A}$ 矩阵,再将电压、电流分别对特性导纳 Y_0 以及 HY_0 归一化,即得归一化 $\boldsymbol{a}_1$ 矩阵为

$$\boldsymbol{a}_1=\begin{bmatrix}\sqrt{\dfrac{1}{H}} & 0\\ \dfrac{\mathrm{j}G}{\sqrt{H}} & \sqrt{H}\end{bmatrix}$$

同样方法可求得 $\boldsymbol{a}_3$:

$$\boldsymbol{a}_3=\begin{bmatrix}\sqrt{H} & 0\\ \dfrac{\mathrm{j}G}{\sqrt{H}} & \sqrt{\dfrac{1}{H}}\end{bmatrix}$$

$\boldsymbol{a}_2$ 为对 HY_0 归一化的一段传输线的 $\boldsymbol{a}$ 矩阵，与一般传输线段的归一化 $\boldsymbol{a}$ 矩阵相同，即

$$\boldsymbol{a}_2=\begin{bmatrix}\cos\theta & \mathrm{j}\sin\theta\\ \mathrm{j}\sin\theta & \cos\theta\end{bmatrix}$$

在中心频率上，$\theta=\pi/2$（因 $l=\lambda_{g0}/4$），故

$$\boldsymbol{a}_2=\begin{bmatrix}0 & \mathrm{j}\\ \mathrm{j} & 0\end{bmatrix}$$

所以偶模等效电路的总 $\boldsymbol{a}$ 矩阵为

$$\begin{aligned}\boldsymbol{a}_e&=\begin{bmatrix}\dfrac{1}{\sqrt{H}} & 0\\ \dfrac{\mathrm{j}G}{\sqrt{H}} & \sqrt{H}\end{bmatrix}\begin{bmatrix}0 & \mathrm{j}\\ \mathrm{j} & 0\end{bmatrix}\begin{bmatrix}\sqrt{H} & 0\\ \dfrac{\mathrm{j}G}{\sqrt{H}} & \dfrac{1}{\sqrt{H}}\end{bmatrix}\\ &=\begin{bmatrix}-\dfrac{G}{H} & \mathrm{j}\,\dfrac{1}{H}\\ \mathrm{j}H-\mathrm{j}\,\dfrac{G^2}{H} & -\dfrac{G}{H}\end{bmatrix}\end{aligned}\tag{6-19}$$

得到 $\boldsymbol{a}_e$ 的各元素 a_e、b_e、c_e、d_e 后，可以通过 $\boldsymbol{a}$ 与 $\boldsymbol{s}$ 的关系求出 S_{11e} 及 S_{12e}，就得到反射波电压、输出波电压与入射波电压的关系。

为了使概念清楚起见，我们用 Γ_e 代替 S_{11e}，用 T_e 代替 S_{12e}，各表示在输出口匹配时（即接归一化阻抗为 1 时）的输入口反射系数和输入、输出口之间的传输系数：

$$\Gamma_e=S_{11e}=\frac{u_1^{(2)e}}{u_1^{(1)e}}=\frac{u_1^{(2)e}}{u}=\frac{(a_e+b_e)-(c_e+d_e)}{a_e+b_e+c_e+d_e}=\frac{\mathrm{j}\left(\dfrac{G^2}{H}+\dfrac{1}{H}-H\right)}{-\dfrac{2G}{H}+\mathrm{j}\left(H+\dfrac{1}{H}-\dfrac{G^2}{H}\right)}\tag{6-20}$$

$$T_e=S_{21e}=\frac{u_1^{(2)e}}{u_1^{(1)e}}=\frac{u_4^{(2)e}}{u}=\frac{2}{a_e+b_e+c_e+d_e}=\frac{2}{-\dfrac{2G}{H}+\mathrm{j}\left(H+\dfrac{1}{H}-\dfrac{G^2}{H}\right)}\tag{6-21}$$

这里，$u_1^{(2)e}$ 和 $u_4^{(2)e}$ 分别代表 1 口和 4 口的外向波。$u_1^{(1)e}$ 是 1 口内向波，它等于 u。对于奇模馈电，1—4 线相当于并联一段 $\lambda_g/8$ 的短路线，其输入导纳为 $Y=-\mathrm{j}G\cot kl=-\mathrm{j}G$。故 1—4 线的奇模等效电路如图 6-18 所示。它和图 6-16 的偶模等效电路相似，只不过将并联电纳 $+\mathrm{j}G$ 换成了 $-\mathrm{j}G$。因此我们可以直接引用偶模电路得到的矩阵结果，只要将其中的 $+\mathrm{j}G$ 换成 $-\mathrm{j}G$ 即可。

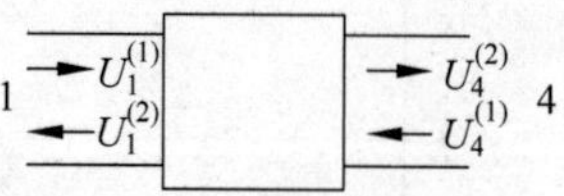

图 6-17 内向波和外向波

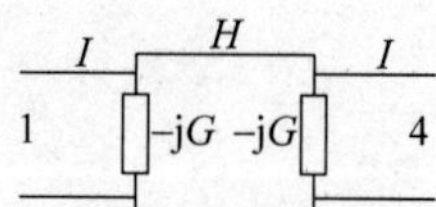

图 6-18 奇模等效电路

$$\boldsymbol{a}_{\mathrm{o}}=\begin{bmatrix}\dfrac{1}{\sqrt{H}} & 0\\ -\dfrac{\mathrm{j}G}{\sqrt{H}} & \sqrt{H}\end{bmatrix}\begin{bmatrix}0 & \mathrm{j}\\ \mathrm{j} & 0\end{bmatrix}\begin{bmatrix}\sqrt{H} & 0\\ -\dfrac{\mathrm{j}G}{\sqrt{H}} & \dfrac{1}{\sqrt{H}}\end{bmatrix}=\begin{bmatrix}\dfrac{G}{H} & \mathrm{j}\dfrac{1}{H}\\ \mathrm{j}H-\mathrm{j}\dfrac{G^2}{H} & \dfrac{G}{H}\end{bmatrix} \tag{6-22}$$

$$\Gamma_{\mathrm{o}}=S_{11\mathrm{o}}=\frac{u_1^{(2)\mathrm{o}}}{u_1^{(1)\mathrm{o}}}=\frac{u_1^{(2)\mathrm{o}}}{u}=\frac{(a_{\mathrm{o}}+b_{\mathrm{o}})-(c_{\mathrm{o}}+d_{\mathrm{o}})}{(a_{\mathrm{o}}+b_{\mathrm{o}}+c_{\mathrm{o}}+d_{\mathrm{o}})}=\frac{\mathrm{j}\left(\dfrac{G^2}{H}+\dfrac{1}{H}-H\right)}{\dfrac{2G}{H}+\mathrm{j}\left(H+\dfrac{1}{H}-\dfrac{G^2}{H}\right)} \tag{6-23}$$

$$T_{\mathrm{o}}=S_{21\mathrm{o}}=\frac{u_4^{(2)\mathrm{o}}}{u_1^{(1)\mathrm{o}}}=\frac{u_4^{(2)\mathrm{o}}}{u}=\frac{2}{a_{\mathrm{o}}+b_{\mathrm{o}}+c_{\mathrm{o}}+d_{\mathrm{o}}}=\frac{2}{\dfrac{2G}{H}+\mathrm{j}\left(H+\dfrac{1}{H}-\dfrac{G^2}{H}\right)} \tag{6-24}$$

对于 2—3 线可得同样的结果，如图 6-19 所示。

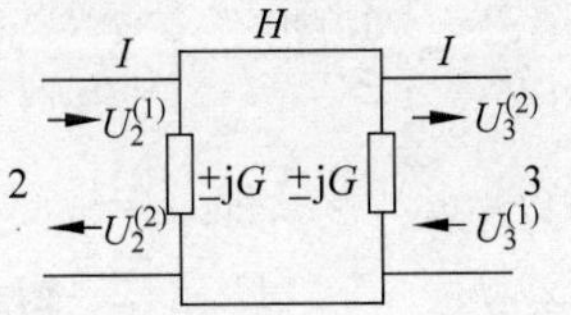

图 6-19　2—3 线偶奇模等效电路

$$\Gamma_{\substack{\mathrm{e}\\ \mathrm{o}}}=\frac{\mathrm{j}\left(\dfrac{G^2}{H}+\dfrac{1}{H}-H\right)}{\mp\dfrac{2G}{H}+\mathrm{j}\left(H+\dfrac{1}{H}-\dfrac{G^2}{H}\right)} \tag{6-25}$$

$$T_{\substack{\mathrm{e}\\ \mathrm{o}}}=\frac{2}{\mp\dfrac{2G}{H}+\mathrm{j}\left(H+\dfrac{1}{H}-\dfrac{G^2}{H}\right)} \tag{6-26}$$

上式中，偶模取上符号，奇模取下符号。

1、2、3、4 各口的总电压为奇、偶模电压的叠加。故 1 口总反射系数为

$$\Gamma=\frac{u_1^{(2)}}{u_1^{(1)}}=\frac{u_1^{(2)\mathrm{e}}+u_1^{(2)\mathrm{o}}}{u_1^{(1)\mathrm{e}}+u_1^{(1)\mathrm{o}}}=\frac{u_1^{(2)\mathrm{e}}+u_1^{(2)\mathrm{o}}}{2u}=\frac{1}{2}\left(\frac{u_1^{(2)\mathrm{e}}}{u}+\frac{u_1^{(2)\mathrm{o}}}{u}\right)=\frac{1}{2}(\Gamma_{\mathrm{e}}+\Gamma_{\mathrm{o}}) \tag{6-27}$$

2 口外向波电压与 1 口入射波电压之比为

$$\frac{u_2^{(2)}}{u_1^{(1)}}=\frac{u_2^{(2)\mathrm{e}}+u_2^{(2)\mathrm{o}}}{u^{(1)\mathrm{e}}+u_1^{(1)\mathrm{e}}}=\frac{u_2^{(2)\mathrm{e}}+u_2^{(2)\mathrm{o}}}{2u}=\frac{1}{2}\left(\frac{u_1^{(2)\mathrm{e}}}{u}-\frac{u_1^{(2)\mathrm{o}}}{u}\right)=\frac{1}{2}(\Gamma_{\mathrm{e}}-\Gamma_{\mathrm{o}}) \tag{6-28}$$

由式(6-27)和式(6-28)可知：为了使 1 臂和 2 臂无反射，即使 1 臂输入得到匹配，2 臂得到隔离（理想方向性），必须令

$$\frac{u_1^{(2)}}{u_1^{(1)}}=0,\quad \frac{u_2^{(2)}}{u_1^{(1)}}=0$$

使

$$\Gamma_{\mathrm{e}}=0,\quad \Gamma_{\mathrm{o}}=0$$

即，应有

$$\frac{G^2}{H}+\frac{1}{H}-H=0$$

或

$$G^2 = H^2 - 1 \tag{6-29}$$

这便是理想方向性条件或输入口 1 无反射条件。

将式(6-29)代入 T_e 及 T_o 的表示式(6-21)和式(6-24)中，得

$$\left.\begin{aligned} T_e &= \frac{2}{-\frac{2G}{H} + \mathrm{j}\,\frac{2}{H}} = \frac{H}{-G + \mathrm{j}} \\ T_o &= \frac{2}{\frac{2G}{H} + \mathrm{j}\,\frac{2}{H}} = \frac{H}{G + \mathrm{j}} \end{aligned}\right\} \tag{6-30}$$

3 口、4 口的外向波电压与 1 口入射波电压之比分别为

$$\frac{u_3^{(2)}}{u_1^{(1)}} = \frac{u_3^{(2)\mathrm{e}} + u_3^{(2)\mathrm{o}}}{u_1^{(1)\mathrm{e}} + u_1^{(1)\mathrm{o}}} = \frac{1}{2}\left(\frac{u_3^{(2)\mathrm{e}}}{u} + \frac{u_3^{(2)\mathrm{o}}}{u}\right) = \frac{1}{2}(T_e - T_o) \tag{6-31}$$

$$\frac{u_4^{(2)}}{u_1^{(1)}} = \frac{u_4^{(2)\mathrm{e}} + u_4^{(2)\mathrm{o}}}{u_1^{(1)\mathrm{e}} + u_1^{(1)\mathrm{o}}} = \frac{1}{2}\left(\frac{u_4^{(2)\mathrm{e}}}{u} + \frac{u^{(2)\mathrm{o}}}{u}\right) = \frac{1}{2}(T_e + T_o) \tag{6-32}$$

因为要求在 3 及 4 口都匹配，故 $u_3^{(1)} = u_4^{(1)} = 0$，即 $u_3 = u_3^{(2)}$，$u_4 = u_4^{(2)}$。故

$$\frac{u_3}{u_1^{(1)}} = \frac{u_3^{(2)}}{u_1^{(1)}} = \frac{1}{2}\left(\frac{H}{-G+\mathrm{j}} - \frac{H}{G+\mathrm{j}}\right) = \frac{-H}{2}\,\frac{2G}{G^2+1} = \frac{-GH}{G^2+1} \tag{6-33}$$

$$\frac{u_4}{u_1^{(1)}} = \frac{u_4^{(2)}}{u_1^{(1)}} = \frac{1}{2}\left(\frac{H}{-G+\mathrm{j}} + \frac{H}{G+\mathrm{j}}\right) = \frac{-H}{2}\,\frac{2\mathrm{j}}{G^2+1} = \frac{-\mathrm{j}H}{G^2+1} \tag{6-34}$$

所以

$$\frac{u_3}{u_4} = -\mathrm{j}G, \qquad \left|\frac{u_3}{u_4}\right| = G$$

可知输出电压相位差为 90°，而 4 口电压领先 3 口电压 90°。由以上推导可看出，对分支线定向耦合器，输入口的匹配、理想的隔离以及两个输出臂之间的 90°相位差是其主要特性，并且这几个特性在一定的各臂特性导纳关系下是同时满足的。

令

$$\left|\frac{u_3}{u_1^{(1)}}\right| = C$$

并称为定向耦合器的耦合度或过渡衰减。

以对数表示为

$$C_{\mathrm{dB}} = 20\lg\left|\frac{u_1^{(1)}}{u_3}\right| = 20\lg\frac{G^2+1}{GH}$$

对于电桥，即 3dB 定向耦合器，应令

$$\left|\frac{u_3}{u_1^{(1)}}\right| = \left|\frac{u_3^{(2)}}{u_1^{(1)}}\right| = \frac{1}{\sqrt{2}}$$

即功率在 3、4 臂平分，由此得

$$\frac{GH}{G^2+1} = \frac{1}{\sqrt{2}} \tag{6-35}$$

又由理想方向性条件得出 $G^2 + 1 = H^2$，代入式(6-35)，得

$$\frac{G}{H} = -\frac{1}{\sqrt{2}} \tag{6-36}$$

再代入式(6-35)中,得

$$G=1,\quad H=\sqrt{2}$$

此即为3dB分支线定向耦合器各臂归一化导纳值。由此可知,当3dB耦合时,二分支线的宽度与输入输出臂相同,而中间连接段宽度增宽,且其特性阻抗(归一化)为 $1/\sqrt{2}$,如图6-20所示。

在微带电路中常用3dB分支定向耦合器作为平衡混频器。在图6-20中,由于1和2口互相隔离,故可将本振和信号各从1和2口输入,3、4口接混频晶体。

以上详细地分析了二分支的情形。对于三分支情况,分析方法是相同的。不再详述,只简单介绍一下其分析过程。三分支结构如图6-21所示。根据分析二分支时类似的情况,以各节单元的矩阵级联,最后得网络的总的奇、偶模矩阵为

$$\begin{bmatrix} a & b \\ c & d \end{bmatrix}_{\text{o}}^{\text{e}} = \begin{bmatrix} \dfrac{G_1 G_2}{H^2}-1 & \mp \mathrm{j}\,\dfrac{G_2}{H^2} \\ \mp \mathrm{j}\left(2G_1-\dfrac{G_1^2 G_2}{H^2}\right) & \dfrac{G_1 G_2}{H^2}-1 \end{bmatrix} \tag{6-37}$$

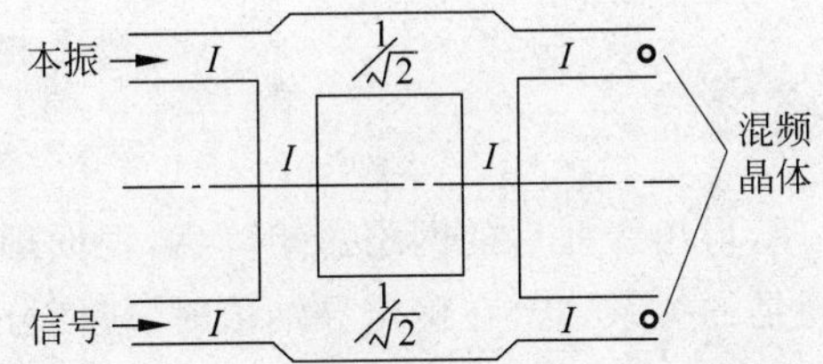

图6-20　3dB分支电桥作平衡混频用

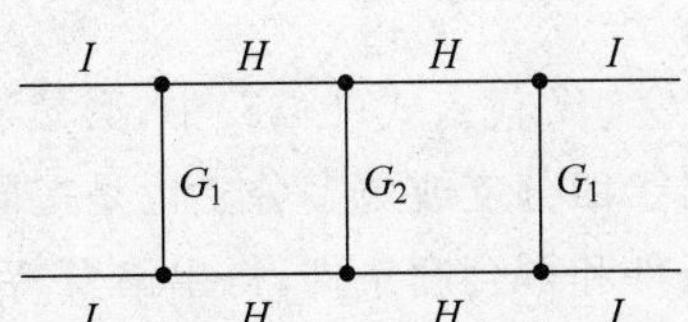

图6-21　三分支定向耦合器各臂导纳

从前面对二分支的分析过程可知,为了得到理想方向性及输入口无反射条件,必须

$$(a_{\text{e}}+b_{\text{e}})-(c_{\text{e}}+d_{\text{e}})=0 \quad 及 \quad (a_{\text{o}}+b_{\text{o}})-(c_{\text{o}}+d_{\text{o}})=0$$

因为网络是对称的,已有 $a=d$。故应有

$$b_{\text{e}}=c_{\text{e}},\quad b_{\text{o}}=c_{\text{o}}$$

即

$$\frac{G_2}{H^2}=2G_1-\frac{G_1^2 G_2}{H^2}$$

由此得

$$G_2=\frac{2G_1 H^2}{1+G_1^2} \tag{6-38}$$

这就是满足理想方向性和无反射时、各臂特性导纳间的关系。

对于耦合度或过渡衰减量,可由下式求出:

$$\begin{aligned} C &= \left|\frac{u_3}{u_1^{(1)}}\right| = \frac{1}{2}\mid T_{\text{e}}-T_{\text{o}}\mid = \frac{1}{2}\left|\frac{2}{a_{\text{e}}+b_{\text{e}}+c_{\text{e}}+d_{\text{e}}}-\frac{2}{a_{\text{o}}+b_{\text{o}}+c_{\text{o}}+d_{\text{o}}}\right| \\ &= \frac{G_2 H^2}{(G_1 G_2-H^2)^2+G_2^2}=\frac{G_2}{H^2}=\frac{2G_1}{1+G_1^2} \end{aligned} \tag{6-39}$$

改用对数表示,有

$$G_{\text{dB}}=20\lg\frac{1+G_1^2}{2G_1}$$

对 3dB 耦合情况：$C=1/\sqrt{2}$，即

$$\frac{2G_1}{1+G_1^2}=\frac{1}{\sqrt{2}}$$

$$G_1^2-2\sqrt{2}G_1+1=0$$

解得

$$G_1=\sqrt{2}\pm 1 \tag{6-40}$$

可知对 3dB 电桥，有两个不同的 G_1 值可同时满足。为了使工作频带尽量宽一些，分支线的宽度应尽可能使中间较宽，两边较小(对于波导多孔定向耦合器，也是如此)，G_1 是属于两边上的分支线的特性导纳，故取较小值：

$$G_1=\sqrt{2}-1 \tag{6-41}$$

在式(6-38)中有三个未知数。以 G_1 代入后，得 $H^2=\sqrt{2}G_2$，仍有两个未知数。故 G_2 及 H 得不到唯一解，而是有无穷多对解。此时对 G_2、H 值的选取，一方面要考虑工作频带，一方面要考虑导纳值应在容易实现的范围内，不能过大也不能过小。通常对三分支的 3dB 电桥，取

$$G_2=H=\sqrt{2}$$

将 G_1、G_2、H 代入式(6-38)中，必然满足。

对于四分支或更多分支也是按同样方法处理，得出级联后的网络总矩阵后，根据理想方向性条件和耦合度条件，得出诸臂特性导纳应满足的关系式。在确定导纳值时，应使分支线外缘部分导纳值比中间部分小，以使频带较宽。表 6-1 中列出了二、三、四分支定向耦合器的各参量，供设计时参考查阅。

表 6-1 二、三、四分支定向耦合器中心频率下公式

	二分支 (上: I H I；$U_1\to$ $\to U_4$；G G；$\to U_3$；下: I H I)	三分支 (上: I H H I；G_1 G_2 G_1；下: I H H I)	四分支 (上: I H_1 H_2 H_1 I；G_1 G_2 G_2 G_1；下: I H_1 H_2 H_1 I)
理想方向性和匹配条件	$H^2=1+G^2$	$G_2=\frac{2G_1H^2}{1+G_1^2}$	$H_2^2=G_2^2+\frac{H_1^2(H_1^2-2G_1G_2)}{1+G_1^2}$
$\frac{U_3}{U_4}$	$\frac{2G}{1-G^2+H^2}$	$\frac{2G_1H^2+G_2(1-G_1^2)}{2(H^2-G_1G_2)}$	$\frac{2(G_1H_2^2-G_1G_2^2+G_2H_1^2)}{H_1^4+(1-G_1^2)(H_2^2-G_2^2)-2G_1G_2H_1^2}$
3dB 耦合条件	$G=1$ $H=\sqrt{2}$	$G_1=\sqrt{2}-1$ $H^2=G_2\sqrt{2}$ 通常取 $H=G_2=\sqrt{2}$	$G_2=\frac{H_1^2(1-G_1)}{1+2G_1-G_1^2}$ $H_2^2=\frac{2G_2^2}{(1-G_1)^2}$ 或若 $G_1<1$ $H_2=\frac{G_2\sqrt{2}}{1-G_1}$
0dB 耦合条件	不可能 此时 G_1，$H\to\infty$	$G_1=1$ $G_2=H^2$	$H_2=G_2=\frac{H_1^2}{2G_1}$

虽然以上公式是对微带线和同轴线(即对并联结构)分析推导得出的。但对波导(串联结构)同样可以适用。此时对上面公式中的各参量应理解为各线的特性阻抗(所以为通用起见，表 6-1 中各参量也统称为导抗值)，因为此时上述分析方法完全可以采用，只不过应将

奇、偶模的作用进行对换。

6.3.2 对称分支线定向耦合器的频带特性及考虑频带宽度情况下的设计方法

上述的分析，只考虑了中心频率下的情况。如理想方向性条件、耦合度、输入匹配等都是在中心频率下求出的。当频率改变，各分支线和连接线的电长度都改变，上述各指标也都改变。因此我们需要求出方向性、耦合度和输入反射系数(或输入驻波比)对频率的变化关系，以便考虑定向耦合器的工作频带宽度。另一方面，在中心频率情况下，各线的特性导纳之间虽满足一定的关系，但多分支时其值并不确定，因此有可能进而考虑分支定向耦合器的频带特性。并从符合要求的频应中选择各分支线和连接线的特性导纳值。这也就是所谓的综合设计法。

现在首先来分析一下分支线和连接线的频带特性。假设分支线和连接线的长度为 l(对于中心频率，$l=\lambda_{g0}/4$)，如图 6-22 所示。

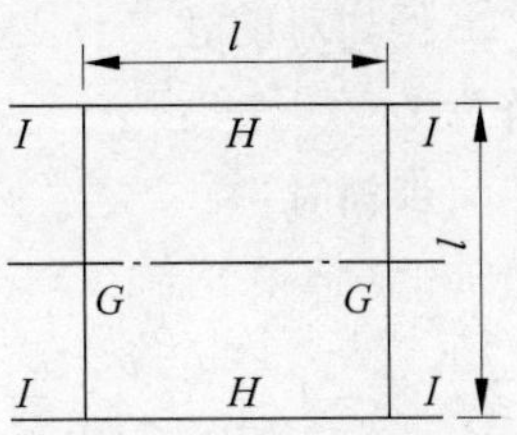

图 6-22 对称分支线定向耦合器

令

$$t=\tan\frac{kl}{2}=\tan\frac{\pi l}{\lambda_g}\tan\left(\frac{\pi}{4}\cdot\frac{\lambda_{g0}}{\lambda_g}\right)=\tan\left(\frac{\pi}{4}\cdot\frac{\omega}{\omega_0}\right)\tag{6-42}$$

根据三角函数关系有

$$\cos(kl)=\cos\left(\frac{2\pi}{\lambda_g}l\right)=\frac{1-t^2}{1+t^2}\tag{6-43}$$

$$\sin(kl)=\sin\left(\frac{2\pi}{\lambda_g}l\right)=\frac{2t}{1+t^2}\tag{6-44}$$

偶模馈电时，两种不同特性导纳的传输线相连接，并在中间并联一特性导纳为 G 的 $l/2$ 开路分支线(即并联电纳等于 $\dfrac{1}{-\mathrm{j}\dfrac{1}{G}\cot\left(k\dfrac{l}{2}\right)}=\mathrm{j}G\tan\left(k\dfrac{l}{2}\right)=\mathrm{j}Gt$)，其归一化 $\boldsymbol{a}$ 矩阵分别为

$$\boldsymbol{a}_e=\begin{bmatrix}a & b\\ c & d\end{bmatrix}_e=\begin{bmatrix}\dfrac{1}{\sqrt{H}} & 0\\ \dfrac{\mathrm{j}G}{\sqrt{H}}\tan\left(k\dfrac{l}{2}\right) & \sqrt{H}\end{bmatrix}=\begin{bmatrix}\dfrac{1}{\sqrt{H}} & 0\\ \dfrac{\mathrm{j}G}{\sqrt{H}}t & \sqrt{H}\end{bmatrix}\quad(1\text{—}H\ \text{连接})\tag{6-45}$$

$$\boldsymbol{a}_e=\begin{bmatrix}a & b\\ c & d\end{bmatrix}_e=\begin{bmatrix}\sqrt{H} & 0\\ \dfrac{\mathrm{j}G}{\sqrt{H}}\tan\left(k\dfrac{l}{2}\right) & \dfrac{1}{\sqrt{H}}\end{bmatrix}=\begin{bmatrix}\sqrt{H} & 0\\ \dfrac{\mathrm{j}G}{\sqrt{H}}t & \dfrac{1}{\sqrt{H}}\end{bmatrix}\quad(H\text{—}1\ \text{连接})\tag{6-46}$$

奇模馈电时，两种不同特性导纳的传输线相连接，并在中间并联一特性导纳为 G 的 $l/2$ 短路线(即并联电纳等于 $\dfrac{1}{\mathrm{j}\dfrac{1}{G}\tan\left(k\dfrac{l}{2}\right)}=-\mathrm{j}G\dfrac{1}{\tan\left(k\dfrac{l}{2}\right)}=-\mathrm{j}G\dfrac{1}{t}$)，其归一化 $\boldsymbol{a}$ 矩阵分别为

$$\boldsymbol{a}_o=\begin{bmatrix}a & b\\ c & d\end{bmatrix}_o=\begin{bmatrix}\dfrac{1}{\sqrt{H}} & 0\\ -\mathrm{j}\dfrac{G}{\sqrt{H}}\dfrac{1}{t} & \sqrt{H}\end{bmatrix}\quad(1\text{—}H\ \text{连接})\tag{6-47}$$

$$\boldsymbol{a}_{\mathrm{o}}=\begin{bmatrix}a & b\\ c & d\end{bmatrix}_{\mathrm{o}}=\begin{bmatrix}\sqrt{H} & 0\\ -\mathrm{j}\dfrac{G}{\sqrt{H}}\dfrac{1}{t} & \dfrac{1}{\sqrt{H}}\end{bmatrix}(H\text{—}1\text{ 连接}) \tag{6-48}$$

一段长度为 l、特性导纳为 H 的连接线，其归一化 $\boldsymbol{a}$ 矩阵为

$$\boldsymbol{a}=\begin{bmatrix}a & b\\ c & d\end{bmatrix}=\begin{bmatrix}\cos(kl) & \mathrm{j}\sin(kl)\\ \mathrm{j}\sin(kl) & \cos(kl)\end{bmatrix}=\begin{bmatrix}\dfrac{1-t^2}{1+t^2} & \mathrm{j}\dfrac{2t}{(1+t^2)}\\ \mathrm{j}\dfrac{2t}{(1+t^2)} & \dfrac{1-t^2}{1+t^2}\end{bmatrix} \tag{6-49}$$

将分支线与连接线级联后，得到总矩阵各元素为包含 t 及导纳关系的多项式。因为 t 中含有变化的频率项，据此即可分析频应特性。

例如对前述二分支 3dB 电桥，$H=\sqrt{2}$，$G=1$。代入式(6-49)后，并经级联运算得到总矩阵为

偶模时：

$$\begin{aligned}\begin{bmatrix}a & b\\ c & d\end{bmatrix}_{\mathrm{e}}&=\begin{bmatrix}\dfrac{1}{\sqrt{H}} & 0\\ \dfrac{\mathrm{j}t}{\sqrt{H}} & \sqrt{H}\end{bmatrix}\begin{bmatrix}\dfrac{1-t^2}{1+t^2} & \mathrm{j}\left(\dfrac{2t}{1+t^2}\right)\\ \mathrm{j}\dfrac{2t}{1+t^2} & \dfrac{1-t^2}{1+t^2}\end{bmatrix}\begin{bmatrix}\sqrt{H} & 0\\ \dfrac{\mathrm{j}t}{\sqrt{H}} & \dfrac{1}{\sqrt{H}}\end{bmatrix}\\ &=\frac{1}{1+t^2}\begin{bmatrix}1-(1+\sqrt{2})t^2 & \mathrm{j}\sqrt{2}t\\ \mathrm{j}[(2+2\sqrt{2})t-(2+\sqrt{2})t^3] & 1-(1+\sqrt{2})t^2\end{bmatrix}\end{aligned} \tag{6-50}$$

奇模时：

$$\begin{aligned}\begin{bmatrix}a & b\\ c & d\end{bmatrix}_{\mathrm{o}}&=\begin{bmatrix}\dfrac{1}{\sqrt{H}} & 0\\ -\mathrm{j}\dfrac{1}{t\sqrt{H}} & \sqrt{H}\end{bmatrix}\begin{bmatrix}\dfrac{1-t^2}{1+t^2} & \mathrm{j}\dfrac{2t}{1+t^2}\\ \mathrm{j}\dfrac{2t}{1+t^2} & \dfrac{1-t^2}{1+t^2}\end{bmatrix}\begin{bmatrix}\sqrt{H} & 0\\ -\mathrm{j}\dfrac{1}{t\sqrt{H}} & \dfrac{1}{\sqrt{H}}\end{bmatrix}\\ &=\frac{1}{1+t^2}\begin{bmatrix}1+\sqrt{2}-t^2 & \mathrm{j}\sqrt{2}t\\ -\mathrm{j}(2+\sqrt{2})\dfrac{1}{t}+\mathrm{j}(2+2\sqrt{2})t & 1+\sqrt{2}-t^2\end{bmatrix}_{\mathrm{e}}^{\mathrm{o}}\end{aligned} \tag{6-51}$$

求得奇、偶模时总矩阵各元素 a_{e}、b_{e}、c_{e}、d_{e}、a_{o}、b_{o}、c_{o}、d_{o} 后，根据第 6.3.1 节所述关系，就可得到输入端反射系数及方向性耦合度的表示式。这些表示式中都含有参量 t，而 $t=\tan\dfrac{\pi}{4}\cdot\dfrac{\omega}{\omega_0}$，故也就得到了各参量对频率 ω 的关系。对于多分支情况，也可作类似处理。在推导过程中，发现奇、偶模的总矩阵之间有下述关系：

$$\begin{bmatrix}a & b\\ c & d\end{bmatrix}_{\mathrm{o}}=(-1)^{n-1}\begin{bmatrix}a\left(\dfrac{1}{t}\right) & b\left(\dfrac{1}{t}\right)\\ c\left(\dfrac{1}{t}\right) & d\left(\dfrac{1}{t}\right)\end{bmatrix}_{\mathrm{e}}^{\mathrm{o}} \tag{6-52}$$

其中，n 为分支臂数，$\begin{bmatrix}a & b\\ c & d\end{bmatrix}_{\mathrm{e}}$ 为偶模矩阵。有此关系后，奇模矩阵即可直接由偶模矩阵推出，不需另行计算。

对于 3dB 分支电桥，经计算结果，其频带特性如下：

当 $t=1.10$，或 $f/f_0=1.06$ 时，输入驻波比 $\rho=1.26$，方向性为 19dB，两平分臂不平衡度为 0.24dB。

当 $t=1.20$ 或 $f/f_0=1.13$ 时，其输入驻波比 $\rho=1.57$，方向性为 13.8dB，两平分臂不平衡度为 0.74dB。

若取三分支结构，且各部分导纳值由表 6-4 给出，则在 $t=1.10$ 时，$\rho=1.08$；方向性为 27.4dB；两臂不平衡度为 0.18dB。当 $t=1.20$ 时，各相应指标为：$\rho=1.20$，方向性为 20.5dB，两臂不平衡度为 0.60dB，可知三分支比二分支性能大有改善。

上述分析频应的方法为给定各部分导抗值后，由矩阵方法得出定向耦合器各参量指标的频率响应。如果取逆过程，给定在频带内诸指标（输入驻波比、方向性、耦合度）的要求，反过来求出各部分导纳数值，这就是综合设计法。此时可大致如前，首先给出频偏表达式，应用所谓正切变换，令

$$t=\Sigma+\mathrm{j}\Omega \tag{6-53}$$

$$\Omega=\tan\left(k\frac{l}{2}\right)=\tan\left(\frac{\pi}{4}\cdot\frac{\omega}{\omega_0}\right) \tag{6-54}$$

如果 t 的实部很小，就基本上和前面变换相同，只差符号“j”。通常设 $\Sigma\to 0$，这样可以同样得出总矩阵的各元素为含 t 和各部分导纳值的多项式。通过运算，就可得出各种不同耦合度定向耦合器的频带特性指标以及相应的各分支线和连接线的特性导纳数值。表 6-2 和表 6-3 列出了对应于最大平坦度特性和切比雪夫特性的定向耦合器的数据表格。其中，λ_{g0} 为中心频率下相应的微带线波长，λ_{g2} 为某一边界频率对应的微带波长。在不考虑色散情况下 $\lambda_{g0}/\lambda_{g2}=f_2/f_0$。若设频宽 $\Delta f=f_2-f_1$，及中心频率 $f_0=(f_1+f_2)/2$，相对带宽 $W=(f_2-f_1)/f_0$，则 $W=2(\lambda_{g0}/\lambda_{g2}-1)$。例如 $\lambda_{g0}/\lambda_{g2}=1.1$，对应的相对带宽为 $W=0.2$。

表 6-2　三～五分支的最大平坦度定向耦合器数据表格

耦合度(dB)	频带边缘耦合(dB)	$\lambda_{g0}/\lambda_{g2}$	插入驻波比	分支线导抗			连接线导抗	
				G_1	G_2	G_3	H_1	H_2
$n=3$								
10	9.58	1.17	1.03	0.1623	0.3450		1.0445	
8	7.60	1.16	1.04	0.2076	0.4607		1.0757	
6	5.64	1.15	1.07	0.2687	0.6448		1.1342	
5	4.70	1.14	1.09	0.3078	0.7874		1.1833	
4	3.70	1.14	1.12	0.3553	0.9974		1.2573	
8	2.69	1.14	1.19	0.4149	1.3432		1.3774	
2.5	2.24	1.13	1.22	0.4513	1.6188		1.4693	
2	1.74	1.13	1.29	0.4941	2.0325		1.5996	
$n=4$								
10	9.09	1.26	1.04	0.0821	0.2534		1.0281	1.0632
8	7.15	1.25	1.05	0.1044	0.3357		1.0486	1.1101
6	5.28	1.23	1.08	0.1328	0.4646		1.0875	1.2028
5	4.24	1.23	1.12	0.1498	0.5635		1.1204	1.2850
4	3.31	1.22	1.15	0.1688	0.7083		1.1702	1.4165

续表

耦合度(dB)	频带边缘耦合(dB)	$\lambda_{g0}/\lambda_{g2}$	插入驻波比	分支线导抗			连接线导抗	
				G_1	G_2	G_3	H_1	H_2
$n=4$								
3	2.39	1.21	1.20	0.1895	0.9466		1.2510	1.6488
2.5	1.89	1.21	1.23	0.2000	1.1377		1.3125	1.8422
2	1.48	1.20	1.28	0.2102	1.4274		1.3993	2.1411
$n=5$								
10	8.63	1.32	1.05	0.0426	0.1665	0.2542	1.0163	1.0573
8	6.70	1.31	1.07	0.0542	0.2172	0.3411	1.0286	1.1013
6	4.76	1.30	1.10	0.0687	0.2922	0.4857	1.0523	1.1898
5	3.82	1.29	1.12	0.0770	0.3460	0.6048	1.0727	1.2696
4	2.91	1.28	1.16	0.0857	0.4200	0.7931	1.1036	1.3992
3	2.01	1.27	1.22	0.0941	0.5318	1.1383	1.1541	1.6326
2.5	1.63	1.26	1.24	0.0976	0.6148	1.4457	1.1926	1.8304
2	1.18	1.26	1.33	0.0999	0.7323	1.9616	1.2470	2.1417

表 6-3　三～五分支的切比雪夫定向耦合器的数据表格

$\lambda_{g0}/\lambda_{g2}$	耦合度(dB)	频带边缘耦合(dB)	方向性(dB)	插入驻波比	分支线导抗		连接线导抗	
					G_1	G_2	H_1	
$n=3$								
1.1	15	14.9	35.9	1.001	0.0911	0.1795	1.0130	
	10	9.86	34.4	1.004	0.1656	0.3385	1.0451	
	8	7.85	33.5	1.007	0.2124	0.4512	1.0770	
	6	5.84	32.5	1.015	0.2761	0.6301	1.1369	
	5	4.83	31.9	1.021	0.3174	0.7686	1.1874	
	4	3.83	31.2	1.030	0.3681	0.9729	1.2641	
	3	2.83	30.4	1.045	0.4330	1.3103	1.3899	
$n=8$								
1.2	15	14.5	23.5	1.009	0.0957	0.1703	1.0134	
	10	9.42	21.9	1.024	0.1761	0.3177	1.0471	
	8	7.38	21.0	1.040	0.2280	0.4207	1.0808	
	6	5.34	19.9	1.073	0.3008	0.5830	1.1454	
	5	4.32	19.3	1.102	0.3499	0.7087	1.2011	
	4	3.30	18.5	1.150	0.4130	0.8958	1.2880	
	3	2.29	17.7	1.236	0.5007	1.2156	1.4391	
1.3	15	13.8	15.9	1.029	0.1043	0.1532	1.0142	
	10	8.65	14.2	1.075	0.1962	0.2786	1.0504	
$n=4$								
1.1	10	9.87	55.5	1.000	0.0843	0.2513	1.0287	1.0634
	8	7.86	54.4	1.001	0.1073	0.3328	1.0498	1.1106
	6	5.86	53.1	1.001	0.1371	0.4607	1.0899	1.2041
	5	4.86	52.3	1.002	0.1550	0.5589	1.1240	1.2873
	4	3.86	51.4	1.003	0.1753	0.7032	1.1758	1.4207
	3	2.86	50.3	1.004	0.1978	0.9419	1.2606	1.6575

续表

$\lambda_{g0}/\lambda_{g2}$	耦合度(dB)	频带边缘耦合(dB)	方向性(dB)	插入驻波比	分支线导抗		连接线导抗	
					G_1	G_2	H_1	H_2
$n=4$								
1.2	10	9.47	37.1	1.004	0.0912	0.2444	1.0307	1.0640
	8	7.45	35.9	1.007	0.1171	0.3233	1.0535	1.1121
	6	5.43	34.6	1.013	0.1513	0.4474	1.0977	1.2082
	5	4.42	33.7	1.019	0.1726	0.5432	1.1357	1.2945
	4	3.41	32.8	1.027	0.1975	0.6851	1.1944	1.4341
	3	2.42	31.6	1.043	0.2268	0.9235	1.2926	1.6859
1.3	10	8.76	25.9	1.020	0.1047	0.2310	1.0344	1.0652
	8	6.72	24.7	1.033	0.1365	0.3043	1.0606	1.1149
	6	4.67	23.2	1.059	0.1806	0.4193	1.1126	1.2158
	5	3.66	22.3	1.084	0.2097	0.5086	1.1585	1.3076
	4	2.66	21.2	1.124	0.2459	0.6422	1.2313	1.4588
	3	1.71	20.0	1.197	0.2932	0.8705	1.3577	1.7379
1.4	10	7.71	17.4	1.067	0.1291	0.2067	1.0404	1.0669
	8	5.63	16.1	1.110	0.1726	0.2683	1.0722	1.1190
	6	3.61	14.4	1.202	0.2377	0.3623	1.1372	1.2261
	5	2.66	13.5	1.290	0.2843	0.4335	1.1960	1.3247

$\lambda_{g0}/\lambda_{g2}$	耦合度(dB)	频带边缘耦合(dB)	方向性(dB)	插入驻波比	分支线导抗			连接线导抗	
					G_1	G_2	G_3	H_1	H_2
$n=5$									
1.1	10	9.87	76.8	1.000	0.0439	0.1666	0.2514	1.0168	1.0577
	8	7.87	75.5	1.000	0.0560	0.2175	0.3371	1.0295	1.1021
	6	5.87	73.9	1.000	0.0712	0.2929	0.4798	1.0542	1.1917
	5	4.87	72.9	1.000	0.0800	0.3473	0.5976	1.0753	1.2728
	4	3.87	71.8	1.000	0.0893	0.4224	0.7841	1.1077	1.4049
	3	2.87	70.5	1.000	0.0985	0.5370	1.1277	1.1609	1.6440
1.2	10	9.49	52.1	1.001	0.0484	0.1665	0.2427	1.0183	1.0588
	8	7.48	50.8	1.001	0.0621	0.2178	0.3249	1.0324	1.1045
	6	5.46	49.1	1.002	0.0798	0.2945	0.4619	1.0601	1.1976
	5	4.46	48.2	1.003	0.0903	0.3504	0.5756	1.0842	1.2828
	4	3.46	47.0	1.005	0.1017	0.4289	0.7570	1.1215	1.4229
	3	2.47	45.6	1.008	0.1136	0.5515	1.0960	1.1839	1.6810
1.3	10	8.82	37.1	1.005	0.0572	0.1653	0.2280	1.0213	1.0608
	8	6.79	35.7	1.009	0.0744	0.2165	0.3041	1.0382	1.1089
	6	4.76	33.9	1.016	0.0975	0.2941	0.4314	1.0720	1.2086
	5	3.75	32.9	1.023	0.1119	0.3520	0.5380	1.1022	1.3014
	4	2.76	31.6	1.034	0.1287	0.4351	0.7110	1.1502	1.4574
	3	1.79	30.1	1.055	0.1481	0.5706	1.0443	1.2337	1.7551

续表

$\lambda_{g0}/\lambda_{g2}$	耦合度(dB)	频带边缘耦合(dB)	方向性(dB)	插入驻波比	分支线导抗			连接线导抗	
					G_1	G_2	G_3	H_1	H_2
1.4	10	7.80	25.8	1.023	0.0735	0.1600	0.2066	1.0266	1.0639
	8	5.74	24.2	1.039	0.0980	0.2091	0.2738	1.0485	1.1158
	6	3.70	22.2	1.073	0.1333	0.2843	0.3870	1.0943	1.2267
	5	2.71	21.1	1.106	0.1575	0.3416	0.4837	1.1369	1.3336
	4	1.75	19.6	1.163	0.1889	0.4272	0.6466	1.2085	1.5216
1.5	10	6.36	16.0	1.086	0.1053	0.1434	0.1776	1.0358	1.0683
	8	4.29	14.3	1.148	0.1465	0.1835	0.2326	1.0671	1.1265
	6	2.32	12.1	1.293	0.2150	0.2424	0.3266	1.1375	1.2578

在表格中频带边缘耦合度、方向性及插入驻波比均为频带内的最差指标。由表格数据可知当分支线数目 n 增多时，频带显著增宽；或对相同的频宽，定向耦合器的指标(特别是方向性和插入驻波比)有很大改善。但定向耦合器最外端的分支线导纳值越来越小，以致其导带条宽度很窄。

6.3.3 “结电抗”效应的影响及其修正

前面在分析和计算分支线电桥时，假定分支线和主线是理想的并联。实际上按第 4 章第 4.6 节所讨论，在分支线和主线连接处的 T 接头具有“结电抗”效应，即对 T 接头的主线和分支线的三个特定参考面而言，接头本身可表示为一个电抗性的三口网络。从等效电路来看，其中包含一些串联电抗、并联电纳或理想变压器等元件。因此，它和几根线简单地连接在一起不同，而应该考虑其“结电抗”效应。否则，设计出来的电桥等元件将产生误差。当频率升高时，由“结电抗”效应产生的误差尤为显著。

在考虑“结电抗”效应时，一个分支线电桥的方框图如图 6-23 所示。其中 L 表示分支线和连接线段，J 表示 T 接头。当考虑到 T 接头的“结电抗”效应时，电桥就必须根据图 6-23 的电路结构进行计算。其中对于 J 可画出第 4 章第 4.6 节讨论过的 T 接头等效电路，然后同样用奇、偶模的方法进行矩阵计算，即得到考虑“结电抗”效应后的电桥特性参量。显然，它和理想情况相比有所差异，主要表现为频率的偏移。如果能定量地估算其影响，通过适当选取分支线和连接线的长度以及修改线的特性阻抗的办法将其补偿，则得到的电桥就可满足预给的设计要求。

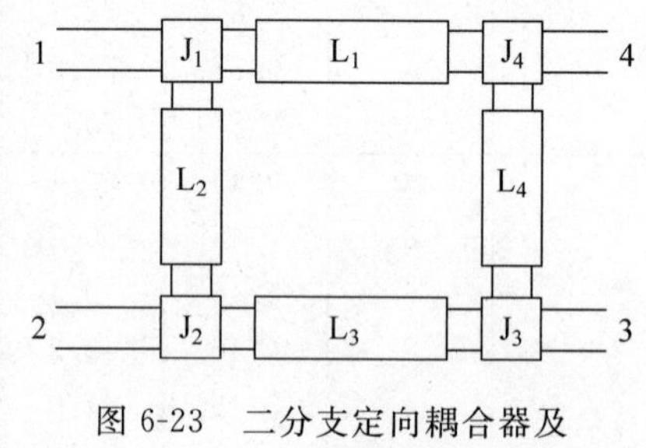

图 6-23　二分支定向耦合器及“结”的方框图

我们以前面讲过的两分支 3dB 电桥为例，说明如何进行修正。由于通常的两分支 3dB 电桥的 T 接头两侧的主线特性阻抗不同(分别为 50Ω 及 35.4Ω)，是不对称的 T 接头，其等效电路难于从理论上推出，因此我们将电桥的四条引出臂各转过 90°，如图 6-24 所示。此时四个 T 接头就变成了对称。但须注意，电桥各臂之间的关系仍与前相同，即当功率自图中的1臂输入时，则3、4臂是平分臂，2臂是隔离臂，不因引出臂的定向改变而改变。这种3dB电桥已有应用。

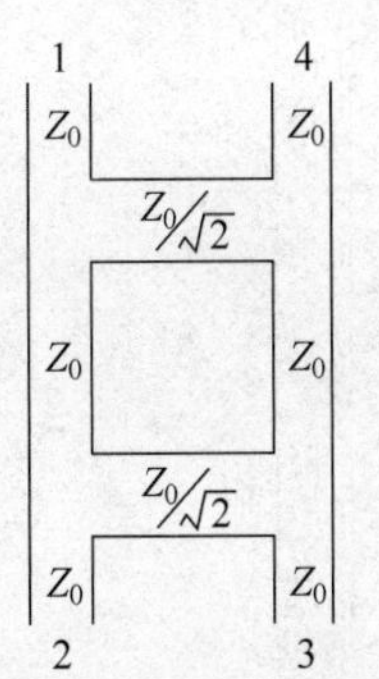

图 6-24 将3dB电桥中的不对称T分支变成对称T分支

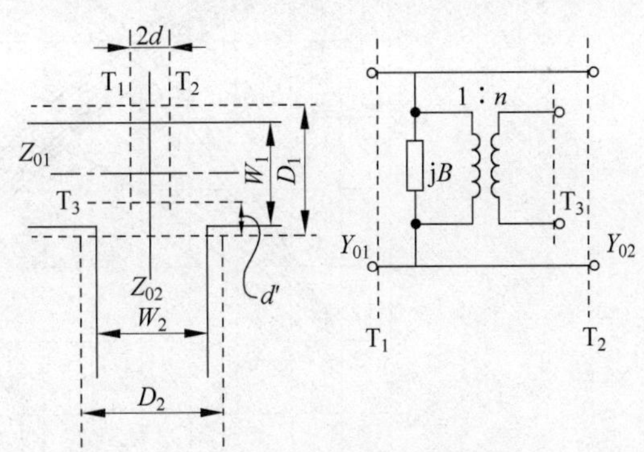

图 6-25 T分支及其等效电路

T接头的等效电路根据选定参考面的不同而有不同形式。我们选图6-25所示的等效电路形式。其主线和分支线的宽度各为 W_1 和 W_2(相应的特性阻抗各为 Z_{01} 和 Z_{02})，等效宽度各为 D_1 和 D_2，其各个参考面 T_1、T_2、T_3 的位置如图6-25中所示。其中 T_1、T_2 间的距离为 $2d$，T_3 和 D_1 边框线的距离为 d'，它们对T接头参量及工作频率的关系如图6-26的曲线所示。对上述指定的参考面，T接头的等效电路如图6-25右边所示。其中的参量 B 和 n 对T接头参量和工作频率的关系，如图6-27的曲线所示。

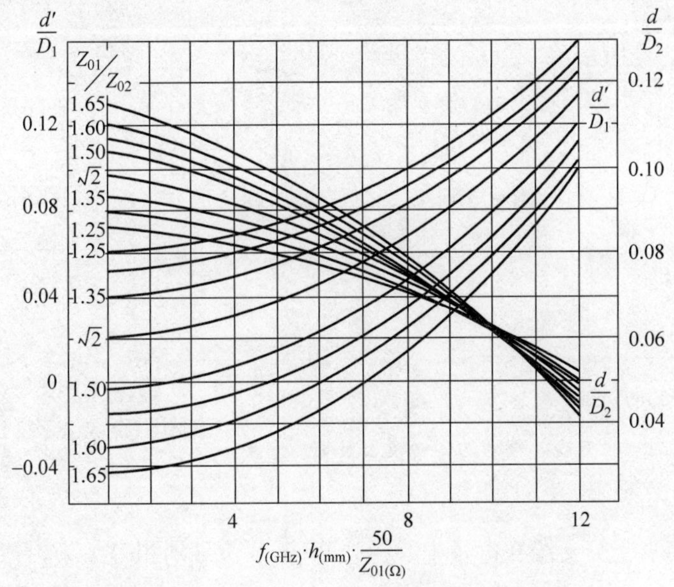

图 6-26 T分支主线和分支线参考面位置的确定

为了考虑"结电抗"效应影响并将其修正，我们将实际分支线(考虑"结电抗"效应)和理想分支线两种情况进行比较，并分别画在图6-28和图6-29中。设在理想情况下，分支线特性阻抗为 Z_{02}(对3dB电桥，$Z_{02}=35.4\Omega$)；自参考面 T_3 量起到电桥中心线的电角度为 $\theta/2$

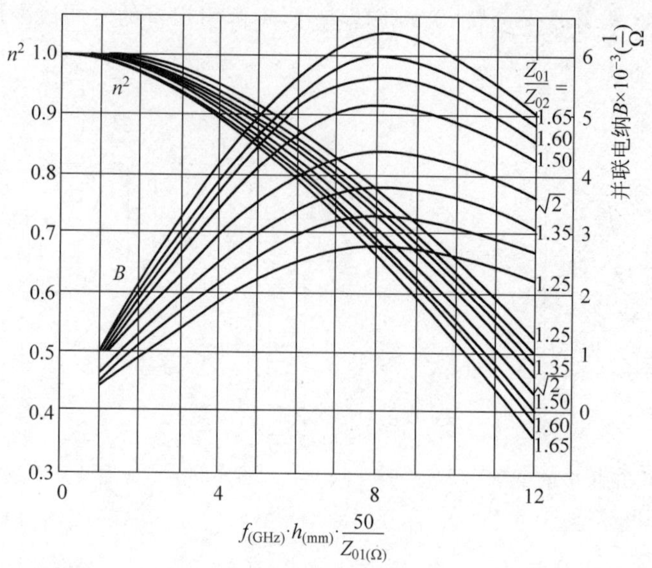

图 6-27 T 分支等效电路中的圈数比，并联电纳的确定

（在中心频率 $\theta=90°$）。对于实际分支线，由于有“结电抗”效应，为了对它进行补偿，将分支线的特性阻抗改为 Z_{02}，电角度改为 θ'，并使其和“结电抗”合并在一起的总效果和理想分支线相同。为此，我们分别取偶模和奇模两种不同情况建立起等效关系。

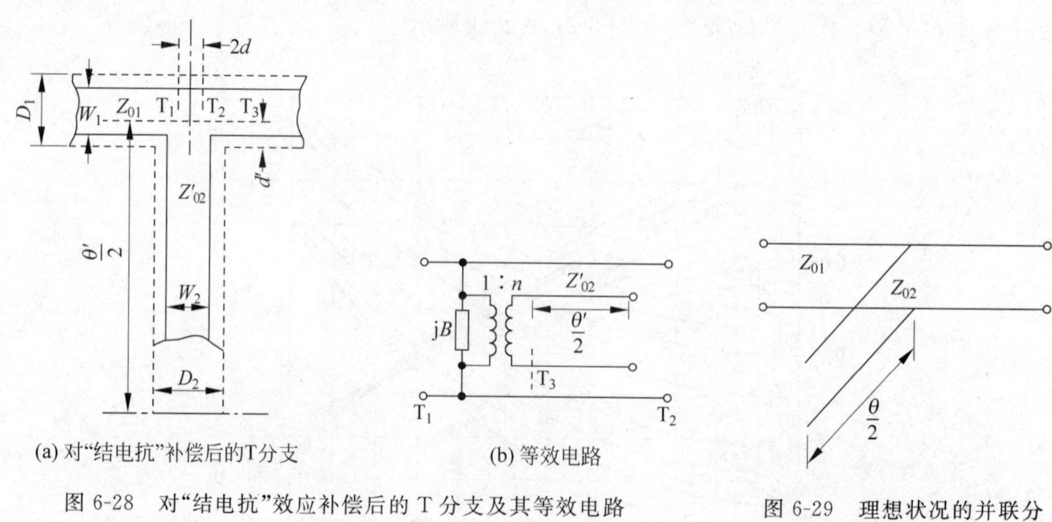

(a) 对“结电抗”补偿后的T分支

(b) 等效电路

图 6-28 对“结电抗”效应补偿后的 T 分支及其等效电路

图 6-29 理想状况的并联分支线（无结效应）

对于偶模，相当于分支线在电桥中心线处开路，故由导纳相等关系，有

$$\frac{1}{-\mathrm{j}Z_{02}\cot\dfrac{\theta}{2}}=\frac{1}{-\mathrm{j}Z_{02}}=\mathrm{j}B+\frac{1}{-\dfrac{1}{n^2}Z'_{02}\cot\dfrac{\theta'}{2}} \tag{6-55}$$

（在中心频率，$\theta=90°$）。

对于奇模，相当于分支线在电桥中心线处短路，故有

$$\frac{1}{\mathrm{j}Z_{02}\tan\frac{\theta}{2}}=\frac{1}{\mathrm{j}Z_{02}}=\mathrm{j}B+\frac{1}{\mathrm{j}\frac{1}{n^2}Z'_{02}\tan\frac{\theta'}{2}} \tag{6-56}$$

解上述两式，得

$$\left.\begin{aligned}Z'_{02}&=\frac{n^2Z_{02}}{\sqrt{1-(BZ_{02})^2}}\\ \tan\frac{\theta'}{2}&=\sqrt{\frac{1-BZ_{02}}{1+BZ_{02}}}\\ \theta'&=\cos^{-1}(BZ_{02})\end{aligned}\right\} \tag{6-57}$$

上述结果表明，只要将分支线的电长度及特性阻抗作一些修正，即可补偿“结电抗”效应。

具体修正过程如下。因为在上述式(6-57)中，只有 Z_{02} 为已知，n 及 B 的数值均需查图 6-26 中的曲线得到，此时应先有主线和分支线特性阻抗的比值(分支线特性阻抗应取其实际值 Z'_{02})。但 Z'_{02} 又是待求的量，故需预先给定一个分支线特性阻抗值，这一般即取为 Z_{02}，然后据以查曲线并进行计算，得到 Z'_{02}，再根据 Z'_{02}/Z_{01} 重新查曲线，计算新的分支线特性阻抗值，直到其值变动不大为止。一般只要累试二三次即可。

图 6-30 给出了按这种方法设计的两分支 3dB 电桥的实验结果和理论分析的比较。实验样品的陶瓷基片的 $h=0.5\text{mm}$，$\varepsilon_r=9.7$，中心频率 $f_0=3\text{GHz}$，图中实线为理想情况，即无“结电抗”效应时的理论计算结果；点画线为按上述改进设计后的实验结果，说明两者比较接近。

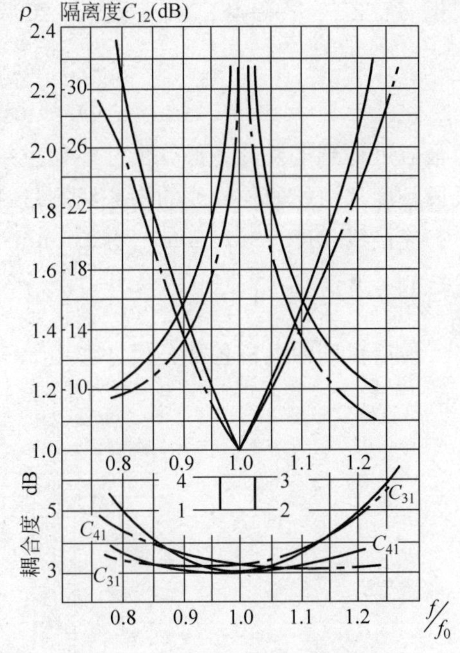

图 6-30　两分支 3dB 电桥理论和实验结果的比较

——不考虑结电抗

——·——考虑结电抗改进设计的实验结果

现举一实例说明设计电桥时如何进行修正。

【例 6-2】 设微带线介质基片厚度 $h=1\text{mm}$，$\varepsilon_r=9.6$，中心频率 $f_0=3\text{GHz}$，设计一个如图 6-24 所示形式的 3dB 电桥。

在理想情况下，电桥各部分特性阻抗关系如图 6-24 所示。因为 $Z_0=50\Omega$，故电桥主线和分支线特性阻抗 Z_{01}、Z_{02} 分别为 50Ω 和 35.4Ω。

先取 $Z_{01}/Z_{02}=\sqrt{2}$，查图 6-27 的曲线，得 $n^2=0.955$，$B=2.3\times10^{-3}\,1/\Omega$，代入式(6-57)，得

$$Z'_{02}=\frac{0.955\times35.4}{\sqrt{1-(2.3\times10^{-3}\times35.4)^2}}=34\Omega$$

然后再取 $Z_{01}/Z'_{02}=\frac{50}{34}=1.47$，重新查前述曲线，得到一组新的参量为

$$n'^2=0.95,\quad B'=2.65\times10^{-3}\,\frac{1}{\Omega}$$

再将它们代入式(6-57)中，得到一个新的分支线特性阻抗 Z''_{02} 为

$$Z''_{02}=\frac{0.95\times35.4}{\sqrt{1-(2.65\times35.4\times10^{-3})^2}}=33.9\Omega$$

可知，Z''_{02}已和Z'_{02}很接近，所以即可取分支线特性阻抗值为33.9Ω。查表1-3，得主线和分支线的特性阻抗和有效介电常数分别为

主线：

$$W_1/h = 0.98,\quad W_1 = 0.98\text{mm},\quad \sqrt{\varepsilon_{e1}} = 2.57$$

分支线：

$$W_2/h = 2,\quad W_2 = 2\text{mm},\quad \sqrt{\varepsilon_{e2}} = 2.66$$

再根据公式 $D=\frac{h}{Z_0}\sqrt{\frac{\mu_0}{\varepsilon_0\varepsilon_e}}$，算得主线和分支线的有效宽度为

$$D_1 = 2.94\text{mm},\quad D_2 = 4.17\text{mm}$$

分支线电角度 θ' 为

$$\theta' = \cos^{-1}(B'Z_{02}) = \cos^{-1}(2.65\times10^{-3}\times35.4) = \cos^{-1}0.094 = 84.6^\circ$$

由 ε_e 算得主线和分支线的 $\lambda_g/4$ 值为

$$\frac{\lambda_{g1}}{4} = \frac{\lambda_0}{4\sqrt{\varepsilon_{e1}}} = 9.73\text{mm}\quad \frac{\lambda_{g2}}{4} = \frac{\lambda_0}{4\sqrt{\varepsilon_{e2}}} = 9.4\text{mm}$$

根据 $Z_{01}/Z'_{02}=\frac{50}{33.9}=1.475$，查图6-26得

$$d'/D_1 = 0.01\quad d' \approx 0.03\text{mm}$$

$$d/D_2 = 0.096\quad d \approx 0.4\text{mm}$$

故最后可得到电桥的各部分尺寸。如主线的连接线段长度从两分支线的中心线测量，分支线段长度从主线的连接线的中心线测量，则它们的长度分别为

连接线长度$=9.73\text{mm}+2\times0.4\text{mm}=10.53\text{mm}$

分支线长度$=9.4\text{mm}\times\frac{84.6^\circ}{90^\circ}+2\times\left(\frac{2.94}{2}-0.03\right)\text{mm}=8.85\text{mm}+2.88\text{mm}=11.73\text{mm}$

最后得到的电桥各部分尺寸如图6-31所示。

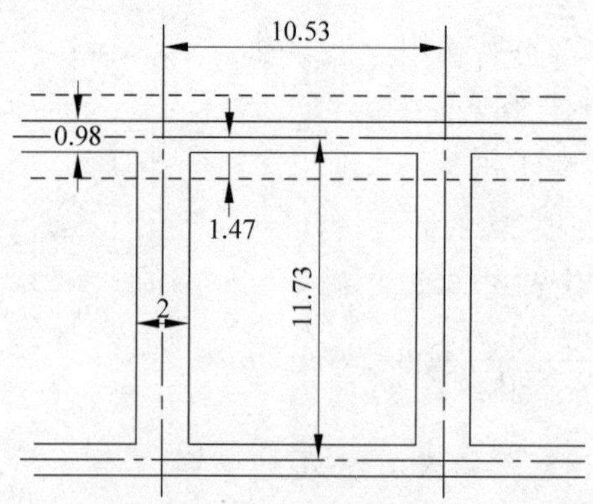

图6-31 考虑结电抗效应并修正后的3dB电桥尺寸

每次都按上述方法进行修正是比较麻烦的。况且大部分电桥和定向耦合器的T接头都是不对称的(即T接头两边的主线不同)，目前尚无法找到等效电路。为此，可参考上述理论分析结果，并总结实践经验，近似地按以下方式修正：

(1) 主线和分支线的特性阻抗不作变动。

(2) 主线的连接线长度 l_1 如从两分支线的中心量起，并且 λ_{g1} 为其微带波长，W_2 为分支线宽度，则

$$l_1 = \frac{\lambda_{g1}}{4} + (0.2 \sim 0.4)W_2 \tag{6-58}$$

当两条分支线宽度不等，且分别为 W_2、W_3 时，则连接线长度为

$$l_1 = \frac{\lambda_{g1}}{4} + (0.1 \sim 0.2)W_2 + (0.1 \sim 0.2)W_3 \tag{6-59}$$

(3) 分支线长度 l_2 从主线的中心线量起，λ_{g2} 为其微带波长，W_1 为主线线宽，则 l_2 为

$$l_2 = \frac{\lambda_{g2}}{4} + (0.6 \sim 0.8)W \tag{6-60}$$

例如将前述 3dB 电桥，仍做成通常形式(T 接头两边主线不同)，则此时的连接线长度 l_1 为

$$l_1 = \frac{\lambda_{g1}}{4} + 0.35W_2 = \frac{100}{4 \times 2.64} + 0.35 \times 0.98 \approx 9.8(\text{mm})$$

(这里 $\frac{W_1}{h} = 1.8$，所以 $\sqrt{\varepsilon_e} = 2.64$)

$$l_2 = 9.73\text{mm} + 0.8 \times 1.8\text{mm} \approx 11.2\text{mm}$$

其电路各部分尺寸如图 6-32 所示。

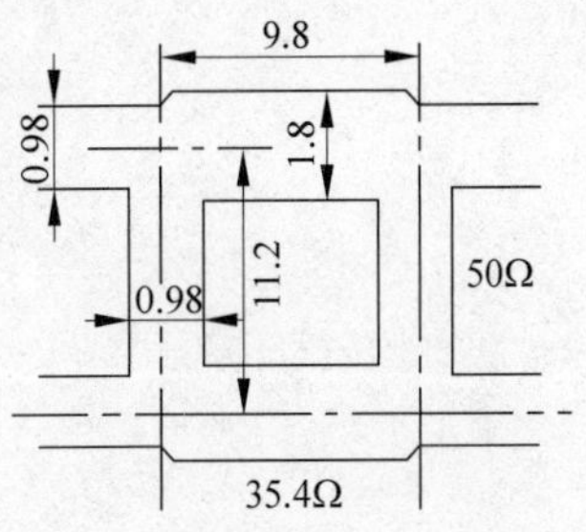

图 6-32　修正后的另一种结构形式的 3dB 电桥尺寸

由于 T 接头的等效电路本身不很严格，故上述的修正方法也只是提供参考。有时需要通过实验更精确地校正。

6.3.4　不对称的分支电桥和定向耦合器

以上我们讨论的分支电桥和定向耦合器是输入输出对称的，故其输入臂和输出臂的特性导纳相等。实际上，在某些应用中，要求分支线定向耦合器的输入输出特性导纳不同，亦即有变阻作用。例如平衡混频器混频管的微波阻抗常常不能与输入主线阻抗匹配，为省去额外的调配装置，可使分支线定向耦合器兼有变阻作用，即要求此时定向耦合器的输入输出臂特性导纳不同，这就是不对称分支线定向耦合器，或称为变阻的分支线定向耦合器。

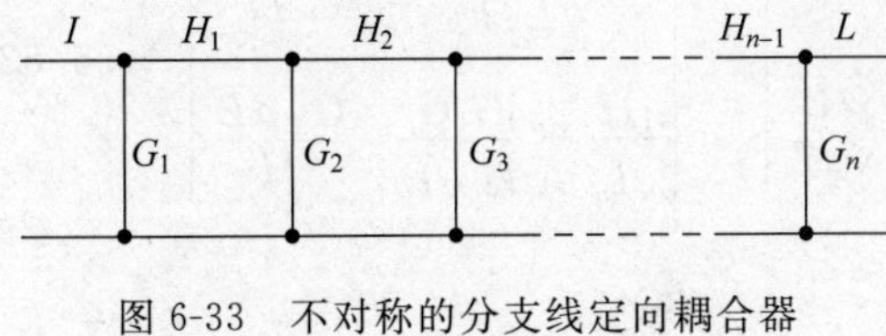

图 6-33　不对称的分支线定向耦合器

不对称分支线定向耦合器如图 6-33 所示。其各节间及各分支线间特性导纳不是对中心线对称的，输入口归一化特性导纳为 1，输出口归一化特性导纳为 L。在中心频率上各线长度为 $\lambda_{g0}/4$，但由于其结构上下仍为对称，即仍有 A—A 对称面，故仍可分成两半用奇偶模方法来分析。

我们来看两分支的情形(中心频率时)。其分析方法与前面所讲对称分支线定向耦合器相同，即把其奇、偶模等效电路分解成三段网络的级联，如图 6-34(c)所示。偶模时，总归一化 $\boldsymbol{a}$ 矩阵为

$$\boldsymbol{a} = \boldsymbol{a}_1\boldsymbol{a}_2\boldsymbol{a}_3$$

其中，

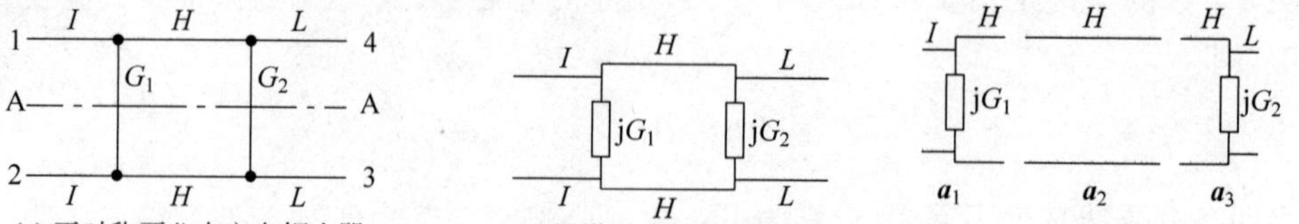

(a) 不对称两分支定向耦合器　(b) 偶模中心频率等效电路　(c) 上电路的分解

图 6-34　用 $\boldsymbol{a}$ 矩阵分析两分支不对称定向耦合器

$$\boldsymbol{a}_1=\begin{bmatrix}\frac{1}{\sqrt{H}} & 0\\ \frac{\mathrm{j}G_1}{\sqrt{H}} & \sqrt{H}\end{bmatrix}$$

$$\boldsymbol{a}_2=\begin{bmatrix}0 & \mathrm{j}\\ \mathrm{j} & 0\end{bmatrix}$$

$$\boldsymbol{a}_3=\begin{bmatrix}\sqrt{\frac{H}{L}} & 0\\ \frac{\mathrm{j}G_2}{\sqrt{LH}} & \sqrt{\frac{L}{H}}\end{bmatrix}$$

故

$$\boldsymbol{a}_\mathrm{e}=\begin{bmatrix}\frac{1}{\sqrt{H}} & 0\\ \frac{\mathrm{j}G_1}{\sqrt{H}} & \sqrt{H}\end{bmatrix}\begin{bmatrix}0 & \mathrm{j}\\ \mathrm{j} & 0\end{bmatrix}\begin{bmatrix}\sqrt{\frac{H}{L}} & 0\\ \frac{\mathrm{j}G_2}{\sqrt{LH}} & \sqrt{\frac{L}{H}}\end{bmatrix}=\begin{bmatrix}\frac{-G_2}{\sqrt{L}H} & \mathrm{j}\frac{\sqrt{L}}{H}\\ \mathrm{j}\frac{H}{\sqrt{L}}-\frac{\mathrm{j}G_1G_2}{H\sqrt{L}} & -\frac{G_1}{H}\sqrt{L}\end{bmatrix} \tag{6-61}$$

$$\Gamma_\mathrm{e}=\frac{(a_\mathrm{e}+b_\mathrm{e})-(c_\mathrm{e}+d_\mathrm{e})}{a_\mathrm{e}+b_\mathrm{e}+c_\mathrm{e}+d_\mathrm{e}}=\frac{(G_1L-G_2)+\mathrm{j}(L-H^2+G_1G_2)}{(-G_1L-G_2)+\mathrm{j}(L+H^2-G_1G_2)} \tag{6-62}$$

同样，奇模时

$$\boldsymbol{a}_\mathrm{o}=\begin{bmatrix}\frac{1}{\sqrt{H}} & 0\\ \frac{-\mathrm{j}G_1}{\sqrt{H}} & \sqrt{H}\end{bmatrix}\begin{bmatrix}0 & \mathrm{j}\\ \mathrm{j} & 0\end{bmatrix}\begin{bmatrix}\sqrt{\frac{H}{L}} & 0\\ \frac{-\mathrm{j}G_2}{\sqrt{LH}} & \sqrt{\frac{L}{H}}\end{bmatrix}=\begin{bmatrix}\frac{G_2}{\sqrt{L}H} & \mathrm{j}\frac{\sqrt{L}}{H}\\ \frac{\mathrm{j}H}{\sqrt{L}}-\frac{\mathrm{j}G_1G_2}{H\sqrt{L}} & \frac{G_1\sqrt{L}}{H}\end{bmatrix} \tag{6-63}$$

故

$$\Gamma_\mathrm{o}=\frac{(-G_1L+G_2)+\mathrm{j}(L-H^2+G_1G_2)}{(G_1L+G_2)+\mathrm{j}(L+H^2-G_1G_2)} \tag{6-64}$$

前面已知有

$$\frac{u_1^{(2)}}{u_1^{(1)}}=\frac{1}{2}(\Gamma_\mathrm{e}+\Gamma_\mathrm{o})$$

$$\frac{u_2^{(2)}}{u_1^{(1)}}=\frac{1}{2}(\Gamma_\mathrm{e}-\Gamma_\mathrm{o})$$

为了使 1 口无反射，要求 $u_1^{(2)}/u_1^{(1)}=0$，即 $1(\Gamma_\mathrm{e}+\Gamma_\mathrm{o})/2=0$。为了使 2 口和 1 口隔离，即有理

想方向性，要求 $u_2^{(2)}/u_1^{(1)}=0$，即 $1(\Gamma_e-\Gamma_o)/2=0$。因此必须有 $\Gamma_e=0$，$\Gamma_o=0$，即应有

$$\left.\begin{aligned} G_1L-G_2&=0 \quad 即 \quad G_2=G_1L \\ L-H^2+G_1G_2&=0 \end{aligned}\right\} \tag{6-65}$$

这就是不对称两分支定向耦合器的输入匹配和理想方向性条件。

现在我们来求3口和4口的输出电压。因假设3和4口接有匹配负载，故 $u_3=u_3^{(2)}(u_3^{(1)}=0)$、$u_4=u_4^{(2)}(u_4^{(1)}=0)$，

$$\frac{u_3}{u_1^{(1)}}=\frac{u_3^{(2)}}{u_1^{(1)}}=\frac{1}{2}(T_e-T_o)$$

$$\frac{u_4}{u_1^{(1)}}=\frac{u_4^{(2)}}{u_1^{(1)}}=\frac{1}{2}(T_e+T_o)$$

$$T_e=\frac{2}{a_e+b_e+c_e+d_e},\quad T_o=\frac{2}{a_o+b_o+c_o+d_o}$$

所以

$$\frac{u_3}{u_1^{(1)}}=\frac{1}{2}\left[\frac{2H\sqrt{L}}{-G_2-G_1L+\mathrm{j}(L+H^2-G_1G_2)}-\frac{2H\sqrt{L}}{(G_2+G_1L)+\mathrm{j}(L+H^2-G_1G_2)}\right] \tag{6-66}$$

将输入匹配及理想方向性条件式(6-65)代入上式，得

$$\frac{u_3}{u_1^{(1)}}=\frac{-G_2}{\sqrt{L^2+G_2^2}} \tag{6-67}$$

同理，求得

$$\frac{u_4}{u_1^{(1)}}=\frac{-\mathrm{j}L}{\sqrt{L^2+G_2^2}} \tag{6-68}$$

$$\frac{u_3}{u_4}=\frac{u_3^{(2)}}{u_4^{(2)}}=-\mathrm{j}\,\frac{G_2}{L} \tag{6-69}$$

由此可知，不对称两分支线定向耦合器的两输出电压相位相差90°，而其比值大小与 G_2、L 的数值有关。

在3dB耦合时，$|u_3/u_4|=1$，得 $G_2=L$。代入式(6-65)中，可解得

$$\left.\begin{aligned} G_1&=1 \\ G_2&=L \\ H&=\sqrt{2L} \end{aligned}\right\} \tag{6-70}$$

此即不对称两分支3dB定向耦合器的各线导纳值。若化成阻抗，则为

$$\left.\begin{aligned} Z_2&=\frac{1}{G_2}=\frac{1}{L}=R \\ Z_1&=\frac{1}{G_1}=1 \\ Z_c&=\frac{1}{H}=\frac{1}{\sqrt{2L}}=\sqrt{\frac{R}{2}} \end{aligned}\right\} \tag{6-71}$$

R 为输出臂对输入臂的归一化特性阻抗：$R=1/L$。

对其他耦合度的一般情形，令过渡衰减为 C(dB)，则

$$C = 10\lg\frac{P_1}{P_3} = 10\lg\frac{|U_1|^2}{\frac{|U_3|^2}{R}} = 10\lg\left|\frac{u_1}{u_3}\right|^2$$

所以

$$\left|\frac{u_1}{u_3}\right|^2 = \lg^{-1}\frac{C}{10} = \frac{L^2+G_2^2}{G_2^2} = 1+\left(\frac{L}{G_2}\right)^2$$

$$\left.\begin{aligned} G_2 &= \frac{L}{\sqrt{\lg^{-1}\frac{C}{10}-1}} \\ G_1 &= \frac{G_2}{L} = \frac{1}{\sqrt{\lg^{-1}\frac{C}{10}-1}} \\ H &= \sqrt{L}\sqrt{\frac{\lg^{-1}\frac{C}{10}}{\lg^{-1}\left(\frac{C}{10}\right)-1}} \end{aligned}\right\} \tag{6-72}$$

化成阻抗形式,得

$$\left.\begin{aligned} Z_2 &= \frac{1}{G_2} = R\sqrt{\lg^{-1}\frac{C}{10}-1} \\ Z_1 &= \sqrt{\lg^{-1}\frac{C}{10}-1} \\ Z_c &= \frac{1}{H} = \sqrt{R}\cdot\sqrt{1-\frac{1}{\lg^{-1}\frac{C}{10}}} \end{aligned}\right\} \tag{6-73}$$

【例 6-3】 设计平衡混频器用的两分支 3dB 变阻电桥。中心频率 $f_0=5.3\text{GHz}$,混频管在此频率下测得的高频阻抗(对 50Ω 归一化)为 $Z_A=0.54-\text{j}0.39$,驻波比为 $\rho=2.3$。

因混频管高频阻抗不与50Ω线匹配,需采取匹配措施,为简化匹配结构,故选用不对称两分支电桥。首先要消除混频管阻抗的虚部,这可以从接混频管处沿 50Ω 线在圆图上顺时针转一段长度 l_ϕ,转到圆图的实轴上,如图 6-35 所示,则从此处向混频管看入的阻抗为纯阻,且其归一化值等于 $1/\rho$,反归一化后其数值等于 $50/\rho=50/2.3=21.7\Omega$,所转的长度 l_ϕ 称为相移长度。此处 $l_\phi=0.075\lambda_g$。

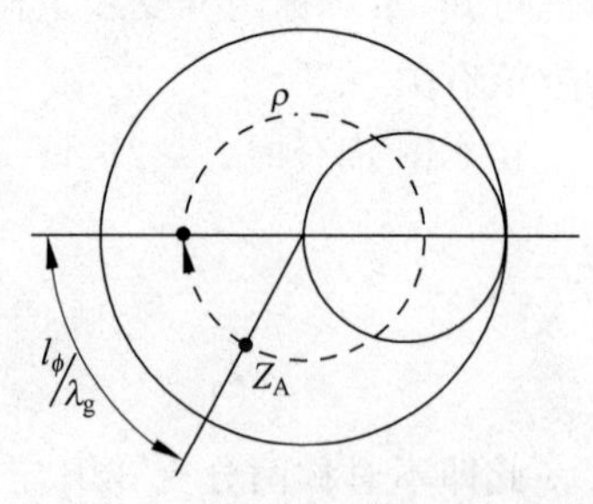

图 6-35 将混频管的输入阻抗变换到圆图实轴上

根据上节不对称 3dB 电桥各臂特性阻抗关系,我们求得输入口分支线特性阻抗为 50Ω,输出口分支线特性阻抗等于 21.7Ω,连接线特性阻抗为 $50/\sqrt{2\times 2.3}=23.3\Omega$。若取陶瓷基片厚度 $h=0.8\text{mm}$,$\varepsilon_r=9$,则与这些阻抗相应的各臂宽度及 $\lambda_g/4$ 长度分别如下:

对 50Ω 线:

$$\frac{W}{h}=1,\quad W=0.8\text{mm},\quad \sqrt{\varepsilon_e}=2.49,\quad \frac{\lambda_g}{4}=5.68\text{mm}$$

对 21.7Ω 线：

$$\frac{W}{h}=4,\quad W=3.2\text{mm},\quad \sqrt{\varepsilon_e}=2.67,\quad \frac{\lambda_g}{4}=5.3\text{mm}$$

对 23.3Ω 线：

$$\frac{W}{h}=3.6,\quad W=2.9\text{mm},\quad \sqrt{\varepsilon_e}=2.65,\quad \frac{\lambda_g}{4}=5.38\text{mm}$$

相移长度：

$$l_\phi=0.075\lambda_g=0.075\,\frac{56.6}{2.49}=0.075\times 22.8=1.71\text{mm}$$

由于要考虑 T 接头效应，各臂长度都要作修正。根据前面的经验修正式(6-58)～式(6-60)，可算得该电桥各部分尺寸如下：

$$\underset{(21.7\Omega)}{l_1}=\frac{\lambda_{g1}}{4}+2\times 0.3\times 2.9\text{mm}=5.3\text{mm}+1.74\text{mm}=5.47\text{mm}$$

$$\underset{(23.8\Omega)}{l_2}=\frac{\lambda_{g2}}{4}+(0.1\times 0.8+0.1\times 3.2)\text{mm}=(5.33+0.08+0.32)\text{mm}=5.73\text{mm}$$

$$\underset{(50\Omega)}{l_3}=\frac{\lambda_{g3}}{4}+(2\times 0.3\times 2.9)\text{mm}=(5.68+1.74)\text{mm}=7.42\text{mm}$$

电桥具体图形如图 6-36 所示。因为两条分支线长度不等，故其中一条略有弯曲。

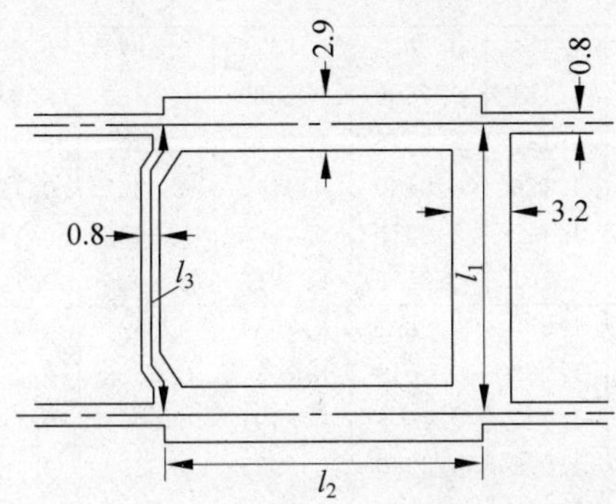

图 6-36　一种不对称分支线电桥的电路结构

以上我们给出了不对称两分支定向耦合器中心频率下的设计公式。当器件频带要求较宽时，可以应用三分支和三分支以上的定向耦合器。分析其在频带中特性的方法与对称分支定向耦合器基本相同。当偏离中心频率时，各分支线及连接线的长度不再是四分之一线上波长，定向耦合器的各项指标(耦合度、方向性、输入驻波比等)都要发生变化。这时求出频带中的定向耦合器总矩阵，其各元素都与频率有关，由此可得出各指标的频应特性。或者反过来根据频带中对各指标的频率响应要求，确定定向耦合器的参量，即所谓综合设计法。具体做法参考对称分支定向耦合器一节，这里不再详述。表 4-6 给出了不对称三分支和四分支 3dB 电桥的数据表格，以供设计参考。其中，λ_{g2} 为与频带边缘频率相应的波长，ΔC 为边缘频率相对于中心频率的耦合度分贝数差值。表中对变阻比 R 给出了一定的数值范围。当 R 值太小时，则电桥中各部分的特性阻抗之间差值太大，不易实现。

表 6-4 不对称三、四分支 3dB 电桥数据表格

方向性 (dB)	变阻比 R	$\lambda_{g0}/\lambda_{g2}$	$\pm\Delta C$ (dB)	插入驻波比	分支线导抗				连接线导抗		
					G_1	G_2	G_3	G_4	H_1	H_2	H_3
$n=3$											
20	1.00	1.179	0.283	1.154	0.4540	1.1231	0.4540		1.3729	1.3729	
	0.90	1.186	0.302	1.133	0.4277	0.9189	0.3721		1.2767	1.2091	
	0.80	1.193	0.320	1.113	0.4018	0.7491	0.2994		1.1885	1.0609	
	0.70	1.200	0.340	1.093	0.3758	0.6055	0.2350		1.1057	0.9244	
	0.60	1.208	0.362	1.072	0.3494	0.4823	0.1783		1.0260	0.7967	
	0.50	1.216	0.384	1.052	0.3220	0.3753	0.1291		0.9471	0.6751	
25	1.00	1.136	0.162	1.083	0.4363	1.2105	0.4363		1.3734	1.3734	
	0.90	1.141	0.172	1.072	0.4121	0.9921	0.3579		1.2787	1.2094	
	0.80	1.146	0.183	1.061	0.3881	0.8102	0.2881		1.1917	1.0605	
	0.70	1.152	0.194	1.049	0.3639	0.6560	0.2261		1.1099	0.9233	
	0.60	1.158	0.207	1.037	0.3392	0.5236	0.1714		1.0312	0.7947	
	0.50	1.164	0.220	1.025	0.3133	0.4084	0.1239		0.9533	0.6723	
30	1.00	1.103	0.092	1.046	0.4266	1.2642	0.4266		1.3743	1.3743	
	0.90	1.106	0.098	1.040	0.4035	1.0366	0.3501		1.2802	1.2098	
	0.80	1.110	0.104	1.033	0.3805	0.8470	0.2818		1.1937	1.0605	
	0.70	1.115	0.110	1.027	0.3573	0.6863	0.2211		1.1124	0.9227	
	0.60	1.119	0.117	1.020	0.3334	0.5482	0.1676		1.0342	0.7936	
	0.50	1.124	0.124	1.013	0.3083	0.4281	0.1210		0.9569	0.6707	
$n=4$											
20	1.00	1.309	0.704	1.159	0.2652	0.6873	0.6873	0.2652	1.2654	1.5239	1.2654
	0.95	1.314	0.729	1.151	0.2600	0.6329	0.6130	0.2424	1.2334	1.4336	1.1881
	0.90	1.319	0.754	1.142	0.2546	0.5829	0.5461	0.2206	1.2027	1.3497	1.1143
	0.80	1.328	0.805	1.126	0.2436	0.4940	0.4307	0.1797	1.1448	1.1979	0.9755
	0.70	1.338	0.858	1.110	0.2319	0.4166	0.3353	0.1426	1.0898	1.0621	0.8462
	0.65	1.344	0.886	1.101	0.2259	0.3813	0.2936	0.1254	1.0629	0.9987	0.7844
25	1.00	1.259	0.494	1.086	0.2391	0.7631	0.7631	0.2391	1.2610	1.5572	1.2610
	0.95	1.263	0.511	1.082	0.2349	0.7037	0.6808	0.2187	1.2302	1.4631	1.1838
	0.90	1.267	0.528	1.077	0.2305	0.6491	0.6067	0.1991	1.2007	1.3758	1.1100
	0.85	1.271	0.544	1.072	0.2260	0.5987	0.5397	0.1803	1.1724	1.2945	1.0393
	0.80	1.275	0.562	1.068	0.2213	0.5519	0.4789	0.1622	1.1451	1.2181	0.9711
	0.70	1.284	0.597	1.058	0.2115	0.4672	0.3730	0.1286	1.0924	1.0776	0.8414
30	1.00	1.216	0.342	1.047	0.2224	0.8179	0.8179	0.2224	1.2578	1.5828	1.2578
	0.95	1.219	0.353	1.045	0.2188	0.7546	0.7296	0.2035	1.2277	1.4856	1.1807
	0.90	1.222	0.364	1.042	0.2150	0.6966	0.6502	0.1853	1.1991	1.3957	1.1069
	0.85	1.226	0.376	1.039	0.2110	0.6430	0.5783	0.1678	1.1715	1.3119	1.0361
	0.80	1.229	0.387	1.037	0.2069	0.5933	0.5131	0.1510	1.1449	1.2334	0.9679
	0.75	1.233	0.399	1.034	0.2026	0.5469	0.4538	0.1349	1.1191	1.1594	0.9019

6.4 环形电桥和定向耦合器

6.4.1 一般形式

除了分支线定向耦合器外，由于结构上的差别还有环行线定向耦合器，如图 6-37 所示，其中 4—1，1—2，2—3 口间的长度为中心波长的 1/4，3—4 口间的长度为中心波长的 3/4。

当信号由 1 输入时，它分上下两路传输，到达 3 臂时，它们间的相位差 180°，故互相抵消。所以当 1 是输入臂时，3 是隔离臂。

由图 6-37 可看出，环形定向耦合器在结构上虽与分支线定向耦合器不同，但对 A—A 线仍是对称的，故仍可用奇偶模分析法，把它分成两半进行分析，然后再叠加起来。

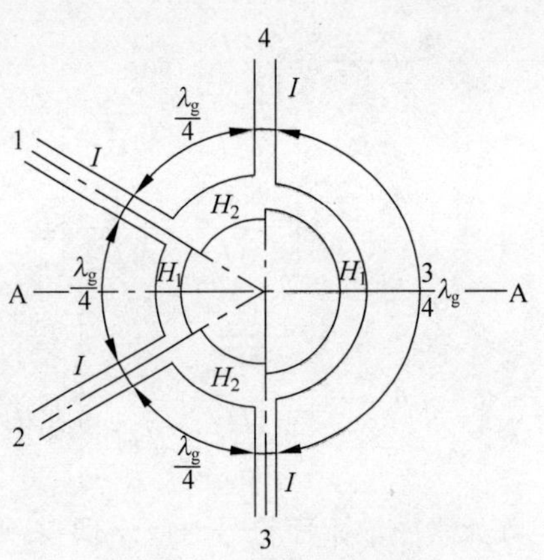

图 6-37　环形定向耦合器

环的归一化特性导纳分成四段，各为 H_2 及 H_1，各引出臂归一化特性导纳为 1。当在 1 及 2 口同时加入偶模电压时，在对称面 A—A 上形成电压的波腹、电流的波节，相当于开路点。故将环分成上下两部分来进行分析，它们都相当于一段长为 $\lambda_{g0}/4$、特性导纳为 H_2 的线 1—4 或 2—3，在其两头各并联了一段长为 $\lambda_{g0}/8$ 及 $3\lambda_{g0}/8$、特性导纳为 H_1 的开路线。它们的输入导纳分别为 $\mathrm{j}H_1$ 及 $-\mathrm{j}H_1$ 如图 6-38(a)所示，当在 1 及 2 口同时加入奇模电压时，在 A—A 线上形成电压的波节点、电流的波腹点，相当于短路，其奇模等效电路如图 6-38(b)所示。并联在 1—4 线上的电纳为 $-\mathrm{j}H_1$($\lambda_{g0}/8$ 短路线)和 $\mathrm{j}H_1$($3/8\lambda_{g0}$ 短路线)。偶模和奇模等效电路的总 $\boldsymbol{a}$ 矩阵为

$$\boldsymbol{a}=\boldsymbol{a}_1\boldsymbol{a}_2\boldsymbol{a}_3$$

这里 $\boldsymbol{a}_1$ 为两段不同特性导纳(由 $1\rightarrow H_2$)的传输线相连接、中间接以电纳 $\pm\mathrm{j}H_1$ 的网络 $\boldsymbol{a}$ 矩阵。$\boldsymbol{a}_2$ 为一段长为 $\lambda_{g0}/4$ 的传输线的 $\boldsymbol{a}$ 矩阵。$\boldsymbol{a}_3$ 为两段不同特性导纳(由 $H_2\rightarrow 1$)的传输线、中间接电纳 $\mp\mathrm{j}H_1$ 的网络的 $\boldsymbol{a}$ 矩阵。

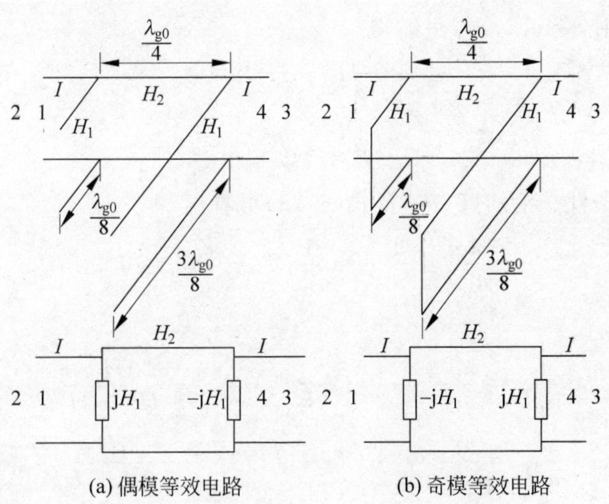

图 6-38　环形定向耦合器的奇偶模等效电路

在中心频率时，

$$\boldsymbol{a}_{1\,{}^{\mathrm{e}}_{\mathrm{o}}}=\begin{bmatrix}\dfrac{1}{\sqrt{H_2}} & 0\\ \dfrac{\pm\mathrm{j}H_1}{\sqrt{H_2}} & \sqrt{H_2}\end{bmatrix}$$

$$\boldsymbol{a}_{2\substack{e\\o}} = \begin{bmatrix} 0 & j \\ j & 0 \end{bmatrix}$$

$$\boldsymbol{a}_{3\substack{e\\o}} = \begin{bmatrix} \sqrt{H_2} & 0 \\ \dfrac{\mp jH_1}{\sqrt{H_2}} & \dfrac{1}{\sqrt{H_2}} \end{bmatrix}$$

$$\boldsymbol{a}_{\substack{e\\o}} = \begin{bmatrix} \dfrac{1}{\sqrt{H_2}} & 0 \\ \dfrac{\pm jH_1}{\sqrt{H_2}} & \sqrt{H_2} \end{bmatrix} \begin{bmatrix} 0 & j \\ j & 0 \end{bmatrix} \begin{bmatrix} \sqrt{H_2} & 0 \\ \dfrac{\mp jH_1}{\sqrt{H_2}} & \dfrac{1}{\sqrt{H_2}} \end{bmatrix} = \begin{bmatrix} \pm\dfrac{H_1}{H_2} & j\dfrac{1}{H_2} \\ jH_2 + \dfrac{jH_1^2}{H_2} & \mp\dfrac{H_1}{H_2} \end{bmatrix} \tag{6-74}$$

矩阵元素中取上面符号对应于偶模，取下面符号对应于奇模。

$$\Gamma_e = \frac{(a_e + b_e) - (c_e + d_e)}{(a_e + b_e + c_e + d_e)} = \frac{1 - H_1^2 - H_2^2 - 2jH_1}{1 + H_1^2 + H_2^2} \tag{6-75}$$

$$\Gamma_o = \frac{1 - H_1^2 - H_2^2 + 2jH_1}{1 + H_1^2 + H_2^2} \tag{6-76}$$

$$T_e = \frac{2}{a_e + b_e + c_e + d_e} = \frac{-2jH_2}{1 + H_1^2 + H_2^2} \tag{6-77}$$

$$T_o = \frac{-2jH_2}{1 + H_1^2 + H_2^2} \tag{6-78}$$

所以

$$\frac{u_1^{(2)}}{u_1^{(1)}} = \frac{1}{2}(\Gamma_e + \Gamma_o) = \frac{(1 - H_1^2 - H_2^2)}{1 + H_1^2 + H_2^2} \tag{6-79}$$

为了使输入口无反射，令 $u_1^{(2)}/u_1^{(1)} = 0$，得

$$1 - H_1^2 - H_2^2 = 0$$

即

$$H_1^2 + H_2^2 = 1 \tag{6-80}$$

此即输入口无反射条件。由式(6-77)及式(6-78)可看出

$$\frac{u_3}{u_1^{(1)}} = \frac{u_3^{(2)}}{u_1^{(1)}} = \frac{1}{2}(T_e - T_o) = 0$$

说明了3是隔离臂。

$$\frac{u_2}{u_1^{(1)}} = \frac{u_2^{(2)}}{u_1^{(1)}} = \frac{1}{2}(\Gamma_e - \Gamma_o) = \frac{-2jH_1}{1 + H_1^2 + H_2^2} \tag{6-81}$$

$$\frac{u_4}{u_1^{(1)}} = \frac{u_4^{(2)}}{u_1^{(1)}} = \frac{1}{2}(T_e + T_o) = \frac{-2jH_2}{1 + H_1^2 + H_2^2} \tag{6-82}$$

根据 $H_1^2 + H_2^2 = 1$ 的输入无反射条件，可得

$$\begin{aligned} |u_2|^2 + |u_4|^2 &= \left[\frac{4H_1^2}{(1 + H_1^2 + H_2^2)^2} + \frac{4H_2^2}{(1 + H_1^2 + H_2^2)^2}\right] |u_1^{(1)}|^2 \\ &= \frac{4(H_1^2 + H_2^2)}{(1 + H_1^2 + H_2^2)^2} |u_1^{(1)}|^2 = |u_1^{(1)}|^2 \end{aligned}$$

此即表示能量从1臂输入时，全部由2、4臂输出。

由上两式也可看出，两输出口电压的相位是相同的，电压之比值为

$$\frac{u_2}{u_4}=\frac{H_1}{H_2}$$

从图 6-37 不难看出，当信号由 4 口输入时 2 是隔离臂，1 和 3 是输出臂。此时仍和前面一样分析，只不过奇、偶模等效电路中两个并联电抗前后换一下位置而已，如图 6-39 所示。此时奇偶模总的 $\boldsymbol{a}$ 矩阵为

$$\boldsymbol{a}_{\substack{e\\o}}=\begin{bmatrix}\dfrac{1}{\sqrt{H_2}} & 0\\ \dfrac{\mp \mathrm{j}H_1}{\sqrt{H_2}} & \sqrt{H_2}\end{bmatrix}\begin{bmatrix}0 & \mathrm{j}\\ \mathrm{j} & 0\end{bmatrix}\begin{bmatrix}\sqrt{H_2} & 0\\ \dfrac{\pm \mathrm{j}H_1}{\sqrt{H_2}} & \dfrac{1}{\sqrt{H_2}}\end{bmatrix}=\begin{bmatrix}\mp\dfrac{H_1}{H_2} & \mathrm{j}\dfrac{1}{H_2}\\ \mathrm{j}H_2+\mathrm{j}\dfrac{H_1^2}{H_2} & \pm\dfrac{H_1}{H_2}\end{bmatrix} \tag{6-83}$$

$$\Gamma_e=\frac{1-H_1^2-H_2^2+2\mathrm{j}H_1}{1+H_1^2+H_2^2} \tag{6-84}$$

$$\Gamma_o=\frac{1-H_1^2-H_2^2-2\mathrm{j}H_1}{1+H_1^2+H_2^2} \tag{6-85}$$

$$T_e=\frac{-2\mathrm{j}H_2}{1+H_1^2+H_2^2} \tag{6-86}$$

$$T_o=\frac{-2\mathrm{j}H_2}{1+H_1^2+H_2^2} \tag{6-87}$$

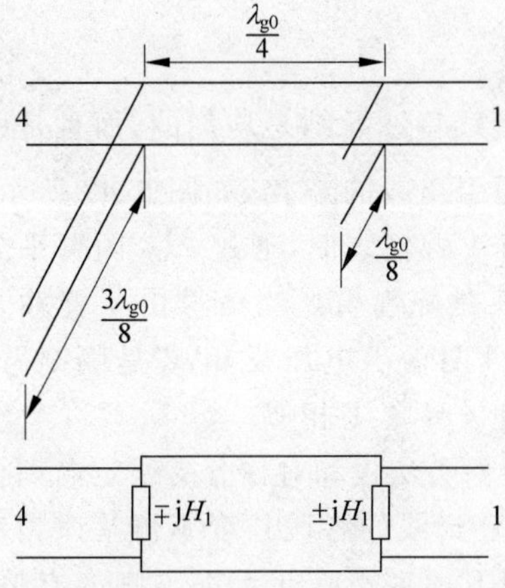

图 6-39　当信号自 4 端输入时的偶奇模等效电路

因信号是由 4 口输入的，所以应该有

$$\frac{u_4^{(2)}}{u_4^{(1)}}=\frac{1}{2}(\Gamma_e+\Gamma_o)=\frac{1-H_1^2-H_2^2}{1+H_1^2+H_2^2} \tag{6-88}$$

为了使输入口无反射，令

$$\frac{u_4^{(2)}}{u_4^{(1)}}=0$$

即

$$1-H_1^2-H_2^2=0,$$
$$H_1^2+H_2^2=1$$

而

$$\frac{u_2^{(2)}}{u_4^{(1)}} = \frac{1}{2}(T_e - T_o) = 0$$

即 2 是隔离臂。

$$\frac{u_1}{u_4^{(1)}} = \frac{u_1^{(2)}}{u_4^{(1)}} = \frac{1}{2}(T_e + T_o) = \frac{-2jH_2}{1+H_1^2+H_2^2} \tag{6-89}$$

$$\frac{u_3}{u_4^{(1)}} = \frac{u_3^{(2)}}{u_4^{(1)}} = \frac{1}{2}(\Gamma_e - \Gamma_o) = \frac{2jH_1}{1+H_1^2+H_2^2} \tag{6-90}$$

同样满足关系 $|u_1|^2+|u_3|^2=|u_4^{(1)}|^2$，并且

$$\frac{u_3}{u_1} = -\frac{H_1}{H_2} \tag{6-91}$$

即两输出口电压是反相的，比值是 H_1/H_2。

因此对环形定向耦合器，由不同的臂输入时，其两输出电压可以同相，也可以反相，这从它们的路程差便可以看出。而其两输出电压的比值与环线两段特性导纳 H_1 及 H_2 有关。对于 3dB 定向耦合器，要求 $|u_2/u_4|$ 或 $|u_3/u_1|$ 等于 1。令

$$\frac{|u_2|}{|u_4|} = \frac{H_1}{H_2} = 1$$

即 $H_1=H_2$，代入无反射条件：

$$H_1^2 + H_2^2 = 1$$

得 $2H_1^2=1$，故 $H_1=H_2=1/\sqrt{2}$。

因此 3dB 环形电桥的环形线特性导纳是均匀的，而且是引出线的 $1/\sqrt{2}$，或其特性阻抗为引出线的 $\sqrt{2}$ 倍，如图 6-40 所示。由以上分析并可知：当信号由 1 臂输入时，通过 2、4 两臂平分输出，并且两输出电压同相，3 是隔离臂。当信号由 4 臂输入时，由 1、3 两臂平分输出，并且两输出电压反相，2 是隔离臂。故 3dB 环形电桥的工作特性和波导魔 T 相似。

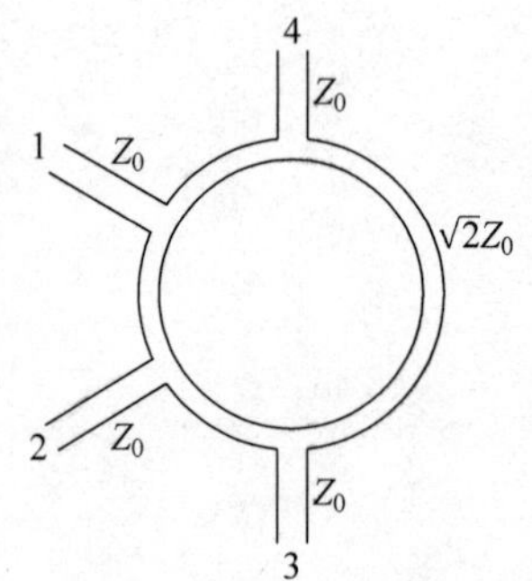

图 6-40 3dB 环形电桥的各臂阻抗

环形电桥的频带特性的分析方法也和对称分支线定向耦合器相同。在偏离中心频率时，环形线的各段长度不再是该频率所对应的 $\lambda_g/4$ 或 $3\lambda_g/4$，因此上述各矩阵元素都与频率有关。现同样引进参量 t，令

$$i = \tan\frac{kl}{2} = \tan\frac{\pi l}{\lambda_g} = \tan\left(\frac{\pi}{\lambda_g}\frac{\lambda_{g0}}{4}\right) = \tan\left(\frac{\pi}{4}\frac{\lambda_{g0}}{\lambda_g}\right) = \tan\left(\frac{\pi}{4}\frac{\omega}{\omega_0}\right)$$

$$\cos kl = \cos\left(\frac{2\pi}{\lambda}l\right) = \frac{1-t^2}{1+t^2}$$

$$\sin kl = \sin\left(\frac{2\pi}{\lambda_g}l\right) = \frac{2t}{1+t^2}$$

$$\tan\left(k\frac{3\lambda_{g0}}{8}\right) = \tan\left(\frac{\pi}{\lambda_g}\cdot\frac{3\lambda_{g0}}{4}\right) = \tan 3\left(\frac{\pi}{4}\frac{\lambda_{g0}}{\lambda_g}\right) = \frac{3t-t^3}{1-3t^2}$$

因此，当信号由 1 臂输入时，各矩阵有如下形式：

$$\boldsymbol{a}_{1\mathrm{e}}=\begin{bmatrix}\dfrac{1}{\sqrt{H}} & 0\\ \dfrac{\mathrm{j}H}{\sqrt{H}}t & \sqrt{H}\end{bmatrix}\quad \boldsymbol{a}_{1\mathrm{o}}=\begin{bmatrix}\dfrac{1}{\sqrt{H}} & 0\\ \dfrac{-\mathrm{j}H}{\sqrt{H}}\dfrac{1}{t} & \sqrt{H}\end{bmatrix} \tag{6-92}$$

$$\boldsymbol{a}_{2\mathrm{e}}=\boldsymbol{a}_{2\mathrm{o}}=\begin{bmatrix}\cos kl & \mathrm{j}\sin kl\\ \mathrm{j}\sin kl & \cos kl\end{bmatrix}=\begin{bmatrix}\dfrac{1-t^2}{1+t^2} & \mathrm{j}\dfrac{2t}{1+t^2}\\ \mathrm{j}\dfrac{2t}{1+t^2} & \dfrac{1-t^2}{1+t^2}\end{bmatrix} \tag{6-93}$$

$$\boldsymbol{a}_{3\mathrm{e}}=\begin{bmatrix}\sqrt{H} & 0\\ \dfrac{+\mathrm{j}H}{\sqrt{H}}\dfrac{3t-t^3}{1-3t^2} & \dfrac{1}{\sqrt{H}}\end{bmatrix}$$

$$\boldsymbol{a}_{3\mathrm{o}}=\begin{bmatrix}\sqrt{H} & 0\\ \dfrac{-\mathrm{j}H}{\sqrt{H}}\dfrac{1-3t^2}{3t-t^3} & \dfrac{1}{\sqrt{H}}\end{bmatrix} \tag{6-94}$$

相乘后，并代入 $H=1/\sqrt{2}$，得总归一化 $\boldsymbol{a}$ 矩阵为

$$\boldsymbol{a}_{\mathrm{e}}=\boldsymbol{a}_{1\mathrm{e}}\boldsymbol{a}_{2\mathrm{e}}\boldsymbol{a}_{3\mathrm{e}}=\frac{1}{1+t^2}\begin{bmatrix}\dfrac{1-10t^2+5t^4}{1-3t^2} & 2\mathrm{j}\sqrt{2}\,t\\ \mathrm{j}(3\sqrt{2}\,t-\sqrt{2}\,t^3) & 1-3t^2\end{bmatrix} \tag{6-95}$$

$$\boldsymbol{a}_{\mathrm{o}}=-\frac{1}{1+t^2}\begin{bmatrix}\dfrac{t^4-10t^2+5}{t^2-3} & -2\mathrm{j}\sqrt{2}\,t\\ -\mathrm{j}(3\sqrt{2}\,t-\dfrac{\sqrt{2}}{t}) & t^2-3\end{bmatrix}=-\begin{bmatrix}a_{\mathrm{e}}\left(\dfrac{1}{t}\right) & b_{\mathrm{e}}\left(\dfrac{1}{t}\right)\\ c_{\mathrm{e}}\left(\dfrac{1}{t}\right) & d_{\mathrm{e}}\left(\dfrac{1}{t}\right)\end{bmatrix}^{*} \tag{6-96}$$

因为参量 t 中含有频率变量，因此由各矩阵元素计算出的输入反射系数、耦合度以及方向性等指标都是频率的函数，由此得到各指标的频应特性，如图 6-41 所示。在图 6-41 中为了比较，也画出了二分支电桥的频应特性。从图中可看出，环形电桥的频应特性优于二分支电桥。

在环形电桥中，在各引出臂和环的连接处，也有“结电抗”效应的影响。其分析方法和对称分支定向耦合器相同，即在考虑环形电桥的奇、偶模等效电路时，$\lambda_{g0}/4$ 及 $3\lambda_{g0}/8$ 线不是简单的并联在主线上，而要插入 T 接头的等效电路(详见第 6.3 节)，此时所求出的网络总矩阵及由此求出的环形电桥各参量，如耦合度、输入反射系数、隔离度等，即为考虑了“结电抗”效应影响时的数值。计算结果表明：环形电桥“结电抗”效应的影响比二分支电桥要小得多，如图 6-42 所示。

分析结果表明，环形电桥不仅比两分支电桥有较优的频带特性，并且其“结电抗”效应引起的影响也比较小。其缺点是两个平分臂不靠在一起，而被隔离臂所分开，在平衡混频器、数字移相器等具体应用中比较不便。因为在这些应用中，两个平分臂都要接上微波固体器件，往往需要把两臂连接起来得一个平衡输出，或者是加一个公用偏压源。此时用环形电桥，结构上就比较困难。

由于在微带电路中，3dB 电桥用得较多，故在表 6-5 中，将常用的二分支、三分支电桥以及环形电桥的特性进行比较，以供参考。

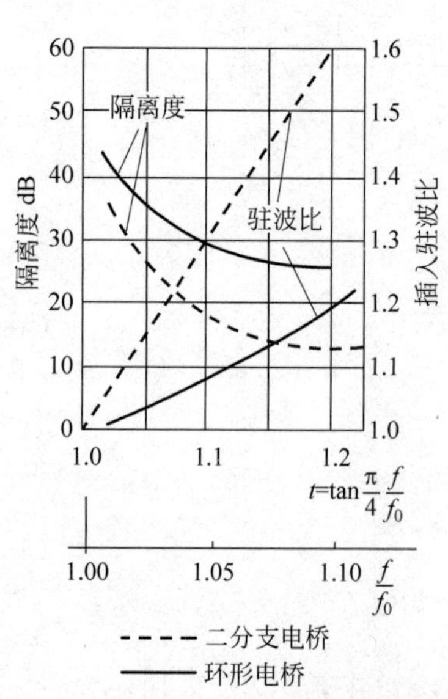

图 6-41 环形电桥和两分支电桥特性的比较

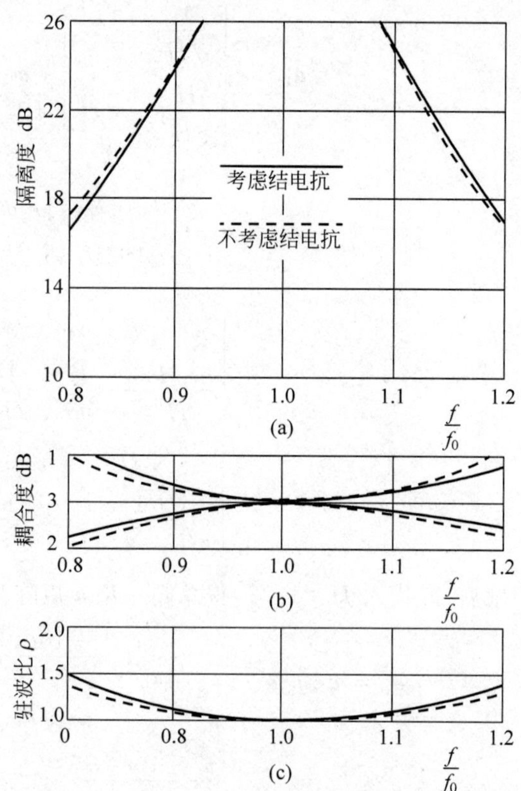

图 6-42 "结电抗"效应对环形电桥特性的影响

表 6-5 二分支、三分支和环形电桥特性的比较

频率敏感度 / 电桥形式	$f/f_0=1.06$ 时			$f/f_0=1.13$ 时		
	驻波比	隔离度(dB)	Δ(dB)	驻波比	隔离度(dB)	Δ(dB)
$Y_0=1$, $\sqrt{2}$, 1; 1, 1; 1, $\sqrt{2}$, 1	1.26	19	0.24	1.57	13.8	0.74
$Y_0=1$, 1, 1, 1; 0.414, 0.707, 0.414; 1, 1, 1, 1	1.08	27.4	0.18	1.20	20.5	0.60
$\frac{\lambda}{4}$, 1, $\sqrt{2}$, $\frac{3\lambda}{4}$, $\frac{\lambda}{4}$, 1, $\frac{\lambda}{4}$, $Y_0=1$	1.07	29.3	0.14	1.17	23.3	0.51

续表

电桥形式 \ 频率敏感度	$f/f_0=1.06$ 时			$f/f_0=1.13$ 时		
	驻波比	隔离度(dB)	Δ(dB)	驻波比	隔离度(dB)	Δ(dB)
$Y_0=1$　$\sqrt{2}$　$\sqrt{2}$　1 0.414　$\sqrt{2}$　0.414 1　$\sqrt{2}$　$\sqrt{2}$　1	1.03	37.0	0.12	1.12	25.3	0.49

说明：表中 Δ 为两输出臂的不平衡度。

这里，我们指出，对于标准形式的环形电桥，由于其各引出臂间的交角为 60°，因此当在一般矩形陶瓷片上制作此图形时，不论图形怎样安排，其引出臂必然要有拐角，如图 6-43(a)中的 1 臂及 2 臂。这些拐角必然会带来附加反射，使两臂输入驻波比增大。特别是在一个频带范围内，常使输入驻波比不能满足要求。在实践的基础上，我们提出了如图 6-43(b)的改进图形，保证了各引出臂都是直接引出，从而解决了频带内输入驻波比指标要求的问题。实验结果表明，此时各臂(包括同轴微带接头在内)的输入驻波比在不小于 15%的频带范围内都小于 1.3，其他耦合度、隔离度以及两输出臂的不平衡度都能满足要求。这种改进型电桥我们称之为“跑道型”电桥。“跑道型”电桥中 abc 段是一个半圆，如图 6-43(b)所示，cd 段和 ae 段是和此半圆相切的直线，de 段也是一个半圆。ab、bc、cd 段都等于 1/4 微带线波长，dea 段等于 3/4 微带线波长。跑道部分的归一化特性阻抗是$\sqrt{2}$，各引出臂的归一化特性阻抗是 1，其 1、2、3、4 臂的特性和相应的标准形式环形电桥的相同。实验表明，“跑道型”电桥在 a、c 和 d 点的“结电抗”效应也是不大的。

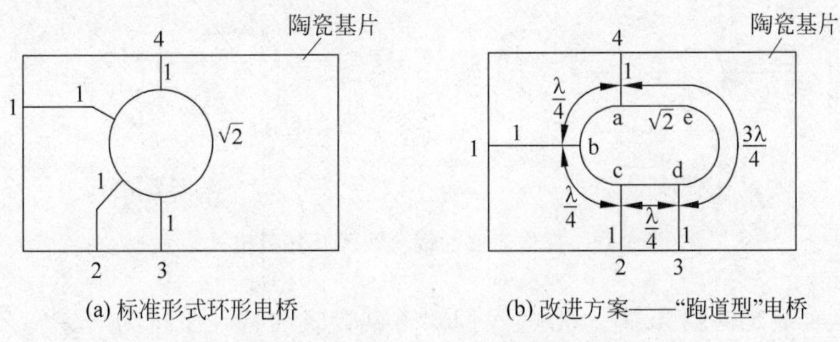

(a) 标准形式环形电桥　　(b) 改进方案——“跑道型”电桥

图 6-43　标准形式环形电桥和“跑道型”电桥

6.4.2　宽频带环形电桥

普通的环形电桥频带虽比二分支线电桥宽，但仍不能在倍频程范围内使用。可以说它的频带宽度限制主要是由于那 3/4 波长弧段。特别是用在反相情况，即信号由 4 口输入，由 1、3 输出时，由于信号所走路程的不对称，因此对频率的敏感性增加。普通环形电桥如图 6-44 所示。

一般说来，普通环形电桥的可用频率被限制在 $f_0 \pm 0.23f_0$ 的范围内。并且分析表明：为了使频带内特性较好，可以把环的特性阻抗取为 $Z_r=1.46Z_0$，而不是$\sqrt{2}Z_0$。

下面我们介绍一种宽频带环形电桥。它用一段 1/4 波长的、反方向终端短路的耦合线代替 3/4 波长段的作用，如图 6-45 所示。这种环形电桥各段弧长都相等，因此随频率的变化相同。它可以在倍频程范围内实现 3±0.3dB 的耦合度，并保持 20dB 的隔离度和较低的驻波比。

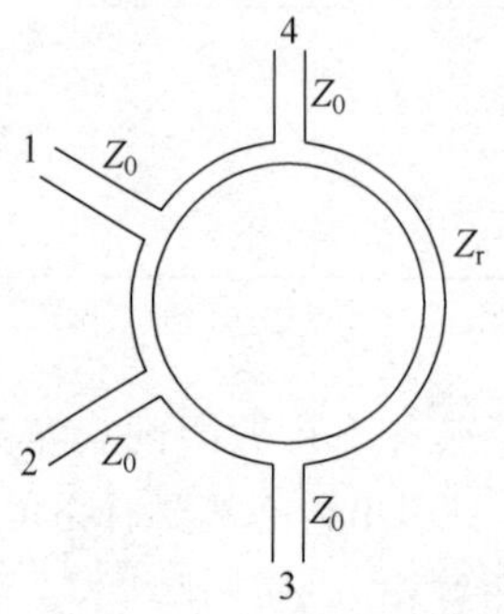

图 6-44 普通环形电桥

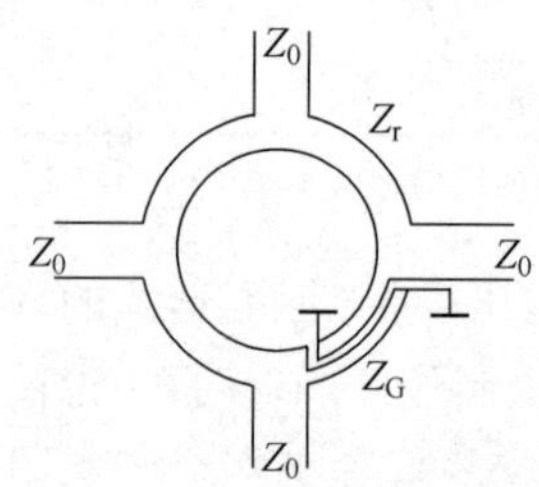

图 6-45 宽频带环形电桥

为了使耦合线段的作用与 3/4 波长线段相同，必须使：第一，耦合线输入与输出两端电压的模相同，即 $|U_1|/|U_2|=1$，而相位差为 $180°+\theta$（在中心频率，$\theta=90°$）；第二，耦合线的特性阻抗 $Z_c=\sqrt{Z_{0e}\cdot Z_{0o}}=Z_r$。

下面就来分析耦合线段的作用。

反向短路的耦合线段及其等效电路如图 6-46 所示。

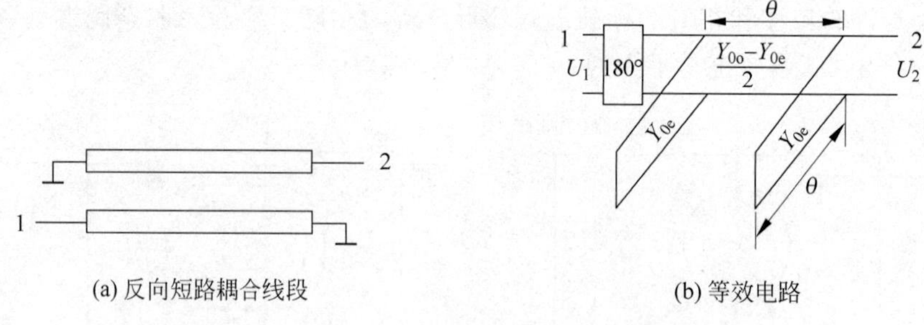

图 6-46 反向短路的耦合线段及其阻抗关系

在本章耦合线定向耦合器一节中，我们知道耦合线的特性阻抗为 $Z_c=\sqrt{Z_{0e}Z_{0o}}$。即当耦合线其他三口都接负载阻抗 $Z_c=\sqrt{Z_{0e}Z_{0o}}$ 时，则从 1 口看入是匹配的。另一方面，对于目前所用的反向短路耦合线单元，若在 2 口接 Z_c，则 1 口的输入导纳 Y_{sr} 等于

$$Y_{sr}=\frac{1}{Z_{sr}}=Y_0\frac{Y_F+\mathrm{j}Y_0\tan\theta}{Y_0+\mathrm{j}Y_F\tan\theta}-\mathrm{j}Y_{0e}\cot\theta \tag{6-97}$$

其中，

$$Y_F=Y_c-\mathrm{j}Y_{0e}\cot\theta,\quad Y_0=\frac{Y_{0o}-Y_{0e}}{2}$$

令 $Y_{sr}=Y_c=\dfrac{1}{Z_c}$，代入式(6-97)，得

$$Z_c=\frac{2Z_{0e}Z_{0o}\sin\theta}{[(Z_{0e}-Z_{0o})^2-(Z_{0e}+Z_{0o})^2\cos^2\theta]^{\frac{1}{2}}} \tag{6-98}$$

在中心频率下，$\theta=90°$，得

$$Z_c=\frac{2Z_{0e}Z_{0o}}{Z_{0e}-Z_{0o}} \tag{6-99}$$

为了满足上面所讲的第二个条件，令

$$\sqrt{Z_{0e}Z_{0o}}=Z_r$$

$$\frac{2Z_{0e}Z_{0o}}{Z_{0e}-Z_{0o}}=Z_r$$

解得

$$\left.\begin{aligned}Z_{0e}&=(\sqrt{2}+1)Z_r\\Z_{0o}&=(\sqrt{2}-1)Z_r\end{aligned}\right\} \tag{6-100}$$

再求输入、输出口电压之间的相位差。由图 6-46(b)，此种反向短路耦合单元的等效电路，为一个 180°相移网络和间隔为 θ 的两短路分支线网络的级联。利用 **A** 矩阵，可以求出后面网络的相移。设

$$U_1=AU_2-BI_2$$

$$I_1=CU_2-DI_2$$

当接负载阻抗 Z_c 时，$U_2=-I_2Z_c$，$-I_2=\frac{U_2}{Z_c}$。代入 U_1 的式中，得

$$U_1=AU_2+\frac{B}{Z_c}U_2$$

所以

$$U_1/U_2=A+\frac{B}{Z_c}$$

根据第 3 章式(3-57)～式(3-60)，取耦合线四口网络的 Y 参量，将其两个交叉口短路而蜕化成二口网络，求得此两口网络的 Y 参量后，再由此计算 **A** 矩阵参量：

$$\boldsymbol{A}=\left.\frac{U_1}{U_2}\right|_{I_2=0}=-\frac{Y_{22}}{Y_{21}}=-\frac{Y_{0o}+Y_{0e}}{Y_{0o}-Y_{0e}}\cos\theta \tag{6-101}$$

$$\boldsymbol{B}=\left.\frac{U_1}{-I_2}\right|_{U_2=0}=-\frac{1}{Y_{21}}=-\mathrm{j}\,\frac{2\sin\theta}{Y_{0o}-Y_{0e}} \tag{6-102}$$

将 **A**、**B** 及式(6-98)中的 Z_c 代入 U_1/U_2 式中，得

$$\begin{aligned}\frac{U_1}{U_2}&=-\frac{Y_{0o}+Y_{0e}}{Y_{0o}-Y_{0e}}\cos\theta-\mathrm{j}\,\frac{2\sin\theta}{Y_{0o}-Y_{0e}}\,\frac{[(Y_{0o}-Y_{0e})^2-(Y_{0o}+Y_{0e})^2\cos^2\theta]^{\frac{1}{2}}}{2\sin\theta}\\&=-\frac{Y_{0o}+Y_{0e}}{Y_{0o}-Y_{0e}}\cos\theta-\mathrm{j}\left[1-\left(\frac{Y_{0o}+Y_{0e}}{Y_{0o}-Y_{0e}}\right)^2\cos^2\theta\right]^{\frac{1}{2}}\end{aligned} \tag{6-103}$$

故两电压的模是相等，即

$$\left|\frac{U_1}{U_2}\right|=\left[\left(\frac{Y_{0o}+Y_{0e}}{Y_{0o}-Y_{0e}}\cos\theta\right)^2+1-\left(\frac{Y_{0o}+Y_{0e}}{Y_{0o}-Y_{0e}}\right)^2\cos^2\theta\right]^{\frac{1}{2}}=1$$

两电压的相位差：

$$\beta=\arg\frac{U_1}{U_2}=\tan^{-1}\sqrt{\left(\frac{Y_{0o}-Y_{0e}}{Y_{0o}+Y_{0e}}\right)^2\sec^2\theta-1}=\tan^{-1}\sqrt{\left(\frac{Z_{0e}-Z_{0o}}{Z_{0e}+Z_{0o}}\right)^2\sec^2\theta-1}$$

即

$$\tan\beta = \sqrt{\left(\frac{Z_{0o} - Z_{0e}}{Z_{0o} + Z_{0e}}\right)^2 \sec^2\theta - 1} = \sqrt{\sec^2\beta - 1} \tag{6-104}$$

所以

$$\cos\beta = \frac{1}{\sec\beta} = \left(\frac{Z_{0e} + Z_{0o}}{Z_{0e} - Z_{0o}}\right)\cos\theta \tag{6-105}$$

当 $Z_{0e} \gg Z_{0o}$ 时，

$$\cos\beta \approx \cos\theta, \quad \beta \approx \theta$$

故耦合单元的总相移$=180°+\beta\approx 180°+\theta$。

上面说过要求 U_2 与 U_1 的相位差是 $180°+\theta$。从式(6-105)中可以看出，如果 $Z_{0e} \gg Z_{0o}$，则此条件可以近似满足。

从式(6-98)可以看出，耦合线段的特性阻抗 Z_0 随着频率向中心频率 f_0 两边偏移都是缓慢增加的。因此为了获得在整个频带内较好的特性，可以取比由式(6-100)计算出的结果小一些的 Z_{0e} 及 Z_{0o}。

下面我们举一个计算实例。设输入输出线特性阻抗为 $Z_0=50\Omega$。故环的阻抗

$$Z_r = 1.46Z_0 = 73\Omega$$

$$Z_{0e} = (\sqrt{2}+1)Z_r = 176\Omega$$

$$Z_{0o} = (\sqrt{2}-1)Z_r = 30.2\Omega$$

在倍频程应用时，由式(6-98)可看出，频带边缘处 Z_c 比在中心频率的 $Z_c(=Z_r)$ 增大了22%。因此令 Z_{0e} 及 Z_{0o} 为上述值的90%，即 $Z_{0e}=158.5\Omega$、$Z_{0o}=27.2\Omega$。这样可使在预定频带范围内 Z_c 的变化是在所需值的±10%范围内。

由 Z_{0e} 及 Z_{0o} 的数值以及所用基片介质的 ε_r 值，可查出耦合线段的几何尺寸 W/h 及 s/h。由于 Z_{0e} 及 Z_{0o} 值相差较大，所以耦合线间的间隙 s/h 一般是非常小的，因而这种形式的环形电桥在微带系统中较难实现，只有在带状线结构中较易做到。

6.5 分功率器(功率分配器)

在微波设备中，常需要将某一个输入功率按一定的比例分配到各分支电路中。例如对相控阵雷达，要将发射机功率分配到各个发射单元中去；多路中继通信机中要将本地振荡源功率分到收发混频电路中等。第6.4节所讲的定向耦合器也是一种分功率器。在数目较少的分功率电路中也可用定向耦合器作为分功率器。但定向耦合器的结构较复杂，其功率分配的比值又往往与频率有关；而在较复杂的功率分支电路中(特别是微带电路)所需元件较多，就要采用结构比较简单的分功率器。分功率器的基本要求是：输出功率按一定的比例分配，各输出口之间要互相隔离以及各输入输出口必须匹配。

通过以下的分析可以看出，一般分功率器也可应用其逆过程，即作为功率混合器。

分功率器可分为二进制和累进制等，如图6-47所示。功率可以是等分的，也可以是不等分的。二进制分功率器结构和分析都较简单，用得也较多。下面我们主要来分析二进制分功率器。

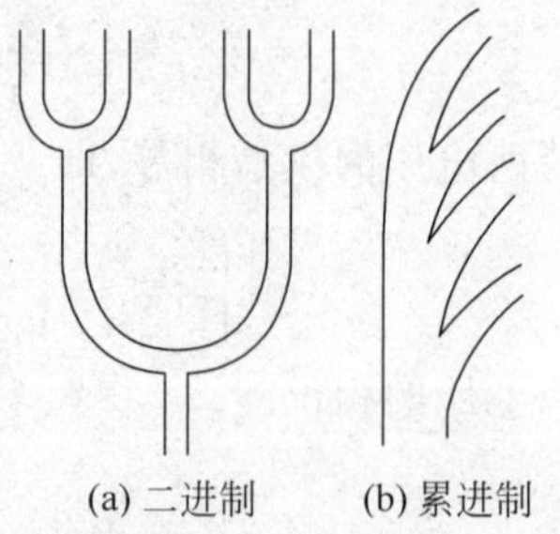

图6-47 分功率器的类型

6.5.1 二等分分功率器

一个二等分分功率器如图 6-48 所示。其输入线和输出线特性阻抗都是 Z_0，输入和输出口间的分支线特性阻抗为 Z_1，线长为 $\lambda_g/4$。对分功率器的主要要求有：当 2、3 口接匹配负载时，在输入的 1 口无反射，反过来，对 2、3 口也如此；2、3 两输出口功率按一定比例分配，以及 2、3 两输出口之间互相隔离。

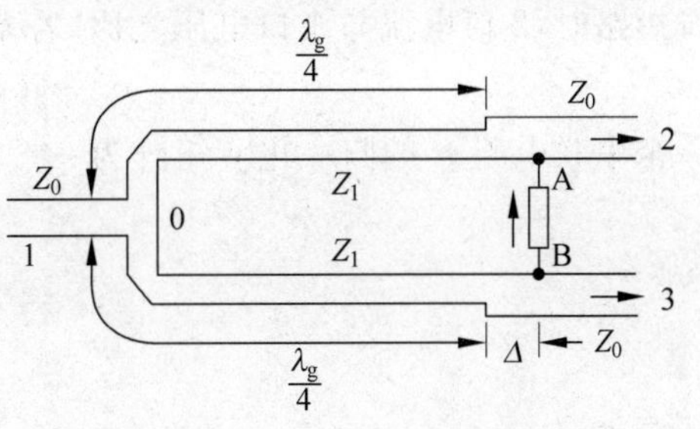

图 6-48 二等分分功率器

为了满足输入口 1 的无反射条件，必须 $Z_1=\sqrt{2}Z_0$。因为当 2、3 两输出臂接匹配负载后，经 $\lambda_g/4$ 反映到 1 口的并联导纳为 $2Z_0/Z_1^2$。若要匹配，则

$$2\frac{Z_0}{Z_1^2}=\frac{1}{Z_0}$$

或

$$Z_1^2=2Z_0^2$$

故

$$Z_1=\sqrt{2}Z_0 \tag{6-106}$$

从图 6-48 中可直接看出，由于 2 及 3 两路结构上对称，故功率是平分的。

跨接在 A、B 两点上的电阻 R 是为了得到 2、3 两口之间互相隔离的作用。当信号由 1 口输入时，A、B 两点等电位，故 R 上没有电流，相当于 R 不起作用；而当 2 口有信号输入时，它就分两路(AB 和 AOB)到达 3 口。适当选择 R 及 Δ 的值，可使此两路信号互相抵消，从而使 2、3 两口得到隔离。R 的位置与接 R 的引线长短有关，故 Δ 要调整决定。

我们来分析一下这个 R 的数值应是多少。

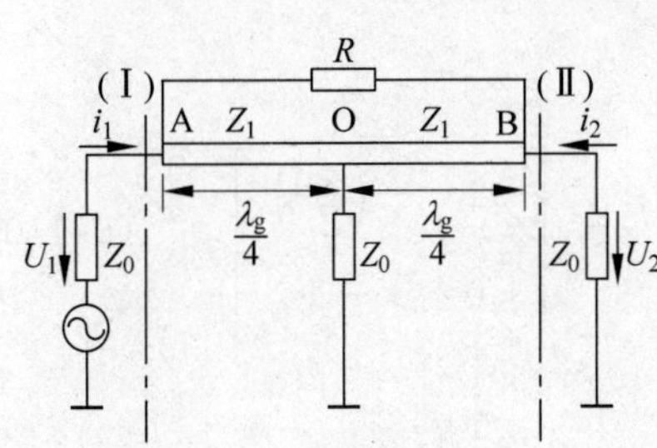

图 6-49 求隔离电阻时的分功率器等效电路

为了便于分析当 2 口(也就是 A 口)有信号输入时的作用，将图 6-48 的电路改画成图 6-49 的形式。此时原输入口(即 O 口)电源短路而接以阻抗 Z_0，在 A 口接一个电源，这实际上是一个二口(四端)网络。由于 R 的作用是使电流分流，故可以用导纳矩阵 $\boldsymbol{Y}$ 来进行分析。

图 6-49 中点画线以内的网络的总 $\boldsymbol{y}$ 矩阵，由于电流并联的关系，等于电阻 R 的矩阵 $\boldsymbol{y}_R$ 及两段长度为 $\lambda_g/4$ 线、中间并联一个阻抗 Z_0 的 T 形网络的矩阵 $\boldsymbol{y}_T$ 之和，即

$$\boldsymbol{y}=\boldsymbol{y}_R+\boldsymbol{y}_\Gamma=\begin{bmatrix}y_{11} & y_{12}\\ y_{21} & y_{22}\end{bmatrix}$$

$$\begin{bmatrix}i_1\\ i_2\end{bmatrix}=\boldsymbol{y}\begin{bmatrix}u_1\\ u_2\end{bmatrix}=\begin{bmatrix}y_{11} & y_{12}\\ y_{21} & y_{22}\end{bmatrix}\begin{bmatrix}u_1\\ u_2\end{bmatrix}$$

表示输入口 A 及输出口 B 之间的联系的是矩阵元素 y_{21} 及 y_{12}。由于 $y_{21}=\left.\dfrac{i_2}{u_1}\right|_{u_2=0}$，即为 2 口短路时，2 口电流与 1 口电压之比，若希望 1 及 2 口隔离，则必须 $y_{21}=0$，即须使

$$y_{21}=(y_{21})_R+(y_{21})_\Gamma=0 \tag{6-107}$$

一个串联电阻 R 的归一化 $\boldsymbol{y}$ 矩阵为

$$\boldsymbol{y}_R=Z_0\begin{bmatrix}\dfrac{1}{R} & -\dfrac{1}{R}\\ -\dfrac{1}{R} & \dfrac{1}{R}\end{bmatrix} \tag{6-108}$$

故

$$(y_{21})_R=-\frac{Z_0}{R} \tag{6-109}$$

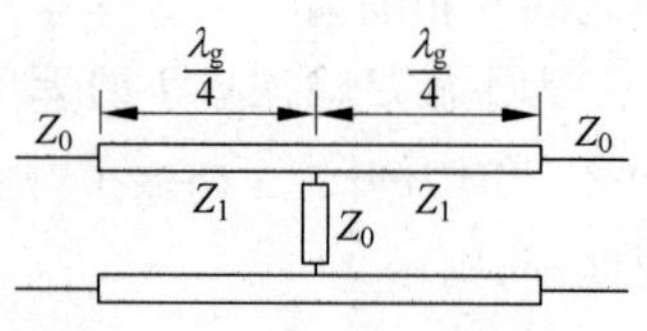

图 6-50　求 T 网络的 $\boldsymbol{a}$ 矩阵

对于 T 网络，因为是由两段 $\lambda_g/4$ 线、中间并一个阻抗组成的，故直接求$[y]_\Gamma$ 较困难，可利用 $\boldsymbol{a}$ 矩阵的级联关系来间接求出，如图 6-50 所示。我们取其 $\boldsymbol{a}$ 矩阵 $\boldsymbol{a}_\Gamma$ 为

$$\boldsymbol{a}_\Gamma=\boldsymbol{a}_{\frac{\lambda_g}{4}}\cdot\boldsymbol{a}_{Z_0}\cdot\boldsymbol{a}_{\frac{\lambda_g}{4}}$$

则

$$\boldsymbol{a}_{\frac{\lambda_g}{4}}=\begin{bmatrix}0 & \mathrm{j}\sqrt{\dfrac{Z_1}{Z_0}}\\ \mathrm{j}\sqrt{\dfrac{Z_0}{Z_1}} & 0\end{bmatrix}$$

其中，电压、电流一口对 Z_0 归一化，另一口对 Z_1 归一化：

$$\boldsymbol{a}_{Z_0}=\begin{bmatrix}1 & 0\\ \dfrac{Z_1}{Z_0} & 1\end{bmatrix}$$

其中电压、电流均对 Z_1 归一化。则

$$\boldsymbol{a}_\Gamma=\begin{bmatrix}0 & \mathrm{j}\sqrt{\dfrac{Z_1}{Z_0}}\\ \mathrm{j}\sqrt{\dfrac{Z_0}{Z_1}} & 0\end{bmatrix}\begin{bmatrix}1 & 0\\ \dfrac{Z_1}{Z_0} & 1\end{bmatrix}\begin{bmatrix}0 & \mathrm{j}\sqrt{\dfrac{Z_1}{Z_0}}\\ \mathrm{j}\sqrt{\dfrac{Z_0}{Z_1}} & 0\end{bmatrix}=\begin{bmatrix}-1 & -\left(\dfrac{Z_1}{Z_0}\right)^2\\ 0 & -1\end{bmatrix} \tag{6-110}$$

根据 $\boldsymbol{a}$ 矩阵和 $\boldsymbol{y}$ 矩阵的关系，有

$$b=\frac{u_1}{-i_2}=-\frac{1}{y_{21}}$$

所以

$$(y_{21})_\Gamma=-\frac{1}{b}=\left(\frac{Z_0}{Z_1}\right)^2 \tag{6-111}$$

代入式(6-107)中得

$$y_{21}=-\frac{Z_0}{R}+\left(\frac{Z_0}{Z_1}\right)^2=0 \tag{6-112}$$

最后得

$$R = \frac{Z_1^2}{Z_0} = \frac{(\sqrt{2}Z_0)^2}{Z_0} = 2Z_0$$

此即表示当 $R=2Z_0$ 时，经由 R 分到 B 口的电流和经由 T 网络分到 B 口的电流互相抵消，因而使 A 口和 B 口隔离。一般情况下，$Z_0=50\Omega$，故隔离电阻 $R=100\Omega$。在微带电路中电阻 R 可通过在介质基片表面上蒸发镍铬合金或钽薄膜等构成。

分功器两平分臂之间的距离不宜过大，一般取 2～3 个带条宽度即可。这样可使跨接在两臂之间的隔离电阻寄生效应尽量减小。有时为了简单起见，也可用一般碳膜电阻代替蒸发电阻，焊在两边的带条上。由于电阻的寄生引线电感效应，将使匹配性能和隔离性能变坏，此时可变动电阻焊接位置，使其稍偏离原来的位置(一般说来，应移出 $\lambda_g/4$ 变阻器和输出线的交界点，即离开分支点的距离应稍大于 $\lambda_g/4$)，这样可得到较好的匹配和隔离特性。

从上面的分析可以看出，作为分功率器的逆过程，也可将两路信号由 2 及 3 口输入而集中在 1 口输出，即作为混合器。此时可以证明：当 1 口接匹配负载时，2、3 口看入是匹配的。

顺便指出，在第 2 章中我们曾经指出，一个无损的三口网络，不能同时达到匹配和隔离。从式(6-112)便可看出，若 R 是电抗，那就不能满足式(6-107)，即不能达到 $y_{21}=0$；只有 R 是电阻，即网络有损时，才能满足式(6-107)，即同时满足匹配和隔离关系。

6.5.2　不等分的二分支分功率器

在很多情况下，要求两路功率不是等分而是要按一定的比例分配。即若输入功率为 P_1，输出功率则各为 P_2 及 P_3，而 $P_3=K^2P_2$。由物理概念可知，要使两路功率不等分，则两路的结构参量就不能相等，如图 6-51 所示。

另外，为了使在正常工作时隔离电阻 R 上不流过电流(否则就会加大损耗)，就要求 A、B 两点的电位相等。怎样才能做到这点呢？当 A、B 两点电位相等时，为了满足 $P_3=K^2P_2$，有

$$\frac{|U_B|^2}{Z_3} = K^2\frac{|U_A|^2}{Z_2}$$

当 $U_A=U_B$ 时，则有

$$Z_2 = K^2 Z_3 \tag{6-113}$$

现在来确定两段 $\lambda_g/4$ 线的特性阻抗值 Z'_2 及 Z'_3。在分支点“O”处两路的电压是相等的。经过一段长为 $\lambda_g/4$ 的传输线后，电压将有怎样的变化呢？在图 6-52 中若传输线无损，则有

$$\frac{U_0^2}{Z_{sr}} = \frac{U_A^2}{Z_2}$$

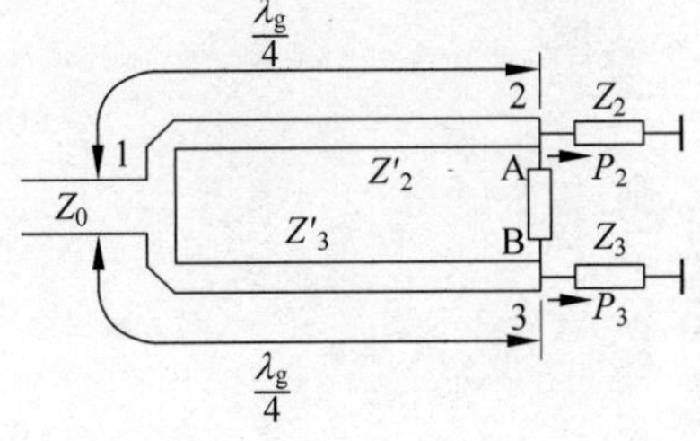

图 6-51　不等分的二分支分功率器

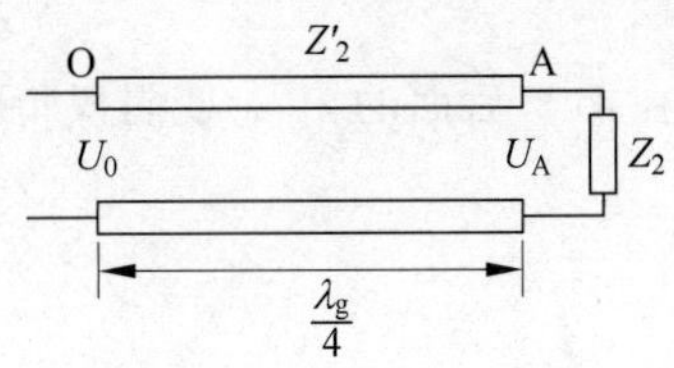

图 6-52　经过 $\lambda_g/4$ 后，电压 U_A 和 U_0 的关系

其中，Z_{sr}为输入阻抗。若线长为$\lambda_g/4$，线特性阻抗为Z_2'，则

$$Z_{sr} = \frac{Z_2'^2}{Z_2}$$

所以

$$\frac{U_A}{U_0} = \sqrt{\frac{Z_2}{Z_{sr}}} = \sqrt{\frac{Z_2^2}{Z_2'^2}} = \frac{Z_2}{Z_2'}$$

同理，

$$\frac{U_B}{U_0} = \frac{Z_3}{Z_3'}$$

因为要求$U_A = U_B$，所以必须

$$\frac{Z_2}{Z_2'} = \frac{Z_3}{Z_3'} \tag{6-114}$$

又因

$$Z_2 = K^2 Z_3$$

所以得

$$Z_2' = K^2 Z_3' \tag{6-115}$$

这就是上、下两段$\lambda_g/4$线特性阻抗应满足的关系。和二等分分功率器一样，由输入口匹配条件可确定Z_2'及Z_3'的具体数值，在O点向2路看入的输入导纳为$Y_{sr2} = Z_2/Z_2'^2$，向3路看入的$Y_{sr3} = Z_3/Z_3'^2$。要无反射，必须$Y_0 = Y_{sr2} + Y_{sr3} = \frac{Z_2}{Z_2'^2} + \frac{Z_3}{Z_3'^2}$。

将$Z_2 = K^2 Z_3$，$Z_2' = K^2 Z_3'$代入，得

$$\frac{K^2 Z_3}{K^4 Z_3'^2} + \frac{Z_3}{Z_3'^2} = \frac{1}{Z_0}$$

故

$$Z_3' = \frac{\sqrt{(1+K^2) Z_3 Z_0}}{K} \tag{6-116}$$

$$Z_2' = \sqrt{(1+K^2) Z_2 Z_0} \tag{6-117}$$

输出口A、B因和外电路相连接，故负载应等于Z_0，为使Z_0变成Z_2及Z_3，可通过一段$\lambda_g/4$的变阻器来实现。因$Z_2 = K^2 Z_3$，故为了使两个阻抗数值较合理，可取$Z_2 = KZ_0$，$Z_3 = Z_0/K$。此时设接在A口的$\lambda_g/4$变阻段特性阻抗为Z_{2b}，则须令

$$\frac{Z_{2b}^2}{Z_0} = Z_2 = KZ_0$$

故

$$Z_{2b} = \sqrt{K} Z_0 \tag{6-118}$$

同理，令接在B口后面的$\lambda_g/4$变阻段特性阻抗为Z_{3b}，则

$$\frac{Z_{3b}^2}{Z_0} = Z_3 = \frac{Z_0}{K}$$

$$Z_{3b} = \frac{Z_0}{\sqrt{K}} \tag{6-119}$$

此时

$$Z_3' = \frac{\sqrt{(1+K^2)Z_3 Z_0}}{K} = \frac{Z_0}{K}\sqrt{\frac{1+K^2}{K}} \tag{6-120}$$

$$Z_2' = Z_0\sqrt{K(1+K^2)} \tag{6-121}$$

故一个功率分配比例为 $K^2:1$ 的分功率器各部分的参量如图 6-53 所示。

最后，求隔离电阻 R 的数值。

与上一节相同，可画出不等分的分功率器当 A 口接信号源时的等效电路，如图 6-54 所示，为了求出 A 口和 B 口的理想隔离条件，需要求此网络的 y_{21}。同样，$[y]=[y]_R+[y]_T$。

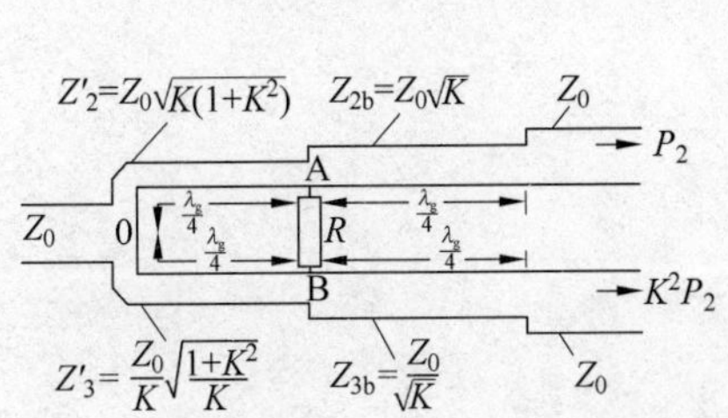

图 6-53 不等分分功率器各段的特性阻抗

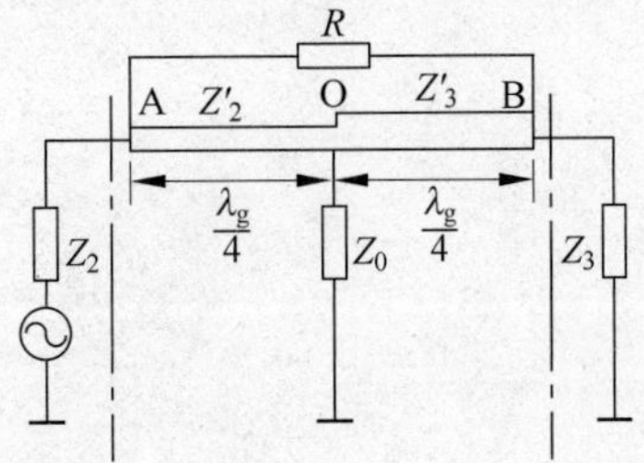

图 6-54 求隔离电阻时，不等分分功率器的等效电路

一个串联电阻的归一化导纳矩阵(对 Z_2 及 Z_3 归一化)是

$$\boldsymbol{y}_R = \sqrt{Z_2 Z_3}\begin{bmatrix} \dfrac{1}{R} & -\dfrac{1}{R} \\ -\dfrac{1}{R} & \dfrac{1}{R} \end{bmatrix} \tag{6-122}$$

对于 T 网络，先分别求出其各部分的 $\boldsymbol{a}$ 矩阵，然后级联，求出总 $\boldsymbol{a}$ 矩阵后，再通过 $\boldsymbol{a}$ 与 $\boldsymbol{y}$ 关系求出 $y_{21\mathrm{T}}$。

$$\boldsymbol{a}_{\mathrm{T}} = \boldsymbol{a}_{1\frac{\lambda_g}{4}}\boldsymbol{a}_{Z_0}\boldsymbol{a}_{2\frac{\lambda_g}{4}}$$

$\boldsymbol{a}_{1\frac{\lambda_g}{4}}$ 的网络形式为

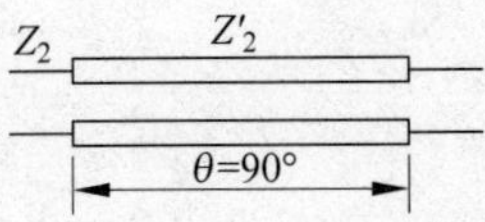

故

$$\boldsymbol{a}_1 = \begin{bmatrix} 0 & \mathrm{j}\sqrt{\dfrac{Z_2'}{Z_2}} \\ \mathrm{j}\sqrt{\dfrac{Z_2}{Z_2'}} & 0 \end{bmatrix}$$

$\boldsymbol{a}_{Z_0}$ 的网络形式为

Z'2 Z'3 Z0

故

$$\boldsymbol{a}_{Z_0}=\begin{bmatrix}\sqrt{\dfrac{Z'_3}{Z'_2}} & 0\\ \dfrac{\sqrt{Z'_2Z'_3}}{Z_0} & \sqrt{\dfrac{Z'_2}{Z'_3}}\end{bmatrix}$$

$\boldsymbol{a}_{2\frac{\lambda_g}{4}}$的网络形式为

Z'_3 Z_3 $\theta=90°$

故

$$\boldsymbol{a}_2=\begin{bmatrix}0 & \mathrm{j}\sqrt{\dfrac{Z'_3}{Z_3}}\\ \mathrm{j}\sqrt{\dfrac{Z_3}{Z'_3}} & 0\end{bmatrix}$$

相乘后得 $\boldsymbol{a}_{T2}$

$$\boldsymbol{a}_{T2}=\begin{bmatrix}-\dfrac{Z'_2}{Z'_3}\sqrt{\dfrac{Z_3}{Z_2}} & -\dfrac{Z'_2Z'_3}{Z_0\sqrt{Z_2Z_3}}\\ 0 & -\dfrac{Z'_3}{Z'_2}\sqrt{\dfrac{Z_2}{Z_3}}\end{bmatrix} \tag{6-123}$$

要求 A、B 两口隔离，即要求 $y_{21}=(y_{21})_R+(y_{21})_T=0$，而

$$(y_{21})_T=-\frac{1}{b}=\frac{Z_0\sqrt{Z_2Z_3}}{Z'_2Z'_3}$$

$$(y_{21})_R=-\frac{\sqrt{Z_2Z_3}}{R}$$

故

$$\frac{Z_0\sqrt{Z_2Z_3}}{Z'_2Z'_3}-\frac{\sqrt{Z_2Z_3}}{R}=0$$

得

$$R=\frac{Z'_2Z'_3}{Z_0}=\frac{1+K^2}{K}Z_0 \tag{6-124}$$

至此全部不等分分功率器参量已求出。当分功率比 K 及主线特性阻抗 Z_0 已知时，便可进行计算。

6.5.3 宽频带等分分功率器

以上对分功率器的分析都是对中心频率而言的情形。和其他微带电路元件一样，分功率器也有一定的频应特性。图 6-55 给出了上面讨论过的单节二等分分功率器的频带特性。由图可看出，当频带边缘频率之比 $f_2/f_1=1.44$ 时，输入驻波比 $\rho<1.22$，能基本满足输出两口隔离度大于 20dB 的指标要求。与单节 3dB 电桥的频带特性相比较，可看到其频带比单节 3dB 电桥要宽得多。

但是当 $f_2/f_1=2$ 时，其各部分指标也开始下降，隔离度只有 14.7dB，输入驻波比也达

到 1.42。为了进一步加宽工作频带，可以用多节的宽频带分功率器，即和其他一些宽频带器件一样，可以增加节数，即增加 $\lambda_g/4$ 线段和相应的隔离电阻 R 的数目。分析结果表明即使节数增加不多，各指标也可有较大的改善，工作频带有较大的展宽。例如当 $n=2$，即对于二节的二等分分功率器，当 $f_2/f_1=2$ 时，驻波比 $\rho<1.11$，隔离度$>$27dB；当 $n=4$，$f_2/f_1=4$ 时，$\rho<1.10$，隔离度$>$26dB；当 $n=7$，$f_2/f_1=10$ 时，$\rho<1.21$，隔离度$>$19dB。

一个 N 节宽频带二等分分功率器的一般形式如图 6-56(a)所示。

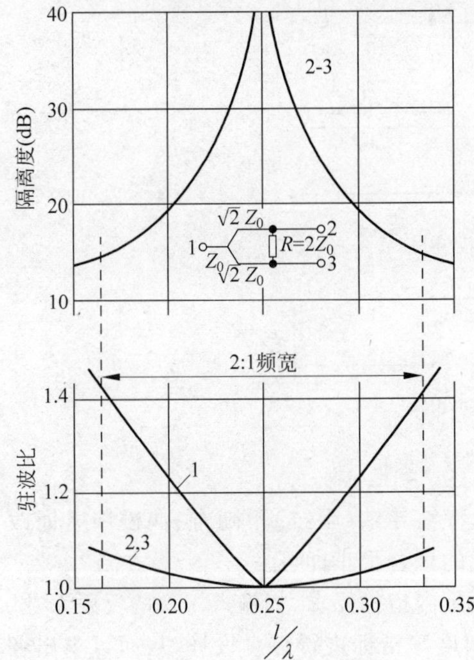

图 6-55　单节二等分分功率器的频带特性

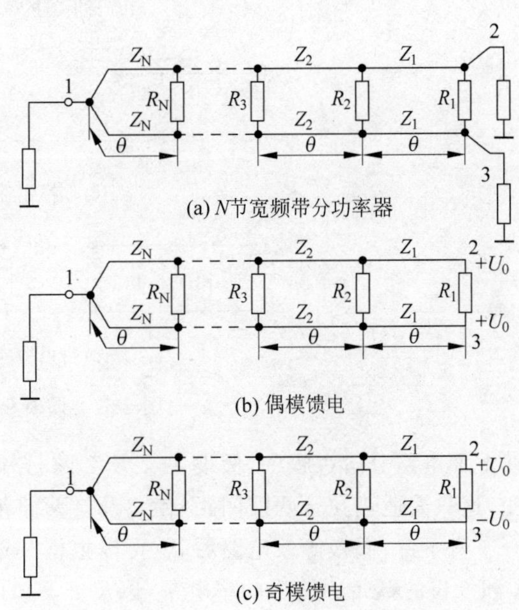

图 6-56　N 节二等分分功率器及奇偶模馈电

我们现在先讨论二等分多节分功率器。因为是二等分，所以上、下两部分的电路参量相等，因此用奇、偶模分析法很方便。根据前述，我们也可以倒过来把它作为混合器进行分析。

当偶模馈电时，在 2 及 3 口各加上等幅、同相电压 U_0，此时由对称性可知：2 路和 3 路各对应点的电位是相等的，因此隔离电阻 R 上没有电流，可以不考虑 R 的作用。将电路分成上、下两部分，其每一路的等效电路如图 6-57(a)所示。此时左边负载经分开后变成了 $2Z_0$，因为 2 路和 3 路是并联的。

当奇模馈电时，在 2 及 3 口各加上等幅、反相电压 $\pm U_0$，此时隔离电阻两端电位不等，因此有电流流过，电阻两端电位差是 $2U_0$。由于对称性，在电阻中点的位置上处于地电位，在 2、3 两路连接点 1 上也是地电位，因此仍可以将上、下两路分开，其每一路的等效电路如图 6-57(b)所示。因此，通过奇、偶模分析，我们将一个三口网络，分成了两个两口奇、偶模网络。为了分析方便，按一般习惯将输入口转到左边来，并将阻抗参量转换成导纳参量，并取归一化值，如图 6-57(c)、(d)所示。

这里，

$$y_1=\frac{1}{z_1},\quad y_N=\frac{1}{z_N},\quad g_1=\frac{1}{r_1},\quad g_N=\frac{1}{r_N},\quad y_0=\frac{1}{z_0}=1,\quad g_L=\frac{1}{2z_0}=0.5$$

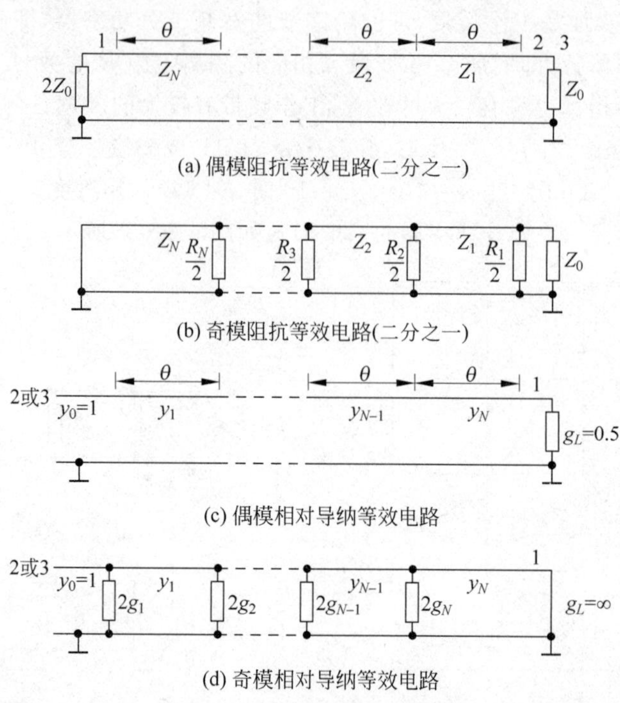

图 6-57 偶模及奇模的等效电路

在上面电路分解过程中,假设了 2 及 3 路传输线的特性导纳(阻抗)不随奇、偶模馈电而改变,这只需适当拉开两线间距,使 2 及 3 两路传输线的耦合很小即可。

有了奇、偶模等效电路后,就可以根据一定的频带内指标要求,如输入 1 口的反射系数、2 和 3 口的频带内输出功率电平,以及 2、3 口的隔离度等指标进行综合设计,从而可求出各节的特性阻抗(导纳)及隔离电阻的数值。

设图 6-57(c)及图 6-57(d)的偶、奇模等效电路输入口(即 2 或 3 口)的反射系数各为 Γ_e 及 Γ_o:

$$\Gamma_e=\frac{u_2^{(2)e}}{u_2^{(1)e}}=\frac{u_2^{(2)e}}{U_0}=\frac{u_3^{(2)e}}{u_3^{(1)e}}=\frac{u_3^{(2)e}}{U_0};\quad \Gamma_o=\frac{u_2^{(2)o}}{u_2^{(1)e}}=\frac{u_2^{(2)o}}{U_0}=\frac{u_3^{(2)o}}{u_3^{(1)o}}=\frac{u_3^{(2)o}}{-U_0};$$

而原始分功率器各口反射系数为 Γ_1、Γ_2、Γ_3,各口传输系数为 T_{12}、T_{13} 及 T_{23}。

从以上分析可以看出,对 1 口讲,奇模馈电对它不起作用,只要分析偶模等效电路即可。因此 1 口的反射系数与偶模等效电路的反射系数的模是相等的,即 $|\Gamma_1|=|\Gamma_e|$。从图 6-57(c)中可看出,偶模等效电路实际上相当于一个 $\lambda_g/4$ 阶梯阻抗变换器,其两端阻抗是 2 及 1,故可从阻抗变换器的角度求出各段的特性阻抗(导纳),即可令 $|\Gamma_1|=|\Gamma_e|$ 在频带内满足切比雪夫等起伏特性,那么 $y_1,y_2,\cdots,y_n$ 等数值即可由第 5 章的表 5-5 中查出来。当各段特性导纳值已知后,剩下的问题就是求隔离电导 $g_1,g_2,\cdots,g_n$ 的数值,以使 Γ_2、Γ_3 及 Γ_{23} 得到最佳的频带特性。

我们可写出各参量的关系如下:

$$|\Gamma_1|=|\Gamma_e| \tag{6-125}$$

由于对称性:$T_{12}=T_{13}$。

根据能量守恒原理,对无损网络(偶模等效电路)有

$$|T_{12}|^2+|T_{13}|^2+|\Gamma_1|^2=1$$

即

$$2|T_{12}|^2=1-|\Gamma_e|^2$$

故

$$|T_{12}|=|T_{13}|=\sqrt{\frac{1}{2}(1-|\Gamma_e|^2)} \tag{6-126}$$

$$\Gamma_2=\frac{u_2^{(2)}}{u_2^{(1)}}=\frac{u_2^{(2)e}+u_2^{(2)o}}{u_2^{(1)e}+u_2^{(1)o}}=\frac{u_2^{(2)e}+u_2^{(2)o}}{2U_0}=\frac{1}{2}(\Gamma_e+\Gamma_o) \tag{6-127}$$

由对称性：$\Gamma_3=\Gamma_2$，

$$T_{32}=\frac{u_3^{(2)}}{u_3^{(1)}}=\frac{u_3^{(2)e}+u_3^{(2)o}}{u_3^{(1)e}+u_3^{(1)o}}=\frac{u_3^{(2)e}+u_3^{(2)o}}{U_0+U_0}=\frac{1}{2}\left(\frac{u_1^{(2)e}}{U_0}+\frac{u_3^{(2)o}}{U_0}\right)=\frac{1}{2}(\Gamma_e-\Gamma_o) \tag{6-128}$$

Γ_o 前有一个负号是因为2、3口奇模馈电时，电压为$(U_0,-U_0)$，3口加入电压是负的。

由上面的关系式可知，若频带内 Γ_e 及 Γ_o 已求出，则可求出各个参量来，并且从它们间的关系可以看出，Γ_e 及 Γ_o 越小越好，因此我们可根据一定的频带指标要求来进行综合设计。计算表明，当 Γ_e 及 Γ_o 是最佳响应时，Γ_2 及 T_{32} 也接近于最佳响应。下面我们以二节二等分分功率器为例，求出设计公式。

二节二等分分功率器的偶、奇模等效电路分别如图6-58(a)及图6-58(b)所示。首先根据偶模等效电路，求出 $N=2$ 时反射系数 Γ_e 为切比雪夫响应特性时的 $\lambda_g/4$ 阻抗变换器的特性阻抗 $z_1(y_1)$、$z_2(y_2)$。这里需要求 g_1、g_2。为了求 g_1、g_2，只需研究奇模等效电路即可。对图6-58(b)，根据传输线输入导纳关系式，可求出奇模情况下的归一化输入导纳：

$$y_{sr}^0=2g_1+y_1\frac{y+(2g_2+y_2s)s}{2g_2+(y_1+y_2)s} \tag{6-129}$$

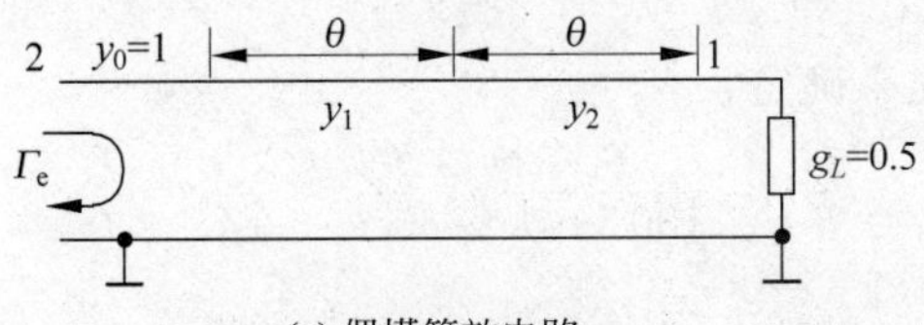

(a) 偶模等效电路

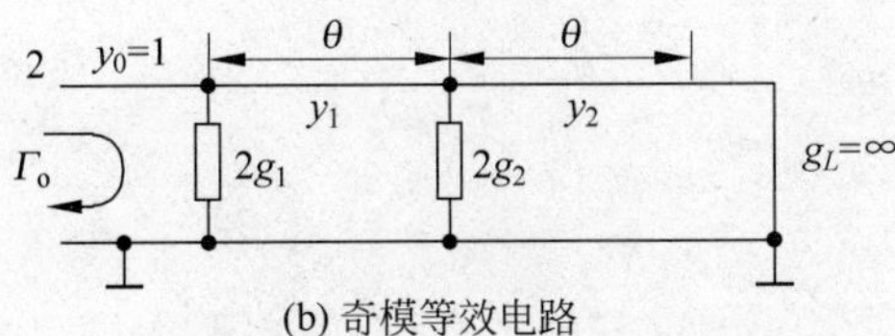

(b) 奇模等效电路

图6-58　二节二等分分功率器的奇偶模等效电路

式中的 y_1、y_2 及 g_1、g_2 均为归一化值，而

$$\Gamma_o=\frac{1-y_{sr}^0}{1+y_{sr}^0}=\frac{2g_2(1-2g_1)-y_1^2-y_1y_2s^2+[(y_1+y_2)(1-2g_1)-2g_2y_1]s}{2g_2(1+2g_1)+y_1^2+y_1y_2s^2+[(y_1+y_2)(1+2g_1)+2g_2y_1]s} \tag{6-130}$$

其中，$s=-\mathrm{j}\cot\theta$。

对于切比雪夫响应$|\Gamma_o|$对 θ 应该有如图6-59所示的形式。当 $\theta=\theta_3$ 及 $\theta=\theta_4=180°-\theta_3$

时，$\Gamma_o=0$。从 Γ_o 的表示式中，可看到带有 s 的项是虚数，带有 s^2 的项是实数，故当 $\theta=\theta_3$ 时有

$$2g_2(1-2g_1)-y_1^2-y_1y_2s^2=0$$

$$(y_1+y_2)(1-2g_1)-2g_2y_1=0$$

解上列联立方程，得

$$r_2=\frac{1}{g_2}=\frac{2z_1z_2}{\sqrt{(z_1+z_2)(z_2-z_1\cot^2\theta_3)}} \tag{6-131}$$

$$r_1=\frac{2r_2(z_1+z_2)}{r_2(z_1+z_2)-2z_2} \tag{6-132}$$

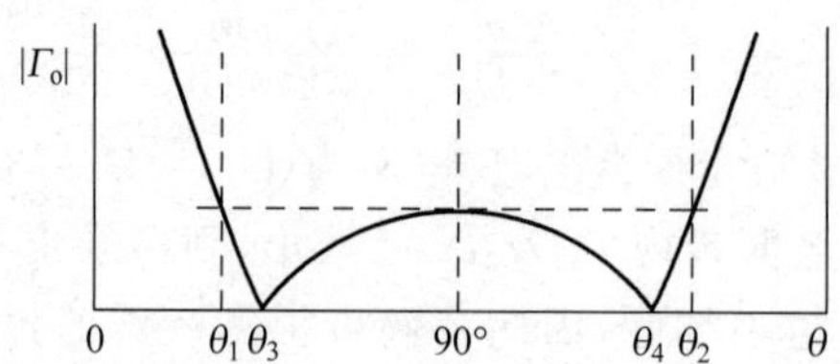

图 6-59 两节网络反射系数 $|\Gamma_o|$ 对 θ 的等波纹曲线关系

现在需要确定 θ_3。在图 6-59 中，$|\Gamma_o|$ 的最大波纹点及边缘点位置是 $\theta=90°$、$\theta=\theta_1$、$\theta=\theta_2=180°-\theta_1$。将 $|\Gamma_o|$ 与二阶切比雪夫多项式 $|T_2(x)|=|2x^2-1|$ 对应，可有 $x=(90°-\theta)/(90°-\theta_1)$。在 $T_2(x)$ 式中，当 $x=1/\sqrt{2}$ 时，$T_2(x)=0$；而 $\theta=\theta_3$ 时，$\Gamma_o=0$。所以得

$$\frac{1}{\sqrt{2}}=\frac{90°-\theta_3}{90°-\theta_1}$$

$$\theta_3=90°-\frac{1}{\sqrt{2}}(90°-\theta_1)=90°\left[1-\frac{1}{\sqrt{2}}\left(1-\frac{\theta_1}{90°}\right)\right] \tag{6-133}$$

θ_1 实际上可由边缘频率比来确定：

$$\frac{\theta_1}{\theta_2}=\frac{\theta_1}{180°-\theta_1}=\frac{k_1l}{k_2l}=\frac{\lambda_{g2}}{\lambda_{g1}}=\frac{f_1}{f_2}$$

若令中心频率 $f_0=\dfrac{f_1+f_2}{2}$，$\theta=90°$，则有

$$\theta_1=\frac{2\times 90°}{\dfrac{f_2}{f_1}+1}$$

代入式(6-133)，得

$$\theta_3=90°\left[1-\frac{1}{\sqrt{2}}\left(\frac{f_2/f_1-1}{f_2/f_1+1}\right)\right] \tag{6-134}$$

当两边缘频率确定后，θ_3 便可求出。代入 r_1 及 r_2 表示式中，r_1 及 r_2 便可确定。

将 $\theta=90°$ 代入 Γ_o 及 Γ_2 等式中便可求得频带内各口最大反射系数。同时将 $\theta=90°$ 代入 T_{12}、T_{13} 及 T_{23} 表示式中，便可求得各口间的传输系数、隔离度与中心频率时相应值的差值。

下面列举一个设计实例。

【例 6-4】 设 $f_2/f_1=2$，求二节二等分分功率器的参量 Z_1、Z_2 及 R_1、R_2。

$f_2/f_1=2$，相对带度

$$W=\frac{2(f_2/f_1-1)}{(f_2/f_1+1)}=0.6667$$

两端阻抗比 $R=2:1$，在第5章表5-4中，在 $W=0.6$、0.8 的数据之间用插入法求得 $W=0.6667$ 时的变阻段特性阻抗分别为

$$z_1 = 1.2197, \quad z_2 = \frac{2}{z_1} = 1.6398$$

z_1、z_2 都是取对 Z_0 的归一化值，故在求真值时还要乘上 Z_0。

由式(6-134)中求得

$$\theta_3 = 68.79^\circ$$

由式(6-131)和式(6-132)得

$$r_2 = 1.9602$$

$$r_1 = 4.8204$$

其各项指标的频率响应曲线如图6-60所示。由图可看出，在1、2、3口频带内最大驻波比 $\rho_{1m}=1.106$，$\rho_{2m}=\rho_{3m}=1.021$。2、3口最小隔离度是27.3dB。

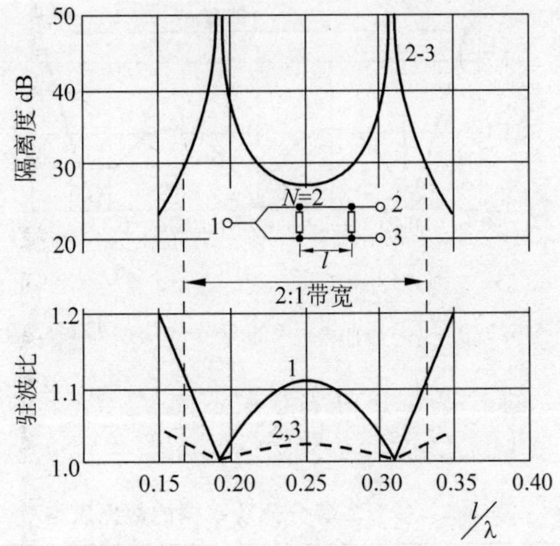

图6-60　$f_2/f_1=2$，$N=2$ 的二等分分功率器频应特性曲线

在 $N>3$ 时，各节的特性阻抗 $Z_1, Z_2, Z_3\cdots$ 数值仍可由偶模等效电路按 $\lambda_g/4$ 阶梯阻抗变换器合成法求得。对于隔离电阻，由于节数的增多，其数值不容易通过严格的综合方法求出，但仍可仿照阶梯阻抗变换器的分析方法，求出包括隔离电阻 $r_1, r_2, \cdots, r_N$ 的影响在内的输入口反射系数 Γ_o。但 Γ_o 一般说来不可能严格满足等波纹切比雪夫特性，经取一些近似以及通过几个实例计算和实验结果比较后，得到计算 $g_1, g_2, \cdots, g_N$ 的分式如下：

$$g_1 = 1 - y_1$$

$$g_k = \frac{y_{k-1} - y_k}{y_{k-1} T_1 T_2 \cdots T_{k-1}} \quad k = 2, 3, \cdots, N-1$$

$$g_N = \cfrac{\frac{1}{2} y_{N-1}^2}{-2g_{N-1} + \cfrac{y_{N-2}^2}{-2g_{N-2} + \cfrac{y_{N-3}^2}{\cfrac{\ddots}{-2g_2 + \cfrac{y_1^2}{-2g_1 + 1 + 0.7(\rho_{e90^\circ} - 1)}}}}} \tag{6-135}$$

其中

$$T_k = \frac{4y_{k-1}y_k}{(y_{k-1}+y_k+2g_k)^2}$$

ρ_{e90°是偶模阶梯阻抗转换器在$\theta=90^\circ$时的驻波比。对切比雪夫响应来讲，当N是奇数时，$\rho_{e90^\circ}=1$；当N是偶数时，$\rho_{e90^\circ}=\rho_{emax}$(即频带内最大驻波比)。

一个$N=3$、$f_2/f_1=3$的二等分分功率器的频应曲线如图6-61所示。

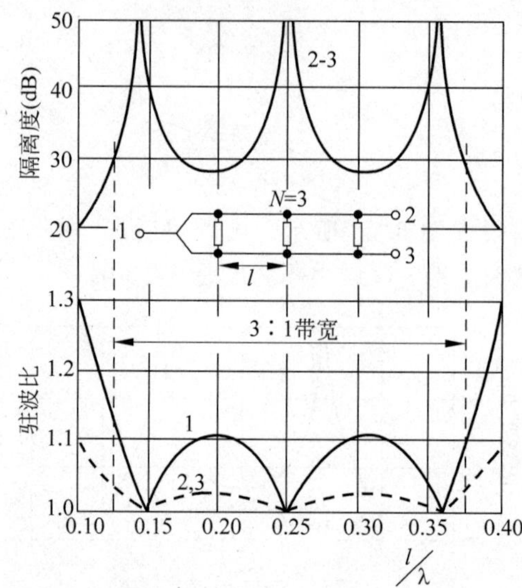

图6-61 $f_2/f_1=3$，$N=3$的等分分功率器频应曲线

关于$N=2$、3、4及7的二等分分功率器在不同f_2/f_1下的电路参量的计算结果如表6-6所示，以供设计时参考。

表6-6 多节二等分分功率器的数据表格

N(节数)	2	2	3	3	4	7
频带宽度f_2/f_1	1.5	2.0	2.0	3.0	4.0	10.0
1臂最大驻波比	1.036	1.106	1.029	1.105	1.100	1.206
2、3臂最大驻波比	1.007	1.021	1.015	1.038	1.039	1.098
2、3臂最小隔离度(dB)	36.6	27.3	38.7	27.9	26.8	19.4
z_1(归一化值)	1.1998	1.2197	1.1124	1.1497	1.1157	1.1274
z_2	1.6670	1.6398	1.4142	1.4142	1.2957	1.2051
z_3			1.7979	1.7396	1.5435	1.3017
z_4					1.7926	1.4142
z_5						1.5364
z_6						1.6597
z_7						1.7740
r_1(电阻归一化值)	5.3163	4.8204	10.0000	8.0000	9.6432	8.8494
r_2	1.8643	1.9602	3.7460	4.2292	5.8326	12.3229
r_3			1.9048	2.1436	3.4524	8.9246
r_4					2.0633	6.3980
r_5						4.3516
r_6						2.5924
r_7						4.9652

6.5.4　宽频带不等分分功率器

现在来分析多节不等分分功率器。从单节不等分分功率器电路参量可看出，在图 6-62 中，由于其分功率比 K^2 不等于 1，因而 a、b 两路特性阻抗也不等，而有下列关系：

$$\left.\begin{aligned} P_3 &= K^2 P_2 \\ Z_a &= K^2 Z_b \\ Z_2 &= K^2 Z_3 \end{aligned}\right\} \tag{6-136}$$

因此若组成多节的不等分分功率器，其上、下两路的特性阻抗也必然是不等的，如图 6-63 所示。设 a 路各节特性阻抗为 $Z_{a1}, Z_{a2}, \cdots$，b 路各节特性阻抗为 $Z_{b1}, Z_{b2}, \cdots$，也就是说上、下是不对称的。此时，我们若仍应用奇、偶模分析法，将此三口网络分成二口网络来分析，则必须作一些相应的变化。

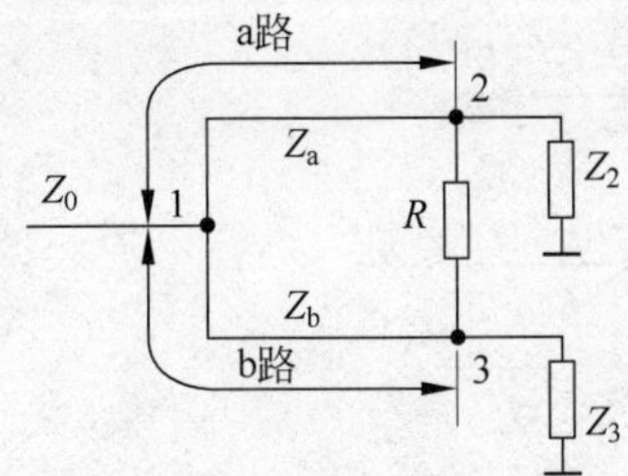

图 6-62　单节不等分分功率器

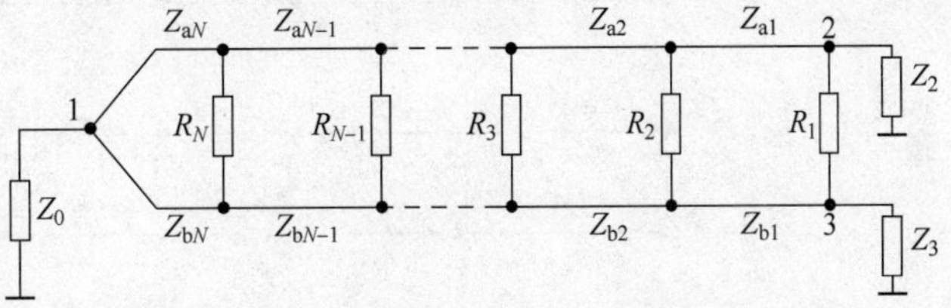

图 6-63　N 节不等分分功率器

当偶模馈电时，即当在 2 口及 3 口同时加上等幅、同相电压时，为了使隔离电阻 R_1，$R_2, \cdots, R_N$ 上不流过电流，要求 a、b 两路传输线上电压沿 x 的分布是相同的，这就要求 a 路各段线的特性阻抗和 b 路各段线的特性阻抗满足以下关系：

$$Z_{a1} = kZ_{b1}, \quad Z_{a2} = kZ_{b2}, \cdots, Z_{aN} = kZ_{bN}, \quad Z_2 = kZ_3$$

和单节不等分分功率器相比较，我们可知，实际上 $k = K^2$，即是功率分配比值。

此时，可将图 6-63 所示的三口网络分成两半来分析，如图 6-64(a)及图 6-64(b)所示。

图 6-64　偶模馈电时，a、b 两路的等效电路

图中

$$Z_{0o} = kZ_{0b}$$

且

$$\frac{Z_{0a}Z_{0b}}{(Z_{0a}+Z_{0b})}=Z_0$$

即

$$Z_{0b}=\frac{1+k}{k}Z_0,\quad Z_{0a}=(1+k)Z_0,\quad Z_2=kz_3$$

在奇模馈电情况下，为了使 a、b 两路能分开来讨论，要求在 a、b 两路上，电流沿 x 方向大小相等而方向相反。此时在隔离电阻中间必有某一点是地电位，因而可以将 a、b 两路从此点分开来。为了达到此目的，在加奇模电压时，不能按一般典型的加法，而要做一些变化。我们在 2 口加电压 $+kU_0$，在 3 口加电压 $-U_0$，此时图 6-63 的三口网络可分成两半，如图 6-65 所示。

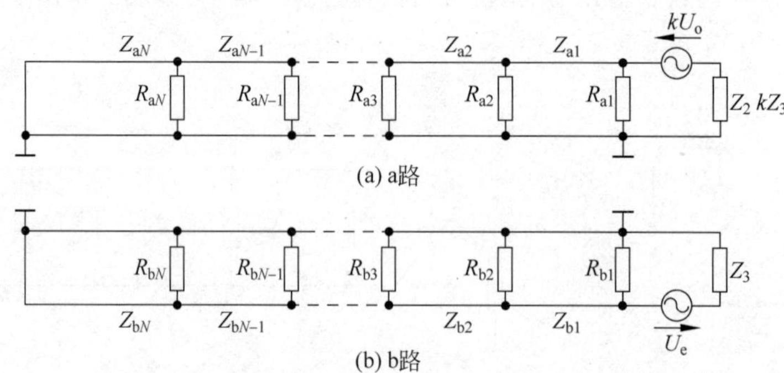

图 6-65 变异奇模等效电路

图中 $R_{a1}=kR_{b1}$，$R_{a2}=kR_{b2}$，…，$R_{aN}=kR_{bN}$；$(R_{a1}+R_{b1})=R_1$，$(R_{a2}+R_{b2})=R_2$，…，$(R_{aN}+R_{bN})=R_N$；$Z_{a1}=kZ_{b1}$，$Z_{a2}=kZ_{b2}$，…，$Z_{aN}=kZ_{bN}$；$Z_2=kZ_3$

以上我们用偶模和变异奇模馈电方法将多节不等分分功率器三口网络分成了二口网络奇偶电路。下面就可通过分别求奇、偶模等效电路的反射系数 Γ_e、Γ_o 和传输系数，再将它们按一定的关系叠加，求得总三口网络的各口反射系数 Γ_1、Γ_2、Γ_3 以及各口传输系数 T_{12}、T_{13} 和隔离度 T_{23} 等参量，再根据它们和分功率器电路参量的关系，通过综合设计，求出各段特性阻抗 Z_{a1}，Z_{a2}，…；Z_{b1}，Z_{b2}，…及 R_1，R_2，…等数值。

设 2 口偶模电路反射系数为

$$\Gamma_{2e}=\frac{U_2^{(2)e}}{U_2^{(1)e}}=\frac{U_2^{(2)e}}{U_0}$$

3 口偶模电路反射系数为

$$\Gamma_{3e}=\frac{U_3^{(2)e}}{U_3^{(1)e}}=\frac{U_3^{(2)e}}{U_0}$$

从图 6-64 的偶模等效电路及图 6-65 的奇模等效电路可看出，a、b 两路电参量实际上只差一个阻抗因子 k。因此，其反射系数应是相等的，即 $\Gamma_{3e}=\Gamma_{2e}=\Gamma_e$。

设 2 口奇模电路反射系数为

$$\Gamma_{2o}=\frac{U_2^{(2)o}}{U_2^{(1)o}}=\frac{U_2^{(2)o}}{kU_0}=\Gamma_o$$

3 口奇模电路反射系数为

$$\Gamma_{3o}=\frac{U_3^{(2)o}}{U_3^{(1)o}}=\frac{U_3^{(2)o}}{-U_0}=\Gamma_o$$

因为奇模馈电对1口不起作用，故1口的反射系数在数值上就等于偶模电路的反射系数，即$|\Gamma_1|=|\Gamma_e|$。

2口反射系数

$$\Gamma_2=\frac{U_2^{(2)}}{U_2^{(1)}}=\frac{U_2^{(2)e}+U_2^{(2)o}}{U_2^{(1)e}+U_2^{(1)o}}=\frac{U_2^{(2)e}+U_2^{(2)o}}{U_0+kU_0}=\frac{U_2^{(2)e}+U_2^{(2)o}}{U_0(1+k)}=\frac{\Gamma_e+k\Gamma_o}{1+k} \tag{6-137}$$

2—3口传输系数

$$T_{32}=\frac{U_3^{(2)}}{U_2^{(1)}}=\frac{U_3^{(2)e}+U_3^{(2)o}}{U_2^{(1)e}+U_2^{(1)o}}=\frac{U_3^{(2)e}+U_3^{(2)o}}{U_0+kU_0}=\frac{U_3^{(2)e}+U_3^{(2)o}}{U_0(1+k)}=\frac{\Gamma_e-\Gamma_o}{1+k} \tag{6-138}$$

2—1口传输系数

$$T_{12}=\frac{U_1^{(2)}}{U_2^{(1)}}=\frac{U_1^{(2)e}+U_1^{(2)o}}{U_2^{(1)e}+U_2^{(1)o}}=\frac{U_1^{(2)e}}{U_0+kU_0}=\frac{U_1^{(2)e}}{U_0(1+k)}=\frac{T_e}{1+k} \tag{6-139}$$

T_e为1—2口偶模传输系数

$$T_e=\frac{U_1^{(2)e}}{U_0}$$

为了得到Γ_3、T_{23}、T_{13}，可分别在2、3口加偶模电压kU_0及kU_0，加奇模电压$-kU_0$及$+U_0$，此时：

$$\Gamma_{2e}=\frac{U_2^{(2)e}}{U_2^{(1)e}}=\frac{U_2^{(2)e}}{kU_0}=\Gamma_e$$

$$\Gamma_{3e}=\frac{U_3^{(2)e}}{U_3^{(1)e}}=\frac{U_3^{(2)e}}{kU_0}=\Gamma_e$$

$$\Gamma_{2o}=\frac{U_2^{(2)o}}{U_2^{(1)o}}=\frac{U_2^{(2)o}}{-kU_0}=\Gamma_o$$

$$\Gamma_{3o}=\frac{U_2^{(2)o}}{U_3^{(1)o}}=\frac{U_3^{(2)o}}{U_0}=\Gamma_o$$

则3口反射系数

$$\Gamma_3=\frac{U_3^{(2)}}{U_3^{(1)}}=\frac{U_3^{(2)e}+U_3^{(2)o}}{U_3^{(1)e}+U_3^{(1)o}}=\frac{U_3^{(2)e}+U_3^{(3)o}}{kU_0+U_0}=\frac{U_3^{(2)e}+U_3^{(2)o}}{U_0(1+k)}=\frac{k\Gamma_e+\Gamma_o}{1+k} \tag{6-140}$$

3—2口传输系数

$$T_{23}=\frac{U_2^{(2)}}{U_3^{(1)}}=\frac{U_2^{(2)e}+U_2^{(2)o}}{U_3^{(1)e}+U_3^{(1)o}}=\frac{U_2^{(2)e}+U_2^{(2)o}}{kU_0+U_0}=\frac{U_2^{(2)e}+U_2^{(2)o}}{U_0(1+k)}=\frac{k\Gamma_e-k\Gamma_o}{1+k} \tag{6-141}$$

1—3口传输系数

$$T_{13}=\frac{U_1^{(2)}}{U_3^{(1)}}=\frac{U_1^{(2)e}+U_1^{(2)o}}{U_3^{(1)e}+U_3^{(1)o}}=\frac{U_1^{(2)e}}{kU_0+U_0}=\frac{U_1^{(2)e}}{U_0(1+k)}=\frac{kT_e}{1+k}\quad\left(\text{其中，}\frac{U_1^{(2)e}}{kU_0}=T_e\right) \tag{6-142}$$

下面来求Γ_e及Γ_o，它们可以通过求级联后总网络$\boldsymbol{A}$矩阵各元素后来求得。

对偶模等效电路(如图6-66所示)，这里只是为了便于观察，将图6-64的电路倒转过来。由于其每节特性阻抗都不同，为了运算方便起见，我们直接取未归一化的$\boldsymbol{A}$矩阵来做级联运算。

一段特性阻抗为Z_{ai}、电长度为θ的传输线，其$\boldsymbol{A}$矩阵为

$$\boldsymbol{A}_i=\begin{bmatrix}\cos\theta & \mathrm{j}Z_{ai}\sin\theta\\ \mathrm{j}\dfrac{1}{Z_{ai}}\sin\theta & \cos\theta\end{bmatrix},\quad i=1,2,\cdots,N$$

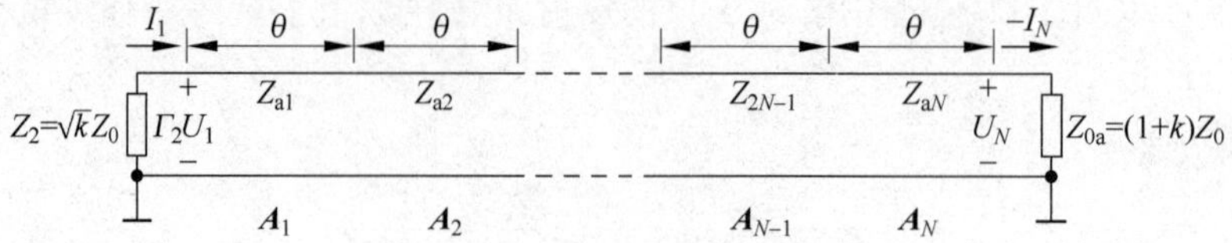

图 6-66 偶模等效电路

故得级联后总矩阵为

$$\boldsymbol{A}_e = \boldsymbol{A}_1\boldsymbol{A}_2\cdots\boldsymbol{A}_N = \begin{bmatrix} \cos\theta & jZ_{a1}\sin\theta \\ j\dfrac{1}{Z_{a1}}\sin\theta & \cos\theta \end{bmatrix}\begin{bmatrix} \cos\theta & jZ_{a2}\sin\theta \\ j\dfrac{1}{Z_{a2}}\sin\theta & \cos\theta \end{bmatrix}\cdots\begin{bmatrix} \cos\theta & jZ_{aN}\sin\theta \\ j\dfrac{1}{Z_{aN}}\sin\theta & \cos\theta \end{bmatrix}$$

$$= \prod_{i=1}^{N}\begin{bmatrix} \cos\theta & jZ_{ai}\sin\theta \\ j\dfrac{1}{Z_{ai}}\sin\theta & \cos\theta \end{bmatrix} = \begin{bmatrix} A_e & B_e \\ C_e & D_e \end{bmatrix} = \left[\frac{j}{\sqrt{1-s^2}}\right]^N \cdot \prod_{i=1}^{N}\begin{bmatrix} s & Z_{ai} \\ \dfrac{1}{Z_{ai}} & s \end{bmatrix} \tag{6-143}$$

这里令 $s=-j\cot\theta$。

故

$$\cos\theta = \frac{js}{\sqrt{1-s^2}},\quad \sin\theta = \frac{1}{\sqrt{1-s^2}},$$

即

$$U_1 = A_e U_N - B_e I_N$$
$$I_1 = C_e U_N - D_e I_N$$

而

$$\frac{U_N}{-I_N} = Z_{0a}$$

故

$$U_1 = A_e U_N + B_e \frac{1}{Z_{0a}} U_N = \left(A_e + B_e\frac{1}{Z_{0a}}\right)U_N$$
$$I_1 = C_e U_N + D_e \frac{1}{Z_{0a}} U_N = \left(C_e + D_e\frac{1}{Z_{0a}}\right)U_N$$

所以

$$Z_{sr} = \frac{U_1}{I_1} = \frac{A_e + B_e\dfrac{1}{Z_{0a}}}{C_e + D_e\dfrac{1}{Z_{0a}}} = \frac{A_e Z_{0a} + B_e}{C_e Z_{0a} + D_e} \tag{6-144}$$

反射系数

$$\Gamma_e = \frac{Z_{sr} - Z_2}{Z_{sr} + Z_2} = \frac{\dfrac{A_e Z_{0a} + B_e}{C_e Z_{0a} + D_e} - Z_2}{\dfrac{A_e Z_{0a} + B_e}{C_e Z_{0a} + D_e} + Z_2} = \frac{A_e Z_{0a} + B_e - (C_e Z_{0a} Z_2 - D_e Z_2)}{(A_e Z_{0a} + B_e + C_e Z_{0a} Z_2 + D_e Z_2)} \tag{6-145}$$

传输系数

$$T_e = \frac{U_N}{U_1^{(1)}} = \frac{U_N(1+\Gamma_e)}{U_1} = \frac{2Z_{0a}}{A_e Z_{0a} + B_e + C_e Z_{0a} Z_2 + D_e Z_2} \tag{6-146}$$

奇模等效电路,如图 6-67 所示。

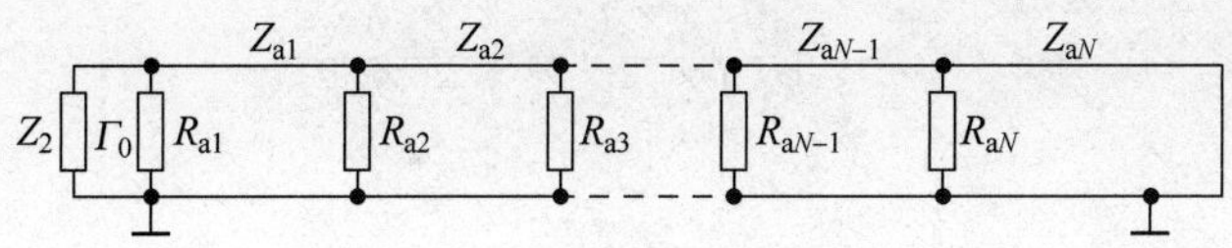

图 6-67　奇模等效电路

总 $\boldsymbol{A}_o$ 矩阵为

$$\boldsymbol{A}_o = \boldsymbol{A}_{R1}\boldsymbol{A}_1\boldsymbol{A}_{R2}\boldsymbol{A}_2\cdots\boldsymbol{A}_{RN}\boldsymbol{A}_N \tag{6-147}$$

其中，

$$\boldsymbol{A}_{Ri} = \begin{bmatrix} 1 & 0 \\ \dfrac{1}{R_{ai}} & 1 \end{bmatrix},\quad i = 1,2,\cdots,N$$

$$\boldsymbol{A}_i = \begin{bmatrix} \cos\theta & jZ_{ai}\sin\theta \\ j\dfrac{1}{Z_{ai}}\sin\theta & \cos\theta \end{bmatrix},\quad i = 1,2,\cdots,N$$

$$\boldsymbol{A}_o = \prod_{i=1}^{n}\begin{bmatrix} \cos\theta & jZ_{ai}\sin\theta \\ \dfrac{\cos\theta}{R_{ai}} + j\dfrac{1}{Z_{ai}}\sin\theta & \cos\theta + j\dfrac{Z_{ai}}{R_{ai}}\sin\theta \end{bmatrix}$$

$$= \begin{bmatrix} A_o & B_o \\ C_o & D_o \end{bmatrix} = \left(\frac{j}{\sqrt{1-s^2}}\right)^N \prod_{i=1}^{N}\begin{bmatrix} s & Z_{ai} \\ \dfrac{s}{R_{ai}} + \dfrac{1}{Z_{ai}} & s + \dfrac{Z_{ai}}{R_{ai}} \end{bmatrix} \tag{6-148}$$

奇模电路反射系数

$$\Gamma_o = \frac{B_o - D_o Z_2}{B_o + D_o Z_2} \tag{6-149}$$

从上面分析中可以看出，分功率器的指标，如隔离度、驻波比等，与 Γ_e 及 Γ_o 有关，而且希望 Γ_e 及 Γ_o 越小越好。由于 $|\Gamma_1| = |\Gamma_e|$，故各节特性阻抗可以通过偶模等效电路按阻抗比为 $(1+k)/\sqrt{k}$ 的 N 节阶梯阻抗变换器进行设计。对于隔离电阻，其计算方法实际上和 N 节二等分分功率器相同。我们先看一下 $N=2$ 的情况：

隔离电阻只与奇模电路有关，故只需考虑 Γ_o。当 $N=2$ 时，根据式(6-148)及式(6-149)，求得

$$\Gamma_o = \frac{G_2(1-G_1Z_2) - Y_1^2Z_2 - Y_1Y_2s^2Z_2 + [(Y_1+Y_2)(1-G_1Z_2) - G_2Y_1Z_2]s}{G_2(1+G_1Z_2) + Y_1^2Z_2 + Y_1Y_2s^2Z_2 + [(Y_1+Y_2)(1+G_1Z_2) + G_2Y_1Z_2]s} \tag{6-150}$$

此式中包含 s^0 及 s^2 的项为实数，包含 s 的项为纯虚数。

$$Y_1 = \frac{1}{Z_{a1}},\quad Y_2 = \frac{1}{Z_{a2}},\quad G_1 = \frac{1}{R_{a1}},\quad G_2 = \frac{1}{R_{a2}}$$

对于切比雪夫响应的 Γ_o-θ 关系，当 $\theta=\theta_3$ 及 $\theta=\theta_4=180°-\theta_3$ 时，$\Gamma_o=0$，此时有

$$\left.\begin{aligned} G_2(1-G_1Z_2) - Y_1^2Z_2 - Y_1Y_2s^2Z_2 &= 0 \\ (Y_1+Y_2)(1-G_1Z_2) - G_2Y_1Z_2 &= 0 \end{aligned}\right\} \tag{6-151}$$

解上述两方程，得

$$R_{a2} = \frac{1}{G_2} = \frac{Z_{a1}Z_{a2}}{\sqrt{(Z_{a1}+Z_{a2})(Z_{a2}-Z_{a1}\cot^2\theta_3)}} \tag{6-152}$$

$$R_{a1}=\frac{R_{a2}Z_2(Z_{a1}+Z_{a2})}{R_{a2}(Z_{a1}+Z_{a2})-Z_{a2}Z_2} \tag{6-153}$$

这里，

$$\theta_3=90\left(1-\frac{1}{\sqrt{2}}\frac{f_2/f_1-1}{f_2/f_1+1}\right)$$

f_1、f_2 是两边缘频率，见上一节的分析。

对于 $N>2$ 时，隔离电阻 $R_{a1}, R_{a2}, \cdots, R_{aN}$ 的数值可以仿上一节二等分分功率器中介绍的方法由奇模等效电路求出。求出 $R_{a1}, R_{a2}, \cdots, R_{aN}$ 数值后，总分功率器的隔离电阻

$$R_1=(R_{a1}+R_{b1})=\left(R_{a1}+\frac{R_{a1}}{k}\right)=\left(1+\frac{1}{k}\right)R_{a1}$$

$$R_2=\left(1+\frac{1}{k}\right)R_{a2}$$

……

$$R_N=\left(1+\frac{1}{k}\right)R_{aN} \tag{6-154}$$

6.6 小结

电桥、定向耦合器和分功率器属于最基本的微带电路元件。本章着重于用网络运算方法，根据指标要求对电路进行设计，最后得到电路各部分的尺寸。

由于这些元件都是多口网络，用一般的矩阵运算和综合设计方法较为不便。当前，对二口网络的综合设计方法较为成熟。因此，我们利用这些元件大部分结构对称这一特点将其分解为奇、偶模的二口网络进行计算。这样就可充分应用二口网络已有的综合设计法对上述元件进行设计。对结构不对称的某些元件，在作一些变动以后也可分解成奇、偶模电路，但计算过程要烦琐得多。

这些电路元件在特性、用途以及设计方法上都有其共同性。例如各引出口都要求匹配，某几个输出口之间应有一定的功率比关系，某些口之间应该隔离等。但是它们之间又有差别，在应用时要根据具体情况选用。例如对于平衡混频器，在选择电桥时，应考虑到环形电桥在结构不能满足其要求，耦合微带线 3dB 电桥由于其间距 s 太近，事实上无法做到，故通常就选用分支线电桥，且可根据频带要求选择两分支或多分支(事实上 $N>3$ 不能应用，因其结构太复杂，且电路损耗太大)。又如作为功率分配元件，可以选择分支线、耦合线定向耦合器，也可以选择三端分功率器。它们各有优缺点。在等分功率时，以选择三端分功率器为优，其结构简单，特性优良。而当功率分配不均匀时，三端分功率器两边结构不对称，由于两边的尺寸跳变、T 接头、弯曲等不均匀性的影响，难以把各方面的指标做到理想；并且在功率分配比大于 6 以上时，线条的粗细相差悬殊，使得结构上难于实现，此时以采用定向耦合器为佳。对于分支线和耦合线定向耦合器，前者过渡衰减不宜过大，在 $C>10$dB 后，同样由于电桥各部分线条粗细相差悬殊而不易实现。反之，对于后者则过渡衰减不宜过小，在

$C<6\mathrm{dB}$ 左右以后，由于耦合线间距要求过近，无法在微带工艺中实现或保证精度，因此也是不现实的。由此可知，除了掌握各种元件的共同点以外，还应了解它们的特点，以便使用时能合理地选择。

最后还应指出，本章所述的分析计算方法一般都在理想条件下得出，忽略了一些实际因素(如微带线的不均匀性)，因此在按这些公式计算之后，还应根据实验结果进行一些修正。

第7章 微带电路元件的构成

CHAPTER 7

7.1 微带电路的结构及其重要性

前面几章介绍了一些典型的微带电路元件的电特性以及设计方法。电路设计的完成,只不过是整个工作的第一步。要真正得到能够实际应用的电路元件还必须认真考虑结构和工艺问题。从某种意义来说,对这些问题应该比电路设计更重视。一个微带电路元件只有在真正实现以后才能证明预先的考虑和整个设计的正确性。事实上,要完全实现预先的设想是不可能的。这一方面是由于人们认识的限制,理论计算不可能完全反映客观世界;另一方面,更主要的是结构和工艺中,存在很多实际因素的影响,这些影响有时甚至会很大,以致使电路呈现和预先设想完全不同的性质。例如在微带固体倍频器中,如果偏压线走线不合理,则将引起振荡;在微带 PIN 管开关中,如果屏蔽盒设计不合理,则在开关导通状态时,将在工作频带范围内的某一频率,产生一个很大的衰减尖峰。这些都说明了结构和工艺是十分现实、又是十分重要的问题。我们必须在工作中认真总结结构和工艺中的实际因素及其影响,丰富认识,找出规律,反过来指导实践。

由于结构和工艺中的实际问题是很复杂的,在这里不可能全都讨论到,况且许多问题还有待继续认识,因此本章只是比较原则地讨论一些电路结构问题,其余的希望读者通过实际工作加以丰富和补充。

在本章中,重点讨论以下几个问题。

(1) 微带电路屏蔽盒尺寸的合理考虑;屏蔽盒、接地板以及瓷介质基片的固定问题。

(2) 微带电路元件和其他传输线,如波导、同轴线的连接问题。

(3) 在带有微波固体器件的微带电路中加偏压的方法以及电路各部分之间的隔直流问题。

(4) 微波固体器件与微带电路的连接问题。

7.2 屏蔽盒

一个盖子打开后的微带电路元件如图 7-1 所示,一般由一块具有电路图形的基片、外面的屏蔽盒以及转换接头、偏压源插头等组合而成。

屏蔽盒主要起电屏蔽作用,同时也起机械保护、环境保护作用。一般采用质量较轻的铝作为材料。大批量生产时可以用压铸工艺。其结构要便于电路的装卸，通常分成主体、底板、盖板三部分，如图 7-2 所示。

介质基片的一面是电路图形，另一面全部敷以金属膜。基片置于底板上，底板安装于屏蔽盒主体后面，利用同轴—微带转换接头(或波导—微带转换接头)伸出的导体芯子将其压紧于底板上，如图 7-1 所示。

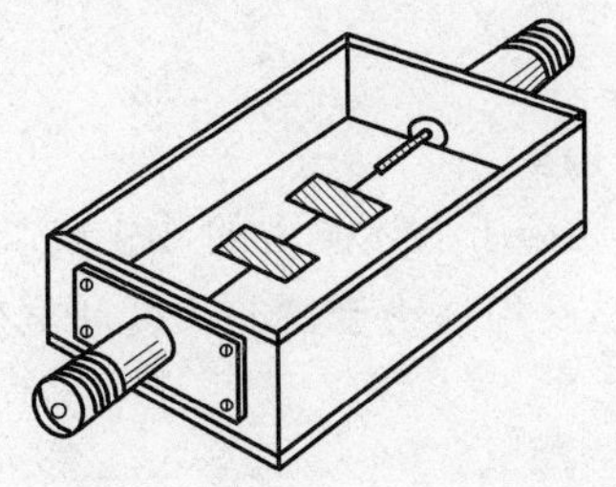

图 7-1　微带电路元件的结构图

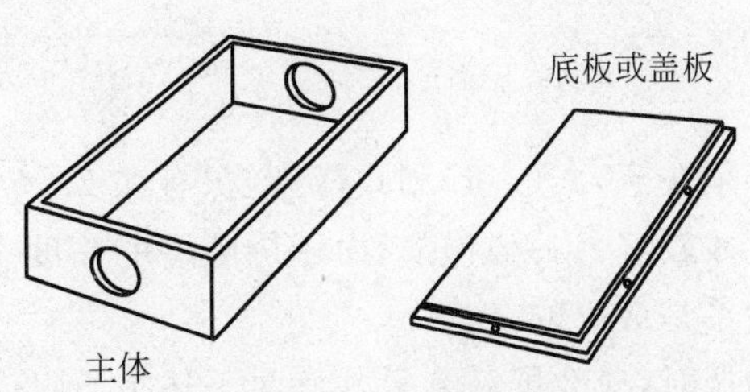

图 7-2　屏蔽盒

有些正式电路元件成品，为了加强其机械牢固性和可靠性，用导电胶将介质基片和屏蔽盒底板粘合在一起。同时转换接头的芯子和微带导体带条也相互焊牢，使其接触可靠。

为了避免屏蔽盒的壁对电路中电场的扰动，盖板离电路的距离应在 $5\sim10h$ 以上(h 为基片厚度)。最靠边缘的导体带条距屏蔽盒侧壁的距离应在 $3h$ 以上。

若还要使屏蔽盒具有环境保护作用，则在其外表面还要涂敷环氧树脂等保护性材料。

前面曾经提到，当屏蔽盒尺寸选择不合适时，可能在某一频率发生衰减的尖峰，经过分析和实验，已查明这是由屏蔽盒的谐振效应所引起。当工作频率接近此种“屏蔽盒空腔”的谐振频率时，部分能量被吸收，因而产生了衰减的尖峰。

屏蔽盒空腔如图 7-3 所示。它基本上是一个矩形腔，只是在底部有一层厚度为 h、介电常数为 ε_r 的介质基片，因此是一部分充填介质的矩形谐振腔，其长、宽、高各为 L、a、b。在求其谐振频率时，和一般的矩形腔相同，先将其看成一段横截面尺寸为 $a\times b$ 的矩形波导，求出其波导波长 λ_g，再令长度 L 为 $\lambda_g/2$ 的整数倍，根据此关系，即可求得谐振频率。

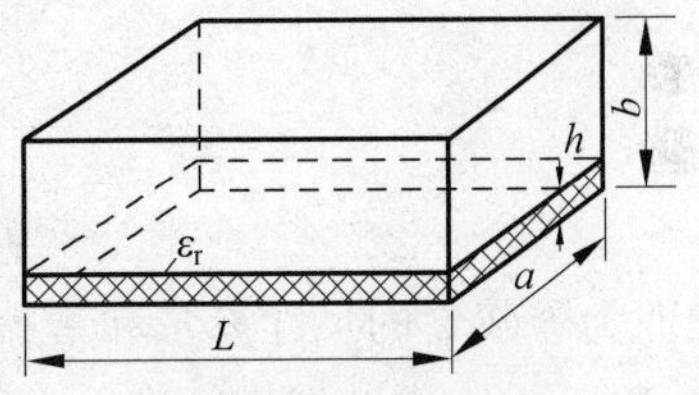

图 7-3　屏蔽盒腔体

由于底部垫有一块介质板，故其临界波长及波导波长和同尺寸的均匀波导有所不同。对于电场垂直于介质面的最低模式，假设屏蔽盒壁面为理想导体，则波导波长可近似地表示为

$$\lambda_g \approx \frac{\lambda_0}{\sqrt{\dfrac{1}{1-\dfrac{h}{b}\left(1-\dfrac{1}{\varepsilon_r}\right)}-\left(\dfrac{\lambda_0}{2a}\right)^2}} \tag{7-1}$$

式(7-1)中各符号已示于图 7-3，λ_0 为自由空间的波长。

若令 $h=0$ 或 $\varepsilon_r=1$，亦即为无介质基片的情况，则式(7-1)变为

$$\lambda_g = \frac{\lambda_0}{\sqrt{1-\left(\dfrac{\lambda_0}{2a}\right)^2}} \tag{7-2}$$

此即为一般矩形波导的 H_{10} 型的波导波长公式。

式(7-1)所示的为最低型，亦即沿横截面的 a 方向，只存在半个驻波(即半个正弦周期)的电场的变化。在高次型时，其半驻波的个数 N 为任意整数，此时波导波长可由式(7-1)类推为

$$\lambda_g \approx \frac{\lambda_0}{\sqrt{\dfrac{1}{1-\dfrac{h}{b}\left(1-\dfrac{1}{\varepsilon_r}\right)}-\left(\dfrac{\lambda_0 N}{2a}\right)^2}} \tag{7-3}$$

必须注意，式(7-1)和式(7-3)只有在 $2\pi(b-h)$ 及 $2\pi h$ 远小于上述波型的截止波长时近似程度才较好。一般说来，由于屏蔽盒的高度及介质片的厚度均远小于盒的长度和宽度，故上述关系是成立的。

谐振时，应令屏蔽盒尺寸满足下述关系：

$$L = M\frac{\lambda_g}{2} \tag{7-4}$$

其中，M 为任意正整数。

若令

$$C = \sqrt{\frac{1}{1-\dfrac{h}{b}\left(1-\dfrac{1}{\varepsilon_r}\right)}} \tag{7-5}$$

为一个取决于腔的横截面尺寸及介质介电常数的参量，则式(7-3)和式(7-4)可表示为

$$\frac{L}{M} = \frac{\lambda_0}{2\sqrt{C^2 - C^2\left(\dfrac{N\lambda_0}{2aC}\right)^2}} = \frac{\lambda_0}{2C\sqrt{1-\left(\dfrac{N\lambda_0}{2aC}\right)^2}} \tag{7-6}$$

$$\frac{LC}{M} = \frac{\lambda_0}{2\sqrt{1-\left(\dfrac{N\lambda_0}{2aC}\right)^2}} \tag{7-7}$$

此即为屏蔽盒的尺寸参量和谐振频率的关系式。由于 C 可根据式(7-5)计算得出，因此在式(7-7)中给出谐振模的次数 M 和 N，即可计算出 λ_0 或相应的谐振频率 f_0。一般情况下，M 和 N 最大取到 2 或 3 即可，更高次的谐振模式已很微弱，其影响可不考虑。

在设计屏蔽盒尺寸时，应根据式(7-5)及式(7-7)，由盒的尺寸及介质基片的参数计算“屏蔽盒空腔”的谐振频率，检查其是否落于微带电路的工作频带内，如果存在谐振现象，则应修改盒的尺寸。

为了简化计算，我们把式(7-5)和式(7-7)画成曲线，如图 7-4 和图 7-5 所示。图 7-4 是在 $\varepsilon_r=9.6$ 的情况下画出，可据此曲线直接查出参数 C。图 7-5 则以谐振频率 f_0 为参量，画出 LC/M 对 aC/N 的一组关系曲线。在核算时可取(M、N)为(1,1)、(1,2)、(2,1)、(2,2)四个组合，由纵坐标横坐标的交点所在的曲线查出相应的谐振频率。

【例 7-1】 5cm 波段的微波固体调制器，其屏蔽盒尺寸为$(40\times30\times15)\text{mm}^3$，瓷介质基片厚度 $h=1\text{mm}$，$\varepsilon_r=9.6$。发现在工作频带内有衰减尖峰，将屏蔽盒的盖板打开，或在盒内塞入一个金属块，此现象即消失。

我们对此进行核算，检查是否可能由屏蔽盒空腔谐振所引起。

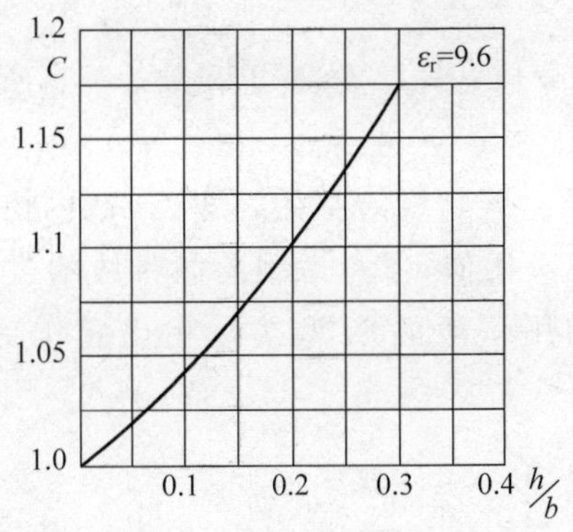

图 7-4 屏蔽盒腔体参量对尺寸的关系

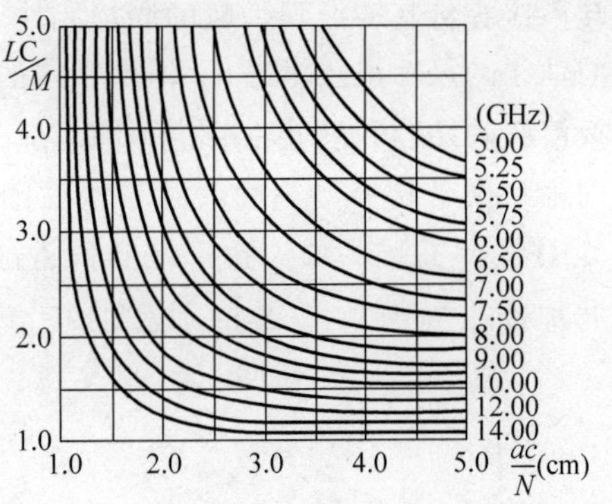

图 7-5 屏蔽盒腔体谐振频率和尺寸的关系

由 $h/b=1/15=0.067$ 和 $\varepsilon_r=9.6$，查图 7-4 得参量 $C=1.03$。

计算 LC/M 及 aC/N，取 M，N 为(1,1)、(1,2)、(2,1)，(2,2)四个组合，在曲线 7-5 上查得相应的谐振频率分别为：6100MHz、8700MHz、11 000MHz、12 300MHz。可知第一个谐振频率正好在 $\lambda_0=5$cm 所对应的 6000MHz 附近，在工作频带以内，因此在盒中激励起空腔谐振模而产生衰减峰。为此将屏蔽盒尺寸重新设计，改为$(30\times20\times12)\mathrm{mm}^3$，此现象随即消除。

7.3 同轴—微带转换接头

由于通常的测量仪表和测量元件均为同轴线和波导结构，以及在一个微波系统中，除了一部分为微带电路外，其余部分亦可能仍为同轴或波导元件。因此，必然会经常遇到微带系统和同轴、波导系统的连接问题。因为两种不同形式的传输线必须用转换接头连接在一起，所以，它就成为微带电路元件中必不可少的部分。

对转换接头有下述要求：

(1) 插入驻波比必须尽可能低。因为转换接头构成整个微波系统的一部分，它的插入驻波的增大将引起整个微波系统匹配情况的恶化。尤其在某些精密测量过程中(如相位的测量、电桥隔离度的测量等)，降低转换接头的驻波比成了提高测量精度的关键。插入驻波比一般应在 1.2 以下，在较高要求的场合，则应在 1.1 甚至 1.05 以下。

(2) 必须有较宽的频带。因为微带电路一般工作于宽频带，相应的过渡接头亦应满足此要求。尤其是微带—同轴转换接头，希望在很宽的频带范围内，使接头的结构和尺寸规格化，通常规定的工作频率范围为 1000～12 000MHz。在此频率范围内，接头的指标均应满足要求。

(3) 接头损耗应尽可能小。损耗主要由转换处的辐射效应和接触不良所引起，在使用屏蔽盒后，损耗则主要由后者所引起，为此应特别注意机械结构和工艺。

(4) 具有一定的机械稳定性，能经受多次接插而不致降低性能。

本节着重介绍同轴—微带转换接头，下一节再介绍波导—微带过渡接头。

同轴—微带过渡接头一般有两种规格：一种是同轴线尺寸采用外径 7mm、内径 3mm 的标准 50Ω 尺寸，此即为一般同轴元件所采用的尺寸；另一种为小型化 50Ω 同轴线，其外径为 3mm、内径为 1.3mm。由于目前小型化同轴线元件尚不多，故还须经过大小两种同轴线的转换接头将其转接到一般的同轴元件上。

同轴线的尺寸虽已标准化，但微带线的参量，如介质基片厚度、介电常数等都有所差异，故转换接头的结构和尺寸也略为不同。

同轴—微带转换接头的大致结构如图 7-6 所示。同轴线的直径为外径 $\phi7$、内径 $\phi3$ 的标准 50Ω 线。其接头的大致形状和通常的 N 型接头相似，但考虑到向微带线的过渡，以及对此种接头驻波比要求特别高的特点，所以和用一般的 N 型接头相比应作更多的考虑。

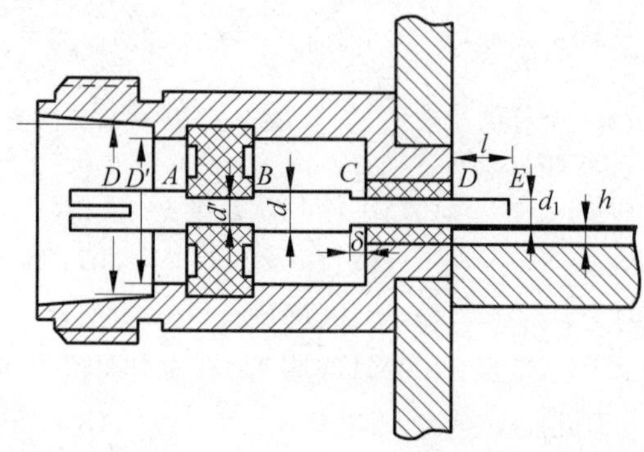

图 7-6　同轴—微带转换接头

从图中可看出，接头中共有 A、B、C、D、E 五个尺寸跳变点。它们的引入，或是因为介质支撑所必须添加；或由于微带线的尺寸较小，因此必须将标准同轴线的尺寸变小。总之这一系列跳变点是不可免的。但正是这些跳变点成了反射源，在很多点上产生反射波，因而破坏了匹配。

在通常的微波电路中，可以在某一点加一个调配元件，使所有的反射波相互抵消而得到匹配。但这种匹配的频带有限，它的考虑出发点是使所有反射源所产生的反射相互抵消。但由于频率改变时，各反射源之间的电角度也发生变化，因而各反射源的反射波之间的相移也变化了，它们叠加而得到的总反射波就不能保持为零或一个很小的数值。所以通常使用的匹配方法对于多反射点、极宽工作频带的情形就不再适应。我们必须对于具体情况作具体的分析，找出相应的对策来。

为了从根本上杜绝反射的产生，不能只依靠反射的相互抵消，而应尽可能地将每一个反射分量压低，即在每一个反射点，设法将反射补偿掉，称为共面补偿法。由于补偿和反射点在传输线的同一横截面上，或相距很近，因此就保证了宽频带工作。

在同轴线中，尺寸的跳变主要是引入一个跳变电容 C_{d1} 及 C_{d2}。其中，C_{d1} 由内导体尺寸跳变时产生，C_{d2} 则由外导体尺寸跳变时产生。它们的数值和同轴线尺寸及跳变部分尺寸有关。图 7-7 即画出它们的变化曲线，其中左边的 C'_{d1} 为内导体尺寸跳变时、单位外导体周界的跳变电容值，故跳变电容 C_{d1} 应为

$$C_{d1} = 2\pi b \cdot C'_{d1} \tag{7-8}$$

其中，b 为外导体的半径。

图 7-7 右边的 C'_{d2} 为外导体尺寸跳变时、单位内导体周界的跳变电容，故跳变电容

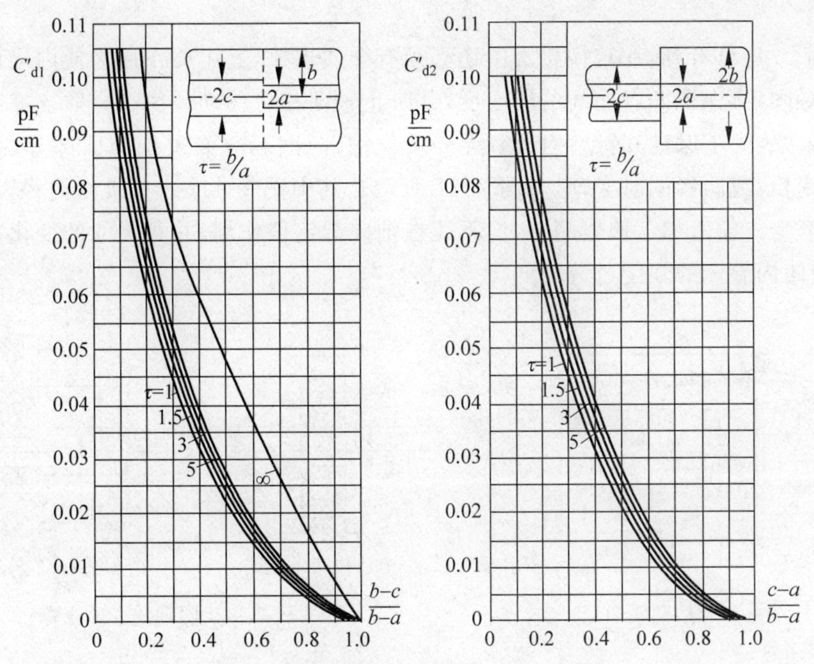

图 7-7　同轴线跳变电容和尺寸的关系

C_{d2} 为

$$C_{d2} = 2\pi a \cdot C'_{d2} \tag{7-9}$$

其中，a 为内导体半径。

当内外导体尺寸都发生如图 7-8 所示的跳变时，其跳变电容 C_d 可按下式计算：

$$C_d = 2\pi c C'_{d1} + 2\pi a C'_{d2} \tag{7-10}$$

各部分尺寸已在图 7-8 中注明。这里的 C'_{d1} 为右半部分只考虑内导体跳变时所得的单位周界跳变电容，C'_{d2} 为左半部分只考虑外导体跳变所得的单位长度跳变电容。它们都可根据跳变部分的尺寸在图 7-7 中查得。两电容相加，即得总的跳变电容。

当两根特性阻抗相同，但尺寸不同的同轴线连接在一起时，由于存在跳变电容，因此产生反射。为了共面补偿此反射，可将内外导体的跳变面稍移开距离 δ，如图 7-9 所示。可以看出，这时内外导体的跳变电容被隔开距离 δ，而 δ 部分则为一小段高阻传输线，相当于一个电感和两边的电容组成的 π 形网络。若 δ 取得合适，则可将电容效应补偿而消除反射。由于 δ 一般很小，故可近似认为是共面补偿。

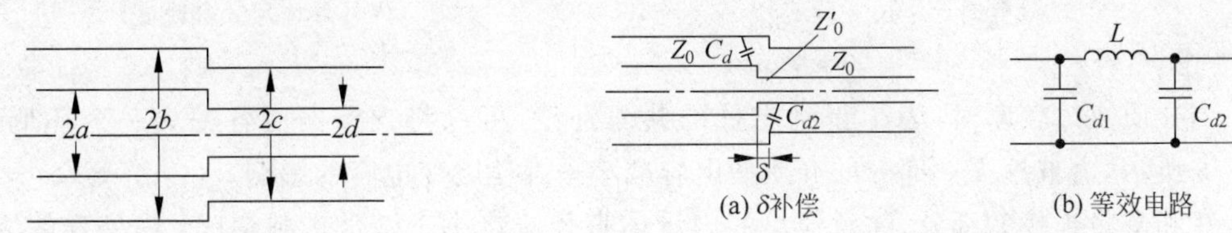

图 7-8　同轴线内外导体尺寸同时跳变

图 7-9　跳变补偿及其等效电路

对于特性阻抗为 50Ω、60Ω、75Ω，但大小尺寸不同的同轴线连接的情况，为了补偿其跳变电容所取的 δ 对跳变尺寸的关系如图 7-10 所示，其中 D 和 D_1 分别为大小同轴线的外径。

从图 7-6 还可看到，在转换接头中还必须有介质支撑，其主要作用为使内导体和外导体的位置相对固定，保证两者之间的同心度，并防止轴向相对移动。由于介质支撑部分相对介电常数为 ε_r，故为了保证其特性阻抗和无介质支撑部分相等，必须把支撑部分内导体变细，或外导体变粗，或两者同时变动，如图 7-11 所示。其中图 7-11(a)只改变内径，图 7-11(b)则内外径都变。前者加工比较简单，但不能在轴向起定位作用，并且尺寸的变化都集中于内导体，可能使内导体的强度过分减弱。

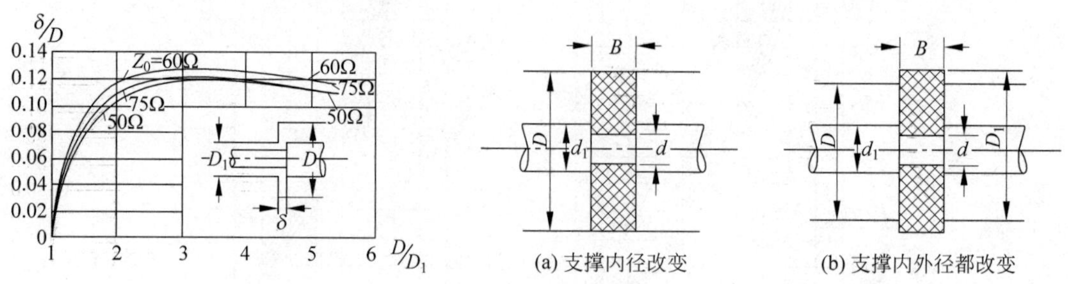

图 7-10　跳变补偿间距曲线　　　图 7-11　同轴线介质支撑

从理论上说，应使支撑部分的特性阻抗和无支撑部分相等；实际上由于支撑两侧具有跳变点，为了补偿这两个跳变电容的影响，应把支撑部分的内外导体直径差取得大一些，使之呈电感效应而对跳变电容起补偿作用。对特性阻抗为 50Ω 的同轴线，当支撑介质的 ε_r 取 2.0 和 2.55 两值时，为了得到补偿，两部分特性阻抗的比值 Z_0'/Z_0 对支撑厚度 B 的关系，如图 7-12 和图 7-13 所示。其中，前者只改变内导体尺寸，后者则两者都有改变。

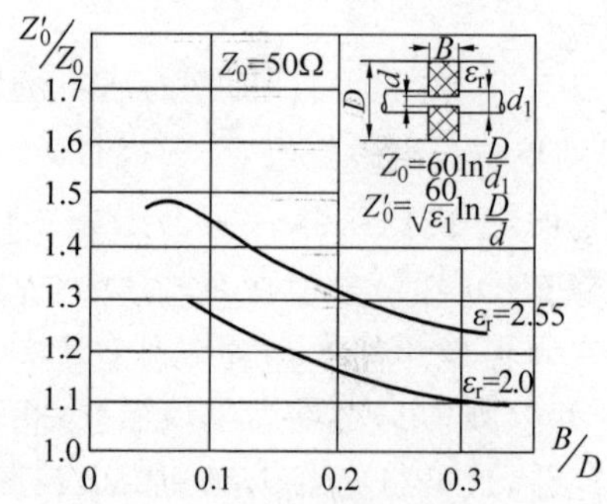

图 7-12　介质支撑同轴线尺寸的确定
（只有内导体尺寸跳变）

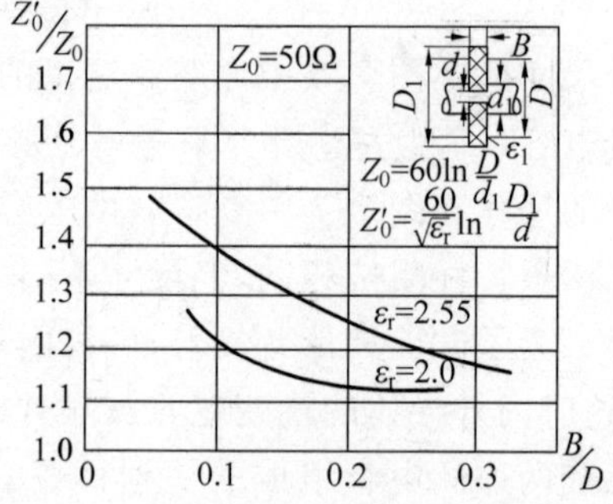

图 7-13　介质支撑同轴线尺寸的确定
（内外导体尺寸都跳变）

当介质支撑较厚时，为了得到更好的共面补偿，可以将支撑两面各挖去一个环形，如图 7-6 所示，由被挖去一部分的介质使电容减小来补偿跳变电容的影响。

在和微带连接的部分，注意伸出的内导体直径应略小于微带带条宽度；内外导体之间的距离应接近于微带介质基片厚度，伸出部分的长度在 1.5～2mm 左右。有时为使内导体伸出部分与微带线有较好的接触，可将其削成扁平形。

现将一种实际使用的同轴—微带转换接头的结构和主要部分尺寸绘于图 7-14 中。

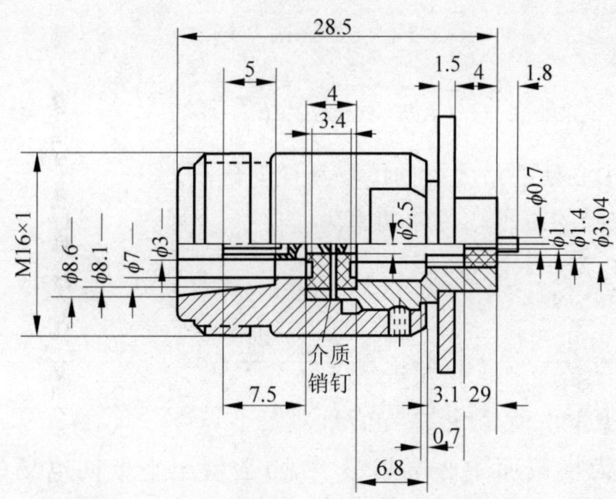

图 7-14 一种同轴—微带转换接头的结构

7.4 波导—微带转换接头

当工作波长很短时，微波元件和微波测试系统中常采用波导。在一定的工作频段，矩形波导均有一定的标准尺寸。如在 3cm 波段，标准波导横截面尺寸为(23×10)mm^2；在 2cm 波段，标准波导横截面尺寸为(15.8×7.9)mm^2。

波导工作于非 TEM 波状态，其波阻抗为横向电场和横向磁场之比值。对常用的 TE_{10} 波型，波阻抗 Z_c 为

$$Z_c = \frac{\sqrt{\dfrac{\mu_0}{\varepsilon_0}}}{\sqrt{1-\left(\dfrac{\lambda}{2a}\right)^2}} = \frac{120\pi}{\sqrt{1-\left(\dfrac{\lambda}{2a}\right)^2}} \tag{7-11}$$

其中，λ 为自由空间波长，a 为宽壁尺寸。

由于波导横截面的电磁场分布已不再类似于静电场、静磁场，故此时的电压已不再有确定的意义。因为通常把电压认为是电场的线积分，波导的上下壁之间的线积分与所取路径有关，不像同轴线那样能取确定值。此外波导的电流除了有沿传播方向的纵向分量外，还有横向分量。由上述原因，波导就不像同轴线或微带线那样存在一个行波电压和行波电流的确定比值——特性阻抗 Z_0，而只能由电场和磁场的比值——波阻抗 Z_c 来描述其传播特性。

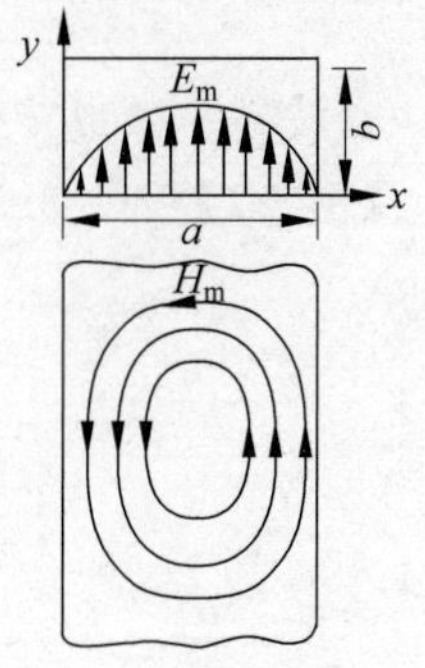

图 7-15 矩形波导 TE_{10} 波的场结构

但当不同尺寸的波导，或波导和同轴线、微带线连接时，单纯用波阻抗 Z_c 已不能描述其传播特性，而必须借助于一个类似于电压、电流比值的阻抗，我们称之为波导的等效阻抗。图 7-15 表示了波导中电场和磁场的分布。对于 TE_{10} 型，电场和磁场的横分量都沿 x 方向成正弦分布，在宽壁中心为最大值，两侧为零，沿 y 方向则大小不变。因此电场 E_y 和磁场 H_x 可写成

$$E_y = E_m \sin \frac{\pi x}{a}$$

$$H_x = H_m \sin \frac{\pi x}{a} \tag{7-12}$$

其中，E_m 及 H_m 各为中心处的最大横向电场和横向磁场。

在行波状态下，波导的总平均传输功率为

$$\begin{aligned} P &= \int_S \frac{1}{2} E_y H_x \mathrm{d}x\mathrm{d}y = \frac{1}{2}\int_S E_m \cdot H_m \sin^2 \frac{\pi x}{a} \mathrm{d}x\mathrm{d}y \\ &= \frac{E_m H_m}{2} \cdot \int_0^b \mathrm{d}y \int_0^a \frac{1-\cos^2 \pi x}{2} \cdot \mathrm{d}x = \frac{abH_m \cdot E_m}{4} \end{aligned} \tag{7-13}$$

我们按照下述考虑定出波导“电压”和“电流”。

波导“电压”U 定为横截面中心电场最大处，上壁至下壁间电场的积分（沿中心线路径），故

$$U = E_m \cdot b$$

波导“电流”定义为所有纵向电流分量沿 x 方向的积分，而根据边界条件，纵向面电流密度等于 H_x，故

$$I = \int_0^a H_m \sin \frac{\pi x}{a} \mathrm{d}x = H_m \left(-\frac{a}{\pi}\right) \cdot \cos \frac{\pi x}{a} \bigg|_0^a = \frac{2a}{\pi} \cdot H_m \tag{7-14}$$

根据功率、波导“电压”和波导“电流”的关系，有以下三种等效阻抗的定义。

第一种等效阻抗 Z_{e1} 为

$$Z_{e1} = \frac{U}{I} = \frac{E_m b}{\frac{2a}{\pi} \cdot H_m} = \frac{\pi}{2} \cdot \frac{b}{a} \cdot Z_c \tag{7-15}$$

第二种等效阻抗 Z_{e2} 为

$$Z_{e2} = \frac{2P}{I^2} = \frac{\frac{abH_m E_m}{2}}{\left(\frac{2a}{\pi}\right)^2 \cdot H_m^2} = \frac{\pi^2}{8} \cdot \frac{b}{a} \cdot Z_c \tag{7-16}$$

第三种等效阻抗 Z_{e3} 为

$$Z_{e3} = \frac{U^2}{2P} = \frac{E_m^2 b^2}{\frac{ab}{2} \cdot E_m H_m} = 2\,\frac{b}{a} \cdot Z_c \tag{7-17}$$

在波导—微带转换接头中，用第一种和第三种等效阻抗较多。

【例 7-2】 $\lambda=3.2\text{cm}$，波导尺寸 $a=23\text{mm}$，$b=10\text{mm}$，求等效阻抗。此时

$$Z_c = \frac{120\pi}{\sqrt{1-\left(\frac{\lambda}{2a}\right)^2}} = 540\Omega$$

$$Z_{e1} = \frac{\pi}{2} \cdot \frac{b}{a} Z_c = 369\Omega$$

$$Z_{e2} = \frac{\pi^2}{8} \cdot \frac{b}{a} Z_c = 291\Omega$$

$$Z_{e3} = \frac{2b}{a} Z_c = 469\Omega$$

可知，无论哪一个等效阻抗都比标准微带线特性阻抗 50Ω 要高很多。为了保证两者连接得到较好的匹配，必须在标准波导和微带线之间加变阻器，把波导的等效阻抗逐步降低。这可以用连续过渡或阶梯过渡来实现。前者加工较为复杂(如指数线)，且为了满足一定的驻波比的要求，过渡段长度也不短，所以一般采用阶梯过渡(即 $\lambda/4$ 多节变阻器)。

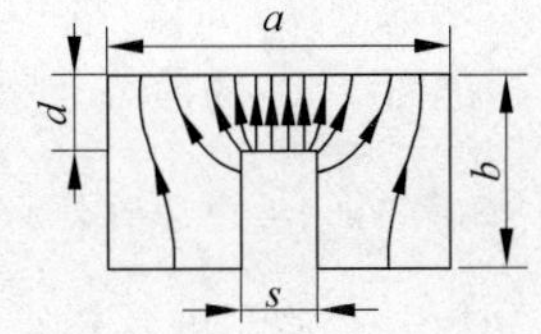

图 7-16　带脊形波导

为了降低波导的等效阻抗，可以在中间电场集中的部分将上、下壁距离缩短，称为带脊形波导。其横截面形状和尺寸如图 7-16 所示。中间凸出部分，相当于增加了上下壁之间的等效电容，等效阻抗当然随之降低。从图上的电力线分布还可看出，距离 d 越小，则电场主要分布在带脊部分，其场结构和微带线已很相似。

对带脊波导，可用比较近似的方法计算其临界波长 λ_c。当波导截面尺寸 $b/a=0.45$ 时，其最低模(相当于 TE_{10} 型)的临界波长 λ_c 和横截面尺寸之间的关系如图 7-17 所示，波导波长 λ_g 为

$$\lambda_g = \frac{\lambda}{\sqrt{1-\left(\frac{\lambda}{\lambda_c}\right)^2}} \tag{7-18}$$

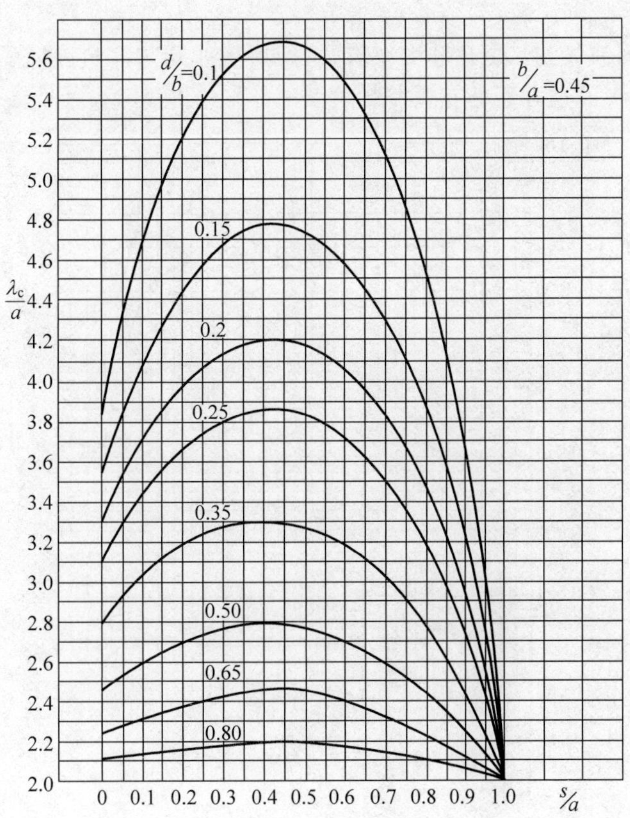

图 7-17　带脊波导的临界波长和尺寸的关系

带脊波导的 TE_{20} 型临界波长和最低型临界波长相隔较远，故比标准矩形波导有较宽的工作频带。

当波导横截面 $b/a\neq0.45$ 时，λ_c/a 的修正值可根据图 7-18 的曲线查得。图中以 $b/a=0.45$ 时为标准值。按式 $\lambda_c/a=\left(\frac{\lambda_c}{a}\right)_{\frac{b}{a}=0.45}+(b/a-0.45)F_0$ 进行修正以后，可求得其他比值时的 λ_c/a 值。

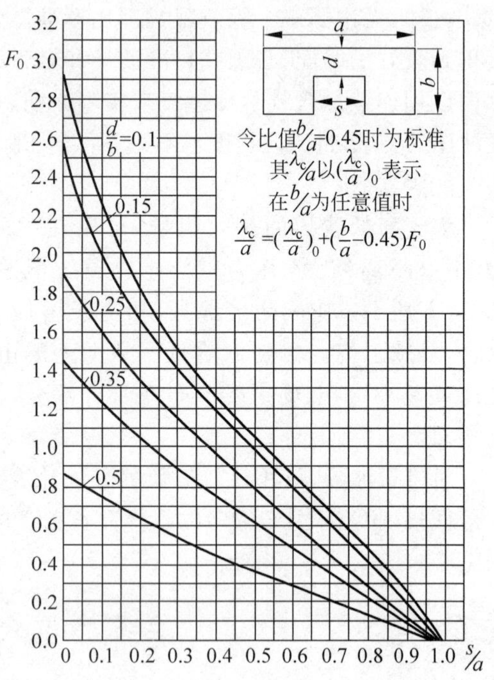

图 7-18　带脊波导的 F_0 因子

带脊波导的等效阻抗如按前述的第三种定义计算时，其值对波导尺寸的函数关系在图 7-19 中示出。此曲线是取 $b/a=0.45$ 时作出的，$b/a\neq0.45$ 时也应作一些修正。修正值一方面体现 b/a 值的影响，另方面体现 λ_c 的变化而引起的波阻抗的变化。

有了带脊波导的参量及其尺寸的关系后，即可按照第 5 章中所讨论的方法进行多节变阻器的设计。但应注意，带脊波导多节变阻器，其不同段间波导波长之比和频率有关，即属于非均匀多节变阻器，和微带线变阻器设计稍有不同。可参阅这方面的有关资料。

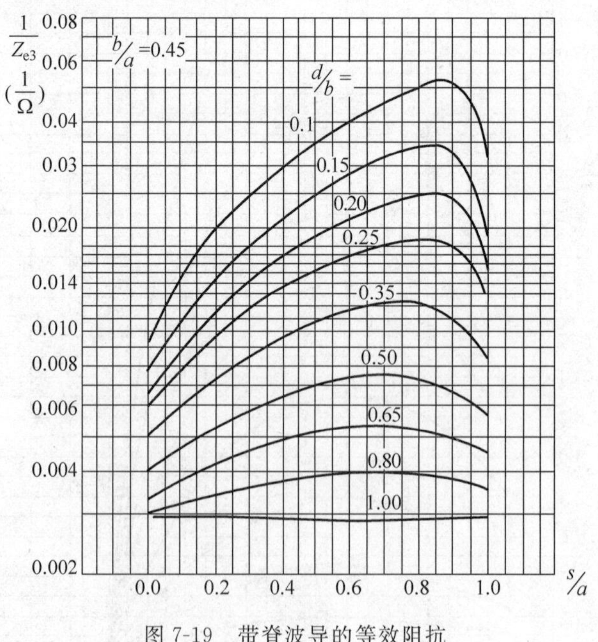

图 7-19　带脊波导的等效阻抗

一个 2cm 波段的波导—微带转换接头，如图 7-20 所示，可在 16.5GHz±1.5GHz 的范围内，使驻波比小于 1.1。波导横截面尺寸取为 $(15.8\times7.9)\text{mm}^2$。

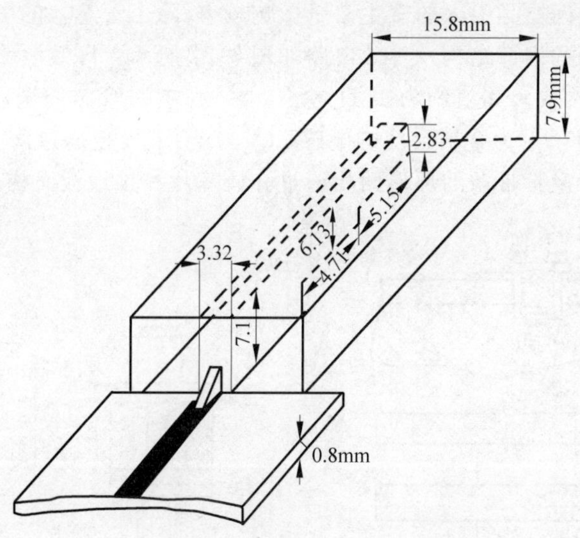

图 7-20　2cm 波段的波导—微带转换接头

7.5　微带电路中固体器件的安装

通常多数微带电路中均包含微波固体器件。如何将它可靠地连接在电路中，并且使由连接而引入的寄生参量尽可能小，是微带电路的一个重要问题。微波固体器件的安装，一般必须注意下列几个问题：

(1) 连接牢固可靠。微波固体器件和微带线不但应有可靠的电气接触，而且应有一定的机械强度。

(2) 引入的寄生参量应尽可能的小。

(3) 在高功率工作时(功率达几 W 以上)，应注意散热，以免损坏微波固体器件。

(4) 应尽可能保证微波固体器件性能稳定，避免受潮气和其他环境条件的影响。

过去，微波固体器件(如微波点接触检波二极管、混频二极管)都是先封装在陶瓷管壳中，再装入电路内。在微波集成电路迅速发展以后，此种方式已不适于和微带电路的连接，因此相应地产生了不少适于安装在微带电路上的器件结构。现将目前常采用的连接方式介绍如下。

7.5.1　管壳固定在接地板(热沉)上

其结构如图 7-21 所示，直接用一般陶瓷封装的管壳，以螺纹连接的方式固定于接地板上。在介质基片上用超声波或其他方式钻孔，使二极管穿过基片和微带线连接。在二极管穿过处，微带线的导体带条应做成环状，使二极管顶帽的台阶压紧于环上而得到良好的接触。有时为使接触更可靠起见，可再加入一个弹簧垫圈。

这种连接方法通常应用于大功率情况，例如微带体效应振荡器、微带变容管倍频器等。二极管产生的热量可直接通过接地板耗散。为了便于散热，可将接地板做得厚一些，又称为热沉。有时为使散热更加良好，在接地板底部可加接一个散热器。

这种安装方式的问题是引入的寄生参量影响较大，除了管芯上的引线电感以外，尚有较大的管壳电容。管子的内部结构及等效电路如图 7-22 所示。等效电路中的 L_1 为引线电感（由二条细的金属丝构成），其值约为 1nH 左右。C_2 为支撑管芯的金属台柱顶部通过空气与上极板构成的电容；L_0 为金属台柱的电感；C_p 为上、下极板通过陶瓷环构成的电容；C_0 为安装二极管时由于微带带条的环形面积通过介质基片和接地板而构成的附加安装电容。

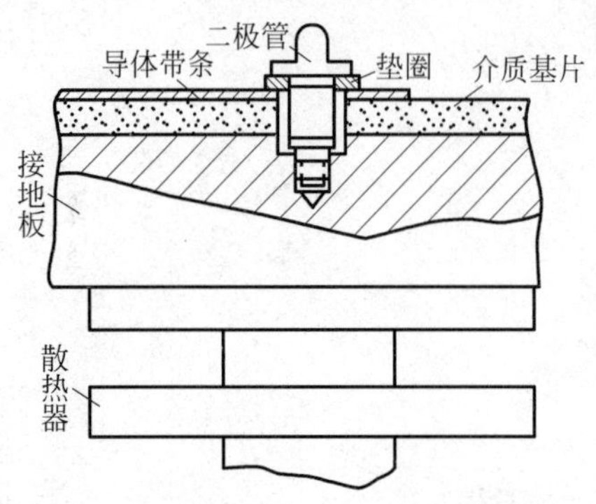

图 7-21　管壳固定于接地板的安装

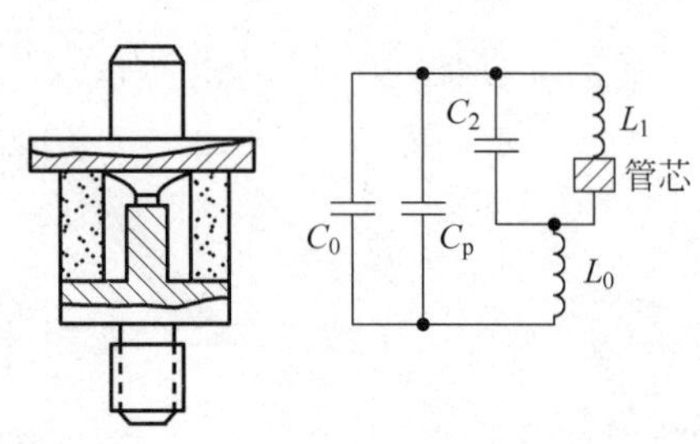

图 7-22　管壳封装及其等效电路

其中，L_0、C_2 数值很小，可以忽略不计。对于 ϕ3mm 直径的小管壳，C_p 约在 0.25～0.3pF 的量级。而安装时的附加电容 C_0 是非常可观的，因为它以陶瓷介质基片为介质，基片的 ε_r 大（$\varepsilon_r=9.6$），厚度小（0.6～1mm），如按照平行板电容的公式进行计算，C_0 将达 0.8pF 左右，再考虑边缘效应时将更大一些。用小电容测试仪对此进行测量，总的电容（C_1+C_0）可达 1.5pF 左右。由此说明，安装引入的寄生参量相当大，在考虑有源器件的工作状况时，必须将此项影响计入。

7.5.2　梁式引线二极管

梁式引线二极管是一种适合于微波集成电路中应用的结构形式。其结构的剖面如图 7-23 所示。P^+、N^+ 结扩散在硅基片上。在硅基片上用蒸发电镀的方法沉积一条带状引线，分别和 P^+、N^+ 极相连。为了使带状引线和硅基片附着较好，首先蒸发一层底金属 T_i^1，在上面再镀以其他金属加厚，最后用反面光刻的办法将管芯以外的硅基片腐蚀除去。此时扁平的金属带状引线就悬起成梁状，故称为梁式引线。梁式引线可以直接焊接于微带的导体带条上。

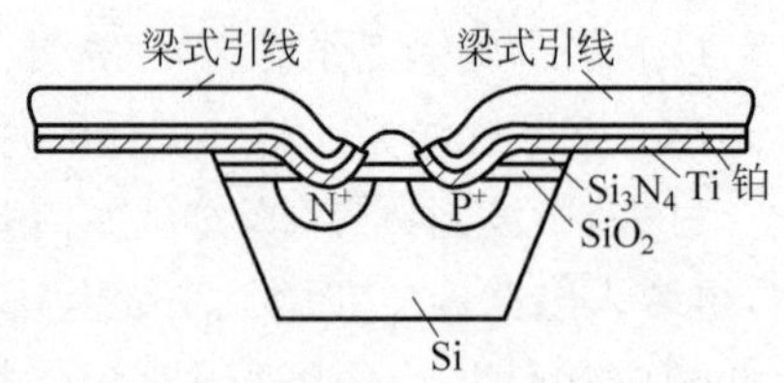

图 7-23　梁式引线二极管

从图 7-23 可见，此种管子结构把寄生参量减小到了最低程度。由于无管壳，因而就没有管壳电容；同时引线是扁平带状，和 P—N 结分别为面接触，而不是像一般管子以很细的金属触须和管芯焊接，因此引线电感也很小。此外在工艺过程中，管芯表面已采取氧化膜及氮化膜的防护措施，性能也较为稳定。

总的来说，梁式引线二极管在微波集成电路中是很有发展前途的一种类型。

7.5.3　管芯直接焊接法

如图 7-24 所示，首先把管芯的底面用超声波压焊于微带线的一边，然后以直径为十几至几十 μm 的金丝或硅铝丝用热压焊的方法焊在管芯的正面和微带线的另一边。此种方法比较简便，其寄生参量主要由引线金属丝所引起，呈电感性。其数量级约为 1nH，其寄生电容可忽略不计。

把这种安装方式的二极管串联在微带电路内时，在大功率状况下，散热比较困难。有时也可将管芯并联于微带线和接地板之间。此时应将陶瓷基片打孔，在孔内烧结银浆，使孔的上表面和接地板接通，再将管芯焊于导体带条和孔的上表面的银浆层上，如图 7-25 所示。这种方法稍微有些麻烦。

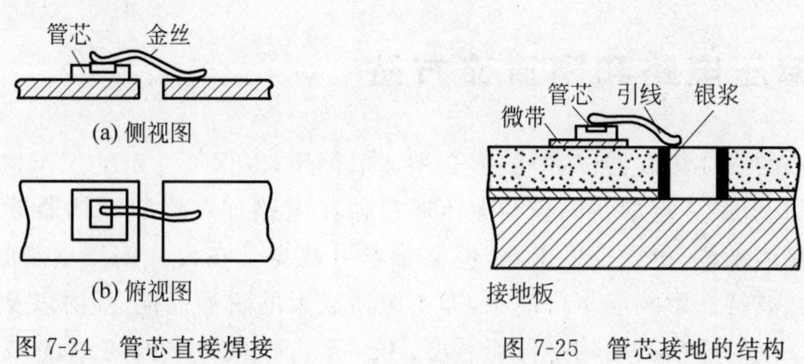

图 7-24　管芯直接焊接　　图 7-25　管芯接地的结构

7.5.4　陶瓷片封装法

如图 7-26 所示，在一个薄的陶瓷片(长方形)两端利用掩膜蒸发一层薄的铬金膜，然后用超声波把两条厚为几 μm 到几十 μm 的镀金银带焊在铬金膜上，在银带上再焊管芯及金属丝引线。这种结构类似于梁式引线二极管(当然实际结构完全不同)，可方便地焊接在微带上。有时在微带电路的研制阶段，此种二极管的扁平引线可用铟镓锡合金黏附于微带上进行测试，若特性不合适时，即取下更换。这样可选择合适参量的管子，待确定之后，再焊接于电路上(注意，每次取下管子后，均应用酒精将微带线及管子引线上的铟镓锡合金擦净，否则会产生腐蚀作用)。

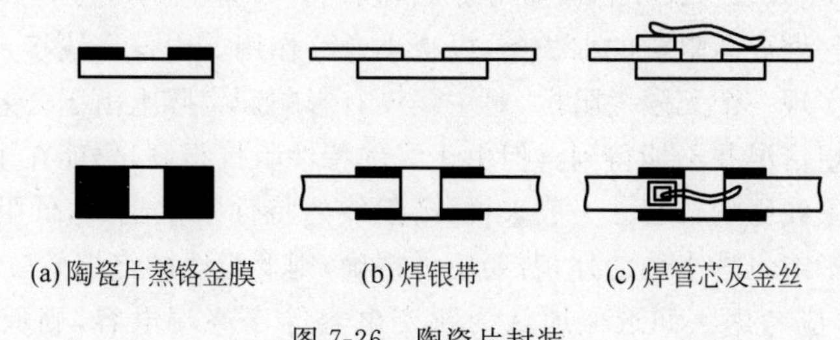

图 7-26　陶瓷片封装

上述后两种方法，由于管芯直接暴露于空气中，受潮气和杂质的影响，可能使微波固体器件的电性能恶化。为此必须采取保护措施，通常可在管芯上涂胶。但经过涂胶后，对管子的电性能肯定会有影响。因此，对微带电路的各项电指标必须再一次进行测试。除此之外，还应进行高温、低温、潮湿等项的环境例行试验，以考核其对环境条件的防护能力。

关于涂胶的材料，应视管种、工作频段等条件而异，可以用环氧树脂，也可用几种材料配制而成。例如其中有一种用环氧树脂(5g)、石英粉(10g)、二氧化钛(0.5g)、酸酐(4g)配方而成的保护胶。首先将环氧树脂加热至120℃(30min)，二氧化钛和石英粉加热至120℃(120min)，酸酐预热60～80℃(30min)，然后将前三者放入研钵中研磨，待混合均匀，再放入酸酐搅拌，然后放入真空烘箱内，预热后抽真空(110～130℃)，再保温一段时间取出冷却备用。抽真空的目的是为了去掉胶内的气泡。

在涂覆过程中，被涂覆的元件应加热到60°～100℃，若发生气泡应将其排去。涂覆以后，在室温下存放一天，随后再放入烘箱加热一段时间，然后冷却即可。

总体来说，微波固体器件的安装是一个很重要的问题，它将直接影响微带电路的电指标和其他使用性能。因此应认真对待，以保证微带电路使用的完全可靠。

7.6 偏压电路和隔直流方法

微带电路中的固体微波器件，一般都必须加上偏压，以保证一定的工作状态。为此必须有偏压电路，把直流或一定形状的控制电压通过偏压电路加在微波固体器件上。偏压电路对微带电路的整体来说，属于辅助电路，但又必不可少。在设计偏压电路时，必须注意使其对主电路的微波特性影响应尽可能小，即不应造成大的附加损耗、反射以及高频能量沿偏压电路的漏泄。同时应使其结构尽可能紧凑，不至于占很大的面积，避免造成全体电路在介质基片上排列的困难。

最简单的偏压电路为$\lambda/4$分支线，并在终端接以电容块，如图7-27所示。因为这个电容块尺寸较大，和波长可以比拟，应看成是一段低阻传输线，长度取为1/4的微带线波长。分支线的特性阻抗很高(约取100Ω)，其长度亦为1/4微带线波长。因为高阻和低阻段的微带线波长略有不同，故两段长度也稍有差别。

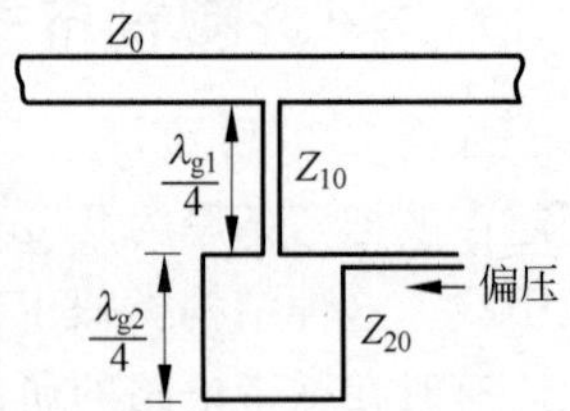

图7-27　$\lambda/4$线段的偏压线

偏压线在高、低阻传输线的交接处加入，因为低阻分支线经$\lambda/4$以后为短路，亦即对高频为零电位点，故在此处加入偏压线理论上对电路没有影响。实际上由于制造公差以及考虑工作频带等原因，该点并非理想的零电位。为使偏压线的影响尽可能小，也将它做成高阻抗的细线条，以减小旁路作用。由偏压线接入点再经$\lambda/4$高阻线到达主线时，就实现一个无限大阻抗，对主线没有影响。实际上由于公差和频率偏离中心等原因，使上述理想情况并不能得到。但由于线的特性阻抗很高，仍能在主线处得到一个较高的高频阻抗，对主线影响较小。一般来说，高阻线的特性阻抗越高，低阻线的特性阻抗越低，那么对主线的影响也越小。此外，若要更为精确，则低阻线的终端效应以及高、低阻线交接处的跳变电容都应考虑。如近似地认为跳变电容等于终端电容，则低阻线的长度应比$\lambda_{g2}/4$缩短2Δ，其中Δ为考虑线的终端电容效应的缩短长度，在低阻段约为$(0.3\sim0.4)h$。实际的偏压电路，高阻线特性阻抗约取为100Ω，低阻的约取为10Ω。

简单的分支线偏压电路的工作频带总很有限。改进的办法是采用宽频带具有补偿的$\lambda/4$分支线结构，其形状和驻波比的频应特性如图7-28所示。在主线上并联分支线的位置，左右各取$\lambda/4$。将该段$\lambda/2$线加粗(特性阻抗降低)，令其特性阻抗为Z_{10}，分支线的特性

阻抗为 Z_{20}，则如果 Z_{10}、Z_{20} 数值取得合适，不但可在中心频率 f_0 得到全匹配，还可在左右两点得到全匹配。其频应特性类似于切比雪夫函数，在相当宽的频带范围内，驻波比小于某一值 ρ_m。图 7-29 为此种宽带 $\lambda/4$ 分支线偏压电路的设计曲线。其中每一条实线对应于一定的相对频宽，每一条虚线表示频带内的最大驻波比。在设计时，由给出的相对频宽以及频带内的最大驻波比，分别找出相应的实线和虚线，由其交点得出归一化特性阻抗 z_{10} 和 z_{20}，就得到了全部尺寸。

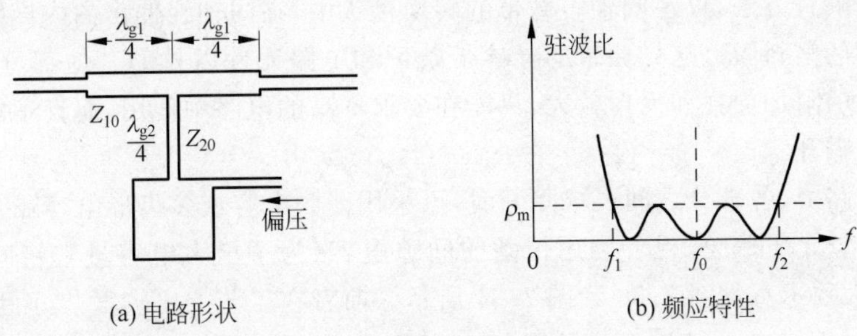

图 7-28　宽频带 $\lambda/4$ 段偏压线

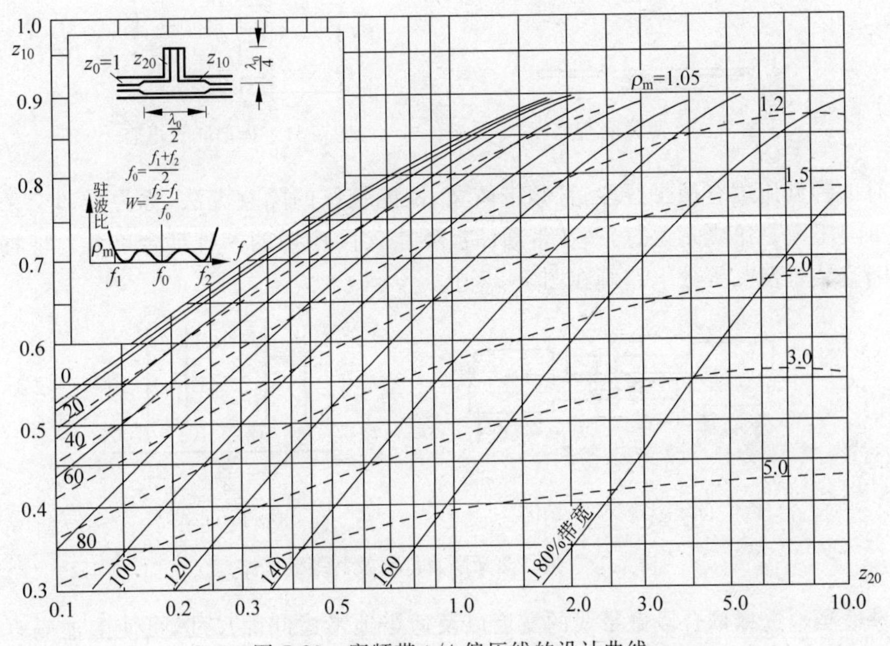

图 7-29　宽频带 $\lambda/4$ 偏压线的设计曲线

有时也可用低通滤波器作为偏压电路。由于低通滤波器的滤波特性只能允许低频通过，故偏压能加在二极管上，而高频能量却不会漏泄出去。在设计低通滤波器偏压电路时应注意：

（1）最靠近主线的低通滤波器，应是高阻段。因为低阻段相当于并联电容，其输入阻抗比较低，相当于主线被旁路，对高频电性能将引起影响。

（2）低通滤波器的截止频率不要比工作频率低得过多，否则有可能使工作频率进入低通滤波器的寄生通带，从而完全失去其作用。

由于微波固体器件加上了偏压，因此使得与其相连的微带线也有了直流或低频电位，如果把整根带条都连通，则整个电路都具有直流或低频电位。而事实上有时要求上述具有直流或低频电位的部分必须和带条的其他部分隔开，因为导体带条一般是一直连通的，因而可能通过微波信号发生器（通常是耦合环输出）内部使微带线的导体带条和接地板之间发生短路，从而使偏压源也被短路。此外也有一些微带电路，如单刀多掷开关、多位移相器等，上面有多个微波二极管，它们分别要求有不同的控制电位。凡属上述情况，都必须加隔直装置，使电路的一部分和其他部分直流隔开，但对微波工作频率的影响又必须尽可能小。

最简单的隔直方法，可在同轴—微带的转换接头中，在同轴线伸出的内导体和微带线之间垫一层极薄的塑料膜。这样微带的导体带条可和电路元件以外的其他部分直流隔开，但这种结构引起的附加损耗和反射较大，只能在要求不高的电路中使用，而且不能使同一块电路中的各部分隔开。

当同一电路中、各部分之间要求隔开时，可采用薄膜电容或多齿形电容隔直。前者在上下导体之间垫以介质薄膜，后者利用带条的间隙电容（为了增大电容量常将间隙做成多齿形）。两者的大致示意如图 7-30 和图 7-31 所示。前者在工艺上比较复杂，而且在高频率时寄生参量较大；后者因受齿隙距离的限制，电容量往往不够大。

图 7-30 薄膜隔直电容　　图 7-31 齿形隔直电容

还有一种利用耦合微带线段，且频带较宽、性能较好的隔直方法，称为指形交叉隔直装置。它事实上就是第 3 章讲过，并在带通滤波器中实际应用的一种耦合单元。现将此种指形交叉隔直装置及其等效电路画在图 7-32 中。

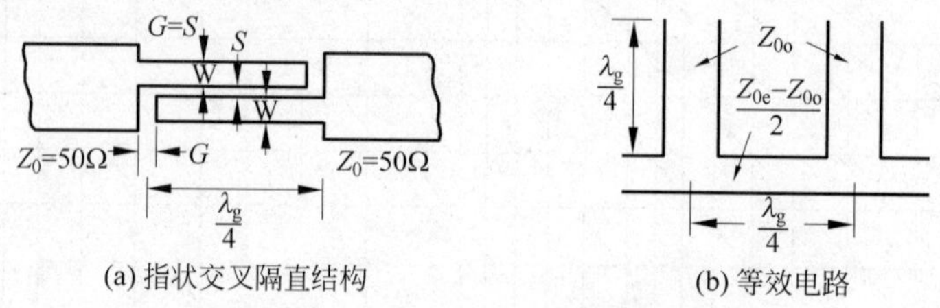

(a) 指状交叉隔直结构　　(b) 等效电路

图 7-32 指状交叉隔直电路及其等效电路

如果适当地选择耦合段微带线的宽度以及适当地考虑间隙尺寸，可使上述隔直装置的等效电路中串联分支线的特性阻抗 Z_{0o} 比较低，而主线的特性阻抗 $(Z_{0e}-Z_{0o})/2$ 则接近于 50Ω。这样工作频带几乎可扩展至倍频程。例如一个 K 波段的隔直装置模型，其结构参量为陶瓷基片厚度 $h=0.63$mm，指状耦合线的线宽 $W=0.25h$，间隙 S 及 G 为 $0.04h$，基片的 ε_r 为 10。此时由上述耦合线参数查得偶、奇模特性阻抗各为 $Z_{0e}\approx 130\Omega$，$Z_{0o}\approx 24\Omega$。故主线特性阻抗 $=(Z_{0e}-Z_{0o})/2=53\Omega$，测得其在一个倍频程内，损耗小于 0.3dB。

这种结构可在图形制版时和其他电路部分一次完成，不必另行加工，结构简单。但当工作波长较长时，则所占的长度相对较大，可能使整个电路的图形安排比较困难。

第 8 章 微带固体控制电路

CHAPTER 8

8.1 概述

在微波技术领域中，要对电路参量进行控制的场合很多，例如控制电路的通断、衰减量的大小、相移量的多少等。控制时要求迅速而准确，这是用机械方法所难以做到的。最初的典型微波控制电路是天线收发开关。随后，由于多个波束的雷达(如空中交通管制二次雷达，发射机和接收机交替地与询问波束以及控制波束接通)、相控阵雷达以及微波测量技术等方面的发展，出现了一大批电控的微波控制电路，如微波开关、微波调制器、微波限幅器、电控衰减器、数字移相器等。作为微波控制电路核心的微波控制器件，目前采用较多的是微波铁氧体以及微波半导体器件。后者由于结构上的特点，易于和微带电路相结合，因而称为微带固体控制电路。

早在 20 世纪 50 年代，就利用微波半导体二极管的阻抗随外加偏压变化的特性做成各种微波控制电路，如晶体开关、晶体调制器等。它们和微波铁氧体控制电路相比，具有速度高以及要求的控制功率小的优点，但限于当时的发展和生产水平，它们的某些电性能不是很理想，如开关性能差、所能控制的微波功率太小等。60 年代以后，各种新的控制器件，如 PIN 管、变容管、表面取向二极管等的出现，使微波控制电路的性能大为提高。同时由于把微波固体器件和微带电路相结合而构成微带固体控制电路，其结构更加紧凑。且由于工艺上的不断完善，由安装而引入的寄生参量，如引线电感、管壳电容等影响都非常小，因而进一步改善了微波控制电路的电性能。

但是，微波半导体器件作为控制元件也并非尽善尽美，和铁氧体器件相比较，能控制的微波功率不够大，目前最大可控的脉冲功率约在 10kW，连续波功率为几十 W；而铁氧体控制器件则可增大至 10 倍以上。因此半导体控制器件的应用限于中小功率的设备或大功率整机的分件中(如相控阵雷达的单元中)。此外，电路的损耗(特别是被控的微波功率较大时)也比铁氧体器件要稍大一些。

铁氧体也应属于固体器件，但习惯上，仅把微波半导体器件称为微波固体器件，故微带固体控制电路即指微波半导体器件连接于微带上所构成的控制电路。

微波控制电路分成它控和自控两种。它控是由外加控制功率来改变微波固体器件的工作状态，进而改变电路的参量，如电控衰减器、微波调制器、数字移相器等。自控是由微波功率本身的大小来改变微波固体器件的工作状态，从而对电路进行控制。微波限幅器即是其中一种。当通过限幅器的微波功率超过某一个阈值时，其衰减迅速增大，限制了通过功率的进一步增大，相当于起了“限幅”作用。

由于目前微带固体控制电路中较多地采用 PIN 管作为控制器件，故本章首先对 PIN 管作一重点介绍，然后再分别讨论几种常用的微带控制电路元件。

8.2 PIN 管

8.2.1 基本原理

通常的半导体二极管由 PN 结构成，如果在 PN 结之间，加入一个未掺杂(即不包含载流子)的本征层，或称 I 层，即构成所谓 PIN 管。

PIN 管在低频时和一般 PN 结二极管同样具有整流作用，其作用机理如图 8-1 所示。

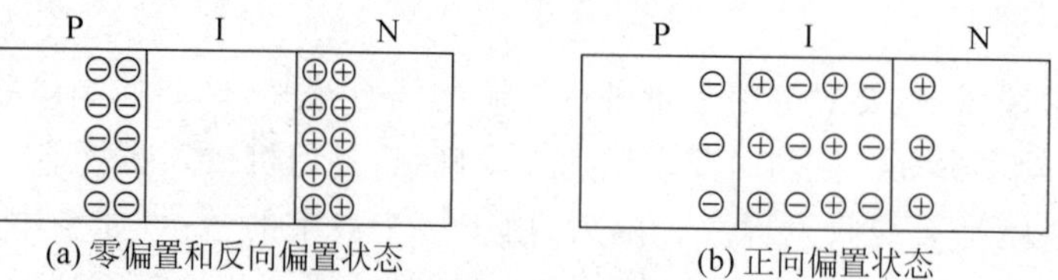

图 8-1　PIN 管的原理图

在零偏压时，由于扩散作用，P 层的空穴和 N 层的电子分别向 I 层扩散，然后复合消失。这样在 P 层和 N 层靠近 I 层的边界附近区，分别建立起带负电和带正电的空间电荷层，两者的电量相等。由于此两空间电荷层所产生的电场的作用，阻碍了空穴和电子继续向 I 层的注入，故 I 层只是在开始的瞬间有载流子注入，但迅速因复合作用而消失，所以此时保持本征即不导电的状态。在加反向偏压时，PN 层的空间电荷层更厚，不导电的程度更甚。

一旦在管子两端加上正向偏压后，情况就发生改变。由于外加正向电场的作用，使 PN 层靠 I 层边界上的空间电荷层变薄，势垒变低，因而 PN 层的空穴和电子开始向 I 层注入。尽管在 I 层中存在复合作用，但由于外加电源的存在，因而载流子源源不断地得到补充，最后保持平衡状态，在 I 层中仍有大量的符号相反数量相等的载流子存在。此时的 I 层处在所谓“等离子态”，即是导电状态。其导电的实质是带正、负电的载流子源源不断地由两边向 I 层注入，然后因复合而消失，好像电流是在川流不息地通过 PIN 管，这就是所谓“导通”状态。

正因 PIN 管有不同的正反向特性，故同样可作为整流元件。由于 P、N 层之间加入了 I 层，在加反向偏压时，较之 PN 结可耐受较高的击穿电压，也就是说可处理较大功率。

但是当工作频率提高后，PIN 管的整流作用就逐渐变弱，最后甚至完全消失。一般的 PIN 管，当工作频率高于 1MHz，就失去整流作用。其原因是工作频率提高，意味着正、负半周的时间缩短，以致 PIN 管跟不上这个变化。例如，当信号从负半周变为正半周时，正、负载流子从 I 层两侧注入，但其扩散需要一段时间。在载流子尚未扩散到 I 层中间时，外加信号已改变极性。因此在正半周时，I 层尚未真正导通。同样，当信号由正半周变为负半周时，载流子向 I 层的注入立即停止，I 层的正负载流子因复合作用而减少。此时电量 Q 的减少遵循下列规律：

$$Q = Q_0 \cdot e^{-\frac{t}{\tau}} \tag{8-1}$$

其中，Q_0 为起始电量；τ 称为载流子的寿命，其物理意义为经过时间 τ 后电量减少到起始时的 1/e。τ 取决于不同的材料、杂质浓度和工艺。对一般 PIN 管所用的硅材料，τ 约为 0.1～2μs 之间。当信号频率为 1MHz 时，其半周期已短至 0.5μs，和载流子寿命相当甚至还要更短一些。因此在负半周期中，I 层的载流子来不及完全复合，没有到达完全的"反向"状态而正半周又开始了。

综上所述，在频率升高，特别是微波工作情况下，PIN 管根本不能作为一个整流或检波元件使用，亦即它对微波频率的正半周和负半周的响应已没有显著区别，可以近似地作为一个线性元件来使用。但是，这个线性元件的特性却可由外加偏压进行控制，并且外加偏压的幅度可以比受控的微波电压幅度小很多倍。这就是 PIN 管被广泛用来作为微波固体控制器件的重要原因之一。

首先，考虑正向偏置状态。设正向偏置电流为 I_0，微波电流幅度为 I_1，总的瞬时电流为

$$i = I_0 + I_1 \sin\omega t \tag{8-2}$$

如果 $I_0 \ll I_1$，如图 8-2 所示，表面看来，负半周的一部分将被截止，其实不然。因为当电流 I_0 正向偏置时，I 层中必然有储存电荷 Q_0。此电量 Q_0 的数值可这样近似地求得：设载流子寿命为 τ，Q_0 以均匀的速度在时间 τ 内变为零，则其变化率为 Q_0/τ。为了维持 Q_0 不变，则外加偏置电流 I_0 应和 Q_0/τ 保持平衡，亦即必须

$$I_0 = Q_0/\tau$$

所以有

$$Q_0 = I_0\tau \tag{8-3}$$

此即为 I 层储存电荷量和正向偏置电流 I_0 的关系。

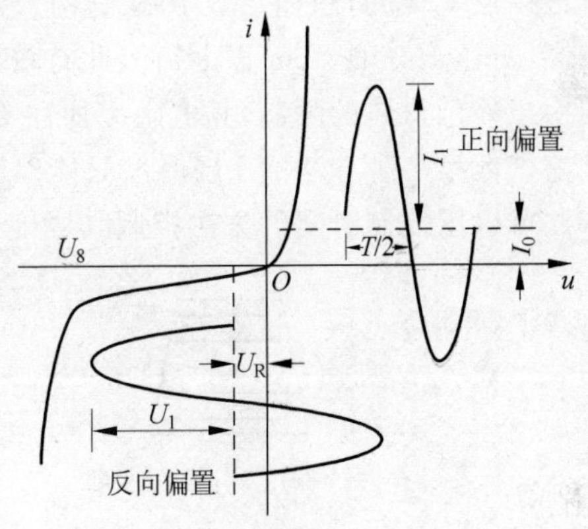

图 8-2 正反向偏置状态下大电压、大电流作用于 PIN 管

设幅度为 I_1 的微波电流在负半周大部分处于反向状态。若近似地认为负半周电流都处于反向且等于 I_1，则在负半周中 I 层中被抽出的电荷量 Q_1 为

$$Q_1 \approx \frac{T}{2} \cdot I_1$$

前面已经讲过，为了维持由偏流引起的电荷注入和复合消失之间的平衡，I 层内必须存在恒定的储存电荷量 Q_0，它和正向偏流之间应满足式(8-3)的关系。如果在正向偏置状态时叠加以微波交流信号，当其正向注入电荷或反向吸出电荷量远小于恒定的储存电荷量 Q_0 时，则可认为对管子的导电情况没有影响，管子的导电性质主要决定于偏流。

如果 $\tau \gg T$，则虽然 I_1 比 I_0 大很多倍，但仍有可能使 $Q_0 \gg Q_1$。例如 $\tau = 5\mu s$，微波频率 $f = 2000$MHz(周期 $T = 0.5$ns)，如设 $I_0 = 0.1$A，$I_1 = 50$A，则

$$Q_0 = I_0 \cdot \tau = 0.1\text{A} \times 5 \times 10^{-6}\text{s} = 5 \cdot 10^{-7}\text{C}$$

$$Q_1 \approx \frac{I}{2} \cdot I_1 = 0.25 \times 10^{-9}\ \text{秒} \times 50\text{A} = 1.25 \times 10^{-8}\text{C}$$

C 为电量单位库伦。

$$Q_0/Q_1 = 40$$

由此可见，负半周被抽出的电荷量只是和正向偏置电流所对应的储存电荷量 Q_0 的很小部分，因而不影响正向状态。可见形式上看，微波信号的负半周的大部分是截止的，实际上还是导通的。由很小的正向偏置电流可使很大幅度的微波电流作用在正向状态(或低阻状态)。

同理，在一个较小的负偏压 U_R 的作用下，即使微波电压幅度 U_1 远大于 U_R，也能保证 PIN 管始终工作于反向状态(或高阻状态)。

因此，较小的控制功率，可以控制大很多倍的微波功率。

目前制造 PIN 管最常用的有两种方法：一种是利用一块未掺杂的单晶硅基片，磨成一定的厚度 d，然后在两边分别扩散以高浓度的硼和磷，分别形成 P^+ 和 N^+ 层(+号表示高掺杂浓度)，然后再蒸发以铬金层，电镀加厚作为电极，再光刻腐蚀成台式管芯，并以二氧化硅低温钝化保护管芯；另一种利用一块 N 型高掺杂的单晶基片，在其上外延一 I 层，再在其上扩散一层 P^+ 的材料而形成 PIN 结构。这两种方法中，前者的 I 层为单晶片，电阻率可做得较高(可达 1000Ω·cm 以上)，因此有较好的反向特性(反向电阻高)；而利用外延生长 I 层，则由于外延材料的限制，其电阻率往往不高(甚至低至 10Ω·cm 以下)，影响了管子的反向性能。但第一种方法的 I 层厚度只能以磨片控制，精度不高，参量零散性大；而利用外延的方法可以用控制时间的方法控制其厚度。PIN 管的管芯结构如图 8-3 所示。

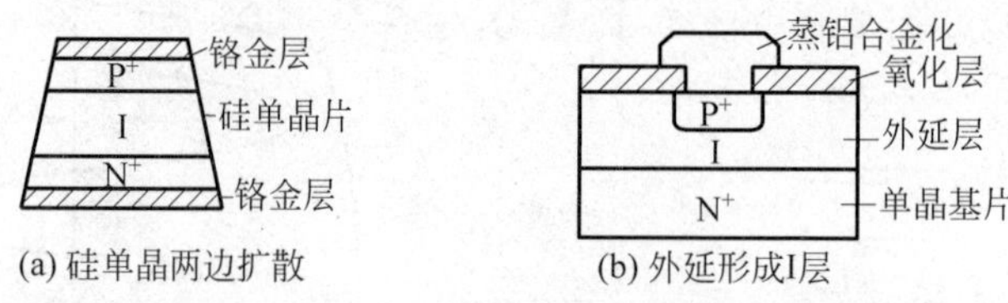

图 8-3 PIN 管管芯结构

实际的 PIN 管，由于材料和工艺上的原因，I 层中也包含一些杂质。当 I 层掺有少许 P 型杂质时，称为 $P^+\pi N^+$ 管；掺有少许 N 型杂质时，称为 $P^+\nu N^+$ 管。在此种情况下，和理想的 PIN 管就有所不同。

现以 $P^+\nu N^+$ 管为例进行说明：由于本征层含有少量的 N 型杂质，故在和 P^+ 层边界面两侧形成了 PN 结。根据 PN 结的基本理论，由于 P^+ 的掺杂浓度远高于 ν 区 N 的浓度，故在 P^+ 的一侧空间电荷层的厚度可以不计，在 ν 层一侧空间电荷层厚度为 x_m，基本上代表了 P^+N 结的结深。在 x_m 的范围内，ν 层的少量 N 型载流子已被清除，称为耗尽区。如果在管子两端加以反向电压，则耗尽区的范围扩大。在某一反向偏压时，整个 ν 层的 N 型载流子都被清除，因而成为高阻的耗尽层，称为穿通状态。$P^+\nu N^+$ 管要作为开关使用时，反向偏压必须大到足以清除 ν 层中所有 N 型载流子，以保证 $P^+\nu N^+$ 管处于反向高阻状态。

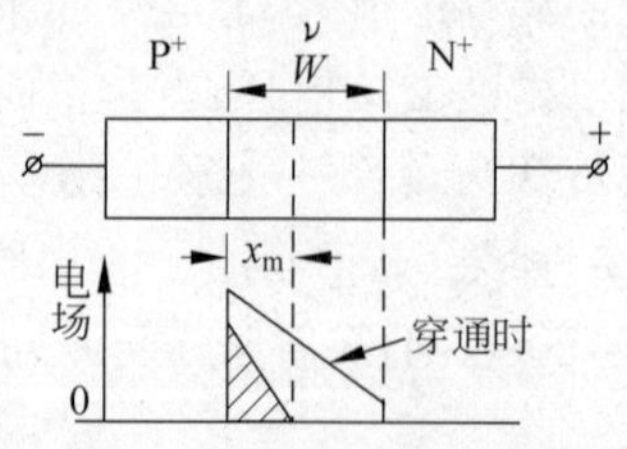

图 8-4 $P^+\nu N^+$ 管 ν 层的空间电荷分布

在图 8-4 中，表示出反向偏压逐渐增大时 $P^+\nu N^+$ 管的变化。此时 x_m 逐渐增加，以致最后等于 I 层厚度 W。电场也在逐渐变化。开始时，电场按突变结规律分布在 x_m 范围内。若

设 x_m 内空间电荷浓度均匀，则电场大小呈线性变化，至 x_m 的边界上降为零。在 x_m 范围以外，由于尚存在 N 型载流子未被清除，故电场均为零。直至整个 ν 层穿通时，电场就线性分布于整个 ν 层范围。

以上是 PIN 管的基本特性。

8.2.2 PIN 管的等效电路

在正向偏置状态下，PIN 管的等效电路相当简单，如图 8-5 所示。其中 R_i 为 I 层(实际为 π 层或 ν 层)的电阻，C_j 为正向注入载流子在 I 层边界上产生电荷储存所引起的电容，R_s 为电极和引线电阻。当正向偏置时，由于 P^+、N^+ 区的载流子向 I 层注入，随着正偏压的加大，R_j 很快地由几 MΩ 以上而减小到 1Ω 以下；而 C_j 的量级为几个 pF，即使在微波频率下，其容抗还是远大于 R_j。故可将其忽略，而可把 R_s 和 R_j 归并为一个正向电阻 R_f。一般的 PIN 管，在正向偏流为几十 mA 以上时，其正向电阻 R_f 不会超过几 Ω。

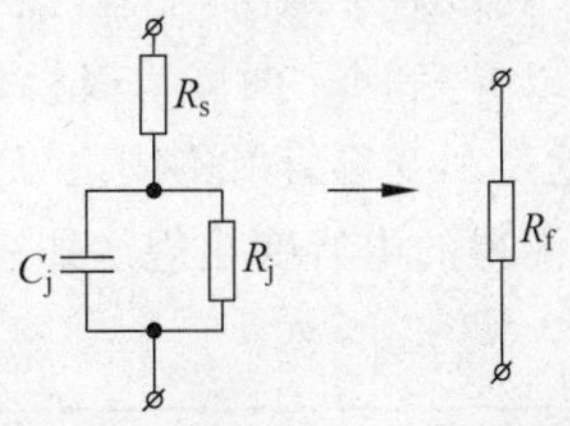

(a) 正向等效电路　　(b) 简化电路

图 8-5　PIN 管的正向等效电路

在反向偏置情况下，等效电路较为复杂。在反向电压较小、I 层未穿通时，整个 I 层分成耗尽区和非耗尽区两部分。耗尽区以电阻 R_j 和电容 C_j 并联来表示，R_j 为耗尽区的电阻，其值很大，在 MΩ 以上；C_j 为 P^+N 结(对 $P^+\nu N^+$ 管)或 PN^+ 结(对 $P^+\pi N^+$ 管)的结电容，大体上可由突变结电容公式算得，约等于十分之几 pF。非耗尽区由电阻 R_i 和电容 C_i 并联组成，其中 R_i 约为几 kΩ 的量级(因为其中包含了少量载流子，故电阻值比耗尽区要小一些)，电容 C_i 也在十分之几 pF 的量级。整个反向状态的等效电路如图 8-6(a)所示。

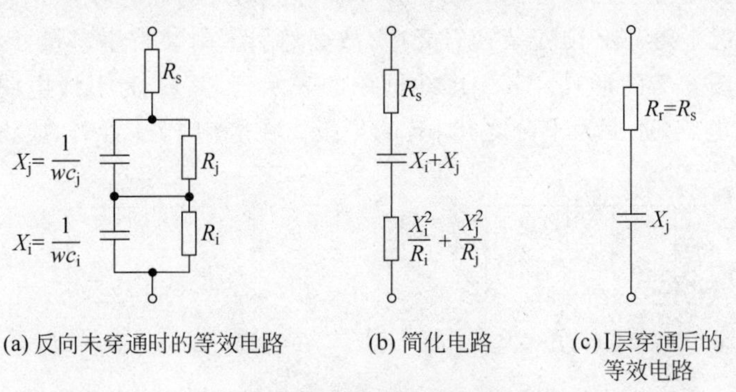

(a) 反向未穿通时的等效电路　　(b) 简化电路　　(c) I层穿通后的等效电路

图 8-6　PIN 管的反向等效电路

为了简化起见，我们将图 8-6(a)的等效电路化成串联形式。由于通常 $R_i \gg X_i$，$R_j \gg X_j$，故

$$R_j /\!/ X_j = \frac{-R_j \cdot jX_j}{R_j - jX_j} = \frac{-R_j \cdot jX_j \cdot (R_j + jX_j)}{R_j^2 + X_j^2} = \frac{R_j \cdot X_j^2 - jR_j^2 X_j}{R_j^2 + X_j^2}$$

$$\approx \frac{R_j X_j^2 - jR_j^2 X_j}{R_j^2} = \frac{X_j^2}{R_j} - jX_j \tag{8-4}$$

同理

$$R_i \mathbin{/\!/} X_i \approx \frac{X_i^2}{R_i} - jX_i \tag{8-5}$$

这样，就把并联等效电路近似地变换为串联等效电路，如图 8-6(b)所示。可以看出，串联电阻变为一个很小的数值(因 $R_j \gg X_j$，$R_i \gg X_i$)，而串联电抗(或串联电容)的值几乎保持不变。又因 $R_j \gg R_i$，故可将 X_j^2/R_j 忽略。

在反向偏压逐渐增加的过程中，C_j 逐渐减小，而非耗尽区的阻抗也逐渐减小(因逐渐变薄)。到最后穿通时，非耗尽区的等效阻抗变为短路，此时就完全由耗尽区等效电路构成，C_j 成为以 P^+ 和 N^+ 两层为极板、I 层为介质的平板电容器。当反向偏压继续加大时，它保持不变，这是和变容管所不同之处。事实上对此可通过实验加以验证，例如，对 PIN 管在不同偏压时测得的电容变化规律如表 8-1 所示。

表 8-1　PIN 管不同偏压下电容的测量值

反偏压(V)	0	−2	−5	−10	−20	−30	−40	−50	−75	−100	−150
电容(pF)	3.55	1.602	1.233	0.98	0.766	0.70	0.667	0.648	0.633	0.633	0.633

可知开始时，随着反向偏压的增加，电容逐渐减小，但在超过穿通电压(此处为−75V)后，即保持不变。由于穿通后 I 层的载流子被全部清除，损耗很小，保证得到较为理想的反向状态，故在 PIN 管的使用中，要求反向偏压应超过穿通电压，通常约取−100V 左右。

反向穿通后，如果 I 层由很高电阻率的材料所构成，则电阻 R_j 数值很大，X_j^2/R_j 极小。在反向穿通的等效电路图 8-6(c)中，R_r 为反向等效串联电阻，其值等于 R_s 和 X_j^2/R_j 的串联，近似地等于 R_s，因此也近似地等于正向电阻 R_f。这在一些应用中是有利的，即满足了所谓正反向偏置状态的等损耗条件。后面在移相器部分对此将再作说明。

由于很多情况下管芯必须安装在管壳中，故必然引入封装寄生参量，因此正反向偏置时的等效电路变为图 8-7 的形式。其中虚线框内的表示管芯，L_s 为引线电感，通常为 1nH 的量级；C_p 为管壳电容，通常为十分之几 pF 的量级。在应用 PIN 管时，应将此考虑进去。

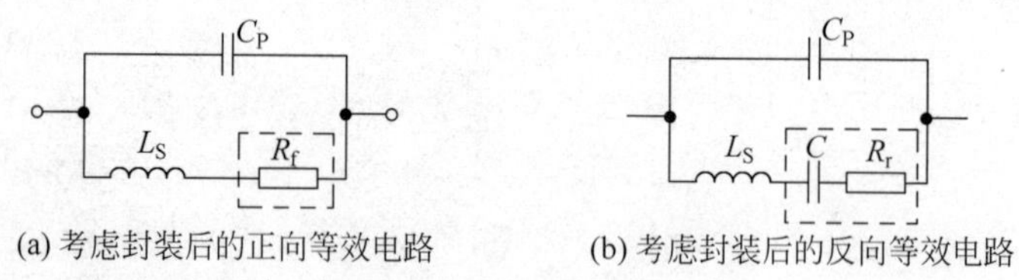

(a) 考虑封装后的正向等效电路　　(b) 考虑封装后的反向等效电路

图 8-7　考虑封装的 PIN 管等效电路

目前由于应用了梁式引线的新工艺，所做成的微带形式 PIN 管，其封装寄生参量可以做得很小而忽略不计，从而大大改进了控制电路的性能。

8.2.3　PIN 管的参数

在一个控制电路中，要根据 PIN 管的基本参数来选择管子。故在此将 PIN 管的有关基本参数、它们之间的相互关系及其对控制电路的影响作一个说明。

1) 正向电阻(R_f)

设 I 层厚度为 W，截面积为 A，正向偏置时注入的载流子(包括 P 型和 N 型)总浓度为

N，载流子的迁移率为 μ（假设空穴和电子的迁移率相等）。

根据半导体的基本理论，在载流子注入时，I层的电阻率为

$$\rho = \frac{1}{\mu N \cdot e} \tag{8-6}$$

其中，e 为电子电荷。故I层的正向电阻为

$$R_f = \rho \cdot \frac{W}{A} = \frac{W}{N\mu Ae} \tag{8-7}$$

若设 p 和 n 为I层的空穴和电子浓度，通常 $p=n$，故 $p=n=N/2$。在I层中有正向注入电流时其空穴或电子的储存电荷量为

$$Q_0 = epAW = enAW = \frac{1}{2}eNAW \tag{8-8}$$

若设正向注入电流为 I_0，载流子寿命为 τ，则根据式(8-3)，$I_0\tau$ 应等于 Q_0，因此有

$$I_0 = \frac{epAW}{\tau} = \frac{enAW}{\tau} = \frac{1}{2}\frac{eNAW}{\tau} \tag{8-9}$$

将式(8-9)代入式(8-7)，消去 A 得

$$R_f = \frac{W^2}{2I_0\tau\mu} \tag{8-10}$$

此即为正向电阻 R_f 与半导体材料参量、I层厚度以及正向偏置电流的关系。在用PIN管作为开关元件时，要求尽量减小 R_f。为此，必须相应地减小I层厚度 W，增大管子的寿命 τ、迁移率 μ 和正向偏置电流 I_0。但减小 W 会使反向击穿电压降低，反向串联电阻 R_r 增大（反向并联电阻减小）；增加 τ 则会引起开关时间的增加，故均不能取得太极端，而应综合考虑。一般 W 取在几 μm 到一百多 μm 的范围。因此为减小 R_f，增大正向偏置电流是有效手段。对于一个PIN管在不同正向偏置电流下测得的正向电阻的变化规律如表8-2所示。

表 8-2 PIN 管 I_0 与 R_f 间关系（测量值）

I_0(mA)	5	10	20	25	40	50	100
R_f(Ω)	7.8	4.8	2.0	1.5	1.0	0.8	0.55

因此通常的开关电路，I_0 要取到100mA左右。

2）反向电阻（R_r）

根据等效电路图8-6(c)，$R_r=R_s+X_j^2/R_j$；而根据分析，整个I层穿通后，其电阻 R_j 可近似表达为

$$R_j \approx \frac{\tau \cdot W}{A \cdot \varepsilon} \tag{8-11}$$

其中，ε 为I层的介电常数。为了减小 R_r，必须增加 R_j，亦即要增大寿命 τ 和I层厚度 W，减小面积 A。但增大 τ 和缩短开关时间有矛盾，增加 W 又和减小正向电阻有矛盾，减小 A 又会降低PIN管的功率承受能力，这也是要综合考虑的。实际上由于电阻率 $\rho=\tau/\varepsilon$ 一般已相当大（对于单晶基片作为I层材料时），R_j 也相当大，此时要减小 R_r 还应减小电极电阻 R_s。这一点采用新的工艺（例如双外延技术）可得到改进。

3）截止频率（f_c）

截止频率 f_c 按下式定义：

$$f_c = \frac{1}{2\pi C\sqrt{R_r R_f}} \tag{8-12}$$

其中，R_f、R_r 分别为 PIN 管的正、反向串联电阻，C 为反向穿通时的电容。在 PIN 管作为开关等控制元件时，f_c 和工作频率 f 的比值往往在很大程度上决定开关的电性能(如损耗、隔离等)，为此应尽可能地提高 f_c，亦即将 R_f、R_r、C 三者都尽量减低。当然，这里也存在矛盾。若为了减低 R_f 而减小 W，则会引起 C 的加大等，因此要适当综合各方面因素来考虑。f_c 大约在几百 GHz 的量数。若采取必要措施(如梁式引线的表面取向二极管)，则 f_c 有可能达到几千 GHz。工作频率就可提高到毫米波段。

4) 击穿电压(U_B)

当反向偏压过高时，I 层会发生雪崩击穿。为了提高击穿电压，一方面应尽量提高 I 层的电阻率，另一方面应适当增加 I 层厚度 W。对厚度为 10μm 的单晶 I 层，其耐压可达 300V 左右。W 继续加大，击穿电压 U_B 可达 1000V 以上。但 W 太厚时，将使开关时间延长，其他性能也受影响。一般 W 不应超过 100～200μm。

在原则上，一个微波电压作用于 PIN 管上时，在和负偏压叠加后，电压最负的部分不应超过击穿电压 U_B(如图 8-2 所示)。实际上，由于作用时间的短暂，即使瞬时负压超过击穿电压 U_B，也不会引起击穿。因此在设计微波电路和选择管子时，可允许电压最负点超过击穿电压值。

5) 功率容量

当 PIN 管工作于脉冲情况时，其功率容量主要受限于击穿电压 U_B 以及最大允许电流值，后者主要受结面积的限制。

可大致按以下考虑来估计 PIN 管的峰值功率容量：设传输线特性阻抗为 Z_0，峰值功率为 P_p，PIN 管旁接在传输线上，则应令峰值电压幅度小于 U_B。由此得

$$P_p = \frac{1}{2} \cdot \frac{U_B^2}{Z_0} \tag{8-13}$$

若设 $Z_0=50\Omega$、$U_B=1000$V，则 $P_p=10$kW。这个 P_p 包含了一定的富余量。因为脉冲负电压作用时间很短，即使超过 U_B 也不会导致击穿，实际的峰值功率比这可大一些。

当考虑线上有驻波时，由于波腹电压较高，因此功率容量应降低为上式算得的 $1/\rho$，其中 ρ 为驻波比。

PIN 管的平均功率容量 P_c 主要受限于结温升，而结温升又和管子的散热情况有关。为了降低结温升，除管子本身应加大结面积，减小 I 层厚度(但此和提高峰值功率容量又有矛盾)，和增加 P^+ 层 N^+ 层的载流子浓度外，也要改进电路的结构，包括安装散热片等以降低热阻。一般情况下，PIN 管的热阻在 20～30℃/W，好的可达 10℃/W。而管子经过老化以后，结温在 100～150℃时能长时期地正常工作，也就是说，最大的平均功率耗散可到达 10W 左右，平均功率容量最大可达到 100W。

6) 开关时间

当 PIN 管作为快速开关元件使用时，开关时间是很重要的参量，要求它尽可能地短。

由于 PIN 管的正反向状态之间的转换不是瞬时就能完成，需有一个过渡过程，因此必须考虑其开关时间(或转换时间)问题。

开关时间既和 PIN 管本身有关，又和偏压控制电路有关，应将两方面因素结合起来

考虑。

当由反向到正向过渡时，P^+、N^+层分别向I层注入载流子。由式(8-3)可知，为了维持正向导电，I层必须有总电量$Q_0 = I_0\tau$的储存电荷。若假设正向偏置电流I_0不随时间而变，可知由一开始I层为耗尽层，而达到储存电荷量为Q_0所需时间也与τ相近，因此由反向到正向的过渡时间和载流子寿命相近。

由正向状态向反向状态转换时，因为正向注入停止，I层的储存载流子立即开始复合，经过时间τ后，复合过程基本上结束，I层又变为高阻的耗尽层。由此可见，由正向到反向的过渡时间也和载流子寿命有关。

事实上，如果反向电压是一个陡峭的过激励波形，在开始瞬间产生的一个很大的反向电流I_r，会将储存电荷"吸出"。如果I_r的数值很大，则I层储存电荷的消失主要靠"吸出"作用而不是靠复合，此时的过渡时间t_r可比τ小得多，其值近似为

$$t_r \approx \frac{I_0 \cdot \tau}{I_r + I_0} \tag{8-14}$$

其中，I_0为正向电流，I_r为反向电流，τ为载流子寿命。从上式可知，I_r大于I_0很多倍时，可缩短开关时间。为此，一方面要设计激励电路的反向激励波形，使之在刚刚截止的瞬间产生一个陡峭的反向电流尖峰；另一方面应尽量减小激励电源反向时的等效内阻，以允许流过大的反向电流I_r。

通常的PIN管的开关时间从几十ns到几个μs，其值的大小除取决于载流子寿命τ和激励电路以外，还和承受功率有关。当承受大功率时，PIN管应有较厚的I层厚度W和较大的结面积A。当W较大时，会发生如下现象：I层两侧由于反向电流的作用将载流子"吸出"而形成耗尽区，但I层中间仍有载流子未被"吸出"，此时反向电压主要加在耗尽区上，对I层中心所残存的载流子部分，作用电场甚微，因此不再被继续"吸出"，而主要依靠复合和扩散而消失。当W较厚时，扩散的路程也长，这些因素都导致开关时间的增加。另一方面，结面积A增加时，管子周界的相对面积缩小了，而载流子有相当大一部分在周界上复合，由此而减少了周界上复合的机会，因而也增加了载流子的寿命。综上所述，当PIN管承受功率增大、因而管子的W和A必须相应增加时，其开关时间也会增加。这是实际使用中应该注意的。

8.3　微带线开关

PIN管在微带电路中最基本的应用是作为开关电路。利用其开关特性，又可作为二极管数字移相器。

所谓开关，即使PIN管工作于正向和反向两个状态，用以控制电路的通断。这样可作为微波电路的通断开关(单刀单掷开关)、换接开关(单刀多掷或多刀多掷)。如果在单刀单掷开关的控制电路中，加一个调制波形，就成为微波调制器，可作为一些微波信号源(如体效应管振荡器)的外加调制器。

以下我们讨论最常用的单刀单掷开关(常用来做微波调制器)以及单刀双掷开关(常用来作为天线转换开关)。

8.3.1 单刀单掷开关(微波调制器)

最简单的单刀单掷开关,如图 8-8 所示。图 8-8(a)为串联型,PIN 管和传输线串联;图 8-8(b)为并联型,PIN 管与传输线并联。显然,对于串联型,管子正向状态对应于开关的导通状态;管子反向状态对应于开关的断开状态。对于并联型,情况恰好相反。

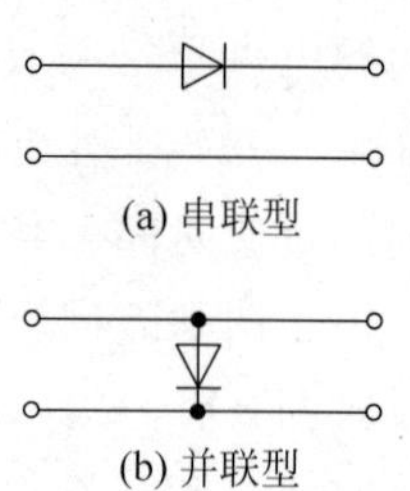

图 8-8 二极管的串接和并接

对单刀单掷开关的基本要求为:开关导通时的衰减要尽可能小,断开时的衰减要求尽可能大。对于理想的开关,前者为零,后者为无限大。一般只能要求两者比值应尽量大。有时又把前者称为开关的插入衰减,把后者称为开关的隔离度,是开关的基本参量。此外还要求工作频带尽量宽。因为当前信号源的频带范围越来越宽,往往为一个倍频程以上,因此经常作为外调制器的单刀单掷开关也应有较大的频宽。为此应选取 TEM 传输线与之配合,微带线当然也适应此要求。

由第 8.2 节可知,一个 PIN 管,在不考虑封装寄生参量时,其正向状态可用正向电阻 R_f 表示,反向状态可用反向串联电阻 R_r 和 I 层容抗 jX_c 串联表示。由于 $R_r \ll |X_c|$,故反向状态可近似以 jX_c 表示,我们称正反两种状态下阻抗的比值 X_c/R_f 为开关比,用以衡量 PIN 开关的优劣。若想使开关的性能优良,必须使开关比大,即应尽量减小 C 值和 R_f 值,此时就要很好地设计管芯尺寸、结构和选择好的材料工艺。还可以看到:因为 X_c 反比于工作频率,故当频率提高时开关比降低,开关工作情况恶化。

由于 PIN 管加了封装,其实际的正反向等效电路示于图 8-7。从图可知,封装的寄生参量对开关性能会引起不利影响。串联电感 L_s 增加了正向阻抗,并联电容 C_p 则减小了反向阻抗,使开关比降低。对于窄频带开关,可附加调谐元件,使正向时得到串联谐振,反向时并联谐振,因而得到高的开关比。但在宽频带情况下,此方法不能生效,而应从改进管子封装(如采用梁式引线二极管和微带结构 PIN 管)和改进电路结构(把寄生参量作为宽带电路一部分)着手。

下面定量分析单管串并联的开关特性和 PIN 管等效参量之间的关系。

假设单个 PIN 管串联在特性阻抗为 Z_0 的微带线上,其归一化阻抗为 $z=r+jx$,则根据第 2 章所述的微波网络基本理论以及表 2-2,插入衰减为

$$L_{dB} = 10\lg \frac{1}{|S_{12}|^2} = 10\lg \left|\frac{2+z}{2}\right|^2 = 10\lg\left[\left(\frac{2+r}{2}\right)^2 + \left(\frac{x}{2}\right)^2\right] \tag{8-15}$$

当二极管并联在传输线上、其归一化导纳为 $y=g-jb$ 时,则其衰减的分贝数为

$$L_{dB} = 10\lg\left[\left(\frac{2+g}{2}\right)^2 + \left(\frac{b}{2}\right)^2\right] \tag{8-16}$$

为了简化计算起见,把式(8-15)和式(8-16)以曲线的形式示于图 8-9 和图 8-10。其中图 8-9 表示衰减量对归一化串联电阻和电抗的关系,图 8-10 表示衰减量对归一化并联电导和电纳的关系。为了方便起见,在图 8-11 中又画出不同电感、电容值的电抗对频率的关系,以便设计时可约略估算电抗值。

设 $f=1000\text{MHz}, L_s=1\text{nH}, C=0.1\text{pF}, C_p=0.1\text{pF}, R_f=R_r=25\Omega$,传输线特性阻抗 $Z_0=50\Omega$,则 $\omega L_s=2\pi\approx 6\Omega, 1/[\omega(C+C_p)]\approx 700\Omega$。由图 8-9 可以看出,若接成串联型,则

二极管正向偏置时，衰减约为 0.1dB；反向偏置时，隔离度约为 17dB。由图 8-10 可以看出，若接成并联型，则正向偏置得到的隔离为 20dB 左右，而反向偏置的衰减则远小于 0.1dB。由图 8-9 和图 8-10 中可看出，当二极管正反向偏置，归一化阻抗分别在 $1Z_0/4$ 和 $20Z_0$ 左右时，适于做串联结构的开关；而归一化阻抗分别在 $Z_0/20$ 和 $4Z_0$ 左右时，适于做并联结构的开关。这就是说：当开关比相同，而二极管正反向阻抗相对于传输线特性阻抗稍大时，适于做成串联结构；而相对于传输线特性阻抗较小时，适于做成并联结构。当然，究竟采取串联或并联，还应考虑到管子的散热情况（当微波功率较大时）、加偏压的方法以及管子的结构等。在大功率时，适合用并联结构，以便从接地板散热；对微带结构的 PIN 管，要考虑便于接成串联形式等。对于 PIN 管管芯，既可直接用金丝串联焊接于微带线上（图 7-24），又可像图 7-25 那样做成并联结构。微带型封装的 PIN 管适于串联，管壳型封装的 PIN 管适于并联，分别如图 8-12 和图 8-13 所示。注意，在并联结构中，管壳型 PIN 管的上电极通过一个金属压环和介质薄膜与微带导体带条之间构成一个 50pF 以上的电容，使 PIN 管的上电极在直流或低频和导体带条隔开，而高频则保持连通，以便在 PIN 管的上电极加控制偏压。

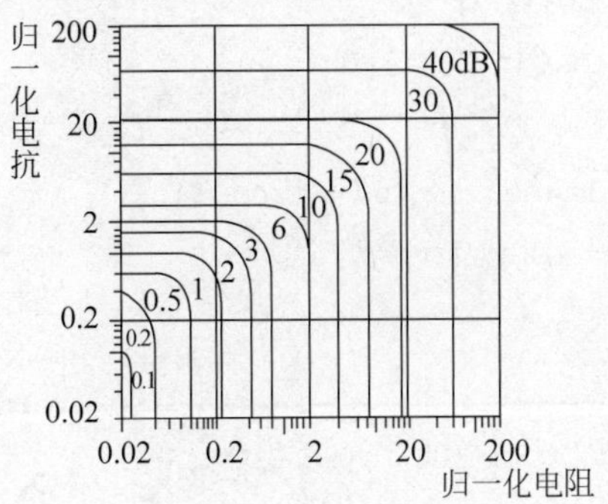

图 8-9 串联二极管开关的衰减对二极管归一化阻抗的关系

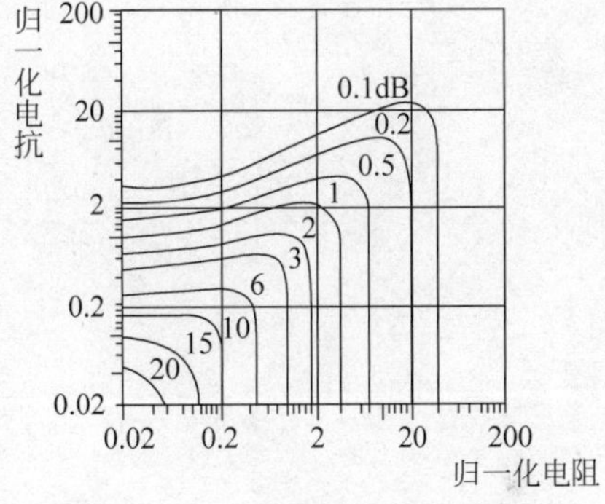

图 8-10 并联二极管开关的衰减对二极管归一化阻抗的关系

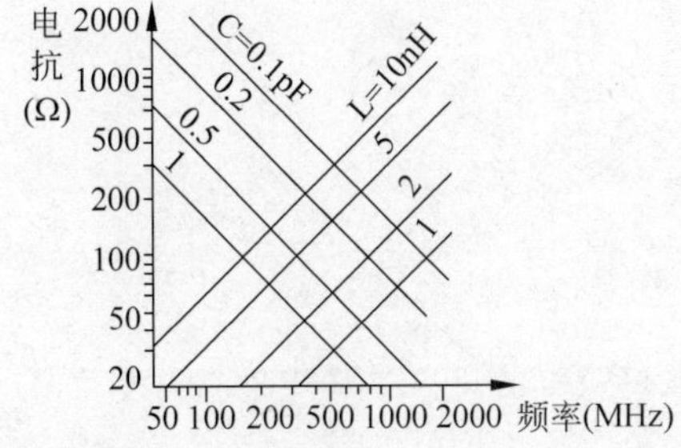

图 8-11 电感和电容的电抗对频率的关系

图 8-12 微带 PIN 管焊接在电路上

当频率提高时，用同样的 PIN 管作开关，其指标就要恶化。例如对前述的 PIN 管，当把频率 f 提高到 3000MHz 时，若作为串联开关使用，其插入衰减和隔离度分别变成 0.2dB 和 8dB；作为并联开关使用，则分别变成 0.1dB 及 5dB。为了改善此种情况，就必须采用多个二极管级联，以提高开关的性能指标。

多个二极管串联或并联组成多节开关如图 8-14 所示。设忽略串联二极管的电阻部分，其归一化电抗为 jx，管间距隔为 l，电角度 $\theta=kl$，则可应用矩阵相乘的方法求得级联二极管开关的特性。为了简单起见，下面只分析两个串联二极管级联的情况。

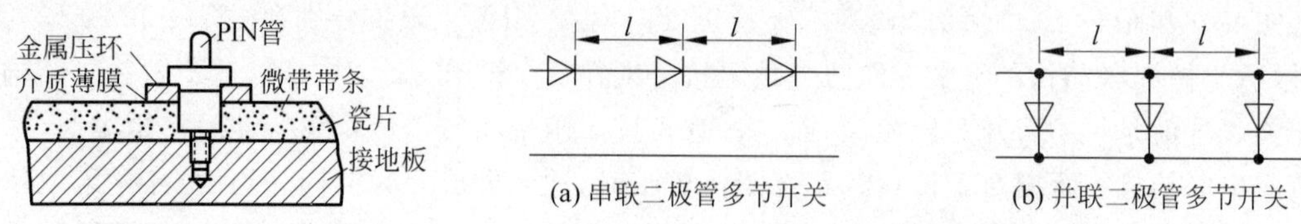

图 8-13 管壳型 PIN 管安装在接地板上

图 8-14 多节二极管开关

每个二极管的归一化 $\boldsymbol{a}$ 矩阵为 $\begin{bmatrix}1 & \mathrm{j}x\\0 & 1\end{bmatrix}$，电角度为 θ 的传输线归一化 $\boldsymbol{a}$ 矩阵为 $\begin{bmatrix}\cos\theta & \mathrm{j}\sin\theta\\\mathrm{j}\sin\theta & \cos\theta\end{bmatrix}$，故总矩阵为

$$\begin{aligned}\begin{bmatrix}a & b\\c & d\end{bmatrix} &= \begin{bmatrix}1 & \mathrm{j}x\\0 & 1\end{bmatrix}\cdot\begin{bmatrix}\cos\theta & \mathrm{j}\sin\theta\\\mathrm{j}\sin\theta & \cos\theta\end{bmatrix}\cdot\begin{bmatrix}1 & \mathrm{j}x\\0 & 1\end{bmatrix}\\ &= \begin{bmatrix}\cos\theta-x\sin\theta & \mathrm{j}\sin\theta+\mathrm{j}x\cos\theta\\\mathrm{j}\sin\theta & \cos\theta\end{bmatrix}\cdot\begin{bmatrix}1 & \mathrm{j}x\\0 & 1\end{bmatrix}\\ &= \begin{bmatrix}\cos\theta-x\sin\theta & \mathrm{j}x(\cos\theta-x\sin\theta)+\mathrm{j}\sin\theta+\mathrm{j}x\cos\theta\\\mathrm{j}\sin\theta & -x\sin\theta+\cos\theta\end{bmatrix}\end{aligned} \tag{8-17}$$

则

$$S_{21}=S_{12}=\frac{2}{a+b+c+d}=\frac{1}{(\cos\theta-x\sin\theta)+\mathrm{j}\left(\sin\theta+x\cos\theta-\dfrac{x^2}{2}\sin\theta\right)^2} \tag{8-18}$$

故插入衰减 L_{dB} 为

$$L_{\mathrm{dB}}=10\lg\frac{1}{|S_{12}|^2}=10\lg\left[(\cos\theta-x\sin\theta)^2+\left(\sin\theta+x\cos\theta-\frac{x^2}{2}\sin\theta\right)^2\right] \tag{8-19}$$

因为

$$S_{11}=\frac{(a+b)-(c+d)}{a+b+c+d}$$

若令 $S_{11}=0$，即有

$$(a+b)-(c+d)=0 \tag{8-20}$$

将式(8-17)的矩阵参量代入式(8-20)，得

$$\cos\theta-x\sin\theta+\mathrm{j}x(\cos\theta-x\sin\theta)+\mathrm{j}\sin\theta+\mathrm{j}x\cos\theta-\mathrm{j}\sin\theta+x\sin\theta-\cos\theta=0$$

即

$$-\mathrm{j}x^2\sin\theta+2\mathrm{j}x\cos\theta=0$$

$$\tan\theta=\frac{2}{x} \tag{8-21}$$

因为在二极管中，忽略了电阻部分，故衰减全部为反射所引起。在式(8-20)中，令 $S_{11}=0$，亦即令反射衰减(此时代表全部衰减)等于零，可得

$$\theta=\arctan\frac{2}{x} \tag{8-22}$$

可知，当 $\theta=\arctan\dfrac{2}{x}$ 时，两串联二极管的级联开关总衰减为零。这是由于两个二极管的反射衰减相互抵消的缘故。若令

$$\theta=\frac{\pi}{2}+\arctan\frac{2}{x} \tag{8-23}$$

则两个二极管反射波的相位差和前面情况相差 180°，两个管子的反射波由相互抵消而变为相互叠加，因而得到了最大总衰减。

对两个并联二极管进行级联的情况，也可得到类似的结论。

由此可知，当两个二极管级联时，为使总衰减最小，应令间距 l_1 为

串联：

$$l_1/\lambda=\frac{1}{2\pi}\arctan\frac{2}{x} \tag{8-24}$$

并联：

$$l_1/\lambda=\frac{1}{2\pi}\arctan\frac{2}{b} \tag{8-25}$$

其中，x 为二极管导通时的归一化电抗（由引线电感 L_s 所引起），b 为二极管截止状态时的归一化电纳（由二极管结电容和管壳电容所引起）。

为了使总衰减最大，应令间距 l_2 为

串联：

$$l_2/\lambda=\frac{1}{4}+\frac{1}{2\pi}\arctan\frac{2}{x} \tag{8-26}$$

并联：

$$l_2/\lambda=\frac{1}{4}+\frac{1}{2\pi}\arctan\frac{2}{b} \tag{8-27}$$

其中，x 为二极管截止时的归一化电抗，b 为二极管导通时的归一化电纳。

如果二极管正向电抗为零，反向电抗为无限大，在处于此理想情况时，由式(8-24)～式(8-27)可知，取 $l=\lambda/4$，可同时满足开关理想通断（最小衰减和最大衰减）条件。但实际上 PIN 管的正反向电抗不可能是理想的，如果 l 根据开关导通时的最小衰减条件选择，则必和开关截断时的最大衰减（即最佳隔离度）条件有矛盾。为此必须兼顾进行选择。图 8-15 为两个二极管级联时，归一化电抗、管子的间距以及开关总衰减之间的关系曲线。根据此曲线图可适当选择二极管之间的距离 l，使得开关在两种状态下都得到较佳的特性。例如前例的 PIN 管，当工作频率为 6000MHz 时，管子的正向归一化电抗 $\omega L_s/Z_0$ 为 0.7，反向归一化电抗为 −2.8（假设传输线特性阻抗为 50Ω）。则根据图 8-15 的曲线可知：若选取 $l/\lambda=0.2$，则串联二管级联的开关，其插入衰减和隔离度分别为 0.1dB 和 21dB。较之单管的 0.2dB 和 8dB 都有较大的改善。

如果间距 l 和二极管归一化电抗 x 均按照开关断开时最大衰减（最佳隔离度）条件选取，则根据推导结果，此时的总衰减值比单个二极管的断开衰减（即隔离度）的 N 倍（N 为级联二极管数）还要大一个附加值，即总的最大衰减 α_m 为

$$\alpha_m=N\alpha_1+\sum_{n=2}^{N}\alpha_{xn} \tag{8-28}$$

其中，α_1 为单管的最大衰减（隔离度），α_{xn} 为附加衰减，和 α_1 以及管子个数有关，如图 8-16

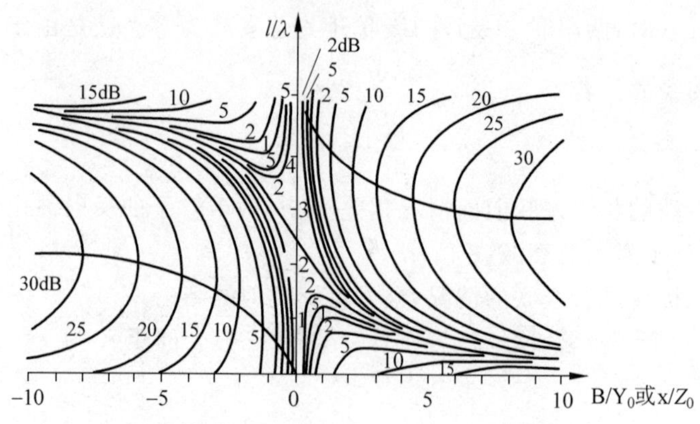

图 8-15 多管开关的衰减量和二极管参量以及间距的关系

所示。

一个微带线串联二极管四管开关如图 8-17 所示。偏压以宽带 $\lambda/4$ 支撑节加入，微带导体带条的右边以 $\lambda/4$ 高阻分支线在终端打孔使直流接地。在偏压加入处须以 $\lambda/4$ 耦合线隔直结构使其和导体带条左边部分直流隔开。这种类型的开关可用来作调制器，其工作频带相对带宽可达到百分之几十。插入衰减和隔离度在频带范围内可分别达到 2dB 和 20dB 左右。

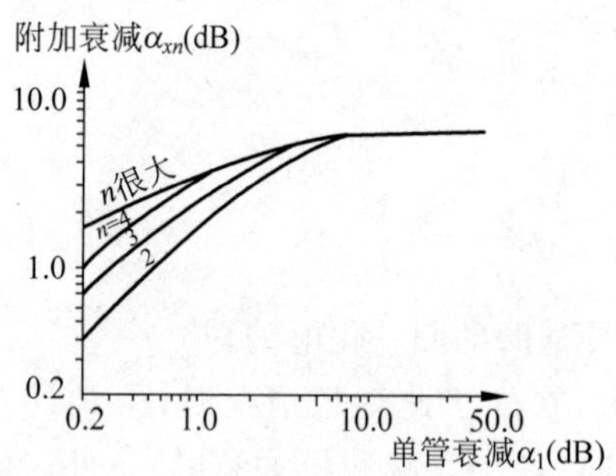

图 8-16 多管开关的附加衰减

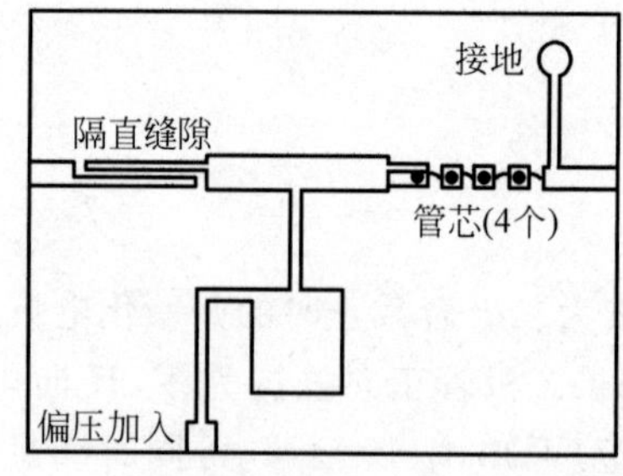

图 8-17 微带线四管开关

前面曾经谈到，PIN 管的寄生参量对开关特性带来很不利的影响，尤其当频率提高时更为严重。为了解决此问题，应采用寄生参量小的二极管，同时也可合理地设计电路，使二极管的寄生参量成为电路的一部分。这样就可提高开关的性能指标。

如果把 PIN 管的管芯直接压焊在微带上，则其寄生电容可以忽略，只有金丝的引线电感(约 1nH 数量级)必须考虑。若此时把引线电感作为外电路的一部分，则二极管本身的寄生参量效应就消除了。

一种目前很通用的 PIN 管开关(调制器)的结构如图 8-18 所示。在瓷片中心打一个圆孔，通过此孔从接地板下伸入一个圆柱形金属筒，其上部端面大约与微带带条平面对齐。圆柱形金属筒和接地板并不直接接触，中间隔一层介质薄膜，使其和接地板之间隔断直流。圆柱形金属筒由一个螺钉从底板上将其顶紧。在圆筒突出瓷基片圆孔的端面上，以超声波焊两个 PIN 管管芯，再以热压焊上引线将两个管芯的上电极相连，再分别连接于圆孔两端的微带线导体带条上，如图 8-18(b)所示。微带线的导体带条通过低通滤波器在瓷片上穿孔接地,如图 8-18(a)所示,这样在微波频率下对导体带条无影响。从金属圆筒上引出偏压线从接地板中穿出引到外面。由于接地板和金属圆筒间的介质膜很薄,相当于一个大电容,所以圆筒和接地板在高频上又是同电位的。

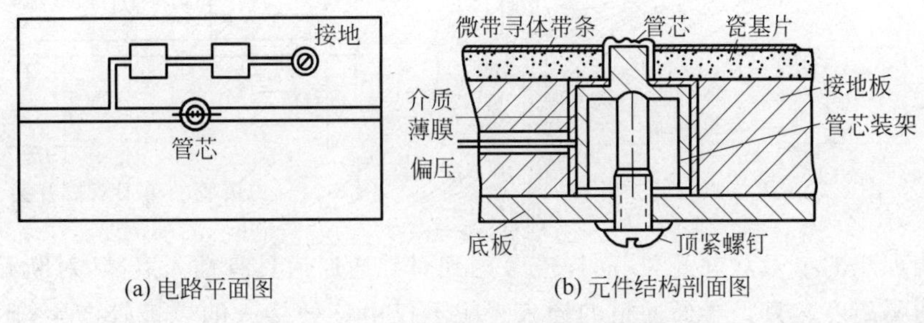

(a) 电路平面图　(b) 元件结构剖面图

图 8-18　一种微带 PIN 管开关结构图

对三条引线的电感,必须加以考虑。但此时管芯为并联连接,对于此种结构,引线电感就直接串接在微带线中,而不再与管芯直接串联,其等效电路如图 8-19 所示,其中的 C 为隔直流电容,高频时可认为短路。显而易见,此时的并联元件只有管芯本身,在二极管反向状态时,引线电感和反向结电容构成了低通滤波器电路。如果滤波器的截止频率足够高,则可以在相当宽的频带范围内获得较小的插入衰减。当二极管处于正向状态时,由于管芯的并联阻抗只由正向电阻所构成,其值较小,且又有二极管的级联,因此隔离度的指标也比较好。

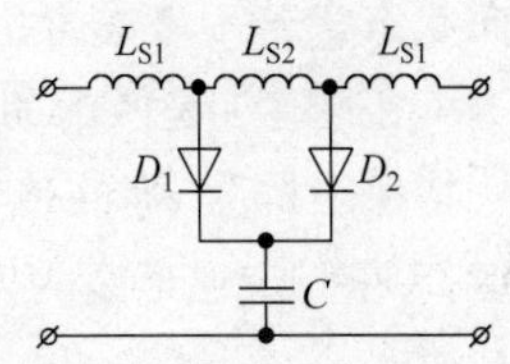

图 8-19　图 8-18 所示开关的等效电路

目前这种形式的开关采用一般的 PIN 管(反向结电容为 0.2～0.3pF 左右,正反向串联电阻为 3Ω 左右),且只在开关断开时加 50mA 的正向偏流,开关导通时为零偏压,即可在倍频程以上的频宽内,得到小于 2dB 的插入衰减和高于 20dB 的隔离度。

8.3.2 单刀双掷开关(微波换接器)

在不少无线电系统中,往往需把一个设备来回换接到两个不同设备上,形成交替工作的两条微波通道。最典型的例子为天线收发开关,如图 8-20 所示,发射机和接收机共用一个天线。由于雷达的工作多为脉冲制,发射和接收可在时间上予以分割,故可以用一个开关来回控制。此外目前某些无线电设备(如空中交通管制二次雷达)的天线采用和、差波瓣体制,和、差波瓣由一个波束形成网络(或称功率分配网络)形成,有和、差两个输入端,发射机和接收机可借助于单刀双掷开关依次接入和波瓣与差波瓣的输入端,这样可迅速得到和波瓣与差波瓣之间的转换。

理想的单刀双掷开关要求信号在接通通道上的衰减很小,在断开通道上的隔离度很大,并且应有较小的输入驻波比,使得能量的反射尽可能小。典型的单刀双掷开关如图 8-21 所示。两个并联二极管分别接于离分支点 $\lambda/4$ 处。如果二极管 D_1 处于正向状态、二极管 D_2 处于反向状态,则通道 1 被短路,因而无功率通过,而通道 2 由于 D_2 处于开路状态而不影响功率的通过。又由于 D_1 接在离分支点 $\lambda/4$ 处,在 D_1 短路时,反映到分支点为开路,因此不影响功率对通道 2 的传输。反过来,当二极管 D_2 处于正向状态、D_1 处于反向状态时,则功率传输到通道 1，通道 2 被截止，且对功率向通道 1 的传输没有影响。

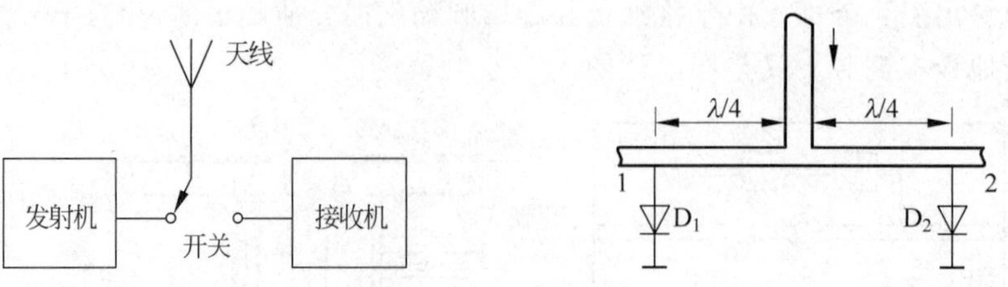

图 8-20 天线收发转换开关　　图 8-21 二极管的单刀双掷开关

对于非理想的单刀双掷开关，同样应考虑到对导通通道具有插入衰减，对断开通道具有一个有限的隔离度。只是导通通道的插入衰减不仅由该处接入的二极管产生，还应附加以断开通道连接了二极管的影响。此项影响可这样估计：设通道 1 是断开的，二极管 D_1 处于正向状态。若不考虑寄生参量，其正向电阻为 R_f，与通道 1 的输入阻抗 Z_0 并联后仍近似等于 R_f（设通道 1 是匹配的，其输入阻抗等于传输线特性阻抗 Z_0，又 $R_f \ll Z_0$），R_f 经过长度为 $\lambda/4$、特性阻抗为 Z_0 的传输线，反映到分支点，其输入阻抗变为 Z_0^2/R_f，则输入阻抗为 Z_0 的通道 2（亦假定通道 2 为匹配），由于阻抗 Z_0^2/R_f 的旁路作用，其功率相对损失为

$$\frac{Z_0}{Z_0+Z_0^2/R_f}=\frac{R_f}{Z_0+R_f}$$

折算成衰减分贝数为

$$10\lg\left(\frac{Z_0+R_f}{Z_0}\right)$$

设 $Z_0=50\Omega$，$R_f=5\Omega$，则此项附加衰减为

$$\Delta L_{dB}=10\lg\left(\frac{Z_0+R_f}{Z_0}\right)=10\lg\left(\frac{50+5}{50}\right)=0.42\text{dB}$$

由此可知，由于另一个通道的影响，可使导通通道产生一个附加衰减值。

对于图 8-21 所示的单刀双掷开关，欲使其中一个通道接通、另一个通道断开时两个二极管处于不同的状态，需要有两个偏压源进行控制。但实际上，这种开关总是使一路接通，另一路断开，亦即两个偏压源总是处于相反的状态。为节省偏压源，可以改变开关的电路，使之可以共用一个偏压源。这样改变后的实用单刀双掷开关的电路如图 8-22 所示。其中，1、2 两端为两个通道输出端，3 为信号输入端，4 为偏压源输入端。为了使 D_1、D_2 两个二极管的偏压源得到共用，原来在通道 1 的 A 点并接二极管 D_1 改为由 A 点引出一个 $\lambda/4$ 长的分支线，而在分支线的终端 C 再并联以二极管；而二极管 D_2 仍并联于通道 2 中离分支点 B 为 $\lambda/4$ 的 D 点。两个二极管极性都相同，且都通过隔直流电容 C_1、C_2，再与微带线连接。C_1、C_2 可按照图 8-13 由金属压环通过介质薄膜与微带构成，其电容量应足以使其对高频短路。偏压线通过旁路电容 C_3 和串联电阻 R 至引出接头，C_3 使高频对地短路，且使其位置至二极管之间的距离为 $\lambda/4$，以保证高频能量不向偏压源泄漏。R 为限流电阻，使得二极管在正向状态时电流不至于太大，以免损毁二极管和偏压源。

事实上，上述单刀双掷开关性能指标是很差的，因为在每一路都只用了一个 PIN 管，由于其寄生参量的影响，单管的开关指标较差。例如对一种 PIN 管，其 $R_f=R_r=2\Omega$，引线电感 $L_s=1\text{nH}$，反向结电容和管壳寄生电容总和为 1.2pF（其中，$C_j=1\text{pF}$，$C_p=0.2\text{pF}$）。若将

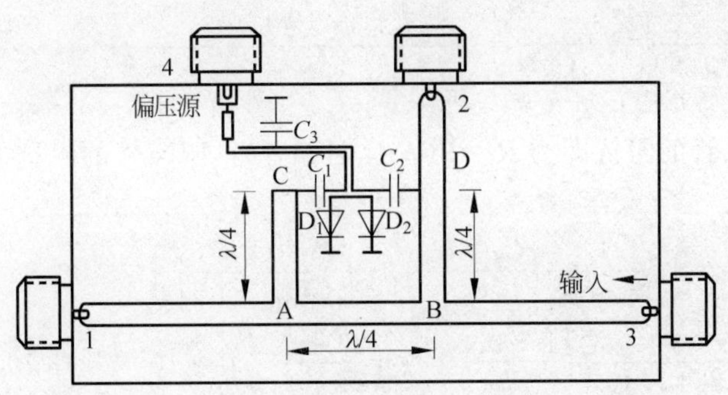

图 8-22　一种单刀双掷 PIN 管开关的电原理图

其并联在 50Ω 微带线上，工作频率 $f=1000\text{MHz}$，则在正向偏置时 $X_f=2\pi fL_s\approx 6.3\Omega$；反向偏置时 $X_r=1/2\pi f(C_o+C_p)\approx 133\Omega$。

根据上述正反向电阻和电抗数值，由图 8-10 查得反向偏置时的衰减约为 1.8dB，正向偏置的隔离度为 13dB 左右，不满足使用要求。通常使用于雷达系统中的换接开关，其导通通道的衰减至少应在 1dB 以下，隔离通道的隔离度至少应在 25dB 以上。为了解决这个问题，也可仿照单刀单掷开关采取多个二极管级联的方法以提高指标。但这样做将使开关结构复杂，并且由于二极管数量的增加，对偏置电路的指标也提出了较苛刻的要求。因为一般来说，使用的相对频宽不一定很大，约在 5%～10% 以下。在此种情况下，可采取如图 8-23 所示的办法，外加调节电容和调节电感对 PIN 管的寄生参量进行补偿。图 8-23(a)为 PIN 管及调节电容 C 和调节电容 L 的连接情况，图 2-23(b)和图 2-23(c)则分别为考虑调节电抗后的 PIN 管正反向偏置状况的等效电路。在正向偏置时，考虑到 C_p 及 L 的影响可以忽略，令调节电容 C 和引线电感 L_s 串联谐振，即 $C=1/4\pi^2 f^2 L_s$。此时正向阻抗就只剩下 R_f 的影响了。反向偏置时，由于 L_s 的电抗远小于结电容 C_j 的容抗而可忽略，因此等效电路成为电容 $C(C_j+C_p)/(C+C_j+C_p)$ 与调节电感 L 的并联，若令其产生并联谐振，即令 $L=1/[4\pi^2 f^2/(C(C_j+C_p)/(C+C_j+C_p))]$，则结电容和管壳电容的电抗效应亦除去，等效电路呈现纯阻的谐振阻抗。根据串并联回路的基本原理，此谐振阻抗的值应为

$$\frac{1}{4\pi^2 f^2 R_r}\left(\frac{C_j+C_p}{C_j}\right)^2\cdot\left[\frac{C+(C_j+C_p)}{C\cdot(C_j+C_p)}\right]^2$$

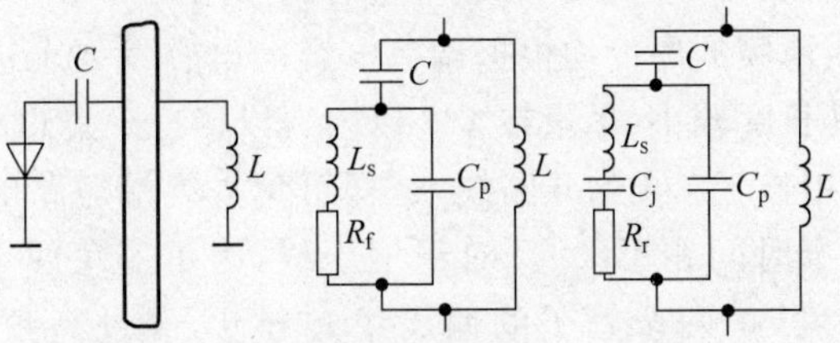

(a) PIN管加调节电抗　(b) 正向等效电路　(c) 反向等效电路

图 8-23　PIN 管附加调节电抗及其等效电路

我们仍按前面提出的 PIN 管参量进行考虑，则为了补偿 L_s 的电抗，调节电容 C 应为

$$C=\frac{1}{4\pi^2 f^2 L_s}=\frac{1}{(6.28\cdot 1000\times 10^6)^2\cdot 1\times 10^{-9}}=25\text{pF}$$

反向偏置时的调谐电感 L 则为

$$L=\frac{1}{4\pi^2 f^2\dfrac{C(C_j+C_p)}{C+C_j+C_p}}=\frac{1}{(6.28\times10^9)^2\cdot\dfrac{25\times1.2}{25+1.2}\times10^{-12}}=22\text{nH}$$

而正向偏置时，PIN 管的阻抗即为 $R_f=2\Omega$；反向偏置时，PIN 管的阻抗即前述的谐振阻抗，其值为

$$\begin{aligned}R_{\max}&=\frac{1}{4\pi^2 f^2 R_r}\left(\frac{C_j+C_p}{C_j}\right)^2\cdot\left[\frac{C+C_j+C_p}{C(C_j+C_p)}\right]^2\\&=\frac{1}{2.4\times10^{19}}\left(\frac{1+0.2}{1}\right)^2\cdot\left(\frac{25+1.2}{25\times1.2}\right)^2\cdot10^{24}=13\,700\Omega\end{aligned}$$

将上述阻抗对 $Z_0=50\Omega$ 归一化，重新查图 8-10，即得正向时的隔离度为 22dB，反向衰减<0.1dB。应该指出，上述指标的估算是对一个 PIN 管并联在微带线上考虑的。事实上，从图 8-22 可看出，对于通道 1 并接 PIN 管处离主线尚有 $\lambda/4$，故尚应有一个倒置关系，将 PIN 管阻抗通过 $\lambda/4$ 变阻器折合到主线上，故在正向偏置时，通道 1 导通，通道 2 隔离，此时通道 1 和通道 2 的 PIN 管并联，正向阻抗反映到主线上 AB 点各为 $50^2/2=1250\Omega$（通道 2 中忽略传输线端接负载对二极管正向阻抗的并联的影响）。经过矩阵运算后，可算得通道 1 的衰减为 0.28dB，通道 2 的隔离度为 28dB。在反向偏置时，通道 2 导通，通道 1 隔离，此时二极管的反向阻抗即谐振电阻 $R_{\max}=13\,700\Omega$，在通道 1 的 C 点，二极管反向并联阻抗 13 700Ω 反映到 B 点亦近似为 13 700Ω，故对通道 2 相当于在 B、D 两点并联以阻抗 13 700Ω，算得的衰减远小于 0.1dB。同样，对通道 1 的隔离度进行计算后，其值远大于 30dB。但以上仅仅是对中心频率而言。当偏离中心频率时，正反向的谐振电路都要失谐，因而引起开关指标的恶化，所以开关指标呈现频带特性。此外在频率偏移时，图 8-22 的微带电路中的 AC、AB、BD 几个长度亦不再等于 $\lambda/4$，对开关的频带特性也有影响。理论和实验结果表明：上述电路的正向频带特性较反向时为宽，因为一方面正向状态的串联谐振电路的 Q 值较低，反向状态的并联谐振电路的 Q 值较高；另一方面，正向时，通道 2 的隔离主要以正向状态的二极管 D_2 直接并接于微带线 D 点来保证；而反向时，通道 1 的隔离度需将反向状态的二极管 D_1 从 C 点通过 $\lambda/4$ 线折合到 A 点、成为一个并联低阻抗来保证，增加了一个影响频带的因素。对衰减的影响也与此类似。还需指出：由于微带线本身损耗及其他因素的影响，将使开关的实际指标比上述理论计算值还要低一些。

实际的开关结构如图 8-25 所示。其调节电容即采用图 8-13 所示的隔直流电容。其中金属压环的面积和介质薄膜的厚度均根据调节电容的电容量要求进行设计，调节电感则采用短路线结构。为使其长度较小（尽量在 $\lambda/8$ 以内），以接近于集总参数元件，可使线的宽度尽量小。当然，也可采用长于 $\lambda/4$ 的开路线，这样可免去终端短路的麻烦，但这样有可能影响频带宽度（在带宽较窄时问题不大）。对于偏压线，为了避免两个 PIN 管通过偏压线耦合、降低了开关的隔离度，把两个管子的偏压线先分开，经过高频滤波后再连接在一起。同时，还以 $\lambda/4$ 开路线代替高频短路电容以获得较好的短路性能，这样可避免电容的引线电感的影响。当然，若采用寄生效应很小的结构电容来对高频进行短路，也可取得同样的效果。

上述单刀双掷开关因为有几个 $\lambda/4$ 传输线长度的关系，因此，工作频带受了限制。为了展宽工作频带，可采用图 8-25 所示的串联二极管和串并联二极管形式。其中串联形式结构简单，但性能稍逊于串并联形式。对于后一种形式，当二极管 D_1、D_4 正向，D_2、D_3 反向时，

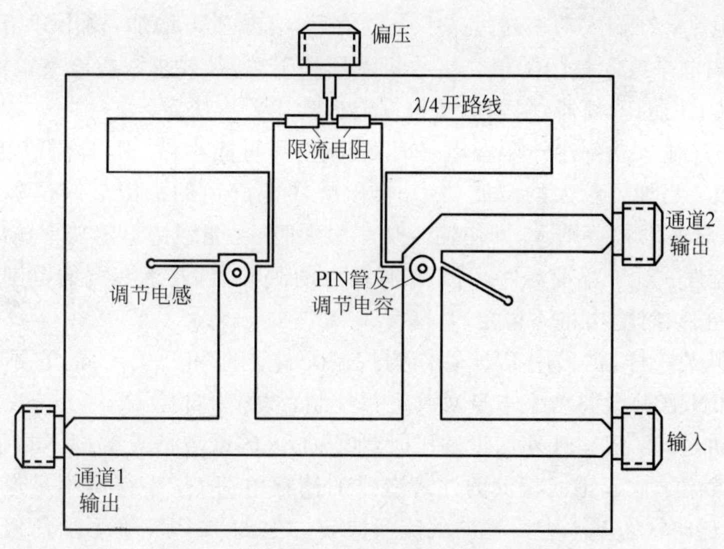

图 8-24　单刀双掷开关的实际电路结构图

信号和通道 1 接通，相反时和通道 2 接通。由于有串并联二极管共同起作用，故指标较高。上述两种形式均可达到倍频程，但因采用串联二极管结构，故承受功率容量较低。

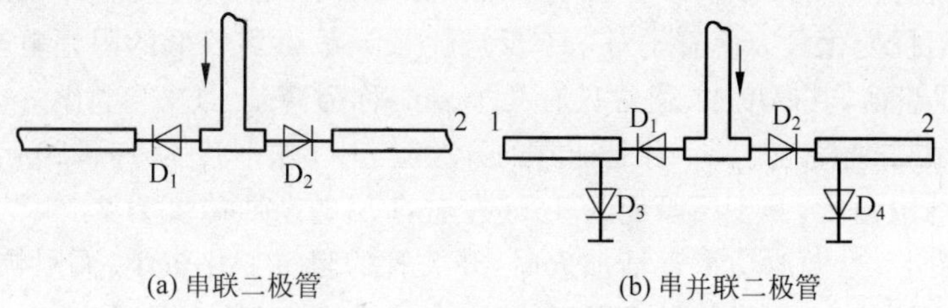

(a) 串联二极管　　(b) 串并联二极管

图 8-25　宽带单刀双掷开关

8.4　微带限幅器和可变衰减器

开关为利用外加偏压以控制微波电路的通断。在某些情况下，要求微波信号通过控制电路时能自动控制电路的衰减。当信号较微弱时，控制电路的衰减很小；而当信号大于某一门限值后，电路的衰减显著增加，以致能近似保持输出功率不变，如图 8-26 所示，此种元件，称为微波限幅器。

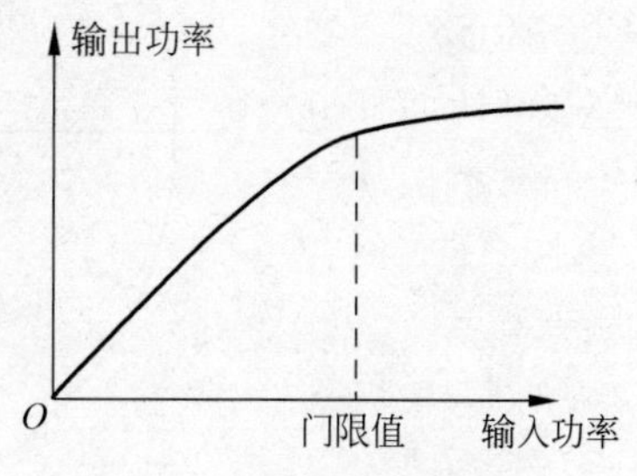

图 8-26　微波限幅器特性

微波限幅器一般用于接收机的混频器之前，以保护混频管，使其免受强信号的影响而烧毁。因为限幅器输入的门限值可使其小于混频管的烧毁功率，当输入信号大于门限值时，在经过限幅器时就被自动限制在一定电平以下，可保证混频管能安全工作。此外限幅器也可用于微波扫频信号源中，使扫频信号输出保持恒定。对于一个微波限幅器，应提出下列要求：

(1) 限幅电平：在输入功率超过某一个数值后，衰减显著增加，输出开始稳定。此输入功率值称为限幅电平或限幅门限值。接收机上用的限幅器，要求限幅电平很低，不超过10～20mW；扫频仪上用的限幅器，限幅电平根据输出功率要求决定。

(2) 衰减：在输入功率小于限幅电平时，衰减应尽可能小，否则将降低接收机灵敏度。

(3) 隔离度：当加入较大的微波功率时，限幅器能产生的极限衰减值称为隔离度。如果隔离度高，意味着限幅范围大，即使输入功率很大时，也能维持恒定功率输出。

(4) 频带特性：对于宽带器件，例如扫频仪上的限幅器，要求在宽的范围内限幅电平变动很小，否则在扫频时输出将不恒定。

限幅器和开关一样，常采用 PIN 管作为控制元件。但和开关不同，它不受外加偏压控制，而由通过 PIN 管的微波功率本身对其进行控制，故称为自控。

前面已经讲过，当 PIN 管外加正偏压时，如果加入的微波信号幅度不是很大，则其正半周注入 I 层的载流子比起正向偏流的注入造成的储存电荷 Q_0 小得微不足道，可将其忽略，因此 PIN 管的正向状态基本上由正向偏流所决定。但如果 PIN 管不加任何偏置而加入一个微波信号，而且信号的幅度比较大时，在正半周向 I 层注入载流子，在负半周由于载流子寿命较长，来不及复合，且反向电流又不足使载流子全部吸出，此时在整个微波周期内，I 层上就相当于实际积累了一定浓度的载流子，增大了对微波信号的衰减。

严格地说，任何一种微波信号都影响 PIN 管的阻抗。但只有当外加微波功率很大时，才有较显著的阻抗变化。为使管子对功率反应比较灵敏得到较低的限幅电平，必须把 PIN 管的 I 层做得尽量薄，其厚度 W 通常只有几个 μm，称为薄基 PIN 管。图 8-27 是两种 PIN 管阻抗特性测试结果的比较。一种是通常的开关管，其 I 层厚度为 16～20μm 左右，另一是专为限幅器用的限幅管，其 I 层厚度为 4μm 左右，I 层的杂质浓度为 $2\times10^{14}/\mathrm{cm}^3$。可以看出：在阻抗圆图上，当微波功率逐渐加大时，开关管的阻抗变化较小，而限幅管的阻抗却随功率电平有较大的变化，故将其做成限幅器时，有较低的功率限幅电平。

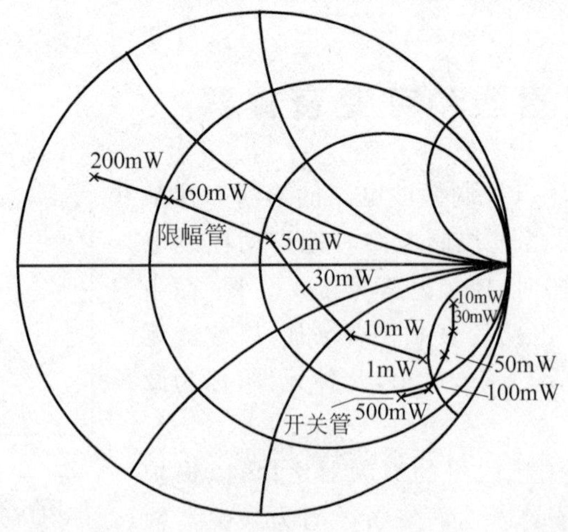

图 8-27　开关管和限幅管的阻抗随功率电平变化的比较

微带型的限幅器其结构基本上与开关类似，只是不需要偏置电路。为了提高其性能指标，同样可采取多管级联的方法。由于小功率时，限幅管呈现较高的阻抗，而此时要求其插入衰减小，因此适合采用并联结构。此外也同样可做成图 8-18 的结构，利用其寄生参量构成低通滤波器电路，以获得宽频带特性。

在某些工作情况下，要求限幅器具有较小的输入驻波比。对于开关，只是在导通条件下才有此要求。当断开时，可以有很大的驻波。其实，开关断开时的衰减，主要是依靠反射衰减得到的。对于限幅器，当输入功率由小而大时，相当于开关逐渐由导通状态过渡到断开状态。因此对一般的限幅器电路结构，其输入驻波比也由小而大，不能满足上述要求。

为了在整个功率范围（限幅和不限幅时）内都得到小的驻波，有时在限幅器前加一个环行器，但这样增加了体积和重量。从电路本身想办法，可采用下述结构来减小驻波：

（1）3dB 电桥限幅器。

如图 8-28 所示，3dB 电桥两平分臂上都接一个限幅管及阻值等于传输线特性阻抗值的电阻。当输入功率较小时，限幅管处于高阻状态，两平分臂的负载近于开路，功率几乎全部反射。由于 3dB 电桥的幅度和相位特性，两平分臂反射回来的功率叠加后，几乎全部从隔离臂输出，在输入臂上的反射甚微，故输入驻波比较小。当输入功率逐渐增加，因而限幅管逐渐向低阻状态过渡时，两平分臂开始吸收功率。限幅管阻抗越低，平分臂负载越接近匹配，反射功率也越小，因此由输入臂至隔离臂的衰减逐渐增大而产生了限幅作用。当然，由于 3dB 电桥的特性，在限幅过程中，输入臂同样保持低的输入驻波比。

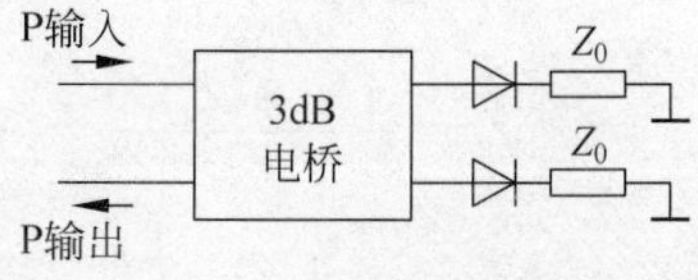

图 8-28　3dB 电桥限幅器

（2）加匹配电阻的级联限幅器。

如图 8-29 所示，(a)为其电路结构，有两个相隔 $\lambda/4$ 而并联安装的限幅管。若在前面的一个限幅管 D_1，加一个 50Ω 电阻与其串联，则构成了驻波很小的级联限幅器。

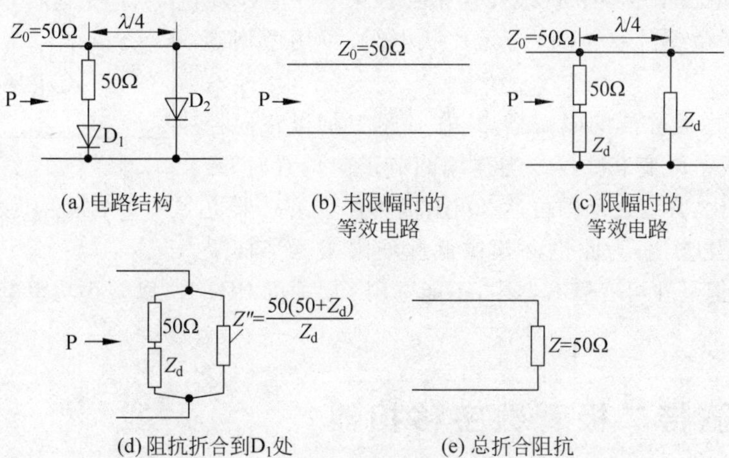

图 8-29　加匹配电阻的级联限幅器

当输入功率 P 很小，而未达到限幅电平时，D_1、D_2 均处于高阻状态，因而两并联支路接近于开路，此时等效电路如图 8-29(b)所示，相当于一段无反射的传输线，输入功率几乎完全输出。当功率逐渐增加以至超过限幅电平时，二极管阻抗 Z_d 随着开始逐渐减小，其等效电路如图 8-29(c)所示，显然输出功率将小于输入功率而开始限幅。由于和 D_1 串联了一个 50Ω 的电阻，可使限幅器在限幅过程中，也保持一个小的输入驻波比，其原因可从等效电路

中看出，设限幅器后面的负载阻抗是匹配的，等于 50Ω，与第二个管子的阻抗 Z_d 并联后，其总阻抗为

$$Z' = \frac{50 \cdot Z_d}{50 + Z_d} \tag{8-29}$$

经过 λ/4 传输线，折合到第一个管子 D_1 处的等效输入阻抗 Z''为

$$Z'' = \frac{50^2}{\dfrac{50 \cdot Z_d}{50 + Z_d}} = \frac{50(50 + Z_d)}{Z_d} \tag{8-30}$$

第一个管子的并联支路，其总阻抗为$(Z_d + 50)\Omega$，与 Z''并联后，得限幅器总的输入电阻为

$$Z = \frac{(50 + Z_d)Z}{50 + Z_d + Z''} = \frac{(50 + Z_d) \cdot \dfrac{50(50 + Z_d)}{Z_d}}{50 + Z_d + \dfrac{50(50 + Z_d)}{Z_d}} = \frac{\dfrac{50(50 + Z_d)^2}{Z_d}}{\dfrac{(50 + Z_d)^2}{Z_d}} = 50\Omega \tag{8-31}$$

正好与传输线的特性阻抗匹配。

事实上，即使两个管子 D_1、D_2 完全相同，由于处于不同的功率下，它们的阻抗也不完全相等。在较大的功率输入时，D_2 由于直接并联于传输线而先开始导通。由于在连接处呈现低阻而产生电压波节，故在 D_1 处得电压波腹，而使该处的电压比行波情况升高将近一倍，因而 D_1 也开始导通。因两管的阻抗总会有一些差异，使得限幅器的输入阻抗不完全等于 50Ω，但仍然可在较宽的频带范围和较大的功率范围内，使驻波比保持在 1.5 以下。

实现这种电路的微带结构如图 8-30 所示。PIN 管直接用管芯压焊，在瓷基片上打两个小孔，烧结银浆和接地板连通。管芯的上电极由引线和接地孔连接。在第一个管子支路中，还串入了微型片状电阻(若无片状电阻，可用微型碳膜电阻代替)。

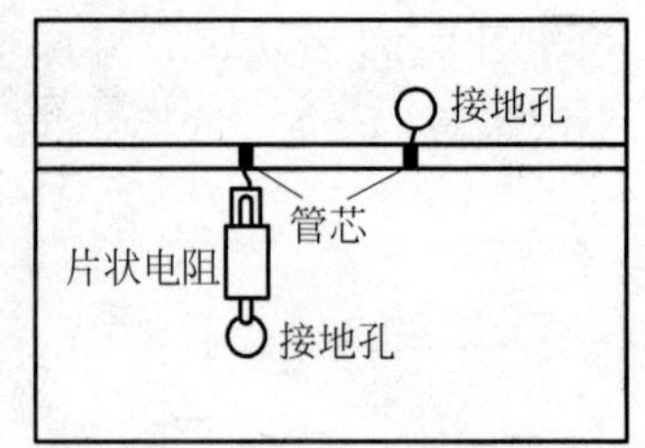

图 8-30　图 8-29 所示限幅器的电路结构

如果在上述低驻波的限幅器中，在管子上加以正向控制偏压，就变成了可变衰减器。当连续调节正向偏置时，衰减量可逐渐变化，其变化范围可达 20dB，因为可变衰减器也要求低的输入驻波比，为此也必须像低驻波限幅器那样采取匹配措施。但是在可变衰减器中，不能选用 I 层薄的 PIN 管，以防止功率电平改变时衰减量产生变化。

8.5　微带二极管数字移相器

8.5.1　概述

近几年来，相控阵雷达得到很快的发展，它通过电的方式控制天线孔径面上各辐射单元的相位，以实现波束的快速扫描。这种雷达具有灵活、变化快速、多功能等优点，适应于战备的需要。

对辐射单元相位的控制是通过电控移相器进行的。在每个辐射单元背后，都接有一个电控移相器，可用电的方法控制其相移，从而使天线孔径面的相位产生变化。

目前用得较多的电控移相器有铁淦氧移相器和二极管移相器两类。前者功率容量较大，但要求控制功率也大，且相位变化速度慢，特性易受温度影响。后者具有体积重量小、开关时间短、控制功率小、对温度变化的稳定性好等优点，但其功率承受能力和移相器损耗方面稍逊于前者。两者各有优点，但目前实际的相控阵雷达以采用二极管移相器为多。本节对目前实用的二极管移相器作一个概要的介绍。

电控移相器有模拟式和数字式两种。模拟式移相器相移连续可调，数字移相器的相移是量化了的，即其相位只能阶跃变化。显然前者相位变化比较精细，但是其控制电路设备将十分复杂。经过计算和分析，数字式移相器只要使其相移跳变量小于45°，就可以足够精细地控制天线波束指向位置。通常，移相器的相移量在360°以内变化(大于360°以后，其相移量可舍去360°的整倍数而变成小于360°的相移)。为了实现相移的阶跃，整个数字移相器分成若干位，每位有两个相位状态，便于受二进位数字电路的控制。例如，二位移相器共有两个移相位，相应于两个移相器，其相位状态分别为(0°、90°)和(0°、180°)，整个移相器组合后可得四种相位状态：(0°、90°、180°、270°)。对于四位移相器，其各个移相位的相位状态分别为：(0°、22.5°)，(0°、45°)，(0°、90°)，(0°、180°)，整个移相器组合后，在0°～360°间，可得到以22.5°为间隔的16个相移状态。移相器位数越多，对波束的控制越精细，但移相器本身及其控制电路也越为复杂。当前在相控阵雷达中，较多地采用四位移相器。

由于目前实际应用的移相器多为数字式，故本节只讨论二极管数字移相器。

从使用出发，对移相器提出以下要求：

(1) 移相精度。决定天线波束位置精度，通常每位容许相位误差在2°～3°以内，它取决于电路的制造公差、二极管的参量零散程度，以及相移位之间的反射等因素。

(2) 承受功率。在相控阵雷达的每一个单元中，均分配到一定的功率。二极管应能够承受这个功率而不致损毁。它既要承受平均功率引起的发热而不烧毁，又要承受脉冲功率的高电压作用而不击穿。此外，还应维持相移的稳定，尽量少受输入功率的影响。

(3) 损耗。移相器作为一个插入元件必然引起电路的额外损耗。此损耗是由二极管及传输电路所引起，应尽量将其减小。

(4) 插入驻波比。由移相器接入电路所引起。若驻波比过大，则每个移相位之间将因来回反射而降低其移相精度。通常驻波比应在1.5以下。

(5) 工作频带。由于相控阵雷达具有一定的工作频带，故移相器亦应有频带要求。最主要的是工作频带内移相量的变化应尽量小，以免影响雷达精度。同时，驻波比也应在一定范围之内。

(6) 动作时间。决定天线波束转换速度。由二极管的开关时间所决定。若采用PIN管，其动作时间约在μs量级。

由上可知，对二极管移相器的要求是多方面的，为此必须选择较好的微波固体器件以及合适的微波电路形式。综合权衡各方面的要求，二极管移相器也以选择PIN管为宜。因为移相器是数字式的，只有两个相位状态，故微波固体移相器实际上相当于一个开关。由前面第8.2节的叙述可知，PIN管用作开关元件比较理想，因此用作移相器的控制元件也是合适的。

在电路方面目前应用较多的有下列四种类型，如图8-31所示。

(1) 开关线移相器，如图 8-31(a)所示，输入信号由四个 PIN 管控制，在控制电压的作用下，可交替地通过两条支路，而两支路之间的电长度有 Δl 的差值，因而产生两种相位状态，其间的相位差由 Δl 的长度决定。

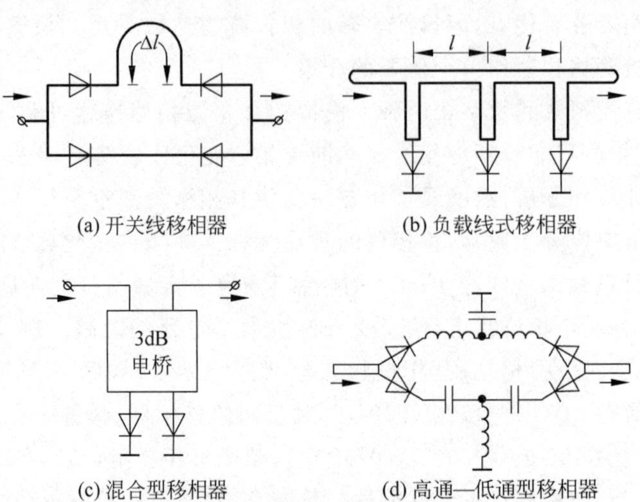

(a) 开关线移相器　(b) 负载线式移相器

(c) 混合型移相器　(d) 高通—低通型移相器

图 8-31　各种 PIN 管数字移相器电路类型

(2) 负载线移相器，又称周期加载移相器，如图 8-31(b)所示。在传输线上隔开一定距离，并接一个 PIN 管。在管子的开与关两个状态，对主线引入不同的并联电纳，因而产生了两个相位状态，其相位差可借控制并联电纳的数值来得到。

(3) 混合型移相器，如图 8-31(c)所示，为一个 3dB 电桥。在其两平分臂接两个相同的 PIN 管，因此平分臂的负载阻抗受 PIN 管工作状态的影响，输入和输出臂之间，即可产生一定的相移。

(4) 高通—低通型移相器，如图 8-31(d)所示，基本上和开关线移相器类似，只是在两支路中分别接入 T 形的高通和低通滤波器。前者产生一超前的相位，后者产生一落后的相位，故两状态之间亦产生一定值的相位差。这种形式的移相器具有较宽的频带，但主要用于较低的工作频率。

以下我们对几种不同形式的移相器进行讨论。

8.5.2　开关线移相器

理想的开关线移相器由理想的开关元件构成。此时，信号完全经过导通支路，两种状态的相移量 $\Delta\phi$ 由两支路的长度差 Δl 决定：

$$\Delta\phi = \frac{2\pi}{\lambda} \cdot \Delta l \tag{8-32}$$

一个实际的串联二极管(也可以是并联的)开关线移相器等效电路如图 8-32 所示。其中，R_f 和 R_r 分别为 PIN 管的正向和反向电阻，C 为反向结电容，L_s 为引线电感，X_L 及 X_c 为调谐电抗，以保证 PIN 管在正向状态时串联谐振，在反向状态时并联谐振。可以看出，串联谐振电阻为 R_f，而并联谐振电阻为 X^2/R_r，这里的 X 是 PIN 管反向结电容的容抗，因为 L_s 的感抗已和 X_c 抵消了。

由于正向谐振电阻(串联谐振电阻)和反向谐振电阻(并联谐振电阻)的存在,必然会引起移相器的衰减,现定量地考虑此项衰减的大小。

为简单起见,只考虑左侧两个 PIN 管,事实上,右侧二管和左边是对称的,其引入的衰减值也和左侧相同。

经过计算,由二极管串联谐振电阻和并联谐振电阻引起的总衰减为

$$L_{dB} \approx 20\lg\left(1+\frac{R_f}{2Z_0}+\frac{Z_0R_r}{2X^2}\right) \tag{8-33}$$

由于 $X \ll 1$ 时,

$$\ln(1+X) \approx X \tag{8-34}$$

而在一般情况下,$R_f/2Z_0+\dfrac{Z_0R_r}{2X^2} \ll 1$,故有

$$L_{dB} \approx 4.34\left(\frac{R_f}{Z_0}+\frac{Z_0R_r}{X^2}\right) \tag{8-35}$$

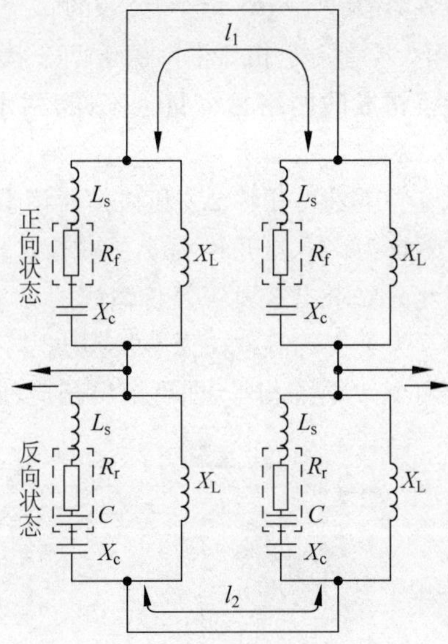

图 8-32 开关线移相器的等效电路

为了使衰减最小而适当选择传输线特性阻抗 Z_0 时,只须将 L 对 Z_0 求导数,且令其为零,即得

$$Z_0 = X\sqrt{\frac{R_r}{R_f}} \tag{8-36}$$

若考虑到 PIN 管的截止频率为 $f_c=\dfrac{1}{2\pi C\sqrt{R_fR_r}}$,将 f_c 的表达式及式(8-36)所得最小衰减值的 Z_0 代入式(8-35),即得最小衰减 L_{min}(以 dB 为单位)为

$$L_{min} = 8.68\frac{\sqrt{R_fR_r}}{X} = 8.68\left(\frac{f}{f_c}\right) \tag{8-37}$$

此即为开关线二极管移相器的最小衰减的表达式。

在最小衰减的传输线特性阻抗的情况下,其能承受的最大峰值功率可推得为

$$P_{max} = \frac{U_{max}{}^2}{2Z_0} \tag{8-38}$$

其中,U_{max} 为 PIN 管所能承受的高频峰值电压,可比 PIN 管的击穿电压 U_B 高。

开关线移相器两种相位状态的相位差系由两分支线长度 l_1 和 l_2 之差所决定。但 l_1 和 l_2 并不是可以随意选择的,特别是对串联二极管结构更应慎重考虑。因为断开支路的隔离度实际上并非无限大,还存在着对导通支路的影响。当断开支路的长度和二极管电抗所构成的总电长度为半波长的整数倍时,开关线移相器产生了谐振,此时不但衰减量陡峭地上升,而且相位误差也非常大。为此,在考虑每个支路的电长度时,应设法避免上述谐振现象,以保证移相器的移相精度及衰减不受影响。

8.5.3 负载线移相器

最简单的二极管负载线移相器的等效电路如图 8-33 所示。其中主线的特性阻抗为 Z_0,中间段的特性阻抗为 Z_{01},电角度为 θ_0,其两侧并接以 PIN 管。在正、反向时,其并联电

纳各为 jB 及 $-$jB。在二极管的每个状态，两个相同的并联电纳和 θ_0 的传输线段构成一个网络，具有一个相移量。由于两个状态的并联电纳不同(分别为 jB 和 $-$jB)，故它们和传输线段构成的网络相移量也不同，两个状态的相移量之差，就是所要求的负载线移相器的相移 $\Delta\phi$。

为了求得相移 $\Delta\phi$ 和移相器诸参量之间的关系，我们可将图 8-33 的电路等效成一段特性阻抗为 Z'_{01}、电角度为 θ'_0 的一段传输线，如图 8-34 所示。显然，θ'_0 即为上述网络的相移量，因此只要求出这段等效传输线的参量就可以了。

为了得到等效关系，可应用矩阵运算，求出两种情况(图 8-33 和图 8-34)下的 **A** 矩阵，令两个 **A** 矩阵相等，即可求出相应的关系。

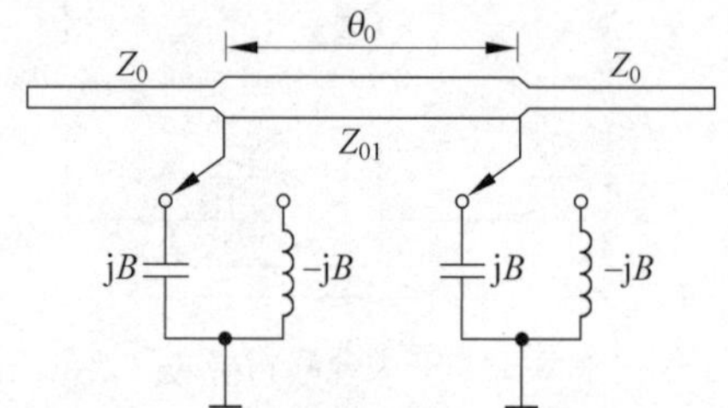

图 8-33 负载线移相器的等效电路

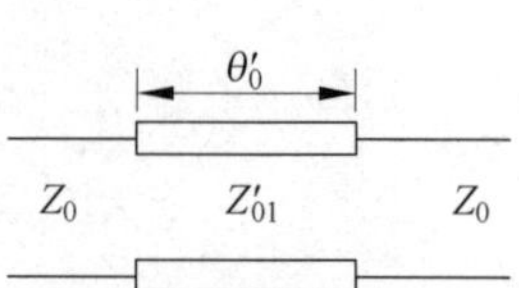

图 8-34 将负载线移相器等效成一段传输线

在图 8-30 中，并联电纳为 jB 和传输线段构成的网络，其 **A** 矩阵为

$$\boldsymbol{A}=\begin{bmatrix}1 & 0\\ \mathrm{j}B & 1\end{bmatrix}\cdot\begin{bmatrix}\cos\theta_0 & \mathrm{j}Z_{01}\sin\theta_0\\ \mathrm{j}\dfrac{\sin\theta_0}{Z_{01}} & \cos\theta_0\end{bmatrix}\cdot\begin{bmatrix}1 & 0\\ \mathrm{j}B & 1\end{bmatrix}$$

$$=\begin{bmatrix}\cos\theta_0-BZ_{01}\sin\theta_0 & \mathrm{j}Z_{01}\sin\theta_0\\ 2\mathrm{j}B\cos\theta_0+\mathrm{j}\dfrac{\sin\theta_0}{Z_{01}}-\mathrm{j}B^2Z_{01}\sin\theta_0 & -BZ_{01}\sin\theta_0+\cos\theta_0\end{bmatrix} \tag{8-39}$$

而图 8-31 的等效传输线段的 **A** 矩阵为

$$\boldsymbol{A}'=\begin{bmatrix}\cos\theta'_0 & \mathrm{j}Z'_{01}\sin\theta'_0\\ \mathrm{j}\dfrac{\sin\theta'_0}{Z'_{01}} & \cos\theta'_0\end{bmatrix} \tag{8-40}$$

令 $\boldsymbol{A}=\boldsymbol{A}'$ 得

$$\theta'_0=\cos^{-1}(\cos\theta_0-BZ_{01}\sin\theta_0) \tag{8-41}$$

$$Y'_{01}=Y_{01}(1-B^2Z_{01}^2+2BZ_{01}\cot\theta_0)^{1/2} \tag{8-42}$$

当并联电纳为 $-$jB 时，同样可得到另一个 θ'_0 及 Y'_{01}。两种情况下 θ'_0 之差即为负载线移相器的相移 $\Delta\phi$。

为了得到阻抗匹配，希望 $Z'_{01}=Z_0$，但由于管子的两种状态下有不同的并联电纳，因而有不同的 Z'_{01}，亦即正、反向情况下，等效传输线的特性阻抗 Z'_{01} 不等，不能同时令其等于 Z_0 而得到匹配。一个特例是：正反向并联电纳各为 jB 和 $-$jB，且 $\theta_0=90°$，此时由式(8-42)可知，两种状态的 Z'_{01}(或 Y'_{01})相等，且为

$$Y'_{01}=Y_{01}(1-B^2Z_{01}^2)^{1/2} \tag{8-43}$$

若令 $Y'_{01}=Y_0=1/Z_0$，则有

$$Y_{01}(1-B^2Z_{01}^2)^{1/2}=Y_0$$
$$Y_{01}^2(1-B^2Z_{01}^2)=Y_0^2$$
$$Y_{01}^2-B^2=Y_0^2$$
$$Y_{01}^2=B^2+Y_0^2$$

即

$$Z_{01}=\frac{Z_0}{\sqrt{1+B^2Z_0^2}} \tag{8-44}$$

为了实现上述参量，$\pm \mathrm{j}B$ 可借助于一 $\lambda/8$ 分支传输线段端接理想开关构成，如图 8-35 所示。$\lambda/8$ 分支线的特性阻抗为 Z_{02}，则在理想开关开路时，其输入电纳为

$$\mathrm{j}B=\mathrm{j}\frac{1}{Z_{02}}\cdot\tan 45°=\mathrm{j}Y_{02}$$

在理想开关短路时，其输入电纳为

$$-\mathrm{j}B=-\mathrm{j}\frac{1}{Z_{02}}\cot 45°=-\mathrm{j}Y_{02}$$

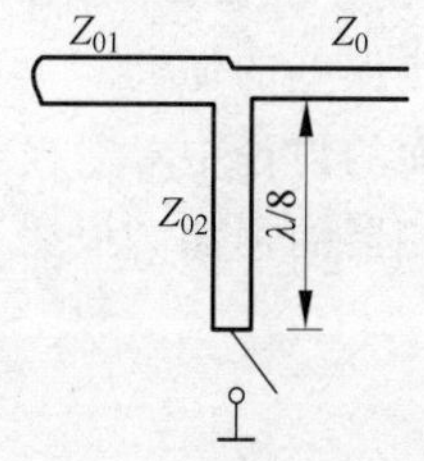

图 8-35　负载线移相器并联电纳的一种实现方法

故只须选择 $\lambda/8$ 分支线的特性导纳 Y_{02}，令其等于所要求的电纳 B 即可。问题在于理想开关的实现是较为复杂的，通常 PIN 管由于寄生参量的影响，只有附加调谐电抗，才呈现理想开关特性。但这样电路就复杂了，同时对 PIN 管的参量要求也过于严格。

事实上，负载线移相器并非一定要做成上述形式，可以根据已有的 PIN 管的参量，根据移相器性能指标要求，对 Z_{01}、θ_0、Z_{02} 以及分支线电角度 ψ_0 等（ψ_0 不一定等于 45°）参量进行灵活的选择。此外，对于负载线移相器，其正、反向状态对传输线的并联电纳的绝对值也不一定相等，我们以 $\mathrm{j}B_{\pm}$ 表示。

在选择参量时，首先应在中心频率下，令移相器的相移等于给定值 $\Delta\phi_0$，同时在中心频率下正、反向工作状态有最佳的驻波特性。其次，还应考虑到移相器的频带特性，尽量使其工作特性在频带内变化平坦。为此，应在中心频率处，使移相器的诸参量（例如相移 $\Delta\phi$）对频率的一阶导数为零。在加了上述要求的条件下，可借助于计算机进行计算。首先给定中心频率相移 $\Delta\phi_0$（对负载线移相器，一般等于 22.5°及 45°），然后以 PIN 管的正向电抗 $X_{f0}=\omega_0 L_s$ 及反向电抗 $X_{r0}=1/\omega_0 C_j$（其中，L_s 为 PIN 管的引线电感，C_j 为反向结电容）作为参变量，在不同的 X_{f0}、X_{r0} 值的情况下，根据前述条件，通过计算，得到 Z_{01}、Z_{02}、θ_0、ψ_0 等移相器参量之间的关系曲线。利用这些曲线，根据已有的 PIN 管参量，即可计算出负载线移相器各部分的尺寸。在确定了基本尺寸之后，在移相器的实际调测中，可以对上述一些参量进行微调，使移相器满足预定指标。为了方便起见，多半采取调节 PIN 管参量的办法。因为一批 PIN 管的参量总比较零散，正好可利用它对移相器进行微调。此外也可适当改变电路参量（如分支线特性阻抗 Z_{02} 和电角度 ψ_0）对移相器进行调节。

必须指出，移相器的驻波特性也相当重要。当移相器的驻波较大时，各移相位之间由于来回反射引起相位不确定而产生的误差。如果前一个移相位的输出反射系数为 Γ_G，后一个移相位的输入反射系数为 Γ，则根据分析计算，由来回反射而引起的相位不确定误差为

$$\varepsilon_\phi=\pm\arcsin(|\Gamma_G|\cdot|\Gamma|) \tag{8-45}$$

若设$|\Gamma|=|\Gamma_G|$，且每个移相位允许有$\pm 2°$的相位不确定误差，则根据此式可算得

$$|\Gamma|=|\Gamma_G|=0.187$$

$$\rho=\frac{1+|\Gamma|}{1-|\Gamma|}=1.46$$

ρ为移相器的允许驻波比。

由此可知，对移相器的每一移相位均应使其驻波比在一定范围之内。如果驻波过大，则虽然每个移相位在单独测试时已调好，并已确定了电路和二极管参量，但当几个移相位连成整体时，由于驻波比关系的改变，从而使每个移相位的相移量也有变化，这样就引起整个移相器相位误差的加大。

前面的讨论中对二极管的正向电阻和反向电阻均未予以考虑。而这些电阻的存在，要引起移相器的损耗。根据计算，每位移相器衰减的分贝数为

$$L_{dB}=17.4(f/f_c)\cdot\tan\frac{\Delta\phi}{2} \tag{8-46}$$

其中，f_c为二极管的截止频率，$\Delta\phi$为每个相移位的相移。

负载线移相器的峰值功率容量为

$$P_{max}=\frac{U_{max}^2}{8Z_0} \tag{8-47}$$

其中，U_{max}为二极管能承受的最大高频电压。如果二极管像前面所讨论的那样，通过一段并联分支线并接于主线，则其功率容量可提高为

$$P_{max}=\frac{U_{max}^2}{8Z_0\sin^2\frac{\Delta\phi}{2}} \tag{8-48}$$

负载线移相器通常用于小移相位。因为用于小相移时，其性能指标较好，衰减小，峰值功率容量大，驻波也低，目前相控阵的四位移相器中，往往用它作为22.5°、45°位移相器。当相移量再增大时，必须将几个小相移位级联起来，但这样电路复杂，二极管用量多，并不经济。因此大相移位通常用混合型移相器。

一个实际的45°负载线移相器的电路结构如图8-36所示。

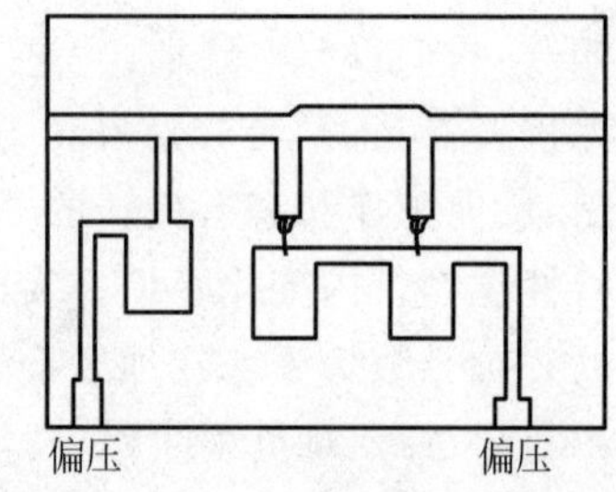

图8-36 一个实际的45°负载线移相器

8.5.4 混合型移相器

混合型移相器有时又称反射型移相器。其原始形式为一个环行器，如图8-37(a)所示。信号自环行器的口1进入，至口2经二极管反射后至口3输出。控制PIN管的电抗，即能改变输出信号对输入信号之间的相移。此种形式需用一个价格昂贵的环行器，体积重量也较大，并且由于环行器隔离度的不良将造成相位误差，因此目前已改用图8-37(b)中所示的3dB电桥型。在电桥的两个平分臂中各接入一个相同的PIN管，则由臂1至臂4之间的相移将受PIN管电抗的控制，构成了一个移相器。

混合型移相器一般用于180°位。下面分析在两种相位状态(其间相位差为180°)下，PIN管反映到2、3臂参考面的电纳jB_+、jB_-之间的关系。

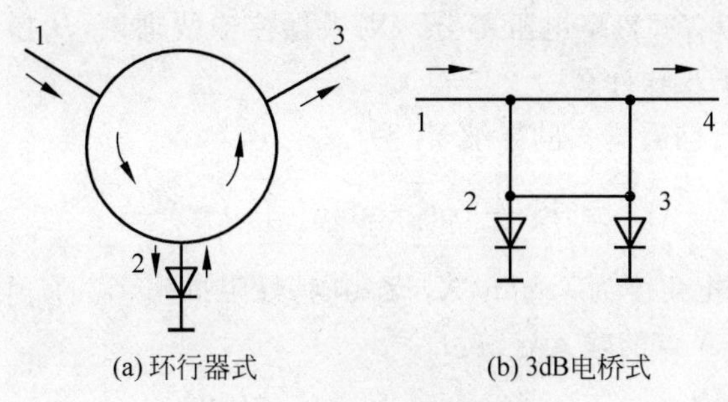

图 8-37 混合型移相器

第 2 章讨论魔 T 接头和 3dB 电桥移相器时，曾在 2、3 臂接一个可变短路器。如果两种状态下短路器位置之差为 Δl，则两状态的相位差 $\Delta\phi$ 为

$$\Delta\phi = 2k \cdot \Delta l = \frac{4\pi}{\lambda} \cdot \Delta l \tag{8-49}$$

对短路器的短路面位置距 3dB 电桥 2、3 臂参考面的距离 l 所做的选择，正好使参考面向短路器看去的电纳等于 $\mathrm{j}B_+$，即令

$$\mathrm{j}B_+ = -\mathrm{j}Y_0 \cot \frac{2\pi}{\lambda} l \tag{8-50}$$

若 B_+、B_- 两态的相位差为 180°，则相应的短路面位置应变动 $\Delta l = \lambda/4$（根据式(8-49)），故短路面位置距参考面为 $l+\lambda/4$。此时短路线的输入电纳即对应于 $\mathrm{j}B_-$，即

$$\begin{aligned}\mathrm{j}B_- &= -\mathrm{j}Y_0 \cot\left[\frac{2\pi}{\lambda} \cdot \left(l + \frac{\lambda}{4}\right)\right] = -\mathrm{j}Y_0 \cot\left(\frac{\pi}{2} + \frac{2\pi l}{\lambda}\right) \\ &= \mathrm{j}Y_0 \tan \frac{2\pi}{\lambda} l \end{aligned} \tag{8-51}$$

综合式(8-50)和式(8-51)，可得

$$B_+ \cdot B_- = -Y_0^2 \tag{8-52}$$

或

$$b_+ \cdot b_- = -1 \tag{8-53}$$

其中，b_+、b_- 为两种状态下反映到 2、3 臂参考面对传输线特性导纳归一化的 PIN 管电纳值。

一个特殊例子是 $b_+ = \infty$、$b_- = 0$，即反映到 2、3 臂参考面分别为短路和开路。显然，这表示短路面位置变动 $\lambda/4$，故两状态之间的相位差应等于 180°。

如果 PIN 管直接接在 3dB 电桥两平分臂的终端，则为了得到 180°的相移，二极管的两个状态可选为短路和开路，此时同样要加调谐电抗，使二极管在两个状态分别得到串联谐振和并联谐振。但这样做所得的特性不一定好。因此在实用时，二极管的两个状态不一定是开路和短路，而是和负载线移相器类似地根据较好的移相器特性来选定电路和管子的参量。在管子和电桥之间可以加一个如图 8-38 所示的微带网络加以调节。图 8-38 中 T_0—T_0 为电桥输出臂的参考面，即为电桥靠平分臂一边 T 接头的参考面；Z_{01}，Z_{02} 为特性阻抗；l_1、l_2、l_3 分别为传输线段长度。

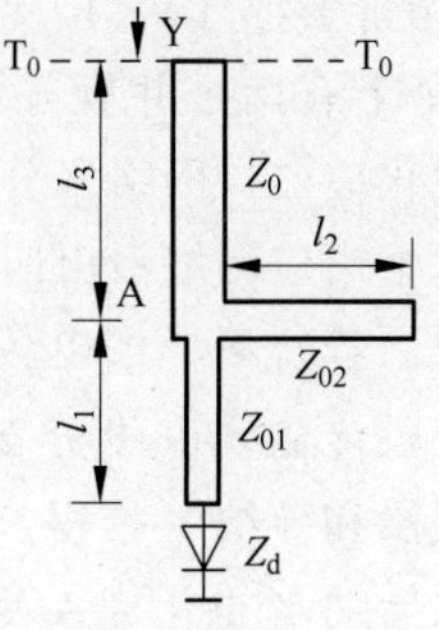

图 8-38 混合型移相器端接二极管的实际电路结构

若二极管的电抗为 X_d（忽略电阻部分），则根据传输线理论，从参考面 $T_0—T_0$ 向下看的输入导纳 Y 可按以下步骤计算。

由 A 点向二极管方向看进去的导纳 Y_1 为

$$Y_1 = -\mathrm{j}\,\frac{1}{Z_{01}}\cot\left[\arctan\left(\frac{X_d}{Z_{01}}\right)+\frac{2\pi l_1}{\lambda_{g1}}\right] \tag{8-54}$$

这里把 X_d 折合成一段电角度为 $\arctan(X_d/Z_{01})$、特性阻抗为 Z_{01} 的一段短路线。

设 Y_2 为分支线在 A 点的输入导纳：

$$Y_2 = \mathrm{j} - \frac{1}{Z_{02}}\tan\left(\frac{2\pi l_2}{\lambda_{g2}}\right) \tag{8-55}$$

故 A 点总输入导纳 Y_A 为

$$Y_A = -\frac{\mathrm{j}}{Z_{01}}\cdot\cot\left[\tan^{-1}\left(\frac{X_d}{Z_{01}}\right)+\frac{2\pi l_1}{\lambda_{g1}}\right]+\frac{\mathrm{j}}{Z_{01}}\cdot\tan\left(\frac{2\pi l_2}{\lambda_{g2}}\right) \tag{8-56}$$

由 $T_0—T_0$ 参考面向下看的导纳 Y 为

$$Y = \mathrm{j}\,\frac{1}{Z_0}\cdot\tan\left[\tan^{-1}(-\mathrm{j}Z_0Y_A)+\frac{2\pi l_3}{\lambda_{g3}}\right] \tag{8-57}$$

可知调节 Z_{01}、Z_{02}、l_1、l_2、l_3 诸参量均能控制 Y 值，这样由于调节因素增多，便于得到较佳的移相器特性。

所谓较佳的移相器特性，不仅要求在中心频率上相移量满足预定的要求，驻波比较小，而且要有较好的频带特性。为此，必须取不同的电桥平分臂负载 Y 来计算移相器相移量和驻波比的频应特性。变动 Y 可通过变化管子参量和变化微带网络参量来实现。然后对各种情况下计算得到的移相器频率特性进行比较，最后确定二极管及网络参量。

计算混合型移相器在频带内的相移特性和驻波特性是比较复杂的，下面仅谈一下对有关问题的考虑，而具体计算过程从简。

图 8-39 是两分支 3dB 电桥。图中注明了构成电桥的传输线段特性阻抗值及中心频率时的电角度。如果偏离中心频率，则 θ 成为

$$\theta = \frac{\omega}{\omega_0}\cdot\theta_0 = 90°\,\frac{\omega}{\omega_0} \tag{8-58}$$

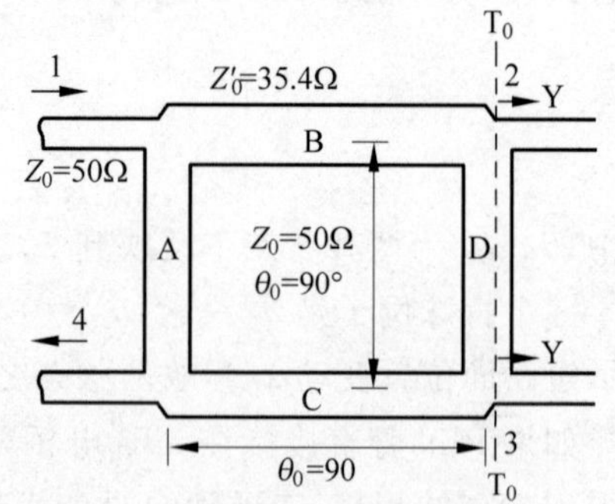

图 8-39　3dB 电桥各传输线段的特性阻抗和中心频率下的电角度

在平分臂 2、3，通过微带网络连接二极管。由前所述，把 2、3 臂负载导纳折合到参考面 $T_0—T_0$ 其值为 Y，相当于把 $T_0—T_0$ 后的电路均略去，而代之以 $T_0—T_0$ 上有两个并联导纳 Y。这样即可将此四口网络蜕化成二口网络来分析了。

这个二口网络系由四段传输线段及两个并联导纳构成。若暂不考虑电桥 T 接头的结电抗效应，而认为三段传输线在 T 分支处是理想的并联，此时总的二口网络特性即可由各电角度为 θ 的传输线段和导纳 Y 推得。设四段传输线段各为 A、B、C、D，首先求得 B、C、D 的 $\boldsymbol{A}$ 矩阵，并将并联导纳 Y 也化成 $\boldsymbol{A}$ 矩阵，将 B、C、D 以及 Y 的五个 $\boldsymbol{A}$ 矩阵级联，得到一个总的 $\boldsymbol{A}$ 矩阵。再将其化为导纳矩阵，和传输线段 A 的导纳矩阵相加，即得到了移相器二口网络的总导纳矩阵。然后再将其转化成 $\boldsymbol{S}$ 矩阵。

二口网络的总相移 ϕ 为 $\arg S_{41}$。若在二极管两个状态下计算所得的 S 参量分别为 S_{41+} 和 S_{41-}，则移相器两个状态的相位差为

$$\Delta\phi = \arg S_{41+} - \arg S_{41-} \tag{8-59}$$

其中，arg 是取相角的符号。

输入驻波比为

$$\rho\pm = \frac{1+|S_{11}\pm|}{1-|S_{11}\pm|} \tag{8-60}$$

在计算时，考虑到中心频率的相移取 180°，故附加了条件：

$$Y_{+}\cdot Y_{-}|_{s=0} = -Y_0^2$$

根据上述过程，经过计算机计算以后，即可得到在不同的二极管以及微带网络的参量下，移相器的相移 $\Delta\phi$ 和驻波比的频带特性。对得到的结果进行比较和选择之后，即可选出二极管及移相器电路的诸参量。

必须说明，上面进行的计算并未考虑 3dB 电桥的结电抗效应，故实际情况尚须将上述计算结果加以修正。此外，和负载线移相器一样，可借助改变管子参量和电路参量对移相器特性进行调整。

此外，对二极管的配对和焊接都应十分注意，它们对相移量都有影响。有时，也可改变焊点大小和位置对相移量进行微调。

以上讨论的是 180°移相位的混合型移相器。若想做成小移相位时，则 b_+ 和 b_- 不再满足式(8-53)的关系。若取 $b_- = -b_+$，即两种相位状态时电纳为 $\pm jb$，移相器的相移量(即其两种状态时的相位差)为 $\Delta\phi$。令 jb 相当于一段电角度为 θ 的开路线，则

$$jb = j\tan\theta \tag{8-61}$$

而 $-jb$ 相当于一段电角度为 $-\theta$ 的开路线：

$$-jb = -j\tan\theta = j\tan(-\theta) \tag{8-62}$$

则相移量 $\Delta\phi$ 为

$$\Delta\phi = 2[\theta-(-\theta)] = 4\theta = 4\tan^{-1}b$$

$$b = \tan\frac{\Delta\phi}{4} \tag{8-63}$$

例如对 90°移相位，则两种状态的归一化电纳应取为 $\pm b = \pm\tan 22.5° = \pm 0.414$。

为了实现小移相位，可利用所谓变换法，即利用已经设计好的 180°移相位加以变换来实现。对 180°的移相位，由于在任何情况下两个状态的电纳 b_+、b_- 必须满足 $b_+\cdot b_{-1} = -1$ 的关系，故 jb_+ 和 jb_- 的相位必须差 180°。根据传输线理论，若沿线进行变换，总可找到一个截面，在该处的 $b_\pm$ 满足

$$b_\pm = _\pm b = \pm 1 \tag{8-64}$$

若在此截面加一段 $\lambda/4$ 变阻器，再接到 3dB 电桥平分臂，使电纳值 b 由 ± 1 变为由式(8-63)给出的和不同相移 $\Delta\phi$ 所对应的值，如图 8-40 所示，则 $\lambda/4$ 变阻段对 Y_0 的归一化特性导纳 y_{01} 应为

$$y_{01} = \sqrt{\tan\frac{\Delta\phi}{4}} \tag{8-65}$$

若取 $\Delta\phi = 90°$，则 $y_{01} = \sqrt{0.414} = 0.644$。因为 $Z_0 = 50\Omega$，所以

$$Z_{01} = \frac{1}{Y_{01}} = \frac{50}{0.644}\Omega = 77.8\Omega$$

如果对 180°移相位，在传输线某一截面上两种状态分别为短路和开路，亦即相当于该处接入理想的 PIN 开关管(实际上并不一定要在该处真正接二极管，根据传输线原理，只要对 180°移相位，总可在传输线上找到一个截面，相当于此处接入理想开关管)，此时我们可在理想开关和电桥之间接一段特性阻抗为 Z_{01}、长度为 $\lambda/8$ 的传输线段将其变换，称为变换开关法，如图 8-41 所示。

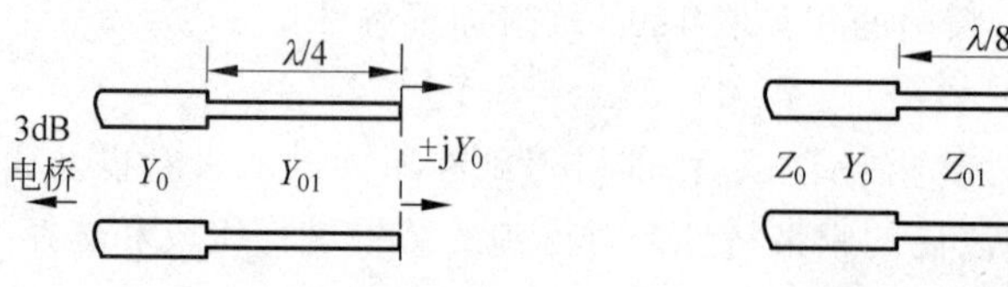

图 8-40　实现小相移位的变阻器　　　　图 8-41　变换开关法

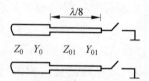

在两种状态下，理想开关分别为开路和短路，经过一段长 $\lambda/8$、特性导纳为 $Y_{01}=1/Z_{01}$ 的传输线段后，其两种状态电纳为 $\pm jY_{01}$，对标准线的归一化电纳值为 $\pm jY_{01}/Y_0$。根据式(8-63)，应令其为

$$Y_{01}/Y_0 = \tan\frac{\Delta\phi}{4}$$

或

$$Y_{01} = Y_0\tan\frac{\Delta\phi}{4},\quad Z_{01} = \frac{Z_0}{\tan\dfrac{\Delta\phi}{4}} \tag{8-66}$$

对 $\Delta\phi=90°$，根据式(8-66)可算得 Z_{01} 为

$$Z_{01} = \frac{Z_0}{\tan 22.5°} = 2.42Z_0$$

对于混合型的移相器，环行器和 3dB 电桥的优劣对移相性能影响很大，尤以隔离度对相位不确定性有很大的影响。此种影响如图 8-42 所示。设输入信号为 1，在理想状况下，信号分 S_{21}、S_{31} 两路至平分臂，经二极管反射后至隔离臂输出。在二极管的两种状态下，设由 2、3 臂反射至隔离臂输出的总信号为 u_+ 和 u_-，其关系在图 8-42(b)表示，则 u_+ 和 u_- 的相位差即为移相器的相移$_+$(在图中取 $\Delta\phi=180°$)。但若隔离度不理想，因而由 1→4 臂有一个直通信号 S_{41}，输出信号应由 u_+ 或 u_- 和 S_{41} 叠加。由于 S_{41} 在二极管两种状态时其值不变，故在两种状态时的输出总信号 $u_+ + S_{41}$ 和 $u_- + S_{41}$ 之间的相位差就不等于 $\Delta\phi$，如图 8-42(b)所示，造成一个相位误差 ε_ϕ。从图中可看出，ε_ϕ 不仅与隔离度优劣有关，并且也依赖于 S_{41} 和 u_+ 或和 u_- 之间的相位关系。根据推导，其最大相移误差为

$$\varepsilon_\phi = \pm 4\arcsin|S_{41}| \tag{8-67}$$

由式(8-67)，若电桥隔离度为 40dB，则 $\varepsilon_\phi=\pm 2.3°$；隔离度为 30dB，$\varepsilon_\phi=\pm 7.2°$；隔离度为 20dB，$\varepsilon_\phi=\pm 22.8°$。可知相位误差相当大。在实际移相器中，除了尽量改善电桥的隔离度外，可以适当调节二极管的位置，即改变 S_{41} 和 u_+ 或 u_- 之间的相位关系。例如对 180°移相位，令 S_{41} 和 u_+ 或 u_- 同相(矢量图上在一直线上)，这样可使 ε_ϕ 尽量降低。

以上的分析均认为二极管为无损。实际上 PIN 管具有正向串联电阻 R_f 和反向串联电

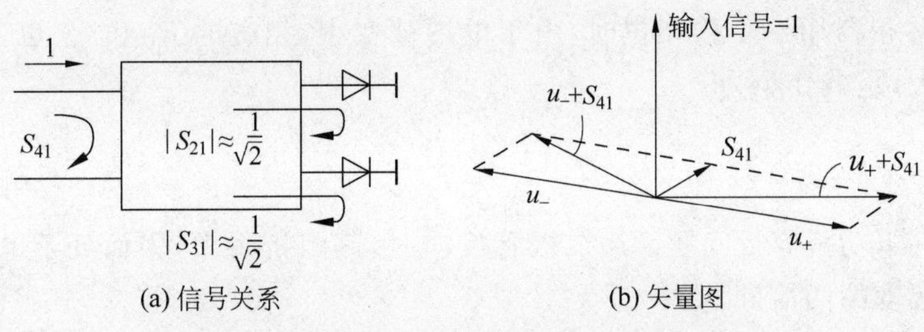

图 8-42　混合型移相器的信号关系及矢量图

阻 R_r。在两种状态下，反射系数 $|\Gamma|\neq 1$。若两种状态下已被调谐电抗调成串联和并联谐振，如图 8-30 所示，则正反向状态下 PIN 管负载的驻波比 ρ_+ 和 ρ_- 分别为 Z_0/R_f 和 X^2/R_rZ_0，其中 X 为二极管的结电容电抗。由此可知，在正反向状态时，均存在损耗，一般希望正、反向状态下损耗相等。这一方面对相控阵天线口面在各种相位状态时电场的幅度分布的扰动小，另一方面也可证明，此时的总损耗为最小。因此要求：

$$Z_0/R_f=\frac{X^2}{R_r}\cdot\frac{1}{Z_0} \tag{8-68}$$

得

$$Z_0=X\sqrt{\frac{R_f}{R_r}} \tag{8-69}$$

若二极管正反向电阻 R_f 和 R_r 近似相等，则在等损耗条件下，有

$$Z_0\approx X=\frac{1}{\omega C} \tag{8-70}$$

由式(8-69)，在正反向下二极管负载的驻波比为

$$\rho=\frac{X}{\sqrt{R_rR_f}} \tag{8-71}$$

而 $|\Gamma|=\frac{\rho-1}{\rho+1}$，因为二极管的损耗一般很小，即其驻波比很大，此时 $|\Gamma|$ 近似为

$$|\Gamma|\approx 1-\frac{2}{\rho} \tag{8-72}$$

故其损耗的分贝数为①

$$L_{dB}=10\lg\frac{1}{|\Gamma|^2}=10\lg\frac{1}{\left(1-\frac{2}{\rho}\right)^2}=-10\lg\left(1-\frac{2}{\rho}\right)^2=-20\lg\left(1-\frac{2}{\rho}\right) \tag{8-73}$$

将式(8-73)化成自然对数，并考虑到 x 值很小时有 $\ln(1+x)\approx x$ 的关系，故得

$$L_{dB}\approx 17.27\frac{1}{\rho}=17.27\sqrt{\frac{R_fR_r}{X}} \tag{8-74}$$

若将截止频率表达式代入，则 L 可表示为

$$L_{dB}=17.27(f/f_c) \tag{8-75}$$

---

① 在二口网络中，反射引起反射衰减，其值越大，衰减越大，所以用 $10\lg\frac{1}{1-|\Gamma|^2}$ 表示。此处 $|\Gamma|^2$ 表示从二极管负载反射回来而从隔离臂输出的传输能量，其值越大，衰减越小，所以表示式为 $10\lg\frac{1}{|\Gamma|^2}$。

当混合型移相器用于小移相位时，由于电纳被变小，相应的 R_f 和 R_r 也变小，而 Z_0 不变。故驻波变大，衰减变小为

$$L_{dB} = 17.27 \frac{f}{f_c} \cdot \sin \frac{\Delta\phi}{2} \tag{8-76}$$

最后考虑一下功率容量问题。当二极管反向时，其阻抗很大，因而处于电压波腹，其值为入射波电压幅度的两倍，即应令

$$U_{max} = 2U^{(1)} \tag{8-77}$$

其中，U_{max} 为 PIN 管能承受的最大高频电压，$U^{(1)}$ 为入射波电压幅度。

采用 3dB 电桥时，由于功率一分为二，在平分臂上向二极管的入射波电压幅度 $U^{(1)'}$ 和总的移相器入射波电压 $U^{(1)}$ 的关系为

$$U^{(1)'} = \frac{1}{\sqrt{2}} U^{(1)} \tag{8-78}$$

考虑到上述关系，此种移相器的峰值功率容量为

$$P_{max} = \frac{1}{4} \frac{U_{max}^2}{Z_0} \tag{8-79}$$

对小相移位的移相器，其功率容量增加为

$$P_{max} = \frac{U_{max}^2}{4Z_0 \sin^2 \dfrac{\Delta\phi}{2}} \tag{8-80}$$

若考虑到最小衰减条件，将式(8-69)所得的 Z_0 代入上式，得

$$P_{max} = \frac{U_{max}^2}{4X} \cdot \sqrt{\frac{R_r}{R_f}} \tag{8-81}$$

由此可知，在不改变 f_c 的条件下，降低 X_c 即增加反向结电容，对减小衰减和提高峰值功率容量均有利。但此时要相应地降低管子的 R_f 和 R_r。这和增加 C 值又有矛盾。此外，C 值太大，相应的 $Z_0 = 1/\omega C$ 将很小，电路构成也有困难，所以应该综合考虑。

8.5.5 高通—低通型移相器

如图 8-43 所示，其中图 8-43(a)为串联二极管结构，图 8-43(b)为并联二极管结构。可以看出，其结构完全类似于开关线移相器。在并联二极管结构中，为了防止断开支路二极管短路对导通支路的影响，应使其并联位置离分支点为 $\lambda/4$。此种移相器的电路元件通常由集总参数元件来实现，所以常用于较低的频率范围。其特点是工作频带较宽。

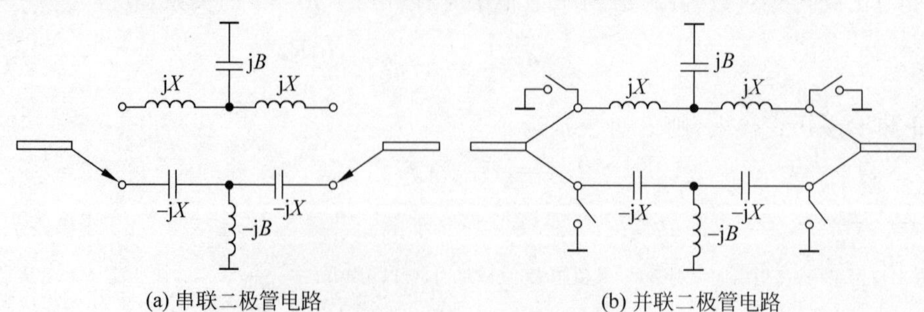

图 8-43 高通—低通型移相器

根据电路的分析，高通滤波器具有超前的相移，低通滤波器则具有滞后的相移。一般情况，令高、低通滤波器的串联电抗绝对值相等，并联电纳的绝对值也相等。此时高通滤波器的超前角和低通滤波器的滞后角相等，两者之和即为此移相器的相移。

在上述情况下，若令 X 和 B 间满足下列关系，则电路在两个状态均得到匹配，即令

$$B/Y_0 = \frac{2\left(\frac{X}{Z_0}\right)}{\left(\frac{X}{Z_0}\right)^2 + 1} \tag{8-82}$$

其中，Z_0 和 Y_0 为传输线的特性阻抗和特性导纳。

此时的相移量 $\Delta\phi$ 为

$$\Delta\phi = 2\arctan\frac{2\left(\frac{X}{Z_0}\right)}{\left(\frac{X}{Z_0}\right)^2 - 1} \tag{8-83}$$

当此类移相器用于较小移相位时（小于 90°时），所需的归一化电抗和电纳均小于 1，匹配条件近似为 $B/Y_0 \approx 2X/Z_0$。因为高通滤波器的串联电抗（容性）和并联电纳（感性）均反比于频率的变化，而低通滤波器的串联电抗（感性）和并联电纳（容性）则都正比于频率的变化，故上述近似匹配条件可在较宽的频率范围内成立。另一方面，当频率增加时，高通滤波器的相位超前角减小，而低通滤波器的相位滞后角则增大，两者正好相互补偿而使两个状态的相位差 $\Delta\phi$ 在比较宽的频带内保持相对恒定。在 90°的移相位，几乎可在一个倍频程范围内，使 $\Delta\phi$ 的变化不超过 $\pm 2°$。

由于其电路结构类似于开关线移相器，所以当电长度不合适时，串联二极管结构同样可能引起谐振，在设计电路参量时应该加以注意。

8.6 小结

由于相控阵雷达已进入实用阶段，故二极管移相器也日趋成熟。综合上述几种类型，从相移和驻波特性、衰减、功率容量、电路结构的复杂程度，以及应用二极管数量的多寡等几方面来衡量，对于四位移相器，几乎毫无例外地把混合型移相器作为 180°位，把负载线移相器作为 22.5°、45°和 90°位。为了改善 90°位负载线移相器的性能，往往将二级 45°位级联（有时中间的两分支合并为一，成为三分支负载线移相器）。此外也有少量的四位移相器均采用混合式，只是对小相移位的二极管电纳需加以变换。这种小相移位混合型移相器有较高的承受功率，可选用耐压较低的 PIN 管，因此整个四位移相器可将 PIN 管的耐压进行分档，分别用于高低位中。

一个四位移相器的微带电路结构如图 8-44 所示。其中除 180°位用混合型移相器外，其余均采用负载线式，PIN 管采用管芯，其一端通过瓷片上打孔接地，偏压线直接由微带线上引出。因为四位移相器应分别地给以控制，所以四个偏压线应有隔直装置将其分开（图上未画出）。这样将引起结构的复杂并引入附加的损耗，所以某些四位移相器 PIN 管不直接接地而在其后接一段低阻的 $\lambda/4$ 开路线，使其在高频上等效接地，偏压线即从此处引出，而在微带线上再通过一段 $\lambda/4$ 高阻线打孔接地，作为 PIN 管公共的直流接地点。这样四位移相

器的各移相位的偏压已被隔开，而不必另加隔直流装置，瓷片上接地孔也只需要一处。这种移相器的微带电路结构如图 8-45 所示。

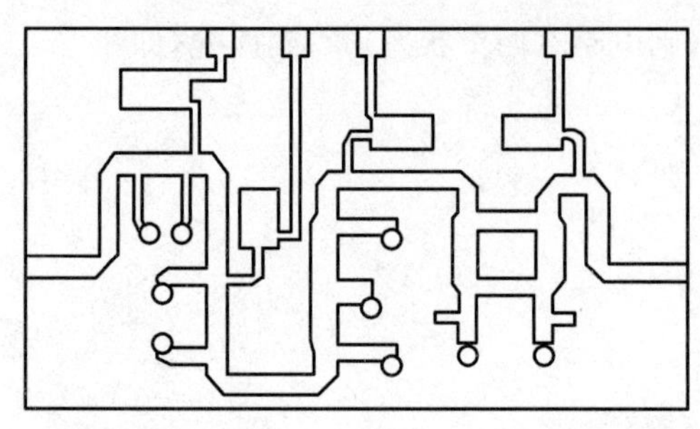

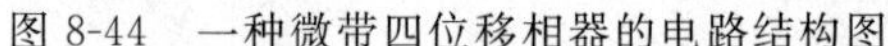

图 8-44　一种微带四位移相器的电路结构图

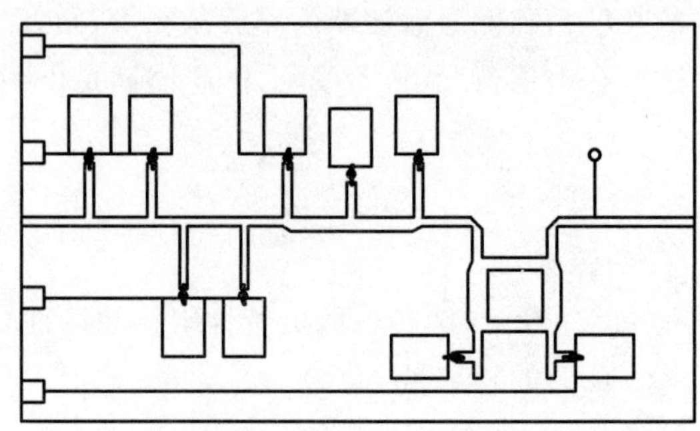

图 8-45　一种微带四位移相器的电路结构图

目前，二极管数字移相器的缺点是损耗较大，通常微带四位移相器的总损耗达 2～3dB 以上，较铁淦氧移相器要大一些。这里的损耗包含二极管和电路本身。从二极管来说，应尽量提高其截止频率以求减低损耗。此外，由于目前展宽工作频带的要求日益迫切，对于宽频带的二极管移相器也做了很多工作，主要是从电路方面着手，例如开关线移相器，在一支路中加入一段耦合微带线网络，由于其补偿作用，可将移相器频带展宽至一个倍频程。总之，根据应用提出的要求，对二极管移相器的性能还需要进一步提高和改善。

第9章 微带混频器

CHAPTER 9

9.1 概述

使用硅点接触二极管的微波混频器迄今已有三十年以上的历史。由于此种器件是利用金属触须和半导体材料的点接触形成势垒而得到非直线性，接触的不可靠使工作稳定性差，容易烧毁，噪声系数也比较高，一般在十几个 dB 以上。近年来，由于晶体管平面工艺以及金属硅化物和耐熔金属接触工艺的发展，一种以金属—半导体平面接触为基础的新型器件——表面势垒二极管(或称肖特基势垒二极管)迅速发展起来，并投入了实际使用。相对于点接触二极管，它的金属—半导体间可以保持较为稳定的面接触，故参量稳定可靠。在工艺过程中，对参量也比较容易控制，抗烧毁能力也强于点接触二极管。特别是由于材料和工艺的不断完善，目前在 L 和 S 波段，由表面势垒二极管制成的混频器噪声温度比已大幅度降低，能达到 4～5dB；在 X 波段，能达到 6dB，足以和微波参量放大器以及低噪声微波晶体管放大器相比较。因此，在接收机中，即使不加低噪声高频放大器，在前级使用表面势垒二极管混频器，也能使整机的灵敏度提高。

目前由于微波集成电路的发展，表面势垒二极管往往和微带电路结合起来构成微带混频器(或微波集成混频器)。此时表面势垒二极管做成微带封装形式，整个混频器的体积和重量比原来的波导和同轴线形式大大减小(如第 1 章图 1-2 所示)。如果相应地将本地振荡器也做成微带电路形式，中放和前置中放均采取集成化，并将其和高频部分放在一个机柜中，则不仅实现了微波接收机的小型化、集成化，在性能上也有很大的改善。

本章首先介绍表面势垒二极管的原理、电特性及诸工作参量，然后讨论混频器的基本工作原理，最后结合实例，介绍微带混频器的设计、计算及其具体结构。

9.2 表面势垒二极管

9.2.1 基本原理

表面势垒二极管，或称肖特基势垒二极管，也是一种结型器件。但它与半导体 PN 结(见第 10 章)不同，是由一层金属与一层半导体相互接触组成二极管。决定这类器件工作特性的是在金属—半导体接触面附近的载流子运动规律。现在简要分析金属—半导体接触的基本特点。按照能带论的观点，金属也和半导体及绝缘体一样，其内部电子能量分布存在着能带结构，所不同的是金属的费米能级 E_F[①] 不在禁带中间，而在导带中间，其位置比导带的下缘 E_C 要高得多，具体情况如图 9-1 所示。由于金属的费米能级位置的特点，即使在绝对零度(0K)，导带中也存在大量的电子，从而表现出良好的导电性能。

图 9-1　金属的能带结构模型

当一块金属与一块半导体接触时，在接触界面的周围能级结构发生变化。由于热平衡要求，两费米能级必须一致。若两者的费米能级不同，就会引起能带弯曲。因为半导体的费米能级 E_{FS} 高于金属的费米能级 E_{FM}，其差为 $\phi_M-\phi_s$（ϕ_M 和 ϕ_s 分别为金属和半导体的功函数）。在金属内部与半导体导带相对应的那部分能级上，电子密度要比半导体的导带电子密度小，这就引起在界面附近电子从半导体向金属扩散，从而使半导体带正电，金属带负电，在界面上出现了符号相反的空间电荷，如图 9-2 所示。这样使半导体电位升高，金属的电位降

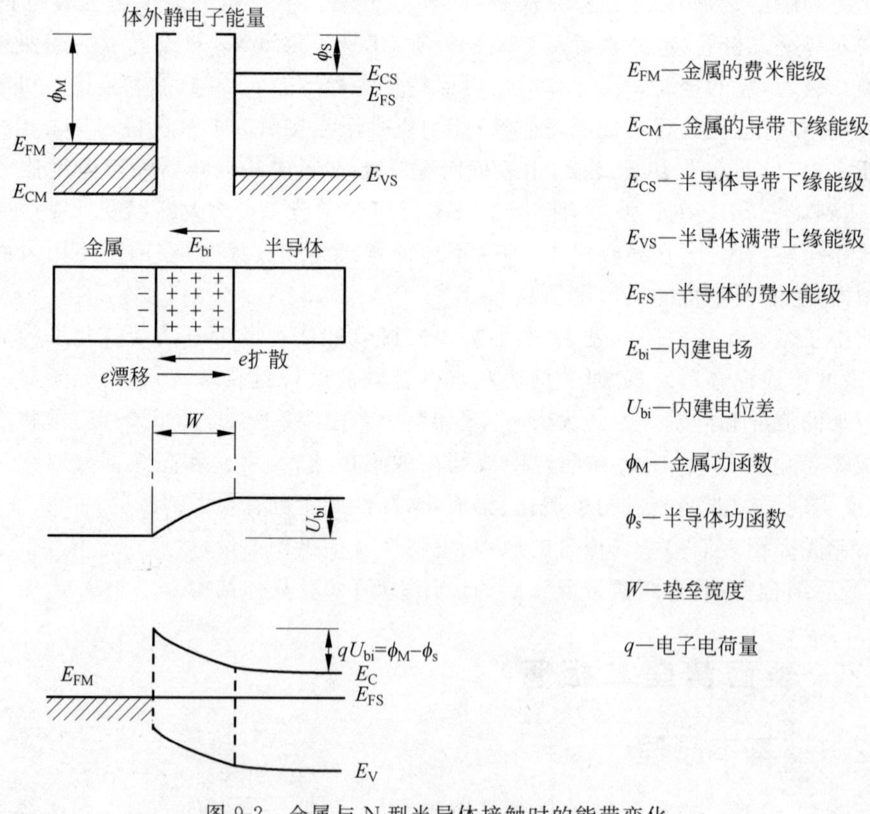

图 9-2　金属与 N 型半导体接触时的能带变化

① 在统计物理中证明：导体(或半导体)电子(或价电子)能量 E 的概率分布服从费米分布 $f(E)=\frac{1}{1+e^{(E-E_F)/kT}}$，其中 E_F 就是这个分布的平均值，即通常所说的费米能级。

低，使金属和半导体间产生附加的内建电位差 U_{bi}（或称接触电位差、势垒电位差），在接触面处发生金属与半导体整个能带的上下移动。金属的费米能级 E_{FM} 的位置升高，半导体的费米能级 E_{FS} 的位置降低，最后两者就处在同一位置上。此时，由空间电荷所造成、与内建电位差相对应的内建电场 E_{bi}（其方向由半导体指向金属），将使电子产生与扩散运动相反的、由金属到半导体的漂移运动。最后，扩散与漂移互相抵消而达到平衡。由于内建电场 E_{bi} 的存在，半导体导带电子在通过界面时，必须具有超过弯曲的能带上部顶端所对应的能量。所以接触形成的界面区（空间电荷区）是一个高阻区或势垒区，在界面两边原来位置相同的能带就是在此区域内产生弯曲，这样就形成所谓金属—半导体表面势垒，如图 9-2 所示。其值等于 $qU_{bi}=\phi_M-\phi_s$。按照同样的分析可以得出金属与 P 型半导体接触时的情形。图 9-3 画出了金属—半导体接触时四种不同情况的势垒模型。从图 9-3(b)、(d)可以看出：若金属功函数 ϕ_M 小于半导体材料的功函数，这时空间电荷区的能带弯曲使得半导体内的导带载流子更易超过界面进入对方，界面附近成为高导电区，就得到欧姆接触。肖特基势垒二极管的引线直接接两个金属电极，一个金属电极与半导体材料接触，产生表面势垒；而另一金属电极与管内特意形成的、掺杂浓度较高的 N^+ 层半导体材料接触，不产生表面势垒，成为欧姆接触引出，就是这个缘故。

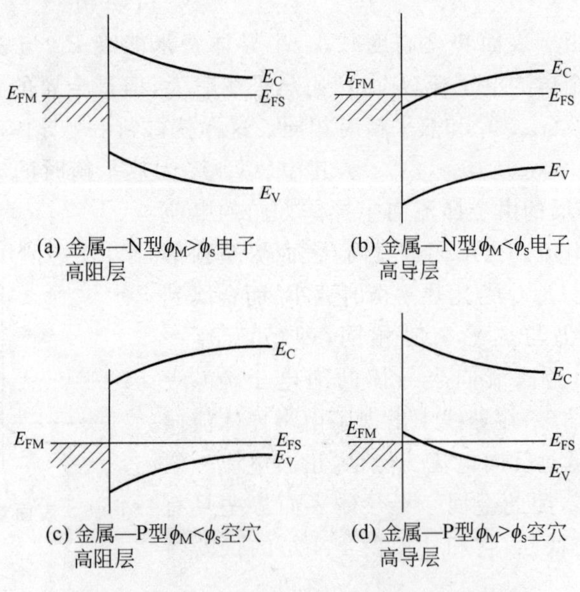

图 9-3　金属—半导体接触的四种势垒模型

现继续讨论在金属—半导体表面势垒的两端外加电压的情况。仍以金属与 N 型半导体接触为例。如图 9-4(a)所示，在热平衡时，它们之间对电子形成高阻势垒区（$\phi_M>\phi_s$），外加电压主要降落在这个区域。这个电压对金属和半导体能带的影响和内建电位差 U_{bi} 是相同的，可把它和内建电位差叠加。当外加电压 U_f 与 U_{bi} 极性相反时（即正端接金属负端接半导体），表面势垒处于正向偏置状态，此时表面势垒高度降为 $q(U_{bi}-U_f)$，相应的势垒宽度亦由原来不加外电压时的 W_0 减小为 W_f，半导体内的 E_{FS} 升高，它与金属的费米能级差为 qU_f，如图 9-4(b)所示。当外加电压 U_R 与 U_{bi} 同向或者说处于反向偏置状态时，则 U_R+U_{bi}

的作用使 E_{FS} 的位置变低，金属的费米能级 E_{FM} 与 E_{FS} 的差为 qU_R，此时表面势垒高度升为 $q(U_{bi}+U_R)$，势垒宽度也相应增加为 W_R，如图 9-4(c)所示。

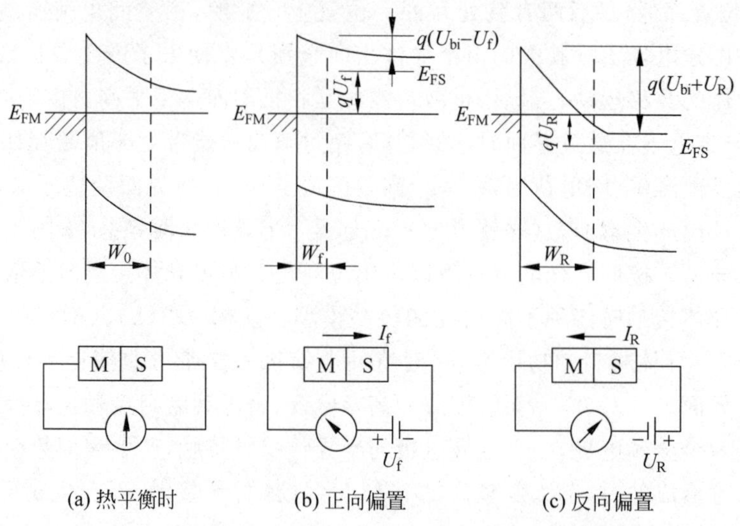

(a) 热平衡时　(b) 正向偏置　(c) 反向偏置

图 9-4　外加偏压情况下金属与 N 型半导体的接触

当正向偏置时，由于表面势垒高度减小，半导体费米能级 E_{FS} 与表面势垒顶部距离变近，故由半导体流入金属的电子流 $(i_{S\to M})_f$ 比热平衡时大，但是金属的费米能级 E_{FM} 与表面势垒顶部距离未变，故 $(i_{M\to S})_f$ 和热平衡时相同。这样就得到由半导体流向金属的净电子流 $i_f=(i_{S\to M})_f-(i_{M\to S})_f=(i_{S\to M})_f-(i_{M\to S})_0$，其中 $(i_{M\to S})_0$ 为热平衡时的电子流。而导线上则出现与电子流方向相反的由金属流向半导体方向的电流流动，这就形成正向电流。当反向偏置时，表面势垒顶部与 E_{FS} 的距离加大，使 $(i_{S\to M})_R$ 比热平衡时要小，而金属到半导体的电子流则仍与热平衡时相同，即 $(i_{M\to S})_R=(i_{M\to S})_0$，这样得到由金属流向半导体的净电子流 $i_R=(i_{M\to S})_0-(i_{S\to M})_R$。结果，在导线中出现了由半导体流向金属方向的电流，这就是反向电流。但是，正向电流一般要比反向电流大得多，因此金属—半导体表面势垒具有如图 9-5 所示的伏安特性，它和一般的 PN 结的伏安特性有类似之处。

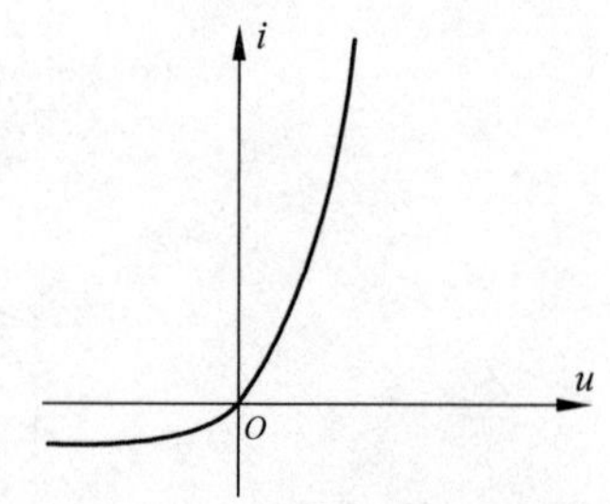

图 9-5　表面垫垒二极管的伏安特性

表面势垒二极管的电流是由多数载流子(金属—N 型半导体接触时为电子；金属—P 型半导体接触时为空穴)的运动所构成，这一点和 PN 结是不同的。因为对 PN 结，P 区的空穴到了 N 区，N 区的电子到了 P 区，都成为少数载流子，PN 结中起作用的主要是这些少数载流子。由此可知，表面势垒二极管是一种多数载流子起作用的器件或简称多子器件，它比通常的 PN 结二极管有下列优点：

(1) 具有较优的高频特性。因为在 PN 结二极管中，注入的少数载流子是在扩散过程中逐渐与 P 区或 N 区的多数载流子复合而消失，需要一定的时间，因而限制了它的高频性能；而表面势垒二极管注入的是多数载流子，不存在上述问题。

(2) 开关速度快。由于在PN结二极管中存在着由势垒区空间电荷所引起的势垒电容(即结电容)以及由少子储存所引起的扩散电容,影响了载流子运动对外加电压的响应速度。对于表面势垒二极管,因为是多数载流子起作用,因而不存在扩散电容,可使载流子响应速度加快,因而减少了开关时间。

(3) 噪声较低。表面势垒二极管正向部分的伏安特性较为陡峭,正向电阻低,等效热电阻也低到2～3Ω,所以热噪声相对于散弹噪声可以忽略,噪声主要由散弹效应所引起,因而比PN结二极管的噪声低。

9.2.2 等效电路及参量

表面势垒二极管的等效电路如图9-6所示。由于表面势垒二极管是由一层金属和一层半导体接触而成,这样,半导体材料和金属种类的选择就决定了金属—半导体接触面的特性,也就直接影响了表面势垒二极管的性能。

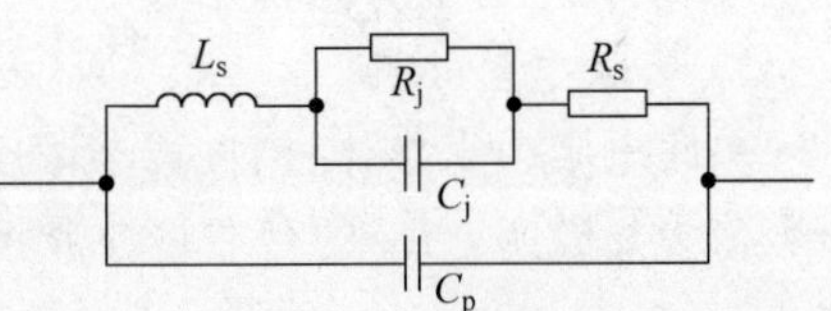

图9-6 表面势垒二极管的等效电路

L_s—引线电感 C_j—结电容 R_j—结电阻

R_s—串联电阻 C_p—管壳电容

1) 表面势垒二极管的伏安特性

影响表面势垒二极管内部电流的因素比较复杂,但在特定的条件下,总是以一种影响为主,而可忽略其他因素的影响。在室温、轻掺杂和中等电场条件下,管子内部主要的输运机构是热离子发射,伏安特性表达式可写成:

$$i = I_s\left[\exp\left(\frac{qu}{kT}\right)-1\right] \tag{9-1}$$

其中,I_s为反向饱和电流,k为玻尔兹曼常数,T为绝对温度,u为加在管子上的电压,q为电子电荷量。

2) 截止频率

截止频率是一个决定势垒二极管最高使用频率的参量,其定义为二极管的结电容容抗和串联电阻相等时的频率,其值为

$$f_c = \frac{1}{2\pi C_j R_s} \tag{9-2}$$

和变容管的截止频率意义相同,其值取决于半导体材料的种类、不同的掺杂浓度和结的几何参量,通常可达几百GHz。其中,砷化镓材料可达到很高的截止频率,较多地应用于高的微波波段(X波段及更高)混频器中。

3) 结电容(C_j)

结电容为表面势垒区空间电荷形成的电容,和PN结变容管相同,它也和半导体材料的性质、金属—半导体接触面积大小以及所加电压有关,其表示式为

$$C_j = A\left[\frac{qN_D\varepsilon_s}{2(U_{bi}-U)}\right]^{\frac{1}{2}} \tag{9-3}$$

其中,q为电子电荷,N_D为载流子浓度,ε_s为半导体的介电常数,A为结面积。

结电容太大,将对非线性结电阻起旁路作用,影响混频性能;但如果C_j太小,相应的结面积也小,将使串联电阻R_s增大,对混频器的噪声性能也是不利的。

4）结电阻(R_j)

结电阻反映势垒区的导电能力，和势垒两边所加电压有密切关系，是一个非线性电阻，它和表面势垒二极管的伏安特性对应，可表示为伏安特性上电流对电压导数的倒数，故实际上是一个动态电阻。

$$R_j = \frac{1}{\frac{di}{du}} = \frac{1}{\frac{I_s q}{kT} \cdot e^{-\frac{qu}{kT}}} = \frac{kT}{I_s q} \cdot e^{-\frac{qu}{kT}} \tag{9-4}$$

其中，I_S 为二极管的反向饱和电流，q 为电子电荷。

由于非线性电阻 R_j 直接与混频性能有关，要求具有较显著的非线性，且其值比结电容容抗小，使结电容的旁路作用较小。

5）串联电阻(R_S)

串联电阻由半导体材料、掺杂浓度、结面积大小、电极欧姆接触的好坏等因素所决定，一般数值为几欧姆。R_S 的存在将使混频器性能降低(如变频损耗、噪声增大)，故应尽量设法减小。

6）击穿电压(U_B)

当反向偏压较高时，表面势垒二极管的反向电流迅速增大而导致击穿，其击穿原因是由雪崩倍增及隧道穿透所引起。在轻掺杂时，主要是前者；而当掺杂浓度较大时，则后者是主要原因。

9.2.3 表面势垒二极管的结构

表面势垒二极管的结构主要有三种：一种是台面结构；一种是平面结构；还有一种是具有 P 型保护环的平面结构。保护环的作用为防止过早出现击穿。这三种结构如图 9-7 所示。

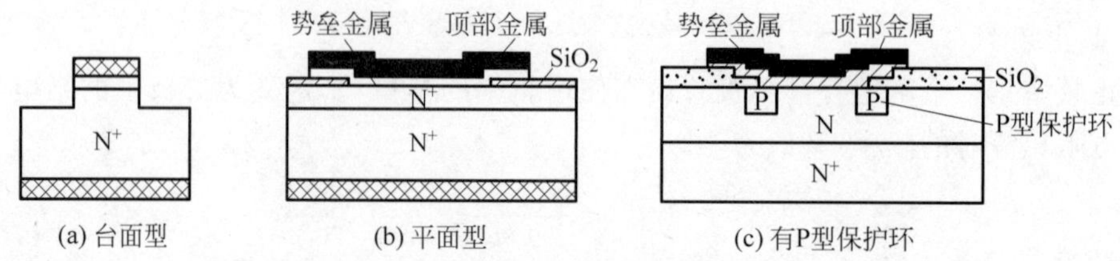

图 9-7 表面势垒二极管结构简图

由于目前半导体制造工艺中平面技术已日趋成熟，所以表面势垒二极管几乎都采用平面型结构。

9.3 表面势垒二极管的噪声温度比和混频电导

当表面势垒二极管用于微波混频器时，首先要考虑的是噪声的大小以及微波信号能量向中频信号能量的转换比(或所谓变频损耗)。为此，我们来分析二极管的噪声温度比和混频电导。

9.3.1 二极管的噪声温度比

表面势垒二极管的噪声主要来源于散弹效应，而散弹效应是二极管三部分电流分配所引起的，即通过二极管的平均电流、电子反向饱和电流和空穴反向饱和电流。由式(9-1)，通过二极管的电流为

$$i = I_s(e^{-\frac{qu}{kT}} - 1)$$

电子和空穴反向饱和电流各为 I_s。故产生噪声的总电流为

$$I = i + 2I_s = I_s(e^{-\frac{qu}{kT}} - 1) + 2I_s = I_s(e^{-\frac{qu}{kT}} + 1) \tag{9-5}$$

而散弹噪声电流的均方值由下式给出：

$$\overline{i^2} = 2qI\Delta f = 2q\Delta f I_s(e^{-\frac{qu}{kT}} + 1) \tag{9-6}$$

根据式(9-4)，二极管电导 g 为

$$g = \frac{1}{R_s} = \frac{qI_s}{kT} \cdot e^{-\frac{qu}{kT}} \tag{9-7}$$

故散弹噪声资用功率为

$$\frac{\overline{i^2}}{4g} = \frac{1}{2}kT\Delta f \cdot (1 + e^{-\frac{qu}{kT}}) \tag{9-8}$$

若把电阻热噪声的资用功率为标准，取散弹噪声资用功率对其比值称为二极管噪声温度比 t_d，则

$$t_d = \frac{\overline{i^2}/4g}{kT\Delta f} = \frac{1}{2}(1 + e^{-\frac{qu}{kT}}) \tag{9-9}$$

因为二极管的串联电阻 R_s 的数值很小，只有几 Ω，其热噪声功率和散弹噪声功率相比可忽略不计。通常如果再考虑到闪变噪声和谐波所产生的影响，则表面势垒二极管的噪声温度比约为 $t_d \approx 1$。

9.3.2 混频电导

由式(9-1)可知，表面势垒二极管的电流对电压之间呈指数规律变化，为了以后分析混频器的方便，可将此电流—电压的非线性关系近似地用幂函数表示：

$$i = Ku^x \tag{9-10}$$

其中，K 为常数，x 为幂次数。x 可用以下方式定出：在伏安特性的使用范围内取两对电压电流值(u_1, i_1)和(u_2, i_2)，则由于

$$i_1 = Ku_1^x, \quad i_2 = Ku_2^x$$

两式相除取对数，得

$$\lg\left(\frac{i_2}{i_1}\right) = \lg\left(\frac{u_2}{u_1}\right) = x\lg\left(\frac{u_2}{u_1}\right)$$

$$x = \frac{\lg\left(\frac{i_2}{i_1}\right)}{\lg\left(\frac{u_2}{u_1}\right)} \tag{9-11}$$

当外加一正弦波电压 $u = U\cos\omega_L t$(例如本地振荡器信号)到二极管上时，若设在正向偏置时二极管电流按上述幂函数规律变化；反向时为零(反向电流很小，可不计)，则通过混频

管的电流为

$$i = KU^x \cos^x \omega_L t \quad \left(-\frac{\pi}{2} < \omega_L t < \frac{\pi}{2}\right) \tag{9-12}$$

$$i = 0 \quad \left(\frac{\pi}{2} < \omega_L t < \frac{3}{2}\pi\right)$$

将上述电流表示式(为周期性函数)展开成傅里叶级数

$$i = KU^x \left[\frac{a_0}{2} + \sum_{n=-\infty}^{\infty} a_n \cos n\omega_L t\right] \tag{9-13}$$

则其中的直流分量 I_0 为

$$I_0 = KU^x \frac{a_0}{2} = \frac{KU^x}{2} \cdot \frac{1}{\pi}\int_{-\frac{\pi}{2}}^{\frac{\pi}{2}} \cos^x \omega_L t \mathrm{d}(\omega_L t)$$

$$= \frac{KU^x \Gamma\left(\frac{x+1}{2}\right)}{2\sqrt{\pi}\Gamma\left(\frac{x}{2}+1\right)} \tag{9-14}$$

其中,符号 Γ 为 Γ 函数,当自变量为正整数时,可表示为阶乘关系,即

$$\Gamma(n) = (n-1)!$$

取电流 i 对 u 的导数,称为混频电导。由于 i 对 u 的关系是非线性的,当所加电压为正弦波时,电流为非正弦波,可分解成一系列谐波分量。相应地,电导也在对时间作周期变化,亦可将其分解成一系列谐波。由式(9-12)得到

$$g = \frac{\mathrm{d}i}{\mathrm{d}u} = Kxu^{x-1} = KxU^{x-1}\cos^{x-1}\omega_L t \qquad \left(-\frac{\pi}{2} < \omega_L t < \frac{\pi}{2}\right) \tag{9-15}$$

$$g = \frac{\mathrm{d}i}{\mathrm{d}u} = 0 \qquad \left(\frac{\pi}{2} < \omega_L t < \frac{3}{2}\pi\right)$$

同样将其展成傅里叶级数:

$$g = KxU^{x-1}\left[\frac{a_0'}{2} + \sum_{n=-\infty}^{\infty} a_n' \cos n\omega_L t\right] \tag{9-16}$$

注意,其中 a_0' 和 a_n' 为相应于 $\cos^{x-1}\omega_L t$ 函数展开后的系数,和前面相应于 $\cos^x \omega_L t$ 展开的 a_0,a_n 有所不同。由此求得

$$g_0 = \frac{KxU^{x-1}}{2} \cdot \frac{1}{\pi}\int_{-\frac{\pi}{2}}^{\frac{\pi}{2}} \cos^{x-1}\omega_L t \mathrm{d}(\omega_L t) = \frac{KxU^{x-1}\Gamma\left(\frac{x}{2}\right)}{2\sqrt{\pi}\Gamma\left(\frac{x+1}{2}\right)} \tag{9-17}$$

$$g_1 = \frac{KxU^{x-1} \cdot \Gamma\left(\frac{x+1}{2}\right)}{2\sqrt{\pi} \cdot \Gamma\left(\frac{x}{2}+1\right)} \tag{9-18}$$

$$g_2 = \frac{KxU^{x-1}\left[2\Gamma\left(\frac{x}{2}+1\right) \cdot \Gamma\left(\frac{x+1}{2}\right) - \Gamma\left(\frac{x}{2}\right) \cdot \Gamma\left(\frac{x+3}{2}\right)\right]}{2\sqrt{\pi} \cdot \Gamma\left(\frac{x+3}{2}\right) \cdot \Gamma\left(\frac{x+1}{2}\right)} \tag{9-19}$$

……

这样即可把 g 写成

$$\begin{aligned} g &= g_0 + g_1\cos\omega_L t + g_2\cos 2\omega_L t + \cdots \\ &= g_0 + 2g_{L1}\cos\omega_L t + 2g_{L2}\cos 2\omega_L t \cdots \\ &= g_0[1 + 2\gamma_1\cos\omega_L t + 2\gamma_2\cos 2\omega_L t + \cdots] \end{aligned} \tag{9-20}$$

式中

$$\gamma_1 = \frac{g_{L1}}{g_0} = \frac{\left(\Gamma\left(\frac{x+1}{2}\right)\right)^2}{\Gamma\left(\frac{x}{2}+1\right)\cdot\Gamma\left(\frac{x}{2}\right)} \tag{9-21}$$

$$\gamma_2 = \frac{g_{L2}}{g_0} = \frac{2\Gamma\left(\frac{x}{2}+1\right)\cdot\Gamma\left(\frac{x+1}{2}\right)}{\Gamma\left(\frac{x+3}{2}\right)\cdot\Gamma\left(\frac{x}{2}\right)} - 1 \tag{9-22}$$

9.4 二极管混频器

9.4.1 基本原理

在 9.3 节中已经讲到，当有一个正弦波电压作用于混频二极管上时，由于伏安特性的非直线性，通过二极管的电流为一个非正弦波。因此作为电流和电压比值的混频电导也不是一个常数，它也是对时间呈周期变化的非正弦函数，可将其分解成各个分量 $g_0, g_1, g_2, \cdots$。在这里，考虑到混频器的实际工作状况，即在混频管上除加有上述的本振电压外，还加有信号电压 u_s、中频电压 u_i 和镜像电压 u_K（镜像频率和信号频率对本振频率成镜像对称）。u_i 和 u_K 为混频管变频后所产生，但它们又可以反作用于混频管，所以在考虑混频管工作状态时应该考虑进去。又因它们属于输出功率，即这部分功率将要被端接的负载所吸收，所以相位应该是 π。令

本振电压 $u_L = U_L\cos\omega_L t$

信号电压 $u_s = U_S\sin\omega_S t$

中频电压 $u_i = -U_i\sin\omega_i t$

镜像电压 $u_K = -U_K\sin\omega_k t$

其中，除本振电压 u_L 外，幅度都很小，因此整个混频器的工作可看作一个大信号 u_L 上叠加以小信号 u_s、u_i、u_K。根据电子学非线性电路的基本理论，混频管电流 i 为

$$\begin{aligned} i &= f(u_L + u_s + u_i + u_K) \\ &= f(u_L) + f'(u_L)(u_S + u_i + u_K) + \frac{f''(u_L)}{2!}(u_s + u_i + u_K)^2 + \cdots \end{aligned} \tag{9-23}$$

其中，$f'(u_L)$为二极管的混频电导，由前节所述，可写成

$$g = f'(u_L) = g_0 + 2g_{L1}\cos\omega_L t + 2g_{L2}\cos 2\omega_L t + \cdots$$

若忽略电流的高次项，则电流 i 可写成

$$\begin{aligned} i &= f(u_L) + (g_0 + 2g_{L1}\cos\omega_L t + 2g_{L2}\cos 2\omega_L t)(u_s + u_i + u_K) \\ &= I_0 + (g_0 + 2g_{L1}\cos\omega_L t + 2g_{L2}\cos 2\omega_L t)(U_s\sin\omega_s t - U_i\sin\omega_i t - U_K\sin\omega_K t) \\ &= I_0 + g_0 U_s\sin\omega_s t - g_0 U_i\sin\omega_i t - g_0 U_K\sin\omega_K t + g_{L1}U_s\sin(\omega_L + \omega_S)t \\ &\quad + g_{L1}U_s\sin(\omega_S - \omega_L)t - g_{L1}U_i\sin(\omega_L + \omega_i)t + g_{L1}U_i\sin(\omega_L - \omega_i)t \end{aligned}$$

$$+ g_{L1}U_K\sin(\omega_L - \omega_K)t - g_{L1}U_K\sin(\omega_L + \omega_K)t + g_{L2}U_S\sin(2\omega_L + \omega_s)t$$
$$- g_{L2}U_s\sin(2\omega_L - \omega_S)t - g_{L2}U_i\sin(2\omega_L + \omega_i)t + g_{L2}U_i\sin(2\omega_L - \omega_i)t$$
$$- g_{L2}U_K\sin(2\omega_L + \omega_K)t + g_{L2}U_K\sin(2\omega_L - \omega_K)t \tag{9-24}$$

经整理后，得

$$\left.\begin{aligned} I_s &= g_0U_S - g_{L1}U_i + g_{L2}U_K \\ I_i &= g_{L1}U_S - g_0U_i + g_{L1}U_K \\ I_K &= g_{L2}U_S + g_{L1}U_i - g_0U_K \end{aligned}\right\} \tag{9-25}$$

当高频频带较宽，即输入端对镜频呈现的阻抗与对信号频率一致(或称为镜像匹配)，而中频频率低时，可认为镜像电压和电流与信号的电压电流分别相等。此时式(9-25)可改为

$$\begin{aligned} I_s &= (g_0 + g_{L2})U_s - g_{L1}U_i \\ I_i &= 2g_{L1}U_s - g_0U_i \end{aligned} \tag{9-26}$$

若把上述表达式看作一个线性四端网络，如图 9-8 所示，这相当于以前章节讲过的 **Y** 矩阵表达式，但和一般网络所不同的是输入的信号频率和输出的中频频率两者不等，是一个可以变换频率的线性网络。所谓线性也是近似的，因为前面的公式中已把电流高次项略去。

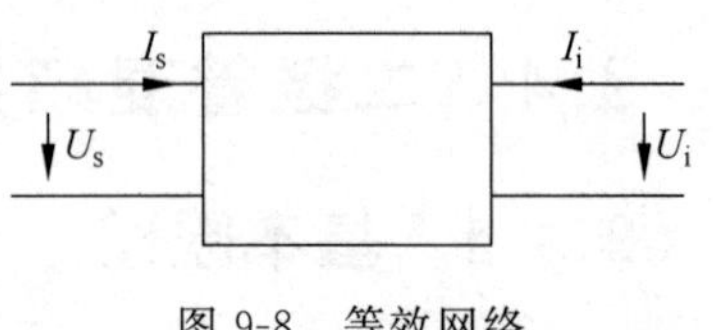

图 9-8 等效网络

设令

$$\begin{aligned} \beta_{11} &= g_0 + g_{L2}, \quad \beta_{12} = - g_{L1} \\ \beta_{21} &= 2g_{L1}, \quad \beta_{22} = - g_0 \end{aligned} \tag{9-27}$$

则

$$\begin{aligned} I_s &= \beta_{11}U_s + \beta_{12}U_i \\ I_i &= \beta_{21}U_s + \beta_{22}U_i \end{aligned} \tag{9-28}$$

我们取该网络的影像参量——影像导纳为 Y_{I} 和 Y_{II}。根据定义，Y_{I} 和 Y_{II} 存在这样的特性：当 Y_{II} 接于输出端作为负载时，则输入端的输入导纳为 Y_{I}；反过来，当 Y_{I} 接于输入端作为负载，则从输出端看过去的输入导纳为 Y_{II}。这正好说明二者互为影像的关系。

根据上述定义，有

$$Y_{\mathrm{II}} = \left(\beta_{22} - \frac{\beta_{21}\beta_{12}}{\beta_{11} + Y_{\mathrm{I}}}\right)$$

$$Y_{\mathrm{I}} = \left(\beta_{11} - \frac{\beta_{21}\beta_{12}}{\beta_{22} + Y_{\mathrm{II}}}\right)$$

解此联立方程，即得 Y_{I}、Y_{II} 的表达式：

$$\left.\begin{aligned} Y_{\mathrm{I}} &= \beta_{11}\sqrt{1 - \frac{\beta_{12}\beta_{21}}{\beta_{11}\beta_{22}}} \\ Y_{\mathrm{II}} &= \beta_{22}\sqrt{1 - \frac{\beta_{12}\beta_{21}}{\beta_{11}\beta_{22}}} \end{aligned}\right\} \tag{9-29}$$

下面，我们根据上述结果推出混频器的基本参量变频损耗和输入、输出导纳。

1) 变频损耗

定义为

$$L = \frac{\text{输入高频功率}}{\text{输出中频功率}} = \frac{U_sI_s}{-U_iI_i} = \frac{Y_{\mathrm{II}}}{Y_{\mathrm{I}}} \tag{9-30}$$

或

$$L = \frac{I_s^2 Y_{\mathrm{II}}}{-I_i^2 Y_{\mathrm{I}}}$$

考虑到 $U_s = I_s Y_{\mathrm{II}}$ 和 $U_i = I_i Y_{\mathrm{I}}$，解方程(9-28)，并将影像导纳的表达式代入式(9-30)，得

$$L = -\frac{\beta_{12}}{\beta_{21}}\left(\frac{1+\sqrt{1-\frac{\beta_{12}\beta_{21}}{\beta_{11}\beta_{22}}}}{1-\sqrt{1-\frac{\beta_{12}\beta_{21}}{\beta_{11}\beta_{22}}}}\right) \tag{9-31}$$

将 β_{11}、β_{12}、β_{21}、β_{22} 的表达式(9-27)代入，并对 g_0 归一化，表示成参量 γ_1、γ_2 的关系，得变频损耗

$$L = 2\cdot\frac{1+\sqrt{1-2\gamma_1^2/(1+\gamma_2)}}{1-\sqrt{1-2\gamma_1^2/(1+\gamma_2)}} \tag{9-32}$$

2）输入导纳

输入导纳 Y_{sr} 即定义为输入口的影像导纳：

$$\begin{aligned} Y_{sr} &= Y_{\mathrm{I}} = \beta_{11}\sqrt{1-\frac{\beta_{12}\beta_{21}}{\beta_{11}\beta_{22}}} = g_0\sqrt{\frac{(1+\gamma_2-2\gamma_1^2)(1+\gamma_2)^2}{1+\gamma_2}} \\ &= g_0\sqrt{(1+\gamma_2)(1+\gamma_2-2\gamma_1^2)} \end{aligned} \tag{9-33}$$

3）输出导纳

定义为输出口的影像导纳 Y_{II} 的负值：

$$Y_{sc} = -Y_{\mathrm{II}} = -\beta_{22}\sqrt{1-\frac{\beta_{12}\beta_{21}}{\beta_{11}\beta_{22}}} = g_0\sqrt{\frac{1+\gamma_2-2\gamma_1^2}{1+\gamma_2}} \tag{9-34}$$

以上就是镜像匹配情况下的变频损耗和输入、输出导纳。在某些混频器中，可将镜像和信号分开，如在混频电路中可采取措施，使对镜像电压短路或开路，此时混频器参量就相应地有所改变。

在镜像开路时，式(9-25)变为

$$\left.\begin{aligned} I_s &= g_0\cdot U_s - g_{L1}U_i + g_{L2}U_K \\ I_i &= g_{L1}U_s - g_0 U_i + g_{L1}U_K \\ 0 &= g_{L2}U_s + g_{L1}U_i - g_0\cdot U_K \end{aligned}\right\} \tag{9-35}$$

经推导后可以得到镜像开路情况下的变频损耗 L_K 和输入、输出导纳 Y_{SrK}、Y_{SCK} 分别为

$$\left.\begin{aligned} L_K &= \left[1+\sqrt{\frac{1+\gamma_2-2\gamma_1^2}{(1-\gamma_1^2)(1+\gamma_2)}}\right]^2\left[\frac{(1-\gamma_1^2)(1+\gamma_2)}{\gamma_1^2(1-\gamma_2)}\right] \\ Y_{SrK} &= \sqrt{(1+\gamma_2)(1+\gamma_2-2\gamma_1^2)(1-\gamma_1^2)} \\ Y_{SCK} &= \sqrt{\frac{(1-\gamma_1^2)(1+\gamma_2-2\gamma_1^2)}{1+\gamma_2}} \end{aligned}\right\} \tag{9-36}$$

在镜像短路时，式(9-25)变为

$$\left.\begin{aligned} I_s &= g_0 U_s - g_{L1}U_i \\ I_i &= g_{L1}U_s - g_0 U_i \\ I_K &= g_{L2}U_s + g_{L1}U_i \end{aligned}\right\} \tag{9-37}$$

相应的镜像短路情况的变频损耗 L_{T} 和输入、输出导纳 Y_{SrT}、Y_{SCT} 分别为

$$\left.\begin{aligned} L_{\mathrm{T}} &= \left(\frac{1+\sqrt{1-\gamma_1^2}}{\gamma_2}\right)^2 \\ Y_{\mathrm{SrT}} &= \sqrt{1-\gamma_1^2} \\ Y_{\mathrm{SCT}} &= \sqrt{1-\gamma_1^2} \end{aligned}\right\} \tag{9-38}$$

如果用本章前面所述的方法取混频二极管伏安特性的幂函数近似表达式，以 x 作为参量，则可根据前述公式算出相应的变频损耗和输入、输出电导。对不同 x 数值进行计算，并在计算过程中，考虑到 Γ 函数的自变量为正整数时：

$$\Gamma(n) = (n-1)! = (n-1)\cdot(n-2)\cdot\cdots\cdot 3\cdot 2\cdot 1 \tag{9-39}$$

而 Γ 函数自变量带有 1/2 的分数时：

$$\Gamma\left(n+\frac{1}{2}\right) = \sqrt{\pi}\cdot\frac{1\cdot 3\cdot 5\cdot\cdots\cdot(2n-1)}{2n} \tag{9-40}$$

$$\Gamma\left(\frac{1}{2}\right) = \sqrt{\pi} \tag{9-41}$$

所得不同 x 下（$x=1\rightarrow 13$）的 γ_1、γ_2、变频损耗和输入、输出电导列于表 9-1。这样求出的变频损耗，与实测结果比较接近，可供实际工作时参考。

表 9-1　不同参量 x 时的变频损耗

x	1	2	3	4	5	6	7	8	9	10	11	12	13
γ_1	0.84882	0.88357	0.90541	0.91035	0.93125	0.93956	0.94906	0.95130	0.95562	0.95923	0.96230	0.96494	0.96723
γ_2	0.4999	0.57999	0.66666	0.71428	0.75000	0.77777	0.80000	0.81818	0.83333	0.84615	0.85714	0.86666	0.87500
L	2.9594	2.7355	2.5547	2.4851	2.4143	2.3616	2.3207	2.8881	2.2615	2.2394	2.2207	2.2048	2.1909
L_{T}	3.2433	2.7614	2.4254	2.2841	2.1461	2.0417	1.9554	1.8911	1.8352	1.7878	1.7471	1.7116	1.6804
L_{K}	2.2005	1.9925	1.8589	1.7648	1.6942	1.6390	1.5944	1.5575	1.5262	1.4995	1.4762	1.4557	1.4375

9.4.2　二极管微带混频器

现在常用的混频器电路有两大类：一类采用一个混频管，称为单端混频器；另一类采用两个或四个相同特性的混频管，称为平衡混频器。单端混频器的电路简单，但其性能较差。平衡混频器又可分成简单的平衡混频器和双平衡混频器，它们具有噪声小、灵敏度高的优点（原因已在第 2 章第 2.10 节简单提到）。几种混频器的简单原理图如图 9-9 所示。它们之间性能的比较列于表 9-2。

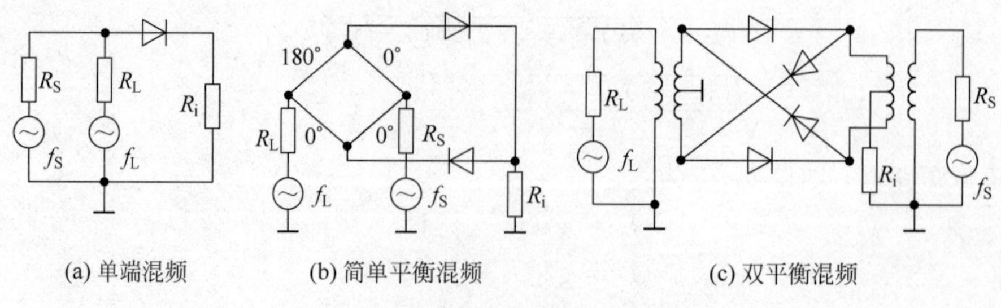

图 9-9　几种混频器的简单电原理图

表 9-2　几种混频器的性能比较

混频器类型	单　端	简单平衡	双平衡
变频损耗(dB)	10	10	3.9
隔离比(dB)本振—信号	取决于频率选择网络	无限大	无限大
本振—中频	6	无限大	无限大
信号—中频	6	取决于频率选择网络	无限大
相对的谐波调制分量	1.0	0.5	0.25
本振调幅抑制	无	有	有
需要的相对本振功率	1.0	2.0	4.0

在微带混频器中，基本上为单端混频器和简单平衡混频器两类，因在平面电路上较易实现。其中单端混频器的结构如图 9-10 所示。它是由定向耦合器、阻抗匹配电路、二极管和由 $\lambda_g/4$ 开路线构成的高频短路线等组成。本振功率通过定向耦合器加入。定向耦合器的耦合度不能取得过大或过小。如果耦合太松，则要求本振功率过大；耦合太紧，则信号损失又过大(信号中将有部分转入定向耦合器的辅线中被匹配负载所吸收)。一般取为 10dB 左右。在信号输入至混频管之间，用 $\lambda/4$ 变阻器进行阻抗匹配，以保证信号功率能最有效地加到混频管。此外为防止混频管上产生的中频信号向信号源回输而降低中频功率的输出，可在主线上取一段中频短路线接地。但该短路线须保证对信号和对本振功率的传输无影响，所以其长度应取为对信号频率的 $\lambda/4$。

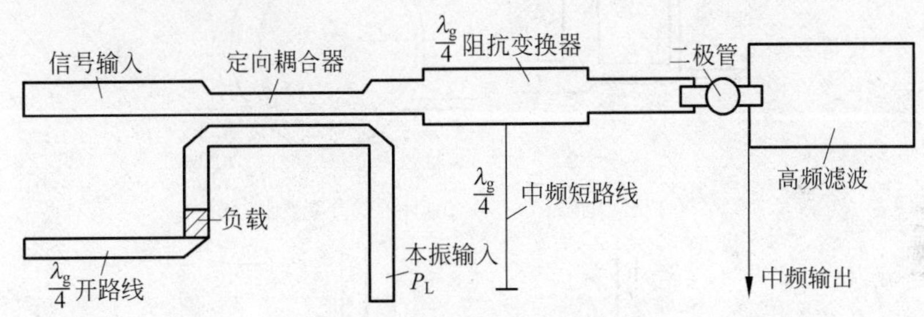

图 9-10　微带单端混频器

与平衡混频器相比较，单端混频器的电性能较差，故在微带混频器电路中应用不多。

平衡混频器在微带混频器中应用最为广泛。它由电桥、阻抗匹配电路、高频滤波电路、中频通路和一对性能相同的混频管以及中频输出线组成。最典型的采用二分支线 3dB 电桥的平衡混频器，如图 9-11 所示。其中 3dB 电桥做成变阻形式(分析和设计见第 6 章第 6.3 节不对称分支线电桥部分)，其输入和输出是不对称的。输入部分的阻抗对应于标准微带线(一般为 50Ω)，输出部分对应于混频管的阻抗。这样一个电桥同时完成电桥和阻抗变换两种作用，可使微带电路的面积缩小。但是，必须考虑到混频管除了高频电阻部分和信源内阻不等、必须进行阻抗变换以外，还有高频电抗部分(通常为容性)必须将其除去。为此，在混频管和电桥之间，还应该有一段长度为 l 的相移线，将混频管阻抗的虚部除去。l 的长度可依据测得的混频管高频阻抗求得。除此以外，高频滤波电路是由低阻的 $\lambda_g/4$ 开路线构成高频短路，接于混频管

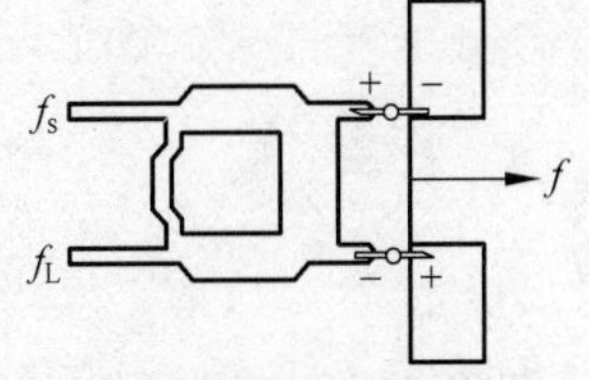

图 9-11　典型的微带 3dB 电桥平衡混频器

的另一端，以保证该端高频对地短路，这样可保证信号和本振功率全部加在混频管上，不致向中频电路漏泄。中频输出线由两混频管中间引出，其特性阻抗尽量取得高(即线条尽量细)，这样由细线构成的电感对高频有扼流作用，使高频功率向中频电路的泄漏进一步减小。

当然，在某些微带平衡混频器中，也可采取其他的电路形式，其主要差别在于电桥。能够采取的电桥形式很多，通常有二分支对称电桥(此时需在电桥之后另加阻抗匹配器)、三分支电桥、环形电桥、宽带环形电桥等。它们的结构分别如图 9-12 所示。后面的三种在频带特性上具有较优的性能，特别是最后一种，可工作于倍频程，但由于有一段耦合很紧的耦合微带线存在(耦合系数 K 在 0.7 左右)，因而在实现时必须有较高的微带工艺水平，以保证耦合微带线部分所需的间隙。一般形式的环形电桥，如图 9-12(e)所示，也具有较优的性能，其频带宽度和三分支电桥相当，但损耗较小。问题在于：环形电桥的两根平衡输出线分别被信号输入线和本振输入线隔开，因此将两个混频管输出相连较为困难，必须在微带电路块的结构上采取特殊措施。

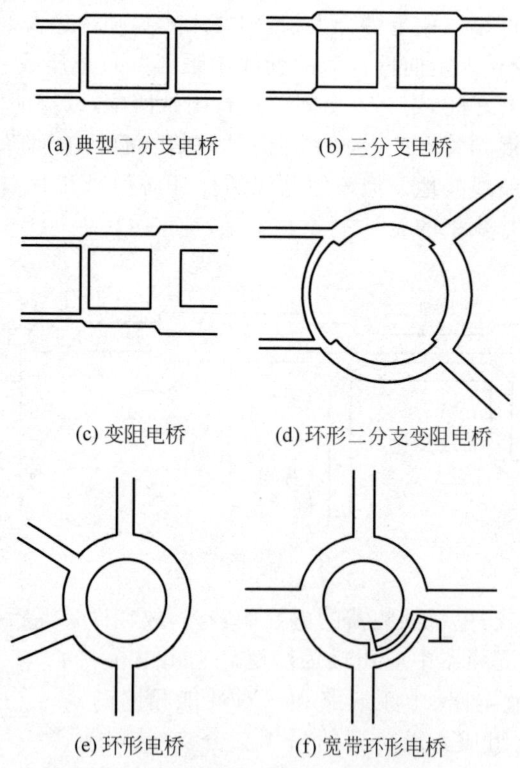

图 9-12 混频器中应用的各种形式的电桥

现将几种混频器常用的电桥性能列于表 9-3，以便于比较。

表 9-3 几种混频器常用电桥的性能比较

电桥类型	二分支电桥	三分支电桥	环形电桥	宽带环形电桥
频带宽度	窄	较宽	较宽	很宽(可达倍频程)
结效应	中	大	小	小
输出臂情况	相邻	相邻	不相邻	不相邻
损耗	小	大	小	大

在第 2 章中曾简单地提到了平衡混频器的原理,现再根据前述的混频器基本概念和参量进行分析。图 9-13 是二分支电桥平衡混频器的简单示意图。设信号电压 u_S 从电桥 1 口加入,本振电压 u_L 从 4 口加入,2、3 口分别接相同的混频二极管。如果混频管的高频阻抗为理想匹配,相当于电桥 2、3 口接以全匹配负载,且电桥本身是完全理想的(结效应及其他因素不予考虑),则根据第 6 章的讨论,1、4 口之间应理想隔离,也就是信号和本振之间的隔离度应为无穷大。同时,根据电桥特性,u_S 及 u_L 通过电桥后均分为两路,从 2、3 口输出。并且对于信号,u_{S2} 较 u_{S3} 领先 90°;对于本振,u_{L3} 比 u_{L2} 领先 90°,因此可写成

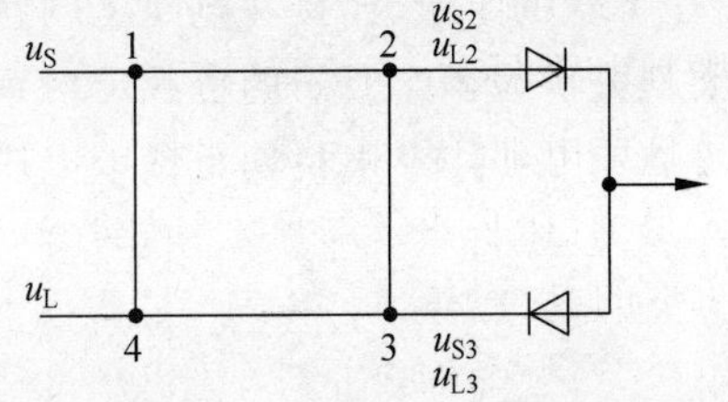

图 9-13 平衡混频器工作的简单示意图

$$\left.\begin{aligned} u_{S2} &= U_S\sin\omega_S t \\ u_{S3} &= U_S\sin\left(\omega_S t - \frac{\pi}{2}\right) \\ u_{L2} &= U_L\cos\left(\omega_L t - \frac{\pi}{2}\right) \\ u_{L3} &= U_L\cos\omega_L t \end{aligned}\right\} \tag{9-42}$$

U_S、U_L 分别为二输出臂的信号及本振电压幅度。

相应地,两个混频管的混频电导可写成

$$g_2 = g_0 + 2g_{L1}\cos\left(\omega_L t - \frac{\pi}{2}\right) + \cdots$$

$$g_3 = g_0 + 2g_{L1}\cos\omega_L t + \cdots$$

若忽略高次项,流过两管子的混频电流为

$$\begin{aligned} i_2 &= \left[g_0 + 2g_{L1}\cos\left(\omega_L t - \frac{\pi}{2}\right)\right]U_S\sin\omega_S t \\ &= g_0 U_S\sin\omega_S t + 2g_{L1}U_S\sin\omega_L t\sin\omega_S t \\ &= g_0 U_S\sin\omega_S t - g_{L1}U_S\cos(\omega_L + \omega_S)t + g_{L1}U_S\cos(\omega_L - \omega_S)t \end{aligned} \tag{9-43}$$

$$\begin{aligned} i_3 &= [g_0 + 2g_{L1}\cos\omega_L t]U_S\sin\left(\omega_S t - \frac{\pi}{2}\right) \\ &= -[g_0 U_S\cos\omega_S t + 2g_{L1}U_S\cos\omega_L t \cdot \cos\omega_S t] \\ &= -g_0 U_S\cos\omega_S t - g_{L1}U_S\cos(\omega_L + \omega_S)t - g_{L1}U_S\cos(\omega_L - \omega_S)t \end{aligned} \tag{9-44}$$

由于在 2、3 臂所接的二极管极性彼此相反,因此总的输出中频电流为 i_i 为

$$i_i = i_{i2} - i_{i3} = 2g_{L1}U_S\cos(\omega_L - \omega_S)t \tag{9-45}$$

如果在本振源中包含有噪声,则在噪声频谱中频率靠近 ω_S 的一部分有可能和 u_L 混频后同样成为中频噪声输出。但在平衡混频器中,这部分噪声可以被抵消。设本振噪声电压为 u_n,则在 2、3 臂的噪声电压 u_{n2}、u_{n3} 的相位关系和本振电压 u_{L2}、u_{L3} 相同,故差频后的中频噪声电压同相。由于二极管反接,故总的中频噪声电流正好抵消为零。因此这种平衡混频器可以抵消本振引入的噪声。

前面曾经指出,当混频管负载匹配和电桥特性都很理想时,本振和信号之间应是理想隔离的。事实上电桥和混频管都不会十分理想。特别是混频管,其高频阻抗与很多因素有关

(管子本身的参量、连接在电路上的状况、中频负载电阻、本振功率的大小等),不可能与电桥理想匹配。设两个管子的负载反射系数都是 $\Gamma_D(\Gamma_D \neq 0)$,此时假设电桥仍是理想的,则参考第 2 章第 2.11 节,电桥四个口上电压之间的 **S** 矩阵和端口条件为

$$\begin{bmatrix} u_1^{(2)} \\ u_2^{(2)} \\ u_3^{(2)} \\ u_4^{(2)} \end{bmatrix} = \frac{1}{\sqrt{2}} \begin{bmatrix} 0 & j & 1 & 0 \\ j & 0 & 0 & 1 \\ 1 & 0 & 0 & j \\ 0 & 1 & j & 0 \end{bmatrix} \cdot \begin{bmatrix} u_1^{(1)} \\ u_2^{(1)} \\ u_3^{(1)} \\ u_4^{(1)} \end{bmatrix} \tag{9-46}$$

$$u_2^{(1)} = \Gamma_D u_2^{(2)}, \quad u_3^{(1)} = \Gamma_D u_3^{(2)} \tag{9-47}$$

此时,若设在 1 口加信号 $u_1^{(1)}$,4 口接以匹配负载,$u_1^{(1)}=0$,则上述矩阵关系可写成下列代数方程:

$$u_1^{(2)} = \frac{j}{\sqrt{2}} u_2^{(1)} + \frac{1}{\sqrt{2}} u_3^{(1)}$$

$$u_2^{(2)} = \frac{j}{\sqrt{2}} u_1^{(1)} + \frac{1}{\sqrt{2}} u_4^{(1)} = \frac{j}{\sqrt{2}} u_1^{(1)}$$

$$u_3^{(2)} = \frac{1}{\sqrt{2}} u_1^{(1)} + \frac{j}{\sqrt{2}} u_4^{(1)} = \frac{1}{\sqrt{2}} u_1^{(1)}$$

$$u_4^{(2)} = \frac{1}{\sqrt{2}} u_2^{(1)} + \frac{j}{\sqrt{2}} u_3^{(1)}$$

由 $u_2^{(1)}=\Gamma_D u_2^{(2)}$,$u_3^{(1)}=\Gamma_D u_3^{(2)}$,所以

$$\begin{aligned} u_1^{(2)} &= \frac{j}{\sqrt{2}}\Gamma_D u_2^{(2)} + \frac{1}{\sqrt{2}}\Gamma_D u_3^{(2)} \\ &= \frac{j}{\sqrt{2}}\Gamma_D \cdot \frac{j}{\sqrt{2}} u_1^{(1)} + \frac{1}{\sqrt{2}}\Gamma_D \cdot \frac{1}{\sqrt{2}} u_1^{(1)} = 0 \\ u_4^{(2)} &= \frac{1}{\sqrt{2}}\Gamma_D u_2^{(2)} + \frac{j}{\sqrt{2}}\Gamma_D u_3^{(2)} \\ &= \frac{1}{\sqrt{2}}\Gamma_D \cdot \frac{j}{\sqrt{2}} u_1^{(1)} + \frac{j}{\sqrt{2}}\Gamma_D \cdot \frac{1}{\sqrt{2}} u_1^{(1)} = j\Gamma_D u_1^{(1)} \end{aligned}$$

此时 1 口反射系数的模为

$$\Gamma_1 = \left| \frac{u_1^{(2)}}{u_1^{(1)}} \right| = 0 \tag{9-48}$$

1 端至 4 端的传输系数 T_{14} 为

$$T_{14} = \left| \frac{u_4^{(2)}}{u_1^{(1)}} \right| = |\Gamma_D| \tag{9-49}$$

由此可知,当混频管阻抗不匹配,但仍保持两管平衡,亦即它们的负载反射系数相等时,混频器的输入端匹配未受破坏,但是引起了信号到本振之间功率的传输,亦即隔离度下降了,其值和混频管的负载反射系数有关。假设混频管的$|\Gamma_D|=0.2$(相应的混频管负载驻波比为 1.5),则以 dB 表示的隔离度为

$$(\text{隔离度})_{1\to 4} = 20\lg\frac{1}{|\Gamma_D|} = 20\lg 5 = 13.9\text{dB}$$

可知混频管阻抗不匹配对隔离度有较大的影响。

在某些混频器中，对隔离度提出较高的要求。对此，可以把平衡混频器电桥输出臂加以改变来解决。如图 9-14 所示，把电桥的输出臂 2 加长 $\lambda/4$ 后，再接混频管。这样，当两个管子和电桥不匹配但仍保持平衡时，由于 2 臂多出 $\lambda/4$，故反映到电桥 2、3 臂的输出参考面处，两个二极管的反射系数模相同，但相位差 180°(这是由 $\lambda/4$ 线上来回反射所形成的相位差)，亦即在 2 臂参考面处反射系数为 $-\Gamma_D$，3 臂参考面处反射系数为 Γ_D，将此改变以后的关系代入前面的矩阵关系式，很易得到

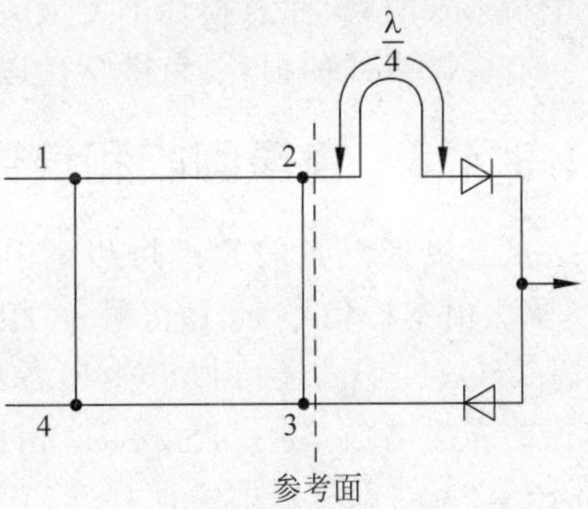

图 9-14　输出臂之一加长 $\lambda/4$ 的平衡混频器

1 口反射系数：

$$\Gamma_1 = \left|\frac{u_1^{(2)}}{u_1^{(1)}}\right| = |\Gamma_D| \tag{9-50}$$

1 口至 2 口的传输系数：

$$T_{14} = \left|\frac{u_4^{(2)}}{u_1^{(1)}}\right| = 0 \tag{9-51}$$

可以看出，此时 1 口反射系数和 1、4 口之间传输系数受 Γ_D 的影响情况，正好和 2 臂不加长 $\lambda/4$ 时相对调。也就是说，隔离度的改善是以混频器输入口匹配情况的变坏作为代价的。因此使混频器输入匹配很差，这样不但影响了灵敏度，也将使噪声系数变坏。但是实验结果表明：只要匹配程度不至于太坏，噪声性能并不会差，有时甚至比匹配情况还有所改善(也就是最佳噪声特性并非正好在匹配的时候得到)。因此，要综合权衡各方面的指标，选取适当的电路，使混频器能满足使用要求。

上面的讨论假定电桥特性是理想的，两个混频管也是完全平衡的。但实际情况并非如此。因此，即使把 2 臂加长 $\lambda/4$，也不能使 1、4 口之间得到理想隔离。但采取此措施对改善隔离度指标确实是有效的。实践证明，这样做很易使隔离度达到 20dB 以上。

在构成一个微带混频器时，器件和电路都对混频器性能产生较大影响，现分别简单讨论如下。

(1) 器件的影响。希望表面势垒二极管本身的噪声温度比低、非线性程度高(即幂次 x 高)、寄生参量的影响小。为此，当前正在从材料和工艺上想办法。如寻找新的势垒金属材料、改进工艺等；在封装上采取梁式引线以降低寄生参量的影响等。

为了使混频管和电桥很好地匹配，有必要事先对混频管的高频阻抗进行测量，以便根据测得的阻抗设计电路，并进行管子的配对。关于混频管高频阻抗的测量方法可参阅第 13 章的阻抗测量部分。为使混频管对信号匹配，必须测出工作时对信号的混频管输入阻抗。因为混频时，本振功率和信号功率同时加在混频管上，本振是大信号。在测试时，为了符合实际情况，最好也在混频管上同时加以本振(大信号)和信号功率，并在信号频率测量管子的输入阻抗，但这样做将使测试相当复杂。一般情况下，往往直接将混频管作为检波情况(即只加一个频率的功率)测量其输入阻抗。其测试结果和真正符合混频工作状况的测试结果有所不同，但可作为电路初步设计的参考。进一步调整时，可根据实验结果，再将电路作部分修改即可。

(2) 电路的影响。最主要的是电桥的影响。电桥的匹配、平分度、隔离度和损耗都将对混频器产生很大的影响，因此在设计和选择电桥时都应十分注意。在设计时，对 T 接头的“结电抗”效应要加以修正。当频率很高时(如到 X 波段)，必须考虑色散效应。此外，在选

择电桥形式时，应注意损耗不要太大，因为电路的损耗将使混频器的噪声系数变坏。

有关微带线的损耗、色散特性以及电桥的特性和设计，请参阅前面有关章节。

9.4.3 镜像回收和镜像抑制

从二极管混频的原理可以看到，由于管子的非线性，除去由本振信号 ω_L 和信号 ω_S 相混取得的中频信号 $\omega_i=\omega_S-\omega_L$ 之外，还可以产生出各次谐波分量。其中本振的二次谐波 $2\omega_L$ 与信号 ω_S 相混产生的频率分量 $2\omega_L-\omega_S=\omega_K$ 即称之谓镜像频率，它与信号一起对本振互为镜像对称如图 9-15 所示。镜频信号能量在产生的各次谐波中是比较大的。若混频器输入端是宽带的，则由二极管的混频效应产生的这部分能量将返回到输入端而被吸收掉，因而白白浪费一部分信号能量。但如果输入端设法把这部分镜频能量反射回到二极管处与本振信号再次进行混频而取得中频信号，若两者中频信号相位一致，叠加输出，则混频效果加强，或者说变频损耗可以降低，从而进一步降低混频器的噪声系数。这种方法就是镜像回收的方法。事实上我们在表 9-1 中已经可以看到，当 x 比较大时，实现对镜像的开路或短路都可以降低变频损耗。例如 $x=8$ 时，对镜像匹配情况，$L\doteq2.29$(或 3.6dB)；对镜像短路情况，$L_T=1.89$(或 2.8dB)；对镜像开路情况，$L_R\doteq1.56$(或 1.9dB)。

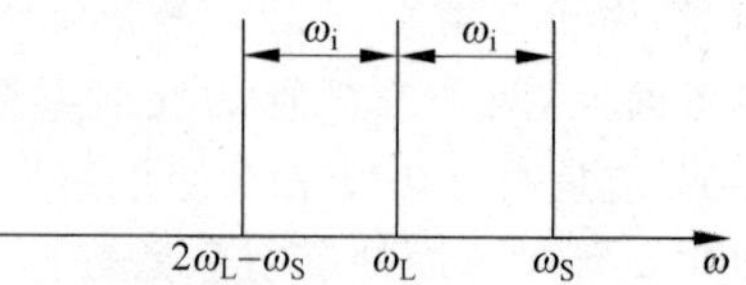

图 9-15 信号频率、本振频率和镜像频率关系

简单的镜像回收混频器如图 5-37 所示，它是在本振和信号的输入支路上设置一个带阻滤波器，把二极管混频后产生的($2\omega_L-\omega_S$)镜像频率信号重新反射回二极管与本振再次混频。滤波器的设置位置距两混频管为 $\lambda_g/4$ 的整数倍，即是镜像短路的情况。带阻滤波器采用 $\lambda/4$ 耦合线段，使其一端开路另一端短路。为了结构上的方便，短路可借助于延伸 $\lambda/4$ 的开路线来实现，但 $\lambda/4$ 开路线段必须和主线无耦合。为了效果显著，希望滤波器对镜像的衰减越大越好，对信号的衰减越小越好，亦即要求滤波器有较为陡峭的带阻滤波特性。如果信号的频带较宽，而所取的中频频率 f_i 又不很高时，将引起滤波器设计的困难。这种简单形式的带阻滤波器就无法满足要求。

为了实现信号带宽比较宽的镜像回收，可以用相互连接的两个平衡混频器。图 9-16 画出了双平衡混频器实现镜像回收的原理图，它实际上是把一个混频器产生的镜像信号由另一个混频器变成中频信号输出，反之亦然。这种混频器在实现时必须满足下面三个条件：

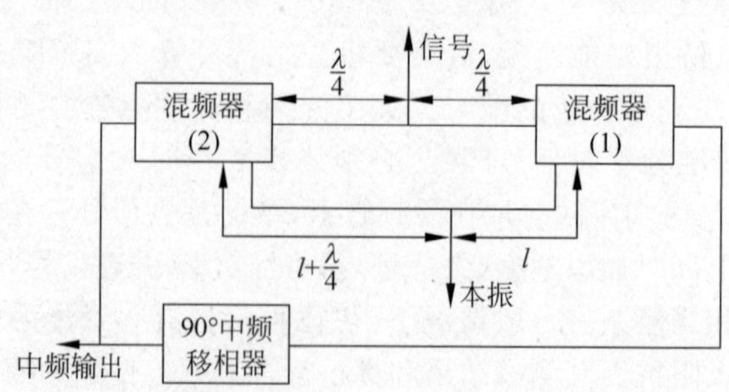

图 9-16 信号带宽较大时镜像回收混频器原理图

(1) 所产生的镜像功率不能漏泄到信号电路中去。故信号的功率分配器必须位于镜像电压的波节点。

（2）信号和镜像所产生的中频电压必须同相。

（3）两个混频器产生的中频电压同相。

从上面实现镜像回收的原理中可以看到，镜像回收的混频器同时具有镜像抑制作用。如图 5-37 所示的混频器，在信号支路上设置了对镜频是阻止的带阻滤波器，因而外界与镜频相同的信号就无法进入混频器产生干扰，从而使混频器增加了对镜像的抑制作用。

在某些场合，例如要实现宽频段的扫描超外差接收，此时混频器必须在很宽频率范围内具有镜像抑制能力。这种混频器同样可以利用双平衡混频器来实现宽带镜像抑制。图 9-17 画出了宽带镜像抑制混频器的电原理图，下面我们进一步来分析它的工作原理。

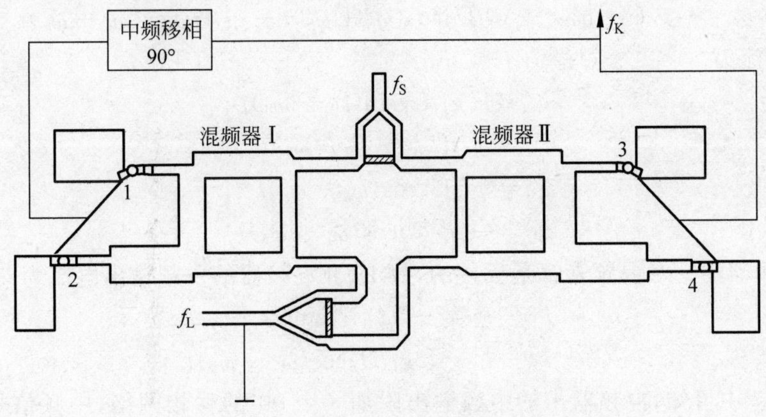

图 9-17　宽带镜像抑制混频器电路图

$$
\left.\begin{aligned}
&\text{设高频信号为} \quad u_s = 2U_s \sin\omega_S t \\
&\text{镜像信号为} \quad u_K = 2U_K \sin\omega_K t \\
&\text{本振信号为} \quad u_L = 2U_L \cos\omega_L t
\end{aligned}\right\}\omega_K > \omega_L > \omega_S \tag{9-52}
$$

这时加到两个管子上的信号和本振电压分别为

$$
\left.\begin{aligned}
u_{L1} &= U_L \cos\omega_L t \\
u_{L2} &= U_L \cos\omega_L t \\
u_{L3} &= U_L \cos\left(\omega_L t - \frac{\pi}{2}\right) \\
u_{L4} &= U_L \cos\left(\omega_L t - \frac{\pi}{2}\right) \\
u_{S1} &= U_S \sin\omega_S t \\
u_{S2} &= U_S \sin(\omega_S t - \pi) \\
u_{S3} &= U_S \sin\omega_S t \\
u_{S4} &= U_S \sin(\omega_S t - \pi) \\
g_1 &= g_0 + 2g_{L1}\cos\omega_L t + \cdots \\
g_2 &= g_0 + 2g_{L1}\cos\omega_L t + \cdots \\
g_3 &= g_0 + 2g_{L1}\cos\left(\omega_L t - \frac{\pi}{2}\right) + \cdots \\
g_4 &= g_0 + 2g_{L1}\cos\left(\omega_L t - \frac{\pi}{2}\right) + \cdots
\end{aligned}\right\} \tag{9-53}
$$

因此,在四个混频管上的电流分别为

$$
\begin{aligned}
i_1 &= g_0 U_S \sin\omega_S t + 2g_{L1} U_S \cos\omega_L t \sin\omega_S t \\
&= g_0 U_S \sin\omega_S t + g_{L1} U_S \sin(\omega_L + \omega_S)t - g_{L1} U_S \sin(\omega_L - \omega_S)t \\
i_2 &= - g_0 U_S \sin\omega_S t - g_{L1} U_S \sin(\omega_L + \omega_S)t - g_{L1} U_S \sin(\omega_L - \omega_S)t \\
i_3 &= g_0 U_S \sin\omega_S t + 2g_{L1} U_S \cos\left(\omega_L t - \frac{\pi}{2}\right) \cdot \sin\omega_S t \\
&= g_0 U_S \sin\omega_S t + 2g_{L1} U_S \sin\omega_L t \cdot \sin\omega_S t \\
&= g_0 U_S \sin\omega_S t - g_{L1} U_S \cos(\omega_L + \omega_S)t + g_{L1} U_S \cos(\omega_L - \omega_S)t \\
i_4 &= - g_0 U_S \sin\omega_S t + g_{L1} U_S \cos(\omega_L + \omega_S)t - g_{L1} U_S \cos(\omega_L - \omega_S)t
\end{aligned}
\tag{9-54}
$$

因此,中频电流为

$$
\left.
\begin{aligned}
i_{i1} &= - g_{L1} U_S \sin(\omega_L - \omega_S)t \\
i_{i2} &= g_{L1} U_S \sin(\omega_L - \omega_S)t \\
i_{i3} &= g_{L1} U_S \cos(\omega_L - \omega_S)t \\
i_{i4} &= - g_{L1} U_S \cos(\omega_L - \omega_S)t
\end{aligned}
\right\}
\tag{9-55}
$$

由于两个混频器的一对混频管都是反接的,故Ⅰ、Ⅱ混频器的中频输出电流为

$$
\left.
\begin{aligned}
i_{\mathrm{I}} &= i_{i1} - i_{i2} = - 2g_{L1} U_S \sin(\omega_L - \omega_S)t \\
i_{\mathrm{II}} &= i_{i3} - i_{i4} = 2g_{L1} U_S \cos(\omega_L - \omega_S)t
\end{aligned}
\right\}
\tag{9-56}
$$

从图 9-17 中可知,混频器Ⅰ的中频输出附加一个 90°的移相网络,中频信号通过后,相位要滞后 90°,故 $i_{i\mathrm{I}}$变为

$$
i_{i\mathrm{I}} = - 2g_{L1} U_S \sin\left[(\omega_L - \omega_S)t - \frac{\pi}{2}\right] = 2g_{L1} U_S \cos(\omega_L - \omega_S)t
$$

故总的中频电流为

$$
i_i = i_{i\mathrm{I}} + i_{i\mathrm{II}} = 4g_{L1} U_S \cos(\omega_L - \omega_S)t
\tag{9-57}
$$

同理,可推出镜像产生的中频电流为

$$
\left.
\begin{aligned}
i_{i1}^{K} &= g_{L1} U_K \sin(\omega_K - \omega_L)t \\
i_{i2}^{K} &= - g_{L1} U_K \sin(\omega_K - \omega_L)t \\
i_{i3}^{K} &= g_{L1} U_K \cos(\omega_K - \omega_L)t \\
i_{i4}^{K} &= - g_{L1} U_K \cos(\omega_K - \omega_L)t
\end{aligned}
\right\}
\tag{9-58}
$$

因此两个混频器由于镜像作用产生的中频电流为

$$
\left.
\begin{aligned}
i_{i\mathrm{I}}^{K} &= i_{i1}^{K} - i_{i2}^{K} = 2g_{L1} U_K \sin(\omega_K - \omega_L)t \\
i_{i\mathrm{II}}^{K} &= i_{i3}^{K} - i_{i4}^{K} = 2g_{L1} U_K \cos(\omega_K - \omega_L)t
\end{aligned}
\right\}
\tag{9-59}
$$

当混频器Ⅰ输出中频电流移相 90°时,则有

$$
i_{i\mathrm{I}}^{K} = 2g_{L1} U_K \sin\left[(\omega_K - \omega_L)t - \frac{\pi}{2}\right] = - 2g_{L1} U_K \cos(\omega_K - \omega_L)t
$$

最后由于镜像产生的总中频电流为

$$
i_i^{K} = i_{i\mathrm{I}}^{K} + i_{i\mathrm{II}}^{K} = 0
\tag{9-60}
$$

因此在输出中,镜像中频电流被抑制而无输出,只有信号产生的中频电流能够输出,实现了对镜像的抑制。

对于这种混频器,如果取信号频率高于本振频率,亦即有 $\omega_S > \omega_L > \omega_K$ 的关系时,则中

频移相网络应加在混频器Ⅱ的输出处，否则信号中频电流将被抵消。

为了用这种电路对镜像进行抑制，混频器的幅度相位关系必须严格符合要求，否则将使效果变差。为此，应该细致地设计电桥、分功率器以及微带连接线，在工艺上保证公差要求；对混频管的参量一致性也应加以保证。实践证明，当幅度不平衡度在 1.22 以内，相位不平衡度在 10°以内时，均可获得 20dB 以上的镜像抑制作用。

9.5 微带混频器的设计和调试

在本节中，我们结合具体实例说明微带混频器的设计、调试及有关实际问题。

混频器的指标要求为：

(1) 信号频率 f_s 为 2000～2200MHz；

(2) 噪声系数小于 8dB；

(3) 中频 $f_i=30$MHz；

(4) 标准微带线特性阻抗为 50Ω，采用 $\varepsilon_r=9.6$，厚为 $h=1$mm 的陶瓷基片；

(5) 信号—本振间隔离度在频带内大于 15dB。

9.5.1 方案考虑

(1) 由于信号频率的相对带宽不算大，所以没有必要采用宽带的电桥，只需选取电路结构较为简单的二分支电桥即可。

(2) 为了减小电桥结效应的影响，提高其性能，因此将二分支电桥做成圆环形，即电桥的分支线和连接线均在一圆环上。但须注意，不要和环形电桥相混淆，其环上的每一段传输线参量均应按分支线电桥的公式算出。

(3) 为满足指标所提出的隔离度要求，可将电桥的某一输出臂加长 λ/4，其理由已在前面讲过。

(4) 为缩小微带电路的尺寸，采取不对称的变阻电桥，使电桥兼有变阻作用。在电桥以外，只需有一段高频相移线，将混频管高频阻抗的虚部消去即可。

(5) 由于高频和中频相隔较远，同时高频的相对带宽又不大，故在混频管至中频输出线之间的高频滤波，只需用 λ/4 开路线作等效短路即可。而为了提高频带内短路效果，应适当地将 λ/4 线的特性阻抗做得低些。

(6) 因为中频频率 f_i 太低，以致比高频的频带宽度数值还低，根本无法用镜像滤波器将镜像和信号分开，因此，这里就不考虑镜像抑制的问题。

(7) 由于提高了隔离度，使混频器的输入驻波比有所增加，但基本上仍符合指标提出的噪声要求。

根据上述考虑，采取了如图 9-18 所示的微带电路结构。其中 Z_{01}、Z_{02} 各为电桥输入和输出口分支线的特性阻抗，Z_{03} 为连接线特性阻抗，Z_{04} 为 λ/4 加长线的特性阻抗，Z_{05} 为相移线的特性阻抗，Z_{06} 为高频滤波开路线的特性阻抗，Z_{07} 为中频短路线、

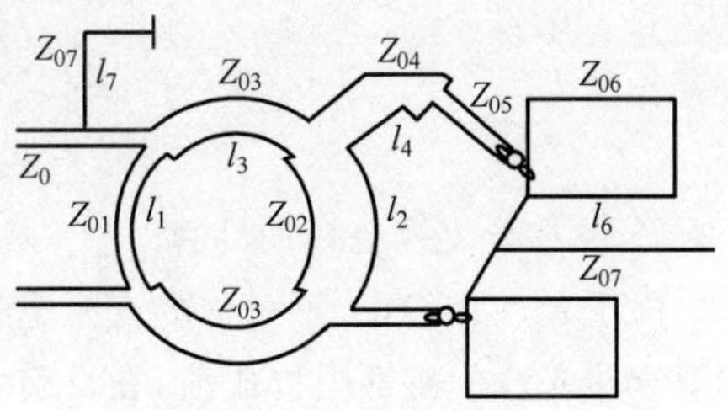

图 9-18 平衡混频器的结构图

中频输出线的特性阻抗。

9.5.2 混频器微带电路的设计

已测得混频管在中心频率(2100MHz)的输入阻抗为

$$Z_d = (60 - j57)\Omega$$

将其对标准微带线特性阻抗 50Ω 归一化得

$$z_d = \frac{60 - j57}{50} = 1.2 - j1.14$$

1) 相移线的计算

根据混频管高频归一化阻抗在圆图上的位置(如图 9-19 所示),为了能通过不对称的变阻电桥,将其阻抗变换成和标准微带线 50Ω 匹配,首先必须将阻抗的虚部消去。因为电桥只起变阻的作用,相当于一个理想变压器,如果变换前的阻抗含有虚部,则变换后也存在虚部而不能匹配,因此首先应将阻抗的虚部除去。为了去掉阻抗的虚部,可采用两种方法:其一是加并联分支线,得到一个和二极管导纳(阻抗的倒数)虚部大小相等、符号相反的电纳,将二极管进行补偿。在目前的状况,二极管电抗部分为容性,其电纳符号为正,应采用一个负电纳(感性)将其补偿。为此,可用短路分支线($l<\lambda/4$)和开路分支线($\lambda/4<l<\lambda/2$),但这种方式因电路图形比较复杂,一般不予采用。另一种是加一段 50Ω 的相移线,使二极管阻抗在圆图上沿等反射系数圆顺时针旋转变换到圆图的横轴上对应于实数的阻抗。图 9-19 中表明,当相移线长度 l 取 $0.175\lambda_{g0}$ 时,阻抗即转到横轴上,变换后的归一化阻抗为

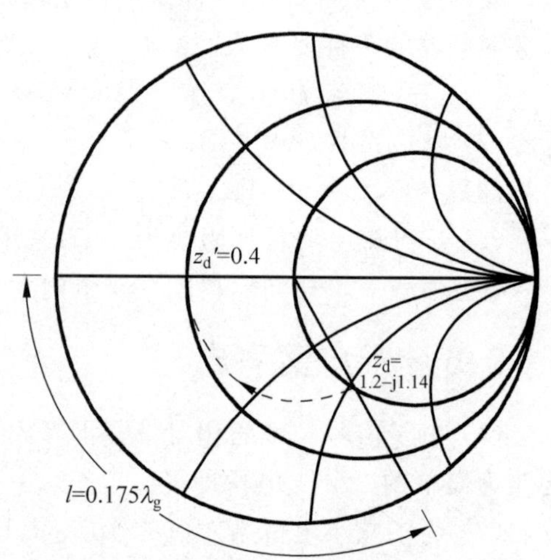

图 9-19 在圆图上求相移线长度以及 $\lambda/4$ 加长线的特性阻抗

$$z_d = 0.39$$

$$R_d = 0.39 \times 50(\Omega) \approx 20(\Omega)$$

相移线长度,考虑在中心频率时,50Ω 线的微带线波长为

$$\lambda_{g0} = \frac{C}{f_0\sqrt{\varepsilon_e}} = 55.7\text{mm}$$

故其长度为

$$l = 0.175\lambda_{g0} = 9.75\text{mm}$$

2) 3dB 分支线电桥的计算

由于 $R_d=20\Omega$,故不对称的变阻电桥应完成阻抗从 50Ω 至 20Ω 的变换。令 R 为输出线相对于输入线的特性阻抗比值,在目前状况下:

$$R = \frac{20}{50} = 0.4$$

根据第 6 章第 6.3 节不对称分支电桥的设计公式(6-70)，并将导纳变换成阻抗关系可得

$$z_{01}=\frac{Z_{01}}{Z_0}=1$$

$$z_{02}=\frac{Z_{02}}{Z_0}=R$$

$$z_{03}=\frac{Z_{03}}{Z_0}=\sqrt{\frac{R}{2}}$$

因此

$$Z_{01}=Z_0=50\Omega$$

$$Z_{02}=R\cdot Z_0=20\Omega$$

$$Z_{03}=\sqrt{\frac{R}{2}}\cdot Z_0=\sqrt{0.2}\cdot Z_0=22.4\Omega$$

取微带线介质基片的 $\varepsilon_r=9.6$，厚度 $h=1\text{mm}$，则上述分支线和连接线的参量可从表 1-3 中查得为

$$W_1=0.98\text{mm},\quad \sqrt{\varepsilon_{e1}}=2.57$$

$$W_2=4.4\text{mm},\quad \sqrt{\varepsilon_{e2}}=2.77$$

$$W_3=3.7\text{mm},\quad \sqrt{\varepsilon_{e3}}=2.74$$

电桥的每一段从中心线量起的长度应等于该段线的 $\lambda_g/4$ 加上结效应修正值。由于把电桥做成为圆环形，分支线和连接线都相当于 T 接头的主线。由第 6 章所述，主线上的参考面很接近于 T 接头中心线，即使不予考虑问题也不大，故即认为电桥的分支线和连接线的长度(按微带线中心弧长计算)即等于该段线的 $\lambda_g/4$。

故分支线

$$l_1\approx\frac{\lambda_{g1}}{4}\approx 13.75\text{mm}$$

分支线

$$l_2\approx\frac{\lambda_{g2}}{4}\approx 13.0\text{mm}$$

连接线

$$l_3\approx\frac{\lambda_{g3}}{4}\approx 13.1\text{mm}$$

3) $\lambda/4$ 加长线

因为混频管阻抗经过相移线之后，归一化阻抗变为 $R=0.4$，故应取 $\lambda/4$ 加长线的特性阻抗 $Z_{04}=RZ_0=20\Omega$。这样，混频管经加长线后，只是相位产生变化，而反射系数的模仍保持不变，才能满足改善混频器隔离度的要求。

加长线长度 $l_4=\lambda_{g4}/4=13.0\text{mm}$。考虑到 T 接头的“结电抗”效应，须从圆环中心圆周向外取 $0.4W$ 处作为参考面量起。

4) 高频滤波器

为了高频短路效果好，应尽量把 $\lambda/4$ 开路线的特性阻抗 Z_{06} 取得低一些。这里，取 $Z_{06}=11\Omega$，

相应的 $W_6=12.5\text{mm}$，长度 l_6 应等于 $\lambda_g/4$ 减去终端效应修正值 Δ。

$$l_6=\frac{\lambda_{g6}}{4}-\Delta\approx 12.5\text{mm}-0.4\text{mm}=12.1\text{mm}$$

5）中频短路线及中频输出线

在工艺允许的条件下，特性阻抗值 Z_{07} 应尽量做得高，这里取 $Z_{07}=110\Omega$，相应的 $W_7=0.1\text{mm}$，$\sqrt{\varepsilon_{e7}}=2.39$。

中频短路线长度 l_7 取 $\lambda_g/4=15\text{mm}$，在其终端，瓷片打孔烧结银浆接地。为了减小对信号路影响，我们把中频短路线设置在本振输入端口。

9.5.3 混频器电指标的估算

1）变频损耗 L

混频器的变频损耗除与混频管的伏安特性有关外，还与管子的串联电阻 R_s、电路的失配、损耗等因素有关，应分别予以考虑。

(1) 混频管伏安特性对应的变频损耗 L_d。

在这里使用的混频管，经测试伏安特性后得幂次数 $x\approx 8$。当表 9-1，取镜像匹配情况，得 $L=2.2881$ 或 $L_d=3.6\text{dB}$。

所测得的伏安特性示于图 9-20。

(2) 串联电阻 R_s 引起的变频损耗。

适当调节本振功率可使此项影响达到最小。在最小时，其值为

$$L_1=10\lg(1+2\omega C_j R_s) \tag{9-61}$$

取 $R_s=3\Omega$，$C_j=0.7\text{pF}$，频率 $f_0=2.1\text{GHz}$ 可算得 $L_1=0.2\text{dB}$。

(3) 输入输出阻抗失配对变频损耗的影响。

适当调节前置中放的输入回路，可使输出端工作于匹配状态，但信号支路的输入驻波比一般考虑为 1.5 左右(包含同轴—微带转换接头的反射)。它对变频损耗的影响可以用下式表示：

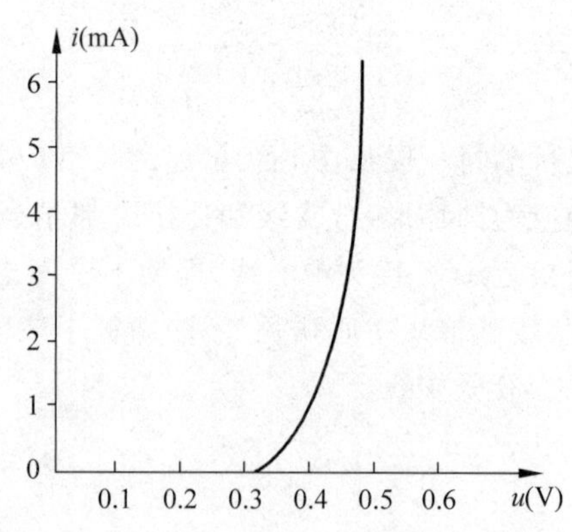

图 9-20 表面势垒二极管的伏安特性

$$L_2=10\lg\frac{(1+\rho)^2}{4\rho}=0.2\text{dB} \tag{9-62}$$

其中，ρ 即为信号支路的输入驻波比，取 $\rho=1.5$。

(4) 电路的损耗对变频损耗的影响。

对于二分支电桥，用一般的微带线工艺时，其电路损耗可估计为 $L_3\approx 0.2\text{dB}$。

因此混频器的总变频损耗为

$$L=L_d+L_1+L_2+L_3\approx 4.2\text{dB}(\text{或 } 2.6)$$

2）噪声系数

由于混频管的噪声温度比 $t_d\approx 1$，则混频器的有效噪声温度比为

$$t_m=\frac{1}{L}[t_d(L-1)+1]\approx 1 \tag{9-63}$$

取中放的噪声系数为 2dB(即 1.58),则混频器的噪声系数为

$$N_F = 10\lg[L(t_m + F_i - 1)] = 10\lg(L \cdot F_i) = L_{(dB)} + F_{i(dB)} = 6.2\text{dB} \tag{9-64}$$

3) 中频输出阻抗

由式(9-17),

$$g_0 = \frac{KxU_1^{x-1} \cdot \Gamma\left(\frac{x}{2}\right)}{2\sqrt{\pi} \cdot \Gamma\left(\frac{x+1}{2}\right)}$$

再参看图 9-20,若在此伏安特性上取 $I_0=4\text{mA}$,$U_0=0.475\text{V}$,幂次数 $x=8$,则可算得系数 $K=1.57$,伏安特性可表示成:$i=1.57u^8$。

若令混频器工作时,混频管直流分量即为 $I_0=4\text{mA}$,则由式(9-14)的电流直流分量公式将 K、x 等值代入得

$$I_0 = 0.215U_1^8$$

其中,U_1 为本振电压幅度,可算得为 $U_1=0.61\text{V}$。

再将以上数值代入 g_0 表达式(9-17),得

$$g_0 = 0.0275/\Omega$$

然后将 g_0、γ_1、γ_2 等值代入式(9-34),得到混频器的输出导纳 Y_{sc} 为

$$Y_{sc} = 0.00358/\Omega$$

故输出阻抗为

$$Z_{sc} = \frac{1}{Y_{sc}} \approx 280\Omega$$

因此应调节前置中频放大器的输入回路,使其输入阻抗和混频器输出阻抗匹配。

9.5.4 混频器的性能及其测试

为了简单起见,只给出了测试方块图和结果。

1) 总机噪声系数(N_F)的测试

测试总机噪声系数的原理图如图 9-21 所示。预先在指示器上做好校正曲线,可直接读出噪声系数。也可由下式算出:

$$N_F = N_{0(dB)} - A_{(dB)} + 3\text{dB} - 10\lg(Y-1) \tag{9-65}$$

其中,N_F 为混频器噪声系数,N_0 为噪声发生器的相对噪声功率,A 为接与不接噪声发生器时,输出指示之比,Y 为中频衰减量。

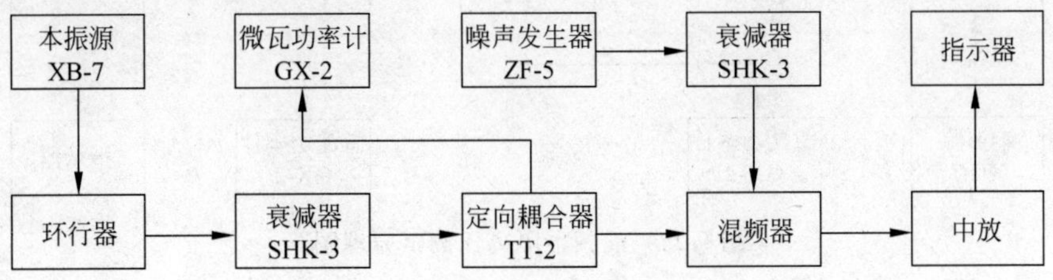

图 9-21 混频器噪声系数测试原理图

附加 3dB 是考虑到系统是宽带的。因此噪声发生器中除了噪声频谱中相应于信号频率部分可输入混频器成为中频噪声以外，还有镜像部分同样可以输入而成为中频噪声输出。因此作为只考虑单边带的混频器噪声，应另加 3dB。

测试结果如下：

在频率为 2000MHz～2200MHz 范围内，当本振功率为 $P_L=3\text{mW}$ 时，噪声系数 $N_F=6.5\sim7\text{dB}$。如果固定频率在 $f=2100\text{MHz}$，而改变本振输入功率，使其在 1～7mW 的范围变化时，噪声系数也有变化，且可有一个最佳值。上述测试结果示于图 9-22 和图 9-23。

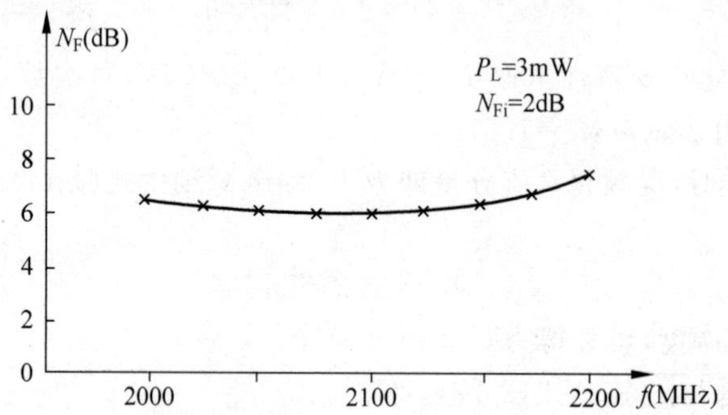

图 9-22　本振功率固定时，噪声系数对频率的关系

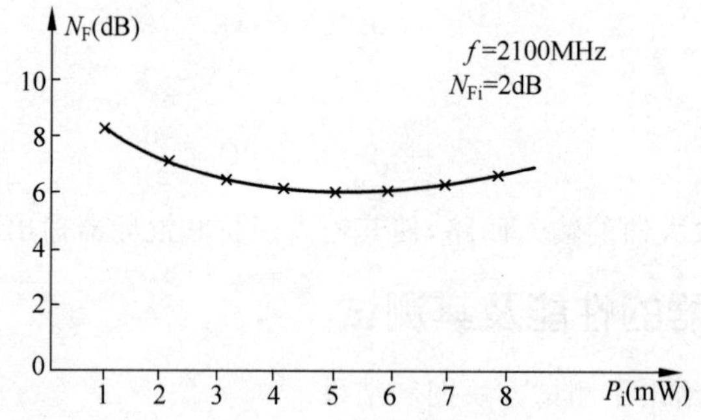

图 9-23　频率固定时，噪声系数对本振功率的关系

2）隔离度（D_s）

测隔离度的原理图如图 9-24 所示。其中，定向耦合器辅线所接功率计可读得混频器输入功率值，而在混频器隔离臂上所接功率计可读得输入—隔离臂的耦合功率值。

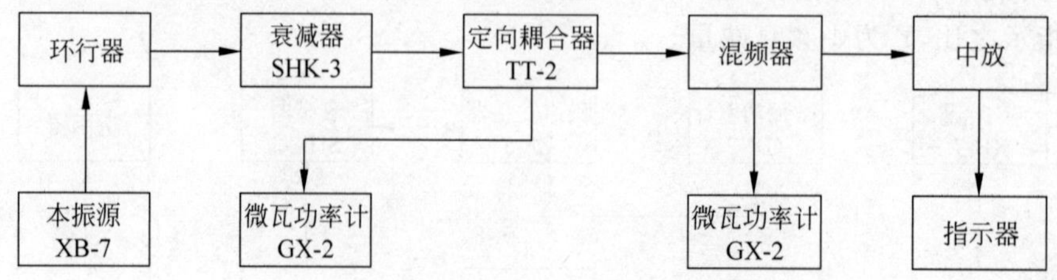

图 9-24　混频器隔离比测试原理图

测试结果如下：

在 2000～2200MHz 的频率范围内，当本振功率为 $P_L=3\text{mW}$ 时，其隔离度 D_s 在 17～

20dB 的范围内；如固定频率在 $f=2100\text{MHz}$，而本振功率在 1～7mW 范围改变时，其 D_s 均可达到 20dB，详细信息如图 9-25 和图 9-26 所示。

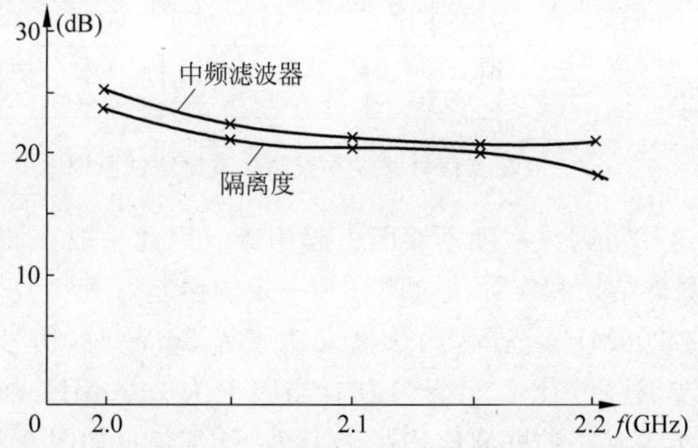

图 9-25　本振功率固定时，隔离度、中频滤波度和频率的关系

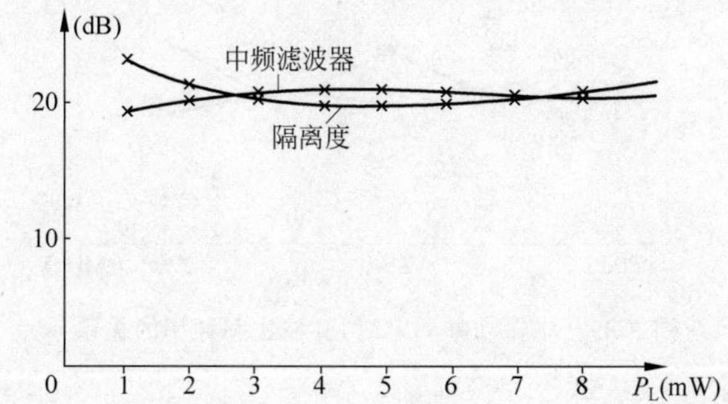

图 9-26　频率固定时，隔离度、中频滤波度对本振功率关系

3）中频输出端的高频滤波器的滤波度（D_0）

测试原理图如图 9-27 所示。

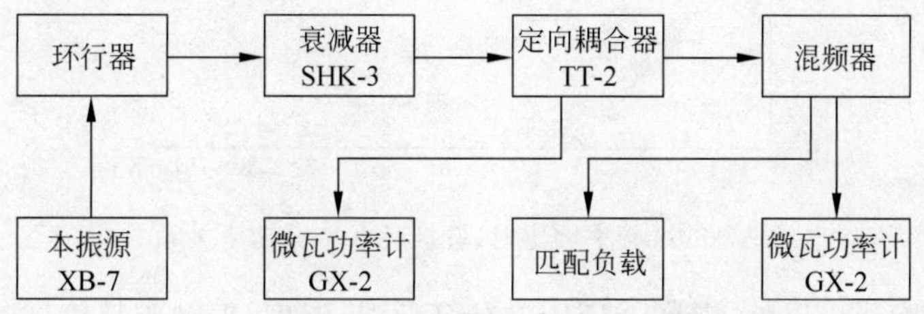

图 9-27　混频器输出端对高频滤波度测试原理图

测试结果如下：

当频率在 2000～2200MHz 范围内变化，本振功率为 3mW 时，其滤波度 D_0 为 19～26dB。当频率固定于 $f=2100\text{MHz}$，本振功率在 1～7mW 范围变化时，D_0 大于 20dB。详细信息如图 9-25 和图 9-26 中的曲线。

4）驻波比（ρ_s 及 ρ_L）

分别对信号和本振的输入端进行了驻波比测试，其测试原理方框图如图 9-28 所示。

这里对信号和本振两输入端均采用同样的方法。严格地说，测信号输入端驻波比时，应

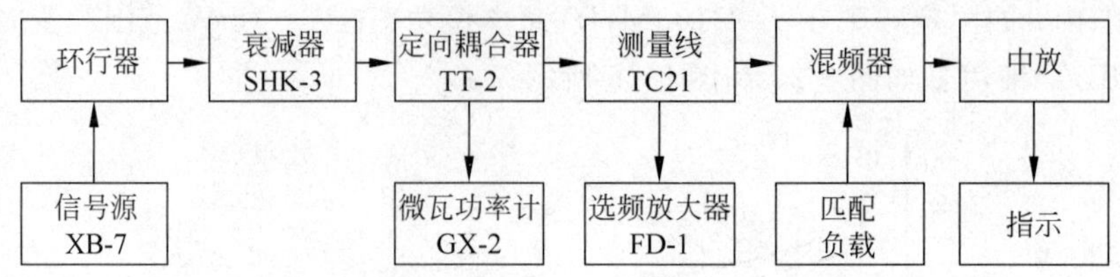

图 9-28　混频器信号路或本振路驻波比测试原理图

采取小信号测量。但这样将因灵敏度不够而引起困难。因此一般在测信号端时，输入功率电平仍为 mW 量级，测试结果和实际值之间存在一定的误差。

当频率在 2000～2200MHz 范围，测量输入功率为 3mW 时，信号支路的驻波比 ρ_s 在 1.25～1.5范围，本振支路驻波比 ρ_L 小于 1.8。当频率为 2100MHz，测量输入功率在 2～7mW 范围时，信号和本振支路的驻波比均小于 1.7。详细信息如图 9-29 和图 9-30 所示。

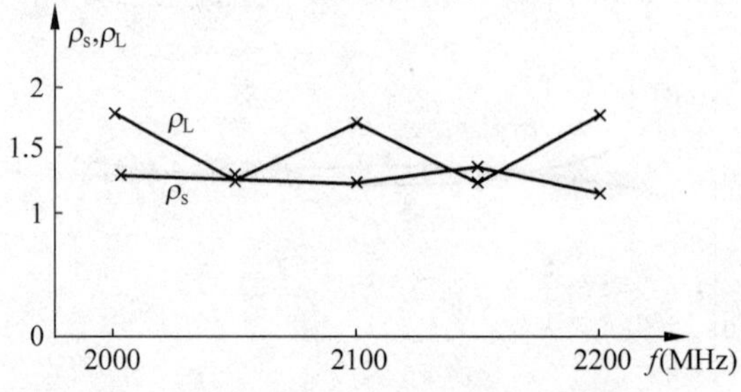

图 9-29　本振功率固定时，驻波比和频率的关系

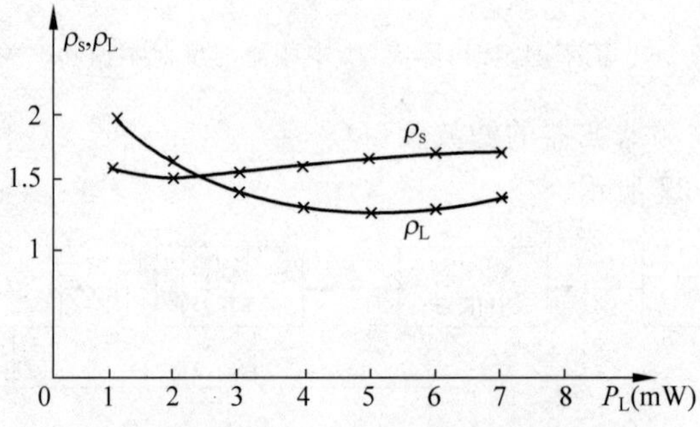

图 9-30　频率固定时，驻波比和本振功率关系

除上述电性能测试以外，混频器还应进行高低温、湿度、振动等环境试验，以便能适应各种环境条件下实际使用要求。

第 10 章 微带倍频器

CHAPTER 10

10.1 概述

在微波电路日益固体化的今天，如何利用固体器件产生微波功率是一个重要的问题。一个微波固体信号源，为了满足使用要求，必须有大的输出功率、高的工作频率，并且工作频带要宽，频率稳定度要高，噪声要低，结构要简单，调整要方便等。目前，为了得到较好的使用性能，微波信号源大都采用下面三种方案来实现。

(1) 晶体管振荡——放大。采用特征频率高的微波晶体管产生振荡，然后再放大。目前，L 波段的功率晶体管，已能输出 20W 以上的连续功率；S 波段，连续功率输出已达 5W 以上。更高频段的晶体管，尚存在一些问题有待解决。这种方案的优点是工作频带较宽。

(2) 晶体管振荡——倍频。由于由工作频率较低的晶体管便于获得较大的功率输出，因此，为了得到频率较高的微波振荡，可首先应用微波晶体管在较低的频率上(通常在 2000MHz 以下)实现振荡和放大，然后利用变容二极管或阶跃恢复二极管倍频至较高频率。这种方案，用得较早，目前使用仍很广泛。其特点是较易实现，性能也较为稳定。其输出功率，当采用变容管管芯串联结构时，在 L 波段可达 50W(连续波，下同)以上，S 波段达 25W 以上，C 波段达 12W 以上，X 波段达 3W 以上。可用作小型发射机、相控阵单元的功率源，也可作为接收机的本振源或参量放大器的泵源。

(3) 新型微波负阻振荡器件。体效应管、雪崩管等器件，均系由本身的负阻效应产生振荡。由于直接产生微波振荡，故结构比较简单。这类器件，目前尚处在发展阶段。

本章介绍微带固体倍频器，并对微带倍频电路的特点、结构和设计方法进行一些讨论。

当前，微波固体倍频器分成下面两类：

(1) 低次倍频器。单级倍频的次数通常不超过 5～8，倍频系通过其电容呈非线性变化的功率变容管的作用来实现。它的倍频效率较高(二倍频效率在 50%以上，三倍频可达 40%)，输出功率较大，但倍频次数增加后，倍频效率和输出功率将迅速降低。如需高次倍频时，必须做成多级倍频链，使其中每一单级仍为低次倍频。

(2) 高次倍频器。单级倍频次数可达 10～20 以上，倍频使用的器件是阶跃恢复二极管(或称电荷储存二极管)。在高次倍频时，其倍频效率约为 $1/N$，N 为倍频次数。因为倍频次数高，故可由几十 MHz 的石英晶体振荡器一次倍频至微波，得到很稳定的频率输出。这种倍频器输出功率比较小，通常在几 W 以下，但利用阶跃管进行低次倍频时，输出功率在 L

波段也可达 15W 以上。

由于倍频所用的微波固体器件对整个电路影响很大，故首先必须了解倍频二极管的基本原理、特点以及其参量对倍频的影响和选择管子的原则，然后由二极管的等效电路及其工作状态得出倍频器的电路模型，用以对倍频器的工作状况进行分析，并得出一套近似的计算方法。最后考虑对电路的要求，及其在微带结构中的实现方法。当然，还需要通过实验方法进行调整。

10.2 变容管的基本特性

目前，低次倍频基本上利用变容管电容的非线性。

一个 PN 结二极管，在零偏压时，由于 P 区的空穴和 N 区的电子彼此向对方扩散，在靠近界面处，P 区由于缺乏正电荷而形成一个带负电的空间电荷薄层，N 区由于缺乏负电荷而形成一带正电的空间电荷薄层，如图 10-1 所示，因而在交界处形成势垒，阻挡载流子进一步向对方扩散。图中 W 为势垒宽度(或称 PN 结结深)，ϕ 称为势垒电位差或接触电位差。此时的电子能级如图 10-1 所示，即在负电荷处，电子能级较高，恰好与电位的分布相反。

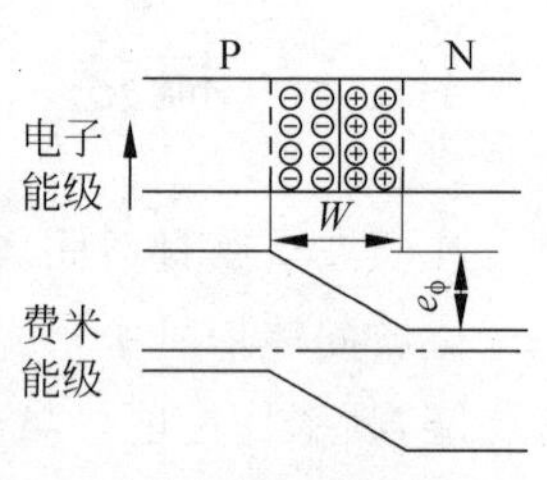

图 10-1 PN 结能级图

在 W 范围内，由于载流子均已逸出而成为耗尽层，故相当于电介质；而其两侧因有异性的载流子，相当于导体，这就构成了平行板电容器。当外加电压时，电压的极性和大小对 PN 结的势垒高度和宽度均有影响。若外加正向偏压，则势垒的电位差将小于 ϕ，势垒的宽度将减小，平行板电容器的电容量将加大。反之，外加反向偏压，则势垒电位差将大于 ϕ，宽度 W 亦增加，导致电容量减小。此电容量 C_j 和外加电压 U 之间显然有一定关系。此关系经过推导，可表示为

$$C_j = \frac{C(0)}{\left(1 - \frac{U}{\phi}\right)^n} \tag{10-1}$$

其中，C_i 为加偏压 U 时变容管的势垒电容或结电容，$C(0)$ 为零偏压时的结电容，ϕ 为势垒电位差，n 为一个常数，取决于 PN 结本征载流子浓度的分布。因为不同的 PN 结有不同的浓度分布，同样的电压 U 时，会有不同的空间电荷和电场分布。PN 结内电场分布不同，势垒宽度 W 也不同，因而得到了不同的 C_j 变化规律，也就是不同的 n 值。

由于 PN 结的构造不同，按照载流子浓度分布的特点，可分为突变结、线性缓变结、阶跃恢复结和超突变结几种。各种不同分布的结的构造、浓度分布情况及电容—电压特性，如图 10-2 所示。

突变结和线性缓变结的结电容随电压 U 作较平滑的变化，n 分别为 1/2 和 1/3。用这种结做成的器件叫变容二极管，较多地应用于变容管低次倍频(另外也用于变容管参量放大)。阶跃恢复结的特点是：结电容在反向偏置时随电压变化很小(n 在 1/15～1/30 之间)；在正向偏置时，变化很大，形成一个较大的电容(此时的电容为扩散电容)。因此当外加电压变化，结就相当于一个电容开关。用这种结做成的器件叫阶跃二极管，可用于高次倍频。超

突变结的电容在某一反向偏压范围内随电压变化较大，n 可从 1/2 至 6，适用于电调谐器件；特别是 $n=2$，亦即电容对电压的平方成反比变化，此时由 C_j 构成的电调谐振回路的谐振频率对电压成线性关系。

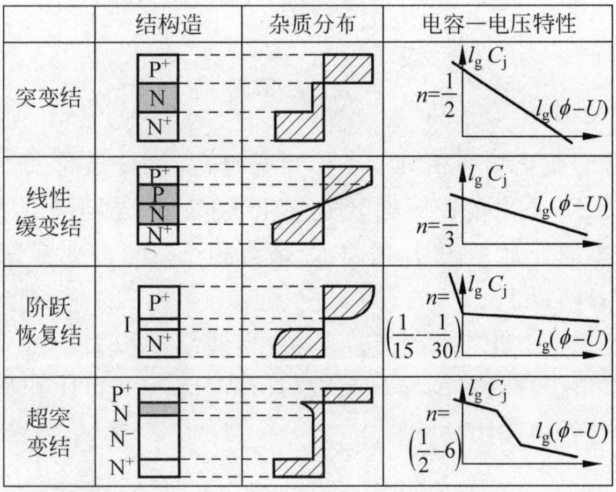

	结构造	杂质分布	电容—电压特性
突变结	P^+ N N^+		$l_g C_j$；$n=\frac{1}{2}$；$l_g(\phi-U)$
线性缓变结	P^+ P N N^+		$l_g C_j$；$n=\frac{1}{3}$；$l_g(\phi-U)$
阶跃恢复结	P^+ I N^+		$l_g C_j$；$n=\left(\frac{1}{15}-\frac{1}{30}\right)$；$l_g(\phi-U)$
超突变结	P^+ N N^- N^+		$l_g C_j$；$n=\left(\frac{1}{2}-6\right)$；$l_g(\phi-U)$

图 10-2　各种 PN 结的结构及其特性

PN 结正向偏置时，势垒高度和宽度均减小，P 区的空穴和 N 区的电子分别向对方注入而形成少子。少子和电荷异号的多数载流子（多子）复合而消失，但在正向偏压的推动下，少子继续注入而补充消失的那部分，最终维持平衡状态，使得 P、N 区在离开交界面一定的范围内，均有少子浓度的分布。在外加微波电压作用下，如果有一部分时间进入正向状态，则同样也发生少子注入现象。由于微波的周期通常短于载流子寿命，故当转换成反向状态时，相当部分少子又被反向电压吸出。这种少子的来回储存相当于有一电容作用，称为扩散电容或储存电容。其值相当大，特别是接近接触电位差时，更是显著增大。理论和实践证明，如果在倍频时不局限于工作在变容管的负偏置范围，而使其工作于正向偏置状态，甚至使微波幅度在部分时间内超过接触电位，称为过激励，此时可得到较高的倍频效率。

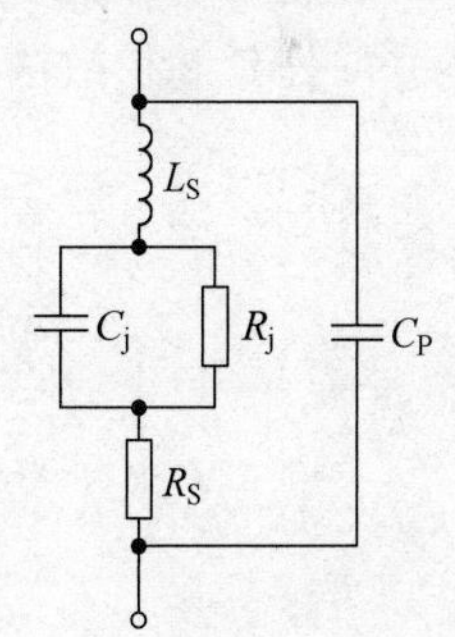

图 10-3　变容管的等效电路

变容管在微波工作状态下，可用图 10-3 的等效电路来表示，其中 C_j 和 R_j 分别为 PN 结势垒所形成的势垒电容和势垒电阻。在反向偏压时，R_j 很大，故可不予考虑。R_s 为 P、N 区的体电阻和电极接触电阻，L_s 和 C_p 则分别为管壳封装所引入的电感和电容。

变容管的基本特性参量为

1. 品质因数

$$Q=\frac{1}{\omega C_j R_s} \tag{10-2}$$

Q 为不考虑 L_s 和 C_p 的影响时，变容管处于反向状态下的结电抗和串联电阻 R_s 之比，希望其值要高，这样，倍频器可得到较高的效率。

2. 截止频率 f_c

定义为 $Q=1$ 时的频率，由上式可推出

$$f_c=\frac{1}{2\pi R_s C_j} \tag{10-3}$$

因此，Q 值又可表为

$$Q=\frac{f_c}{f} \tag{10-4}$$

由此可知，变容管的截止频率相对于工作频率越高，其 Q 值越大。为了提高 f_c，应尽量减小 R_s 和 C_j 的乘积。R_s 系由电极接触电阻、扩散层电阻、外延层电阻和基片电阻所构成。当采用砷化镓材料并采取外延工艺时，可将 R_s 减到很小。目前变容管的截止频率已可提高到 500GHz 甚至 700GHz 以上。

但是，倍频用的变容管，如果 f_c 太高，C_j 很小，使结面积太小而不利于散热，会引起功率容量的下降。此外，由于硅材料的导热系数(157W/(m・K))比砷化镓材料高几乎三倍，因此倍频用的功率变容管多采用硅材料。

3. 功率容量

和 PIN 管一样，为了提高变容管的功率容量，应提高其击穿电压和降低热阻。为此，必须选迁移率较低的硅，并降低杂质浓度，这样又导致 R_s 的增加。对于功率变容管，击穿电压须在几十甚至 100V 以上。

同样，为了在大功率使用时能正常工作，必须限制变容管的结温，降低其热阻。通常，容许结温在 150℃左右，热阻在 50～100℃/W 之间。如需继续降低热阻，应加装散热片，并可采用串联管芯的结构。

变容管的管芯大多采用台式和平面型，也可采用金属和半导体接触的表面势垒型，工艺基本采取外延和扩散法。几种变容管管芯的构造如图 10-4 所示。

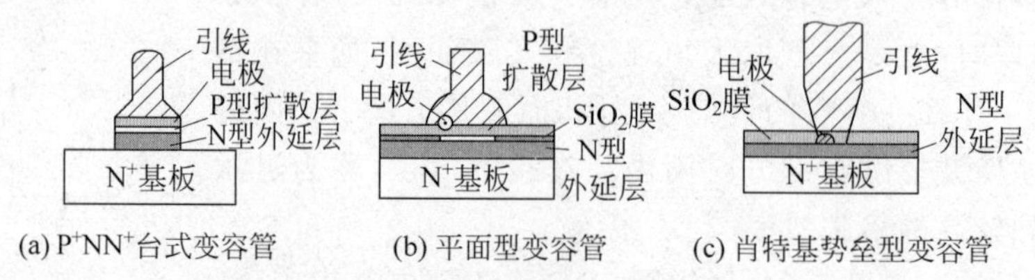

图 10-4 各种变容管的管芯结构

一种典型的功率变容管参量如下：

结电容	在反向偏压为－6V 时	0.8～2.5pF
击穿电压	反向电流为 10μA 时	≥35V
品质因数	在 f＝9375MHz 时	≥1.5
R_s	正向电流为 100mA 时	≤1Ω
管壳电容 C_p		≤0.27pF
耗散功率	在室温为 20℃时	1.5W
热阻	无散热器	100℃/W

10.3　变容管低次倍频器

10.3.1　基本原理

变容二极管倍频器的原理电路如图 10-5 所示。其中图 10-5(a)为电流激励，图 10-5(b)为电压激励。在电流激励形式中，滤波器 F_1 对输入频率为短路，对其他频率为开路，而滤波器 F_N 则对输出频率为短路，对其他频率为开路。这里用一正弦波电流去激励变容管，故称电流激励；在电压激励中，F_1 在输入频率、F_N 在输出频率为开路，而在其他频率为短路。这里以一正弦波电压去激励变容管，故称为电压激励。

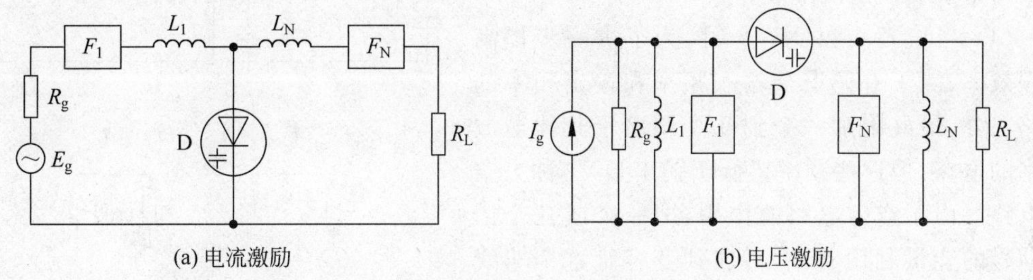

图 10-5　变容管倍频器的电原理图

电流激励的倍频器电路，变容管一端可接地而利于散热，故做功率容量较大的低次倍频时，适合采用电流激励。用阶跃管作高次倍频时，因其处理的功率较小，一般较多地采用电压激励形式。

在构成倍频器时，应注意以下几个问题：

(1) 变容管的工作状态要合理选择，以得到较高的倍频效率和输出较大的功率。由于变容管倍频是利用其电容的非线性变化来得到输入信号的谐波，如果使微波信号在一个周期的部分时间中进入正向状态，甚至超过 PN 结的接触电位，则倍频效率可大大提高，因为由反向状态较小的结电容至正向状态较大的扩散电容，电容量有一个较陡峭的变化，有利于提高变容管的倍频能力。但是，过激励太过分时，PN 结的结电阻产生的损耗也会降低倍频效率。所以对一定的微波输入功率，需调节变容管的偏压使其工作于最佳状态。

(2) 变容管两侧的输入输出回路，分别和基波信号源和谐波输出负载连接。为了提高倍频效率，减少不必要的损耗，并尽量消除不同频率之间的相互干扰，要求输入输出电路之间的相互影响尽量小。特别是倍频器的输入信号不允许漏泄到输出负载，而其倍频输出信号也不允许反过来向输入信号源漏泄。为此，在输入信号源之后及输出负载之前分别接有滤波器 F_1 及 F_N，以实现此种隔离。此外在滤波器 F_1、F_N 和变容管之间，还应加接调谐电抗 L_1 和 L_N。因为输入电路和输出电路接在一起，彼此总有影响，为使输出电路对输入电路呈现的输入电抗符合输入电路的需要，故在输入电路中加接调节电抗 L_1 加以控制。同理，在输出电路中加接 L_N 是为了调节输入回路影响到输出电路的等效电抗。

(3) 为了在输入频率和输出频率上得到最大功率传输以实现较大的倍频功率输出，要求对两个不同频率都分别做到匹配。即输入电路在输入频率上匹配，输出电路在输出频率上匹配。具体地说，如果变容管在输入频率上，从输入电路看进来有一等效的输入阻抗

Z_{sr1}，而由此向前看的基波信号源的等效内阻抗为 Z_g，则 Z_g 和 Z_{sr1} 之间应满足下列共轭匹配关系：

$$Z_{sr1} = Z_g^* \tag{10-5}$$

如果在 N 倍基波的输出频率上，变容管的等效输出阻抗为 Z_{SCN}，而由此处向输出回路后面看去的等效负载阻抗为 Z_L'，则两者之间同样应满足共轭匹配关系：

$$Z_{scN} = Z_L'^* \tag{10-6}$$

对于电流激励形式，此种匹配关系如图 10-6 所示。为了实现上述匹配，应算出不同工作状态下变容管的等效输入阻抗和输出阻抗，并在输入输出回路中加变阻或匹配装置。

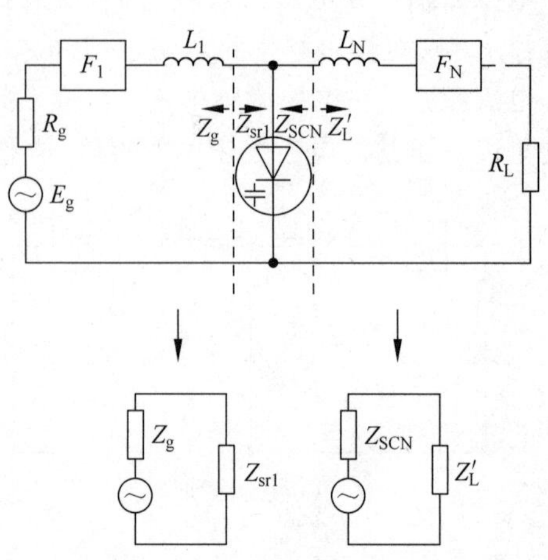

图 10-6 电流激励的匹配关系

(4) 当倍频次数 $N>2$ 时，为了进一步提高倍频效率，除了有调谐于输入频率和输出频率的电路以外，最好附加一个到几个调谐于其他谐波频率的电路，但这些频率皆低于输出频率，称为空闲电路。由于空闲电路的作用，把一个或几个谐波信号的能量利用起来，再加到变容管这个非线性元件上，经过倍频或混频的作用，使输出频率的信号的能量加大，这样就把空闲频率的能量加以利用而增大了输出。例如对一个三倍频器，若输入和输出频率各为 ω_0 和 $3\omega_0$，则取空闲电路的谐振频率为 $2\omega_0$，此空闲信号和输入频率 ω_0 再次作用于变容管，经过混频而得到 $3\omega_0$ 的附加输出。但是，在附加空闲回路时，电路结构将十分复杂，由于不同频率之间的影响，电路的调整也相当困难，因此并非在所有场合均附加空闲电路。

(5) 变容管的封装参量 L_s、C_p 对电路的影响也不小，在进行电路设计时，应将它们包含进去。

由上可知，由于倍频器工作于不同频率，牵涉两个不同工作频率的电路，即输入和输出电路。两者之间又有非线性元件——变容管起耦合作用，因此在设计时要先算出变容管反映到输入和输出回路的参量——等效输入阻抗和输出阻抗，而这是与非线性电容的特性(即对电压的变化关系)以及变容管的工作状态有关系的。下面即讨论此种关系，并给出由此得出的设计表格。

10.3.2 设计表格

前面已经讲过，变容管在反向时，是一个随电压作平缓变化的势垒电容；而在正向时，势垒电容转化成扩散(储存)电容，且其值很快增加。因此相应地，在电容上所储存的电荷也随电压变化。如果以储存的电量作为自变量，并以与接触电位差对应的储存电量 q_ϕ 作为标准，取

$$\hat{q} = \frac{q - q_\phi}{q_B - q_\phi} \tag{10-7}$$

其中，q 为任意电压下的储存电量，q_B 为击穿电压所对应的储存电量，$\hat{q}$称为归一化电荷变

量；又取归一化电位变量为

$$\hat{\varphi}=\frac{u_j-\phi}{U_B-\phi} \tag{10-8}$$

其中，u_i 为 PN 结上的电压，U_B 为击穿电压，ϕ 为势垒电位差，则 $\hat{\varphi}$ 与$\hat{q}$两者之间是一个函数关系：

$$\hat{\varphi}=f(\hat{q}) \tag{10-9}$$

此式即反映了 PN 结的非线性电容关系。对不同杂质浓度分布的结（突变结、线性缓变结、阶跃结等），函数 $f(\hat{q})$是不同的。

如果把变容管看成结电容 C_j 和电阻 R_s 的串联，则二极管上的总电压 u 为

$$u=u_j+R_s i \tag{10-10}$$

其中，i 为流过变容管的电流。

考虑到

$$i=\frac{\partial q}{\partial t}$$

则式(10-10)可写成

$$u=(U_B-\phi)f(\hat{q})+\phi+R_s(q_B-q_\phi)\cdot\frac{\partial \hat{q}}{\partial t} \tag{10-11}$$

或

$$u-\phi=(U_B-\phi)f(\hat{q})+R_s(q_B-q_\phi)\cdot\frac{\partial \hat{q}}{\partial t} \tag{10-12}$$

当所加的输入微波信号的频率为 ω_0 时，则 $u-\phi$、$\hat{\varphi}=f(\hat{q})$、$\hat{q}$和$\partial\hat{q}/\partial t$ 都是交变的。由于电容的非线性，因而这些量都存在谐波分量。用傅里叶分析的方法可将它们展开成一系列谐波分量之和（事实上在输入输出回路中，只有输入、输出和空闲频率的电流能够流动，只要分解成这几个频率分量即可），然后算出各谐波分量之间的相互关系就可推得倍频器的工作参量。这个计算是很繁杂的，常用计算机来进行。

倍频器的参量除和电容—电压特性或电荷—电压特性有关外，还和变容管的工作状态有关。为了表明变容管的工作状态，我们取激励系数（或称驱动系数）K 这一参量表示。激励系数的定义为

$$K=\frac{q_{max}-q_{min}}{q_\phi-q_B} \tag{10-13}$$

其中，q_{max} 和 q_{min} 分别对应于微波周期内的最大储存电荷和最小储存电荷。通常微波电压的负最大值取在击穿电压 U_B 处，故此处对应的 q_{min} 即等于 q_B 值。

K 的意义如图 10-7 所示。如果微波信号的负半周顶点置于击穿电压 U_B 处，则当信号较小，其正半周的顶点达不到接触电位 ϕ 时，称为欠激励（$K<1$）；逐渐增加微波信号的幅度，并相应地改变直流工作点，使其正半周的峰值刚好达到接触电位，则称为标准激励（$K=1$）；如若正半周峰值超过接触电位 ϕ，则称为过激励（$K>1$）。从图可见，对不同的微波输入信号幅度，适当调节偏压值，可使变容

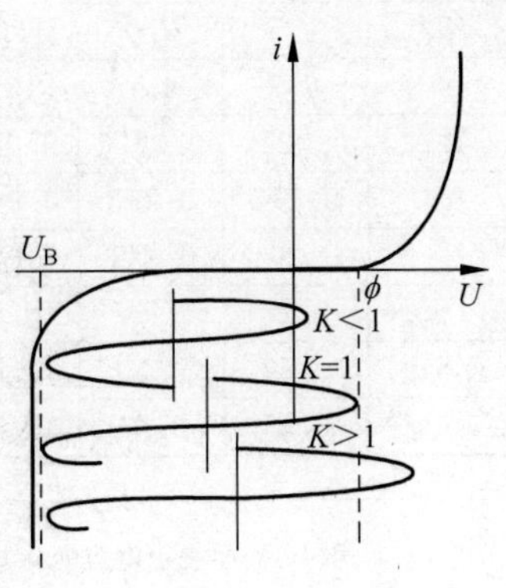

图 10-7　变容管的不同电平激励

管得到合适的工作状态。

通过计算机的计算，已得出了不同的变容管电容变化律、不同的激励、各种倍频次数及空闲电路情况下的变容管倍频器的参量数据表格，这些参量是：

(1) a：是表示变容管倍频器倍频效率的一个参量，倍频效率 η 和 a 之间有以下关系：

$$\eta = e^{-\alpha\frac{\omega_N}{\omega_c}} \tag{10-14}$$

其中，ω_N 为倍频器的输出频率，ω_c 为变容管的截止频率。

(2) β：表示倍频器输出功率大小的一个参量。

$$\frac{P_N}{P_0} = \beta\left(\frac{\omega_0}{\omega_c}\right) \tag{10-15}$$

其中，ω_0 是输入频率，P_N 为输出功率，P_0 为标准功率，其值为

$$P_0 = (U_B - \phi)^2 \omega_0 \cdot C_{jmin} \approx U_B^2 \omega \cdot C_{jmin} \tag{10-16}$$

(3) A：表示变容管在输入频率的等效输入电阻的一个参量。

$$R_{sr1} = A(\omega_c/\omega_0) \cdot R \tag{10-17}$$

或

$$R_{sr1} = \frac{A}{\omega_0 C_{jmin}} \tag{10-18}$$

(4) B：表示变容管在输出频率上的等效输出电阻的一个参量。

$$R_{SCN}/R_S = B(\omega_c/\omega_0) \tag{10-19}$$

或

$$R_{SCN} = \frac{B}{\omega_0 C_{jmin}} \tag{10-20}$$

$S_{01}, S_{02}, S_{03}, \cdots$ 分别为 $C_{01}, C_{02}, C_{03}, \cdots$ 的倒数，分别代表在输入频率、空闲频率及输出频率上变容管的输入或输出倒电容。S_{max} 和 S_{min} 分别为 C_{jmin} 和 C_{jmax} 的倒数。

$$S_{max} = \frac{1}{C_{jmin}}, \quad S_{min} = \frac{1}{C_{jmax}}$$

U_0 为变容管在不同工作情况下的标准偏压值。

对于各种不同情况的倍频器参量，在表 10-1～表 10-6 中列出。

表 10-1　二倍频器的参量表格

	①n=0		n=0.333			n=0.4			n=0.5	
K	1.5	2.0	1.0	1.3	1.6	1.0	1.3	1.6	1.3	1.6
α	6.7	4.7	12.6	8.0	6.9	11.0	8.0	7.2	8.3	8.3
β	0.0222	0.0626	0.0118	0.0329	0.0587	0.0168	0.0406	0.0678	0.0556	0.0835
A	0.117	0.213	0.0636	0.101	0.126	0.0730	0.102	0.118	0.0980	0.0977
B	0.204	0.211	0.0976	0.158	0.172	0.112	0.157	0.161	0.151	0.151
S_{01}/S_{max}	0.73	0.50	0.68	0.52	0.40	0.61	0.45	0.35	0.37	0.28
S_{02}/S_{max}	0.60	0.50	0.66	0.48	0.41	0.59	0.44	0.38	0.40	0.34
U_0/U_B	0.35	0.25	0.41	0.33	0.27	0.39	0.31	0.26	0.28	0.24

① n 为式(10-1)中表示电容变化规律的指数：$C_j = \dfrac{C_0}{\left(1-\dfrac{U}{\phi}\right)^n}$。

表 10-2 1-2-3 三倍频器

	$n=0$	$n=0.333$			$n=0.4$			$n=0.5$	
K	1.5	1.0	1.3	1.6	1.0	1.3	1.6	1.3	1.6
α	7.0	14.2	9.0	8.1	12.5	8.6	8.6	9.4	9.8
β	0.0212	0.0101	0.0281	0.0490	0.0144	0.0345	0.0563	0.0475	0.0700
P_{max}/P_0	7.5×10^{-4}	1.8×10^{-4}	8×10^{-4}	1.4×10^{-3}	3.0×10^{-4}	9.6×10^{-4}	1.5×10^{-3}	1.2×10^{-3}	1.7×10^{-3}
ω_{0max}/ω_c	1×10^{-1}	7.0×10^{-2}	1×10^{-1}	1×10^{-1}	8×10^{-2}	1×10^{-1}	1×10^{-1}	1×10^{-1}	1×10^{-1}
A	0.185	0.104	0.170	0.214	0.120	0.172	0.200	0.168	0.172
B	0.0878	0.0471	0.0753	0.0871	0.0542	0.0755	0.0818	0.0728	0.0722
S_{01}/S_{max}	0.80	0.69	0.54	0.41	0.62	0.47	0.35	0.36	0.26
S_{02}/S_{max}	0.54	0.67	0.50	0.40	0.60	0.45	0.37	0.38	0.31
S_{03}/S_{max}	0.72	0.67	0.52	0.42	0.61	0.46	0.37	0.38	0.30
U_0/U_B	0.32	0.39	0.29	0.22	0.37	0.27	0.20	0.24	0.18

表 10-3 1-2-4 四倍频器

	$n=0$		$n=0.333$			$n=0.4$			$n=0.5$	
K	1.5	2.0	1.0	1.3	1.6	1.0	1.3	1.6	1.3	1.6
α	11.1	10.3	19.3	12.6	12.2	17.1	12.9	12.9	13.6	14.1
β	0.0154	0.0298	0.0082	0.0224	0.0351	0.0116	0.0271	0.0410	0.0368	0.0530
P_{max}/P_0	1.8×10^{-4}	4×10^{-4}	6.2×10^{-5}	2.3×10^{-4}	4.0×10^{-4}	1.0×10^{-4}	2.9×10^{-4}	4.3×10^{-4}	3.7×10^{-4}	5.3×10^{-4}
ω_{0max}/ω_c	3.2×10^{-2}	3.1×10^{-2}	2.3×10^{-2}	3.3×10^{-2}	3.3×10^{-2}	2.4×10^{-2}	3.0×10^{-2}	3.3×10^{-2}	3.0×10^{-2}	2.4×10^{-2}
A	0.230	0.281	0.115	0.188	0.215	0.132	0.188	0.202	0.180	0.176
B	0.0754	0.101	0.0409	0.0623	0.0719	0.0456	0.0627	0.0688	0.0605	0.0613
S_{01}/S_{max}	0.73	0.50	0.68	0.53	0.40	0.61	0.46	0.35	0.36	0.27
S_{02}/S_{max}	0.73	0.50	0.68	0.53	0.40	0.61	0.46	0.35	0.37	0.27
S_{04}/S_{max}	0.87	0.50	0.69	0.56	0.41	0.62	0.48	0.34	0.36	0.24
U_0/U_B	0.33	0.25	0.40	0.31	0.25	0.38	0.29	0.23	0.26	0.21

表 10-4 1-2-3-4 四倍频器

	$n=0.333$			$n=0.5$	
K	1.0	1.3	1.6	1.3	1.6
α	14.1	8.9	8.1	9.4	9.7
β	0.0094	0.0260	0.0438	0.0439	0.0647
P_{max}/P_0	1.1×10^{-4}	4.8×10^{-4}	8.2×10^{-4}	7.4×10^{-4}	1.1×10^{-3}
ω_{0max}/ω_c	3.0×10^{-2}	6.4×10^{-2}	6.3×10^{-2}	5.2×10^{-2}	6.0×10^{-2}
A	0.0719	0.118	0.155	0.120	0.122
B	0.0489	0.0797	0.0927	0.0748	0.0729
S_{01}/S_{max}	0.69	0.55	0.40	0.36	0.25
S_{02}/S_{max}	0.66	0.48	0.41	0.39	0.34
S_{03}/S_{max}	0.67	0.51	0.42	0.38	0.31
S_{04}/S_{max}	0.67	0.50	0.40	0.38	0.30
U_0/U_B	0.40	0.30	0.23	0.25	0.20

表 10-5 1-2-4-5 五倍频器

	$n=0.333$			$n=0.5$	
K	1.0	1.3	1.6	1.3	1.6
α	21.4	14.5	14.8	15.8	16.6
β	0.0072	0.0198	0.0310	0.0326	0.0470
P_{max}/P_0	4.2×10^{-5}	1.6×10^{-4}	2.4×10^{-4}	2.5×10^{-4}	3.4×10^{-4}
ω_{0max}/ω_c	1.4×10^{-2}	2.2×10^{-2}	2.0×10^{-2}	2.2×10^{-2}	2.2×10^{-2}
A	0.104	0.170	0.203	0.167	0.163
B	0.0315	0.0524	0.0592	0.0485	0.0470
S_{01}/S_{max}	0.69	0.54	0.39	0.36	0.25
S_{02}/S_{max}	0.69	0.54	0.40	0.36	0.26
S_{04}/S_{max}	0.68	0.53	0.41	0.37	0.28
S_{05}/S_{max}	0.67	0.49	0.40	0.38	0.32
U_0/U_B	0.40	0.29	0.23	0.24	0.19

表 10-6 无空闲回路时的倍频器($n=0,K=2.0$)

倍频次数	1-4	1-6	1-8
α	11.8	17.6	21.7
β	0.0144	0.0063	0.0034
P_{max}/P_0	2.2×10^{-4}	4.1×10^{-5}	1.3×10^{-5}
ω_{0max}/ω_c	1.0×10^{-1}	1.0×10^{-1}	3.0×10^{-2}
A	0.0415	0.0175	0.0098
B	0.0430	0.0189	0.0106
S_{01}/S_{max}	0.50	0.50	0.50
S_{0N}/S_{max}	0.50	0.50	0.50
U_0/U_B	0.27	0.28	0.29

使用这些设计表格时应注意：

(1) 由于这些表格是在将变容管假设成较为理想的变化电容和串联电阻组成的电路模型的基础上进行计算的，因此计算的结果只能近似地反映倍频器的工作状况。况且表格中给出的电容变化规律(n)和激励条件也不尽和实际工作状况符合，所以表中给出的参量只能作为设计参考，必须通过实验进行调整。

(2) 表格中 1-2-3-4 的符号表示带有 $2\omega_0$、$3\omega_0$ 空闲电路的四倍频器，1-4 表示无空闲电路的四倍频器。比较表 10-3 和表 10-6，对同样的一个四倍频器，同时取 $\gamma=0$、$K=2.0$，则对不带空闲电路的倍频器，参量 $\alpha=11.8$，而对带 $2\omega_0$ 空闲电路的倍频器，$\alpha=10.3$。由式(10-14)可知，带有空闲电路的倍频器具有较高的倍频效率，因而具有较大的倍频输出功率。

(3) 即使对 $n=0$ 的变容管，亦即在反向电压时电容几乎不变的变容管，只要工作于强过激励状态($K=2$)，也可得到较高的倍频效率。将表 10-6 与表 10-3、表 10-5 进行比较，即可看出过激励可得到较大的倍频输出功率。由此可知，电容由反向(势垒电容)至正向(扩散电容)的陡峭变化，对倍频产生主要作用；而在反向范围内的电容非线性平滑变化，对倍频不起决定性作用。因此，如果适当选择变容管的工作状态，使之到达过激励状态，将使倍频效率有所增加。

(4) 在上述分析和计算中，认为串联电阻 R_s 是固定不变的。实际上在电压的作用下，R_s 也有变化，因此将影响倍频效率或参量 α 的值。此时应取有效的 α 值，以 α_e 表示，α_e 等于 α 值乘一个系数，通常可近似地表为

$$\alpha_e = 1.4 \cdot \alpha \tag{10-21}$$

在计算倍频效率时，应采用参量 α_e。

10.4 微带变容管倍频器设计实例

下面我们举一个实际例子，说明如何设计微带变容管倍频器。

【例 10-1】 设计一个微带变容管三倍频器，其输入频率为 $f_0=1.8\text{GHz}$，输出频率 $f_3=5.4\text{GHz}$，要求输出功率 $P_s \geqslant 300\text{mW}$。

由表 10-6 可知，当管子的 $n=0$，并且无空闲回路，只要工作于某一最佳过激励状况，仍可得到较高的倍频效率。为此我们选取一种在反向偏压时，电容几乎不变的变容管，其基本参量指标为

截止频率 $f_c=80\text{GHz}$；

最小结电容 $C_{j\min}=0.6\text{pF}$(在 $U_0=-6\text{V}$ 时测得)；

击穿电压 $U_B \geqslant 45\text{V}$；

封装引线电感 $L_s=0.9\sim1.2\text{nH}$；

管壳电容 $C_p=0.25\sim0.3\text{pF}$。

其管壳的形状尺寸如图 10-8 所示。为了安装方便并利于散热，将管子进行并联安装，如图 10-9 所示。为使管芯位置(在管壳中的上电极下面)与微带线对齐，上下处于同一位置，故在变容管上电极的阶梯面与微带导体条之间，应垫一个金属环，如图 10-9 所示。为使微带导体带条和金属环有较好的接触，导体带条安装变容管处，其两侧也应该稍微向外伸展成两个半圆形，因而也构成一个环的形状。此环面通过微带线的瓷基片和接地板构成电容 C_0，其作用和管壳电容 C_p 相当，在电路中也应将其考虑在内。C_0 的大小大体可按平行板电容器的情况进行估算。在这里，环的内外半径为 1.6mm 及 2.25mm，故其面积 S 为

$$S = \pi(2.25^2 - 1.6^2) = 7.9\text{mm}^2$$

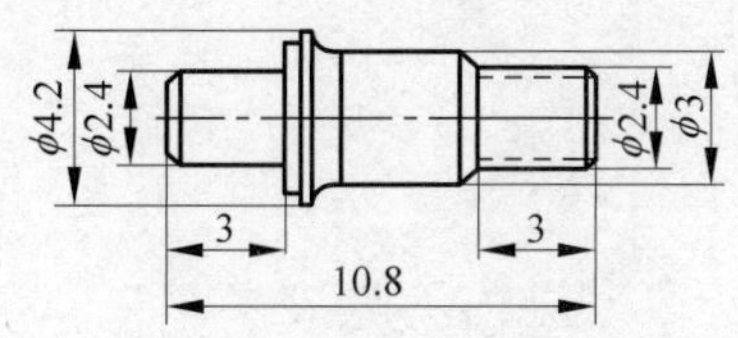

图 10-8 变容管的管壳结构

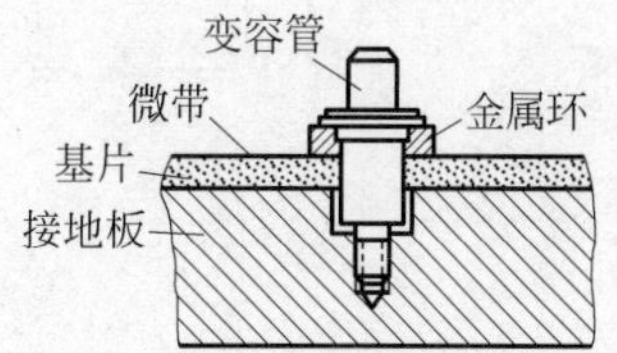

图 10-9 变容管的安装

因瓷片的介电常数 $\varepsilon_r=9.6$，基片厚 $h=0.8\text{mm}$，故

$$C_0 = \frac{\varepsilon_0 \cdot \varepsilon_r \cdot S}{h} = \frac{8.85\times10^{-12} \cdot 9.6 \cdot 7.9\times10^{-6}}{0.8\times10^{-3}} = 0.835\text{pF}$$

$C_0 + C_p \approx 1.1\text{pF}$。用小电容测试仪测量此项管壳电容和环电容之和，测试结果为 1.5pF，这是因为考虑环电容时，只按平行板电容情况计算，实际上还应考虑其边缘电容，这

样就比计算结果略大些，故在下面设计倍频器电路时，取寄生参量为

$$C_0 + C_p = 1.5\text{pF}, \quad L_s = 1.2\text{nH}$$

由此得到变容管在输入频率和输出频率的等效电路，如图 10-10(a)、(b)所示。

其中，R_{sr1} 和 C_{sr1} 分别为变容管在输入频率时的等效电阻和电容，R_{sc3} 和 C_{sc3} 分别为变容管在输出频率时的等效电阻和电容。在此等效电路的基础上，才能分别对输入电路和输出电路进行计算。

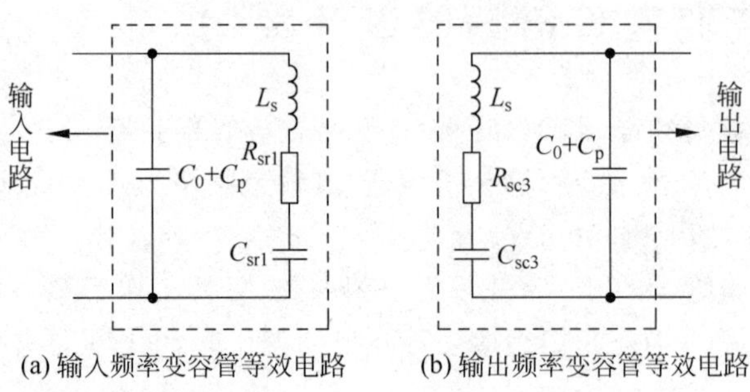

(a) 输入频率变容管等效电路　(b) 输出频率变容管等效电路

图 10-10　倍频器的输入和输出等效电路

然后查表得出变容管倍频器的参量。因变容管 $n=0$，激励系数 K 取为最佳值 2；并且为使倍频电路简单而不加空闲电路，此时只能查表 10-1 及表 10-6，但表中又只有 1-2、1-4、1-6、1-8 倍频器数据。为了得到 1-3 倍频器参量，可近似地根据 1-2、1-4 倍频器的数据内插，我们取为

$$\alpha \approx 8$$
$$\beta \approx 0.0212$$
$$A \approx B \approx 0.1$$
$$S_{01}/S_{max} \approx S_{03}/S_{max} \approx 0.5$$

根据式(10-18)，

$$R_{sr1} = \frac{A}{\omega_0 C_{jmin}} = \frac{0.1}{1.8 \cdot 2\pi \times 10^9 \cdot 0.6 \times 10^{-12}} = 14.7\Omega$$

根据参量 S 和 C 的关系，有

$$C_{sr1} = \frac{1}{S_{01}} = \frac{1}{0.5 S_{max}} = \frac{1}{0.5} \cdot C_{jmin} = 1.2\text{pF}$$

同样：

$$R_{sc3} = \frac{B}{\omega_0 C_{jmin}} = R_{sr1} = 14.7\Omega$$

$$C_{sc3} = \frac{1}{S_{03}} = C_{sr1} = 1.2\text{pF}$$

$$\alpha_e = 1.4 \cdot \alpha = 13.2$$

故倍频效率为

$$\eta = e^{-\alpha_e \omega_s/\omega_c} = e^{-13.2 \cdot \frac{5.4}{80}} = e^{-0.89} = 0.41 \approx -3.86\text{dB}$$

但其中不包括微带电路的损耗在内，因此实际的倍频器倍频效率应该比这个低。

倍频器的输出功率 P_3 为

$$P_3=\beta\cdot\left(\frac{\omega_0}{\omega_c}\right)\cdot P_0\approx\beta U_B^2\omega_0 C_{jmin}=0.0212\cdot 45^2\cdot 2\pi\cdot 5.4\times 10^9\cdot 0.6\times 10^{-12}$$

$$=324\text{mW}$$

可满足设计的要求。

下面就根据以上得出的参量来设计微带电路。在设计输入电路时，应考虑输出滤波器对输入电路的影响。此项影响和输入频率有关，可以用并联在变容管上的一个电抗 X_3 表示。同理，在设计输出电路时，应考虑到输入低通滤波器对输出电路的影响。此项影响和输出频率有关，可以用一个在输出等效电路上与变容管并联的电抗 X_1 来表示。此时，输入电路和输出电路如图 10-11 所示，应根据此电路进行计算。

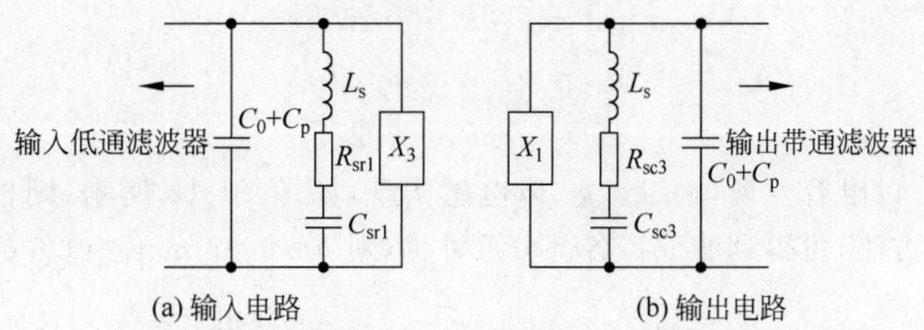

图 10-11　考虑输入和输出相互影响的等效电路

下面分别考虑输入和输出电路的计算。

(1) 输入电路：

如图 10-11(a)所示，在 R_{sr1}、C_{sr1}、L_s 这条支路中，对输入频率的总阻抗为

$$j\omega_0 L_s-j\frac{1}{\omega_0 C_{sr1}}+R_{sr1}$$

$$=\left(j\cdot 5.8\cdot 2\pi\times 10^9\cdot 1.2\times 10^{-9}-j\frac{1}{1.8\cdot 2\pi\times 10^9\cdot 1.2\times 10^{-12}}+14.7\right)\Omega$$

$$=(14.7+j13.6-j47.2)\Omega=(14.7-j33.6)\Omega$$

寄生电容 $C_0+C_p=1.5\text{pF}$ 的容抗为

$$-j\frac{1}{\omega_0(C_0+C_p)}=-j\frac{1}{1.8\cdot 2\pi\times 10^9\cdot 1.5\times 10^{-12}}\Omega=-j59\Omega$$

为了使输入电路能从输入信号源中得到最大的输入功率，应令图 10-11(a)的输入阻抗和信号源内阻(通常等于 50Ω)匹配。此时可采取如下措施：如输出电路反映到输入电路的电抗 X_3 和 $\frac{1}{\omega_0(C_0+C_p)}$ 产生并联谐振，亦即

$$jX_3=j\frac{1}{\omega_0(C_0+C_p)}=j59\Omega$$

为一感抗(此感抗如何实现在后面讨论输出电路时再加以考虑)，如果实现了并联谐振，则输入电路的输入阻抗只剩下中间支路的(14.7－j33.6)Ω 了。

然后根据上述输入阻抗的实部，设计一个变阻的低通滤波器，以便以较紧凑的面积同时实现滤波和变阻双重作用。至于输入阻抗中的电抗部分－j33.6Ω，可在滤波器输出端附加一个电感(以一段高阻微带线构成)将其补偿。

变阻低通滤波器已在第 5 章中讨论，并给出了一系列设计表格，在这里变阻比为

$$R=\frac{50}{14.7}=3.4$$

由于表格中无 $R=3.4$，故在设计时取 $R=4$。考虑到带内衰减、带外衰减上升陡度足以保证对谐波的抑制，并兼顾到寄生通带频率不致太低，我们取截止频率 ω_c（即变阻低通滤波器中的 ω_b'）为 $2\pi \cdot 2500\text{MHz}$，滤波器节数 $n=6$，相对带宽 W 取为 0.6（应保证 $f_0=1800\text{MHz}$ 在通带内），则查表 5-7 得变阻低通原型滤波器参量为

$$g_1=0.912$$

$$g_2=0.822$$

$$g_3=2.308$$

$$g_4=g_3/R=0.577$$

$$g_5=g_2/R=3.29$$

$$g_6=g_1/R=0.228$$

若 g_1、g_3、g_5 以电容实现，g_2、g_4、g_6 以电感实现，如图 10-12 所示，则根据第 5 章中半集总参数的计算方法，可得到滤波器各部分尺寸为（对 $h=0.8\text{mm}$、$\varepsilon_r=9.6$ 的瓷基片）：

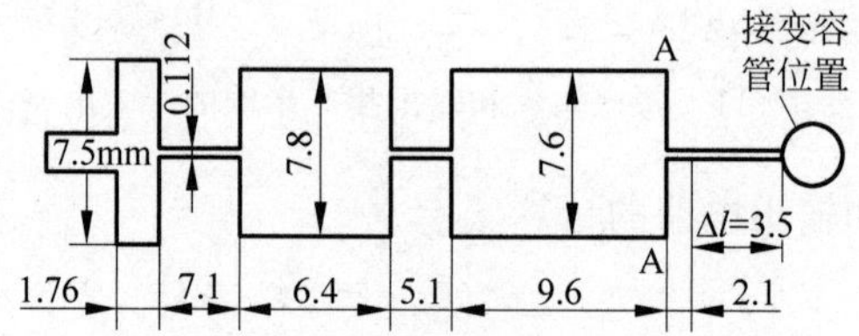

图 10-12　变容管倍频器的低通滤波器

$$w_1=8.3\text{mm}$$

$$l_1=1.76\text{mm}$$

$$w_3=7.8\text{mm}$$

$$l_3=6.4\text{mm}$$

$$w_5=7.6\text{mm}$$

$$l_5=9.6\text{mm}$$

$$w_2=w_4=w_6=0.112\text{mm}$$

$$l_2=7.1\text{mm}$$

$$l_4=5.1\text{mm}$$

$$l_6=2.1\text{mm}$$

此滤波器的图形及尺寸全部表示在图 10-12 上，其低阻段的宽度 w 选为对应于输出频率的 $\lambda_g/2$，则低阻段对输出频率而言相当于两段并联的 $\lambda/4$ 开路线，保证了对输出频率的短路点在 A—A 位置。这样在计算输出电路时，输入电路的影响就比较简单。

前面提到变容管的输入阻抗中，尚有电抗部分 $-\text{j}33.6\Omega$ 有待补偿，这要在滤波器输出端再加一段高阻线作为补偿电感。由第 5 章，高阻线的感抗公式为

$$\text{j}\omega L=\text{j}Z_0\tan\left(\frac{2\pi}{\lambda_g}\cdot\Delta l\right)$$

其中，Δl 为高阻线段的长度。故有

$$\tan\left(\frac{2\pi}{\lambda_g}\cdot\Delta l\right)=\frac{33.6}{100.7}=\frac{1}{3}$$

$$\frac{2\pi}{\lambda_g}\cdot\Delta l=18.4^\circ$$

$$\Delta l=\frac{18.4^\circ}{360^\circ}\cdot\lambda_g\approx0.05\cdot\frac{167}{2.41}\text{mm}=3.5\text{mm}$$

故由位置 A—A 至变容管的距离为

$$l'=l_6+\Delta l=5.6\text{mm}$$

(2) 输出电路。

如图 10-11(b)所示，其中 L_s、C_0+C_p、R_{sc3}、C_{sc3} 均已给出。由前所述，由于在低通滤波器的 A—A 位置对输出频率短路，相当于一短路面，故输入电路反映到输出电路的电抗 X_1 为一段高阻短路线造成的电抗：

$$X_1=\text{j}100.7\cdot\tan\left(\frac{2\pi}{\lambda_g}\cdot l'\right)=\text{j}100.7\tan\left(\frac{2\pi}{23.2}\cdot4.4\right)\Omega=\text{j}250\Omega$$

管壳电容在输出频率造成的电抗为

$$-\text{j}\frac{1}{\omega_3(C_0+C_P)}\approx-\text{j}20\Omega$$

管子的输出阻抗和 L_s 的感抗并联后为

$$14.7+\text{j}\omega_3\cdot L_s-\text{j}\frac{1}{\omega_3C_3}=(14.7+\text{j}40.8-\text{j}15.7)\Omega=(14.7-\text{j}25.1)\Omega$$

将三者并联后，得总的输出导纳为

$$Y=\left(-\text{j}\frac{1}{250}+\text{j}\frac{1}{20}+\frac{1}{14.7-\text{j}25.1}\right)\Omega^{-1}=(\text{j}0.046+0.0174+\text{j}0.0296)\Omega^{-1}$$
$$=(0.0174+\text{j}0.0756)\Omega^{-1}$$

利用圆图进行匹配，使从变容管向负载端看过去的输入导纳等于$(0.0174-\text{j}0.0756)\Omega^{-1}$即可。此时必须在离变容管距离为 l_1 处并接一长度为 l'、特性阻抗为 $Z_0=50\Omega$ 的开路线。由图 10-13 可大致表示如何求出距离 l。将$(0.0174-\text{j}0.0756)$S 对特性导纳 1/50S 归一化，得归一化导纳为

$$y=50\cdot(0.0174-\text{j}0.0756)\text{S}$$
$$=(0.87-\text{j}3.78)\text{S}$$

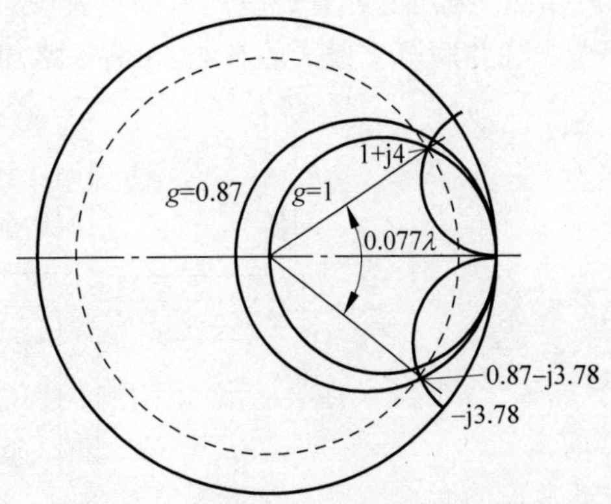

图 10-13　变容管倍频器输出电路的确定

因为在并联分支线的位置，必须使输入导纳的电导部分等于 1(因为在输出频率时，向输出滤波器看过去阻抗是匹配的)。从导纳圆图上的 0.87−j3.78 的位置反时针在圆图上旋转(向负载方向转)直至落到 $g=1$ 的圆上为止，由此可求得长度 l_1。圆图上此位置对应的归一化电纳值即为必须并联的电纳值。为了使并联的开路分支线长度小于 $\lambda_g/4$，最好把并联电纳取为正值。

从圆图上可查得

$$l_1/\lambda_{g3}=0.077(\text{或 }0.577)$$

故

$$l_1 = 1.68\text{mm}(\text{或 } 12.6\text{mm})$$

该处 $jb = j4$。

当取特性阻抗为 50Ω 的开路线作为分支线时，其长度 l' 为

$$l' = 0.213\lambda_{g3} = 4.65\text{mm}$$

这样，就可保证变容管的输出阻抗在输出频率上和负载阻抗匹配，因而就可输出最大的倍频功率。

前面曾经讲过，为了保证输入电路的匹配，要求输出电路反映到输入电路的电抗 jX_3，能和管壳和安装寄生电容(C_0+C_p)并联谐振。在此例中，应令 $jX_3 = j59\Omega$。

由于输出电路的开路分支匹配线长度 l' 对输入频率来说长度很小，可将其效应忽略，因此为了得到 $jX_3 = j59\Omega$，必须选择输出带通滤波器的输入端距变容管的长度 l，使其输入阻抗在变容管处呈现为所要求的 jX_3。为此，首先必须求出从输出滤波器的输入端向后看去的电抗 jX_F(注意：此电抗是对输入频率而言的；对输出频率，传输线应是匹配的)，求出此电抗 jX_F 后，方可将其作为长度为 l 的传输线负载，使 l 的输入端(即接变容管处)得到要求的电抗，从而可选定长度 l。

jX_F 既可在输入频率对滤波器进行测试得到，也可进行数学计算得到。其推导过程是比较复杂的，这里只简单地讲一下计算的过程。由于输出带通滤波器采用微带电路中最为通用的耦合线滤波器(其详细原理及设计步骤均已在第 5 章中讲过，此处从略)，而每一耦合线单元可用奇、偶模特性阻抗的分支线表示，故一个由多节单元构成的滤波器，其等效电路为一系列分支线单元的级联，如图 10-14 所示。现欲求滤波器输入参考面 B—B 处对输入频率的输入阻抗，可采取矩阵级联的方法或顺次进行圆图运算的方法，最后求得在 B—B 处的电抗 jX_F。在此例中，最后在 B—B 参考面求得的归一化输入电抗为 $-j2$，亦即 $jX_F = -j100\Omega$。为使变容管处呈现所需电抗，从圆图上可求得长度 l 应等于 $0.315\lambda_{g0} = 20.6\text{mm}$。若考虑到并联分支线 l' 的影响，可将 l 略加长一些。

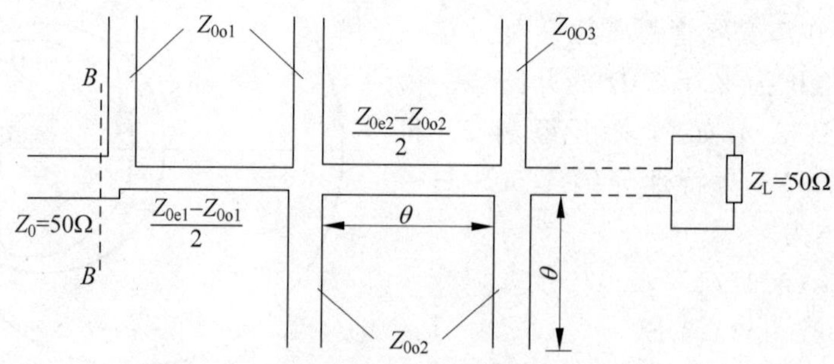

图 10-14 输出滤波器对输入频率影响的确定

这样，整个输入输出电路的设计就全部完成。将此电路进行测试，发现效果还是较好的。在调试中，适当改变了输入低通滤波器 A—A 位置至变容管的距离、输出电路中并联分支线的位置以及变容管上的偏压，最后得到较为满意的结果。其倍频效率约达 33%，输出功率在 300mW 以上，3dB 带宽(即输出倍频功率下降为中心频率输出功率的一半时所对应的带宽)达 5%以上。其倍频效率之所以低于表中查得的 0.41，是因为仍须考虑微带电路损耗的缘故。

整个微带变容管三倍频器的图形如图 10-15 所示。

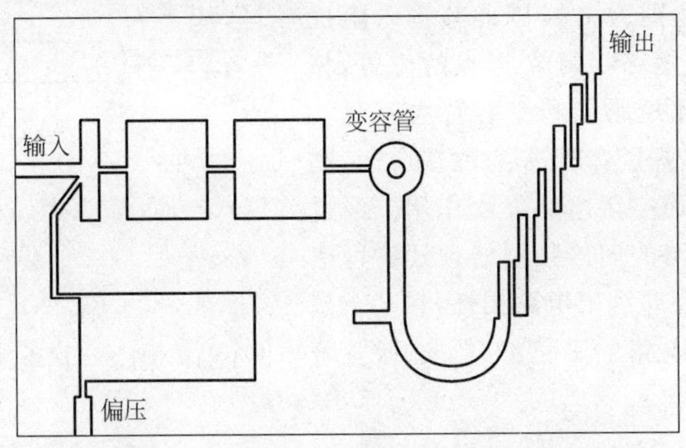

图 10-15　一种微带变容管倍频器的结构图

在设计和调试的过程中，有几个应加注意的问题：

(1) 输出带通滤波器的相对频宽应适当选择。如相对频宽 W 太大，则不易将输出频率以外的谐波滤去，尤其是倍频次数较高时的相邻谐波更应注意。对一般的倍频器，应有 15～20dB 的谐波抑制度。当相对带宽取得太窄时，则耦合微带线之间的耦合很弱，滤波器的带内损耗将增加，例如对 3% 相对带宽的滤波器，其带内损耗可达 1dB 以上。在此实例中，取相对带宽为 6%，大致能兼顾到两方面要求。经过测试，对谐波的抑制度达 15dB 以上。

(2) 在频带范围内，观察到某些频率有寄生振荡现象。其原因可能是电路图形排列不合适，特别是偏压线排列不合适，在电路之间有反馈而引起了振荡。寄生振荡的现象是输出端用频谱仪指示时，发现一些幅度较大但频率并不是输入频率整数倍的谱线。寄生振荡的存在对倍频器的正常工作是有害的，目前对此理论上尚未分析得很清楚，多半靠实验的方法对偏压线的排列位置、变容管的工作偏压，有时也对输入、输出电路，进行调整以消除之。

(3) 发现所采用的这种变容管，当输入功率为 1W 左右，可得到最大的倍频输出功率(＞300mW)。当输入功率继续增加时，输出功率不再增加，有时甚至会略有减小。这说明对一定的变容管，在选择合适的工作状态后，有一个最大输出功率，并非输入功率越大，输出功率一定大。对此的限制主要是变容管的击穿电压 U_B 和热阻。为了提高此两项指标以增加输出功率，可采用串联管芯结构。此时总的击穿电压因串联而增加，但热阻却相当于并联(因多个管芯联在一起时可分路散热)，因此输出功率可以增大，但显然使变容管结构复杂得多。

(4) 在选变容管时，希望其结电容 C_{jmin} 不要太大，否则，其变容管的等效输入电阻和输出电阻将很小，而引起变阻或匹配的困难。变阻滤波器的阻抗变换比 R 若相当大(如等于 10)，将引起结构上的困难。靠近低阻部分的电容量很大，只能以大面积来实现。一般说来，希望阻抗变换比在 5 以内。但 c_{jmin} 小的管子通常功率容量也小(因结面积小)，这又是一个矛盾。如果把几个管芯串联，则 C_{jmin} 将减小，可使此矛盾得到解决。

(5) 为了提高倍频效率，也可在输出电路上加空闲电路，例如对一个四倍频器，可在输出电路上加一个二次谐波的空闲电路，其结构如图 10-16 所示。从变容管出来，用了一个 $\lambda/4$ 变阻器，是为了在输出频率上进行阻抗匹配，使变容管输出最大的倍频功率。这里变容管利用梁式引线结构，且串接在电路中。在输出线上的某一位置 A，并联一对输出频率 f_4 为 $\lambda/2$、对二次谐波频率为 $\lambda/4$ 的开路线，则对输出频率(四次谐波)而言，此并联分支线的输入阻抗为无限大，并不产生影响。但对二次谐波（即空闲频率）而言则为 $\lambda/4$，因此其输入阻抗为零，相当于 A 点被短路。调节 A 点的位置，相当于短路点移动。此短路点和变容管之间对空闲频率相当于一个谐振腔。若 A 点位置合适，则对空闲频率谐振，因而空闲电路发生作用。经过调整，这种带空闲电路的四倍频器倍频效率可达 40%（约 4dB），其中还包含了电路损耗，它甚至超过了前述不加空闲电路的三倍频器，故有显著改进。

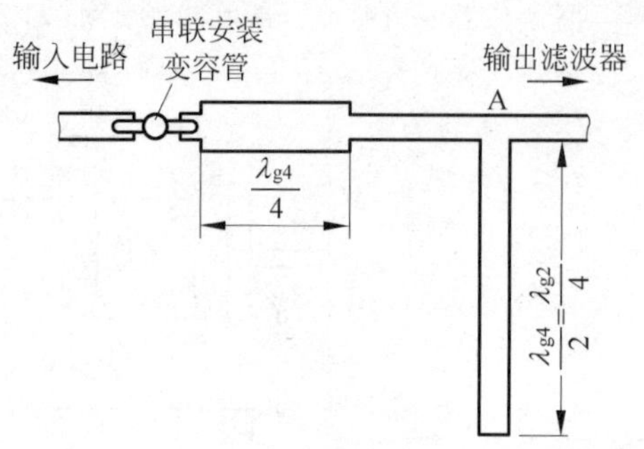

图 10-16 具有空闲电路的倍频器电路结构

10.5 阶跃恢复二极管的基本特性

前面已经谈到，变容管倍频器部分时间工作于正向状态，利用扩散电容储存大量的正向注入载流子电荷时，倍频效率和倍频输出功率都有显著的增加。阶跃恢复二极管（简称阶跃管，又称电荷储存二极管）即是利用此种电荷储存作用而产生高效率倍频的特殊变容管。阶跃管可以作为高倍频次数的倍频器，其工作频率范围可从几十 MHz 至几十 GHz。这种倍频器结构简单，效率高，性能稳定，作为小功率微波信号源是比较合适的。尤其是它可以一次直接从几十 MHz 的石英晶体振荡器倍频到微波频率，故可得到很高的频率稳定度。此外，阶跃管还可用于梳状频谱发生器或作为频率标记。因为由阶跃管倍频产生的一系列谱线相隔均匀（均等于基波频率），可用来校正接收机的频率，也可作为锁相系统中的参考信号。阶跃二极管也可用来产生宽度极窄的脉冲（脉冲宽度可窄到几十皮秒（ps）），在纳秒（ns）脉冲示波器、取样示波器等脉冲技术领域得到应用。这些不属于本书的讨论范围，故从略。

最简单的阶跃恢复二极管即由一个 PN 结构成。但它和一般的 PN 结检波管或高速开关管不同。当用同样的正弦波电压对它们进行激励时，得到的电流波形不同，如图 10-17 的(b)、(c)所示。其中(b)为一般 PN 结二极管的电流波形，依循正向导通、反向截止的规律；而(c)为阶跃管的电流波形，其特点是电压进入反向时，电流并不立即截止，而是有很大的反向电流继续流通，直到时刻 t_a，才以很陡峭的速度趋于截止状态。产生这种特性的原因，是和阶跃管本身特点有关的。

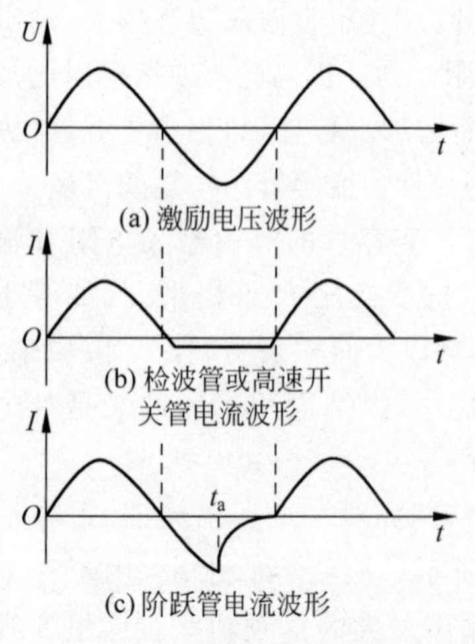

图 10-17 检波管和阶跃管电流波形的比较

让我们简单回顾一下二极管 PN 结的特性。当 PN 结上不加电压时，由 PN 结两边空穴和电子的分布，必然产生扩散作用而彼此向对方注入，由此在 PN 结交界处两边形成了带相反符号的空间电荷薄层（P 区带负电，N 区带正电），称为阻挡层（或称势垒区）。阻挡层两边之间存在势垒电位差 ϕ。层内有对应的势垒电场（或称自建电场），其方向由 N 区指向 P 区。这个电场的作用是把 N 区的正电荷推向 P 区（或把 P 区的负电荷推向 N 区），这种作用称为漂移作用，它和扩散作用正好相反，因此最后达到了平衡。

当 PN 结外加正向偏压 E 时，这种平衡遭到破坏，如图 10-18(a)所示。由于外加电场起削弱自建电场的作用，使势垒区变窄，势垒高度变低，此时扩散作用将占优势而引起正向电流，注入的载流子在势垒区不能全部复合，便将穿过势垒，向对方扩散，成为该区的少子。由于在扩散的过程中少子又将不断地和本区的多数载流子复合，故其浓度按离开势垒区的距离成指数衰减，最后达到平衡值 n_p^0 和 p_n^0（其中 n_p^0 为 P 区的 N 型少数载流子的平衡浓度，p_n^0 为 N 区的 P 型少数载流子的平衡浓度）。载流子寿命 τ 越长，复合越慢，PN 结两旁的电荷储存就多，扩散段的长度也大。

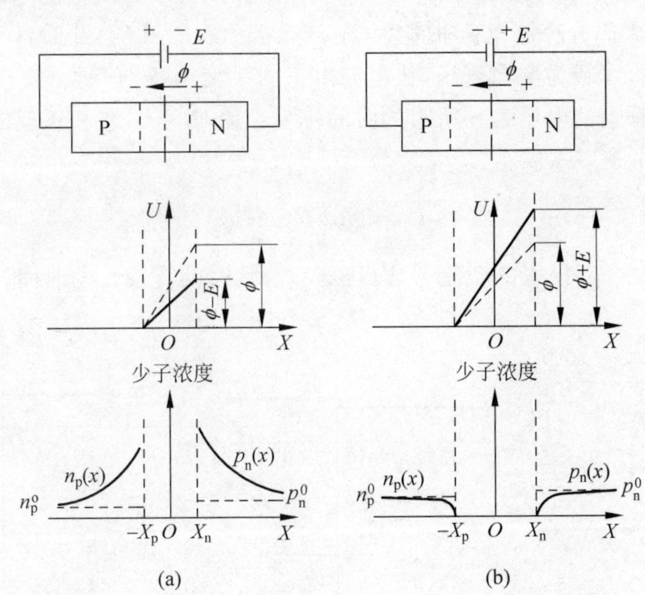

图 10-18　PN 结外加正反向偏压时电场和少子浓度的分布

当 PN 结上加上反向偏压，如图 10-18(b)所示时，此时势垒高度增加，势垒区变宽，漂移作用占优势而产生反向电流。这时 P 区储存的少子(N 型)一旦接近势垒的边界，就立即被强的势垒电场拉回 N 区，N 区的少子(P 型)亦呈同样性质。当反向电压足够高时，在势垒边界处的少子浓度接近于零。

对于检波和快速开关二极管，由于其少子的寿命很短(常在制造过程中掺金作为载流子的复合中心，因此其寿命很短)，电压正半周注入的少子很快被复合。当电压转向反向时，由于储存的注入少子几乎已复合殆尽，故在反向电压作用下只可能有很小的反向电流，如图 10-17(b)所示，成为一个很典型的检波波形。反之，对阶跃恢复二极管，其少子的寿命较长，不易被复合，由正向电流注入的少子即分别储存在 PN 结附近。当电压转为反向时，这些储存电荷就被势垒电场拉回去，形成反向电流。直至反向激励的某个瞬间 t_a，由正向期间储存下来的电荷被全部拉回去了，反向电流在此瞬间才突然陡降为零，出现了电流的阶跃，故称阶跃恢复二极管。

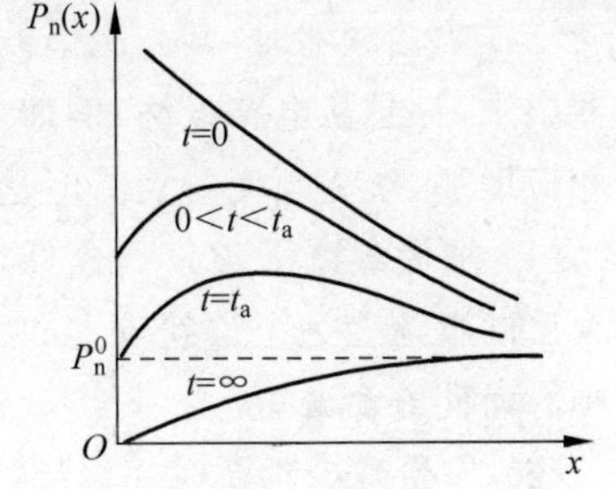

图 10-19　反向激励开始后，少子浓度分布随时间的变化

由正向激励转为反向激励期间，少子扩散区的浓度

分布随时间的变化如图 10-19 所示。图中只示出了 N 区内空穴浓度分布情况。P 区内的电子浓度分布也是类似的。在 $t=t_a$ 瞬间以后,势垒边界的少子浓度迅速降到 P_n^0 以下,在紧靠边界处造成一个与正向时方向相反的少子浓度梯度。在此浓度梯度作用下,一部分存储的少子就向势垒区扩散,从而被强的势垒电场拉回 P 区,这就是所谓吸出作用。

为了表示阶跃管的这种特性,我们引用两个参量:存储时间 t_s 和过渡时间 t',并采用图 10-20 所示的电路来说明。在 $t=0$ 以前,阶跃管为正向偏置,当 $t=0$ 时,突然将开关接向右边,而使二极管突然由正向激励转为反向激励。这时 PN 结的电流由 I_f 而跳变为 $-I_R$。由于在 PN 结附近储存了大量电荷,相当于一个很大的电容,其两端的电压 U 不能跳变,只是经过时间 t_s 后,大部分存储电荷被清除,在 PN 结边缘 $P_n=P_n^0$,此时管子两端相当于零偏压状态。在此以后,才转为反向电压,从电流由正向跳变为反向开始,直至正向注入载流子被基本清除,二极管上的电压为零所需的时间称为存储时间 t_s,它和正反向电流以及载流子寿命 τ 有关,可用下列关系表示:

$$t_s = \tau\ln\left(1+\frac{I_f}{I_R}\right) \tag{10-22}$$

寿命 τ 越长,则由复合而损失的载流子数目也少,清除时就需较长的时间。

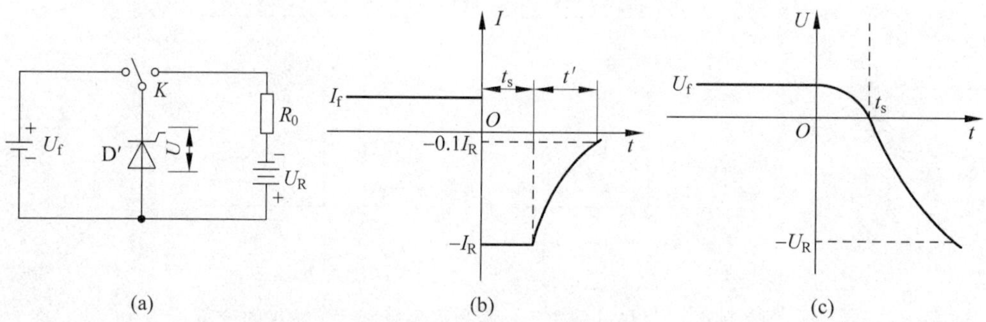

图 10-20 阶跃管的电荷开关特性

过渡时间 t' 定义为从存储时间结束的 t_s 瞬间开始,至电流下降为起始反向电流的 0.1 倍时为止所需的时间,反映了反向电流跳变的快慢。此外,也可用某一参量阶跃时间 t_t 表示,t_t 定义为从 $0.8I_R$ 下降到 $0.2I_R$ 所需的时间。总的说来,过渡时间和阶跃时间都表示了残存的少子被清除所需的时间。

为了把阶跃管用于高次倍频,希望电流跳变的幅度越大越好,跳变时间越短越好。这样的管子作为倍频器时,其高次谐波的分量非常丰富,高次倍频的效率当然也会高。为了达到这些要求,一是从电路设法,例如加大正向偏流,使之注入大量的载流子,这样反向电流 I_R 也相应增加,跳变幅度就大。但是最根本的还是从管子本身的结构工艺设法,力求做到:

(1) 加大载流子寿命 τ,这样可使载流子复合部分损失很少,使大部分正向存储电荷转化为反向电流。为了得到较大的 τ,应尽量避免在工艺过程中有金等杂质掺入,以免引入复合中心而使寿命减短。

(2) 尽量减少阶跃时间以提高反向电流跳变速度。因为阶跃时间 t_t 为残存少子的清除时间。由于 $\tau\gg t_t$,在阶跃时间内,载流子来不及复合,基本上被反向电流拉走。如何促使这个拉走的速度快一些,在势垒区已有反向电压所造成的大的吸出电场,但在势垒区外还只能依靠残存少子本身的浓度梯度(如图 10-19 所示)将其向势垒区扩散。如果能再产生一个附加电场,使这个附加场的方向如图 10-21 所示,能将 N 区的空穴推向势垒,P 区的电子也被推向势垒,这样将使载流子吸出的速度大大加快。为此,把 PN 结的杂质浓度分布做成类似线性缓变结的形状,P 区、N 区的杂质浓度逐渐向交界面处减小,如图 10-21 所示;也可同时在 PN 区之间夹一很薄的 I 层。此时由于载流子的浓度梯度的存在,使高浓度处的载流子向低浓度处(靠近界面处)扩散。这样在离界面较远的两侧,N 区由于失去电子带正电,P 区则由于失去空穴而带负电,即造成图 10-21 所示的附加电场 E_R。当二极管处于反向状态时,此附加电场即起了加速残存少子的吸出作用,因此缩短了阶跃时间 t_t。

阶跃管的等效电路如图 10-22 所示。在等效电路中串入了一个电动势 ϕ,表示只有当加在阶跃结上的电压大于势垒电位差 ϕ 时,管子才处于正向状态。因为只有此时才有大量的少子注入。当阶跃结上的电压 $U_c<\phi$ 时,图上的开关断开,管子处于反向状态。

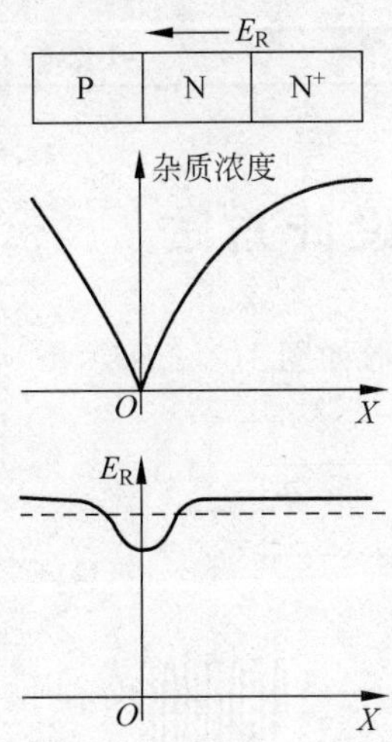

图 10-21 阶跃管杂质浓度分布引起的附加场

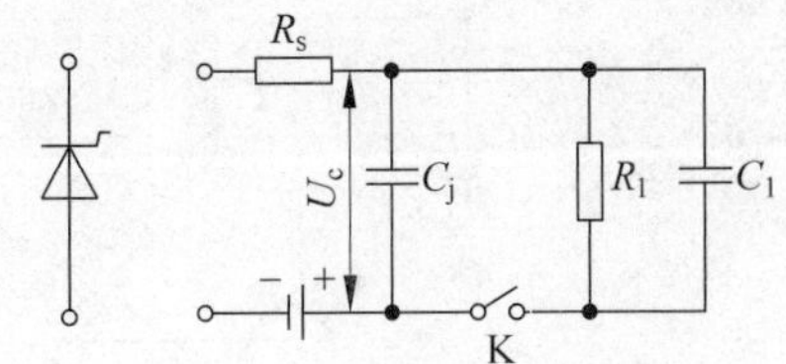

图 10-22 阶跃管的等效电路

在等效电路中:R_s 为二极管串联电阻,由欧姆接触电阻及半导体材料体电阻构成;C_j 为二极管的反向结电容(势垒电容);ϕ 为二极管的势垒电位差;C_1 为二极管正向注入储存电荷所附加的电容,即扩散电容或储存电容;R_1 为正向注入时的等效损耗电阻。

阶跃管的主要工作参量为

(1) 阶跃时间 t_t。为获得高效率倍频的关键参数,一般认为 t_t 应小于所需输出频率 f_n 周期的一半,至少应小于周期 T_n。

(2) 储存时间 t_s。和寿命 τ 有一定关系,根据式(10-22),设 $I_f=10\text{mA}$,$I_R=100\text{mA}$,则 $\tau\approx10t_s$,为保证储存电荷不致复合,应选择 τ 至少大于输入信号周期的 3 倍。

(3) 击穿电压 U_B。其意义和 PIN 管及一般变容管相同。为了提高功率承受能力,应提高 U_B。

(4) 结电容 C_j。为了减少 C_j 和串联电阻的放电时间,C_j 应小;但 C_j 太小又限制了功率容量。

(5) 动态电阻 R_j。是指正向的某个稳定状态下二极管上电压的微小增量和电流的微小增量之比。实际上,它包含了串联电阻 R_s 及势垒正向电阻 R_1 所表示的损耗,R_j 应越小越好。

(6) 最大耗散功率 P_{max}。为阶跃管消耗功率的极限值，同样决定于其热阻。

下面举一部分国产的阶跃恢复二极管的型号和工作参数，如表 10-7 所示，以供使用参考。

表 10-7 阶跃管的工作参数

参数名称		阶跃时间	存储时间	击穿电压	结电容	正向电流	动态电阻	最大耗散功率
符号		t_t	t_s	U_B	C_j	I_f	R_j	P_{max}
单位		ns	ns	V	pF	mA	Ω	W
测试条件		$I_f=10$mA $I_R=100$mA		$I=100\mu$A	$U=-6$V	$U_f=1$V		
型号	2CJL1	≤0.8	5～50	30	≤3	200	1.5	0.5
	2CJS1	≤0.6	5～30	30	≤2	100	1.5	0.5
	2CJC	≤0.4	2～10	30	≤1	50	1.2	0.5
	2CJX	≤0.3	2～5	30	≤0.5	50	1.2	0.5

10.6 阶跃管倍频器的工作过程及设计方法

阶跃恢复二极管倍频器构成方框图及其各级产生的波形如图 10-23 所示。

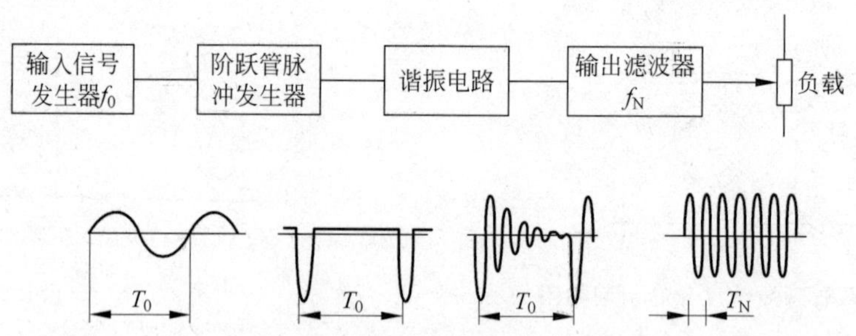

图 10-23 阶跃管倍频器的方框图及各级波形

频率为 f_0 的输入信号源把能量送到阶跃管的脉冲发生器电路。该电路将每一输入周期的能量变换为一个狭窄的大幅度的脉冲。此脉冲能量激发线性谐振电路。该电路把脉冲再变换为输出频率 $f_N=Nf_0$ 的衰减振荡波形。最后，此衰减振荡经带通滤波器滤去不需要的谐波，即可在负载上得到基本上纯的输出频率等幅波。

下面分别讨论阶跃管脉冲发生器、谐振电路、输出滤波器、偏置电路等各部分的工作及设计方法。

10.6.1 阶跃管脉冲发生器

由前面的分析可知，阶跃管的参量随外加电压而变。因此在加有交变信号时，阶跃管参量就随时间而变成为时变参数。时变元件电路的分析是相当困难的，但根据前面所讨论的阶跃管工作状况，它基本上处于正向低阻抗状态和反向高阻抗状态，中间的过渡极为迅速，也就是说阶跃时间很短，因此可把阶跃管看成迅速地在低阻和高阻两状态之间转换的电荷开关。为此，我们就可忽略参数的时变效应对电路工作状况的影响，而简化成正向和反向两种状态下的线性电路来分析。我们先将图 10-22 中的偏压 ϕ 省去，在图 10-24 中分别画出正向导通和反向阶跃时的实际等效电路和简化等效电路。

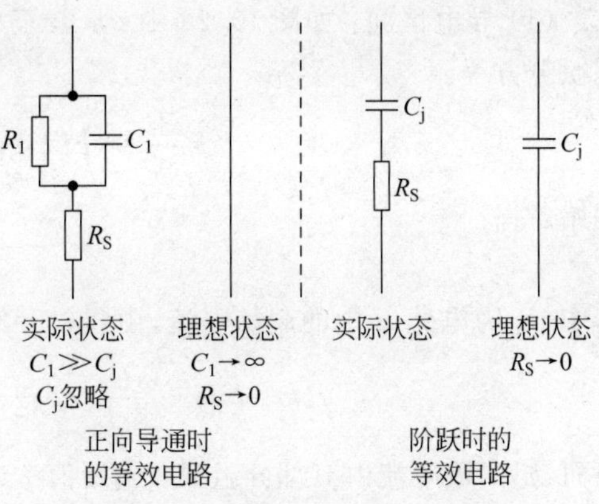

图 10-24 阶跃管正反向时的等效电路

脉冲发生器的组成如图 10-25(a)所示。由产生激励的交变电压发生器、激励电感 L(推动电感)、阶跃恢复二极管、偏压源 V 及负载 R 组成。

根据阶跃管两种状态下的理想等效电路，可画出脉冲发生器在导电区间和阶跃区间的等效电路，分别如图 10-25 中的(b)及(c)所示。考虑到阶跃管的正向状态，应在外加正偏压大于接触电位差 ϕ 才大致相当于理想短路，故阶跃管的正向状态，用一个附加的偏压源 ϕ 表示。

在脉冲发生器的导电和阶跃区段，我们均可通过解两种状态下的线性微分方程，得到电流和电压的波形。

设交变激励电压为

$$\varepsilon = E\sin(\omega_0 t + \alpha) \tag{10-23}$$

其波形如图 10-26(a)所示，下面分别考虑两个阶段的工作状况：

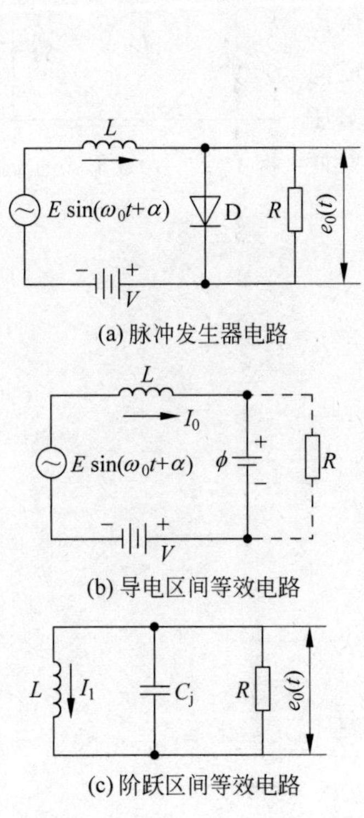

图 10-25 阶跃管脉冲发生器电路

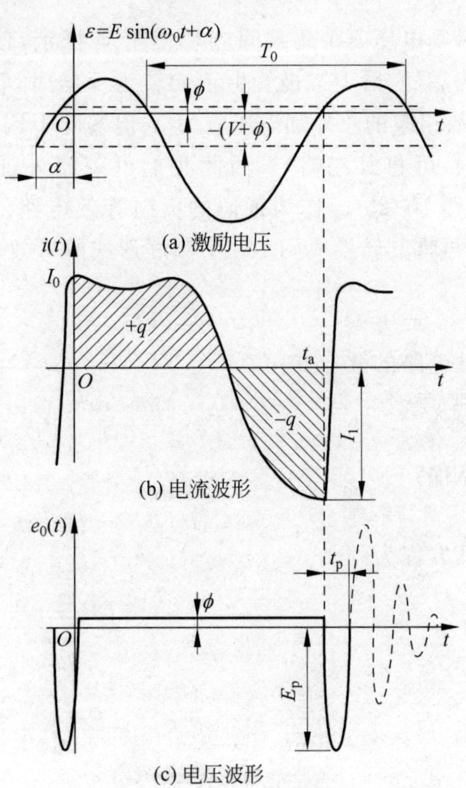

图 10-26 正弦波激励时，阶跃管的电流和电压波形

(1) 导电区间：如图 10-26 中 t 从 0 至 t_a 的区间。由前图中的导电等效电路，可写出下列微分方程：

$$L\frac{\mathrm{d}i}{\mathrm{d}t}=E\sin(\omega_0 t+\alpha)-(V+\phi)$$

起始条件：

$$i\mid_{t=0}=I_0 \tag{10-24}$$

其中，I_0 为电感 L 中的起始电流，由式(10-24)，可解得输入电流为

$$i(t)=I_0+\frac{E}{\omega_0 L}[\cos\alpha-\cos(\omega_0 t+\alpha)]-\frac{(V+\phi)}{L} \tag{10-25}$$

显而易见，该电流由三部分组成：起始值 I_0、正弦分量及线性增长项，其波形如图 10-26(b)所示。当横坐标上、下部分的正负电流曲线所包含的面积(相当于电量 q)相等时，表明二极管正向导电区间所注入的电荷已全部被清除，由此瞬间 t_a 开始，即转入阶跃状态了。

在导电区间，由于阶跃管相当于一个短路阻抗和一个偏压源 ϕ 串联，故其上的电压 $e_o(t)$ 等于接触电位差 ϕ。

(2) 阶跃区间：此时储存电荷已基本被清除，二极管即转为反向状态。因为 PN 结附近已无大量的注入少子储存电荷，故大容量的扩散电容失去作用，而换之以很小容量的 PN 结反向结电容，相当于一个高速开关迅速地将大电容(理想化为短路)转换为小电容 C_j，故此时的等效电路转换成图 10-25(c)。适当调节偏压，使 t_a 正好发生于负电流出现最大值 I_i 之时$\left(\text{即 } t=t_a \text{ 时}, \frac{\mathrm{d}i}{\mathrm{d}t}=0\right)$，这样在电感 L 上就无感应电势，同时此时二极管上压降亦等于零。这样激励电压 ε 在此瞬间应和偏压 V 抵消，使管子上总外加电压为零(实际上二极管由正向转为反向时，管子上的电压应为 ϕ，故相应的总外加电压应为 ϕ，但实际上因 ϕ 很小，在反向状态时，可将其忽略)。因此我们可忽略外加激励源和偏压源，把图 10-25(c)作为近似的反向等效电路。为了分析方便起见，再将其转换成图 10-27 串联形式的等效电路，其中，

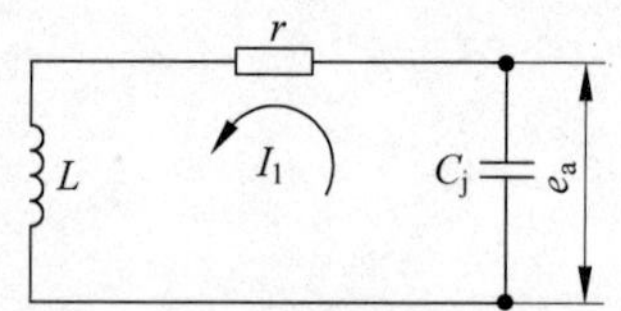

图 10-27　串联形式的阶跃管等效电路

$$r=\frac{L}{C_j R} \tag{10-26}$$

此线性电路的微分方程为

$$L\frac{\mathrm{d}i}{\mathrm{d}t}+r+\frac{1}{C_j}\int i\mathrm{d}t=0 \tag{10-27}$$

起始条件：

$$i\mid_{t=0}=I_1,\quad e_0\mid_{t=0}=0$$

其特征方程为

$$LP+r+\frac{1}{C_j P}=0 \tag{10-28}$$

特征根：

$$P_{1,2}=-\frac{r}{2L}\pm \mathrm{j}\frac{1}{2L}\sqrt{r^2-\frac{4L}{C_j}}$$

因为 r 很小，可认为 $r<2\sqrt{\dfrac{L}{C}}$，故

$$P_{1,2}=-\frac{r}{2L}\pm \mathrm{j}\frac{1}{2L}\sqrt{\frac{4L}{C_{\mathrm{j}}}-r^2}=-v\pm \mathrm{j}\omega_N$$

这里：

$$\begin{cases}v=\dfrac{r}{2L}=\dfrac{1}{2C_{\mathrm{j}}R}\\ \omega_N=\dfrac{1}{2L}\cdot\sqrt{4\dfrac{L}{C_{\mathrm{j}}}-\left(\dfrac{L}{C_{\mathrm{j}}R}\right)^2}=\dfrac{1}{2L}\cdot 2\sqrt{\dfrac{L}{C_{\mathrm{j}}}}\cdot\sqrt{1-\dfrac{L}{4C_{\mathrm{j}}R^2}}\\ \quad=\dfrac{\sqrt{1-\zeta^2}}{\sqrt{C_{\mathrm{j}}L}}\end{cases} \tag{10-29}$$

其中，$\zeta=\frac{1}{2R}\sqrt{\frac{L}{C_{\mathrm{j}}}}$称为阻尼因子。

再根据起始条件，得出微分方程的解为

$$i(t)=I_1\mathrm{e}^{\frac{-\zeta\omega_N t}{\sqrt{1-\zeta^2}}}\left[\cos\omega_N t+\frac{\zeta\sin\omega_N t}{\sqrt{1-\zeta^2}}\right] \tag{10-30}$$

$$e_0(t)=\frac{I_1\sqrt{\dfrac{L}{C_{\mathrm{j}}}}}{\sqrt{1-\zeta^2}}\cdot\mathrm{e}^{\frac{-\zeta\omega_N t}{\sqrt{1-\zeta^2}}}\sin\omega_N t \tag{10-31}$$

它们的波形示于图 10-26(b)、(c)中的 $t>t_{\mathrm{a}}$ 区间。$e_0(t)$的波形为一衰减振荡(在图中以虚线表示)。若无二极管，则振荡将维持下去直到能量耗尽为止。事实上由于二极管的存在，二极管上的电压为正时就导通，所以此衰减振荡只能维持 ω_N 的半个周期，就重新导通而重复导电区间的状态。此半个周期相当于一个脉冲，在图上以实线画出，其脉冲宽度 t_{p} 为

$$t_{\mathrm{p}}=\frac{T_N}{2}=\frac{1}{2f_N}=\frac{\pi}{\omega_N}=\pi\sqrt{\frac{LC_{\mathrm{j}}}{1-\zeta^2}} \tag{10-32}$$

实际上，即使 t_{p} 不是输出频率的半周期，同样能进行倍频，但为使倍频效率较高，t_{p} 至少应小于输出频率的周期，即 $t_{\mathrm{p}}<\frac{1}{f_N}$。

若取 $t=\frac{T_N}{4}=\frac{\pi}{2\omega_N}$(时间 t 从开始阶跃时算起)，从式(10-31)可算得脉冲幅度 E_{p} 为

$$E_{\mathrm{p}}=\frac{I_1\sqrt{\dfrac{L}{C_{\mathrm{j}}}}}{\sqrt{1-\zeta^2}}\mathrm{e}^{-\frac{\pi\zeta}{2\sqrt{1-\zeta^2}}} \tag{10-33}$$

或近似为

$$E_{\mathrm{p}}\approx I_1\sqrt{\frac{L}{C_{\mathrm{j}}}}$$

阶跃区间电流波形为一个跳变，其终止电流即为下一周期的导电区起始电流 I_0。

脉冲发生器的输出平均功率 P_0 可如下计算：

$$\begin{aligned}P_0&=f_0\int_0^{\frac{\pi}{\omega_N}}\frac{e_0^2(t)}{R}\mathrm{d}t=f_0\cdot\frac{E_{\mathrm{p}}^2}{R}\int_0^{\frac{\pi}{\omega_N}}\sin^2(\omega_N t)\mathrm{d}t\\&=f_0\cdot\frac{E_{\mathrm{p}}^2}{R}\cdot\left(\frac{1}{2}t-\frac{1}{\omega_N}\sin 2\omega_N t\right)\Bigg|_0^{\frac{v}{\omega_N}}=\frac{\pi f_0}{2R}\frac{E_{\mathrm{p}}^2}{\omega_N}=\frac{E_{\mathrm{p}}^2}{4NR}\end{aligned} \tag{10-34}$$

其中,f_0 为输入频率,N 为相对于脉冲宽度的压缩因子,是输入周期与两倍脉宽的比值,实际上即为倍频次数:

$$N=\frac{T_0}{2t_p}=\frac{1}{2t_p f_0}=\frac{\sqrt{1-\zeta^2}}{2f_0\pi\sqrt{LC_j}}=\frac{f_N}{f_0} \tag{10-35}$$

而由于

$$R=\frac{1}{2\zeta}\sqrt{\frac{L}{C_j}}$$

故

$$P_0=\frac{E_p^2}{4NR}\approx\pi\zeta E_p^2 f_0 C_j \tag{10-36}$$

下面再来讨论输出电压脉冲系列的频谱、脉冲系列的波形如图 10-28 所示,并且可用下列函数表示:

$$e_0(t)=\begin{cases}E_p\cos(N\omega_0 t) & -\dfrac{t_p}{2}<t<\dfrac{t_p}{2}\\ 0 & \dfrac{t_p}{2}<t<T_0-\dfrac{t_p}{2}\end{cases} \tag{10-37}$$

将其分解成傅里叶级数:

$$e_0(t)=\sum_{i=-\alpha}^{N}\frac{C_n}{2}\cdot e^{jn\omega_0 t} \tag{10-38}$$

其系数为

$$C_0=\frac{2}{T_0}\int_{-\frac{t_p}{2}}^{t_p/2}E_p\cos(N\omega_0 t)\,dt=\frac{2E_p}{\pi N} \tag{10-39}$$

$$C_n=\frac{2}{T_0}\cdot\int_{-t_p/2}^{t_p/2}E_p\cos(N\omega_0 t)\cdot e^{-jn\omega_0 t}\,dt=\frac{2E_p}{\pi N}\cdot\frac{\cos\dfrac{\pi n}{2N}}{1-\left(\dfrac{n}{N}\right)^2}$$

$$=C_0\frac{\cos\dfrac{\pi n}{2N}}{1-\left(\dfrac{n}{N}\right)^2} \tag{10-40}$$

所得脉冲频谱如图 10-29 所示。由式(10-40)可求得频谱的零点所在位置。得到第一个零点在 $n=3N$ 处,即 $f=3f_N=\dfrac{3}{2t_p}$处,故脉冲宽度越窄,第一个零点对应的频率越高,就可

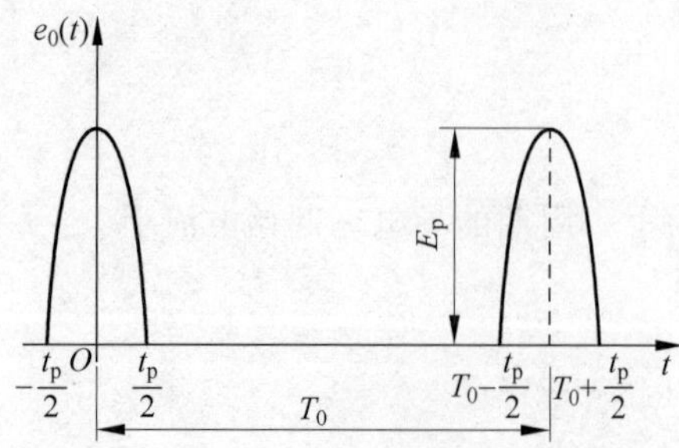

图 10-28 脉冲发生器输出脉冲系列的波形

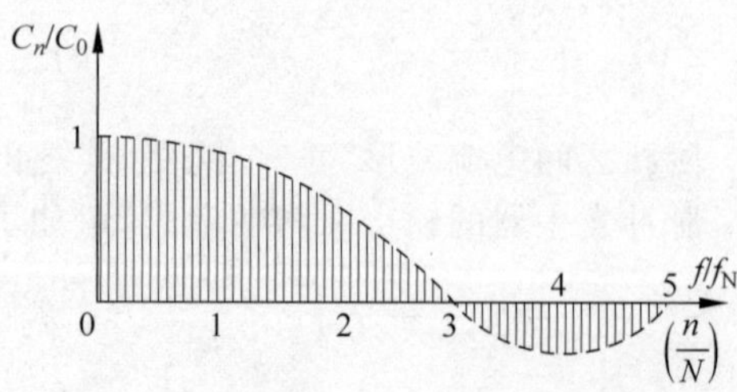

图 10-29 脉冲发生器输出脉冲的频谱

得到很宽的频谱特性。当脉冲发生器端接一个宽频带的电阻负载时，就可在相当宽的频率范围内得到相当于均匀的频率谱线，其间隔为输入频率 f_0，可用来作为梳状发生器。

为了使激励信号源能有效地把功率交给阶跃管，在输入频率上信号源内阻和二极管的输入阻抗应该匹配，此点和变容管倍频器的要求相仿。为此也必须求得阶跃管和推动电感 L 在脉冲工作时的基波总输入阻抗。这就需将输入电流波形分解成和输入电压同相的分量和正交分量，将输入电压与它们相除，即分别得输入电阻 R_{sr1} 和输入电抗 X_{sr1}。由于电流波形很复杂，为简单起见，我们忽略阶跃区间的电流波形(这部分在整个周期占的比例很小)，只考虑导电区间的电流波形，则可得到以下的近似结果：

$$R_{sr1} \approx \frac{\omega L}{2\cos\alpha\sin\left(\alpha - \frac{\pi}{N}\right)} = \omega L \cdot R_0 \tag{10-41}$$

$$X_{sr1} \approx \frac{\omega L}{1 + 2\sin\left(\alpha - \frac{\pi}{N}\right)\sin\alpha} = \omega L X_0 \tag{10-42}$$

参量 R_0 对 ξ 和 N 的关系如图 10-30 所示。通常在估算输入阻抗时，可近似认为 $R_0 \approx 1$，即 $R_{sr1} \approx \omega_0 L$，计算得到的 X_0 也近于 1，故也可取 $X_{sr1} \approx \omega_0 L$，即几乎就是推动电感的感抗。为此，可用一个调谐电容将其补偿。

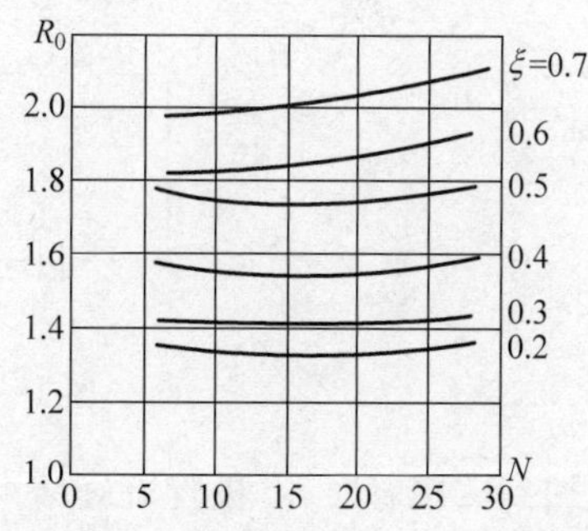

图 10-30　参量 R_0 对 ξ 以及 N 的关系

10.6.2　谐振电路

由图 10-29 所得的脉冲频谱可以看出：其各次谐波的能量分布是比较分散的，对于这样频谱的信号，虽然也可以直接用带通滤波器选频输出某一谐波频率的信号，但大部分能量损失掉，倍频效率不高。因此，在脉冲发生器后，还应设法使分散频谱的能量能集中于输出频率 $f_N = Nf_0$ 附近，以提高效率。通常在脉冲发生器之后，接一个调谐于输出频率 f_N 的谐振回路，即能满足上述要求。因为脉冲系列作用于谐振回路时，相当于周期性地给谐振回路以冲击激励，回路上将产生一个衰减的正弦振荡，其频率等于谐振频率 f_N，此衰减振荡的能量已集中于 f_N 附近。图 10-31 表示了脉冲发生器后接电阻负载和谐振电路两种情况下的输出电压波形和能量分布。

在分布参数系统中，谐振电路实际上为一腔体。在阶跃管倍频器中，可以用一段 $\lambda/4$ 线，在其输出端用一个耦合元件和负载电阻 R_L 连接。R_L 为输出滤波器的输入阻抗，一般和传输线特性阻抗相匹配。在图 10-32 中，画出了包含 $\lambda/4$ 谐振线的倍频器电路，其中串联电容 C_c 是耦合元件，加耦合元件的目的是为了使谐振线有一个合适的有载 Q 值。如果谐振线和负载直接耦合，则脉冲无畸变但延时 $T_N/4$ 输送给负载电阻 R_L，而不能产生衰减振荡的波形。可以认为：直接耦合的耦合度太强，有载 Q 很低，根本建立不起振荡。如果减小耦合度，加入了耦合电容 C_c，其容抗和 R_L 的串联值为阻抗 Z_2。由于 $Z_2 > Z_0$，当第一个脉冲到达谐振线输出端时，部分脉冲能量给了负载，部分能量被反射回去。这部分能量反射到二极管所需要的时间为 $t = 2l/v_\varphi$，l 为谐振线长度，v_φ 为波在线上的传播速度。若取 $l = \lambda_N/4$，则 $t = 2l/v_\varphi = \lambda_N/2v_\varphi = T_N/2 = t_p$，即来回传输时间恰好等于输入脉冲的宽度。这部分返回

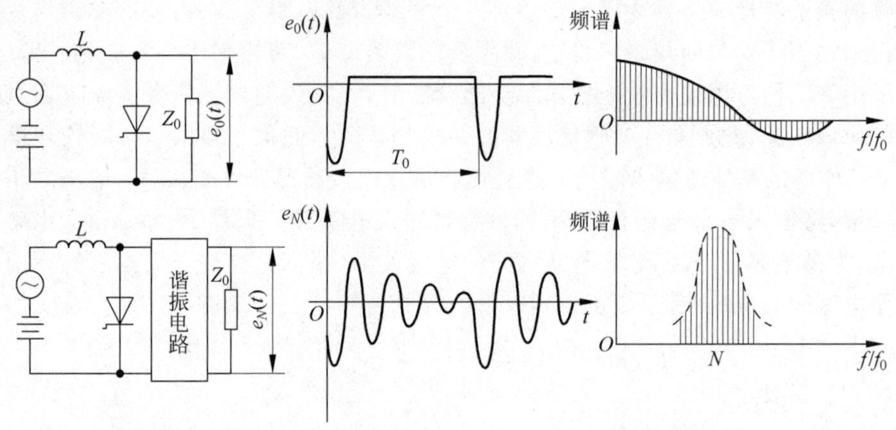

图 10-31 阶跃管倍频器谐振电路对输出波形的影响

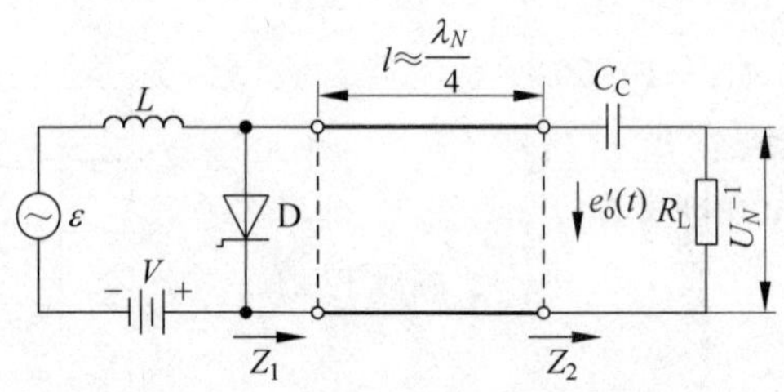

图 10-32 λ/4 谐振线作为谐振电路

能量回到二极管时,二极管恰好结束脉冲状态而进入导电状态(如图 10-26(c)所示),等效于短路状况。故此部分能量又以相反的相位(短路负载反射系数 $\Gamma=-1$)折返传输线,继续向负载移动,继续以其一部分交给负载,另一部分再次返回二极管,如此一直下去,直到幅度很小为止。由于负载每次得到的半正弦波脉冲相位依次互为反相,故连接起来得到一个随时间作衰减振荡的波形。这个衰减振荡可表示为

$$e'_0(t)=(1+\Gamma)E_p e^{-\beta t}\sin(N\omega_0 t) \tag{10-43}$$

其中,Γ 为谐振线负载(包括耦合元件在内)的反射系数,E_p 为输入脉冲幅度,N 为倍频次数,β 为衰减系数:

$$\beta=\frac{N\omega_0}{2Q_L} \tag{10-44}$$

Q_L 为有载品质因数。

如果适当选择 Q_L,使在一个脉冲周期内衰减振荡基本上被衰减掉,则输入脉冲的能量在一个周期的时间内,连续地以频率 ω_N 的衰减振荡的形式传递给了负载。Q_L 一般选为

$$Q_L=\frac{\pi}{2}N \tag{10-45}$$

于是

$$\beta=\frac{N\omega_0}{2Q_L}=\frac{\omega_0}{\pi}$$

在一个输入周期后,衰减振荡幅度减小为

$$e^{-\beta T_0}=e^{-\frac{\omega_0}{\pi}\cdot\frac{2\pi}{\omega_0}}=e^{-2}=0.1353$$

说明此时幅度已衰减得相当小了。

如果 Q_L 选得很小，则衰减振荡下降很快，其极端情况就是谐振线直接接负载，脉冲无畸变地传输给负载。此时就达不到把脉冲频谱集中到输出频率附近以提高倍频效率的目的。此外旁频的相对幅度高，不易充分抑制，影响了频谱纯度。但 Q_L 太大，则使谐振电路的带宽减小而影响了倍频器的带宽。

谐振线的特性阻抗 Z_{01} 通常不能取得太小，以免引起二极管过载。一般取

$$Z_{01} > \sqrt{\frac{L}{C_j}} \tag{10-46}$$

下面讨论为了满足上面所要求的有载品质因数 Q_L，应如何选择耦合元件参数。我们以串联电容 C_c 为例进行说明。

因为一般情况下 $X_c = 1/(\omega C_c) \gg R_L$，故若将串联电路改换成并联电路，$Z_2$ 近似为 X_c^2/R_L 和 $1/(\omega_0 C_c)$ 的并联，如图 10-33 所示。若我们取谐振线稍小于 $\lambda/4$ 为 Δl 值，而 Δl 的传输线段正好相当于电容 C_c，则将 C_c 等效为一段 Δl 传输线段和谐振线连接而成为一段真正的 $\lambda/4$ 线时，输入端阻抗 Z_1 为一纯阻，其值为

$$Z_1 = \frac{Z_{01}^2}{X_c^2/R_L} = R_L \cdot \frac{Z_{01}^2}{X_c^2} \tag{10-47}$$

此值一般较小，故接负载的 $\lambda/4$ 谐振线从输入端向里看，相当于在 ω_N 串联谐振的电路，其有载 Q_L 根据微波技术的基本原理为

$$Q_L = \chi/R = \frac{1}{R} \cdot \frac{\omega_N}{2} \frac{\partial X}{\partial \omega}\bigg|_{\omega=\omega_N} \tag{10-48}$$

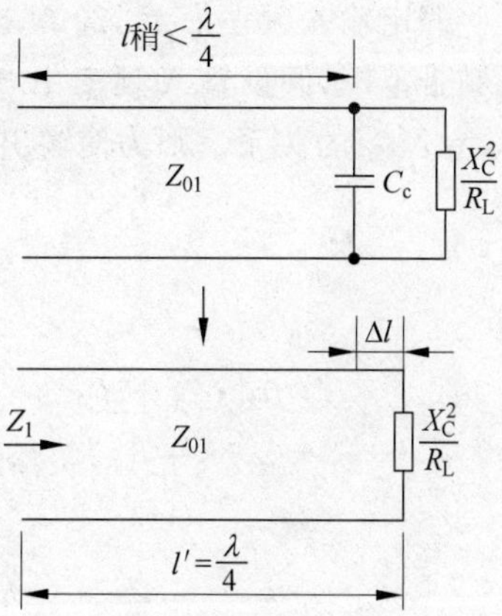

图 10-33　耦合电容的影响

其中，χ 为电抗斜率分量，其意义已在第 5 章中详细叙述过，R 为串联电阻，此处即等于 Z_1。按照第 5 章中类似的方法，可求得 $\lambda/4$ 线的电抗斜率分量为

$$\chi = \frac{\pi}{4} Z_{01} \tag{10-49}$$

故

$$Q_L = \frac{\pi}{4}\frac{Z_{01}}{Z_1} = \frac{\pi Z_{01}}{4} \cdot \frac{X_c^2}{R_L Z_{01}^2} = \frac{\pi X_c^2}{4 R_L Z_{01}} = \frac{\pi}{4 R_L Z_{01} (\omega_N C_c)^2} \tag{10-50}$$

若令 $Q_L = \frac{\pi N}{2}$，则由式(10-50)得耦合电容 C_c 为

$$C_c = \frac{1}{\omega_N \sqrt{2 N R_L Z_0}} \tag{10-51}$$

由此可知，为了得到合适的 Q_L 值，可通过调节 C_c 来得到。类似地，若采用其他耦合方式时，也可适当地进行调节以满足要求。

10.6.3　输出带通滤波器

经过谐振电路以后，频谱能量已大部分集中到输出频率 ω_N 附近。但为了得到纯净的单一频率输出，仍须采取措施滤去不需要的旁频。为此采用了输出带通滤波器，其连接状况

如图 10-34 所示。

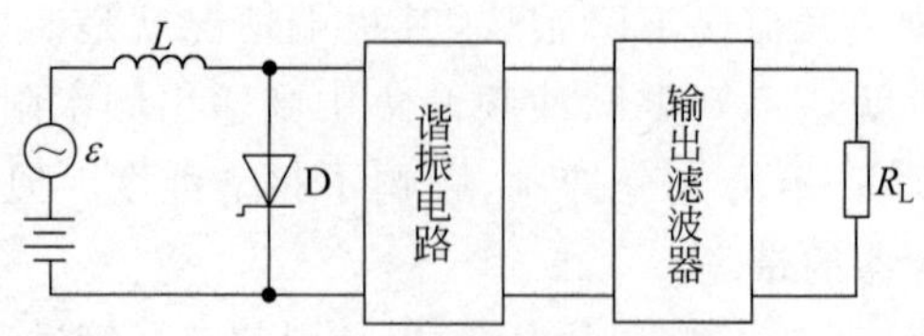

图 10-34　谐振电路和输出滤波器

在微带电路结构中，输出带通滤波器常采用耦合线带通滤波器，其原理及设计方法已在第 5 章中详细讨论过，故此处从略，只是从倍频器的使用角度讨论一下对滤波器提出的要求。

假定输入频率为 f_0，经 N 次倍频后变为 f_N，如图 10-35 所示，考虑到倍频器有一定工作频带范围，假设输入频率由 f_{01} 至 f_{02}，相应的输出频率由 f_{N1} 至 f_{N2}，且有 $f_{N1}=Nf_{01}$、$f_{N2}=Nf_{02}$ 的关系。则为使输出端只存在单一频率而无其他谐波，必须满足

$$f_{01}(N+1)>f_{N2}$$

$$f_{02}(N-1)<f_{N1}$$

即

$$f_{01}\cdot N+f_{01}>f_{N2},\quad f_{01}>f_{N2}-f_{01}N=f_{N2}-f_{N1}=\Delta f_N$$

$$f_{02}N-f_{02}<f_{N1},\quad f_{02}>f_{02}N-f_{N1}=f_{N2}-f_{N1}=\Delta f_N$$

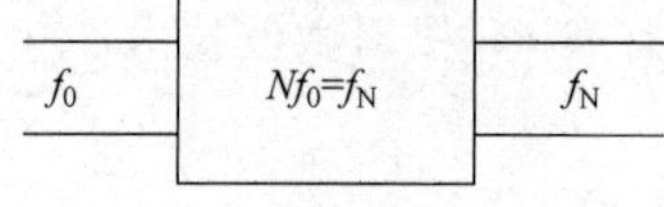

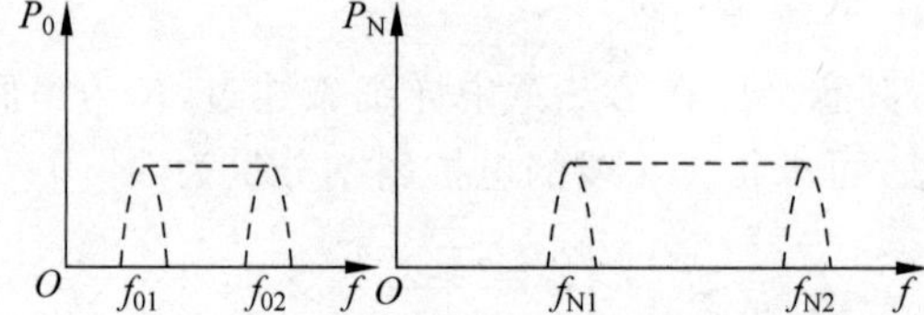

图 10-35　倍频器的输入频带和输出频带的关系

因为 $f_{02}>f_{01}$，故要求

$$\Delta f_N<f_{01}\quad 或\ \Delta f_0<f_{01}/N \tag{10-52}$$

所以 N 次倍频器对输出频率的极限带宽小于输入频率的最低值。由于实际滤波器没有理想的截止性能，为了对旁频 $(N-1)f_0$ 和 $(N+1)f_0$ 有足够的衰减，常把极限带宽缩减为

$$\Delta f_N<f_{01}/2 \tag{10-53}$$

由此可知，对高次倍频器，其频带的限制是比较严格的。

10.6.4　偏压电路

前面已经讲过，为了恰好在负电流最大的瞬间产生电流阶跃，以便得到尽可能大的电流阶跃值，我们可以调节偏压 V，使得此时各部分电压(如图 10-25(b)所示)为

$$L\frac{\mathrm{d}i}{\mathrm{d}t}=0 \quad \text{因电流最大值变化率为零}$$

$$e_0(t)=\phi$$

故必须调节偏压 V,使满足以下电压关系：

$$E\sin(\omega_0 t_a+\alpha)=V+\phi \tag{10-54}$$

而

$$t_a=T_0-t_p=T_0-\frac{T_0}{2N}$$

代入式(10-54)得

$$E\sin\left(\alpha-\frac{\pi}{N}\right)=V+\phi \tag{10-55}$$

由式(10-55)可知,V 和 α 有关,而 α 又和倍频次数 N 以及衰减因子 ξ 有关,其关系如图 10-36 所示。在图上查得相应的 α,再由激励电压幅度 E 及 α 可确定所需偏压的大小。

偏压可以外给,也可自给。自给偏压是由二极管的直流分量(整流电流)通过偏压电阻 R_b 时产生电压降而得,如图 10-37 所示。R_b 的大小取决于所需的偏压 V 和整流电流的大小。

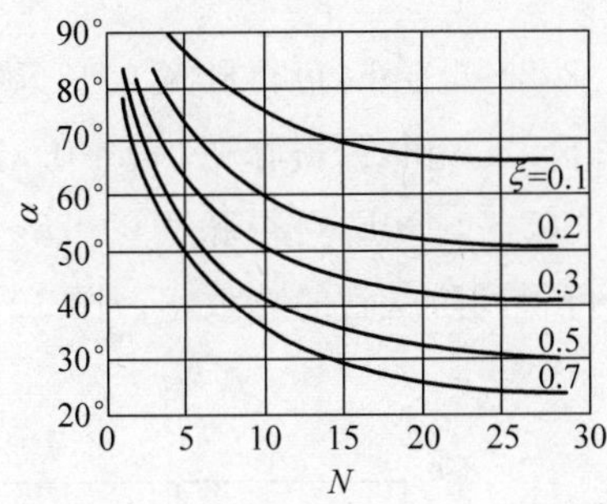

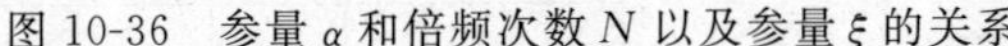

图 10-36　参量 α 和倍频次数 N 以及参量 ξ 的关系

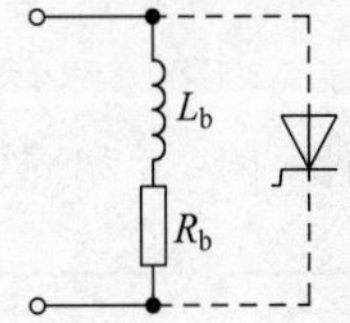

图 10-37　自给偏压电路

在 τ 较大的情况下,二极管正向注入电荷来不及复合,在负半周时几乎被全部吸出,此时整流电流应为零。只有当 τ 不是很大,必须考虑电荷的复合时,才能得到整流电流。经过推导,在存在电荷的复合时,其所需的偏置电阻值为

$$R_b=\frac{2\tau}{\pi N^2 C_j} \tag{10-56}$$

事实上,此公式只给出一个估计值。对实际的倍频器进行调整时,发现改变 R_b 不仅对输出功率、倍频效率有较大的影响,而且还影响倍频电路的稳定性。如果倍频电路存在寄生振荡,可通过调节 R_b 减小寄生振荡或将其消除。

10.6.5　倍频效率

阶跃管倍频器的总倍频效率 $\eta_{总}$ 可表为

$$\eta_{总}=K\eta_1\eta_2$$

其中,K 为包括输出滤波器的带内损耗以及谐振电路选取有载品质因数 $Q_L=(\pi/2)N$ 时,ω_N 的谱线占频谱总能量的百分数(经过计算,此时 ω_N 所占百分数为 76%左右);η_1 为激励

的连续波功率转换为脉冲发生器脉冲功率的效率；η_2 为脉冲功率转换为谐振器上连续波功率的效率。

η_1 通常包含：

(1) 恢复损耗：由于载流子寿命 τ 不无年限长，使部分储存电荷被复合而不能全部转化成脉冲能量。但当频率很高，以致 $\tau \gg 1/f$ 时，则这部分损耗很小而可以忽略。

(2) 输入电路损耗：由输入电路元件本身损耗所引起。一般说来，输入电路的有载 Q 很低，电路损耗不致影响很大，除非元件的高频损耗相当大时才存在影响。

(3) 阶跃渡越损耗：二极管由正向低阻状态变到高阻状态时，需要一段渡越时间。在此时，残存少子因逸散而存在损耗，和此损耗相应的效率 η_s 可表示为

$$\eta_s \approx \frac{1}{1+\dfrac{NU_B}{t_p C_{(\text{皮秒})}}} \times 100\% \tag{10-57}$$

(4) 二极管串联电阻 R_s 的损耗。以前对此均未予以考虑，事实上 R_s 也引起一定的损耗。

η_2 为从脉冲功率过渡到连续波功率时的效率。对下列三个型号的阶跃管，各列出其参数，计算所得的 η_2 示于图 10-38。

型号①参数：$t_t < 0.65\text{ns}, \tau > 100\text{ns}, C_j = 2.5 \sim 6.5\text{pF}$，可得脉宽 0.15～0.75ns。

型号②参数：$t_t < 0.2\text{ns}, \tau > 50\text{ns}, C_j = 1.5 \sim 3.5\text{pF}$，可得脉宽 0.1～0.325ns。

型号③参数：$t_t < 0.12\text{ns}, \tau > 10\text{ns}, C_j = 0.65 \sim 1.3\text{pF}$，可得脉宽 0.075～0.125ns。

$\eta_1 \cdot \eta_2$ 由图 10-39 表示，乘上系数 K 即可得到阶跃管的总效率。图 10-39 中所用的管子型号与图 10-38 相同。

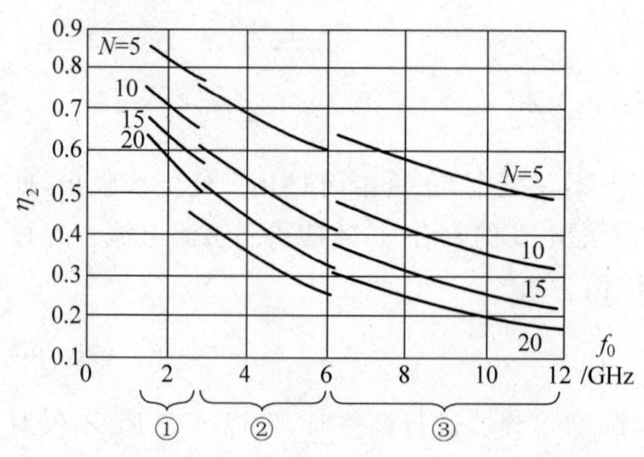

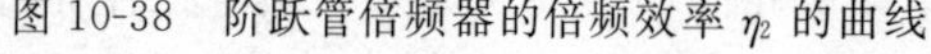

图 10-38 阶跃管倍频器的倍频效率 η_2 的曲线

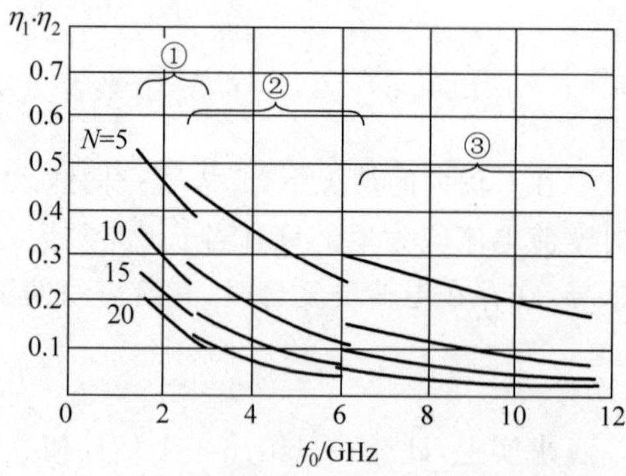

图 10-39 阶跃管倍频器倍频效率 $\eta_1\eta_2$ 曲线

注意，上述图 10-38 和图 10-39，只能提供设计时的参考。

10.7 微带阶跃管倍频器的设计实例及调测

以上对阶跃管倍频器的各部分工作原理、参量及设计公式作了讨论，以下结合两个实例对此种倍频器的实际设计、结构及调整中的问题作一介绍。

10.7.1 400～2000MHz 五倍频器

设计要求：

(1) 输入频率 $f_0=380\sim420\text{MHz}$；

(2) 倍频次数 $N=5$；

(3) 输出频率 $f_0=f_N=1900\sim2100\text{MHz}$；

(4) 输出功率 $P_N>100\text{mW}$。

首先检查带宽要求是否合理。倍频器带宽的理论极限(式(10-52))为：$\Delta f_N=f_{01}=380\text{MHz}$；实际带宽极限为 $\Delta f'_N=f_{01}/2=190\text{MHz}$。现在要求的带宽为(2100－1900)MHz=200MHz,接近要求,可以实现。

1) 二极管的选择

(1) 阶跃时间 t_t。脉冲宽度要求：$1/(2f_N)<t_p<1/f_N$ 即为 $0.25\text{ns}<t_p<0.5\text{ns}$；阶跃时间要求：$t_t<t_p$。

(2) 少子寿命 τ

$$\tau>3T_0=\frac{3}{f_0}=7.5\text{ns}$$

(3) 反向结电容 C_j。一般要求结电抗范围为

$$10\Omega<\frac{1}{\omega_N C_j}<20\Omega$$

若取 $X_c=1/(\omega_N C_j)=20\Omega$,可算得 $C_j=4\text{pF}$。

(4) 击穿电压 U_B。脉冲最大幅度 E_p 不能超过 U_B。

$$P_N<0.63\cdot(f_0 C_j E_p^2)\eta_2 \tag{10-58}$$

其中,$f_0 C_j E_p^2$ 为脉冲平均功率,可按式(10-36)取 $\pi\zeta=1$ 求得；η_2 为脉冲波形至连续波的转换效率,可取其为 0.8。系数 0.63 中包括滤波器的损耗及谐振器的转换效率。故得

$$E_p>\sqrt{\frac{P_N}{0.63f_0\cdot C_j 0.8}}=\sqrt{\frac{0.1}{0.63\cdot4\times10^8\cdot4\times10^{-12}\cdot0.8}}\approx11\text{V}$$

只要取击穿电压 $U_B=15\text{V}$ 即可。

(5) 最大耗散功率 P_{dmax}。若二极管不过热,要求

$$P_N<\frac{1}{\dfrac{1}{0.63\eta_1\eta_2}-1}\cdot P_{\text{dmax}}$$

$$\left(\text{要求 } P_0-P_N<P_{\text{dmax}},\text{其中 } P_0 \text{ 为输入功率},P_0=\frac{P_N}{0.63\eta_1\eta_2}\right) \tag{10-59}$$

若根据图 10-39 取 $\eta_1\cdot\eta_2=0.40$,则

$$P_{\text{dmax}}>P_N\left(\frac{1}{0.63\eta_1\eta_2}-1\right)=3P_N=300\text{mW}$$

(6) 串联电阻 R_s,应尽可能的小。

根据上述要求,选定某一型号的阶跃管,其各项参数为 $t_t=0.3\text{ns}$,$\tau=56\text{ns}$,$C_j=4\text{pF}$,$U_B=40\text{V}$,$P_{\text{dmax}}=500\text{mW}$,$R_s=0.8\Omega$,$L_s=0.5\text{nh}$

此二极管基本上满足设计要求。

2）脉冲发生器的设计

实际的脉冲发生器包括阶跃管、调谐电容 C_T、推动电感 L、匹配网络及偏置电路，如图 10-40 所示。

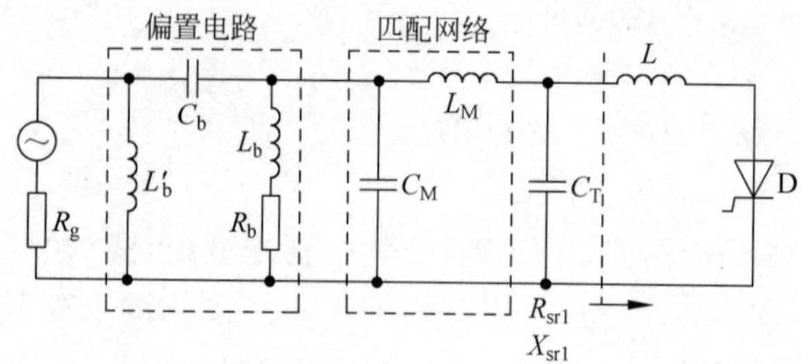

图 10-40 考虑自给偏压后的倍频器输入电路

(1) 衰减因子 ξ。对于较好的功率输出及脉冲形状，可选取 $\xi=0.3$。

(2) 推动电感 L。由式(10-32)，可得推出电感 L 为

$$L=\frac{t_p^2(1-\xi^2)}{\pi^2 C_j} \tag{10-60}$$

当阶跃时间 $t_t\neq 0$ 时，实际脉冲宽度 t'_p 和理想情况时的 t_p 有下列关系：

$$t'_p=t_p\sqrt{1+\frac{t_t^2}{t_p^2}} \tag{10-61}$$

因为要求 $0.25\text{ns}<t'_p<0.5\text{ns}$，而选取的阶跃管 $t=0.3\text{ns}$。
故

$$t_p=\sqrt{t'^2_p-t_t^2}=0.33\text{ns}$$

$$L=\frac{t_p^2(1-\xi^2)}{\pi^2 C_j}=2.5\text{nH}$$

（其中包括二极管引线电感 $L_s=0.5\text{nH}$）

(3) 调谐电容 C_T。由式(10-41)和式(10-42)，可分别求得在输入频率下，二极管和推动电感串联的总输入电阻 R_{sr1} 和总输入电抗 X_{sr1}，输入电抗 X_{sr1} 可近似估计为 $X_{sr1}\approx\omega_0 L$，使调谐电容 C_T 与 L 谐振，这样就只剩下输入电阻 R_{sr1}。

$$C_T=\frac{1}{(2\pi f_0)^2 L}=62.5\text{pF}$$

(4) 匹配网络。由于调谐电容的作用，输入阻抗成为纯阻 R_{sr1}，其值为

$$R_{sr1}=\omega_0 L R_0=2\pi\times(4\times10^8)\times(2.5\times10^{-9})\times1.4(\Omega)=8.8(\Omega)$$

（根据图 10-30 曲线取参量 $R_0=1.4\Omega$）

此值和信号源内阻 $R_g=50\Omega$ 不匹配，故应再加以串联电感 L_M 和并联电容 C_M 组成的匹配网络，将 R_{sr1} 调配于 R_g。

此时 L_M、C_M、R_{sr1} 应组成一个对 ω_0 的并联谐振回路，故应有

$$\frac{1}{\sqrt{L_M C_M}}=\omega_0 \tag{10-62}$$

并联回路谐振时的输入阻抗 Z'_{sr1} 为纯阻，且近似等于

$$Z'_{sr1}\approx\frac{L_M}{R_{sr1}\cdot C_M} \tag{10-63}$$

令 $Z'_{sr1}=R_g$，得到了阻抗匹配，此时：

$$L_M \approx \frac{\sqrt{R_g R_{sr1}}}{2\pi f_0} = \frac{\sqrt{50\times 8.8}}{2\pi\times(4\times 10^8)}\text{nH} = 8.35\text{nH}$$

$$C_M \approx \frac{1}{\omega_0\sqrt{R_g R_{sr1}}} = 19\text{pF}$$

(5) 偏置电路。采用自给偏压。根据式(10-56)求得偏压电阻 R_b 为

$$R_b \approx \frac{2\tau}{\pi N^2 C_j} = \frac{2\times(56\times 10^{-9})}{3.14\times 5^2\times(4\times 10^{-12})}\Omega = 360\Omega$$

L_b 为高频扼流圈，用以防止 R_b 对高频分路，若取 $L_b=10\mu\text{H}$，则 $X_b=\omega_0 L_b=25\text{k}\Omega$，可对高频起扼流作用。

高通滤波器 L'_b 和 C_b 是为了增加电路稳定性，它可以防止或削弱电路与信号源之间不必要的耦合，以免引起寄生振荡。同时，C_b 对偏压源又起隔直作用。L'_b、C_b 的数值可按截止频率 $f_c=0.8f_0$ 的高通滤波器进行计算，得

$$L'_0 = 6\text{nH}$$

$$C_0 = 22\text{pF}$$

因为输入频率比较低，如果用分布参数的微带电路来实现，则尺寸将相当大，因此可采用集总参数元件实现，以得到较紧凑的结构。这样做还便于在试制过程中对电路进行调整(集总参数元件可做成可调式，如半可变微调电容、可变电位器……)。

3) 谐振电路

由于输出频率较高，可采用微带电路，谐振电路可用 $\lambda/4$ 微带线来实现。取

$$Q_L = \frac{\pi}{2}N = 7.95$$

由式(10-46)，谐振线的特性阻抗 Z_{01} 为

$$Z_{01} \geqslant \sqrt{\frac{L}{C_j}} = 25\Omega$$

取 $Z_{01}=35\Omega$。谐振线长度应考虑到电容 C_c 引起的缩短效应。由式(10-51)，耦合电容 C_c 为

$$C_c = \frac{1}{\omega_N\sqrt{2NR_L Z_{01}}} \approx 0.6\text{pF}$$

设与它等效的 $Z_{01}=35\Omega$ 的微带线长度为 Δl，则 Δl 即为 $\lambda/4$ 线的缩短长度。

若取 $\varepsilon_r=9.6$、$h=1\text{mm}$ 的瓷基片，则根据表 1-3，可查得 $Z_0=35\Omega$ 时，$w/h=1.85$、$\sqrt{\varepsilon_e}=2.65$。

则

$$\Delta l \approx Z_{01}\cdot C_c\cdot v_\varphi = 35\times(0.6\times 10^{-12})\times(3\times 10^{11})\times\frac{1}{2.65} = 2.38\text{mm}$$

故谐振线长度 l' 为

$$l' = \frac{\lambda_g}{4} - \Delta l = \left[\frac{1}{4\times(2000\times 10^6)}\times\frac{1}{2.65}\times(3\times 10^{11}) - 2.38\right]\text{mm} = (14.1-2.38)\text{mm} = 11.7(\text{mm})$$

4）输出带通滤波器

采用通常的平行耦合微带线带通滤波器，取相对带宽 $W=\frac{(2120-1880)\text{MHz}}{2000\text{MHz}}\approx 12\%$（为了留些余量，比倍频器给出带宽稍宽一些）。要求 $f_N\pm 300\text{MHz}$ 处，衰减大于 20dB，以抑止 4 次和 6 次谐波。

根据上述要求，即可对滤波器进行设计，此处从略。最后，为了得到较为紧凑的面积，可把输出带通滤波器做成圆环形。

最后得到的倍频器结构如图 10-41 所示。

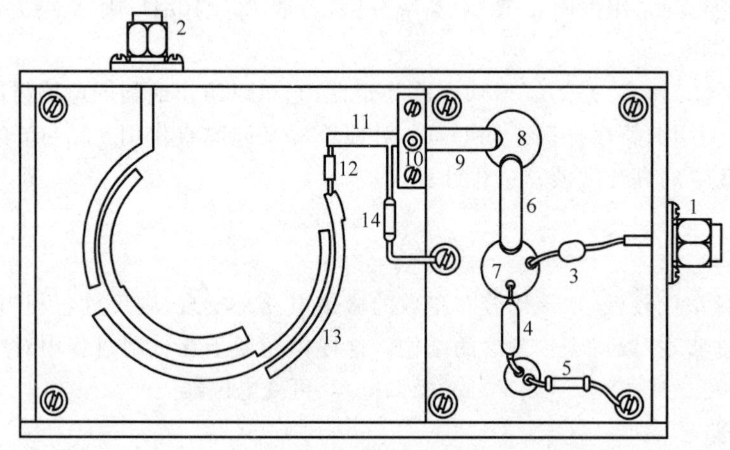

图 10-41 一种阶跃管倍频器的实际结构图

1—输入接头 2—输出接头 3—隔直电容 4—高频扼流圈（10μH） 5—偏压电阻（8.2kΩ） 6—匹配电感 7—匹配电容 8— 调谐电容 9—推动电感 10—阶跃管 11—谐振线 12—耦合电容（5pF） 13—输出滤波器 14—防寄生振荡电阻（20kΩ）

此倍频器经过调试，大体上能满足预定指标，最大倍频效率可达 40%，频带特性、对谐波的抑止度亦均能满足要求。但在调试过程中也发现下面一些问题，需要在实践中对原设计进行适当的修改和完善。

(1) 调试过程中，为了得到较佳的倍频效率，对原设计的电路参量进行调整，其中以耦合电容 C_c 和偏压电阻 R_b 与设计值相差较大，两者均比设计值大 10 倍左右。说明谐振电路和负载的耦合比较紧，其有载 Q 值比式(10-45)给出的值要低得多，其原因尚不十分明了。至于偏压电阻和理论计算值出入较大是因为考虑电荷复合而产生整流电流的计算本身较为粗略，且最佳偏压 V 也受多种因素影响，不一定满足式(10-55)的关系，故 R_b 出入也就大。在调试中可用电位器，在选定最佳倍频效率后再将其固定。

(2) 调节 L、C_T、L_M、C_M 时也均对倍频器有一定的影响。倍频器的实际工作情况是复杂的。在上述理论计算中忽略了很多因素，例如二极管寄生参量的影响、输入回路和输出回路的相互影响等。在理论推导中，把阶跃管的工作过程也理想化了，因此理论计算只能提供一个初步电路方案，倍频器结构的最后确定应通过实际的电路调测。

(3) 倍频器的输出谱线纯度是很重要的，否则将引起不良后果。例如倍频器作为接收机的本地振荡源时，寄生频率的进入将引起寄生混频而引起中频放大器工作不稳定。这些寄生频率并非相邻谐波（它们已被带通滤波器所抑止），而是和输出频率靠得很近的寄生振荡,由于处在滤波器通带内而无法滤除。寄生振荡是由倍频电路各部分之间耦合以及倍频器工作状况不合适所引起,为了抑止或部分消除这些寄生信号,可调节倍频器的工作点(改变偏压),变化偏压电阻的接法,如图 10-42 所示。此外,在输出滤波器和地之间并接一个较大阻值(几十 kΩ 量级)的电阻,对频谱纯度的改善也有较好效果。由于其阻值较大,对输出功率并无影响。

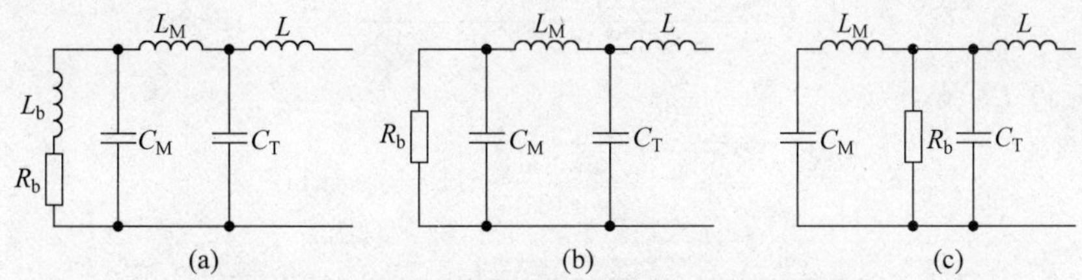

图 10-42 倍频器偏置电路偏压电阻的不同接法

10.7.2 1000～5000MHz 五倍频器

给定要求:

(1) 输入频率为 1000MHz±2%;

(2) 输出频率为 5000MHz±2%;

(3) 输入功率为 100mW 要求输出功率>12mW;

(4) 对邻近谐波抑止度>20dB。

因为要求的频宽很窄,故带通滤波器可以保证既通过信号,又抑止相邻谐波。

1) 选阶跃管

因为 $1/f_N=1/(5\times10^9)=0.2\text{ns}$,故阶跃时间 t_t 至少应<0.2ns。

载流子寿命 τ 应为

$$\tau > 3T_0 = 3\times\frac{1}{1\times10^9} = 3\text{ns}$$

由于 $X_c=\dfrac{1}{\omega_0 C_j}$ 必须在 10～20Ω 范围,故结电容 C_j 应在下述范围内:$1.59\text{pF}<C_j<3.18\text{pF}$。

由于 $L_s<X_c/\omega_0$,得 $L_s<0.628\text{nH}$。

因为要求的输出功率很小,故阶跃管的功率容量不成问题,此处可不予考虑。

由此选定阶跃管的典型参量为

$$t_t = 0.1\text{ns},\quad \tau = 6\text{ns}$$

$$L_s = 0.7\text{nH},\quad C_j = 1\text{pF},\quad V_B = 10\text{V}$$

除 L_s 和 C_j 以外,其余参量均满足要求。

2) 脉冲发生器的设计

若取 $\xi=0.3$,可按上例同样方法计算推动电感 L。由于 $1/(2f_N)<t'_p<1/f_N$,即

$$0.1\text{ns} < t'_p < 0.2\text{ns}$$

这里取 $t'_p=0.18\text{ns}$。

$$L=\frac{t'^2_p-t_t^2}{\pi^2}\cdot\frac{1-\xi^2}{C_j}=\frac{(0.18\times10^{-9})^2-(0.1\times10^{-9})^2}{\pi^2}\cdot\frac{1-0.3^2}{1\times10^{-12}}\text{nH}$$

$$= \frac{2.24 \times 10^{-20} \times 0.91}{\pi^2 \times 10^{-12}} \text{nH} = 2.06\text{nH}$$

输入电阻

$$R_{\text{sr1}} \approx \omega_0 \cdot L \cdot 1.4 = 18\Omega$$

调谐电容 C_T 为

$$C_T = \frac{1}{\omega_0^2 L} = \frac{1}{(2\pi \times 10^9)^2 \times 2.06 \times 10^{-9}} \text{pF} = 12.3\text{pF}$$

匹配网络元件 L_M、C_M 为

$$L_M \approx \frac{\sqrt{R_g \cdot R_{\text{sr1}}}}{\omega_0} = \frac{\sqrt{50 \times 18}}{2\pi \times 10^9} \text{nH} = 4.8\text{nH}$$

$$C_M \approx \frac{1}{\omega_0 \sqrt{R_g R_{\text{sr1}}}} = \frac{1}{2\pi \times 10^9 \cdot \sqrt{50 \times 18}} \text{pF} = 5.3\text{pF}$$

因为此时频率较高，采用一般的集总参数元件会感觉困难，所以用微带电路的高阻、低阻传输线段构成半集总参数来实现。对于 $\varepsilon_r = 9.6$，$h = 1\text{mm}$ 的瓷片，输入电路的各部分尺寸如图 10-43 所示，它们可根据第 5 章中给出的式(5-45)和式(5-46)进行计算：

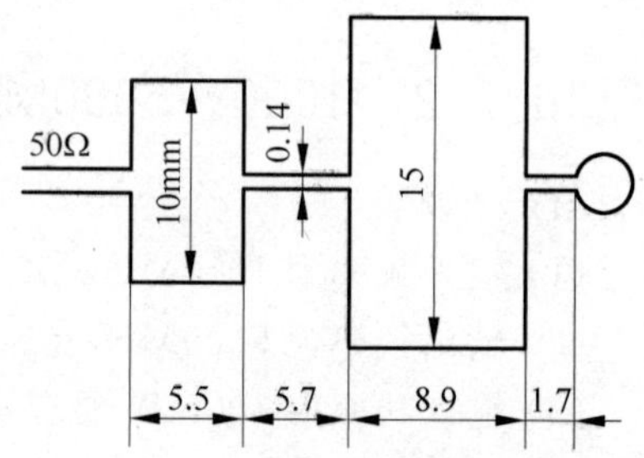

图 10-43 阶跃管倍频器微带形式的输入电路

电感

$$L \approx \frac{Z_{0h}}{\omega} \tan \frac{2\pi}{\lambda_g} \cdot l_L$$

电容

$$C \approx \frac{l_c}{Z_{01} \cdot v_\varphi}$$

其中，Z_{0h} 及 Z_{0l} 分别为高阻线和低阻线的特性阻抗，l_L 及 l_c 则分别为它们的长度。必须注意，在推动电感 L 中，应包含阶跃管引线电感 L_t，故应将其扣去后再求出相应的高阻线长度。

3) 谐振电路

前面的例子已经谈到，在实际情况下谐振电路和负载(输出滤波器)的耦合要比理论计算值大得多，也就是有载 Q 值比理论计算值低得多。在 1000～5000MHz 的倍频器中，也是一样。曾经计算了串联耦合电容值，但用它构成倍频电路时，其倍频效率很低，因此改为谐振线和输出滤波器直接连接的方法(事实上，对前一个例子，耦合电容要选为 5pF 才较合适，此值已相当于设计值的 10 倍，对输出频率其耦合电抗已很小，可认为接近于直接连接了)，并改变谐振线的长度(即从阶跃管至输出滤波器输入端的距离)，直至倍频功率输出最大为止。若取该线的特性阻抗为 50Ω，则当长度 l 调至 7.5mm 左右时，倍频效率较佳，此值已大于 $\lambda_g/4$，可能是受阶跃管和其他寄生参量的影响所致。

4) 输出带通滤波器

采用半波长耦合微带线带通滤波器，取节数 $n=3$，相对带宽 $W=10\%$，并对谐振腔的长度进行终端效应修正，每端切去 $0.35h$ 左右，这样得到的滤波器基本上满足要求，带内损耗在 1dB 左右，对谐波的抑止在 25dB 以上。

此种倍频器的倍频效率可在 15%以上。由于工作频率较高，故倍频效率比前例的指标低一些。

10.8 小结

前面已分别把变容管倍频器、阶跃管倍频器的基本原理、设计方法和实际问题作了讨论。目前虽已经有了不少新型的固态微波源,但由于倍频器具有工作频率高(相对于微波晶体管)、输出功率大(相对于体效应管)以及工作比较稳定可靠的优点,因此在目前仍是一种较好的固体微波源。特别是用于毫米波段,较其他器件更为优越。

通常在倍频次数 $N<5$ 时,采用变容管倍频; $N>5$ 时,则多数采用阶跃管倍频。当然,这个区分也不是绝对的,应根据具体情况采取合适的方案。例如高次倍频器,也有时采用多级的低次倍频器构成倍频链。但倍频链有时易发生不稳定现象,不如单级的阶跃管高次倍频器工作可靠,且结构上也比较复杂。

所谓阶跃管是变容管的一种特殊情况,它们之间在本质上没有绝对的差别,只是阶跃管载流子寿命较长,在 PN 结处有一个浓度渐变产生的附加场,以加速残存少子的吸出,因而得到陡的电流跳变。事实上,为了提高变容管倍频器的效率,也充分利用了二极管的正向储存电容(即扩散电容),使变容管处于过激励状态。这一点,和阶跃管倍频器是一样的。当然,两者也有其不同之点。从阶跃管来看,它更体现出其作为一个电容开关(或电荷开关)的特点,其反向电容基本上不随反向电压而变,因此其电容的变化,不体现在反向时的非线性上,而是体现在两态之间的跳变上,由此得到了电流的陡峭跳变和电压的窄脉冲波形。另一方面,阶跃管倍频器比变容管倍频器更充分地利用了正向状态的储存电容作用,但变容管倍频器则利用了一部分反向电容的连续非线性变化的特性。因此,变容管倍频器要采用较负的偏压,而阶跃管的负偏压往往较小,以保证二极管在相当一部分时间内处于正向激励的状态。

变容管倍频器和阶跃管倍频器的两种设计方法,只是根据它们的主要工作特点,并在简单化的电路模型之上推出的,不可能反映它们工作过程的全貌,同时又忽略了很多实际因素,因此,理论计算和实际结果可能会存在较大差别。前面讲到的高次倍频器输出电路的耦合电容,理论计算数值和实际要求最佳值相差很大就是一个例子。为此,我们应该不断地在实践中检验理论,纠正理论计算中存在的问题。并在大量实践的基础上摸索和总结规律,使理论不断发展完善。不过,前面所叙述的一套分析和计算方法,也反映了倍频器工作中的几个重要方面,可以作为初步设计倍频器时的参考。

第11章 微带参量放大器

CHAPTER 11

11.1 概述

参量放大器(以下简称参放)最突出的特点是噪声系数低,是微波频段最常用的放大器之一。在由S波段到X波段范围内,噪声系数一般不大于3dB。用液氦或气氦冷却的低温参放,噪声温度可低到4～15K(相当于噪声系数0.1～0.2dB)。因此,用作通信或雷达设备的微波前级放大器,可以大大提高接收机灵敏度,增加有效作用距离。最近几年,一方面正向毫米波段发展,已出现能用于6～8mm波段的微波参放;另一方面由于微带技术的发展,使参放得以小型化和全固体化,体积、重量和耗电量减小了很多,更有利于无线电设备的小型化。

参量放大器的工作原理与晶体三极管放大器大不相同。参放是利用回路中的参量(例如电容C)不断变化进行能量交换和能量补充的原理来获得放大的,所以叫做变参量放大器,简称参放。这种放大器的能量来源是高频交流源,而晶体管等放大器则用的是直流电源。

回路参量C的变化是利用半导体二极管P-N结的结电容随外加电压变化而变化的特性得到的。专用作参放的二极管称为参放变容管。在正常工作状态下,变容管没有电流,消除了载流子散弹噪声,这是参放的噪声系数很低的根本原因。

十几年来,参放获得了广泛应用。今后随着参放的固体化,必将有更广阔的前途。

11.2 参量放大器的基本原理

11.2.1 非线性电抗中的能量关系

为了说明参放的分类及其特征,必须了解非线性电抗中能量交换的关系。

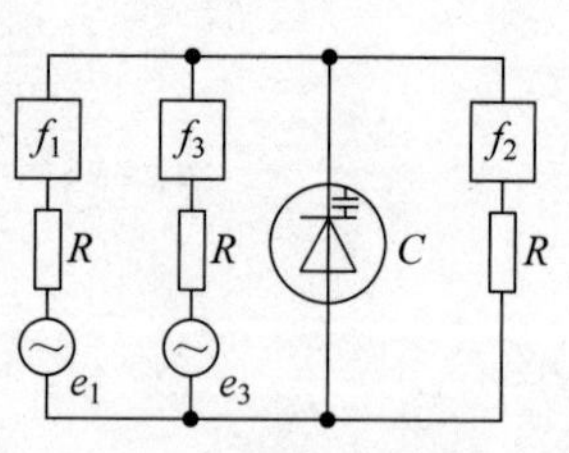

图11-1 非线性电抗中的能量关系

先来分析图11-1的简单情况。图中电容C代表一个非线性电抗。把频率为f_1及f_3的两个交流信号加到非线性电容C上。两个不同频率的交流信号在非线性电抗中必然产生和频(f_3+f_1)、差频(f_3-f_1)以及许多高次组合频率,诸如$(2f_3\pm f_1)$,$(f_3\pm 2f_1)$,$(2f_3\pm 2f_1)$,…。这里用f_2代表全部各次项产生的新频率。图中标有 f_1 的方框是 f_1 支路中的带通滤波器，它只允许 f_1 频率的电流通过，其他的方框表示相应频率的滤波器。在非线性电抗中所产生的各次组合频率 f_2 可表示为

$$f_2 = \pm mf_3 \pm nf_1 \quad m = 1,2,3,\cdots \quad n = 1,2,3,\cdots \tag{11-1}$$

我们用 P_1、P_2、P_3 分别表示加到电抗 C 中的频率为 f_1、f_2、f_3 的平均功率。在上述情况下，由于 P_2 是由 P_3 和 P_1 所产生，即是由 C 中取出的功率，所以 P_2 本身是负值。由于假定 C 的电抗为无损的理想电抗，根据能量守恒原理，加到 C 的电抗中去的所有频率的平均功率之和应为零，即

$$P_1 + P_2 + P_3 = 0 \tag{11-2}$$

用 T 表示周期：

$$T = \frac{1}{f}$$

用 W 表示每周期内的能量，那么就有

$$\left.\begin{aligned} P_1 &= \frac{W_1}{T_1} = W_1 f_1 \\ P_2 &= \frac{W_2}{T_2} = W_2 f_2 \\ P_3 &= \frac{W_3}{T_3} = W_3 f_3 \end{aligned}\right\} \tag{11-3}$$

代入式(11-2)得

$$f_1 W_1 + f_2 W_2 + f_3 W_3 = 0 \tag{11-4}$$

再把式(11-1)代入后整理得

$$f_1 \cdot (W_1 \pm nW_2) + f_3 \cdot (W_3 \pm mW_2) = 0 \tag{11-5}$$

由于两个信号的频率 f_1 和 f_3 是任意值，而且 $f_1 \neq 0$、$f_s \neq 0$，若要式(11-5)成立，必须有

$$W_1 \pm nW_2 = 0$$

$$W_3 \pm mW_2 = 0$$

或写成

$$\left.\begin{aligned} \frac{P_1}{f_1} \pm n\frac{P_2}{f_2} = 0 \\ \frac{P_3}{f_3} \pm m\frac{P_2}{f_2} = 0 \end{aligned}\right\} \tag{11-6}$$

式(11-6)是非线性电抗中一般的能量关系。实际上最常用的几种简单情况是：

(1) $m=1, n=1$，即 $f_2 = f_3 + f_1$。这就是说，负载电路中的频率是两个输入信号频率之和。实现这种情况，只要用一个 $f_2 = f_3 + f_1$ 的带通滤波器即可。

以 $m=1, n=1$ 代入式(11-6)得

$$\left.\begin{aligned} \frac{P_1}{f_1} &= -\frac{P_2}{f_2} \\ \frac{P_3}{f_3} &= -\frac{P_2}{f_2} \end{aligned}\right\} \tag{11-7}$$

我们规定 $P>0$ 表示送入 C 的功率；$P<0$ 表示由 C 给出的功率。式(11-7)表明，若在 f_1

及 f_3 频率上送入功率，则可以由和频 f_2 上给出功率。而且这三个频率的功率 P_1、P_2、P_3 数值上的分配比例是与频率 f_1、f_2、f_3 成正比的，即频率越高，占有功率越大。

(2) $m=1, n=-1$，这时 $f_2=f_3-f_1$。即负载中的频率是两个信号频率之差。把此值代入式(11-6)，得

$$\left.\begin{aligned}\frac{P_1}{f_1}&=\frac{P_2}{f_2}\\ \frac{P_3}{f_3}&=-\frac{P_2}{f_2}\end{aligned}\right\} \tag{11-8}$$

如果 P_3 是送入功率，P_3 为正值，那么 P_2 就是负值。由式(11-8)的第一式又知 P_1 与 P_2 同符号。因此说明，以频率 f_3 的功率 P_3 送入 C，在 f_1 及 f_2 两频率上都可获得功率输出。

上面只是两个最简单情况。m 和 n 可以是任意整数，推广到普遍情况，在非线性电抗中的能量关系可表示为

$$\left.\begin{aligned}\sum_{m=0}^{\infty}\sum_{n=-\infty}^{\infty}\frac{mP_{m,n}}{mf_1+nf_2}&=0\\ \sum_{n=0}^{\infty}\sum_{m=-\infty}^{\infty}\frac{nP_{m,n}}{mf_1+nf_2}&=0\end{aligned}\right\} \tag{11-9}$$

式中，$P_{m,n}$ 表示在 $f=mf_1+nf_2$ 的频率上的功率。这个公式称为门雷罗威关系式。

根据上述两种情况可以得到几种非线性电抗放大器。在这里 f_3 总是向 C 送入功率，它就是放大器的能量来源，习惯名称叫泵源，其频率叫泵频。f_1 是其功率待放大的信号的频率。放大器有如下几种：

(1) 对应于上述第一种情况，即 $m=1, n=1$，输出是和频 $f_2=f_3+f_1$。由式(11-7)可得功率放大倍数为

$$G=\frac{\text{输出功率}}{\text{输入功率}}=\frac{-P_2}{P_1}=\frac{f_2}{f_1}=\frac{f_3+f_1}{f_1}$$

这种参放称为上变频参放，因其输出频率高于输入频率。其放大倍数和频率 f_2 成正比，或者说泵频愈高，增益也愈大。它的增益极限值是 f_2/f_1。由于电路存在损耗，故实际增益低于 f_2/f_1。这种上变频器往往用于中继通信，把中频信号上变频到微波发射频率。它的增益不高，但稳定性好，噪声系数也较低。

(2) 对应于上述第二种情况，即 $m=1, n=-1$，输出是差频 $f_2=f_3-f_1$。这时在泵频 f_3 上送入功率，在差频 f_2 及信号频率 f_1 上同时获得功率。这时的功率增益是没有限制的，只要泵功率不断加大，P_2 和 P_1 两功率就不断增长，可以一直达到振荡状态。这种情况属于负阻放大器，增益可以调得较高，但稳定性差。因 $f_2=f_3-f_1$，所以称为下边带式参放。

(3) 还是 $m=1, n=-1$ 的情况。如果从 f_1 取出被放大信号，则称为反射式参放。它的输出与输入频率相同，对整机运用方便，这是最普遍被采用的类型。由于这种参放的输入和输出是同一端口，所以要用铁氧体环行器把放大后输出的功率分出来。

(4) 仍是 $m=1, n=-1$ 的情况。如果 $f_3=2f_1$，则有 $f_2=f_1$。也就是说，f_2 和 f_1 同时有功率输出。这种情况称为简并式参放。与此相对应，上述第 3 种反射式参放又称为非简并参放。

以上几种参量放大器的频率分配关系如图 11-2 所示。

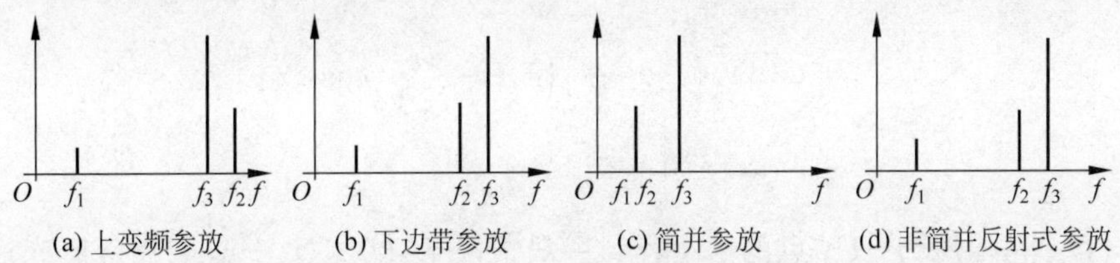

图 11-2　参量放大器的分类

本章将只介绍最常用的非简并反射式参量放大器。

11.2.2　参放变容二极管

关于变容管问题，已在第 10 章中作了基本介绍，考虑到它在参放中应用的特点，在此再作一些简单介绍。

变容管的封装结构有很多种。适用于微带参放用的小型瓷壳封装典型结构如图 11-3 所示。管壳直径约为 1.6～1.8mm。根据这种结构，可画出它的电参数等效电路，如图 11-4 所示。图中的符号意义是：R_s 是半导体材料电阻，即变容管串联电阻；C_j 是 PN 结电容；L_s 是引线电感；C_p 是管壳电容。

PN 结中的物理过程如第 10 章介绍。变容管的电压-电流特性和电容-电压特性如图 11-5 所示。图中 $C(0)$ 代表外电压为零时的结电容，ϕ 为势垒电位。结电容变化规律可用下式表示：

$$C(u)=\frac{C(0)}{\left(1-\dfrac{u}{\phi}\right)^{n}} \tag{11-10}$$

式中，n 是非线性系数，取决于变容管制造工艺。采用线性缓变结时，$n=1/3$。对于突变结，$n=1/2$。超突变结可有 $n=1$ 或更大。u 是外加电压。

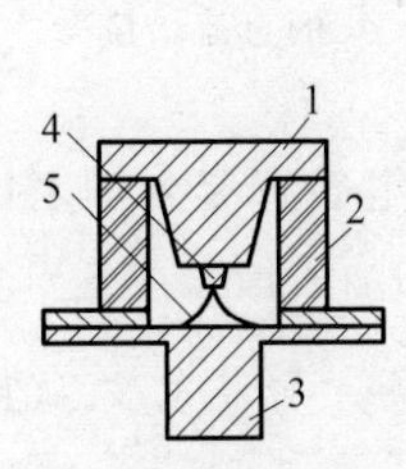

图 11-3　变容管典型结构之一

1—上电极；2—瓷壳；3—下电极；
4—管心；5—引线

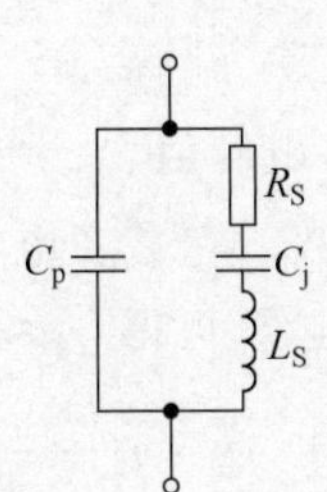

图 11-4　变容管等效电路

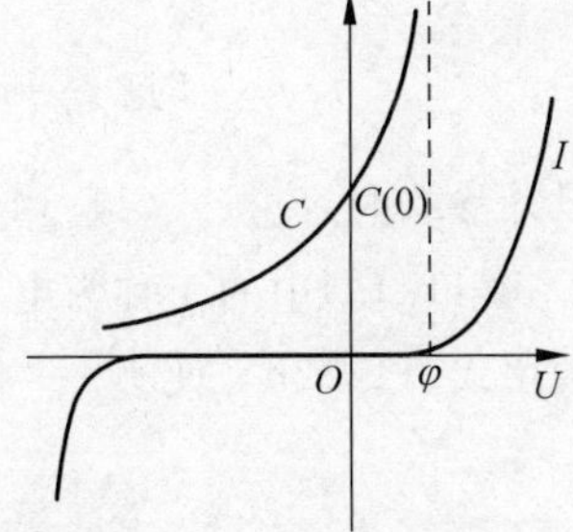

图 11-5　C-U 特性及 I-U 特性

在变容管上外加一个负偏压 U_0 及交变泵电压时，u 可表示为

$$-u=U_0+U_p\cos\omega_p t$$

代入式(11-10)，得

$$C(u)=C(0)\left(1+\frac{U_0+U_p\cos\omega_p t}{\phi}\right)^{-n}$$
$$=C(0)\left[\left(1+\frac{U_0}{\phi}\right)\left(1+\frac{U_p}{U_0+\phi}\cos\omega_p t\right)\right]^{-n}$$
$$=C(-U_0)\left[1+\frac{U_p}{U_0+\phi}\cos\omega_p t\right]^{-n}$$

式中,$C(-U_0)$是偏压为$-U_0$点的结电容。一般情况下,$U_p\leqslant U_0+\phi$,上式可展开成傅里叶级数

$$C(u)=C(-U_0)\left[\frac{C_0}{C(-U_0)}-2\frac{C_1}{C(-U_0)}\cos\omega_p t-\cdots\right] \tag{11-11}$$

式中傅里叶系数是

$$\frac{C_0}{C(-U_0)}=\frac{1}{\pi}\int_0^{\pi}\left(1+\frac{U_p}{U_0+\phi}\cos\omega_p t\right)^{-n}\mathrm{d}\omega_p t \tag{11-12a}$$

$$\frac{-C_K}{C(-U_0)}=\frac{1}{\pi}\int_0^{\pi}\left(1+\frac{U_p\cos\omega_p t}{U_0+\phi}\right)^{-n}\cos K\omega_p t\mathrm{d}\omega_p t,\quad K=1,2,3 \tag{11-12b}$$

如果只取式(11-11)前两项,忽略各高次谐波分量,可得

$$C(u)=C_0\left(1-2\frac{C_1}{C_0}\cos\omega_p t\right)$$
$$=C_0(1-2\gamma\cos\omega_p t) \tag{11-13}$$

式中,C_0是加泵后的电容直流分量,它包括工作点电容$C(U_0)$和直流增量ΔC,如图11-6所示。用公式(11-12a)可以计算出加泵后电容C_0与静态工作点电容$C(U_0)$之间的关系。在计算时,将该式展开成多项式后进行积分,此外考虑到参放使用时,为了充分利用变容管,希望泵电压尽量大些,即使$U_p/(U_0+\phi)\approx 1$。这时可得如下关系式:

$$\left.\begin{aligned}n=\frac{1}{2}\text{ 时}:\frac{C_0}{C(-U_o)}\approx 1.42\\ n=\frac{1}{3}\text{ 时}:\frac{C_0}{C(-U_o)}\approx 1.23\end{aligned}\right\} \tag{11-14}$$

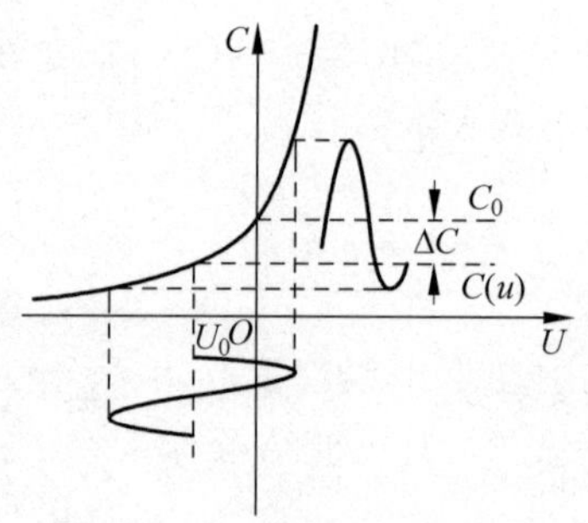

图11-6 变容管加泵电压时的直流增量

在设计参放时,应按式(11-14)选取静态电容值。

式(11-13)中的γ称为电容调制系数。它是变电容基波幅度与电容直流分量之比。同样利用式(11-12b),使$K=1$,进行积分运算可得$U_p\approx U_0+\phi$时,γ的最大值是

$$\gamma=\frac{n}{2}\cdot\frac{U_p}{U_0+\phi} \tag{11-15}$$

电容调制系数γ是变容管的重要参数之一。在实际参量放大器中,γ值不可能达到式(11-15)的最大值,一般情况下缓变结变容管的经验值大约为$\gamma=0.12\sim0.16$;在突变结变容管中,$\gamma=0.2\sim0.24$。

在参放分析中,采用倒电容形式较为方便。此外,通常电容调制系数比1小得多,因此可把式(11-13)写成

$$\frac{1}{C(u)}=\frac{1}{C_0(1-2\gamma\cos\omega_p t)}\approx\frac{1}{C'_0}(1+2\gamma\cos\omega_p t) \tag{11-16}$$

变容管的半导体材料有硅、砷化镓、磷化铟等。其中砷化镓目前用得最广。近年开始采用的磷化铟具有更优越性能，但现在尚处于研制阶段。变容管工艺结构基本上采用外延扩散法制作 PN 结。已开始用更新工艺制作表面势垒结，它减小了扩散尾部的扩展电阻，也消除了 PN 结的欧姆接触，因此 R_s 可以降低，变容管的品质因数得以提高。

11.2.3　非简并参放的等效电路

参量放大器的等效电路一般可画成图 11-7。为了使原理分析更一般化，暂不考虑变容管的 L_S 和 C_P，变容管 C 上已经加有泵电压，因此其结电容按泵频率变化。

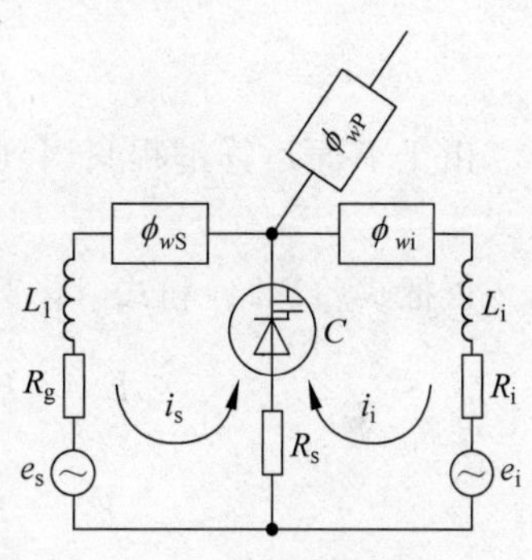

图 11-7　参放等效电路

e_s 和 e_i 两个正弦波电压同时加到变化着的电容 C 上。e_s 的频率为 f_s，它就是图 11-2(d)非简并参放的输入信号频率 f_1。下文中凡带有 s 下标的参数都表示与信号有关的参数。e_i 的频率是 f_i，它是图 11-2(d)中的差频 f_2，这里称为空闲频率(即在这种方案中，不从 f_i 输出功率)。下文中凡带有 i 下标的即表示空闲电路的有关参数。泵频 f_p 相当于图 11-2(d)中的 f_3。图 11-7 中的信号回路的组成包括信源内阻抗 R_g，调谐电感 L_1，通信号滤波器 $\phi_{\omega S}$，变电容 C 和电阻 R_S。空闲回路的组成包括电路电阻 R_t，电感 L_i，通空闲滤波器 $\phi_{\omega i}$ 和 C 及 R_s。滤波器 $\phi_{\omega S}$、$\phi_{\omega i}$、$\phi_{\omega P}$，保证三个电路频率相互隔离。泵电路只起一个使 C 变化的作用，此图中没有画出。

两个不同频率的弱信号电流 i_S 和 i_i 流过电容 C 时，在电容上产生的电压是

$$U = \frac{1}{C(u)}\int(i_s + i_i)\mathrm{d}t \tag{11-17}$$

式中，$1/C$ 是按式(11-16)变化的电容，把它写成复数形式，就是

$$\frac{1}{C(u)} = \frac{1}{C_0}(1 + \gamma e^{j\omega_p t} + \gamma e^{-j\omega_p t}) \tag{11-18}$$

同样也把电流 i_s 和 i_i 用复数表示为

$$\left.\begin{aligned} i_s &= I_{s0}\cos(\omega_s t + \theta_s) = \frac{1}{2}(I_s e^{j\omega_s t} + I_s \cdot e^{-j\omega_s t}) \\ i_i &= I_{i0}\cos(\omega_i t + \theta_i) = \frac{1}{2}(I_i e^{j\omega_i t} + I_i \cdot e^{-j\omega_i t}) \end{aligned}\right\} \tag{11-19}$$

式中，θ_s 和 θ_i 分别是 i_s 和 i_i 的初相位，变成指数时包含在幅值 I_s 和 I_i 中；I_s^* 和 I_i^* 分别代表 I_s 和 I_i 的共轭复数。把式(11-18)和式(11-19)代入式(11-17)，得

$$\begin{aligned} U =& \frac{1}{C_0}(1 + \gamma e^{j\omega_p t} + \gamma e^{-j\omega_p t})\int\Big(\frac{I_s}{2}e^{j\omega_s t} + \frac{I_s^*}{2}e^{-j\omega_s t} \\ &+ \frac{I_i}{2}e^{j\omega_i t} + \frac{I_i^*}{2}e^{-j\omega_i t}\Big)\mathrm{d}t \end{aligned} \tag{11-20}$$

从式(11-20)，根据物理概念容易理解在非线性电容上同时加有 ω_s、ω_i 和 ω_p 三个不同频率电压的情况下，必然会产生($n\omega_s \pm m\omega_i \pm l\omega_p$)的若干组合频率，但是由于有滤波器存在，每个回路里只可能有一个频率存在。或者说，信号回路只能存在 ω_s 频率的电压电流，而空闲回路只允许存在 ω_i 频率的电压电流。因此在变电容 C 上也只有这两个频率。将式(11-20)积

分以后展开，然后只取出带有 ω_s 和 ω_i 的各项谐频电压的幅度，得到

$$U_s = \frac{I_s}{j\omega_s C_0} - \frac{\gamma I_i^*}{j\omega_i C_0} \tag{11-21}$$

$$U_i = \frac{I_i}{j\omega_i C_0} - \frac{\gamma I_s^*}{j\omega_s C_0} \tag{11-22}$$

U_s 是变电容 C 上频率为 ω_s 的信号电压的幅度，U_i 是变电容 C 上频率为 ω_i 的空闲电压的幅度。

按图 11-7，可以列出电路方程：

$$\left.\begin{aligned} E_s &= I_s(R_g + R_s + j\omega_s L_1) + U_s \\ E_i &= I_i(R_i + R_s + j\omega_i L_i) + U_i \end{aligned}\right\} \tag{11-23}$$

由于下面运算过程只用到电压、电流的幅度关系，所以这个电路方程也写成幅度的关系式。

再把式(11-21)和式(11-22)代入后，得

$$\left.\begin{aligned} E_s &= I_s(R_g + R_s + j\omega_s L_1) + \frac{I_s}{j\omega_s C_0} - \frac{\gamma I_i^*}{j\omega_i C_0} \\ E_i &= I_i(R_i + R_s + j\omega_i L_i) + \frac{I_i}{j\omega_i C_0} - \frac{\gamma I_s^*}{j\omega_s C_0} \end{aligned}\right\} \tag{11-24}$$

在图 11-7 中，用 Z_s 和 Z_i 代表信号和空闲回路总阻抗，即

$$\left.\begin{aligned} Z_s &= R_g + R_s + j\left(\omega_s L_1 - \frac{1}{\omega_s C_0}\right) = R_g + R_s + jX_s \\ Z_i &= R_i + R_s + j\left(\omega_s L_i - \frac{1}{\omega_i C_0}\right) = R_i + R_s + jX_i \end{aligned}\right\} \tag{11-25}$$

则

$$\left.\begin{aligned} E_s &= I_s Z_s - \frac{\gamma I_i^*}{j\omega_i C_0} \\ E_i^* &= I_i^* Z_i^* + \frac{\gamma I_s}{j\omega_s C_0} \end{aligned}\right\} \tag{11-26}$$

解方程(11-26)得出

$$\left.\begin{aligned} E_s &= I_s\left(Z_s - \frac{\gamma^2}{\omega_s\omega_i C_0^2 Z_i^*}\right) - \frac{\gamma E_i^*}{j\omega_i C_0 Z_i^*} = I_s(Z_s + Z_{si}) + E_{si} \\ E_i &= I_i\left(Z_i - \frac{\gamma^2}{\omega_s\omega_i C_0^2 Z_s^*}\right) - \frac{\gamma E_s^*}{j\omega_s C_0 Z_s^*} = I_i(Z_i + Z_{is}) + E_{is} \end{aligned}\right\} \tag{11-27}$$

上式中采用了下列符号：

$$\left.\begin{aligned} Z_{si} &= \frac{-\gamma^2}{\omega_s\omega_i C_0^2 Z_i^*} \\ Z_{is} &= \frac{-\gamma^2}{\omega_s\omega_i C_0^2 Z_s^*} \end{aligned}\right\} \tag{11-28}$$

$$\left.\begin{aligned} E_{si} &= \frac{j\gamma E_i^*}{\omega_i C_0 Z_i^*} \\ E_{is} &= \frac{j\gamma E_s^*}{\omega_s C_0 Z_s^*} \end{aligned}\right\} \tag{11-29}$$

Z_{si}称为反应阻抗，它的物理意义是由于非线性电容的能量转换作用、空闲回路引入信号回路的阻抗。Z_{is}则是非线性电容使信号回路引入空闲回路的阻抗。E_{si}是在非线性电容的能量转换作用下、空闲回路引入信号回路的反应电压幅值，其数值大小与 ω_i、C_0、Z_i、γ、E_i 有关，而反应电压的角频率则是 ω_s。同样，E_{is}是信号回路引入空闲回路的反应电压幅值。

由式(11-27)可以得到图 11-8 的等效电路。这时信号回路和空闲回路已经分开，每个电路中只包含相应的一个频率。

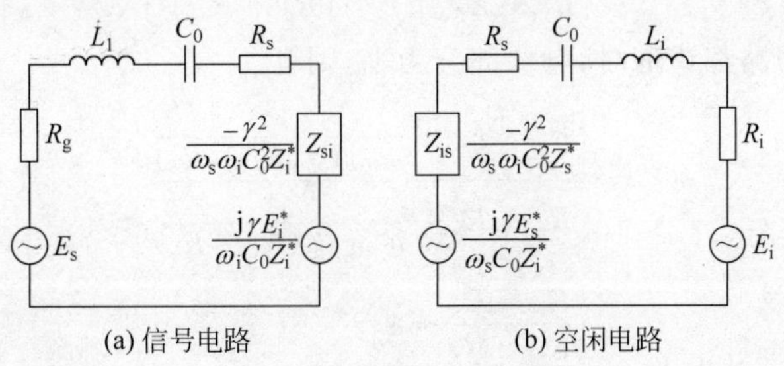

图 11-8　参放等效电路

由于变电容的耦合作用，给信号回路引入一个负阻抗 Z_{si}和一个电势 E_{si}。负阻抗的出现，说明给回路增加了能量；而能量的来源则是由于非线性电容的能量转换作用，将泵源能量转变为信号频率的能量，因此信号将得到放大。同样在空闲回路也引入了负阻抗 Z_{is}，因此空闲回路能量也同时增长，当然其能量也是来源于泵源。

当空闲回路调谐时，空闲电抗为零，即

$$Z_i^* = R_i + R_s$$

这时引入信号回路的是负电阻

$$R_{si} = \frac{-\gamma^2}{\omega_s\omega_i C_0^2(R_i + R_s)} \tag{11-30}$$

由图 11-6 可知，当泵功率加大时，电容调制系数 γ 加大，负电阻 R_{si}也增大，参放增益上升。当负电阻 R_{si}增长到等于信号电路总电阻 $R_g + R_s$ 时，这时增益将是无限大，这就是参量振荡状态。

反射式(或非简并式)负阻参放的信号输入、输出都是同一个信号回路。为了分离输入和输出功率，必须采用铁氧体环行器，其电路如图 11-9 所示。环行器左面是信号输入端，E_s是待放大信号的电压。输入信号经过环行器进入信号谐振电路，经放大后反射回来，由环行器第三端输出。

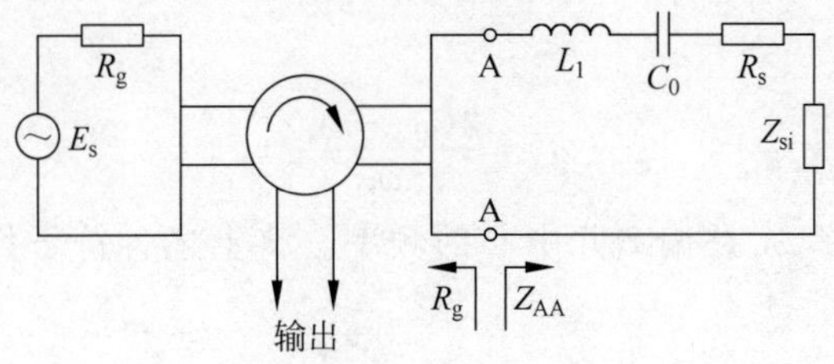

图 11-9　带有环行器的参放电路

11.2.4 参量放大器的增益

待放大信号由参考面 A-A 进入信号回路，已放大信号也由 A-A 面反射出来，如图 11-9 所示。因此 A-A 面上的电压反射系数 Γ 的平方就是参放功率增益。从 A-A 面向右的视入阻抗用符号 Z_{AA} 表示，而从 A-A 向左面信源端的视入阻抗是 R_g。因此功率增益 G 是

$$G=|\Gamma|^2=\left|\frac{R_g-Z_{AA}}{R_g+Z_{AA}}\right|^2=\left|\frac{R_g-R_s-jX_s-Z_{si}}{R_g+R_s+jX_s+Z_{si}}\right|^2 \tag{11-31}$$

当信号回路及空闲回路都调谐时，电抗部分为零，则有

$$G_0=\left|\frac{R_g-R_s+\dfrac{\gamma^2}{\omega_s\omega_i C_0^2(R_i+R_s)}}{R_g+R_s-\dfrac{\gamma^2}{\omega_s\omega_i C_0^2(R_i+R_s)}}\right|^2=\left|\frac{\dfrac{R_g-R_s}{R_g+R_s}+\alpha}{1-\alpha}\right|^2 \tag{11-32}$$

上式中引用了符号

$$\alpha=\frac{\gamma^2}{\omega_s\omega_i C_0^2(R_g+R_s)(R_i+R_s)} \tag{11-33}$$

α 叫负阻系数。当泵功率为零时，$\gamma=0$，由式(11-33)知 $\alpha=0$。随着泵功率的增加，γ 增加，α 也增加，增益 G_0 就增长。当 $\alpha=1$ 时，G_0 趋向于无穷大，即自激状态。在 $\alpha\to1$ 时，可以得到很高的增益。利用 $\alpha\to1$ 的关系，可将式(11-32)简化为

$$G_0=\left(\frac{2R_g}{R_g+R_s}\right)^2\frac{1}{(1-\alpha)^2} \tag{11-34}$$

11.2.5 参量放大器的通频带

为了进行参量放大器通频带的计算，先引入下列符号：

信号回路品质因数

$$Q_{sL}=\frac{\omega_s L_1}{R_g+R_s} \tag{11-35}$$

空闲回路品质因数

$$Q_{iL}=\frac{\omega_i L_i}{R_i+R_s} \tag{11-36}$$

信号频率偏移

$$\delta=\frac{2(\omega'_s-\omega_s)}{\omega_s} \tag{11-37}$$

式中，ω_s 是信号中心频率，ω'_s 是偏离开中心的频率。将上述各符号代入式(11-31)，经化简后得

$$G=\frac{\left(\dfrac{R_g-R_s}{R_g+R_s}+\alpha\right)^2+\left(Q_{sL}\delta+\alpha Q_{iL}\delta\dfrac{\omega_s}{\omega_i}\right)^2}{(1-\alpha)^2+\left(Q_{sL}\delta+\alpha Q_{iL}\delta\dfrac{\omega_s}{\omega_i}\right)^2} \tag{11-38}$$

当信号频率 ω_s' 等于参放中心频率 ω_s 时，频偏 $\delta=0$，化简式(11-38)即可得到式(11-34)的中心增益 G_0。而当频率 ω_s' 偏离到使 $G=G_0/2$ 时，这种情况下的信号频偏宽度就是参放通频带。用 W 表示参放相对通频带，把式(11-34)和式(11-38)代入 $G=G_0/2$ 关系式中，得

$$\frac{\left(\dfrac{2R_g}{R_g+R_s}\right)^2+\left(Q_{sL}W+\alpha Q_{iL}W\dfrac{\omega_s}{\omega_i}\right)^2}{(1-\alpha)^2+\left(Q_{sL}W+\alpha Q_{iL}W\dfrac{\omega_s}{\omega_i}\right)^2}=\frac{1}{2}\frac{1}{(1-\alpha)^2}\left(\frac{2R_g}{R_g+R_s}\right)^2$$

化简上式得出相对通频带的表示式：

$$W=\frac{1-\alpha}{Q_{sL}+Q_{iL}\dfrac{\omega_s}{\omega_i}} \tag{11-39}$$

由此式看出，参放通带数值与负阻系数 α 有关。α 值越大(即 α 越接近于 1)，增益愈高，而通频带 W 愈窄。这是负阻放大器的共有特性。一般情况下，参放通频带较窄，在 G_0 为 15dB 时，相对频带只有 1%～3%的量级。

如果我们把式(11-34)和式(11-39)相乘可得

$$W\sqrt{G_0}=\frac{2R_g}{R_g+R_s}\frac{1}{Q_{sL}+Q_{iL}\dfrac{\omega_s}{\omega_i}} \tag{11-40}$$

很明显，这个乘积已经和 α 无关，也就是与泵功率的大小无关，或者说只要参放电路一旦确定，那么其电压增益与相对频带的乘积就是常数。

怎样才能获得较大的增益带宽的乘积呢？由式(11-40)可知，途径有以下几个：

(1) R_s 要小。也就是要用高品质因数变容管。

(2) ω_s/ω_i 要小。这就要求空闲频率高，或者说要用高泵频。

(3) Q_{SL} 要低。因为 $Q_{SL}=\omega_s L_1/(R_g+R_s)$，$R_g$ 是信源阻抗。R_g 较高时，必须相应有较大的 γ 值使 α 增大，才能保持足够增益。亦即采用突变结变容管比缓变结变容管可得较大带宽，$\omega_s L_1$ 的降低主要由电路设计来解决。

(4) Q_{iL} 要低。这也是主要在电路设计时解决。

11.2.6 参放噪声系数

参量放大器正常工作状态下，变容管没有电流，噪声的来源基本上是由变容管电阻 R_s 及电路损耗电阻的热噪声所组成。如果参放的电路加工工艺较好，可以忽略电路的损耗，$R_i=0$，则可画出参放的噪声等效电路，如图 11-10 所示。信号回路里的电阻有 R_s 和 R_g，空闲回路里，可以认为电路损耗电阻 $R_i=0$，回路里只有 R_s 一项。图 11-10 电路中所存在的噪声有下述三部分：

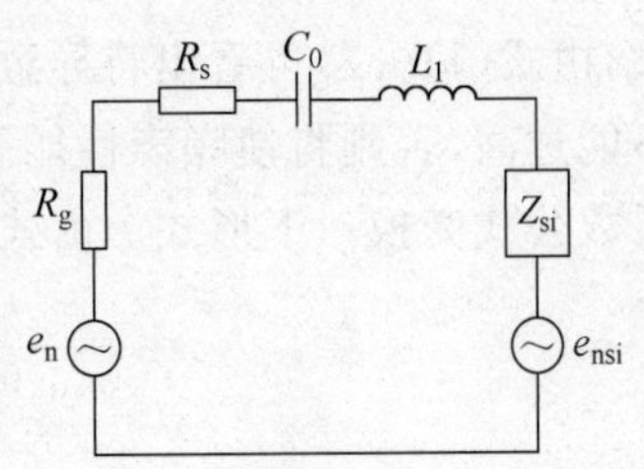

图 11-10 参放的噪声等效电路

(1) 由 R_s 产生在信号频率 ω_s 上的热噪声电压均方值：

$$\overline{e_{n1}}^2=4kT_D\Delta fR_s \tag{11-41}$$

式中，T_D 是变容管温度，其单位用绝对温度表示。Δf 是参放通频带数值，单位是 Hz，k 为玻尔兹曼常数。

(2) R_s 在空闲频率 ω_i 上产生的热噪声，又通过非线性电容变换到信号频率 ω_s 上的热噪声均方值$\overline{e_{n2}}^2$。

电阻 R_s 在空闲电路产生的热噪声均方电压是

$$\overline{e_i}^2 = 4kT_D\Delta fR_s \tag{11-42}$$

用式(11-42)中的$\overline{e_i}$代替式(11-29)中的 E_i，在回路调谐的条件下，就得到反映进入信号回路的噪声电压均方值：

$$\overline{e_{n2}}^2 = \frac{\gamma^2}{(\omega_i C_0)^2}\frac{4kT_D\Delta fR_s}{R_s^2} = 4kT_D\Delta f\alpha\frac{\omega_s}{\omega_i}(R_g + R_s) \tag{11-43}$$

(3) 信源电阻 R_g 的热噪声

$$\overline{e_{n0}}^2 = 4kT_0\Delta fR_g \tag{11-44}$$

式中，T_0 是环境温度。

根据噪声系数的定义，一个反射式放大器的噪声系数应是

$$F = \frac{\overline{e_{n1}}^2 + \overline{e_{n2}}^2 + \overline{e_{n0}}^2}{\overline{e_{n0}}^2} \tag{11-45}$$

将式(11-42)、式(11-43)和式(11-44)代入式(11-45)，得

$$F = 1 + \frac{T_D}{T_0}\left[\frac{R_s}{R_g} + \alpha\frac{\omega_s}{\omega_i}\left(1 + \frac{R_s}{R_g}\right)\right] \tag{11-46}$$

要降低噪声系数，由式(11-46)可知，有下述几个途径：

(1) 降低 R_s/R_g 比值。其一是降低 R_s，其二是提高信源阻抗。此项要求与加宽频带的要求一致。

(2) 降低 ω_s/ω_i 比值。也就是高泵频运用。一般情况下必须使 $\omega_P > 3\omega_s$ 以上，否则参放噪声很难得到满意数值。为了获得低噪声，有时用到

$$\omega_P > 10\omega_s$$

(3) 降低变容管温度 T_D。这就是制冷参放。在标准卫星通信地面站里的参放，信号频率为 4GHz 波段，用液氦或气氦将参放冷却到 4～15K。这时参放的噪声系数可低到 0.2dB 以下。

(4) 适当降低 α，即低增益运用。

上述措施中提高 R_g，要受变容管质量参数的限制，不可能无限地提高。因为如果 R_g 过大，由式(11-33)可看出将导致负阻系数下降，因而不能获得足够高的增益 G_0。同时，f_P 也不能过高，否则将使噪声性能恶化。为了更直观分析变容管对噪声性能的影响，我们把噪声系数公式变换一下形式。由式(11-33)写出

$$\begin{aligned}\alpha &= \frac{\gamma^2}{\omega_s\omega_i C_0^2(R_g + R_s)R_s} = \frac{\gamma^2}{\omega_s^2 C_0^2 R_s^2}\cdot\frac{\omega_s}{\omega_i}\cdot\frac{R_s}{R_g + R_s} \\ &= (\gamma Q_s)^2\frac{\omega_s}{\omega_i}\frac{R_s}{R_g + R_s}\end{aligned} \tag{11-47}$$

式中，$Q_s = 1/(\omega_s C_0 R_s)$，是变容管在信号频率上的品质因数。

移项得

$$\frac{R_s}{R_g} = \frac{1}{\dfrac{(\gamma Q_s)^2}{a}\dfrac{\omega_s}{\omega_i} - 1} \tag{11-48}$$

在室温情况下的参放，$T_D = T_0$。再把式(11-48)代入式(11-46)，得噪声系数表示式：

$$F = \left[1 + \frac{1}{\frac{(\gamma Q_s)^2}{\alpha}\frac{\omega_s}{\omega_i} - 1}\right]\left(1 + \alpha\frac{\omega_s}{\omega_i}\right) \tag{11-49}$$

式中(γQ_s)称为变容管的动态品质因数。这个参数更确切地表示了变容管性能的优劣。把式(11-49)按不同的(γQ_s)值画出的F与ω_s/ω_i的关系曲线，如图11-11所示。由曲线很容易看出，对于给定的变容管，即γQ_s已确定时，ω_i/ω_s有其最佳值。这时参放的噪声最低。如果泵频再提高，反会使噪声系数变坏。当然γQ_s越高，可能获得的最低噪声越小。为求得ω_i/ω_s的最佳值，可利用式(11-49)，取其对ω_s/ω_i的偏导数，并令它等于零以求极值，即令

$$\frac{\partial F}{\partial\left(\frac{\omega_s}{\omega_i}\right)} = 0$$

化简得出空闲信号频率比的最佳值为

$$\left(\frac{\omega_i}{\omega_s}\right)_{\text{opt}} = \sqrt{(\gamma Q_s)^2 + a^2} - \alpha_0 \tag{11-50}$$

在高增益时，$\alpha \to 1$，式(11-50)进一步简化成

$$\left(\frac{\omega_i}{\omega_s}\right)_{\text{opt}} \approx \sqrt{(\gamma Q_s)^2 + 1} - 1$$

参放最佳泵频是

$$f_{P0} = f_i + f_s = f_s\sqrt{(\gamma Q_s)^2 + 1} \tag{11-51}$$

将式(11-50)代入式(11-49)可得不同(γQ_s)下的最小噪声系数：

$$F_{\min} = \frac{2\alpha}{\sqrt{(\gamma Q_s)^2 + \alpha^2} - \alpha} + 1 \tag{11-52}$$

把式(11-52)做成曲线，如图11-12所示。随着(γQ_s)的增加，最佳噪声将是单调下降。图11-11及图11-12中的实线表示高增益情况(即$\alpha \to 1$)。虚线表示$\alpha = 0.6$，即相当于$G_0 \approx 13$dB的低增益情况。增益低时，噪声也略有下降。

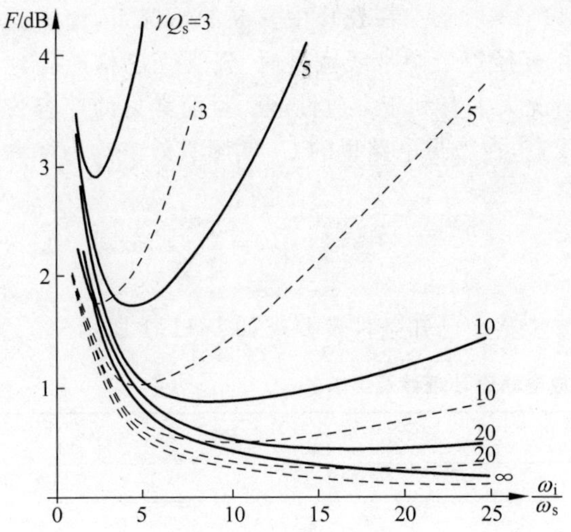

图11-11 不同的γQ_s下噪声系数对ω_i/ω_s的曲线

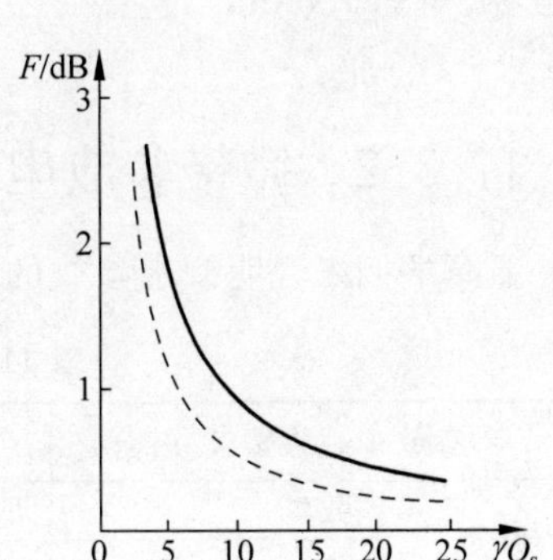

图11-12 最小噪声系数对γQ_s的曲线

11.3 微带单回路参放设计

11.3.1 基本设计原则

微带式参放比腔体式参放有许多优点。它体积小、重量轻、使用调节方便，并且不需要精密机械加工，便于大量复制生产。

微带参放设计中的基本考虑，主要有下面几个方面：

(1) 极限噪声系数要低。应选用高动态品质因数(γQ_s)的变容管。当变容管确定以后，要尽量采用最佳泵频和尽可能高的信源阻抗 R_g。

(2) 各电路的结构要力求简单。无论是空闲回路还是信号回路都要简化谐振电路元件。这样不仅使调测方便，而且是减小回路电抗斜率、以获得较宽通频带的途径之一。在一般情况下，空闲回路都是利用变容管自谐振，即选择结电容与引线电感的串联谐振频率等于空闲频率。这时空闲回路结构最简单，其电抗斜率也最小，可得较大的频宽。

(3) 三个电路互相隔离，即泵电路、信号回路与空闲回路中要有必要的隔离滤波装置，避免三个频率相互窜扰。

适用于微带参放的变容管有两种结构：一种是变容管芯直接压焊在微带电路上。这种结构在电路里适于与微带线串联，其优点是结构紧凑、尺寸小巧，有利于微波部件全集成化，其缺点是管芯参数难于预先测准，而参放电路又是严格依据变容管参数进行调整和使用的，因此容易造成实际产品与设计间有极大误差，导致电路的不一致性，影响成批生产。另一种结构是微型管壳封装，其外形结构如图 11-13 所示，适于在电路里与微带线并联，虽然需要在瓷片上打孔嵌镶，安装较烦，但能预测参数进行分类，有利于达到参放最佳性能。以下只介绍这种变容管的设计和使用方法。

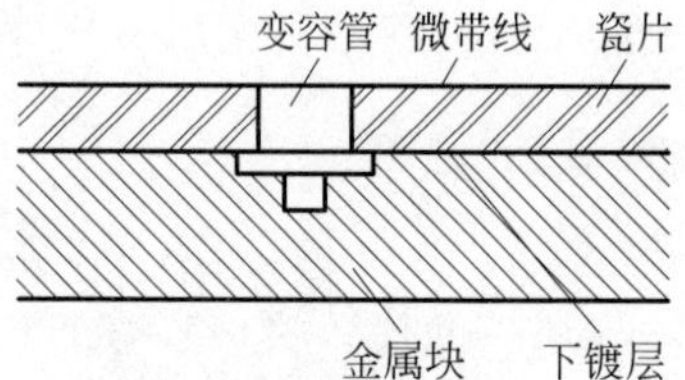

图 11-13 参放变容管在微带上安装的示意图

变容管在微带电路上的安装方法如图 11-13 所示。在瓷片中安装的情况下，瓷管壳嵌入瓷片中，如果管壳高度等于瓷片厚度，管壳直径等于微带线宽度时，瓷管壳已构成瓷片的一部分，管壳电容 C_P 就不存在。$C_P=0$ 的情况大大有利于参放性能。目前常见的变容管直径是 $\phi1.6\sim\phi1.8$mm。其直径已大于微带线宽，在微带电路里的 C_P 实际有效值约为标称值的 1/2～1/5 倍。

11.3.2 微带参放电路设计

下面举例来说明微带参放的设计原则与步骤。已知条件及要求如表 11-1 所示。

表 11-1 微带参放电路设计条件及要求

参放中心频率	$f_s=2$GHz
噪声系数	$F\leqslant 2$dB
相对通频带	$W\geqslant 2\%$
增益	$G_0=15$dB

续表

变容管参数	管壳直径：$\phi 1.6$mm
	优值：$Q_0=15\sim18(f=9375\text{MHz})$ 在 f_s 下的动态品质因数：$\gamma Q_s=8\sim9$
	串联电阻：$R_s=1.6\Omega$
	引线电感：$L_s=0.28$nH
	管壳电容：$C_P=0.25$pF
	微带电路本身损耗：考虑为 0.2dB
瓷基片参数	片厚：$h=1$mm
	介电系数：$\varepsilon_r=9.6$

1）泵频选择与极限噪声系数估算

由式(11-51)，$\gamma Q_s=9$ 时最佳泵频为

$$f_{P0}=f_s\sqrt{(\gamma Q_s)^2+1}\approx 18\text{GHz}$$

当 γQ_s 较高时，泵频选择并不十分严格。如果没有合适频率的泵源，只要在 f_{P0} 附近，比如说在 14～24GHz 范围内，噪声系数变化不很大即可。这点由图 11-11 很容易看出。当选用 $f_P=18$GHz 时，空闲频率 $f_i=16$GHz。可以达到的理论噪声系数极限值可用式(11-49)进行计算，即

$$F=\left[1+\frac{1}{(\gamma Q_s)^2\dfrac{f_s}{f_i}-1}\right]\left(1+\frac{f_s}{f_i}\right)=1.25$$

或

$$F=1.0\text{dB}$$

此外，再考虑到微带线路损耗 0.2dB，微带环行器插入损耗 0.5dB。这样参放总噪声系数为 1.7dB，可以满足设计要求。

2）参放的微带电路

微带参放比较典型的电路结构如图 11-14 所示。

待放大信号通过环行器进入微带线，$\lambda_s/4$ 长度的阻抗变换器 2 将信源传输线的 50Ω 阻抗变换到所需要的适当数值 R_g（λ_s 是信号的微带波长）。高阻抗微带线 3 的感抗与变容管 4 的结电容构成信号谐振电路。变容管自身谐振于空闲频率上，再用一段 $\lambda_i/4$ 奇数倍的开路线 5 构成空闲电流回路（λ_i 是空闲频率的微带波长）。因为它在空闲频率的输入阻抗为零，故成为空闲电流的通路。泵功率的送入则是通过带通滤波器 6 加到变容管上。此滤波器对信号及空闲频率有足够大的隔离。有时变容管需要外加偏压以调整工作点。这可以采用图中所示偏压电路，它是一段 $\lambda_s/4$ 的低阻线和一段 $\lambda_s/4$ 高阻线连接而成。低阻线终端开路。在低阻线和高阻线连接处接入偏压引线。用隔直流电容 1 来避免偏压通过信源而被短路。

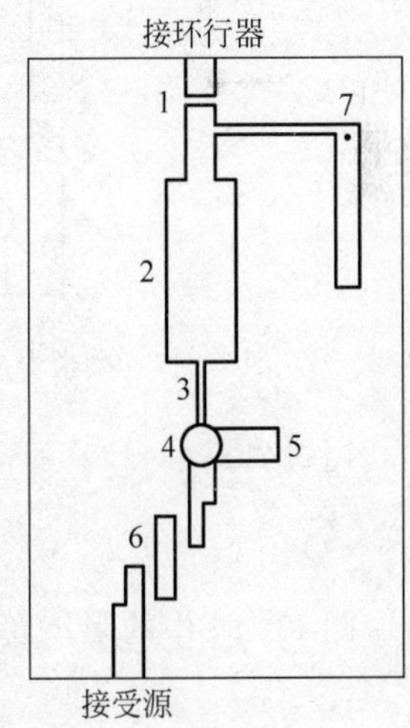

图 11-14　微带参放结构图
1—隔直流电容；2—信源阻抗变换器；3—信号回路谐振电感；4—变容管；5—空闲外电路；6—通泵频滤波器；7—偏压引入

3）变容管结电容参数的选择

如前所述，选用变容管自谐振频率等于空闲频率，其好处是变容管是放在空闲电压波节点位置上，不用阻隔滤波器就可以避免空闲能量向其他电路串扰。另一方面使结构元件简化，电抗斜率小，有利于达到宽频带特性。至于空闲外回路的短线，应尽量选用 $\lambda_i/4$ 的长度而不用 $3\lambda_i/4, 5\lambda_i/4, \cdots$，以免造成外回路电抗斜率的增加。

按变容管自谐振要求其结电容应满足

$$C = \frac{1}{1.2}\frac{1}{(2\pi f_i)^2 L_s} = 0.3\text{pF}$$

式中系数 1/1.2 按式(11-15)选取，以使加泵后电容数值为

$$C_0 = \frac{1}{(2\pi f_i)^2 L_s} = 0.358\text{pF}$$

以下电路设计即按此 C_0 值进行计算。

4）信号回路设计

把信号回路单独画出来，如图 11-15 所示。这部分的等效电路是图 11-16，l_i 是空闲外回路长度。l_P 是通泵频滤波器对信号频率呈现的等效长度。在信号频率上，此两段微带线从变容管处看入的导纳分别是 Y_{si} 和 Y_{sP}，它们与变容管并联。管壳电容 C_P 在微带线上的等效数值很小，可以忽略。串联电阻 R_s 相对于结电容的容抗来说很小，在计算谐振条件时可以不予考虑。每段微带线的特性阻抗都已标在图 11-15 中。

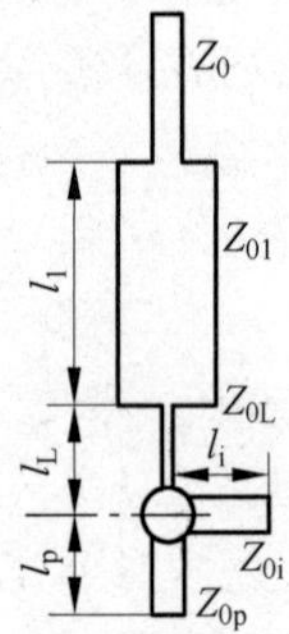

图 11-15 微带参放信号回路的结构

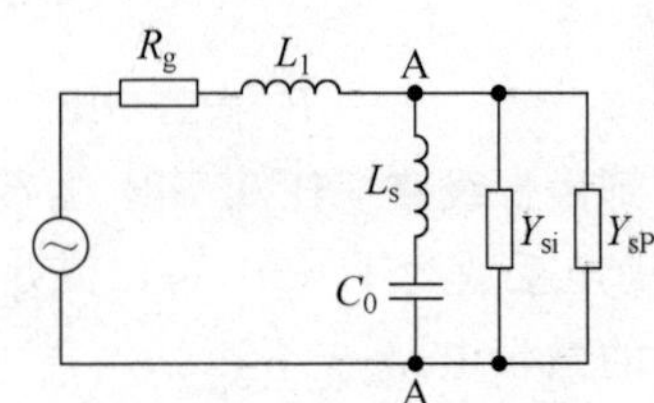

图 11-16 微带参放信号频率等效电路

用式(11-48)计算所需信源阻抗 R_g。为了获得足够增益，应取 $\alpha=1$，得

$$R_g = \left[(\gamma Q_s)^2 \frac{\omega_s}{\omega_i} - 1\right] R_s = 14.6\Omega$$

图 11-15 中的阻抗变换器长度 l_1，选用 $\lambda_s/4$ 的变换器，其特性阻抗 Z_{01} 应符合

$$Z_{01} = \sqrt{Z_0 R_g} = 27\Omega$$

$Z_0=50\Omega$ 是输入传输线的特性阻抗。对 $Z_{01}=27\Omega$ 的微带线，由表 1-3 查得 $\sqrt{\varepsilon_e}$，可计算出 $\lambda_s/4$ 的长度为

$$l_1 = \frac{\lambda_s}{4} = 13.8\text{mm}$$

根据表 1-3，特性阻抗为 27Ω 的微带线宽度为 $W_1=2.8$mm。

空闲短线特性阻抗选为 $Z_{0i}=50\Omega$，长度为 $\lambda_i/4=1.83$mm。考虑微带线的开路效应后，需将它缩短 $0.33h$，因此实际结构长度是

$$l_i = 1.5\text{mm}$$

下面计算时应按有效电长度 1.83mm 进行计算。取通泵频滤波器在信号频率的有效长度 $l_P=2.5\text{mm}$。这两段线对信号频率呈现的输入导纳是

$$Y_{si} = j\frac{1}{Z_{0i}}\tan\frac{2\pi}{\lambda_s}l_i = j\frac{1}{Z_{0i}}\tan\theta_{si}$$

$$Y_{sP} = j\frac{1}{Z_{0P}}\tan\frac{2\pi}{\lambda_s}l_P = j\frac{1}{Z_{0P}}\tan\theta_{sP}$$

式中，$\theta_{si}=(2\pi/\lambda_s)l_i$ 是空闲短线在信号频率上的电角度，$\theta_{sP}=(2\pi/\lambda_s)l_P$ 是泵路短线在信号频率上的电角度。

变容管对信号频率呈现的导纳是

$$Y_{SV} = j\frac{1}{\dfrac{1}{\omega_s C_0}-\omega_s L} = j\frac{\omega_s C_0}{1-\omega_s^2 L_s C_0}$$

变容管及两个短线的总导纳是

$$\begin{aligned} Y_s &= Y_{si}+Y_{sP}+Y_{SV} \\ &= j\left[\frac{\omega_s C_0}{1-\omega_s^2 L_s C_0}+\frac{1}{Z_{0i}}\tan\theta_{si}+\frac{1}{Z_{0p}}\tan\theta_{sP}\right] \end{aligned}$$

为了达到信号电路谐振，电抗 $\omega_s L_1$ 应满足

$$\omega_s L_1 = \frac{1}{\dfrac{\omega_s C_0}{1-\omega_s^2 L_s C_0}+\dfrac{1}{Z_{0i}}\tan\theta_{si}+\dfrac{1}{Z_{0P}}\tan\theta_{sP}}$$

代入有关各值算得

$$\omega_s L_1 = 71\Omega$$

计算时 Z_{0P} 及 Z_{0i} 均为 50Ω。电抗 $\omega_s L_1$ 是用一段高阻抗微带线来实现，设计时要尽量把阻抗选高，长度就可以短些，以利于满足宽频带特性。此外，对泵源来说，它是并联在变容管处的分支线，应该选择它的长度以利于泵功率有效地加到变容管上(譬如说可选其长度接近 $\lambda_P/4$ 的奇数倍)。然而以上两个考虑一般不能同时满足，需要兼顾选取。现选用

$$Z_{0L} = 100\Omega$$

根据表 1-3，查得微带线宽为

$$W_L = 0.14\text{mm}$$

根据表 1-3，查得微带线的 $\sqrt{\varepsilon_e}=2.41$ 后，再利用阻抗圆图，可以求出当感抗 $\omega_s L_1=71\Omega$ 时线长是

$$l_L = 6.2\text{mm}$$

5）通频带计算

参放通频带的计算可利用式(11-39)。首先要计算出空闲回路和信号回路的有载品质因数。

空闲回路的等效电路如图 11-17 所示。空闲开路线的电长度是

$$\theta_i = \frac{2\pi}{\lambda_i}l_i = \frac{\omega_i}{v_\varphi}l_i$$

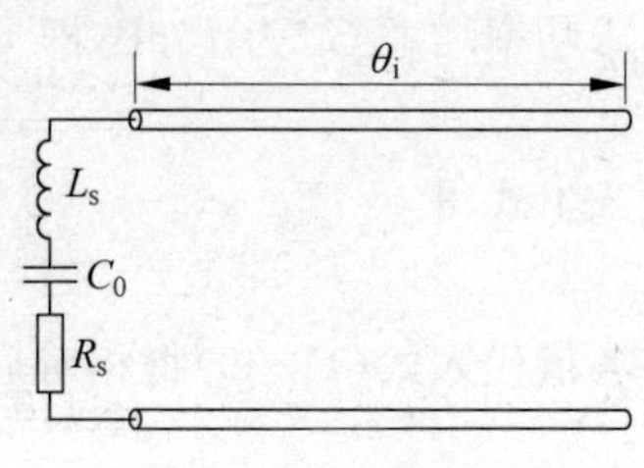

图 11-17　空闲等效电路

式中，v_φ 是相速。

空闲回路的品质因数是

$$Q_{iL} = \frac{\chi_i}{R_s}$$

式中，χ_i 是空闲回路全电抗 X_i 在频率为 ω_i 时的电抗斜率参量：

$$\chi_i = \frac{\omega_i}{2}\frac{\partial X_i}{\partial \omega}\bigg|_{\omega=\omega_i}$$

按上式计算得

$$\begin{aligned} Q_{iL} &= \frac{\omega_i}{2R_s}\frac{\partial}{\partial \omega}\left[\omega L_s - \frac{1}{\omega C_0} - Z_{0i}\cot\theta_i\right]_{\omega=\omega_i} \\ &= \frac{\omega_i L_s}{R_s} + \frac{\theta_i Z_{0i}}{2R_s}\csc^2\theta_i \end{aligned}$$

当空闲短线选为 $l_i=\lambda_i/4$ 时，$\theta_i=\pi/2$，可得

$$Q_{iL} = 42$$

顺便提一下，如果用 $\theta_i=3\pi/2$，那么将有 $Q_{iL}=91$，通频带要变窄很多。为了再降低 Q_{iL}，也可以将 Z_i 降低，但 Z_i 的降低总有一定限度，否则空闲短线宽度太大。

现在计算信号回路的品质因数。可利用图 11-16 的信号等效电路。变容管引线电感 L_s 相对于 L_1 值很小，可以忽略不计。这样，信号回路品质因数是

$$Q_{sL} = \frac{\chi_s}{R_g+R_s} = \frac{\omega_s}{2(R_g+R_s)}\frac{\partial X_s}{\partial \omega}\bigg|_{\omega=\omega_s}$$

信号回路的全电抗，可根据图 11-16 近似写成

$$X_s = Z_{0L}\tan\theta_L - \frac{1}{\omega_s C_0 + Y_i\tan\theta_{si} + Y_P\tan\theta_{SP}}$$

这里把 l_L 段高阻抗线的感抗近似写成 $Z_{0L}\tan\theta_L$，是假定了 R_g 相对于 Z_{0L} 很小，而且 $\theta_L<\pi/4$。算得

$$\theta_L = \frac{2\pi}{\lambda_s}l_L = 0.63$$

信号回路 Q_{SL} 为

$$Q_{SL} = \frac{1}{2(R_g+R_s)}\left[Z_{0L}\theta_L\sec^2\theta_L + \frac{\omega_s C_0 + Y_i\theta_{si}\sec^2\theta_{si} + Y_P\theta_{SP}\sec^2\theta_{SP}}{(\omega_s C_0 + Y_i\tan\theta_{si} + Y_P\tan\theta_{SP})^2}\right] = 5.9$$

计算参放负阻系数 α 可用式(11-34)，得

$$\alpha = 1 - \frac{2R_s}{\sqrt{G_0}(R_g+R_s)}$$

要求功率增益 G_0 为 15dB，即

$$G_0 = 31.6$$

代入上式得

$$\alpha = 0.68$$

将各值代入式(11-39)得相对通频带

$$W = \frac{1-\alpha}{Q_{SL}+Q_{iL}\dfrac{\omega_s}{\omega_i}} = 2.9\%$$

此值已经可以满足要求，如果频带计算值不够，那就必须重新修改原设计，或采用加宽频带措施。

通泵频滤波器的设计方法，见第 5 章微带带通滤波器部分。这里只提一下设计原则。滤波器应尽量靠近变容管，以减小其输入电抗对信号及空闲回路的影响。通带波纹不必选得太严，只要泵功率反射损失不过大就行，比如选用波纹为 0.5dB 已够，这就可以少用几节。滤波器对空闲频率阻隔有 5～7dB 已够，因变容管是串联谐振，已具有自隔离作用。滤波器对信号频率的隔离度应大于 10～15dB。

至于其他微带线的具体尺寸，可按一般微带器件设计，不再赘述。

11.4　微带宽频带参量放大器

11.4.1　展宽频带的物理概念

由上面单回路参量放大器的分析和计算可以看出，参放是窄频带器件，微带参放在一般情况下的相对通带不过 2%～5%，而且随着增益的提高，频带更窄。另外，参放通带特性也不理想，3dB 通带之内增益特性不平坦；通带以外，增益下降又很平缓，以致在整机使用中，有时不能满足相位特性及影像噪声抑制的要求。从上节计算举例可以看出，限制参放通带的重要因素是信号回路和空闲回路的电抗斜率较高，即使在电路结构设计中适当选择了各线段的长度与特性阻抗，但其电抗斜率仍不能降低到满意数值。这使我们想到，最好再加一些负斜率的电抗元件或再加一个回路以抵消过于陡峭的电抗斜率。这种设想就是宽带参放的物理基础。

参放的等效电路简单画成图 11-18。它的电抗部分是一个单串联谐振电路，其电抗变化如图 11-19(a)中的实线所示。在 f_0 点，电抗为零，是谐振点，增益最高。随着对频率失谐的增加，增益下降。在 X_s 增加到 $\pm X_{s1}$ 处，则是通频带边沿点。增益特性如图 11-19(b)所示。X_s 曲线愈陡，即电抗斜率愈大，通频带愈窄。

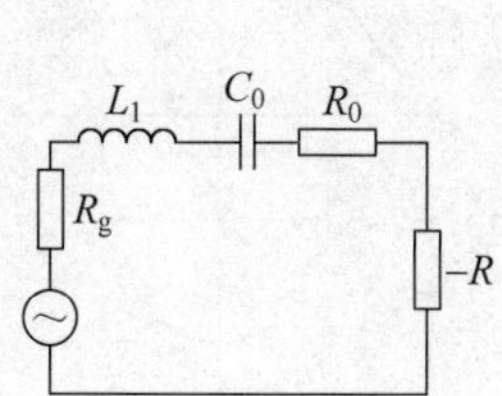

图 11-18　简单参放等效电路

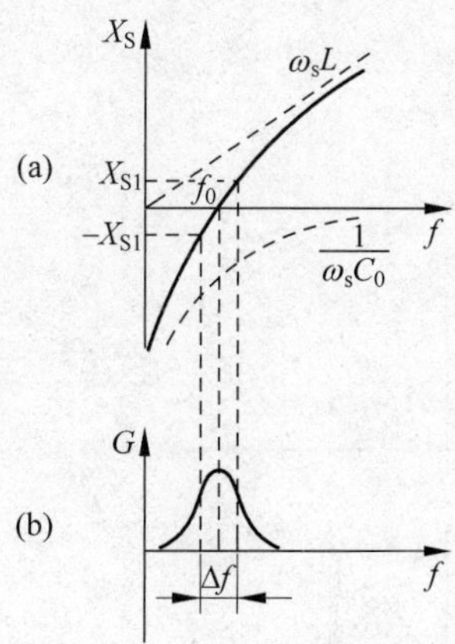

图 11-19　简单参放电抗 X_s 和增益的频率特性

如果在信源上并联一个并联谐振电路，如图 11-20 所示。这时由 A-A 面向信源看入的阻抗是 Z_g，其值为

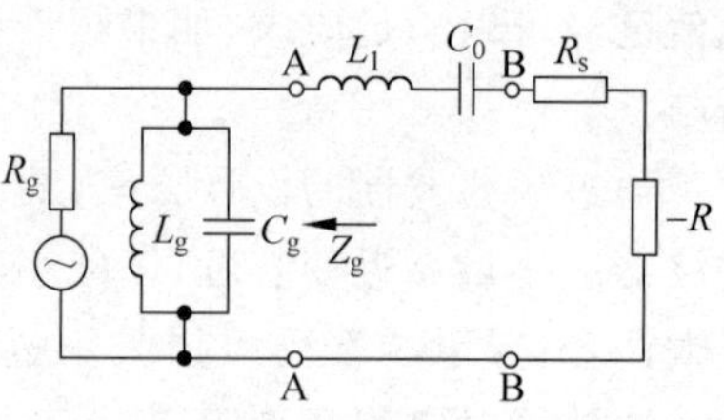

图 11-20 宽带参放等效电路

$$Z_g = \frac{1}{\frac{1}{R_g} + j\left(\omega C_g - \frac{1}{\omega L_g}\right)}$$

$$= \frac{\frac{1}{R_g}}{\left(\frac{1}{R_g}\right)^2 + \left(\omega C_g - \frac{1}{\omega L_g}\right)^2}$$

$$- j\frac{\omega C_g - \frac{1}{\omega L_g}}{\left(\frac{1}{R_g}\right)^2 + \left(\omega C_g - \frac{1}{\omega L_g}\right)^2} = R_{g0} - jX_g$$

式中，R_{g0} 是 Z_g 的实数部分，X_g 是 Z_g 的虚数部分。R_{g0} 随频率的变化如图 11-21(a)所示。在中心频率 f_0 处 R_{g0} 最大，其值就等于 R_g。X_g 的变化，如图 11-21(b)所示，是并联谐振特性。图 11-21(b)中的三条曲线代表不同的 R_g、C_g、L_g 时的不同情况，R_g 和 C_g 愈大，曲线斜率愈陡。由图可见，X_g 在 f_0 附近的电抗斜率是负值，而原参放的串联谐振电抗斜率则是正值。从图 11-20 的 B-B 面向电源看入的总电抗应是 $X_g + X_s$。把此两电抗曲线画在一起，如图 11-22(a)，实线就是 $X_g + X_s$。在 f_0 附近由于电抗相抵消，出现三个电抗零点，按此规律增益特性将有三个峰值如图 11-22(b)。显然由于负斜率电抗的引入，通频带比单回路宽了很多。图 11-22(b)中的虚线特性就是单回路的情况。图 11-22(b)只是根据电抗特性得出的增益特性，并没有考虑 R_{g0} 的变化。由于 R_{g0} 在 f_0 附近数值最大，因此这点的增益也有所降低。考虑了 R_{g0} 变化后的增益特性，可能具有图 11-22(c)的双峰特性。

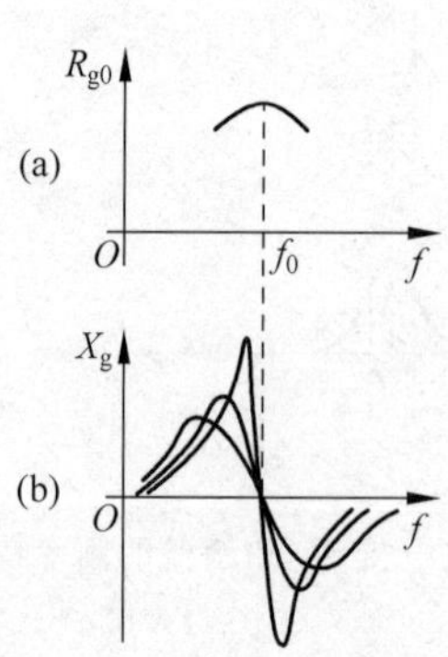

图 11-21 加并联回路后，信源回路的电阻、电抗的频率特性

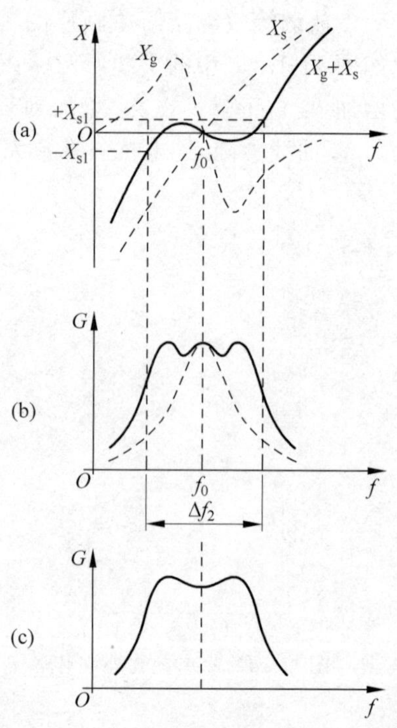

图 11-22 宽带参放的 X 和 G 的频率特性

容易推想，外加回路还可以增加到两个或更多，如图 11-23 所示。实际上，这类电路可按带通滤波网络来设计，参放原信号回路（即 L_1、C_0 组成的基本电路）将是滤波器的第一节，以后各节可按滤波器设计法进行计算。

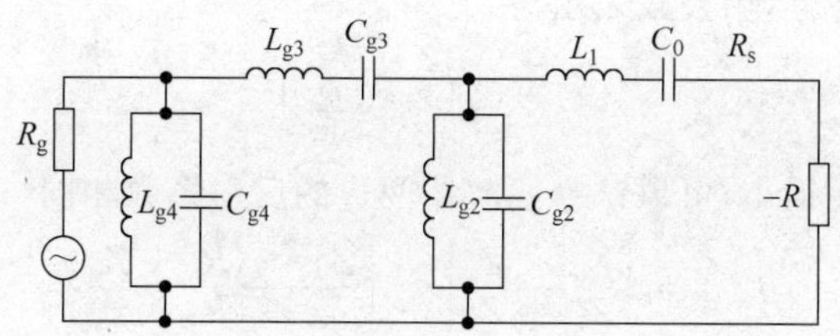

图 11-23　附加双并联谐振回路时的情况

11.4.2　宽频带参放电路原理

前面已叙述了为使参放频带加宽，可把信号回路设计成带通滤波器。然而由于空闲回路反映到信号回路的负阻，也将随空闲回路失谐而变化，因此空闲回路自身频带也必须足够宽或者说也应该设计成宽带通滤波器。这时原参放信号回路及空闲回路分别构成信号滤波器和空闲滤波器的第一节。由于这两个基本回路的电抗斜率已经是确定的，后面几节将以这两个回路的电抗斜率为依据进行设计。滤波器节数愈多，频带将愈宽。

根据上面原理，可画出带有滤波器的参放等效电路图 11-24。图中 X_{s1} 及 X_{i1} 原来分别是基本信号及空闲回路的电抗，现在是带通滤波器第一节。中间方框代表变容二极管。这里它只是一个加泵的非线性电容，起着耦合两个回路和能量转换作用，其结电容和引线电感等电抗参数已归入信号回路和空闲回路。各参考面的视入阻抗已标注在图中。

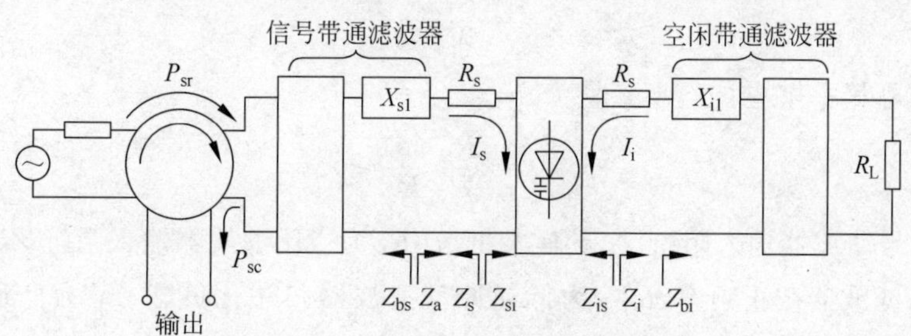

图 11-24　有滤波器的参放等效电路

变容管上的电压电流关系已表示在式(11-21)和式(11-22)。现再改写如下：

$$U_s = -jX_{11}I_s + jX_{12}I_i^* \tag{11-53}$$

$$U_i^* = -jX_{21}I_s + jX_{22}I_i^* \tag{11-54}$$

式中

$$X_{11} = \frac{1}{\omega_s C_0} \tag{11-55}$$

$$X_{12} = \frac{\gamma}{\omega_i C_0} \tag{11-56}$$

$$X_{21} = \frac{\gamma}{\omega_s C_0} \tag{11-57}$$

$$X_{22}=\frac{1}{\omega_i C_0} \tag{11-58}$$

参放的功率增益应该是输出功率 P_{sc} 与输入功率 P_{sr} 之比，也就是在环行器第二端处的等效电压反射系数的平方，用公式表示为

$$G=\frac{P_{sc}}{P_{sr}}=|\Gamma_0|^2 \tag{11-59}$$

如果带通滤波器的损耗很小，可以认为滤波器两边的反射系数相同，即

$$|\Gamma_0|=\left|\frac{Z_{bs}-Z_a}{Z_{bs}+Z_a}\right|=\left|\frac{Z_{bs}-(R_s+Z_{si})}{Z_{bs}+(R_s+Z_{si})}\right| \tag{11-60}$$

根据式(11-28)、式(11-56)和式(11-57)得

$$Z_{si}=\frac{-\gamma^2}{\omega_s\omega_i C_0^2 Z_i^*}=-\frac{X_{21}X_{12}}{Z_i^*}$$

代入式(11-60)得

$$|\Gamma_0|=\left|\frac{(Z_{bs}-R_s)Z_i^*+X_{12}X_{21}}{(Z_{bs}+R_s)Z_i^*-X_{12}X_{21}}\right| \tag{11-61}$$

这是参放特性的基本关系式，式中各参数分别计算如下：

根据第 5 章归一化原型滤波器设计法，可得出带通滤波器第一节的电抗斜率参数表示式。

由于 $R_0/R_0'=R_{n+1}/R_{n+1}'$，而且假定滤波器是由无损电抗元件所组成，在中心频率上其输入电阻 R_{bs} 等于负载电阻 R_{n+1}，那么信号回路滤波器的第一节电抗斜率参量可利用式(5-63)改写成

$$\chi_{s1}=\frac{R_{bs}}{W_s}\frac{\omega'_1 g_1}{R'_{n+1}} \tag{11-62}$$

空闲回路滤波器第一节电抗斜率参量为

$$\chi_{i1}=\frac{R_{bi}}{W_i}\frac{\omega'_1 g_1}{R'_{n+1}} \tag{11-63}$$

式中，R_{bs} 为信号滤波器输入阻抗 Z_{bs} 的实数部分，R_{bi} 为空闲滤波器输入阻抗 Z_{bi} 的实数部分，ω_1' 为低通原型滤波器截止频率，R_{n+1}' 为低通原型滤波器归一化负载，g_1 为低通原型滤波器第一节元件值，W_s 为信号滤波器相对通频带，W_i 为空闲滤波器相对通频带。

在滤波器设计中，为了使参放频带宽度有最佳值，应该把信号回路和空闲回路的滤波器频宽设计得相同，即

$$W_i f_i=W_s f_s \tag{11-64}$$

根据以上关系，得

$$\frac{\chi_{s1}}{R_{bs}}=\frac{\chi_{i1}}{R_{bi}}\cdot\frac{f_s}{f_i} \tag{11-65}$$

由于在滤波器中心频率上输入阻抗的电抗部分为零，即

$$Z_{bs}=R_{bs}$$

$$Z_{bi}=R_{bi}$$

将式(11-65)移项，得

$$Z_{bs} = R_{bs} = R_{bi}\frac{f_i}{f_s} \cdot \frac{\chi_{s1}}{\chi_{i1}} \tag{11-66}$$

$$Z_{bi} = R_{bi} = R_{bs}\frac{f_s}{f_i} \cdot \frac{\chi_{i1}}{\chi_{s1}} \tag{11-67}$$

再来推导空闲阻抗 Z_i^*。由图 11-24 可知

$$Z_i = R_s + Z_{bi}$$

在中心频率上：

$$Z_i^* = R_s + R_{bi}$$

利用式(11-67)，得

$$Z_i^* = R_s + R_{bs}\frac{f_s}{f_i} \cdot \frac{\chi_{i1}}{\chi_{s1}} \tag{11-68}$$

至于变容管串联电阻 R_s，可由变容管品质因数求得。由

$$Q_s = \frac{1}{\omega_s C_0 R_s}$$

得

$$R_s = \frac{1}{\omega_s C_0 Q_s} = \frac{X_{11}}{Q_s} \tag{11-69}$$

最后，用式(11-56)和式(11-57)，得

$$X_{12}X_{21} = \frac{\gamma}{\omega_i C_0} \cdot \frac{\gamma}{\omega_s C_0} = \gamma^2 X_{11}^2 \cdot \frac{f_s}{f_i} \tag{11-70}$$

将式(11-66)、式(11-68)、式(11-69)和式(11-70)代入式(11-61)，得

$$|\Gamma_0| = \left| \frac{\left(R_{bs} - \dfrac{X_{11}}{Q_s}\right)\left(\dfrac{X_{11}}{Q_s} + R_{bs}\dfrac{f_s}{f_i}\dfrac{\chi_{i1}}{\chi_{s1}}\right) + \gamma^2 X_{11}^2 \dfrac{f_s}{f_i}}{\left(R_{bs} + \dfrac{X_{11}}{Q_s}\right)\left(\dfrac{X_{11}}{Q_s} + R_{bs}\dfrac{f_s}{f_i}\dfrac{\chi_{i1}}{\chi_{s1}}\right) - \gamma^2 X_{11}^2 \dfrac{f_s}{f_i}} \right| \tag{11-71}$$

令

$$n = \frac{f_i}{f_s} \cdot \frac{\chi_{s1}}{\chi_{i1}} \tag{11-72}$$

$$q = \gamma Q_s \sqrt{\frac{\chi_{s1}}{\chi_{i1}}} \tag{11-73}$$

$$u = \frac{R_{bs}}{\gamma \chi_{s1}}\sqrt{\frac{\chi_{s1}\chi_{i1}}{X_{11}}} = \frac{W_s}{\gamma}\frac{R'_{n+1}}{\omega'_1 g_1}\sqrt{\frac{\chi_{s1}\chi_{i1}}{X_{11}}} \tag{11-74}$$

并代入式(11-71)，经整理化简后可得

$$u = \sqrt{\left[\frac{1}{2q}\left(\frac{\Gamma_0 + 1}{\Gamma_0 - 1} + n\right)\right]^2 + \frac{\Gamma_0 + 1}{\Gamma_0 - 1}\left(1 - \frac{n}{q^2}\right)} - \frac{1}{2q}\left(\frac{\Gamma_0 + 1}{\Gamma_0 - 1} + n\right) \tag{11-75}$$

由式(11-74)移项得信号回路滤波器通频带

$$W_s = u\gamma\left(\frac{X_{11}}{\sqrt{\chi_{s1}\chi_{i1}}}\right)\left(\frac{\omega'_1 g_1}{R'_{n+1}}\right) \tag{11-76}$$

现在来分析以上几个关系式的物理意义。由式(11-76)可知参放信号回路滤波器通频

带 W_s,也就是参放通频带,和参数 u 成正比。u 值愈高,可能获得的通频带愈宽。而从式(11-75)知 u 是增益 $|\Gamma_0|^2$ 的弱函数,尤其是 Γ_0 较大时,Γ_0 的变化对 u 影响很小。因此参放的增益带宽乘积不再是常数,这一点和单回路参放状况不再一样。为了进一步分析清楚 Γ_0 与 u 的关系,将式(11-75)图解为图 11-25 的曲线。由曲线看出,q 愈大也就是 γQ_s 愈大,则 u 值愈高,频带愈宽。此外频带的加宽与原信号回路及空闲回路的电抗斜率参量 χ_{s1}、χ_{i1} 有很大关系,因此参放基本电路的设计仍很重要,必须力求降低参放基本电路的电抗斜率。最后一点,带通滤波器的通带允许波纹值愈大,节数愈多,即 g_1 值愈大,通频带就愈宽。这点和无源滤波器特性规律是一致的。

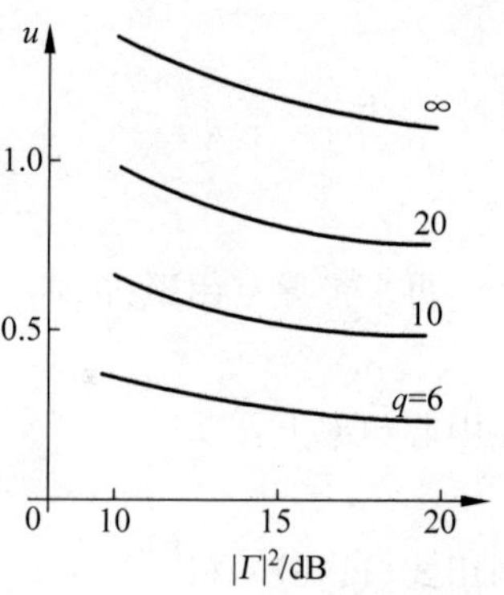

图 11-25 式(11-75)的图解曲线

11.4.3 宽频带参放设计

宽频带参放的设计程序可归纳如下:

(1) 根据给定的指标以及单回路参放电路,算出基本信号回路和空闲回路的电抗斜率 χ_{s1} 和 χ_{i1}。

(2) 根据要求的参放增益 $|\Gamma_0|^2$,以及允许的带内增益起伏,按照滤波器原型设计法确定滤波器节数,查出原型滤波器参数。由于参放是有增益的器件,不是无源网络,因此滤波器带内波纹的最大值要比允许增益起伏低一个数量级。

(3) 用式(11-76)估算可能获得的通频带。

(4) 按一般微带滤波器及微带电路方法设计电路图形。

设计举例:

【例 11-1】 给定的设计指标及初始数据都与前述简单回路参放的要求相同。

1) 基本电路的电抗斜率参量

信号和空闲回路的电抗斜率参量定义是

$$\chi_{s1} = \frac{\omega_s}{2}\cdot\frac{\partial X_s}{\partial \omega}\bigg|_{\omega=\omega_s}$$

$$\chi_{i1} = \frac{\omega_i}{2}\cdot\frac{\partial X_s}{\partial \omega}\bigg|_{\omega=\omega_i}$$

宽频带参放的基本信号回路与原单回路情况变化不大,可以认为前面算出的有载 Q_{sL} 值也变化不大,因此只要利用下述关系就可以直接得出信号回路的电抗斜率参量:

$$\begin{aligned}\chi_{s1} &= Q_{sL}(R_g + R_s)\\ &= 5.9(14.6 + 1.6) = 95\end{aligned}$$

至于空闲回路,其结构变动较大,应重新计算它的电抗斜率。由于变容管自身谐振于空闲频率,因此空闲滤波器第一节也就是变容管本身,它的电抗斜率参量是

$$\chi_{i1} = \frac{1}{\omega_i C_0} = 28$$

2) 滤波器参数和通频带的计算

由式(11-72)和式(11-73)算出

$$n=\frac{f_i}{f_s}\cdot\frac{\chi_{s1}}{\chi_{i1}}=27$$

$$q=\gamma Q_s\sqrt{\frac{\chi_{s1}}{\chi_{i1}}}=16.6$$

当要求功率增益为 15dB 时，增益数值是 31.6 倍。则

$$\Gamma_0=\sqrt{G_0}=5.63$$

将上面各参数代入式(11-75)，得

$$u=0.56$$

根据式(11-55)，信号回路电抗是

$$X_{11}=\frac{1}{\omega_s C_0}=222$$

选用三节切比雪夫等波纹滤波器，允许带内起伏 0.01dB。查表 5-2 得原型参数如下：

低通原型滤波器截止频率： $\omega_1'=1$

低通原型滤波器信源阻抗： $R_0'=1$

低通原型滤波器负载阻抗： $R_{n+1}'=1$

第一节参数： $g_1=0.6291$

第二节参数： $g_2=0.9702$

第三节参数： $g_3=0.6291$

用式(11-76)计算通频带

$$W_s=u\gamma\frac{X_{11}}{\sqrt{\chi_{s1}\chi_{i1}}}\frac{\omega'_1 g_1}{R'_{n+1}}=0.18$$

即可得到的频带宽度是 18%，它比单回路时的 2.9%大了很多。

用式(11-62)和式(11-67)来计算信号滤波器及空闲滤波器的输入阻抗：

$$r_{bs}=W_s\chi_{s1}\frac{R'_{n+1}}{\omega'_1 g_1}$$

$$r_{bi}=r_{bs}\frac{f_s}{f_i}\cdot\frac{\chi_{i1}}{\chi_{s1}}$$

由于原型滤波器各参数都是归一化值。故此式中的 χ_{s1} 应该用对信源阻抗 R_g 的归一化的值。已知 $R_g=14.6\Omega$，算得归一化值为

$$\chi_{s1}=\frac{95}{14.6}=6.5$$

$$\chi_{i1}=\frac{28}{14.6}=1.92$$

这里凡是小写的都是归一化值。于是算得

$$r_{bs}=1.86$$

$$r_{bi}=0.053$$

滤波器第二节的电纳斜率，根据带通滤波器设计公式，应该满足下列关系：

$$\delta_{s2}=\frac{1}{W_s r_{bs}}(R'_{n+1}\omega'_1 g_2)$$

$$\delta_{i2}=\frac{1}{W_s\frac{f_s}{f_i}r_{bi}}(R'_{n+1}\omega'_1 g_2)$$

算得

$$\delta_{s2} = 2.9$$

$$\delta_{i2} = 813$$

滤波器第三节电抗斜率参量应该满足

$$\chi_{s3} = \frac{r_{bs}}{W_s} \cdot \frac{\omega'_1 g_3}{R'_{n+1}}$$

$$\chi_{i3} = \frac{r_{bi}}{W_s} \cdot \frac{\omega'_1 g_3}{R'_{n+1}}$$

由于 $g_1 = g_3$，所以直接可得

$$\chi_{s3} = \chi_{s1} = 6.5$$

$$\chi_{i3} = \chi_{i1} = 1.92$$

3）滤波器结构设计

滤波器的第二节谐振器等效电路是并联在主线上的并联谐振电路。在微带结构上可做成一段 $\lambda_s/2$ 的并联分支线。滤波器第三节是串联在主线上的串联谐振电路，它在微带结构上可用一段 $\lambda_s/2$ 的并联分支线，经过 $\lambda_s/4$ 倒置转换器来实现。这样的信号回路滤波器图形，如图 11-26 所示。图中没有画出空闲及泵电路部分。

第二节谐振器在参考面 A 处的等效电路见图 11-27。这节微带分支线特性阻抗是 Z_a，选用 $Z_a = 50\Omega$，其特性导纳 $Y_a = 1/Z_a$。并联在主线两边的电长度分别是 θ_1 及 θ_2，总长度是

$$\theta_1 + \theta_2 = \pi$$

各段长度及导纳值已标注在图中。

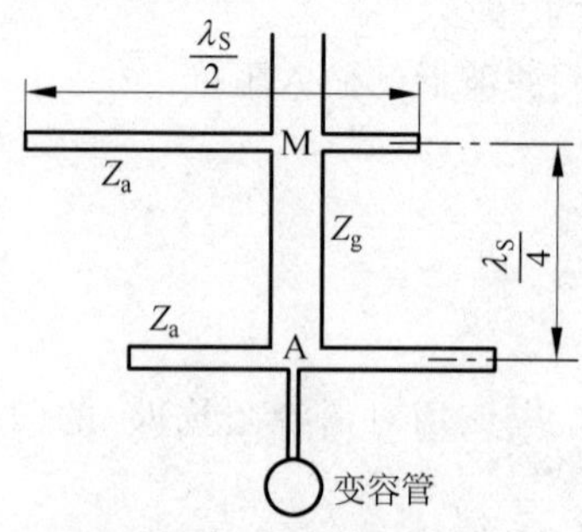

图 11-26 信号回路滤波器

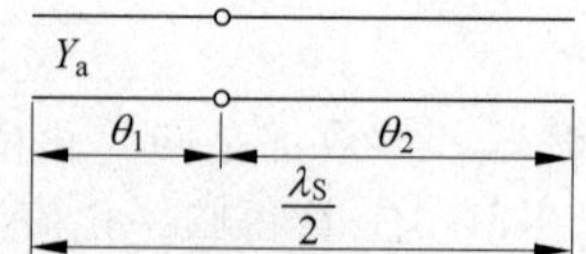

图 11-27 信号滤波器第二节等效电路

在 A 处对谐振器视入导纳是

$$jB = jY_a \tan\theta_1 + jY_a \tan\theta_2$$

对主线导纳 Y_g 的归一化电纳斜率参量，根据定义可写成

$$\begin{aligned}\delta_{s2} &= \frac{1}{Y_g} \cdot \frac{\omega_s}{2} \cdot \frac{\partial B}{\partial \omega}\bigg|_{\omega=\omega_s} \\ &= \frac{1}{Y_g}\frac{\omega_s}{2}\frac{\partial}{\partial \omega}[Y_a \tan\theta_1 + Y_a \tan\theta_2]_{\omega=\omega_s} \\ &= \frac{1}{Y_g}\frac{Y_a}{2}[\theta_1 \sec^2\theta_1 + \theta_2 \sec^2\theta_2]\end{aligned}$$

因为

$$\theta_2 = \pi - \theta_1$$

所以

$$\sec\theta_2 = \sec(\pi - \theta_1) = -\sec\theta$$

因此

$$\delta_{s2} = \frac{\pi}{2} \cdot \frac{Y_a}{Y_g} \sec^2\theta_1$$

移项后可得

$$\theta_1 = \sec^{-1}\sqrt{\frac{2\delta_{s2} Y_g}{\pi Y_a}}$$

把设计要求的数值

$$\delta_{s2} = 2.9, \quad Y_a = \frac{1}{50}, \quad Y_g = \frac{1}{14.6}$$

代入上式,得

$$\theta_1 = 1.163\text{rad}(\text{相当于 } 66.5°)$$

$$\theta_2 = 1.977\text{rad}(\text{相当于 } 113.5°)$$

第三节谐振器的等效电路如图 11-28 所示。分支线特性导纳仍是 $Y_a = 1/50$。据图可知参考面 M 处的分支线输入导纳为

$$Y_M = Y_g + jY_a(\tan\theta_3 + \tan\theta_4)$$

而在参考面 A 处的输入阻抗是 Y_M 经过 $\lambda_s/4$ 倒置转换器的阻抗:

$$\begin{aligned} Z_A &= Z_g^2 Y_M \\ &= Z_g + jZ_g^2 Y_a(\tan\theta_3 + \tan\theta_4) \end{aligned}$$

此节谐振器的归一化电抗斜率参量是

$$\begin{aligned} \chi_{s3} &= \frac{\omega_s}{2Z_g} \frac{\partial X_A}{\partial \omega}\bigg|_{\omega=\omega_s} \\ &= \frac{\omega_s}{2Z_g} \frac{\partial}{\partial \omega}\left[Z_g^2 Y_a(\tan\theta_3 + \tan\theta_4)\right]\bigg|_{\omega=\omega_s} \\ &= \frac{\pi Z_g}{2Z_a}\sec^2\theta_3 \end{aligned}$$

移项得

$$\theta_3 = \sec^{-1}\sqrt{\frac{2\chi_{s3} Z_a}{\pi Z_g}}$$

将 $\chi_{s3} = 6.5, Z_g = 14.6$ 代入上式得

$$\theta_3 = 1.303\text{rad}(\text{相当于 } 74.5°)$$

$$\theta_4 = 1.839\text{rad}(\text{相当于 } 105.5°)$$

现在来计算空闲回路滤波器。空闲电路滤波器第一节谐振器就是变容管本身。第二节谐振器是并联在此参考面的并联谐振电路。同样可以用 $\lambda_i/2$ 的并联微带分支线来构成。而第三节是串联谐振电路,它可用一段串接的 $\lambda_i/2$ 微带线、其终端接一个前面设计中要求的负载 r_{bi}。去归一化后,R_{bi} 实际值是 0.77Ω。结构实现的方式之一是在瓷片上打孔,孔内填银浆烧结,可得近似为 0.77Ω 的接地电阻。电路图形如图 11-29 所示。

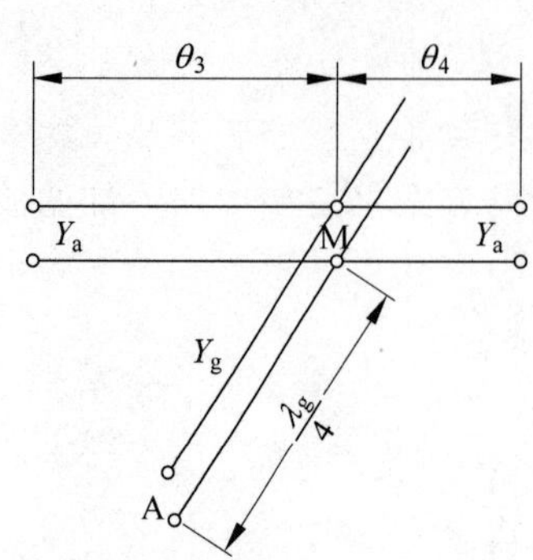

图 11-28 信号滤波器第三节谐振器的等效电路

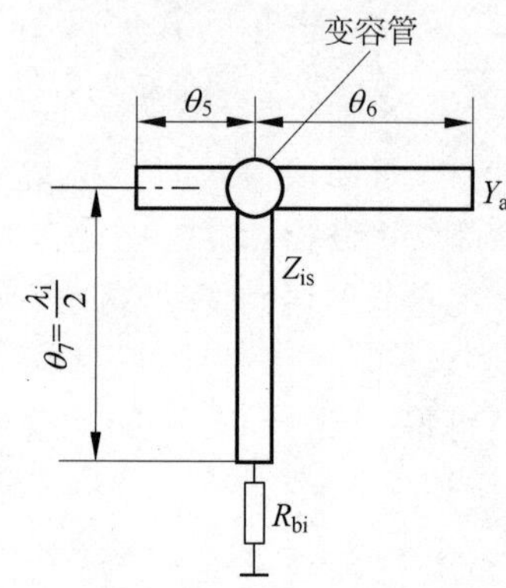

图 11-29 空闲滤波器的微带图形

空闲滤波器第二节谐振器设计公式与信号滤波器第二节类似，对照可写出：

$$\begin{aligned}\theta_5 &= \sec^{-1}\sqrt{\frac{2\delta_{i2}Y_g}{\pi Y_a}} \\ &= 1.55\text{rad}(\text{相当于 } 88.5°) \\ \theta_6 &= 1.59\text{rad}(\text{相当于 } 91.5°)\end{aligned}$$

空闲滤波器第三节谐振器归一化电抗斜率参量是

$$\begin{aligned}\chi_{i3} &= \frac{\omega_i}{2Z_g}\cdot\frac{\partial X}{\partial\omega}\bigg|_{\omega=\omega_i} \\ \chi_{i3} &= \frac{\omega_i}{2Z_g}\frac{\partial}{\partial\omega}[Z_{i3}\tan\theta_7]\bigg|_{\omega=\omega_i} \\ &= \frac{\theta_7 Z_{i3}}{2Z_g}\sec^2\theta_7\end{aligned}$$

当 $\theta_7=\pi$ 时，

$$\chi_{i3} = \frac{\pi Z_{i3}}{2Z_g}$$

从而得

$$Z_{i3} = \frac{2\chi_{i3}Z_g}{\pi} = 17.8\Omega$$

所得 Z_{i3} 的阻抗值较低，在微带结构上不容易实现。但是由于终端负载 R_{bi} 很小，可以近似认为这段 $\lambda_i/2$ 微带线是终端短路。那么这个第三节谐振器就可以用 $\lambda_i/4$ 开路线来代替，此时要求的这段微带线的特性阻抗将是

$$\begin{aligned}Z'_{i3} &\approx \frac{4\chi_{i3}Z_g}{\pi} \\ Z'_{i3} &= 35.6\Omega\end{aligned}$$

因为 Z'_{i3} 阻抗值加大了一倍，结构上较易实现。

根据已经计算出的各段电长度(即 θ_1 至 θ_6)，就可以算出理论微带线长度。而实际结构长度还要考虑微带开路端效应及 T 形结效应进行修正，这里不再重复。最后给出计算后的参放微带示意图，如图 11-30 所示。

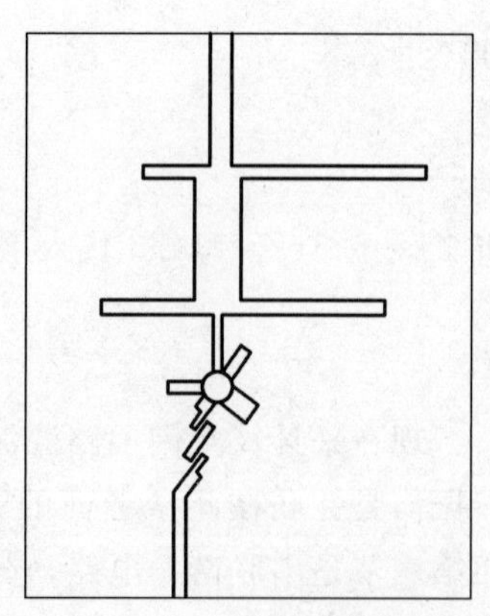

图 11-30 宽带参放示意图

理论计算的微带参放图形，往往由于对初始参数的选取有偏差，例如变容管参数和分布参数都有较大离散，所以在设计之后，要用实验的办法仔细反复校正调整。

在宽频带滤波器式的参放中，空闲频率一般较高，分布参数的影响显著增大，往往难以获得准确的滤波器特性。因此在实际应用中最普遍的方案是空闲回路不加滤波器，只在信号回路用两节谐振元件的滤波器。采用这种方案也可以获得一定宽度的通频带，而其结构一致性和调测工序都简化了很多。

第 12 章 微波晶体管放大器

CHAPTER 12

12.1 概述

微波晶体管是当前最新的微波半导体器件之一。20 世纪 60 年代中期，平面外延晶体管的工作频率已达到 1GHz 以上，双极晶体管[①]开始进入微波领域。20 世纪 60 年代末期，微波晶体管有了一个飞跃，已经成为微波领域中成熟可用的定型半导体器件。

微波晶体管的性能指标与工作频率有很密切的关系。20 世纪 60 年代末期的水平如表 12-1 所示。

表 12-1 微波晶体管的性能指标与频率关系

工作频率/GHz	小信号晶体管噪声系数/dB	功率晶体管	
		连续波/W	脉冲/W
1	1.5	20	125
2	2.0	10	/
3	3.0	5	/
4	4.0	1	/
6	6.0	/	/

20 世纪 70 年代以来，由于发射极扩砷、低接触电阻的金属化电极、离子注入和基区重掺杂以及氧化绝缘等新技术的应用，晶体管的指标又有很大的提高。低噪声晶体管的水平已经达到 3.1GHz，单管噪声系数 1.9dB，两级放大器的噪声系数 2.3dB；8GHz 单管噪声系数 3.9dB。低噪声放大器开始系列化，最高工作频段覆盖 4～8GHz。在功率晶体管方面已经将输出功率 5W 的管子用到 4GHz，并向 5GHz 发展。

晶体管的潜力怎样？它能否再往更高的频段和更大的功率容量发展？从理论上，不论是双极晶体管还是单极晶体管，它们的频率极限与允许电压的极限值由下式决定：

$$U_m f_T = E v_s / 2\pi \tag{12-1}$$

其中，U_m 是加在器件上的最大许可电压；f_T 是电流增益带宽乘积，或称特征频率；E 是半导体材料的介质击穿电场；v_s 是载流子饱和漂移速度。

---

① 双极晶体管是指 NPN(或 PNP)这类有两种极性不同的载流子参与导电机构的晶体管，也就是通称的晶体管。对应的单极晶体管只有一种载流子参与导电机构，场效应管就是单极晶体管。

锗、硅和砷化镓这三种材料的极限值如表 12-2 所示。硅的比锗的大一倍，砷化镓的比锗的大十倍，比硅的大五倍。

表 12-2 锗、硅和砷化镓的极限值

	锗 Ge	硅 Si	砷化镓 GaAs
$U_m f_T$ V/s	1×10^{11}	2×10^{11}	1×10^{12}

在微波晶体管的发展过程中，首先是锗管获得了较好的指标。但是到了 20 世纪 60 年代中、后期，硅管很快赶上并超过锗管。目前微波双极晶体管几乎全部是硅管。它的潜力虽然比锗管大一倍，但是目前所用硅管的 $U_m f_T$ 值已经到了 1×10^{11}，例如集电极电压为 10V ($U_m=10$V)，$f_T=10$GHz。硅管的工作频率只能到几 GHz，再往高的频率不可能有太大希望达到。而这方面砷化镓却有引人注目的极限值，就目前砷化镓管的水平来说，还有相当大的潜力。因此近几年来大力发展砷化镓的管子。在 C 波段以下，砷化镓场效应管的噪声系数比硅双极晶体管略大一些；但在 C 波段以上，它比双极管就好。工作频率高达 18GHz 的砷化镓场效应管已有实验样品。目前低噪声场效应管在 12GHz 时噪声系数可达 3.3dB。估计今后在 10GHz 以上主要使用砷化镓场效应管。

晶体管的特征频率 f_T 与渡越时间 τ 有下列关系：

$$\tau = 1/2\pi f_T \tag{12-2}$$

图 12-1 互交指形管芯

在双极管中，τ 是从发射极到集电极的总渡越时间；在场效应管中，τ 是从源极到漏极的总渡越时间。由于半导体材料内部存在着饱和漂移速度，τ 有最小值，取决于半导体材料和器件尺寸。平面外延双极晶体管的截面结构如图 12-1 所示。基区和 b-c 结耗尽层的渡越时间占总渡越时间的主要部分，它们越薄，载流子穿过它们所需的渡越时间就越小，但是这样的器件的击穿电压也就越低。因此 $U_m f_T$ 乘积有极限值。这个极限值由半导体材料决定，如表 12-2 所示。

微波晶体管放大器与其他几种低噪声放大器——行波管放大器、参量放大器、隧道二极管放大器——相比较有下列优点：

(1) 通频带宽。晶体管从直流到微波都有放大能力。晶体管放大器的工作频带主要由电路决定。相对带宽通常很容易做到 20%以上，甚至可以达到一、二个倍频程。在微波通信、人造卫星、导弹、雷达以及电子侦察装置等方面，宽频带放大器是很重要的。在这方面，只有行波管放大器可以与它相提并论。参量放大器和隧道二极管放大器都是利用负阻效应产生放大作用，它们本质上是窄带放大器。尤其是参量放大器，做到 10%的相对带宽已很费力，而且还需要降低增益才能达到。隧道二极管放大器的稍宽一些，通常也只能得到 20%左右的相对带宽。因此微波晶体管放大器的宽带特性，在微波领域内显示出很大的优越性。

与带宽有密切关系的是工作稳定。一般来说，宽带放大器的工作稳定性较好。

宽带放大器的另一个特点是放大器的相位特性的线性度好，群延迟时间小。这在某些利用相位信息的微波系统中很重要。

(2) 晶体管放大器的噪声性能仅次于参量放大器而优于行波管和隧道二极管放大器。

随着晶体管工艺的不断改进，目前在 S 波段以下，晶体管放大器的噪声系数已接近参量放大器，达到了 2～4dB 的水平。但在 X 波段以上还差一些。将来砷化镓场效应晶体管成熟以后，在微波高频频段也可使用晶体管放大器。

(3) 晶体管放大器的动态范围大。以增益压缩 1dB 点的输入功率电平来说，低噪声行波管和隧道二极管约在 10μW 量级，而小信号晶体管则在 1mW 左右，输出功率可达 5～10mW。同时晶体管放大器便于做成对数振幅特性，过载能力可以增强，对于雷达抗干扰很有价值。

(4) 晶体管放大器的增益不受限制。虽然单级增益往往只有几 dB，但它便于多级级联，增益可以做得很高。例如毫米波通信的中频放大器是用微波晶体管放大器，它的增益高达 70dB。除了行波管放大器也具有这种能力外，参量放大器和隧道二极管放大器都无法提供如此高的增益。

(5) 电路不需要调整，重复性好，适宜成批生产。参量放大器和隧道二极管放大器一般要加微调装置或者是单件调测，这对集成电路来说很不方便，同时要求的使用、维修技术就高。晶体管放大器没有这个要求，便于推广应用。

(6) 体积重量小，设备简单，电源电压低，成本低。相比之下，行波管放大器和参量放大器设备复杂，价格昂贵，可靠性也就比晶体管放大器差。

晶体管放大器的缺点是工作频率目前尚限于低微波频段，以 L、S 波段居多。另外微波晶体管由于结区尺寸小，击穿电压低，抗击穿、烧毁能力差。在大型雷达中作为高频放大器使用，还需加装保护电路。

综上所述，晶体管放大器优点多，缺点少。在低噪声放大器方面，它将取代行波管和隧道二极管放大器的位置。

本章只讨论小信号双极微波晶体管放大器。在小信号运用中，通常用 S 参量进行分析设计。这种方法对于小信号场效应管同样适用。S 参量也可推广使用于甲类功率放大器和小功率振荡器。

对于双极晶体管的噪声性能分析有几种模型。本书采用共发射极混合 π 型等效电路直接推出噪声系数公式。这种公式的计算值在微波频率比较接近实测数值，同时它与共发射极运用的工作状态相一致。这样也使小信号等效电路与噪声等效电路是共同的电路模型。

有关微波晶体管的参量数值大小、结构形式以及晶体管 S 参量测试系统等资料较多，本章将把重点放在基本的分析和设计方面。关于微波晶体管放大器的电路设计，主要采用 S 参量，还没有固定的综合方法。由于缺乏管子的 S 参量，我们实践经验较少，只简单介绍几种可用的设计方法。

此外，晶体管放大器的概念较为复杂，用到的符号也较多，有的可能与其他部分不很统一，有关符号的意义在用到时均加以说明，请读者注意。

12.2 微波晶体管小信号等效电路

微波晶体管小信号放大器大多数是用共发射极接法。尤其在 1GHz 以上，几乎全是共发射极放大器。共集电极接法在微波波段，由于增益小而不使用。共基极还有使用的。共发射极与共基极相比有下列优点：

(1) 噪声系数共发射极放大器与共基极放大器相同。当考虑内部反馈时,共发射极比共基极的噪声系数还要低一点。

(2) 增益高。共发射极放大器的功率增益比共基极放大器的高得多,因此在微波波段由于管子增益已不太高,大都采用共发射极接法。即使这样,每级增益也只有 5～10dB。

(3) 稳定范围宽。共基极接法工作时晶体管在相当大的频率范围内是潜在不稳定的,只在靠近 f_T 附近处管子才是稳定的。共发射极接法工作时晶体管在较大频率范围内是稳定的。

(4) 共发射极接法的输入、输出阻抗在几十 Ω 的量级,适宜于常用同轴和微带传输线电路的设计;而共基极接法的输入阻抗太低,在几 Ω 量级,常用传输线的特性阻抗在 50Ω 左右,要把它转成几 Ω 的低阻抗会给设计带来一定困难,并且会影响频带宽度。

(5) 最小噪声系数的最佳信源导纳与最大增益(匹配)的信源导纳,在共发射极时差别不大。因此容易兼顾噪声和增益这两者,不致因考虑最小噪声系数而使增益下降太多。但在共基极时两者差别较大,考虑噪声最小时增益牺牲大,当单级增益不够高时就不能取最小噪声条件。

由于上述原因,小信号微波晶体管放大器几乎总是用共发射极接法。晶体管的封装也做成适宜于共发射极接法。共基极接法在几百兆赫兹时还能见到,但到千兆赫兹以上就很少见到。

下面我们就来分析微波晶体管共发射极接法时的特性。首先从等效电路开始。关于低频晶体管的一般知识和常用的几种等效电路这里不再叙述。我们以下的分析讨论是在已经了解几种中低频等效电路和它的参量的基础上进行的。

现在所用的微波晶体管都是平面外延管。低噪声微波晶体管采用互交指形的结构形式。管芯外形如图 12-1 所示,截面如图 12-2 所示。

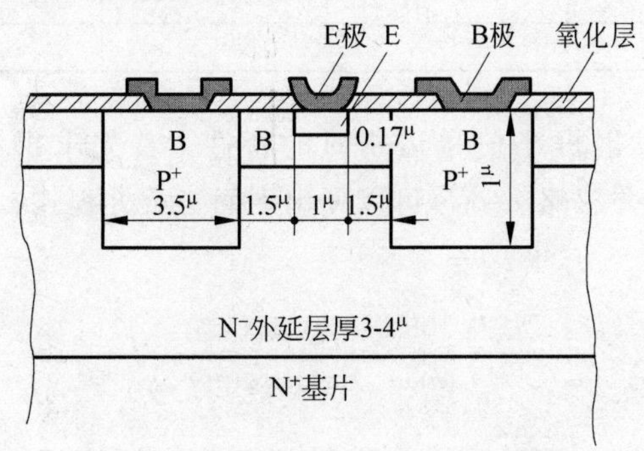

图 12-2 典型管芯截面构造和尺寸

共发射极接法的微波小信号等效电路如图 12-3 所示,直接用 T 型等效电路来表示。其中,L_b、L_e 是基极、发射极引线电感;r_e 为发射结的交流电阻,r'_e为发射极接触电阻和体电阻;r'_b包括基区扩展电阻 r'_{bb}和基极接触和体电阻;r_{sc}是集电极体电阻和接触电阻;C_{ce}是集电极与发射极之间的分布电容;C_{TE}是 E-B 结势垒电容,C_{DE}是扩散电容,$C_{DE}=1/r_e\omega_\alpha$,$\omega_\alpha$ 为共基极的电流放大系数 α 的截止频率;$m\omega/\omega_\alpha$ 代表过剩相移;$\omega x/2v_s$ 是载流子渡越 B-C 结的相位滞后(x 是结区宽度);集电极电流发生器 α'_{ie}表示了通过 C_{TE}的电流没有被放大;基区内扩散和漂移机构起的作用包含在 ω_α 内,即扩散电容 C_{DE};C_C 代表从 α'_{ie}往外看的 C-B 充

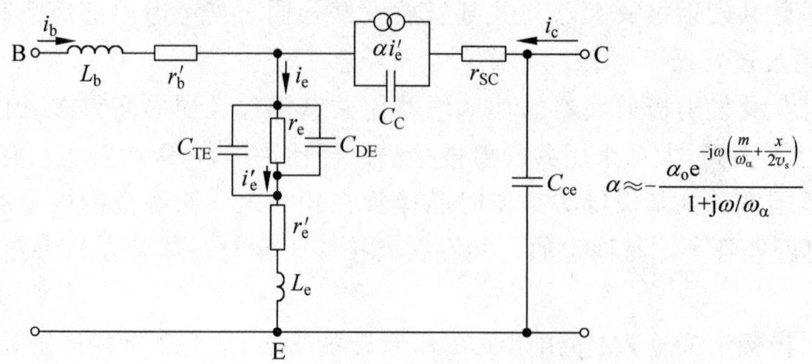

图 12-3 共发射极小信号 T 型等效电路

电电容。

晶体管中 m、ω_α 的数值与产生基区漂移场的杂质分布的关系如表 12-3 所示。其中，N_{eb}是基区靠发射结边的杂质浓度；N_{cb}是基区靠收集结边的杂质浓度。扩散频率 $\omega_D=\overline{D}_n/W^2$，$W$ 是基区宽度，$\overline{D}_n$ 是平均扩散系数。

表 12-3 m、ω_α 与基区漂移场杂质分布关系

$\eta=-\frac{1}{2}\ln(N_{eb}/N_{cb})$	ω_α/ω_D	m
0	2.43	0.22
1	4.9	0.40
2	8.3	0.61
3	12.6	0.82
4	17.6	1.00
5	23.2	1.17
6	29.5	1.35

现在我们来分析共发射极小信号运用时的特性。首先求出短路电流放大系数。在图 12-3 中，当输出端短路并忽略 L_e 后，可以列出下面三个方程式：

$$i_c + i_b = i_e \tag{12-3}$$

$$i_c = \alpha i_e' + i_{ce} \tag{12-4}$$

$$i_c r_{sc} + i_{ce}/j\omega c_c + i_e(Z_e + r_e') = 0 \tag{12-5}$$

其中，

$$Z_e = r_e/[1 + j\omega r_e(C_{DE} + C_{TE})]$$

解式(12-3)～式(12-5)(见附录 A)，可以得到共发射极短路电流放大系数：

$$h_{fe} = \frac{i_e}{i_b} = h_{fe0}\frac{1 - j\omega T_d}{1 + j\omega/\omega_0} \approx \frac{h_{fe0}e^{-j\omega T_d}}{1 + j\omega/\omega_0} \tag{12-6}$$

其中

$$T_d = \frac{m}{\omega_\alpha} + \frac{x}{2v_s} + \frac{r_e C_c}{\alpha_0} \tag{12-7}$$

$$\frac{1}{\omega_0} = \frac{1}{1-\alpha_0}\left[\frac{1+\alpha_0 m}{\omega_\alpha} + r_e(C_{TE} + C_c) + \frac{\alpha_0 x}{2v_s} + C_c(r_e' + r_{sc})\right] \tag{12-8}$$

$$h_{fe0} = \frac{\alpha_0}{1-\alpha_0} \tag{12-9}$$

h_{fe0}是低频的电流放大系数，相当于低频晶体管 β。随着对晶体管放大机构的深入分析，符号 β 只代表其中一个机构的放大系数，总放大系数用符号 h_{fe} 来表示。在微波晶体管中，有时 β 还代表 B-C 结电流传输。因此这里不用符号 β。

ω_0 是共发射极短路电流放大系数数值下降到 0.707 低频值的截止频率。

式(12-6)的形式与普通高频晶体管相同。电流放大系数随频率的下降与$(1+j\omega/\omega_0)$成反比。但是微波工作时考虑寄生元件与各项渡越时间，使得 ω_0、T_d 等参量的公式比较复杂。

采用与低频相似的方法，引入电流增益带宽乘积 f_T，或称特征频率。f_T 的定义是当 $f=f_T$ 时，$|h_{fe}|=1$。因为 $\omega_T \gg \omega_0$，由式(12-6)：

$$\omega_T = 2\pi f_T = h_{fe0} \cdot \omega_0 = 1/\tau_{ec}$$

$$\tau_{ec} = \frac{r_e}{\alpha_0}(C_{TE}+C_c) + \frac{1+\alpha_0 m}{\alpha_0 \omega_\alpha} + \frac{x}{2v_s} + \frac{C_c}{\alpha_0}(r'_e + r_{sc}) \tag{12-10}$$

τ_{ec}代表载流子从发射极到集电极的渡越时间。它由四部分组成：第一项是发射结充电的时间常数，第二项代表基区渡越时间，第三项代表收集结耗尽层中平均渡越时间，第四项代表收集结充电的时间常数。

要提高微波晶体管的特征频率就要设法减少各部分的渡越时间。现代晶体管的 f_T 达到 5GHz 以上，总渡越时间 τ_{ec}在几十 ps 数量级。在 τ_{ec} 中基区和收集结耗尽层渡越时间占主要部分。当基区宽度减得极薄时，耗尽层渡越时间将上升为主要矛盾，它构成 τ_{ec}的主要成分。

微波晶体管常以散射参量表示(详见第 12.3 节)。在以散射参量表征晶体管时是用传输线特性阻抗 Z_0 作为参考阻抗。为此我们求出负载接 Z_0 时的正向电流传输系数 $T_f(\omega)$为

$$T_f(\omega) = \frac{i_c}{i_b} \approx \frac{h_{fe0}\,e^{-j\omega T_d}}{1+j\omega/\omega_1} \tag{12-11}$$

$$\omega_1 = \frac{\omega_0}{1+\omega_0 C_c Z_0/(1-\alpha_0)} \tag{12-12}$$

电流增益带宽乘积 ω'_T等于

$$\omega'_T = h_{fe0} \cdot \omega_1 = \frac{\omega_T}{1+\omega_T C_c Z_0/\alpha_0} \tag{12-13}$$

ω'_T略小于 ω_T。当输出端接负载 Z_0 后，电流增益带宽乘积比短路时略有下降。

共发射极的输入阻抗 Z_{Sr}解出等于

$$\begin{aligned} Z_{Sr} &= r'_b + r_e + r'_e + \omega'_T L_e + j\omega(L_e + L_b) + \omega'_T(r_e + r'_e)/j\omega \\ &= R + j\omega L + 1/j\omega C \end{aligned} \tag{12-14}$$

它可表示成为 R、L、C 的串联，如图 12-4(a)所示。

输出阻抗 Z_{sc}为

$$Z_{sc} = \frac{R_0}{1+j\omega R_0 C_0} \tag{12-15}$$

它可表示成 R_0、C_0 的并联，如图 12-4(b)所示。这时忽略 L_e 和输入端负载 Z_0。其中

$$R_0 = 1/\omega_T C_c \tag{12-16}$$

$$C_0 = C_{ce} + C_c/(1+\alpha_0 m) \tag{12-17}$$

典型微波晶体管的输入阻抗和输出阻抗用 S 参量表示于后面图 12-15。从该图中可以看到，S_{11} 随频率的升高由容抗变为感抗，S_{22} 则落在容抗区域内。这与图 12-4 的电路相符。

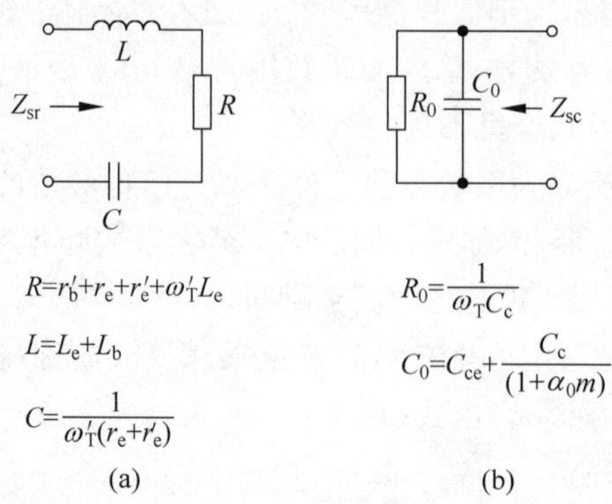

图 12-4　微波晶体管共发射极接法的输入阻抗(a)和输出阻抗(b)

输入阻抗在频率低时呈容性，而在频率高时呈感性，这是一个值得注意的特性。感抗来自基极和发射极引线电感 L_b 和 L_e。从图 12-1 及图 12-2 所示管芯结构可以看出：集电极面积较大，引线较粗，电感可以做得小些；而基极和发射极是梳状电极，从电极再引出细线至封装管壳，引线电感就比较大。从图 12-3 的等效电路可以看出：发射极电感 L_e 还将形成管内反馈，对于增益、稳定性和噪声系数等都将产生影响。L_b 在共基极时产生反馈，并且在较大范围内是正反馈，使得共基极放大器不稳定。

实际带封装管壳的晶体管的等效电路还要包括管壳电极之间的分布电容与引线电感等寄生参量，使得整个晶体管的等效电路十分复杂。图 12-5 是某种微波晶体管的封装的等效电路的一个例子，可见其复杂性。严格分析或量测封装参数很困难。对晶体管的使用者来说，设计电路用 S 参量，晶体管则用 S 参量来表征。后节将详细介绍用 S 参量的电路设计方法。管子的 S 参量应当由手册给出或者预先测量出来。S 参量分析方法本身不涉及管芯和管壳的物理结构，但是晶体管 S 参量将呈现什么性质及其变化规律，是由管子内部物理机构所决定。此外晶体管的噪声性能与管子的物理结构密切相关，因此对于管芯和管壳的物理结构应当有所了解。本书主要是叙述电路设计，限于篇幅，对晶体管不能作很详细的介绍。

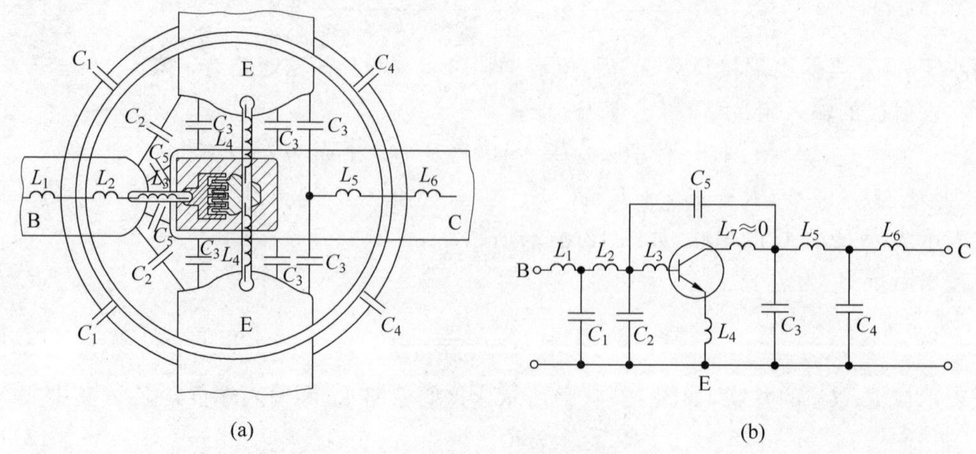

图 12-5　微波晶体管的封装等效电路示例

12.3 噪声系数

在分析微波晶体管放大器的噪声系数时，较多书籍和资料中都是从共基极 T 型等效电路出发，得出共基极放大器的噪声系数，然后说明共发射极的噪声系数与共基极的相同，并且假设了信源阻抗为实数，没有电抗成分，因此与实际情况出入很大。本节的分析将直接从共发射极等效电路导出共发射极的噪声系数。

晶体管的噪声系数包括不随频率变化的项（所谓平坦区噪声系数）和随频率按$(\omega/\omega_T)^2$变化的高频项两部分。对于微波放大器，后者将占主要成分，因为工作频率是 ω_T 的几分之一甚至高达 1/2 以上，因此需要加以重点讨论，得出近似公式，以便于实用计算。

在计算噪声系数时，图 12-3 的等效电路较复杂，会使得出的噪声系数公式十分复杂。为此把对噪声起作用不大的元件忽略或者归并，并将图 12-3T 型等效电路转变成混合 π 型等效电路，如图 12-6 所示。其中忽略 r_{sc}，r_e'归入 r_b'中去（可以证明 r_e'对噪声系数的贡献完全等效于 r_b'的贡献）。若 L_e、L_b 的损耗很小可以忽略，则它们不产生噪声，对于噪声系数的数值影响较小，而只是改变了达到最小噪声系数的最佳信源阻抗。输入端封装寄生参量的作用也是如此。输出端封装的寄生参量对噪声系数不起作用。因此计算晶体管噪声系数主要是计算管芯部分。

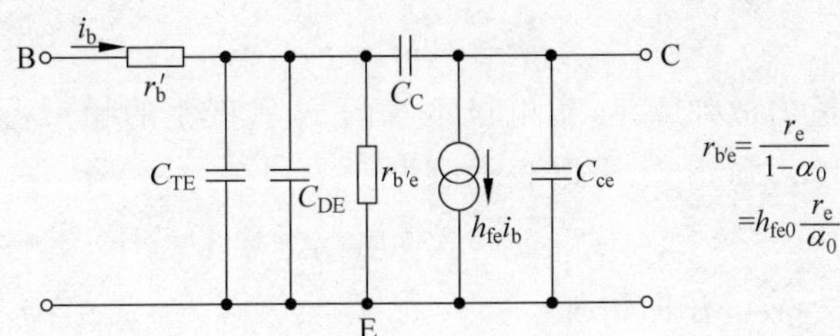

图 12-6　共发射极混合 π 型等效电路

在高频时晶体管的噪声来源有下列三个：

(1) r_b'的热噪声$\overline{e_B^2}=4kTr_{b'}\Delta f$

(2) 集电极电流的散弹噪声

$$\overline{i_2^2}=2qI_c\Delta f$$

(3) 基极电流散弹噪声$\overline{i_B^2}$

将这三个噪声源引入图 12-6 中，就得到图 12-7 的共发射极噪声等效电路。略去电容 C_e 以使分析简化。C_e 仅使 α 变为$(\alpha-j\omega C_eZ_e)$，对噪声系数影响不大。信源导纳 $Y_G=G_G+jB_G$，实部、虚部都应当考虑在内。由信源导纳 Y_G 带来的热噪声用电流源$\overline{i_s^2}=4kTG_G\Delta f$代表。

热噪声$\overline{e_B^2}$与散弹噪声$\overline{i_2^2}$、$\overline{i_B^2}$不相关。因此

$$\overline{e_B\cdot i_B^*}=0 \tag{12-18}$$

$$\overline{e_B\cdot i_2^*}=0 \tag{12-19}$$

基极电流噪声 i_B 是 BE 结噪声电流 i_1 与 BC 结噪声电流 i_2 的差值

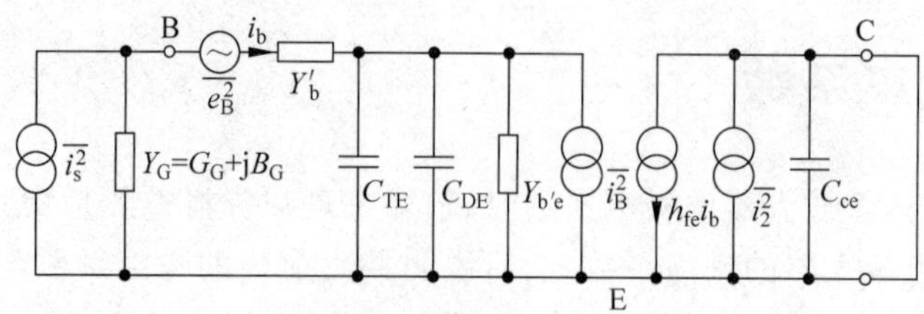

图 12-7　共发射极晶体管放大器噪声等效电路

$$i_B = i_1 - i_2 \tag{12-20}$$

则

$$\overline{i_B^2} = \overline{(i_1 - i_2)(i_1^* - i_2^*)} = \overline{i_1^2} + \overline{i_2^2} - 2R_e\,\overline{(i_1^* i_2)} \tag{12-21}$$

其中，* 号表示共轭值。

在 BE 结发射极电流中的高频散弹噪声为

$$\overline{i_1^2} = 2qI_E\Delta f + 4kT(g_e - g_{e0})\Delta f \tag{12-22}$$

其中，I_E 是发射极直流电流，g_{e0} 是 BE 结低频电导，g_e 是 BE 结高频导纳 y_e 的实部。由于载流子从 E 到 B 有渡越时间，在频率较高时部分载流子将达不到 B 而折返 E 极，使高频导纳 y'_e 不同于低频电导 g_{c0}。

集电极电流的散弹噪声

$$\overline{i_2^2} = 2qI_c\Delta f \tag{12-23}$$

它主要来自发射极电流的散弹噪声，集电极本身的 I_{c0} 等产生的噪声占很小一部分，因此它与发射极电流的散弹噪声强相关，可以表示成为

$$\overline{i_1^* \cdot i_2} = 2kTy_{ce}\Delta f^{①} \tag{12-24}$$

y_{ce} 称为转移导纳，$y_{ce} = \alpha y_e$。在低频时

$$y_e = g_{e0} = \frac{\partial I_E}{\partial V_{EB}} = \frac{qI_E}{kT} \tag{12-25}$$

$$y_{ce} = g_{ce0} = \alpha\frac{\partial I_E}{\partial V_{EB}} = \frac{qI_c}{kT} \tag{12-26}$$

于是由式(12-21)～式(12-26)

$$\begin{aligned}\overline{i_B^2} &= 2qI_E\Delta f + 2qI_c\Delta f + 4kT(g_e - g_{e0})\Delta f - 4kT\Delta fR_e(y_{ce})\\ &= 2qI_E\Delta f - 2qI_c\Delta f + 4qI_c\Delta f + 4kT(g_e - g_{e0})\Delta f - 4kT\Delta fR_e(y_{ce})\\ &= 2qI_B\Delta f + 4kT(g_e - g_{e0})\Delta f + 4kT[g_{ce0} - R_e(y_{ce})]\Delta f\end{aligned} \tag{12-27}$$

其中，$I_B = I_E - I_C$，是基极直流电流。而 i_B 与 i_2 的相关项

$$\overline{i_B^* i_2} = \overline{(i_1^* - i_2^*)i_2} = \overline{i_1^* i_2} - \overline{i_2^2} = 2kTy_{ce}\Delta f - 2qI_c\Delta f = 2kT(y_{ce} - g_{ce0})\Delta f \tag{12-28}$$

当工作频率不是很高，即小于本征截止频率时，在数值上可以忽略$(g_e - g_{e0})$和$(g_{ce} - g_{ce0})$项。于是式(12-27)和式(12-28)简化成为

① 注：$\overline{i_1^2} = 2qI_E\Delta f$，$g_{e0} = qI_E/kT$，故$\overline{i_1^2} = 2kTg_{e0}\Delta f$。散弹噪声$\overline{i_1^2}$ 可以写成与热噪声类似的公式，但前面的系数不是 4，而是 2。

$$\overline{i_B^2} = 2qI_B\Delta f \tag{12-29}$$

$$\overline{i_B^* \cdot i_2} = 0 \tag{12-30}$$

现在来求共发射极放大器的噪声系数：

根据噪声系数的定义，它是两个资用功率的比值。因此在图 12-7 中，可取输出短路时的输出电流 i_0 均方值的比值。即噪声系数等于

$$F = \frac{\text{总输出噪声资用功率}}{\text{仅由信源产生的输出噪声资用功率}} = \frac{\overline{i_{0总}^2}}{\overline{i_{0s}^2}} \tag{12-31}$$

其中，$\overline{i_{0总}^2}$是晶体管连同信源噪声$\overline{i_s^2}$一起在输出端所造成的总输出噪声电流均方值；$\overline{i_{0s}^2}$是仅仅由$\overline{i_s^2}$在输出端所造成的输出噪声电流的均方值。

信源热噪声 i_s 与 e_B、i_2、i_B 三者是不相关的。而由式(12-18)、式(12-19)与近似式(12-30)，后三者也可认为是不相关的。这样根据图 12-7，在输出端

$$\overline{i_{0总}^2} = \overline{[h_{fe}i_b - \sqrt{\overline{i_2^2}}]^2} = |h_{fe}|^2\,\overline{i_b^2} + \overline{i_2^2} \tag{12-32}$$

i_2 有三个成分，来自 i_s、i_B 和 e_B 三个噪声源：

(1) 源$\overline{i_s^2}$构成的：

$$\overline{i_s^2}\left|\frac{\dfrac{1}{r'_b + 1/Y'_{be}}}{Y_G + \dfrac{1}{r'_b + 1/Y'_{be}}}\right|^2 = \overline{i_s^2}\,\frac{|Y'_{be}|^2}{|Y_G Y'_{be} r'_b + Y_G + Y'_{be}|^2}$$

(2) 源$\overline{i_B^2}$构成的：

$$\overline{i_B^2}\left|\frac{Y'_{be}}{Y_{b'e} + \dfrac{1}{r'_b + 1/Y_G}}\right|^2 = \overline{i_B^2}\,\frac{|Y'_{be} + Y_G Y'_{be} r'_b|^2}{|Y_G Y'_{be} r'_b + Y_G + Y'_{be}|^2}$$

(3) 源$\overline{e_B^2}$构成的：

$$\overline{e_B^2}\,\frac{1}{\left|r'_b + \dfrac{1}{Y_G} + 1/Y'_{be}\right|^2} = \overline{e_B^2}\,\frac{|Y_G Y_{b'e}|^2}{|Y_G Y'_{be} r'_b + Y_G + Y'_{be}|^2}$$

而

$$Y'_{be} = 1/r'_{be} + j\omega C_{DE} + j\omega C_{TE}$$

将上面三个成分代入式(12-32)，则噪声系数

$$\begin{aligned}
F &= 1 + \frac{\overline{e_B^2}}{\overline{i_s^2}}\,\frac{|Y_G Y'_{be}|^2}{|Y'_{be}|^2} + \frac{\overline{i_B^2}}{\overline{i_s^2}}\,\frac{|Y'_{be} + Y_G Y'_{be} r'_b|^2}{|Y'_{be}|^2} \\
&\quad + \frac{\overline{i_2^2}}{|h_{fe}|^2\,\overline{i_s^2}}\,\frac{|Y_G Y'_{be} r'_b + Y_G + Y'_{be}|^2}{|Y'_{be}|^2} \\
&= 1 + \frac{4kTr_{b'}\Delta f}{4kTG_G\Delta f}|Y_G|^2 + \frac{2qI_B\Delta f}{4kTG_G\Delta f}|1 + r'_b Y_G|^2 \\
&\quad + \frac{2qI_c\Delta f}{|h_{fe}|^2 4kTG_G\Delta f}\left|(1 + r'_b Y_G) + \frac{Y_G}{Y'_{be}}\right|^2 \\
&= 1 + \frac{r'_b}{G_G}|Y_G|^2 + \frac{qI_B}{2kTG_G}(1 + r'^2_b|Y_G|^2 + 2r'_b G_G)
\end{aligned}$$

$$+\frac{qI_c}{2kTG_G}\frac{1}{|h_{fe}|^2}\left\{1+r_b'^2|Y_G|^2+2r_b'G_G\right.$$

$$\left.+\frac{|Y_G|^2}{|Y_{be}'|^2}+\frac{1}{|Y_{be}'|^2}2R_e[Y_G\cdot Y_{be}'(1+r_b'Y_G)]\right\} \tag{12-33}$$

因 $I_B=I_E-I_C=\frac{I_c}{\alpha_{DC}}-I_c=\frac{I_c}{h_{fe}}, h_{fe}=\frac{\alpha_{DC}}{1-\alpha_{DC}}$为共发射极直流电流放大系数。

$$|Y_G|^2=G_G^2\left(1+\frac{B_G^2}{G_G^2}\right)$$

$$\frac{1}{|h_{fe}|^2}=\left|\frac{1+j\omega/\omega_0}{h_{fe0}}\right|^2=\frac{1}{h_{fe0}^2}+\left(\frac{\omega}{\omega_T}\right)^2$$

$$|h_{fe}|^2|Y_{be}'|^2=|h_{fe}|^2\left|\frac{1}{r_{be}'}+j\omega(C_{DE}+C_{TE})\right|^2$$

$$=|h_{fe}|^2\left|\frac{1+(h_{fe0}/\alpha_0)j\omega r_e(C_{DE}+C_E)}{h_{fe0}r_e/\alpha_0}\right|^2$$

$$\approx|h_{fe}|^2\frac{(\omega/\omega_T)^2}{(r_e/\alpha_0)^2}\approx\left(\frac{\alpha_0}{r_e}\right)^2=\left(\frac{qI_c}{kT}\right)^2$$

将这几个式子代入式(12-33)中，整理后得到

$$F=\left(1+\frac{1}{h_{fe0}}\right)\left[1+r_b'G_G\left(1+\frac{B_G^2}{G_G^2}\right)\right]+\frac{kT}{2qI_c}G_G\left(1+\frac{B_G^2}{G_G^2}\right)$$

$$+\frac{qI_cr_b'}{2kT}\left[2+\frac{1}{r_b'G_G}+r_b'G_G\left(1+\frac{B_G^2}{G_G^2}\right)\right]\left[\frac{1}{h_{fe}}+\frac{1}{h_{fe0}^2}+\left(\frac{\omega}{\omega_T}\right)^2\right]+\frac{B_G}{G_G}\cdot\frac{\omega}{\omega_T} \tag{12-34}$$

式(12-34)可以写成

$$F=A+BG_G+\frac{BB_G^2+C+DB_G}{G_G} \tag{12-35}$$

其中，

$$A=\left(1+\frac{1}{h_{fe0}}\right)+\frac{qI_cr_b'}{kT}\left[\frac{1}{h_{fe}}+\frac{1}{h_{fe0}^2}+\left(\frac{\omega}{\omega_T}\right)^2\right] \tag{12-36}$$

$$B=\left(1+\frac{1}{h_{fe0}}\right)r_b'+\frac{kT}{2qI_c}+\frac{qI_cr_b'^2}{2kT}\left[\frac{1}{h_{fe}}+\frac{1}{h_{fe0}^2}+\left(\frac{\omega}{\omega_T}\right)^2\right] \tag{12-37}$$

$$C=\frac{qI_c}{2kT}\left[\frac{1}{h_{fe}}+\frac{1}{h_{fe0}^2}+\left(\frac{\omega}{\omega_T}\right)^2\right] \tag{12-38}$$

$$D=\frac{\omega}{\omega_T} \tag{12-39}$$

用式(12-35)求得噪声系数 F 最小的最佳信源导纳

$$Y_{GP}=G_{GP}+jB_{GP}$$

即$\frac{\partial F}{\partial G_G}=0,\frac{\partial F}{\partial B_G}=0$ 条件，得到

$$G_{GP}=\frac{\sqrt{4BC-D^2}}{2B} \tag{12-40}$$

$$B_{GP}=-\frac{D}{2B} \tag{12-41}$$

最小噪声系数

$$F_{\min}=A+\sqrt{4BC-D^2} \tag{12-42}$$

把式(12-36)～式(12-39)代入式(12-40)～式(12-42)，就得到下列最后结果：

最小噪声系数为

$$\begin{aligned}F_{\min}=&\left(1+\frac{1}{h_{\mathrm{fe0}}}\right)+\frac{qI_{\mathrm{c}}r'_{\mathrm{b}}}{kT}\left[\frac{1}{h_{\mathrm{fe}}}+\frac{1}{h_{\mathrm{fe0}}^2}+\left(\frac{\omega}{\omega_{\mathrm{T}}}\right)^2\right]\\&+\left\{\frac{2qI_{\mathrm{c}}r'_{\mathrm{b}}}{kT}\left(1+\frac{1}{h_{\mathrm{fe0}}}\right)\left[\frac{1}{h_{\mathrm{fe}}}+\frac{1}{h_{\mathrm{fe0}}^2}+\left(\frac{\omega}{\omega_{\mathrm{T}}}\right)^2\right]\right.\\&\left.+\frac{1}{h_{\mathrm{fe}}}+\frac{1}{h_{\mathrm{fe0}}^2}+\left(\frac{qI_{\mathrm{c}}r'_{\mathrm{b}}}{kT}\right)^2\left[\frac{1}{h_{\mathrm{fe}}}+\frac{1}{h_{\mathrm{fe0}}^2}+\left(\frac{\omega}{\omega_{\mathrm{T}}}\right)^2\right]\right\}^{\frac{1}{2}}\end{aligned} \tag{12-43}$$

达到 $F_{\min}$ 时的最佳信源导纳为

$$G_{\mathrm{GP}}=\frac{\left\{\frac{1}{h_{\mathrm{fe}}}+\frac{1}{h_{\mathrm{fe0}}^2}+\frac{2qI_{\mathrm{c}}r'_{\mathrm{b}}}{kT}\left(1+\frac{1}{h_{\mathrm{fe0}}}\right)\left[\frac{1}{h_{\mathrm{fe}}}+\frac{1}{h_{\mathrm{fe0}}^2}+\left(\frac{\omega}{\omega_{\mathrm{T}}}\right)^2\right]+\left(\frac{qI_{\mathrm{c}}r'_{\mathrm{b}}}{kT}\right)^2\left[\frac{1}{h_{\mathrm{fe}}}+\frac{1}{h_{\mathrm{fe0}}^2}+\left(\frac{\omega}{\omega_{\mathrm{T}}}\right)^2\right]\right\}^{\frac{1}{2}}}{2r'_{\mathrm{b}}\left(1+\frac{1}{h_{\mathrm{fe0}}}\right)+\frac{kT}{qI}+\frac{qI_{\mathrm{c}}r'^2_{\mathrm{b}}}{kT}\left[\frac{1}{h_{\mathrm{fe}}}+\frac{1}{h_{\mathrm{fe0}}^2}+\left(\frac{\omega}{\omega_{\mathrm{T}}}\right)^2\right]} \tag{12-44}$$

$$B_{\mathrm{GP}}=\frac{-\omega/\omega_{\mathrm{T}}}{2r'_{\mathrm{b}}\left(1+\frac{1}{h_{\mathrm{fe0}}}\right)+\frac{kT}{qI_{\mathrm{c}}}+\frac{qI_{\mathrm{c}}r'^2_{\mathrm{b}}}{kT}\left[\frac{1}{h_{\mathrm{fe}}}+\frac{1}{h_{\mathrm{fe0}}^2}+\left(\frac{\omega}{\omega_{\mathrm{T}}}\right)^2\right]} \tag{12-45}$$

任何线性有噪音双口网络的噪声系数可以表示成

$$F=F_{\min}+\frac{R_{\mathrm{n}}}{G_{\mathrm{G}}}\left[(G_{\mathrm{G}}-G_{\mathrm{GP}})^2+(B_{\mathrm{G}}-B_{\mathrm{GP}})^2\right] \tag{12-46}$$

其中，$G_{\mathrm{G}}+\mathrm{j}B_{\mathrm{G}}$ 是信源导纳；$F_{\min}$是最小噪声系数，$G_{\mathrm{GP}}+\mathrm{j}B_{\mathrm{Gp}}$是相应的最佳信源导纳；$R_{\mathrm{n}}$ 是电阻量纲的一个系数，称为等效噪声电阻。上式说明网络的噪声性能可用 $F_{\min}$、G_{Gp}、B_{Gp}、R_{n} 四个噪声参量来描述。

晶体管是线性有噪声双口器件，因此也可以用式(12-46)来表示它的噪声系数。式(12-35)是用另一组 A、B、C、D 四个噪声参量来表示噪声系数。这两组参量之间的关系如下：

$$A=F_{\min}-2R_{\mathrm{n}}G_{\mathrm{GP}} \tag{12-47}$$

$$B=R_{\mathrm{n}} \tag{12-48}$$

$$C=R_{\mathrm{n}}(G_{\mathrm{GP}}^2+B_{\mathrm{GP}}^2) \tag{12-49}$$

$$D=-2R_{\mathrm{n}}B_{\mathrm{GP}} \tag{12-50}$$

以 A、B、C、D 表示 $F_{\min}$、G_{GP}、B_{GP}、R_{n} 的公式就是式(12-40)～式(12-42)以及 $R_{\mathrm{n}}=B$ 这四个公式。

式(12-46)表明在 G_{G}、$\mathrm{j}B_{\mathrm{G}}$ 平面上等 F 值的方程代表一族圆。在 G_{G}、$\mathrm{j}B_{\mathrm{G}}$ 的直角坐标上是圆，那么在导纳圆图上仍然是一族圆。这个性质很有用。如果将等 F 圆画在信源导纳 Y_{G} 的导纳圆图上，就可以很直观地看出 F 随 Y_{G} 的变化，对于综合设计极方便。

图 12-8 中画出了某晶体管的等 F 圆。

现在来简化微波晶体管的噪声系数公式，以便于工程计算。

首先，我们看到，式(12-34)包括两种成分：一种是不随频率变化的；另一种是随 $(\omega/\omega_{\mathrm{T}})^2$ 或$(\omega/\omega_{\mathrm{T}})$变化的项，这一点与中、高频等效电路得到的噪声系数性质相同。不随

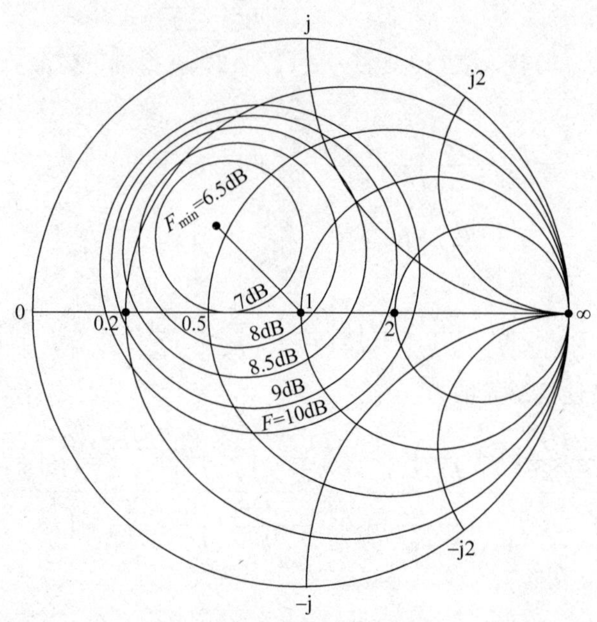

图 12-8 某晶体管的等 F 圆

频率变化的项即所谓平坦区噪声系数，也就是 $\omega \ll \omega_T$ 的频段内的噪声系数。随着频率升高，就要考虑 $(\omega/\omega_T)^2$ 项，并且逐渐占主要成分。在微波波段，ω/ω_T 值从几分之一直到超过二分之一，而 F 值以 $(\omega/\omega_T)^2$ 速度变坏。在本节末我们将介绍一下一般中、高频的晶体管噪声系数，并写出平坦区噪声系数公式。

其次，我们取近似值以便突出主要矛盾。如上所述，微波波段工作时 ω/ω_T 值较大，$1/h_{fe}$、$1/h_{fe0}$ 和 $1/h_{fe0}^2$ 项与 $(\omega/\omega_T)^2$ 项相比可以略去。这样式(12-43)就可以简化成

$$F_{min} = 1 + h(1 + \sqrt{1 + 2/h}) \tag{12-51}$$

其中参量

$$h = \frac{qI_c r_b'}{kT}\left(\frac{\omega}{\omega_T}\right)^2 = 0.04 I_c r_b' \left(\frac{f}{f_T}\right)^2 \tag{12-52}$$

上式中 r_b' 的单位为 Ω，I_c 的单位为 mA。

而最佳信源导纳可以近似成为

$$G_{GP} \approx \frac{\sqrt{h(2+h)}}{r_e/\alpha_0 + r_b'(2+h)} \tag{12-53}$$

$$B_{GP} \approx \frac{-\omega/\omega_T}{r_e/\alpha_0 + r_b'(2+h)} \tag{12-54}$$

或者用最佳信源阻抗 $Z_{GP} = R_{GP} + jX_{GP}$

$$R_{GP} \approx r_b' \sqrt{1 + 2/h} \tag{12-55}$$

$$X_{GP} \approx r_e \left(\frac{\omega_T}{\omega}\right) \tag{12-56}$$

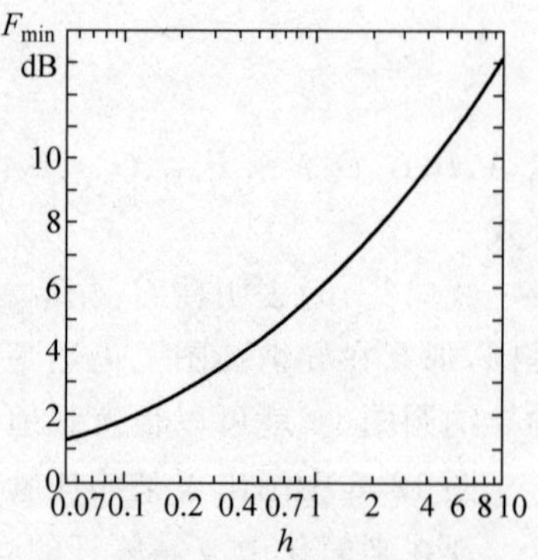

图 12-9 F_{min} 随 h 增长曲线

图 12-9 是 F_{min} 随 h 变化的曲线。算出 h 值，即可以求得 F_{min} 值。

h 值由工作频率 f 和晶体管的参量 f_T、r'_b和工作电流决定。因此有了晶体管，就可以预先估计出在所用频率下它能够达到的最小噪声系数，或者根据工作频率与要求的噪声系数提出对晶体管的要求。

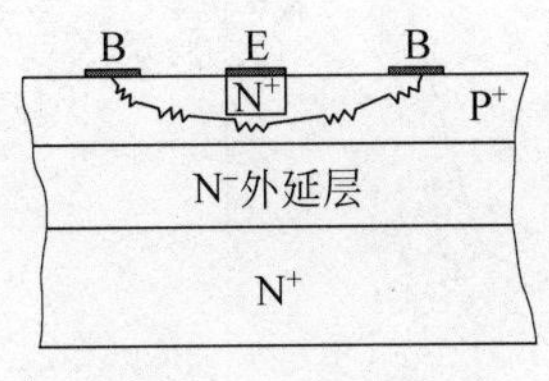

图 12-10　平面管结构

对于噪声性能起决定作用的管子参量是 f_T 和 r'_b。I_c 的选择下面将讨论，但影响不显著。降低 r'_b与提高 f_T 有一定矛盾。图 12-10 中平面管的 r'_b包括三部分：一是发射极条带下的基区扩展电阻 r'_{bb}；二是基极半导体材料体电阻；三是电极接触电阻。普通晶体管因为 r'_{bb}很大，往往在 50～100Ω 以上，后两部分被掩盖。在微波晶体管中当 r'_{bb}已减小到 10～20Ω 时，就必须考虑到后两部分。

提高 f_T 的途径之一是减小基区宽度 W，而 W 减薄将使 r'_{bb}增大，这两者有矛盾。目前采用发射极扩砷和离子注入基区等新技术，以克服发射极陷落效应，提高 f_T，同时控制基极杂质浓度和降低 r'_b。

工作电流 I_c 存在着最佳值。I_c 减小，散弹噪声将减小，但 f_T 也下降；有时 r'_b还将增大。因而 I_c 有一个合适的值。总的说来，噪声系数 F 随 I_c 变化并不敏感，只要工作在最佳电流附近即可。

求导数 $\partial F_{\min}/\partial I_c=0$ 可以得到最佳工作电流（以 mA 为单位）

$$I_{CZG} = 0.16 f_{Ti} C_E \tag{12-57}$$

其中，$C_E=C_{TE}+C_{BE}$，C_{TE}是 BE 结势垒电容，C_{BE}是 BE 结分布电容，单位都为 pF。f_{Ti}是共基极本征截止频率，单位 GHz，f_{Ti}也是基区渡越时间决定的截止频率①，$f_{Ti}>f_T$。导出式(12-57)时还假设 $r'_b=r'_{b\infty}$不随 I_c 变化②。

上面分析中，没有考虑晶体管封装的寄生参量的影响。图 12-7 只能表示管芯部分。从图 12-5 中可以看到，封装寄生参量的等效电路很复杂。输出端寄生参量对噪声系数的影响很小，可以不计。但输入端寄生参量将有很大影响，特别是对于最佳信源导纳 $Y_{GP}=G_{GP}+\mathrm{j}B_{GP}$值。如果工作频率不是很高，管子封装设计合理，可以认为这些引线电感和分布电容是无损的，它们的存在不会改变 $F_{\min}$值，但却改变了所需 G_{GP}和 B_{GP}值。在输入端这些元件形成的谐振频率附近，G_{GP}和 B_{GP}值的变化尤其剧烈。图 12-11 中画出了 G_{GP}、B_{GP}在有封装与无封装寄生参量两种情况下的值。

设计放大器输入电路时，式(12-53)～式(12-56)只可以作为参考值，实际所需的信源导纳数值往往要通过实验来最后确定。

在相当多的书籍和杂志上，常常把用共基极 T 型等效电路求得的噪声系数公式直接推广到微波频率上使用。这种方法误差较大。但用它定性地说明 F 随频率变化规律比较清楚。为了与上面的方法对照，现简单介绍一下这种方法。

中、高频时共基极晶体管的噪声等效电路如图 12-12 所示。晶体管噪声源如下：

---

① $1/\omega_{Ti}$对应式(12-10)中第二项。在基区有漂移场的情况，$\omega_{Ti}=\dfrac{a^2/2}{a^2-1+\varepsilon^{-a}}\omega_D$。

② r'_b要随 I_c 变化。一般 $r'_b=r'_{b\infty}+S/I_c$，S 为一系数，今假设 $S=0$，$r'_{b\infty}$即为 $S=0$ 时的 r'_b值，其值为一常数，相当于 $I_c=\infty$时的情形。

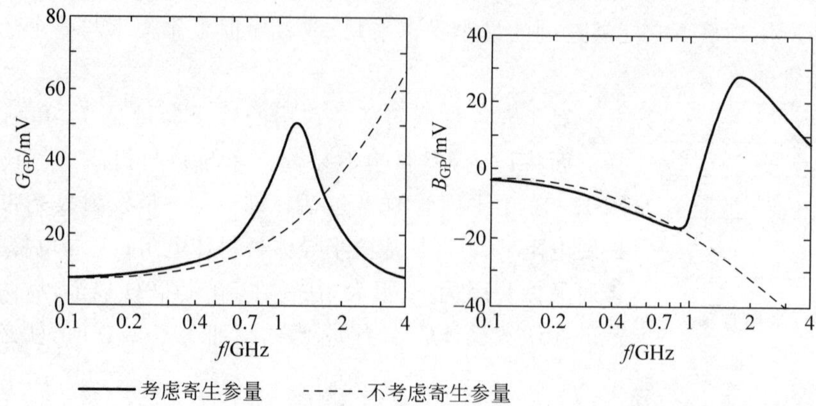

图 12-11 某种晶体管的有封装和无封装寄生参量的 G_{GP}、B_{GP} 值

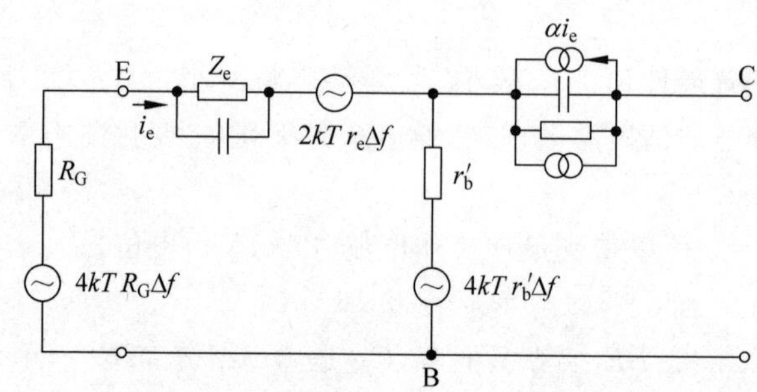

图 12-12 共基极晶体管放大器的噪音等效电路

(1) 发射极电流散弹噪声 $2kTr_e\Delta f$；

(2) r_b'的热噪声 $4kTr_b'\Delta f$；

(3) 收集极电流散弹噪声$\overline{i_{csh}^2}$。由图 12-12 电路求得的噪声系数为

$$F = 1 + \frac{r_e'}{2R_G} + \frac{r_b'}{R_G} + \frac{(R_G + r_e + r_b')^2}{2\alpha_0^2 R_G r_e}\left[\frac{1}{h_{fe}} + \frac{I_{c0}}{I_E} + \left(\frac{f}{f_\alpha}\right)^2\right] \tag{12-58}$$

其中，I_{c0}是收集极反向饱和电流。

f_α 是共基极电流放大系数数值$|\alpha|$下降到低频值 α_0 的 $1/\sqrt{2}$时的频率，或共基极电流放大系数截止频率。$f_\alpha > f_T$，通常取 $f_\alpha = 1.2f_T$。

与式(12-58)相应的最佳信源电阻为

$$R_{GP} = (r_e + r_b')^2 + \left[\frac{\alpha_0 r_e(2r_b' + r_e)}{\frac{1}{h_{fe}} + \frac{I_{c0}}{I_E} + \left(\frac{f}{f_\alpha}\right)^2}\right]^{\frac{1}{2}} \tag{12-59}$$

图 12-13 中画出了式(12-58) F 随频率变化的曲线。其中间段，F 不随频率改变，称为平坦区。平坦区的噪声系数

$$F_P = 1 + \frac{r_e}{2R_G} + \frac{r_b'}{R_G} + \frac{(R_G + r_e + r_b')^2}{2\alpha_0^2 R_G r_e}\left[\frac{1}{h_{fe}} + \frac{I_{c0}}{I_E}\right] \tag{12-60}$$

在低频端，“$1/f$ 噪声”使 F 变坏，以每倍频程 3dB 速率增加。低频端的 F 可以写成

$$F_{\text{低频}} = F_{\text{P}}\left(1+\frac{f_{\text{CL}}}{f}\right) \tag{12-61}$$

f_{CL}称为低频转角频率。当 $f=f_{\text{CL}}$时，噪声系数 F 比平坦区变坏 3dB。

在高频端，$(f/f_{\alpha})^2$ 项起主要作用，F 以每倍频程 6dB 速率增加。同样 F 可以写成

$$F_{\text{高频}} = F_{\text{P}}\left[1+\left(\frac{f}{f_{\text{CH}}}\right)^2\right] \tag{12-62}$$

f_{CH}是高频转角频率，当 $f=f_{\text{CH}}$，F 比 F_{p} 变坏 3dB。

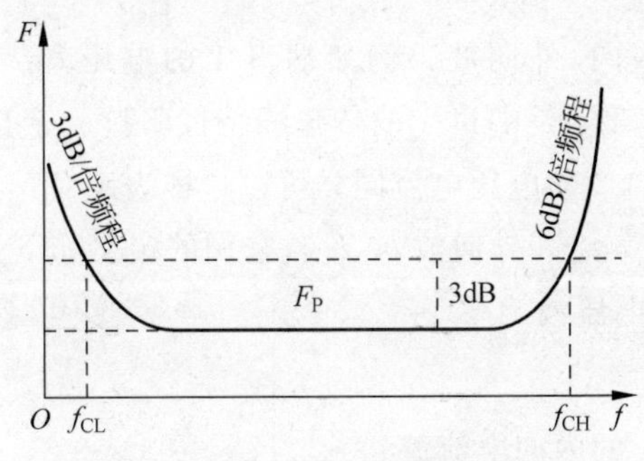

图 12-13　晶体管噪声系数随频率变化曲线

可以证明，共发射极的噪声系数与共基极的基本相同。当忽略 C'_{bc}（即 C_{c}）时两者相等。因此图 12-13 的曲线就是小信号晶体管噪声系数的通用曲线。

对比图 12-7 和图 12-12，式（12-34）和式(12-58)可以看到，后者没有充分考虑晶体管参量的高频效应，并假设了信源只有纯电阻。实际上晶体管的输入阻抗有电抗成分，在微波频率下封装寄生参量还很严重。因此达到最小噪声系数的最佳信源导纳，在实部和虚部都要满足一定要求。用纯电阻作为信号源阻抗是不合乎实际需要的，误差必然很大。

最后还要指出：当工作频率很高时，由于载流子渡越时间的影响，使收集极散弹噪声电流与基极散弹噪声电流的相关成分不能忽视。这时噪声系数与最佳信源导纳都会有新的分量。在低微波频率这个效应不显著，因此本节上面分析时把这个相关项忽略掉了。

12.4　S 参量分析

12.4.1　定义和物理意义

微波晶体管通常用散射参量（S 参量）来表征。在微波频段，用 S 参量来表征晶体管比中频时常用的 y、h 参量有很突出的优点。目前不仅在微波而且频率往下直到几十 MHz 都有推广 S 参量的趋势。

y、h 参量是基于电压和电流的概念，测量 y、h 参量时要求晶体管的输入、输出端短路或开路。在分布参数传输线系统中，理想短路或开路不容易实现，因为短路面或开路面无法接近管子的端面，特别是当要求不包括封装在内的管芯的端口处。这样就不能准确测量 y、h 参量。同时当晶体管短路、开路时很容易发生振荡，从而根本破坏了测量。S 参量是基于波沿传输线入射和反射的概念，在微波时物理意义确切。测量时晶体管接于传输线的匹配负载上，这样参考面可以任意延长，为测试带来很大的方便，同时不容易发生振荡。因此 S 参量得到日益广泛的推广。

第 2 章中已介绍过无源网络的散射参量。在晶体管放大器这类有源网络中，S 参量的作用得到进一步发挥。S 参量的分析与用途也与无源网络有所不同。它的测量方法也起了变化。为了结合晶体管等有源网络，我们重新引入归一化 S 参量的定义并说明它们的物理意义。

如图 12-14 所示，任意线性双口网络，包括无源、有源，可用一组四个散射参量 S_{11}、S_{12}、S_{21}、S_{22} 来表征其特性。S 参量是与网络两个口上的内向、外向波相联系的。

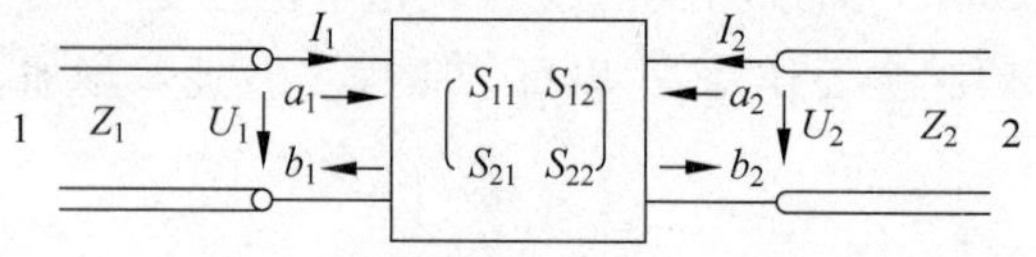

图 12-14　S 参量表征双口网络

网络端口的电压、电流各自可以分解为一对内向、外向波。例如端口 1 的电压 $U_1 = U_1^{(1)} + U_1^{(2)}$，电流 $I_1 = I_1^{(1)} - I_1^{(2)} = U_1^{(1)}/Z_1 - U_1^{(2)}/Z_1$。$Z_1$ 是端口 1 的传输线特性阻抗。于是 $U_1^{(1)} = 1/2(U_1 + I_1 Z_1)$，$U_1^{(2)} = 1/2(U_1 - I_1 Z_1)$。端口 2 的电压电流同样可以这样表示。

现在引入归一化的复数电压(或电流)内向波 a_1、a_2 和外向波 b_1、b_2。它们的定义如下：

$$\left.\begin{aligned}
a_1 &= \frac{U_1 + I_1 Z_1}{2\sqrt{Z_1}} = \frac{\text{端口 1 的内向电压波}}{\sqrt{Z_1}} \\
&= \frac{1}{2}\left(\frac{U_1}{Z_1} + I_1\right)\sqrt{Z_1} = (\text{端口 1 的内向电流波})\sqrt{Z_1} \\
a_2 &= \frac{U_2 + I_2 Z_2}{2\sqrt{Z_2}} = \frac{\text{端口 2 的内向电压波}}{\sqrt{Z_2}} \\
&= \frac{1}{2}\left(\frac{U_2}{Z_2} + I_2\right)\sqrt{Z_2} = (\text{端口 2 的内向电流波})\sqrt{Z_2} \\
b_1 &= \frac{U_1 - I_1 Z_1}{2\sqrt{Z_1}} = \frac{\text{端口 1 外向电压波}}{\sqrt{Z_1}} \\
&= \frac{1}{2}\left(\frac{U_1}{Z_1} - I_1\right)\sqrt{Z_1} = (\text{端口 1 外向电流波})\sqrt{Z_1} \\
b_2 &= \frac{U_2 - I_2 Z_2}{2\sqrt{Z_2}} = \frac{\text{端口 2 外向电压波}}{\sqrt{Z_2}} \\
&= \frac{1}{2}\left(\frac{U_2}{Z_2} - I_2\right)\sqrt{Z_2} = (\text{从端口 2 外向电流波})\sqrt{Z_2}
\end{aligned}\right\} \tag{12-63}$$

其中，Z_1、Z_2 为正实数①。一个线性双口网络可用下面一组线性方程来描述：

$$\left.\begin{aligned}
b_1 &= S_{11} a_1 + S_{12} a_2 \\
b_2 &= S_{21} a_1 + S_{22} a_2
\end{aligned}\right\} \tag{12-64}$$

此方程式中的四个系数 S_{11}、S_{12}、S_{21}、S_{22} 称为网络的归一化散射参量②。

送进网络端口 1 的功率等于

$$P_1 = \frac{1}{2}\mathrm{Re}(U_1 I_1^*) = \frac{1}{2}(|a_1|^2 - |b_1|^2) = P_1^{(1)} - P_1^{(2)} \tag{12-65}$$

① 注：在广义的归一化功率波中，Z_1、Z_2 可为任意复数。此时式(12-63)相应为

$$a_i = \frac{U_i + I_i Z_i}{2\sqrt{|\mathrm{Re}(Z_i)|}}, \quad b_i = \frac{U_i - I_i Z_i^*}{2\sqrt{|\mathrm{Re}(Z_i)|}}$$

此式集总常数电路也可用。那时 Z_i 是接在网络第 i 端口的负载阻抗。

② 注：用电压与电流内向、外向波时，有电压散射参量 S_U 与电流散射参量 S_I。

内向功率 $P_1^{(1)}=|a_1|^2/2$，外向功率 $P_1^{(2)}=|b_1|^2/2$。由此可见，$|a_1|^2$、$|b_1|^2$ 是功率量纲。归一化的电压波也即归一化电流波。因此统称 a_i、b_i 为功率波。a_i 为内向功率波，b_i 为外向功率波。

现在来看看联系功率波的 S 参量的物理意义。由式(12-63)：

$$S_{11}=\left.\frac{b_1}{a_1}\right|_{a_2=0}=\text{输出端口接负载 } Z_L=Z_0 \text{ 时的输入反射系数}$$

$$=\frac{U_1-I_1Z_1}{U_1+I_1Z_1}=\frac{Z_{sr}-Z_1}{Z_{sr}+Z_1} \tag{12-66}$$

其中，Z_{sr} 为网络端口的输入阻抗。

$$S_{22}=\left.\frac{b_2}{a_2}\right|_{a_1=0}=\text{输入端口接负载 } Z_G=Z_0 \text{ 时的输出反射系数}$$

$$=\frac{U_2-I_2Z_2}{U_2+I_2Z_2}=\frac{Z_{SC}-Z_2}{Z_{SC}+Z_2} \tag{12-67}$$

其中，Z_{SC} 为网络输出端口 2 的输出阻抗。

$$S_{12}=\left.\frac{b_1}{a_2}\right|_{a_1=0}=\text{输入端口接负载 } Z_G=Z_0 \text{ 时的反向插入增益}$$

$$=\frac{-2\sqrt{Z_1Z_2}\,I_1}{U_2+I_2Z_2} \tag{12-68}$$

$$S_{21}=\left.\frac{b_2}{a_1}\right|_{a_2=0}=\text{输出端口接负载 } Z_L=Z_0 \text{ 时的正向插入增益}$$

$$=\frac{-2\sqrt{Z_1Z_2}\,I_2}{U_1+I_1Z_1} \tag{12-69}$$

上面所接负载的确切含义是所接负载等于传输线特性阻抗，即 $Z_L=Z_2$，$Z_G=Z_1$，即端口的传输线上没有反射波返入网络。

S_{11}、S_{22} 与反射系数性质相同。S_{21} 代表网络的正向传输，S_{12} 代表反向传输。当网络是可逆的时，则

$$S_{12}=S_{21}$$

当网络是对称的时，则

$$S_{11}=S_{22},\quad S_{12}=S_{21}$$

当网络是单向性的，即输出端对输入端没有反作用时，则

$$S_{12}=0$$

当网络是无损无源的时，则

$$|S_{11}|^2+|S_{12}|^2=|S_{21}|^2+|S_{22}|^2=1$$

当网络是有损无源的时，则

$$|S_{11}|^2+|S_{12}|^2<1,\quad |S_{21}|^2+|S_{22}|^2<1$$

本章附录 B 列出了 S 参量与网络其他参量之间的转换公式。

从式(12-63)和式(12-64)可看出，归一化散射参量是所取的归一化参考阻抗 Z_1、Z_2 的

函数。对于不同值的 Z_1、Z_2，网络的 S_{11}、S_{22}、S_{12}、S_{21} 值不同。这与传输线的反射系数是同样的。例如输出接 Z_2 负载时，输入阻抗为 30Ω 的晶体管对于参考阻抗 $Z_1=50\Omega$ 的反射系数 $S_{11}=0.25+\text{j}0$，但对于参考阻抗 $Z_1=30\Omega$，$S_{11}=0$。这样在网络采用归一化散射参量时必须规定参考阻抗。在晶体管的 S 参量中，通常都是用 $Z_1=Z_2=50\Omega$，在使用时不再特别注明。50Ω 是目前同轴线带状线和微带线测量系统中的标准值。手册上所列的 S 参量一般均系指 50Ω 参考阻抗的数值。

值得指出的是图 12-14 网络(晶体管)在工作时两端不一定接特性阻抗 $Z_1=Z_2=50\Omega$ 的传输线。但这时仍然可以使用 $Z_1=Z_2=50\Omega$ 时的 S 参量来分析、计算。在这时 50Ω 是借用的参考阻抗，网络本身的 S 参量和两端的负载阻抗(信源阻抗)同时都对 50Ω 归一化，就可以进行分析、计算。例如下面求晶体管放大器的增益时就是这样借用的。在图 12-17 中 50Ω 传输线并不存在。详见下面增益分析。

用图 12-3 晶体管 T 型等效电路求得的共发射极晶体管的 S 参量和管子物理参量的关系如下：

$$S_{11}=\frac{Z_{sr}-Z_0}{Z_{sr}+Z_0} \tag{12-70}$$

$$S_{22}=\frac{Z_{SC}-Z_0}{Z_{SC}+Z_0} \tag{12-71}$$

$$|S_{21}|\doteq\frac{2Z_0\omega'_T}{\omega\left[(R+Z_0)^2+(\omega L-1/\omega C)^2\right]^{\frac{1}{2}}}\doteq\frac{2Z_0\omega'_T}{\omega(R+Z_0)} \tag{12-72}$$

$$\arg S_{21}=\frac{\pi}{2}-\tan^{-1}\left[\frac{\omega L-1/\omega C}{R+Z_0}\right]-\omega T_d \tag{12-73}$$

$$|S_{12}|\doteq\frac{2Z_0(r_e+r_e)\left[1+\omega L_e/(r_e+r'_e)\right]^{\frac{1}{2}}}{(R_0+Z_0)(r_e+r'_e+r'_b+Z_0)\left[1+(\omega T_0)^2\right]^{\frac{1}{2}}} \tag{12-74}$$

$$\arg S_{12}=\tan^{-1}\frac{\omega L_e}{r_e+r'_e}-\omega T_0 \tag{12-75}$$

其中，$Z_0=Z_1=Z_2$，通常为 50Ω。其他符号见第 12.2 节式(12-7)、式(12-13)～式(12-17)，而

$$T_0\doteq\frac{L_e+L_b}{r_e+r'_e+r'_b+Z_0}+\frac{1}{\omega_a}+r_eG_E \tag{12-76}$$

可以用式(12-70)～式(12-75)来计算晶体管的 S 参量。但这是用图 12-3 等效电路求得的公式，它没有包括 C_{bc} 的反馈作用，封装等效电路也没包括在内。实际晶体管的 S 参量不仅仅限于管芯部分的参量。而且对于使用者来说，往往对管子的物理参量是不知道的。因此晶体管的 S 参量主要由测量获得。S 参量测试系统比较复杂(专用网络分析仪)，这里从略。

图 12-15 画出一个微波晶体管的四个 S 参量。通常都是画在极坐标图和阻抗圆图上。从图中可以看出，S_{11}、S_{22}、S_{12}、S_{21} 与第 12.2 节用等效电路分析得到的结果是相符的。

由于 S 参量表示了网络两端口的两对功率波之间的关系，很自然地可以用功率流图法来表示和计算。这是 S 参量的另一优点。

图 12-16 即以流图画出。其中虚线框内代表图 12-14 的网络。网络的负载以反射系数 Γ_2 代表，信号源用源 b_s 与反射系数 Γ_1 代表。下面的晶体管放大器增益公式(12-87)，若用流图规则可以很快地计算。

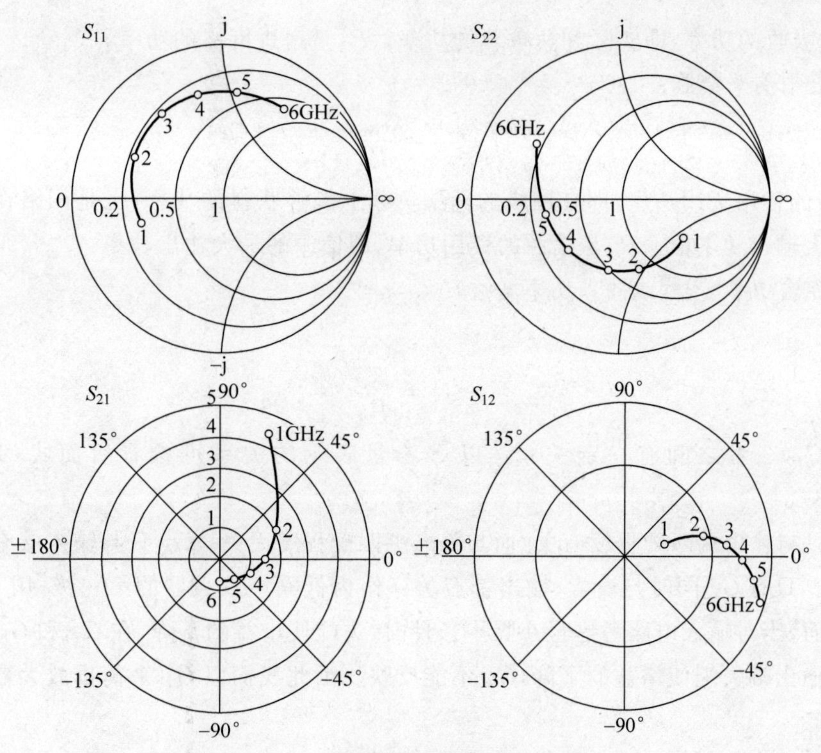

图 12-15　典型晶体管的四个 S 参量

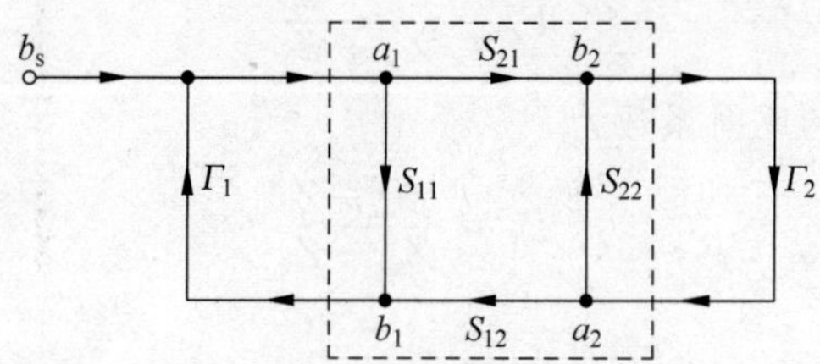

图 12-16　以流图表示的网络

12.4.2　晶体管放大器的增益

图 12-17 画出了晶体管放大器。晶体管以 S 参量表示。它的负载为 Z_L，信源 E_s，信源阻抗 Z_G。晶体管两端的特性阻抗 $Z_0=50\Omega$ 的传输线并不存在，可以设想其长度为 0，它是为了把上面 S 参量定义说得较清楚而借用的，以虚线表示。

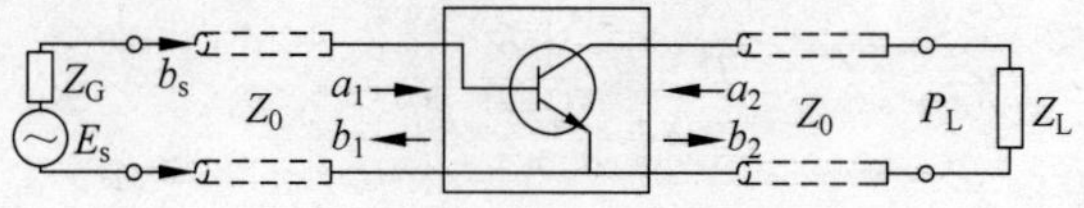

图 12-17　晶体管放大器

我们来求这个放大器的增益。放大器的功率增益有三种：

(1) 实际功率增益：

$$G=\frac{P_L}{P_{sr}} \tag{12-77}$$

P_L 是负载吸收的功率，即实际到达负载的功率。P_{sr}是送进网络的功率。

（2）资用功率增益：

$$G_A = \frac{P_{sca}}{P_{sa}} \tag{12-78}$$

P_{sca}是网络的输出资用功率，即在网络的匹配负载上能够获得的功率，也是网络在该信源阻抗下的最大输出功率值。P_{sa}是信源的资用功率，即信源的最大输出功率。

（3）传输功率增益（或插入功率增益）

$$G_T = \frac{P_L}{P_{sa}} \tag{12-79}$$

G、G_A 和 G_T 三者之间有一定关系。以 S 参量表示的关系可参看后面式(12-111)～式(12-113)。

G 值只与输出端匹配程度有关，而与输入端匹配程度无关。G_A 只与输入端有关而与输出端无关。只有 G_T 同时与输入、输出都有关。作为低噪声放大器的第一级，用 G_T 表示增益比较全面，当对输入电路考虑最小噪声条件时，失配使增益的下降，在 G_T 和 G_A 中将反映出来。而输出端失配使增益的下降，G_A 不能反映。因此我们以 G_T 来衡量放大器。下面就来求 G_T。

图 12-17 中负载 Z_L 相对于 Z_0 的反射系数为

$$\Gamma_2 = \frac{Z_L - Z_0}{Z_L + Z_0} \tag{12-80}$$

信源阻抗 Z_G 相对于 Z_0 的反射系数为

$$\Gamma_1 = \frac{Z_G - Z_0}{Z_G + Z_0} \tag{12-81}$$

负载吸收的功率为

$$P_L = \frac{1}{2} \mid b_2 \mid^2 (1 - \mid \Gamma_2 \mid^2) \tag{12-82}$$

因为传输线无损，向负载的入射功率波即等于网络输出口的外向功率波 b_2。

信源有效输出功率用$|b_s|^2/2$ 代表，而

$$\mid b_s \mid = \frac{E_s \sqrt{Z_0}}{Z_G + Z_0} \tag{12-83}$$

则信源资用功率

$$P_{sa} = \frac{\mid b_s \mid^2 / 2}{1 - \mid \Gamma_1 \mid^2} \tag{12-84}$$

于是放大器的传输功率增益

$$G_T = \frac{P_L}{P_{sa}} = \frac{\mid b_2 \mid^2}{\mid b_s \mid^2} (1 - \mid \Gamma_1 \mid^2)(1 - \mid \Gamma_2 \mid^2) \tag{12-85}$$

因为

$$a_1 = b_s + \Gamma_1 b_1 \tag{12-86}$$

所以

$$b_s = a_1 - \Gamma_1 b_1 = a_1 - \Gamma_1(S_{11}a_1 + S_{12}a_2) = a_1(1 - \Gamma_1 S_{11}) - S_{12}\Gamma_1 a_2$$

而

$$b_2 = S_{21}a_1 + S_{22}a_2$$

代入式(12-85),得到

$$G_T = \frac{|S_{21}|^2(1-|\Gamma_1|^2)(1-|\Gamma_2|^2)}{|(1-\Gamma_1 S_{11})(1-\Gamma_2 S_{22}) - S_{12}S_{21}\Gamma_1\Gamma_2|^2} \tag{12-87}$$

上式体现了正向传输、输入匹配程度、输出匹配程度以及反馈等因素对增益 G_T 所起的作用。

当网络两端负载 $Z_G = Z_L = Z_0$ 时,$\Gamma_1 = \Gamma_2 = 0$,则

$$G_T = |S_{21}|^2 \tag{12-88}$$

因此$|S_{21}|^2$ 是网络插入 $Z_0(50\Omega)$系统时的插入增益。同理,$|S_{12}|^2$ 是此时的反向插入增益。

在网络是单向的情况,$S_{12}=0$。单向传输增益为

$$G_{Tu} = |S_{21}|^2 \cdot \frac{1-|\Gamma_1|^2}{|1-S_{11}\Gamma_1|^2} \cdot \frac{1-|\Gamma_2|^2}{|1-S_{22}\Gamma_2|^2} = G_0 \cdot G_1 \cdot G_2 \tag{12-89}$$

其中

$$G_0 = |S_{21}|^2 \tag{12-90}$$

$$G_1 = \frac{1-|\Gamma_1|^2}{|1-\Gamma_1 S_{11}|^2} \tag{12-91}$$

代表输入端匹配程度所能获得的增益:

$$G_2 = \frac{1-|\Gamma_2|^2}{|1-\Gamma_2 S_{22}|^2} \tag{12-92}$$

代表输出端匹配程度所能获得的增益。

因为网络是单向的,输入、输出匹配互不影响,因而 G_{Tu}可以分解为互相独立的三项。

当信源和网络匹配时,$\Gamma_1 = S_{11}^*$,G_1 最大:

$$G_{1\max} = \frac{1}{1-|S_{11}|^2} \tag{12-93}$$

同样负载和网络匹配,$\Gamma_2 = S_{22}^*$时,G_2 最大:

$$G_{2\max} = \frac{1}{1-|S_{22}|^2} \tag{12-94}$$

由此最大的单向增益值为

$$G_{\text{Tumax}} = \frac{|S_{21}|^2}{(1-|S_{11}|^2)(1-|S_{22}|^2)} \tag{12-95}$$

它仅由晶体管 S 参量决定。已知晶体管的 S 参量便可估算这个值。

从式(12-89)可以看出,单向增益由三个互相独立的部分组成,这使得分析和设计变得简单明了。希望能够采用它。但是在什么情况下可以单向化,即可以忽略 S_{12} 项;忽略后的误差又有多少?需要了解清楚这个问题。

实际增益与单向增益的差别由下式给出:

$$G_T = G_{Tu} \cdot \frac{1}{|1-x|^2} \tag{12-96}$$

其中

$$x = \frac{\Gamma_1 \Gamma_2 S_{12} S_{21}}{(1 - \Gamma_1 S_{11})(1 - \Gamma_2 S_{22})} \tag{12-97}$$

则

$$\frac{1}{|1 + |x||^2} < \frac{G_T}{G_{Tu}} < \frac{1}{|1 - |x||^2} \tag{12-98}$$

定义单向优劣系数

$$u = \frac{|S_{11} S_{22} S_{12} S_{21}|}{|1 - |S_{11}|^2||1 - |S_{22}|^2|} \tag{12-99}$$

当$|S_{11}|<1$、$|S_{22}|<1$时(实际晶体管常能满足),对于任何$|\Gamma_1|<|S_{11}|$的信号源和$|\Gamma_2|<|S_{22}|$的负载,单向增益与实际增益的误差范围如下:

$$\frac{1}{|1 + u|^2} < \frac{G_T}{G_{Tu}} < \frac{1}{|1 - u|^2} \tag{12-100}$$

现在再来研究一下单向传输增益的性质。$G_0 = |S_{21}|^2$ 是晶体管插入 50Ω 系统的插入增益。按照式(12-72),$|S_{21}|^2$ 应当以每倍频程 6dB 速率下降。实际晶体管的$|S_{21}|^2$ 的下降速率相当接近它,但往往比它小一些。

G_1、G_2 随信源和负载变化如何,因式(12-91)与式(12-92)形式完全相同,故可合并为一个式来讨论:

$$G_i = \frac{1 - |\Gamma_i|^2}{|1 - \Gamma_i S_{ii}|^2}, \quad i = 1,2 \tag{12-101}$$

G_i=常数代表 Γ_i 平面单位圆内的一个圆方程,如图 12-18 所示。因此式(12-101)画出来是一族圆,每个圆代表一个 G_i 值。

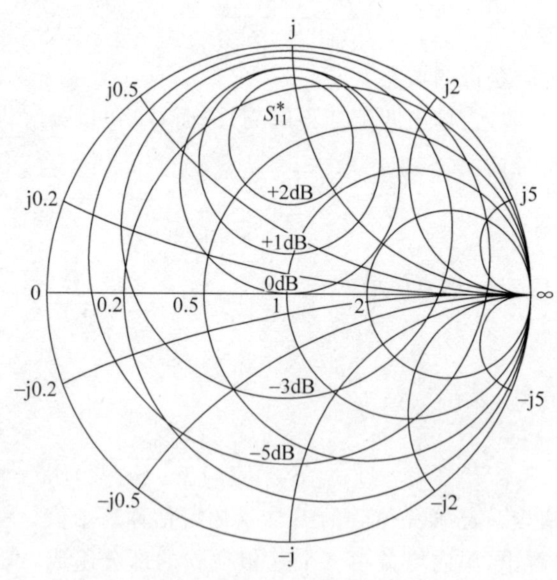

图 12-18 在 Γ_i 平面上的等 G_i 圆 $i=1,2$

当 $\Gamma_i = S_{ii}^*$ 时,$G_i = G_{imax} = 1/(1 - |S_{ii}|^2)$。当 $\Gamma_i = 0$,即单位圆的原点,$G_i = 1$。因此 G_i 为 0dB 的圆经过原点。这族圆的位置由以下两点确定:

(1) 圆心位于单位圆原点与 S_{ii}^* 的连接直线上;圆心距原点等于

$$r_{0i} = \frac{g_i |S_{ii}|}{1 - |S_{ii}|^2 (1 - g_i)}, \quad i = 1,2 \tag{12-102}$$

(2) 圆的半径等于

$$\rho_{0i} = \frac{\sqrt{1-g_i}(1-|S_{ii}|^2)}{1-|S_{ii}|^2(1-g_i)}, \quad i=1,2 \tag{12-103}$$

其中，

$$g_i = \frac{G_i}{G_{i\max}} = G_i(1-|S_{ii}|^2), \quad i=1,2 \tag{12-104}$$

有了这族等增益圆，就可直观地判断增益的变化。信源和负载都以相对于 $Z_0(50\Omega)$ 的反射系数来代表，画在圆图上看起来很方便。这族圆对于信源和负载是通用的。

单向化的设计可以归结如下：

根据晶体管的 S 参量，利用 G_i 等增益圆，在圆图上由保证所需增益 G_1、G_2 值选择对应的 Γ_1、Γ_2 值。余下的问题是实现所要求的 Γ_1、Γ_2。在第 12.5 节中我们将结合实例加以说明。

上面只讨论了单向增益的误差。在进行放大器设计时还有一个很重要的问题必须解决。就是放大器的稳定性问题。只有在保证放大器稳定的前提下，设计才是有意义的。假设放大器单向化以后，就不存在稳定不稳定的问题。而实际上放大器 $S_{12}\neq 0$，存在着内部反馈，在一定负载时可能形成正反馈而不稳定。为此我们需要研究稳定问题。

为了分析方便，我们先引入几个有关散射参量的普遍公式。在第 12.1 节中已经指出，散射参量是参考阻抗 Z_1、Z_2 的函数。常用的 S 参量系指 $Z_1=Z_2=Z_0=50\Omega$ 时的值。若以符号 S' 代表任意参考阻抗 Z'_1、Z'_2 时的散射参量，以 S 代表某特定阻抗 Z_1、Z_2 时的散射参量，那么 S' 与 S 之间的关系如下：

$$S'_{11} = \frac{A_1^*}{A_1}\frac{[(1-\Gamma_2 S_{22})(S_{11}-\Gamma_1^*)+\Gamma_2 S_{12}S_{21}]}{[(1-\Gamma_1 S_{11})(1-\Gamma_2 S_{22})-\Gamma_1\Gamma_2 S_{12}S_{21}]} \tag{12-105}$$

$$S'_{22} = \frac{A_2^*}{A_2}\frac{[(1-\Gamma_1 S_{11})(S_{22}-\Gamma_2^*)+\Gamma_1 S_{12}S_{21}]}{[(1-\Gamma_1 S_{11})(1-\Gamma_2 S_{22})-\Gamma_1\Gamma_2 S_{12}S_{21}]} \tag{12-106}$$

$$S'_{12} = \frac{A_2^*}{A_1}\frac{S_{12}(1-|\Gamma_1|^2)}{[(1-\Gamma_1 S_{11})(1-\Gamma_2 S_{22})-\Gamma_1\Gamma_2 S_{12}S_{21}]} \tag{12-107}$$

$$S'_{21} = \frac{A_1^*}{A_2}\frac{S_{21}(1-|\Gamma_2|^2)}{[(1-\Gamma_1 S_{11})(1-\Gamma_2 S_{22})-\Gamma_1\Gamma_2 S_{12}S_{21}]} \tag{12-108}$$

其中

$$A_i = \frac{1-\Gamma_i^*}{1-|\Gamma_i|}(1-|\Gamma_i|^2)^{\frac{1}{2}}, \quad i=1,2 \tag{12-109}$$

$$\Gamma_i = \frac{Z'_i - Z_i}{Z'_i + Z_i^*}, \quad i=1,2 \tag{12-110}$$

由上面公式很容易得出放大器的三种增益：

$$G_T = |S'_{21}|^2 = \frac{|S_{21}|^2(1-|\Gamma_1|^2)(1-|\Gamma_2|^2)}{|(1-\Gamma_1 S_{11})(1-\Gamma_2 S_{22})-\Gamma_1\Gamma_2 S_{11}S_{22}|^2} \tag{12-111}$$

$$G = \frac{|S'_{21}|^2}{1-|S'_{11}|^2} = \frac{|S_{21}|^2(1-|\Gamma_2|^2)}{(1-|S_{11}|^2)+|\Gamma_2|^2(|S_{22}|^2-|\Delta|^2)-2R_e(\Gamma_2 C_2)} \tag{12-112}$$

$$G_A = \frac{|S'_{21}|^2}{1-|S'_{22}|^2} = \frac{|S_{21}|^2(1-|\Gamma_1|^2)}{(1-|S_{22}|^2)+|\Gamma_1|^2(|S_{11}|^2-|\Delta|^2)-2R_e(\Gamma_1 C_1)} \tag{12-113}$$

其中

$$\Delta = S_{11}S_{22} - S_{12}S_{21} \tag{12-114}$$

$$C_1 = S_{11} - \Delta S_{22}^* \tag{12-115}$$

$$C_2 = S_{22} - \Delta S_{11}^* \tag{12-116}$$

12.4.3 晶体管放大器的稳定性①

小信号放大器除了增益、带宽和噪声系数外，还有一个重要问题需要研究，就是它的稳定性。稳定工作是放大器性能指标得以实现的前提，只有在保证稳定工作的条件下性能指标的好坏才有意义。这也是有源网络比无源网络复杂的一个方面。此外，对电路稳定条件的探讨还可以导出小功率振荡器的设计考虑。因此放大器稳定性的研究是很有意义的。对稳定问题的全面分析将涉及较复杂的数学。对于工程设计来说，主要是要知道稳定条件。本节简要介绍问题的解决方法与所得到的结论。

从电路方面来说，研究稳定性问题是要知道在什么负载(包括信源阻抗这个输入端的负载)条件下放大器可能发生振荡；网络本身的参数满足什么条件时为绝对稳定等。

有源网络可以这样来划分成为两大类：一类称为无条件稳定或绝对稳定的；一类称为有条件稳定的或潜在不稳定的。所谓无条件稳定是指不存在可以引起振荡的负载。更明确来说，就是在 Γ_1 和 Γ_2 负载平面上单位圆内各点上，网络都是稳定的(在单位圆以外的负载具有负阻性质，当然不应包括在内)。所谓有条件稳定是指在 Γ_1 和 Γ_2 负载平面单位圆内的某区域，网络的输入或输出阻抗呈现负阻。要网络稳定工作，必须避开这个不稳定区域或者以很重的负载压住负阻，使网络不至于振荡而仍能稳定工作。这种情况下网络是在一定条件下才稳定工作。因为这种情况下网络包含有不稳定的因素，如果负载合适，它就可能振荡起来，因此也称这种网络为潜在不稳定的。前面那种任何负载(只要在单位圆内)下都稳定的网络也称为绝对稳定的。

如果我们求得划分这两类情况的条件以及潜在不稳定的区域，我们就可以充分发挥晶体管的潜力。同时我们也可以知道晶体管在什么频段内是绝对稳定的；什么频段内是潜在不稳定的，并且选用怎样的负载就可以达到稳定工作。由此即可导出正确的设计步骤来。

以 y、h、z 参量表征的网络的稳定条件已知是下列三条：

$$\left.\begin{aligned} &R_e(r_{11}) \geqslant 0 \\ &R_e(r_{22}) \geqslant 0 \\ &k = \frac{2R_e(r_{11})R_e(r_{22}) - R_e(r_{12}r_{21})}{|r_{12}\gamma_{21}|} \geqslant 1 \end{aligned}\right\} \tag{12-117}$$

$r=y$、h、z，任何一种均可。这个稳定条件在中、低频是已知的。

现在我们来求以 S 参量表征的网络的稳定条件。

求稳定条件可以从网络的输入(输出)阻抗是否具有负阻着手。由式(12-66)，S_{11} 代表输出端接负载 $Z_L=Z_0$ 时的输入反射系数，输出端接任意负载 Z_L(或者以反射系数 Γ_2 表示)时的输入反射系数可从式(12-64)解得为

① 注：本节的分析和结论对任何有源线性双口网络均适用。

$$\frac{b_1}{a_1} = S_{11} + \frac{S_{12}S_{21}\Gamma_2}{1-\Gamma_2 S_{22}} \tag{12-118}$$

因为 $a_2 = \Gamma_2 b_2$。

任意负载的输入反射系数应该就是 S'_{11}。它的性质与信源 Γ_1 无关。在式(12-105)中令 $\Gamma_1 = 0$ 最简单,立即可以得出与式(12-118)同样的结果,即

$$S'_{11} = \frac{S_{11}(1-\Gamma_2 S_{22}) + \Gamma_2 S_{12} S_{21}}{1-\Gamma_2 S_{22}} = S_{11} + \frac{\Gamma_2 S_{12} S_{21}}{1-\Gamma_2 S_{22}} = \frac{S_{11} - \Gamma_2 \Delta}{1-\Gamma_2 S_{22}} \tag{12-119}$$

同样,输入端接任意负载时的输出反射系数为

$$S'_{22} = S_{22} + \frac{\Gamma_1 S_{12} S_{21}}{1-\Gamma_1 S_{11}} = \frac{S_{22} - \Gamma_1 \Delta}{1-\Gamma_1 S_{11}} \tag{12-120}$$

这两个式子形式完全相同,只需分析其中一个即可。以式(12-119)为例。它说明了负载 Γ_2 变化时 S'_{11} 是如何变化的。在上两式中,$\Delta = S_{11}S_{22} - S_{12}S_{21}$。

若 $|S'_{11}|>1$,即输入阻抗为负阻性质,网络是潜在不稳定的。若 $|S'_{11}|<1$,即输入阻抗是有损耗的正阻性质,不论信源负载是什么,只要是在单位圆内的正阻,网络就不会振荡,即网络是绝对稳定的。因此划分网络是潜在不稳定还是绝对稳定的分界线是 $|S'_{11}|=1$。令

$$|S'_{11}| = \left|\frac{S_{11} - \Gamma_2 \Delta}{1-\Gamma_2 S_{22}}\right| = 1 \tag{12-121}$$

上式即为

$$|1-\Gamma_2 S_{22}| = |S_{11} - \Gamma_2 \Delta| \tag{12-122}$$

取模值平方展开,并整理,即得

$$1 + |\Gamma_2|^2 |S_{22}|^2 - 2R'_e(\Gamma_2^* S_{22}^*) = |S_{11}|^2 + |\Gamma_2|^2 |\Delta|^2 - 2R_e(S_{11}\Gamma_2^* \Delta^*)$$

重新写成为:

$$|\Gamma_2|^2(|S_{22}|^2 - |\Delta|^2) - 2R_e[\Gamma_2^*(S_{22}^* - S_{11}\Delta^*)] + 1 - |S_{11}|^2 = 0 \tag{12-123}$$

式(12-123)是负载 Γ_2 平面上的一个圆方程,圆心位于:

$$R_{s2} = \frac{S_{22}^* - S_{11}\Delta^*}{|S_{22}|^2 - |\Delta|^2} \tag{12-124}$$

半径等于

$$\rho_{s2} = \left|\frac{|S_{12}S_{21}|}{|S_{22}|^2 - |\Delta|^2}\right| \tag{12-125}$$

这个圆把 Γ_2 平面分成两个区域。其中一个区内 $|S'_{11}|<1$,网络在这个区域内是稳定的;另一个区域内 $|S'_{11}|>1$,网络是潜在不稳定的。在后一区内,要使放大器稳定工作,就要求信源阻抗的正电阻压倒 $|S'_{11}|$ 中的负阻。

现在的问题是如何来判别圆内、圆外哪个区是稳定区。我们先来求另一个稳定条件。

在 Γ_2 平面的原点,$\Gamma_2=0$。由式(12-105),若 $|S'_{11}|<1$,则 $|S'_{11}|<1$。要求这一点稳定,$|S'_{11}|<1$,即必须 $|S_{11}|<1$。这样,保证 Γ_2 平面原点($\Gamma_2=0$)的稳定条件是

$$|S_{11}| < 1 \tag{12-126}$$

从物理意义来说,若原点 $|S_{11}|<1$,则说明以 Z_0(=50Ω)的信源看网络时,看到网络的输入阻抗为正阻性质,那么以任意阻抗 Z'_1 的信源来看网络,同样看到是正阻性质。反之,若以 Z'_0 看网络时看到网络呈现负阻,那么以任意 Z'_1 看网络也是呈现负阻。所以要网络稳定,必须有 $|S_{11}|<1$ 的条件。同理,在输出端看,网络的稳定条件为

$$|S_{22}| < 1 \tag{12-127}$$

有了原点稳定条件就可以区分稳定圆内、外哪个区域是稳定的了。在原点是稳定的前提下，若稳定圆包含原点，则圆内区域是稳定的；反之若稳定圆不包含原点，则圆内区域是不稳定的，而圆外区域是稳定的。

网络绝对稳定就是在任何无源负载下网络都是稳定的。即在 Γ_2 平面上整个单位圆内 $|\Gamma_2|\leqslant 1$ 都满足 $|S'_{11}|<1$。这意味着它要求在 $|\Gamma_2|\leqslant 1$ 的单位圆内没有不稳定的区域。由此我们可以求得网络绝对稳定的条件。以稳定圆（圆心 R_{s2}，半径 ρ_{s2}）是否包含原点（$\Gamma_2=0$），分成两种情形：

(1) $|S_{22}|^2-|\Delta|^2>0$，则原点在稳定圆（R_{s2}，ρ_{s2}）之外，如图 12-19(a)和(c)两种情形。此时圆内是不稳定区，圆外是稳定区。要使单位圆内全部是稳定区，就要使单位圆与稳定圆（R_{s2}，ρ_{s2}）不相交。这种情形是图中 a 的情形。即要求

$$|R_{s2}|-\rho_{s2}>1 \tag{12-128}$$

代入式(12-124)和式(12-125)，此条件即

$$|S_{22}^*-S_{11}\Delta^*|>|S_{12}S_{21}|+|S_{22}|^2-|\Delta|^2$$

将上式展开并重新整理，最后得到

$$1-|S_{11}|^2-|S_{22}|^2+|\Delta|^2>2|S_{12}S_{21}| \tag{12-129}$$

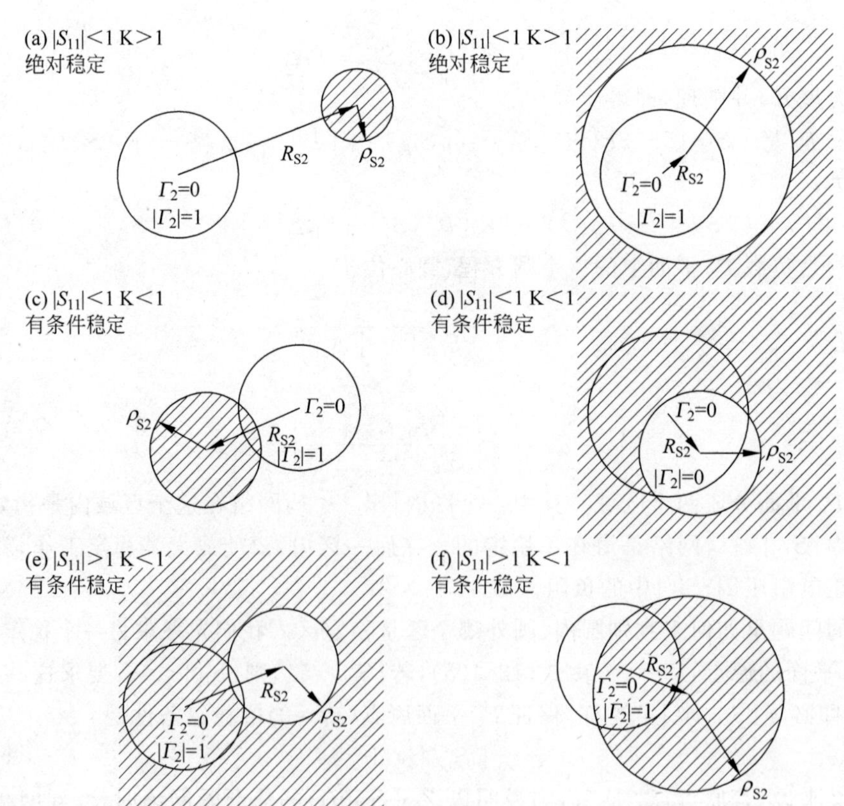

图 12-19 Γ_2 平面上六种可能的稳定情况 a、c、e：$|S_{22}|^2-|\Delta|^2>0$。b、d、f_2 $|S_{22}|^2-|\Delta|^2<0$。剖面线区域为不稳定区域

式(12-129)即是网络绝对稳定条件。

(2) $|S_{22}|^2-|\Delta|^2<0$:稳定圆(R_{s2}、ρ_{s2})包含原点,如图 12-19 中(b)和(d)两种情形。此时稳定圆内的区域是稳定的,圆外的区域是不稳定的。网络绝对稳定就是要求单位圆 $|\Gamma_2|\leqslant 1$完全落在稳定圆之内。此绝对稳定条件即

$$\rho_{s2}-|R_{s2}|>1 \tag{12-130}$$

代入式(12-124)和式(12-125),得到稳定条件为

$$|S_{22}^*-S_{11}\Delta^*|<|\Delta|^2-|S_{22}|^2+|S_{12}S_{21}|$$

展开并重新整理后结果仍为

$$1-|S_{11}|^2-|S_{22}|^2+|\Delta|^2>2|S_{12}S_{21}|$$

现在可以看到,不论原点被包含在稳定圆内还是不包含这两种情形,绝对稳定条件是相同的。定义稳定系数 K:

$$K=\frac{1-|S_{11}|^2-|S_{22}|^2+|\Delta|^2}{2|S_{12}S_{21}|} \tag{12-131}$$

则 $K>1$ 为绝对稳定的必要条件。

同样方法对信源负载平面 Γ_1 作分析,得到绝对稳定条件为$|S_{22}|<1,K>1$。

因此有源线性双口网络绝对稳定的条件有三个:

$$\left.\begin{aligned}&|S_{11}|<1\\&|S_{22}|<1\\&K=\frac{1-|S_{11}|^2-|S_{22}|^2+|\Delta|^2}{2|S_{12}S_{21}|}>1\end{aligned}\right\} \tag{12-132}$$

在图 12-19 中列举 Γ_2 平面上六种不同情况。其中(a)和(b)两种情形是绝对稳定的。在 Γ_2 平面上满足$|S_{11}|<1$ 和 $K>1$;而(c)和(d)两种情形时 $K<1$、$|S_{11}|<1$。此时单位圆内有一部分区域是潜在不稳定的;而(e)和(f)两种情形是$|S_{11}|>1$,这时原点不稳定,因而包含原点的区域是不稳定的。我们只画出这六种情形。还有$|S_{11}|>1,K>1$ 的情形,这时全部单位圆内都是潜在不稳定的。一般晶体管的输入阻抗总是正阻,满足$|S_{11}|<1$ 条件,因此我们重点放在$|S_{11}|<1$ 的四种情形。为了说明$|S_{11}|<1$ 条件的必要性,才画出(e)和(f)两种情形作对比。

式(12-132)的三个稳定条件与式(12-117)的三个稳定条件是一一对应的。它们都是由网络本身的参量决定的。如果晶体管的 S 参量在一段频率范围内符合式(12-132),则晶体管在此频段内是绝对稳定的。也就是说在这个频率范围内晶体管的输入、输出端接任意(无源)负载 Γ_1、Γ_2 都不会引起振荡。若不满足式(12-132),则晶体管是潜在不稳定的。在某个负载区域内,它有可能发生振荡。这时要使放大器能够稳定工作,必须避开这个不稳定区域或者以很重的正电阻负载去压倒负阻。于是对于这两种情况放大器的设计方法自然就不相同。

上面得到的稳定条件是保证整个单位圆内稳定的条件。有时网络两端的负载不是任意的,而是预先有个规定的范围。这时稳定条件显然可以放宽。这时的稳定条件有更普遍的意义。它是网络连同两端负载一起的总稳定条件。

若信源和负载都不可能开路或短路,而是在一定范围内,$|\Gamma_1|\leqslant|\Gamma_G|<1$;$|\Gamma_2|\leqslant|\Gamma_L|<1$,则绝对稳定条件成为

$$|\Gamma_G||S'_{11}|\leqslant 1 \tag{12-133}$$

最后得到绝对稳定条件为总稳定系数 K_s

$$K_s=\frac{1-|\Gamma_G S_{11}|^2-|\Gamma_L S_{22}|^2+|\Gamma_G\Gamma_L\Delta|^2}{2|S_{12}S_{21}|}>1 \tag{12-134}$$

并且

$$|S_{11}|<1、|S_{22}|<1$$

这个总稳定系数 K_s 与 y 参量的罗莱脱稳定系数 K_y 相当。在用 y 参量表征晶体管时，总稳定条件为

$$K_y=\frac{2(g_{11}+G_G)(g_{22}+G_L)-R_e(y_{12}y_{21})}{|y_{12}y_{21}|}>1 \tag{12-135}$$

并且 $g_{11}>0$、$g_{22}>0$。

当网络两端接任意负载时，$|\Gamma_G|=|\Gamma_L|=1$，K_s 即式(12-131)的 K，$K=C^{-1}$。C 是集总常数电路林维尔稳定系数。在那里 $C<1$ 为稳定条件。

上面分析了晶体管放大器的稳定性并得到稳定条件。现在可以讨论与稳定性有联系的最大增益问题。

当晶体管两端口同时实现共轭匹配时，放大器的增益达到最大。同时共轭匹配的条件为

$$|S'_{11}|=|S'_{22}|=0 \tag{12-136}$$

其解答为

$$\Gamma_1=\Gamma_{m1}=C_1^*\left[\frac{B_1\pm\sqrt{B_1^2-4|C_1|^2}}{2|C_1|^2}\right] \tag{12-137}$$

$$\Gamma_2=\Gamma_{m2}=C_2^*\left[\frac{B_2\pm\sqrt{B_2^2-4|C_2|^2}}{2|C_2|^2}\right] \tag{12-138}$$

其中，

$$B_1=1+|S_{11}|^2-|S_{22}|^2-|\Delta|^2 \tag{12-139}$$

$$B_2=1+|S_{22}|^2-|S_{11}|^2-|\Delta|^2 \tag{12-140}$$

$$C_1=S_{11}-\Delta S_{22}^* \tag{12-141}$$

$$C_2=S_{22}-\Delta S_{11}^* \tag{12-142}$$

在式(12-137)中，若 $B_1>0$，取"－"号；若 $B_1<0$，取"＋"号。式(12-138)中 B_2 的符号同此。

式(12-137)和式(12-138)有两对解。当 $|K|<1$，每一对解(Γ_{m1}，Γ_{m2})中都有模值等于1，$|\Gamma_{m1}|=|\Gamma_{m2}|=1$。如果 $|K|>1$，但 $K<0$，每对解中一个模值大于1，另一个小于1。如果 $K>1$，则两对解中一对解的模小于1，另一对大于1。因此存在共轭匹配的负载($|\Gamma_{m1}|\leqslant 1$，$|\Gamma_{m2}|\leqslant 1$)的条件仍是 $K>1$，即绝对稳定的条件。当满足绝对稳定条件时 B_1，B_2 必为正。因此式(12-137)和式(12-138)中取"－"号。于是信源和负载两端同时实现共轭匹配的时候，信源和负载反射系数应等于

$$\Gamma_{m1}=C_1^*\left[\frac{B_1-\sqrt{B_1^2-4|C_1|^2}}{2|C_1|^2}\right] \tag{12-143}$$

$$\Gamma_{m2}=C_2^*\left[\frac{B_2-\sqrt{B_2^2-4|C_2|^2}}{2|C_2|^2}\right] \tag{12-144}$$

此时增益达到最大，并且三个增益相等：

$$G_{\max} = G_{\mathrm{Amax}} = G_{\mathrm{Tmax}} = \left|\frac{S_{21}}{S_{12}}\right| \mid K \pm \sqrt{K^2 - 1} \mid = MAG \tag{12-145}$$

当 B_1、$B_2 > 0$ 时，取“－”号。B_1、$B_2 < 0$ 时取“＋”号①。

最大稳定增益

$$MSG = \left|\frac{S_{21}}{S_{12}}\right| \tag{12-146}$$

它是从有条件稳定（$K<1$ 情形）过渡到无条件稳定或绝对稳定（$K>1$ 情形）的转折点（$K=1$）时的最大增益，因而是有条件稳定时的最大稳定增益。

在某些场合，并不以式(12-145)的最大增益设计放大器的增益。譬如潜在不稳定时不能实现双口同时共轭匹配；又如增益不需要太高或者负载不能任选而受到一定限制等。这样的场合，设计可以依靠一组等增益圆来进行。以下就无条件稳定和有条件稳定两种情形分别讨论。

(1) 无条件稳定情形，$K>1$。这时设计比较直截了当，但公式烦杂一些。任何端口的失配都使增益小于式(12-145)的最大增益。现在来求等 G_{T} 圆。

用符号 S^{m} 表示网络相对于匹配负载 Γ_{m1}、Γ_{m2} 参考的 S 参量。此时 $S_{11}^{\mathrm{m}} = S_{22}^{\mathrm{m}} = 0$，剩下 S_{21}^{m} 和 S_{12}^{m} 两个。由式(12-107)和式(12-108)

$$S_{12}^{\mathrm{m}} = \frac{(A_2^{\mathrm{m}})^*}{A_1^{\mathrm{m}}} \frac{S_{12}(1 - |\Gamma_{\mathrm{m1}}|^2)}{[(1 - \Gamma_{\mathrm{m1}} S_{11})(1 - \Gamma_{\mathrm{m2}} S_{22}) - \Gamma_{\mathrm{m1}} \Gamma_{\mathrm{m2}} S_{11} S_{22}]} \tag{12-147}$$

$$S_{21}^{\mathrm{m}} = \frac{(A_1^{\mathrm{m}})^*}{A_2^{\mathrm{m}}} \frac{S_{21}(1 - |\Gamma_{\mathrm{m2}}|^2)}{[(1 - \Gamma_{\mathrm{m1}} S_{11})(1 - \Gamma_{\mathrm{m2}} S_{22}) - \Gamma_{\mathrm{m1}} \Gamma_{\mathrm{m2}} S_{11} S_{22}]} \tag{12-148}$$

任意负载阻抗的 S' 可用 S^{m} 来表示：

$$S'_{11} = \frac{(A_1^{\mathrm{m}})^*}{A_1^{\mathrm{m}}} \frac{[-(\Gamma_1^{\mathrm{m}})^* + \Gamma_2^{\mathrm{m}} S_{12}^{\mathrm{m}} S_{21}^{\mathrm{m}}]}{(1 - \Gamma_1^{\mathrm{m}} \Gamma_2^{\mathrm{m}} S_{12}^{\mathrm{m}} S_{21}^{\mathrm{m}})} \tag{12-149}$$

$$S'_{12} = \frac{(A_2^{\mathrm{m}})^*}{A_1^{\mathrm{m}}} \frac{S_{12}^{\mathrm{m}}(1 - |\Gamma_1^{\mathrm{m}}|^2)}{(1 - \Gamma_1^{\mathrm{m}} \Gamma_2^{\mathrm{m}} S_{12}^{\mathrm{m}} S_{21}^{\mathrm{m}})} \tag{12-150}$$

$$S'_{21} = \frac{(A_1^{\mathrm{m}})^*}{A_2^{\mathrm{m}}} \frac{S_{21}^{\mathrm{m}}(1 - |\Gamma_2^{\mathrm{m}}|^2)}{(1 - \Gamma_1^{\mathrm{m}} \Gamma_2^{\mathrm{m}} S_{12}^{\mathrm{m}} S_{21}^{\mathrm{m}})} \tag{12-151}$$

$$S'_{22} = \frac{(A_2^{\mathrm{m}})^*}{A_2^{\mathrm{m}}} \frac{[-(\Gamma_2^{\mathrm{m}})^* + \Gamma_1^{\mathrm{m}} S_{12}^{\mathrm{m}} S_{21}^{\mathrm{m}}]}{(1 - \Gamma_1^{\mathrm{m}} \Gamma_2^{\mathrm{m}} S_{12}^{\mathrm{m}} S_{21}^{\mathrm{m}})} \tag{12-152}$$

其中

$$\Gamma_1^{\mathrm{m}} = \frac{Z_1^{\mathrm{m}} - Z_{\mathrm{m1}}}{Z_1^{\mathrm{m}} + Z_{\mathrm{m1}}^*}, \quad \Gamma_2^{\mathrm{m}} = \frac{Z_2^{\mathrm{m}} - Z_{\mathrm{m2}}}{Z_2^{\mathrm{m}} + Z_{\mathrm{m2}}^*},$$

$$A_i^{\mathrm{m}} = \frac{1 - (\Gamma_i^{\mathrm{m}})^*}{|1 - \Gamma_i^{\mathrm{m}}|}(1 - |\Gamma_i^{\mathrm{m}}|^2)^{\frac{1}{2}}, \quad i = 1, 2$$

Z_{m1}、Z_{m2} 是匹配的信源阻抗和负载阻抗。而 $Z_1^{\mathrm{m}} = R_{\mathrm{m1}} \cdot r + \mathrm{j}(R_{\mathrm{m1}} x + X_{\mathrm{m1}})$、$Z_{\mathrm{m1}} = R_{\mathrm{m1}} + \mathrm{j}X_{\mathrm{m1}}$、$\Gamma_1^{\mathrm{m}} = r + \mathrm{j}x$ 是圆图上的坐标。

将式(12-151)展开，可得到传输增益由四项组成：

---

① 注：能够实现的双口同时共轭匹配，必然满足稳定条件 $K>1$。此时 B_1、$B_2>0$。但 B_1、$B_2<0$ 时仍能用式(12-145)，不过此式计算的增益并不是最大的增益数值。最大增益→∞，因为那时潜在不稳定。

$$G_{\mathrm{T}} = |S'_{21}|^2 = G_{\mathrm{m}} \cdot G_{1\mathrm{m}} \cdot G_{2\mathrm{m}} \cdot G_{12\mathrm{m}} \tag{12-153}$$

其中，

$$G_{\mathrm{m}} = |S_{21}^{\mathrm{m}}|^2 = \left|\frac{S_{21}}{S_{12}}\right| |K_{\mathrm{m}}| \tag{12-154}$$

$$G_{1\mathrm{m}} = 1 - |\Gamma_1^{\mathrm{m}}|^2 \tag{12-155}$$

$$G_{2\mathrm{m}} = 1 - |\Gamma_2^{\mathrm{m}}|^2 \tag{12-156}$$

$$G_{12\mathrm{m}} = \frac{1}{|1 - \Gamma_1^{\mathrm{m}}\Gamma_2^{\mathrm{m}}K_{\mathrm{m}}|^2} \tag{12-157}$$

$$|K_{\mathrm{m}}| = |S_{12}^{\mathrm{m}}S_{21}^{\mathrm{m}}| = |K \pm \sqrt{K^2 - 1}| \tag{12-158}$$

G_{m} 即式(12-145)的最大增益。$G_{1\mathrm{m}}$代表信源端失配对 G_{T} 的影响，$G_{2\mathrm{m}}$代表负载端，$G_{12\mathrm{m}}$代表信源和负载互相作用对 G_{T} 的影响。

$G_{1\mathrm{m}}$和 $G_{2\mathrm{m}}$形式相同，是 Γ_1^{m}平面和 Γ_2^{m}平面上的等反射损耗圆。即信源和负载阻抗偏离匹配值 Z_{m1}和 Z_{m2}后等增益下降圆。两者形式相同，因此只需一族通用圆即可，已画在图 12-20 上。它们的圆心在原点。

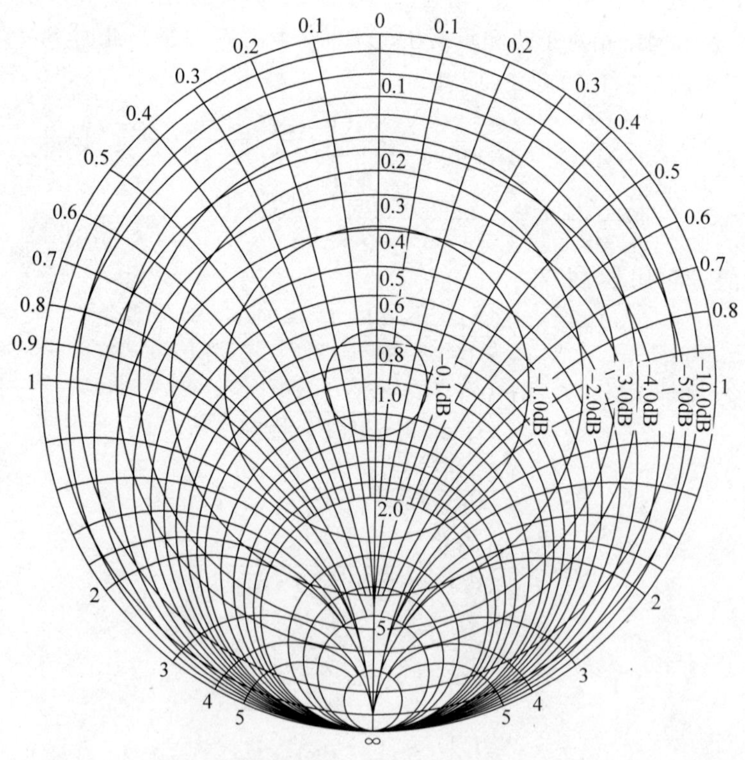

图 12-20　$G_{1\mathrm{m}}$和 $G_{2\mathrm{m}}$圆

$G_{12\mathrm{m}}$也是一个族圆，已画在图 12-21 上。圆上每点到原点的距离为矢量 $f=\Gamma_1^{\mathrm{m}}\Gamma_2^{\mathrm{m}}K_{\mathrm{m}}$。利用图 12-20 和图 12-21 就可设计偏离共轭匹配时 G_{T} 比 G_{m} 的下降值。

(2) 潜在不稳定的情形 $K<1$。这时不能实现共轭双口匹配，不能够用上面的方法，只能借助于一般情况下的等增益圆。下面就来求一般情形下的等 G、G_{A} 圆。

式(12-112)的 G 和式(12-113)的 G_{A} 分别在 Γ_2 与 Γ_1 平面上是一个族圆。可以把它们

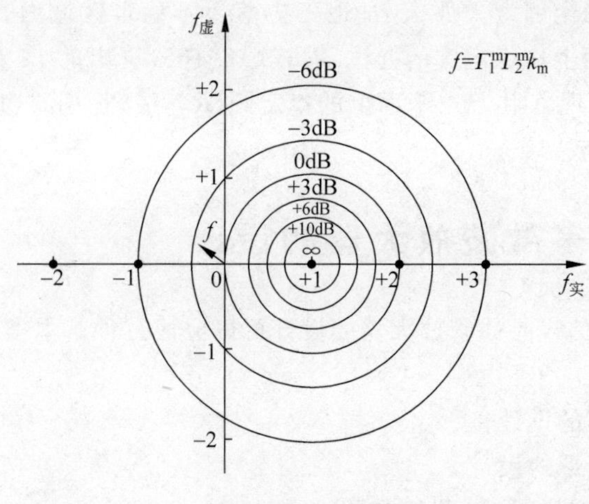

图 12-21　G_{12m} 圆

改写成为

$$G = |S_{21}|^2 g_2 \tag{12-159}$$

$$G_A = |S_{21}|^2 g_1 \tag{12-160}$$

其中，

$$g_2 = \frac{1-|\Gamma_2|^2}{(1-|S_{11}|^2)+|\Gamma_2|^2(|S_{22}|^2-|\Delta|^2)-2R_e(\Gamma_2 C_2)} \tag{12-161}$$

$$g_1 = \frac{1-|\Gamma_1|^2}{(1-|S_{22}|^2)+|\Gamma_1|^2(|S_{11}|^2-|\Delta|^2)-2R_e(\Gamma_1 C_1)} \tag{12-162}$$

两者形式一样，G 只与 Γ_2 有关，G_A 只与 Γ_1 有关。因此只需讨论其中一个。以 G 为例。

令 g_2＝常数，它代表 Γ_2 平面上一个圆。圆心：

$$r_g = \left(\frac{g_2}{1+D_2 g_2}\right)C_2^* \tag{12-163}$$

半径：

$$\rho_g = \frac{(1-2K|S_{12}S_{21}|g_2+|S_{12}S_{21}|^2 g_2^2)^{\frac{1}{2}}}{1+D_2 g_2} \tag{12-164}$$

其中，$D_2=|S_{22}|^2-|\Delta|^2$。

当 $g_2 \to \infty$，圆(r_g, ρ_g)即 Γ_2 平面上的稳定圆(R_{s2}, ρ_{s2})。当

$$\rho_g = 0$$

$$g_2 = g_{20} = \frac{1}{|S_{12}S_{21}|}(K \pm \sqrt{K^2-1}) \tag{12-165}$$

有了等 G 圆，就可进行设计。在稳定区域内选取与所需 G 值对应的 Γ_2 值，然后使输入电路再达到匹配，以使 $G_T=G$。输入端匹配所需的信源 Γ_1 值为 S'_{11}的共轭值：

$$\Gamma_1 = (S'_{11})^* = \left(\frac{S_{11}-\Gamma_2\Delta}{1-\Gamma_2 S_{22}}\right)^* \tag{12-166}$$

因为此时放大器是潜在不稳定的，要校验 Γ_1 是否满足稳定条件，可利用式(12-134)，其中以 Γ_1 值代 Γ_G，以 Γ_2 值代 Γ_L。当 $K_s>1$，说明这一对负载 $\Gamma_1\Gamma_2$ 是可以使放大器稳定工作的。如果 $K_s<1$，那么需要重新选等 G 圆上别的 Γ_2 值，再由式(12-166)算出 Γ_1 值，累试之。

如果要求没有不稳定因素。那么 Γ_1 也不应落入不稳定区域内。这时可以不用 K_s 来校验，而改用在 Γ_1 平面上作稳定圆的办法，看式(12-166)算出的 Γ_1 是否落在稳定区域内。这样保证输出端也不呈现负阻。Γ_1 平面上的稳定圆(R_{s1},ρ_{s1})仍用式(12-124)和式(12-125)，只需将其中注脚"2"换成"1"。

12.5 小信号微波放大器的设计

归纳上节分析，小信号晶体管放大器的设计可以分成三种基本类型：

(1) 单向化设计；

(2) 绝对稳定情形的设计；

(3) 潜在不稳定情形的设计。

现在分别结合实例说明这三种基本设计的方法。

12.5.1 单向化设计

当不考虑内部反馈时，可以假设 $S_{12}=0$，放大器成为单向性的，这样设计变得简单方便。在工作频率较低、晶体管的 S_{12} 较小时，往往可以这样来简化设计。在缺乏晶体管的四个完整 S 参量的时候，这种单向化设计只要有普通量测线和 50Ω 隔离器，量测了 S_{11}、S_{22} 和 $|S_{21}|^2$ 就可进行设计。然后通过实践检验这样忽略 S_{12} 项是否可行。下面通过一个实例来说明这种设计方法。

【例 12-1】 设计一个 2GHz 的晶体管放大器，信源阻抗和输出口的负载阻抗都是 50Ω 同轴线。晶体管采用 CG37、CG38 型。

首先用 50Ω 同轴测量线量测晶体管在 50Ω 系统中的 S_{11} 和 S_{22} 值。量测方法与普通微波系统的反射系数量测方法相同，只需将晶体管装入 50Ω 的管座中。当量测 S_{11} 时，输出口应当接 50Ω 负载。此时 $\Gamma_2=0$。由式(12-119)可知，输入口的反射系数 S_{11}' 就等于晶体管的 S_{11}。因此量测线所量测到的反射系数就是 S_{11}。S_{11} 的相角也可以求出，只需将晶体管输入口短路在测量线上确定参考面。这与一般反射系数的量测一样。S_{22} 的量测也一样，测 S_{22} 时输入口应当接 50Ω 负载，使 $\Gamma_1=0$。实际上只要将晶体管座掉过头来就是。

图 12-22 和图 12-23 中标出了晶体管 CG37 在 1.8～2.4GHz 范围的 S_{22} 和 S_{11} 值。管子的 $I_E=2\text{mA}$。

为了估算放大器的增益，还测量了晶体管在 50Ω 系统中的插入增益 $|S_{21}|^2=4.7\text{dB}$。

在单向化设计时，忽略 S_{12} 的反馈作用，假设 $S_{12}=0$。

由式(12-89)可知，单向传输增益 G_{Tu} 是由三部分组成的。

$$G_{Tu}=G_0\cdot G_1\cdot G_2$$

今

$$G_0=|S_{21}|^2=4.7\text{dB}$$

G_1 与 G_2 分别是输入与输出电路匹配程度所决定的增益。由式(12-93)，当输入口匹配，$\Gamma_1=S_{11}^*$，则

$$G_1=G_{1\max}=1/(1-|S_{11}|^2)=1.11(\text{或 }0.45\text{dB})$$

由式(12-94)，当输出口匹配，$\Gamma_2=S_{22}^*$，则

$$G_2 = G_{2\max} = 1/(1-|S_{22}|^2) = 1.23(\text{或 } 0.9\text{dB})$$

因此该放大器的单级增益可以期望为

$$G_{\text{Tu}} = (4.7+0.45+0.9)\text{dB} = 6.05\text{dB}$$

现在的问题是要实现这种共轭匹配。因为假设 $S_{12}=0$,输入口与输出口的共轭匹配互相没有关系,是独立进行的。

如图 12-24 所示,输入和输出电路都是用两截小于 1/4 波长的短线段将 50Ω 信源和负载转换成所需的共轭匹配负载 S_{11}^* 和 S_{22}^*。现以输出电路为例来说明如何转换。输出口匹配电路由线段 3 和 4 构成,它们将 50Ω($\Gamma=0$)的负载转换到 B 点成为所需要的 $\Gamma_2=S_{22}^*$值。我们可以利用圆图来进行,如图 12-22 所示。最简单的是取线段 3、4 的特性阻抗为 50Ω。由于线段 4 与 50Ω 负载是并联的,用导纳圆图较为方便。圆图的原点的导纳为 20mΩ。晶体管输出导纳就是由 S_{22} 决定的 $1/Z_{\text{sc}}$,其共轭值为$(1/Z_{\text{sc}})^*$。线段 4 为开路短截线,呈容性,它与 50Ω 负载并联后相当于图 12-22 中的 A 点。沿着线段 3 从 A 点到 B 点而得到$(1/Z_{\text{sc}})^*$值。线段 3 的长度 l_3 可以从圆图上直接读出为 $l_3=0.136\lambda_g$。线段 4 的长度由 A 点决定,从圆图求出为 $l_4=0.107\lambda_g$。

输入电路的计算方法相似,如图 12-23 所示。D 点是所要求的共轭匹配负载$(1/Z_{\text{sr}})^*$。C 点应当是等$|S_{11}|$圆与 $g=1$ 圆的交点。由此求得 $l_1=0.097\lambda_g$,$l_2=0.030\lambda_g$。

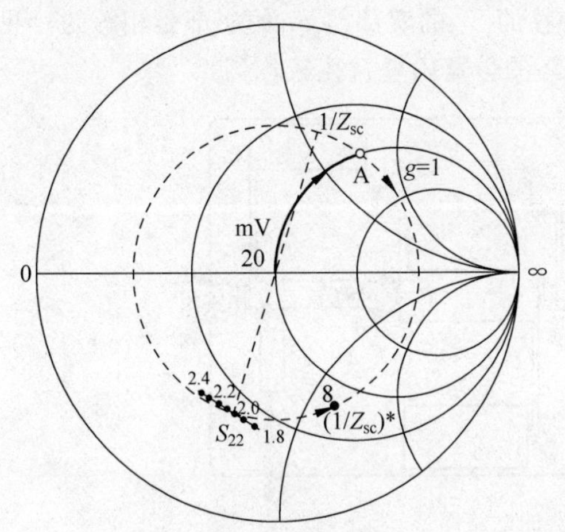

图 12-22 输出电路设计

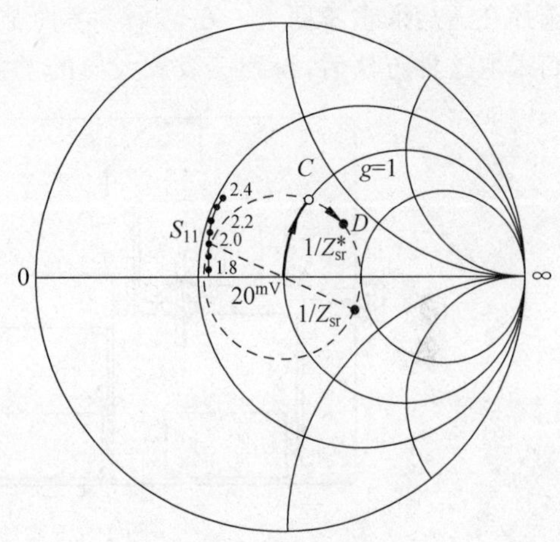

图 12-23 输入电路设计

图 12-24 是单级放大器的原理电路。

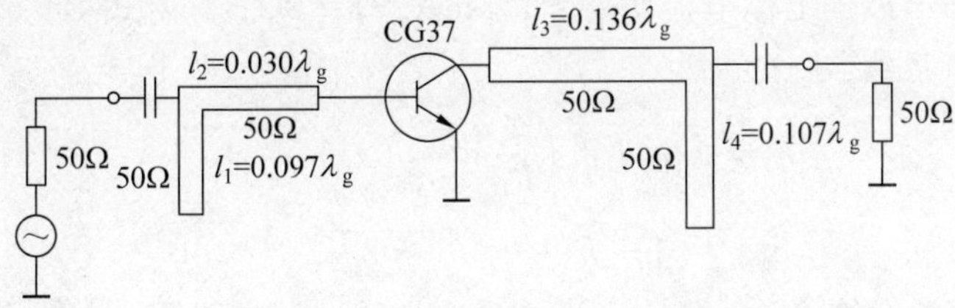

图 12-24 单级晶体管放大器电路

由于单级放大器增益只有 6dB 上下,因此实际的放大器往往要用二、三级。在多级放大器中级间的电路是将下级的 S_{11} 与前级的 S_{22} 相匹配。可以采用与输入、输出电路类似的方法，由几截短线段来构成级间电路。

图 12-25 是三级放大器的例子。中心频率仍是 2GHz，通频带为±10%以上。级间电路由四截短线段构成。因为晶体管的$|S_{21}|^2$随频率下降，将造成通带内增益跌落，在低频端增益高，在高频端增益跌落。为此一般将共轭匹配设计在频段的高端，这样低频端失配所造成的增益下降可以抵消$|S_{21}|^2$的增加，使通带内增益比较均匀。同时，由图 12-22 和图 12-23 可以看出，S_{22}呈现容抗，S_{11}呈现感抗。我们采用短路短线段(呈感抗)来补偿S_{22}的容抗，用开路短线段(呈容抗)来补偿S_{11}的感抗。这样在输出和输入两边可以获得一段频率范围内的纯阻。级间电路中的主传输线将工作在纯阻负载上，因而它的长度可以任意延长，从而给设计带来很大的方便。因为在设计级间电路时，往往两管之间的距离是预先确定的。例如在微带电路中用一块瓷片做一个级间电路，瓷片宽度是一定的。或者是在印刷板上事先定了两管的孔位。总之两级晶体管之间距离常常是先定的，不一定能由电路设计者任意选择。这样给电路设计带来一定的限制。如果使级间电路的主传输线工作在纯阻负载上，并且使传输线的特性阻抗等于负载纯阻值。这样主传输线的长度就可以任意延长，不受预先给定长度这个因素的影响。上面所说的补偿措施是为了在整个工作频带内都符合这个设想，因而将S_{11}和S_{22}的电抗成分用补偿线段抵消掉，使之成为纯阻。当然S_{11}与S_{22}的实部是不相等的，补偿以后的纯阻并不相等。所以输出端的补偿支路线段不一定接在输出端面上，而是选择在适当的参考面上。在这个参考面上经过转移的S_{22}的实部与S_{11}的实部是相等的。我们采取这种方法后，得到三级放大器的增益在 30%的带宽内增益比较均匀。

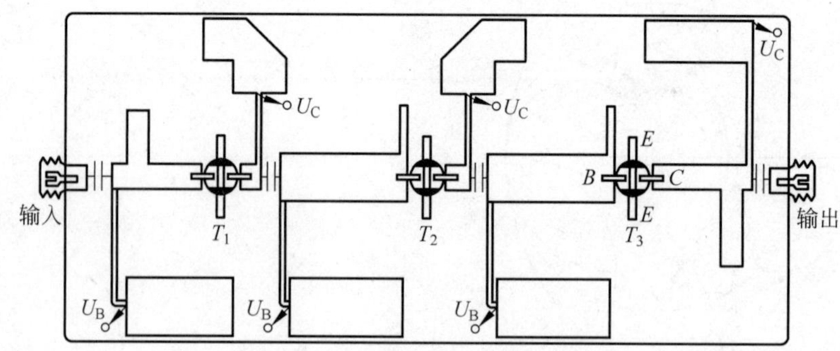

图 12-25 三级放大器的电路图形

作为低噪声放大器的第一级，输入电路的设计要从噪声性能来考虑，而不是从匹配。在本例中，第一级采用晶体管 CG38，$f_T=4.6\text{GHz}$，r'_b取 10Ω，低频$h_{fe0}\approx 40$。$f_{Ti}\approx 8\text{GHz}$，$C_E\approx 1.2\text{pF}$。由式(12-57)最佳工作电流$I_{CZG}\approx 1.5\text{mA}$。$f=2\text{GHz}$，由式(12-52)与式(12-51)估算管子的最小噪声系数：

$$h=0.04I_c r'_b\left(\frac{f}{f_T}\right)^2=0.111$$

$$F_{min}=1+h(1+\sqrt{1+2/h})=2\text{dB}$$

达到F_{min}的最佳信源导纳$Y_{GP}=G_{GP}+jB_{GP}$由式(12-53)和式(12-54)计算，得

$$G_{GP}=13\text{mS},\quad B_{GP}=-11.4\text{mS}$$

如果把这个Y_{GP}值标在圆图上，采用类似图 12-23 所示的方法，同样可以用二截短线线段 1、2 来实现这个信源导纳Y_{GP}。

但是式(12-53)和式(12-54)计算的 Y_{GP} 仅仅是单级噪声最小的条件。实际上微波晶体管的单级增益较低,例如 6dB,因此第二级的噪声将起一定的作用。由熟知的级联噪声系数公式

$$F = F_1 + \frac{F_2 - 1}{G_{A1}} \tag{12-167}$$

第二级噪声所起的作用与第一级资用增益 G_{A1} 有关,而 G_{A1} 随信源导纳变化。当输入端共轭匹配、信源导纳为 Y_{0G} 时,G_{A1} 最大。同时 F_1 在信源导纳为 Y_{GP} 时最小。因此使得总噪声系数 F 最小的信源导纳将界于 Y_{GP} 与 Y_{OG} 之间。如果 F_2 较小,G_{A1} 较大,则此时信源导纳比较靠近 Y_{GP} 值。也就是说此时第一级 F_1 对总 F 起决定作用。因此使总 F 最小的信源导纳很接近使 F_1 最小的 Y_{GP} 值。当 F_2 较大,G_{A1} 较小,例如工作频率相对较高时就是如此。此时使总 F 最小的信源导纳就从 Y_{GP} 逐渐向匹配导纳 Y_{OG} 靠近。

除了上面这个因素以外,还应当注意式(12-53)和式(12-54)是在没有考虑管壳封装寄生参量的条件下求出的。实际上封装寄生参量会影响最佳信源导纳。因此实际的多级放大器的最低噪声系数的信源条件,主要通过实验来最后确定。

图 12-25 的放大器中,晶体管的偏置 U_B、U_C 是通过 $\lambda_g/4$ 线加进来的,放大器的电路图形制作在聚四氟乙烯纤维印刷板上,也可以制作在陶瓷片上。

12.5.2　绝对稳定情形下的设计

由晶体管的 S 参量,首先计算稳定系数 K 值,或者在已经规定的负载范围内计算带负载的网络总稳定系数 K_S 值。如果满足 $K>1$ 或 $K_S>1$,并且 $|S_{11}|<1$、$|S_{22}|<1$,那么在所用的频率上晶体管是绝对稳定的,放大器存在最大增益。此时可以设计输入、输出双口同时共轭匹配。然后用适当电路实现这个共轭匹配。如果不需要最大增益,也可以降低增益来使用,这时可用等增益圆帮助设计所需的失配程度。

【例 12-2】　设计一个 750MHz 晶体管放大器,两端阻抗均为 50Ω。晶体管采用 2N3570,在 $I_c=4\text{mA}$ 时的 S 参量为

$$S_{11} = 0.277\angle -59.0°,\quad S_{12} = 0.078\angle 93.0°,$$
$$S_{21} = 1.920\angle 64.0°,\quad S_{22} = 0.848\angle -31.0°$$

首先核算晶体管的稳定系数 K 值是否大于 1。

$$\Delta = S_{11}S_{22} - S_{12}S_{21} = 0.324\angle -64.8°$$
$$C_1 = S_{11} - \Delta \cdot S_{22}^* = 0.120\angle -135.4°$$
$$B_1 = 1 + |S_{11}|^2 - |S_{22}|^2 + |\Delta|^2 = 0.253$$
$$C_2 = S_{22} - \Delta \cdot S_{11}^* = 0.768\angle -33.8°$$
$$B_2 = 1 + |S_{22}|^2 - |S_{11}|^2 - |\Delta|^2 = 1.537$$

于是

$$K = \frac{1 + |\Delta|^2 - |S_{11}|^2 - |S_{22}|^2}{2|S_{12}S_{21}|} = 1.033 > 1$$

又因 $|S_{11}|<1$、$|S_{22}|<1$,所以晶体管在此频率上为绝对稳定的。可以设计输入、输出双口同时达到共轭匹配以获得最大增益。因 $B_1>0$、$B_2>0$,故由式(12-145),取负号,最大增益为

$$G_{\max}=\left|\frac{S_{21}}{S_{12}}\right|\,|\,K-\sqrt{K^2-1}\,|=18.02(\text{或 }12.58\text{dB})$$

达到 $G_{\max}$ 所需的信源和负载，以向 $Z_0=50\Omega$ 归一化的反射系数表示，由式(12-143)和式(12-144)可知其为

$$\Gamma_{\mathrm{m1}}=C_1^*\left[\frac{B_1-\sqrt{B_1^2-4\,|\,C_1\,|^2}}{2\,|\,C_1\,|^2}\right]=0.730\angle 135.4^\circ$$

$$\Gamma_{\mathrm{m2}}=C_2^*\left[\frac{B_2-\sqrt{B_2^2-4\,|\,C_2\,|^2}}{2\,|\,C_2\,|^2}\right]=0.951\angle 33.8^\circ$$

相应的阻抗 Z_G 和 Z_L 值为

$$Z_G=Z_0\frac{1+\Gamma_{\mathrm{m1}}}{1-\Gamma_{\mathrm{m1}}}=50\frac{1+|\,\Gamma_{\mathrm{m1}}\,|\cos\theta_{\mathrm{m1}}+\mathrm{j}\,|\,\Gamma_{\mathrm{m1}}\,|\sin\theta_{\mathrm{m1}}}{1-|\,\Gamma_{\mathrm{m1}}\,|\cos\theta_{\mathrm{m1}}-\mathrm{j}\,|\,\Gamma_{\mathrm{m1}}\,|\sin\theta_{\mathrm{m1}}}=(9.083+\mathrm{j}19.903)\Omega$$

$$Z_L=(14.686+\mathrm{j}163.096)\Omega$$

利用圆图坐标也可读出 Z_G 和 Z_L，但数值精度不如上面计算值高。

以图 12-26 电路实现所需 Γ_{m1} 和 Γ_{m2}。两边的电路形式相同。以输入端为例：

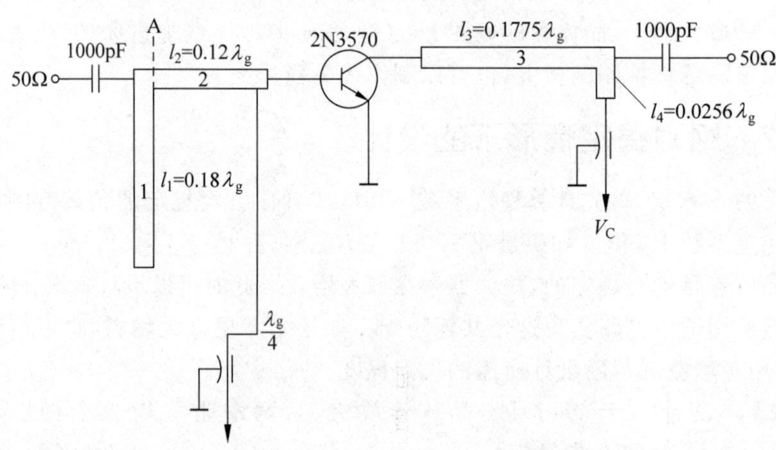

图 12-26 750MHz 晶体管放大器电路

线段 1、2 的特性阻抗均为 50Ω，或 $Y_0=20\text{mS}$。在 A 点向左看，归一化负载为 $1+\mathrm{j}b_1$，$\mathrm{j}b_1$ 为线段 1 电纳。此时反射系数 $\Gamma_A=(1+\mathrm{j}b_1-1)/(1+\mathrm{j}b_1+1)$。沿线段 2 各点反射系数的数值相等，$|\Gamma_A|=|\Gamma_{\mathrm{m1}}|$。因此

$$|\,\Gamma_A\,|^2=\frac{b_1^2}{4+b_1^2}=|\,\Gamma_{\mathrm{m1}}\,|^2=0.73^2$$

$$b_1=\pm\sqrt{\frac{4\,|\,\Gamma_{\mathrm{m1}}\,|^2}{1-|\,\Gamma_{\mathrm{m1}}\,|^2}}=\pm 2.14$$

对于开路线段，长度小于四分之一波长时为容性。为使长度小于四分之一波长，取 b_1 符号为正号。

线段 1 长度由 $\tan\theta_1=b_1$ 计算得，$\theta_1=65^\circ$，故 $l_1=0.18\lambda_g$。线段 2 长度

$$l_2=\frac{\theta_{\mathrm{m1}}-\theta_A}{720^\circ}\lambda_g$$

而

$$\Gamma_A=\frac{\mathrm{j}b_1}{2+\mathrm{j}b_1}=0.73\angle 43^\circ$$

所以
$$l_2=0.12\lambda_g$$

同样方法计算得到

$$b_4=\pm\sqrt{\frac{4|\Gamma_{m2}|^2}{1-|\Gamma_{m2}|^2}}=\pm 6.18$$

取负号以使短路线段 4 的长度小于 1/4 波长。而 $\cot\theta_4=b_4$、$\theta_4=9.2°$，故 $l_4=0.0256\lambda_g$。

线段 3 的长度求得为 $l_3=0.1775\lambda_g$。

12.5.3　潜在不稳定情形下的设计

当晶体管的稳定系数 $K<1$ 时，晶体管是潜在不稳定的。在某些负载区域内晶体管呈现负阻，也是不稳定的。这时必须首先作稳定圆，划出不稳定区域，设计时要避开这个不稳定区域或者使用很重的负载，压倒负阻。在潜在不稳定情形下不存在最大增益 G_{max}，可以利用等增益圆来设计。

【例 12-3】 设计一个 500MHz 具有增益 12dB 的放大器。该晶体管 $U_{CE}=10V$，$I_c=4mA$ 下的 S 参量为

$$S_{11}=0.385\angle-55.0°\quad S_{12}=0.045\angle 90°$$
$$S_{21}=2.70\angle 78.0°\quad S_{22}=0.890\angle-26.5°$$

首先核算 K 值：

$$\Delta=S_{11}S_{22}-S_{12}S_{21}=0.402\angle-65.040°$$
$$C_1=S_{11}-\Delta S_{22}^*=0.110\angle-122.395°$$
$$B_1=1+|S_{11}|^2-|S_{22}|^2-|\Delta|^2=0.195$$
$$C_2=S_{22}-\Delta S_{11}^*=0.743\angle-29.881°$$
$$B_2=1+|S_{22}|^2-|S_{11}|^2-|\Delta|^2=1.483$$
$$D_2=|S_{22}|^2-|\Delta|^2=0.631$$
$$K=\frac{1+|\Delta|^2-|S_{11}|^2-|S_{22}|^2}{2|S_{12}S_{21}|}=0.909$$

$K<1$，晶体管在此频率上是潜在不稳定的。先作稳定圆。由式(12-124)和式(12-125)，稳定圆的圆心位于

$$R_{s2}=\frac{S_{22}^*-S_{11}\Delta^*}{|S_{22}|^2-|\Delta|^2}=1.178\angle 29.881°$$

半径等于

$$\rho_{s2}=\frac{|S_{12}S_{21}|}{|S_{22}|^2-|\Delta|^2}=0.193$$

画在 Γ_2 平面上，如图 12-27 所示。

$|S_{21}|^2=7.29$，要求 $G=15.85$。所以 $g_2=\frac{G}{|S_{21}|^2}=2.174$(或 3.373dB)。

由式(12-163)和式(12-164)，具有 $G=12$dB 的等增益圆的圆心与半径分别为

$$r_g=\frac{g_2}{1+D_2g_2}C_2^*=0.681\angle 29.881°$$

$$\rho_g=\frac{(1-2K|S_{12}S_{21}|g_2+|S_{12}S_{21}|^2g_2^2)^{\frac{1}{2}}}{1+D_2g_2}=0.324$$

将此圆也画在 Γ_2 平面上。

负载应选在不稳定区域之外。现取负载反射系数 $\Gamma_L=\Gamma_2=0.357\angle 29.881°$。从圆图直接读出该负载的绝对数值为 $Z_L=50(1.71+j0.70)\Omega=(85.5+j35)\Omega$。

要使传输增益 $G_T=G$，输入要匹配。相应于此负载的匹配信源反射系数 Γ_1 由式(12-166)可知为

$$\Gamma_G=\Gamma_1=\left(\frac{S_{11}-\Delta\Gamma_2}{1-S_{22}\Gamma_{21}}\right)^*=0.373\angle 64.457°$$

从圆图读出 $Z_G=50(1.05+j0.82)\Omega=(52.5+j41)\Omega$

用式(12-134)核算总稳定系数 K_s

$$K_s=\frac{1-|\Gamma_G S_{11}|^2-|\Gamma_L S_{22}|^2+|\Gamma_G\Gamma_L\Delta|^2}{2|S_{12}S_{21}|}=3.7>1$$

表明这一对负载 Γ_G、Γ_L 是可以使放大器稳定工作的。为了更明晰起见，可作 Γ_1 平面上的不稳定圆，使 Γ_G 不落入呈现负阻的不稳定区内。将式(12-124)和式(12-125)中"2"换成"1"。Γ_1 平面上不稳定圆的圆心和半径分别为

$$R_{s1}=\frac{C_1^*}{|S_{11}|^2-|\Delta|^2}=8.372\angle -57.605°$$

$$\rho_{s2}=\frac{|S_{12}S_{21}|}{|S_{11}|^2-|\Delta|^2}=9.271$$

也画在图 12-27 上，因为尺寸的限制，只画了单位圆内很少那一部分。由图可见，Γ_G 远离此不稳定区。

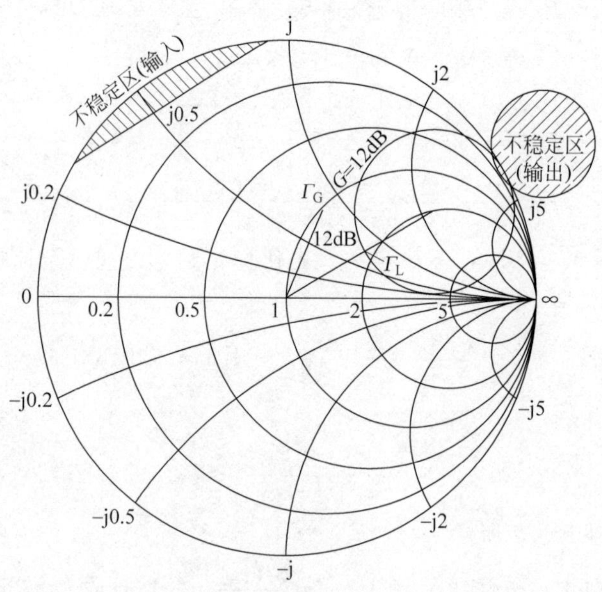

图 12-27 Γ_G 和 Γ_L 在圆图上的位置

此放大器的电路采用集总元件来实现。如图 12-28 所示，用 L_1C_1 和 L_2C_2 将输出和输入匹配于 50Ω。

输出电路：用并联形式。负载导纳

$$Y_L=1/Z_L=(10-j4.08)\text{mS}$$

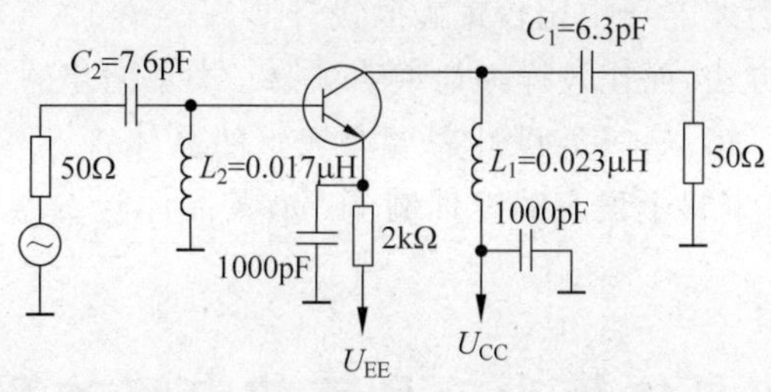

图 12-28　500MHz 集总元件晶体管放大器

它的实部 $G_L=10\text{mS}$ 由 C_1 来保证。用符号 R 代表 50Ω 负载，$R=50\Omega$。则

$$G_L = R_e\left[\frac{1}{R+1/\mathrm{j}\omega C_1}\right]$$

代入 $\omega=2\pi\times500\times10^6$，得到 $C_1=6.38\text{pF}$。

Y_L 的虚部 $B_L=-4.08\text{mS}$ 由 L_1 来保证：

$$B_L = \frac{-1}{\omega L_1} + I_m\left[\frac{1}{R+1/\mathrm{j}\omega C_1}\right]$$

得到 $L_1=23.6\text{nH}$。

输入电路：同样是并联电路。用类似上面方法，求得 $C_2=7.66\text{pF}$、$L_2=17\text{nH}$。

以上设计只在中心频率上计算，属于窄带放大器的设计。带宽问题没有考虑。不同 LC 的组合可以在中心频率上产生相同的负载阻抗但是 Q 值不同，因而带宽不同。如果用某一对 LC 值得到的带宽大于所需带宽，可用附加 LC 元件来缩窄带宽。若带宽不能满足所需带宽，只能换用别的组合来试，或者将增益降低一些。

12.6　小结

本章首先简要介绍了微波晶体管的发展概况，讨论了小信号晶体管作为微波低噪声放大器的优缺点。

第 12.2 节以共发射极 T 型等效电路为基础得出了正向电流传输系数 h_{fe}、特征频率 ω_T 与 ω'_T、输入阻抗 Z_{sr}、输出阻抗 Z_{sc} 等参数的特性，以及它们与晶体管物理参数的关系，并列举了管壳封装寄生参数的例子。这些知识对于正确使用晶体管和设计放大器的电路是很必要的。对于正处在发展阶段的微波晶体管来说尤其重要。

从第 12.3 节开始讨论低噪声放大器的几项基本性能，即噪声系数、增益、带宽和稳定问题。对于微波晶体管噪声系数的计算是直接从共发射极混合 π 型等效电路推导出来的，然后采用了目前常用的一种近似公式。最后介绍了中、低频常用的噪声等效电路和噪声系数公式，以便与微波的相比较。

第 12.4 节采用 S 参量的方法来分析微波晶体管的增益和稳定问题。得出三个增益公式和增益的设计。这种设计直接在阻抗圆图上进行，既直观又方便，充分体现了 S 参量的优越性。稳定问题是晶体管放大器的一个很重要的问题。采用 S 参量分析也是在阻抗平面上进行的。整个阻抗平面划分成为绝对稳定与潜在不稳定两个区域。在这两个区域内放大器的设计方法是有所不同的。同时还得出了稳定条件。

在讨论了稳定问题后才能导出比较正确的设计步骤。第 12.5 节结合实例说明了三种基本类型的放大器设计方法，而比较详细地说明了第一类单向化的设计，并提出了多级放大器的第一级的噪声考虑。第二、三类设计需要有完整的晶体管 S 参量，由于目前缺乏晶体管的 S 参量，这里引用了资料上发表的设计例子。有关晶体管 S 参量的测试方法和测量系统，本书未作介绍。

附录 A 微波晶体管小信号等效电路的解

由式(12-3)：

$$i_c + i_b = i_e \tag{1}$$

$$i_c = \alpha i'_e + i_{ce} \tag{2}$$

$$i_c r_{se} + i_{ce}/\mathrm{j}\omega C_c + i_e(Z_e + r'_e) = 0 \tag{3}$$

$$Z_e = r_e/[1 + \mathrm{j}\omega r_e(C_{DE} + C_{TE})], \quad \text{不考虑电感 } L_{se}$$

由(3)得

$$i_{ce} = -i_e(Z_e + r'_e)\mathrm{j}\omega C_e - i_e \mathrm{j}\omega r_{se} C_e \tag{4}$$

因

$$i'_e = i_e \frac{1/r_e + \mathrm{j}\omega C_{DE}}{1/r_e + \mathrm{j}\omega(C_{DE} + C_{TE})} = i_e \frac{1 + \mathrm{j}\omega r_e C_{DE}}{1 + \mathrm{j}\omega(C_{DE} + C_{TE})r_e} \tag{5}$$

把式(4)、式(5)代入式(2)得

$$i_c = i_e \frac{\alpha(1 + \mathrm{j}\omega r_e C_{DE}) - (Z_e + r'_e)\mathrm{j}\omega C_c[1 + \mathrm{j}\omega r_e(C_{DE} + C_{TE})]}{(1 + \mathrm{j}\omega r_c C_c)[1 + \mathrm{j}\omega r_e(C_{DE} + C_{TE})]} \tag{6}$$

$$h_{fe} = \frac{i_c}{i_b} = \frac{i_c/i_e}{1 - i_c/i_e} \tag{7}$$

因
$$1 + \mathrm{j}\omega r_e C_{DE} = 1 + \mathrm{j}\omega/\omega_\alpha, \quad \alpha = \frac{\alpha_0 \mathrm{e}^{-\mathrm{j}\omega\left[\frac{m}{\omega_\alpha} + \frac{x}{2u_s}\right]}}{1 + \mathrm{j}\dfrac{\omega}{\omega_\alpha}}$$

$$h_{fe} = \frac{\alpha\left(1 + \mathrm{j}\dfrac{\omega}{\omega_\alpha}\right) - [r_e + r'_e + \mathrm{j}\omega r_e r'_e(C_{DE} + C_{TE})]\mathrm{j}\omega C_e}{(1 + \mathrm{j}\omega r_{sc} C_c)[1 + \mathrm{j}\omega r_e(C_{DE} + C_{TE})] - \alpha(1 + \mathrm{j}\omega/\omega_\alpha) + [r_e + r'_e + \mathrm{j}\omega r_e r'_e(C_{DE} + C_{TE})]\mathrm{j}\omega C_e}$$

忽略二阶 ω^2 以上各项，可整理得到

$$h_{fe} \approx \frac{\alpha_0\left[1 - \mathrm{j}\omega\left\{\dfrac{m}{\omega_\alpha} + \dfrac{x}{2u_s} + \dfrac{(r_e + r'_e)C_c}{\alpha_0}\right\}\right]}{(1 - \alpha_0)\left[1 + \mathrm{j}\omega \dfrac{\left\{-\dfrac{1 + m\alpha_0}{\omega_\alpha} + \dfrac{x\alpha_0}{2u_s} + (r'_e + r_{sc})C_c + r_e(C_c + C_{TE})\right\}}{1 - \alpha_0}\right]}$$

$$= h_{fe0} \frac{1 - \mathrm{j}\omega T_d}{1 + \mathrm{j}\omega/\omega_0} \approx h_{fe0} \frac{\mathrm{e}^{-\mathrm{j}\omega T_d}}{1 + \mathrm{j}\omega/\omega_0} \tag{8}$$

其中，

$$T_d = \frac{m}{\omega_\alpha} + \frac{x}{2u_s} + \frac{r_e C_c}{\alpha_0} \tag{9}$$

$$\frac{1}{\omega_0} = \frac{1}{1 - \alpha_0}\left\{\frac{1 + m\alpha_0}{\omega_\alpha} + \frac{\alpha_0 x}{2u_s} + (r'_e + r_{sc})C_e + r_e(C_e + C_{TE})\right\} \tag{10}$$

当终端接 Z_0 负载时，方程式(3)成为

$$i_c(r_{se}+Z_0)+ic_c/j\omega C_e+i_e(Z_e+r'_e)=0 \tag{11}$$

因此只需以($r_{se}+Z_0$)代替 r_{sc}，就可得到终接 Z_0 时的正向电流传输系数

$$T_1(\omega)=\frac{i_c}{i_s}\approx h_{fe0}\frac{e^{-j\omega T_d}}{1+j\omega/\omega_1} \tag{12}$$

$$\frac{1}{\omega_1}=\frac{1}{\omega_0}+\frac{Z_0C_c}{1-\alpha_0}=\frac{1}{\omega_0}\left(1+\frac{Z_0C_e\omega_0}{1-\alpha_0}\right)$$

所以

$$\omega_1=\frac{\omega_0}{1+\dfrac{Z_0C_e\omega_0}{1-\alpha_0}} \tag{13}$$

$$\omega'_T=h_{fe0}\cdot\omega_1=\frac{\omega_T}{1+\dfrac{Z_0C_e\omega_0}{1-\alpha_0}}=\frac{\omega_T}{1+\dfrac{Z_0C_c\omega_T}{\alpha_0}} \tag{14}$$

输入阻抗　$Z_{sr}=\dfrac{v_{BB}}{i_b}=\dfrac{i_b(r'_b+j\omega L_b)+i_e(r'_e+Z_e+j\omega L_e)}{i_b}$

因为 $i_e=i_c+i_b$，所以

$$Z_{sr}=r'_b+j\omega L_b+r'_e+Z_e+j\omega L_e+\frac{i_c}{i_b}(r'_e+Z_e+j\omega L_e)$$

将近似条件

$$\frac{i_c}{i_b}=T_i(\omega)\approx\frac{\omega'_T}{j\omega},\quad Z_e\approx r_e$$

代入上式，得

$$Z_{sr}=r'_b+r_e+r'_e+j\omega(L_b+L_e)+\frac{\omega'_T}{j\omega}(r_e+r'_e)+\omega'_TL_e=R+j\omega L+1/j\omega C \tag{15}$$

其中，

$$R=r'_b+r_e+r'_e+\omega'_TL_e \tag{16}$$

$$L=L_b+L_e \tag{17}$$

$$C=1/\omega'_T(r_e+r'_e) \tag{18}$$

说明输入阻抗有一谐振频率 ω_r 在 ω''_r上 $Z''_{Sr}=R$

$$\omega_r=\sqrt{\frac{\omega'_T(r_e+r'_e)}{L_b+L_e}} \tag{19}$$

因为 $r_e=kT/qI_B>r'_e$，所以 $\omega_r\propto 1/\sqrt{I_B}$。说明电流越大，谐振频率越低。

$$S_{21}=\left.\frac{b_2}{a_1}\right|_{a_2=0}=\frac{U_2-I_2Z_0}{U_1+I_1Z_0}=\frac{-i_cZ_0-i_cZ_0}{i_bZ_{sr}+i_bZ_0}=\frac{-2Z_0}{Z_{sr}+Z_0}\frac{i_c}{i_b}=\frac{-2Z_0}{Z_{sr}+Z_0}\frac{\omega'_T}{j\omega}e^{-j\omega T_d} \tag{20}$$

$$|S_{21}|=\frac{2Z_0}{|R+j\omega L+1/j\omega C+Z_0|}\frac{\omega'_T}{\omega}=\frac{2Z_0\omega'_T}{\omega[(R+Z_0)^2+(\omega L-1/\omega C)^2]^{\frac{1}{2}}} \tag{21}$$

$$\angle S_{21}=\frac{\pi}{2}-\tan^{-1}\left(\frac{\omega L-1/\omega C}{R+Z_0}\right)-\omega T_d \tag{22}$$

同样得到输出阻抗 Z_{sc}和反向传输 S_{12} 如式(12-15)、式(12-74)和式(12-75)，输出阻抗通常呈现容性，而反向传输 S_{12}的表达式(12-74)和式(12-75)中并没有包括电容反馈在内，

它们是从图 12-3 等效电路解出的。实际上存在着分布电容 C_{BC}，但在这个等效电路模型中没有画出。所以 S_{12} 的计算式是很近似的。

附录 B　S 参量与 y、h、z 参量转换公式

$$S_{11}=\frac{(z_{11}-1)(z_{22}+1)-z_{12}z_{21}}{(z_{11}+1)(z_{22}+1)-z_{12}z_{21}} \qquad z_{11}=\frac{(1+S_{11})(1-S_{22})+S_{12}S_{21}}{(1-S_{11})(1-S_{22})-S_{12}S_{21}}$$

$$S_{12}=\frac{2z_{12}}{(z_{11}+1)(z_{22}+1)-z_{12}z_{21}} \qquad z_{12}=\frac{2S_{12}}{(1-S_{11})(1-S_{22})-S_{12}S_{21}}$$

$$S_{21}=\frac{2z_{21}}{(z_{11}+1)(z_{22}+1)-z_{12}z_{21}} \qquad z_{21}=\frac{2S_{21}}{(1-S_{11})(1-S_{22})-S_{12}S_{21}}$$

$$S_{22}=\frac{(z_{11}+1)(z_{22}-1)-z_{12}z_{21}}{(z_{11}+1)(z_{22}+1)-z_{12}z_{21}} \qquad z_{22}=\frac{(1+S_{22})(1-S_{11})+S_{12}S_{21}}{(1-S_{11})(1-S_{22})-S_{12}S_{21}}$$

$$S_{11}=\frac{(1-y_{11})(1+y_{22})-y_{12}y_{21}}{(1+y_{11})(1+y_{22})-y_{12}y_{21}} \qquad y_{11}=\frac{(1+S_{22})(1-S_{11})+S_{12}S_{21}}{(1+S_{11})(1+S_{22})-S_{12}S_{21}}$$

$$S_{12}=\frac{-2y_{12}}{(1+y_{11})(1+y_{22})-y_{12}y_{21}} \qquad y_{12}=\frac{-2S_{12}}{(1+S_{11})(1+S_{22})-S_{12}S_{21}}$$

$$S_{21}=\frac{-2y_{21}}{(1+y_{11})(1+y_{22})-y_{12}y_{21}} \qquad y_{21}=\frac{-2S_{21}}{(1+S_{11})(1+S_{22})-S_{12}S_{21}}$$

$$S_{22}=\frac{(1+y_{11})(1-y_{22})-y_{12}y_{21}}{(1+y_{11})(1+y_{22})-y_{12}y_{21}} \qquad y_{22}=\frac{(1+S_{11})(1-S_{22})+S_{12}S_{21}}{(1+S_{11})(1+S_{22})-S_{12}S_{21}}$$

$$S_{11}=\frac{(h_{11}-1)(h_{22}+1)-h_{12}h_{21}}{(h_{11}+1)(h_{22}+1)-h_{12}h_{21}} \qquad h_{11}=\frac{(1+S_{11})(1+S_{22})-S_{12}S_{21}}{(1-S_{11})(1+S_{22})+S_{12}S_{21}}$$

$$S_{12}=\frac{2h_{12}}{(h_{11}+1)(h_{22}+1)-h_{12}h_{21}} \qquad h_{12}=\frac{2S_{12}}{(1-S_{11})(1+S_{22})+S_{12}S_{21}}$$

$$S_{21}=\frac{-2h_{21}}{(h_{11}+1)(h_{22}+1)-h_{12}h_{21}} \qquad h_{21}=\frac{-2S_{21}}{(1-S_{11})(1+S_{22})+S_{12}S_{21}}$$

$$S_{22}=\frac{(1+h_{11})(1-h_{22})+h_{12}h_{21}}{(h_{11}+1)(h_{22}+1)-h_{12}h_{21}} \qquad h_{22}=\frac{(1-S_{11})(1-S_{22})-S_{12}S_{21}}{(1-S_{11})(1+S_{22})+S_{12}S_{21}}$$

其中，z、y、h 参量都是归一化的，以 Z_0 为参考阻抗。实际参量 Z、Y、H 为

$$Z_{11}=z_{11}Z_0,\quad Y_{11}=y_{11}/Z_0,\quad H_{11}=h_{11}Z_0$$

$$Z_{12}=z_{12}Z_0,\quad Y_{12}=y_{12}/Z_0,\quad H_{12}=h_{12}$$

$$Z_{21}=z_{21}Z_0,\quad Y_{21}=y_{21}/Z_0,\quad H_{21}=h_{21}$$

$$Z_{22}=z_{22}Z_0,\quad Y_{22}=y_{22}/Z_0,\quad H_{22}=h_{22}/Z_0$$

第 13 章 微带参量及微带电路的测量

CHAPTER 13

13.1 微带系统测量的特点

微带线是微波传输线的一种，因此微带系统的测量和通常的微波测量有共同点。但是，微带线又不同于一般的波导和同轴线，故微带测量又具有一些特点。在本章中，就是从微带线和一般传输线之间的共同性和特殊性，以及它们之间的联系这一点出发来考虑测量问题的。

微带系统的测量与一般微波测量有所不同，是因为微带线有下列特点：

(1) 微带线的结构特点：由介质基片上敷以金属导体带条构成，介质基片既作为传输线的支撑物，又是电磁场能量分布的区域，要像空气波导、空气同轴线那样沿线开槽，或构成一些可调节的移动机构(如一个活塞在线上移动)是困难的，因此就难于构成驻波测量线、可变短路器、调配器等测量元件和调配元件。为此，必须经过转换接头将微带电路与波导、同轴线的测试系统相连以进行测量。这样做就带来了不少问题：一方面使测量工作复杂化；另一方面又影响了测量精度。在此种情况下，选择正确的测量方法，采取措施尽量减少测量误差(最主要是降低转换接头的反射系数)是一个很重要的问题。

(2) 微带线的参量不像波导、同轴线那样具有高的标准性。对于通常的波导和同轴线，因为它们工作于单一的波型，如同轴线工作于理想的 TEM 波，方波导工作于 TE 波或 TM 波。并且几何形状一般很简单，大多数是圆形、同心环形(如同轴线)、矩形等。一般情况不充填介质，亦即电磁场完全分布在以导体表面为界限的空气中。由于上述原因，波导和同轴线的一些电参量，如分布电容、分布电感、特性阻抗、相速、均匀线的功率容量等都可以严格地由电动力学的方法计算出来。例如对于同轴线，其 TEM 型的特性阻抗为

$$Z_0 = 60\ln\frac{a}{b}$$

其中，a 及 b 分别为同轴线的外径和内径。

对于横截面尺寸为 $a\times b$、工作波长为 λ，且工作于 TE_{10} 波型的矩形波导，其相速为

$$v_\omega = \frac{c}{\sqrt{1-\left(\frac{\lambda}{2a}\right)^2}}$$

其中，c 为空气中的光速。

其余一些参量也可严格地用一些数学公式表示。除了衰减等少数参量，由于受实际因素的影响较大(例如由于表面光洁度不良，将对传输线的衰减造成很大影响)，计算结果和实

际测量值有较大差异外，一般都是符合得较好的。因而，只要提出严格的尺寸公差要求，就能保证传输线的参量在与标准值误差很小的范围内。目前的所谓微波阻抗标准即是尺寸精度很高的波导或同轴线。由于具有标准性，一些传输线基本参量可直接根据计算而得，不必经过测量。例如还可以通过谐振腔谐振长度的测量，确定工作波长，从而求得信号源的工作频率。

上述情况对于微带线都不存在。由于它工作于准 TEM 波，而不是纯粹的 TEM 波，特别是工作频率提高时，高次波型的影响加大，色散效应就十分显著。同时，其几何形状复杂，在电磁场分布的空间，又存在不同的介质。凡此种种，都使得微带线工作情况复杂化，其基本参量较难用数学形式严格表达。即使表达出来，也是近似的，有其一定的适用限制(例如频率很高时，准静态方法算得的参量和实际值出入很大)。除此以外，微带线的各种基本参量(特性阻抗、相速、衰减等)，受材料(如基片介质)和工艺情况(如导体带条的厚度)等影响也很大。由此可知：微带线这一种传输线形式不像波导、同轴线那样具有高的标准性，这就不但使微带电路的高精度测量较为困难，而且还必须对其基本参量进行必要的测量，以保证微带电路的设计是建立在较为可靠的基础上。尤其是对电桥、滤波器这一类要求较高的电路元件，在设计之前，能通过一些测量(例如微带线的相速、Q 值的测量)，弄清微带线的特性，是非常必要的。

由上面的讨论可知：微带线本身的特点，给微带系统的测量带来了一些困难和限制。不过，它的规律总是可以掌握的。只要掌握了规律，就能在客观条件允许的范围内，尽可能地使微带测量准确可靠。同时，今后微波集成电路技术的发展，也必将冲破各种限制，使微带测量技术提高到一个新的水平。

尽管微带测量存在一些特点，但是由于微带线也是一种微波传输线，它也具有一般传输线的基本特性，例如在线上存在入射波和反射波、线上的不均匀性将引起附加反射、均匀微带线上的电压电流分布每隔一个传输线波长重复一次、阻抗分布每隔半个传输线波长重复一次、两端全反射的传输线段(短路、开路或接电抗负载)可构成谐振腔体等等。总结起来，就是微带线和一般微波传输线一样，服从分布参数电路的规律。因此，一般的微波测量方法，在考虑到微带线的特点后，即可应用于微带系统的测量。而某些微波测量技术，例如通过一个具有反射的连接器对微波网络的特性进行测量，在微带系统测量中，就占有很重要的地位。

由此可见：微带系统的测量与通常的微波测量，既有共同性，又存在一些特殊性，在工作中应考虑这些特殊性，从而选取准确、合理的测量方法。

下面我们就对微带电路系统中常用到的测量方法，作一个概要的介绍。

13.2 微带线的相速和特性阻抗的测量

在第 1 章已讨论过，微带线的相速为

$$v_\varphi = \frac{c}{\sqrt{\varepsilon_e}}$$

其中，ε_e 为有效介电常数，其值在$(1+\varepsilon_r)/2$ 和 ε_r 之间。例如 $\varepsilon_r=9.6$ 的介质基片材料，其 ε_e 在 5.3 和 9.6 之间，亦即$\sqrt{\varepsilon_e}$在 2.30 和 3.09 之间。在确定了 ε_e 以后，微带线的相速及波长

均确定，这对于许多微带电路设计是很重要的。

对于相速 v_φ 或微带波长，可仿照波导和同轴线中以谐振的方法来测量。令一段两端开路的微带线(两端短路在结构上有困难)作为谐振腔，且有一输入微带线和输出微带线，分别通过缝隙电容，以垂直方向和谐振线耦合，如图 13-1 所示。则当谐振线长度 l 等于 $\lambda_g/2$ 或其整数倍时，腔体产生谐振，因而得到最大的能量传输。由于 l 是固定的，不像空腔波长计那样能调，故只能调节信号发生器的频率 ω，使得在 $\omega=\omega_0$ 时产生谐振。当然，此时求得的相速或微带线波长，均对应于频率 ω_0，在测量时，应事先大致估计 l 的长度，使其大致对应于所求频率为 $\lambda_g/2$，由此而求得相速。由于一般情况下，相速不随频率而变，即使在高的频率具有色散效应时，其变动也比较平缓，故测得的相速可应用于 ω_0 附近的一个频带范围内。

测试时应注意：

(1) 由于微带线两端具有终端效应，故谐振线的长度 l 应加上 $2\Delta l$，方可计算微带线波长，这里 Δl 是每边的修正长度。

(2) 输入和输出微带线对谐振线的耦合度要适当。耦合太强，将使输入、输出电路的电抗对谐振线有影响而改变其谐振频率；太弱时则传输灵敏度又太低。故两者应予兼顾。通常，电容间隙约取几十 μm 左右，在光刻电镀时应加以注意。

两端开路的微带线腔体由于具有终端效应，如果修正不准确将引起相速的测量误差。为了提高测量精度，可采用闭合的环状腔，以避免不均匀性效应。此种测量装置如图 13-2 所示。此处输入输出线和环状腔之间仍采用缝隙电容耦合，其要求和上列情况相同。环的长度以环状导体中心线圆周长度计算之。应使在最低测量频率时，环的长度至少为相应波长的 4～5 倍，否则由环的弧度效应将引起较大的误差。用此种方法可测量微带线的色散特性，亦即测得相速随频率而变化的特性。测量时，从最低频率开始，逐渐提高频率。因为只要环的长度为某一频率所对应的半波长整数倍时，就得到谐振，因此将得到一系列的谐振点，与之相应的是一系列的谐振频率。当然每一谐振频率的谐振模式是不同的(即环的长度为半波长的 n 倍，而 n 不同)。对于 n 的值，应在谐振频率较低、即 n 较小时来判断，然后每越过一个新的谐振频率，n 值就加上 1。这样就可在不同的谐振频率下，求出相应的微带线波长。如果微带线无色散，则根据每一谐振频率得到的微带线波长，应和频率成反比，其波长和频率的乘积(相速)不随频率而变。事实上，由于存在着色散效应，不同频率下求得的相速并非常数，尤其是频率较高时(通常在 $f>6$GHz 以后)更为明显。因此用此种方法，可以测得不同的介质基片材料尺寸、不同特性阻抗微带线的色散效应。在测量时，只需把环状腔的微带线参量做成和待测的线一致即可。对于基片的 $\varepsilon_r=9.9$，基片厚度分别取 $h=0.64$mm、$h=1.27$mm，特性阻抗分别取 25Ω、50Ω 的微带线，用此种方法测得的色散特性如图 1-15 所示。这里以有效介电常数 ε_e 随频率的变化表示色散特性。从图上可看出不同微

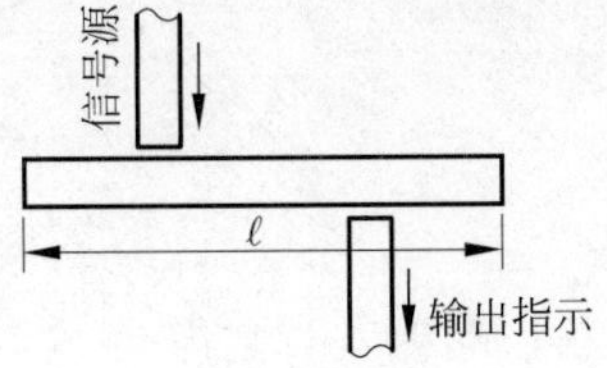

图 13-1 利用微带线腔体测量相速

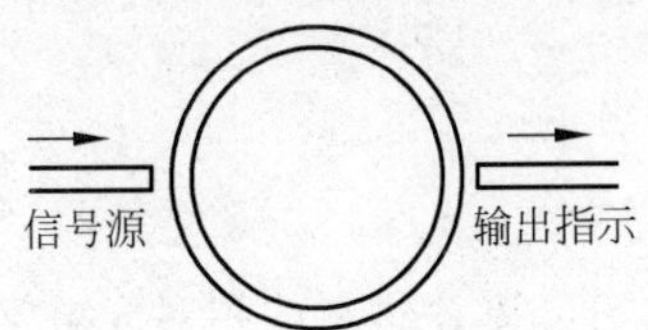

图 13-2 利用环状腔测微带线相速

带线参量对色散特性的影响。

应用环状腔的方法，只要电路尺寸、频率读数都较为准确时，其测量精度可达 0.5%。

还可用一种精确度较差、但很简便的方法测量微带线相速。如图 13-3 所示，一同轴测量线通过转换接头和待测微带线相连，待测微带线用很薄的锡箔或铝箔(厚度仅为 10～20μm)切成一定宽度的带条，用高频胶贴在基片上。其一端开路，另一端和转换接头连接。测量时，首先在同轴测量线上找一波节位置，记下其精确的刻度，然后切去一段微带线长度 l，使测量线上的波节仍在原位置上。则切去的长度 l 必为微带线半波长的整数倍，由此可算得相速 v_φ 或有效介电常数 ε_e。

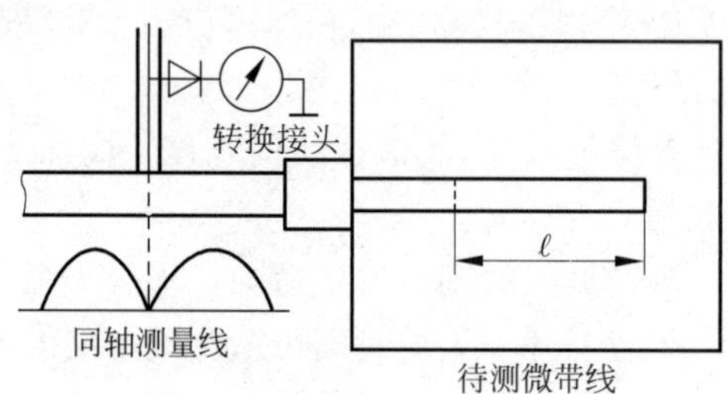

图 13-3　可变开路法测微带线的相速

在测量时，应事先对微带线波长 λ_g 有一个大致的估计。开始时可切去估计的 λ_g 或 $\lambda_g/2$ 值的 80%，然后根据测量线波节位置的变动进行细心的切割，直至波节移动到原来位置(实际上波节位置移动了 $\lambda/2$ 的整数倍)。

如果任意地切去一段微带线长度 l，然后读出同轴测量线波节的移动距离 l'，令两者的比值为$\sqrt{\varepsilon_e}$，将是错误的。因为同轴-微带转换接头的驻波比有时可达 1.2 以上，故微带线长度的变化(相当于开路点的位移)和同轴测量线上的波节位移并不成线性关系，而成 S 曲线关系(已在第 2 章中讨论过)，只有当 l 取半波长的整倍数，即 S 曲线取一个完整的周期时，两者的比值才真正是$\sqrt{\varepsilon_e}$。

这种方法误差较大，因为微带线的宽度不能用光刻的方法精确控制，同时用胶黏结又会影响基片的参量，但它比较简便易行。在对基片材料的参量不清楚、需对相速作大致估计时，可以采用。

例如，对某种 $h=1$mm 厚的瓷基片，如微带线宽度 $W=1$mm，在 $f=6.7$GHz 情况下测量。其样品起始长度为 23.5mm，切去后，尚剩余 6.0mm，此时测量线的波节位置不变。

切去长度为 $l=23.5\text{mm}-6.0\text{mm}=17.5\text{mm}$。

该频率相应的空气波长为

$$\lambda=\frac{c}{f}=44.8\text{mm}$$

故

$$\sqrt{\varepsilon_e}=\frac{44.8}{17.5}=2.55,\quad \varepsilon_e=6.50$$

查表 1-3，可知基片材料的相对介电常数 ε_r 在 9.3～9.6 之间，可基本肯定为 99 瓷。

测量微带线的特性阻抗可采取以下办法：

(1) 采用时域反射计。将微带线和已知特性阻抗的标准传输线连接在一起，以时域反射计测出其反射。此时尽量将接头引起的附加反射和传输线间的特性阻抗值不同所引起的反射分开，由此可得出微带线对标准传输线的相对特性阻抗，从而得到其特性阻抗的真值。

标准传输线通常为标准同轴线，只要其尺寸精度（内外径公差、同心度公差）足够高，即可作为阻抗标准，特性阻抗值可严格地由计算得到。

采用通常的驻波测量线或反射计测量反射时，只能测出总的负载反射系数。它等于一系列反射点反射系数的时间矢量和，较难将各反射点的反射系数分开。如果将测量由频域改成时域，让信号源发出极窄的脉冲，各个反射点也向信号源发回几个反射脉冲。这时和雷达回波一样，反射脉冲的幅度相当于反射系数的大小，而几个反射脉冲相互的间隔反映了它们之间的相位或距离。由于微波传输线系统诸反射点之间的距离很小，为了能够分辨各个不同反射点的反射，应形成很窄脉冲，例如为了分辨两个相隔 10cm 反射点的反射，脉冲宽度至少应窄于：

$$\tau = \frac{2 \times 10\text{cm}}{3 \times 10^{10}\text{cm/s}} = 0.67 \times 10^{-9}\text{s} = 0.67\text{ns}$$

时域反射计就是把反射计技术和取样示波器技术结合起来，用时域的方法来测量微波传输线反射系数的幅度和相位。微带线的特性阻抗即可通过此法测得。

(2) 根据微带线的静电容及相速的测量确定特性阻抗值。根据第 1 章式(1-3)有：

$$Z_0 = \frac{1}{v_\varphi C_0}$$

其中，v_φ 为微带线相速，C_0 为微带线的分布电容。v_φ 可用前述方法测得，C_0 可借助于精密的电容电桥测得。在测量时应尽量考虑到杂散电容的影响，并设法将这部分误差加以修正。

由于所测量的为分布静电容，故由此计算得出的结果只对应于准静态解，亦即此结果只限于在频率较低、高次波型影响不很严重时才适用。

13.3 微带线的损耗和微带电路 S 参量的测量

方法和通常传输线的衰减测量方法类似，只是由于引入了转换接头，在转换接头尺寸的跳变处存在着反射和辐射，因而引起附加损耗，所以必须设法把这部分损耗除去，得到的才真正是微带线本身的损耗。

微带线的损耗在几种传输线形式中虽然是较大的，但由于被测的微带样品不可能很长（受到了基片尺寸和工艺条件的限制），所以尽管其单位长度的损耗较大，但被测样品的衰减不大，仍属于小衰减测量。如果用通常的功率比法（即把样品接入微波测量系统再将其取出，取两种情况下终端功率计或匹配检波器的功率指示比）或替代法（将一个标准的可变衰减器接入测量系统，当微带线样品在接入和取出两种情况下，维持终端指示不变，此时标准衰减器的衰减量必产生一个变化值，此值即等于被测微带样品的衰减），由于转换接头的反射较大将引起不能忽略的反射衰减，此反射衰减包含在被测的总衰减中。微带线的损耗属于吸收衰减，当其量很小（如小于 0.5dB）而接头的反射又较大时，两种衰减在数量上可以比拟，因而使微带线损耗的测量有较大的相对误差，所以不能采取一般的衰减测量方法。这里要求既能测量小衰减值，又能将反射部分的影响除去。下面介绍两种可用的测量方法。

第一种方法是测量微带线的无载 Q 值。根据第 1 章的讨论，微带线无载 Q 值为

$$Q = \frac{\pi}{\alpha\lambda_g}$$

其中，α 是以奈培为单位的微带线损耗，λ_g 为其传输线波长。

测量 Q 值仍可采用环状腔做样品。因为用两端开路的 $\lambda/2$ 谐振线作为样品时，其两端辐射效应引入附加损耗，造成测量误差。测试时，如有扫频仪和宽带检波器，则谐振曲线可很方便地在荧光屏上示出。测出谐振频率和半功率点带宽，即可算出 Q 值。

应该注意，测量时输入和输出电路和腔的耦合不能太紧，以免在谐振腔中引入附加的反映电阻和反映电抗，以致产生较大误差。

第二种方法是 S 参量法，即通过对微带线样品 S 参量的测量，求出其各个 S 参量，然后根据 S 参量的意义再计算损耗值。此时，即可通过计算将反射衰减和吸收衰减（即为线的损耗）分开，这在第 2 章中已经讨论过。因为测量 S 参量，不仅对微带线的损耗测量有用，而且对掌握一般二口微带元件（如滤波器等）的电特性也有用，因此下面介绍一下二口网络 S 参量的测量方法和图解方法，并通过具体例子说明如何从中得出微带线的损耗值。

根据第 2 章的讨论，一个互易的二口网络的 S 参量和二边的归一化内向波电压、外向波电压之间有以下关系：

$$\begin{aligned} u_1^{(2)} &= S_{11}u_1^{(1)} + S_{12}u_2^{(1)} \\ u_2^{(2)} &= S_{21}u_1^{(1)} + S_{22}u_2^{(1)} \end{aligned} \tag{13-1}$$

若二口网络的负载边（2 口）接反射系数为 Γ_L 的负载，则有

$$\frac{u_2^{(1)}}{u_2^{(2)}} = \Gamma_L \tag{13-2}$$

将式(13-2)代入式(13-1)，并令此时从网络的电源这一边（1 口）向网络看去的反射系数为 Γ，则 Γ 可表示为

$$\Gamma = \frac{u_1^{(2)}}{u_1^{(1)}} = S_{11} + \frac{S_{12}^2\Gamma_L}{1 - S_{22}\Gamma_L} \tag{13-3}$$

此式对于 Γ_L 为任意值时都成立。从公式可以看出：如果负载端接以不同的 Γ_L，从电源端测得相应的 Γ 值，则通过解联立方程，可得出 S 参量 S_{11}、S_{12}、S_{22}。由于互易二口网络的独立 S 参量有三个，故只需测量三种不同负载的情况，即可得出全部 S 参量。

事实上，为了方便、准确和可靠，并非通过解联立方程来求 S 参量，而是通过作图方法求得。负载 Γ_L 也不仅仅取三种不同情况，而是取八种甚至更多。这样做的目的是作图过程中便于自校，以提高测量的准确性和可靠性。至于取八个不同的 Γ_L 值也并不麻烦，可在二口网络的负载端接一个可调短路器，如图 13-4 所示。在电源一边接一驻波测量线以测量反射系数 Γ 的幅度和相位。T_1 和 T_2 各为两边的参考面，Γ 和 Γ_L 皆以此为基准。在变动短路活塞位置时，$|\Gamma_L|=1$ 保持不变，但其相位在不断变化。由于阻抗或反射系数每隔半波长重复一次，故活塞移动范围为半波长即可。在半波长范围内，取均匀间隔的八个点，每两点之间的距离为 $\lambda/16$。

式(13-3)为复变函数的分式线性变换式，其中 Γ 和 Γ_L 皆为复变数，而 S_{11}、S_{12}、S_{22} 为复常数。根据复变函数的理论，当两个复变数之间为分式线性变换时，则相应的两个复平面之间为直线——圆的图形变换，即其中一个复变数在其复平面上的图形为直线或圆时，则变换后相应的复变数图形也为直线或圆（但两者可互换，例如可由圆变直线，或直线变圆，也可直线变直线，圆变圆）。在这里由于 $|\Gamma_L|=1$，但其相位在改变，故其轨迹为半径等于 1 的圆。

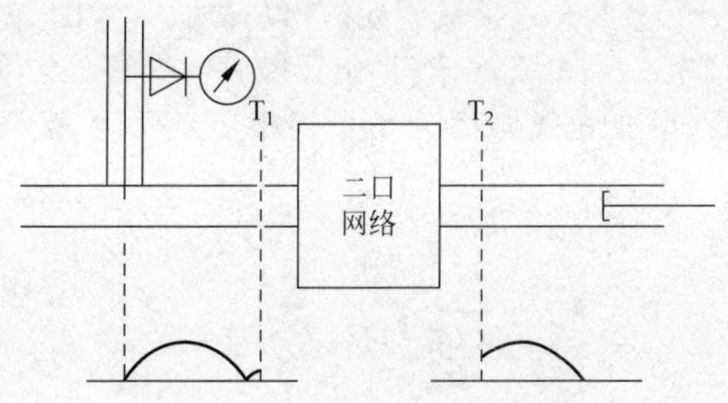

图 13-4 测量微带线 S 参量装置

与之相应的 Γ 根据分式线性变换的理论，也必须为一个圆（此时不变为直线）。因此，可将八个不同短路活塞位置对应的电源端输入反射系数的模和相角画在圆图上，相连后，应成为一个圆，如图 13-5 所示。其中 1、2、3、4、5、6、7、8 点分别对应于不同的负载反射系数值，而 $1'$、$2'$、$3'$、$4'$、$5'$、$6'$、$7'$、$8'$ 则为相对应的 Γ 值。如果有个别点离圆周距离太远，则该点的测量值是不可靠的。如所有测量点连不成一个圆，则说明整个测试不可靠。

又由于在负载端，点 1 和 5 之间，或点 2、6 之间，3、7 之间，4、8 之间距离均相隔 $\lambda/4$，故 Γ_L 之间的相位差均为 180°。在圆图上，将 1 和 5、2 和 6、3 和 7、4 和 8 连接成直线，均应通过圆心 O，即它们都是 Γ_L 圆上的直径。相应地，在 Γ 圆上，$1'$ 和 $5'$、$2'$ 和 $6'$、$3'$ 和 $7'$、$4'$ 和 $8'$ 相连，根据分式线性变换，也应是直线或圆。但在复变函数的变换中，又必须满足"保角"的原则，即在某一复平面上，两条曲线有一交角 α 时，反映到另一复平面上，相应的两条映射曲线的交角也应是 α。此种保持交角不变的特性，称为保角性。由于在 Γ_L 圆上，1-5、2-6 等连线均为直径，必与圆周垂直，亦即 $\alpha=90°$，因此反映到 Γ 圆上，也应保持 $\alpha=90°$。但此时 $1'$-$5'$、$2'$-$6'$ 等连接直线不一定是 Γ 圆的直径，亦即不一定与 Γ 圆周垂直。因此，为了满足"保角"的要求，Γ_L 圆上的 1 和 5、2 和 6 等直径反映到 Γ 圆上就不再是直线，而是圆弧（作为整个圆的一部分），它们与 Γ 圆的圆周垂直，保持了交角 $\alpha=90°$，如图 13-5 所示。

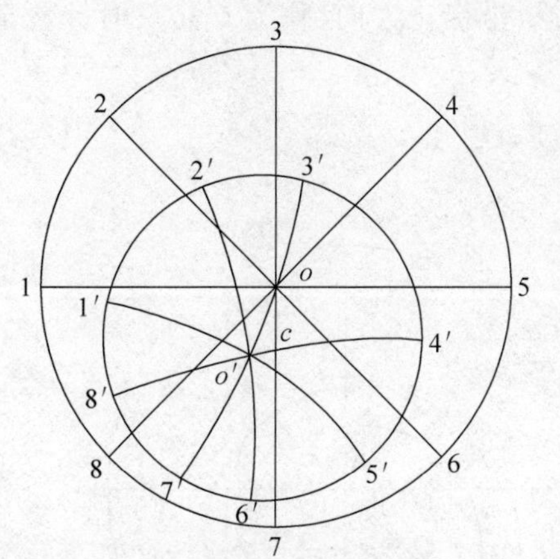

图 13-5 S 参量的测量点及其连接

Γ_L 圆的圆心 O，为诸直径的交点。因此作为 Γ_L 的诸直径映射到 Γ 圆上的弧线 $\overset{\frown}{1'5'}$、$\overset{\frown}{2'6'}$、$\overset{\frown}{3'7'}$、$\overset{\frown}{4'8'}$ 亦应交于一点 O'。O' 为 O 在 Γ 面上的映射，称为"镜像中心"。由于 O 在 Γ_L 面上代表反射系数等于零，亦即表示一个无反射的全匹配负载，因此 O 在 Γ 面上的映射 O' 表示二口网络的负载端接以匹配负载时，在电源端向网络看过去的反射系数。按照定义，即应代表复数 S_{11} 在复平面上的坐标。因此矢量 $\overrightarrow{OO'}$ 表示 S_{11}，其长度为 S_{11} 的模，它与横坐标轴的夹角代表 S_{11} 的相位。

为了求得 O' 的位置，应该通过 $1'$-$5'$、$2'$-$6'$、……作垂直于 Γ 圆的弧线，然后求出交点。但这样作图很不方便。根据球面投影几何可以得出一种较简单的方法以定出 O'。具体过程如下：

首先将 1′-5′、2′-6′、3′-7′、4′-8′连接成直线，可以证明：它们也交于一点 O''，如图 13-6 所示。但此点并非“镜像中心”O'。为了求得“镜像中心”，将 O''与 Γ 圆的中心 C 连成直线，然后在 C、O''两点作直线 CO''的垂线，分别和 Γ 圆周相交于 H、K 两点，则直线 HK 和 CO''的交点即为“镜像中心”O'。$\overrightarrow{OO'}$即表示 S_{11}。

还可证明：

$$|S_{22}| = \frac{|\overrightarrow{CO'}|}{R} \tag{13-4}$$

$$|S_{12}| = \sqrt{R(1-|S_{22}|^2)} = \frac{|\overrightarrow{O'L}|}{\sqrt{R}} \tag{13-5}$$

其中，R 为 Γ 圆的半径(对 Γ_L 圆归一化)，L 为由 O'作 $O'C$ 的垂线和 Γ 圆的交点。

S_{12}和 S_{22}的相角以下列作图方法来确定：如图 13-7 所示，连接 CO'与 Γ 圆交于 $P'Q'$两点，则在 Γ 圆上的直径映射到 Γ_L 圆上亦必为直径 PQ。因为 Γ 圆上的 $P'Q'$通过 O'，故在 Γ_L 圆上，其映射必通过 O 点，即是一条直线。设 P 点的相角为 ψ_P，则可以证明：

$$\arg S_{22} = \phi_{22} = -\Psi_P \tag{13-6}$$

如果由 CP'顺时针转过角度 Ψ_P，到达 P''点，则由横坐标正方向(作为 0°)，反时针转至 CP''，此角度即为 S_{12}相角的两倍，即

$$\arg S_{12} = \phi_{12} = \frac{1}{2}\angle(CO°, CP'') \tag{13-7}$$

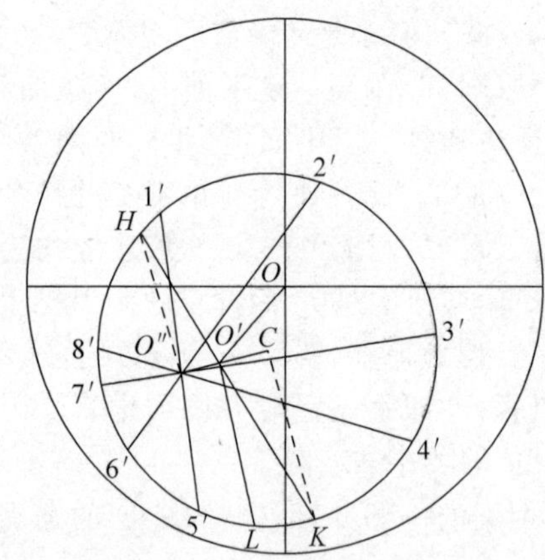

图 13-6　S 参量的图解

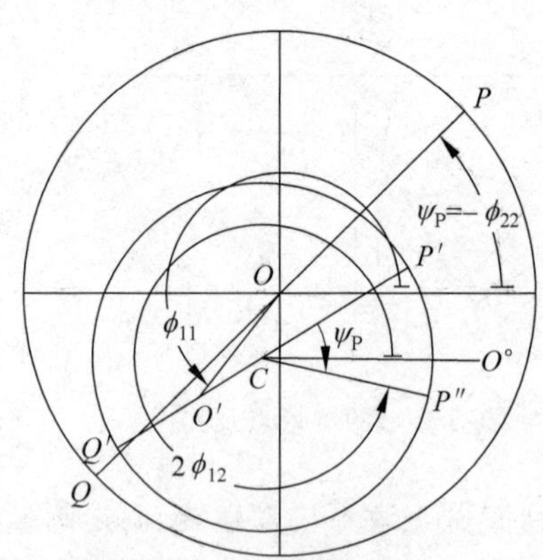

图 13-7　S 参量相角的图解表示

现在的问题在于确定 P''或 P 的位置。可以证明，P''的位置可按照下列作图顺序进行：如图 13-8 所示，设 M 及 M'分别为 Γ_L 圆及 Γ 圆上相对应的一个测量点位置(实际上在图 13-5 中任选一个测量点即可)，由 M'连直线至 O'，交 Γ 圆周于 N，再连直线 NC，交 Γ 圆于 M''。然后由 CM''顺时针转一 M 点的相角 ψ_M，在 Γ 圆上得 P''点，即为前述的 P''位置。然后可确定 S 参量的相角。

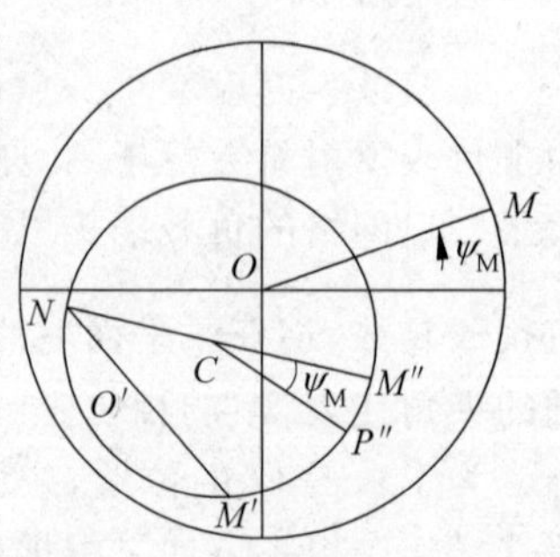

图 13-8　P''点位置的确定

必须注意，所有量测点在 Γ_L 圆或 Γ 圆上的位置，均指对参考面 T_1 和 T_2 而言，如果参考面改变，则 S 参量值也跟着

变化。

下面再来看一看如何用 S 参量的测量值来确定微带线的损耗。

因为微带线的样品是两个相同的过渡接头中间夹一段均匀线，可大体上看成为对称的二口网络，因此有

$$S_{11} = S_{22}$$

所以

$$|S_{12}|^2 = R(1-|S_{22}|^2) = R(1-|S_{11}|^2)$$

吸收衰减 L_A(即为微带线损耗)为

$$L_A = \frac{|S_{12}|^2}{1-|S_{11}|^2} = R \tag{13-8}$$

其中，R 为 Γ 圆的半径。

由此可知，微带线样品的损耗，可近似地以 Γ 圆的半径长度来表示。这样实际上已经把吸收衰减(即损耗)从总衰减中分离出来了。

下面举一个具体测量的例子。

测量一段 99 瓷微带线样品的损耗。微带线长度为 $l=4$cm，基片厚度 $h=1$mm，工作频率 $f=7$GHz，带线特性阻抗 $Z_0=50\Omega$。

测得的数据如表 13-1 所示。

表 13-1　一段 99 瓷微带线样品数据实测值

短路器位置/mm	0	2.68	5.36	8.04	10.72	13.40	16.08	18.76
波节位置读数/mm	79.0	76.0	71.92	68.0	65.25	63.57	62.60	60.65
Δz/mm	0	3.0	7.08	11.0	13.75	15.43	16.40	18.35
$\Delta z/\lambda$	0	0.07	0.165	0.257	0.32	0.360	0.382	0.427
驻波比 ρ	27	29	29	25	20	20	20	22

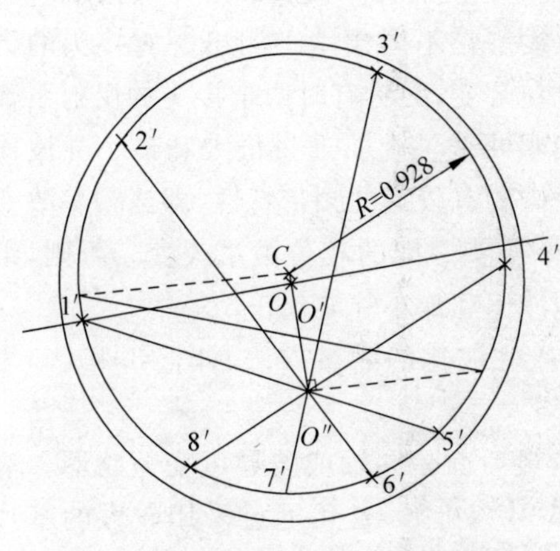

图 13-9　微带线损耗测试结果的图解

根据上述数据在圆图上画出 1′,2′,3′,4′,…,8′的位置，如图 13-9 所示。将上述各点连接成圆，量得该圆的半径 $R=0.928$，这里令 Γ_L 圆的半径为 1。

故

$$L_A = \frac{|S_{12}|^2}{1-|S_{11}|^2} = R = 0.928$$

即 $L_A=0.34$dB。此即为微带线样品的损耗。

由上图也可用图解法求得 $|S_{11}|=0.2$，故其反射损耗为 $L_R=1-|S_{11}|^2=0.96$，即 $L_R=0.18$dB，和上述损耗值相近。

也可用图解的方法算出 $|S_{22}|$ 值约为 0.25 左右，和 $|S_{11}|$ 相近，说明把样品设想为两边对称的网络是可行的。

用上述方法进行测量虽可把接头的反射衰减除去，但接头的吸收衰减仍包含在测量值内。为了消除此项影响，可以测量两个参量相同、但长度不同的微带线样品的损耗，然后将

其测得的损耗值相减，即可将接头的损耗消去，而得到了长度为两样品长度之差的微带线损耗。

13.4 微带转换接头插入驻波比的测量

前面已经讲过，微带系统的测量必须转接到波导或同轴线系统中进行，以便利用目前已较为完善的波导或同轴线测量设备。为此必须通过微带—波导转换接头或微带—同轴转换接头。当然，上述转换接头的用途也不仅局限于测量，在设备中如需将微带线系统转换成其他传输线形式(最一般的例子是微带转换成电缆)时，转换接头也是必不可缺的。

关于对转换接头的要求、转换接头的结构等都已在第 7 章第 7.3、7.4 节中详细讨论。问题在于接头的设计和加工完毕后，必须对其性能作鉴定，以确定是否能满足使用要求。其中最主要的性能指标是接头的插入驻波比，因为它的大小对微带测量的精确度影响极大。

通常测量二口网络的插入驻波比有两种方法，它们是：

(1) 二口网络的负载端接一个理想匹配负载，再在网络的前面测量其输入驻波比。此种方法只对驻波比较大时适用。驻波比很小时，则端接匹配负载本身的反射将引起较大的误差；何况为了测微带转换接头的驻波比，必须在微带线上接一个微带结构的匹配负载，而此种匹配负载的指标又恰恰需要通过转换接头在波导或同轴系统上进行鉴定，这样就更加互相牵制。如果再通过转换接头将微带转换成波导或同轴线，然后端接一个波导或同轴匹配负载，这样测量所得的结果又是一对转换接头的组合驻波比，其值除与接头驻波比有关外，还和两者之间的相位有关，因此难于得到单个接头的插入驻波比。

(2) 利用可变短路器测出二口网络的 S 曲线，确定其插入驻波比。这种方法虽然避免了负载匹配不理想所引起的影响，但因可变短路器仍只能在波导或同轴线中实现，因此仍需采用一对转换接头，最后测试所得结果也依然是一对接头的组合驻波比。如果接头的频应特性比较平坦，则可采取如下办法：取一段较长的微带线(应有几个波长以上)，其两端各有一个转换接头，负载端接一个可变短路器，按照 S 曲线法在不同频率上测出一对接头的组合驻波比。由于频率连续变化，接头间的相位关系也在改变，必然有时两个接头的反射系数相位相同而测得最大驻波比，有时则相位相反而测得最小驻波比。通过最大和最小驻波比的测量值，即可算得单个接头的驻波比。但此时接头需要有较宽的频带特性，即当频率改变时，其本身的反射系数的改变应很微小，主要只是两个接头之间的相位关系改变。否则，组合驻波比的频率特性将很杂乱，从中无法确定最大驻波比和最小驻波比。

下面介绍一种无须改变频率的单个转换接头插入驻波比的测量方法。图 13-10(a)为其测量装置，图 13-10(b)为其等效电路。

微带线样品长度为 l，其两端各有一个转换接头，最后面是同轴或波导可变短路器。对微带线样品的要求是必须具有一定的损耗(须在 0.5dB 以上)。这可通过采用较大的基片增加其长度 l，或适当增加微带线的单位长度损耗来实现(在工艺上可适当降低对磨片的光洁度要求，然后蒸金，损耗将有所增加，但不要太过分，否则将成为高损传输线，其特性阻抗值也将受影响)。

根据第 2 章的微波网络理论，如果每一个接头的损耗很小，因而可忽略不计，则必可表示为理想变压器网络，其特定参考面分别为 T_{10}、T_{20} 和 T'_{10}、T'_{20}，如图所示。理想变压器的

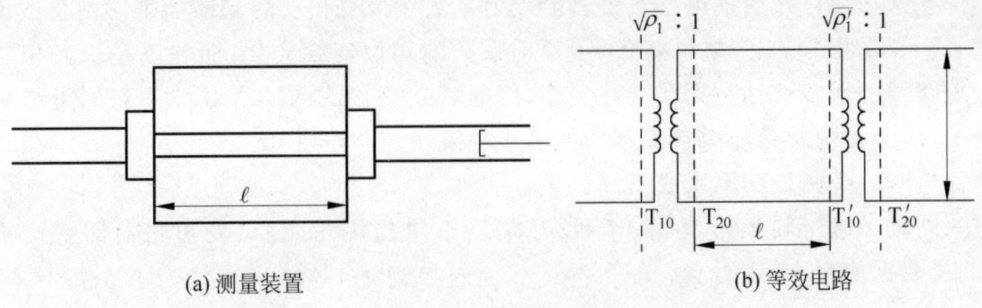

(a) 测量装置　　(b) 等效电路

图 13-10　接头测量的实验装置及其等效电路

变比则为$\sqrt{\rho_1}:1$和$\sqrt{\rho_1'}:1$，其中 ρ_1 和 ρ_1'各为两个转换接头的插入驻波比。

从 T_{10}'向负载端看去的反射系数大小为1，这是因为接头损耗和可变短路器损耗都相当小，比起微带线损耗可以忽略不计的缘故。但当可变短路器的短路面移动时，反映到 T_{10}'的反射系数相位也在连续地改变。

设在参考面 T_{20}上，有幅度为1的电压入射波向右行进，则由于线上存在损耗，在到达参考面 T_{10}'时，幅度变为 $e^{-\alpha l}$，其中 α 为微带线的衰减常数。经反射后，由于认为后面为无损，故反射波幅度不变，仍为 $e^{-\alpha l}$，但其相位则受可变短路器活塞位置的控制，可以连续地变动。当此反射波又返回到 T_{20}位置时，则其幅度变为 $e^{-2\alpha l}$，而相位则受负载端可变短路器活塞位置的控制，在连续地改变。

又可看出，从第一个接头所对应的理想变压器初级参考面 T_{10}向后看去的驻波比，是接头插入驻波比 ρ_1 和 T_{20}向后看去的驻波比 ρ_2 合成的结果。

因为从 T_{20}向后看去反射系数 Γ 的模为 $e^{-2\alpha l}$，故驻波比 ρ_2 为

$$\rho_2=\frac{1+|\Gamma|}{1-|\Gamma|}=\frac{1+e^{-2\alpha l}}{1-e^{-2\alpha l}} \tag{13-9}$$

而反射系数的相位受短路活塞的控制在连续变化，则必然在活塞的某一位置时，从 T_{20}向后看的反射系数的相位为零，亦即输入阻抗为最大，且等于 ρ_2。考虑到理想变压器的特点，则在参考面 T_{10}也得到一最大的输入阻抗，并且即等于最大的驻波比 ρ_{max}。根据理想变压器的特性，有

$$\rho_{max}=\rho_1:\rho_2 \tag{13-10}$$

如果继续改变短路活塞位置，使得在 T_{20}处向后看的反射系数 Γ 的相位为 π，此时 T_{20}为一电压波节点，其输入阻抗为 $1/\rho_2$。则在理想变压器的参考面 T_{10}上，必得最小驻波比 ρ_{min}。

$$\left.\begin{aligned}\rho_{min}&=\rho_1/\rho_2(\text{当 }\rho_1>\rho_2\text{ 时})\\ \rho_{min}&=\rho_2/\rho_1(\text{当 }\rho_1<\rho_2\text{ 时})\end{aligned}\right\} \tag{13-11}$$

解式(13-10)和式(13-11)，即得

$$\left.\begin{aligned}\rho_1&=\sqrt{\rho_{max}\cdot\rho_{min}}(\text{当 }\rho_1>\rho_2\text{ 时})\\ \rho_1&=\sqrt{\rho_{max}/\rho_{min}}(\text{当 }\rho_1<\rho_2\text{ 时})\end{aligned}\right\} \tag{13-12}$$

通常因微带线损耗较小，$e^{-2\alpha l}\approx 1$，故 ρ_2 的值一般很大，ρ_1 却一般较小。故测量时所遇到的多半是 $\rho_1<\rho_2$ 的情况。

从式(13-12)可知，尽管在测量时使用了一对接头，但后一个接头只起了微带线和可变

短路器的连接作用。然后把可变短路器的反射系数相位变化反映到前面来。由于读出最大驻波比 ρ_{max} 和最小驻波比 ρ_{min} 只需 T_{20} 上反射系数的相位连续变化，而并不是求其相位变化和可变短路器的活塞移动距离成线性关系，因此后一个接头的插入驻波比对测量结果是没有影响的，所测得的乃是前面接头单独的插入驻波比。

下面再举一个测量实例来说明。

有一同轴—微带转换接头，在 $f=7.5\text{GHz}$ 时进行测量，在可变短路器活塞位置移动时，其测量数据如表 13-2 所示。

表 13-2　一个同轴—微带转换接头实际测量数据

短路器位置/mm	0	2.5	5	7.5	10.0	12.5	15	17.5	20
测量线波节位置/mm	149.4	145.25	140.07	136.62	134.9	133.0	132.4	131.4	129.13
Δz/mm	0	4.15	9.33	12.8	14.5	16.4	16.93	18.0	20.27
$\Delta z/\lambda$	0	0.135	0.233	0.318	0.362	0.41	0.423	0.457	0
驻波比	10.6	8.25	8	11.5	12.4	12.4	11.8	10.6	10

虽然可以从上述表格中直接读出 ρ_{max} 及 ρ_{min}，但一方面所测量的点数目有限，表格中所列出的不一定是最大值或最小值；另一方面为了提高测量的可靠性和精确性，应当如同上节一样，对测量结果进行自校。为此，也把所测得的在参考面 T_{10} 的反射系数 Γ 值(对应于不同的活塞位置)画在圆图上。此时除了驻波比值必须测出以外，在测试时还应读出测量线上的波节位置，以算出反射系数的相位。这些数据已列在上面表格中。

由于在参考面 T_{20} 上的反射系数的模虽然不等于 1，但却是一个恒定的数值 $e^{-2\alpha l}$，只是相位在不断变动，因此其轨迹仍是一个圆，而其半径则略小于 1。根据分式线性变换原理，此时参考面 T_{10} 上的反射系数测量值也仍应落在一个圆上，由此仍可对各测量值进行自校。图 13-11 是根据测量数据绘出的。可以看出，诸测量点基本上在一个圆上，说明测量结果较为可靠。

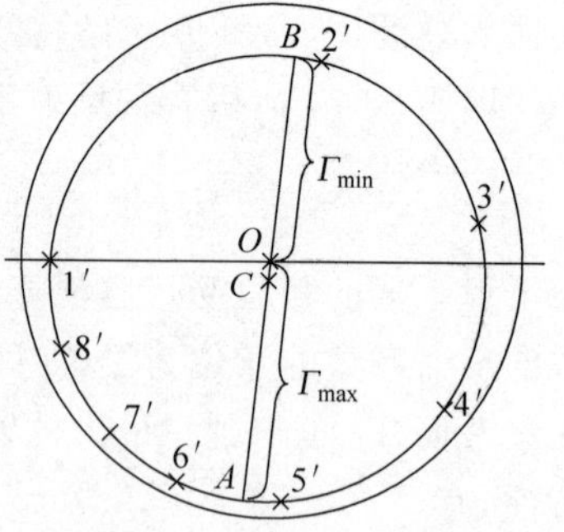

图 13-11　接头驻波比测量结果的图解

连接 $\Gamma=1$ 的圆心 O 与绘出的圆的圆心 C，并延长 OC 交绘出的圆于 A、B 两点，则很明显地可看出，长度 $\overline{OA}$ 表示的反射系数相应于 ρ_{max}，而长度 $\overline{OB}$ 表示的反射系数则相应于 ρ_{min}。

由图 13-11 可算得

$$\rho_{max} \approx 12.5$$

$$\rho_{min} \approx 8$$

故接头的插入驻波比为

$$\rho_1 = \sqrt{\rho_{max}/\rho_{min}} = \sqrt{\frac{12.5}{8}} \approx 1.24$$

同时从式(13-10)和式(13-11)，也可解得

$$\rho_2 = \sqrt{\rho_{max} \cdot \rho_{min}} \tag{13-13}$$

而

$$|\Gamma| = e^{-2\alpha l} = \frac{\rho_2 - 1}{\rho_2 + 1} = \frac{\sqrt{\rho_{\max} \cdot \rho_{\min}} - 1}{\sqrt{\rho_{\max} \cdot \rho_{\min}} + 1} \tag{13-14}$$

则微带线的损耗 L 为

$$L = e^{-\alpha l} = \left(\frac{\sqrt{\rho_{\max} \cdot \rho_{\min}} - 1}{\sqrt{\rho_{\max} \cdot \rho_{\min}} + 1}\right)^{\frac{1}{2}} \tag{13-15}$$

所以这也是测量微带线损耗的一种方法。如将上述测量所得的 $\rho_{\max}$、$\rho_{\min}$代入，得

$$e^{-\alpha l} = \left(\frac{\sqrt{12.5 \times 8} - 1}{\sqrt{12.5 \times 8} + 1}\right)^{\frac{1}{2}} = \sqrt{\frac{10-1}{10+1}} = 0.905$$

即 $L_A(\mathrm{dB}) = 0.88\mathrm{dB}$。

如按前节所述的方法，因为 $\rho_{\max}$和 $\rho_{\min}$所对应的$|\Gamma_{\max}|$、$|\Gamma_{\min}|$分别为 0.852 和 0.778，而根据图(13-11)由测试点 $1', 2', \cdots, 8'$所绘出的圆半径 R 为

$$R = \frac{|\Gamma_{\max}| + |\Gamma_{\min}|}{2} = 0.815$$

故

$$L_A = \frac{|S_{12}|^2}{1 - |S_{11}|^2} = R = 0.815$$

即 $L_{\mathrm{dB}} = 0.89\mathrm{dB}$。

可知两种方法得出的结果非常相近。

13.5　微带系统阻抗的测量

某些情况下，有必要测量微带线某一截面处的输入阻抗(包括电阻和电抗部分)。例如对一些微带线上安装的固体器件，必须测量其微波参量(如结电容、引线电感、微波电阻等)。为使测试条件和真正应用情况相符或相近，应把管子直接安装在微带上测量其阻抗。此外对一些无源微带电路元件，例如滤波器，有时也需测量其输入阻抗特性，以便进行微波集成电路总体的设计。

目前，对微带电路的输入阻抗基本上仍是通过转换接头换接到同轴线或波导系统进行测量。对于一般的同轴线系统或波导系统输入阻抗的测量，主要应测得驻波比的大小以及测量线上的波节点相对于待测阻抗的截面的距离，然后即可根据阻抗圆图求得输入阻抗值。不过由于待测阻抗截面离测量线波节点较远，又无尺寸刻度，不能量得很准，所以通常要取等效参考面，即在测量线上定一个刻度位置，使该位置的输入阻抗值和真正被测阻抗的截面上的阻抗值完全相同。为此，可利用传输线阻抗以 $\lambda/2$ 为周期重复变化的特性，取测量线上与被测阻抗截面距离为 $\lambda/2$ 整数倍的任意位置，即为等效参考面。在取等效参考面时，通常在被测阻抗的传输线截面上短路，然后在测量线上找任一个波节点位置即可。

对于微带线，在被测阻抗截面上短路来决定参考面是不方便的，即使在瓷片上打孔灌银浆和接地板相连，也并非理想的短路，因此一般是以图 13-12 所示的两种方法来决定参考面。

第一种方法是在被测阻抗截面处将微带线切断，如图 13-12(a)所示。如果 T_{20}处是理想开路，则测量线的波腹位置 T'_{10}应为等效参考面。但由于微带线的终端效应，在 T_{20}处并非开路，其等效开路点应向后延伸 Δl，这里 Δl 为微带线终端电容所等效的延伸长度。因此

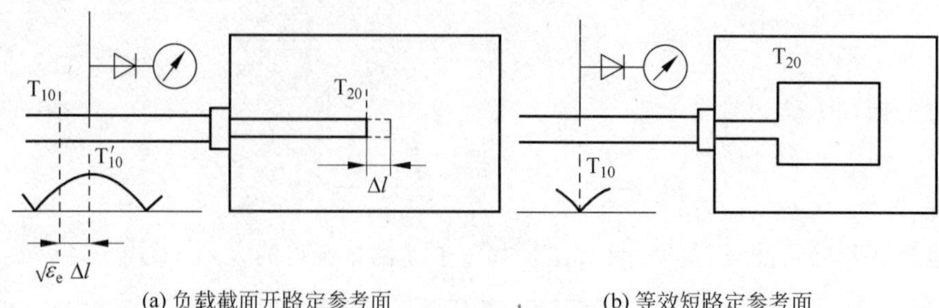

(a) 负载截面开路定参考面　　(b) 等效短路定参考面

图 13-12　微带系统阻抗测量参考面的确定

T'_{10}只对应于微带线上在等效开路点上开路的波腹位置。如果在 T_{20} 上开路，则等效参考面也应向电源方向移动一个距离。若接头的反射很小，则此距离大致等于$\sqrt{\varepsilon_e}\,\Delta l$，其中 ε_e 为微带线的有效介电常数。因此，图 13-12(b)上所示的 T_{10} 才是最后真正的等效参考面。

第二种方法是在待测阻抗截面处接一段低阻的 $\lambda/4$ 开路线(在计算 $\lambda/4$ 时，对低阻线的终端效应也须加以修正)。这样在待测阻抗截面 T_{20} 上就得到等效短路。然后在测量线上找一波节点位置即可表示等效参考面。其缺点是频带受到限制。

在微带系统中进行阻抗测量时，一个很大的问题是转换接头对测量结果产生影响，必须对此种影响有一定量的估计，以便对转换接头的性能指标提出要求。

先考虑转换接头对测量驻波比的影响。若设负载的真实驻波比为 ρ_L，转换接头的插入驻波比为 ρ_1，则由前节所述，在测量线上所能测得的最大驻波比为 $\rho_{max}=\rho_L\cdot\rho_1$，最小驻波比为 $\rho_{min}=\dfrac{\rho_L}{\rho_1}$(假设 $\rho_1<\rho_L$)。故实际在测量线上读得的驻波比在以下范围内：

$$\rho_L/\rho_1<\rho'<\rho_L\cdot\rho_1 \tag{13-16}$$

若设一个微带阻抗的驻波比 $\rho_L=2.4$，转换接头的驻波比 $\rho_1=1.2$，则测量线上读得的驻波比 ρ'在以下范围之内：

$$2.0<\rho'<2.88$$

特别是当负载驻波比 ρ_L 较小(接近 ρ_1)时，将产生较大的相对误差。

转换接头对阻抗测量的相位误差影响较为复杂。为了说明其影响，接头在 T_{10}、T_{20} 参考面上以$\sqrt{\rho_1}:1$ 的理想变压器表示，其中 ρ_1 即为接头的插入驻波比。设 O 点为真正待测负载的截面，O'为 O 点短路时测量线上某一波节点位置，即为其等效参考面。详细情况示于图 13-13。设 O' 和 T_{20}之间距离为 l_2，O'和 T_{10} 之间距离为 l_1。在取参考面的过程中，阻抗由 O 点变到 O'点的过程如图 13-14 所示。其中 O 点位置在圆图的横轴左端顶点(相当于阻抗为零)。在圆图上顺时针转过长度 l_2，而到达 T_{20} 位置，由 T_{20} 至 T_{10} 为一个$\sqrt{\rho_1}:1$ 的理想变压器，阻抗要变高 ρ_0 倍。故由 T_{20} 到 T_{10}，在圆图上对应的电抗从 $\mathrm{j}x_0$ 变为 $\mathrm{j}x'_0$，且两者之间满足以下理想变阻关系：

$$x'_0=\rho_1 x_0 \tag{13-17}$$

在圆图上，电抗由 $x_0\to x'_0$，其等效的位移为 Δl_0，即此时理想变压器的作用仿佛是一段长度为 Δl_0 的传输线。Δl_0 的大小显然和接头的插入驻波比有关。如果接头驻波比为 1，则相当于 1∶1 的变压器；$\Delta l_0=0$，ρ_1 越大，则 Δl_0 也越大。另一方面，Δl_0 也与 l_2，即与被测负载截面和接头的距离有关。因为 l_2 决定了 T_{20} 对 O 点的相对位置。如果 l_2 为 $\lambda/4$、$\lambda/2$ 或它们的整数倍，则 T_{20} 的位置落在横轴上，相应的电抗为零或无限大，经过变压器后，仍为零或无限大。故 $\Delta l_0=0$，也就是接头驻波比此时对等效参考面的位置没有影响。当 T_{20} 落在圆图下半部分时，可看出 Δl_0 是负的。可以证明：当 T_{20} 落在纵轴的上下端点时，同样的接头驻波比引起的 Δl_0 最大，亦即对参考面位置的影响最大。

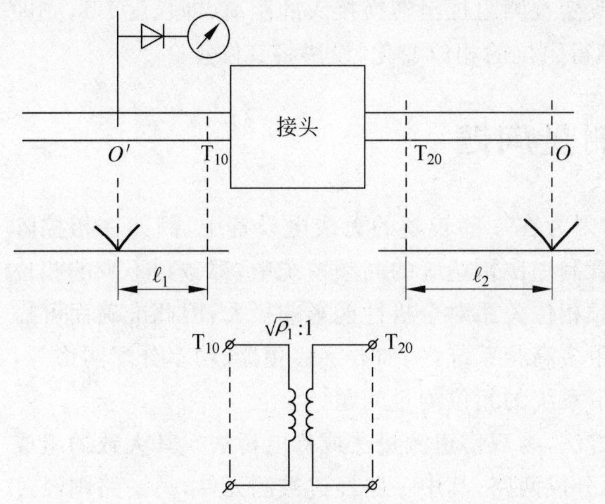

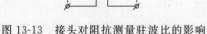

图 13-13　接头对阻抗测量驻波比的影响

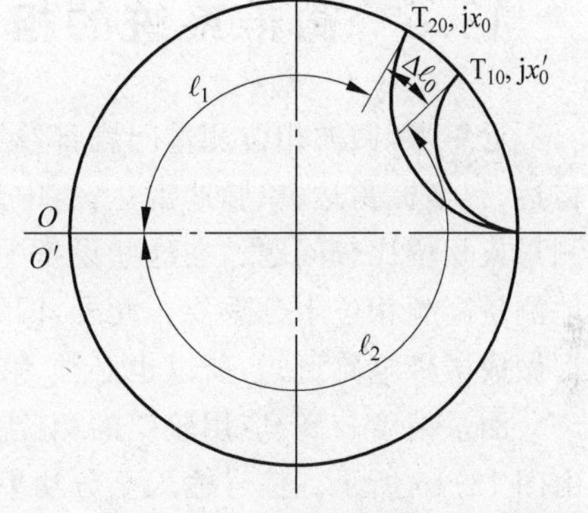

图 13-14　接头对阻抗测量相位的影响

因为 O' 是电压波节点，阻抗也为零，其在圆图上的位置应和 O 点重合。因此，从 $T_{10}\to O'$，在圆图上即以顺时针方向转回到横轴左端原来出发点 O 的位置。此时，长度 l_1 实际上已在圆图上被决定了。

如果接头驻波比的影响，在任意情况下，其效应都相当于产生一段附加位移 Δl_0，则在测量阻抗时，并不会引起附加的相位误差。因为在测量阻抗时，其相位取决于测量线上波节点位置和等效参考面位置之间的距离，由此即可在圆图上得出阻抗值。假如等效参考面位置和测阻抗时的波节位置由于接头的影响，向同一方向偏移相同的数值 Δl_0，则当将两个位置的刻度相减时，可以把 Δl_0 消去，而不存在接头的影响。但实际上并不如此。问题在于：在决定等效参考面(此时负载截面短路)和实际测量阻抗(此时负载截面即接上待测负载)两种情况下，由于负载条件的不同，因此 T_{20} 在圆图上并不位于同一位置。此时接头所有的影响不同，亦即相位的 Δl_0 不同，这样就造成阻抗测量的相位误差。最严重的情况是：对于确定等效参考面和测量被测阻抗的两种情况，其中一个 T_{20} 位于纵轴上端，另一个 T_{20} 位于纵轴下端。此时不但 Δl_0 最大，而且两者的符号正好相反，这就产生了阻抗测量的最大误差。经过推导，这个最大相位误差可用下列公式表示：

$$\Delta\phi_{\max}=\pm\left(1+3\mid\Gamma_z\mid-\frac{1}{4}\sin\pi\mid\Gamma_z\mid\right)\sin^{-1}\left|\frac{\Gamma_1}{\Gamma_z}\right| \tag{13-18}$$

其中，Γ_1 为接头反射系数。它和接头驻波比 ρ_1 的关系为

$$\mid\Gamma_1\mid=\frac{\rho_1-1}{\rho_1+1}$$

$|\Gamma_z|$ 为被测负载反射系数的绝对值。若被测负载为纯电抗，亦即 $|\Gamma_z|=1$，则上式变为

$$\Delta\phi_{\max}=\pm 4\sin^{-1}\mid\Gamma_1\mid\approx\pm 4\mid\Gamma_1\mid \tag{13-19}$$

从上式可以看出，接头驻波比对被测阻抗将引入显著的相位误差。若设 $\rho_1=1.2$，则相应的 $|\Gamma_1|\approx 0.08$，$\Delta\phi_{max}\approx\pm 4|\Gamma_1|=\pm 0.32=\pm 18°$。这在测量微波二极管的阻抗时，就会造成很大的测试误差，甚至对容性阻抗，可测出感性的结果。当然式(13-19)只表示一种最坏的情况，并非在所有测量时此种情况都会产生。但由此也可以看出：提高微带转换接头的性能对提高微带测量的可靠性和精确度具有何等重大的意义。

为了检查此项误差的大小，有时可以改变被测阻抗至转换接头的距离(即长度 l_2)，亦即改变 T_{20} 在圆图上的位置，注意并分析所测得阻抗的相位变化，设法将其修正。

13.6 微带系统的相位测量问题

近年来，微波相位测量问题日益重要，因为在一些较新的无线电设备中，例如在相控阵雷达、三坐标雷达、单脉冲雷达、空中交通管制二次雷达等的高频系统中，都碰到不少的相位测量或相位比较问题。在这些设备中，高频相位关系对全机性能影响极大，因此准确而可靠地测量高频相位十分重要。此外，因为有很多高频系统，例如数字移相器、功率分配网络等，都做成微带电路形式，所以也必须考虑微带系统的相位测量问题。

测量精度较高、应用较广的相位测量方法，为双信道测量法或称电桥法。其大致的组成由图 13-15 所示。信号输入至分功率器而分成两路，其中一路经过被测元件，另一路则经过标准移相器。为防止两路之间的相互影响，分功率器的两输出臂之间应该互相隔离。两路信号分别经过被测元件和标准移相器后，再到达比较器(或混合器，实际上是一个分功率器倒过来使用)。信号经过比较后输出至指示器。使用时，首先不接被测元件，调节标准移相器，使两路信号在比较器中相位相反而得一最小指示。然后再接入被测元件，改变标准移相器的相移量，使比较器后的输出指示又至最小为止。这样，标准移相器两次相移量之差即为被测元件的相移量。

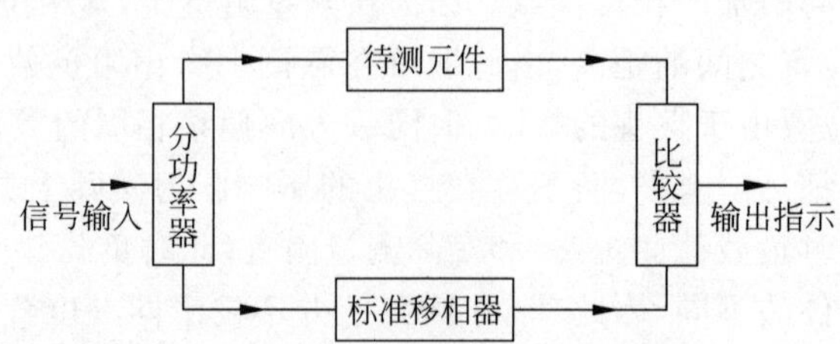

图 13-15　微带系统的相位测量系统

上述方法，每次必须调节标准移相器，并对输出指示仪表进行监视，直至其指示为最小，然后再读移相器的刻度，不但操作较为繁琐不便，而且在监视输出信号最小时会引起误差。特别是两路信号幅度差别悬殊时，则输出指示的最小值附近很“钝”，不易准确判定最小值的位置。为此，目前专为测量高频相位用的相位计，是在上述双信道测量法的基础上做了适当的改变，使能比较方便地测量高频相位，精确度也有所提高。其各部分的组成和作用，如图 13-16 所示。

微波信号源所给出的微波信号，仍由功率分配器分为两路。其中一路经过被测元件；另一路则经由调节移相器，以调节初始相位，使被测元件未接入，或置于起始相位时(将一个可变移相元件置于零刻度时)，两路信号得到同相位，或相位差为一个给定值。然后接入被

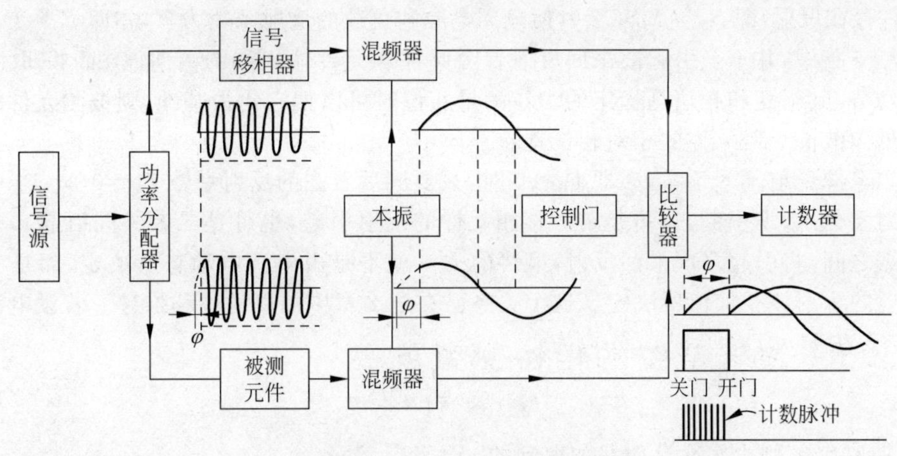

图 13-16 相位计的简单原理图

测元件，或改变被测元件的相移量，则两路信号输出得到另一个相位关系。比较此两种情况，即得出被测元件的相移或其相移量的改变值。但用相位计测量相移和前述双信道测量法有两点不同：

(1) 两路信号系经过一个共同的本地振荡器变换至较低的频率(有时可经过二次或多次变频，将微波频率变换成几 kHz 的低频)。根据变频的基本原理，变换频率后的信号保持其原来的相位关系。因此两路信号的频率虽都降低了，但其间的相位关系不变。这样就由微波相位测量问题变为一个低频相位测量问题。

(2) 此时在比较支路中不必用标准移相器，只需接一个可调移相器。在测量相位时，不必反复调节可调移相器，使比较器中两路信号相位相反而得到最小输出。如前所指出，调节移相器只需在测量开始时调节一次，得到一个初始相位关系(有时即使不调节它，而置于任一相位初始关系也是可以的)。无论被测元件是否已接入，均须测量两路信号的相位差。其方法是：两路低频信号在比较器中在两对应零点上加以开门和关门信号，如图 13-16 中所示。然后取一个计数器，在开门期间送入一系列计数脉冲串，统计两路信号的两个对应零点之间的计数脉冲数目，即可得到相位差。两种状态的差值，即为被测元件的相移量。

采用相位计的方法，改进了比较器和指示器的精确度，并且直接采取数字读数，也简化了测量的步骤。但不论双路测量法和相位计法，都存在一个共同的问题，即系统中的反射对测量结果有影响。此项影响引起的相位测量误差称为失配误差。由于微带电路元件的两端带有反射较大的转换接头，因此其失配误差也较大，在测量时必须加以注意，以便对接头的指标提出要求。

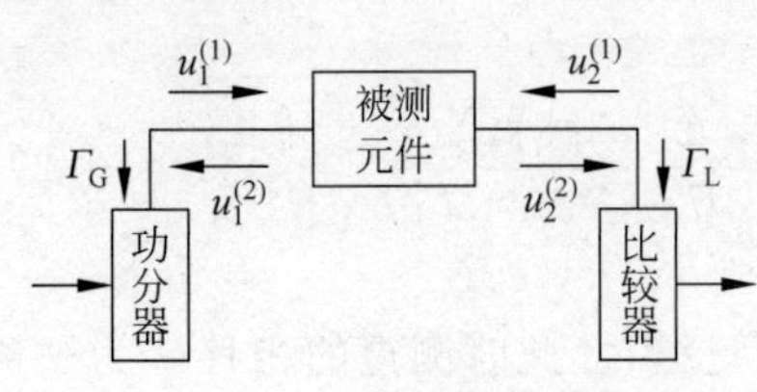

图 13-17 相位测量的失配误差分析

下面首先来看一看相位量测的失配误差的产生过程。

图 13-17 中画出了被测元件的支路。设 $u_1^{(1)}$ 和 $u_2^{(2)}$ 各为被测元件输入输出端的内向波，$u_1^{(2)}$ 和 $u_2^{(2)}$ 各为被测元件的外向波，则被测元件相移 ϕ 的定义为

$$\phi = \arg S_{21} = \arg \frac{u_2^{(2)}}{u_1^{(1)}} \tag{13-20}$$

被测元件存在反射，即 $S_{11}\neq 0$、$S_{22}\neq 0$，但只要电源和负载的反射系数为零，亦即 $\Gamma_G=\Gamma_L=0$①，则在被测支路中，并不会引起波来回反射。因此被测元件输入端的内向波 $u_1^{(1)}$ 只取决于电源的电动势，其幅度和相位是稳定的。在测量相位时可以把它作为基准，则被测元件的相移即为其外向波 $u_2^{(2)}$ 对 $u_1^{(1)}$ 的相对相位差。

但当电源反射不等于零，亦即 $\Gamma_G\neq 0$ 时，只要向后看去的反射系数 $\Gamma_1\neq 0$（此 Γ_1 可以是负载反射系数 Γ_L 所引起，也可是被测移相元件的反射引起，也可是二者共同引起），则在电源和负载之间，将引起多次来回反射，最终的 $u_1^{(1)}$ 就不是由电源电动势所决定，而是由多次来回反射的入射波叠加值所决定。这个关系已在第 2 章中加以讨论和推导。若设电源电动势为 u_0，则在 $\Gamma_G=\Gamma_1=0$ 时，$u_1^{(1)}$ 应为

$$u_{1,0}^{(1)}\big|_{\Gamma_G=\Gamma_1=0}=u_{1,0}^{(1)}=\frac{u_0}{2} \tag{13-21}$$

当 $\Gamma_G\neq 0$、$\Gamma_1\neq 0$，则由多次反射叠加得到的 $u_1^{(1)}$ 为

$$u_1^{(1)}=\frac{u_0}{2}\,\frac{1-\Gamma_G}{1-\Gamma_G\cdot\Gamma_1}=u_{1,0}^{(1)}\cdot\frac{1-\Gamma_G}{1-\Gamma_G\Gamma_1} \tag{13-22}$$

由此可知：此时被测元件的内向波，其本身的大小和相位均已不固定，而是和电源反射，被测元件的输入反射有关。但在测量的过程中，还是以它作为相位基准，因此就会引起误差。

在测试相移的过程中，首先是不接被测元件，然后再接入，测出两种情况下到达比较器的信号 $u_2{}^{(2)}$ 的相位差，即为被测元件所引起的相移。在被测元件不接时，

$$u_2^{(2)}=u_1^{(1)}=u_{1,0}^{(1)}\cdot\frac{1-\Gamma_G}{1-\Gamma_G\cdot\Gamma_1}=u_{1,0}^{(1)}\cdot\frac{1-\Gamma_G}{1-\Gamma_G\cdot\Gamma_L} \tag{13-23}$$

因为不接被测元件时，被测元件的输入反射系数 Γ_1 即等于负载反射系数 Γ_L。

当接入被测元件时，其输入端内向波为

$$u_1^{(1)'}=u_{1,0}^{(1)}\cdot\frac{1-\Gamma_G}{1-\Gamma_G\Gamma_1} \tag{13-24}$$

Γ_1 为被测元件的输入反射系数。若所接负载为 Γ_L，则由式(13-3)：

$$\Gamma_1=S_{11}+\frac{S_{12}^2\Gamma_L}{1-S_{22}\Gamma_L} \tag{13-25}$$

其中，S_{11}、S_{12}、S_{22} 均为被测元件的 S 参量。

而

$$u_2^{(2)'}=S_{12}\cdot u_1^{(1)'}+S_{22}u_2^{(1)'}=u_{1,0}^{(1)}\cdot\frac{1-\Gamma_G}{1-\Gamma_G\Gamma_1}\cdot S_{12}+S_{22}\Gamma_L u_2^{(2)'}$$

故

$$u_2^{(2)'}=u_{1,0}^{(1)}\cdot\frac{S_{12}(1-\Gamma_G)}{(1-\Gamma_G\Gamma_1)(1-S_{22}\Gamma_L)} \tag{13-26}$$

由式(13-23)和式(13-26)，可得被测相移 ϕ'为

$$\phi'=\arg\frac{u_2^{(2)'}}{u_2^{(2)}}=\arg\frac{u_2^{(2)'}}{u_1^{(1)}}=\arg\frac{S_{12}\cdot(1-\Gamma_G\Gamma_L)}{(1-\Gamma_G\Gamma_1)(1-S_{22}\Gamma_L)} \tag{13-27}$$

其中，Γ_1 由式(13-25)给出。

在完全理想的情况下，$\Gamma_G=\Gamma_L=0$，保证支路中无来回反射。此时测得的相移 ϕ 为被测

① 注意：此处所谓电源反射系数是从被测元件向功率分配器看去的反射系数，负载反射系数则为向比较器看去的反射系数。

元件真正的相移量。若将 $\Gamma_G=\Gamma_L=0$ 代入式(13-27)。便得

$$\phi=\arg S_{12}=\arg S_{21}$$

正好和式(13-20)所给出的元件相移定义一致。

由此可知：相移失配误差主要是由电源和负载的反射所引起。但在存在 Γ_G 和 Γ_L 的情况下，如果又加入了元件的反射 S_{11} 和 S_{22}，则对相移误差也起加大的作用，此点在式(13-27)中可看得很清楚。例如，当 $\Gamma_G=0$、$\Gamma_L\neq0$ 时，如果 $S_{22}=0$，则不存在失配误差；但若 $S_{22}\neq0$，就要引起相位误差。因为尽管根据式(13-22)元件的输入端内向波是稳定的，但其输出端外向波 $u_2^{(2)}$ 经由负载反射回到元件时，由于 S_{22} 的存在而再次产生一个外向波作为反射波，叠加在原来的外向波上，因而引起了 $u_2^{(2)}$ 的变化。所以为了降低相位失配误差，除尽量降低电源和负载的反射外，也要压低被测元件的插入驻波比。根据推导，由上述结果而造成的最大相位失配误差为

$$\Delta\phi_{\max}\approx\pm\sin^{-1}(|\Gamma_G\cdot\Gamma_L|+|\Gamma_1\Gamma_G|+(S_{22}\cdot\Gamma_L)) \tag{13-28}$$

如果被测的为一可变移相器，其起始刻度和终了刻度的参量各为 Γ'_1、S'_{22} 和 Γ''_1、S''_{22}，则最大失配误差为

$$\Delta\phi_{\max}=\pm\sin^{-1}(|\Gamma'_1\Gamma_G|+|S'_{22}\Gamma_L|+|\Gamma''_1\Gamma_G|+|S''_{22}\Gamma_L|) \tag{13-29}$$

例如一个微带移相元件，其两个不同状态的插入驻波比均为 1.4，而电源和负载驻波比为 1.2，则

$$|\Gamma_G|=|\Gamma_L|=\frac{1.2-1}{1.2+1}\approx0.09$$

设移相元件的 $|S_{21}|\approx1$，而 $|S_{11}|\approx|S_{22}|=\dfrac{1.4-1}{1.4+1}\approx0.167$

$$|\Gamma_1|=0.167+\frac{0.09}{1-0.167\cdot0.09}\approx0.25$$

根据式(13-29)其最大失配误差为

$$\begin{aligned}\Delta\phi_{\max}&=\pm\sin^{-1}(2\times0.25\cdot0.09+2\times0.167\cdot0.09)\\&=\pm\sin^{-1}0.0750=\pm4.3^\circ\end{aligned}$$

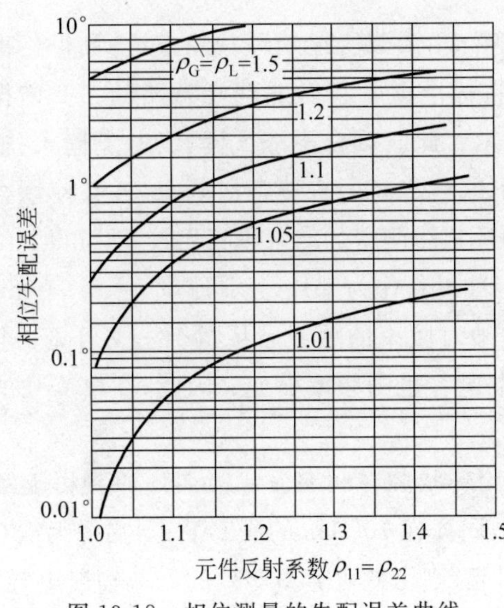

图 13-18　相位测量的失配误差曲线

为了简化计算起见，将式(13-29)画成如图 13-18 所示的曲线。这里取电源和负载的反射系数 $|\Gamma_G|=|\Gamma_L|$，且元件两端的反射系数 $|S_{11}|=|S_{22}|$，故 $\rho_{11}=\rho_{22}$。由图可知，元件的反射对相位失配误差起相当大的影响。

除了对测量支路必须考虑相位失配误差外，对标准移相器支路同样应考虑失配误差。此时相应的元件反射系数为标准移相器两端的反射所引起。最后，总的最大测量误差，应为两路的最大误差之和。

因为微带电路元件的两端带有转换接头，其反射系数通常都比较大，如果被测的是数字移相器的一个相移位，则由于接头驻波比的影响，所测得的不是相移位本身的相移，而是引进了失配

误差。如果按此测得的结果确定相移位的各部分尺寸和二极管参量，再将其组成总的四位移相器时，由于相移位之间为直接用微带线连接，因此其插入驻波和测量一个单独相移位时有了差别，因而引起误差。为此需选择反射较小（最好插入驻波比小于1.1或1.05）的转换接头，以减小此项误差。同时，在组成四位移相器时，每一相移位也需经过微调才能最后确定参量。

13.7 微带不均匀性的测量

在第4章中已对微带的不均匀性作了讨论。在微带电路的设计中，也必须考虑到微带的不均匀性而加以修正。不均匀性参量虽然也可由理论计算公式或曲线、图表求得，但由于实际元件的结构较为复杂，不能一一由理论推得；即使有些能从理论推导出来，也必须经过实践的检验。故通过实验方法确定微带不均匀性参量是必要的。它可以帮助我们对微带元件进行精确设计。

以下主要考虑微带线的终端效应、弯曲和T分支结效应的测量。必须注意：在测量微带线的不均匀性时，对基片材料和带线的标准性应提出较高的要求。因为微带线的不均匀性表现为较小的修正值，如果基片和带线的标准性很差，所测结果离散又无重复性，从中得到的修正值就无意义。

13.7.1 微带终端效应的测量

第4章曾经讨论过：微带线的终端效应可表示为一个容性电纳，其值可由积分方程法、矩阵法或其他方法计算得到。

严格说来，微带线终端除电容效应以外，还存在辐射效应，后者可等效成一个电导。当采用两端开路的$\lambda/2$谐振线作为滤波器元件时，其终端辐射电导降低了谐振线的无载Q值，因而使通带损耗增加，必须加以考虑。

在测量终端电纳和电导之前，首先应通过本章第13.2节所述的环状腔方法，测得标准微带线的传输线波长λ_g，以及无载Q值。然后再将标准微带线做成两端开路的$\lambda/2$谐振线，分别以缝隙和信号源及负载耦合，如图13-1所示。此时耦合不能太紧，以避免输入、输出电路对谐振线的影响，同时应设法防止输入、输出电路之间的直接杂散耦合，务必使耦合通过谐振线。这样测得谐振频率和无载Q值，再和环状线测得的结果进行比较，即可得到终端等效电纳和等效电导。图13-19是以$\varepsilon_r=9.9$的标准材料作为基片，且其厚度$h=0.64$mm，对于二个不同的微带尺寸，在不同频率下测出的电纳对频率的关系。从图13-19可见：电纳值B随频率而变化，但并不成直线关系，亦即终端电容也随频率而变。因此，在第4章的理论分析中，将其看作一个常数多少是有些近似的。

下面再看终端辐射电导。对上述微带线样品，用环状腔在频率$f=10$GHz时测得无载Q值为700。若做成一个两端开路的半波长微带腔，同样在10GHz的频率下，则测得无载Q为160。假设此Q值之差值即由终端辐射效应所引起，则由此可算得等效的终端辐射电导，其对频率的关系如图13-20所示。

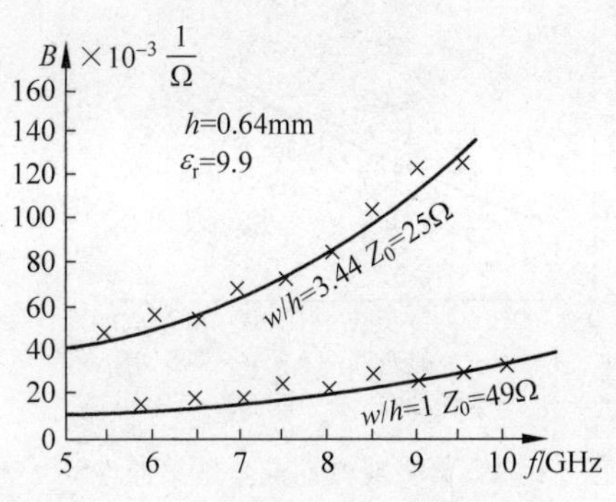

图 13-19　微带线终端电纳的测量曲线

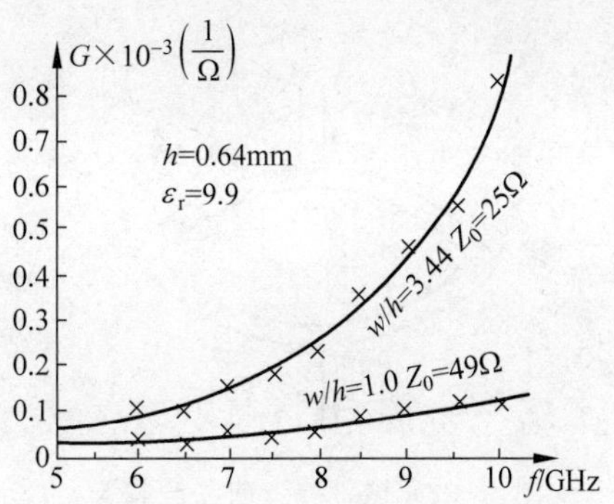

图 13-20　微带线终端电导的测量曲线

13.7.2　微带弯曲参量的测量

在很多微带电路设计过程中，都要碰到微带线的弯曲问题。微带线弯曲的电参量及其尺寸的取法已在第 4 章中讨论。这里讨论一下如何用实验测量的方法确定微带线弯曲的等效电路参量，以便在电路设计时对此加以考虑。

一个微带线弯曲的结构及其等效电路示于图 13-21。如果取 T_1、T_2 为参考面，则由弯曲引起的影响可由二段特性导纳等于传输线特性导纳 Y_0，而长度等于 l_0 的传输线段，在中间并联以电纳 jB 的等效电路构成，如图 13-21(b)所示。为了测出此等效电路参量，用通常的测量线技术将有困难，因为通常不均匀性所引起的等效参量 l_0、jB 都比较小，而测试时的转换接头反射却比较显著，所以难于从所得测量结果中求得上述等效电路参量。因此，仍必须采取与测量微带线终端效应相类似的谐振法，以便把转换接头的效应除去。

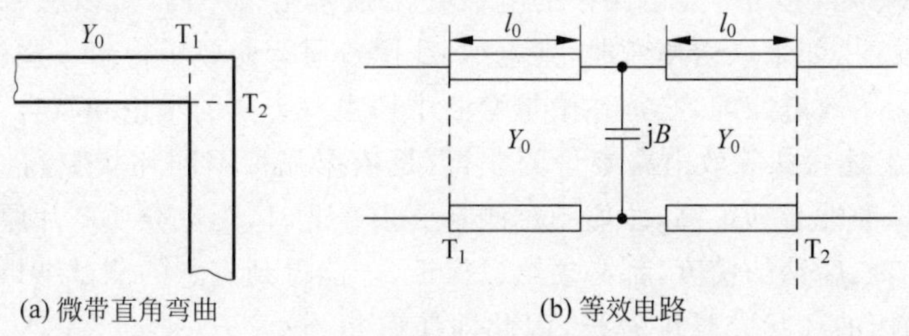

图 13-21　微带线的弯曲及等效电路

测量时，把两段圆弧形微带线互相垂直相交而构成一个环状腔，如图 13-22 所示。在两个垂直相交处即相当于微带直角弯曲。然后和一般的圆形环状腔一样，有一段输入和输出微带线与环状腔耦合(同样耦合应比较弱)。当环的周长为波长的整数倍时，将产生谐振。应该注意，在图 13-22 中所示的环状腔具有上下、左右对称的结构，且输入处为电容耦合，该处应为一电压的波腹点。因此，当环长为波长的偶数倍时，两边的弯曲处于电压波腹点；奇数倍时，则处于电压的波节点。在奇谐振时，图 13-21(b)等效电路的并联电纳 jB 因并联在电压波节点而不起作用，因此测得环状腔谐振时的电长度未包含 jB 的影响，只包含了 l_0 的作用。将此结果与采取圆形环状腔测得结果相比较，即可得出弯曲等效电路中的长度 l_0。然后再测量偶谐振，由此再推出并联电纳 jB。

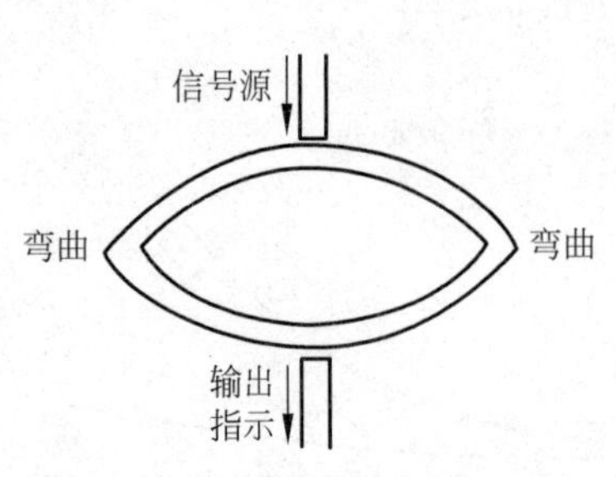

图 13-22 微带线弯曲测量装置

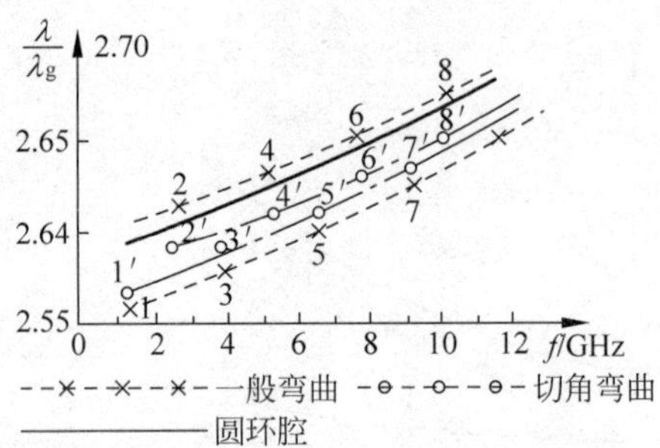

图 13-23 微带线弯曲测量结果曲线

对 $\varepsilon_r=9.7$，厚度 $h=0.64$mm，特性阻抗 $Z_0=50\Omega$ 的微带线，按图 13-22 所示的方法，测试结果如图 13-23 所示。图上所注的标号为谐振次数，其中 1，3，5，7，…为奇谐振，2，4，6，…为偶谐振，实线则为同一微带线构成圆环腔测得的结果。此外，还对一般微带电路中常用的切角弯曲（切去 55%）样品进行了测试，以作比较。最后把测试数据整理后所得的弯曲等效电路参量列于表 13-3。

表 13-3 微带电路弯曲等效电路参量测量结果

	1.6GHz	11GHz	
B/Y_0	0.072	0.43	90°一般弯曲
l_0/mm	0.00	0.020	
B/Y_0	0.014	0.063	切去 55%的切角弯曲
l_0/mm	0.07	0.10	

由上述结果可知，弯曲等效电路中的电长度 l_0 通常是很小的，可以忽略不计，只要考虑电纳 jB 即可。同时，如采取切角弯曲，则电纳 jB 比普通弯曲要小得多。这就和第 4 章中已指出过的一样，为了改进匹配，必须在微带弯曲中切去一个角的结论相符合。

必须注意：上述弯曲等效电路参量的获得，是依据几种不同环状腔测量时的电长度之差，因此样品的标准性必须很高，才能满足测量要求。此时，无论介质基片厚度、材料的均匀性或是微带线光刻、腐蚀的精度，都必须给以保证，才能得到满意的测试结果。

由于上面采用的环状腔长度较长，因此即使有相当小的长度相对误差，也易于产生大的测量误差。为此也可改用图 13-24 所示的直角形两端开路谐振腔的测量方法。此时可把腔的长度取短，以尽量减小长度误差。和前面一样，令弯角在测量时位于电压的波节点或波腹点（只要令腔全长等于半波长奇数倍或偶数倍即可），将两种情况下的测试结果加以比较，再和无弯曲的微带线参量测试结果在一起加以整理，即可得到等效参量。

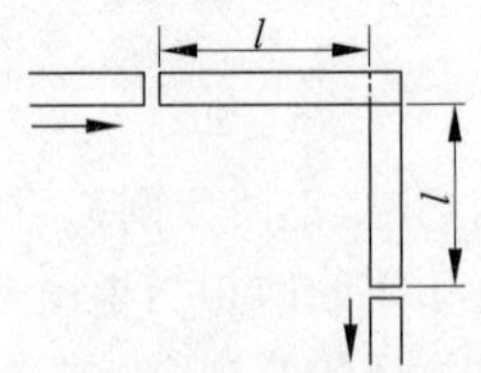

图 13-24 利用直角弯曲腔体进行弯曲参量的测量

在直角形开路腔的测试结果中尚需对终端效应加以修正。但因长度较短，故精确度可较前者高。其误差来源是各个样品的尺寸一致性不易保证（例如对 $\lambda/2$ 型、λ 型谐振于同一频率，至少要做两个样品），还有耦合缝隙、色散效应等方面的影响。为了提高可靠性和精度，可再取若干个样品（如取 $3\lambda/2$ 型样品）加以校核。

13.7.3 微带线结效应的测量

微带线的分支结效应及其等效电路已在第 4 章中详细讨论。电路中考虑结效应后所需做的修正,也已在第 6 章中研究过。这里对用实验测试方法确定结效应的影响再作一些补充。

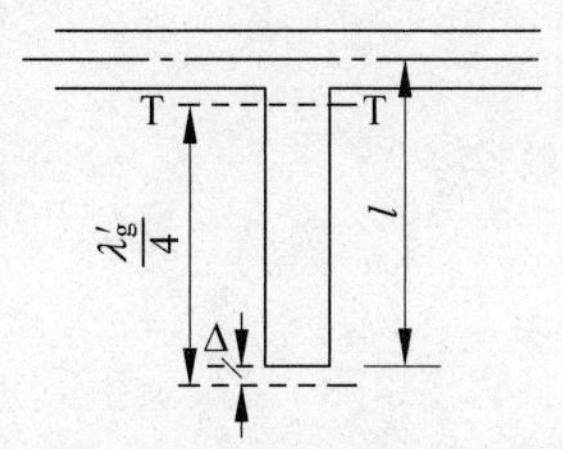

图 13-25 微带 T 接头分支线参考面的实验确定

微带线的分支结效应,其对微带电路的影响可归结在等效电路上。在等效电路中所给出的是参考面及串并联电抗。测出所有等效电路参量是比较困难的,但在某些情况下,也没有必要详细了解其等效参量,只需测出在具体电路中分支结效应所引起的影响及确定其电路修正量即可。如图 13-25 所示的微带电路结构,在主线上要并联 $\lambda/4$ 开路线将主线短路。如何在考虑结效应的情况下正确选择长度 l?此时,可首先根据规定频率,大致算出微带线上的波长 λ_g,取 $l=\lambda_g/4$,然后在主线上一边输入功率,另一边至输出指示器,改变频率,使分支线谐振,其结果输出指示为最小。由此时的频率再算得 $\lambda_g'/4$,然后从分支线终端向外取终端效应修正长度 Δ 处向主线方向量取长度 $\lambda_g'/4$,则参考面 T—T 即可确定。于是重新修正开路线长度,使得从 T—T 截面向分支线终端(包括修正长度 Δ)量的长度中取 $\lambda_g/4$,即可在所规定的频率上得到一段 $\lambda_g/4$ 开路分支线。

如果有两条这样的分支线欲相隔给定距离 l_1,则 l_1 应从哪两个截面来量呢?对此同样可用实验方法加以确定。其装置如图 13-26 所示。两分支线长度已如前定出,使得对给定频率将主线短路,然后取两分支线间隔对同样频率为 $\lambda_g/2$,因此两分支线中间的传输线段构成一个腔体,在其间分别耦合以输入和输出微带线,测量其谐振频率。如果和给定频率不符,则应另做样品,修改分支线之间的距离,再次进行测量,直至样品对给定频率谐振为止。此时取本章第 13.2 节已用圆环腔法测得的 $\lambda_g/2$,把它标在最后样品上,就可定出在主线上的对称参考面 T_1T_1,如图 13-27 所示。参考面确定后,分支线之间的距离即由参考面之间量起。

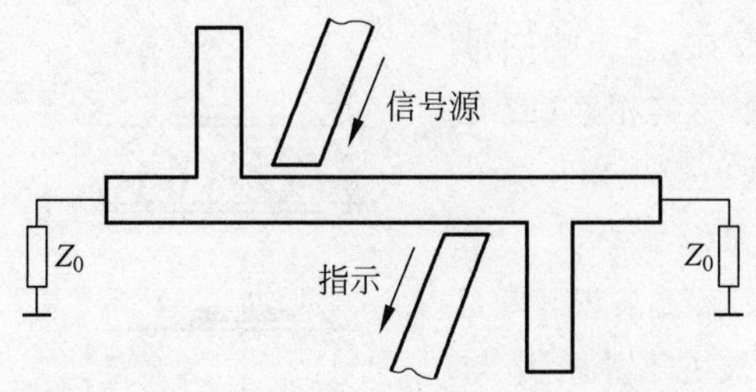

图 13-26 微带线 T 接头主线参考面的确定

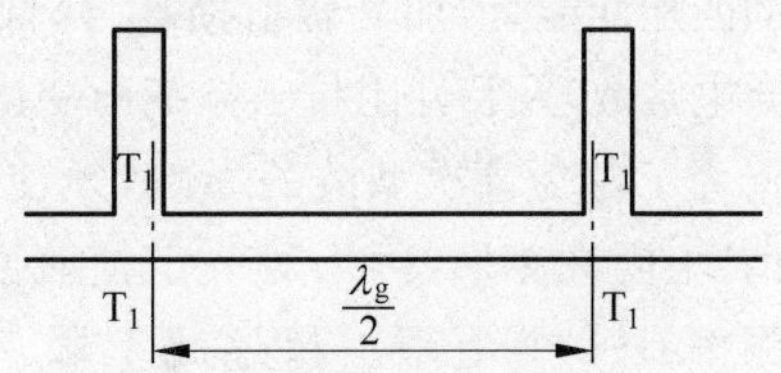

图 13-27 T 接头主线参考面的表示

为减少上述实验的样品数目,可采用优选法,以便很快地得出结果。最后应再次强调:在测量不均匀性时,微带线样品应严格保证标准性。否则,其测试结果将无意义。

第 14 章 分析微带参量的一些数学方法

CHAPTER 14

14.1 概述

分析微带电路时，常需预先知道微带线的特性阻抗和微带线不均匀性的等效电路参量。本章介绍求这些参量所用的基本数学方法。在数学上，求解微带参量问题是根据边界条件解波动方程的问题，解法有许多种。这里介绍的是保角变换法和格林公式法。本章分两部分：前一部分介绍用保角变换求微带线和耦合微带线的分布电容；后一部分介绍应用格林公式求分布电容和根据静电模拟的假定求某些微带线不均匀性的等效电容。

14.2 横电磁波(TEM 波)的横向分布

通常分析与设计微带线时，总是把其中传播的波型看作 TEM 波。实际上，在极短波长下，其中传播的波型不可能是纯 TEM 波，而会产生有纵向分量的 TE 波及 TM 波(统称为高次型波)。要对这样的问题作严格的分析，需根据不均匀介质的边界条件求解微分方程，这往往是相当困难的。

就微带线的几何结构来说，可以存在两类高次型波，即类似波导型波和表面波。前者主要是在上导体带条及接地导体之间的局部范围内传播；后者主要是在上导带两边的接地板及介质基片所构成的机构上传播。这种高次型波的存在，会影响微带线的匹配性能，增加其辐射损耗，降低其 Q 值，并使其相速(或有效介电常数)及特性阻抗随频率而变化，亦即出现色散现象。

为了避免高次型波的影响，须使微带线的工作频率甚低于所谓“上限频率”。因为对一定横截面尺寸的微带线来说，其工作频率有一个上限。超过此上限，则高次型波被激励，并与 TEM 波发生较强的耦合，发生比较严重的影响。而当微带线横截面尺寸远小于波长时，传播的波主要是 TEM 波。下面的分析，只限于仅存在 TEM 波的情况。微带线的横向电场分布和坐标系统如图 14-1 所示。

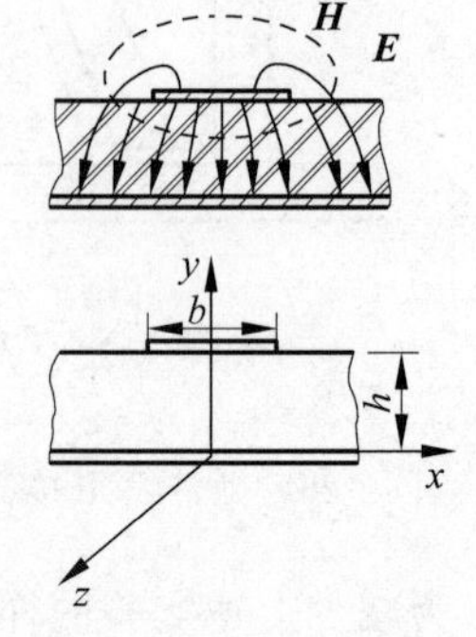

图 14-1 微带线的横向场分布和坐标系统

对 TEM 波，$\boldsymbol{E}_z=\boldsymbol{H}_z=0$。代入电磁场方程，得

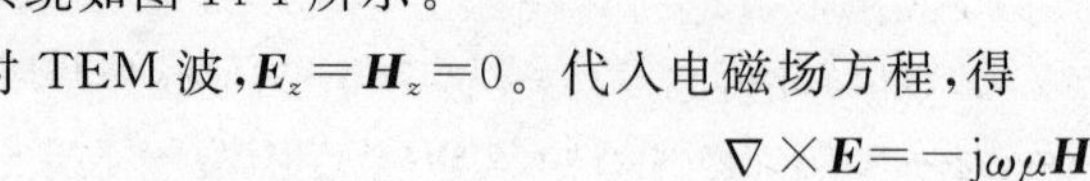

$$\nabla\times\boldsymbol{E}=-\mathrm{j}\omega\mu\boldsymbol{H}$$

我们有

$$\frac{\partial \boldsymbol{E}_y}{\partial x}-\frac{\partial \boldsymbol{E}_x}{\partial y}=0 \tag{14-1}$$

又由

$$\nabla\times\boldsymbol{H}=\mathrm{j}\omega\varepsilon\boldsymbol{E}$$

有

$$\frac{\partial \boldsymbol{H}_y}{\partial x}-\frac{\partial \boldsymbol{H}_x}{\partial y}=0 \tag{14-2}$$

……

设所考虑的空间无源，由$\nabla\cdot\boldsymbol{E}=0$，得

$$\frac{\partial \boldsymbol{E}_x}{\partial x}+\frac{\partial \boldsymbol{E}_y}{\partial y}=0 \tag{14-3}$$

由$\nabla\cdot\boldsymbol{B}=0$，得

$$\frac{\partial \boldsymbol{H}_x}{\partial x}+\frac{\partial \boldsymbol{H}_y}{\partial y}=0 \tag{14-4}$$

将式(14-1)对y求导式，得

$$\frac{\partial^2 \boldsymbol{E}_y}{\partial x\partial y}-\frac{\partial^2 \boldsymbol{E}_x}{\partial y^2}=0$$

将式(14-3)对x求导式，得

$$\frac{\partial^2 \boldsymbol{E}_x}{\partial x^2}+\frac{\partial^2 \boldsymbol{E}_y}{\partial y\partial x}=0$$

将上两式相减，得

$$\frac{\partial^2 \boldsymbol{E}_x}{\partial x^2}+\frac{\partial^2 \boldsymbol{E}_x}{\partial y^2}=0 \tag{14-5a}$$

即

$$\nabla_{xy}^2\boldsymbol{E}_x=0$$

同理可求得

$$\frac{\partial^2 \boldsymbol{E}_y}{\partial x^2}+\frac{\partial^2 \boldsymbol{E}_y}{\partial y^2}=0 \tag{14-5b}$$

即

$$\nabla_{xy}^2\boldsymbol{E}_y=0$$

用同样的方法，又可得

$$\frac{\partial^2 \boldsymbol{H}_x}{\partial x^2}+\frac{\partial^2 \boldsymbol{H}_x}{\partial y^2}=0 \tag{14-5c}$$

即

$$\nabla_{xy}^2\boldsymbol{H}_x=0$$

$$\frac{\partial^2 \boldsymbol{H}_y}{\partial x^2}+\frac{\partial^2 \boldsymbol{H}_y}{\partial y^2}=0 \tag{14-5d}$$

即

$$\nabla_{xy}^2\boldsymbol{H}_y=0$$

因而对直角坐标系统有

$$\nabla_{xy}^2 \boldsymbol{E} = \boldsymbol{i}_x \nabla_{xy}^2 \boldsymbol{E}_x + \boldsymbol{i}_y \nabla_{xy}^2 \boldsymbol{E}_y = 0 \tag{14-6}$$

及

$$\nabla_{xy}^2 \boldsymbol{H} = \boldsymbol{i}_x \nabla_{xy}^2 \boldsymbol{H}_x + \boldsymbol{i}_y \nabla_{xy}^2 \boldsymbol{H}_y = 0 \tag{14-7}$$

式(14-6)及式(14-7)是对 $\boldsymbol{E}$ 及 $\boldsymbol{H}$ 的二维拉普拉斯方程。这个结果表明：TEM 波传输线上的电场和磁场的横向分布是满足二维拉普拉斯方程的。我们知道，二维静电场和恒定磁场的分布也满足拉普拉斯方程。由此可知，TEM 波的场在横截面上的分布形式与二维恒定的场相似。

我们还知道，对于静电场

$$\boldsymbol{E} = -\nabla\varphi \tag{14-8}$$

φ 是电位函数。若能求得 φ，就可以通过式(14-8)求出电场强度 $\boldsymbol{E}$ 来。因为 φ 是一个标量函数，通过 φ 来求 $\boldsymbol{E}$ 比直接计算 $\boldsymbol{E}$ 方便。特别是在一些较复杂的边界问题上更是如此。φ 也满足拉普拉斯方程，因为，由

$$\nabla \cdot \boldsymbol{E} = \rho/\varepsilon \tag{14-9}$$

及式(14-8)得

$$\nabla \cdot \nabla\varphi = -\rho/\varepsilon$$

算符 $\nabla \cdot \nabla = \nabla^2$，故得

$$\nabla^2\varphi = -\rho/\varepsilon$$

因此在无源空间，$\nabla^2\varphi = 0$。

这样，根据一定的边界条件去解 φ 的拉普拉斯方程，便可求出 φ 来，这就是所谓位场的边界值问题。

对于传输 TEM 波的微带线，在其横截面上，我们只要借用电位函数与电场强度 $\boldsymbol{E}$ 的关系，求出了 φ，同样可求出 $\boldsymbol{E}$ 来。这样微带线的某些与横截面场有关的工作参量(不是一切工作参量)，如特性阻抗、分布电容等，就可相应得出。

因此，求微带线的特性阻抗的方法就是根据边界条件去求解二维拉普拉斯方程。但是微带线的边界形状比较复杂，除了导体边界外，还有介质基片与空气的边界，因为严格求解比较复杂，一般要做一些近似。

解二维静电场问题，我们常用复变函数中的保角变换的方法。因为微带线横截面上的场分布与二维静电场相同，因此分析微带线的分布电容时也可使用保角变换。对于空气微带线(即不存在介质基片)，其分布电容已有数学解，其方法是用多角形变换。对于实际的微带线，由于存在介质基片，故在用多角形变换时要做一些近似。

下面我们先介绍保角变换，再利用保角变换的方法求微带线的特性阻抗及有效介电常数。

14.3 用保角变换法求分布电容的一般原理

首先，我们来看一下为什么可以用复变函数的保角变换法求解二维静电场问题。

一个复变函数可写成：

$$W(Z) = W(x + \mathrm{j}y) = u(x,y) + \mathrm{j}v(x,y)$$

如果它是一个解析函数，其实部和虚部应满足柯西-黎曼条件：

$$\frac{\partial u}{\partial x} = \frac{\partial v}{\partial y} \tag{14-10}$$

$$\frac{\partial u}{\partial y}=-\frac{\partial v}{\partial x} \tag{14-11}$$

将式(14-10)对 x 求导,式(14-11)对 y 求导后,相加即得

$$\frac{\partial^2 u}{\partial x^2}+\frac{\partial^2 u}{\partial y^2}=\frac{\partial v}{\partial y\partial x}-\frac{\partial v}{\partial x\partial y}=0$$

同理有:

$$\frac{\partial^2 v}{\partial x^2}+\frac{\partial^2 v}{\partial y^2}=0$$

可见解析函数的实部和虚部都满足二维拉普拉斯方程。

在 W 平面上,$u=$常数和 $v=$常数两组曲线是互相正交的。可以证明,在 Z 平面上,$u(x,y)=$常数和 $v(x,y)=$常数所代表的两组曲线也是正交的(如图 14-2 所示)。这就是所谓的"保角"性质。

对此可证明如下:对函数 u、v 各取梯度,即求 Z 平面上通过一个定点的两条 u、v 曲线上的法向矢量,它们是

$$\nabla u=\boldsymbol{i}_x\frac{\partial u}{\partial x}+\boldsymbol{i}_y\frac{\partial u}{\partial y}$$

$$\nabla v=\boldsymbol{i}_x\frac{\partial v}{\partial x}+\boldsymbol{i}_y\frac{\partial v}{\partial y}$$

根据柯西-黎曼条件式(14-10)和式(14-11),有

$$\begin{aligned}\nabla u\cdot\nabla v&=\left(\boldsymbol{i}_x\frac{\partial u}{\partial x}+\boldsymbol{i}_y\frac{\partial u}{\partial y}\right)\cdot\left(\boldsymbol{i}_x\frac{\partial v}{\partial x}+\boldsymbol{i}_y\frac{\partial v}{\partial y}\right)\\&=\frac{\partial u}{\partial x}\frac{\partial v}{\partial x}+\frac{\partial u}{\partial y}\frac{\partial v}{\partial y}=\frac{\partial u}{\partial x}\frac{\partial v}{\partial x}-\frac{\partial v}{\partial x}\frac{\partial u}{\partial x}=0\end{aligned}$$

两矢量的点积为零,说明它们互相垂直。可见 u、v 两族曲线在 Z 平面上也是互相正交的。Z 平面与 W 平面变换如图 14-2 所示。

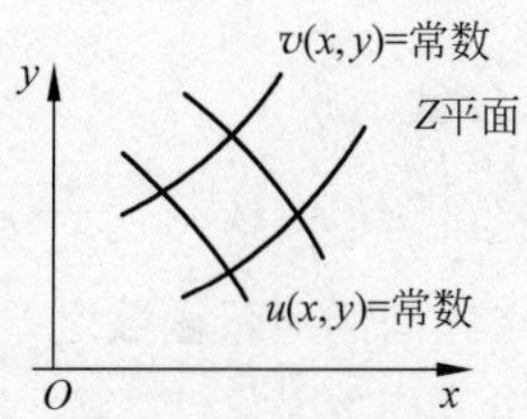

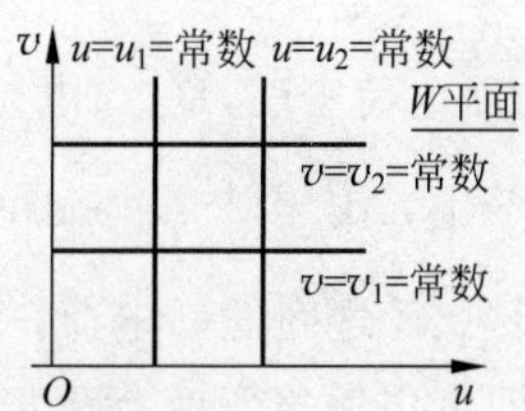

图 14-2　Z 平面与 W 平面的变换

因此,如果 u、v 两函数之一(例如 u)代表电位函数 φ,那么 $v=$常数的线就代表电力线。

根据静电场解的唯一性,两个隔绝导体之间的场分布以及导体表面的电荷,完全由两导体的电位和它们的几何关系所决定。对于二维静电场,两导体之间的电位差确定后,两导体的电位可因所取的电位参考点不同而不同。因此,在两导体之间的电位差 V 已定时,两导体之一的电位可以任选,例如可取一个是 0,另一个是 V;或者取一个是 $-V/2$,另一个是 $+V/2$。

根据上列解析函数的保角性质,当两导体的几何关系和它们的电位 V_1 和 V_2 已定时,只要能找到一个解析函数

$$u+\mathrm{j}v=W(x+\mathrm{j}y)$$

可以用它把 W 平面上 $u=V_1$ 和 $u=V_2$ 两平行直线变换为 Z 平面上两导体表面的横截

线，那么，W 平面上 $u=V_1$ 和 $u=V_2$ 两平行直线之间所有 $u=$常数直线变换到 Z 平面上，就成为两导体之间全部等电位面的横截线，而 W 平面上每一条 $v=$常数直线变换到 Z 平面上，就成为两导体之间的全部电力线。

我们再来看看函数 v 还有些什么性质。

在二维场中，设有一段单位长的柱面，其横截线是 Z 平面上 A、B 之间的弧线，如图 14-3 所示。那么，穿过这段柱面的电通量应是

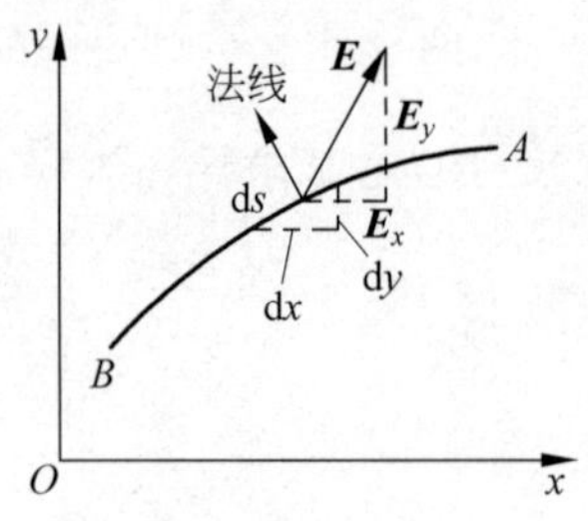

图 14-3 求穿过 AB 之间的电通量

$$\Psi = \int_A^B \boldsymbol{D} \cdot \mathrm{d}\boldsymbol{s} = \int_A^B \boldsymbol{D}_x \mathrm{d}y - \boldsymbol{D}_y \mathrm{d}x$$

将

$$\boldsymbol{D}_x = \varepsilon \boldsymbol{E}_x = -\varepsilon \frac{\partial u}{\partial x} = -\varepsilon \frac{\partial v}{\partial y}$$

$$\boldsymbol{D}_y = \varepsilon \boldsymbol{E}_y = -\varepsilon \frac{\partial u}{\partial y} = \varepsilon \frac{\partial v}{\partial x}$$

代入上式得到电通量：

$$\begin{aligned}\Psi &= -\varepsilon \int_A^B \left(\frac{\partial v}{\partial y}\mathrm{d}y + \frac{\partial v}{\partial x}\mathrm{d}x \right) = -\varepsilon \int_A^B \mathrm{d}v = -\varepsilon [v_{(B)} - v_{(A)}] \\ &= \varepsilon [v_{(A)} - v_{(B)}]\end{aligned} \tag{14-12}$$

此式说明通过任意曲线的电通量 Ψ 等于此曲线两端的 v 值之差的 ε 倍。因此一般称 v 为通量函数。而函数 W 同时包括了电位函数和通量函数，故称为复势函数。

并且，若 AB 曲线就是一条导体表面的横截线，根据高斯定律，式(14-12)也就是沿 z 轴为单位长度，而宽度为 AB 的导体表面上的面电荷 q。因为根据理想导体边界条件有

$$\boldsymbol{\rho}_s = \boldsymbol{D}_n$$

$\boldsymbol{\rho}_s$ 为导体表面的面电荷密度，$\boldsymbol{D}_n$ 为电位移矢量的法向分量。故

$$q = \int_A^B \rho_s \mathrm{d}s = \int_A^B D_n \cdot \mathrm{d}\boldsymbol{s} = \int_A^B \boldsymbol{D} \cdot \mathrm{d}\boldsymbol{s} = -\varepsilon \int_A^B \mathrm{d}v = \varepsilon (v_{(A)} - v_{(B)}) \tag{14-13}$$

故柱形导体表面 A、B 之间的面电荷，等于该 A、B 两点之间的通量函数之差的 ε 倍。

由此，我们即可用保角变换方法来求柱形导体的分布电容。

因为两导体柱单位长度的电容量是

$$C_1 = \frac{q}{|V_2 - V_1|}$$

所以

$$C_1 = \varepsilon \frac{|v_{(A)} - v_{(B)}|}{|V_2 - V_1|}$$

在 W 平面上，u、v 坐标的尺度是均匀的，如果 $u=V_1$ 和 $u=V_2$ 是两平行导体平板相对表面的横截线，那么在这个平行平板电容器上的 $|v_{(A)} - v_{(B)}|$ 宽度上，单位长度的电容量将正好是

$$C_1 = \varepsilon \frac{|v_{(A)} - v_{(B)}|}{|V_2 - V_1|}$$

因此，两导体柱单位长度的电容量，与柱表面横截线在 W 平面上的变换相当的电容量相同，所以只要求得后者，也就得到了前者。

下面用保角变换的方法求同轴线的分布电容，作为一个简单的应用例子。

【例 14-1】 求图 14-4 同轴线的分布电容 C_1。

现在的问题在于找一个解析函数 $W(Z)$，在 Z 平面上，其实部或虚部等于常数的曲线族，能够符合同轴线内、外导体的边界。我们先来看一个复对数函数。

设有对数函数

$$W(Z) = A\ln Z + B_1 + \mathrm{j}B_2 \tag{14-14}$$

其中，A、B_1、B_2 都是实数。则

$$\begin{aligned} W(Z) &= A\ln Z + B_1 + \mathrm{j}B_2 = A\ln(\sqrt{x^2 + y^2}\,\mathrm{e}^{\mathrm{j}\theta}) + B_1 + \mathrm{j}B_2 \\ &= A\ln r + \mathrm{j}A\theta + B_1 + \mathrm{j}B_2 = (A\ln r + B_1) + \mathrm{j}(A\theta + B_2) = u + \mathrm{j}v \end{aligned}$$

故

$$\left.\begin{aligned} u &= A\ln r + B_1 \\ v &= A\theta + B_2 \end{aligned}\right\} \tag{14-15}$$

在 Z 平面上，$u=A\ln r+B_1=$常数的曲线是一组同心圆。$v=A\theta+B_2=$常数的曲线是一系列辐射线，如图 14-5 所示。$u=$常数曲线正好符合同轴线导体边界形状，因此我们可选 u 作为电位函数，其中 A、B_1 为待定系数，可根据 u 的边界值来确定。

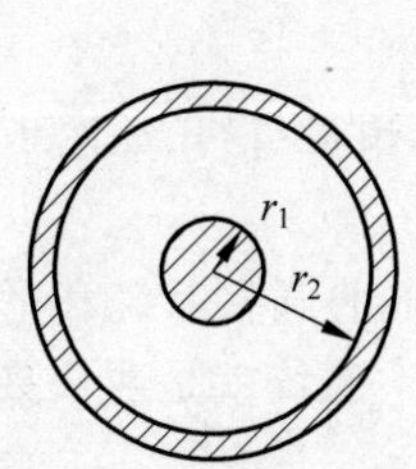

图 14-4　同轴线的横截面

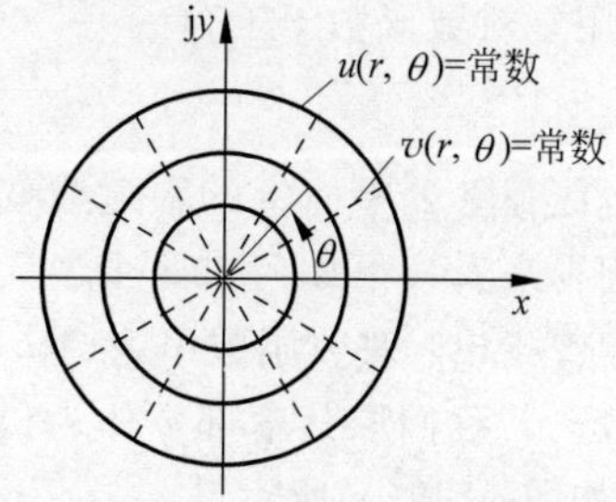

图 14-5　对数函数实部和虚部的等值线

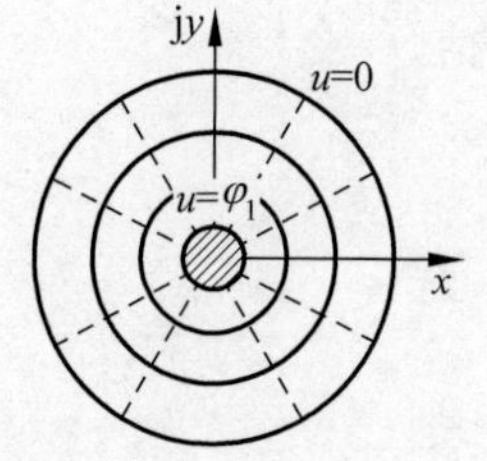

图 14-6　Z 平面上同轴线的电力线

选定外导体电位为零，内导体电位为 φ_1，如图 14-6 所示，即在 $r=r_1$ 处，$u=\varphi_1$；$r=r_2$ 处，$u=0$。代入式(14-15)，得

$$\varphi_1 = A\ln r_1 + B_1$$

$$0 = A\ln r_2 + B_1$$

两式相减，得

$$A = \frac{\varphi_1}{\ln \dfrac{r_1}{r_2}}$$

$$B_1 = \frac{-\varphi_1}{\ln \dfrac{r_1}{r_2}}\ln r_2$$

B_2 也是待定常数，可根据 v 的起始值来决定。选 $\theta=0$ 作为通量 v 的起始点，即设 $\theta=0$ 时，$v=0$，则得

$$B_2 = 0$$

于是电位函数

$$u = \frac{\varphi_1}{\ln \frac{r_1}{r_2}} (\ln r - \ln r_2) = \frac{\varphi_1}{\ln \frac{r_1}{r_2}} \ln \frac{r}{r_2}$$

通量函数则为

$$v = \frac{\varphi_1 \theta}{\ln \frac{r_1}{r_2}} = -\frac{\varphi_1 \theta}{\ln \frac{r_2}{r_1}}$$

导体表面上始末两点 A、B 相应于 $\theta=0$ 和 $\theta=2\pi$，所以

$$| v_{(A)} - v_{(B)} | = \frac{2\pi\varphi_1}{\ln \frac{r_2}{r_1}}$$

因此：

$$C_1 = \varepsilon \frac{| v_{(A)} - v_{(B)} |}{| u_2 - u_1 |} = \varepsilon \frac{2\pi\varphi_1 / \ln \frac{r_2}{r_1}}{\varphi_1 - 0} = \frac{2\pi\varepsilon}{\ln \frac{r_2}{r_1}}$$

与应用高斯定律求得的结果一致。

这样，利用复对数函数 $W(Z) = \frac{\varphi_1}{\ln \frac{r_1}{r_2}} \cdot \ln \frac{Z}{r_2}$，可以使 Z 平面上的同心圆变换成 W 平面上的一组平行线；使 Z 平面上的辐射线变换成 W 平面上另一组平行线，如图 14-7 所示。

下面我们再来看一下如何求两个半无限平面之间的电位。

上面我们曾指出：对数函数 $W = A\ln Z + B_1 + \mathrm{j}B_2$ 可作为同心圆柱系统和平行板系统之间的转换函数。若我们取其虚部 v 作为位函数，可以发现，这个系统就是两块夹角为 α 的半无限大平面，如图 14-8(a)所示。

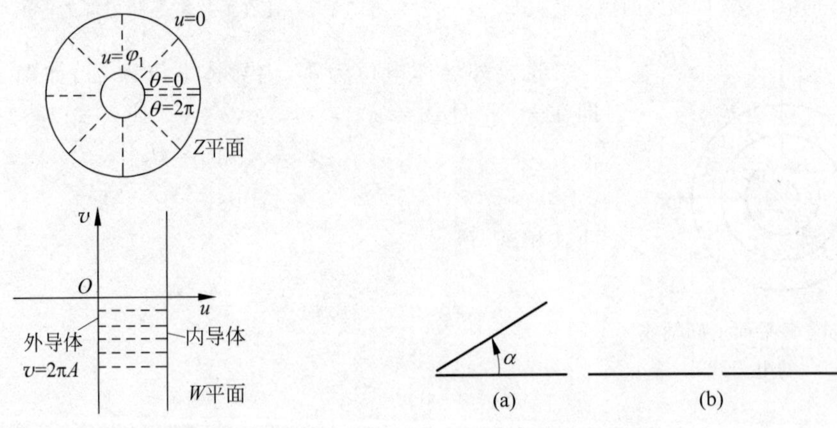

图 14-7 同轴线与平行板的变换

图 14-8 求两半无限大平面的电位问题

图 14-8(a)是一般情况，图 14-8(b)是 $\alpha=\pi$ 的两块半无限大平板共面时的情况。和前例不同，这里 $v=$常数的曲线族代表等位线轨迹，$u=$常数的曲线族代表电力线。

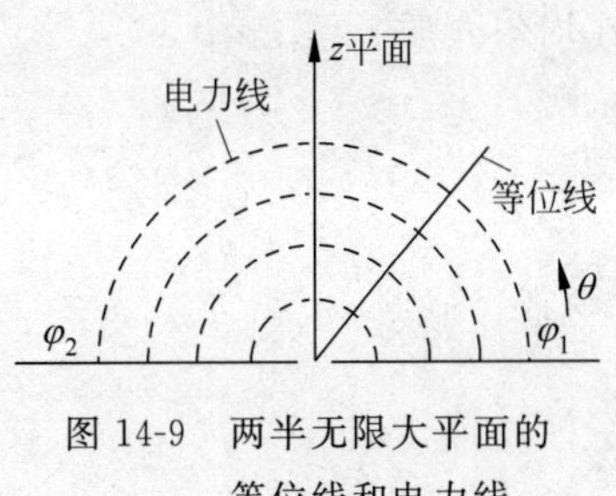

图 14-9　两半无限大平面的等位线和电力线

因为一般我们习惯于以函数的实部 u 作为位函数，虚部 v 作为通量函数，因此为了以后叙述的方便，也为了统一符号起见，我们要将式(14-14)的实部与虚部互换一下，为此只要将它乘以 $-\mathrm{j}$ 即可。此时

$$W=-\mathrm{j}A\ln Z-\mathrm{j}B_1+B_2 \tag{14-16}$$

其中，电位函数是 $u=A\theta+B_2$，通量函数是 $v=-A\ln r-B_1$。

根据边界条件来定常数：如图 14-9，设 $\theta=0$ 时，$u=\varphi_1$；$\theta=\pi$ 时，$u=\varphi_2$。代入 u 式，得

$$\varphi_1=B_2$$

$$\varphi_2=A\pi+B_2=A\pi+\varphi_1$$

所以

$$A=\frac{\varphi_2-\varphi_1}{\pi}$$

即

$$u=\frac{\varphi_2-\varphi_1}{\pi}\theta+\varphi_1$$

$$v=-\frac{\varphi_2-\varphi_1}{\pi}\ln r-B_1$$

于是，函数

$$W=u+\mathrm{j}v=\frac{\varphi_2-\varphi_1}{\pi}\theta+\varphi_1+\mathrm{j}\left(-\frac{\varphi_2-\varphi_1}{\pi}\ln r-B_1\right)$$

$$=-\mathrm{j}\,\frac{\varphi_2-\varphi_1}{\pi}\ln Z+\varphi_1-\mathrm{j}B_1$$

最后，我们指出：在 TEM 波传输线应用二维静电场的方法，只能求出其横截面上的场分布，此场不是静止不变的，而是随时间作简谐变化的，并且场沿传输线轴向是一个波动过程，这是和恒定场有着本质不同的。

14.4　无厚度空气微带线特性阻抗略解

特性阻抗是微带线的重要工作参量之一。在研究微带线的传输特性及设计微带元件时都要用到特性阻抗。由第 1 章我们知道，线的特性阻抗是入射波电压与入射波电流复数振幅之比。也就是说，特性阻抗等于线上没有反射波时的输入阻抗。对均匀无损传输线，特性阻抗是

$$Z_0=\sqrt{\frac{L_1}{C_1}}$$

L_1 为线的分布电感，C_1 为线的分布电容。因 TEM 波传输线的相速

$$v_\varphi=\frac{1}{\sqrt{L_1C_1}},\quad \sqrt{L_1}=\frac{1}{v_\varphi\sqrt{C_1}}$$

因而：

$$Z_0=\sqrt{\frac{L_1}{C_1}}=\frac{1}{v_\varphi C_1}$$

在空气中，TEM 波相速 $v_\varphi=3\times10^8\,\text{m/s}$，等于光速 c。在均匀介质 $\varepsilon=\varepsilon_r\varepsilon_0$ 中，

$$v_\varphi=\frac{c}{\sqrt{\varepsilon_r}}$$

而分布电容：

$$C_1=\varepsilon_r C_0$$

C_0 为空气中线的分布电容。

因而在均匀介质中

$$Z_0=\frac{1}{v_\varphi C_1}=\frac{1}{c\sqrt{\varepsilon_r}\,C_0}=\frac{\sqrt{\mu_0\varepsilon_0}}{\sqrt{\varepsilon_r}\,C_0}$$

对于空气介质($\varepsilon_r=1$)的微带线：

$$Z_0^0=\frac{\sqrt{\mu_0\varepsilon_0}}{C_0} \tag{14-17}$$

对均匀介质中的微带线：

$$Z_0=\frac{Z_0^0}{\sqrt{\varepsilon_r}} \tag{14-18}$$

因此，对一般均匀介质的 TEM 波传输线，求它的特性阻抗就归结为求其分布电容 C_0，例如上一节中我们已求出同轴线的分布电容 $C_0=\dfrac{2\pi\varepsilon_0}{\ln\left(\dfrac{D}{d}\right)}$，$D$ 和 d 分别为内外导体直径，代入式(14-17)和式(14-18)，可求得其特性阻抗为

$$Z_0=\frac{1}{2\pi\sqrt{\varepsilon_r}}\sqrt{\frac{\mu_0}{\varepsilon_0}}\ln\frac{D}{d}=\frac{60}{\sqrt{\varepsilon_r}}\ln\frac{D}{d}=\frac{138}{\sqrt{\varepsilon_r}}\lg\frac{D}{d}$$

对于微带线，由于其结构的关系，其电、磁力线一部分在空气中，一部分在介质基片中，如图 14-10 所示，其介质不能看成是均匀的。因此，应当根据不均匀的介质边界条件去解 φ 的拉普拉斯方程；或者用其他方法，求出其等效均匀介电常数 ε_e，其特性阻抗则为

$$Z_0=\frac{Z_0^0}{\sqrt{\varepsilon_r}}=\frac{Z_0^0}{\sqrt{\varepsilon_e}} \tag{14-19}$$

下面来介绍求无厚度空气微带线特性阻抗略值的方法。

当导体带条宽度 $b\gg h$[①](叫做“宽带”)时，在微带线的中间部分，即在$|x|\approx0$ 附近，电力线可看成是平行的。只是在靠近导体带条的边缘，电力线才开始弯曲，如图 14-11 所示，这叫做边缘场。

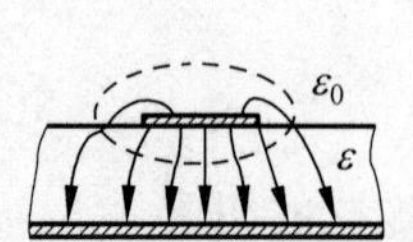

图 14-10　微带线的电力线

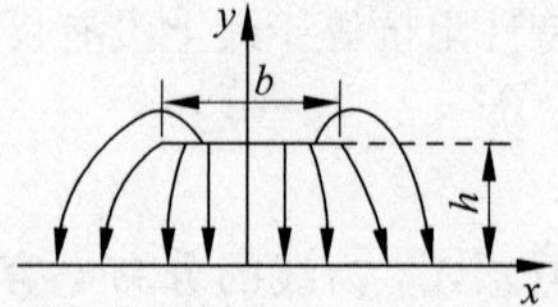

图 14-11　“宽”带的场分布

① 通常微带线导体带条宽度以符号 W 表示，在本章中，为了避免和复变量 W 混淆，故宽度改用符号 b 表示，希望读者与其他各章对照时注意。

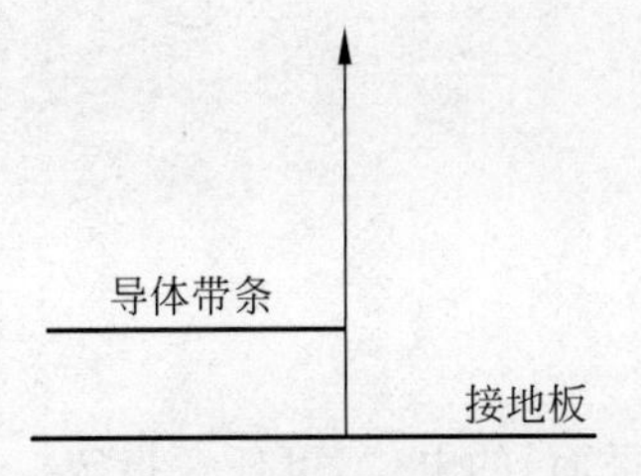

图 14-12 计算"宽"带用的近似结构

为了简化分析，我们可以认为上导体带条的另一边缘对带中间的场分布无影响，即设它是一个半无限大的平面，如图 14-12 所示，由此求得变换函数后，取半无限上导体带条的 $b/2$ 宽度所具有的分布电容乘以 2，即为微带线的总分布电容。接地板可以认为是无限大平面。

可以求得(见下一节)此变换函数是

$$Z=\frac{h}{\pi}(1+W+\ln W) \tag{14-20}$$

它将 Z 平面中半无限导体带条的上、下两面 $EABCDE'$ 变为 W 平面的左半实轴($u<0$，$v=0$)，如图 14-13 所示。

这由下式便可看出：用 $u<0$ 即 $u=-|u|$ 及 $v=0$ 代入式(14-20)得

$$\begin{aligned}Z&=\frac{h}{\pi}[1-|u|+\ln(|u|\mathrm{e}^{\mathrm{j}\pi})]=\frac{h}{\pi}(1-|u|+\ln|u|+\mathrm{j}\pi)\\&=\frac{h}{\pi}(1-|u|+\ln|u|)+\mathrm{j}h=x+\mathrm{j}h\end{aligned}$$

$$x=\frac{h}{\pi}(1-|u|+\ln|u|)$$

这是 Z 平面上导体带条的方程。式中 $u=-1$、$v=0$ 点对应于 $Z=\mathrm{j}h$ 点。由此可知，上导体带条的内表面 $BCDE$ 相当于 W 平面上的线段 $-1<u<0$，$v=0$；上导体带条外表面 EAB 相当于 W 平面上的线段 $-\infty<u<-1$，$v=0$。

至于接地板变换到 W 平面则是右半实轴 $u>0$，$v=0$。Z 与 W 平面各点的对应关系已在图 14-13 中标出。图中虚线代表电力线。由图可见变换是保角的。电力线垂直于导体表面。

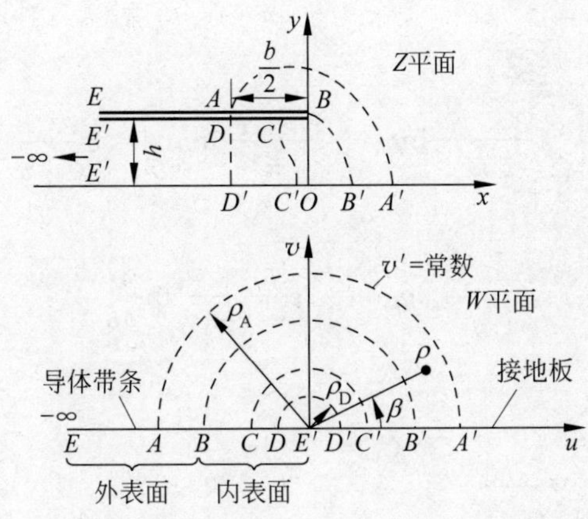

图 14-13 Z 平面和 W 平面的变换 $Z=\frac{h}{\pi}(1+W+\ln W)$

经过这样的变换后，我们得到了两半无限大平板的电位系统。而由上节我们已知，此系统的位函数为

$$u' = \frac{\varphi_2 - \varphi_1}{\pi}\beta + \varphi_1$$

通量函数为

$$v' = -\frac{\varphi_2 - \varphi_1}{\pi}\ln\rho + B_1'$$

其中，$\varphi_2 - \varphi_1$ 是两半平面之间的电位差，φ_1 是 $\beta=0$(即右半平面)的电位，可任意指定。

选 $\rho=1$ 处作为计算通量的参考点，即设 $\rho=1$ 时 $v'=0$，因此得 $B_1'=0$。于是

$$v' = -\frac{\varphi_2 - \varphi_1}{\pi}\ln\rho$$

而复势函数

$$W' = -\mathrm{j}\frac{\varphi_2 - \varphi_1}{\pi}\ln W + \varphi_1$$

其中 $W=\rho e^{jB}$。

因为已经经过一次变换，这里的 W 平面就是图 14-9 的 Z 平面。

下面我们来求分布电容。

根据定义 $C_0 = q/(\varphi_2 - \varphi_1)$。因此为了求 C_0，需先求出 q。因为实际微带线的上导体带条不是无限宽，故我们只取宽为 $b/2$ 的部分，计算在这范围内的上导体带条内外表面 $D \to C \to B \to A$(如图 14-13 所示)所包含的电荷量 q_{DA}，然后再乘 2，即为真实微带线上导体带条上的总电荷 q。

从前节式(14-13)我们知道，电荷与通量函数的关系是

$$q = \varepsilon[v'_{(D)} - v'_{(A)}]$$

现在

$$v' = -\frac{\varphi_2 - \varphi_1}{\pi}\ln\rho$$

所以

$$q_{DA} = \varepsilon\left[-\frac{\varphi_2 - \varphi_1}{\pi}\ln\rho_D + \frac{\varphi_2 - \varphi_1}{\pi}\ln\rho_A\right] = \varepsilon\frac{\varphi_2 - \varphi_1}{\pi}\ln\frac{\rho_A}{\rho_D}$$

而总电荷

$$q = 2q_{DA} = 2\varepsilon\frac{\varphi_2 - \varphi_1}{\pi}\ln\frac{\rho_A}{\rho_D} \tag{14-21}$$

所求电容则为

$$C_0 = \frac{2\varepsilon_0}{\pi}\ln\frac{\rho_A}{\rho_D}$$

因此空气微带线的特性阻抗是

$$Z_0^0 = \frac{\sqrt{\mu_0\varepsilon_0}}{C_0} = \frac{\sqrt{\mu_0\varepsilon_0}}{2\varepsilon_0}\frac{\pi}{\ln\frac{\rho_A}{\rho_D}} = \frac{\pi}{2}\sqrt{\frac{\mu_0}{\varepsilon_0}}\frac{1}{\ln\frac{\rho_A}{\rho_D}} \tag{14-22}$$

式中，ρ_A 及 ρ_D 为 W 平面上 A、D 两点的矢径长度，如图 14-13 所示，它们的数值可以根据 Z 及 W 平面上各点的对应关系通过式(14-20)求得。

由式(14-20)：

$$Z=\frac{h}{\pi}(1+W+\ln W)$$

对于 A 点：

$$Z=-\frac{b}{2}+\mathrm{j}h=\frac{h}{\pi}(1-\rho_A+\ln\rho_A)+\mathrm{j}h$$

即

$$-\frac{\pi b}{2h}=1-\rho_A+\ln\rho_A \tag{14-23}$$

对于 D 点：

$$Z=-\frac{b}{2}+\mathrm{j}h=\frac{h}{\pi}(1-\rho_D+\ln\rho_D)+\mathrm{j}h$$

即

$$-\frac{\pi b}{2h}=1-\rho_D+\ln\rho_D \tag{14-24}$$

通过式(14-23)及式(14-24)利用图解法便可求出 ρ_A 及 ρ_D 来。将上两式相减得

$$\ln\rho_A-\ln\rho_D=\ln\frac{\rho_A}{\rho_D}=\rho_A-\rho_D$$

当 $b\gg h$ 时，我们还可以作一些近似，因为此时 $\rho_A\gg 1$、$\rho_D\ll 1$，由式(14-23)及式(14-24)得

$$\ln\rho_D\approx -1-\frac{\pi b}{2h}$$

$$\rho_A\approx 1+\frac{\pi b}{2h}$$

故

$$\ln\frac{\rho_A}{\rho_D}=\ln\left(1+\frac{\pi b}{2h}\right)+1+\frac{\pi b}{2h}$$

代入式(14-22)，得

$$Z_0^0\approx\frac{\pi}{2}\sqrt{\frac{\mu_0}{\varepsilon_0}}\frac{1}{1+\frac{\pi b}{2h}+\ln\left(1+\frac{\pi b}{2h}\right)} \tag{14-25}$$

从以上分析可知，此公式的粗略性主要是在考虑上导体带条一边的场分布时，忽略了其另一边缘对带内场分布的影响，因此式(14-22)及式(14-25)只有用在 $b/h\gg 1$ 时才较为准确。

14.5 多角形变换

多角形变换是把 Z 平面的一个多角形所包围的区域变换成 W 平面的上半平面。

作为一个最简单的例子，例如在 Z 平面有一个扇形区域，如图 14-14(a)中斜线所画的区域，可以通过一定的变换函数变换成 W 平面的上半平面，如图 14-14(b)所示。

我们来看变换函数

$$W-W_0=A(Z-Z_0)^n,\quad A=|A|\,\mathrm{e}^{\mathrm{j}\alpha} \tag{14-26}$$

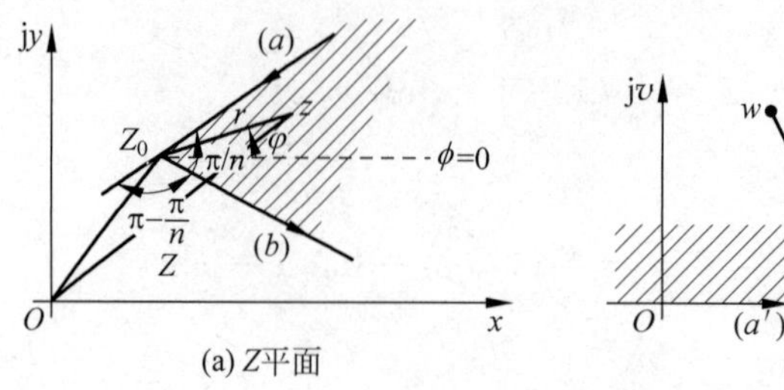

图 14-14　Z 平面内的扇形域变换为 W 平面上半面

在图 14-14(a)中的扇形区域内,令

$$Z - Z_0 = re^{j\phi}$$

而在 W 上半平面,令

$$W - W_0 = \rho e^{j\varphi}$$

则

$$W - W_0 = \rho e^{j\varphi} = A(Z - Z_0)^n = |A| e^{j\alpha}(re^{j\varphi})^n = |A| r^n e^{j(\alpha + n\varphi)}$$

分析式(14-26)可以看出,它把 Z 平面上扇形区域内的 Z 点变换成 W 平面上半平面的 W 点,并且有如下对应关系:

$$\rho = |A| r^n$$
$$\psi = \alpha + n\phi$$

取式(14-26)的反函数,得

$$Z - Z_0 = A^{-\frac{1}{n}}(W - W_0)^{\frac{1}{n}} \tag{14-27}$$

它将上半 W 平面变成 Z 平面的扇形区域。

取导式

$$\frac{dZ}{dW} = \frac{A^{-\frac{1}{n}}}{n}(W - W_0)^{\left(\frac{1}{n}-1\right)} = k(W - W_0)^{-v} \tag{14-28}$$

其中,

$$k = \frac{A^{-\frac{1}{n}}}{n}, \quad \left(1 - \frac{1}{n}\right) = v$$

由此可看出,函数 $Z(W)$,除了当 $n>1$ 时的 $W=W_0$ 点,以及当 $n<1$ 时的 $W=\infty$ 外,在整个平面里是解析的。很明显,当 $n=1$ 时就是一般的一次变换。

在图 14-14 中,当 W 平面上点沿实轴($v=0$)自左向右按箭头方向向 W_0 点移动时,在 Z 平面上相应的点则沿(a)边向 Z_0 点移动。同样,W 平面上(b')边变换到 Z 平面为(b)边,在 Z 平面上,当经过了 Z_0 点时,路径改变方向,其变化的角度为 $\pi - \pi/n = (1 - 1/n)\pi = v\pi$,角度的方向为自$(a)$边的延伸段指向$(b)$边,如图 14-14(a)所示,以反时针方向为正。

这从式(14-28)也可看出。当 W 沿实轴变化时,经过 W_0 点$(W-W_0)$便改变符号(相位减少 π),因此 dZ 和 dW 的相位差比经过 W_0 点以前增加了 $v\pi$。

对于式(14-28),还有一个特性,即有:

$$\frac{d}{dW}\left(\ln \frac{dZ}{dW}\right) = \frac{d}{dW}\ln k(W - W_0)^{-v} = \frac{-v}{W - W_0} \tag{14-29}$$

下面研究变换点之间的关系时要用到这个公式。

我们来看几种特殊情况。

当 $n=1/2$ 时，Z 平面的区域，如图 14-15(a)所示。它相当于在 Z 平面上放一无限薄的板，或开一个无限窄的缝；当 $n=2/3$，如图 14-15(b)所示；当 $n=2$ 时，如图 14-15(c)所示；当 $n=3$ 时，如图 14-15(d)所示。

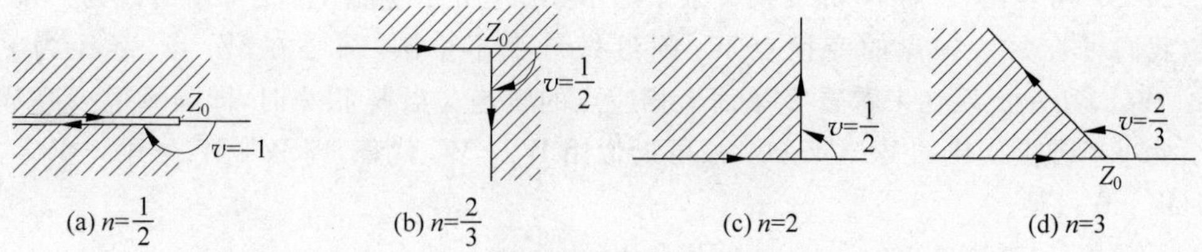

图 14-15　单顶角的几种特殊情况图形

当 Z 平面上的点沿边界经过 Z_0 点时所转过的角度为 $v\pi$，v 的数值如图 14-15 中所示，v 的正负号按路径箭头方向确定，以反射针为正，顺时针为负。图中扇形区域总在边界线的左边，据此来定箭头方向。所有这些扇形区域经过函数(14-27)的变换后，都变为 W 平面的上半平面。

现在我们来看多角形边界的情况。设在 Z 平面有多角形如图 14-16(a)所示。

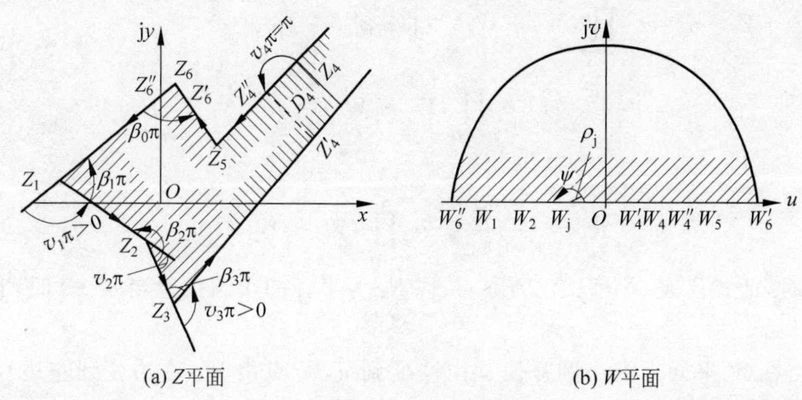

图 14-16　多角形变换

把扇形情况类推，我们可以想到，只要 Z 与 W 有如下关系，便可把 Z 平面上的多角形区域内部(斜线表示的区域)变换为 W 平面的上半平面。取：

$$\begin{aligned}\frac{\mathrm{d}Z}{\mathrm{d}W}&=C(W-W_1)^{-v_1}(W-W_2)^{-v_2}(W-W_3)^{-v_3}\cdots(W-W_n)^{-v_n}\\&=C\prod_{i=1}^{n}(W-W_i)^{-v_i}\end{aligned}\tag{14-30}$$

从式(14-30)中可以看出：经过了点 W_i，因子$(W-W_i)$的相角便减少 π，此时引起 $\mathrm{d}Z$ 增加的角度正好是 $v_i\pi$。在 W 沿实轴在 W_i 和 W_{i+1} 之间变动时，$\mathrm{d}Z$ 的相角不变，因此 Z 点的轨迹是以各 Z_i 点为顶点的折线。

将式(14-30)积分，便得到变换关系

$$Z=C\int\prod_{i=1}^{n}(W-W_i)^{-v_i}\,\mathrm{d}W+C_1\tag{14-31}$$

积分常数 C_1 或初始点位置是待定的。

同样，类似于式(14-29)，有

$$\frac{\mathrm{d}}{\mathrm{d}W}\ln\left(\frac{\mathrm{d}Z}{\mathrm{d}W}\right)=\sum_{i=1}^{n}\frac{-v_i}{W-W_i} \tag{14-32}$$

从式(14-30)可看出，Z 与 W 的变换关系中除了在所有的顶点外，都是保角的。为了绕开这些点，我们可在每一顶点的变换点 W_j 附近做一个小半圆，圆心在 W_j 点，半径为 ρ_i，如图 14-16(b)所示。现在来看看 Z 平面上相应点的轨迹。当 ρ_j 很小时，即圆弧很接近 W_i 点时，沿此小半圆上变化的 $W-W_i(i\neq j)$ 可近似用 W_j-W_i 代替，即 $W-W_i\approx W_j-W_j$，只有因子$(W-W_j)$是

$$W-W_j=\rho_i\mathrm{e}^{\mathrm{j}\phi}$$

于是

$$\mathrm{d}W=\mathrm{e}^{\mathrm{j}\phi}\mathrm{d}\rho_j+\mathrm{j}\rho_j\mathrm{e}^{\mathrm{j}\phi}\mathrm{d}\phi$$

在小半圆上，积分式(14-31)可写成：

$$Z=C\prod_{i(i\neq j)}^{n}(W_j-W_i)^{-v_i}\int(\rho_i\mathrm{e}^{\mathrm{j}\phi})^{-v_i}\mathrm{j}\rho_j\mathrm{e}^{\mathrm{j}\phi}\mathrm{d}\phi+C_1 \tag{14-33}$$

积分常数 C_1 可由初始位置条件选定，现选为 Z_j(类似对扇形时的式(14-27))，故得

$$\begin{aligned}Z-Z_j&=C\prod_{i(i\neq j)}^{n}(W_j-W_i)^{-v_i}\int(\rho_j\mathrm{e}^{\mathrm{j}\psi(1-v_i)})\mathrm{j}\mathrm{d}\psi\\&=\left[\frac{C}{1-v_j}\rho_j^{\,1-v_j}\prod_{i(i\neq j)}^{n}(W_j-W_i)^{-v_i}\right]\mathrm{e}^{\mathrm{j}\psi(1-v_i)}=R_j\mathrm{e}^{\mathrm{j}\psi(1-v_i)}\end{aligned}$$

其中，

$$R_j=\frac{C}{1-v_j}\rho_j^{\,1-v_j}\prod_{i(i\neq j)}^{n}(W_j-W_i)^{-v_i}$$

当 $v_j<+1$ 时，此式代表一个以 Z_j 为圆心、以 R_j 为半径的小圆弧。当 $\rho_j\to 0$ 时，它的半径趋于零。

因此，当在 W 平面上沿小圆弧使 ψ 由 0 变到 π(W 点由 W_j 右边变到左边)时，在 Z 平面上的相应点就沿一小圆弧转过角度$(1-v_j)\pi=\beta_j\pi$。

当 $v_j=+1$ 时，积分式(14-33)变为

$$Z=\left[C\prod_{i(i\neq j)}^{n}(W_j-W_i)^{-v_i}\right]\mathrm{j}\psi+C_1 \tag{14-34}$$

此式表示在经过 Z_j 时(当 ψ 由 $0\to\pi$)，Z 平面上的方向反转了一个 π。由图 14-16(a)中，我们可以看到，$v_j=+1$ 代表 Z 平面上第 j 个顶点是在 $Z_j=\infty$点，也就是说在两平行线的中间(图 14-16(a)中是在 Z_4 点)。它们间的距离可由与 $\psi=0$ 相应的变换点 Z_j'点及与$\psi=\pi$ 相应的变换点 Z_j'点之间的差决定。将 $\psi=0$ 及 $\psi=\pi$ 代入式(14-34)，得

$$Z_j''-Z_j'=-\mathrm{j}\pi C\prod_{(i\neq j)}^{n}(W_j-W_i)^{-v_i} \tag{14-35}$$

当 $D_j=|Z_j''-Z_j'|$已知时，由此即可得出 C 的值。

反过来，如果某一顶角的变换点 W_j 位于$\pm\infty$点，那么在式(14-32)的

$$\frac{\mathrm{d}}{\mathrm{d}W}\left(\ln\frac{\mathrm{d}Z}{\mathrm{d}W}\right)=\sum_{i=1}^{n}\frac{-v_i}{W-W_i}$$

中，$1/(W-W_j)$项应等于零。因此在式(14-30)中应不包括$(W-W_j)$的项。

现在来研究在W_j附近的点，即W面上的无穷远点在Z面上的对应点。

对于W面的无穷远点W_j，有

$$W-W_i=W_i-W_j\approx W_i=\rho e^{j\phi}$$

这里$\rho\to\infty$。

因此，对无穷远的点，式(14-31)变为

$$Z=C\int\prod_{(i=1)}^{n}(\rho e^{j\phi})^{-v_i}j\rho e^{j\phi}d\psi=C\int(\rho e^{j\phi})^{\sum\limits_{i\neq j}^{n}v_i}j\rho e^{j\phi}d\psi+C_1 \tag{14-36}$$

式中，$\sum\limits_{(i\neq j)}^{n}v_i$项不包括$v_j$(因$W_j=\infty$，因此在式(14-30)中没有$(W-W_j)$项)。

我们知道，任何闭合的n角形内角之和都为$(n-2)\pi$，也就是说，

$$\sum_{i=1}^{n}v_i=\sum_{i=1}^{n}(1-\beta_i)=n-(n-2)=2$$

因此

$$\sum_{(i\neq j)}^{n}v_i=\left(\sum_{i=1}^{n}v_i\right)-v_j=2-v_j$$

将上式代入式(14-36)，得

$$\begin{aligned}Z&=C\int(\rho e^{j\phi})^{-(2-v_j)}j\rho e^{j\phi}d\psi+C_1\\&=C\int\rho^{-(1-v_j)}e^{-j\psi(1-v_j)}jd\psi+C_1\end{aligned} \tag{14-37}$$

仍取$C_1=Z_j$，则

$$\begin{aligned}Z-Z_j&=C\int\rho^{-(1-v_j)}e^{-j\psi(1-v_j)}jd\psi\\&=\left[\frac{C}{-(1-v_j)}\rho^{-(1-v_j)}\right]e^{-j\psi(1-v_j)}=Re^{-j\psi(1-v_j)}\end{aligned}$$

当$v_j<+1$时，此式代表在Z平面上的对应轨迹是以Z_j为圆心、以R为半径的圆弧；且当$\rho\to\infty$时，$R\to 0$。

当在W平面上ψ由0变到π(W由∞变为$-\infty$)时，在Z平面上$Z-Z_j$转过的角度是$-(1-v_j)\pi=-\beta_j\pi$。

当$v_j=1$时，式(14-37)变为

$$Z=Cj\psi+C_1 \tag{14-38}$$

此式表示Z平面上的相应点在经过Z_j时(当ψ由$0\to\pi$)，其路径转过角度π。这时$Z_j=\infty$。

对于Z平面上两平行线间的距离，可用$\psi=0$(得Z'_j)及$\psi=\pi$(得Z''_j)代入式(14-38)中求得

$$D_j=Z'_j-Z''_j=j\pi C \tag{14-39}$$

当$D_j=|Z'_j-Z'_j|$已知时，由此式可得出积分常数C。

现在我们来总结一下以上所说的要点：

(1) 在Z平面顶点的次序$Z_1,Z_2,\cdots$与其在W平面的变换点$W_1,W_2\cdots$是一样的，因此其所包围的区域都应位于边界线的左面。所有的角以反时针方向为正。

(2) 根据保角变换理论的基本定理(此定理的证明请参考专讲保角变换的著作),把 Z 平面的一个多角形变换为 W 平面的上半面的变换式中,只有三个常数可以任意选定,因此当多角形已定时($Z_1,Z_2,\cdots,Z_n$ 已定),式(14-44)中各常数 $C,C_1,W_1,W_2,\cdots,W_n$ 中只有三个可以任意选定,选定了某三个常数以后,其余 $n-1$ 个实际上是已定的,可设法求出它们。选定三个常数的原则是尽量使式(14-31)的积分最简单,或成为某一种典型形式。

(3) 如果某一顶点的变换点 $W_j=\infty$,那么在积分式(14-31)中应不出现$(W-W_j)$的项,故可选一个点为 $W_j=\infty$,这使式(14-31)得到很大的简化。

(4) 如果 W_j 的邻域是 Z 平面上两平行线无限远端的变换(即$|Z_j|=\infty$),那么两平行线间的距离可由式(14-35)求出;如果$|W_j|=\infty$的邻域是 Z 平面上两平行线无限远端的变换,那么两平行线间的距离由式(14-39)给出。

(5) Z 平面多角形内部与上半 W 平面的变换,除了顶点外都是保角的。在顶点上变换式不是解析的,在通过它们时,可以任意靠近地绕过。

(6) Z 平面 n 角形所有外角之和 $\pi\sum\limits_{i=1}^{n} v_i$ 等于 2π,这对检查我们所列式子的正确性有用。

(7) 对于 Z 平面上的 n 角形,变换关系式(14-31)中共有 $n+2$ 个待定常数 $C,C_1,W_1,W_2,\cdots,W_n$。其中只有三个可以任意选择,其余 $n-1$ 个,原则上应由式(14-31)中将 $Z=Z_i(i=1,2,\cdots,n)$中的 $n-1$ 个代入,列出 $n-1$ 元联立方程来求解。但是因为式(14-31)右边的积分常常不能表示为初等函数,所以这常是一组用积分表示的超越方程,除特殊情况外,常常不易简单地求得这 $n-1$ 个待定常数。所以式(14-31),只能说是原则上解决了把任意多角形内部变换到 W 平面的上半面的问题,具体应用则有很多局限,有时虽可求得各待定常数,但有时实际上还不能得到最后的解。

最后,作为一个例子,我们来求第 14.5 节中图 14-13 所示的近似结构的变换函数式(14-20),参看图 14-17。

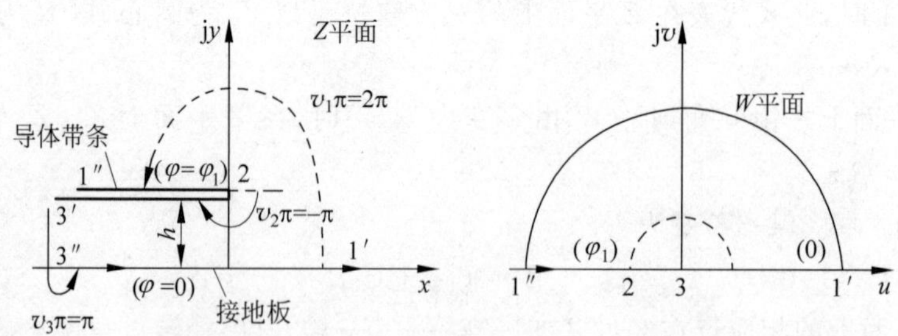

图 14-17 为求变换函数式(14-20)的图形

图 14-13 的结构可看成是由多角形 1″23′3″1′1″所组成,如图 14-17 所示。其中各个角顶点位置以及它们的转角 $v_i\pi$ 列于表 14-1。

因为只有三个顶点,因此所有三个点 $W_i(i=1,2,3)$都可以任选。因为 1 点次数最高($v_i=2$),因此选 $W_1=\infty$可以使结果大大简化。3 点是上、下两导体带条的分界点(即电位的分界点),故选 $W_3=0$ 点(原点是在 W 平面上的自然分界点)较好。

表 14-1　图 14-20 中各顶点位置及它们的转角

Z 平面顶点	1	2	3
顶点坐标位置	$1'$：$+\infty+\mathrm{j}O$ $1''$：$-\infty+\mathrm{j}h$	$0+\mathrm{j}h$	$3'$：$-\infty+\mathrm{j}h$ $3''$：$-\infty+\mathrm{j}O$
$v_i\pi$	2π	$-\pi$	π
v_i	2	-1	$+1(\sum v_i=2)$
W_i	$\pm\infty$	-1	0

按 W_1、W_2、W_3 的次序，可知 W_2 必须在 W 平面的负实轴上。因此我们选 $W_2=-1$。W_1、W_2、W_3 位置如图 14-17 所示。有了 W_1、W_2、W_3 及 v_1、v_2、v_3 后，就可写出变换函数。按式(14-30)，有

$$\frac{\mathrm{d}Z}{\mathrm{d}W}=C(W-W_1)^{-v_1}(W-W_2)^{-v_2}(W-W_3)^{-v_3}=C(W+1)(W-0)^{-1}$$

或将此式积分，得

$$Z=C(W+\ln W)+C_1 \tag{14-40}$$

为了决定积分常数 C 及 C_1，利用式(14-35)，有

$$Z_3''-Z_3'=-\mathrm{j}h=-\mathrm{j}\pi C(W_3-W_2)^{-v_2}=-\mathrm{j}\pi C$$

所以

$$C=\frac{h}{\pi}$$

这里 $W_j=W_3=0$；$W_2=-1$，$v_2=-1$。$W_1=\pm\infty$，所以$(W-W_1)$因子不包括在内。

由顶点 2 的位置可确定 C_1，利用式(14-40)：

$$0+\mathrm{j}h=C(W_2+\ln W_2)+C_1=\frac{h}{\pi}[-1+\ln(-1)]+C_1$$

$$=\frac{h}{\pi}[-1+\mathrm{j}\pi]+C_1$$

故

$$C_1=\frac{h}{\pi}$$

因此我们得到变换函数式(14-40)为

$$Z=\frac{h}{\pi}(1+W+\ln W)$$

此即上节的式(14-20)。

14.6　无厚度空气微带线特性阻抗 Z_0^0 的严格解

这里所谓“严格”，是指在上导体带条厚度为 0、接地板为无限宽和不填充介质之外，不附加其他假定而言。对于实际微带线，这还只是初步的近似。

设上导体带条宽度为 b、距接地板高度为 h。取接地板表面为 X-Z 平面。取上导体带条对接地板的镜像，如图 14-18(a)所示。根据电场分布的对称性可以判断，对称平面①-②、

④-⑤、⑦-①如同一个理想磁壁。导体带条表面当然是理想电壁。

解这个问题的步骤是：取图 14-18(a)中的折线作为 Z 平面上的一个多角形，应用多角形变换把它变换为 t 平面上的实轴。把各角顶在 t 平面上的对应点规定得如图 14-18(b)所示。根据经验，它可以变换为图 14-18(c)所示的均匀平板电容，其分布电容可以立即写出。

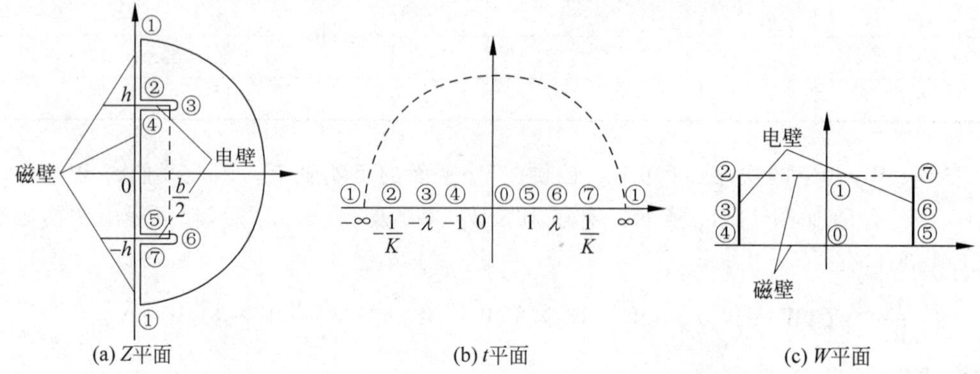

图 14-18　为求对称平行微带的分布电容所用的变换

现在先讲从 Z 平面上的多角形①-②-③-④-⑤-⑥-⑦-①到 t 平面上的实轴的变换。

两个平面对应点的位置以及 Z 平面上的转角列于表 14-2。其中，k 是小于 1 的实数，λ 是大于 1 的实数，都是待定的。W 平面上，1、0、∞是选定的三个值。

表 14-2　图 14-18 中多角形顶点及 Z 平面上的转角

顶点号码	①	②	③	④	⑤	⑥	⑦
Z_i	$\pm j\infty$	jh	$\frac{b}{2}+jh$	jh	$-jh$	$\frac{b}{2}-jh$	$-jh$
t_i	$\mp\infty$	$-\frac{1}{k}$	$-\lambda$	-1	1	λ	$\frac{1}{k}$
$v_i\pi$	2π	$\frac{\pi}{2}$	$-\pi$	$\frac{\pi}{2}$	$\frac{\pi}{2}$	$-\pi$	$\frac{\pi}{2}$
$v_i(\sum v_i=2)$	2	$\frac{1}{2}$	-1	$\frac{1}{2}$	$\frac{1}{2}$	-1	$\frac{1}{2}$

将以上各点的 t_i 代入式(14-31)，得到

$$Z=C\int_0^t\frac{(t+\lambda)(t-\lambda)\mathrm{d}t}{\sqrt{(t+1)(t-1)\left(t+\frac{1}{k}\right)\left(t-\frac{1}{k}\right)}}=\frac{C}{k}\int_0^t\frac{(k^2t^2-k^2\lambda^2)\mathrm{d}t}{\sqrt{(1-t^2)(1-k^2t^2)}}$$

因为 $Z=0$ 对应于 $t=0$，所以积分常数 C_1 是 0。这是一个不能用初等函数表示的积分，称为椭圆积分。本章附录对于椭圆积分将有介绍。现将上式化为那里指出的标准形式。先把分子分为两部分，再令 $t=\sin\varphi$，得到

$$\begin{aligned}Z&=-\frac{C}{k}\int_0^t\sqrt{\frac{1-k^2t^2}{1-t^2}}\mathrm{d}t+\frac{C(1-k^2\lambda^2)}{k}\int_0^t\frac{\mathrm{d}t}{\sqrt{(1-k^2t^2)(1-t^2)}}\\&=-\frac{C}{k}\int_0^\varphi\sqrt{1-k^2\sin^2\varphi}\,\mathrm{d}\varphi+\frac{C(1-k^2\lambda^2)}{k}\int_0^\varphi\frac{\mathrm{d}\varphi}{\sqrt{1-k^2\sin^2\varphi}}\end{aligned}$$

第一个积分是第二种椭圆积分 E；第二个积分是第一种椭圆积分 F，二者的模数都是 k。采用椭圆积分的通用符号，可以写成

$$Z=-\frac{C}{k}[E(\varphi,k)-(1-k^2\lambda^2)F(\varphi,k)] \tag{14-41}$$

式中，$\varphi=\arcsin t$。C、k、λ 是三个待定的常数，可将②、③、④或⑤、⑥、⑦三个点上 Z 和 t 的对应值代入上式来求。

将 $Z_5=-\mathrm{j}h$、$t_5=+1(\varphi=\pi/2)$ 代入式(14-41)，注意当 $\varphi=\pi/2$ 时，$E(\varphi,k)$ 成为第二种全椭圆积分 $E(k)$，$F(\varphi,k)$ 成为第一种全椭圆积分 $K(k)$，就得到

$$-\mathrm{j}h=-\frac{C}{k}[E(k)-(1-k^2\lambda^2)K(k)]$$

由此得到

$$C=\frac{\mathrm{j}hk}{E-(1-k^2\lambda^2)K} \tag{14-42}$$

将 C 的表示式代入式(14-41)，再将 $Z_7=-\mathrm{j}h$、$t_7=\dfrac{1}{k}$ 代入，得到

$$-\mathrm{j}h=-\mathrm{j}h\cdot\frac{E\left(\arcsin\dfrac{1}{k},k\right)-(1-k^2\lambda^2)F\left(\arcsin\dfrac{1}{k},k\right)}{E-(1-k^2\lambda^2)K} \tag{14-43}$$

式中，$\arcsin\dfrac{1}{k}$ 不是实数，所以要进一步展开。

我们注意

$$\begin{aligned}F\left(\arcsin\frac{1}{k},k\right)&=\int_0^{\frac{1}{k}}\frac{\mathrm{d}t}{\sqrt{(1-t^2)(1-k^2t^2)}}\\&=\int_0^1\frac{\mathrm{d}t}{\sqrt{(1-t^2)(1-k^2t^2)}}+\mathrm{j}\int_1^{\frac{1}{K}}\frac{\mathrm{d}t}{\sqrt{(t^2-1)(1-k^2t^2)}}\end{aligned}$$

第一个积分就是第一种全椭圆积分 $K(k)$，第二个积分经变换

$$t=\frac{1}{\sqrt{1-k'^2\tau^2}}(k'^2=1-k^2)$$

后，成为

$$K'(k)=F\left(\frac{\pi}{2},k'\right)=\int_0^1\frac{\mathrm{d}\tau}{\sqrt{1-\tau^2(1-k'^2\tau^2)}}$$

它是第一种余全椭圆积分，$K'(k)=K(k')$，k' 称为余模。于是

$$F\left(\arcsin\frac{1}{k},k\right)=K(k)+\mathrm{j}K'(k)$$

又

$$E\left(\arcsin\frac{1}{k},k\right)=\int_0^1\sqrt{\frac{1-k^2t^2}{1-t^2}}\,\mathrm{d}t+\mathrm{j}\int_1^{\frac{1}{k}}\sqrt{\frac{1-k^2t^2}{1-t^2}}\,\mathrm{d}t$$

第一个积分正是第二种全椭圆积分 $E(k)$。第二个积分中，令

$$t=\frac{1}{k}\sqrt{1-k'^2\tau^2}$$

则

$$\int_1^{\frac{1}{k}}\sqrt{\frac{1-k^2t^2}{1-t^2}}\,\mathrm{d}t=\int_0^1\frac{k'^2\tau^2\,\mathrm{d}\tau}{\sqrt{(1-\tau^2)(1-k'^2\tau^2)}}$$

$$=\int_0^1\left[\frac{1}{\sqrt{(1-\tau^2)(1-k'^2\tau^2)}}-\sqrt{\frac{1-k'^2\tau^2}{1-\tau^2}}\right]\mathrm{d}\tau=K'(k)-E'(k)$$

其中，$E'(k)=E(k')$是第二种余全椭圆积分。于是

$$E\left(\arcsin\frac{1}{k},k\right)=E(k)+\mathrm{j}[K'(k)-E'(k)]$$

将以上结果代入式(14-43)，得到

$$1=\frac{[E+\mathrm{j}(K'-E')]-(1-k^2\lambda^2)(K+\mathrm{j}K')}{E-(1-k^2\lambda^2)K}$$

实部是恒等式，虚部给出方程

$$K'-E'-(1-k^2\lambda^2)K'=0$$

由此得到

$$\lambda^2=\frac{1}{k^2}\frac{E'}{K'}$$

将 C 和 λ^2 代入式(14-41)，得

$$Z=-\mathrm{j}h\frac{K'E(\arcsin t,k)-(K'-E')F(\arcsin t,k)}{EK'-(K'-E')K}$$

根据全椭圆积分的公式

$$E'K+EK'-KK'=\frac{\pi}{2}$$

上式成为

$$Z=-\mathrm{j}\frac{2h}{\pi}[K'E(\arcsin t,k)-(K'-E')F(\arcsin t,k)] \tag{14-44}$$

这就是从 Z 平面到 t 平面的变换关系，其中模数 k 要由⑥点的对应坐标来求。

将 $Z_6=\frac{b}{2}-\mathrm{j}h$、$t_6=\lambda$ 代入上式，与分析式(14-43)时作同样处理，得到

$$\frac{b}{2}-\mathrm{j}h=-\mathrm{j}\frac{2h}{\pi}\left[K'E\left(\arcsin\frac{1}{k}\sqrt{\frac{E'}{K'}},k\right)-(K'-E')F\left(\arcsin\frac{1}{k}\sqrt{\frac{E'}{K'}},k\right)\right]$$

其中，

$$F\left(\arcsin\frac{1}{k}\sqrt{\frac{E'}{K'}},k\right)=\int_0^{\frac{1}{k}}+\int_{\frac{1}{k}}^{\frac{1}{k}\sqrt{\frac{E'}{K'}}}\frac{\mathrm{d}t}{\sqrt{(1-t^2)(1-k^2t^2)}}$$

$$=K+\mathrm{j}K'+\mathrm{j}\int_0^{\sqrt{\frac{1-k'^2\frac{K'}{E'}}{1-k'^2}}}\frac{\mathrm{d}\tau}{\sqrt{(1-\tau^2)(1-k'^2\tau^2)}}$$

$$=K+\mathrm{j}K'+\mathrm{j}F\left(\arcsin\sqrt{\frac{1-k'^2\frac{K'}{E'}}{1-k'^2}},k'\right)$$

$$E\left(\arc\sin\frac{1}{k}\sqrt{\frac{E'}{K'}},k\right)=\int_0^1+\int_1^{\frac{1}{k}}-\int_{\frac{1}{k}\sqrt{\frac{E'}{K'}}}^{\frac{1}{k}}\sqrt{\frac{1-k^2t^2}{1-t^2}}\,\mathrm{d}t$$
$$=E'+\mathrm{j}(K'-E')$$
$$-\mathrm{j}\left[F\left(\arc\sin\frac{1}{k'}\sqrt{1-\frac{E'}{K'}},k'\right)-E\left(\arc\sin\frac{1}{k'}\sqrt{1-\frac{E'}{K'}},k'\right)\right]$$

在函数表中，常使

$$D'=\frac{K'-E'}{k'^2},\quad B'=\frac{E'-k'^2K'}{1-k'^2}$$

其值在本章附录中有表给出。应用此符号，将上列结果代入 $b/2-\mathrm{j}h$ 的方程，其虚部是一个恒等式，其实部给出 k' 应满足的方程

$$K'\left[E\left(\arc\sin\sqrt{\frac{D'}{K'}},k'\right)-F\left(\arc\sin\sqrt{\frac{D'}{K'}},k'\right)\right]-(K'-E')F\left(\arc\sin\sqrt{\frac{B'}{E'}},k'\right)=\frac{\pi}{4}\frac{b}{h} \tag{14-45}$$

应用图解法由此方程解出 k' 值，由 $k=\sqrt{1-k'^2}$ 可以求得 k 值。于是式(14-44)中各常数都为已知，这就完成了由 Z 平面到 t 平面的转换。

由上面所得的结果，可以看出：一个 Z 平面上的对称图形，具有两对直角，在变到 t 平面上的实轴时，遇到了椭圆积分。那么，现在又要从 t 平面上的实轴变换到图 14-18 中 W 平面上具有两对直角的对称图形，可以预料在交换中一定会遇上椭圆积分的反函数，也就是说，会遇上雅可比椭圆函数。本章附录对这种函数将作介绍，在附图 1 中有雅可比椭圆函数在全平面上的分布概貌。从那个图中可以看出在哪一个矩形上，函数的值能沿着 t 平面上的实轴上改变。我们发现，sn 函数在 $\pm K$、$\pm K+\mathrm{j}K'$ 四点之间的矩形上正是这样。把它们重画在这里，如图 14-19 所示。

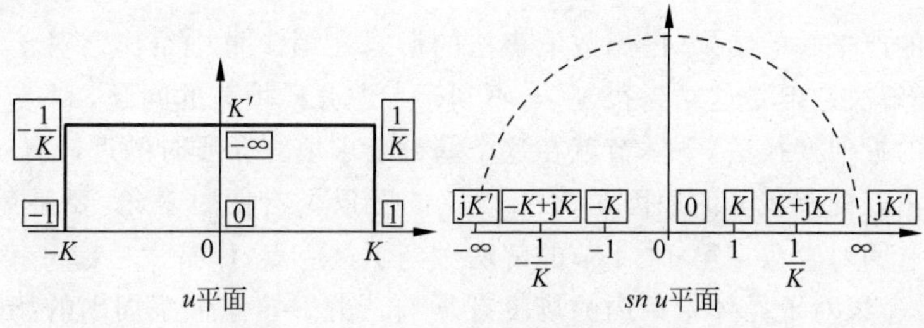

图 14-19　snu 和 u 两平面的对应关系

图中方框里的值是对方的对应值。右图中的虚线走在上半平面上是根据两图形的旋转方向一致而确定的。

因此，我们决定，取

$$t=sn(W,k) \tag{14-46}$$

即

$$W=F(\arc\sin t,k) \tag{14-47}$$

根据上图可以把 W 平面上与 Z 平面的对应点标出，如图 14-20 所示。由此图立即可以看出，空气微带的分布电容是

$$C_0=4\varepsilon_0\frac{K'}{2K}=2\varepsilon_0\frac{K'(k)}{K(k)} \tag{14-48}$$

这里，K 和 K' 都决定于 k，而 k 则可由式(14-45)解出。由式(14-17)可知，空气微带的特性阻抗是

$$Z_0^0 = \frac{\sqrt{\mu_0 \varepsilon_0}}{C_0} = \frac{1}{2}\sqrt{\frac{\mu_0}{\varepsilon_0}}\frac{K}{K'} = 60\pi \frac{K}{K'} \qquad (14\text{-}49)$$

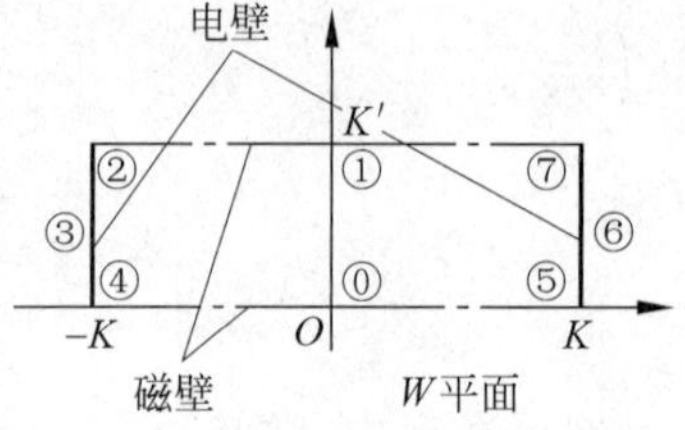

图 14-20　W 平面上与 Z 平面对应点的位置

至于从 Z 平面到 W 平面的直接转换关系，就不需要再去推求了。

实际上在应用多角形变换来求微带的电容时，起初是在反复试探之后发现了涉及椭圆函数，因此才在 t 平面上规定

$$t_{4,5} = \pm 1, \quad t_{2,7} = \pm \frac{1}{k}$$

所以采用这种方法来解决问题时，需要从两头着手，一方面先设想最后在 W 平面上希望得到某个图形，把它变换到 t 平面上去(常常是像上述那样找寻适当的函数使它能变为 t 平面上的实轴)，另一方面再根据这样得到的 t 平面实轴上各点的值，应用多角形变换，把 Z 平面上的图形变到 t 平面的实轴上，并且使各角顶落到预定的各 t 值上。如果不可能得到或不便于得到这样的变换，就需要修改 W 平面上设想的图形，经过若干次反复才能解决问题。

文献上常常是按 $Z \to t \to W$ 的次序来叙述，并且其对应值都很"巧妙地"适应于变换的需要，那是在应用上述方法把问题解决以后，再反回去把次序整理而成，"先验地"正确指定对应值是不可能的。

14.7　无厚度空气微带线特性阻抗的近似变换解法

前节介绍的严格解的结果，已用数值表格的形式在第 1 章中给出。对于不填充介质的情况，问题已经解决。但是这结果很复杂，不利于考虑介质填充的问题。本节介绍一种避免涉及椭圆积分的近似变换法，下一节就在这个基础上求填充介质时的近似有效介质常数。

严格解中出现椭圆积分的原因是 Z 平面上的图形具有两对直角，要避免椭圆函数，就要使图形不具有两对直角。第 14.4 节的解法做到了这一点，但是太粗糙。其主要的粗略之点是，设另一个边缘对上导体带条内的场没有影响。由于导体带条周围的场总是左右对称的，所以无论 b/h 多么小，在中间的上、下两根电力线一定是直立的，而半无限导体片上面和下面的电力线，只有在离边缘有相当的远处，才近似于直立，如图 14-21 所示。所以第 14.4 节的解法只在 b/h 相当大时，才比较近似。本节要介绍的近似变换就是针对这个问题所进行的改进办法。它的基本点是：因为我们只需要考虑右半边的电容(它是总电容的 1/2)，所以可以设想边界的右半边和微带的右半边完全一样，而左半边则采取适当的布置，以使在中间的两根电力线成为直立的。

为此，我们设想：第一，上导体带条向左无限延伸，中间开一条细缝，细缝以外和接地板等电位；第二，整个横截面内有左、右对称的两套，一套画在第一页黎曼面上，另一套画在第二页黎曼面上，两页黎曼面在从 A 点到 $\mathrm{j}\infty$ 这根半无限直线上相交，越过这根交线时，就从一页黎曼面走到另一页黎曼面上，如图 14-22 所示。这样，从 A 点发出向上的电力线必然是直立的。当然这样的结构在物理上是不能实现的，它仅仅是一个数学模型。但是计算分

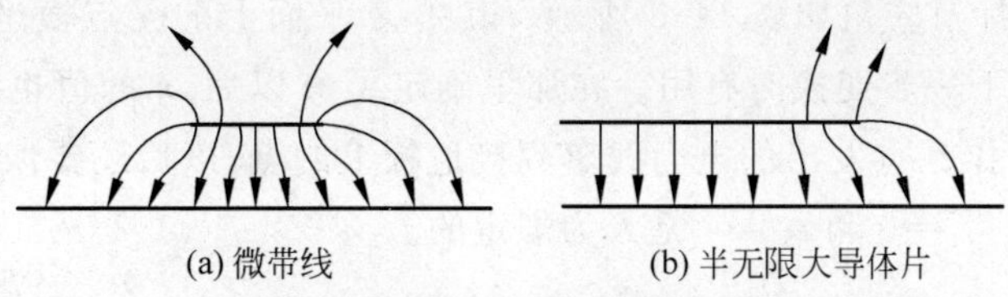

图 14-21　两种情况电力线的比较

布电容的问题本来就已经抽象为在一定形状的电壁和磁壁边界条件下求保角变换的问题了，在处理数学问题时，是允许采用一些数学模型的。

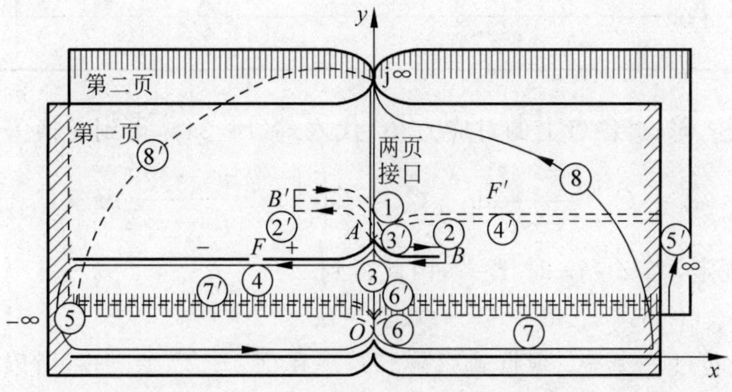

图 14-22　两页黎曼面上的多角形边界

现在先来把 Z 平面(两页黎曼面)上的图形变换为 t 平面上的实轴。为计算便利起见，先把尺寸作一变换，使上导体带条的半宽度为 m，高度为 π，则宽高比变成了 $2m/\pi$。如果

$$m=\frac{\pi}{2}\frac{b}{h} \tag{14-50}$$

那么，宽高比就和实际微带一样。所以只要在最后的结果中把 m 的这一表示式代入即可。

Z 平面上的多角形单联通域如图 14-22 所示，它的顶点是②、⑤、⑧、②′、⑤′，它是左右对称的。设第一页黎曼面上的边界变换为 t 平面的正实轴，第二页黎曼面上的边界变换为 t 平面上的负实轴，两页黎曼面上各对称点在 t 平面上的变换点也是左右对称的(数值相等，符号相反)。这里只把第一页黎曼面上的边界和 t 平面上第一象限的对应点重画如图 14-23 所示，另一半可以类推。

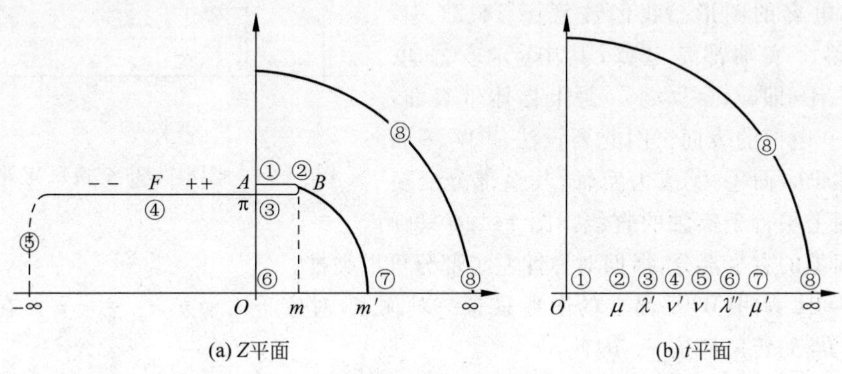

图 14-23　第一页 Z 黎曼面和 t 平面第一象限的变换关系

各对应点的坐标及转角如表 14-3 所示。其中 Z 平面上的④点横坐标 n 不能规定，它的对应点 v' 的值在下一步变换时有用。在那里确定了 v' 以后，n 的值也就定了。但 n 的值无须求出。⑦点是由 B 点发出的电力线落到接地板上的点，以后还要谈及。μ、μ'、λ'、λ''、v、v' 都是待定的常数。$t_1=0$ 和 $t_8=\infty$ 是人为规定的。

表 14-3　图 14-23 中各点坐标和转角

点的号码	①	②	③	④	⑤	⑥	⑦	⑧
Z_i	$\mathrm{j}\pi$	$m+\mathrm{j}\pi$	$\mathrm{j}\pi$	$n+\mathrm{j}\pi$	$-\infty$	0	m	∞
t_i	0	μ	λ'	v'	v	λ''	μ'	∞
$v_i\pi$	0	$-\pi$	0	0	π	0	0	2π
$v_i\left(\sum v_i=2\right)$	0	-1	0	0	1	0	0	2

根据②、⑤、⑧、⑤'、②'各点上的对应 t_i 值，代入式(14-31)，得到变换关系式：

$$Z=C\int_0^t \frac{t^2-\mu^2}{t^2-v^2}\mathrm{d}t+C_1=C\int_0^t\left[1+\frac{v^2-\mu^2}{t^2-v^2}\right]\mathrm{d}t+C_1$$

根据 $t_1=0$ 规定，当 $Z=\mathrm{j}\pi$ 时，$t=0$，由此得到

$$C_1=\mathrm{j}\pi$$

在⑤点，Z 的轨迹转过一个 π。根据式(14-35)，现在 $Z''_5-Z'_5=-\mathrm{j}\pi$，所以有

$$-\mathrm{j}\pi=-\mathrm{j}\pi C\frac{(v-\mu)(v+\mu)}{2v}$$

现在作第三个规定：

$$v^2-\mu^2=2v \tag{14-51}$$

则上式给出 $C=1$，于是变换关系成为

$$Z=\mathrm{j}\pi+\int_0^t\left[1+\frac{\dfrac{1}{v}}{\dfrac{t}{v}-1}-\frac{\dfrac{1}{v}}{\dfrac{t}{v}+1}\right]\mathrm{d}t=\mathrm{j}\pi+t-\ln\frac{1+\dfrac{t}{v}}{1-\dfrac{t}{v}}$$

$$=\mathrm{j}\pi+t-2\mathrm{th}^{-1}\frac{t}{v} \tag{14-52}$$

式中 v 尚未求得，下面将再具体求出。

下面再把 t 平面上的实轴变换为 W 平面上易于计算电容的图形。我们注意图 14-23 中，t 平面上整个实轴都是电壁，其中④'-③'-②'-①'-①-②-③-④(即 $-v'\leqslant t\leqslant v'$)是上导体带表面，其余都是 0 电位的表面。因此要设法使 W 平面上④'、④在 $\pm\infty$ 而④-④'成为实轴，其余部分变换为 W 平面上平行于实轴的直线。图 14-24 只画了 W 平面上的右半部分，根据对称性左半部分可以类推。

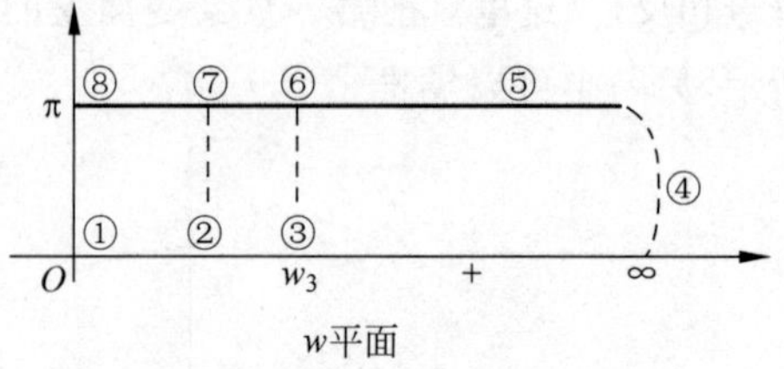

图 14-24　把图 14-23 变换到 W 平面上

图 14-24 表明，W 平面上的图形只有一对顶点，对应于 $t_4=v'$，$t'_4=-v'$。在 W 平面上，④和④'点的转角都是 π。因此，

$$W = C'\int_0^t \frac{\mathrm{d}t}{t^2 - v^2} + C_1'$$

$$= \frac{C'}{2v'}\ln\frac{1-\dfrac{t}{v'}}{1+\dfrac{t}{v'}} + C_1'$$

这里所做的规定是：

(1) 在①点，$W_1 = 0, t_1 = 0$；

(2) 在⑧点，$W_8 = \mathrm{j}\pi, |t_8| = \infty$；

(3) 在④点，$W_4 = \infty, t_4 = v'$。

由①点的规定得到：$C_1' = 0$。在④点，按式(14-35)，得到：

$$\mathrm{j}\pi = -\mathrm{j}\pi C'\left(\frac{1}{2v'}\right)$$

由此得到：$C' = -2v'$。

将 C_1' 和 C' 代入，对⑧点的规定也能满足。于是变换关系成为

$$W = \ln\frac{1+\dfrac{t}{v'}}{1-\dfrac{t}{v'}} = 2\mathrm{th}^{-1}\frac{t}{v'} \tag{14-53}$$

或

$$t = v'\mathrm{th}\frac{W}{2} \tag{14-54}$$

图 14-24 中，只有①-②-③和⑥-⑦-⑧之间的电容是我们所要求的分布电容 C_0 的一半，这电容是

$$\frac{1}{2}C_0 = \varepsilon_0\frac{W_3}{\pi} \tag{14-55}$$

为了求这个电容，需先求得 W_3，为了求 W_3，需先求得变换式中的 v 和 v'。下面就依次来求这三个数。

(1) 求 v：

式(14-51)对 v 和 μ 所做的规定是 $v^2 - \mu^2 = 2v$，而 $\mu = t_2$，相应于 $Z_2 = m + \mathrm{j}\pi$。代入变换式(14-52)，得

$$m + \mathrm{j}\pi = \mathrm{j}\pi + \mu - 2\mathrm{th}^{-1}\frac{\mu}{v}$$

由恒等式

$$\mathrm{sh}2u = 2\mathrm{sh}u\ \mathrm{ch}u = \frac{2\mathrm{th}u}{1-\mathrm{th}^2 u}$$

可以写成

$$\mathrm{sh}\left(2\mathrm{th}^{-1}\frac{\mu}{v}\right) = \frac{2\dfrac{\mu}{v}}{1-\left(\dfrac{\mu}{v}\right)^2} = \mu$$

因此上式成为

$$m = \mu - \mathrm{sh}^{-1}\mu \tag{14-56}$$

式(14-50)已给出了 m 与 b/h 的关系，因此 m 是已知的。用图解法解这个方程即可求得 μ 值。

由 v 和 μ 的关系 $v^2-\mu^2=2v$，解方程并注意规定 $v>0$，得到

$$v = 1 + \sqrt{1+\mu^2} \tag{14-57}$$

在某些条件下可以近似地得到 v 和 m 的直接关系式。

将②点上 Z 和 t 的对应值代入式(14-52)，得

$$m + \mathrm{j}\pi = \mathrm{j}\pi + \mu - \ln\frac{v+\mu}{v-\mu}$$

由式(14-57)可以反过来解得：

$$\mu = \sqrt{v(v-2)}$$

在 m 相当大时，$v\gg 2$，由此式看出，可近似地取 $\mu\approx v-1$。于是：

$$\ln\frac{v+\mu}{v-\mu} \approx \ln(2v-1) \approx \ln 2v$$

代入上式，得

$$v - \ln v = m + 1 + \ln 2$$

作近似估计时，可令：

$$v = m + 1 + \ln 2 + \ln(m+X)$$

用累试修正法可得 $X\approx 0.94\pi$，于是得到：

$$v \approx m + 1 + \ln 2\pi\left(\frac{m}{\pi} + 0.94\right) \tag{14-58}$$

此式大约在 $b/h\geqslant 0.44$ 时误差才较小。

(2) 求 v'：

前已说明，Z_4 的实部 n 无关紧要，因此不由 Z_4 和 t_4 的对应来求 v'。

将 $t_3=\lambda'$、$t_6=\lambda''$和相应的 W_3、$W_6=W_3+\mathrm{j}\pi$ 代入式(14-54)，得

$$\lambda' = v'\,\mathrm{th}\frac{W_3}{2},\quad \lambda'' = v'\,\mathrm{th}\frac{W_3+\mathrm{j}\pi}{2} = v'\,\mathrm{cth}\frac{W_3}{2}$$

二式相乘，得

$$v'^2 = \lambda'\lambda''$$

令 λ 为 λ'和 λ''的算术平均数，并令：

$$\lambda' = \lambda - \rho,\quad \lambda'' = \lambda + \rho$$

由于 ρ 实际上很小，所以

$$v' = \sqrt{\lambda^2 - \rho^2} \approx \lambda$$

因此，欲求 v'，需求 λ。

将 $Z_3=\mathrm{j}\pi$、$t_3=\lambda'$代入式(14-52)，得

$$\lambda' = 2\,\mathrm{th}^{-1}\frac{\lambda'}{v}$$

即

$$\frac{\lambda-\rho}{v} = \mathrm{th}\frac{\lambda-\rho}{2} \tag{14-59}$$

将 $Z_6=0$、$t_6=\lambda''$代入式(14-52)，得

$$\lambda''+\mathrm{j}\pi=2\mathrm{th}^{-1}\frac{\lambda''}{v}$$

即

$$\frac{\lambda+\rho}{v}=\mathrm{cth}\frac{\lambda+\rho}{2}\tag{14-60}$$

解联立方程式(14-59)及式(14-60)即可求得 λ 和 ρ。

因为 ρ 很小，将两个双曲函数在 $\lambda/2$ 附近展成泰勒级数，取前两项，得到

$$\mathrm{th}\frac{\lambda-\rho}{2}\approx\mathrm{th}\frac{\lambda}{2}-\frac{\rho}{2}\cdot\frac{1}{\mathrm{ch}^2\dfrac{\lambda}{2}}=\mathrm{th}\frac{\lambda}{2}-\rho\cdot\frac{1}{1+\mathrm{ch}\lambda}=\mathrm{th}\frac{\lambda}{2}-\rho\frac{\mathrm{ch}\lambda-1}{\mathrm{sh}^2\lambda}$$

$$\mathrm{cth}\frac{\lambda+\rho}{2}\approx\mathrm{cth}\frac{\lambda}{2}-\frac{\rho}{2}\frac{1}{\mathrm{sh}^2\dfrac{\lambda}{2}}=\mathrm{cth}\frac{\lambda}{2}-\rho\cdot\frac{1}{\mathrm{ch}\lambda-1}=\mathrm{cth}\frac{\lambda}{2}-\rho\frac{\mathrm{ch}\lambda+1}{\mathrm{sh}^2\lambda}$$

代入上列联立方程，把二式相减，得到

$$\frac{2\rho}{v}=\mathrm{cth}\frac{\lambda}{2}-\mathrm{th}\frac{\lambda}{2}-2\rho\cdot\frac{1}{\mathrm{sh}^2\lambda}$$

再把二式相加，得到

$$\frac{2\lambda}{v}=\mathrm{cth}\frac{\lambda}{2}+\mathrm{th}\frac{\lambda}{2}-2\rho\cdot\frac{\mathrm{ch}\lambda}{\mathrm{sh}^2\lambda}$$

数字计算表明，当 $m>0.75$(约相当于 $b/h>0.5$)时，$\lambda>3.5$，$\mathrm{e}^{-\lambda}$与 e^{λ} 相比可以忽略，因此

$$\mathrm{th}\frac{\lambda}{2}\approx1-2\mathrm{e}^{-\lambda},\quad\mathrm{cth}\frac{\lambda}{2}\approx1+2\mathrm{e}^{-\lambda}$$

$$\mathrm{sh}^2\lambda\approx\frac{1}{4}\mathrm{e}^{2\lambda},\quad\mathrm{ch}\lambda\approx\frac{1}{2}\mathrm{e}^{\lambda}$$

因此上列方程给出

$$\frac{2\rho}{v}\approx4\mathrm{e}^{-\lambda},\quad\frac{2\lambda}{v}\approx2-4\rho\mathrm{e}^{-\lambda}$$

将第一式代入第二式，得

$$\frac{\lambda}{v}\approx1-4v\mathrm{e}^{-2\lambda}$$

此式说明 $\lambda\approx v$，但 λ 略小于 v。因此等号右边的 λ 可以换成 v，以简化计算。于是得到

$$v'\approx\lambda\approx v(1-4v\mathrm{e}^{-2v})\tag{14-61}$$

(3) 求 W_3：

由③点的对应关系：

$$\frac{\lambda'}{v'}=\mathrm{th}\frac{W_3}{2}$$

由于 λ'很近于 v'，所以 W_3 数值较大，

$$\mathrm{th}\frac{W_3}{2}\approx1-2\mathrm{e}^{-W_3}$$

又

$$1-\frac{\lambda'}{v'}=1-\frac{\lambda-\rho}{v'}\approx\frac{\rho}{\lambda}$$

因此，

$$2\mathrm{e}^{-W_3}\approx 1-\frac{\lambda'}{v'}\approx\frac{\rho}{\lambda}\approx 2\mathrm{e}^{-\lambda}$$

即

$$W_3\approx\lambda\approx v \tag{14-62}$$

将这 W_3 代入式(14-55)即可得到分布电容 C_0。

这个方法的粗略性不仅在于用了一系列的近似估算，而且其基本概念也存在着问题。在图 14-22 中，从 A 点发出向上的电力线虽是直立的，向下的电力线却是弯曲的。因为两套系统的电力线分别画在两页黎曼面上，只有从 A 点向上这一条是公共的，所以尽管两个系统是左右对称的，它们的中心电力线未必直立，可以分别向两侧弯曲，仍能保持其对称性。在图 14-23 中从③到⑥的电力线当然是直立的，但它经过 t 平面再变回到 Z 平面，就变成弯曲的了。所以本节一开始所提出的问题并未得到解决。

在现代，有各种函数表和运算工具可供利用，避免使用椭圆函数已没有必要。从求无厚度空气微带的特性阻抗这个问题来看，本节介绍的方法已没有多大意义，这里把它介绍出来只不过因为用这种方法求得的有效介质常数略值(下节)现在还在使用。

14.8 有效介电常数

实际微带线上、下导体之间有一片介质板，因此，其电力线有一部分在空气中，大部分在介质中。这种情况不便于计算特性阻抗和相位常数。作为一种近似的考虑，把它化为等效均匀电介质的情况(接地板以上的半空间全部填充介质)。把这种均匀介质的介电常数 ε_e 叫做实际微带的有效介电常数。等效的条件是分布电容相同。

均匀介质的情况下，分布电容、特性阻抗和相位常数分别是

$$C_1=\varepsilon_e C_0,\quad Z_0=\frac{Z_0^0}{\sqrt{\varepsilon_e}},\quad k=\sqrt{\varepsilon_e}\,k_0 \tag{14-63}$$

其中，C_0、Z_0^0、k_0 是空气微带线的分布电容、特性阻抗和相位常数，前二者在第 14.6 节已经求出，$k_0=\omega/c=2\pi/\lambda$ 是已知的。

现在来介绍如何应用第 14.7 节的方法来求实际微带线的 C_1，从而求出 ε_e。

在有介质板存在的情况，仍然可以采用式(14-52)和式(14-53)的变换，即把 Z 平面上的图形变换为 W 平面上的平行平板，来求分布电容。因为在空气中和介质中电位函数满足同一个方程并且在介质表面上连续。空气和介质分界面的存在，对电位函数的空间导数增加了两个附加条件(切向导数连续，法向导数与介电常数成反比)。所以式(14-55)所给出的电容对这里的情况不适用，需将空气和介质的分界面截线也变换到 W 平面上，求在有这个分界面情况下的电容。至于前节所求得的各常数，当然仍能适用，因为它们只和几何关系有关。

把 Z 平面上第一象限分为内区和外区两部分。从上导体带条内表面②-③所发出的电力线占据的空间称为内区，它全部在介质板中。从上导体带条外表面①-②所发出的电力

线占据的空间称为外区，它有一部分在空气中。两区的分界线就是从边缘②发出的电力线②-⑦。当然，空气和介质分界面的存在，必使从②发出的电力线和空气微带的情况有所不同。所以这里要作第一个假定：这条电力线仍然是②-⑦，这在 b/h 够大时，误差不致太大。

在 W 平面上，空气和介质的界面是一条曲线②-⑧。内、外区的界线则是一条直立界线②-⑦，如图 14-25(b)所示。由图可见，空气和介质分界面的存在，不但在外区，而且在内区的有效部分(①-③一段)，电力线都不再是直立直线。所以它的电容量仍不好计算。这里要做第二个假定：把 W_3 略微加大成 W_3' 后，内区的电容量就取为

$$C_{2\text{-}3'} = \frac{\varepsilon_r \varepsilon_0 (W_3' - W_2)}{\pi} \tag{14-64}$$

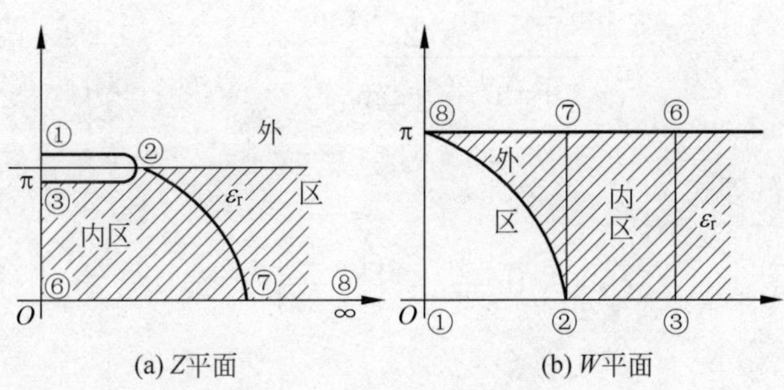

图 14-25　内外两区及其分界

在 W 平面的外区，电容量很不好计算。这里要作第三个假定：设 W 平面上外区中有介质部分的面积是 F，把它折合成宽度为 $S = F/\pi$ 的长条，如图 14-26(b)那样，其电容量仍然未改。外区的电容就取为

$$C_{1\text{-}2} = \frac{\varepsilon_r \varepsilon_0 S}{\pi} + \frac{\varepsilon_0 (W_2 - S)}{\pi} \tag{14-65}$$

于是分布电容就等于

$$C_1 = 2(C_{1\text{-}2} + C_{2\text{-}3'}) \tag{14-66}$$

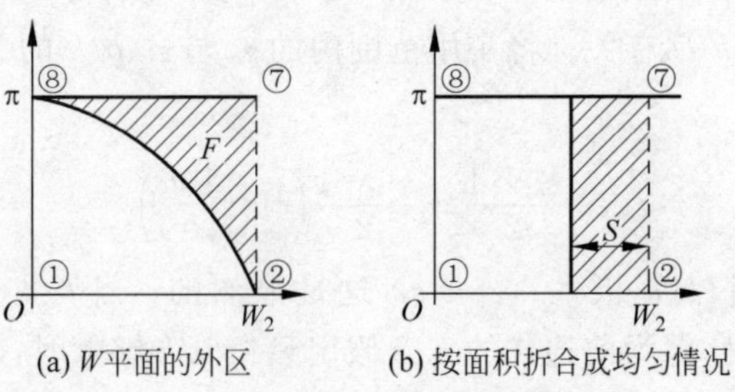

图 14-26　外区电容的近似计算

现在的问题在于求 W_2 和 F。为此，需求出 W 平面上空气和介质的分界线②-⑧的方程。

将式(14-54)代入式(14-52)，得到 Z 和 W 的关系式为

$$Z = \mathrm{j}\pi + v' \,\mathrm{th}\,\frac{W}{2} - 2\,\mathrm{th}^{-1}\left[\frac{v'}{v}\,\mathrm{th}\,\frac{W}{2}\right]$$

令 $v' \approx v$，则

$$Z = \mathrm{j}\pi + v\,\mathrm{th}\,\frac{W}{2} - W$$

在 Z 平面上,空气和介质的分界线是

$$Z = \mathrm{j}\pi + x$$

代入上式,令 $W=u+\mathrm{j}v$,得

$$x = v\,\mathrm{th}\,\frac{u+\mathrm{j}v}{2} - (u+\mathrm{j}v)$$

将 $\mathrm{th}\,\frac{u+\mathrm{j}v}{2}$ 展开,令两边虚部相等,即得 W 平面上空气和介质的分界线②-⑧的方程:

$$\frac{\tan\frac{v}{2} - \mathrm{th}^2\,\frac{u}{2}\cdot\tan\frac{v}{2}}{1+\mathrm{th}^2\,\frac{u}{2}\cdot\tan^2\,\frac{v}{2}} = \frac{v}{u}$$

解出 $\mathrm{th}^2\,\frac{u}{2}$,并利用恒等式

$$\mathrm{th}^2\,\frac{u}{2} = \frac{\mathrm{ch}u-1}{\mathrm{ch}u+1}$$

得到

$$\frac{\mathrm{ch}u-1}{\mathrm{ch}u+1} = \frac{\tan\frac{u}{2}-\frac{u}{v}}{\frac{u}{v}\tan^2\frac{v}{2}+\tan\frac{v}{2}}$$

再解出 $\mathrm{ch}u$,得

$$u = \mathrm{ch}^{-1}\left[v\,\frac{\sin v}{v} - \cos v\right] \tag{14-67}$$

在 2 点,$v=0$,因此,

$$W_2 = \mathrm{ch}^{-1}(v-1) \tag{14-68}$$

面积 F 可用数值积分法或其他方法求出。求得 F 即可求得 S,于是 C_1 可以求得,因而 ε_e 可以求得。ε_e 与 ε_r、b/h 都有关。将实用范围内的 ε_e 与 ε_r、b/h 的关系曲线画出,再求其逼近函数,得到

$$\varepsilon_e \approx \frac{\varepsilon_r+1}{2} + \frac{\varepsilon_r-1}{2}\left(1+\frac{10h}{b}\right)^{-\frac{1}{2}} \tag{14-69}$$

在此式中,当 $b/h\to\infty$ 时(b/h 极大),$\varepsilon_e\to\varepsilon_r$,这是显然的;当 $b/h\to 0$ 时(b/h 极小),$\varepsilon_e\to(1+\varepsilon_r)/2$,这就不很准确,因为前边作的三条假定只在 b/h 够大时,才接近于正确,b/h 越小误差越大,到一定程度就完全不能用了。

式(14-69)也可以写成

$$\varepsilon_e \approx 1 + (\varepsilon_r - 1)q \tag{14-70}$$

其中,

$$q = \frac{1}{2}\left[1+\left(1+\frac{10h}{b}\right)^{-\frac{1}{2}}\right] \tag{14-71}$$

称为有效充填因子。它和 ε_r 无关,其表示式只在 b/h 足够大时才近于正确。

上面为了求一个参量 ε_r,作了许多假定,以使分析和计算得以简化,其结果的可靠性和

适用范围不可能不受到限制。这是以往数学方法和计算工具都不够完备的反映。现在用计算机的逻辑过程可以代替人力进行繁琐的推导，因此像这样一个问题，已经完全不必再作许多粗略的近似假定来计算。很明显，前节和本节所介绍计算实际微带线分布电容的方法，还需大大改进，并利用新的计算方法和计算工具，才能使其结果普遍应用。

14.9 耦合微带线特性阻抗的保角变换解法

耦合微带线的特性参量有偶模、奇模两套。所谓偶模是指两微带线对称激励的情况，相当于两微带线并联；所谓奇模是指两微带线反对称激励的情况，相当于把电压加到两微带线之间。这两套参量的基本参量仍然是分布电容。本章将介绍两种求这两个分布电容的方法：一种是本节的保角变换法；另一种是第 14.6 节介绍的积分方程法。它们的应用范围能互相补充，其结果曲线已示于第 3 章。

在应用保角变换法时，也是分别求空气微带线的分布电容和实际微带线的有效介电常数。

有效介电常数对于偶模和奇模是不同的。但是这两种情况下的有效介电常数更难于求得。估计它们不会差得很多，而且和单根微带线的有效介电常数也不会相差太多，所以就取式(14-69)或式(14-70)作为它们的约略值。

这里只介绍求无厚度空气耦合微带线分布电容的方法。用下标 e 作为偶模的标志，用下标 O 作为奇模的标志。

空气耦合微带线的尺寸示于图 14-27。偶模和奇模情况下，两微带线之间的电力线示于图 14-28。由此图可见，两根微带线之间的对称平面，对于偶模，它如同理想磁壁；对于奇模，它如同理想电壁。从两根微带线内边缘发出的电力线，无论偶模或奇模，都不与微带线共平面。但在 s/h 较小时，这根电力线弯曲比较轻微，这时可以把两根微带线之间的平面看成为理想磁壁。本节就是在这种假定之下，应用保角变换，分别求偶模和奇模的分布电容，其结果只在 s/h 较小时比较准确。

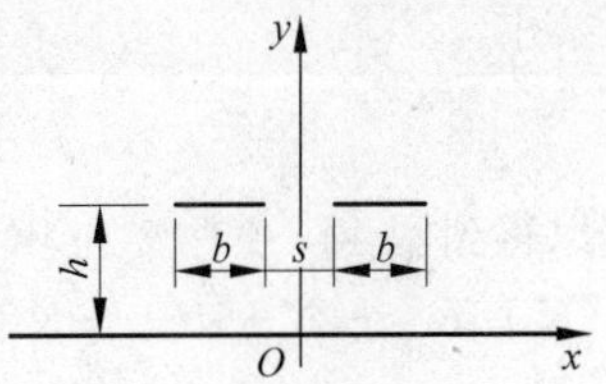

图 14-27 耦合微带横截面内的尺寸

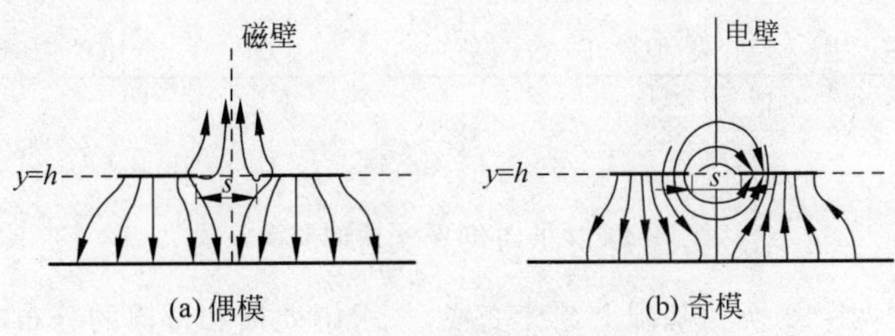

图 14-28 偶模和奇模的电力线示意图

为了分析这个问题，我们先看第 14.6 节的结果，即应用下列变换

$$Z = -\mathrm{j}\,\frac{2h}{\pi}\left[K'E(\arcsin t, k) - (K' - E')F(\arcsin t, k)\right] \tag{14-72}$$

而得到图 14-29 所示的变换。

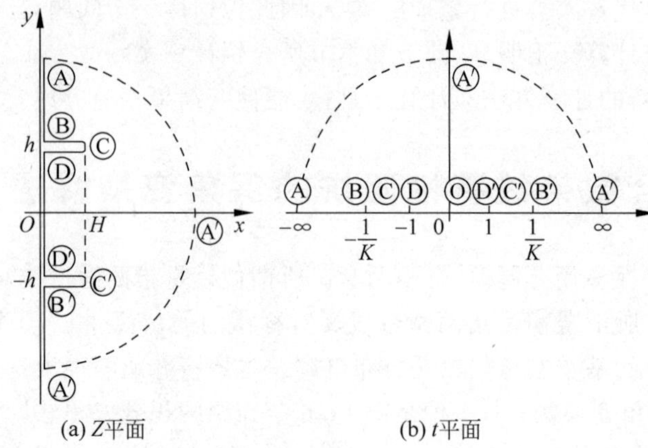

(a) Z平面　　(b) t平面

图 14-29　Z 平面和 t 平面的变换关系

其中,模数 k 由下列方程给出：

$$K'\left[E\left(\arcsin\sqrt{\frac{D'}{K'}},k'\right)-F\left(\arcsin\sqrt{\frac{D'}{K'}},k'\right)\right]-(K'-E')F\left(\arcsin\sqrt{\frac{B'}{E'}},k'\right)$$

$$=\frac{\pi}{2}\frac{H}{h}\ (k=\sqrt{1-k'^2}) \tag{14-73}$$

又,应用下列变换

$$W=F(\arcsin t,k) \tag{14-74}$$

或

$$t=\mathrm{sn}(W,k) \tag{14-75}$$

可以得到图 14-30 中 t 和 W 平面之间的变换,这变换是从本章附录的 sn 函数值分布图中 K、$K+\mathrm{j}K'$、$-K+\mathrm{j}K'$、$-K$ 四点构成的矩形上的函数值直接看出来的。

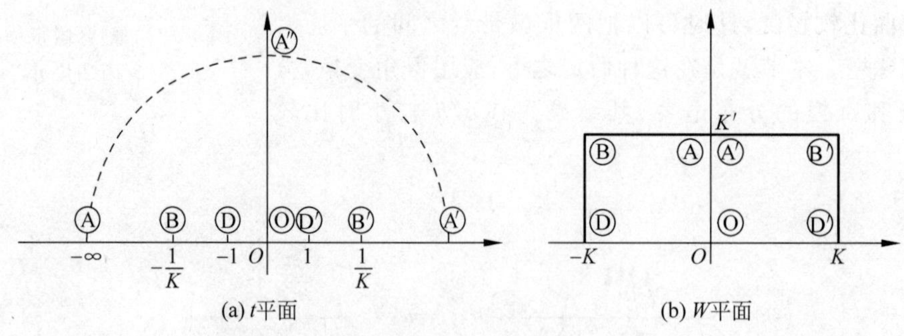

(a) t平面　　(b) W平面

图 14-30　t 平面和 W 平面的变换关系

下面就在上列两个变换的基础上继续变换,来求解偶模和奇模的分布电容。

先看偶模的情形。把接地板用导带条的镜像来等效。

应用上述第一种变换,把 Z 平面变到 t 平面(见图 14-31)。为了和以下继续变换区别开来,各常数都标以下标 1,Z 和 t 的关系是

$$Z=-\mathrm{j}\frac{2h}{\pi}[K_1'E(\arcsin t,k_1)-(K_1'-E_1')F(\arcsin t,k_1)] \tag{14-76}$$

其中，模数 k_1 由下列方程求出：

$$K_1'\left[E\left(\arcsin\sqrt{\frac{D_1'}{K_1'}},k_1'\right)-F\left(\arcsin\sqrt{\frac{D_1'}{K_1'}},k_1'\right)\right]-(K_1'-E_1')F\left(\arcsin\sqrt{\frac{B_1'}{E_1'}},k_1'\right)$$

$$=\frac{\pi}{2}\frac{b+\frac{s}{2}}{h} \tag{14-77}$$

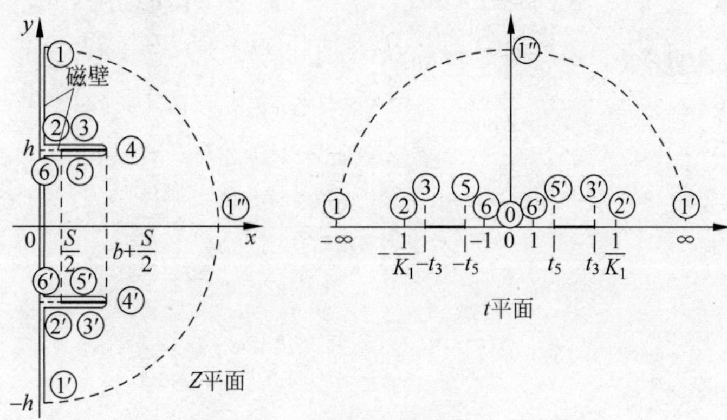

图 14-31　偶模所用 Z 到 t 的变换

为使导带条内缘③、③′能变换为 W 平面上的 $\pm K+\mathrm{j}K'$ 点，⑤、⑤′能变换为 W 平面上的 $\pm K$ 点，先改变一下 t 平面的尺度。令

$$t_e'=\frac{t}{t_5} \tag{14-78}$$

并且更换新的模数 k_2，为

$$k_{2e}=\frac{t_5}{t_3} \tag{14-79}$$

于是③、⑤两点在 t' 平面上的变换就是 $t_{3e}'=\frac{1}{k_{2e}}$ 和 $t_{5e}'=1$ 了。再应用前述第二种变换，使

$$W_e=F(\arcsin t_e',k_2) \tag{14-80}$$

即

$$t_e'=\mathrm{sn}(W_e,k_{2e}) \tag{14-81}$$

就得到图 14-32 的变换。

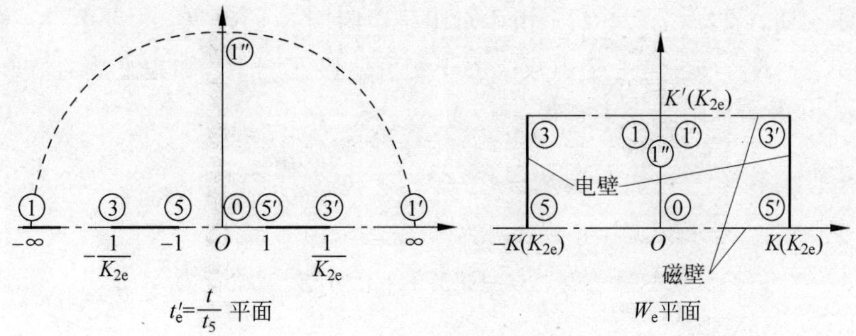

图 14-32　t_e'平面和 W_e 平面的变换关系

这图表明，偶模的分布电容是

$$C_{0e} = \varepsilon_0 \frac{K'(k_{2e})}{K(k_{2e})} \tag{14-82}$$

现在的问题就在于计算 k_{2e}。为此，需先求出 t_3 和 t_5。这需要把 $Z=s/2-\mathrm{j}h$ 代入变换式中，以得到 t_3 和 t_5 的方程

$$\frac{s}{2}-\mathrm{j}h=-\mathrm{j}\,\frac{2h}{\pi}[K_1'E(\arcsin t_{3,5},k_1)-(K_1'-E_1')F(\arcsin t_{3,5},k_1)]$$

式中，k_1 是已知的，因此 K_1'、E_1' 也都是已知的。

先简化此方程，令

$$u_{3,5} = F(\arcsin t_{3,5},k_1)$$

亦即

$$t_{3,5} = \mathrm{sn}(u_{3,5},k_1) \tag{14-83}$$

于是

$$E(\arcsin t_{3,5},k_1) = E(u_{3,5})$$

代入上列方程，就得

$$\frac{s}{2h}-\mathrm{j}=-\mathrm{j}\,\frac{2}{\pi}[K_1'E(u_{3,5})-(K_1'-E_1')(u_{3,5})]$$

根据全椭圆积分的恒等式

$$KE'+K'E-KK'=\frac{\pi}{2}$$

有

$$K_1'-E_1'=\frac{K_1'E_1}{K_1}-\frac{\pi}{2K_1}$$

代入上式，并注意

$$E(u_{3,5})-\frac{E_1}{K_1}u_{3,5}=Z(u_{3,5})$$

上列方程成为

$$\frac{s}{2h}-\mathrm{j}=-\mathrm{j}\,\frac{2K_1'}{\pi}\left[Z(u_{3,5})+\frac{\pi}{2K_1K_1'}u_{3,5}\right]$$

右边方括号里应当是一个复数，它的实部应当等于$-\dfrac{\pi}{2K_1'}$。现在设法把它分出来。

图 14-31 表明，$1<t_3<t_5<1/k_1$。由本章附录中附图 1(a)可见，$u_{3,5}$必在 K_1 和 $K_1+\mathrm{j}K_1'$之间。因此 $K_1+\mathrm{j}K_1'-u_{3,5}$是一个虚数。关于变数偏移 $K_1+\mathrm{j}K_1'$和是虚数的情形，本章附录中有其展开式。由本章附录表三查得

$$Z(u+K+\mathrm{j}K')=Z(u)-\frac{\mathrm{sn}u\,\mathrm{dn}u}{\mathrm{cn}u}-\mathrm{j}\,\frac{\pi}{2K_1}$$

如果令

$$u_{3,5}=-v_{3,5}+K_1+\mathrm{j}K_1'$$

此式就成为

$$(-v_{3,5}+K_1+\mathrm{j}K_1')=-Z(v_{3,5})+\frac{\mathrm{sn}(v_{3,5},k_1)\mathrm{dn}(v_{3,5},k_1)}{\mathrm{cn}(v_{3,5},k_1)}-\mathrm{j}\,\frac{\pi}{2K_1}$$

代入上列方程，就成为

$$\frac{s}{2h}-\mathrm{j}=-\mathrm{j}\,\frac{2K_1'}{\pi}\left[-Z(v_{3,5})+\frac{\mathrm{sn}(v_{3,5},k_1)\mathrm{dn}(v_{3,5},k_1)}{\mathrm{cn}(v_{3,5},k_1)}-\frac{\pi}{2K_1K_1'}v_{3,5}\right]$$
$$-\mathrm{j}\,\frac{2K_1'}{\pi}\left[-\mathrm{j}\,\frac{\pi}{2K_1}+\frac{\pi}{2K_1K_1'}(K_1+\mathrm{j}K_1')\right]$$

右边第二项恰好等于$-\mathrm{j}$，第一项方括号中的三项和本章附录表二给出的虚变换表格内一致，只是那里的k^1这里是k'。在这公式中，使$u=v_{3,5}$，就成为

$$\mathrm{j}Z(\mathrm{j}v_{3,5},k_1')=Z(v_{3,5})-\frac{\mathrm{sn}(v_{3,5},k_1)\mathrm{dn}(v_{3,5},k_1)}{\mathrm{cn}(v_{3,5},k_1)}+\frac{\pi}{2K_1K_1'}v_{3,5}$$

因此，上列方程成为

$$\frac{s}{2h}=-\frac{2K_1'}{\pi}Z(\mathrm{j}v_{3,5},k_1')$$

由上述$v_{3,5}$是一个正虚数，令$v_{3,5}=\mathrm{j}x_{3,5}$，则$-x_{3,5}=\mathrm{j}v_{3,5}$
就得到最后的方程：

$$\frac{s}{h}=\frac{4K_1'}{\pi}Z(x_{3,5},k_1') \tag{14-84}$$

式中K_1'为已知，$Z(x_{3,5})$对$x_{3,5}$的关系曲线在函数表中已画出。所以由上列方程可以解出$x_{3,5}$。

把前面用过的转换关系列在一起，就是：

$$u_{3,5}=-\mathrm{j}x_{3,5}+K_1+\mathrm{j}K_1'$$
$$t_{3,5}=\mathrm{sn}(u_{3,5},k_1)=\mathrm{sn}(-\mathrm{j}x_{3,5}+K_1+\mathrm{j}K_1',k_1)$$

由本章附录的转换关系，

$$\mathrm{sn}(-\mathrm{j}x_{3,5}+K_1+\mathrm{j}K_1',k_1)=\frac{\mathrm{dn}(-\mathrm{j}x_{3,5},k_1)}{k_1\mathrm{cn}(-\mathrm{j}x_{3,5},k_1)}$$
$$\mathrm{dn}(-\mathrm{j}x_{3,5},k_1)=\frac{\mathrm{dn}(x_{3,5},k_1')}{\mathrm{cn}(x_{3,5},k_1')}$$
$$\mathrm{cn}(-\mathrm{j}x_{3,5},k_1)=\frac{1}{\mathrm{cn}(x_{3,5},k_1')}$$

因此，

$$t_{3,5}=\frac{1}{k_1}\mathrm{dn}(x_{3,5},k_1') \tag{14-85}$$

所以求得$x_{3,5}$以后，$t_{3,5}$就可以得到，k_{2e}也就可以得到了。

其次再看奇模的情况。

采用图14-31同样的变换（只是现在①-②、⑥-⑥′、②′-①′之间都是电壁），得到t平面上的变换后，把与电壁和磁壁相应的部分注出，如图14-33所示，它和偶模情况最显著的区别就在于t平面实轴上除了导体带条以外，还有很大的部分也是电壁而不是磁壁。如果采用第二种变换

$$t=\mathrm{sn}(W,k_1)$$

把它变到W平面上，就像图14-33(b)表示的那样，它的电容仍然不好计算。这里也不能用简单地改变尺度的办法来得到图14-32右图那样的矩形。

图14-33中，根据对称性，也画出了接地板变换后的位置。它是t平面的虚轴和W平

面的一段虚轴。如果能找到一个变换关系，把 W 平面的第二象限的矩形再变换到另一个 t_0'平面上，使除③-⑤外其余全部电壁都变到虚轴上，那就和图 14-31 的 t 平面形式相同，因而很容易变成图 14-32 中的 W_e 平面那样的图形。

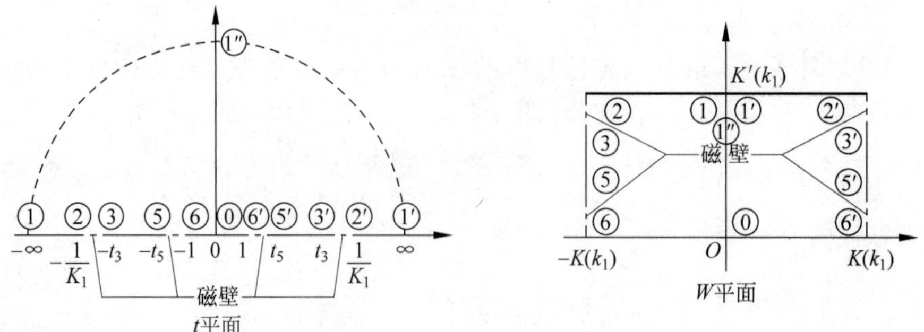

图 14-33　奇模用的 t 到 W 的变换

为此，我们逐个分析各种椭圆函数的函数值的分布图。在那些图上得不到答案，就去研究函数的组合。有人发现了$\frac{\mathrm{sn}(u,k)}{\mathrm{cn}(u,k)}$。现在我们先根据附录的分布图作出这个函数的分布图，如图 14-34 所示。其中 $u=\pm \mathrm{j}K'$点的值是根据$\pm \mathrm{j}K'=\mathrm{sn}u/\sqrt{1-\mathrm{sn}^2 u}$及 $\mathrm{sn}u$、$\mathrm{cn}u$ 在虚轴上的符号而得到的。$u=\pm K$ 点周围的符号是根据 u 和 $\psi(u)$轨迹的对应回旋方向定出来的。

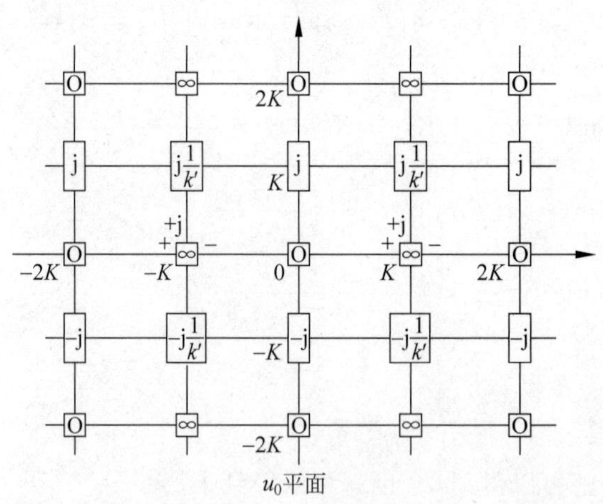

图 14-34　$\Psi(u)=\frac{\mathrm{sn}(u,k)}{\mathrm{cn}(u,k)}$的函数值分布图

从这图可见，$u=0$、$-K$、$-K-\mathrm{j}K'$、$-\mathrm{j}K'$、0 的轨迹在 $\psi(u)$平面上的变换如图 14-35 所示。为了下面使用便利，把模数改为 k_1'，因此两坐标轴上 K 改为 K_1'、K'改为 K_1，把变数写成 u_0'以示与图 14-34 有区别。把图 14-33(b)中②-③-⑤-⑥-⓪-①的轨迹变换为 u_0 面上的矩形，那么，从 u_0 平面到 Ψ 平面上的变换就正是我们所需要的变换。

对照图 14-33 和图 14-35(a)，可见从 W 到 u_0 平面的变换是先顺时针转 $\pi/2$，然后再平移$-(K_1'+\mathrm{j}K_1)$。因此，令

$$u_0=-\mathrm{j}W-(K_1'+\mathrm{j}K_1)$$

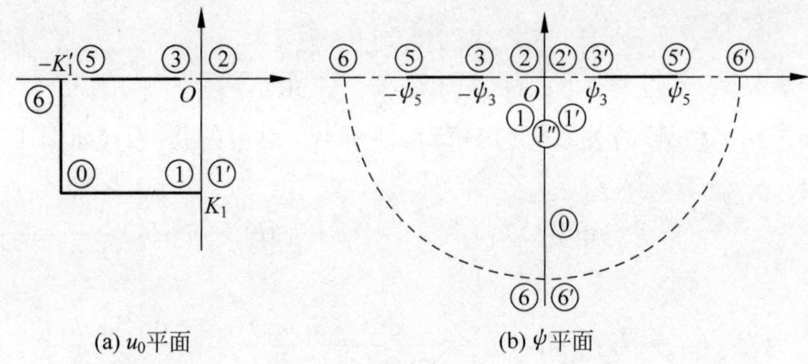

(a) u_0平面　(b) ψ平面

图 14-35　u_0 平面和 ψ 平面的变换关系

即

$$W = \mathrm{j}u_0 - K_1 + \mathrm{j}K_1' \tag{14-86}$$

再令

$$\psi(u_0) = \frac{\mathrm{sn}(u_0, k_1')}{\mathrm{cn}(u_0, k_1')} \tag{14-87}$$

于是得到图 14-35 中 ψ 平面上的图形，其中右半平面的图形是根据对称性画出来的。模数选用 k' 的原因是：经过转 $\pi/2$ 后，u_0 平面上实轴的尺度成了 K_1'，而虚轴的尺度成了 K_1。得到 ψ 平面上的图形后，可以和图 14-32 同样地变换，只是要注意 ψ 平面和 t 平面相应点的位置不同。现在令

$$t_0' = \frac{\psi}{\psi_3}, \quad k_{20} = \frac{\psi_3}{\psi_5} \tag{14-88}$$

采用变换

$$t_0' = \mathrm{sn}(W_0, k_{20}) \tag{14-89}$$

就得到图 14-36 的图形。这里 W_0 平面上的图形在虚轴下边的原因是：图 14-35 中，⑥-⑤-③-②-②'-③'-⑤'-⑥'-⑥是顺时针的，在 W_0 平面上的顺序应该也是这样。

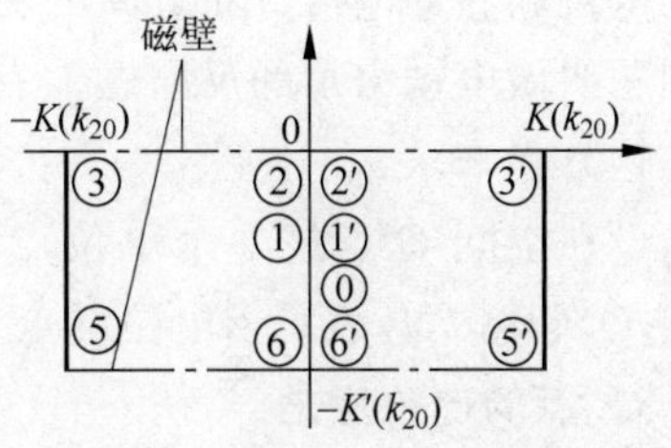

图 14-36　在 W_0 平面上的对应点

由此可见，奇模的分布电容是

$$C_{00} = \varepsilon_0 \frac{K'(k_{20})}{K(k_{20})} \tag{14-90}$$

现在的问题是计算 k_{20}，为此需计算 ψ_3 和 ψ_5。

将 u_0 与 W 的关系式(14-86)代入 ψ 的表示式(14-87)，得到

$$\Psi = \frac{\mathrm{sn}(-\mathrm{j}W - K_1' - \mathrm{j}K_1, k_1')}{\mathrm{cn}(-\mathrm{j}W - K_1' - \mathrm{j}K_1, k_1')}$$

由图 14-33 可见，$\psi_{3,5}$ 的对应值 $W_{3,5}$ 是在 W 平面上 $-K(k_1)$ 与 $-K(k_1)+\mathrm{j}K'(k_1)$ 之间(即 $-K_1$ 与 $-K_1+\mathrm{j}K_1'$ 之间)。令

$$W_3 = -K_1 + \mathrm{j}K_1' - \mathrm{j}a, \quad W_5 = -K_1 + \mathrm{j}K_1' - \mathrm{j}b$$

二者形式相同，只计算 W_3，W_5 可以类推。

因

$$-\mathrm{j}W_3 - K_1' - \mathrm{j}K_1 = -a$$

所以

$$\psi_3 = \frac{\text{sn}(a,k_1')}{\text{cn}(a,k_1')}, \quad \psi_5 = \frac{\text{sn}(b,k_1')}{\text{cn}(b,k_1')} \tag{14-91}$$

现在来求 a 和 b。由 t 和 W 的关系式(14-75)，注意 W_3 对应的是 $-t_3$(如图 14-30 所示)，得到

$$-t_3 = \text{sn}(W_3, k_1) = \text{sn}(-K_1 + \text{j}K_1' - \text{j}a, k_1)$$

由附录表三，

$$\text{sn}(-K_1 + \text{j}K_1' - \text{j}a, k_1) = \frac{-\text{dn}(-\text{j}a, k_1)}{k_1\text{cn}(-\text{j}a, k_1)} = \frac{-\text{dn}(\text{j}a, k_1)}{k_1\text{cn}(\text{j}a, k_1)}$$

由附录表二，

$$\text{dn}(\text{j}a, k_1) = \frac{\text{dn}(a,k_1')}{\text{cn}(a,k_1')}, \quad \text{cn}(\text{j}a, k_1) = \frac{1}{\text{cn}(a,k_1')}$$

因此

$$t_3 = \frac{1}{k_1}\text{dn}(a,k_1'), \quad t_5 = \frac{1}{k_1}\text{dn}(b,k_1') \tag{14-92}$$

t_3、t_5 前已求得，由这两式查曲线可以求得 a 和 b，于是 ψ_3 和 ψ_5 可以求得，于是 k_{20} 可以求得。

本节的推导过程表明，使用多角形变换来解决问题主要是靠使用者在使用过程中随时分析情况，找出解决问题的方法。变换式(14-31)仅仅是变换工具之一，仅靠简单地代入这公式是不能解决什么问题的。

14.10 格林公式和部分镜像法

为了求微带线的分布电容和某些不均性的等效电容，常需应用静电学的方法求出微带线的电位和它的电荷分布之间的关系。其中电位可设为已知常数，待求的是电荷分布。这种问题叫做电动力学的反问题。有一种解法是：先写出用电荷密度 σ 表示电位 φ 的公式，再解这方程来求 σ。

设在空间 Q 点放一个单位点电荷，在场内所有的边界影响下，它使 P 点的电位成为 $G(P,Q)$(其中，P 表示求电位的点，Q 表示单位点电荷所在的点)，那么，在荷电系统 V 的作用下，P 点的电位应是

$$\varphi(P) = \int_V \rho(Q)G(P,Q)\text{d}V_Q \tag{14-93}$$

其中，$\rho(Q)$是包含 Q 点的微体积 $\text{d}V_Q$ 的电荷密度，积分域包括所有有电荷的点。

式(14-93)称为格林公式，G 称为格林函数。当荷电系统是导体表面时，令 $\sigma(Q)$是面电荷密度，格林公式成为

$$\varphi(P) = \int_S \sigma(Q)G(P,Q)\text{d}s_Q \tag{14-94}$$

积分域 S 包括所有的导体表面。

如果荷电系统是无限长导体柱，取 $G(P,Q)$为穿过 Q 点的单位线电荷在 P 点引起的电位这时要考虑到所有的边界的影响，并要规定出 0 电位点的位置。设 $\sigma(Q)$是面电荷密度，则

$$\varphi(P)=\int_L \sigma(Q)G(P,Q)\mathrm{d}l_Q \tag{14-95}$$

积分域 L 包括所有导体柱面的横截线。

当 P 点落在导体表面上而 $\varphi(P)$ 是已知函数时，格林公式就成为 σ 应满足的积分方程。为了写出这积分方程的具体形式，需先求得格林函数 G。下面介绍在无限介质平板影响下，格林函数的求法。根据镜像原理，接地导体表面以上的场和厚度为 $2h$ 的介质板两面各置一条导体带条的情况相同(只对介质板中心平面以上的半空间有效)。所以下边的分析都是对这种 $2h$ 厚度的介质板的情况而言。

根据静电场的解的唯一性，任何一个静电场中的电位分布完全决定于场中的电荷分布和所有的边界面的性质和形状。因此，当电荷分布和边界已定时，用任何两种正确的方法求得的电位分布必是等值的。所以并不一定要直接去解场方程，也可以根据必要且充足的条件判断出解答来。

对于点电荷和线电荷的情况，这些条件是：第一，在 P、Q 的距离无限缩小时，电位无限增加，并且这电位以自由空间的电位为极限。除 $\overrightarrow{PQ}=\overrightarrow{0}$ 外，在有限空间内电位总是取有限值。第二，在介质表面上，φ 和它的切向导数连续，法向导数则与介质常数成反比。

设 G_0 是单位点电荷或线电荷在自由空间引起的电位，根据条件一，一定有

$$G(P,Q)=G_0(P,Q)+F(P,Q) \tag{14-96}$$

其中，$F(P,Q)$ 在有限空间内到处有限。在介质表面上，G_0 和 F 共同满足边界条件。以下我们来证明，当全空间一半是介质 ε_1，一半是空气，只有一个无限平面分界面时，F 只有是由某个点电荷或线电荷在自由空间引起的电位，才能在分界面任何一点都和 G_0 共同满足条件二。如图 14-37 所示，以点电荷的情况为例，在分界面上任一 P 点处，

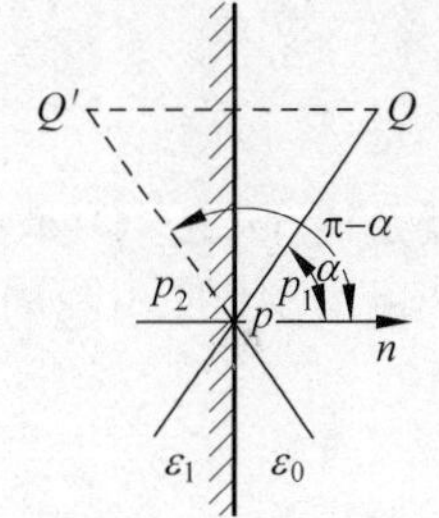

图 14-37　源和平面边界

$$G_0=\frac{1}{4\pi\varepsilon_0}\cdot\frac{1}{\gamma},\frac{\partial G_0}{\partial n}=-\frac{1}{4\pi\varepsilon_0}\frac{1}{\gamma^2}\cdot\cos\alpha$$

其中 $\frac{\partial}{\partial n}$ 表示求法向导数(这里是对 x 求导数)。

根据法向导数的边界条件，应有

$$\varepsilon_0\left(\frac{\partial G_0}{\partial n}+\frac{\partial F_1}{\partial n}\right)=\varepsilon_1\left(\frac{\partial G_0}{\partial n}+\frac{\partial F_2}{\partial n}\right)$$

其中

$$F_1=F(P_1,Q),\quad F_2=F(P_2,Q)$$

由此解得

$$\varepsilon_0\frac{\partial F_1}{\partial n}-\varepsilon_1\frac{\partial F_2}{\partial n}=(\varepsilon_1-\varepsilon_0)\frac{\partial G_0}{\partial n}=-\frac{\varepsilon_1-\varepsilon_0}{4\pi\varepsilon_0}\cdot\frac{1}{\gamma^2}\cdot\cos\alpha$$

其中 γ 和 α 都随 P 点的位置而改变。这只有在 $\frac{\partial F_1}{\partial n}$ 和 $\frac{\partial F_2}{\partial n}$ 都和 $\frac{1}{\gamma^2}\cdot\cos\alpha$ 成正比才可能在任何一对 P_1、P_2 上都满足上列条件，亦即 F_1 和 F_2 都只能是位于 Q 或其镜像点 Q' 上的点电荷所引起。

但 P_1 也可以是Ⅰ区中的任意点，P_2 也可以是Ⅱ区中的任意点。所以引起 F_1 的电荷不

能在 Q 点，引起 F_2 的电荷不能在 Q' 点，否则当 P_1 落到 Q 点或 P_2 落到 Q' 点时，F_1 或 F_2 将成为∞。这就违背了 F 必须是有限值的条件。

由此可见，必然是

$$F(P_1,Q)=K_1G_0(P_1,Q'),\quad F(P_2,Q)=K_2G_0(P_2,Q)$$

其中，P_1 是Ⅰ区（空气）中的任何点，P_2 是Ⅱ区（介质）中的任何点。

根据在分界面上，电位及其切向导数连续的条件，有

$$K_1G_0(P_1,Q')=K_2G_0(P_2,Q)(P_1=P_2)$$

根据在介界面上电位的法向分量的条件，有

$$\varepsilon_0\frac{\partial}{\partial \boldsymbol{n}}[G_0(P_1,Q)+K_1G_0(P_1,Q')]=\varepsilon_1\frac{\partial}{\partial \boldsymbol{n}}[G_0(P_2,Q)+K_2G_0(P_2,Q)](P_1=P_2)$$

但是，由图 14-37 可见，在界面上

$$\frac{\partial G_0(P,Q)}{\partial \boldsymbol{n}}=-\frac{\partial G_0(P,Q')}{\partial \boldsymbol{n}}$$

因为，如果 $\overrightarrow{QP}$ 与 $\boldsymbol{n}$ 的夹角是 $\pi-\alpha$，那么 $\overrightarrow{Q'P}$ 与 $\boldsymbol{n}$ 的夹角就是 α，而 $\cos(\pi-\alpha)=-\cos\alpha$。所以上列两方程成为

$$K_1=K_2$$

$$\varepsilon_0(1-K_1)=\varepsilon_1(1+K_2)$$

令 $K_1=K_2=K$，代入第二方程即可解出

$$K=\frac{\varepsilon_0-\varepsilon_1}{\varepsilon_0+\varepsilon_1}\tag{14-97}$$

这就是说，$G(P_1,Q)$ 是由 Q 点的单位电荷和 Q' 点的电荷 K 共同引起的；$G(P_2,Q)$ 是由 Q 点的电荷 $1+K$ 引起的，在计算电位时，假想全空间都是空气。但

$$1+K=\frac{2\varepsilon_0}{\varepsilon_1+\varepsilon_0}=\frac{\varepsilon_0}{\varepsilon_1}(1-K)$$

就是说，$G(P_2,Q)$ 也可以看成是当全空间都是介质时，在 Q 点的电荷 $1-K$ 所引起的。

把上列结果用图形来表示，即成图 14-38。须注意，这些都是等效的，实有的电荷只是 Q 点的单位电荷。

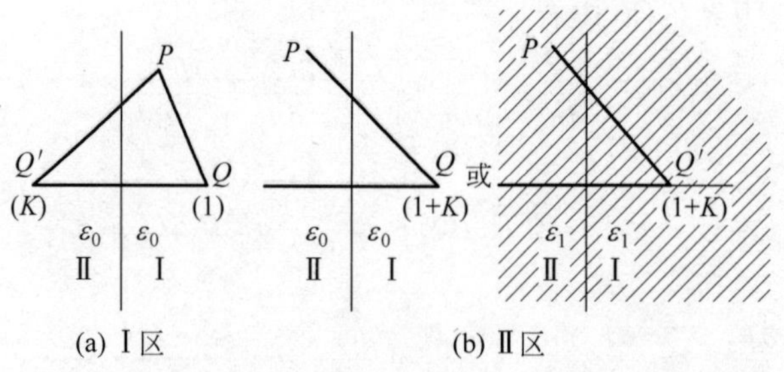

图 14-38 引起 $G(P,Q)$ 的电荷分布

如果取分界面为 $y-z$ 坐标面，使 Q 点的坐标为 (a,y_0,z_0)，则图 14-38 表明，在Ⅰ区，格林函数是

$$G(P;a,y_0,z_0)=G_0(P;a,y_0,z_0)+KG_0(P;-a,y_0,z_0)$$

在Ⅱ区，格林函数是

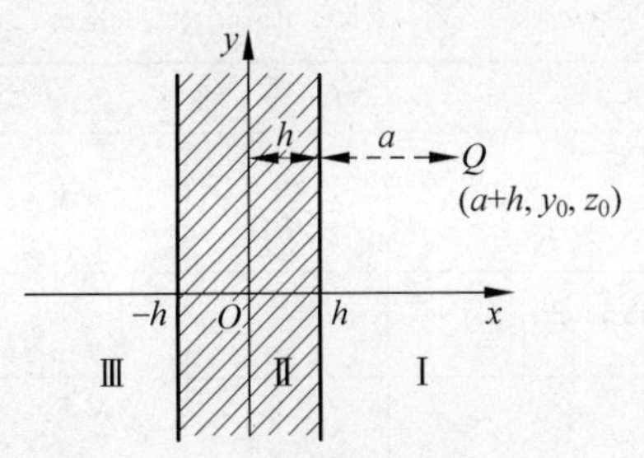

图 14-39　格林函数的几何关系

$$G(P;\ a,y_0,z_0)=\frac{\varepsilon_0}{\varepsilon_1}(1-K)G_0(P;\ a,y_0,z_0)$$

无论源是点电荷或线电荷，这两个公式都成立，只是 G_0 的表示式不同而已。

以下再来研究无限介质平板影响下的格林函数。图 14-39 为其几何关系。设介质板厚度为 $2h$，取其对称平面为 y—z 坐标面。源电荷位于 Q 点，坐标是 $(h+a,y_0,z_0)$。源所在的区域定为Ⅰ区，介质板内是Ⅱ区，介质板另一边是Ⅲ区。每一区内，格林函数各有其特殊的形式，可以用两个界面反复反射和透过的理想过程来求得。

上列单界面的情况表明，从源发出的一次场遇到界面时，可以用反射系数和透过系数来表示界面的反应。由图 14-38 和式(14-39)可知，源在空气中时，反射系数是 K，透过系数是 $1-K$；而源在介质中时，反射系数应是 $-K$，透过系数则是 $1+K$，各个电荷如同都在 P 点所在区域的那种介质中，如图 14-40 所示。

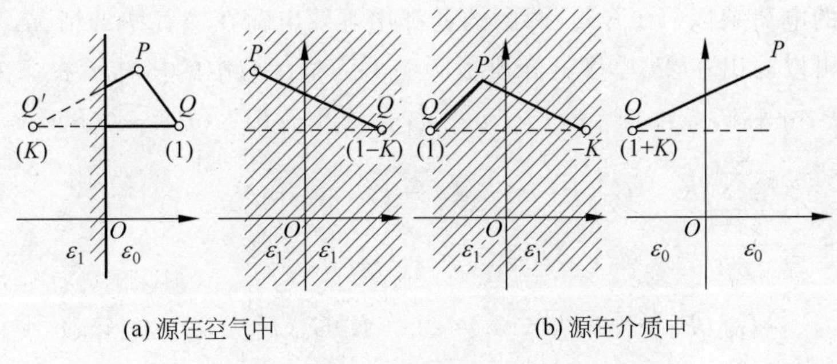

(a) 源在空气中　　(b) 源在介质中

图 14-40　界面引起静电场的反射和透过

在两个界面的情况，从右面透入Ⅱ区的场遇到左面要引起反射(从介质到空气的情况)，反射遇到右面又要引起反射(仍是从介质到空气的情况)，如此无限循环下去。对于两个界面，Ⅱ区的场都用电荷在介质中的等效情况，以第一次透入Ⅱ区的场为起点，把各次反射和透入Ⅰ区和Ⅲ区的场列表如表 14-4 所示。

表 14-4　两个界面的反复反射和透入

过程	Ⅱ区			Ⅰ区		Ⅲ区	
	点电荷位置		电荷	点电荷 x 坐标	电荷	点电荷 x 坐标	电荷
	距反射面	x 坐标					
起始		$a+h$	$1-K$	$a+h$ $-a+h$	1 K		
左面第一次反射	$2h+a$	$-(a+3h)$	$-K(1-K)$			$a+h$	$(1-K)(1+K)$ $=(1-K^2)$
右面第一次反射	$4h+a$	$a+5h$	$K^2(1-K)$	$-(a+3h)$	$-K(1-K^2)$		
左面第二次反射	$6h+a$	$-(a+7h)$	$-K^3(1-K)$			$a+5h$	$K^2(1-K^2)$

续表

过程	Ⅱ区			Ⅰ区		Ⅲ区	
	点电荷位置		电荷	点电荷 x 坐标	电荷	点电荷 x 坐标	电荷
	距反射面	x 坐标					
右面第二次反射	$8h+a$	$a+9h$	$K^4(1-K)$	$-(a+7h)$	$-K^3(1-K^2)$		
……				………			
左面第 n 次反射		$-[a+(4n-1)h]$	$-K^{2n-1}(1-K)$			$a+[4(n-1)+1]h$	$K^{2(n-1)}(1-K^2)$
右面第 n 次反射		$a+(4n+1)h$	$K^{2n}(1-K)$	$-[a+(4n-1)h]$	$-K^{2n-1}(1-K^2)$		

Ⅰ区的透入场都是由右面透入的，点电荷都在右面的左边，其 x 坐标等于距右面的距离减一个 h 再变号，其电荷等于上次左面反射场的电荷乘以 $(1+K)$。Ⅱ区的透入场都是由左面透入的，点电荷都在左面的右边，其 x 坐标等于距左面的距离减一个 h，其电荷等于上次右面反射场的电荷乘以 $(1+K)$。两区的场都用等效电荷在空气中的情况。

根据上表可以写出在 $2h$ 厚度的介质板影响下三个区域中的格林函数。在Ⅰ区中是

$$G_{\mathrm{I}}(P;a+h,y_0,z)=G_0(P;a+h,y_0,z_0)+KG_0(P;-a+h,y_0,z_0)$$
$$-(1-K^2)\sum_{n=1}^{\infty}K^{2n-1}G_0(P;a-(4n-1)h,y_0,z_0) \tag{14-98}$$

在Ⅱ区中是

$$\frac{\varepsilon_1}{\varepsilon_0}G_{\mathrm{II}}(P;a+h,y_0,z)=(1-K)G_0(P;a+h,y_0,z_0)$$
$$-(1-K)\sum_{n=1}^{\infty}K^{2n-1}G_0(P;-a-(4n-1)h,y_0,z_0)$$
$$+(1-K)\sum_{n=1}^{\infty}K^{2n}G_0(P;a+(4n+1)h,y_0,z_0) \tag{14-99}$$

在Ⅲ区中是

$$G_{\mathrm{III}}(P;a+h,y_0,z_0)=(1-K^2)\sum_{n=1}^{\infty}K^{2(n-1)}G_0(P;a+(4n-3)h,y_0,z_0) \tag{14-100}$$

需注意，实有的源只有一个，它在 $(a+h,y_0,z_0)$ 点，对于二维问题，G_0 取单位线电荷引起的电位，G、G_0 都与 z 无关。

有了格林函数的具体表示式，式(14-94)和式(14-95)就可以写成具体形式了。

14.11 用格林公式求微带线分布电容

这是一个使用二维格林公式的例子。

用上导体带条和介质板的镜像代替接地板，成为对称平行带线，如图 14-41 所示。设两个带条的电位分别是 $\pm V$。求分布电容的问题归结为求带条上单位长度的电荷 Q，而 Q 与电荷密度的关系则是

$$Q=\int_{-\frac{b}{2}}^{\frac{b}{2}}\sigma(y_0)\mathrm{d}y_0 \tag{14-101}$$

其坐标系如图 14-42 所示。为了求 Q,需先求 σ。

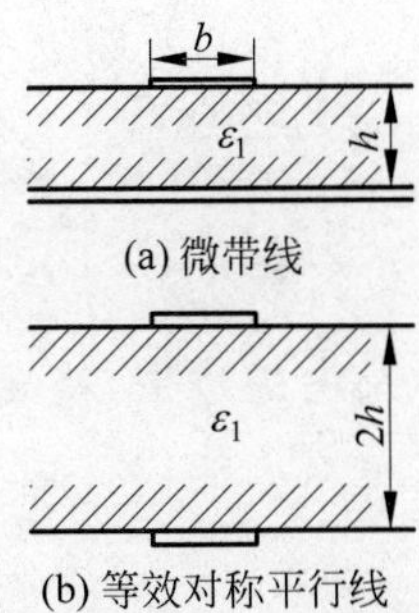

图 14-41　微带线与等效对称平行带线

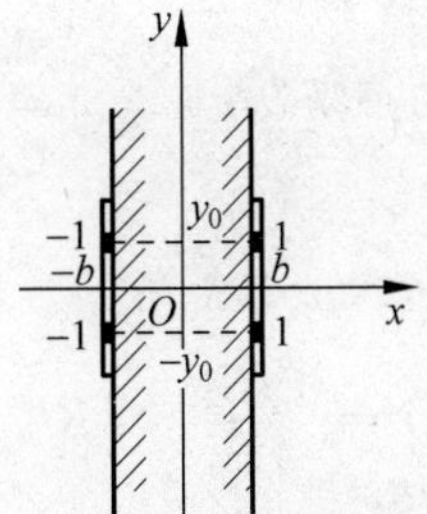

图 14-42　对称平行线上的四个对称单元

求 σ 的方法是：令式(14-95)中,G 是在介质平板影响下单位线电荷引起的电位,P 点落在上导体带条上,L 包括两根带条,$\psi(P)=V$,求解这个积分方程。

为了简化积分式,把两根带条上对面两点(坐标分别是(h,y_0)和$(-h,y_0)$)上的正负单位线电荷引起的电位叠加起来。对于(h,y_0)的正电荷,采用式(14-99),使 $a=0$；对于$(-h,y_0)$点的负电荷,按表 14-4 所示Ⅱ区的点电荷,把 x 坐标反号(并使 $a=0$),电荷也反号。

于是有

$$\begin{aligned}\frac{\varepsilon_1}{\varepsilon_0}G^{(2)}(P,Q)=&(1-K)[G_0(P;\ h,y_0)-G_0(P;\ -h,y_0)]\\&+(1-K)\sum_{n=1}^{\infty}K^{2n-1}[G_0(P;\ (4n-1)h,y_0)-G_0(P;\ -(4n-1)h,y_0)]\\&+(1-K)\sum_{n=1}^{\infty}K^{2n}[G_0(P;\ (4n+1)h,y_0)-G_0(P;\ -(4n+1)h,y_0)]\end{aligned} \tag{14-102}$$

应用高斯定律,取 z 坐标轴为 0 电位点,那么,放在(x_0,y_0)点的单位线电荷在(x,y)点引起的电位应是

$$G_0(x,y;\ x_0,y_0)=-\frac{1}{4\pi\varepsilon_0}\ln\frac{(x-x_0)^2+(y-y_0)^2}{x_0^2+y_0^2}$$

把上列 $G(P,Q)$式中各 x_0 值代入此式,即得

$$\begin{aligned}G^{(2)}(P,Q)=&\frac{1-K}{4\pi\varepsilon_1}\ln\frac{(x+h)^2+(y-y_0)^2}{(x-h)^2+(y-y_0)^2}\\&+\frac{1-K}{4\pi\varepsilon_1}\sum_{n=1}^{\infty}K^{2n-1}\ln\frac{[x+(4n-1)h]^2+(y-y_0)^2}{[x-(4n-1)h]^2+(y-y_0)^2}\\&+\frac{1-K}{4\pi\varepsilon_1}\sum_{n=1}^{\infty}K^{2n}\ln\frac{[x+(4n+1)h]^2+(y-y_0)^2}{[x-(4n-1)h]^2+(y-y_0)^2}\end{aligned}$$

把两个和数合并,第一个和数为 m 是奇数的项,第二个和数为 m 是偶数的项,于是成为

$$G^{(2)}(x,y;\ h,y_0)=\frac{1-K}{4\pi\varepsilon_1}\ln\frac{(x+h)^2+(y-y_0)^2}{(x-h)^2+(y-y_0)^2}$$

$$+\frac{1-K}{4\pi\varepsilon_1}\sum_{m=1}^{\infty}K^m\ln\frac{[x+(2m+1)h]^2+(y-y_0)^2}{[x-(2m+1)h]^2+(y-y_0)^2} \tag{14-103}$$

将这个格林函数代入式(14-95)中，即使 P 落在上导体带条上($x=h,-b/2\leqslant y\leqslant b/2$)，即得 σ 的方程。将 $x=h$ 代入上式时，上式可以写成

$$G^{(2)}(h,y;\ h,y_0)=\frac{1-K}{4\pi\varepsilon_1}\sum_{m'=1}^{\infty}K^{m'-1}\ln\frac{4m'^2+\left(\frac{y-y_0}{h}\right)^2}{4(m'-1)^2+\left(\frac{y-y_0}{h}\right)^2} \tag{14-104}$$

积分域 L 就只包含上导带条了。若再将位于 $-y_0$ 的两根线电荷考虑进来，就成为

$$G^{(4)}(h,y;\ h,y_0)=\frac{1-K}{4\pi\varepsilon_1}\sum_{m'=1}^{\infty}K^{m'-1}$$

$$\ln\frac{\left[4m'^2+\left(\frac{y-y_0}{h}\right)^2\right]\cdot\left[4m'^2+\left(\frac{y+y_0}{h}\right)^2\right]}{\left[4(m'-1)^2+\left(\frac{y-y_0}{h}\right)^2\right]\cdot\left[4(m'-1)^2+\left(\frac{y+y_0}{h}\right)^2\right]} \tag{14-105}$$

将它代入式(14-95)即得

$$V=\int_0^{\frac{b}{2}}\sigma(y_0)G(h,y;\ h,y_0)\mathrm{d}y_0 \tag{14-106}$$

先研究一下 G 的收敛问题。上式中 $m'\to\infty$ 时，对数项趋向于 0，所以这级数比 $\sum\limits_{m'=1}^{\infty}|K|^{m'-1}$ 收敛还快，因为 $|K|<1$，所以 $\sum\limits_{m'=1}^{\infty}|K|^{m'-1}$ 是收敛的，因此，以上三个格林函数都是绝对而且一致收敛的。如果限定相对误差至多等于 E，则因这三个级数都是正负交错的，截留 M 项所引起的相对误差不大于 $|K|^M$，因此所需截留的项数最多是

$$M=\frac{\ln E}{\ln|K|}=\frac{\lg E}{\lg|K|} \tag{14-107}$$

以下将式(14-105)化为代数方程，再求解。

设将导体带条半宽度 $b/2$ 分割为 N 个细条，第 K 条的宽度是 b_K，单位长度的电荷是 q_K，设电荷密度是均匀的，等于 σ_K，

$$q_K=\sigma_K b_K$$

靠近边缘地带 σ 变化较大，应使细条尽量窄；靠近中央地带则可略宽。总电荷则是

$$Q=2\sum_{K=1}^{N}q_K \tag{14-108}$$

实际上每一条细条上的电荷密度是不均匀的，现设它均匀，电位就不能保证为常数。取这种均匀电荷下第 j 条细条的平均电位 φ_j 作为第 j 条的电位。它的每一点的电位都是 N 个细条的电荷共同引起的，因此：

$$\begin{aligned}\varphi_j&=\frac{1}{b_j}\int_{b_j}\left[\sum_{K=1}^{N}\int_{b_k}\sigma(y_0)G^{(4)}(h,y;\ h,y_0)\mathrm{d}y_0\right]\mathrm{d}y\\&=\frac{1}{b_j}\int_{b_j}\left[\sum_{K=1}^{N}\frac{q_K}{b_K}\int_{b_k}G^{(4)}(h,y;\ h,y_0)\mathrm{d}y_0\right]\mathrm{d}y\end{aligned}$$

令

$$P_{jK}=\frac{1}{b_j b_K}\int_{b_j}\int_{b_k}G^{(4)}(h,y;\ h,y_0)\mathrm{d}y_0\mathrm{d}y \tag{14-109}$$

则上式给出 N 元一次联立方程

$$\varphi_j=\sum_{K=1}^{N}P_{jK}q_K \quad (j=1,2,\cdots,N) \tag{14-110}$$

式中 P_{jK} 可以求得，因而是已知常数；φ_j 已设定等于 V。解此联立方程即得各 q_K，代入式(14-108)即可求得总电荷 Q，而分布电容 $C_1=Q/V$ 即可求得。

这种方法的精确度显然决定于求 $G^{(4)}$ 时所取的项数 M 和细条的条数 N，提高 M 和 N 就可以提高精确度，虽没有第 14.7 节和第 14.8 节那种方法烦琐，却比那种方法要有效。

14.12　方块导体片的电容

这是一个使用三维格林函数的例子。

在微带电路中同时也会遇到较低的频率(例如混频器中的中频)，这时，贴在介质板上面的方块导体片和接地板之间就形成电容器，它的电容量等于对称平板的 2 倍，如图 14-43 所示。

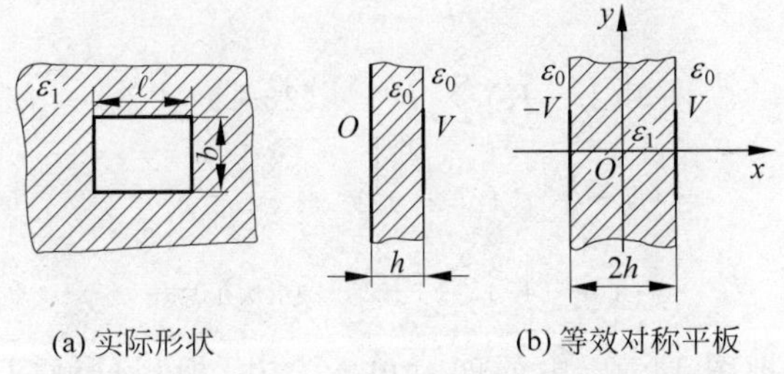

图 14-43　方块导体片电容

为了求这个电容，设对称平板的电位分别是 $-V$ 和 V，设法求其电荷 Q，而 Q 又取决于电荷密度 σ，

$$Q=\int_{-\frac{l}{2}}^{\frac{l}{2}}\int_{-\frac{b}{2}}^{\frac{b}{2}}\sigma(x,y)\mathrm{d}x\mathrm{d}y \tag{14-111}$$

为了求 $\sigma(x,y)$，应用式(14-94)，使 P 点落在上导体片上，它就成为 $\sigma(x,y)$ 的积分方程，解这方程可以求 σ。所以首先还是要求得格林函数。现在显然应当用三维格林函数。

先写出两块导体片上对面两点(h,y_0,z_0)和$(-h,y_0,z_0)$各带正负单位电荷所相应的格林公式。由式(14-99)，

$$\frac{\varepsilon_1}{\varepsilon_0}G^{(2)}(x,y,z;\ h,y_0,z_0)=(1-K)[G_0(x,y,z;\ h,y_0,z_0)-G_0(x,y,z;\ -h,y_0,z_0)]$$

$$-(1-K)\sum_{n=1}^{\infty}K^{2n-1}[G_0(x,y,z;\ -(4n-1)h,y_0,z_0)-G_0(x,y,z;\ (4n-1)h,y_0,z_0)]$$

$$+(1-K)\sum_{n=1}^{\infty}K^{2n}[G_0(x,y,z;\ (4n+1)h,y_0,z_0)-G_0(x,y,z;\ -(4n+1)h,y_0,z_0)]$$

由静电学有

$$G_0(x,y,z;\ x_0,y_0,z_0)=\frac{1}{4\pi\varepsilon_0}[(x-x_0)^2+(y-y_0)^2+(z-z_0)^2]^{-\frac{1}{2}}$$

将上式中各 x_0 值代入，再使 $x=h$，得到

$$
\begin{aligned}
4\pi\varepsilon_1 G^{(2)}(h,y,z;\ h,y_0,z_0) =& (1-K)[(y-y_0)^2+(z-z_0)^2]^{-\frac{1}{2}} \\
& -(1-K)[(2h)^2+(y-y_0)^2+(z-z_0)^2]^{-\frac{1}{2}} \\
& +(1-K)\sum_{n=1}^{\infty}K^{2n}[(4nh)^2+(y-y_0)^2+(z-z_0)^2]^{-\frac{1}{2}} \\
& +(1-K)\sum_{n=1}^{\infty}K^{2n-1}[4(2n-1)^2h^2+(y-y_0)^2+(z-z_0)^2]^{-\frac{1}{2}} \\
& -(1-K)\sum_{n=1}^{\infty}K^{2n-1}[(4nh)^2+(y-y_0)^2+(z-z_0)^2]^{-\frac{1}{2}} \\
& -(1-K)\sum_{n=1}^{\infty}K^{2n}[4(2n+1)^2h^2+(y-y_0)^2+(z-z_0)^2]^{-\frac{1}{2}}
\end{aligned}
$$

第三、四项可以合并，二者互相穿插；最后两项也是这样。得到

$$
\begin{aligned}
4\pi\varepsilon_1 G^{(2)}(h,y,z;\ h,y_0,z_0) =& (1-K)[(y-y_0)^2+(z-z_0)^2]^{-\frac{1}{2}} \\
& -(1-K)[(2h)^2+(y-y_0)^2+(z-z_0)^2]^{-\frac{1}{2}} \\
& +(1-K)\cdot K\sum_{m=1}^{\infty}K^{m-1}[(2mh)^2+(y-y_0)^2+(z-z_0)^2]^{-\frac{1}{2}} \\
& -(1-K)\sum_{m=2}^{\infty}K^{m-1}[(2mh)^2+(y-y_0)^2+(z-z_0)^2]^{-\frac{1}{2}} \\
=& (1-K)[(y-y_0)^2+(z-z_0)^2]^{-\frac{1}{2}} \\
& -(1-K)^2\sum_{m=1}^{\infty}K^{m-1}[(2mh)^2+(y-y_0)^2+(z-z_0)^2]^{-\frac{1}{2}}
\end{aligned}
$$

根据对称性，可以把图 14-44 中的四对单元合并，把积分域限在第一象限。合并后成为

$$
G^{(8)}(h,y,z;\ h,y_0,z_0) = \frac{(1-K)}{4\pi\varepsilon_1}\left[f(0)-(1-K)\sum_{m=1}^{\infty}K^{m-1}f(m)\right] \tag{14-112}
$$

式中，

$$
\begin{aligned}
f(m) =& [(2mh)^2+(y-y_0)^2+(z-z_0)^2]^{-\frac{1}{2}} \\
& +[(2mh)^2+(y+y_0)^2+(z-z_0)^2]^{-\frac{1}{2}} \\
& +[(2mh)^2+(y-y_0)^2+(z+z_0)^2]^{-\frac{1}{2}} \\
& +[(2mh)^2+(y+y_0)^2+(z+z_0)^2]^{-\frac{1}{2}} \quad m=0,1,2,\cdots
\end{aligned}
$$

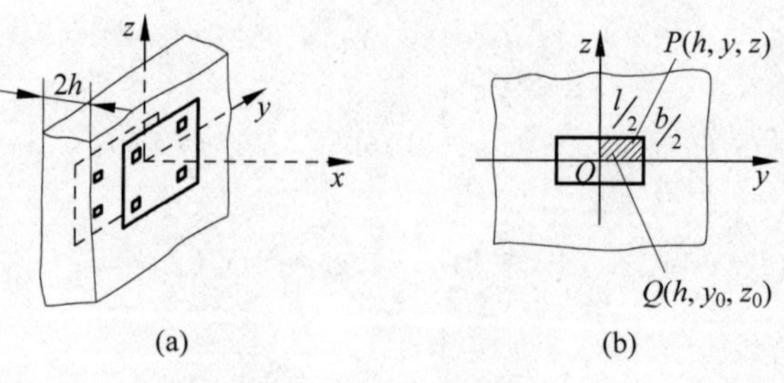

图 14-44 四对对称单元

将这个格林函数代入式(14-94)，即得

$$V=\int_0^{\frac{l}{2}}\int_0^{\frac{b}{2}}\sigma(y_0,z_0)G^{(8)}(h,y,z;\ h,y_0,z_0)\mathrm{d}y_0\mathrm{d}z_0 \tag{14-113}$$

这就是 $\sigma(y,z)$ 的积分方程。解这方程的方法和前节基本相同，只是不用分割成细条的方法。

在积分域内，将 V 和 σ 展开为正交函数的级数，设展开式是

$$V=\sum_{i,j=1}^{\infty}f_{ij}F_{ij}(y,z),0\leqslant y\leqslant\frac{l}{2},\quad 0\leqslant z\leqslant\frac{b}{2}$$

$$\sigma(y_0,z_0)=\sum_{m,n=1}^{\infty}S_{mn}F_{mn}(y_0,z_0),0\leqslant y_0\leqslant\frac{l}{2},\quad 0\leqslant z\leqslant\frac{b}{2} \tag{14-114}$$

其中，F_{ij} 是选定的正交函数系列，

$$\int_0^{\frac{l}{2}}\int_0^{\frac{b}{2}}F_{ij}(y,z)F'_{ij}(y,z)\mathrm{d}y\mathrm{d}z=\begin{cases}0(i\neq i'、j\neq j'\ \text{至少有一个成立时})\\1(i=i'、j=j'\ \text{时})\end{cases} \tag{14-115}$$

V 的展式中各系数 f_{ij} 应可求得，S_{mn} 则是待求的。将上列展式代入式(14-113)，成为

$$\sum_{i,j}f_{ij}F_{ij}(y,z)=\int_0^{\frac{l}{2}}\int_0^{\frac{b}{2}}\sum_{mn}S_{mn}F_{mn}(y_0,z_0)G^{(8)}(h,y,z;h,y_0,z_0)\mathrm{d}y_0\mathrm{d}z_0$$

两边乘以 $F_{ij}(y,z)$，再对 y、z 积分，注意上列正交性，得到

$$f_{ij}=\sum_{mn}S_{mn}\int_0^{\frac{l}{2}}\int_0^{\frac{b}{2}}\int_0^{\frac{l}{2}}\int_0^{\frac{b}{2}}F_{ij}(y,z)F_{mn}(y_0,z_0)G^{(8)}\mathrm{d}y\mathrm{d}z\mathrm{d}y_0\mathrm{d}z_0$$

令

$$U_{ijmn}=\int_0^{\frac{l}{2}}\int_0^{\frac{b}{2}}\int_0^{\frac{l}{2}}\int_0^{\frac{b}{2}}F_{ij}(y,z)F_{mn}(y_0,z_0)G^{(8)}(h,y,z;\ h,y_0,z_0)\mathrm{d}y\mathrm{d}z\mathrm{d}y_0\mathrm{d}z_0 \tag{14-116}$$

原则上 U_{ijmn} 是可以求得的常数。于是上式成为

$$f_{ij}=\sum_{mn}U_{ijmn}S_{mn} \tag{14-117}$$

假定 V 和 σ 的展式都取 N^2 项即可足够近似，那么，上式就代表 N^2 元一次联立方程。把它们重新编号、排队，把 f_{ij} 和 S_{mn} 排成单行序列，然后用行列式法解方程，即可求得各 S_{mn}，于是 σ 可以求得。代入式(14-111)即可求得总电荷，而电容量则等于 Q/V。

当然这里也可以采用割成小方块的办法，前节也可以采用沿 y 向展开为正交级数的办法。展开成正交级数在计算上要繁些，但精确度较好些。

图 14-45 给出无介质板($K=0$)情况的电容 $C_0^{\square}$。图中 A 是方块的面积，$A=bl$。其中 $b/l\to 0$ 相当于细长带条的情形。图 14-46 给出五种介质常数下的填充因子 η。所谓填充因子是

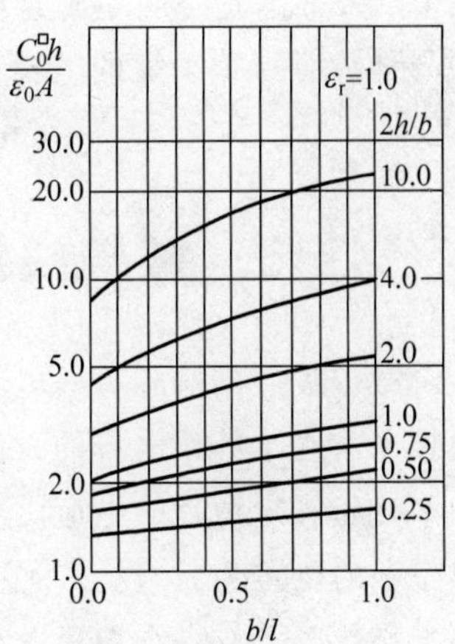

图 14-45　无介质板($K=0$)时方块导体片的电容

$$\eta=\frac{C_{\square}}{C_{\mathrm{r}}^{\square}}$$

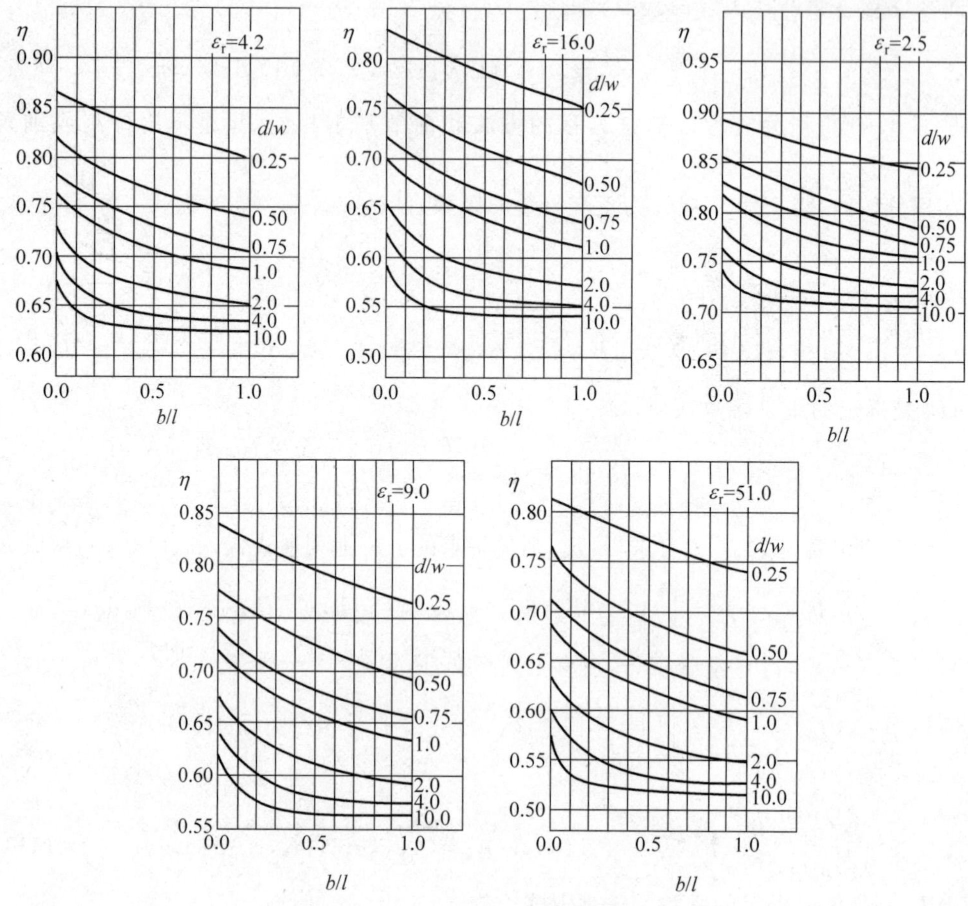

图 14-46　五种介质常数下的填充因子 η

而 $C_r^{\square}=\varepsilon_r C_0^{\square}$，是空间填满介质 ε_r 时的电容（仍是 $K=0$，但把 ε_0 换成 $\varepsilon_0\varepsilon_r$）。$C_{\square}$ 则是实际方块导体片对接地平板的电容：

$$C_{\square} = \eta\varepsilon_r C_0^{\square} \tag{14-118}$$

14.13　微带线截断端的等效电容

微带线截断端的等效电容已在第 4 章第 4.2 节说明并给出了结果。这里介绍应用静电模拟来求这个等效电容的方法。

首先假定微带的电荷沿着长度（z 方向）是均匀的，电荷密度是 $\sigma_\infty(y_0)$。这个电荷使导体带条的电位为 $\varphi_\infty(y,z)$，它不是常数，这不符合导体表面是等位面的条件。可见，导体带条上必然还要有一个超量电荷，它的密度是 $\sigma_c(y_0,z_0)$，它产生一个补偿电位 φ_c，使 $\varphi_c+\varphi_\infty$ 处处保持常数。超量电荷 Q_c 与这个常数电位之比即是截断端的等效电容。微带截断端化为平板线的情况如图 14-47 所示。

在分析 σ_∞ 与 φ_∞ 的关系时，我们把一半无限长导体带条带电而另一半无限长带条不带电的情况分解为奇、偶两种带电形式之和，如图 14-48 所示。所谓偶式，就是无限长带条全体均匀(沿长度)带电荷 σ_∞。设其相应的电位为 φ_e，φ_e 必是常数。所谓奇式，就是两边半无限长带条各带数量相同、符号相反的电荷 $\pm\sigma_\infty$，设其电位为 φ_0。半无限长带条带电情况的电位 φ_∞ 是 φ_e 和 φ_0 的平均数，

$$\varphi_\infty = \frac{1}{2}(\varphi_e + \varphi_0)$$

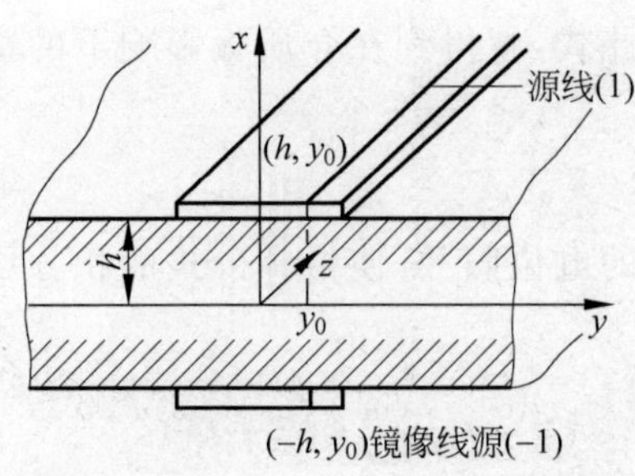

图 14-47　微带截断端化为对称平板线的情况

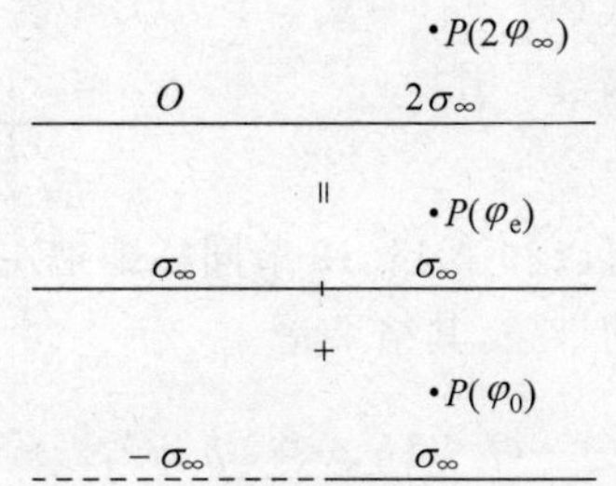

图 14-48　半边均匀带电分解为奇、偶模两种带电形式之和

需注意，因为远离截断端的地区不受截断端的影响，所以在那里和无限长均匀带电的情况一样。而无限长均匀带电即是偶式带电，所以其电位就是 φ_e。实际上终端截断的微带线电位就应当处处等于这个电位 φ_e。因此，$\varphi_c + \varphi_\infty$ 就应当处处等于 φ_e。换句话说，

$$\varphi_c = \varphi_e - \varphi_\infty = \frac{1}{2}(\varphi_e - \varphi_0) \tag{14-119}$$

在这里有三个电位 φ_e、φ_0、φ_c，分别与三个带电形式相联系，它们是：偶式带电，电荷密度为 $\sigma_\infty(y_0)$；奇式带电，电荷密度半边是 $\sigma_\infty(y_0)$，半边是 $-\sigma_\infty(y_0)$；超量电荷 $\sigma_c(y_0, z_0)$。它们之间的联系就是格林公式。相应于 φ_e 的格林函数就是第 14.11 节所用的二维格林函数；相应于 φ_c 的格林函数就是第 14.12 节所用的三维格林函数；相应于 φ_0 的格林函数 G_0 尚待求得。

求解的步骤是：

(1) 指定一个 φ_e。按第 14.11 节求得 $\sigma_\infty(y_0)$。

(2) 求 G_0。将 σ_∞ 和 G_0 代入式(14-95)，求得 φ_0。

(3) $\varphi_c = (\varphi_e - \varphi_0)/2$

(4) 将 φ_c 代入式(14-94)，求出 $\sigma_c(y_0, z_0)$。

(5) $C_K = \dfrac{1}{\varphi_c}\displaystyle\int \sigma_c \mathrm{d}y_0 \mathrm{d}z_0 \Big|_{\text{导体带条表面}}$

第一步和第 14.11 节完全相同，不重复了。现在来求 G_0。如图 14-49 所示，取一根单位奇式线电荷，半边单位长度电荷是 $+1$，半边单位长度电荷是 -1。采用圆柱坐标 r、z。线电荷上位于对称位置 $\pm z'$ 的两个线元在 $P(r, z)$ 点引起的电位是

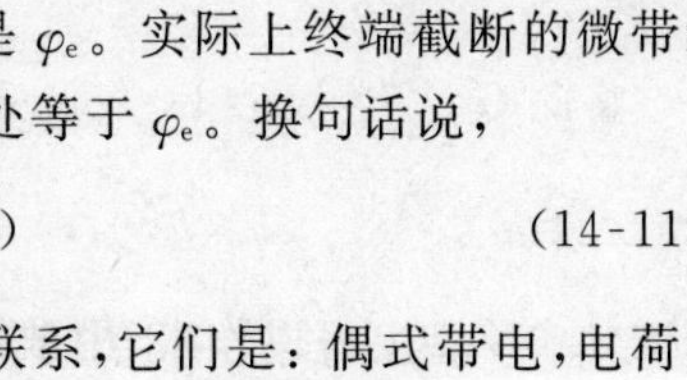

图 14-49　奇式线电荷

$$\mathrm{d}Go_0 = \frac{1}{4\pi\varepsilon_0} \cdot \frac{\mathrm{d}z'}{\sqrt{(z - z')^2 + r^2}} - \frac{1}{4\pi\varepsilon_0} \cdot \frac{\mathrm{d}z'}{\sqrt{(z + z')^2 + r^2}}$$

因此，自由空间的奇式二维格林函数是

$$
\begin{aligned}
Go_0 &= \frac{1}{4\pi\varepsilon_0}\int_0^{\infty}\left[\frac{1}{\sqrt{(z-z')^2+r^2}}-\frac{1}{\sqrt{(z+z')^2+r^2}}\right]\mathrm{d}z' \\
&= \frac{1}{4\pi\varepsilon_0}\ln\frac{\sqrt{z^2+r^2}+z}{\sqrt{z^2+r^2}-z}
\end{aligned}
\tag{14-120}
$$

把式(14-98)～式(14-100)中各点的坐标带入此式，就得到在介质板影响下的奇式二维格林函数。其中

$$r=\sqrt{(x-x_0)^2+(y-y_0)^2}$$

也可以和第 14.12 节同样地把左右两对线电荷的电位归并，使格林公式的积分域缩为半宽度的带条，其结果是

$$G_0^{(4)}(h,y,z;\ h,y_0,z_0)=\frac{1-K}{4\pi\varepsilon_1}\left[f(0)-(1-K)\sum_{m=1}^{\infty}K^{m-1}f(m)\right]$$

其中

$$f(m)=\ln\frac{\left[\sqrt{4m^2h^2+(y-y_0)^2+z^2}+z\right]\cdot\left[\sqrt{4m^2h^2+(y+y_0)^2+z^2}+z\right]}{\left[\sqrt{4m^2h^2+(y-y_0)^2+z^2}-z\right]\cdot\left[\sqrt{4m^2h^2+(y+y_0)^2+z^2}-z\right]}$$

$$m=0,1,2 \tag{14-121}$$

将此 $G_0^{(4)}$ 代入式(14-95)，即得

$$\varphi_0(h,y,z)=\int_0^{\frac{b}{2}}\sigma_{\infty}(y_0)G_0^{(4)}(h,y,z;\ h,y_0,z_0)\mathrm{d}y_0$$

此积分式原则上可以作出(用数值积分)。于是

$$\varphi_c=\frac{1}{2}(\varphi_e-\varphi_0)$$

可以求得。

在格林公式(14-94)中，取式(14-112)的一半($f_{(m)}$ 中去掉有 $z+z_0$ 的项，只保留 $z-z_0$ 的项)，当作 $G^{(4)}$，就得到 σ_c 的积分方程：

$$\varphi_c(h,y,z)=\int_0^{\frac{b}{2}}\int_0^{L}\sigma_c(y_0,z_0)G^{(4)}(h,y,z;\ h,y_0,z_0)\mathrm{d}y_0\mathrm{d}z_0 \tag{14-122}$$

因为 σ_c 集中在截断端附近，所以只要取足够的长度 L 即可，无须取 0～∞的积分。

解这方程的方法和前面一样，或者割成小方块，或者把 φ_c 和 σ_c 展开为正交函数的级数，以 φ_c 的系数为已知数，以 σ_c 的系数为未知数，解联立方程得到 σ_c，再在带条上积分即可求得超量电荷和截断端的等效电容。

图 14-50 给出两种宽高比的补偿电位分布图，这图表明等位面逐渐变稀，远离了截断端，电位就逐渐减成为 0。

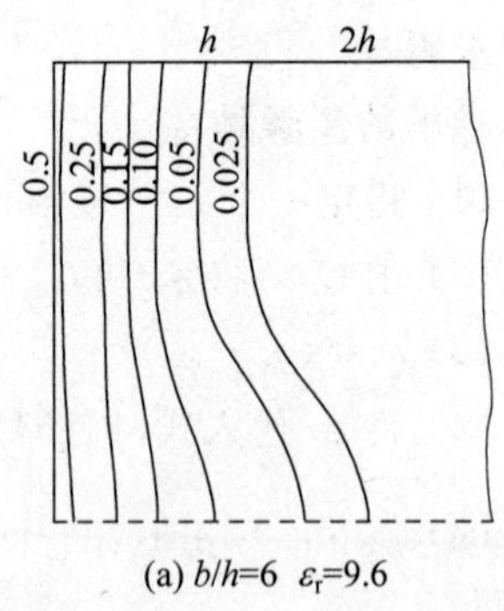

(a) $b/h=6$ $\varepsilon_r=9.6$

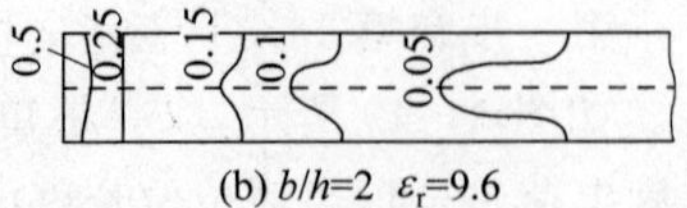

(b) $b/h=2$ $\varepsilon_r=9.6$

图 14-50 截断端补偿电位的分布

14.14　微带线间隙的等效电容

上节的方法可以概括为这样几点：

(1) 在有不均匀性存在时，可以把微带上的电荷分为均匀部分（密度是 Q_∞）和超量部分（密度是 Q_c）。超量部分相应于等效电容。

(2) 均匀部分给出电位 φ_∞，它不符合导体表面等电位的条件。超量部分给出补偿电位 φ_c，$\varphi_\infty+\varphi_c$ 保证处处等位，其值等于远离不均匀性地区均匀带电时的电位。

(3) 为求 φ_∞，把均匀带电情况分解为奇式和偶式带电情况的组合，相应的格林函数是奇式单位线电荷和偶式（均匀）单位线电荷给出的电位。

(4) 计算步骤是：指定微带的恒值电位，由此求出 σ_∞，由 σ_∞ 求出 φ_∞，由恒值电位减去 φ_∞ 得到 φ_c，由 φ_c 解积分方程求 Q_c，从而得到 Q_c。

(5) 解积分方程的方法可用分解成小方块或展开为正交函数的级数的办法变换为解一次联立方程。

应用格林公式静电模拟法求解一些微带不均匀性，基本上都可采用上列概念，区别只在于判断恒值电位和分解为奇式、偶式带电的组合这两点。现以微带间隙为例来说明推广这个方法的思路。

微带间隙的等效电路已在第 4 章第 4.3 节给出，为求此等效电路，应用奇式和偶式两种激励方式，分别求出 C_e 和 C_o。现在把与求 C_e 和 C_o 有关的概念列于表 14-5。其具体计算基本上与前节相同，相应的格林函数前面也都已给出，这里不重复了。

表 14-5　求微带间隙所用的概念

等效电容	C_e	C_o
激励方式和电荷密度	$+(\sigma_\infty+\sigma_c)$　$+(\sigma_\infty+\sigma_c)$ 0	$-(\sigma_\infty+\sigma_c)$　$+(\sigma_\infty+\sigma_c)$ 0
恒值电位	φ_e　φ_e	$-\varphi_e$　φ_e
为求 φ_∞ 分解为奇偶带电形式的组合	σ_∞ $-\frac{1}{2}\sigma_\infty$　$+\frac{1}{2}\sigma_\infty$ $+\frac{1}{2}\sigma_\infty$　$-\frac{1}{2}\sigma_\infty$	$-\frac{1}{2}\sigma_\infty$　$+\frac{1}{2}\sigma_\infty$ $-\frac{1}{2}\sigma_\infty$　$+\frac{1}{2}\sigma_\infty$

这里所用的奇式线电荷格林函数与式(14-120)略有不同，现在电荷跳变点不在 $z'=0$ 而在某一个 $z'=\zeta$（这里 $\zeta=\pm s/2$），所以式(14-120)的积分下限应取 ζ。所以格林函数成为

$$G_{0\zeta}=\frac{1}{4\pi\varepsilon_1}\ln\frac{\sqrt{(2nh)^2+(y-y_0)^2+(z-\zeta)^2}+(z-\zeta)}{\sqrt{(2nh)^2+(y-y_0)^2+(z-\zeta)^2}-(z-\zeta)}\tag{14-123}$$

14.15 用格林公式求耦合微带线特性阻抗

除了第14.1节介绍的保角变换方法以外，用第14.11节介绍的格林公式方法也可以求耦合微带的特性阻抗。对于偶模，不过像一根宽带条中间劈去了一条，所以具体步骤和第14.11节没有区别。对于奇模，只要把格林函数 $G^{(4)}$ 中对应于 $-y_0$ 点的线电荷改一个符号(式(14-105)中含 $y+y_0$ 的因子分子和分母对换)即可，其他的具体步骤也和第14.11节没有区别。本节要介绍的是用另一种方法求格林函数的解，这种解法所得的结果在 s/h 较大时比较合用，现在用得较多。

第14.10节说明，在介质板的影响下，格林函数 G 中，除了单位点电荷(或线电荷)在自由空间引起的 G_0 外，又增加了一个 F，以便使 G_0+F 共同满足空气和介质的界面上的边界条件。在那里，介质表面上 F 的值是设想为一系列镜像电荷所引起。本节要介绍的方法是把 F 设想为另一种电荷分布所引起。

对于本节的问题，对称耦合线的坐标如图14-51所示，格林函数 $G(P,Q_0)$ 是由位于 $Q_0(h,y_0)$ 点的单位线电荷在 $P(x,y)$ 点引起的电位 $\varphi(P)$。把接地板用介质和单位线电荷的镜像代替，如图14-52所示。令 $G_0^{(2)}(P,Q)$ 代表位于任意 Q 点的单位线电荷和它的镜像共同在自由空间 P 点引起的电位，则

$$G_0^{(2)}(P,Q)=-\frac{1}{4\pi\varepsilon_0}\ln\frac{(x-x_0)^2+(y-y_0)^2}{(x+x_0)^2+(y-y_0)^2}$$

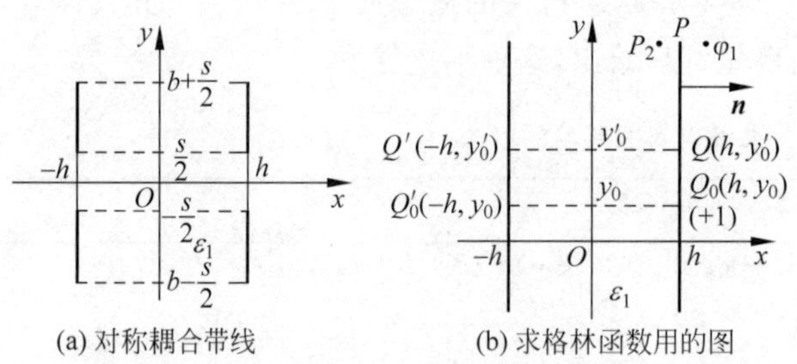

图14-51 对称耦合带线的坐标

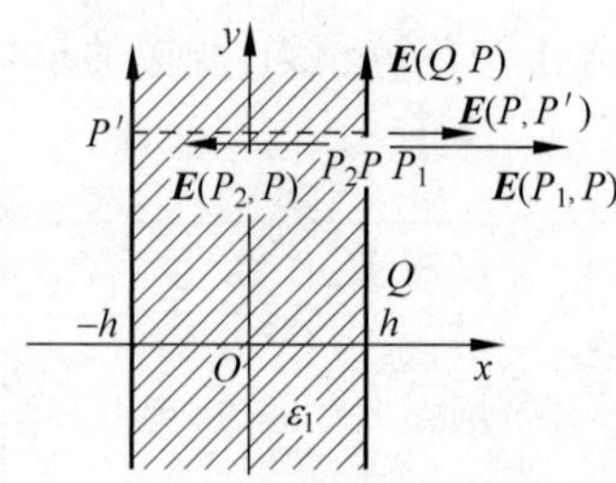

图14-52 表面电荷及其镜像在 P 点引起的电场

特别是当 Q 点即是 Q_0 点时，$G_0^{(2)}(P,Q_0)$ 即是 Q_0 点的单位线电荷及其镜像在自由空间 P 点引起的电位

$$\varphi_0(P)=G_0^{(2)}(P,Q_0)$$

设想在空气和介质的分界面上有一层自由电荷，密度是 σ_0；又有一层束缚电荷，密度是 σ_1。在其镜像位置上则有数量相同、符号相反的电荷。

σ_0 的作用是：使 $\varphi_0(P)$ 在空气和介质界面 P 点上满足设想的法向边界条件

$$-\varepsilon_0\frac{\partial\varphi_0(P_1)}{\partial\boldsymbol{n}}+\varepsilon_1\frac{\partial\varphi_0(P_2)}{\partial\boldsymbol{n}}=\sigma_0(P) \tag{14-124}$$

式中，P_1 是界面外面一点，P_2 是界面内面一点，$\frac{\partial}{\partial\boldsymbol{n}}$ 表示求法向导数，这里是 $\frac{\partial}{\partial x}$。

σ_1 的作用是：抵消 σ_0 的作用，使总电位 $\varphi(P)$ 满足实际的法向边界条件

$$-\varepsilon_0 \frac{\partial \varphi(P_1)}{\partial \boldsymbol{n}} + \varepsilon_1 \frac{\partial \varphi(P_2)}{\partial \boldsymbol{n}} = 0 \tag{14-125}$$

因为 $\varphi(P)$ 能满足第 14.10 节所提出的两个条件，而且并未增添新的条件，所以式(14-124)这个条件的增添并不影响 $\varphi(P)$ 的结果的正确性。

σ_0 的表示式即是式(14-124)，由于 $\varphi_0(P)$ 和它的导数在界面上连续，所以此式可以写成

$$\varepsilon_0(\varepsilon_r - 1) \frac{\partial \varphi_0(x,y)}{\partial x}\Big|_{x=h} = \sigma_0(h,y) \tag{14-126}$$

这样，φ_0 和 σ_0 就都为已知，而 σ_1 和 φ 则尚属未知。

由于 $\varphi(P)$ 是由 Q_0 点的单位线电荷、σ_0 和 σ_1 以及它们的镜像所引起，而单位线电荷和 σ_0 以及它们的镜像所引起的电位是 $\varphi_0(P)$，所以 $\varphi(P)-\varphi_0(P)$ 是由 σ_1 和它的镜像所引起，$\varphi(P)-\varphi_0(P)$ 和 σ_1 的关系就是格林公式(14-95)，其中的格林函数就是 $G_0{}^{(2)}$，因此，

$$\varphi(x,y) = \varphi_0(x,y) + \int_{-\infty}^{\infty} \sigma_1(h,y_0')G_0{}^{(2)}(x,y;\, h,y_0')\mathrm{d}y_0' \tag{14-127}$$

(h,y_0) 是单位线电荷所在的 Q_0 点，而 (h,y'_0) 是介质表面上的任意点 Q。

把边界条件式(14-125)应用于上式两边，在右边注意式(14-124)，即得

$$\sigma_0(x,y) + \int_{-\infty}^{\infty} \sigma_1(h,y_0')\left[-\varepsilon_0 \frac{\partial G_0^{(2)}(x,y;\, h,y_0')}{\partial x}\Bigg|_{x=h+} + \varepsilon_1 \frac{\partial G_0^{(2)}(x,y;\, h,y_0')}{\partial x} + \Bigg|_{x=h-}\right]$$
$$\mathrm{d}y_0' = 0$$

将方括号改写一下：

$$\varepsilon_1 \frac{\partial G_0{}^{(2)}(P,Q)}{\partial x}\Bigg|_{x=h-} - \varepsilon_0 \frac{\partial G_0{}^{(2)}(P,Q)}{\partial x}\Bigg|_{x=h+} = \frac{1}{2}(\varepsilon_1+\varepsilon_0)\left[\frac{\partial G_0{}^{(2)}}{\partial x}\Bigg|_{h-} - \frac{\partial G_0{}^{(2)}}{\partial x}\Bigg|_{h+}\right]$$
$$+ \frac{1}{2}(\varepsilon_1-\varepsilon_0)\left[\frac{\partial G_0{}^{(2)}}{\partial x}\Bigg|_{h-} + \frac{\partial G_0{}^{(2)}}{\partial x}\Bigg|_{h+}\right]$$

因此上式成为

$$\sigma_0(x,y) + \frac{\varepsilon_1+\varepsilon_0}{2}\int_{-\infty}^{\infty} \sigma_1(h,y_0')\left[\frac{\partial G_0{}^{(2)}(x,y;\, h,y_0')}{\partial x}\Bigg|_{h-} - \frac{\partial G_0{}^{(2)}(x,y;\, h,y_0')}{\partial x}\Bigg|_{h+}\right]\mathrm{d}y_0'$$
$$+ \frac{\varepsilon_1-\varepsilon_0}{2}\int_{-\infty}^{\infty} \sigma_1(h,y_0')\left[\frac{\partial G_0{}^{(2)}(x,y;\, h,y_0')}{\partial x}\Bigg|_{h-} + \frac{\partial G_0{}^{(2)}(x,y;\, h,y_0')}{\partial x}\Bigg|_{h+}\right]\mathrm{d}y_0' = 0 \tag{14-128}$$

现在来分析这两个积分。我们注意 $G_2{}^{(2)}(x,y;\, h,y_0')$ 是在 $Q(h,y_0')$ 点的单位线电荷在自由空间 $P(x,y)$ 点引起的电位 $G_0(x,y;\, h,y_0')$ 与在镜像点 $Q'(-h,y_0')$ 上的单位线电荷在自由空间 $P(x,y)$ 点所引起的电位 $G_0(x,y;\, -h,y_0')$ 之差，而 $-\dfrac{\partial G_0{}^{(2)}}{\partial x}\Big|_{h\pm}$ 是在 $P_1(h_+,y)$ 和 $P_2(h_-,y)$ 点的电场的 x 分量。在积分号下，y 是定值，y_0' 是任意值，$-\infty \leqslant y_0' \leqslant \infty$。

第一个积分中，方括号表示的是两个电场 x 分量之差。如图 14-53 所示，镜像线电荷在 P_1 和 P_2 两点所引起的电场相等，所以其差为 0。在 $x=h$ 面上的线电荷，除了

$y_0'=y$ 以外，在 P_1 和 P_2 点所引起的电场只有 y 分量，其 x 分量是 0。在 $y'_0\approx y$ 的小条（宽度为 dy'_0）内，$\varepsilon_0\left[\frac{\partial G_0(x,y;\,h,y_0)}{\partial x}\bigg|_{x=h-}-\frac{\partial G_0(x,y;\,h,y_0')}{\partial x}\bigg|_{x=h+}\right]dy_0'$ 正是一个积分等穿过宽度为 dy_0'、长度为 1 的小盒左右两面的电通量，它等于线电荷的数量 1。因此，等于 $\frac{\varepsilon_r+1}{2}\sigma_1(h,y)$。

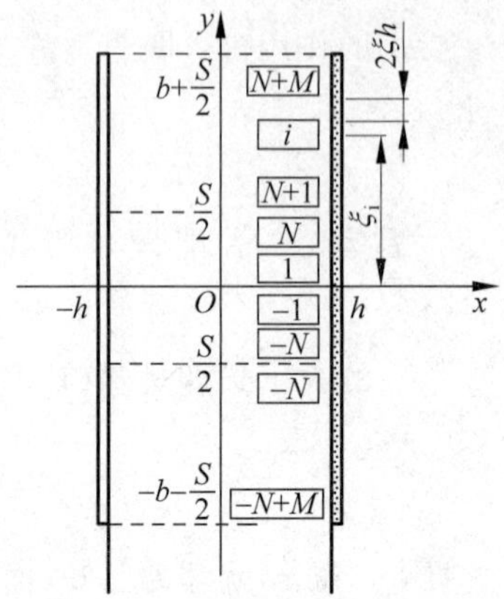

图 14-53　为求电荷分布将导体带条分割成细条

第二个积分中的方括号则是 P_1 和 P_2 点的电场之和。镜像线电荷在两点引起的电场相同，和数就是它自己的 2 倍。$x=h$ 面上的线电荷所引起的电场，在 $y_0'\neq y$ 时，x 分量为 0；在 $y_0'=y$ 时，其 x 分量在 P_1、P_2 两点数值相同、方向相反，其和为 0。因此，方括号就等于 $2\left.\frac{\partial G_0(x,y;\,-h,y_0')}{\partial x}\right|_{x=h}$。

这样，式(14-128)就成为积分方程

$$\sigma_1(h,y)=-\frac{2}{\varepsilon_r+1}\sigma_0(h,y)+\frac{2(\varepsilon_1-\varepsilon_0)}{\varepsilon_r+1}\int_{-\infty}^{\infty}\sigma_1(h,y_0')\left.\frac{\partial G_0(x,y;\,-h,y_0')}{\partial x}\right|_h dy_0' \tag{14-129}$$

这是一个第二类弗雷德霍姆积分方程，未知函数是 $\sigma_1(h,y)$；已知函数是 $-\frac{2}{\varepsilon_r+1}\cdot\sigma_0(h,y)$，由式(14-126)给出；核是 $\frac{2(\varepsilon_1-\varepsilon_0)}{\varepsilon_r+1}\cdot\left.\frac{\partial G_0(x,y;\,-h,y_0')}{\partial x}\right|_h$，其中

$$G_0(x,y;\,-h,y_0')=\frac{1}{4\pi\varepsilon_0}\ln\frac{(x+h)^2+(y-y_0')^2}{h^2}$$

解这个积分方程求得 $\sigma_1(h,y)$ 以后，代入式(14-127)可以求得 $\varphi(x,y)=G(x,y;\,h,y_0)$，它就是在介质板和接地板影响下的线电荷格林函数。将这个格林函数代入式(14-95)，即得导体带条上的电荷密度 $\sigma(h,y_0)$ 与导体带条的电位 φ 的关系式。对于偶模，使导体带条的电位都是 $V(s/2\leqslant|y|\leqslant b+s/2)$，对于奇模，使在 $-s/2\leqslant y\leqslant -b-s/2$ 处，$\varphi=-V$；在 $s/2\leqslant y\leqslant b+s/2$ 处，$\varphi=V$。解这两个积分方程以求 $\sigma_e(h,y_0)$ 和 $\sigma_o(h,y_0)$，把 $\sigma_e(h,y_0)$ 和 $\sigma_o(h,y_0)$ 在 $(s/2,b+s/2)$ 区间内对 y_0 积分，即得导体带条上单位长度的电荷 σ_e 和 σ_o，于是偶模和奇模的分布电容 C_e 和 C_o 可以求得，相应的特性阻抗也可求得。

求 σ_e 和 σ_o 的方法是：将导体带条和间隙分割成宽度为 $2\xi h$ 的细条，令

$$b=2M\xi h,\ s=4N\xi h$$

第 i 条中心的坐标是 $(2i+1)\xi h=\xi_i$；第 i 条上单位长度的电荷是 q_i，那么，由于两个导体带条上的电荷分布是对称(偶模)或反对称(奇模)的，所以

$$q_{-i}=\pm q_i(i=N+1,N+2,\cdots,N+M)$$

(偶模取上号，奇模取下号)。再令放在第 i 条中心的单位线电荷在第 j 条中心所引起的电位是 $\varphi_{ij}=G(h,\xi_j,h,\xi_i)(i,j=\pm1,\pm2,\cdots,\pm M)$ 它们都可由式(14-129)的解中代入 $y=\xi_i$、$y_0=\xi_i$ 而得到。那么，第 j 条的中心的电位 V 应当等于两导体带条上各细条所引起的电位之和，即

$$\sum_{i=N+1}^{N+M}q_i(\varphi_{ij}\pm\varphi_{-ij})=V\quad(j=N+1,N+2,\cdots,N+M)$$

解这一组 M 元一次联立方程，求得各 q_i，即得

$$Q=\sum_{i=N+1}^{N+M} q_i$$

图 14-54 示出耦合微带线上偶模和奇模的电荷分布。

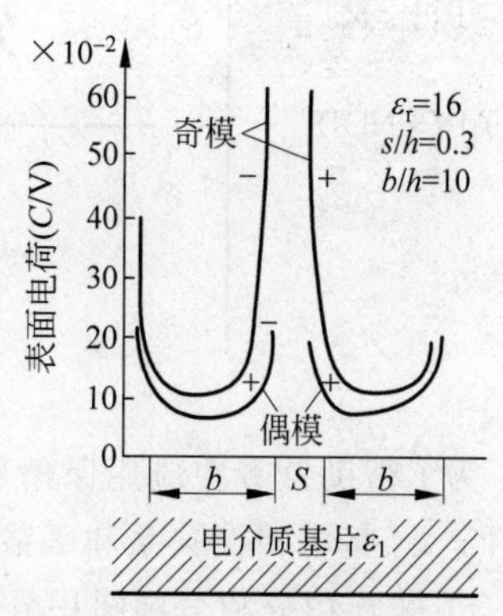

图 14-54　奇模和偶模的电荷分布

至于积分方程式(14-129)的解法，可以用迭代法，先以 $\sigma_1=0$ 代入积分号内，得到 $\sigma_1=-\dfrac{2}{\varepsilon_r+1}\sigma_0$，把它再代入积分号内，求得第二个试探 σ_1，如此循环，直到第 n 和第 $n+1$ 个试探 σ_1 相差够少为止。这样迭代并不能保证一定收敛，所以每一次代入之后，都要看一看所得的新 σ_1 与代入的 σ_1 之差比前一次是否有所改善。但对于微带线问题，经验表明，经常是收敛的。

显然这种解法也可以用于单微带线的情况。

附录 APPENDIX 雅可比椭圆函数简述

为了帮助读者在应用保角变换法求分布电容时能够使用雅可比椭圆函数，这里对该函数的定义、基本转换关系和函数值的分布情况作一简单介绍。①

1）椭圆积分和全椭圆积分

下列积分依次称为第一、第二和第三种椭圆积分的勒让德标准形式，它们是用积分表示的超越函数：

$$F=\int_0^t \frac{\mathrm{d}t}{\sqrt{(1-t^2)(1-k^2t^2)}},E=\int_0^t \sqrt{\frac{1-k^2t^2}{1-t^2}}\mathrm{d}t$$

$$\pi=\int_0^t \frac{\mathrm{d}t}{(t^2-a^2)\sqrt{(1-t^2)(1-k^2t^2)}}$$

更换变数，令

$$t=\sin\varphi$$

则成为

$$F(\varphi,k)=\int_0^\varphi \frac{\mathrm{d}\varphi}{\sqrt{1-k^2\sin^2\varphi}},E(\varphi,k)=\int_0^\varphi \sqrt{1-k^2\sin^2\varphi}\mathrm{d}\varphi$$

$$\pi(\varphi,k,a)=\int_0^\varphi \frac{\mathrm{d}\varphi}{(\sin^2\varphi-a^2)\sqrt{1-k^2\sin^2\varphi}}$$

后一种形式是常用的形式，其中 k 称为模数，a 称为副变数。

当 $t=1(\varphi=\pi/2)$ 时，前两种积分分别叫做第一种和第二种全椭圆积分，即

$$K(k)=F\left(\frac{\pi}{2},k\right)=\int_0^1 \frac{\mathrm{d}t}{\sqrt{(1-t^2)(1-k^2t^2)}}=\int_0^{\frac{\pi}{2}} \frac{\mathrm{d}\varphi}{\sqrt{1-k^2\sin^2\varphi}}$$

$$E(k)=E\left(\frac{\pi}{2},k\right)=\int_0^1 \sqrt{\frac{1-k^2t^2}{1-t^2}}\mathrm{d}t=\int_0^{\frac{\pi}{2}} \sqrt{1-k^2\sin^2\varphi}\mathrm{d}\varphi$$

通常称

$$k'=\sqrt{1-k^2}$$

为余模，相应的函数称为余全椭圆积分，即

$$K'(k)=K(k')=\int_0^{\frac{\pi}{2}} \frac{\mathrm{d}\varphi}{\sqrt{1-k'^2\sin^2\varphi}}$$

① 这里的内容，除个别转换关系外，均摘自王竹溪、郭敦仁所著《特殊函数概论》一书第10章。

$$E'(k)=E(k')=\int_0^{\frac{\pi}{2}}\sqrt{1-k'^2\sin^2\varphi}\,\mathrm{d}\varphi$$

显然，k 和 k' 互余，K 和 K'、E 和 E' 也互余：

$$K'(k')=K(k),\quad E'(k')=E(k)$$

四个全椭圆积分之间有下列恒等关系：

$$KE'+K'E-KK'=\frac{\pi}{2}$$

2）雅可比椭圆函数的定义

所谓椭圆函数，就是在复数平面上具有两个复数周期 T_1 和 T_2 的解析函数，它们具有下列共同的性质：

$$f(u+nT_1+mT_2)=f(u)$$
$$n,m=0,1,2$$

以 0、T_1、T_2、T_1+T_2 为顶点的平行四边形或它的平移叫做周期平行四边形。只要一个周期平行四边形内的函数值已知，在整个复数平面内任何点上的函数值，都可以经过按 T_1 和 T_2 的脚步平移到周期平行四边形内，从而得到函数的值。

雅可比椭圆函数以 sn 函数为基本函数。如果

$$u=F(\mathrm{arc\ sin}t,k)$$

则反函数是

$$t=\mathrm{sn}(u,k)$$

k 也称为模数。显然，sn 是奇函数，而且

$$\mathrm{sn}(K,k)=\mathrm{sn}(K',k')=1$$

φ 称为 u 的幅，它们的关系和写法是

$$\varphi=\mathrm{am}u,\quad \sin\varphi=\mathrm{sn}u$$

从 sn 派生出两个函数：

$$\mathrm{cn}u=\sqrt{1-\mathrm{sn}^2u}=\cos\varphi$$
$$\mathrm{dn}u=\sqrt{1-k^2\mathrm{sn}^2u}$$

由定义可见，cn 和 dn 都是偶函数。

现将三个函数的周期列于附表 1。

附表 1　雅可比椭圆函数的周期

	$\mathrm{sn}(u,k)$	$\mathrm{cn}(u,k)$	$\mathrm{dn}(u,k)$
T_1	$4K$	$4K$	$2K$
T_2	$\mathrm{j}2K'$	$2K+\mathrm{j}2K'$	$\mathrm{j}4K$

有时公式中出现两函数相除或一个函数的倒数，常用格莱歇尔符号来表示：一个函数的倒数是把这个函数的符号的两个字母反过来，两函数相除则取二者符号的第一个字母，分子的在前。如

$$\frac{1}{\mathrm{sn}u}=\mathrm{ns}u,\quad \frac{\mathrm{sn}u}{\mathrm{cn}u}=\mathrm{sc}u$$

3）$E(u)$和 $Z(u)$

第二类椭圆积分也可以改写成另一种形式。

$$E(\varphi,k) = E(\mathrm{am}u,k)$$

也可改写成 $E(u)$，它的意义就是上式，k 不明写出，应理解模数是 k，如用 k' 则应注出。

因为 $u=K$ 就意味着 $\varphi=\pi/2$，所以

$$E(K) = E$$

显然，$E(u)$ 是 t 的奇函数，所以也是 u 的奇函数。$E(u)$ 不是周期性函数。

由 $E(u)$ 派生出 $z(u)$，有时也写作 $zn(u)$

$$zn(u) = z(u) = E(u) - \frac{E}{K}u$$

它也是奇函数，只有一个周期是 $2K$。当以 k' 为模数时，应明白注出。此时周期成为 $2K'$。

4）转换公式

附表 2 列出三种椭圆函数和与之相关的 $E(u$、$)$、$Z(u)$ 的两种转换关系。这两种转换关系最常用，此外还有其他的转换关系。

附表 2　雅可比椭圆函数的转换关系

如变换为 / 则	加法公式 $u+v$	雅可比虚变换 $\mathrm{j}u$
$\mathrm{sn}(u,k)$	$\dfrac{\mathrm{sn}u\ \mathrm{cn}v\ \mathrm{dn}v+\mathrm{sn}v\ \mathrm{cn}u\ \mathrm{dn}u}{1-k^2\mathrm{sn}^2u\mathrm{sn}^2v}$	$\mathrm{j}\dfrac{\mathrm{sn}(u,k')}{\mathrm{cn}(u,k')}$
$\mathrm{cn}(u,k)$	$\dfrac{\mathrm{cn}u\ \mathrm{cn}v-\mathrm{sn}u\ \mathrm{sn}v\ \mathrm{dn}u\ \mathrm{dn}v}{1-k^2\mathrm{sn}^2u\ \mathrm{sn}^2v}$	$\dfrac{1}{\mathrm{cn}(u,k')}$
$\mathrm{dn}(u,k)$	$\dfrac{\mathrm{dn}u\ \mathrm{dn}v-k^2\mathrm{sn}u\ \mathrm{sn}v\ \mathrm{cn}u\ \mathrm{cn}v}{1-k^2\mathrm{sn}^2u\ \mathrm{sn}^2v}$	$\dfrac{\mathrm{dn}(u,k')}{\mathrm{cn}(u,k')}$
$E(u,k)$	$E(u)+E(v)-k^2\mathrm{sn}u\ \mathrm{sn}v\ \mathrm{sn}(u+v)$	$\mathrm{j}u+\mathrm{j}\dfrac{\mathrm{dn}(u,k')\mathrm{sn}(u,k')}{\mathrm{cn}(u,k')}-\mathrm{j}E(u,k')$
$Z(u,k)$	$Z(u)+Z(v)-k^2\mathrm{sn}u\ \mathrm{sn}v\ \mathrm{sn}(u+v)$	$\mathrm{j}\dfrac{\mathrm{dn}(u,k')\mathrm{sn}(u,k')}{\mathrm{cn}(u,k')}-\mathrm{j}Z(u,k')-\mathrm{j}\dfrac{\pi u}{2KK'}$

在加法公式中，若令 $u=v$，则可得到变数加倍时的展式，进而可以得到变数任意 n 倍时的展式。反过来又可以解出 sn^2u、cn^2u、dn^2u 的展式。

在加法公式中，若令 $u+v=u_1+\mathrm{j}u_2$，则可将复变数的函数展开为 u_1 和 $\mathrm{j}u_2$ 的函数，再应用虚变数变换将 $\mathrm{j}u_2$ 的函数展开为 u_2 的函数，就可将复变数的函数展开为实变数 u_1 和 u_2 的函数。因此，只要函数在实轴上的值已知，整个周期平行四边形内的值（因而全平面上的值）就都可求得了。

5）函数值的分布

附表 3 给出 u 移动 K 或 $\mathrm{j}K'$ 的倍数时函数值的变动。椭圆函数表只给出 u 的实轴上 $0\sim K$ 之间的函数值，因此只能求得 0、K、$\mathrm{j}K$、$K'+\mathrm{j}K'$ 四边形内的值（见附表 2）。有了表三，注意函数的周期和奇偶性，就可以求出全平面上任何点的值了。

因为 $Z(u)$ 只有一个实数周期而 $E(u)$ 没有周期，对于它们，上表只能帮助了解它们的分布的概况。但反复使用表中的关系也能求出其他区域的值。

附表 3　雅可比椭圆函数 u 变动时函数值相应的变化

u 变为	$u\pm K$	$u\pm 2K$	$u\pm jK'$	$u\pm j2K'$
sn$u$	$\pm\dfrac{\text{cn}u}{\text{dn}u}$	$-\text{sn}u$	$\dfrac{1}{k\text{sn}u}$	sn$u$
cn$u$	$\mp k'\dfrac{\text{sn}u}{\text{dn}u}$	$-\text{cn}u$	$\mp j\dfrac{\text{dn}u}{k\,\text{sn}u}$	$-\text{cn}u$
dn$u$	$k'\dfrac{1}{\text{dn}u}$	dn$u$	$\mp j\dfrac{\text{cn}u}{\text{sn}u}$	$-\text{dn}u$
$E(u)$	$E(u)\pm E$ $-k^2\dfrac{\text{sn}u\ \text{cn}u}{\text{dn}u}$	$E(u)\pm 2E$	$E(u)\pm j(K'-E')$ $+\dfrac{\text{cn}u\ \text{dn}u}{\text{sn}u}$	$E(u)\pm j2(K'-E')$
$Z(u)$	$Z(u)-k^2\dfrac{\text{sn}u\ \text{cn}u}{\text{dn}u}$	$Z(u)$	$Z(u)\pm j\dfrac{\pi}{2K}$ $+\dfrac{\text{cn}u\ \text{dn}u}{\text{sn}u}$	$Z(u)\mp j\dfrac{\pi}{K}$
u 变为	$u\pm K+jK'$	$u\pm 2K+jK'$	$u\pm K+j2K'$	$u\pm 2K+j2K'$
sn$u$	$\pm\dfrac{\text{dn}u}{k\text{cn}u}$	$-\dfrac{1}{k\text{sn}u}$	$\pm\dfrac{\text{cn}u}{\text{dn}u}$	$-\text{sn}u$
cn$u$	$\mp j\dfrac{k'}{k}\dfrac{1}{\text{cn}u}$	$\pm j\dfrac{\text{dn}u}{k\,\text{sn}u}$	$\pm K'\dfrac{\text{sn}u}{\text{dn}u}$	cn$u$
dn$u$	$jK'\dfrac{\text{sn}u}{\text{cn}u}$	$\mp j\dfrac{\text{cn}u}{\text{sn}u}$	$K'\dfrac{1}{\text{dn}u}$	$-\text{dn}u$
$E(u)$	$E(u)\pm E+j(K'-E')$ $-\dfrac{\text{sn}u\ \text{dn}u}{\text{cn}u}$	$E(u)\pm 2E+j(K'-E')$ $+\dfrac{\text{cn}u\ \text{dn}u}{\text{sn}u}$	$E(u)\pm E+j2(K'-E')$ $-k^2\dfrac{\text{sn}u\ \text{cn}u}{\text{dn}u}$	$E(u)\pm 2E+j2(K'-E')$
$Z(u)$	$Z(u)-j\dfrac{\pi}{2K}$ $-\dfrac{\text{sn}u\ \text{dn}u}{\text{cn}u}$	$Z(u)-j\dfrac{\pi}{2K}$ $+\dfrac{\text{cn}u\ \text{dn}u}{\text{sn}u}$	$Z(u)-j\dfrac{\pi}{K}$ $-k^2\dfrac{\text{sn}u\ \text{cn}u}{\text{dn}u}$	$Z(u)-j\dfrac{\pi}{K}$

根据附表 3 可画成四个函数的函数值分布概貌图，如附图 1 所示。图中同时画出了沿实轴和虚轴函数的变动概况，虚线画的表示函数是虚值。粗线是周期平行四边形的边界。网眼上四方框里的字是函数的值。E 函数除实轴上以外，在各网眼上都是复数，可由 Z 函数的情况简单地推得。

6）函数值的曲线和表

附表 4 给出 K、E、D、B 四个函数对 k^2 的数值的对应关系。对于 K' 和 E'，只要先求出 k'^2，再根据下式就可求得。

$$K'(k)=K(k'),E'(k)=E(k')$$

附图 2 给出 $u=0\sim K$ 范围内 sn、cn、dn 和 Z 四个函数的值。

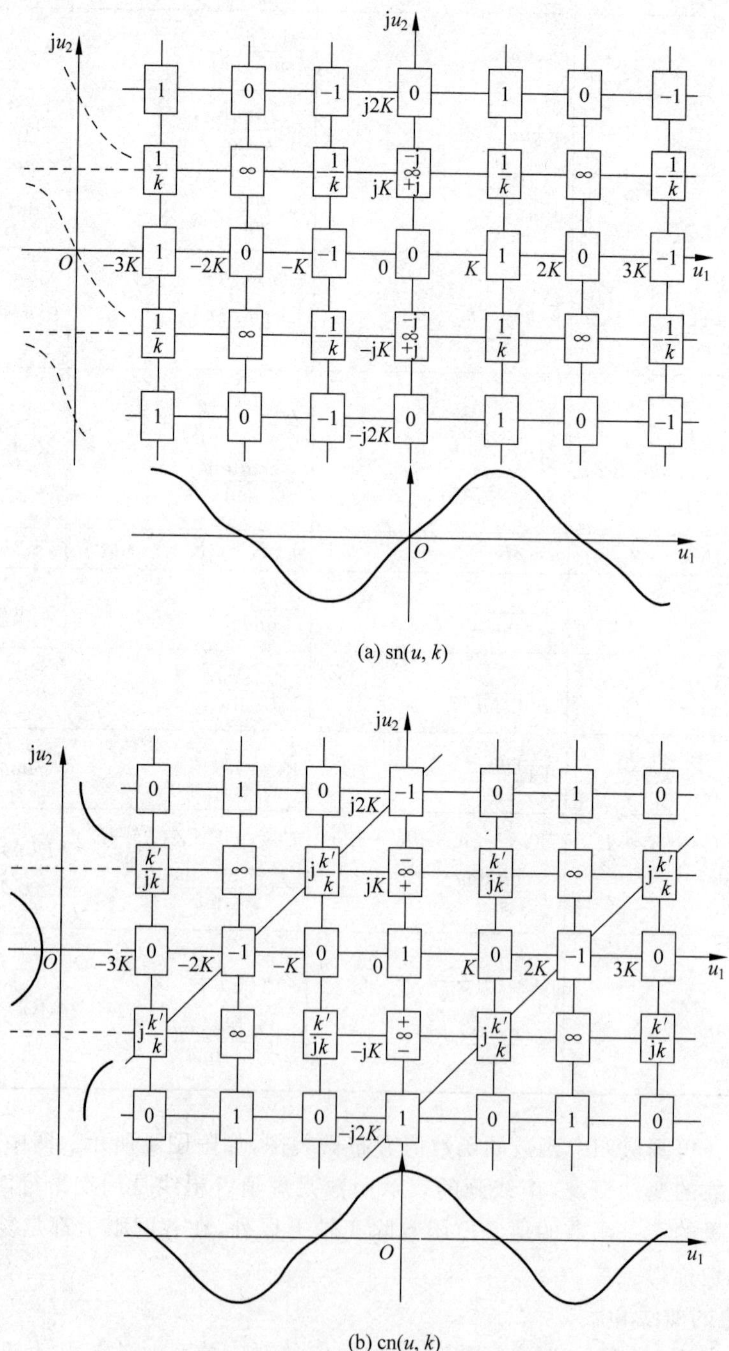

(a) sn(u, k)

(b) cn(u, k)

附图 1　雅可比椭圆函数分布概貌

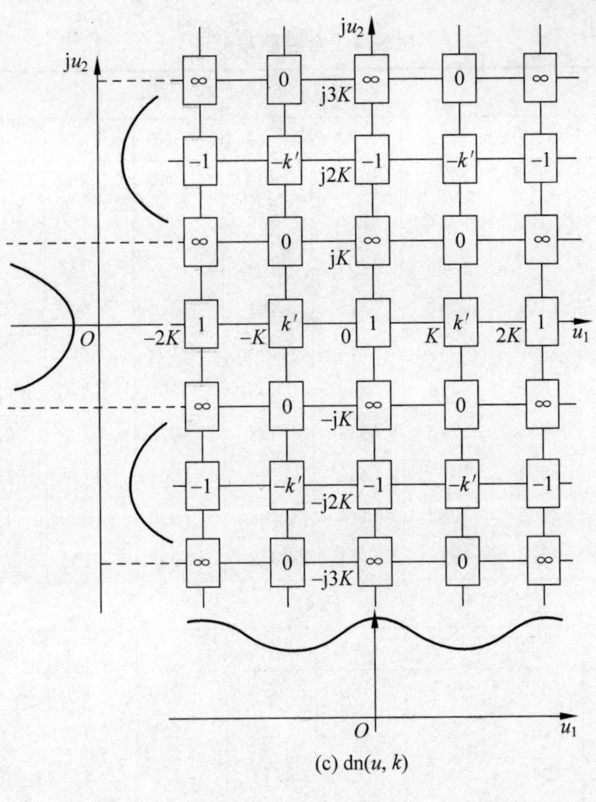

(c) dn(u, k)

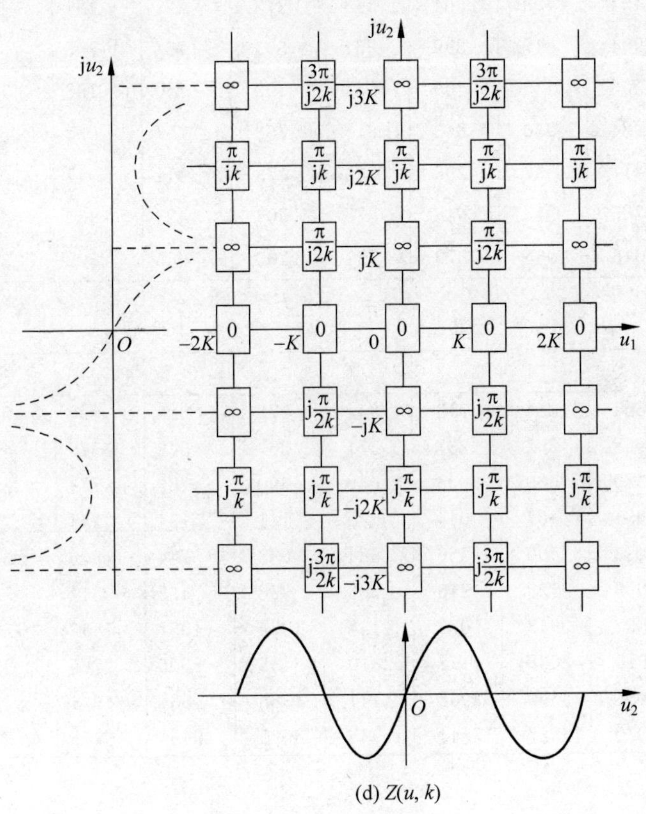

(d) Z(u, k)

附图 1 （续）

附表 4 全椭圆积分

$K(k)$

k^2		0	1	2	3	4	5	6	7	8	9
0.0	1.5	708	747	787	828	869	910	952	994	*037	*080
0.1	1.6	124	169	214	260	306	353	400	448	497	546
0.2		596	647	698	751	804	857	912	967	*024	*081
0.3	1.7	139	198	258	319	381	444	508	573	639	706
0.4		775	845	916	989	*063	*139	*216	*295	*375	*457
0.5	1.8	541	626	714	804	895	999	*085	*184	*285	*398
0.6	1.9	496	605	718	834	953	*0076	*0203	*0334	*0469	*0609
0.7	2.0	0754	0904	1059	1221	1390	1565	1748	1940	2140	2351
0.8		2572	2805	3052	3314	3593	3890	4209	4553	4926	5333
0.9		5781	6278	6836	7471	8208	9083	*0161	*1559	*3541	*6956

$F(k)$

k^2		0	1	2	3	4	5	6	7	8	9
0.0	1.5	708	669	629	589	550	510	470	429	389	348
0.1		308	267	226	184	143	101	059	017	*975	*933
0.2	1.4	890	848	805	762	718	675	631	587	543	498
0.3		454	409	364	318	273	227	181	134	088	041
0.4	1.3	994	947	899	851	803	754	705	656	608	557
0.5		506	456	405	354	302	250	198	145	092	038
0.6	1.2	984	930	875	819	763	707	650	593	534	476
0.7		417	357	296	235	173	111	047	*983	*918	*852
0.8	1.1	785	717	648	878	507	434	360	285	207	129
0.9		048	*965	*879	*791	*700	*605	*505	*399	*286	*160

$$D=\frac{K-E}{k^2}$$

k^2		0	1	2	3	4	5	6	7	8	9
0.0	0.7	854	884	913	944	975	*006	*038	*070	*102	*135
0.1	0.8	168	202	237	271	307	342	379	416	453	491
0.2		529	569	608	649	690	732	774	817	861	906
0.3		951	997	*044	*092	*141	*191	*241	*292	*345	*399
0.4	0.9	453	509	566	624	683	744	806	869	934	*001
0.5	1.0	069	138	210	283	358	435	514	595	678	764
0.6	1.0	0852	0943	1037	1134	1234	1337	1443	1554	1668	1788
0.7		1910	2038	2171	2310	2455	2606	2765	2931	3106	3290
0.8		3484	3690	3968	4141	4388	4654	4941	5252	5590	5960
0.9		6370	6827	7344	7935	8625	9451	*0475	*1814	*3730	*7067

续表

$B=K-D$											
k^2		0	1	2	3	4	5	6	7	8	9
0.0	0.7	854	863	874	884	894	904	914	924	935	945
0.1		956	967	977	989	999	*011	*021	*031	*044	*055
0.2	0.8	067	078	090	102	114	125	138	150	163	175
0.3		188	201	214	227	240	253	267	279	294	307
0.4		322	336	350	365	380	395	410	426	441	456
0.5		472	488	504	521	537	554	571	589	607	625
0.6		644	662	681	700	719	739	760	780	801	821
0.7		844	866	888	911	935	959	983	*009	*034	*061
0.8	0.9	088	115	144	174	205	236	268	301	336	373
0.9		411	451	492	536	583	632	686	745	871	889

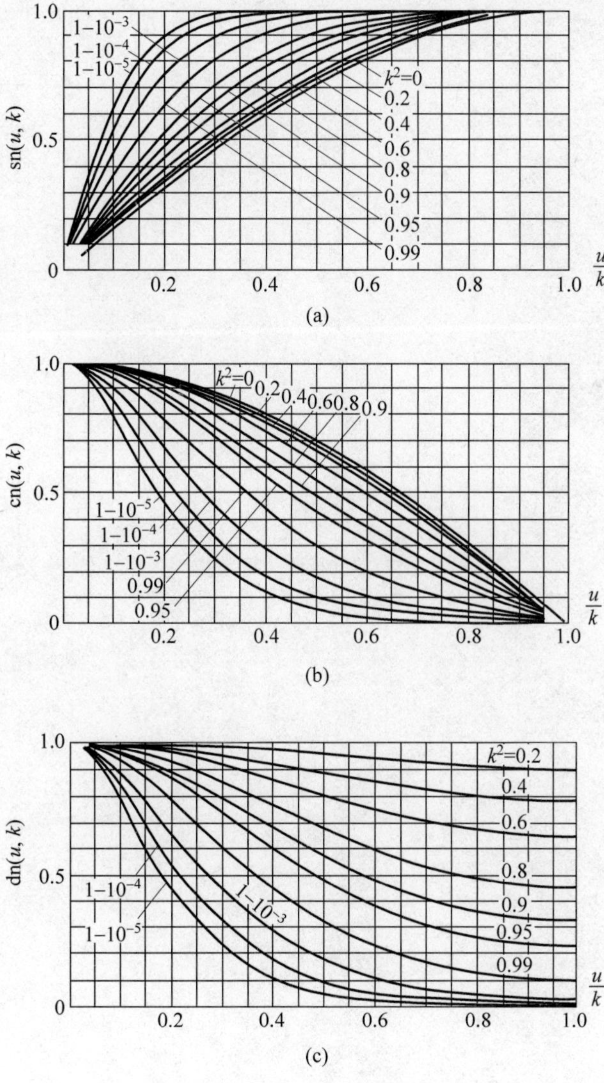

附图 2　雅可比椭圆函数的曲线

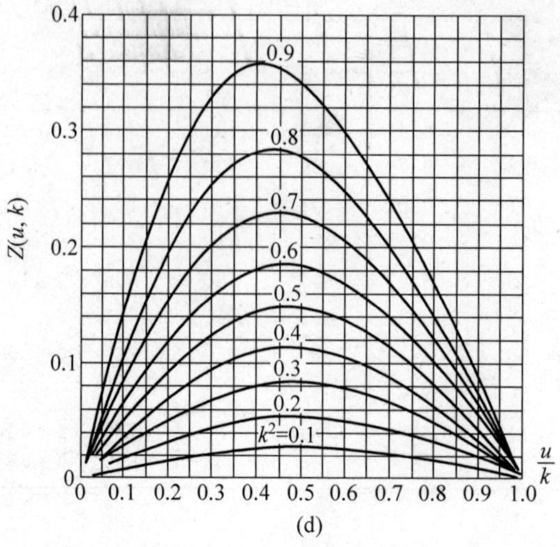
0.4
0.3
0.2
0.1
0
Z(u, k)
0.9
0.8
0.7
0.6
0.5
0.4
0.3
0.2
k^2=0.1
0 0.1 0.2 0.3 0.4 0.5 0.6 0.7 0.8 0.9 1.0
$\frac{u}{k}$

(d)

附图 2 （续）